国家科学技术学术著作出版基金资助出版

泛素家族介导的蛋白质
降解和细胞自噬

邱小波　张　宏　王　琛　王琳芳　主编

科学出版社

北京

内 容 简 介

泛素家族包括近 20 种成员蛋白，其中泛素介导真核细胞内绝大多数蛋白质通过蛋白酶体进行选择性降解，类泛素蛋白 ATG8/LC3 则介导细胞自噬。细胞自噬通过溶酶体降解错误折叠蛋白、蛋白质聚集物和细胞器等细胞内物质。邱小波教授等 10 位学者于 2008 年共同编著了《泛素介导的蛋白质降解》（共 8 章）一书。该领域在过去 10 多年中取得了迅猛发展，已与生物学及医学研究的各个领域相互交叉。本书在此基础上进行拓展并增加了自噬的内容，以反映过去 10 多年来该领域的快速发展，系统而深入地介绍该领域的基本理论、实验技术及应用前景，共 29 章。

本书可作为从事生命科学研究的研究生、科研人员，以及从事药物或相关产品研发的企业人员的参考书，也可为有志从事生命科学研究的本、专科学生（包括理、医、农、林等相关学科）提供参考。

图书在版编目（CIP）数据

泛素家族介导的蛋白质降解和细胞自噬/邱小波等主编. —北京: 科学出版社, 2020.6
　　ISBN 978-7-03-060346-3

Ⅰ. ①泛… Ⅱ. ①邱… Ⅲ. ①蛋白质–降解–研究 ②细胞生物学–研究 Ⅳ. ①Q510.3 ②Q2

中国版本图书馆 CIP 数据核字（2018）第 297963 号

责任编辑：罗　静　岳漫宇　刘　晶 / 责任校对：郑金红
责任印制：吴兆东 / 封面设计：刘新新

科 学 出 版 社 出版
北京东黄城根北街 16 号
邮政编码：100717
http://www.sciencep.com

北京虎彩文化传播有限公司 印刷
科学出版社发行　各地新华书店经销

*

2020 年 6 月第 一 版　　开本：787×1092　1/16
2021 年 1 月第二次印刷　　印张：45 3/4
字数：1 085 000
定价：398.00 元

（如有印装质量问题，我社负责调换）

《泛素家族介导的蛋白质降解和细胞自噬》编委会名单

吴　乔　厦门大学生命科学学院

吴　缅　中国科学技术大学生命科学学院

谢　旗　中国科学院遗传与发育生物学研究所

谢松波　山东师范大学生命科学学院

谢志平　上海交通大学生命科学技术学院

徐　平　中国人民解放军军事医学科学院

许执恒　中国科学院遗传与发育生物学研究所

杨　波　浙江大学药学院

阳成伟　华南师范大学

应美丹　浙江大学药学院

张　宏　中国科学院生物物理研究所

张宏冰　中国医学科学院基础医学研究所

张令强　中国人民解放军军事医学科学院

赵永超　浙江大学附属第一医院

周　军　南开大学生命科学学院

朱　军　上海交通大学医学院

其他参编人员

陈禹杉	周鲁明	朱倩倩	骆靖华	北京师范大学
赖建彬	喻孟元			华南师范大学
王婵娟				中国人民解放军军事医学科学院
赵庆臻				聊城大学生命科学学院
王银银				清华大学
朱　婧				上海交通大学
王　未				首都师范大学
曹　戟	何俏军			浙江大学药学院
王丽颖	刘卫晓	尚永亮		中国科学院动物研究所
李富兵				中国科学院昆明动物研究所
于菲菲				中国科学院遗传与发育生物学研究所
刘　星	王　强	崔　晔		中国药科大学
胡海洋	张乐乐	崔淑芳		

第二版前言

泛素家族包括近 20 种成员蛋白，其中泛素介导真核细胞内绝大多数蛋白质通过蛋白酶体进行选择性降解，类泛素蛋白 ATG8/LC3 则介导细胞自噬。细胞自噬通过溶酶体降解错误折叠蛋白、蛋白质聚集物和细胞器等细胞内物质。因而，泛素家族掌控着几乎所有动植物的生命活动。它的异常会导致癌症或神经退行性疾病等多种人类重大疾病。因此，对该途径的干预已成为疾病治疗中的一种创新性方法。泛素介导的蛋白质降解和细胞自噬机制这两项重要的研究发现分别于 2004 年和 2016 年获得诺贝尔奖。

邱小波教授等 10 位学者于 2008 年共同编著了《泛素介导的蛋白质降解》一书。该领域在过去 10 多年中取得了迅猛发展，已与生物学及医学研究的各个领域相互交叉。新版在此基础上进行拓展并增加了自噬的内容，以反映过去 10 多年来该领域的快速发展，系统而深入地介绍该领域的基本理论、实验技术及应用前景，共 29 章（《泛素介导的蛋白质降解》共 8 章）。本书可作为从事生命科学研究的研究生、科研人员，以及从事药物或相关产品研发的企业人员的参考书，也可为有志从事生命科学研究的本、专科学生（包括理、医、农、林等相关学科）提供参考。

新版由 42 名从事该领域研究的专家合作编写，其中包括中国工程院院士 1 名，国家"千人计划"学者 4 名，长江学者 3 名、国家杰出青年基金获得者 19 名和美国知名高校华人教授 3 名。之前的《泛素介导的蛋白质降解》分别由陈竺院士和因发现泛素化而获 2004 年诺贝尔奖的 Aaron Ciechanover 院士撰写序和引言，本书则由同时从事泛素家族介导的蛋白质降解和细胞自噬研究的美国艺术和科学院院士、美国国家科学院院士、国家"顶尖千人"袁钧瑛教授撰写序言。在本书编写过程中，我们还得到了沈岩院士、詹启敏院士、李蓬院士、朱冰研究员及其他老师和学生的支持和帮助，在此一并表示衷心感谢。

编　者

2019 年 8 月

第 二 版 序

机体内多数蛋白质在行使功能后需要被降解，产生的氨基酸还可再利用。同时，蛋白质合成过程中有可能发生异常，如折叠错误等，这些异常蛋白质也需被降解。因此，蛋白质降解是机体保证新陈代谢正常进行，清除"垃圾"和营养再利用的极其重要的机制。细胞内大多数蛋白质的降解通常由泛素-蛋白酶体通路执行。而在特定的生理或病理条件下，细胞自噬可通过溶酶体降解错误折叠蛋白、蛋白质聚合体和细胞器等细胞内物质。

溶酶体是真核细胞中的一种单层膜包被的囊状结构，内含多种水解酶。除少数细胞（如哺乳类红细胞）外，各种动物细胞都有溶酶体。溶酶体中的酶能把各种大分子物质分解为小分子，然后渗出至细胞质之中，再为细胞代谢所利用。溶酶体由比利时的 Duve 于 1955 年发现，1974 年 Duve 因此发现获得诺贝尔生理学或医学奖。

泛素-蛋白酶体通路是溶酶体之外的一条重要的蛋白质降解途经。美国的 Goldberg 等在 1977 年发现蛋白质降解过程本身直接需要能量，并首次证明人类细胞中存在可溶的、直接依赖于能量的非溶酶体类蛋白酶。以色列的 Hershko 和 Ciechanover 很快发现了泛素在蛋白质降解中所起的关键作用，即泛素通过 E1、E2、E3 的多级反应，与目标蛋白质共价结合，多个泛素分子呈枝状连接，形成的多聚泛素链可作为蛋白酶攻击的标记，最终目标蛋白质被迅速降解。Hershko 和 Ciechanover 与其美国的合作者 Rose 一起因此发现获得了 2004 年诺贝尔化学奖。1983 年，Goldberg 等证明泛素修饰后的蛋白质降解仍然需要能量，从而推断能量依赖性的蛋白降解酶体的存在。1987 年，Goldberg 和 Rechsteiner 两个小组几乎同时分离出了该蛋白降解酶体。1988 年，Goldberg 将其正式命名为蛋白酶体（proteasome）。

当泛素介导的蛋白质降解研究进行得如火如荼之时，关于溶酶体的生理作用则在很长一段时间内令人迷茫。1963 年，Duve 首次将细胞内包裹细胞质和细胞器送入溶酶体的过程命名为"自噬"（autophagy）。直到 20 世纪 90 年代，日本的 Ohsumi（大隅良典）在酵母中发现了细胞自噬的重要作用和机制，溶酶体和自噬的研究才引起科学家们的重视。Ohsumi 于 1992 年第一次报道了在营养缺陷的条件下，酵母体内会发生自噬降解细胞质中的成分，随后他们筛选并鉴定了一批参与自噬调节的关键基因。Ohsumi 因为这些重要发现于 2016 年获诺贝尔生理学或医学奖。

进一步研究发现，细胞自噬在真核生物中普遍存在并且高度保守。生物体为了维持细胞内环境的稳态，需要不断降解功能失常或者不需要的各种蛋白质、细胞器，以及其他细胞组分。正常状态下，细胞自噬持续地以较低的速率进行，保证细胞内物质和细胞器更新；当处于应激状态，如营养缺乏、氧化应激、低氧、高温、细胞器损伤、突变蛋白积聚、微生物侵袭等，细胞可以快速发生大量自噬，从而将一些细胞质中的长寿命蛋白或者受损的细胞器运送到溶酶体中降解。降解后产生的游离氨基酸会被重新释放回细胞质中，供给机体营养被再利用，从而帮助细胞抵抗不良环境的影响。自噬在发育、分化、寿命延长、微器官消亡、抗原提呈等方面发挥着重要的生理和病理作用。

泛素介导的蛋白质降解和细胞自噬的机制既有本质区别，又都通过泛素家族介导并降解蛋白质，存在紧密的内在联系并相互调控。该书对该领域最新进展、重要研究方法及其应用进行全面的介绍，并将泛素介导的蛋白质降解和细胞自噬有机统一起来，有利于促进两者的研究。该书编者多为从事此领域研究多年的专家，将其长期积累的经验汇集成此书。相信该书的出版将有力地推动相关研究工作的发展。

袁钧瑛

中国科学院生物与化学交叉研究中心

2019 年 9 月

第一版前言

　　蛋白质是生物体内细胞和组织的基本构成物质。它还构成机体中参与调节各种细胞和生理活动的生命活性物质，包括催化体内各种生物化学反应的酶，调节机体生长、发育并行使正常生理功能的激素，抵御外来细菌病毒的抗体及免疫类物质，运载许多重要代谢物质、营养素的载体。当机体需要时，蛋白质还可以被代谢分解，释放出能量。几乎所有的蛋白质都处于不断地合成与分解的动态之中，细胞内蛋白质半衰期的差别很大，从几分钟到几年。

　　泛素介导的蛋白质降解通路控制着真核细胞内绝大多数蛋白质的选择性降解，是基因和蛋白质功能的主要调节者和终结者，并掌控着几乎所有动植物的生命活动。它的异常会导致癌症或神经退行性疾病等多种人类重大疾病。因此，对该途径的干预已成为疾病治疗中的一种创新性方法。2003 年，一种蛋白质降解的特异性抑制剂 Velcade/PS-341 已成功地应用于治疗多发性骨髓瘤。

　　虽然国外已有多本外文专著介绍泛素介导的蛋白质降解，但国内尚无同类中文书籍出版，很难满足我国读者的需要。本书系统而深入地介绍该领域的基本理论、实验技术及应用前景，共分下列八章：①蛋白质降解概论，②泛素、类泛素、泛素化及类泛素化，③泛素激活酶，④泛素耦联酶，⑤泛素连接酶，⑥去泛素化及去泛素化酶，⑦蛋白酶体，⑧泛素－蛋白酶体通路与药物开发。除第一章外，每章包括基本理论和实验技术两个部分。本书可作为从事生命科学研究的研究生、科研人员，以及从事药物或相关产品研发的企业人员的参考书，也可作为有志从事生命科学研究的本、专科学生（包括理、工、农、林、医、环境等相关学科）的课外读物。

　　本书主要由 10 位从事泛素介导的蛋白质降解研究的专家合作编写。卫生部部长陈竺院士和因发现泛素化而获 2004 年诺贝尔化学奖的 Aaron Ciechanover 教授欣然为本书撰写序和引言。日本东京都临床医学综合研究所的田中启二教授为本书提供了许多珍贵的资料。在本书编写过程中，我们还得到了沈岩院士、蒋澄宇教授及其他老师和学生的支持和帮助。在此一并表示衷心的感谢。

邱小波

北京师范大学生命科学学院

2008 年 11 月

第 一 版 序

一百多年来，蛋白质合成的研究受到了广泛重视并取得丰硕的成果，已获得至少五次诺贝尔奖。然而，在很长时间内蛋白质降解的研究并未引起足够重视；直到 2004 年 Ciechanover、Hershko 和 Rose 因发现泛素介导的蛋白质降解而获得诺贝尔奖之后，这一情形才有明显改观。泛素介导的蛋白质降解通路是基因和蛋白质功能的主要调节者和终结者，控制着真核细胞内绝大多数蛋白质的降解。该通路调控着几乎所有动植物的生命活动，包括细胞增殖、分化、凋亡、DNA 修复、转录和蛋白质质量控制等，并参与病原体的入侵、致病和人体的免疫应答等过程。它的异常会导致癌症和神经退行性疾病等人类多种重大疾病。一种该通路的特异性抑制剂 Velcade/PS-341 已于 2003 年成功地用于治疗多发性骨髓瘤。近十年来，与泛素化修饰方式类似的一系列蛋白质类泛素化修饰（包括 SUMO、ISG15、NEDD 等）被发现，它们的生物学意义涉及细胞生命活动的各个方面。总之，该领域已成为现代生命科学研究的热点之一。我国在此领域虽然起步较晚，但正呈现蓬勃发展之势。

作为泛素介导的蛋白质降解领域的第一本中文专著，该书较为系统和深入地介绍了泛素介导的蛋白质降解的基本理论及相关实验技术。在全面介绍本领域研究进展的同时，也在一定程度上反映了我国科学家所取得的相关研究成果。 该书的编者几乎都是国内活跃在第一线并在该领域奋斗多年的科学工作者。相信它的出版将会促进我国在这一关键领域的研究，并将惠及整个生命科学的发展。

陈　竺

上海交通大学瑞金医院

中华人民共和国卫生部

2008 年 11 月

第一版引言

The idea that proteins in both prokaryotes and eukaryotes are synthesized and destroyed - many rather extensively - is hardly 70 years old. Even along most of this period, scientists focused mostly on translation of the genetic code into proteins: how proteins are removed had remained a neglected area, regarded by many as non-specific, end process of small biological importance. Beforehand, proteins were thought to be essentially stable constituents that were subject only to minor 'wear and tear'. Accordingly, dietary proteins were believed to function primarily as a source of energy, and their metabolism was independent from that of the structural and functional proteins of the body. The concept that the body proteins are static and the dietary proteins are used mostly as a fuel was challenged by Rudolf Schoenheimer who worked at Columbia University in New York City. Schoenheimer, a Jewish scientist who escaped racial Germany, administered ^{15}N-labeled tyrosine to rat and found that a large part of it "*is deposited in tissue proteins*". Later "*an equivalent of protein nitrogen is excreted*". This and additional experiments carried out by Schoenheimer demonstrated unequivocally that the body structural proteins are in a dynamic state of synthesis and degradation. After his tragic death, his findings and lectures were published (1942) in a small book called "**The Dynamic State of Body Constituents**". In the book, the new hypothesis is clearly presented: "*The simile of the combustion engine pictured the steady state flow of fuel into a fixed system, and the conversion of this fuel into waste products. The new results imply that not only the fuel, but the structural materials are in a steady state of flux. The classical picture must thus be replaced by one which takes account of the dynamic state of body structure*".

The idea that proteins are turning over was not accepted easily by the scientific community and was challenged as late as the mid-1950s. At that time, however, scientists started to change their view which was mostly due to two main findings. First and foremost was the discovery of the lysosome by Christina de Duve in the early 1950s which was a turning point in studies on protein degradation. At that time several independent experiments had already substantiated the notion that cellular proteins are in a constant state of synthesis and degradation, and thus the concomitant discovery of an organelle that contains a broad array of membrane-secluded proteases with different specificities provided, for the first time, an organelle and mechanism that could potentially mediate intracellular proteolysis. The fact that the proteases were separated from their substrates by a membrane provided an explanation for controlled degradation, and the only problem left to be explained was how the substrates are translocated into the lysosomal lumen where they are degraded by the lysosomal proteases. An important discovery in this respect was the unraveling of the mechanism of action of the lysosome under basal conditions – microautophagy: during this process small portions of the cytoplasm (which contain the entire cohort of cellular proteins) are captured in vesicles and tubules that are formed by intraluminal invagination of the endosomal or lysosomal. The contents of these vesicles are digested as the vesicles are consumed by the lysosome. The second discovery was that intracellular proteolysis in both bacterial (Mandelstam, 1958) and mammalian (Simpson, 1953) cells requires metabolic energy. Since proteolysis is thermodynamically exergonic, the energy requirement suggested that the underlying mechanisms must be more complex than simple hydrolysis of peptide bonds, and the energy is required in order to allow control and endow the systems involved with specificity towards their substrates.

However, over a period of more than two decades, between the mid 1950s and the late 1970s, it has gradually become more and more difficult to explain several aspects of intracellular protein degradation based on the known mechanisms of lysosomal activity: accumulating lines of independent experimental evidence indicated that the degradation of at least certain classes of cellular proteins must be non-lysosomal. Yet, in the absence of any 'alternative' mechanism, researchers came with different hypotheses and experiments, some more substantiated and others much less so, to defend the 'lysosomal' hypothesis.

First was the gradual discovery that different proteins vary in their stability, and their half life times can span three orders of magnitude, from a few minutes to many days. Also, rates of degradation of many proteins were shown to alter with changing physiological conditions, such as availability of nutrients or hormones. It was conceptually difficult to reconcile the findings of distinct and changing half lives of different proteins with the mechanism of action of the lysosome, where the autophagic vesicle contains the entire cohort of cellular proteins that are therefore expected to be degraded at the same rate. Another source of concern about the lysosome as the organelle that carries out proteolysis of intracellular proteins under basal conditions were the findings that specific and general inhibitors of lysosomal proteases had different effects on different populations of proteins, making it clear that distinct classes of cellular proteins are targeted by different proteolytic machineries. Thus, the degradation of endocytosed/pinocytosed extracellular proteins was significantly inhibited, a partial effect was observed on the degradation of long-lived cellular proteins, and short-lived and abnormal/mutated cellular proteins were not affected almost at all by the inhibitors. Interestingly, lysosomal degradation was influenced by changing physiological conditions, where under stress more cellular proteins were shown to be targeted to the lysosome. Finally, the thermodynamically paradoxical observation that the degradation of cellular proteins requires metabolic energy, and more importantly, the emerging evidence that the proteolytic machinery uses the energy directly, were in contrast with the known mode of action of lysosomal proteases, that under the appropriate acidic conditions and similar to all known proteases, degrade proteins in an exergonic manner. Brian Poole from the Rockefeller University in New York summarized these (1977) some of these concerns in a most poetic manner, arguing that the lysosome is involved mostly in degradation of extracellular proteins, while intracellular proteins are degraded by an as yet to be discovered system: *"The exogenous proteins will be broken down in the lysosomes, while the endogenous proteins will be broken down wherever it is that endogenous proteins are broken down during protein turnover"*.

Progress in identifying the elusive, non-lysosomal proteolytic system(s) was hampered by the lack of a cell-free preparation that could faithfully replicate the cellular proteolytic events - degrading proteins in a specific and energy-requiring mode. An important breakthrough was made by Rabinovitz and Fisher who found (1964) that rabbit reticulocytes degrade abnormal, amino acid analogue-containing hemoglobin. Their experiments modeled known disease states – hemoglobinopathies - where mutated hemoglobin chains or excess of unassembled normal hemoglobin chains are rapidly degraded. Reticulocytes are terminally differentiating young red blood cells that do not contain lysosomes, and it was postulated that the degradation is mediated by a non-lysosomal machinery. Etlinger and Goldberg (1977) were the first to establish and characterize a cell-free and energy dependent proteolytic preparation from reticulocytes. The crude extract selectively degraded abnormal hemoglobin, required ATP hydrolysis, and acted optimally at a neutral pH, which further corroborated the assumption that the proteolytic activity was of a non-lysosomal origin. Yet, the underlying mechanism had not been elucidated. A similar system was isolated and characterized later by Hershko, Ciechanover, and their colleagues (1978). Additional studies by this group and by Irwin Rose (1978-1983) led subsequently to resolution, characterization, and purification of the major enzymatic components of the system and to the discovery of the ubiquitin signaling system. Degradation of a protein by the ubiquitin system as we currently know it proceeds via two successive steps: (i) covalent attachment of multiple ubiquitin moieties to the substrate, and (ii) degradation of the tagged substrate by the 26S proteasome, followed by release of free and reusable ubiquitin.

We now recognize that ubiquitin-mediated degradation of intracellular proteins is involved in regulation of a broad array of cellular processes, such as cell cycle and division, regulation of transcription factors, and assurance of the cellular quality control. It was later discovered that certain modifications by ubiquitin as well as by the newly discovered family of ubiquitin-like proteins, serve numerous non-proteolytic functions which has broadened the scope of this novel type of post-translational modification well beyond targeting of proteins for destruction. Not surprisingly, aberrations in the system have been implicated in the pathogenesis of human disease, such as malignancies and inflammatory and neurodegenerative disorders, which led subsequently to the development of the first mechanism-based drug, with an expectation for development of many more.

The discovery of the ubiquitin system has added another layer to already known regulatory mechanisms, thus paving the road to the unraveling of numerous novel cellular pathways and explaining the mechanisms that underlie many others. Conceptually, it has divided regulatory mechanisms to those that act in a reversible manner (phosphorylation, for example) and those that act in an irreversible manner (proteolysis), and set the stage for a discussion on the evolutionary mechanisms and the necessity of such diverse mechanisms. Thus, the discovery of ubiquitin signaling and evolvement of proteolysis as a centrally important regulatory platform is a remarkable example for the evolution of a novel biological concept and the accompanying battles to change paradigms.

Aaron Ciechanover

Faculty of Medicine, Technion-Israel Institute of Technology

Haifa, Israel

目　　录

第一篇　泛素-蛋白酶体通路

第二篇 细 胞 自 噬

第一章 泛素家族概论

蛋白质降解调控着动植物体内几乎所有的生命活动。蛋白质在行使其功能后,需在特定的时空条件下被降解;蛋白质在合成、折叠、转运或行使功能过程中发生错误或损伤时,需被及时降解和清除;食物中的蛋白质,也要经过蛋白质降解酶的作用降解为多肽或氨基酸才能被人体吸收。人类细胞中存在着两类主要的蛋白质降解途径,即泛素-蛋白酶体通路和溶酶体-自噬通路。泛素家族包括近 20 种成员蛋白,其中泛素介导真核细胞内绝大多数蛋白质通过蛋白酶体进行选择性降解,类泛素 Atg8/LC3 则介导细胞自噬。细胞内大多数蛋白质的降解通常由泛素-蛋白酶体通路执行。而在特定的生理或病理条件下,细胞自噬可通过溶酶体降解错误折叠蛋白、蛋白质聚集物和细胞器等细胞内物质。2004 年,泛素介导蛋白质降解的发现获得诺贝尔奖,此后蛋白质降解研究在国际上被广泛重视。2016 年,自噬机制的发现获得了诺贝尔奖,进一步推动了该领域的发展。本章将简要介绍泛素家族的组成、生理功能及其与疾病的关系,回顾其研究历史,分析该领域的研究现状,并展望其研究前景。

第一节 泛素家族概述

蛋白质是生命活动的直接执行者,生命过程中几乎所有的环节都与蛋白质有关。"蛋白质"一词最早源于 1838 年,是从希腊文"proteios"衍生而来,意为"首要的物质"。一百多年来,科学家们已对蛋白质合成进行了大量的研究并取得了辉煌的成就,与其相关的研究至少已有 5 项被授予诺贝尔奖。蛋白质合成固然重要,但蛋白质降解对生命的意义并不亚于蛋白质合成。在人类基因组中,与蛋白质合成相关的基因约占 1%,而与蛋白质降解相关的基因接近 5%(1)。

泛素(ubiquitin, Ub)是一条由 76 个氨基酸组成的高度保守的多肽链,因其广泛分布于各类细胞而得名。泛素与其底物蛋白质共价结合的过程称为泛素化(ubiquitination)。泛素化是一个主要由泛素激活酶(ubiquitin-activating enzyme,E1)、泛素耦合酶(ubiquitin-conjugating enzyme,E2)和泛素连接酶(ubiquitin-protein ligase,E3)等介导的多级酶联反应。在此过程中,泛素连接酶起着极其重要的作用,它决定了底物泛素化的时间性和特异性。除泛素外,泛素家族还拥有近 20 种类泛素蛋白(ubiquitin-like protein,UBL)。我们对这些类泛素蛋白的中文名称进行了系统命名(2)(表 1-1)。类泛素蛋白与泛素具有相同的三维核心结构——β 抓握折叠(β-grasp fold,图 1-1)(2),并且各种类泛素系统都会使用相应的类似于泛素化修饰的酶来催化修饰反应(表 1-2)(2)。这些酶虽然各不相同,但在进化上都与泛素化酶具有相关性。虽然类泛素蛋白结构上相关联,并都调控被修饰蛋白与其他生物大分子间的相互作用,但它们调控的细胞过程截然不同,包括蛋白质降解、核转运、翻译、自噬和抗病毒通路等(3)。

泛素-蛋白酶体通路（ubiquitin-proteasome pathway）由底物蛋白质泛素化和蛋白酶体降解两个过程组成（*4*）（图 1-2）。该通路调控着动植物体内几乎所有的生命活动，包括细胞增殖、分化、凋亡、DNA 复制和修复、转录和蛋白质质量控制等，并参与病原

表 1-1　类泛素蛋白分类及中文命名

序号	中文命名	英文名及成员	酵母中别名	与泛素相同性/%	中文命名理由
1	拟素	NEDD8	RUB1	60	意指其可比"拟"泛"素"，"NEDD"和"拟"具有英文谐音
2	相素	SUMO1	Smt3	14	意指其"相"似于泛"素"，"SUMO"是日文"相扑"的英文名，取其"相"字而用之。在哺乳动物中有 4 个成员
		SUMO2	—	13	
		SUMO3	—	13	
		SUMO4	—	12	
3	仿素	Fub1 或 MNSFβ	—	36	意即模"仿"泛"素"，"仿"的发音和 Fub1 中的英文字母"F"谐音
4	初素	Atg12	Atg12	12	"Atg"是蛋白翻译的起始密码子，"初"即初始
5	始素	MAP1LC3A	Atg8	9	"Atg"是蛋白翻译的起始密码子，"始"即起始。始素属 LC3 或 GABARAP 亚家族，在哺乳动物中至少有 6 个成员，是自噬通路中初素的下游因子
		MAP1LC3B		13	
		MAP1LC3C		10	
		GABARAP		8	
		GABARAPL1		12	
		GABARAPL2		14	
6	犹素	Ufm1	—	23	意即模"犹"如泛"素"，"犹"的发音和 Ufm1 中的英文字母"U"谐音
7	模素	Urm1	Urm1	17	意即"模"拟泛"素"，"模"的发音和 Urm1 中的英文字母"M"谐音
8	扰素	ISG15	—	28	一种在干扰素刺激下产生的分子，取其"扰"而命名
9	肥素	Fat10	—	27	"肥"由英文"Fat"直译而成
10	原素	Pup	—	—	意指"原"核生物的类泛"素"蛋白

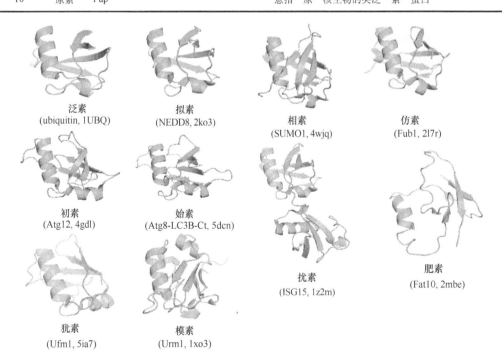

图 1-1　类泛素蛋白与泛素三维核心结构的比较。括号中为英文名及 NCBI 结构编码，始素只显示了它的 C 端区域。扰素具有两个 β 抓握折叠，而原素没有 β 抓握折叠，故没有列出后者结构

表 1-2 类泛素蛋白、修饰酶、底物及功能

序号	中文名	英文名	泛素激活酶	泛素耦合酶	泛素连接酶	去类泛素酶	底物	功能或注释
1	拟素	NEDD8	NAE1-UBA3	UBC12 UBE2F	约 10 个	NEDP1 等	Cullin，肿瘤抑制因子及致癌因子等	通过激活 Cullin-RING 类 E3 调控泛素化及细胞周期
2	相素	SUMO 1-4	SAE1，SAE2	UBC9	约 15 个	SENP1-3，5-7	数百个	调控蛋白相互作用及定位等。SUMO4 修饰机制仍不清楚
3	仿素	Fub1 或 MNSFβ					TCRα-like 蛋白、BCL-G、Endophilin II	可能参与免疫调控
4	初素	Atg12	Atg7	Atg10	—	—	Atg5、Atg3	自噬及线粒体稳态
5	始素	Atg8 或 LC3	Atg7	Atg3	Atg12/5/16L	Atg4A-D	Phosphatidyl-ethanolamine	自噬体生成，提供自噬的选择性等
6	犹素	Ufm1	UBA5	Ufc1	Ufl1	UfSP1，UfSP2	Ufbp1、ASC1	血细胞发育等
7	模素	Urm1	Mocs3				Mocs3、Tpbd3、Upf0432、Cas	tRNA 硫醇化和氧化诱导的蛋白质修饰
8	扰素	ISG15	UBE1L	UBCH8，UBCH6	HERC5	UBP43	病毒及其宿主蛋白	干扰素诱导的抗病毒免疫
9	肥素	Fat10	UBA6	USE2			USE2	非泛素依赖性蛋白降解，可能参与免疫调控
10	原素	Pup			PafA	Dop	FabD、PanB 等 50 余种蛋白质	蛋白质降解，抗免疫

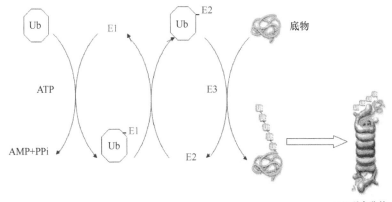

Ub: 泛素，一高度保守的，由76个氨基酸组成的多肽
E1: 泛素激活酶，人类仅有2种
E2: 泛素耦合酶，人类约有30多种
E3: 泛素连接酶，人类有600多种
26S蛋白酶体：由19S调节颗粒和20S催化颗粒组成的多亚基复合蛋白酶

图 1-2 泛素-蛋白酶体通路

体的入侵、致病和人类机体的免疫应答等过程。另外，泛素介导的蛋白质降解还参与环境有害物质的致病过程及机体的解毒机制，掌控着从生殖、发育、生长到衰老等各种重大生命过程。它的异常将导致严重的人类疾病，包括癌症和神经退行性疾病等，对此通路的调控已被证明为疾病治疗中的一种革命性新方法。2003 年 5 月，美国食品药品监督管理局（FDA）批准了应用一种新型的蛋白酶体抑制剂 Velcade（也被称为 Bortezomib，

中文名为"万珂")来治疗多发性骨髓瘤，欧洲药品评价局（EMEA）也在 2004 年 4 月批准了 Velcade 在欧盟的使用。目前，已有 Carfizomib 和 Oprozomib 等第二代蛋白酶体抑制剂上市，它们具有独特的化学结构、生化特性、结合亲和性、选择性，更利于提高抗癌效率。我国中药研究急需应用前沿的研究方法来开展创新，蛋白酶体抑制剂的出现也为中药新药研发及中药现代化提供了新的思路。现已发现中药雷公藤中的抗癌活性成分——雷公藤红素就是一种蛋白酶体抑制剂，它能通过控制癌细胞的蛋白酶体活性进而诱发癌细胞凋亡（5）。蛋白酶体的活性可在特定的条件下被蛋白激酶和泛素化酶等特异调节因子调控（6-8），以这些调节因子为靶标，将有可能开发出更为特异和高效的药物。

26S 蛋白酶体可降解大多数带有多泛素链共价修饰的胞内蛋白质。它由一个或两个 PA700（也被称为 19S 调节颗粒）结合至 20S 蛋白酶体（即蛋白降解中心）组成。20S 蛋白酶体包含三种蛋白底物降解催化位点。这些催化位点位于圆筒状 20S 蛋白酶体的内腔室，因而与底物之间存在物理屏蔽而不能相互接触。为到达催化位点，底物必须穿越位于 20S 圆筒两端的狭窄孔道。PA700 是一种分子质量为 700 kDa 的蛋白酶体激活物，是 26S 蛋白酶体的调节组分，其主要功能之一便是对底物进入蛋白酶体催化区室的调控。多数 19S 调节颗粒亚单位的功能尚未明确，但已知其中的 Rpn1、Rpn10 和 Rpn13 作为泛素底物受体识别并结合泛素化底物，Rpn11、USP14 和 UCH37 可催化去泛素化（deubiquitination）以去除底物上的多泛素链（7，9）。

第二节　泛素家族异常与人类疾病

泛素-蛋白酶体通路对维持正常生命活动极其重要。对这个通路中某些分子的干涉将可能为多种疾病的治疗提供新的方法。泛素连接酶通过决定泛素化的时间性和特异性而间接调控蛋白酶体介导的蛋白底物降解。致癌基因蛋白/生长促进因子（如 Cyclin B 和 HIF）的降解受阻或抑癌基因蛋白（如 p27 和 p53）的降解加速均可能使细胞生长失控，从而导致肿瘤的发生。周期蛋白依赖激酶（Cyclin-dependent kinase，CDK）的抑制因子 p27 可抑制 CDK2/Cyclin E 和 CDK2/Cyclin A 复合物的活性，从而引起细胞周期停滞在 G_1 期。p27 的泛素化和降解是由含有 S 期激酶相关蛋白 2（S-phase kinase-associated protein 2，Skp2）的复合泛素连接酶 SCF（Skp1-Cullin-F-box 蛋白复合物）催化的。研究表明，p27 的低水平与肿瘤的侵袭及其恶性程度等密切相关。在正常细胞中，抑癌基因蛋白 p53 的半衰期很短，它可在泛素连接酶 murine double minute 2（MDM2）的作用下被泛素化后进一步被蛋白酶体降解；但在某些肿瘤中，MDM2 的过表达会加快 p53 的降解，从而导致细胞的异常增殖。另外，高危型 HPV 癌基因蛋白 E6 可与泛素连接酶 E6AP 共同作用促进 p53 的泛素化及降解，进而引起宫颈癌的发生。新近的研究表明，巨型凋亡抑制蛋白 BRUCE 具有泛素连接酶的活性并可能促进 p53 降解（10-12）。泛素连接酶 pVHL 的基因突变可通过提高转录因子低氧诱导因子（hypoxia inducible facor，HIF）的蛋白质水平而引起肾透明细胞癌。另外，泛素连接酶 BRCA1 的基因突变与乳腺癌的发生相关。总之，与泛素化直接相关的抑癌基因的突变或下调，或促癌基因蛋白水平的提高，最终将引起肿瘤的发生（表 1-3）（13-15）。这些发现充分显示了泛素-蛋白酶体通路在癌症发生及诊治中的重要性。

表 1-3　泛素化失调与肿瘤

失调蛋白	底物	修饰	肿瘤类别
APC ↓	Cyclin B, securin	多泛素化	结直肠癌
Cbl ↓	RTK	单冷素化	多发性淋巴瘤、急性骨髓系白血病与胃癌
FBXW7↓	c-Myc, Cyclin E, mTOR, Notch	多泛素化	乳腺、肝、肺、大肠、胃和胆管癌
FANCL ↓	FANCD2	单冷素化	范科尼贫血相关癌症
HUWE1 ↑	TIAM1	多泛素化	肺癌
IAP2 ↓	BCL-10	多泛素化	马尔特淋巴瘤
LUBAC/RNF31↑	NEMO	线性多泛素化	活化 B 细胞样弥漫性大 B 细胞淋巴癌
MDM2 ↑	p53	多泛素化	NSC 肺癌、软组织癌、结直肠癌
Parkin↓	TOM20, Mfn2, VDAC1	多泛素化	卵巢、膀胱、乳腺、结直肠和肺癌
pVHL ↓	HIF	多泛素化	von Hippel-Lindau 病
Skp2 ↑	p27^{Kip}	多泛素化	恶性黑色素瘤
SPOP↓	SRC-3, androgen and estrogen receptor	多泛素化	前列腺癌
TRAF4↑	SMURF2, TGF-β	多泛素化	乳腺、胰腺、结肠、前列腺和卵巢癌
UBE2N/UBE2V1↑	NF-κB, TGF-β	多泛素化	乳腺、胰腺、结肠、前列腺和卵巢癌
UBE2S↑	VHL, HIF	多泛素化	肝、黏液性结直肠和乳腺癌

　　泛素介导的蛋白质降解也与神经退行性疾病关系密切。例如，Parkin 是一种泛素连接酶，能与泛素耦合酶 UBCH7 和 UBCH8 共同作用而催化多种底物的泛素化。已知编码 Parkin 的基因突变可引起多巴胺类神经元的毒性损伤，从而引起常染色体隐性少年型帕金森病（autosomal recessive juvenile Parkinsonism）。同时，去泛素化酶的失调也与帕金森病相关。例如，UCHL1 为一种去泛素化酶，它在帕金森病患者中的突变可能导致其酶活性的丧失，减少了泛素自由单体的供应及底物蛋白的降解，进而导致黑质病变（16）。这些证据表明泛素介导的蛋白质降解可能在帕金森病、癌症等重大疾病的致病机制中起着关键作用。然而，人们对其具体机制仍知之甚少。

第三节　溶酶体-自噬通路及其在蛋白质降解中的作用

　　溶酶体是真核细胞中的一种细胞器，为单层膜包被的囊状结构，直径 0.025～0.8μm；内含多种水解酶，专门分解各种外源和内源的大分子物质（17），它由克里斯汀·德迪夫（Christian De Duve）于 1955 年发现。溶酶体一般分内体（endosome）和溶酶体（lysosome）两类（图 1.3）（18）。内吞体（endosome carrier vesicle，ECV）与高尔基体出芽脱落的含新合成的水解酶和溶酶体膜蛋白的转运小泡融合，并开始水解内吞的物质。当内体失去明显的内吞体膜成分，pH 再进一步降低，即成为溶酶体。吞噬体与内体或溶酶体融合成异噬溶酶体（heterophagic lysosome）；自噬体（autophagosome）与内体或溶酶体融合形成自噬溶酶体（autophagic lysosome）。溶酶体主要参与细胞的吞噬（phagocytosis）、自噬（autophagy）、内吞（endocytosis）和外吐作用（exocytosis）（*16*）。1963 年，德迪夫首次将细胞内包裹细胞质和细胞器送入溶酶体的过程命名为"自噬"（autophagy）。1974 年，德迪夫因此发现获得诺贝尔生理学或医学奖。日本的大隅良典（Yoshinori Ohsumi）于 1992 年发现在营养缺陷的条件下，酵母自噬降解细胞质中的成分，随后他们筛选并鉴定了一批参与自噬调节的关键基因。Ohsumi 因为发现自噬机制及生理意义于 2016 年获诺贝尔生理学或医学奖。

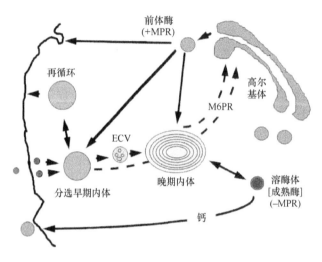

图 1-3　内体和溶酶体。ECV，内吞体；M6PR（mannose-6-phosphate receptor），甘露糖-6-磷酸受体

除少数细胞如哺乳类红细胞外，各种动物细胞都有溶酶体。目前已发现溶酶体内有 50 余种酸性水解酶，包括蛋白酶、核酸酶、磷酸酶、糖苷酶、脂肪酶、磷酸酯酶及硫酸脂酶等。溶酶体中的酶能把各种大分子物质分解为小分子，然后渗出至细胞基质之中，再为细胞代谢所利用。不能被消化的物质即形成残余体，在一般情况下可以从细胞内排出。溶酶体的酶有如下 3 个特点：①由于溶酶体膜蛋白多为糖蛋白，所以溶酶体膜内表面带负电荷，这样有助于溶酶体中的酶保持游离状态，并保证其行使正常功能和防止细胞自身被消化；②所有水解酶活性在 pH 5 左右最佳，而其周围胞质中 pH 为 7.2，溶酶体膜内的转运蛋白可以利用 ATP 水解的能量将胞质中的 H^+ 泵入溶酶体，从而维持其低 pH；③底物只是在进入溶酶体后才被水解，如果溶酶体膜被损，水解酶逸出，细胞就会自溶。

溶酶体具有多种生理功能，包括原生动物借助溶酶体消化摄入的食物、真核细胞内细胞器更新，以及动物发育和变态过程中组织的退化（如蝌蚪尾部的吸收）等。在白细胞中，溶酶体性质的颗粒能消灭入侵的微生物。溶酶体结构和功能异常可导致多种疾病。机体由于基因缺陷而在溶酶体中缺少某种水解酶，将导致相应底物不能被水解而积蓄在溶酶体中，造成细胞代谢障碍，形成溶酶体贮积病（lysosomal storage disorder）。在某些脏器中，如果细胞摄入过多或因溶酶体酶活性降低而在细胞内出现大量溶酶体过载，也会引起该病。目前已知这类疾病多达几十种，其中最早被发现的是糖原贮积病Ⅱ型。患者的肝细胞常染色体上存在一个基因缺陷，使得其溶酶体内缺乏 α-葡萄糖苷酶，进而导致糖原无法水解为葡萄糖而造成糖原在肝脏和肌肉大量积蓄并最终导致肌无力、心脏增大、进行性心力衰竭。患者多于 2 周岁以前死亡，故此病又称为心脏型糖原沉着病。

　　溶酶体和自噬的功能失常还与类风湿关节炎、脑中风和老年痴呆症相关。某些类风湿因子，如抗 IgG，被巨噬细胞、中性粒细胞等吞噬，促使溶酶体酶外逸。其中的一些酶，如胶原酶，能腐蚀软骨，产生关节的局部损害，从而引起关节炎。在中风过程中，机体微循环发生紊乱，组织缺血、缺氧，影响了供能系统，从而导致膜不稳定，溶酶体酶外漏，造成细胞与机体的损伤（17）。

第四节　泛素研究的背景与前景

一、直接依赖于能量的非溶酶体类蛋白酶的存在

　　泛素介导的蛋白质降解这一重大发现最关键的基础是蛋白质降解本身需要能量。早在 20 世纪 40 年代，Rudolph Schoenheimer 就发现，蛋白质处于不断产生与分解的动态平衡中。1953 年，Simpson 利用当时普及的放射性同位素进行代谢实验，揭示了生物细胞中的蛋白质降解需要代谢能量即需要 ATP 的水解。由于在当时热力学的观点中，水解反应是产能反应，他认为蛋白质降解中所需的能量不可能直接用于蛋白质降解本身。随后溶酶体的发现似乎进一步支持这一推测。Schneider 发现 ATP 是维持溶酶体中的低 pH 所必需的。然而，选择性地抑制溶酶体活性只能抑制由营养缺乏等因素引起的蛋白质降解，而对正常代谢条件下细胞内蛋白质的降解并无影响，并且溶酶体的非选择性破坏方式与细胞内不同蛋白质的寿命和表达水平千差万别的现象之间存在矛盾（18）。正当人们彷徨之际，Goldberg 等在 1977 年首次证明了蛋白质降解过程本身直接需要能量（19）。Goldberg 等发现在网织红细胞的提取液中加入 ATP 能显著促进蛋白质的分解，也就是伴随着蛋白质分解有能量的消耗。网织红细胞向红细胞最终分化时，溶酶体消失，细胞内蛋白质仍快速降解。这样，他们向世人首次证明，人类细胞中存在一可溶的、直接依赖于能量的非溶酶体类蛋白酶。

　　ATP 为膜型的 ATP 泵（ATPase）提供能量，从而维持溶酶体的酸性 pH，但这些能量消耗与 Goldberg 等所观察到的细胞质的能量消耗机制完全不同。实际上，像大肠杆菌这样不含细胞器的原核生物的蛋白质降解也需要代谢能量，由此明确了 ATP 依赖性蛋白降解酶系统和溶酶体系统是相互独立存在的。随后，Goldberg 等在大肠杆菌内发现了 ATP 依赖性的蛋白降解酶 Lon 酶（同时具有丝氨酸蛋白降解酶和 ATP 泵酶结构的多功能酶）。据曾在 Goldberg 实验室工作过的田中启二教授介绍，Goldberg 等受到 Lon 酶的启示，坚信真核细胞中也存在 ATP 依赖性的蛋白降解酶，并确信能发现其作用机制。但意想不到的是，Ciechanover、Hershko、Rose 和 Varshavsky 等却将他们本能够取得的"探明在真核细胞中 ATP 依赖性的蛋白质降解机制"的荣耀几乎全部夺走（20）。

二、泛素的发现

以色列的 Hershko 受到 Goldberg 等的"ATP 依赖性的非溶酶体蛋白降解系统"这一发现的启发,与美国的 Rose 合作,同当时还是研究生的 Ciechanover 一道致力于探明其机制的工作。他们采用化学方法分离和纯化网织红细胞提取液中的阶段性相关因子,并很快地通过 DEAE-Cellulose 色谱柱得到了"阶段 1"产物和高浓度盐析的"阶段 2"产物。单纯的"阶段 1"或"阶段 2"产物中几乎难以见到 ATP 的促进效应,但当二者混合时,可以观察到 ATP 的促进效应,显示 ATP 依赖性的蛋白质降解路径是复合的。这一伟大发现,最终以简报的形式刊载于 *Biochemical and Biophysical Research Communications*(1978)(*21*)。此后不久,他们在"阶段 1"产物中成功提纯了 ATP-依赖性的蛋白水解因子(ATP-dependent proteolysis factor)APF-1。APF-1 是热稳定性很好的小分子蛋白质。当时他们推想,APF-1 是"阶段 2"产物内存在的尚未认定的蛋白降解酶的活化因子,于是,他们采用 ^{125}I 标记的 APF-1 以检测其相互作用的分子。但结果出现了令人惊奇的现象,^{125}I -APF-1 以高分子梯状条带出现,并且此修饰反应为 ATP 的水解反应所必需。随后,在 1980 年,Hershko 与其同事一起证明了 APF-1 和当时已被发现的泛素是同一物质(*22*)。

早在 1975 年,Goldstein 把泛素当作胸腺激素而发现其存在,但随后的研究澄清了其不过是标本中混入的杂质。Goldstein 等为了强调这个物质在所有的组织细胞中普遍存在,即其普遍性(ubiquity),称其为泛素(ubiquitin)。1977 年,Goldknopf 和 Busch 在细胞周期的研究中认定了在染色体的组蛋白 2A 中与其异肽链结合的分子为泛素。这篇"泛素与蛋白质共价结合"的文章为明确泛素化机制带来了光明。

Hershko 和 Ciechanover 很快提出了有关泛素在蛋白质降解中所起的基本作用的假说,即泛素通过泛素激活酶、泛素耦合酶、泛素连接酶的多级反应,与目标蛋白质共价结合,多数泛素分子枝状连接,形成多泛素链,而多泛素链成为蛋白酶体攻击的标记,被捕捉到的目标蛋白质被迅速地降解。这个"泛素假说"后来得到公认。这个假说的要点在于代谢能量是泛素活化所必需的,也就是说,ATP 消耗被用于蛋白分解的信号形成过程。

在 Hershko 和 Ciechanover 提出泛素假说的最初 5 年间竟然没有竞争对手的出现,在和平年代里这是极为罕见的。这与大家对这种"当时难以想象的现象"持怀疑态度有关,也是独创性达到了超世的境界而处于高处不胜寒的典型例子。由于其超出常识,*Nature*、*Science* 等世界超一流的杂志也不相信他们的发现,在很长一段时间内拒绝刊登。

Varshavsky 和他的学生,如 Finley、Jentsch、Hochstrasser 等,对证明泛素系统生理作用的贡献巨大。1977 年,Varshavsky 从苏联莫斯科染色体研究所移居到了美国波士顿的麻省理工学院(MIT),主要从事染色体的研究。他注意到了 Goldknopf 和 Busch 关于泛素修饰的报道,并且围绕泛素化的组蛋白 H2A 的染色体相关机能进行了研究。1980年左右,Varshavsky 开始使用芽殖酵母的遗传学技术对泛素系统进行研究。接着,他们通过 Hershko 等使用的生物化学方法将所认定的泛素激活酶、泛素耦合酶、泛素连接酶等酶群所对应的酵母基因一个个地分离出来。这些研究明确了泛素链作为细胞体内实际分解信号的机能，将"泛素假说"的"假说"二字在文字上去掉了。同时他们以一连串的遗传学研究取得了与泛素系统相关的许多前瞻性的研究成果，在 *Nature*、*Science*、*Cell* 杂志上源源不断地发表论文，在 5 年间席卷有关蛋白质降解研究的世界（*20*）。

三、蛋白酶体的发现

从能量依赖性的蛋白质降解机制的观点来看，"泛素假说"仍然有一个重大的缺陷，即泛素修饰只是 ATP 消耗的一个装置而已。1983 年，Goldberg 证明泛素修饰后的蛋白质降解仍然需要 ATP，因而主张"在蛋白质降解的过程中 ATP 依赖性"的二段学说。也就是说，虽然已经证明泛素以能量依赖性的信号附加机制作为蛋白降解酶的攻击标识这个概念是正确的，但是实际上泛素修饰后的蛋白质降解仍然需要能量。这个假说的要点在于，作为第二个 ATP 的消耗的分子机制，与原核生物一样，真核生物也存在着同样的 ATP 依赖性蛋白降解酶。这个推断导致了称为蛋白酶体（proteasome）的 ATP 依赖性的蛋白降解酶体的发现。1987 年，Rechsteiner 和 Goldberg 两个小组几乎同时分离出了该蛋白降解酶体（*23，24*）。1988 年，Goldberg 将其正式命名为蛋白酶体（*25*）。2006 年笔者与 Goldberg 一起又发现了一新的哺乳动物蛋白酶体亚基 hRpn13（*7*）。花费如此长的时间的理由在于这个多蛋白复合酶体相对分子质量达到 250 万，总亚基数超过 50，是生命科学史上所发现的最大、最复杂的分子集合体之一。

四、蛋白质降解已成为当今生命科学研究中最热门的领域之一

有关泛素依赖性蛋白质降解系统的研究发展迅猛，并且其相关的疾病和患者也随之被越来越多地发现。早在 1980 年，进行细胞周期研究的山田正笃等分离了可以诱导染色体异常凝固的温度敏感性变异细胞 ts85，并报道了将这个细胞置于非限制温度下培养时可观察到修饰组蛋白 H2A 的泛素消失。当时，正在进行组蛋白泛素化研究的 Varshavsky 注意到了这篇论文，获得了 ts85 温度敏感型突变细胞，证实了 ts85 细胞存在泛素激活酶的变异，并使用这种细胞证明了泛素参与短寿命蛋白质降解。这篇 1984 年的报道是最初的关于泛素系统在细胞内生理机能的里程碑式的论文。

1983 年，Hunt 发现了在细胞分裂期间周期性变动的蛋白质 Cyclin B；1991 年，Hershko 和 Kirschner 各自独立发表了证明 Cyclin B 的周期性降解和泛素依赖性蛋白质降解系统相关的论文，细胞周期的研究从此掀开了新的一页。随后，Hershko 和 Kirschner 通过生物化学的方法分离出 Cyclin B 泛素化的泛素连接酶，命名为 cyclosome（也称为 APC，anaphase-promoting complex）。但是 cyclosome 最初也被投以怀疑的眼光。到 1996 年，出现了将这些疑问完全打消的事件——世界上几个不同的研究团队探明了 cyclosome 的分子结构，表明 APC 是由十几个亚基构成的巨大分子复合物。接着，Mitsuhiro Yanagida 和 Kim Nasmyth 明确了 APC 的亚基组分及其常见的靶分子，这是证明泛素依赖性的蛋白降解系统在细胞周期控制中的重要性的决定性事件。这个结果揭开了 ts85 细胞在非允许温度下染色体异常凝聚的谜团。在以后的细胞周期研究中，泛素系统的重要性也变得

越来越清楚。特别是 SCF 和 MDM2 等新泛素连接酶的发现，证实了泛素介导的蛋白质降解对细胞周期调控的核心作用。这些结果确立了细胞周期是通过蛋白质的磷酸化反应与泛素介导的蛋白降解而得以调控的概念，这被称为近年来癌症研究的最大成果（20）。

2001 年，以 "Regulation of cellular function by the ubiquitin -proteasome system" 为题目的第 34 届诺贝尔会议在斯德哥尔摩召开，这次会议除了 Hershko、Ciechanover、Varshavsky、Goldberg 等人，还召集了细胞周期、免疫、神经等方面的相关专家。接着，就如大家所知道的那样，2004 年，Hershko、Ciechanover、Rose 等三人获得了诺贝尔化学奖。Rose 是 ATP 酶学权威，在初期和 Hershko、Ciechanover 共同进行研究，对泛素化机制的探明有重大的贡献。其后，他在人才培育上也有非凡的成就。现代的遗传学、分子生物学等技术的快速发展，其本身就应该带来人体基因解析的大幅进步，而此次诺贝尔奖的三名得主借助生物化学和酶学等所谓的低技术，却有了这种新概念的发现，则有着非凡的意义。诺贝尔奖委员会正是为表彰这种"原创性发现"而对他们的工作予以充分肯定的。Hershko 的智慧、Ciechanover 卓越的技术和行动力、Rose 深刻的酶学素养，这三个个性和才能截然不同的科学家共同努力，促成了泛素作为蛋白质降解信号这一学说的建立（20）。

对于泛素研究的推广和深入，Hershko、Goldberg、Varshavsky 等所发起的 FASEB Summer Conference "Ubiquitin and Protein Degradation" 具有重大的贡献。第一届会议于 1989 年召开，以后隔年一次。从 2003 年开始，由 CSH Symposium 组织的"泛素之家"也隔年举行。除这些定期的国际会议以外，Keystone Symposium、FASEB 和 EMBO Workshop 还对泛素研究频繁举行不定期的会议。我国也于 2007 年 11 月首次在北京举行大型蛋白质修饰与降解的国际会议（SPMDB2007），Ciechanover、Goldberg 和 Kirschner 等大师们均与会。首届冷泉港亚洲"泛素家族、自噬与疾病"（Ubiquitin Family，Autophagy and Diseases）会议于 2016 年在苏州举行，Goldberg、Finley 等与会；2018 年举行第二届，Ciechanover 到会并做主旨报告。从这些情况来看，现在与泛素-蛋白酶体及自噬相关的研究正处于蓬勃发展的时期。

五、泛素介导的蛋白质降解的前景

泛素介导的蛋白质降解为确保体内众多生物反应提供了快速、有序、特异、精细的调控，在细胞周期、凋亡、代谢调节、免疫应答、信号传递、转录控制、质量管理、应激反应、DNA 复制及修复等生命活动中起着关键的作用。业已探明，在胞饮、小泡运输等的选择，病毒出芽等细胞内物质流通系统，或是 DNA 修复、翻译控制、信号传递中，泛素还起到了降解信号分子以外的作用。除泛素外，细胞内还存在着许多类泛素蛋白，它们通过对蛋白质的翻译后修饰而发挥基因模板上没有的功能，但泛素和类泛素蛋白的功能及作用机制仍有待进一步探明。

泛素-蛋白酶体通路的失常可导致许多人类重大疾病，包括癌症和神经退行性病变，因而，该领域的研究引起了学者们越来越广泛的兴趣，该通路已成为药物开发的重要靶标。蛋白酶体抑制剂——Velcade 已被用来治疗多发性骨髓瘤，但它在治疗其他癌症中的应用仍有待进一步研究，对蛋白质降解的干预在对其他重大疾病（如神经退行性疾病和男性不育症）治疗中的应用前景则更为广阔。为了研制出更有效和特异的调控蛋白酶体的药物，我们还需要更多地了解蛋白酶体的调控机制。由于泛素连接酶控制底物泛素化和降解的特异性，调控泛素连接酶的特异药物可能对某些疾病的治疗更为有效。人类基因组计划（HGP）已于 2002 年 4 月全部完成人类基因组的全序列测定。HGP 提供了全套的物理图和序列图，令人惊讶的是，与泛素相关联的基因群占基因总数的 2%～3%，推测其中至少有 600 个泛素连接酶，但人们对它们的底物仍知之甚少。一项亟须完成的工作是将这些泛素连接酶与它们的底物"对号入座"，并深入研究调节它们酶活性的机制。

总之，经过 40 年的努力，科学家们已在泛素-蛋白酶体通路的研究中取得了许多丰硕的成果。但目前我们对此生命中既关键又复杂的过程的了解仍非常有限，因而我们仍然任重而道远。

第五节 小 结

本章描述了泛素家族介导的蛋白质降解与细胞自噬，并对泛素家族研究历史、现状及发展前景作了进一步介绍。由于泛素家族介导的蛋白质降解与细胞自噬在真核细胞内蛋白质降解等过程中起着主要的作用，因而它在生命活动中的地位不可替代。因为该领域的研究起步相对较晚，仍有大量关键问题有待我们去回答。同时，细胞内还有许多其他蛋白酶，它们在特定条件下，或对特定蛋白质底物的降解，起着关键的作用，例如，胱天蛋白酶（caspase）在细胞凋亡过程中负责许多重要蛋白质的降解。由于篇幅的限制，本章没有论及这些蛋白酶。

参 考 文 献

1. J. C. Venter *et al.*, *Science* **291**, 1304(2001).
2. W. Wei, Y. Sun, C. Cao *et al.*, *Chinese Sci. Bull.* **63**, 2564(2018).
3. M. Hochstrasser, *Nature* **458**, 422(2009).
4. A. L. Goldberg, *Neuron* **45**, 339 (2005).
5. H. Yang, D. Chen, Q. C. Cui, X. Yuan, Q. P. Dou, *Cancer Res.* **66**, 4758(2006).
6. X. Liu *et al.*, *Mol. Cell* **22**, 317(2006).
7. X. B. Qiu *et al.*, *EMBO. J.* **25**, 5742(2006).
8. B. Crosas *et al.*, *Cell* **127**, 1401(2006).
9. T. Yao *et al.*, *Nat. Cell Biol.* **8**, 994(2006).
10. X. B. Qiu, S. L. Markant, J. Yuan, A. L. Goldberg, *EMBO. J.***23**, 800(2004).
11. X. B. Qiu, A. L. Goldberg, *J. Biol. Chem.* **280**, 174(2005).
12. J. Ren *et al.*, *P. Natl. Acad. Sci. USA.***102**, 565(2005).
13. D. Hoeller, C. M. Hecker, I. Dikic, *Nat. Rev. Cancer* **6**, 776(2006).
14. L. H. Gallo, J. Ko, D. J. Donoghue, *Cell Cycle* **16**, 634(2017).
15. J. Qi, Z. A. Ronai, *Drug Resist. Updat.* **23**, 1(2015).
16. Y. Imai, R. Takahashi, *Curr. Opin. Neurobiol.* **14**, 384(2004).
17. 汪堃仁、薛绍白、柳惠图主编，北京: 北京师范大学出版社(1998).

18. C. S. Pillay, E. Elliott, C. Dennison, *Biochem. J.* **363**, 417(2002).

19. J. D. Etlinger, A. L. Goldberg, *P. Natl. Acad. Sci. USA.* **74**, 54(1977).

20. 田中启二, ユビキチンがわかる, (2004).

21. A. Ciehanover, Y. Hod, A. Hershko, *Biochem. Biophys. Res. Commun.* **81**, 1100(1978).

22. M. G. M. Aaron J. Ciechanover, *World Scientific, Singapore.* **9**, (2003).

23. L. Waxman, J. M. Fagan, A. L. Goldberg, *J. Biol. Chem.* **262**, 2451(1987).

24. R. Hough, G. Pratt, M. Rechsteiner, *J. Biol. Chem.* **262**, 8303(1987).

25. A. P. Arrigo, K. Tanaka, A. L. Goldberg, W. J. Welch, *Nature* **331**, 192(1988).

（邱小波）

第一篇

泛素-蛋白酶体通路

第二章　泛素化概论

泛素化的研究始于 20 世纪 70 年代。当时生物学家们正聚焦于解密中心法则的分子调控机制和破译蛋白合成的遗传密码子。然而大量的研究结果表明，经典的溶酶体介导的蛋白降解机制不能很好地解释某些底物蛋白降解所表现出的特异性和选择性。例如，对于某些细胞周期调控因子或转录因子，当细胞不需要它们时，会被程序性地迅速降解；而在细胞需要它们时，又可以保持蛋白质的稳定性。原核生物中虽然不存在溶酶体，但依然能够发生蛋白降解，并且该过程需要能量。Poole 等发现，亲溶酶体物质，如氯喹等，非常容易在溶酶体内富集，可用于中和溶酶体的酸性环境从而抑制溶酶体蛋白酶的活性，然而氯喹虽然可以阻断通过内吞途径到达溶酶体的胞外蛋白的降解，却不影响胞内蛋白的降解（1）；虽然网织红细胞在骨髓中分化时会丢失其胞内的溶酶体，但是它们还是可以持续地降解胞内的蛋白质，以及蛋白质组成的亚细胞机器，直到最终成熟并进入外周血液循环；Etlinger 和 Goldberg 发现，完整的网织红细胞或者其高速离心后的上清，都能以一种依赖 ATP 的未知机制来降解氨基酸修饰的血红蛋白（2）。针对"细胞中的蛋白质是如何被选择性地降解的"这一基础科学问题，人们通过了一系列经典的从微观到宏观的试验方法来进行深入研究，在这个过程中泛素系统最终被得以发现。尤其是其中利用细胞提取物建立简单的体外蛋白水解反应，并通过分离细胞提取物进行蛋白水解反应的重组实验来逐步解密这个多步骤反应中各个组分，充分显示了生物化学研究手段独特的魅力（表 2-1）。

表 2-1　蛋白降解所需的 ATP 和两个酶组分（3）

酶组分	^{3}H-globin 的降解/（%/h）	
	−ATP	+ATP
溶解产物	1.5	10.0
组分 Ⅰ	0	0
组分 Ⅱ	1.5	2.7
组分 Ⅰ和组分 Ⅱ	1.6	10.6

第一节　泛素化的生物化学基础

蛋白质翻译后修饰（post-translational modification）调控细胞功能相关的重要蛋白，一般是可诱导的，并且可逆，动态影响功能蛋白在细胞内的定位或功能，调节细胞内的信号转导，从而让真核细胞能随时应对外部和内部的各种刺激。

泛素是一类在进化上非常保守的、具有蛋白质翻译后修饰功能的小蛋白分子（图 2-1，图 2-2）。它由 76 个氨基酸残基组成，分子质量约为 8.5 kDa，存在于所有真核生物细胞中。泛素在 1975 年被 Goldstein 等最先发现和报道（4），并在之后的十多年间被进一步证实（5）。在人类基因组中，有 *Ubb*、*Ubc*、*Uba52* 和 *Rps27A*（也称 *Uba80*）四个基因编码泛素。*Uba52* 和 *Rps27A* 基因分别编码与核糖体蛋白亚基 L40 和 S27a 的 N 端融合的单拷贝泛素；*Ubb* 和 *Ubc* 基因分别编码头和尾重复串联 3 次和 9 次的多泛素分子（6）。这些重复串联的泛素前体分子，会被去泛素化酶（deubiquitinating enzyme，DUB）家族的肽酶加工生成游离的单个泛素分子。在 *Ubb* 基因中，一个移码突变导致其 C 端的甘氨酸残基缺失，产生截短型泛素多肽。这个异常的多肽被命名为 UBB+1，已有实验结果表明其能在阿尔茨海默病和其他蛋白样病例中发生特异性病变聚集（7）。

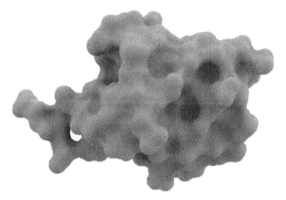

图 2-1　泛素分子表面结构模拟，基于蛋白质数据库（protein data bank，PDB）（8），蛋白质编号 1UBQ

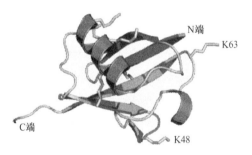

图 2-2　泛素结构示意图，凸显其二级结构。蓝色代表 α 螺旋，绿色代表 β 折叠，橙色代表泛素分子中 7 个赖氨酸残基的侧链。研究最为清楚的多泛素化分支位点，第 48 位和第 63 位赖氨酸残基（K48 和 K63）在图中被标示。此图来源于蛋白质数据库的泛素蛋白，由软件 PyMOL 生成（彩图请扫封底二维码）

　　原核生物中不存在泛素和泛素化系统，但是泛素被认为是从原核生物中类似于 ThiS 或 MoaD 蛋白演化而来的（9，10）。虽然这两个原核生物蛋白与泛素的序列同源性很低（ThiS 蛋白与泛素仅有 14%同源性），但是它们和泛素的蛋白质折叠结构高度相似，也表现出和泛素同样的硫化反应。人们普遍认为，一种类似于泛素的酿酒酵母蛋白 Urm1，是介于原核生物类泛素分子与真核生物泛素分子之间进化关系的"分子化石"（11）。

　　泛素与底物蛋白之间的共价连接被称为泛素化。泛素化系统能够将输入信号——游离的泛素，转化为与底物蛋白共价结合的各种"分子语言"，它通过调控蛋白的降解和（或）信号通路的动态变化，从而在机体的各项生理过程中发挥着重要的调控功能。泛素化修饰需要三个主要的步骤——激活、结合和连接泛素，分别由泛素激活酶、泛素耦合酶和泛素连接酶介导（图 2-3）。通常一个细胞只含有 1～2 类泛素激活酶分子，以及相对多种类的泛素耦合酶分子和非常多种类的泛素连接酶分子（*12*）。随着人类基因组测序的完成、生物化学和生物信息学的进一步发展，泛素化家族的成员被大量发现；同时，大规模的定量蛋白质组学和亚细胞定位研究为我们进一步展示了泛素化系统的各项宏观数据（*13*）。在 HeLa 细胞中，泛素化相关的酶（泛素激活酶、泛素耦合酶、泛素连接酶）和去泛素化酶（DUB）总计可以占细胞总蛋白的 1.3%（*14*）。但蛋白质功能的重要性一般不反映在其拷贝数上，如细胞分裂时中心体的拷贝数就很低。在 HEK293 细胞中，泛素蛋白总的拷贝数估计可以达到约 8×10^7 个/细胞（85 μmol/L，500 pmol/mg 蛋白），而在其他细胞类型中泛素的含量仅为 100 pmol/mg 蛋白（*15，16*）。在脊椎动物中有两个泛素激活酶基因，分别是 *Ube1* 和 *Uba6*。人类拥有 35 个不同的 E2 基因，其他真核生物拥有 16～37 个不同的 E2 基因，它们都含有非常保守的结构域，即泛素结合催化结构域（UBC）。人类基因组能编码超过 600 个泛素连接酶基因。

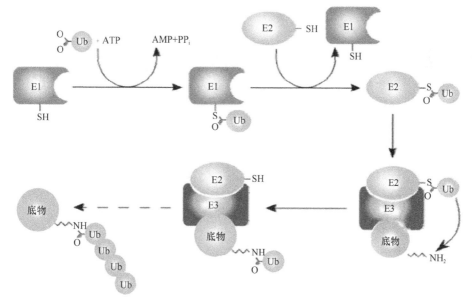

图 2-3　泛素化的生化反应示意图（*17*）。Ub，泛素；E1，泛素激活酶；E2，泛素耦合酶；
E3，泛素连接酶

　　泛素可分为四个"库"：游离泛素；通过硫酯键连接在泛素激活酶和泛素耦合酶上的泛素；单泛素修饰的蛋白质；各种链型的多泛素修饰的蛋白质（11%）。图 2-4 中，灰色圆圈代表了来自于 HEK293 细胞的实验数据的泛素库组成成分，多色图谱代表已知的 8 种多泛素链连接形式，不同细胞系可能有不同组成。Met1 形式连接的泛素含量低于多泛素的 0.5%。由"起始"泛素耦合酶产生的单泛素或者短的泛素链能被泛素耦合酶进一步特异地延伸成不同的链型（图 2-4 中带颜色的箭头），形成多泛素链。泛素化可以被 DUB 去除或者编辑，一些 DUB 具有严格的链型特异性（图 2-4 中带颜色的斜体标注）。浅蓝色圆圈和椭圆圈部分反映了在 HeLa 细胞中每一个组分的大体数量。泛素连接酶主要分为 RING、HECT、RBR 等家族。多亚基组成的 Cullin-RING E3 连接酶家族，其活性受到核心组成成分 Rbx1 和 Rbx2 的调控。

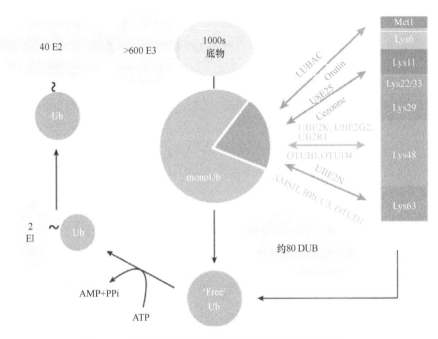

图2-4　哺乳动物细胞中泛素系统组成示意图（13）

　　泛素通过其 C 端羧基共价结合到底物蛋白或另一个泛素的赖氨酸。泛素 C 端的甘氨酸残基上的羧基可以与底物蛋白赖氨酸残基上的氨基形成异肽键而共价结合（图 2-5）。泛素化修饰的蛋白质用胰蛋白酶消化处理后会产生双甘氨酸残余物，这个方法常被用于鉴定蛋白质泛素化修饰的位点。最近通过使用针对异肽键连接的赖氨酸-双甘氨酸序列的单克隆抗体，富集泛素化修饰的底物多肽的新方法，使得成千上万的泛素化修饰位点被鉴别出来（18，19）。泛素也可以共价结合到蛋白质中那些富含负电荷的亲核位点上，这种修饰方式被称为"非经典泛素化"（20）。因此，泛素与底物蛋白共价结合可以通过底物蛋白赖氨酸残基形成异肽键，或通过其半胱氨酸残基形成硫酯键，或通过其丝氨酸和苏氨酸残基形成酯键，或通过与底物蛋白 N 端的氨基形成肽键来共价结合（20-22）。

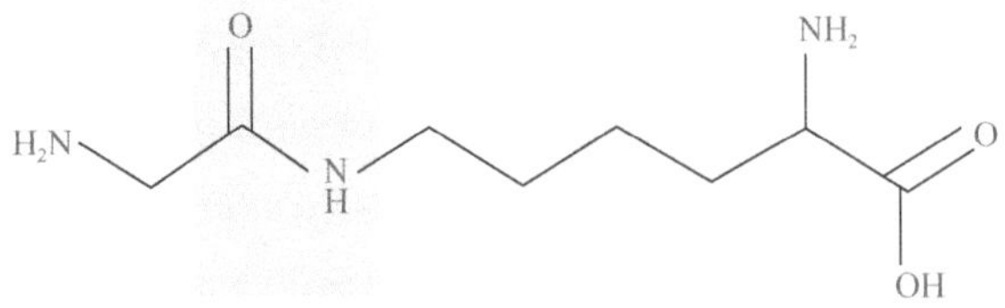

图2-5　甘氨酸与赖氨酸通过异肽键共价连接

　　泛素激活酶，即 E1，催化泛素化反应的第一步（图 2-6～图 2-9）。泛素激活酶、ATP-Mg^{2+}和泛素结合，然后催化泛素的 C 端发生酰基腺苷酸化（23）。泛素激活酶催化位点的半胱氨酸残基与泛素-AMP 复合物进行酰基取代反应，同时创建一个硫酯键和一个 AMP 离去基团（24）。泛素激活酶可以与两个泛素分子结合，虽然第二个泛素分子也

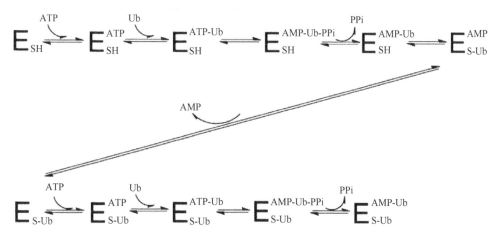

图 2-6　泛素激活酶、ATP 和泛素结合时发生的一系列反应，特别注意两分子泛素底物是
如何同时与泛素激活酶结合的

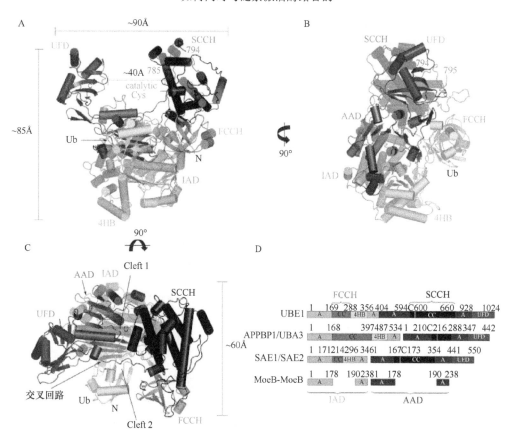

图 2-7　A～C. 泛素激活酶 UBE1 和泛素形成的复合物示意图（*24*），圆柱体代表 α 螺旋，弯曲的箭头
代表 β 折叠。泛素激活酶 UBE1 的 6 个结构域分别用不同的颜色表示：腺苷酰化结构域（AD）为蓝绿
色（IAD）和紫色（AAD）；两个催化半胱氨酸结构域（CC）分别标为绿色（FCCH）和蓝色（SCCH）；
泛素折叠结构域（UFD）为红色；四螺旋束结构域（4HB）为浅青色；泛素显示为黄色；催化中心半
胱氨酸显示为粉红色。D. UBE1、APPBP1/UBA3（NEDD8 激活酶）、SAE1/SAE2（SUMO 激活酶）和
二聚化的 MoeB 结构比对（彩图请扫封底二维码）

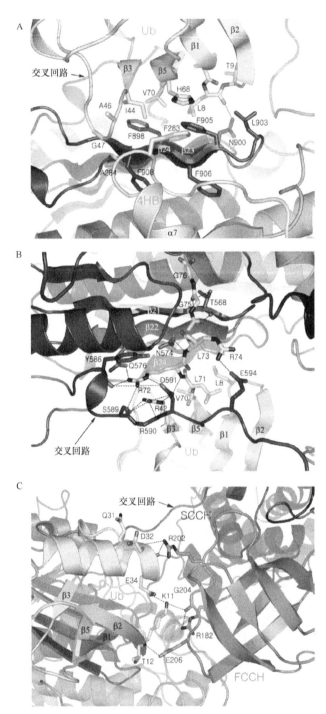

图 2-8 泛素激活酶与泛素复合物的结合位点（25）。A.接触面 I 示意图：包含泛素（黄色）与泛素激活酶的 AAD 结构域（洋红色）；4HB 结构域中的第 283 位苯丙氨酸残基和第 284 位丙氨酸残基（淡青色）相互作用的疏水面；氮原子显示蓝色；氧原子显示红色；虚线代表氢键。B. 泛素 C 端尾巴结构（黄色）和泛素激活酶的 ADD 结构域及交叉回路（洋红色）被定义为接触面 II。为了标示更加清晰，UBE1 的第 590 位精氨酸残基的侧链被隐去。C. 接触面 III 定位于泛素（黄色）和 FCCH 结构域之间

（彩图请扫封底二维码）

被类似地腺苷酸化，但是不会像第一个泛素分子那样与泛素激活酶形成硫酯键。关于 E1 结合第二个泛素分子的功能在很大程度上仍是未知的，但普遍认为它能在催化硫酯化反应中帮助 E1 发生构象改变（25）。有研究表明，*Ube1* 基因第 15 个外显子的突变与 X 染色体连锁的小儿脊髓性肌萎缩疾病（XL-SMA）相关，这是一种童年致命性疾病，伴随着前角细胞的丢失和新生儿猝死。突变的 *Ube1* 导致 MAP1B（microtubule-associated protein 1B）降解受阻，造成细胞内 MAP1B 积累，最终引起神经元死亡（26）。

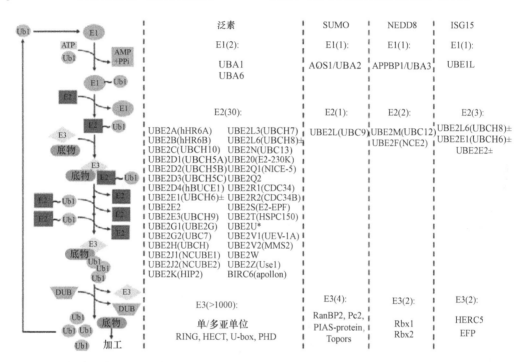

	泛素		SUMO	NEDD8	ISG15
	E1(2):		E1(1):	E1(1):	E1(1):
	UBA1		AOS1/UBA2	APPBP1/UBA3	UBE1L
	UBA6				
	E2(30):		E2(1):	E2(2):	E2(3):
	UBE2A(hHR6A)	UBE2L3(UBCH7)	UBE2L(UBC9)	UBE2M(UBC12)	UBE2L6(UBCH8)±
	UBE2B(hHR6B)	UBE2L6(UBCH8)±		UBE2F(NCE2)	UBE2E1(UBCH6)±
	UBE2C(UBCH10)	UBE2N(UBC13)			UBE2E2±
	UBE2D1(UBCH5A)	UBE20(E2-230K)			
	UBE2D2(UBCH5B)	UBE2Q1(NICE-5)			
	UBE2D3(UBCH5C)	UBE2Q2			
	UBE2D4(hBUCE1)	UBE2R1(CDC34)			
	UBE2E1(UBCH6)±	UBE2R2(CDC34B)			
	UBE2E2	UBE2S(E2-EPF)			
	UBE2E3(UBCH9)	UBE2T(HSPC150)			
	UBE2G1(UBE2G)	UBE2U*			
	UBE2G2(UBC7)	UBE2V1(UEV-1A)			
	UBE2H(UBCH)	UBE2V2(MMS2)			
	UBE2J1(NCUBE1)	UBE2W			
	UBE2J2(NCUBE2)	UBE2Z(Use1)			
	UBE2K(HIP2)	BIRC6(apollon)			
	E3(>1000):		E3(4):	E3(2):	E3(2):
	单/多亚单位		RanBP2, Pc2,	Rbx1	HERC5
	RING, HECT, U-box, PHD		PIAS-protein,	Rbx2	EFP
			Topors		

图 2-9 泛素/类泛素连接通路概览（*28*）。左边示意图表示广谱的泛素/类泛素连接级联反应。在激活反应前，泛素/类泛素需要去修饰酶处理以暴露 C 端二甘氨酸（diglycine）残基。接着，泛素/类泛素以一种依赖 ATP 的方式被泛素激活酶（E1）激活；接下来，高能量的泛素/类泛素通过蛋白相互作用被转移至泛素耦合酶（E2）的催化半胱氨酸上；最后，在泛素连接酶（E3）的催化下，活化的泛素/类泛素被转移至底物蛋白上。不同的类泛素对底物具有不同的功能（不在此处描述）。类泛素 SUMO、NEDD8 及 ISG15 都是被 E1 活化。大部分泛素/类泛素都使用专门的 E2 进行连接反应，但某些情况下 E2 可以通用，如泛素和 ISG15，标记为（+/−）。星号标注的 E2，被报道不具有 E2 的酶活。UBE2L6 和 UBE2E2 的另一个名称为 UBCH8，但仅仅 UBE2L6 被称为 UBCH8。最后，一系列专用的 E3 介导了将类泛素共价结合到适合的目标蛋白上

　　泛素耦合酶，可以与激活的泛素/泛素激活酶结合（图 2-10，表 2-2）。泛素耦合酶的催化中心半胱氨酸残基攻击泛素与泛素激活酶复合物的背面，通过转硫酯化反应，将泛素转移到泛素耦合酶上（*24*）。

　　泛素连接酶，即 E3，可以招募已经结合了泛素的泛素耦合酶，然后识别底物蛋白，帮助或者直接催化来自泛素耦合酶上的泛素与底物蛋白共价结合（图 2-11）。泛素连接酶可以与底物蛋白和泛素耦合酶结合，因此可以为泛素耦合酶 E2 催化底物蛋白提供特异性选择（*27*）。

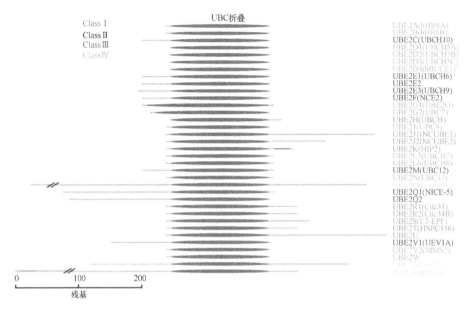

图 2-10　人源泛素耦合酶家族（*28*）。UBC 折叠由黑蓝色椭圆表示，其余由蓝线表示，UBE2K 的 UBA 结构域由红线表示；apollon 的 BIR 结构域由绿色表示。UBE2L6 和 UBE2E2 的另一个名称为 UBCH8，但仅仅 UBE2L6 被称为 UBCH8。不同的泛素耦合酶家族由不同颜色表示（彩图请扫封底二维码）

　　根据催化结构域的结构和催化方式，泛素连接酶可以分为以下家族：HECT 家族、RING-finger 家族和 RBR 家族（RING-Between-RING）（*30*）。HECT 名字来源于 "homologous to the E6-AP carboxyl terminus"，含有 HECT 结构域的泛素连接酶在催化泛素化过程中短暂地与泛素结合（与泛素连接酶的活性位点半胱氨酸残基形成特有的硫代酸酯中间体）（*31*）。RING-finger（RING 代表 Really Interesting New Gene）结构域是锌指结构域的一种类型，该结构域通常包含 40～60 个氨基酸残基，包含以下氨基酸基序：半胱氨酸-任意氨基酸 $_2$-半胱氨酸-任意氨基酸 $_{9-39}$-半胱氨酸-任意氨基酸 $_{1-3}$-组氨酸-任意氨基酸 $_{2-3}$-半胱氨酸-任意氨基酸 $_2$-半胱氨酸-任意氨基酸 $_{4-48}$-半胱氨酸-任意氨基酸 $_2$-半胱氨酸（Cys3HisCys4），可以和两个锌离子结合。RING-finger 家族是最大的泛素连接酶家族，包括 APC（后期促进复合物）和 SCF（Skp1-Cullin-F-box 蛋白复合物）等，在泛素化修饰中具有重要的功能。SCF 复合物由以下四种蛋白质组成：不变的 Rbx1、Cul1、Skp1，一个因不同的 SCF 复合物而不同的 F-box 蛋白。在人类中已经有 69 种 F-box 蛋白被鉴定（*32*）。含有 RING-finger 结构域的泛素连接酶直接催化来自泛素耦合酶上的泛素结合到底物蛋白上。泛素连接酶参与调控细胞稳态、细胞周期和 DNA 损伤修复途径，因此与各种各样的癌症有关，其中包括著名的肿瘤抑制因子 MDM2、BRCA1 和 VHL（Von Hippel-Lindau）（*33*）。例如，在胃癌、肾细胞癌和肝癌（也包括其他癌症）中均存在 *Mdm2* 基因的突变，突变导致其启动子与转录因子 SP1 的亲和力增加，引起其 mRNA 和蛋白质表达增多，造成其催化 p53 泛素化降解能力增强，从而促进了肿瘤的发生（*34*）。

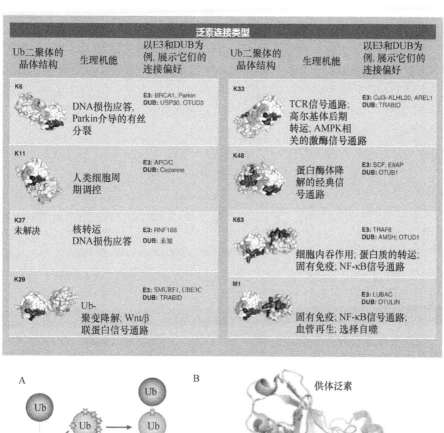

泛素连接类型					
Ub二聚体的晶体结构	生理机能	以E3和DUB为例, 展示它们的连接偏好	Ub二聚体的晶体结构	生理机能	以E3和DUB为例, 展示它们的连接偏好
K6	DNA损伤应答, Parkin介导的有丝分裂	**E3:** BRCA1, Parkin **DUB:** USP30, OTUD3	K33	TCR信号通路; 高尔基体后期转运; AMPK相关的激酶信号通路	**E3:** Cul3-KLHL20, AREL1 **DUB:** TRABID
K11	人类细胞周期调控	**E3:** APC/C **DUB:** Cezanne	K48	蛋白酶体降解的经典信号通路	**E3:** SCF, E6AP **DUB:** OTUB1
K27 未解决	核转运DNA损伤应答	**E3:** RNF168 **DUB:** 未知	K63	细胞内吞作用; 蛋白质的转运; 固有免疫; NF-κB信号通路	**E3:** TRAF6 **DUB:** AMSH; OTUD1
K29	Ub-聚变降解; Wnt/β联蛋白信号通路	**E3:** SMURF1, UBE3C **DUB:** TRABID	M1	固有免疫; NF-κB信号通路; 血管再生; 选择自噬	**E3:** LUBAC **DUB:** OTULIN

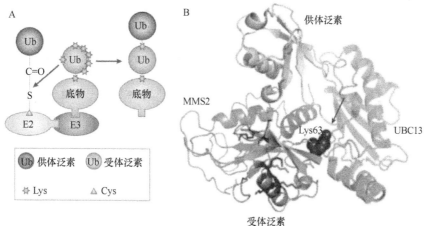

图 2-11　泛素链链型选择示意图（*29*）。A. 通过泛素耦合酶, 泛素链连接选择模型。供体泛素通过将活性位点暴露于感兴趣的赖氨酸, 泛素耦合酶定位到受体泛素, 导致形成特异连接形式的泛素链。B. 通过泛素耦合酶异二聚体 UBC13-MMS2（Protein Data Bank 编号 2GMI）, 结构性描述泛素链连接选择。在 UBC13～Ub-MMS2 复合物的结构中（～代表硫酯键）, 相邻复合物的受体泛素同 MMS2 接触, 其 Lys63 同硫酯键（箭头所示）对齐, 连接 UBC13 上的供体泛素

　　除了泛素 E1、泛素 E2 和泛素 E3 之外, 现在还有一种泛素 E4 酶, 或者称为泛素链延长因子, 可以催化已经形成的多泛素链结合到底物蛋白上。例如, 被 MDM2 多位点单泛素化的肿瘤抑制因子 p53 可以被 P300 和 CBP 进一步多泛素化（*35*）。

表 2-2　已知的人源 E2 命名与关键特征（*29*）

UniPro 编号	基因名称	其他名称	编码氨基酸数量	酵母同源物	附加特征	产物链	已知功能
P49459	UBE2A	HR6A,RAD6A	152	UBC2/Rad6			DNA 修复
P63146	UBE2B	HR6B,RAD6B	152	UBC2/Rad6			DNA 修复
O00762	UBE2C	UBCX,UbcH10	179		N 端延伸	Lys11 chain	细胞周期调控
P51668	UBE2D1	UbcH5A,E2-17K1	147	UBC4 or UBC5			
P62837	UBE2D2	UbcH5B,UBC4,E2-17K2	147	UBC4 or UBC5			
P61077	UBE2D3	UbcH5C,E2-17K3	147	UBC4 or UBC5			
Q9Y2X8	UBE2D4	HBUCE1	147	UBC4 or UBC5			
P51965	UBE2E1	UbcH6	193		N 端延伸		
Q96LR5	UBE2E2	UbcH8	201		N 端延伸		
Q969T4	UBE2E3	UBCE4,UbcH9,UbcM2,E2-23K	207		N 端延伸		
Q969M7	UBE2F	NCE2	185		5 种亚型	NEDD8 结合	
P62253	UBE2G1	Ubc7	170	UBC7	酸性环	Lys48 chain	ER 质量控制
P60604	UBE2G2	Ubc7	165	UBC7	酸性环	Lys48 chain	ER 质量控制
P61086	UBE2H	UbcH2,E2-20K	183	UBC8	C 端延伸		
P63279	UBE2I	Ubc9	158	UBC9		SUMO 结合	
Q9Y385	UBE2J1	NCUBE1	318	UBC6	C 端 TM 结构域		ER 质量控制
Q8N2K1	UBE2J2	NCUBE2	259	UBC6	C 端 TM 结构域,2 种亚型		ER 质量控制
P61086	UBE2K	Ubc1,HIP-2,E2-25200		UBC1	C 端延伸,伴随着 UBA,2 种亚型.	Lys48 chain	蛋白质质量控制
P68036	UBE2L3	UbcH7,E2-F1,L-UBC,UBCE7	154				
O14933	UBE2L6	UbcH8,RIG-B	152			ISG15 结合,泛素结合	干扰素信号通路
P61081	UBE2M	Ubc12	183	UBC12	N 端延伸	NEDD8 结合	SCF 调控
P61088	UBE2N	Ubc13,BLU	152	UBC13	亲源于 UBC13-UBE2V1 异二聚体	Lys63 chain	NFκB 信号通路,DNA 修复
Q5JXB2	UBE2NL		153	UBC13	无活性位点半胱氨酸		
Q9C0C9	UBE2O	E2-230K	1292		N 端,C 端延伸		
Q7Z7E8	UBE2Q1	NICE-5,Ube2q	422		N 端延伸,2 种亚型		
Q8WVN8	UBE2Q2		375		N 端延伸,2 种亚型		
P49427	UBE2R1	Cdc34,Ubc3,E2-3.236		UBC3,Cdc34	酸性环,C 端延伸	Lys48 chain	细胞周期调控
Q712K3	UBE2R2	Cdc34B,Ubc3B	238	UBC3,Cdc34	酸性环,C 端延伸	Lys48 chain	细胞周期调控
Q16763	UBE2S	E2-EPF5,E2-24K	222		C 端延伸	Lys11 chain	细胞周期调控
Q9NPD8	UBE2T	HSPC150	197		C 端延伸	单泛素化	DNA 修复
Q5VVX9	UBE2U		321		C 端延伸,2 种亚型		
Q13404	UBE2V1	UEV-1	221		无活性位点半胱氨酸,N 端延伸,UBC13-UEV-1 异二聚体,5 种亚型	Lys63 chain	NFκB 信号通路,DNA 修复
Q15819	UBE2V2	MMS2,EDPF-1,UEV45	145	Mms2	无活性位点半胱氨酸,UBC13-UEV-2 异二聚体	Lys63 chain	NFκB 信号通路,DNA 修复
Q8IX04	UBE2V3	UEVLD,UEV-3	471		无活性位点半胱氨酸,C 端延伸,5 种亚型		
Q96B02	UBE2W		151		2 种亚型		
Q9H832	UBE2Z	USE1,HOYS7	354		N 端,C 端延伸,2 种亚型		与第二 E1 泛素活化酶 Uba6 作用
Q9H8T0	AKTIP	FTS	292		无活性位点半胱氨酸,N 端,C 端延伸		
UPI0000DBEF4D	BIRC6	Bruce,Apollon	4829		N 端,C 端延伸		细胞凋亡,胞质分裂

　　底物蛋白可以在一个或多个位点的赖氨酸残基上进行单分子泛素修饰（单泛素化和多个位点单泛素化）或泛素聚合物修饰（多泛素化）。由于泛素分子本身携带有 7 个赖

氨酸残基，已经共价修饰到底物蛋白上的泛素分子的赖氨酸残基还可继续发生泛素化修饰，形成多泛素链，这些发生多泛素化的赖氨酸残基被标注为 K（赖氨酸单字母代称）和代表其氨基酸序列位置的数字。在一个多泛素链中，泛素基团可以通过泛素中任何一个赖氨酸残基进行连接（K6、K11、K27、K29、K33、K48 和 K63），或者通过其 N 端的甲硫氨酸残基（M1）进行连接，为组装特异的多泛素链提供了无限的可能（21）。只含有一种泛素连接链型的，称为同型多泛素链；反之，泛素分子可以在一个位点或多个不同位点被泛素化，称为异型多泛素链，它的存在使得生物体内使用的泛素链种类进一步扩展。多泛素链可以呈现各泛素基团紧密作用的非常紧密的空间构型，也可以呈现各泛素基团之间只有连接位点相互作用的开放构型（21）。在 RING 家族泛素连接酶催化泛素化过程中，泛素耦合酶在决定泛素链型特异性上起主要作用。一部分泛素耦合酶在催化不同底物蛋白泛素化时，可以灵活选择发生单泛素化修饰还是短的多泛素化修饰。而有些泛素耦合酶只能催化泛素与自身的结合，并且只能催化延长一种特定链型的多泛素。

第二节　泛素密码

一、泛素密码的结构

谈到泛素密码（ubiquitin code），首先需要了解泛素蛋白最重要的特征，即它的 N 端甲硫氨酸和 N 端外的 7 个赖氨酸，这些残基是泛素链的链接点，同时也是构成泛素密码的基本元件（图 2-12）。这些残基散在泛素蛋白的所有表面，并指向不同的方向。Lys6 和 Lys11 位于泛素蛋白分子最动态的区域，这些区域在泛素链形成或者泛素结合其他蛋白质的时候会发生构象改变。Lys27 被包埋在泛素分子内部，所以通过这个残基形成链接的时候需要泛素蛋白的构象发生改变。泛素含有一个典型的包括 Ile44、Leu8、Val70

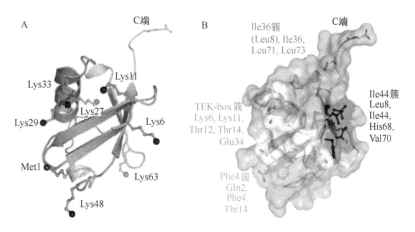

图 2-12　泛素蛋白的结构特征（21）。A. 含有 7 个赖氨酸残基的泛素蛋白结构。在泛素链形成过程中发挥作用的氨基用蓝色圆球表示。B. 泛素蛋白的表面：其中蓝色部分是 Ile44 簇；绿色部分是 Ile36 簇；青色部分是 Phe4 簇；白色部分是 TEK-box 簇（彩图请扫封底二维码）

和 His68 的疏水表面。Ile44 簇能结合蛋白酶体和大多数泛素结合蛋白，因此对于细胞分裂很必要。第二个疏水表面位于泛素蛋白尾部，它以 Ile36 为中心，包含 Leu71 和 Leu73。这个 Ile36 簇可以介导泛素链中分子之间的相互作用；也可以被 HECT E3、DUB 和 UBD 识别。第三个疏水表面包含 Gln2、Phe4 和 Thr12，它对于酵母的细胞分裂很重要。这个 Phe4 簇能与 DUB 的 UBAN 和 USP 结构域结合，可能在细胞转运过程中发挥作用。DUB 对于泛素和它的同源物 NEDD8 的特异性识别，也是因为两者具有不同的 Phe4 簇而实现的。此外，还有一个包含了 Thr12、Thr14、Glu34、Lys6 和 Lys11 的 TEK-box 簇被发现在有丝分裂降解过程中发挥作用。可以预期的是，接下来的研究还将陆续揭示出泛素蛋白中具有不同功能的其他表面簇。

泛素化是通过泛素激活酶、泛素耦合酶和泛素连接酶这些酶来实现的。这些酶首先催化泛素的 C 端和底物赖氨酸之间形成异肽键，从而导致单泛素化。单泛素化可以发生在一个特定的残基，如 PCNA 的 Lys164；或者发生在一个特别的结构域，如转录因子 p53。在多重单泛素化过程中，有可能底物分子的多个赖氨酸残基都被修饰，如 EGFR。对一个底物上链接的泛素分子 N 端 7 个赖氨酸残基中的 1 个进行进一步泛素化修饰，可以导致多泛素链的形成。这些链可以短至包含 2 个泛素分子，也可以长至包含大于 10 个泛素分子。在链的延伸过程中，如果同一个残基被修饰，那么形成的链就是纯系的，如由 Met1、Lys11、Lys48 或者 Lys63 介导的同源泛素链。如果在链的延伸过程中，不同的残基被修饰，那么形成的链就是杂合的，可以表现为混合的构象，这种方式发生在 NF-κB 信号通路和细胞转运过程中。如果同一个泛素分子上的多个赖氨酸残基都被进一步泛素化修饰，那么形成的就是分支泛素链（图 2-13）。

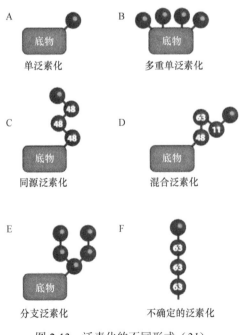

图 2-13　泛素化的不同形式（*21*）

　　五种链型的结构特征揭示了这样的规律，即不同的链接会产生不同的链的构象（图 2-14）。泛素链可以采取紧密的构象，即相邻的元件有相互作用；也可以采取开放的构象，即除了链接点之外，相邻元件没有接触面。经典的由 Lys48 链接的泛素链采取紧密构象。在目前流行的由 Lys48 链接的模型中，泛素元件是通过它们的 Ile44 簇相互作用的，两个双泛素化模块可以紧密堆积成一个元件。而最近的核磁分析显示，在一小群由 Lys48 链接的模块中，远端泛素的 Ile36 簇可以与近端泛素的 Ile44 簇发生相互作用。这种结构上的灵活性就可以让 Lys48 链接的泛素链暴露出 Ile44 簇这个泛素识别的重要

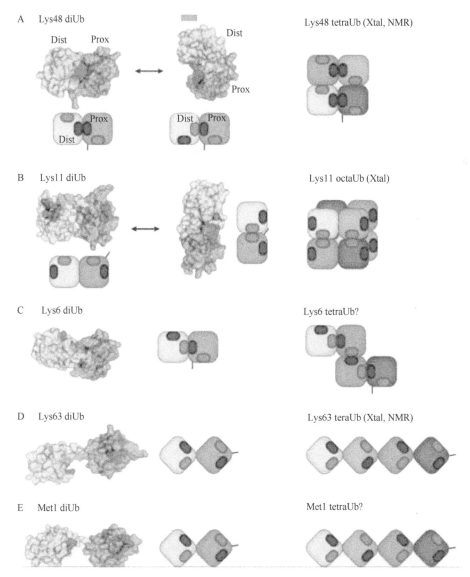

图 2-14　泛素链的构象示意图（*21*）。双泛素分子的链接采取了不同的方式，其中，远端分子（Dist）用黄色表示，近端分子（Prox）用橙色表示，旁边是相应的示意图。Ile44 簇用蓝色表示，Ile36 簇用绿色表示。A. Lys48 链接的双泛素化。B. Lys11 链接的双泛素化。C. Lys6 链接的双泛素化。D. Lys63 链接的多泛素化。E. Met1 链接的多泛素化（彩图请扫封底二维码）

位点以利于其他蛋白质的结合。与 Lys48 链接类似，Lys6 和 Lys11 链接也采取了紧密构象，其中，Lys11 链接的链也表现出结构的灵活性。在一种由 Lys11 链接的双泛素化结构中，观察到了由泛素分子的 α 螺旋形成的不对称界面；在另一项研究中，链接的双泛素元件通过 Ile36 簇形成对称界面。这两种结构构象可以共存达到平衡，这在核磁分析中得到了证实。Lys11 链接的泛素链可以同时包含这两种结构构象，形成一种更高级的结构。在所有以 Lys11 链接的链型中，Ile44 簇都是暴露在表面的，以利于其他蛋白质的结合。除了上述的链接形式，Met1 和 Lys63 链接的泛素链表现出开放的构象，这也已经通过核磁和晶体学研究得到了证实。

四个特性进一步增添了泛素密码的复杂性，即泛素链的长度、混合度、分支状态，以及泛素分子本身的翻译后修饰（图 2-15）。首先，泛素链的长度可以决定蛋白酶体降

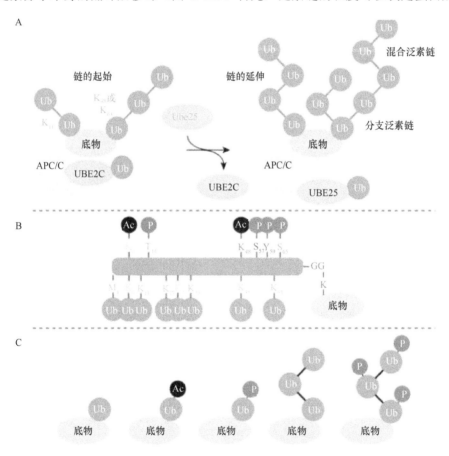

图 2-15 泛素密码的复杂性（13）。泛素密码的类型差异或表面结合性质取决于泛素链分支和翻译后修饰。A. 泛素链分支。APC 细胞周期体的底物首先结合 UBE2C，进而被泛素化，产生单泛素化修饰，或通过 Lys11、Lys48、Lys63 链接产生短泛素链修饰。在此基础上，UBE2S 会代替 UBE2C，并且以 Lys11 链接的方式来延伸泛素链，或是产生分支及混合的泛素链。B. 在磷酸位点质谱数据库中记载的与泛素相关的翻译后修饰位点。C. 磷酸化和乙酰化修饰拓展了泛素密码的复杂性。数据显示，大多数乙酰化修饰发生在单泛素化底物上；而 Ser65 磷酸化的泛素分子可以被镶嵌进延伸中的泛素链，或是直接由 PINK1 在泛素链上催化生成

解的效率。体外实验证实，能够有效结合蛋白酶体的泛素链至少要包含 4 个泛素分子。在先天性免疫系统中，RIG-I 受体的有效激活至少需要 3 个通过 Lys63 链接的泛素分了。其次，多泛素链可以由同种链型或者混合链型组成，而当一个泛素分子上多个位点被利用时，又可以产生分支链型。在 MHC I 分子的内吞和 NF-κB 信号通路中，可以观察到混合链型；有丝分裂时，在 APC/C 细胞周期体的底物上可以观察到分支链型。分支链型的产生一般与泛素耦合酶类型的替换相关，分支链型可能会让底物更容易被蛋白酶体降解。

最近的质谱研究鉴定出了泛素分子的磷酸化位点（分别是 Thr14 和 Ser65）和乙酰化位点（分别是 Lys6、Lys48、Lys63）。乙酰化的泛素分子通常在单泛素化的底物上被观察到；在体外，乙酰化的泛素分子会抑制多泛素链反应。Ser65 位磷酸化的泛素分子在 PINK1/Parkin/mitophagy 通路中被观察到。线粒体去极化导致 PINK1 的积累，PINK1 可以磷酸化泛素分子的 Ser65，进而激活泛素连接酶 Parkin，从而协同线粒体自噬。

二、泛素密码的编写

催化泛素链形成的酶承担着不同的任务，即它们需要催化泛素分子选择不同的赖氨酸残基（图 2-16）。对于含有 RING 结构域的泛素连接酶来说，选择链接的任务主要是由不同的泛素耦合酶决定的。实验观察到，泛素连接酶 BRCA1/BARD1 或者 SMURF1 在与泛素耦合酶 UBE2N-UEV1A 组合时，可以催化 Lys63 链接的形成；而在与泛素耦合酶 UBE2K 组合时，可以催化 Lys48 链接的形成。

RING 结构域的泛素连接酶和相应的泛素耦合酶在底物的赖氨酸残基上引发泛素链的形成：起始特异性泛素耦合酶通常生成短链，而在大多数情况下，起始特异性泛素耦合酶会和延伸特异性泛素耦合酶协同作用。选择合适的赖氨酸残基来形成泛素链需要泛素耦合酶泛素供体复合物对特定的受体泛素表面进行识别。泛素链的形成可以由 HECT 泛素连接酶或者 RBR 泛素连接酶催化。其中，HECT 泛素连接酶的催化结构域由结合泛素耦合酶的 N 端和包含活性位点半胱氨酸的 C 端组成。RBR 泛素连接酶利用 RING 结构域来招募泛素耦合酶，这个泛素耦合酶接下来把泛素分子转运到 RING-like 结构域，从而形成硫酯键中间体。

三、泛素结合蛋白

泛素结合蛋白依据泛素内在的、独特的拓扑结构来识别不同链型的多泛素（图 2-17）。这些能与泛素结合的蛋白质含有泛素结合结构域（ubiquitin binding domain，UBD）（36），这些结构域与泛素链发生特异性非共价结合，从而调控细胞多姿多彩的活动（见后续章节）。UBD 能感知多泛素分子中泛素与泛素基团之间的距离、泛素链的灵活性和泛素链的连接形式。特异泛素链型的结合蛋白可能识别泛素链实体之间的距离，或感知连续泛素链上泛素表面的相对方位。一些链型的多泛素构象的灵活性，为 UBD 改变其构象来增加相互作用的界面或提高结合的特异性提供了一种可能。单个泛素基团之间的距离因 K48 和 K63 链型不同而不同。UBD 正是利用这点，用其泛素结合模块之间很小的空间来结合 K48 链型的多泛素，而用模块间比较大的空间来结合 K63 链型的多泛素。

已经有超过 20 种不同种类的 UBD 被鉴定，它们中的绝大多数与泛素第 44 位的异亮氨酸疏水中心有亲和力（37）。

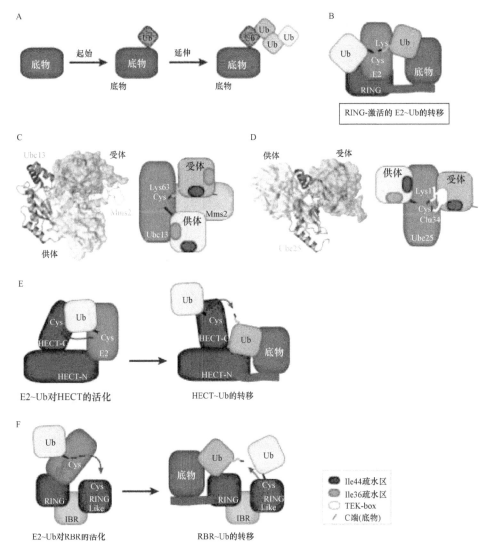

图 2-16　不同类型泛素链的形成机制（21）。A. 底物的赖氨酸残基被修饰，这是泛素链形成的起始阶段；接下来，泛素分子就会依次结合上去，使得泛素链延伸。B. RING 泛素连接酶催化了泛素分子的转移，即新的泛素分子从活化的 E2 被传递到底物或者上一个泛素分子的赖氨酸残基上。C. 异源二聚体 UBC13-MMS2 通过 MMS2 的 UBC 变异结构域来识别受体泛素分子的赖氨酸残基,使得后者的 Lys63 被放置到活化的 UBC13 分子的活性中心。D. 单体 UBE2S 通过底物辅助来催化泛素链的形成。UBE2S 识别受体泛素分子的 TEK-box 结构域。受体泛素分子 Lys11 的激活需要其 Glu34 残基的协助。因此，受体泛素分子包含 Lys11 和 Glu34 的表面必须被正确地暴露于活化的 UBE2S 的催化半胱氨酸残基，从而完成活性位点的组装和泛素链的形成。E. HECT 介导的泛素链形成机制。泛素耦合酶活化 HECT 蛋白 C 端结构域的一个半胱氨酸残基，从而把泛素分子通过硫酯键和 HECT 连接起来。接下来，HECT 再将泛素分子传递给受体分子来形成泛素链。F. RBR 介导的泛素链形成机制。RING 结构域结合并使得泛素耦合酶去活化，从而使得自身 C 端类似 RING 结构域的半胱氨酸活化

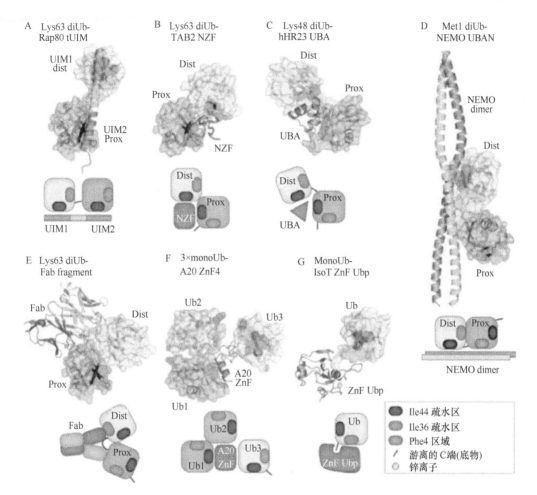

图 2-17　泛素结合蛋白示意图（*21*）。泛素结合结构域用青色表示，锌离子用黄色小球表示。A. RAP80
的 tUIM 结构域和 Lys63 链接的双泛素分子结合的晶体结构。B. TAB2 的 NZF 结构域和 Lys63 链接的
双泛素分子结合的晶体结构。C. hHR23 的 UBA 结构域和 Lys48 链接的双泛素分子结合的核磁模型。
D. NEMO 的 UBAN 结构域和 Met1 链接的双泛素分子结合的晶体结构。E. Lys63 特异性抗体和 Lys63
　链接的双泛素分子结合的晶体结构。F. A20 的 ZnF 结构域和三个泛素分子结合的晶体结构。
　　G. USP5/IsoT 的 ZnF Ubp 结构域和泛素分子结合的晶体结构（彩图请扫封底二维码）

四、去泛素化

　　去泛素化酶（DUB）通过去除底物蛋白上的泛素来拮抗泛素化修饰的功能。它们属
于半胱氨酸蛋白酶家族，可以切开异肽键（泛素与赖氨酸的连接）或肽键（泛素与蛋白
质 N 端甲硫氨酸的连接），具有较高的特异性。泛素既可以被表达成多拷贝连接（多泛
素）的形式，也可以被表达成与核糖体亚基结合的融合蛋白形式。DUB 特异切割这些
融合蛋白，生成有活性的泛素分子。DUB 通过切割自底物蛋白移除后的游离的多泛素
链，形成单泛素分子，回收利用（*38*，*39*）。

　　在人类基因组中，预测具备去泛素化酶活性的 DUB 约 100 种。人源的细胞中含有
约 55 种泛素特异性蛋白酶（ubiquitin-specific petidase，USP）、16 种含卵巢肿瘤结构域

的去泛素化酶（ovarian-tumor protease，OTU）、10 种 JAMM 家族去泛素化酶、4 种泛素 C 端水解酶（ubiquitin carboxy-terminal hydrolase，UCH）和 4 种含有 Josephin 结构域的去泛素化酶（40）。这些酶必须能够处理不同链型、拓扑结构和长度的泛素链。大部分的去泛素化酶被认为与泛素链型无特异性关系，但对于它们的底物有特异性。CYLD 就是这种泛素链型特异性的一个例子，它更倾向作用于第 1 位甲硫氨酸和第 63 位赖氨酸连接链型的泛素链（41）。JAMM 家族的去泛素化酶往往特异性针对第 63 位赖氨酸连接链型的泛素链，如 AMSH、AMSH-LP、BRCC36 和 POH1。OTUB1 特异性作用于第 48 位赖氨酸连接链型的泛素链，Cezanne 特异性作用于第 11 位赖氨酸连接链型的泛素链，TRABID 特异性作用于 K29 和 K33 链型的泛素链（21）。这些特定泛素链型的去泛素化酶不能去掉底物蛋白上修饰的最后一分子泛素，这些去泛素化酶作用后可能生成具有独特信号的单泛素化修饰的底物蛋白（42）。

在泛素链编辑过程中，一种链型的泛素被一种不同拓扑结构的链型取代，修饰蛋白底物的命运会被改变。NF-κB 的激活依赖其 K63 链型的泛素化修饰，其中一个负反馈回路调控其以 A20 为中心的失活，这个蛋白整合有去泛素化酶和泛素连接酶的结构域。有人提出 A20 首先将底物蛋白 K63 链型的泛素进行去泛素化，然后将底物蛋白进行 K48 链型的多泛素化，最终导致这些底物蛋白的降解（43）。通过这种方式，A20 不仅阻止通过 K63 链型泛素链传递信号，而且还可以降解这些信号转导分子，在相关信号转导恢复之前还需要重新合成这些信号转导分子。

五、泛素密码的识别

目前可以通过生化手段辅以结构测定的途径，详细研究参与泛素化过程的各种酶；利用各种泛素的突变体，结合细胞抽提液，体外重构细胞内的泛素化途径，最终揭示不同泛素链型的泛素链在细胞生理活动中的重要功能。在细胞内，我们经常通过分析潜在底物和泛素的线性融合反应来研究单泛素化（44）。重组的泛素突变体可以被注射进入细胞或者非洲爪蟾蜍的胚胎来研究特定链型的泛素链体内的功能，由于细胞内源的泛素受到非常严格的调控，当在细胞中外源过表达突变的泛素时，突变的泛素过表达只能达到轻微的过量，经常导致不明显的表型（45）。在更加精准的研究方法中，编码泛素和泛素核糖体融合蛋白的基因被敲除，或者用特异的 siRNA 敲减这些基因的表达，然后突变的泛素和核糖体融合表达（46，47）。各种链型的多泛素可以用只针对该链型的特异性抗体进行检测，或者通过定量蛋白质组学来定量分析（48）。就一般情况而论，研究一种特定链型的泛素化修饰的功能，都需要结合以上这些实验手段。

第三节 泛素化修饰及其生物学功能

泛素化修饰影响蛋白质命运的诸多方面：它可以作为信号分子介导蛋白质通过蛋白酶体途径降解，也可以改变蛋白质的细胞定位并影响蛋白质的活性，还可以促进或抑制蛋白质之间的相互作用。泛素化修饰的生物学功能主要依赖于泛素链的拓扑结构，但也会受其他因素的影响，比如时间和可逆反应，或酶与底物蛋白的相对定位，或泛素连接酶与效应分子之间的相互作用。泛素化系统在细胞活动中发挥着广谱的生物学功能，这些细胞活动包括：DNA 转录和修复、核糖体生成、亚细胞器生成、细胞表面受体调控、离子通道和分泌途径、细胞周期和分裂、凋亡、分化和发育、应激反应、病毒感染、抗原加工、免疫反应和炎症、神经网络的形态发生、神经和肌肉退化等（49）。蛋白质泛素化修饰对细胞命运影响的多样性，彰显了泛素系统在细胞活动中的重要性（图 2-18和图 2-19）。在本书的后续章节将详细介绍这些具体功能与相关的分子机制。

一、依赖蛋白酶体的蛋白质降解途径

待降解的目标蛋白，其修饰位点赖氨酸残基上至少要连接 4 分子的泛素才能被 26S蛋白酶体识别和降解（50）。蛋白酶体是一个桶状复合物，包括一个由 4 个环所组成的催化蛋白水解的"核心"；两侧是两个圆柱体，发挥"帽子"的作用，选择性地允许泛素化的目标蛋白进入（图 2-18）。K48 型的泛素链可以被蛋白酶体亚基 S5a/Rpn10 识别，这一识别作用是通过位于 S5a/Rpn10 亚基 C 端疏水区域的泛素相互作用结构域（UIM）来发挥的。一旦目标蛋白进入蛋白质水解核心区域，这些蛋白质就很快地被降解为小分子多肽（长度通常为 3～25 个氨基酸残基）（51），而泛素分子在目标蛋白降解前就被切割、回收再利用（52）。K11 和 K29 型的泛素链可能也在蛋白酶体降解途径中发挥功能。

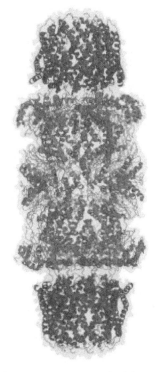

图 2-18　蛋白酶体的结构示意图［来源于 PDB（8），蛋白质编号 1FNT］。这个桶状的蛋白质具有隐蔽于管道内的活性位点（蓝色标注）。两端的帽子（红色）调控目标蛋白进入降解管道，目标蛋白被降解成 3～23 个氨基酸大小的短肽（彩图请扫封底二维码）

二、溶酶体蛋白降解途径

细胞质膜蛋白的降解发生在溶酶体中。有趣的是，这些底物蛋白是通过单泛素化修饰或者 K63 位的多泛素化修饰来靶向此降解途径的。泛素化可以在细胞质膜上诱导并促进膜蛋白的内吞（53）。在酵母中，单泛素化就足以充当内吞信号，并且泛素 K63 位分支可以协助内吞。在 HeLa 细胞中，用低浓度的表皮生长因子（EGF）刺激表皮生长因子受体（EGFR），很难检测到 EGFR 泛素化，而该受体与 clathrin 共定位。但当使用高浓度的 EGF 时，EGFR 可以被泛素化修饰，受体同 caveolae 和 clathrin 共定位。利用不能多聚化的嵌合蛋白 EGFR-Ub 突变体进行研究发现，EGFR 单泛素化足以引起其不依赖于 clathrin 的内化过程。但在猪的主动脉上皮细胞中，低浓度的 EGF 条件下，内吞之前，EGFR 激酶结构域中多个赖氨酸即会发生正常的 K63 位多泛素化，进而引起 clathrin 包被的内化过程。突变相关赖氨酸阻止泛素化，并不能阻止内化。泛素调控内吞过程中的内化路径对信号转导或受体下调有重要作用，在负调控活化的受体酪氨酸激酶中发挥重要功能。

泛素化的膜蛋白会被不同的内吞体分选转运复合体（endosomal sorting complexe required for transport，ESCRT）识别。研究表明，ESCRT 更偏爱与 K63 链型的泛素结合（54）。ESCRT 多亚基复合物能够促使细胞膜弯曲和分离，这是高度保守的多泡体通路，是细胞质分裂和 HIV 出芽必需的。该过程中存在 5 个不同 ESCRT 复合物，分别是 ECSRT-0、ECSRT-I、ECSRT-II、ECSRT-III 和 Vps4 复合物。ESCRT-0 是起始 ESCRT 装配的复合物，定位于内体上，并通过泛素结合结构域与成串的泛素化的膜蛋白和 PI3P 结合；ESCRT-I 被 ESCRT-0 招募过来，并同泛素化的 cargo 结合；ESCRT-II 通过 GLUE 结构域同 ESCRT-I、PI3P 和 cargo 结合；ESCRT-III 复合物阻滞 cargo，并把它们送往出芽的小泡。

三、细胞核和高尔基体相关功能

K6 连接的泛素化调控 DNA 修复事件，泛素连接酶 BRCA1/BARD1 催化该修饰。BRCA1/BARD1 是一个肿瘤抑制因子，可以促进自身或者底物连接 K6 链型的多泛素链，但是不会对蛋白质的稳定性产生影响。紫外线照射可以增加体内的 K6 和 K33 多泛素链。通过定量蛋白质组学的研究证实，在紫外线照射（不包括电离辐射）下，细胞内 K6 连接的泛素化增至 3.6 倍，K33 连接的泛素化增至 1.8 倍。还需要进一步的研究阐明 K6 和 K33 连接泛素化增加的机制。

当发生 DNA 损伤时，丝氨酸/苏氨酸蛋白激酶 ATM 活化，诱发磷酸化和泛素化级联，通过一系列下游效应分子激活 DNA 损伤反应（DDR）。最近有研究报道，不同形式的泛素化在 DDR 中具有不同的功能。RNF168 促使组蛋白 H2A 发生 K27 位泛素化；质谱研究表明，K27 位泛素化是 DNA 损伤中染色质发生泛素化的主要形式。重要的 DNA 损伤介导因子，如 53BP1、RAP80、RNF8 和 RNF168 识别组蛋白。如果细胞不能形成 K27 位连接的泛素链，就不能活化 DNA 损伤反应，推测也不能招募必需的下游蛋白。K27 位泛素化在内质网上还发挥着抗 DNA 病毒感染的功能。STING（stimulator of

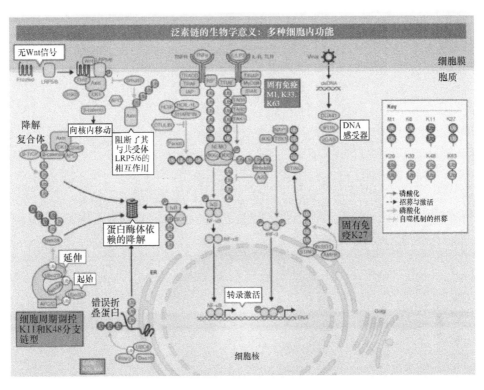

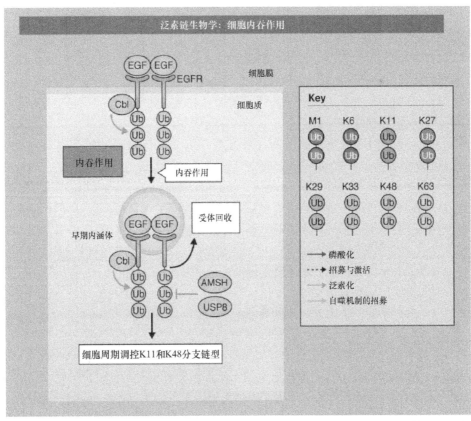

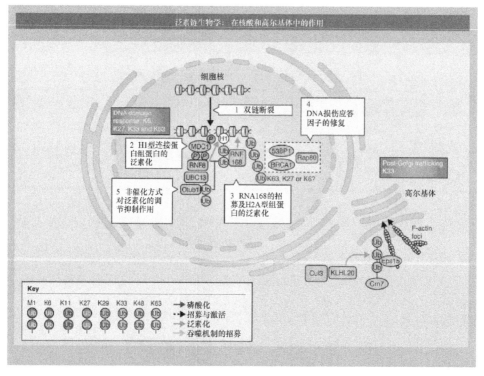

图 2-19 泛素化修饰及其生物学功能（55）

interferon gene 也叫 TMEM173）蛋白是一个定位于内质网的 4 次跨膜蛋白。在病源 DNA 刺激下，STING 激活、二聚化并迁移到细胞边缘区域。近来有研究报道，在病源 DNA 刺激下，INSIG1（insulin-induced gene 1）蛋白将 STING 招募到泛素连接酶 AMFR（autocrine motility factor receptor，也叫 Gp78），接着 AMFR 催化 STING 发生 K27 位连接的泛素化，形成招募和激活下游激酶 TBK1 的平台。

有研究报道，K33 位连接的泛素化参与高尔基体上蛋白质的转运。泛素连接酶 Cul3-KLHL20 介导了蛋白 Crn7（coronin7）的 K33 位连接泛素化，该修饰并不导致 Crn7 降解，而是为与 Eps15 的串联泛素结合基序（ubiquitin-interacting motif，UIM）结合提供结合面。Eps15 是一个含有泛素结合结构域的 clathrin 受体，是高尔基体转运必需的。K33 位泛素化的 Crn7 同 Eps15 结合后，促使其被招募到反式高尔基体（transGolgi network，TGN），并同 F-actin 结合，阻止 F-actin 去极化。这一反应有利于 TGN 处 F-actin 的装配，以及起源于 TGN 的载体运输微管的产生和延伸。

第四节 蛋白质翻译后修饰之间的对话

蛋白质翻译后修饰之间具有复杂的对话机制，形成正调控或负调控网络信号（56）（图 2-20）。例如，一方面，赖氨酸残基上的乙酰化修饰可以与同一位点的泛素化修饰竞争，因此乙酰化修饰可以通过抑制泛素化修饰而增强靶蛋白的稳定性；另一方面，靶蛋白

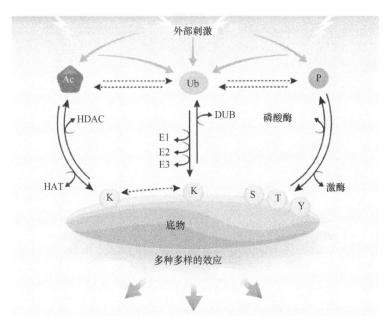

图 2-20　蛋白质翻译后修饰之间的对话（*61*）

　　的乙酰化可以促进靶蛋白其他赖氨酸位点的泛素化,从而导致其随后进行泛素化介导的降解。磷酸化可以促进或者抑制泛素连接酶与去泛素化酶的活性,或者可以通过控制这些酶的细胞内定位来促进或抑制其与底物之间的相互作用（*57*）。此外,磷酸化还可以将底物蛋白进行标记,以便于泛素连接酶和去泛素化酶识别,不过这也可能抑制泛素连接酶和去泛素化酶识别底物。同样,蛋白质识别特定链型的泛素化修饰的能力会因为其泛素结合结构域（UBD）的磷酸化而改变,从而影响信号转导或者蛋白质的命运（*58-60*）。

　　泛素分子本身还可以被其他翻译后修饰分子修饰,包括乙酰化、磷酸化和脱酰胺基化（图 2-21～图 2-24）。最近的质谱研究已经证实,在酵母和哺乳动物细胞中,泛素分子的 Thr7、Thr12、Thr14、Ser20、Ser57、Tyr59、Ser65 和 Thr66 位点存在磷酸化修饰,在 Lys6、Lys48 和 Lys63 位点有乙酰化修饰。尽管这些修饰的丰度很低,相关的激酶/磷酸酶,以及这些修饰的生理与病理功能仍有待确定（*62*）。泛素的磷酸化改变其表面的特性,诱导邻近的疏水结构域产生适度的构象变化。因此,磷酸化可能改变泛素结合蛋白对这些磷酸化的单泛素和多泛素链的识别。磷酸化介导的泛素和多泛素在结构及生物物理上的变化可能对泛素的生物学功能产生广泛的影响（*63*）。K6 和 K48 位点的乙酰化可以抑制泛素链的形成和延长。在酵母中,点突变泛素 S65E 更易掺入 K6 和 K11 型的多泛素链,而不易掺入 K27 型的多泛素链（S/E 突变导致 K63 链型不能被质谱区分）（*64*）。

　　在哺乳动物中,PINK1 激酶通过磷酸化泛素的第 65 位丝氨酸和 Parkin 蛋白 UBL 结构域的第 65 位丝氨酸来激活泛素连接酶 Parkin,从而促进自噬信号的放大（图 2-21）。这对于降解受损线粒体来说是必需的（*62*）。现已证明线粒体磷酸酶 PGAM5 可以与 PINK1 相互作用,它是潜在的磷酸酶,可以去除泛素第 65 位丝氨酸位点上的磷酸基团（*65, 66*）。在大肠杆菌中,可以定点掺入 *O*-磷酸化的丝氨酸,详细研究泛素 S65 位点磷酸化的功能（*67, 68*）。当线粒体发生损伤时,PINK1 会被招募至线粒体表面并激活。

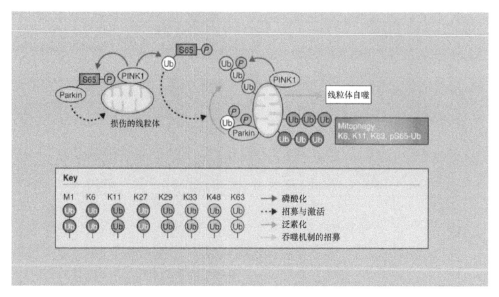

图 2-21 泛素连接酶 Parkin 的激活（55）

泛素和 Parkin 蛋白 UBL 结构域的第 65 位丝氨酸位点都发生磷酸化，导致 Parkin 的激活并泛素化线粒体外膜（MOM）多个底物蛋白，这些底物反过来又成为 PINK1 的底物。以这样的方式，PINK1 和 Parkin 产生高密度的第 65 位丝氨酸磷酸化的多泛素链修饰的线粒体外膜蛋白。这就增加了 Parkin 与线粒体结合和滞留的时间，导致泛素信号的放大。磷酸化的泛素链阻止大多数去泛素化酶的去泛素化活力。许多泛素化信号通过调控自噬受体，如 OPTN 和 NDP52，来介导线粒体的降解（69）。

脱酰胺化是一种普遍存在的蛋白质修饰，其中的酰胺会被转化成羧酸，脱酰胺一般调控体内蛋白质的代谢（62）。谷氨酰胺和天冬酰胺分别转化为谷氨酸和天冬氨酸。这种不可逆的转化，可以在没有任何催化剂的作用下发生非酶促反应。相比于更熟知的天冬酰胺脱酰胺酶促反应，在体内催化谷氨酰胺脱酰胺酶促反应也有报道。几种细菌毒力因子也演化出利用谷氨酰胺脱酰胺酶来修改宿主蛋白的功能。在生理 pH 条件下，脱酰胺可以在酰胺位点引入负电荷，因此能改变蛋白质的构象。在大多数蛋白质中，包括泛素和类泛素修饰分子 NEDD8 和 Pup，都可以检测到脱酰胺化修饰。来自于类鼻疽假单胞菌和 Ciffrom 致病性大肠杆菌（EPEC）的细菌效应分子 CHBP，使用一种新的机制来抑制宿主细胞中泛素链的延长。Cif/CHBP 利用木瓜蛋白酶样水解折叠结构域，可以将体外的和被细菌感染的细胞中的泛素 Q40 位发生去酰胺化而变成 E40 形式的泛素。有催化活性的 CHBP 可以完全破坏体外由不同泛素耦合酶/泛素连接酶催化的多泛素链的合成。脱酰胺修饰后的泛素 E40 不影响其与泛素激活酶和泛素耦合酶硫酯中间体的形成，但是阻止了泛素从泛素耦合酶向泛素连接酶的释放（69）。在泛素中，目前尚不清楚单个电荷的替代（Q40E）是如何对泛素链的延伸产生如此大的影响。在感染的细胞中，E40 泛素的产生会削弱 TNF-α 诱导的信号通路，从而阻止下游的 NF-κB 依赖的转录。因此，在鼻疽感染的细胞中，CHBP 介导的泛素脱酰胺是破坏宿主泛素系统有效的毒力机制。值得注意的是，CHBP 和 Cif 对保守的类泛素蛋白 NEDD8 的 Q40 也有相似的作用。

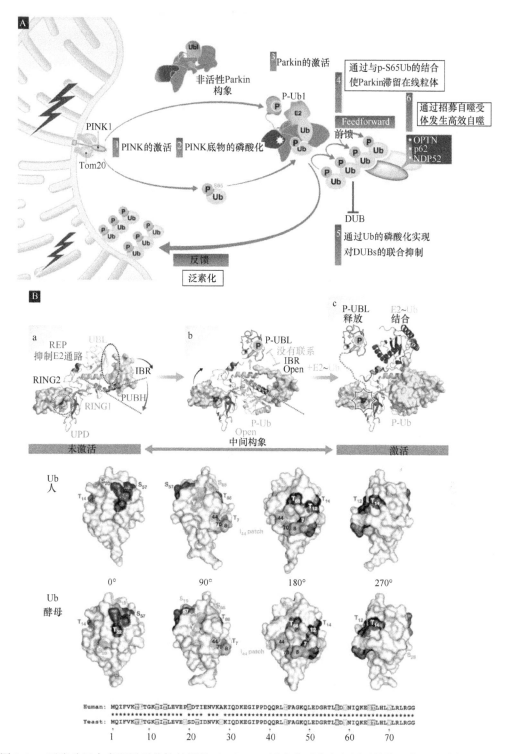

图 2-22　泛素分子自身翻译后修饰的调控（*61*）。A. 泛素分子自身翻译后修饰调控泛素连接酶 Parkin 的功能。B. 人源（T7、T12、T14、S20、S57、Y59、S65 和 T66）和酵母来源（T7、T12、T14、S19、T22、S28、S57、Y59、S65 和 T66）的泛素磷酸化位点被标注出来，排列于泛素疏水小片上的氨基酸残基也被标注

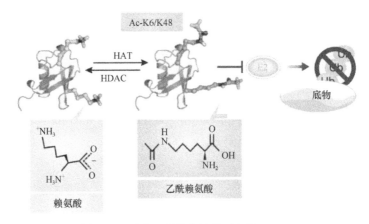

图 2-23 泛素乙酰化修饰的示意图（*61*）

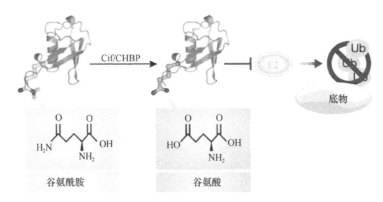

图 2-24 泛素脱酰胺化的示意图（*61*）

参 考 文 献

1. M. Wibo, B. Poole, *J. Cell Biol.* **63**, 430(1974).
2. J. D. Etlinger, A. L. Goldberg, *P. Natl. Acad. Sci. USA* **74**, 54(1977).
3. A. Ciehanover, Y. Hod, A. Hershko, *Biochem. Biophys. Res. Commun.* **81**, 1100(1978).
4. G. Goldstein *et al.*, *P. Natl. Acad. Sci. USA* **72**, 11(1975).
5. K. D. Wilkinson, *P. Natl. Acad. Sci. USA* **102**, 15280(2005).
6. C. P. Grou *et al.*, *Sci. Rep.* **5**, 12836(2015).
7. F. J. A. Dennissen *et al.*, *Febs. Lett.* **585**, 2568(2011).
8. T. N. Bhat *et al.*, *Nucleic. Acids. Res.* **29**, 214(2001).
9. M. W. Lake *et al.*, *Nature* **414**, 325(2001).
10. C. Y. Wang *et al.*, *Nat. Struct. Biol.* **8**, 47(2001).
11. M. Hochstrasser, *Nature* **458**, 422(2009).
12. E. P. Risseeuw *et al.*, *Plant J.* **34**, 753(2003).
13. M. J. Clague, C. Heride, S. Urbe, *Trends Cell Biol.* **25**, 417(2015).
14. N. A. Kulak *et al.*, *Nat. Methods* **11**, 319(2014).
15. S. E. Kaiser *et al.*, *Nat. Methods* **8**, 691(2011).
16. X. F. Yang *et al.*, *Cell Biochem. Biophys* **67**, 139(2013).
17. J. S. Thrower *et al.*, *EMBO. J.* **19**, 94(2000).
18. W. Kim *et al.*, *Mol. Cell* **44**, 325(2011).
19. G. Xu, J. S. Paige, S. R. Jaffrey, *Nat. Biotechnol.* **28**, 868(2010).
20. G. S. McDowell, A. Philpott, *Int. J. Biochem. Cell. Biol.* **45**, 1833(2013).

21. D. Komander, M. Rape, *Annu. Rev. Biochem.* **81**, 203(2012).
22. C. M. Pickart, M. J. Eddins, *Biochim. Biophys. Acta.* **1695**, 55(2004).
23. Z. Tokgoz, R. N. Bohnsack, A. L. Haas, *J. Biol. Chem.* **281**, 14729(2006).
24. I. Lee, H. Schindelin, *Cell* **134**, 268(2008).
25. B. A. Schulman, J. W. Harper, *Nat. Rev. Mol. Cell Biol.* **10**, 319(2009).
26. J. Ramser *et al.*, *Am. J. Hum. Genet.* **82**, 188(2008).
27. A. Hershko, A. Ciechanover, *Annu. Rev. Biochem.* **67**, 425(1998).
28. S. J. van Wijk, H. T. Timmers, *FASEB J.* **24**, 981(2010).
29. Y. Ye, M. Rape, *Nat. Rev. Mol. Cell Biol.* **10**, 755(2009).
30. K. I. Nakayama, K. Nakayama, *Nat. Rev. Cancer* **6**, 369(2006).
31. J. M. Huibregtse *et al.*, *P. Natl. Acad. Sci. USA* **92**, 2563(1995).
32. J. Jin *et al.*, *Genes Dev.* **18**, 2573(2004).
33. S. Lipkowitz, A. M. Weissman, *Nat. Rev. Cancer* **11**, 629(2011).
34. Y. C. Hou, J. Y. Deng, *World J. Gastroenterol* **21**, 786(2015).
35. M. Koegl *et al.*, *Cell* **96**, 635(1999).
36. I. Dikic, S. Wakatsuki, K. J. Walters, *Nat. Rev. Mol. Cell. Biol.* **10**, 659(2009).
37. K. Husnjak, I. Dikic, *Annu. Rev. Biochem.* **81**, 291(2012).
38. S. M. Nijman *et al.*, *Cell* **123**, 773(2005).
39. F. E. Reyes-Turcu, K. H. Ventii, K. D. Wilkinson, *Annu. Rev. Biochem.* **78**, 363(2009).
40. D. Komander, M. J. Clague, S. Urbe, *Nat. Rev. Mol. Cell. Biol.* **10**, 550(2009).
41. D. Komander *et al.*, *Mol. Cell* **29**, 451(2008).
42. A. Bremm, S. M. Freund, D. Komander, *Nat. Struct. Mol. Biol.* **17**, 939(2010).
43. I. E. Wertz *et al.*, *Nature* **430**, 694(2004).
44. J. Terrell *et al.*, *Mol. Cell* **1**, 193(1998).
45. L. Jin, A. Williamson, S. Banerjee, I. Philipp, M. Rape, *Cell* **133**, 653(2008).
46. J. Spence *et al.*, *Cell* **102**, 67(2000).
47. M. Xu *et al.*, *Mol. Cell* **36**, 302(2009).
48. J. M. Peng *et al.*, *Nat. Biotechnol.* **21**, 921(2003).
49. A. Ciechanover, K. Iwai, *IUBMB Life* **56**, 193(2004).
50. L. Hicke, *Nat. Rev. Mol. Cell. Biol.* **2**, 195(2001).
51. M. H. Glickman, A. Ciechanover, *Physiol. Rev.* **82**, 373(2002).
52. S. H. Lecker, A. L. Goldberg, W. E. Mitch, *J. Am. Soc. Nephrol.* **17**, 1807(2006).
53. D. Mukhopadhyay, H. Riezman, *Science* **315**, 201(2007).
54. O. Schmidt, D. Teis, *Curr. Biol.* **22**, R116(2012).
55. M. Akutsu, I. Dikic, A. Bremm, *J. Cell Sci.* **129**, 875(2016).
56. T. Hunter, *Mol. Cell* **28**, 730(2007).
57. C. Grabbe, K. Husnjak, I. Dikic, *Nat. Rev. Mol. Cell Bio.* **12**, 295(2011).
58. G. Matsumoto *et al.*, *Hum. Mol. Genet.* **24**, 4429(2015).
59. G. Matsumoto *et al.*, *Mol. Cell* **44**, 279(2011).
60. M. Pilli *et al.*, *Immunity* **37**, 223(2012).
61. L. Herhaus, I. Dikic, *EMBO. Rep.* **16**, 1071(2015).
62. T. Durcan, E. Ton, *Genes Dev.* **29**, 989(2015).
63. T. Wauer *et al.*, *EMBO. J.* **34**, 307(2015).
64. D. L. Swaney, R. A. Rodriguez-Mias, J. Villen, *EMBO. Rep.* **16**, 1131(2015).
65. Y. Imai *et al.*, *PLoS Genet.* **6**, e1001229(2010).
66. W. Lu *et al.*, *Nat. Commun.* **5**, 4930(2014).
67. H. S. Park *et al.*, *Science* **333**, 1151(2011).
68. D. T. Rogerson *et al.*, *Nat. Chem. Biol.* **11**, 496(2015).
69. M. Lazarou *et al.*, *Nature* **524**, 309(2015).
70. J. Cui *et al.*, *Science* **329**, 1215(2010).

（王　琛）

第三章　泛素和类泛素激活酶

泛素激活酶（ubiquitin-activating enzyme，E1）是一种 ATP 依赖的酶，通过与泛素结合，可激活泛素化途径中所有的泛素（ubiquitin，Ub）和类泛素蛋白（ubiquitin-like protein，UBL），然后将其转移至泛素耦合酶（ubiquitin-conjugating enzyme，E2）、泛素连接酶（ubiquitin ligase，E3）及靶蛋白上，是催化泛素化级联反应的第一步。目前发现的泛素激活酶（E1）包括 UBA1、UBA6、APPBP1/UBA3、AOS1/UBC9 和 UBE1L 等。其中，UBA1 和 UBA6 是泛素的激活酶。异二聚体激活酶 APPBP1/UBA3 通过促进拟素（neural precursor cell expressed developmentally dewnregulated protein 8，NEDD8）的羧基端腺苷酰化而启动对拟素的连接，最后转移到这条途径的泛素耦合酶 UBC12 上。AOS1/UBC9 是相素［小分子类泛素修饰体（small ubiquitin-like modifier，SUMO）］的激活酶。UBE1L 是 120 kDa 的单体蛋白质，被证明是扰素（ISG15）的泛素激活酶。它最显著的特性是选择性转移扰素底物到泛素耦合酶 UBCH8。本章主要描述人泛素激活酶：异二聚体 APPBP1-UBA3 和 UBE1L 的表达、纯化及其活性的测定方法。

第一节　概　　述

泛素化（Ub）系统主要包括泛素激活酶（E1）、泛素耦合酶（E2）和泛素连接酶（E3）家族。这些泛素蛋白酶家族呈金字塔样结构排列，塔尖为 1~2 个泛素激活酶，中间为几十个泛素耦合酶，底部为几百个泛素连接酶。E1 可激活泛素耦合酶，每个泛素耦合酶可与多个泛素连接酶相互作用而发挥功能（1，2）。E1 是一种 ATP 依赖的酶，通过与泛素和其他类泛素蛋白（UBL）如 NEDD8、SUMO 结合，使其 C 端腺苷酸化导致其活化，然后将泛素和类泛素蛋白转移至泛素耦合酶与泛素连接酶，最后一起将泛素转移到靶蛋白上，是催化泛素化及类泛素化级联反应的第一步（1）。泛素激活酶催化级联的过程如下：首先，泛素激活酶与 ATP 结合，然后与泛素相互作用，催化泛素羧基末端腺苷酸化，同时释放无机焦磷酸（PPi）；然后，活化位点的半胱氨酸硫醇激活泛素腺嘌呤核苷酸中间产物上的羧基，形成一个泛素硫酯键。在泛素传递到泛素耦合酶之前，泛素激活酶将另一个泛素分子转换成腺苷酸，双重泛素结合的泛素激活酶可以和所有的泛素耦合酶相互作用。在转硫醇反应中，泛素从泛素激活酶半胱氨酸的活性位点转移到泛素耦合酶的半胱氨酸活性位点。尽管泛素激活酶的结构仍不清楚，但是通过对泛素激活酶类似 NEDD8，以及细菌的 MoeB 和 ThiF 酶的结构和生化分析，现已对泛素激活酶的作用机制有了比较深入的了解（3）。目前发现在人类有 8 种激活酶，主要包括 UBA1、UBA6、APPBP1（NEA1）/UBA3、AOS1/UBC9 和 UBE1L（UBA7）（4）。其中，Uba1 和 UBA6 是泛素的激活酶，主要参与蛋白质的降解。UBA1 含有如下结构域：腺苷酰化区（adenylation domains）、半胱氨酸催化区（catalytic cysteine，CC）、泛素折叠域（ubiquitin fold domain，UFD）、四螺旋束区（four helix bundle，4HB）。UBA1 与类泛素蛋白和泛素耦合酶的结合都是高度特异性的。晶体结构解析显示，UBA1 与泛素三个不同的侧面相互作用，覆盖了泛素约 33%的表面积。通过对 UBA1 点突变，证实 UFD 区域在 UBA1 与泛素耦合酶的结合中发挥关键作用（5）。最近发现泛素激活酶在多种组织发育及肿瘤发生中起重要作用，例如，UBA1 突变致活性低下引起 Ras 信号激活，减少果蝇的寿命并导致运动神经损伤（6）。抑制 UBA1 活性后可降低蛋白泛素化及降解的过程，延缓减数分裂过程，导致胚胎发育停滞（7）。在肿瘤细胞中，UBA1 的活性和总蛋白的泛素化水平是明显增高的；相反，用泛素激活酶特异抑制剂 PYZD-4409 可抑制 p53 和 Cyclin D3 的降解，激活内质网应激信号通路如 GRP78、CHOP、EKR 等抑制白血病肿瘤的发生（8）。UBA6 与泛素耦合酶（USE1）形成泛素转移级联，在小鼠胚胎发育中起着重要的作用。神经元 UBA6 的缺失改变海马和杏仁核中神经元的模式，降低树突棘密度，导致许多行为障碍（9）。

拟素是一个类泛素蛋白，与泛素有约 60%的序列同源性（10）。拟素途径在许多生物学过程包括细胞增殖、信号转导和发育中起着重要的作用。拟素与泛素一样，其转录后修饰也需要激活酶、耦合酶和连接酶的持续激活。在人体中，激活拟素的激活酶是一个含有 APPBP1（约 60 kDa）和 UBA3（约 49 kDa）的异二聚体复合物。APPBP1 和 UBA3 分别构成泛素激活酶的氨基端和羧基端（11）。APPBP1/UBA3 首先在 ATP 和 Mg^{2+} 存在下，催化拟素的羧基端 Gly76 的腺苷酰化，然后催化性半胱氨酸（UBA3 上的 Cys216）和拟素 C 端之间形成硫酯中间物。APPBP1/UBA3 复合物最后与耦合酶（UBC12 和 UBE2F）结合，促进拟素向 UBC12 和 UBE2F 的催化性半胱氨酸转移（11）。遗传学研究发现，在不同物种中 APPBP1 和 UBA3 具有相同的生物学功能。Appbp1 和（或）Uba3 基因中的突变可导致许多细胞功能缺陷（12）。用 RNA 干扰技术封闭秀丽隐杆线虫中的 Appbp1 和 Uba3 基因的表达，以及定点删除小鼠中 Uba3 基因，均导致胚胎致命性的死亡（13）。表达温度敏感性基因 Appbp1 的仓鼠细胞，在非适宜的温度下表现为 DNA 合成和有丝分裂耦联的丧失。表达温度敏感性基因 Uba3 的秀丽隐杆线虫的胚胎，在非适宜的温度下，表现为胞质分裂的多种缺陷（14）。因此，纯化拟素系统中所需的蛋白酶具有非常重要的应用价值。

UBE1L 不像其他几种 UBL（如 SUMO 和 拟素）的激活酶是异二聚体（15，16），Isg15 基因的表达是由干扰素诱导的，其分子质量为 15kDa。与泛素类似，它通过形成共价结合修饰底物蛋白（15）。UBE1L 是 ISG15 的唯一激活酶，通过单个耦合酶（UBCH8）可选择性地催化 ISG15 结合到靶蛋白中的赖氨酸残基上。近些年研究表明，UBE1L 缺失可导致造血多能祖细胞的 G_2 / M 期细胞周期停滞（17）。UBE1L 缺失抑制 K-rasLA2 小鼠肺癌的发生（18）。有趣的是，Ube1L 基因敲除小鼠能生育，但没有明显的表型。目前研究发现 ISG15 的靶蛋白主要包括 IFIT1、MX1/MxA、PPM1B、UBCH8、UBE1L、CHMP5、CHMP2A、CHMP4B 和 CHMP6（19）。在干扰素 α/β 刺激后，ISG15 可与细胞内泛素和其他 UBL 相结合，同时通过其 C 端甘氨酸残基共价结合到靶蛋白。RNA 干扰实验表明在 IFNα/β 处理的 HeLa 细胞中，UBCH8 可作为耦合酶在 ISG15 结合反应中发挥重要的作用。用 siRNA 敲减 UbcH8 mRNA 水平后同样抑制 IFN-β 诱导的 ISG15 结合反应。虽然 ISG15 是第一个被发现的 UBL,但是 ISG15 结合的详细功能仍不清楚(*15*)。

该章节主要描述用于体外泛素化反应的两个人泛素激活酶的表达、纯化和活性的测定方法,包括用于体外拟素接合研究的 APPBP1-UBA3,以及用于底物 ISG15 检测的 UBE1L。

第二节 泛素激活酶的表达和纯化

细菌中表达的小麦泛素激活酶是第一个被广泛使用的重组泛素激活酶,这种酶已被大家接受,且其共价亲和层析法已被描述。后来制备的两个表达人类泛素激活酶的杆状病毒表达载体,就产量和活性而言,比小麦泛素激活酶表达系统有较多的优点,可以在昆虫细胞中以 GST 融合蛋白的形式表达。这个融合蛋白在谷胱甘肽琼脂糖柱上亲和纯化,然后用特异位点的蛋白酶切割,释放出泛素激活酶(*20*)。具体制备过程如下。

(1)在 pVL1393 杆状病毒转移载体先插入 GST 可读框和 pGEX-6P1 的多克隆位点,然后在多克隆位点中克隆人类全长的泛素激活酶(UBA1)的可读框。

(2)利用 5～10 个直径为 15 cm 的细胞平板,这些细胞在含 5%胎牛血清的 Grace 昆虫细胞培养基中生长。每一个平板所用病毒的量根据在 6 孔板中的预实验所决定。

(3)转染 40 h 后收集细胞,用 NP-40 裂解缓冲液(100 mmol/L Tris,pH7.9;100 mmol/L NaCl;0.1% NP-40;1 mmol/L DTT;100 μmol/L PMSF)裂解。每一个 15 cm 的平板细胞用 1 mL 的缓冲液。离心,除去裂解的细胞碎片(10 000 *g*,10min,4℃)。

(4)在 4℃条件下,悬浮液与谷胱甘肽琼脂糖珠(每个 15 cm 的平板用 25 μL 磁珠)共旋转混合 2 h,离心后收集琼脂糖珠,用 NP-40 裂解液洗涤 4 次。用 PreScission 蛋白酶(4 U,Pharmaica)在含有 10 mmol/L Tris-HCl、50 mmol/L NaCl、0.01% Triton 和 1 mmol/L DTT 的缓冲液中,4℃切割 5 h,使泛素激活酶蛋白从琼脂糖珠上释放出来。分装纯化的泛素激活酶蛋白,存储在–80℃冰箱。

因为 PreScission 蛋白酶本身是一个 GST 融合蛋白,也结合谷胱甘肽琼脂糖珠,它不会明显污染最终的可溶性泛素激活酶蛋白。用这种方法可产生 25～50 μg 的泛素激活酶蛋白。

第三节 人类拟泛素激活酶 APPBP1/UBA3 异二聚体复合物的表达和纯化

一、表达重组 APPBP1-UBA3 质粒的构建

(一)pGST-HsAPPBP1-rbs-UBA3 的建立

pGST-HsAPPBP1-rbs-UBA3 是一个双顺反子质粒,它可在细菌中共表达 APPBP1 和 UBA3。pGST-HsAPPBP1-rbs-UBA3 合并了两个独立载体的片段。这两个独立载体,一个以 GST 融合蛋白的形式表达 APPBP1,另一个表达不带标签的 UBA3 蛋白。

材料

（1）表达载体：pGEX4T1、pGEX4T2 或 pGEX4T3（Amersham Biosciences），pET3a（Novagen）。

（2）cDNA：人 APPBP1（2964638）；人 UBA3（2371074）。

（3）用聚合酶链反应（PCR）扩增亚克隆需要插入的寡核苷酸片段：

① APPBP1 正向链（含 *Bam*H I 位点）：5′-cgcggatccatggcgcagctgggaaagctgctcaag-3′

② APPBP1 反向链（含 *Sma* I 位点）：5′-tcccccgggctacaactggaaagttgctgaagtttg-3′

③ UBA3 正向链（含 *Nde*I 和 *Hin*dIII 位点）：5′-ggaattccatatgaagcttatggctgttgatggtgggtgtggggg-3′

④ UBA3 反向链（含 *Bam*H I 位点）：5′-cgcggatccttaagaagtaaaatgaagtttgaatag-3′

⑤ 双顺反子正向链（含 *Sal* I 位点）：5′-acgcgtcgactcgagtagaaataattttgtttaactttaagaag-3′

⑥ 双顺反子反向链（含 *Not* I 位点）：5′-atagtttagcggccgcttaagaagtaaaatgaagtttgaatag-3′

（二）双顺反子 APPBP1-UBA3 表达载体的构建过程

（1）pGEXAPPBP1：用引物①和②扩增 APPBP1 cDNA，并克隆到 pGEX4T3 载体的 *Bam*H I 和 *Sma* I 限制性内切核酸酶酶切位点。

（2）pETUBA3：用引物③和④扩增 UBA3 cDNA，并克隆到 pET3a 载体的 *Nde* I 和 *Bam*H I 限制性内切核酸酶酶切位点。注意：在 *Nde* I 位点和 UBA3a cDNA 之间插入 *Hin*dIII 酶切位点至关重要，它能使 UBA3 cDNA 在终载体的插入和切割很便利。

（3）pGST-HsAPPBP1-rbs-UBA3：用引物⑤和⑥从 PET3a 扩增出含有核糖体结合位点（rbs）和 UBA3 cDNA 的片段，然后在 pGEX-APPBP1 上的 *Sal* I 和 *Not* I 酶切位点之间插入 PCR 片段，即为最终载体 pGST-HsAPPBP1-rbs-UBA3。在该载体上，APPBP1 的 cDNA 两侧是 *Bam*H I 和 *Sal* I 的单一酶切位点，UBA3 cDNA 两侧是 *Hin*dIII 和 *Not* I 的单一酶切位点。

二、APPBP1-UBA3 的表达

在 1L *E. coli* 培养基中，APPBP1-UBA3 表达和纯化的具体步骤如下。

（1）转化 pGST-HsAPPBP1-rbs-UBA3 进入 BL21-Gold（DE3）*E.coli*（按照产品说明书进行），在含 100 μg/mL 氨苄青霉素的 LB 琼脂板上涂板，37℃培养过夜，形成单菌落。

（2）用单菌落接种于含 100 μg/mL 氨苄青霉素的 5 mL LB 培养液，37℃振荡 10～16 h。

（3）在 2 L 的大烧瓶中装入 1L 含 100 μg/mL 氨苄青霉素的 LB 培养液，接种 5 mL 的过夜细菌培养液，37℃振荡培养，监测 600 nm 处的光吸收值。当 OD_{600} 达到 0.8～1.0 时，加入 IPTG 至最终浓度为 0.6 mmol/L。加入 IPTG 后，转移细菌到 16℃摇床上振荡 16 h。

三、APPBP1-UBA3 的纯化

下面所有的纯化步骤均在 4℃中进行，蛋白质和缓冲液均保持在 4℃或冰上。

（一）细胞裂解液的制备

（1）在 4℃、4500 r/min 离心 15 min 收集细胞。用 8mL 裂解缓冲液（50 mmol/L Tris-HCl，0.2 mol/L NaCl，2.5 mmol/L PMSF，5 mmol/L DTT，pH 7.6）重悬细菌。

（2）超声裂解细胞，5×12 s。间歇地放在冰上冷却 15 s。

（3）在 4℃、15 000 r/min 离心 25 min 以澄清裂解物。把上清液转移到一个新的离心管中，在 4℃、15 000 r/min 离心 25 min，冰上保持裂解物。

（二）谷胱甘肽亲和层析

（1）在 15 mL 的试管中，用 14 mL 的洗涤缓冲液（50 mmol/L Tris-HCl，0.2 mol/L NaCl，5 mmol/L DTT，pH 7.6）漂洗 400 μL 的谷胱甘肽琼脂糖 4B 磁珠，4℃、1500 r/min 离心 5 min，然后倒掉洗涤液。重复一次以使磁珠在洗涤液中平衡。

（2）在 15 mL 含有已漂洗过 GSH 琼脂糖磁珠的试管中加入细胞裂解液，柔和地颠倒混合，然后在 4℃转动混合 1 h。

（3）将细胞裂解物和磁珠装入一个层析柱（0.8 cm×4.0 cm，Bio-Rad），再用洗涤液洗 15 mL 的试管，把洗试管的洗脱液倒入柱中以覆盖所有的磁珠。让裂解物顺着柱流下，1～2 h。

（4）用 2 mL 的洗脱液洗层析柱，重复 3 次。

（5）洗脱液由 50 mmol/L Tris-HCl、0.2 mol/L NaCl、5 mmol/L DTT 和 10 mmol/L 还原型的谷胱甘肽组成，调节 pH 至 7.6～8.0。先用固定的洗脱缓冲液分 3 次洗柱，同时用微量离心管分步收集洗脱液。加入 300 μL 洗脱缓冲液洗脱，收集组分 I；加入 450 μL 洗脱缓冲液洗脱，收集组分 II；最后，加入 450 μL 洗脱缓冲液洗脱，收集组分 III。大部分 GST-APPBP1-UBA3 蛋白在组分 II 中，仅少量在组分 III 中。

（6）合并组分 II 和 III。以牛血清白蛋白为标准，测定蛋白质的含量。总蛋白提取量一般为每升培养基 2～3 mg。

（三）GST-APPBP1-UBA3 蛋白的凝血酶裂解

（1）在 GST-APPBP1-UBA3 的混合组分中加入终浓度达 2.5 mmol/L 的 $CaCl_2$。

（2）每 100 mg 混合蛋白中加入 1 mg 的凝血酶（Sigma）。在冰上裂解 12～24 h，以 1～2 mg/mL 的浓度溶解在缓冲液中（25 mmol/L Tris-HCl，0.2 mol/L NaCl，5 mmol/L DTT，pH 7.6）。其他品牌的凝血酶也可以。

（3）用 15% SDS-PAGE 检测凝血酶的裂解效果，GST-APPBP1 应当被裂解为 GST 和 APPBP1 两个多肽。

（4）在反应液中加入终浓度为 1 mmol/L 的 PMSF（溶解在乙醇中，浓度为 0.2 mol/L），抑凝血酶的活性。

（四）凝胶过滤层析

用凝胶 Superdex 200 柱（10 mm×300 mm；Amersham Biosciences）进一步纯化。

（1）在 AKTA FPLC 系统（Amersham Biosciences）中，用存储缓冲液（25 mmol/L HEPES，0.15 mol/L NaCl，1 mmol/L DTT，pH 7.0）平衡凝胶柱 Superdex 200。

（2）在 4℃、13 000 r/min 离心 10 min，澄清蛋白质。

（3）在 Superdex 200 柱上加入约 950 µL 的蛋白质样品，用存储缓冲液洗脱，分 4 次收集洗脱液，每次 0.5 mL，这 4 次收集的洗脱液相当于峰Ⅰ、Ⅱ、Ⅲ和Ⅳ（图 3-1）。

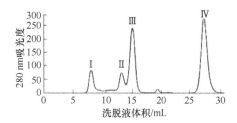

图 3-1 凝血酶裂解后，Superdex 200 的洗脱峰图。峰Ⅰ，空组分；峰Ⅱ，APPBP1-UBA3；峰Ⅲ，GST；峰Ⅳ，含有还原性谷胱甘肽的小分子

（4）合并所有峰 B 的组分。此时，APPBP1-UBA3 的浓度很低，以至于很难测定。因此，在制备结束后再分析它的纯度和浓度。

（五）用谷胱甘肽亲和层析柱去掉 GST

在凝胶过滤层析中，APPBP1-UBA3（峰Ⅱ）和 GST（峰Ⅲ）的洗脱图部分重叠，但这些蛋白质与还原型谷胱甘肽（峰Ⅳ）容易分离。因此，任何 GST 的残留物能够通过第二轮的谷胱甘肽亲和层析把它从 APPBP1-UBA3 的组分中去掉。在这个过程中，GST 结合在柱上，APPBP1-UBA3 复合物被洗脱出。

（1）用 10 mL 的洗脱缓冲液洗 GSH-琼脂糖柱，然后用 10 mL 的存储缓冲液平衡。

（2）把峰Ⅱ的合并组分过柱，收集所有流出物，另加入 500 µL 的存储缓冲液，收集所有的 APPBP1-UBA3 流出物。GST 和任何未裂解的 GST-APPBP1-UBA3 被保留在柱中。

（六）APPBP1-UBA3 的浓缩和存储

小规模表达和纯化 APBP1-UBA3 蛋白，大约可制备 200 µg 的纯酶复合物。当培养基的量达到 48 L 时，可以得到毫克数量级的蛋白质，浓缩后可达 15～30 mg/mL。根据 Amicon Centricon 产品说明书，用离心式过滤器（10 000 Da 的分子被截留）浓缩纯化的 APPBP1-UBA3 蛋白。分装成每管含有 10～15 µL 的 APPBP1-UBA3，在液氮中快速冷冻后，-80℃保存可稳定 1 年。

四、APPBP1-UBA3-UBC12 转硫醇作用的检测

APPBP1-UBA3 纯化后，其活性可以用多种方法检测，如 APPBP1-UBA3 介导的拟

素分子向 UBC12 分子的转移。

（1）把拟素 cDNA 克隆到 pGEX-2TK 上（Amersham Biosciences），在其 N 端添加蛋白激酶 A 的磷酸化位点序列（GSRRASV）。像先前描述 APPBP1-UBA3 的表达和纯化过程一样，表达和纯化 2TK-拟素，它在每升培养液中有更高的产量（> 5 mg/L）。

（2）用制备 APBP1-UBA3 及拟素的相同方法来制备 UBC12。

（3）在缓冲液（15 mmol/L Tris-HCl，0.1 mol/L NaCl，12 mmol/L MgCl$_2$，1mmol/L DTT，pH 7.6）中，加入 15 μg 的拟素、30 U 的蛋白激酶 A（Sigma，P2645）、3 μL 的 ATP（γ-^{32}P，6000 Ci/mmol）。最终的反应体积为 25 μL，在室温下反应 2～3 h。4℃保存。

（4）在 18℃、10 μL 的体系中进行实验。混合以下成分：1 nmol/L APPBP1-UBA3，5 μmol/L ^{32}P-标记的拟素，50 μmol/L UBC12（保存在 50 mmol/L Tris-HCl，50 mmol/L NaCl 的缓冲液中），10 mmol/L MgCl$_2$，5 mmol/L ATP，1 mmol/L DTT，0.3 U/mL 无机焦磷酸酶，0.3 U/mL 肌酸磷酸酶，5 mmol/L 磷酸肌酸和 2 mg/mL 卵白蛋白，pH 7.6。用同体积的 2×SDS 上样缓冲液终止反应。

（5）15% SDS-PAGE 凝胶电泳，干燥胶，用放射自显影法检测 ^{32}P-标记的拟素和 UBC12-拟素硫脂。在室温下曝光 10 h 可以看见很强的条带信号。

第四节 激活酶 UBE1L 的表达和纯化

一、UBE1L 的表达和活性分析

GST-UBE1L 可用各种杆状病毒载体表达，如改良的 pFastbac1，该载体含有 GST 可读框、PreScission 蛋白酶切割位点及多聚接头（20）。

（1）UBE1L 可读框克隆在多聚接头的 *Eco*R I 和 *Not* I 限制性内切核酸酶切位点之间。

（2）pFastbac1-GST-UBE1L 重组质粒被转入大肠杆菌菌株 DH10Bac。

（3）纯化的 UBE1L 重组体杆状病毒质粒 DNA 被转染到昆虫细胞，收集病毒，然后感染 High Five 细胞。

（4）转染 48 h 后，用 NP-40 裂解缓冲液（0.1 mol/L Tris-HCl，pH 7.5；0.1 mol/L NaCl；1% NP-40）裂解细胞。

（5）细胞提取物与谷胱甘肽琼脂糖珠在 4℃ 孵育 2 h，纯化 GST-UBE1L。

（6）用 0.2 mL 含有 1% Triton 的磷酸盐缓冲液冲洗珠子 3 次。

（7）在含有 10 mmol/L Tris-HCl（pH 7.5）、50mmol/L NaCl、0.01% Triton 和 1 mmol/L DTT 的缓冲液中，用蛋白酶在 4℃ 切割 GST-UBE1L 共 5 h，从 GST 珠上释放 UBE1L 蛋白。

二、用 ^{32}P 标记的 ISG15 底物分析 UBE1L 活性

1. 底物 ISG15 的表达、纯化和 ^{32}P 的标记

（1）ISG15 可读框被克隆到 pGEX-2TK 载体上，且把 cAMP 依赖性激酶的结构域贴

附到 ISG15 的 N 端。

（2）用谷胱甘肽琼脂糖珠纯化 GST-2KT-ISG15 融合蛋白。

（3）对每个标记反应物，用 1 μg 纯化的 GST-2KT-ISG15 稀释到 500 μL PBS 中，并用 50 μL 谷胱甘肽琼脂糖珠在 4℃孵育 3 h。

（4）离心沉淀谷胱甘肽琼脂糖珠，用 1 mL 激酶缓冲液（40 mmol/L Tris-HCl，pH 7.5；20 mmol/L MgCl$_2$）冲洗一次，然后用 60 μL 激酶缓冲液连同 0.05 mCi（γ-^{32}P）ATP 和 1 单位 cAMP 依赖性蛋白激酶催化亚基再悬浮。

（5）激酶反应在室温下进行 30 min，离心沉淀珠并弃掉上清。用 1 mL PBS 冲洗琼脂糖珠两次，^{32}P 标记的 GST-2KT-ISG15 融合蛋白可用谷胱甘肽洗脱，然后用下面描述的 UBE1L 硫酯分析方法测定。

（6）另外，^{32}P 标记的 2TK-ISG15 蛋白用凝血酶能从 GST 分开。为了进行这一裂解反应，PBS 洗过的谷胱甘肽琼脂糖珠与 100 μL 含有 0.5 U 生物素标记的凝血酶的凝血酶缓冲液混合（50 mmol/L Tris-HCl，pH 8.0；150 mmol/L NaCl；2.5 mmol/L CaCl$_2$；5 mmol/L MgCl$_2$），混合物在室温孵化 30 min。

（7）离心分离后，含有标记的 ISG15 蛋白的上清液被转移到一个新的试管中，用凝血酶裂解捕获试剂盒清除凝血酶。凝血酶必须清除。合成的 ^{32}P 标记的 ISG15 蛋白被分装保存，活性可维持 2～3 天。

2. UBE1L 活性的分析

为了检测 UBE1L-ISG15 硫酯的形成，用 0.10 μg 纯化的 UBE1L 和 4 μL ^{32}P 标记的 ISG15（106 cpm）在含有 50 mmol/L Tris-HCl（pH 7.5）、3.75 mmol/L ATP 和 10 mmol/L MgCl$_2$ 的 40 μL 反应体系中室温孵育 15 min。通过加入等体积不含 DTT 的 SDS 凝胶加样缓冲液终止反应，然后在室温继续孵育 10 min。一部分混合物在非还原条件下通过 SDS-PAGE 分析。

参 考 文 献

1.　P. M. Handley, M. Mueckler, N. R. Siegel, A. Ciechanover, A. L. Schwartz, *P. Natl. Acad. Sci. USA.* **88**, 258(1991).

2.　A. Angeles, G. Fung, H. Luo, *Front Biosci.* **17**, 1904(2012).

3.　D. T. Huang, H. Walden, D. Duda, B. A. Schulman, *Oncogene* **23**, 1958(2004).

4.　J. Jin, X. Li, S. P. Gygi, J. W. Harper, *Nature* **447**, 1135(2007).

5.　I. Lee, H. Schindelin, *Cell* **134**, 268(2008).

6.　H. Y. Liu, C. M. Pfleger, *PLoS One* **8**, e32835(2013).

7.　M. Kulkarni, H. E. Smith, *PLoS Genet.* **4**, e1000131(2008).

8.　G. W. Xu *et al.*, *Blood* **115**, 2251(2010).

9.　P. C. Lee *et al.*, *Mol. Cell* **50**, 172(2013).

10.　S. Kumar, Y. Yoshida, M. Noda, *Biochem. Biophys. Res. Commun.* **195**, 393(1993).

11.　L. Gong, T. Kamitani, S. Millas, E. T. Yeh, *J. Biol. Chem.* **275**, 14212(2000).

12.　D. T. Huang, B. A. Schulman, *Methods Enzymol* **398**, 9(2005).

13.　D. Jones, E. Crowe, T. A. Stevens, E. P. Candido, *Genome Biol.* **3**, RESEARCH0002(2002).

14.　T. Kurz *et al.*, *Science* **295**, 1294(2002).

15. W. Yuan, R. M. Krug, *EMBO. J.* **20**, 362(2001).
16. A. L. Haas, P. Ahrens, P. M. Bright, H. Ankel, *J. Biol. Chem.* **262**, 11315(1987).
17. X. Cong, M. Yan, X. Yin, D. E. Zhang, *Blood Cells Mol. Dis.* **45**, 103(2010).
18. X. Yin, X. Cong, M. Yan, D. E. Zhang, *Lung Cancer* **63**, 194(2009).
19. K. R. Loeb, A. L. Haas, *J. Biol. Chem.* **267**, 7806(1992).
20. C. Zhao *et al.*, *P. Natl. Acad. Sci. USA.* **101**, 7578(2004).

（李汇华）

第四章 泛素耦合酶

泛素耦合酶（ubiquitin-conjugating enzyme，E2）在泛素化中起着重要的作用。其功能是在第一步泛素激活酶激活泛素后，协助特异性泛素连接酶把活化的泛素转移到底物上。虽然它们具有一个相同的泛素结合（ubiquitin conjugation，UBC）结构域核心，但是该家族的成员在与泛素连接酶的相互作用方面表现出明显的特异性。在高等多细胞生物中，酵母 UBC4/5 家族具有明显的高度保守性。UBC4/5 在人类相当于 UBCH5 家族，该家族的成员与 HECT 和 RING 家族的泛素连接酶有广泛的相互作用。最近证据表明泛素耦合酶突变或功能受损可导致严重的疾病，包括染色体不稳定综合征、癌症易感性和免疫学疾病，提示泛素耦合酶可能代表一类重要的治疗靶点。本文将阐述泛素耦合酶在体外的表达、纯化、特点，以及它们在细胞内的一些基本的功能；另外，还会介绍小分子抑制物的鉴定及其在泛素和类泛素连接方式检测中的应用。最后介绍一种高通量的时间分辨荧光法，用于检测泛素耦合酶和泛素之间硫酯中间产物的形成。这种方法也适用于筛选影响泛素耦合酶-泛素硫酯键形成的小分子抑制剂。

第一节 概　　述

泛素化是一个多级酶联的反应过程，其中包括三个酶系泛素激活酶、泛素耦合酶、泛素连接酶。泛素激活酶可以与泛素特异性泛素耦合酶反应。酵母有 11 种泛素耦合酶，而人类至少有 35 种，均共享核心 UBC 结构域，其跨越大约 150 个氨基酸残基。在早期，根据 UBC 结构域延伸区对泛素耦合酶进行分类：Ⅰ类泛素耦合酶仅具有核心结构域；Ⅱ类和Ⅲ类分别具有 N 端或 C 端延伸区；Ⅳ类在两端均有延伸区（1）。大多数Ⅱ类和Ⅲ类泛素耦合酶中的延伸区是保守的，但缺乏二级结构，它们影响其定位、泛素激活酶/泛素连接酶相互作用及泛素化过程。第Ⅳ类酶如 UBE2O 和 BIRC6 的延伸区更大（>1200 个氨基酸残基），为多结构域的蛋白质（2）。目前应用 GenBank 参考序列命名法来命名人 E2 家族中的基因。通过编号就能从 GenBank 参考序列中查到可用的名称（表 4-1）。

UBC 折叠含有 N 端螺旋（α1）、四链 β 弯曲（β1-4）、一个短的 3^{10} 螺旋通向中心"交叉"螺旋（α2），以及两个 C 端螺旋（α3 和 α4）（3）。泛素耦合酶催化中心位于具有活性位点半胱氨酸的浅槽中、3^{10} 螺旋之前。催化性半胱氨酸在结构上由三肽 His-Pro-Asn 基序支撑，具有保守的 UBC 折叠特征（4）。但是特定泛素耦合酶中三肽序列略有不同。例如，在 UBE2W 中的基序序列是 His-Pro-His，而在其他泛素耦合酶成员（UBE2J 和 UBE2Q）中基序完全缺乏。无论怎样，这种变化都不影响这些泛素耦合酶的活性。相反，UBE2V 家族缺乏催化半胱氨酸和 His-Pro-His 基序，这些蛋白质作为 UBE2N 的共激活因子发挥功能（5）。另外，特定的泛素耦合酶如 UBE2A 有一个中性丝氨酸，其磷酸化可调节泛素耦合酶的活性（6）。

表 4-1 泛素耦合酶

泛素耦合酶及泛素耦合酶 变型一般名称	官方名称	GenBank 参考序列编号	接近的酿酒酵母 泛素耦合酶同源体
A. E2 的泛素或类泛素分子			
Apollon，BRUCE，BIR6	BIR	NP_057336	UBC7p/Qri8p
hHR6A，RAD6A	UBE2A	NP_003327	RAD6p/UBC2p
hHR6B，RAD6B	UBE2B	NP_003328	RAD6p/UBC2p
UBCH10	UBE2C	NP_008950	UBC11p
UBCH5A	UBE2D1	NP_003329	UBC4p 或 UBC5p
UBCH5B	UBE2D2	NP_003330	UBC4p 或 UBC5p
UBCH5C	UBE2D3	NP_003331	UBC4p 或 UBC5p
UBCH5D，hBUCE1	UBE2D4	NP_057067	UBC4p 或 UBC5p
UBCH6	UBE2E1	NP_003332	UBC5p 或 UBC4p
UBCH8	UBE2E2	NP_689866	UBC5p 或 UBC4p
UBCH9，UBCM2，E2-23K	UBE2E3	NP_872619，NP_006348	UBC4p 或 UBC5p
UBCM2	UBE2E4	NP_997236	UBC4p 或 UBC5p
UBC7，E2-17K，HH *C. elegans* UBC7	UBE2G1	NP_003333	UBC7p/Qri8p
HH mouse UBC7，MmUBC7	UBE2G2	NP_003334	UBC7p/Qri8p
UBCH2，E2-20K，UBCH8	UBE2H	NP_003335	UBC8p
UBCH9/SUMO1-耦联酶	UBE2I	NP_003336，NP_919235， NP_919236，NP_919237	UBC9p
NCUBE1，UBC6 同系物 E HsUBC6e，CGI-76， HSPC153/HSPC205	UBE2J1	NP_057420，NP_057105	UBC6p，与 IRA2 的 3'同源
NCUBE2，UBC6 同系物，	UBE2J2	NP_919296	UBC6p
UBCH7，E2-18K，UBCM4， E2-F1，L-UBC	UBE2L3	NP_003338	UBC4p 或 UBC5p
UBCH8，RIG-B	UBE2L6	NP_004214	UBC4p 或 UBC5p
UBCH12，NEDD8-耦联酶	UBE2M1	NP_003960	UBC12p
类似于 E2M，UBCH12， NEDD8-耦联酶	UBE2M2	XP_497504	UBC12p
NEDD-耦联酶	UBE2M3	NP_542409	UBC12p 或 UBC5p 或 UBC4p 或 UBC13p
UBCH13，无弯曲同系物	UBE2N1	NP_003339	UBC13p
UBE2NL，类似于 UBCH13	UBE2N2	XP_372257	UBC13p
UBE2Q	UBE2Q	NP_060052	UBC11p 或 UBC3/Cdc34p
Cdc34，E2-32K	UBE2R1	NP_004350	UBC3p/Cdc34 或 UBC7p
Ubc3B	UBE2R2	NP_060281	UBC3p/Cdc34
E2-EPF5，E2-24K	UBE2S	NP_055316	UBC13p
E2-24K-2	UBE2S2	XP_496186	UBC13p
E2-25K，HsUbc1	HIP2	NP_005330	UBC1p 或 UBC-X
KIAA1734，小鼠同源物 E2-230K	E2-230K	NP_071349	RAD6p
FLJ13855	USE1，HOYS7，UBE2Z	NP_075567	
类似于果蝇的 CG4502	CG4502	XP_059689	UBC3p/Cdc34
FLJ11011	UBE2W	NP_001001481	UBC7p/Qri8p
Hypothetical	HSPC150	NP_054895	UBC13p
Hypothetical	MGC31530	NP_689702	RAD6p

泛素耦合酶中的 UBCH5 家族由 4 个基因和至少 4 个假基因构成。编码序列共同产生 13 个可选择性连接的 RNA 片段，可合成 8 种亚型蛋白。它们包括：UBCH5A（E2D1）、UBCH5B（E2D2）亚型 1 和 2，UBCH5C（E2D3）亚型 1、2、3，在大脑表达的两种泛素连接酶 hBUCE（UBCH5D 或 E2D4）。这个家族中研究最多的成员是具有催化活性的全长 UBCH5A-C 亚型。这些蛋白质之间至少有 88%～95% 的相似性。所有这些多肽都包括一个半胱氨酸活性位点，除了 UBCH5B 亚型 2 和 UBCH5D/hBUCE1 亚型 2 外，其他的均为全长（7）。

在人体内，每种泛素耦合酶可与超过 600 个不同的泛素连接酶发生作用。泛素连接酶催化结构域主要包括 HECT 和 RING 结构域。泛素耦合酶激活的重要条件是位于 UBC 结构域的一个保守半胱氨酸催化位点与泛素羧基端形成一个硫酯键。其中一些泛素耦合酶可与类泛素蛋白结合，如 UBCH9/UBE2I 与 SUMO、UBCH12/UBE2M 与拟素。UBCH8/UBE2L6 对泛素或干扰素诱导的类泛素蛋白扰素（ISG15/UCRP）具有独特的功能（8）。UBC9 可表达于心脏、骨骼肌、胰腺、肾、肝、肺、胎盘和脑，也可在睾丸和胸腺中表达。最近，晶体学揭示了含有 UBC9 的同源二聚体和 RWDD3 的 RWD 结构域的异源三聚体的晶体结构。其中，UBC9 的同源二聚体是不对称的，由第一个 UBC9 的 N 端和第二个 UBC9 的接近催化 Cys 的表面结合而形成，而且也与 RWD 结构域相互作用（9, 10）。

研究发现 UBC9 可接受来自 SUMO E1 复合物的类泛素蛋白相素（SUMO1、SUMO2、SUMO3 和 SUMO4），并在泛素连接酶如 RanBP2 或 CBX4 的协助下，催化它们与其他蛋白底物的共价连接，形成多聚相素链。例如，UBC9 促进 FOXL2 和 KAT5 的相素化，这是核受体和染色体分离的必要条件。UBC9 可与 HIPK1、HIPK2、PPM1J、RASD2、TCF3、NR2C1、SIAH1 和 PARP 相互作用，并促进其相素化。UBC9 与各种转录因子相互作用，增强了这些蛋白质的相素化，包括 TFAP2A、TFAP2B、TFAP2C、AR、ETS1、SOX4、RWDD3、HIF1α 和 IκB。相反，UBC9 与 NFATC2 相互作用而抑制其多 SUMO 链的形成（11）。另外，这些 E2 中的一些泛素酶异构体与活化的泛素连接酶共同作用形成了特殊的泛素连接。比如，UEV1/MMS2 与 UBCH13、RING 指泛素连接酶如 TRAF6 共同作用，特异性介导 K63 多泛素化链形成（12）。酵母泛素耦合酶如 UBC4p 和 UBC5p 与人类 UBCH5 家族有高度同源性，人和酵母序列之间的同源性分别为 80% 和 90%。泛素耦合酶家族不但高度保守，而且它们的结构特征还使它们在体内的作用更加有效，在体外可与多种泛素连接酶有着广泛的作用（7）。

在真核细胞中，已被鉴定出许多功能与泛素相似的类蛋白。在这些蛋白质中，拟素（NEDD8）与泛素具有高度同源性，在类泛素化的反应过程中，通过共价修饰与靶蛋白结合（13）。目前了解最多的拟素靶蛋白是 Cullin 家族，每一个 Cullin 家族蛋白作为泛素连接酶复合物的一个支架，大量的底物识别亚单位与 Cullin 蛋白的 N 端结构域相互作用，而 RING 蛋白 ROC1/Rbx1 结合到它的 C 端结构（14）。ROC1/Rbx1 依次再聚集 E2 到泛素连接酶复合物。与泛素不同的是，拟素不降解 Cullin 蛋白家族，而仅作为一种活化信号（15）。拟素通过以下方式与靶蛋白作用：①新生的拟素被特异性的 C 端水解酶切开，暴露出保守的 C 端二甘氨酸序列；②成熟的拟素在 C 端甘氨酸和 UBA3 半胱氨酸的活性位点之间形成一个高能量的硫酯键，UBA3 是拟素激活酶 E1（APPBP1 和

UBA3 的异源二聚体）的催化亚单位且具有 ATP 依赖性；③活化的拟素被转移到 UBC12 半胱氨酸的活性位点并形成硫酯键；④拟素的 C 端半胱氨酸残基与靶蛋白的赖氨酸残基形成异肽键。对于 Cullin 蛋白家族，ROC1/Rbx1 与其 C 端结构域的结合，提示 ROC1/Rbx1 对泛素耦合酶活性和 Cullin 连接酶活性都很重要（16）。

相素 1 与泛素在结构上极为相似，是泛素（Ub）/类泛素蛋白（UBL）家族中的一员。尽管与泛素相似，但是相素的细胞功能却明显不同。因为相素的结合不是直接导致蛋白质的降解，而是通过改变其活性、细胞内的定位，或者是通过竞争靶蛋白上共同的赖氨酸残基以防止底物被泛素化，从而改变靶蛋白的功能（17）。相素修饰的机制与泛素化相似，有相素特异的酶参与。其中，E1 是一个异构二聚体 AOS1/UBA2（SAE1/SAE2），通过 ATP 依赖性硫酯键形成而激活相素；然后相素被转移到单个 E2 酶 UBC9 上，多数在 E3 的协助下，相素 UBC9 进而在相素的羧基端和靶蛋白赖氨酸残基 ε-氨基之间形成共价键，识别和修饰特异的靶蛋白（17）。在体外反应体系中，当 E1、UBC9、成熟的相素和 ATP 存在时，UBC9 即可与相素有效地结合。在所有结合酶 E2 中，UBC9 通过共同序列 ψ-K-x-D/E，可与许多底物直接相互作用，序列中 ψ 是疏水性的，K 是结合到相素的赖氨酸，x 为任意氨基酸，D 或 E 是酸性氨基酸残基（18）。相素 1-UBCH9 在许多生物学和疾病的发生发展中起着最关键的作用。最近研究证实在动物和人心肌细胞中相素 1-UBC9 复合物可与心肌肌浆网 Ca^{2+}-ATP 酶 2a（SERCA2a）结合，促进其相素修饰，使其活性增高，改善心脏功能（19）。

迄今为止，已鉴定了许多与 UBC9 和相素途径有关的 E3 连接酶，包括 Sp-RING 家族、Pc2 和 Nup358/RanBP2。在体内和体外可明显促进 UBC9 及相素的相互作用。Sp-RING 家族的相素连接酶与 RING 指的泛素连接酶相似，它包括两种酵母的连接酶 RING 蛋白（SIZ1 和 SIZ2）和 PIAS 蛋白家族（20）。另外，发现相素的连接酶 Pc2 和 RanBP2/NUP358 均具有 E3 活性，但是这些连接酶与 RING 和 HECT 结构域的连接酶均无相关性（21），提示相素修饰的途径可能是通过与泛素不同的机制来促进相素结合的。

目前，已经建立了体外检测靶蛋白相素修饰的反应体系，在 AOS1/UBA2 和 UBC9 共同存在下，即能有效地修饰某些靶蛋白。最典型的例子是 RanGTP 酶激活蛋白 RanGAP1（21）。但是，有些蛋白质则需要连接酶才能有效地被修饰。在体外反应体系中，一般需要在细菌中表达的或在体外翻译的靶蛋白、纯化的酶、相素和 ATP 一起孵育。被修饰的蛋白质分子质量增加约 20 kDa，可用考马氏亮蓝染色、免疫印迹或放射自显影检测。有些研究把相素分子标记上 ^{125}I，在相素修饰的靶蛋白相应大小的位置检测到放射性信号（22）。但是用 SDS-PAGE 不能满足大量样品的同时检测。因此，研究人员设计了以绿色荧光蛋白（GFP）为基础的荧光共振能量转移法（fluorescence resonance energy transfer，FRET）来分析相素化修饰。FRET 的基本原理是将荧光供体分子激发态的能量自由地转移给一个受体分子。发生反应后供体分子的荧光强度明显减弱，同时伴有受体分子发光的增强。需要注意的是，有效的能量转移不仅需要发射光谱和吸收光谱间的重叠，而且要求供体分子和受体分子之间非常接近（小于 10 nm）（23）。因此，FRET 已广泛应用于研究分子间或分子内蛋白质的相互作用，也为研究相素化修饰的机制提供了一个很好的方法。

　　目前，大量研究证实泛素-蛋白酶系统在调节许多生物学和人类疾病发生的过程中起着重要的作用，同时也引起了人们针对该系统中各个成员的药物发明的兴趣。伴随着26S 蛋白酶体的靶向蛋白水解酶活性用于肿瘤治疗的成功，接下来的问题是研究该系统的其他家族成员如泛素激活酶、泛素耦合酶、泛素连接酶和去泛素化酶（DUB）是否也可以成为潜在的药物靶点，以及是否具有临床应用价值。鉴定一个泛素化途径中潜在的药物靶点则依赖于灵敏和可靠的高通量筛选方法。这些方法必须真实地反映被选择靶点的活性或功能，允许在大化合物成分库快速筛选，寻找调节靶点活性或功能的小分子物质。

第二节　泛素耦合酶 UBC4/5 家族的表达和纯化

　　由于泛素耦合酶家族蛋白分子较小，在菌中生长快、容易表达。在多数情况下，从细菌中提取的蛋白质已能满足体外泛素化反应。由于细菌中缺乏泛素连接系统，这就排除了其他成分污染的影响。一般情况下，表达蛋白质的质粒用一个乳糖启动子，加入乳糖诱导剂如 IPTG 即可控制蛋白质的表达。另外，蛋白质也可在 T7 噬菌体启动子的诱导下表达，因为该细菌中含有可诱导的 T7 RNA 聚合酶。BL21 或 BL21（DE3）菌株和它们的变异菌株有降低蛋白酶活性的能力，因此在蛋白质的表达中特别有用。下面以 UBCH5家族的成员为例描述大多数泛素耦合酶的表达、纯化，以及活性评价的实验方法（7）。

一、在体外转录翻译系统中表达 UBCH5 家族 E2

　　用兔网织红细胞裂解物和麦胚抽提物，为翻译 ^{35}S 标记的泛素耦合酶提供了一种容易检测的材料来源。在这个系统中产生的泛素耦合酶，可用于结合研究、结构-功能关系和其他功能的评价。现在已有好几种商业化的试剂盒可做偶联转录和翻译，对于表达 UBCH5 家族的泛素耦合酶效果很好。下面以 Promega 试剂盒为例，描述体外连续转录和翻译的实验方法。

1. RNA 的转录

　　在一个 1.5 mL 试管中加入：5 µL 10×转录缓冲液（0.4 mol/L Tris-HCl，pH7.5；0.1 mmol/L $MgCl_2$；50 mmol/L DTT；0.5 mg/mL BSA），2 µL 核糖核酸酶抑制剂（Promega），4 µL rNTP 混合物，2 µg 质粒 DNA，适量 RNA 聚合酶，加水至 50 µL。30℃孵育 1.5 h。乙醇沉淀，酚和氯仿提取 RNA。测量 RNA 的含量。取 100 ng～1 µg 做翻译用，剩下的分装冻存在-80℃备用。

2. 蛋白质的翻译

　　在 1.5 mL 试管中依次加入：5 µL 10×IVT 缓冲液；25 µL 网织红细胞裂解物；4 µL氨基酸合剂（含有甲硫氨酸或半胱氨酸）；2 µL ^{35}S 标记的甲硫氨酸（1000 Ci/mmol）或者 ^{35}S 标记的半胱氨酸（1000 Ci/mmol）；1 µL 核糖核酸酶抑制剂；100 ng～1 µg 在体外翻译的 mRNA；1 µL MG132 或者其他蛋白酶抑制剂（见注意事项）；加水至 50 µL。在30℃轻摇混合孵育 1.5 h。混合到蛋白质中的 ^{35}S 通过 TCA 沉淀法可被检出。用聚丙烯酰胺凝胶电泳法估计合成后蛋白质产量。

注意事项： 网织红细胞裂解物中泛素化系统和蛋白酶体浓度较高。一方面，这些裂解产物可提供测定 E2 活性的所有成分；另一方面，网织红细胞中的 E2 和内源性蛋白质可能掩盖体外翻译的泛素耦合酶的效果。网织红细胞中蛋白酶体的高活性可能抑制降解，因此需要用高浓度的蛋白酶体抑制剂来阻止这种情况发生，将蛋白酶体抑制剂包含在这个实验设计中就是基于这个原因。然而，如果实验目的是检测泛素耦合酶、泛素连接酶的降解或者酶作用底物，这种因子应该去掉。当使用麦胚中的内源性泛素激活酶时，一些哺乳动物中的泛素耦合酶与植物中的泛素激活酶有可能出现不相匹配的现象。但这种情况在 UBCH5 家族成员中不会发生。在体外翻译反应中，如果裂解产物中的蛋白质浓度较高时，用 SDS-PAGE 上样缓冲液煮沸将导致蛋白质聚集。当煮沸 SDS-PAGE 样本缓冲液时，蛋白质可能会发生聚集。为避免这种情况的发生，建议加热温度不要超过 70℃。如果聚集仍然发生，应考虑在电泳前 37℃ 孵育 SDS-PAGE 样本缓冲液 10～30 min。

二、无标签 UBCH5 家族泛素耦合酶的纯化

为了在细菌中表达 UBCH5 蛋白，先将经过泛素耦合酶编码质粒转化的大肠杆菌的一个单菌落接种到 2 mL LB 培养基内，37℃ 振荡过夜。然后转移到 200 mL 无菌的 2×YT 培养基（16 g Bacto-胰蛋白胨，10 g Bacto 酵母提取液，5 g NaCl）或者其他富营养培养基上，直到 600 nm 吸光度达到 0.6～1.0。使用终浓度为 0.2 mmol/L 的 IPTG 诱导培养 1～2 h，然后 3000 g 离心沉淀 15 min。细胞沉淀要立即冻存于 –80℃ 或经超声处理。

超声处理时需在每 200 mL 细菌沉淀中加入 8 mL 预冷的裂解缓冲液（50 mmol/L Tris，pH 7.4～8.0；1 mmol/L EDTA；1% Triton-X100；新配制的 5 mmol/L DTT；2 mmol/L PMSF）。冰上超声处理 30 s，每 2 s 一次脉冲。培养液量低于 250 mL 时，超声时间可能会因为音频改变或者泡沫导致全溶解而缩短，然后将细胞碎屑在 4℃ 下 20 000 g 离心 15 min。上清液即为含有泛素耦合酶的粗裂解产物，小体积分装，保存于 –80℃。对 17 kDa 的 UBCH5 家族成员，每 100 mL 培养液中可产生 250 μg；而对于分子质量较大的蛋白质，如 Cdc34/UBE2R，每 100 mL 培养基中可产生约 2.5 μg。

注意事项： ①表达其他泛素耦合酶的条件可能与 UBCH5 不同；②超声缓冲液的 pH 应为 6.8～8.0；③DTT（或其他还原剂）浓度应为 0～10 mmol/L；④IPTG 的浓度为 0.1～1 mmol/L，泛素耦合酶的分子质量较小时，如 UBCH5 家族，所需要的 IPTG 的浓度较低；⑤在诱导时，细菌的吸光度在 600 nm 处应为 0.6～1.0，即对数生长期；⑥最佳诱导时间在 30 min～3 h 不等，通常越大的蛋白质需要越长的时间；⑦多数大肠杆菌的最佳诱导温度为 37℃。但是，较大的蛋白质可以在较低的温度如 22～30℃ 诱导，在某些情况下，温度可降低至 16℃。

三、带标签 UBCH5 家族泛素耦合酶的纯化

目前已有许多表达带标签的泛素耦合酶质粒包括 UBCH5 家族成员，便于纯化和检测。泛素耦合酶可带标签或者携带适当的蛋白酶位点如凝血酶、烟草蚀纹病毒、肠激酶

及凝血因子Ⅹa等而容易切割。在所有标签中，都必须使用特殊的方法检测这些标签是否改变或者消除了泛素耦合酶的活性，如绿色荧光蛋白或谷胱苷肽转移酶。通常把标签置于泛素耦合酶的N端。也发现了一些更小的标志物，如His6（组氨酸）、Myc、Flag、HA（血凝素）等，它们对泛素耦合酶的功能影响极小。然而，C端标签有着将纯化的全长蛋白与不完全翻译的产物分开的优点。最常用的泛素耦合酶标记物是His6。

（一）从大肠杆菌中表达和纯化带His6标签的泛素耦合酶

为了纯化His6标签的泛素耦合酶，取25~50 μL Ni-NTA珠子，先用50 mmol/L Na$_2$PO$_4$(pH 7.0)冲洗两次，再加入1 mL粗提裂解液（约500 μg），最后加入8 μL(1 mol/L)的咪唑缓冲液将溶液调节到终浓度为8 mmol/L（这样可以降低非特异结合），在4℃旋转2 h允许蛋白质与珠子充分结合。离心沉淀珠子，弃去上清，保留一部分（25 μL），用电泳检测蛋白结合的效率。用1 mL冲洗缓冲液(50 mmol/L Na$_2$PO$_4$, pH7.0；300 mmol/L NaCl，8 mmol/L 咪唑）冲洗珠子3遍。加入500 μL洗脱缓冲液（50 mmol/L Na$_2$PO$_4$，pH7.0；300 mmol/L NaCl，250 mmol/L 咪唑）在室温孵育10 min。收集上清于冰浴的试管中。重复洗脱收集上清。在这个阶段，咪唑缓冲液应该在4℃用2 mmol/L DTT透析洗脱液除去，仅剩下50 mmol/L Na$_2$PO$_4$（pH7.5）。透析后加入等体积的甘油充分混匀。蛋白质在50%的甘油中可以在−20℃保存。

注意事项： 当需要获得高纯度蛋白时，用于冲洗和洗脱的咪唑缓冲液的浓度应被控制在一个很小的范围内。例如，研究发现在冲洗过程中的最大浓度时不能将蛋白质洗脱，最小浓度时可以有效地洗脱蛋白质。因为DTT可影响Ni-NTA珠子的活性，所以在珠子冲洗过程中应除去DTT。一些泛素耦合酶发生反应时，对磷酸盐缓冲液非常敏感，尤其是那些带有RING蛋白结构的泛素耦合酶。如果遇到这种情况，可以用50 mmol/L Tris-HCl（pH 7.5）缓冲液代替50 mmol/L Na$_2$PO$_4$缓冲液进行分离。此外，对于不同的泛素耦合酶，可以通过调节洗脱缓冲液的pH达到最大活性。

（二）从大肠杆菌中表达和纯化带GST标签的E2酶

在利用GST标签蛋白进行纯化时，质粒可以有多种来源，这些质粒有多个读码框可用于选择一个切割位点除去标签，例如，凝血酶、凝血因子Xa、肠激酶及TEV蛋白酶。这种方法利用质粒的结构可以携带一个N端GST标签，其后接着一个位于泛素耦合酶前面的凝血酶切割位点。这种蛋白质既可以作为GST融合蛋白使用，也可以在纯化后切去标签。使用琼脂糖过苄脒（Amersham Biosciences）去除凝血酶，可获得较纯的切割蛋白。这种方法所获得的GST标签的泛素耦合酶和无标签的一样有效。

为了制备纯化的GST标签的泛素耦合酶，在1.5 mL EP管中加入100 μL琼脂糖谷胱甘肽珠子。用50 mmol/L Tris（pH7.5）冲洗3遍。在珠子（直到100 μg）中加入750 μL粗裂解物。在室温振荡30~60 min与GST结合。离心沉淀珠子除去上清，分装保存，以后检测结合的有效性。用50 mmol/L Tris（pH7.5）冲洗4遍珠子。然后从珠子上洗脱蛋白质，直接作为GST融合蛋白使用，或者将E2酶从GST上切割分离。

为了获得没有GST标签的纯化蛋白，在珠子中加入3倍体积的、用PBS稀释的凝血酶（终浓度 50 IU/mL）。室温振荡 2～3 h 或者 4℃过夜。如果分离表现不彻底，可以延长室温孵育的时间至 16 h。沉淀珠子加入 100 μL 冲洗过的琼脂糖过苄脒珠子到上清中以除去凝血酶。再将标本在室温振荡 30～60 min。离心沉淀珠子，将上清转移到一个新试管中，纯化的泛素耦合酶就在上清中了。预期可以得到 90%切割好的泛素耦合酶（100 μg GST 标签的 UBCH5B 可获取得 34 μg）。分装保存在–80℃，或者与等量的甘油混合保存在–20℃。在使用前应检测泛素耦合酶的硫酯形成活性。

如果没有必要去除 GST 标签，可直接使用从琼脂糖谷胱甘肽珠子上洗脱后的蛋白质。但是，在一些实验中必须将还原性谷胱甘肽透析去除，因为其影响泛素化。加入150 μL 含有 20 mmol/L 还原性谷胱甘肽的 PBS，在 4℃孵育 10 min，洗脱标签蛋白，然后将洗脱液转移到一个新的试管中。重复洗脱步骤 3 次之后混合洗脱液。用离心的方法除去剩下的珠子，然后将上清转移到一个新的试管中。在将泛素耦合酶用于泛素化反应之前，用硫酯测定法测试其活性。

四、泛素耦合酶和泛素之间硫酯键形成的检测

在分析泛素连接酶的活性或其他的性质前，比较多个泛素耦合酶的活性是非常重要的。首先应评估泛素耦合酶与泛素结合形成泛素激活酶依赖的硫酯键的能力。当与泛素结合后，泛素耦合酶在电泳上迁移较慢，大约为 8 kDa，但是加入还原剂后这种现象消失。实验设计如下：在 100 mmol/L HEPES 中稀释 E1 至浓度为 50 ng/μL（pH7.5）。在1.5 mL 试管中设定两个相同的泛素耦合酶反应如下：1.2 μL 泛素激活酶；1.2 μL 泛素耦合酶或适当的阴性对照；1.2 μL 10×硫酯缓冲液（200 mmol/L Tris-HCl，pH 7.6；500 mmol/L NaCl；50 mmol/L ATP；50 mmol/L MgCl$_2$）；1.0 μL ^{32}P 标记的泛素（10～40 000 cpm/μL）或未标记的泛素（10 mg/mL）。加水至 12 μL，室温孵育 5 min。

在一个试管中加入 4 μL 4×非还原性 SDS-PAGE 样本缓冲液，在第二个试管中加入4 μL 4×还原性样本缓冲液。然后加热样本，用 SDS-聚丙烯酰胺凝胶电泳法分析。应注意，在胶上将还原性样本和非还原性样的泳道充分地分开，以避免还原剂扩散到非还原性样本。如果所使用的是放射示踪的泛素凝胶，应该用乙酸/甲醇混合物适当固定以便较早地干燥凝胶。然后用放射自显影技术检测放射信号。如果使用的是未标记的泛素，可通过抗泛素的免疫印迹法检测。

注意事项：①DTT 可影响泛素耦合酶维持最大活性，因此在纯化过程中应使用不同浓度的 DTT；②泛素激活酶和泛素耦合酶在–80℃反复冻融后会失去或降低其活性。可用以下两种方法避免：将纯化的蛋白质与 50%的甘油混合保存在–20℃；或者将粗提物分装保存在–80℃，以备以后个别实验使用。

五、UBCH5 蛋白在体内研究的应用

在细胞培养中研究泛素耦合酶的活性一般包括以下几个方面。

（1）通过免疫沉淀获得泛素耦合酶和泛素连接酶的混合物，评估泛素耦合酶与泛素连接酶之间的相互作用，如 UBCH5B 的反应（24）。但是在许多实验中，即使一个特定

的泛素耦合酶和泛素连接酶具有很强的泛素修饰能力，但在免疫共沉淀试验中，它们之间的相互作用并不容易被检测出来。因此，在体外或者免疫共沉淀不能证明它们之间的相互作用时，并不能表明它们之间不存在明显的、有功能意义的相互作用。相反，也有先例表明某些被怀疑并不具备功能性相互作用潜力的泛素耦合酶与泛素连接酶之间被证实存在相互作用（25）。

（2）确定泛素耦合酶的定位（如 UBE2J2 和 UBE2G2）（26）。泛素耦合酶最简单的定位方法是使用荧光标记物，既可选择用直接免疫荧光法检测，也可用间接免疫染色这种蛋白质的抗原表位标签的方法检测。但应注意的是，使用荧光标记蛋白和抗原表位标记物可能会影响蛋白质的正常功能和定位。例如，抗原表位标签 Flag 含有赖氨酸残基，但在一些条件下，它可能成为泛素化修饰的底物（27）。

（3）评估泛素耦合酶发生突变和被删除后的影响（如 UBCH8/UBE2L6）。如果个别泛素耦合酶参与调控特异底物的修饰，最有效的研究方法是过表达显性负相突变体，或者用 siRNA 降低泛素耦合酶的活性。通常，半胱氨酸活性位点突变可产生明显的负性调节作用（24）。

第三节　泛素耦合酶 Cdc34、UBC13 和 MMS2 的表达及纯化

使用标准的双质粒热诱导系统在大肠杆菌中表达酵母细胞分裂周期蛋白 34（cell division cycle 34，Cdc34），其中一个质粒是 pET3a，具有氨苄青霉素选择抗性，其可读框两侧具有 T7 噬菌体启动子和终止子序列。为了便于克隆寡核苷酸序列，在 pET3a 质粒的 Nde I 和 BamH I 位点之间插入了 5′-CATATGAGCTCTCCCGGGTACCGATCC-3′序列，从而引入了 Sst I 位点，加入了起始密码和 Kpn I 位点。通过聚合酶链反应（PCR）扩增 Cdc34 的编码区域，在 5′端引入了 Sst I 位点，在终止密码子之后引入了 Kpn I 位点。这些变化并没有影响 Cdc34 的氨基酸序列。这种方法已经被用来构建其他 UBC 的 pET3a 表达质粒，包括 UBC1、UBC4 和 RAD6。另一个质粒是 pGP1-2，含有 λPL 启动子控制下的噬菌体 T7 聚合酶的编码序列，具有 Plac 启动子控制下的温度敏感的 λ 阻遏物编码序列和卡那霉素（Kan⁺）选择抗性（28）。

一、Cdc34 的表达和纯化

（一）Cdc34 的表达

（1）将 pET3a-Cdc34 和 pGP1-2 质粒共转化大肠杆菌 BL21 株，然后将转化的细胞涂在含有 50 μg/mL 氨苄青霉素和 75 μg/mL 卡那霉素的 LB 培养基上，30℃过夜。

（2）将一个单菌落接种到含 25 mL LB-AK 培养基的 250 mL 锥形瓶中，250 r/min、30℃振荡培养过夜。

（3）将过夜的培养物接种至含有 1 L LB-AK 液体培养基的 2 L 锥形瓶中，30℃振荡培养，直至 590 nm 的吸光度达到 0.4。

（4）将培养物转移至 42℃水浴 1 h。虽然液体孵育使用振荡培养，但我们发现 42℃

水浴的诱导步骤只需定期振荡，就能达到相同的蛋白质表达水平。

（5）将培养物转移至 37℃振荡培养箱，孵育 2 h。此时，Cdc34 将会是细胞中最多的蛋白质。

（6）离心收集细胞（3000 r/min，4℃离心 20 min），用 25 mL 预冷的缓冲液 A（50 mmol/L Tris-HCl，pH 7.5；1 mmol/L EDTA；1 mmol/L DTT）重悬沉淀。

（7）可以使用不同的方法裂解细胞。对于大量细胞，使用弗氏压碎器是最简便的。通过弗氏压碎器 2～3 次，就能充分裂解细胞。

（8）超速离心取上清。40 000 r/min，4℃离心 1 h。

（二）Cdc34 的纯化

由于 Cdc34 C 端含有大量酸性氨基酸，可以使用相对低的 pI（约 3.9）将该酶从裂解液中纯化出来。这种简单的纯化仅需在 4℃使用 FPLC 系统（Amersham Biosciences）层析两次。

（1）用 3～4 倍柱床体积的缓冲液 A 平衡阴离子交换柱，然后将上清液（约 25 mL）加入 HiLoad 26/10 Q 琼脂糖凝胶（Amersham Biosciences）柱中。

（2）用缓冲液 A 洗涤柱子，直到 OD$_{280}$ 回到基线。大约需要 2 柱床体积的缓冲液 A。

（3）用大约 700 mL 含 0～2 mol/L NaCl 梯度的缓冲液 A 洗脱结合的蛋白质。Cdc34 的洗脱峰大约在 NaCl 浓度为 470 nmol/L 时。

（4）收集洗脱液（约 25 mL），4℃过滤浓缩（Amicon Centriprep YM-10 单位），终体积约 5 mL。

（5）将浓缩物上样到 Superdex 75 HR 16/60 凝胶过滤柱，用前以 50 mmol/L HEPES（pH 7.5）、150 mmol/L NaCl、1 mmol/L EDTA 和 1 mmol/L DTT 平衡。也可在缓冲液 A 中加入 NaCl 和 DTT，但是 HEPES 缓冲液更好，因为将用于随后的体外泛素化分析（见后）。由于 Cdc34 高度不对称，它具有大的 Stoke's 半径，导致从凝胶过滤柱洗脱下来时具有高的表观分子质量（在 Superdex 75 柱子上约 80 kDa）。

（6）收集洗脱液（5～10 mL），过滤浓缩至需要体积。加入甘油（5%，*V/V*），分装，液氮冻结，–80℃保存。

（7）SDS-聚丙烯酰胺凝胶电泳（SDS-PAGE）检测 Cdc34 的纯度，BCA 分析仪（Pierce）确定 Cdc34 的浓度。Cdc34 为 5～10 mg，纯度超过 90%。

这些方法适合少量或大量制备，只需调整体积和柱子大小。

二、UBC13 和 MMS2 的表达载体

由于某些原因，用于 Cdc34 和其他 UBC 的热诱导表达系统不能很好地表达人 UBC13 和 MMS2。用一个替代系统表达这两种 N 端 GST 融合蛋白，既促进了表达，也方便了纯化。表达这两种蛋白质的载体是 pGEX-6P1（Amersham Biosciences）。用 PCR 扩增人 UBC13 和 MMS2 编码序列，扩增的产物在 5′端引入 *Bam*H I 位点，在 3′端引入 *Sal* I 位点（29，30）。

（一）GST-UBC13 和 GST-MMS2 的表达

（1）将 pGEX-6P1 质粒转化 BL21（DE3）-RIL，然后涂于含 50 μg/mL 氨苄青霉素的 LB 培养皿上（LB-A）。

（2）取单菌落接种于含 50 mL LB-A 培养基的 500 mL 锥形瓶，37℃振荡培养，过夜。

（3）将 50 mL 起始培养物接种于含 2 L 新鲜 LB-A 液体培养基的 4 L 锥形瓶中，37℃振荡培养，直至 590 nm 吸光度达到 0.4。

（4）加入 IPTG 至终浓度 0.4 mmol/L，诱导 GST 融合蛋白表达，30℃振荡培养 10 h。

（5）离心收集细胞（3000 r/min，4℃离心 20 min），加入 25 mL 裂解缓冲液（20 mmol/L Tris，pH7.9；10 mmol/L MgCl$_2$；1 mmol/L EDTA；5%甘油；1 mmol/L DTT；0.3 mol/L 硫酸铵；1 mmol/L PMSF）重悬沉淀。

（6）使用弗氏压碎器裂解细胞，40 000 r/min 超速离心 1 h。GST 融合蛋白在细胞裂解液中也许不能显示出来。

（7）用 4 L PBS 透析裂解液（约 25 mL），4℃过夜，使用针筒式滤器、0.45 μm 低蛋白结合滤器（MilliPore）进一步纯化。

（二）GST-UBC13 和 GST-MMS2 的纯化

（1）将裂解上清液（约 25 mL）上样到 5 mL 谷胱甘肽琼脂糖 4B 柱（Amersham Biosciences），使用前以 50 mL PBS 缓冲液（140 mmol/L NaCl，2.7 mmol/L KCl，10 mmol/L Na$_2$HPO$_4$，1.8 mmol/L KH$_2$PO$_4$，pH 7.3）平衡。

（2）用 90 mL PBS 洗涤未结合蛋白。

（3）用 15 mL 洗脱缓冲液（50 mmol/L Tris-HCl，pH 8.0；10 mmol/L Tris-HCl 还原型谷胱甘肽）洗脱结合的 GST 融合蛋白。洗脱液主要包含 GST 融合蛋白。

（4）用 4L PreScission 切割缓冲液（50 mmol/L Tris-HCl，pH 7.0；150 mmol/L NaCl；1 mmol/L EDTA；1 mmol/L DTT）透析 15 mL 洗脱液，4℃，4 h。这步也可除去洗脱缓冲液中的谷胱甘肽。

（5）透析液中加入 40 单位的 PreScission 蛋白酶（Amersham Biosciences），4℃孵育 10 h。用 SDS-PAGE 分析，在此条件下，GST 被完全切除，没有发现蛋白酶的非特异性切割。

（6）将样品上样到 5 mL 谷胱甘肽琼脂糖 4B 柱，除去被切割的 GST，15 mL PBS 洗脱。收集洗脱液，过滤浓缩至大约 5 mL。15 mL 洗脱缓冲液洗涤，50 mL PBS 平衡可以使柱子再生。

（7）浓缩样品上样至 Superdex 75 HR 16/60 凝胶排阻柱，用前以 50 mmol/L HEPES（pH7.5）、150 mmol/L NaCl、1 mmol/L EDTA 和 1 mmol/L DTT 平衡。

（8）收集洗脱液，过滤浓缩到适当体积。加入甘油（5%，*V/V*），分装，液氮冷冻，−80℃保存。SDS-PAGE 检测纯度，BCA 分析仪（Pierce）确定浓度。UBC13 为 5～10 mg，MMS2 为 10～20 mg，纯度均高于 90%。

三、Cdc34、UBC13 和 MMS2 的标记

许多研究都需要用到标记形式的各类 UBC 和 Ub，包括用于生化分析的 ^{35}S、用于核磁共振（NMR）化学转移分配的 ^{13}C/^{15}N 和判断晶体结构的硒代-L-甲硫氨酸。这些标记是由不同的表达方法产生的（*31-33*）。

（一）^{35}S-标记 Cdc34 的表达和纯化

（1）依照上文 Cdc34 表达方法的步骤（1）～（3），接种 2.5 mL 初始培养物于含 100 mL LB-AK 培养基的 500 mL 锥形瓶中。

（2）离心收集细胞（5000 r/min 离心 10 min），50 mL M9 培养基（5 g Na$_2$HPO$_4$，3 g KH$_2$PO$_4$，1 g NH$_4$Cl，0.5 g NaCl）洗涤沉淀，重复一次。

（3）再次离心收集细胞，100 mL M9 培养基，补加 1 mmol/L MgSO$_4$、0.1 mmol/L CaCl$_2$、12 mmol/L 葡萄糖、18 μg/mL 硫胺素、除半胱氨酸和甲硫氨酸外所有氨基酸（每种终浓度 40 μg/mL）、50 μg/mL 氨苄青霉素、75 μg/mL 卡那霉素，重悬细胞，30℃振荡培养 1 h。

（4）将培养物转移至 42℃水浴 20 min，加入利福平（20 mg/mL 溶于甲醇）至终浓度 200 μg/mL，42℃孵育 10 min。

（5）将培养物转移至 37℃孵育 1 h，加入反式-^{35}S-甲硫氨酸（25 μCi），振荡培养 10 min。

（6）如上所述离心收集、裂解细胞。若使用放射性材料，需要用溶菌酶代替弗氏压碎器裂解细胞。

（7）大致按照纯化 Cdc34 的方法提纯 ^{35}S-Cdc34，选择大小合适的柱子，如 Mono-Q HR 5/10 阴离子交换柱和 Superdex 75 HR 10/30 凝胶过滤柱。

（8）SDS-PAGE 电泳、放射性自显影测定 ^{35}S-标记 Cdc34 的纯度，BCA 分析仪（Pierce）测定 Cdc34 浓度。此方法纯化的 ^{35}S-Cdc34，活性为 1×10^4～2×10^4 cpm/μg。

（二）^{15}N、^{13}C/^{15}N、硒代-L-甲硫氨酸标记 UBC13 和 MMS2 的表达及纯化

^{15}N 和 ^{13}C/^{15}N 标记的 MMS2 和 UBC13 的表达，大致按照上面描述的方法，除了起始培养接种于 2 L M9 培养基，补加 2 mmol/L MgSO$_4$、0.2 mmol/L CaCl$_2$、1%葡萄糖和 50 mg/mL 氨苄青霉素。对于 ^{15}N 标记，以 ^{15}NH$_4$Cl 代替 M9 培养基中的 NH$_4$Cl；对于 ^{13}C 标记，以 ^{13}C6-葡萄糖代替葡萄糖。25℃培养，直至 590 nm 吸光度达到 0.3。加入 IPTG 至终浓度 0.4 mmol/L 诱导表达，25℃振荡培养 24 h。

对于硒代-L-甲硫氨酸标记的 MMS2 和 UBC13 的表达，将起始培养物接种到 2 L M9 培养基，补加 2 mmol/L MgSO$_4$、0.2 mmol/L CaCl$_2$、1%葡萄糖和 50 mg/mL 氨苄青霉素。37℃振荡培养，直至 590 nm 吸光度达到 0.4，然后加入 100 mg 硒代-L-甲硫氨酸、200 mg 赖氨酸-HCl、200 mg 苏氨酸、100 mg 亮氨酸、200 mg 苯丙氨酸、100 mg 异亮氨酸和 100 mg 缬氨酸。25℃孵育 30 min，然后加入 IPTG 至终浓度为 0.4 mmol/L。25℃孵育 10 h。按照如上相同步骤，纯化标记的 UBC13 和 MMS2。

Cdc34 和 UBC13·MMS2 的活性检测：纯化的 Cdc34 和 UBC13·MMS2 的泛素硫酯键和泛素结合活性可以通过简单的体外分析法测试。

四、硫酯键分析

硫酯键分析的成分包括（14, 34）：反应缓冲液（50 mmol/L HEPES，pH7.5，在这个反应中，HEPES 的浓度在 10～50 mmol/L 之间均无明显的影响），40 mmol/L NaCl，5 mmol/L ATP，5 mmol/L MgCl$_2$，0.6 IU/mL 无机焦磷酸酶，蛋白酶抑制剂（抗蛋白酶、胰凝乳蛋白酶抑制剂、亮抑蛋白酶肽、胃蛋白酶抑制剂 A 均为 20 μg/mL，PMSF 180 μg/mL），纯化的 UBC（100 nmol/L），纯化的 Ub（200 nmol/L），纯化的泛素活化酶（10 nmol/L）。30℃反应 5 min，加入 EDTA 至终浓度 50 mmol/L 终止反应。EDTA 通过螯合 Mg^{2+}抑制反应，因此可抑制 UBA1 的功能。短的反应时间获得大量的 Ub 硫酯键和极少的 Ub 结合。

^{35}S-Ub 可用于控制 Cdc34-Ub 或 UBC13-Ub 硫醇酯键的生成。^{35}S-Ub 的表达和纯化与 ^{35}S-Cdc34 相同，注意 Ub 从离子交换柱洗脱。结合 SDS-PAGE 和显示 UBC-Ub 产物的放射性自显影，硫醇的合成已经成为传统的分析。这种分析方法易导致电泳时 ^{35}S-Ub 拖尾，这种拖尾很可能是由于 SDS 变性，使得 UBC-^{35}S-Ub 硫酯键水解。但是可在原来条件下通过柱层析分析硫醇合成。这个层析也能达到研究 UBC-Ub 硫酯键数量和纯度的目的。

对于 Cdc34-Ub 硫醇分析，需要一种替代的层析方法，因为凝胶过滤柱的洗脱与 UBA-Ub 重叠。为了促进这些成分分离，可根据 Ub、UBA1 和 Cdc34 的不同等电点，选择阴离子交换层析。因此，Cdc34-Ub 硫醇反应物被上样到 HiTrap Q-琼脂糖 HP 阴离子交换柱（Amersham Biosciences），加样前先用 50 mmol/L Tris-HCl（pH 7.5）平衡，用大于 70 mL 的 0～800 mmol/L NaCl 梯度洗脱。应用 NMR 化学转移干扰方法可定位 Ub、UBC13 和 MMS2 中参与（UBC13-Ub）-MMS2-Ub 泛素复合物形成的表面残基。这个反应需要使用高浓度 ^{15}N 标记的蛋白质，该浓度高于先前的标准反应。

五、Ub 结合的分析

在缺乏泛素连接酶时，纯化的 Cdc34、UBC13 和 MMS2 在体外均显示泛素结合活性。Cdc34 通过自泛素化形成多泛素链，定位于靠近 C 端的赖氨酸残基。UBC13 在 K92 位点结合单个泛素，UBC13-MMS2 复合物合成一个 K63 连接的 Ub2 链。为了分析这些泛素结合的活性，使用与泛素硫醇合成相同的反应条件，延长反应时间。总之，泛素硫酯键和泛素结合分析提供了一个体外分析 Cdc34、UBC13 和 MMS2 活性的方法。另外，这些方法已经被证明是分析这些 UBC 物理特征的有用工具（30, 35）。

第四节 检测泛素耦合酶-泛素硫酯中间产物形成的高通量方法

大量研究表明泛素蛋白酶系统在调节许多生物学过程和人类疾病的发生中起着重

要的作用，该系统中的主要成分如泛素激活酶、泛素耦合酶、泛素连接酶和去泛素化酶已经成为诱人的治疗靶点。在泛素化系统中，泛素耦合酶家族具有代表性，已成为疾病治疗的靶位点。在人类基因组，至少有 50 个成员，一般均与底物蛋白的泛素或者类泛素修饰有关，引起这些底物的稳定性或者功能发生了改变，继而决定或者至少影响特定疾病的发展。一个典型的例子是泛素耦合酶 Cdc34，该酶既能够调节细胞周期的进程，也能够与 SCF^{Skp2} 泛素连接酶一起参与细胞周期调节蛋白依赖性激酶抑制剂 p27^{Kip1} 的泛素依赖性降解过程，并与肿瘤的发生相关。因此，Cdc34 已经成为一个治疗肿瘤的药物靶点。下面介绍一种检测 Cdc34-泛素和硫酯中间产物形成的高通量测定方法（*29，36-38*）。

一、泛素的铕元素标记

根据厂家提供的 DELFIA 铕标记试剂盒及其说明书，用金属铕对牛血红细胞泛素（Sigma，U-6253）进行标记。

（1）取 2.5 mg 泛素（< 300 nmol）溶解在 500 μL 标记缓冲液中（50 mmol/L NaHCO$_3$，150 mmol/L NaCl，pH 8.5），再加入一小瓶 DELFIA 铕标记试剂（0.2 mg，300 nmol/L）获得等摩尔浓度的溶液。

（2）在室温孵育过夜后，用胶滤过的方法把标记的蛋白质与游离的标记物分离。先用洗脱液（50 mmol/L Tris-HCl，pH 7.8；150 mmol/L NaCl）平衡一个交联葡聚糖 G50 介质柱（30 cm×0.8 cm）（Amersham Biosciences，No.17-0043-02），收集其中 1 mL 液体，用 Bradford 方法测定含有标记物质组分的蛋白浓度，并用 Victor II 计数仪分析金属铕时间分辨荧光值（Wallac）。将含有铕标记泛素的液体混合，分装后储存于–20℃。

（3）对金属铕标记的泛素进行分析，与试剂盒提供的标准进行对照后发现，8 mL 混合液含有 2 mg 的泛素（250 nmol）和 175 nmol 的铕，或者 0.7 mol 铕/mol 泛素，相当于 3.2×10^9 counts/nmol 泛素。

二、检测 E2-泛素硫酯中间产物的高通量方法

由于实验的主要目的是筛选调节 Cdc34-Ub 硫酯形成的化合物，因此要加入一些小分子质量化合物以评价其效果。

（一）材料

铕标记的泛素、GST-E1 和 Cdc34-Flag 等材料。

反应缓冲溶液（TBE）通常配制成 10×浓度的，具体包括：1 mol/L Tris-HCl（pH 7.5），1 mol/L NaCl，100 mmol/L MgCl$_2$，40 mmol/L ATP，2.5 mmol/L DTT。同时准备无 ATP 但其他成分相同的硫酯缓冲溶液（TBE-no ATP）。

用下面的最佳反应条件，可以获得较强的信号（Cdc34 存在与不存在时），减少干扰。在一个 96 孔板里，加入最少量试剂可以观察到最高通量的筛选效率。

主要成分的终浓度为：

化合物：50 μmol/L、10 μmol/L 和 1 μmol/L 用于单点测定；50 μmol/L、12.5 μmol/L、

3.1 µmol/L、0.8 µmol/L、0.2 µmol/L、0.05 µmol/L 和 0.012 µmol/L 用于量效曲线。

铕标记的 Ub：6.25 nmol/L；GST-E1：25 nmol/L；Cdc34-Flag：12.5 nmol/L。

（二）步骤

（1）在 96 孔板每孔内加入 10 µL 5% 的二甲亚砜（二甲亚砜，作为阴性对照组），或小分子质量的化合物用 5%DMSO 配成 5× 浓度，30 µL 的 Cdc34-Flag（20.8 nmol/L），加入 1×TEB-no ATP 或者 1×TEB-no ATP（阴性对照）。室温下孵育 10 min。

（2）准备好活化的混合物（10 µL/孔），即在 1×TEB 里含有铕标记的 Ub（31.2 nmol/L）和 GST-E1（125 nmol/L），室温下预先孵育 10 min。

（3）加入 10 µL 的活化混合物到孔里，室温下孵育 30 min。

（4）转移 45 µL 反应混合物至抗生物素蛋白链菌素包被板（Pierce No.15124）中，这种包被板含有 50 µL/孔 的 Superblock-TBS（Pierce No. 37535）、1 mmol/L N-ethylmaleimide（Fluka No. 04259）和 100 nmol/L 生物素化的抗 Flag 抗体（Sigma No. F-9291）。室温下孵育 2 h。

（5）用 1× 的洗涤液（Wallac，No.1244-114）洗涤包被板，6×200 µL/孔。

（6）加入 200 µL/孔的 Wallac 增强液（Wallac，No.1244-105），混合 5 min。

（7）在 Victor II 计数仪上用金属铕标准方法（激发滤光器 D340，发射滤光器 D615，延迟 400 µs，窗口时间 400 µs，循环 1000 µs）测出时间分辨荧光值。

阳性对照：Cdc34，无化合物（10 µL 5% DMSO）。

阴性对照：无 Cdc34-Flag（30 µL 1×TEB- no ATP），无化合物（10 µL 5% DMSO）。

三、结果

（1）利用杆状病毒系统和亲和纯化方法，分别表达纯化出 GST-泛素激活酶和 GST-Cdc34-Flag 两种蛋白质。然后用因子 Xa 切除 GST 融合蛋白，因为 GST 可能干扰两个酶的活性。Scheffner 首次介绍了一种经典的凝胶 E2 硫酯实验方法用于检测这些酶的活性，证实了 Cdc34 泛素硫酯中间产物的形成，在非变性的条件下看到一个小于 8 kDa 的迁移带。但是在变性的条件下，这种迁移带消失。

（2）这种高通量酶活性测定方法在一个 96 孔板上进行，分为两个步骤：首先在一个抗生物素蛋白链菌素包被的板内，用生物素化的抗 Flag 抗体捕获 Cdc34-Flag 后，在相同条件下进行酶促反应；然后通过金属铕标记的泛素读出铕时间分辨荧光值，检测硫酯的形成（图 4-1）。这种具有以下优点：①结合后获得信号较强；②重复性最好；③泛素激活酶和泛素耦合酶的用量最少。

（3）对每种成分的浓度在 1～1000 nmol/L 的范围内进行了在一系列试验。在浓度低于 100 nmol/L 时，可以稳定地检测到很强的信号。但是铕-泛素浓度超过一定的浓度范围时，随着 Cdc34 浓度的增加，信号稳定地增强，且依赖泛素激活酶和 Cdc34 的存在。当 Cdc34 预先用 1 mmol/L N-己基顺丁烯二酰亚胺（N-ethylmaleimide）处理修饰自由半胱氨酸后，信号便降低到背景水平。同样的，在泛素激活酶活化泛素或者在反应末期加入 5 mmol/L DTT（在转移至抗生物素蛋白链菌素包被板内捕获泛素耦合酶之前），无 ATP 时足以消除信号。因此，在所有必要的组分共同孵育后，测定时间分辨荧光值便明确表示有铕-泛素和 Cdc34 的硫酯中间产物的形成。

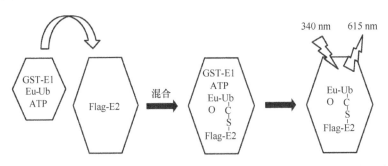

图 4-1　泛素耦合酶-泛素硫酯形成实验。在 96 孔板中检测泛素连接酶-泛素的硫酯中间产物形成的示意图。在有 ATP 存在的情况下，铕标记的泛素（Eu-Ub）被泛素激活酶活化，然后在有或没有小分子质量化合物的情况下，加入 Flag 标记的泛素耦合酶，通过用生物素化的抗 Flag 抗体在一个抗生物素蛋白链菌素包被板内捕获 Cdc34-Flag，从剩余试剂中分离出泛素耦合酶。通过金属铕标记的泛素读出铕时间分辨荧光值（激发光 340，发射光 615），检测硫酯的形成

（4）观察发现，阳性（信号）和阴性（噪声）比值能够反映该混合液中是否要加入靶蛋白和泛素受体 Cdc34。为了进一步优化反应条件，获得重复性好的酶活性及高的信号/噪声比值，在反应系统中增加 Cdc34 的量可产生一个剂量-反应关系，使信号/噪声比值控制在 2～18。对于后者，在选择每个试验成分浓度的时候，建议使用远远大于或者相当于 10 倍的量。根据每一个实验步骤的具体方案，尽量优化实验条件，即应用最少量的 Eu-Ub、泛素激活酶和 Cdc34，在数百次独立的实验板中，进行高通量的筛选，一般可完成几千个 96 孔扳。

四、讨论

优化了 96 孔板 Cdc34 泛素硫酯中间产物的测定方法，不仅降低了各反应物的浓度，而且提高了测定方法的灵敏度，更有利于鉴别和明确更多的小分子抑制剂。在优化的过程中，还观察到在抗生物素蛋白链菌素包被板上捕获 Cdc34 之前终止反应，为了获得稳定的最大反应信号，加入了 N-己基顺丁烯二酰亚胺以修饰和阻断泛素激活酶或泛素耦合酶上的半胱氨酸残基的自由活化位点。

为了有助于选择阻断剂与泛素耦合酶结合而不是与泛素激活酶结合，分别进行了 Cdc34 与化合物的孵育及泛素激活酶对泛素的活化实验。在保持相同实验条件下，Cdc34 抑制剂选择性的评价方法完全适用于其泛素耦合酶。

参 考 文 献

1. S. J. van Wijk, H. T. Timmers, *FASEB J.* **24**, 981(2010).
2. A. F. Alpi, V. Chaugule, H. Walden, *Biochem. J.* **473**, 3401(2016).
3. A. M. Burroughs, M. Jaffee, L. M. Iyer, L. Aravind, *J. Struct. Biol.* **162**, 205(2008).

4. C. E. Berndsen, R. Wiener, I. W. Yu, A. E. Ringel, C. Wolberger, *Nat. Chem. Biol.* **9**, 154(2013).

5. A. Plechanovova, E. G. Jaffray, M. H. Tatham, J. H. Naismith, R. T. Hay, *Nature* **489**, 115(2012).

6. B. Sarcevic, A. Mawson, R. T. Baker, R. L. Sutherland, *EMBO. J.* **21**, 2009(2002).

7. J. P. Jensen, P. W. Bates, M. Yang, R. D. Vierstra, A. M. Weissman, *J. Biol. Chem.* **270**, 30408(1995).

8. C. Zhao *et al.*, *P. Natl. Acad. Sci. USA.* **101**, 7578(2004).

9. A. Y. Alontaga *et al.*, *Data Brief* **7**, 195(2016).

10. A. Y. Alontaga *et al.*, *J. Biol. Chem.* **290**, 16550(2015).

11. S. Jentsch, I. Psakhye, *Annu. Rev. Genet.* **47**, 167(2013).

12. R. M. Hofmann, C. M. Pickart, *Cell* **96**, 645(1999).

13. S. Murata, Y. Minami, M. Minami, T. Chiba, K. Tanaka, *EMBO. Rep.* **2**, 1133(2001).

14. R. Hayami *et al.*, *Cancer Res.* **65**, 6(2005).

15. M. Morimoto, T. Nishida, R. Honda, H. Yasuda, *Biochem. Biophys. Res. Commun.* **270**, 1093(2000).

16. W. M. Gray, H. Hellmann, S. Dharmasiri, M. Estelle, *Plant Cell* **14**, 2137(2002).

17. A. Hershko, A. Ciechanover, *Annu. Rev. Biochem.* **67**, 425(1998).

18. V. Bernier-Villamor, D. A. Sampson, M. J. Matunis, C. D. Lima, *Cell* **108**, 345(2002).

19. C. Kho *et al.*, *Nature* **477**, 601(2011).

20. M. Hochstrasser, *Cell* **107**, 5(2001).

21. A. Pichler, A. Gast, J. S. Seeler, A. Dejean, F. Melchior, *Cell* **108**, 109(2002).

22. J. M. Desterro, M. S. Rodriguez, G. D. Kemp, R. T. Hay, *J. Biol. Chem.* **274**, 10618(1999).

23. B. Herman, R. V. Krishnan, V. E. Centonze, *Methods Mol. Biol.* **261**, 351(2004).

24. Y. Yang, K. L. Lorick, J. P. Jensen, A. M. Weissman, *Methods Enzymol* **398**, 103(2005).

25. P. S. Brzovic *et al.*, *P. Natl. Acad. Sci. USA.* **100**, 5646(2003).

26. S. Fang *et al.*, *P. Natl. Acad. Sci. USA.* **98**, 14422(2001).

27. F. Reymond, C. Wirbelauer, W. Krek, *J. Cell. Sci.* **113(Pt 10)**, 1687(2000).

28. C. Ptak *et al.*, *Mol. Cell Biol.* **21**, 6537(2001).

29. T. Yamaguchi *et al.*, *J. Biochem.* **120**, 494(1996).

30. S. McKenna *et al.*, *J. Biol. Chem.* **276**, 40120(2001).

31. C. S. Gwozd, T. G. Arnason, W. J. Cook, V. Chau, M. J. Ellison, *Biochemistry* **34**, 6296(1995).

32. R. Hodgins, C. Gwozd, T. Arnason, M. Cummings, M. J. Ellison, *J. Biol. Chem.* **271**, 28766(1996).

33. S. Tabor, C. C. Richardson, *Biotechnology* **24**, 280(1992).

34. X. Varelas, C. Ptak, M. J. Ellison, *Mol. Cell Biol.* **23**, 5388(2003).

35. A. Banerjee, L. Gregori, Y. Xu, V. Chau, *J. Biol. Chem.* **268**, 5668(1993).

36. A. C. Carrano, E. Eytan, A. Hershko, M. Pagano, *Nat. Cell Biol.* **1**, 193(1999).

37. J. M. Huibregtse, M. Scheffner, S. Beaudenon, P. M. Howley, *P. Natl. Acad. Sci. USA.* **92**, 5249(1995).

38. A. Sgambato, A. Cittadini, B. Faraglia, I. B. Weinstein, *J. Cell Physiol.* **183**, 18(2000).

（李汇华　毕海连　魏文毅　谢　平）

第五章 泛素连接酶

泛素连接酶（E3）是泛素化反应系统中数量最大、结构最多样、调控机制最为复杂的成员。从第一个泛素连接酶被 Hershko 等鉴定至今，泛素连接酶一直是从事蛋白质泛素化修饰和降解的科研工作者关注的焦点。三十多年来，随着对泛素化修饰系统研究的不断深入，人们逐渐发现尽管泛素连接酶种类繁多，但都含有一些保守的、与泛素耦合酶（E2）相互作用的结构域。依据这些结构域的不同，泛素连接酶可被分为 HECT 类、RING 类和 RBR 类。这三类连接酶通过各自独特的作用方式完成催化底物蛋白泛素化反应中最为关键的反应；这一反应也对蛋白质泛素化后续的蛋白酶体降解或者其他生理功能起着决定性作用。正因为如此，泛素连接酶往往受到包括在转录水平上的调节、翻译后的磷酸化修饰、与活化子或者抑制子的结合，以及被自身泛素化修饰等一系列精密的调控，以保障细胞中各种蛋白质的"数量"和"质量"处于正常的最佳生理水平。一旦这些调控机制受到破坏，往往会导致细胞生理上的病变。研究表明，很多威胁人类健康的疾病如癌症和神经退行性疾病都与泛素连接酶功能的紊乱密切相关。然而，对于泛素连接酶的研究也因为其结构和功能上的复杂性而使得许多重要的问题至今仍然所知甚少。本章对各类泛素连接酶，尤其是多亚基的 RING 泛素连接酶的表达和纯化方法进行了较为详尽和系统的介绍，并对其相关的体外和体内泛素化反应系统的构建、泛素连接酶活性调控的机制及生理功能的预测等进行了简要的阐述。在此基础上，本章对近年来新发展起来的双杂交、微阵列、噬菌体展示和蛋白质组学等筛选手段，以及 RNA 干扰、报告基因显示、生物荧光实时摄影等实验技术也进行了基本的介绍。本章对目的蛋白特异泛素连接酶及泛素连接酶特异底物的鉴定也提供了一些参考的方法。对于泛素连接酶的研究一般离不开筛选、表达、功能鉴定及调控途径探索这一基本思路，较为全面地回答泛素底物的特异性、泛素连接方式及活性调控机制等一系列复杂问题的关键就在于精巧的实验设计，因此，本章的主旨就是为设计这些精巧的实验提供一些基本的方法和技术上的参考。

第一节 概　　述

一、泛素连接酶的概念及分类

如上所述，泛素化反应是一个复杂的多级反应系统。这一系统主要包括泛素激活酶、泛素耦合酶和泛素连接酶。在人类的基因组中，只有两个编码泛素激活酶的基因、35个编码泛素耦合酶的基因，以及多于 600 个编码泛素连接酶的基因。尽管一些泛素耦合酶也能直接将泛素连接到靶蛋白上，但在大部分的泛素化过程中，底物蛋白的选择及泛素的连接都是通过特异的泛素连接酶来实现的，所以泛素连接酶也被认为是泛素化过程中最为关键的酶，因而被称为泛素化系统中的"脑"。

自从 1983 年 Hershko 等发现第一个泛素连接酶以来，已有约 600 多种泛素连接酶被发现（1），根据其与泛素耦合酶结合序列的同源性，泛素连接酶主要可以分为三大类：HECT 类、RING 及 RBR 类（2）。图 5-1 和图 5-2 所示的是它们中一些成员的典型结构，这些泛素连接酶仅是这三类中的极小部分，但从中也可以看到各类泛素连接酶蛋白酶都含有各自所特有的、保守的结构域——HECT、RING 或 RBR。这些结构域都发挥着与泛素耦合酶结合的作用（直接或间接），反映了泛素连接酶对泛素耦合酶的选择。但是，这种特异性比泛素连接酶对底物选择的特异性小很多，其主要原因正如图 5-1 中所示，泛素连接酶还含有除 HECT、RING 和 RBR 以外的各种不同的结构域，这些结构域起着识别和结合特异底物的作用。例如，NEDD4 通过 N 端（非 WW 结构域）与 Hippo 信号通路的关键成员 WW45 相互作用，通过泛素化降解 WW45，抑制性调控 Hippo 信号通路，从而促进了果蝇肠道干细胞的自我更新能力（3）；又如，MDM2 上的 p53-binding 结构域决定了 MDM2 对 p53 的识别（4）。另外，BIR 及 WD40 重复结构等与特异底物结合的结构域在不同的泛素连接酶泛素化信号通路中也起着关键作用（5）。

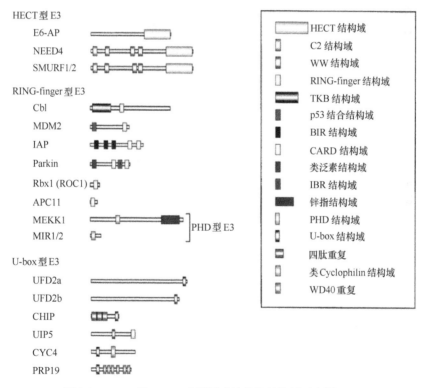

图 5-1　RING 和 HECT 典型泛素连接酶结构域示意图（2）

由于存在着数以百计的泛素连接酶，底物又是多种多样，所以简单地从结构上对泛素连接酶进行分类对于了解泛素连接酶在蛋白质泛素化过程中所起的作用是远远不够的。只有在对泛素连接酶的结构，以及在泛素化过程中泛素连接酶在不同泛素化信号通路的调控途径及具体机制充分了解的基础上，才能真正认识各个不同泛素连接酶的生理功能，并对因其功能紊乱而导致的疾病找到病因和对策。

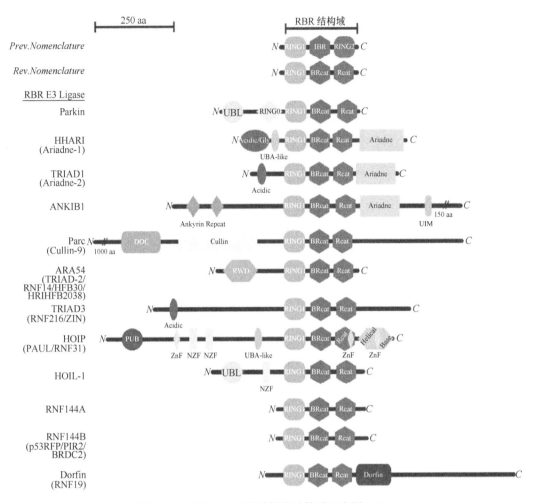

图 5-2 典型 RBR 泛素连接酶结构域示意图（6）

二、泛素连接酶的基本作用模式

尽管泛素连接酶在泛素化过程中的作用机制会因为其结构上的多样性而有所不同，但总的来讲，主要包括三个阶段：泛素连接酶与泛素耦合酶的相互识别和作用；泛素连接酶与底物蛋白的相互识别和作用；泛素连接酶催化泛素与底物蛋白连接及泛素与泛素之间的连接。

根据泛素分子转移方式的不同（图 5-3），目前可以把泛素连接酶分为 RING、HECT 和 RBR（RING between RING）（8），它们在通过泛素耦合酶催化底物泛素化的过程中存在着明显的差异。

第一类泛素连接酶被称为 RING 泛素连接酶，包括 RING 泛素连接酶和 U-box 泛素连接酶两个亚群。其基本作用模式如图 5-3A 所示，都是募集结合了泛素化的泛素耦合酶，泛素连接酶并不直接与泛素形成共价连接，而是使泛素耦合酶与底物靠近，催化泛素耦合酶将泛素连接到底物的 Lys 残基上（9）。简单地说，泛素分子直接从 E2 传递

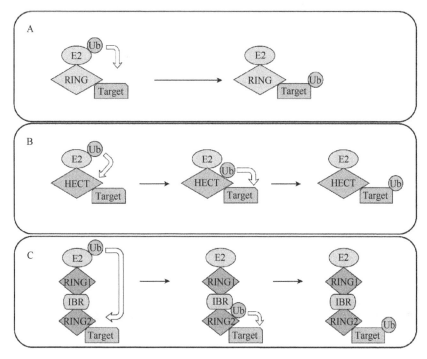

图 5-3 三类泛素连接酶介导底物泛素化修饰模式图（7）

给底物，而无须经过泛素连接酶作为过渡。

迄今为止，发现编码 RING-finger 蛋白的人源基因多达 270 个，是泛素连接酶中最大的一个家族。RING-finger 结构域在 20 世纪 90 年代首次被发现存在于编码 RING 的蛋白质中。和其他半胱氨酸富集的结构域一样，RING-finger 蛋白通过它的保守的半胱氨酸及组氨酸与锌离子相结合。但它又和其他的锌指或相似的花样结构域不一样，与 RING-finger 泛素连接酶结合的两个锌离子呈交叉排列。RING-finger 蛋白一般含有以下的氨基酸序列：Cys-X$_2$-Cys-X$_{9-39}$-Cys-X$_{1-3}$-His-X$_{2-3}$- Cys/His-X$_2$-Cys-X$_{4-48}$-Cys-X$_2$-Cys，其中 X 代表任何氨基酸。RING-finger 蛋白主要分为两个亚家族——RING HC 和 RING H2，分类的依据是 8 个锌离子中的第 5 位对应的氨基酸是半胱氨酸还是组氨酸。PHD/LAP 结构域指的是 RING-finger 结构域的第 4 位的氨基酸由半胱氨酸变成了组氨酸而第 5 位氨基酸也是组氨酸（RING-C4HC3），PHD 结构域的另外一个特点是第 7 位的锌离子对应的前两位氨基酸是色氨酸（10）。另外，有一些泛素连接酶含有 8 个半胱氨酸的 RING-finger 花样结构域，或者非经典的 RING 多样结构域（指的是半胱氨酸或组氨酸被其他的氨基酸所替代）。

通常，我们可以将 RING 泛素连接酶分为两大类，一类为单亚基，另一类为多亚基。对于单亚基的 RING 泛素连接酶，往往在一个多肽序列中同时含有底物结合元件和 RING 结构域，这类泛素连接酶可以直接与底物结合而不需要其他蛋白质协助催化底物泛素化。例如，促进 p53 降解的 MDM2（11）、凋亡抑制蛋白 IAP（12）、促进 EGFR 降解的 C-Cbl（13）等都是属于这一类泛素连接酶。

多亚基的 RING 泛素连接酶的发现，则是源于对复杂的细胞周期调控的研究。1999

年，非经典的 RING 蛋白 Rbx1 被首次鉴定，它是作为一个独立的组分参与 SCF 和 VHL-CBC 泛素连接酶复合物的构成。后来发现，之前已鉴定的一个 RING 蛋白 APC11 在 APC 中也起类似的作用。值得提出的是，其中的 SCF 泛素连接酶能特异识别磷酸化的底物并对其进行泛素化，而这一功能的特异性有赖于构成泛素连接酶的、含有 F-box 的一大类蛋白家族。磷酸化的 β-catenin 和 IκBα 就是通过这一途径被降解的，由此可见，这一类多亚基的 RING-finger 泛素连接酶在信号转导方面起着重要的调控作用（*14*）。Cullin-RING 泛素连接酶复合物是最为典型的多亚基 RING 泛素连接酶，图 5-4 显示了其复合物的具体组成情况。

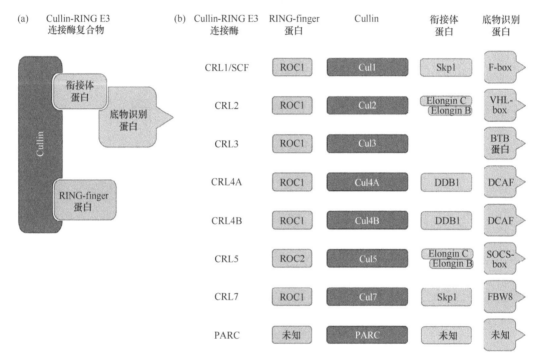

图 5-4　Cullin-RING 泛素连接酶复合物的组成（*15*）

越来越多的证据表明，RING-finger 泛素连接酶协助泛素从泛素耦合酶转移到底物上的活力很高。许多含有 RING-finger 的蛋白质，无论是在体内还是在体外，都能够进行依赖于 RING-finger 的自身降解。虽然在许多情况下，自身泛素化的生理意义还不是很清楚，但是这一特点已经被用于鉴定 RING-finger 蛋白质在体外是否可能是泛素连接酶的参考指标，特别是当它的底物还没有被阐述清楚的情况下。

而另一亚群 U-box 泛素连接酶，在 2001 年以后，被广泛接受为一类新的泛素连接酶。U-box 泛素连接酶含有 RING-finger 花样结构域的构象，但是不含与金属耦合的氨基酸残基，主要包括 UFD2（Sc）、UFD2a、UFD2b、CHIP、UIP5、CYC4 和 PRP19 等。与 RING 泛素连接酶不同，U-box 泛素连接酶除了可以催化 K48 位泛素链的连接外，它还可以催化其他 Lys 残基的泛素化连接，从而使被 U-box 作用后的蛋白质形成与蛋白酶体所识别的泛素链不相同的其他分支结构形式的泛素链，泛素化底物也因此被赋予了不同的生物学功能（16）。

第二类泛素连接酶是 HECT 类泛素连接酶。HECT 类泛素连接酶在催化底物泛素连接时，先通过 HECT 结合泛素化的泛素耦合酶，再通过硫酯键在 HECT 与泛素间形成共价连接，然后催化底物的泛素化（17）。简单地说，泛素分子需要先从泛素耦合酶转移给 HECT 类连接酶才能最终转移给底物，其作用方式如图 5-3B 所示。

HECT 类泛素连接酶是单体酶（monomeric enzyme），和其他类型的泛素连接酶相比，HECT 泛素连接酶的种类较少，在酿酒酵母（Saccharomyces cerevisiae）的基因组中只有 5 个编码基因，而在人类基因组中有 28 个编码基因（18）。这一类蛋白质因为都含有一个与乳头状瘤病毒相关的泛素连接酶 E6-AP 类似的保守结构域 HECT 而得名。目前 HECT 类家族可以分为三个亚家族：包含 WW 结构域的 NEDD4/NEDD4-like 泛素连接酶；包含 RLD 结构域的泛素连接酶（HECT domain and RCC1-like domain-containing protein，HERC）；不含 WW 也没有 RLD 结构域的其他泛素连接酶（19）。这一家族中第一个被发现的就是第三个亚家族的人源 E6-AP（E6-associated protein），它的底物特异性随癌症相关的人乳头状瘤病毒（HPV）的种类不同（如 HPV16 和 HPV 18）而发生变化。HPV E6 癌蛋白结合在 E6-AP 的中心部分，而它的氨基端结合在 E6-AP 的 HECT 结构域，进而使得 HECT 结构域能和抑癌蛋白 p53（p53 与 HPV E6 能直接结合）更紧密地靠近，导致 p53 被 E6-AP 多泛素化修饰，然后被 26S 蛋白酶体降解（20）。除了 E6-AP，研究得最深入的 HECT 泛素连接酶是第二亚家族，典型的代表是酿酒酵母来源的 Rsp5p，以及哺乳动物来源的 NEDD4 和 SMURF。这些泛素连接酶在与膜蛋白（如受体、离子通道等）相关的泛素化依赖的内吞作用中起着重要作用，此外，WW-HECT 泛素连接酶在细胞质和细胞核中也有其可溶性底物。现在已经知道，在大部分情况下，WW-HECT 泛素连接酶和底物的相互作用是由 WW 结构域介导的，它与底物中脯氨酸富集（PY motif or variant）区域直接结合（21），作用过程如图 5-5 所示。

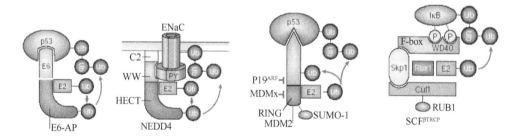

图 5-5　几种典型的泛素连接酶泛素化底物示意图（22）

第三类泛素连接酶为近两年才被认可单独分类的 RBR 类泛素连接酶。它含有一个 RBR（RING-between-RING）结构域，该结构域又包含两个 RING 形结构域，两个 RING 之间以 IBR（In-between-RING）结构域相连。其中，RING1 可以与泛素耦合酶结合，具有 RING 类泛素连接酶的特性；RING2 可以与泛素形成硫酯键中间体，它具有类 HECT 类泛素连接酶的活性（6）。该结构域最初是在果蝇中的 Ariadne-1 和 Parkin 蛋白中被首次定义的。鉴于该结构域的结构特点，RBR 类泛素连接酶的基本作用模式是一种混合方式，一般分为两个步骤：首先通过 RING1 结构域与泛素耦合酶连接；然后泛素分子与 RING2 发生共价连接催化底物的泛素化（见图 5-3C）。

目前发现人源 RBR 泛素连接酶有 14 种，分属于 RBR 家族的 8 个亚家族（表 5-1）。它们广泛参与细胞的生理活动和功能调节（23）。其中最引人注目的是由 HOIP、HOIL-1L 和 SHARPIN 组成的线性泛素链装配复合物（linear ubiquitin chain assembly complex，LUBAC），该复合物催化第 8 种最新发现的泛素修饰形式——线性泛素化修饰，其泛素链的连接方式是由泛素甲硫氨酸 Met1 的氨基基团与另一泛素甘氨酸的羧基相连形成泛素链标记。目前的研究表明，线性泛素化修饰在先天性免疫和抑制炎症反应等多种过程中发挥着非常重要的作用，成为现阶段的研究热点（24）。LUBAC 中 HOIP 的 RBR 结构域具体负责调节底物线性泛素化修饰；HOIL-1L 的 RBR 并不直接进行底物的泛素线性化修饰，而是与 SHARPIN 一起共同募集 HOIP 后激活 LUBAC 的活性。

表 5-1　人源 RBR 泛素连接酶（25）

亚家族	名称	其他名称	序列号
Ariadne	ARIH1	ARI1，HHARI	Q9Y4X5
Ariadne	ARIH2	ARI2，TRIAD1	O95376
Ariadne	Cul9	PARC，H7-AP1，KIAA0708	Q8IWT3
Ariadne	ANKIB1	KIAA1386	Q9P2G1
Parkin	PARK2	PRKN，Parkin	O60260
RNF144	RNF144A	KIAA0161，hUIP4，UBCE7IP4	P50876
RNF144	RNF144B	p53RFP，IBRDC2	Q7Z419
XAP3	RBCK1	HOIL-1L，RNF54，XAP3	Q9BYM8
Dorfin	RNF19A	DORFIN	Q9NV58
Dorfin	RNF19B	NKLAM，IBRDC3，DJ174N9.1	Q6ZMZ0
Paul	RNF31	HOIP，PAUL，ZIBRA	Q96EP0
TRIAD3	RNF216	ZIN，TRIAD3，UBCE7IP1	Q9NWF9
ARA54	RNF14	ARA54	Q9UBS8
未命名蛋白质	RNF217	C6orf172，IBRDC1，FLJ16403	Q8TC41

三、泛素连接酶活性的调控

如同所有的生理过程会因为受到细胞内外信号刺激的影响而存在复杂的调控系统一样，蛋白质泛素化的过程也不例外。相对于泛素激活酶、泛素耦合酶而言，蛋白质的泛素化调控主要是针对泛素连接酶的调控，而这些调控的细节则存在于泛素连接酶作用的每个环节。其中尤以泛素连接酶与底物结合的调控最为重要。底物蛋白的翻译后修饰，往往会对泛素连接酶-底物的结合产生较大的影响。例如，一些蛋白底物的丝氨酸/苏氨酸位点磷酸化后就被迅速降解，其原因已被证实是因为磷酸化后的底物与泛素连接酶结合的能力大大增强。如上面提到的 SCF 泛素连接酶，它是通过含 F-box 的接头蛋白识别底物，而这类蛋白质往往能特异识别磷酸化的底物，所以一旦底物被磷酸化，它就会被含 F-box 的接头蛋白所识别并泛素化，然后通过蛋白酶体被降解。IκBα 的泛素化就是受磷酸化调控的。

尽管底物的磷酸化对于调控泛素连接酶识别底物的作用已经被广泛接受，但近年来也有研究表明，泛素连接酶本身的磷酸化同样可以直接影响泛素连接酶的活性。主要的证据来自于对细胞周期的研究，比如前面提到的细胞分裂后期启动复合物 APC/C——一种多亚基的 RING-finger 泛素连接酶，它能够被 Cdc2 磷酸化其亚基 Cdh1 而激活（26）；与此相反，BRCA1/BARD1 复合物的泛素连接酶活性则被 CDK2 依赖的磷酸化所抑制（27）。以下我们通过几个例子来进一步探讨泛素连接酶的催化活性所受到的调控。

1. p53-MDM2 的调控模型

肿瘤抑制因子 p53 是一个通过泛素蛋白酶体途径降解的典型代表。MDM2 作为调控 p53 稳定性最重要的泛素连接酶，其自身的转录水平也受到 p53 的调控。研究表明，MDM2 本身的稳定性也受到自身泛素化（auto-ubiquitination）的调控，而其泛素连接酶活性和与底物 p53 的结合能力受到外因所诱导的磷酸化的调控。其中生长因子反应蛋白激酶 AKT 调节的磷酸化对于 MDM2 的泛素连接酶活性有重要的作用（28）。一方面，AKT 通过磷酸化 MDM2 可以提高对 p53 泛素化的活性；另一方面，也可以抑制其本身的自身泛素化，从而增强 MDM2 的稳定性，使之不易被降解。产生这一现象的具体机制还不完全清楚，一种可能的解释认为 MDM2 在泛素化 p53 和自身泛素化过程中所结合的泛素耦合酶不同，从而使 AKT 介导的磷酸化对这两种 E2-E3 相互作用产生了相反的作用。另外，一些由外界压力激活的 PI3K 家族蛋白，如 ATM、ATR 和 DNA-PK 也能通过调节 MDM2 的磷酸化，促进其自身泛素化和对 p53 的降解，进而对 DNA 损伤做出反应（29）。p53-MDM2 通路的另一个重要调控因子是 ARF，它能够结合 MDM2 而抑制其对 p53 的泛素连接酶活性，从而增加了 p53 在细胞内的积累（30）。此外，在 DNA 受损时 p53 本身也会在其 N 端的氨基酸残基上发生磷酸化，而这一区域恰恰是 p53 与泛素连接酶 MDM2 的结合区，这一区域的磷酸化导致其与 MDM2 的亲和力下降，从而使 p53 的泛素化和降解受到抑制。

2. NEDD4 泛素连接酶活性的调控

NEDD4 是一个 HECT 类泛素连接酶，它含有 HECT 结构域、C2 结构域和 WW 结构域。NEDD4 的底物是上皮细胞 Na 离子通道（ENaC），它主要调控 Na 离子在细胞中的进出过程。有研究表明，血清和糖皮质激素调节激酶（serum-and glucocorticoid-dependent kinase，SGK），对 NEDD4 与 ENaC 的结合起着关键的调控作用，醛固酮诱导的 SGK 的表达与 Na 离子进入细胞的水平呈正相关。与 ENaC 相似，SGK 也含有可以与 NEDD4 上 WW 结构域结合的 PPxY 序列，当 SGK 与 NEDD4 结合后，它能使 NEDD4 的 WW 结构域附近的氨基酸磷酸化，从而抑制 ENaC 与 NEDD4 的结合，使 NEDD4 丧失对 ENaC 的泛素连接酶活性，Na 离子通道蛋白 ENaC 水平因此升高（31，32）。

3. JNK 对 ITCH 的泛素连接酶活性的调控

ITCH 也是一个 HECT 泛素连接酶，在活化的 T 细胞中，c-Jun 和 JunB 是 ITCH 的底物。在对 T 细胞使用 JNK 抑制剂处理时，会观察到 c-Jun 和 JunB 的蛋白水平显著升高，且这种升高显示出与 ITCH 介导的泛素化密切相关。但是我们也知道，JNK 对 c-Jun 的磷酸化并不影响 ITCH 对它的泛素化，因此可能的解释只能是 ITCH 的泛素连接酶活性受到了 JNK 对其磷酸化的影响。研究表明，T 细胞活化所导致的 JNK 的激活及其对 ITCH 的磷酸化，确实可使 ITCH 对于 c-Jun 和 JunB 的泛素连接酶活性显著升高，从而引起 c-Jun 和 JunB 的泛素化水平升高，进而被大量降解。这一发现也第一次证明了泛素连接酶的磷酸化可以直接提高其对底物泛素化的酶活性（33）。

以上所提到的三个调控过程可用图 5-6 来简示。

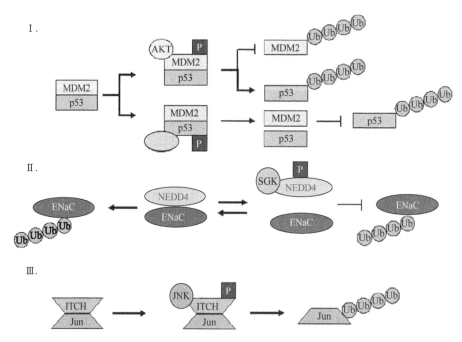

图 5-6　磷酸化修饰对于泛素连接酶介导底物泛素化过程的调控作用示例（34）

4. RBR 类泛素连接酶典型代表 Parkin 的活性调控

所有 RBR 类泛素连接酶由于其特殊的结构，均具有自抑制的特殊调控方式，当然也可以受到多种翻译后修饰的调控。以 Parkin 为例，在正常情况下 Parkin 的泛素连接酶活性处于较低水平。如图 5-7 所示，首先，Parkin N 端的 UBL（ubiquitin-like domain）结构域可以起到自抑制的作用（35）。目前至少发现 3 个 Parkin 的结合蛋白是通过 UBL 结构域相连接的，这样就可以解除其自抑制，从而发挥 Parkin 的泛素连接酶活性。同时，Parkin 的 RING1 与 RING2 相互作用，导致在空间上阻遏了位于 RING2 上的催化部位 Cys431，而 RING2 和 IBR 之间的 REP（repressor element of Parkin）linker 区域也会在空间上阻遏 E2 结合的位点，使之处于低活状态。另外，由于泛素耦合酶上活化位点的半胱氨酸与 Parkin 有大约 50 Å 的距离，所以 Parkin 必须经过构象变化才能完成泛素的传递（36）。在翻译后水平的调控，主要集中在可以通过类泛素化修饰提高其活性，同样，由 PINK1 催化的第 65 位丝氨酸的磷酸化也可以激活 Parkin。相反，c-Abl 引起的

Parkin 酪氨酸磷酸化却抑制它的活性。同时，Sno（S-nitrosylation）可以通过修饰 IBR 结构域中多个半胱氨酸来调节 Parkin 的活性（*37*）。

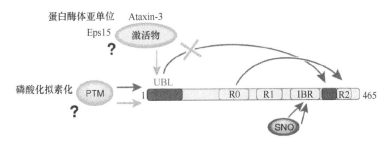

图 5-7　Parkin 蛋白活性的调控示意图（*25*）

四、泛素连接酶的生理功能及与之相关的疾病

蛋白质的泛素化修饰作为最重要的蛋白质翻译后修饰之一，在其功能发挥及相关的信号通路中起着重要的作用，而泛素连接酶在这一过程中起了关键的作用。泛素连接酶控制底物泛素修饰的各种形式，如 K48 多泛素化、K63 多泛素化及单泛素化等，而其中又以泛素连接酶介导的 K48 多泛素化链修饰所引起的蛋白酶体降解途径最为重要，因为它直接决定了蛋白质的稳定性，从而对压力反应、周期调控、信号转导、细胞迁移、细胞凋亡及发育分化等一系列生理过程起调控作用。

1995 年，科研工作者在研究青蛙的早期胚胎细胞周期过程中，发现了一个分子量很大的多亚基泛素化蛋白连接酶，称为后期促进复合物（anaphase-promoting complex/cyclosome，APC/C）。其后的研究表明，APC/C 在有丝分裂过程中控制着重要的检查点，其介导的特异细胞周期调控蛋白的降解，对胚胎细胞完成有丝分裂和避免在 G_1 期的阻断至关重要。

在细胞分裂前中期，APC/C^{Cdc20} 复合物能介导一些底物泛素化，如 Cyclin A，而 Cyclin B 和 securin 则要到中期（所有的染色体到达纺锤体的两极）才被降解。securin 的降解导致了 separase（分离姐妹染色单体结合点的蛋白酶）的活化，而 Cyclin B 的降解可导致 CDK1 的失活。所有这些事件的发生都是有丝分裂能够顺利完成所必需的。另外，这些 APC 的底物的降解也存在相关性，如果 Cyclin A 降解受阻，会导致着丝粒上有丝分裂检验点复合物（MCC）中的 Mad2 和 BubR1 亚基等活化，从而抑制 APC/C^{Cdc20} 对 securin 的降解，最终导致 separase 的活化受到抑制而使染色体不能正常分开（*38，39*）。

当有丝分裂完成后，Cdc20 被依赖于 APC/C 的方式所降解，并且被另一个相关的活化蛋白 Cdh1 所替代，它可以在 G_1 期维持 APC/C 的活性，并且在有丝分裂的后期促进细胞分裂。在进入 S 期的细胞中，通过 Cdh1 的磷酸化和通过 Cdh1 结合 RCA1/EMI1 使 APC/C^{Cdh1} 解聚。APC 会再重新聚集成有活性的泛素连接酶（含 Cdc20 而不是含 Cdh1），这是有丝分裂继续进行所必需的（*40*）。

另外，细胞内新合成的蛋白质中大约有 30% 会因为没有正确的折叠而被舍弃，胞质中大分子的密集排列也会增加蛋白质自发变性及错误折叠的概率，使它们的命运偏离正常的轨道，如发生聚集。此外，环境压力如热刺激、氧化作用（会形成自由基）和紫外照射等会造成蛋白质受损。细胞中存在的监控蛋白正常形态的体系通常被称为"蛋白质质量控制系统"，这种监控体系对于维持细胞生存和稳态有着重要意义，许多非正常或畸变结构的蛋白质会被该系统识别和清除。

泛素-蛋白酶体系统因参与催化错误折叠或损伤蛋白（如异常蛋白）的迅速降解而被认为对维持蛋白质代谢平衡起关键作用。"异常蛋白"容易暴露出疏水区域，从而被 Hsp70 和 Hsp90 之类的分子伴侣所识别。分子伴侣促使这些异常蛋白形成不可逆的聚集，帮助它们恢复正确折叠并具有功能的状态。然而，当分子伴侣无法使异常蛋白重新折叠时，就交由泛素-蛋白酶体系统来处理这些不能正确折叠的、丧失功能的蛋白质。由此，我们可以合理地推断，细胞内存在着与分子伴侣相结合或共同作用的泛素连接酶。

U-box 泛素连接酶中有一个分子质量为 35 kDa、被命名为 CHIP（carboxyl terminus of Hsc70-interacting protein）的蛋白质，它作为泛素连接酶，是"蛋白质质量控制系统"中的重要成员。CHIP 含有两个特征性的结构域，即氨基端的 TPR 结构域和羧基端的 U-box 结构域。TPR 结构域是一个介导蛋白质-蛋白质相互结合的结构域，并被发现存在多种蛋白质中，如 phosphatase 5、cyclophilin 40、FKBP52、HIP（Hsc70-interacting protein）和 HOP（Hsc70Hsp90 organizing protein）。CHIP 通过 TPR 结构域及其附近的电荷富集区与 Hsp70、Hsc70 及 Hsp90 的羧基端结合。与其他含 TPR 结构域的蛋白质不同，CHIP 羧基端有一个 U-box 结构域，该结构域赋予 CHIP 作为泛素连接酶降解底物的功能。

肾上腺皮质激素受体（GR）是 Hsp90 已知的作用底物，当 CHIP 与它共转染细胞时会促进 GR 被泛素化修饰。另有研究结果显示，CHIP 参与对内质网内蛋白质的质量监控。

另一个例子是囊肿性纤维化跨膜传导调节蛋白（cystic fibrosis transmembrane conductance regulator，CFTR），它是 Hsc70 已知的底物，CHIP 可通过它的 TPR 与 Hsc70 结合并与 U-box 结构域协同促进 CFTR 的泛素化降解。在体外泛素化降解实验中，变性的萤光素酶作为底物的泛素化反应直接表明 CHIP 是分子伴侣依赖的泛素连接酶，它选择性地降解非折叠的蛋白质。在 Hsp90 或 Hsc70/Hsp40 存在的情况下，CHIP 与泛素耦合酶 UBC4 或 UBC5 一起促进热激的萤光素酶的泛素化。然而，当萤光素酶没有发生变性时，或是没有分子伴侣存在的情况下，CHIP 都不能促进萤光素酶的泛素化。在分子伴侣的协助下 CHIP 才能识别非正常状态的多肽，并对靶蛋白进行泛素化修饰促使其降解，因此，CHIP 是一个"质量监控泛素连接酶"（41）。

正因为泛素连接酶在各项生命活动中的重要性，所以，一旦它们的功能发生异常，疾病便会随之而至。现已发现多种遗传疾病与泛素连接酶突变和功能紊乱有关。例如，VHL 的突变，会使 HIF1α 过于稳定，从而导致疾病；还有前面提到的母源等位基因 E6AP 的突变，会导致严重的神经系统紊乱的安格曼症候群（Angelman syndrome，AS）。安格曼症候群患者缺少有功能的母源 Ube3a 等位基因，而父源的等位基因在上述部位通常是永恒失活的，因而脑的局部部位缺少 E6AP 蛋白，尤其是海马趾和浦肯野神经元等。因此可以假设在安格曼症候群患者脑的局部部位，由于 E6AP 的缺失，它的一个或者多个靶蛋白底物不能被泛素化修饰降解，造成这一（些）蛋白质大量积累，导致了严重的神经系统异常。要进一步认识安格曼症候群，我们必须更加深入地了解 HECT 泛素连接酶的激活机制，以及确定它的天然特异底物。

　　另外，在多种神经退行性疾病中，异常蛋白聚集并形成有毒的内含物从而导致细胞死亡。越来越多的证据显示"蛋白质质量控制系统"不能正常发挥作用会引起神经元的退化。更好地研究细胞中蛋白质质量控制系统的机制，对深入了解神经退行性疾病在分子水平上的致病机制有着极为重要的意义。

五、关于泛素连接酶的其他问题

　　由于越来越多的泛素连接酶被鉴定，加上研究手段不断更新，加深了我们对其中不少泛素连接酶在分子水平上调控过程的了解。但我们也清楚地看到，泛素连接酶的作用机制仍有很多问题悬而未决。

　　首先是泛素连接酶对底物的 Lys 进行泛素连接时，是否存在特异的选择机制？选择的依据是什么？尽管很多泛素连接酶对于底物上的 Lys 没有表现出很强的特异性，但一些泛素连接酶对于底物上多个可被泛素连接的 Lys 残基，仅是选择其中之一进行催化。例如，MDM2，当它作为自身的泛素连接酶催化自身泛素化时，只是在其特异的 Lys 上进行泛素连接（42）。

　　另外，我们已经知道，泛素连接酶催化底物形成多泛素链对于蛋白质降解很重要，如果泛素连接酶在"未完成"泛素化前就释放底物，则底物往往会脱掉泛素而不被降解。此外，泛素连接酶也常常仅对底物进行单泛素化，这样不但不导致底物的降解，甚至还会使底物更为稳定。那么，泛素连接酶是通过何种机制仅进行底物-泛素连接而不再继续进行泛素-泛素间的连接呢？对于这一问题，现在有两种解释：一种说法是底物-泛素连接相对泛素-泛素连接要慢得多；另一说法是底物-泛素连接可能对泛素-泛素连接有抑制作用。显然，要正确回答这一问题，还需要有更多的证据。

　　最后是关于泛素连接酶对底物泛素化的调控问题。尽管大量研究已经证实了各种调控机制的存在，包括底物和泛素连接酶的修饰、相应蛋白质和配体的参与，以及特异的E2 的表达和参与等，但针对各种不同的泛素连接酶的调控机制的研究仍会是今后一段时间内的研究热点。

第二节　实　验　技　术

一、泛素连接酶的表达、纯化和检测

　　不论是对泛素连接酶进行结构上还是功能上的研究，首先得有材料，泛素连接酶的研究也不例外。对于泛素化这一多酶催化的多级生化反应，获得足量的、纯化的蛋白质是开展研究工作的第一步，下面我们就通过举例，详细说明泛素连接酶及其相关底物和调控蛋白在各种系统中的表达与纯化方法。

（一）HECT 类泛素连接酶的表达纯化

　　HECT 泛素连接酶的分子质量大小从 92 kDa（如酿酒酵母来源的 Rsp5p）到大于

500 kDa（如人源的 HERC1）都有，这给表达全长的蛋白质带来了极大的挑战。大小在 100 kDa 以内的 HECT 泛素连接酶，比如全长的 E6AP 和 Rsp5p，都已成功地在细菌中表达出有生化活性的蛋白质。然而，对于分子量较大的蛋白质，杆状病毒表达系统比细菌表达系统更好。需要指出的是，在许多情况下，表达含有特定生化活性和功能的蛋白质，并不一定需要表达全长的蛋白质。例如，单独的 HECT 结构域就能够与有活性的 E2 相互作用，并能形成泛素-硫酯中间体。但我们并不能就此得出结论，认为全长的 HECT 泛素连接酶的表达是不必要的，毕竟已知的 HECT 泛素连接酶还很有限。

下面我们以人源的 E6-AP 蛋白和酿酒酵母的 Rsp5p 蛋白为例，简要介绍这一类泛素连接酶的纯化方法。首先，要选择合适的表达系统。比较常用的表达系统有细菌表达系统和杆状病毒表达系统。我们发现，即使这两个表达系统所表达的蛋白质都能达到可以接受的水平，但是蛋白酶的活性却会有显著的差异。例如，用杆状病毒表达系统表达的 E6-AP 活性较高，而由这一系统表达的 Rsp5p 活性较低。下面我们将利用这两个表达系统分别表达 GST 融合蛋白 GST-Rsp5 和 GST-E6-AP。要注意的是，在通常情况下，表位标记应该位于泛素连接酶的 N 端，因为 C 端在底物泛素化反应中往往有至关重要的作用，在 C 端的一些很小的表位（如 Flag、HA）即使不能阻止泛素连接酶的泛素-硫酯键的形成，也会影响 HECT 泛素连接酶对底物的泛素化修饰（43）。

在细菌表达系统中，采用的是商业化的 pGEX 系列质粒（Amersham Pharmacia）。完整的 Rsp5 的可读框（ORF）被克隆到 pGEX-6p 载体中，GST-Rsp5 融合蛋白的产量能达到大约每升 100 μg。

具体操作如下：先将编码蛋白全长或一个片段的 cDNA 克隆到 pGEX 系列载体或其他类似的原核表达载体上，将重组载体转入大肠杆菌（E. coli）BL21（DE3）中。挑选单克隆到含氨苄青霉素（100 μg/mL）的 LB 培养液（2 mL）中，在 37℃振荡培养过夜。第二天，再转接到 200 mL 与接种所用相同的 LB 培养液中，室温振荡培养到 OD_{600}=0.6～1.0。再加入 0.2 mmol/L 的 IPTG，诱导表达 4 h 后，在 4℃条件下离心收集菌体，用预冷的裂解液[50 mmol/L Tris-HCl，pH 8.0；5 mmol/L DTT（dithiothreitol）；1% Triton X-100；2 mmol/L PMSF]重悬并超声破碎。离心去除沉淀后取上清并分装，–80℃保存备用。

取一小部分所获取的细胞裂解液上清进行 SDS-PAGE 并用 Coomassie blue 染色，以确定蛋白质的表达量及纯度。考虑到蛋白质的稳定性，每次实验之前都应该对–80℃保存的样品进行 SDS-PAGE 检测。

如果需要进一步纯化蛋白质，则取上清裂解液和 GST beads 室温孵育 15 min 后，用 TBS（50 mmol/L Tris-HCl，pH 7.5；150 mmol/L NaCl）充分洗涤。因为 GST 耦联的特异性较强，所以通过这一步的纯化所得到的蛋白质的纯度，一般已经能够满足基本的实验要求。

采用杆状病毒表达系统表达 GST-E6AP 时，使用的是改良了的 Fastbac 载体（Invitrogen），该载体中插入了 GST 的可读框、PreScission 酶切位点，以及 pGEX 6p-1 载体上的靠近多角体蛋白（polyhedrin）启动子的 Polylinker 序列。具体方法如下：

（1）将 E6AP 的可读框由 Polylinker 中的 *Bam*H I 和 *Not* I 限制性内切核酸酶切位点克隆进载体后，把得到的 pFastbac1-GST-E6AP 质粒转化大肠杆菌株 DH10Bac，按照厂商 Invitrogen 推荐的步骤进行重组。

（2）纯化的重组 DNA 被转染进入 Hi5 昆虫细胞（High Five Cells，Invitrogen），收集病毒并进一步扩增以达到较高的滴度。若需要表达蛋白，用重组的病毒感染 High Five 细胞，48 h 后用 NP-40 裂解缓冲液（0.1 mol/L Tris-HCl，pH 7.5；0.1 mol/L NaCl；1%NP-40）裂解细胞。

（3）将昆虫细胞裂解液和谷胱甘肽琼脂糖珠子在 4℃孵育 2 h。用 NP-40 裂解缓冲液洗涤琼脂糖珠子 3 次，然后用 PreScission 蛋白酶（Promega）在 10 mmol/L Tris-HCl、50 mmol/L NaCl、0.01% Triton 和 1 mmol/L DTT 的缓冲液中 4℃处理 5 h，从而使 E6AP 蛋白释放下来。

（二）RING-finger 泛素连接酶的表达、纯化和检测

1. 单亚基 RING-finger 泛素连接酶的表达、纯化和检测

单亚基 RING-finger 泛素连接酶的表达、纯化较为简单，相关技术也比较成熟，一般运用 GST 表达系统纯化 RING-finger 泛素连接酶，具体表达纯化方法与前面 GST 融合的 HECT 泛素连接酶类似，这里不再详述。

注意：如果要检测 GST 融合的 RING-finger 蛋白的自身泛素化，需要认真考虑是表达全长的蛋白质还是表达仅含有 RING-finger 的一段。对于跨膜蛋白来说，蛋白质的溶解性是一个问题。分子量较大的 RING-finger 蛋白如 BRCA1，往往不能表达出正确折叠的可溶性蛋白；仅表达含有 RING-finger 及周围区域的蛋白质的某一段，又可能会影响我们对其他的结构域在泛素连接酶活性中作用的了解。例如，由于片段缩短，赖氨酸数目减少，因此只能检测到较少的泛素化。另外，值得一提的是，锌离子对于泛素连接酶的正确折叠和活性是很关键的，所以在培养基中加入 25 μmol/L 的 $ZnCl_2$ 能够帮助蛋白质的正确折叠。由于锌离子会和磷酸根形成沉淀，所以此时应该避免使用磷酸盐缓冲液，当然也应该减少金属螯合剂如 EDTA 和 EGTA 的使用。

有很多方法可以检测泛素连接酶蛋白质的泛素化，其中以放射性 ^{32}P 标记的泛素来检测泛素化最为灵敏，结果可信且花费较少。放射性标记的 ^{32}P-ubiquitin 可由 pGEX-2TK 载体表达的 GST-ubiquitin 产生（Pharmacia），这个载体表达的 GST 融合蛋白含有一个 PKA 的识别位点，通过这个位点可引入 ^{32}P，当 GST 被切割掉后就产生了 N 端标记 ^{32}P 的泛素。

大肠杆菌表达 GST-ubiquitin 的步骤和以上所述的通用的 GST 融合蛋白表达方法相同，在细菌（200 mL）裂解后，取 750 μL 的上清液（含有 100～150 μg GST-Ub）和 100 μL GST beads 室温孵育 15 min，分别用 PBS 和激酶缓冲液（20 mmol/L Tris-HCl，pH 7.5；100 mmol/L NaCl；12 mmol/L $MgCl_2$；1mmol/L DTT）洗涤珠子三次。为了使 GST-Ub 标记上 ^{32}P，GST-Ub 和 5 μL 的 10×激酶缓冲液（200 mmol/L Tris-HCl，pH 7.5；1 mol/L NaCl；120 mmol/L $MgCl_2$；10 mmol/L DTT）、2 μL PKA（20 U）、2 μL [r-^{32}P]ATP（Amersham，>5000 Ci/mmol），以及 42 μL 的水相混合，在冰上孵育 30 min（偶尔振荡）后，用 PBS 洗涤珠子 5 次，除去游离的 ^{32}P，再用 150 μL 含 20 mmol/L 谷胺酰胺的 PBS

和 GST-Ub 混合，4℃放置 10 min 使 GST-Ub 从珠子上脱离。放射性标记的 GST-Ub 可以直接用于实验，因为 GST 标记一般不会影响 Ub 活性。如果要切掉 GST，则在 PBS 洗涤 5 次后直接加入凝血酶（thrombin）（终浓度为 50 U/mL）室温放置 1~2 h（如果发现切割不完全的话，可以在室温延长孵育时间到 16 h）。然后再沉淀珠子，将上清转移至新的管中。点 1~2 μL ^{32}P-Ub 到硝酸纤维素膜上，晾干并检测放射强度，强度一般可达到 10 000~40 000 cpm/μL。

注意：PKA 催化亚基（Sigma，250 U/vial）是干粉，使用前在冰上将它溶解于 25 μL DTT（40 mmol/L）中。在使用 PKA 时，每一次标记反应都应配制新鲜的 PKA。商品化的凝血酶可以通过购买获得。

2. 多亚基 RING-finger 泛素连接酶的表达、纯化和检测

这一类泛素连接酶都是较大的蛋白复合物，底物也往往是修饰后的蛋白质，故其表达、纯化较为复杂。这里将针对上面已提到的 SCF 泛素连接酶和 APC/C 的表达、纯化和检测进行详细的介绍。

1）SCF 泛素连接酶的表达、纯化和检测

A. "共表达" 法在 SCF 表达和纯化中的应用

SCF（Skp1-Cullin-F-box 蛋白复合物）是最大的泛素-蛋白连接酶家族的一个成员，是介导多种细胞信号转导途径的调控蛋白。SCF 由 3 种不同的成分，即 Skp1、Cul1、Rbx1（也被称为 ROC1 或 Hrt1），以及可更换的分子 F-box 蛋白所构成。Cul1-Rbx1 形成酶复合物的核心，对泛素耦合酶的结合非常重要，而 Skp1 作为接头蛋白结合不同的 F-box 蛋白。F-box 蛋白含有一个 Skp1 相互作用的 F-box 功能域（motif）及一个蛋白质-蛋白质相互作用结构域，能够使众多不同的蛋白底物（通常是被磷酸化的）与之作用，从而接近 SCF 复合物，进而被泛素化。真核细胞中数量巨大的 F-box 蛋白（在哺乳动物中超过 60 个），可以使大量的底物经由 SCF 被特异性地泛素化。

Cullin 蛋白在人源中有 6 个 Cul1 的旁系同源物（paralogues），分别为 Cul2、Cul3、Cul4A、Cul4B、Cul5 和 Cul7。与 Cul1 相似，绝大多数的 Cullin 蛋白家族成员能通过募集多种底物结合亚基（如 Rbx1-Skp1-F-box）形成大量的连接酶复合物。例如，Cul2-Rbx1、Elongin-B 及 Skp1 的同源物 Elongin-C 能与 SOCS-box 蛋白家族装配，形成类似 SCF 的复合物；Cul3-Rbx1 能通过直接和一些 BTB/POZ 结构域蛋白家族相互结合，从而形成连接酶复合物。

因此，重组 SCF 和 SCF 类似的复合物的制备对于研究多亚基泛素连接酶的生化功能及结构至关重要。这里将着重阐述蛋白质 "共表达" 的优势和一种所谓 "切断/共表达（Split-n-Coexpress）" 的方法，利用这一方法可以提高获得既可溶又有功能的重组蛋白或蛋白复合物的概率。为了有所比较，这里我们将简要说明重组杆状病毒表达系统的应用，当然，这一方法所获得的蛋白质产量较低（*44*）。

a. Cul1-Rbx1 复合物表达纯化

首先讨论的是用重组杆状病毒表达系统表达全长的 Cul1 和 Rbx1 蛋白的方法，这一

方法在后面的章节中还将多次用到。

Ⅰ 利用昆虫杆状病毒表达系统表达和纯化 Cul1-Rbx1 复合物

制备重组杆状病毒

（1）将人源 Cul1 cDNA 亚克隆到 pAcGHLT-A 载体（PharMingen）；将鼠源 Rbx1 cDNA 亚克隆到 pAcSG2 载体（PharMingen）。重组 pAcGHLT-A 载体产生一个 GST 在 N 端的 GST-Cul1 融合蛋白，融合处包含一个凝血酶切割位点。

（2）使用 Baculo Gold DNA 杆状病毒表达系统（PharMingen），遵循使用手册，分别制备表达 GST-Cul1 和 Rbx1 的重组杆状病毒。

（3）使用 Sf9 昆虫细胞（Spodoptera frugiperda，GIBCO）在培养皿中扩增病毒，培养液中需添加 10%FBS、2 mmol/L 左旋谷氨酰胺（L-glutamine）和 100 U/mL 青霉素/链霉素溶液。扩增 3～4 代以后可以得到高滴度的病毒。

在昆虫细胞中表达 Cul1-Rbx1

（1）在 2.4 L 锥形瓶中，将 Hi5 昆虫细胞（High Five Cells，Invitrogen）悬浮培养在不含血清的 Sf-900 II SFM（GIBCO）培养液（1 L）中，于 27℃、110 r/min 振荡培养。当细胞浓度达到 $1×10^6$～$2×10^6$ 个细胞/mL 时，用灭菌的离心瓶以 1000 r/min 离心 3 min。迅速弃去上清液。

（2）加入 5～10 mL 高滴度的 GST-Cul1 和 Rbx1 病毒到沉淀中。轻轻地悬起细胞，在室温下孵育 1 h，并不时地搅动。将感染后的细胞转移回锥形瓶，加入 1 L 新鲜培养基，置于摇床上培养。2 天后收集被感染的细胞。

纯化 Cul1-Rbx1 复合物

（1）以 2000 r/min 离心 5 min 收集 4 L 感染的细胞。接下来的纯化步骤需在 4℃或在冰上进行。

（2）用 200 mL 裂解缓冲液（20 mmol/L Tris-HCl，200 mmol/L NaCl，5 mmol/L 二硫苏糖醇，pH 8.0）重悬细胞，并补充蛋白酶抑制剂（1 mmol/L 苯甲基磺酰氟，1 μg/mL 抑蛋白酶多肽，1 μg/mL 亮抑蛋白酶肽，1 μg/mL 胃蛋白酶抑制剂），用微喷均质机（M-110EHI，Microfluidics Corp）在 69 MPa 下处理 2 次，至所有的细胞都已被裂解。15 000 r/min 离心 1 h 去除细胞碎片，然后用 Beckman Ti 45 转头 45 000 r/min 离心 1 h。

（3）用 10 倍柱体积（CV）的裂解缓冲液平衡 5 mL GST 琼脂糖 4B 凝胶柱（Amersham Biosciences）。

（4）将澄清的细胞裂解液加入凝胶柱，流速应控制在≤1 mL/min。当细胞裂解液完全通过柱子后，用 20 倍柱体积的裂解缓冲液洗涤凝胶柱。

（5）用 5 倍柱体积的洗脱缓冲液（50 mmol/L Tris-HCl，200 mmol/L NaCl，10 mmol/L 还原型谷胱甘肽，pH 8.0）洗脱蛋白。利用 BCA 分析洗脱的蛋白浓度，并利用 SDS-PAGE 检测洗脱蛋白的纯度。

（6）按照凝血酶和融合蛋白 1∶100（m/m）的比例加入凝血酶，于 4℃孵育过夜。

（7）SDS-PAGE 检查凝血酶切割活性。

（8）在 Akta FPLC System（Amersham Biosciences）中用缓冲液 A［50 mmol/L 2-（N-morpholino）ethanesulfonic acid，5 mmol/L DTT，pH 6.5］平衡 1 mL 的 Resource-S

凝胶柱。用缓冲液 A 将凝血酶切割后的 GST-Cul1-Rbx1 样品稀释 3 倍，然后通过凝胶柱进行分离纯化。这一步可以用其他的阳离子交换树脂代替，如 1 mL Mono-S。Cul1-Rbx1 也可以结合到 anion-exchange Q。我们选择 S 柱是因为 GST 不会与 S 柱结合。

（9）2 倍柱体积的缓冲液 A 洗涤后，用 40 倍柱体积的 100～500 mmol/L NaCl 梯度洗脱，梯度通过混合缓冲液 A 和缓冲液 B（50 mmol/L MES，1 mol/L NaCl，5 mmol/L DTT，pH 6.5）来实现。

（10）用 SDS-PAGE 检测洗脱的蛋白质，收集含有纯化的 Cul1-Rbx 蛋白的组分，用分子量为 30 kDa 的孔径的膜（Millipore）超滤浓缩蛋白样品，使浓度达到 5 mg/mL。

（11）用缓冲液 C（20 mmol/L MES，200 mmol/L NaCl，5 mmol/L DTT，pH 6.5）在 Akta FPLC system 中平衡 24 mL 的 Superdex 200 柱。每次上 5 mg Cul1-Rbx 样品并收集含有纯化蛋白的组分。通过这些步骤所得到的蛋白质可以用于生化功能或者结构方面的研究。纯化的蛋白质分装并用液氮急速冷冻后保存于–80℃。

II 利用 *E.coli* "共表达" 和纯化 Cul1-Rbx 复合物

由于重组表达的 SCF 各个组分可能使其亲水核心被包裹起来，这使得许多多肽变得不可溶。实验发现，同时表达和纯化两个不溶的亚基可以使不溶蛋白变得可溶，通过这种方法可以制备出足够的、可溶的重组 Cul1-Rbx1 和 Skp1-F-box 蛋白复合物，将这些 SCF 亚复合物（subcomplexes）进行体外装配，便可以得到具有活性的完整的 SCF 复合物。

基于 Cul1 的结构，我们在 Cul1 中连接 NTD（N-terminal domain）和 CTD（C-terminal domain）的 loop 处将多肽分割成 2 个片段，它们每一个都因足够小而能在 *E.coli* 中过量表达。Cul1 过量表达的两个结构域又能通过 NTD 最后 2 个螺旋（helixes）和 CTD 前 2 个螺旋形成的疏水界面结合在一起。因此，共表达这两个结构域就如同它们在同一个蛋白多肽中一样（现已证明，在细菌中大量表达分段制备的 Cul1 和 SCF 复合物中完整的 Cul1 有相似的结构及活性）。同时制备 Rbx1 与 Cul1 的两个结构域，Cul1 的 CTD 和 NTD 形成复合物后也会与 Rbx1 结合（*45*）。

构建表达载体

（1）将全长的 *mRbx1* 基因亚克隆到 pGEX-4T1 载体（Amersham Biosciences）上，从而得到 pGEX-Rbx1，它能表达 N 端融合 GST 并含有凝血酶切割位点的融合蛋白。

（2）分别将人源蛋白 Cul1 NTD（1～410）和 CTD（411～776）亚克隆到 pET15b 载体上，得到 pETCul1NTD 和 pETCul1CTD，它们将表达 N 端连有 His 标签并含有凝血酶切割位点的融合蛋白。

（3）以 pETCul1CTD 为模板，PCR 扩增核糖体结合序列（rbs）及带 His 标签的 Cul1-CTD 的可读框（ORF）。将 PCR 产物插入到 pGEX-Rbx1 质粒中 Rbx1 基因终止密码子后 20～30 bp 处。

（4）通过将 pETCul1NTD 的 *Sph* I -*Hind*III酶切片段连接到 pACYC184 载体（New England BioLabs），得到 pALCul1NTD。pALCul1NTD 质粒包含了 pACYC184 载体的 p15A 复制起始区（origin）和氯霉素抗性基因（图 5-8）。

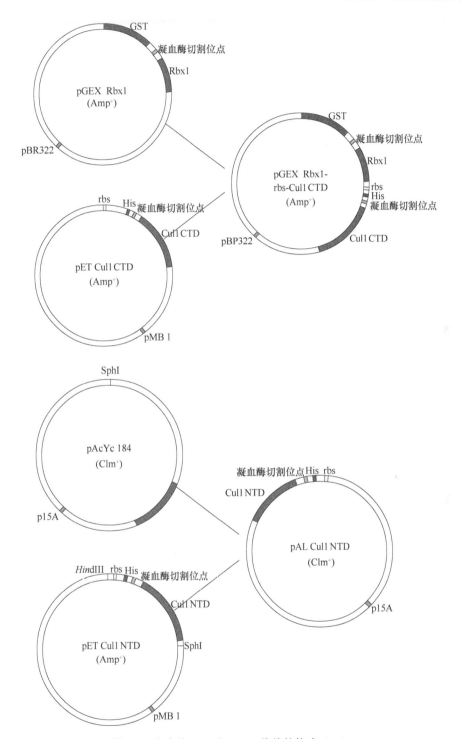

图 5-8　共表达 Cul1 和 Rbx1 载体的构建（*44*）

在 *E.coli* 中表达 Cul1-Rbx1

（1）将 pGEXRbx1rbs-Cul1CTD 和 pALCul1NTD 共转化 *E. coli* BL21（DE3）菌株，并用 AmpR/ClmR LB 琼脂板进行双筛选。由于菌株 BL21（DE3）的转化率很低，因此

需要使用较高的 DNA 浓度（1 μg/μL）。

（2）将一个新鲜的转化株接种到含有 50 μg/mL 氨苄青霉素和 25 μg/mL 氯霉素的 60 mL LB 培养基中，在 37℃、250 r/min 条件下培养过夜。

（3）将（2）中的培养液接种到 12 L 的 LB 培养液中，当 OD$_{600}$ 达到 1.5 后将培养温度降低到 16℃，0.5 h 后加入终浓度为 0.5 mmol/L 的 IPTG，继续于 16℃ 诱导过夜。

纯化 Cul1-Rbx1

（1）4000 r/min 离心 15 min，在 4℃ 离心收集细胞。细胞破碎的方法与上述昆虫细胞表达的 Cul1-Rbx1 的方法相同。

（2）45 000 r/min 高速离心得到含表达蛋白的上清。

（3）用 10 mL 谷胱甘肽琼脂糖 4B 柱或 8 mL Resource S 柱来纯化 12 L 的菌液所能得到的样品。1 L 培养基培养的 *E. coli* 大约能得到 10 mg GST-Rbx1-Cul1CTD-NTD。

b. 表达纯化重组 Skp1-F-box 蛋白复合物

下面将介绍的是在昆虫细胞中表达 Skp1-F-box 蛋白通用的策略，这一策略对所有已经检测过的 F-box 复合物都有效。之前的工作表明，同样标记 Skp1 和标记 F-Box 对蛋白纯化来说会有很大不同的效果。相对于标记 Skp1，标记 F Box 蛋白可以得到更纯的蛋白复合物。例如，使用标记 Skp2 进行亲和纯化能得到 1∶1 的混合物；用标记 Skp1 进行亲和纯化，则得到过剩的游离 Skp1。所以在制备 Skp1-F-box 蛋白的过程中，应采用共表达 GST 标记 F-box 蛋白和不被 GST 标记的 Skp1，并用谷胱甘肽按照 1∶1 亲和纯化。我们这里将简单介绍全长的 Skp1-^{GST}Skp2、Skp1-^{GST}β-TRCP1 和 Skp1-^{GST}Cdc4 在昆虫细胞及 *E. coli* 中表达与纯化的方法。

Ⅰ 在昆虫细胞中表达纯化 Skp1-GST F Box 蛋白复合物

制备重组杆状病毒，以及在昆虫细胞中表达 Skp1-Skp2、Skp1-β-TRCP 和 Skp1-Cdc4 的方法与前面昆虫细胞表达 Cul1-Rbx1 的步骤基本相同，这里不再赘述。下面叙述纯化方法——谷胱甘肽亲和层析初步纯化 Skp1-^{GST}Skp2、Skp1-^{GST}β-TRCP1 和 Skp1-^{GST}Cdc4 复合物。

（1）用 50 mmol/L Tris-HCl、200 mmol/L NaCl、0.1% NP-40、5 mmol/L DTT（pH 7.6）和蛋白酶抑制剂 cocktail 的裂解缓冲液重悬细胞并超声破碎。裂解液经 15 000 r/min 离心 30 min，去除沉淀。将上清转移到新的管中。

（2）用 10 倍柱体积的裂解缓冲液平衡 0.2 mL 谷胱甘肽琼脂糖 4B 凝胶柱。

（3）将澄清的细胞裂解液加入谷胱甘肽琼脂糖 4B 柱，流速控制在 ≤1 mL/min。用 20 倍柱体积的裂解缓冲液洗柱直到细胞裂解液完全通过。用 5 倍柱体积的洗脱缓冲液（50 mmol/L Tris-HCl、200 mmol/L NaCl、10 mmol/L 谷胱甘肽，pH 8.0）洗脱蛋白。用 Bio-Rad Protein Assay 检测蛋白浓度，SDS-PAGE 检测纯度。

用昆虫细胞大量表达 Skp1ΔΔ-^{GST}β-TRCP1ΔN

为了得到 Skp1-Skp2 和 Skp1-TRCP1 复合物的晶体，需要去除 Skp1、Skp2 和 β-TRCP1 中的一些导致无序结构的残基。Skp1 中的两段无序结构分别是 38～43 位和 71～82 位残基的环（loop），删除这两段后的 Skp1 用 Skp1ΔΔ 来表示。删除这两段序列并不影响蛋白质的表达和溶解性，而且也不影响它与 F-Box 或者 Cul1 的结合。缺少 N

端 100 个残基（这里用 Skp2ΔN 表示）的 Skp2 才能形成晶体，另外，能形成晶体的 β-TRCP1 也必须删除其 N 端的 138 个残基（这里用 β-TRCP1ΔN 表示）。这些缺失 N 端的 F-Box 蛋白具有更高的表达水平和溶解性。

在昆虫细胞中表达 Skp1ΔΔ-^{GST}β-TRCP1ΔN、收获和裂解细胞，以及初步的谷胱甘肽亲和层析纯化步骤与获得 Cul1-Rbx1 的方法基本相同。

（1）用 PCR 方法得到删除两段内部序列的 Skp1 cDNA 及删除 N 端的 β-TRCP1 cDNA，按照使用手册得到所需重组杆状病毒（与前面用于得到全长 Skp1 和 ^{GST}β-TRCP1 的方法相同）。

（2）用 5～10 mL 高滴度的 Skp1ΔΔ 和 ^{GST}β-TRCP1ΔN 病毒共感染细胞。

（3）用阴离子交换、谷胱甘肽亲和层析、分子筛层析进一步大量纯化 Skp1ΔΔ 和 ^{GST}β-TRCP1ΔN。通过初步的谷胱甘肽亲和层析纯化，1 L 培养基的细胞一般能得到 10～20 mg ^{GST}β-TRCP1ΔN-Skp1ΔΔ 蛋白。

（4）进一步用阴离子交换层析纯化 ^{GST}β-TRCP1ΔN-Skp1ΔΔ。

（5）用凝血酶处理纯化的 ^{GST}β-TRCP1ΔN-Skp1ΔΔ，并再次用谷胱甘肽亲和层析的步骤除去切割下来的 GST 及未被切割的 ^{GST}β-TRCP1ΔN-Skp1ΔΔ。用 5 倍柱体积洗脱缓冲液再生用过的谷胱甘肽琼脂糖 4B 柱。然后用 5 倍体积的储存缓冲液（50 mmol/L Tris-HCl，200 mmol/L NaCl，5 mmol/L DTT，pH 7.6）平衡柱子。上样并收集所有流出液。再加入 1 倍柱体积的储存缓冲液到柱子并收集，含有 GST 的混合物将会留在柱子上。这一步之后，从每 1 升昆虫细胞培养基中能得到 5～10 mg 样品。用 10 kDa 分子孔径的膜（Millipore）超滤浓缩至 10 mg/mL。

（6）分子筛柱层析（size-exclusion chromatography）是纯化的最后一步。在 Akta FPLC system 中用储存缓冲液平衡 24 mL Superdex 200 柱子。对于该纯化系统，一般每次上样量为 1.5 mL（约 15 mg）。

Ⅱ 用大肠杆菌表达纯化 Skp1ΔΔ-Skp2ΔN

（1）构建双顺反子 pGEXSkp2ΔNrbsSkp1ΔΔ 表达质粒的方法与前述的 Cul1-Rbx1 共表达载体的构建方法相似。

（2）将 pGEXSkp2ΔNrbsSkp1ΔΔ 转化大肠杆菌 BL21（DE3）。1 mmol/L IPTG 16℃ 诱导表达 16～20 h。

（3）纯化 Skp1ΔΔ-Skp2ΔN 的方法与前述的纯化昆虫细胞表达的蛋白质的方法基本相同。使用谷胱甘肽及阴离子交换层析初步纯化 ^{GST}Skp2ΔN-Skp1ΔΔ，进一步利用阴离子交换、凝血酶切割，再使用谷胱甘肽亲和层析，最后将过柱液用分子筛层析进一步纯化。

c. 制备重组 SCF 泛素连接酶复合物

表达的 Skp1-Skp2 和 Cul1-Rbx1 混合后会形成有活性的复合物。这种直接的混合方法所获得的 SCF^{Skp2} 复合物可以用于晶体学研究。另外，我们可以用分子筛层析法使整个 SCF 复合物的亚单位有更精确的摩尔比例。例如，以 1:1.2 的摩尔比混合 Cul1-Rbx1 和 Skp1-Skp2 复合物，再让样品经过一个 Superdex200 柱子以获得更纯的 SCF^{Skp2} 复合物。

B. SCF 的检测：建立体外 SCF 对其底物 Sic1 的泛素化系统

a. 策略

在出芽酵母细胞的 G₁ 期，CDK（G₁-CDK）活性水平升高时，Sic1 上 CDK 结合位点发生磷酸化。磷酸化的 Sic1 能被 SCF^{Cdc4} 识别，并通过活化的 Cdc34（E2）参与 Sic1 泛素化。一旦被泛素化后，Sic1 就被 26S 蛋白酶体迅速降解，从而使与 Sic1 结合的 S 期 CDK 复合物（S-CDK）活化，导致细胞周期进入 S 期。Sic1 在 G₁-S 期分界点被降解代表了一种重要的蛋白质泛素化降解的模型系统，是 SCF 对其磷酸化底物的泛素化研究的一个范例。

下面阐述 SCF^{Cdc4} 对 Sic1 泛素化的策略和方法的改良，着重介绍 SCF^{Cdc4} 对 Sic1 的体外泛素化试验中所需蛋白质的表达纯化方法的优化（46）。

为了使泛素连接酶对特定蛋白的体外泛素化检测方法更加精确，这里有必要对泛素化检测结果有显著影响的几个参数进行讨论。很多泛素连接酶底物（特别是以 Cullin 为基础的连接酶）需要某些翻译后修饰，如磷酸化修饰。这就需要对目标底物的表达系统有所选择。最原始和最有效的产生大量重组蛋白的方法还是通过细菌表达，但是它缺少类似真核细胞的翻译后修饰，而昆虫细胞表达系统存在翻译后修饰，所以利用该系统表达的目的蛋白不需要再对其进行磷酸化处理。值得一提的是，当昆虫细胞中降解所必需的修饰发生时，目标底物有可能在表达过程中就被它的昆虫细胞的泛素连接酶所降解。因此，在收集细胞几小时前就应该加入蛋白酶体化学抑制剂。

为了试图阐明底物上的泛素连接位点，我们往往需要将 Lys 突变为 Arg。不幸的是，一些 Arg 的 tRNA 在大肠杆菌中非常缺乏。

在 BL21（DE3）pLysS 中表达 Sic1 底物时，我们有时需要使用甲基化的泛素来确定底物是否适合在该菌株中进行表达。当单个 Lys 残基的 Sic1 在使用甲基化泛素进行泛素化分析时，如果检测到可被多泛素化，则表明 Sic1 出现了不止一个泛素连接位点，可能原因是大肠杆菌在表达时将额外的（非遗传编码）Lys 错误结合到 Sic1 上。能克服这一困难的办法包括：减短蛋白诱导时间；改用其他大肠杆菌菌株（如 Novagen 的 Rosetta 菌株或 Stratagene 的 BL21-Codon Plus 菌株），在 BL21-Codon Plus-RIL 体系中可以正确表达含单个 Lys 的 Sic1。

当对 Sic1 引入点突变时，先将 Sic1 可读框克隆进 pET11b 载体（Novagen），该质粒包含了 N 端 T7 抗原表位标签（MASMTGGQQMA，Novagen）和 C 端 6 个 His 标签。按照 Quikchange 方法（Stratagene）将目标 Lys 突变为 Arg。另外，也可以设计寡核苷酸，将期望得到的点突变置于两条互补寡核苷酸链的中心，突变位置两侧各需有至少 15 个核苷酸以保证突变位点的专一性。使用典型的聚合酶链反应（PCR）两步法进行突变，为了确保突变的高效率，加入的质粒量应该尽可能地少。最后，引入的突变必须通过 DNA 测序来验证。

b. 蛋白质的表达和纯化

I 利用昆虫细胞表达纯化 SCF 泛素连接酶

利用昆虫细胞表达纯化 SCF 泛素连接酶的详细步骤与表达纯化 Cul1-Rbx1 基本相同。

II 利用 *E.coli* 表达纯化 SCF 的底物 Sic1

（1）将含有带 His 标签的 Sic1 的 pET11b 重组质粒转化菌株 BL21-CodonPlus-RIL

（Stratagene），并在含氨苄青霉素（50 μg/mL）和氯霉素（25 μg/mL）的 LB 平板上进行筛选。另外，Rosetta（Novagen）菌株也包含编码大肠杆菌中稀有 tRNA 的基因，所以也常常被使用。

（2）利用与 Cdc34 相同的方法来表达纯化 Sic1。

（3）由于包含多个 Lys→Arg 突变的 Sic1 蛋白在透析时容易发生沉淀，所以要使用替代方法进行脱盐。从 NiNTA 琼脂糖上洗脱的蛋白质用激酶缓冲液（20 mmol/L HEPES，pH 8；200 mmol/L NaCl；5 mmol/L MgCl$_2$；1 mmol/L EDTA；1 mmol/L DTT）平衡过的 PD40 柱进行凝胶过滤以脱盐。野生型 Sic1 的产量大约为每升培养基 50 mg，而所有 Lys 都突变成 Arg 的突变 Sic1 产量大约为每升 5 mg。包含其他数目 Lys→Arg 突变的 Sic1 产量为 5～50 mg。将表达纯化的蛋白质分装并储存于−80℃。

c. 底物 Sic1 的修饰

I 利用昆虫细胞表达纯化 G$_1$-CDK 和 S-CDK

按厂商说明书在昆虫细胞中制备用于表达 G$_1$-CDK 和 S-CDK 复合物的杆状病毒（Invitrogene）。按制备 SCF^{Cdc4} 的方法制备编码 G$_1$-CDK（GST-Cdc28HA、Myc-Cln2、Cak1、Cks1-His6）和 S-CDK（GST-Cdc28HA 和 Clb5）的高滴度病毒储液。按照与 Cul1-Rbx1 在昆虫细胞中表达纯化相同的方法获得 G$_1$-CDK 和 S-CDK。

II Sic1 的磷酸化

Sic1 必须先被 G$_1$-CDK 磷酸化，才能被 SCF^{Cdc4} 识别并在 Cdc34 参与下被泛素化。

（1）将 G$_1$-CDK 和谷胱甘肽琼脂糖 4B 柱混合，4℃孵育 1 h，使 G$_1$-CDK4 结合在谷胱甘肽琼脂糖凝胶珠子上。通常，10～15 μL 谷胱甘肽琼脂糖凝胶（Pharmacia）可用来吸附每 500 mL 裂解液中含有的 G$_1$-CDK。

（2）用 Sf9 裂解缓冲液 [20 mmol/L Tris-HCl，200 mmol/L NaCl，5 mmol/L dithiothreitol（DTT），pH 8.0] 洗涤珠子 4 次。用激酶缓冲液（20 mmol/L HEPES，pH 8；200 mmol/L NaCl；5 mmol/L MgCl$_2$；1 mmol/L EDTA，1 mmol/L DTT）再洗涤 3 次。

（3）进行体外磷酸化反应。将 88 μL 含 Sic1 的激酶缓冲液加入到含有吸附了 G$_1$-CDK 谷胱甘肽珠子的反应体系中，另外再加入 2 μL 100 mmol/L ATP（如果需要放射标记的 Sic1，可用 2 μL [γ-^{32}P]ATP（4500 Ci/mmol）和 1 μL 1 mmol/L ATP 混合以取代 2 μL 100 mmol/L ATP）。

（4）混合并在室温孵育 1 h。加入 1 μL 100 mmol/L ATP，在室温再孵育 1 h。

（5）离心去除珠子并保存上清。在此条件下，理论上来讲，这时所有的底物都应该已转化为磷酸化状态（可通过 SDS-PAGE 和 Weastern blot 判别它和非磷酸化的 Sic1）。

d. 体外泛素化系统的构建

将磷酸化的 Sic1 加入含有 ATP、泛素、UBA1、Cdc34 和 SCF^{Cdc4} 的泛素化反应体系中，该实验成功的关键点在于各组分比例的多少，而确定正确的比例，需要通过多次滴定法最终确定。此外，缓冲液 pH 和蛋白质纯度都将对泛素化的"质量"产生很大影响。下面介绍的实验条件都是已被实验所证实的 Sic1 泛素化的最佳条件，并且可以用来作为 SCF 泛素连接酶使其他底物泛素化的起始条件。需要特别提出的是，反应体系中的 NaCl 虽然能抑制不依赖于磷酸化的非特异泛素化的发生，但它同时也降低了整个反应的效率。

泛素化实验

配制 10×泛素化反应缓冲液(300 mmol/L Tris-HCl,pH 7.6;50 mmol/L MgCl$_2$;1 mol/L NaCl;20 mmol/L ATP;20 mmol/L DTT),然后将反应组分加入到由 10×泛素化反应缓冲液和水配成的终体积为 1×浓度的混合液中。20 μL 反应体系中各组分的组成如下:

各组分	体积/μL	备注
10×泛素化反应缓冲液	2	
H$_2$O	13.2	
80 μmol/L 泛素	0.5	
150 nmol/L UBA1	0.3	
Cdc34	1	浓度可以改变,>500 nmol/L 的 Cdc34 和 100 nmol/L 的 SCF 在 10 min 内能快速有效地使底物泛素化
SCF	1	浓度可以改变,通常为 100 nmol/L
被 S-CDK 磷酸化的 Sic1(2 μmol/L)	2	以未被磷酸化的 Sic1 作为负对照（底物浓度可以改变,通常超过 SCF 约 20 倍）

轻轻地混合后置于室温孵育。Sic1 的泛素化效率可通过 SDS-PAGE,并使用抗 Sic1 或抗其表位标签的抗体进行 Western blot 检测,或通过含放射性标记的 Sic1 的凝胶放射自显影进行检测。

2）APC/C、泛素连接酶及相关蛋白质的表达、纯化和检测

A. APC/C 的表达、纯化和检测

a. 利用 p13^{Suc1} 耦联的琼脂糖凝胶纯化真核细胞中表达的 APC/C

最新使用的纯化 APC/C 的方法是通过免疫共沉淀使 APC/C 与耦联在珠子上的特异抗体相结合,然后检测结合于 APC/C 抗体上的泛素连接酶 APC/C 的活性。这种方法虽然会因为 APC/C 与珠子的结合导致 APC/C 与其底物的结合受到空间上的干扰,但是如果直接采用亲和纯化沉淀 APC/C 的方法,由于 APC/C 纯化时要经历变性和复性的过程,其酶活性往往会小于 1%。

下面再介绍一种通过基于 p13^{Suc1}-琼脂糖凝胶的亲和色谱法来纯化可溶的 APC/C 复合物的方法以克服上述方法中的一些缺陷。这一方法最开始曾被用来分离蛙卵中的有丝分裂 APC/C 复合物,经改进后现已用于培养细胞中 APC/C 的分离纯化。

此前的研究工作表明,磷酸化的 APC/C 与 p13^{Suc1} 的结合并不受 CDK 的影响,但会受 p13^{Suc1} 磷酸盐结合位点的影响。而 CDK 与 Suc1 结合序列中并没有类似的磷酸盐结合位点。当我们用一种含磷酸盐的混合物,如对-硝基苯基磷酸酯（p-nitrophenyl phosphate）洗脱时,APC/C 就会被磷酸盐从 p13^{Suc1} 上置换下来。通过这种简单的一步法纯化流程,从 HeLa 细胞中可以获得 50～70 倍纯度的 APC/C 蛋白,其中约 30%的蛋白质可以通过复性而获得天然活性。而且,通过这种方法,也可以分离得到较纯的 CDK,因为 CDK 不会被磷酸盐的混合物从 p13^{Suc1}-琼脂糖凝胶上洗脱下来。虽然其他一些参与有丝分裂的磷酸化蛋白也可以通过这种方法和 APC/C 一起被分离出来,但是通过快速

蛋白液相层析（FPLP）离子交换层析的方法在 MonoQ 上可以将 APC/C 从这些组分中分离出来。那些对于 APC/C 纯度要求不十分苛刻的实验，用 p13^{Suc1}-琼脂糖凝胶层析的方法获得有丝分裂 APC/C 的粗提物就可以基本满足要求（*47*）。

Ⅰ材料

小牛红细胞泛素蛋白、小牛血清蛋白（BSA，不含有蛋白酶）、大豆胰岛素抑制剂（STI）、对-硝基苯基磷酸酯（*p*-nitrophenyl phosphate）、磷酸肌酸（phosphocreatine）、肌氨酸磷酸化激酶（creatine phosphokinase）、亮抑酶肽（leupeptin）、对抑糜蛋白酶素（chymostatin）、十字胞碱（staurosporine）、甘油（glycerol，分子生物学等级）。将抑糜蛋白酶素和十字胞碱分别用二甲基亚砜配成 1000 倍和 200 倍浓度的储液。将 Nocodazole（Sigma）用二甲基亚砜配成 1 mg/mL 的浓度，并按一次性用量分装，–20℃存放。将冈田酸（Okadaic acid，Roche）溶于二甲基亚砜，终浓度为 200 μmol/L，–70℃保存。E1和泛素化乙醛则分别按照 Hershko 或 Mayer & Wilkinson 所提供的方法配制（*48，49*），这两种材料也可以买到成品。重组的人源 E2C/UBCH10 在细菌中表达纯化，具体方法见参考文献（*50*）。海胆 Cyclin B 蛋白 N 端片段（1～91）-蛋白 A 融合蛋白在 BL21（DE3）细菌中表达，再用 IgG-琼脂糖凝胶亲和色谱法纯化，用放射性碘标记。p13^{Suc1} 的表达在 BL21（DE3）pLys 细菌中进行，用 50 mmol/L Tris-HCl（pH 8.0）和 2 mmol/L EDTA 的溶液预先平衡的 3×120 cm 的 Sephadex G-100 柱子过滤纯化，通过这种方法，p13^{Suc1} 可以和大多数较大的细菌蛋白分开。最后将所得的 p13^{Suc1}（11～13 mg 蛋白/mL）与溴化氢活化的琼脂糖 4B 珠子（Sigma）进行耦合。含有人源 Cdc20/Fizzy cDNA 的 pT7T3 质粒图谱可参考 Michael Brandeis 博士（Hebrew University，Jerusalem）的工作（*51*）。

Ⅱ流程

HeLa S3 细胞（源自 ATCC）在含 10%胎牛血清的 DMEM 培养基和 5%的二氧化碳环境中培养。为了得到 G$_2$/M 期的细胞，可以在对数生长期（4×10^5～6×10^5 个细胞/mL）时用 0.2 μg/mL 的 nocodazole 处理细胞 18 h（除非特别注明，以下所有的实验要在 0～4℃下操作）。

将 2L 培养的细胞通过 400 *g* 离心 10 min，先用 PBS 洗涤两次，合并于一管后再用 PBS 洗涤一次。细胞沉淀用 3 倍体积的低渗溶液（20 mmol/L HEPES-NaOH，pH 7.6；1.5 mmol/L MgCl$_2$；0.5 mmol/L KCl；1 mmol/L DTT）重悬，离心去上清。沉淀用 2 倍体积的含有蛋白酶抑制剂的低渗溶液重悬后放置于冰上 30 min，再匀浆破碎细胞（30 strokes）。40 000 *g* 离心 30 min，收集上清液，并加入甘油（10%，*V/V*）混匀，–70℃存放。

在亲和层析前，经过 nocodazle 处理的 HeLa 细胞抽提物与 Mg-ATP 和冈田酸预先孵育，使得体内的有丝分裂蛋白激酶能对 APC/C 进行高度磷酸化。

4 mL 的反应体系包括：50 mmol/L HEPES-NaOH（pH 7.2），5 mmol/L MgCl$_2$，1 mmol/L DTT，1 mmol/L ATP，10 mmol/L 磷酸肌酸，100 μg/mL 肌氨酸磷酸化激酶，约 20 mg 的 HeLa 细胞抽提物，1 μmol/L 的冈田酸。

样品在 30℃经过 60 min 的反应后进行离心（15 000 *g*，10 min）以除去不溶物质。上清与 1 mL 的 p13^{Suc1}-琼脂糖珠子［预先用 10 mL/次的 20 mmol/L Tris-HCl（pH 7.2）和 1 mmol/L DTT（buffer A）缓冲液洗涤两次，每次 400 *g*，5 min］混合，混合样品盛

于 15 mL 的试管中，室温旋转（60 r/min）孵育 1 h 后转移到层析柱（直径 0.7 cm），在 4℃条件下进行层析。层析柱经 45 mL 含有 300 mmol/L KCl 的 buffer A 缓冲液洗涤后，用 20 mL 含有 50 mmol/L p-nitrophenyl phosphate 和 0.2 mg/mL STI 的 buffer A 洗脱 APC/C。洗脱的流速应控制在 1～1.5 mL/min。加 STI 的目的是为了阻止稀释的 APC/C 非特异性地被吸附到柱的表面。而选择 STI 作为蛋白载体是因为它的分子量相对较小（20 kDa），不会影响分子量很大的 APC/C 蛋白亚基的检测。洗脱液经离心超滤（Centriprep-10；Amicon）浓缩至 1 mL，再加 9 mL 含有 20%甘油的 buffer A 溶液稀释后，将体积最终浓缩到 1 mL；为了避免反复冻融而致使 APC/C 失去活性，每管按一次性用量分装，–70℃存放。APC/C 的活性通常为 30～40 个单位/μL。

p13^{Suc1}-琼脂糖珠子在使用后可用 30 mL 50 mmol/L Tris-HCl（pH 9.0）溶液和含 1 mol/L KCl 的 50 mmol/L Tris-HCl（pH 7.2）的溶液洗涤使之再生。珠子可在含有 0.02% 叠氮钠的 50 mmol/L Tris-HCl（pH 7.2）缓冲液中于 4℃条件下保存。p13^{Suc1}-琼脂糖珠子在 1～2 年内可反复使用 10 次以上。

b. 酵母中表达的 APC/C 的纯化及检测

高活性的 APC 也可以利用酵母细胞表达纯化 Cdc16-TAP 融合蛋白来实现。APC 的酶活性则是利用含有 Cdc20 或 Cdh1，以及泛素激活酶、UBC4、ATP 和泛素成分的泛素化体系进行检测；用于活性检测的内源底物包括 Clb2 和 Pds1。另外，APC 的辅活化因子（coactivator）和 APC/底物复合物则是通过非变性凝胶电泳来观察。

I Cdc16TAP 酵母菌株的构建

采用 pFA6a-kanMX6 载体将 PCR 所得到的 Cdc16 基因克隆到 CBP 的 C 端。

因为这个基因在它的 3'端被标记，所以其启动子区域没有被打断，并且这个融合蛋白的表达与它在酵母中的野生型表达量是相当的。我们一般会利用蛋白酶缺陷的酵母菌株 BJ2168（MATa leu2 trp1 ura3-52 pep4-3 prc1-407 prb1-1122 gal2；ATCC 208277）进行蛋白质的表达。研究表明，Cdc16 的 C 端是可溶的，而且对于 APC 的功能没有影响，在尝试用不同的 tag 来标记 Cdc16 后，我们发现 TAP-tag 对于 APC 的纯化是最有效的。

TAP-tag 是通过用 14 个重叠的核苷酸来进行 PCR 合成的，并且这个序列通过 S. cerevisiae 最优化遗传密码来修饰，以尽量减少 TAP 序列含有与重组位点相同的 DNA 序列，从而保证重组的准确性。为了增加纯化中 TEV 切割的效率，可在这个 tag 中插入两个连续排列的 TEV 蛋白酶识别位点。TAP-tag 在 pFA6a-TAPkanMX6 中含有一个 N 端钙调蛋白结合肽（最初来源于兔骨骼肌肌球蛋白的轻链激酶），接着有两个 TEV 蛋白酶的切割位点，在它的 C 端有 Staphylococcus aureus 蛋白 A 免疫球蛋白结合区域的两个重复区域。下面叙述如何通过 PCR 得到靶基因并构建一个能表达 Cdc16-TAP 的酵母菌株的方法（52）。

缓冲液和试剂

10×LiAc：1 mol/L 乙酸锂，用乙酸溶解并过滤，pH7.5。

10×TE：0.1 mol/L Tris-HCl，pH 7.5；10 mmol/L EDTA，高压灭菌。

LiAc/TE：1×LiAc，1×TE，新鲜配制，过滤除菌。

50% PEG：50%（m/V）PEG 3350 用水搅拌，过夜溶解。

PEG/LiAc：40% PEG 3350（8 mL 50% PEG），1×TE（1 mL 10×TE），1×LiAc（1 mL 10×LiAc），新鲜配制，过滤除菌。

Dimethyl sulfoxide（DMSO）（二甲基亚砜）。

Salmon sperm DNA（鲑鱼精 DNA）。

配制每升 YPD，高压灭菌后，冷却至大约 60℃时加入过滤除菌的 2 mol/L D-葡萄糖至其终浓度为 0.1 mol/L，加入过滤除菌的 G418 至终浓度为 300 μg/mL（用 25 mg/mL 的储液），当温度降至 50℃时倒平板。

IP buffer：50 mmol/L Tris-HCl，pH 8.0；150 mmol/L KCl；10%（m/V）甘油；0.2%（V/V）Triton X-100，同时加入蛋白酶抑制剂。

PCR 产物的制备

S1 寡聚核苷酸序列设计为含有基因 3′端的 40 个碱基和接在其后面的 pFA6a 载体上的 24 个碱基序列，所以这个基因被融合上一个标签。S2 寡聚核苷酸序列含有靶基因的染色体区域下游 40 个互补的碱基和接在其后面的 pFA6a 载体上的 24 个碱基序列。为了构建表达 Cdc16-TAP 的酵母菌株，我们用以下引物（斜体字是载体特异性序列）：

S1-Cdc16-TAP：TAATGCCGACGATGATTTTGACGCAGATATGGAACTGGAA*TCTCACGAAAAGAGAAGATGGAAG*

S2-Cdc16：CTTTTACGTGTGGCTGCCTCTAAGAATTAAACTTCTTTTCCATCG*ATGAATTCGAGCTCG*

用高保真的聚合酶来配制 200 μL 的 PCR 体系，其中含引物 S1、S2 和 pFA6a-TAP-kanMX6 模板。反应进行 20 个循环（95℃ 30 s，54℃ 30 s，72℃ 3 min），PCR 产物为 2.4 kb。

酵母中的同源重组

（1）把一定量的 BJ2168 酵母过夜培养物接种到 300 mL 新鲜的 YPD 培养基中使 OD_{600} 为 0.2，30℃、220 r/min 振荡培养至 OD_{600} 为 0.4～0.6。

（2）用 50 mL 的瓶子 1000 g 离心 5 min 后收集细胞。合并所有的沉淀，用 30 mL 水洗涤一次，再用 1.5 mL LiAc/TE 洗涤一次。

（3）用 1.5 mL LiAc/TE 重悬沉淀，并在 30℃轻轻摇动（100 r/min）30min。

（4）将鲑鱼精 DNA 加热至 100℃，10 min 后迅速置于冰上冷却，每一个转化需要用 100 μg 变性的鲑鱼精 DNA 和前面得到的 1～4 μg PCR 产物，用 TE 缓冲液代替 PCR 产物作为阴性对照。

（5）将上述混合的 DNA 加入到盛有 100 μL 酵母细胞的 1.5 mL EP 管中并充分混匀。

（6）每一个管中加入 0.6 mL PEG/LiAc，轻弹 EP 管以便混匀。

（7）在 30℃摇动（200 r/min）30 min。

（8）加入 70 μL DMSO，上下颠倒混匀，在 42℃热激 15 min 后，冰浴 2 min。

（9）6000 g 离心 1 min 沉淀细胞，用 0.5 mL YPD 重悬，在 30℃ 200 r/min 孵育 2 h。

（10）于 6000 g 离心 1 min 沉淀细胞，用 0.6 mL YPD 重悬，涂 G418/YPD 平板

（100 μL/平板），将涂布的平板置于 30℃ 倒置培养 3 天。在阴性对照的平板上应该没有菌落。挑选几个体积大的菌落到新鲜的 G418/YPD 平板上以挑取单克隆。

重组的确认

整合在内源的 *Cdc16* 基因 3'端的 tag 的确认可以通过菌落 PCR 来鉴定。用以下引物：

V1-Cdc16：GCACAAATCATTGTACCTAAAGCC

V4-Cdc16：GGAACCTTGAACTTGAACAGCG

K2-kanMX6：CGGATGTGATGTGAGAACTGTATCCTAGC

K3-kanMX6：GCTAGGATACAGTTCTCACATCACATCCG

用引物 V1-Cdc16 和 K2-kanMX6 得到的 PCR 产物片段大小应该是 1.6 kb；用引物 K3-kanMX6 和 V4-Cdc16 得到的 PCR 产物片段大小应该是 1.4 kb；用引物 V1-Cdc16 和 V4-Cdc16 得到的 PCR 产物片段大小应该是 3.1 kb（野生型的酵母菌株是 0.7 kb）。

通过菌落 PCR 检测可能会测到一部分克隆含有整合的 tag，但是不能正确表达有功能的 tag，其原因可能是由于重组时发生了移码或者突变。所以，应先用小量的免疫共沉淀来筛选能正确表达有功能的 tag 的阳性克隆。

反应时在 IP 缓冲液中加入 20 μL 免疫球蛋白 G 琼脂糖凝胶，并加入等量的蛋白提取物，在 4℃ 旋转孵育 1 h 后，用 IP 缓冲液洗涤免疫球蛋白 G 琼脂糖凝胶 3 次。最后在每一个样品中加入 40 μL 2×SDS-PAGE 加样缓冲液涡旋以洗脱蛋白。加热煮沸样品 10 min，用 8% SDS-PAGE 进行电泳，并用抗蛋白 A 的抗体（SPA-27，Sigma P-2921；1∶2400 dilution）进行 Western blot 检测。Cdc16-TAP 的表观分子质量应该是 118 kDa（被 TEV 切割后的大小应该是 99 kDa）。

Ⅱ　APC 的纯化

APC 的纯化步骤如图 5-9 所示，整个纯化步骤大约需要 36 h。纯化步骤可以在 TEV 切割之前停止，并在 4℃ 存放过夜。缓冲液的配方如表 5-2 所示。

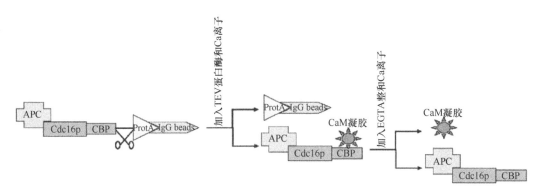

图 5-9　APC 纯化方法示意图（*53*）

所有的纯化步骤除了特别说明外，都应该在 4℃ 进行。在调节 pH 之前，应该先将缓冲液在 4℃ 预冷，因为含有 Tris-HCl 的缓冲液的 pH 对于温度变化很敏感。为了避免 pH 的波动，可以用 HEPES 缓冲液代替 Tris-HCl 缓冲液。

表 5-2　APC 的纯化所需缓冲液的配方（*41*）

缓冲液名称	组分
TST	50 mmol/L Tris-HCl，pH 7.6，150 mmol/L NaCl，0.05%（*V/V*）Tween 20
0.5 mol/L HAc	0.5 mol/L 乙酸，用 NH₄CH₃COOH 调节至 pH 3.4
裂解液	50 mmol/L Tris-HCl，pH 8.0，150 mmol/L KCl，10%（*m/V*）glycerol
DNase Ⅰ	1 mg/ml DNase Ⅰ（Roche 104159），水溶
Igepal CA-630	10%（*V/V*）Igepal CA-630（Sigma I-3021），水溶
IgG 缓冲液 1	50 mmol/L Tris-HCl，pH 8.0，150 mmol/L KCl，10%（*m/V*）glycerol，0.5 mmol/L EDTA，2 mmol/L EGTA，0.1%（*V/V*）Igepal CA-630
IgG 缓冲液 2	50 mmol/L Tris-HCl，pH 8.0，150 mmol/L KCl，10%（*m/V*）glycerol，0.5 mmol/L EDTA，1 mmol/L DTT，0.1%（*V/V*）Igepal CA-630
CaM 洗涤缓冲液	10 mmol/L Tris-HCl，pH 8.0，150 mmol/L NaCl，10%（*m/V*）glycerol，3 mmol/L DTT，1 mmol/L Mg-乙酸盐，2 mmol/L CaCl₂，0.1%（*V/V*）Igepal CA-630
CaM 洗脱缓冲液	10 mmol/L Tris-HCl，pH 8.0，150 mmol/L NaCl，10%（*m/V*）glycerol，3 mmol/L DTT，1 mmol/L Mg-乙酸盐，2 mmol/L EGTA，0.1%（*V/V*）Igepal CA-630
蛋白酶抑制剂	安全无 EDTA 蛋白酶抑制剂鸡尾酒片（Roche 1873580），一个药片溶解于 100ml 缓冲液中
磷酸酶抑制剂	50 mmol/L NaF，25 mmol/L β-glycerophosphate，1 mmol/L Na-orthovanadate

准备 IgG Sepharose FF（Amersham Biosciences 17-0969-01）时，先吸取 0.125 mL 树脂（可用于纯化 10 g 酵母沉淀的抽提物）到一个 Vantage L column 中，也可以用 PD10 柱子（Amersham Biosciences）或者相似的重力流动柱代替（重力流动柱得到产量会较低）。用 5 倍树脂体积的 TST 洗柱。为了去掉没有结合的 IgG，依次用 3 倍树脂体积的 0.5 mol/L HAc、TST 及 0.5 mol/L HAc 来洗涤柱子。用 TST 反复地洗柱直到 pH 恢复为 7.6（用 pH 试纸来检测），将其冷却到 4℃，并在使用之前用 IgG buffer 1 来平衡。同时准备 calmodulin Sepharose 4B（Amersham Biosciences 17-0529-01），对于每 10 g 酵母沉淀的抽提物，至少应该用 0.1 mL 树脂填充 Bio-Rad polyprep column 或者 PD10 column。先用 10 倍体积的水洗柱，然后用 20 倍体积的 CaM wash buffer 洗柱，可将洗涤后的柱子置于 4℃待用。

酵母提取物的制备

（1）将从 10～20 L 酵母培养物中得到的沉淀从–80℃取出，在室温融化，用等体积的含有蛋白酶抑制剂（protease inhibitor）和磷酸酶抑制剂（phosphatase inhibitor）的裂解缓冲液（lysis buffer）重悬。加入 1/1000 体积的 DNase I。

（2）用 Emusiflex C5 高速搅拌器在冰上裂解细胞，20 000 psi①，4 次。

（3）用 JA20 Beckman rotor，19 000 r/min（45 000 g）4℃离心 30 min（离心后细胞裂解液仍然会有混浊）；加入 EDTA（用 0.5 mol/L EDTA 储液）至终浓度为 0.5 mmol/L，加入 Igepal CA-630（一种非离子去垢剂）至终浓度为 0.1%（*V/V*）。

用 IgG Sepharose 进行纯化

（1）用恒流泵以 0.5～1.0 mL/min 的速度把澄清的细胞裂解液加入 IgG Sepharose

① 1 psi = 6.895 kPa

柱中（或者慢慢地让细胞裂解液自行流过柱体；如果用重力流动柱的话，尽量避免破坏胶质的体积）。

（2）用 60 倍柱体积的含有蛋白酶抑制剂和磷酸酶抑制剂的 IgG buffer 1 洗柱，接着用 30 倍柱体积的含有磷酸酶抑制剂的 IgG buffer 2 洗柱。IgG buffer 1 中的 EDTA 用来螯合钙离子以释放所有结合在钙调蛋白结合肽上的钙调蛋白，这对于纯化过程必不可少。

（3）小心地从 IgG column 中取出树脂，将它转移进圆底的 2 mL 管子中。每 100 μL 的 IgG Sepharose，应加入 100 μL IgG buffer 2 和大约 10 个单位（约 15 μg）的 TEV 蛋白酶（Invitrogen，10127-017）。混合后在 16℃、100 r/min 振荡反应 2 h。

（4）切割反应完成后，大约有 95% 的 Cdc16-TAP 被切割，离心去除树脂（1000 g，1 min，4℃），APC 应该在上清；将上清 10 000 g 高速离心 1 min 以保证所有的 IgG 珠子都被清除。

钙调蛋白树脂的纯化

（1）用 TEV 切割反应的上清，加入 $CaCl_2$（1 mol/L 储液）至终浓度为 5 mmol/L。保留 35 μL 用于 SDS-PAGE 分析。

（2）把 TEV 上清与钙调蛋白 Sepharose 在密闭的柱子中孵育，在 4℃ 旋转孵育 1 h。当 Ca 离子存在时，TAP tag 的钙调蛋白结合肽将结合在钙调蛋白上。

（3）结合后，通过重力作用让柱子上的液体流出（取样 35 μL 用来 SDS-PAGE 分析）。用 70 倍柱体积的 CaM 洗脱缓冲液洗柱并尽量使树脂柱面保持平整。

（4）用含有 CaM 的洗脱缓冲液洗脱钙调蛋白 Sepharose 上的蛋白质，至少需用 15 倍柱体积的洗脱缓冲液（含 EDTA）来洗脱。APC 通常出现在第 2～6 份洗脱溶液中。

分析和浓缩

（1）通过 18 cm×16 cm 的 8%SDS-PAGE 来分析样品，用银染方法染色。理论上讲，35 μL 的 TEV 洗脱液和钙调蛋白洗脱液的每一个组分（取 100 μL）都应该进行 SDS-PAGE 检测。所有的 APC 亚基都可以清楚的在 SDS-PAGE 上被分辨（除了 APC4 和 APC5 电泳出现在同一个位置）。

（2）把含有 APC 的钙调蛋白洗脱液的所有组分混合在一起（通常是第 2～6 组分含有最多量的 APC），用 YM-50 Centricons 或 YM-50 Microcons（Millipore）来浓缩混合的组分。用 Bio-Rad protein assay 来估测蛋白质的浓度，对于体外检测，0.05～0.1 mg/mL 的浓度就足够了。

（3）部分浓缩的蛋白质用干冰/乙醇浴或者液氮进行迅速冷冻，并储存于–80℃。请注意：反复冻融的 APC 将会丧失活性。

研究表明，APC 对低于 7.5 的 pH 非常敏感，低的 pH 将会引起 APC 沉淀或者分解。APC 在高 pH 时是稳定的，它可以在 pH8.0 的缓冲液中纯化。因为 Tris-HCl 缓冲液的 pH 会随着温度的变化而变化，所以应当确保将所有的缓冲液储存于 4℃。

Ⅲ APC 泛素连接酶活性的检测

作为一个泛素连接酶，APC 在体内的作用是催化特异的底物上多泛素链的形成。它的活性是被细胞周期和亚细胞定位所精确调控的。我们建立了一个体外的泛素化降解系统来研究 APC 对于酵母内源靶蛋白泛素连接的活性。反应体系包括纯化的 APC、酵母泛素耦合酶（UBC4p）、泛素、ATP 和 ^{35}S 标记的底物，利用这一体系反映出纯化的酵母 APC 作为一个泛素连接酶对特异的底物是有活性的，包括酵母中的 Pds1（图 5-10A）、Clb2 和 Hsl1，但是对于不是生理学上的底物如 Cln1 是没有活性的。

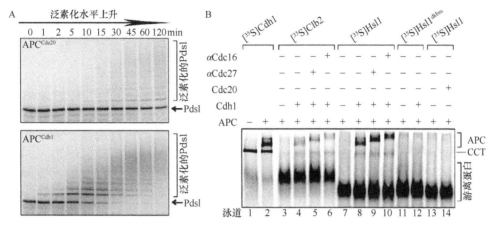

图 5-10　体外的 APC 泛素连接酶活性检测（53）。A. 活化的 APC 与 Cdc20（APC^{Cdc20}），APC 与 Cdh1（APC^{Cdh1}）对于底物 Pds1 的泛素化。B. APC 与辅活化因子和 APC 与底物之间结合的分析，将所有的样品通过放射自显影在非变性凝胶上分析

　　APC 的活性依赖于 Cdc20 或 Cdh1 辅活化因子的存在。它催化底物上多泛素链的形成，导致了高分子质量的多泛素化产物。所以，体外系统反映了 APC 体内的功能。

缓冲液和试剂

　　质粒：质粒中所含的可读框（ORF）都是 *S. cerevisiae* 来源的。APC 的底物（Pds1、Clb2 和 Hsl1）和辅活化因子（Cdc20 和 Cdh1）被克隆在含有 T7 启动子的载体（pET 或 pRSET）中，所以它们可以在体外转录和翻译（*in vitro* transcription and translation，IVT）。所有用于 IVT 的质粒应该是高纯度的，可以用 HiSpeed plasmid midi kit 来提纯（Qiagen 12643）。

　　20×泛素化缓冲液：800 mmol/L Tris-HCl，pH 7.5；200 mmol/L MgCl$_2$；12mmol/L DTT。分装后储存于–20℃。

　　0.1 mol/L ATP（Amersham Biosciences 27-2056-01）：分装后储存于–20℃。避免反复冻融。

　　5 mg/mL 泛素：用 10 mmol/L Tris-HCl（pH 7.0）的缓冲液来溶解泛素（Affiniti，UW8795），使其浓度为 5 mg/mL。分装后储存于–20℃。

　　E2：His6-UBC4p（E2）可以从大肠杆菌中过量表达和纯化。用 10 mmol/L Tris-HCl、150 mmol/L NaCl 和 2 mmol/L DTT 的缓冲液（pH 7.5）来溶解 UBC4 使其浓度为 500 ng/μL。分装后储存于–80℃。

　　1 μg/μL 泛素醛：用 10 mmol/L Tris-HCl（pH 7.0）的缓冲液来溶解泛素醛（Affiniti，UW8450）使其终浓度为 1 μg/μL。分装后储存于–20℃。

　　200 μmol/L LLnL：先用 DMSO 来溶解 LLnL（N-acetyl-Leu-Leu-Norleu-al；Sigma A6185）使其浓度为 20 mmol/L，然后再用水稀释使其终浓度为 200 μmol/L。分装后储

存于–20℃。

APC buffer：10 mmol/L Tris-HCl，pH 8.0；150 mmol/L NaCl；10%（*V/V*）glycerol；1 mmol/L Mg-acetate；0.01%（*V/V*）Igepal CA-630，2 mmol/L EGTA，3 mmol/L DTT。分装后储存于–20℃。

4×SDS-PAGE loading buffer：0.2 mol/L Tris-HCl，pH 6.8；8%（*m/V*）SDS；40%（*V/V*）glycerol；20%（*V/V*）2-mercaptoethanol，加入少量溴酚蓝至呈现蓝色。

体外转录翻译系统（IVT）

由于泛素化反应体系中所需的辅活化因子和底物从过量表达系统中很难纯化，所以这里使用兔网织血红蛋白体外转录翻译系统来进行表达。IVT 系统中使用 ^{35}S 甲硫氨酸可以既方便又灵敏地标记底物，使翻译后的产物可以在放射自显影下直接观察。用 IVT 系统表达蛋白时存在一个问题，那就是 IVT 系统混合物中的其他蛋白质可能会干扰检测。但对于 APC 的体外泛素化系统来说并不会产生影响，因为不含有 *Cdc20* 或 *Cdh1* 基因的网织红细胞裂解液并不能激活 APC 的活性，只有在这个 IVT 系统中加入 *Cdc20* 或 *Cdh1* 基因后进行体外翻译，所得的混合物才能使 APC 活化。

用 TNT T7 Quick coupled *in vitro* transcription/translation kit（Promega L1170）来获得底物和辅活化因子。TNT T7 Quick IVT 系统中含有用于 T7 启动子体外转录的 T7 RNA 聚合酶、核苷酸、盐和核糖核酸酶的抑制剂，也含有用于体外翻译的兔网织红细胞裂解液和氨基酸。所以，当一个含有在 T7 启动子控制下的基因的质粒与 TNT 溶液混合孵育时，基因能够被表达。IVT 反应中的每一个成分都应该是新鲜的，如果反复冻融将使 Cdc20 和 Cdh1 失活。对于泛素化检测，底物用 ^{35}S 甲硫氨酸合成，共活化子用没有标记的甲硫氨酸合成。在 ^{35}S 甲硫氨酸 IVT 反应中，加入 40 μL TNT T7 Quick Master Mix、1 μg 质粒 DNA、4 μL^{35}S 甲硫氨酸（Redivue L-[^{35}S]methionine，Amersham AG1594），用水补至 50 μL。在没有标记的甲硫氨酸 IVT 反应中，用 1 μL 1mmol/L 甲硫氨酸代替 ^{35}S 标记的甲硫氨酸。反应体系在 30℃孵育 90 min，^{35}S 标记的甲硫氨酸反应产物能够通过 SDS-PAGE 检测到。

泛素化检测

泛素化检测在 10 μL 反应体系中进行，包含以下成分：

0.50 μL	20× 泛素化缓冲液
0.27 μL	0.1 mol/L ATP
1.33 μL	5 mg/mL 泛素
2.00 μL	纯化过的泛素耦合酶（酵母 UBC4，500 ng/μL）
0.20 μL	1 mg/mL 泛素醛
0.10 μL	200 μmol/L ALLN
1.00 μL	^{35}S-标记底物（IVT 系统中生产）
0.67 μL	纯化过的 APC（约 50 ng/μL）
2.00 μL	未标记 Cdc20 或 Cdh1（IVT 系统中生产）
1.93 μL	水

在冰上准备反应混合物，其中含有泛素化缓冲液、ATP、泛素、E2、泛素醛、ALLn 和水，再加入底物、APC 和辅活化因子。在室温孵育 45 min，加入 4 μL 4× SDS-PAGE

加样缓冲液来终止反应。作为负对照，用 APC 缓冲液来代替 APC，或者用空白 IVT 反应与共活化因子作为阴性对照（如没有质粒的 IVT）。为了控制底物的特异性，D- 和（或）KEN-box 底物突变体或者非生理意义下的底物可被用来作为负对照。泛素醛是泛素 C 端水解酶的特异性抑制剂，阻止多泛素链的水解。蛋白酶体抑制剂 ALLn 阻止多泛素化蛋白的降解。外源的 E1 加入不能增强泛素化反应，因为在网织红细胞裂解液中泛素激活酶是过量的。

在含有泛素激活酶、泛素耦合酶、泛素、ATP 和 ^{35}S 标记底物的反应体系中，活化的 APC 把泛素偶联到底物上，形成多泛素链。随着泛素在底物上的增加，底物的分子质量也逐渐以 8.6 kDa 的大小递增（泛素的分子质量）。放射自显影后，^{35}S 标记的底物将会呈现一个梯状条带，随着反应的进行，分子质量逐渐增加，如图 5-10A 所示。APC 和 Cdh1（APC^{Cdh1}）比 APC 和 Cdc20（APC^{Cdc20}）的活性更高，可能是由于在网织红细胞裂解液中 Cdh1 比 Cdc20 有更高的表达量。

通过非变性凝胶电泳来显示 APC-共活化因子和 APC-底物的结合

为了检测 APC 与共活化因子、E2 和底物的结合，可以采用改良后的凝胶系统。传统的在柱子上进行检测结合的系统不能用，因为 IVT 产生的 Cdc20 和 Cdh 可以非特异地吸附在树脂（如 calmodulin Sepharose 和 Ni-NTA agarose）上。非变性凝胶是基于蛋白质的大小、形状和电荷来进行蛋白质分离，所以通过改变一个或多个参数能够检测蛋白质与蛋白质之间的相互作用。这一系统已经成功用于检测含有 TCP1（CCT）的分子伴侣和它的底物（其中之一是 Cdh1）之间的作用（McCormack and Willison，未发表结果）。在检测 APC 与辅活化因子之间的相互作用时，先用 IVT 产生的 ^{35}S 标记的 Cdh1 与纯化的 APC 混合，^{35}S 标记的 Cdh1 与 APC 的结合能够通过标记的辅活化因子的迁移变化来确认。^{35}S 标记的 Cdh1 在非变性凝胶上有两种迁移方式（见图 5-10B，泳道 1）。一个较小的、弥散的迁移带可能代表了游离的 Cdh1，而一个较大的、较紧密的迁移带是结合了 CCT 的 Cdh1（CCT 是在真核细胞中的分子伴侣，来自于兔的网织红细胞裂解液，对于 Cdh1 的正确折叠是必需的）。当加入 APC 后，将会出现两个额外的迁移带（见图 5-10B，泳道 2）。这些条带在凝胶上迁移得非常慢，代表了 APC 与共活化因子 Cdh1 的复合物。

结合反应在含有以下成分的 14 μL 反应体系中进行：

2 μL 纯化的 APC（约 50 ng），或者 CaM 洗脱缓冲液作为阴性对照；

2 μL ^{35}S 标记的 Cdh1（IVT 产生）；

0.7 μL 100 mmol/L CaCl$_2$，CaCl$_2$ 对于在非变性凝胶上正确的迁移是必需的（McCormack）；

加入结合缓冲液（10 mmol/L Tris-HCl，pH 8.0；150 mmol/L NaCl；3 mmol/L DTT；1 mmol/L Mg-acetate；2 mmol/L EGTA）使总体积达到 14 μL。

在室温孵育 15 min 后，加入 1.5 μL 加样缓冲液，将整个反应体系全部加样到 5.25% 的凝胶上进行电泳分离。

在非变性凝胶系统上可以观察到，结合到 APC 上的 Cdc20 的量比 Cdh1 的量少，而更多的 Cdc20 仍然结合在 CCT 上，表明酵母 Cdc20 被兔的 CCT 加工而正确折叠的很少，这解释了为什么 APC^{Cdc20} 比 APC^{Cdh1} 的泛素连接酶活性低的原因，如图 5-10A 所示。

Cdc20 与 APC 结合较少，可能是由于在酵母 Cdc20 和兔 CCT 之间存在物种特异性的差异，或者是由于 Cdc20 的磷酸化修饰缺乏额外因子的参与，抑制了 Cdc20 从 CCT 上的有效释放。因为这些原因，我们在体外更多地使用 Cdh1 来进行 APC 泛素化的研究。

APC 与底物的相互作用

与之前描述的检测 APC 与辅活化因子之间结合的方法类似，APC 与底物之间的相互作用也能够通过非变性凝胶来检测。^{35}S 标记的 APC 底物（Clb2 和含有 D 或者 KEN 结构域的 Hsl1、Hsl1p$^{667-872}$）的条带在游离的 APC 和 Cdh1 上方，这些条带代表了 APC 与底物形成的复合物，APC 抗体的加入使得它们的迁移变慢（见图 5-10B，泳道 5、6、9 和 10）。APC 和辅活化子对于这些条带的迁移是必需的（见图 5-10B，泳道 3、4、7 和 8）。这些相互作用是特异性的，因为它们依赖于完整的 D 或者 KEN 结构域的存在（见图 5-10B，泳道 11 和 12）。

我们在非变性凝胶系统上不能检测到 APC 与 Pds1 之间的结合，可能是由于 APC^{Cdh1} 对于 Pds1 的亲和力较低。另外，Pds1 与 APC^{Cdc20} 的结合也不能被检测到，可能是由于前面所说的酵母 Cdc20 被兔的 CCT 加工得很少。

非变性凝胶包含以下成分：

分离胶：0.37 mol/L Tris-HCl，pH 8.8；5.25% 37.5∶1 丙烯酰胺∶甲叉双丙烯酰胺。

浓缩胶：57 mmol/L Tris-HCl，pH 8.8；3.22% 37.5∶1 丙烯酰胺∶甲叉双丙烯酰胺。

电泳缓冲液：25 mmol/L Tris-HCl，192 mmol/L glycine，pH 8.3（在 1 L 水中溶解 30 g Tris-HCl 和 144.2 g glycine 将得到 10×储存液）。

非变性凝胶加样缓冲液：125 mmol/L Tris-HCl，pH 8.8；84%（V/V）glycerol；0.01%（m/V）溴酚蓝。

B. 磷酸化 APC/C 的纯化及磷酸化位点的鉴定

a. 策略

正如本章第一节讲到的，磷酸化可调控泛素连接酶的活性，APC/C 也受到这种修饰的影响。要更好地理解 APC/C 通路是如何被磷酸化所调控的，必须先弄清楚以下一系列的问题：APC/C 的亚基和调节因子上的哪些氨基酸残基、在细胞内的什么部位、在细胞周期的哪个时间段、被哪些激酶所磷酸化，磷酸化后在功能上又发生了什么样的变化。下面我们先介绍一个可以快速、灵敏地鉴定 APC/C 和相关蛋白磷酸化位点的方法。

首先将 APC 从阻滞在不同细胞周期的 HeLa 细胞的裂解液中免疫沉淀下来，用低 pH 的缓冲液将免疫沉淀下来的蛋白质从抗体微珠上洗脱下来，将它们还原并烷基化以避免二硫键的形成，然后用多种蛋白酶的混合液将它们消化成小肽，先用纳米级高效液相色谱（nano-HPLC）分离所得到的小肽，再用电喷雾电离（ESI）转成气相，最后利用 Thermo Finnigan LCQ 经典离子阱质谱仪进行分析。利用 Sequest 程序对每一小肽序列进行自动化分析，以获得所有潜在的磷酸化小肽的质谱数据。

b. 磷酸化 APC/C 的分离纯化

制备阻滞在细胞周期不同阶段的 HeLa 细胞裂解液

我们可采用多种方法获得同步化的细胞。为了使细胞阻滞在 S 期，我们通常在细胞密度为 60%～80% 的对数生长期细胞中加入 2 mmol/L 羟基脲（hydroxyurea，HU；

Sigma-Aldrich），处理 17～18 h。羟基脲可以抑制核糖核酸还原酶的活性，阻止脱氧核糖核酸的合成并持续激活 DNA 复制检验点，从而阻碍细胞周期的进程。

为了使细胞阻滞在有丝分裂期，可在细胞密度为 60%～80% 的对数生长期细胞中加入 330 nmol/L Nocodazole（Sigma-Aldrich，St. Louis，MO），处理 17～18 h。Nocodazole 可以使微管解聚，并阻止微管结合到有丝分裂的染色体的动原粒上，由于动原粒不能与微管结合，从而使纺锤体检验点处于持续激活状态，细胞被阻滞于前中期。

一次质谱实验大约需要 10 个 145 mm 培养皿的同步化的 HeLa 细胞。

纯化 APC/C

为了检测所有 APC/C 亚基上的磷酸化位点，我们将 APC/C 从 HeLa 细胞裂解液中免疫沉淀后再消化成小肽并利用质谱进行分析。对于这种检测方法，通常 1.2～2 μg 纯化的 APC/C 就已足够。而这一用量的 APC/C 可以用 60～100 μL 偶联 Cdc27 抗体的蛋白 A 微珠从含 12～20 mg 蛋白的 HeLa 细胞裂解物中通过免疫沉淀得到。

需要注意的是，APC/C 分离时要加磷酸酶抑制剂以确保其亚基上的磷酸化修饰不被磷酸酶脱去。同时，为了防止在分离过程中蛋白激酶将体内不该被磷酸化的氨基酸残基磷酸化，可以在纯化的缓冲液中加入 EDTA 螯合 Mg^{2+}，从而使蛋白激酶不能利用 ATP 磷酸化非磷酸化修饰的 APC/C。由于在用质谱分析有丝分裂期的 APC/C 样品的过程中，我们发现无论是否加 EDTA，蛋白质的磷酸化状态没有区别，所以在纯化有丝分裂期的 APC/C 时，通常也可以不加 EDTA。

因为有丝分裂时 APC/C 亚基 APC1、Cdc27、Cdc17 和 Cdc23 的磷酸化会导致它们电泳迁移率的不同，所以纯化的蛋白样品根据银染的结果可以粗略地观察有丝分裂期这些亚基磷酸化状态的保持情况。

接下来，要把 APC/C 从抗体微珠上洗脱下来。这一步需要注意以下问题：首先，洗脱前必须用 10～15 倍柱体积 TBS 清洗微珠 5 次以去除所有的去垢剂，因为残留在洗脱液中的去垢剂会严重干扰质谱仪对多肽信号的检测；其次，应该用 1.5 倍柱体积的包含 100 mmol/L glycine-HCl（pH 2.2）或 60 mmol/L HCl 的洗脱液将 APC/C 从微珠上洗脱下来，而不能使用含抗原性的 Cdc27 多肽溶液进行洗脱，因为过量的 Cdc27 多肽会掩盖 APC/C 消化后小肽的信号而使样品不能进行质谱检测；最后，为了使所得的 APC/C 利于被不同的蛋白酶消化，应在含有 APC/C 的洗脱液中添加 1.5 mol/L 的 Tris-HCl（pH 9.2）或 2 mol/L(NH$_4$)$_2$CO$_3$ 至终浓度为 150～200 mmol/L，使 pH 达到 7.5～8.0（详见下文）。这一步所得到的样品可以在-80℃或液氮中保存。

c. 磷酸化位点的质谱鉴定

蛋白质还原、烷基化及在溶液中水解消化

首先，进行还原和烷基化。这一步的目的是要断裂二硫键并防止新的二硫键的形成，因为二硫键会影响随后的蛋白质水解消化和质谱分析。先向 2 μg 的 APC/C（约 100 μL 的 APC/C 洗脱液）中加入 1 μg 二硫苏糖醇（dithiothreitol，Roche，Monza，Italy），并在 37℃温育 1 h 以还原二硫键；然后，加入 5 μg iodacetamide（Sigma-Aldrich），室温避光孵育 30 min，使 APC/C 烷基化。

接下来对蛋白质进行水解消化。为了将 APC/C 亚基水解成可用于质谱分析的肽段，还原和烷化处理后的 APC/C 还要进一步用蛋白酶消化。如果仅用一个蛋白酶，常常会形成过长或过短的肽段，很难用质谱仪检测，所以我们一般可选用 4 种不同的蛋白酶（胰酶、胰凝乳蛋白酶、枯草杆菌蛋白酶和 Glu-C）来消化蛋白质，以获得大小适中的肽段，这样就能更全面地分析蛋白质的各个部分。在使用这些酶进行消化时，根据需要可以单用（胰酶、胰凝乳蛋白酶、枯草杆菌蛋白酶等），也可以联用（胰酶和 Glu-C）。由于这四种酶识别的位点并不十分特异，所以消化产生的多肽混合物往往可以覆盖 90%以上的 APC/C 的大亚基氨基酸序列，使质谱检测能够获取较为全面的信息。

纳米级高效液相色谱与质谱

处理好的样品可通过纳米级高效液相色谱系统（UltiMate nano-HPLC system，LC Packings，Amsterdam，The Netherlands）分离。流动相为：溶剂 A——95%（*V/V*）水（HPLC 级，Supra-Gradient，Biosolve B.V.，Valkenswaard，The Netherlands），5%乙腈（HPLC 级，Supra-Gradient，Biosolve B.V.），0.1%三氟乙酸；溶剂 B——30%（*V/V*）水，70%（*V/V*）乙腈，0.1%（*V/V*）甲酸（Fluka，Buchs，Switzerland）。进行色谱分离时，样品先过一个预处理柱以浓缩水解产物，同时去除缓冲液成分和其他杂质干扰，随后根据它们的疏水性过分析柱分离。具体过程是：多肽溶液（100 μL）用溶剂 A 溶解后通过加样泵以 20 μL/min 的流速从一个 250 μL 的样品环中进入 PepMAP C18 预处理柱（0.3 mm×5 mm；DIONEX，Sunnyvale，CA）；过完预处理柱后转到纳米级分离柱（PepMAP C18，75 μm×150 mm；DIONEX），再由 HPLC 泵以 0～40%线性梯度的溶剂 B 使样品回流至分析柱，流速 200 mL/min，全程 4 h。

洗脱下来的肽段通过一个预热的毛细管（Pico Tip，FS360-20-10；New Objective，Cambridge，USA）被导入到一个纳米离子喷雾器表面（nanospray ion source interface，Protana，Toronto，Canada），进而用 LCQ 经典离子阱质谱仪 LCQ（Classic ion trap mass spectrometer，Thermo Finnigan，Waltham，MA）分析。电喷雾离子化（electrospray ionization，ESI）使用以下参数：喷雾电压，1.8 kV；毛细管温度，185℃；电子倍增管电压，–1050 V。碰撞能量根据离子的大小自动调节，增益控制设为 $5×10^7$。数据收集采用连续模式，即一次质谱检测（Full-MS）与两个信号最强的离子（最小强度为 $4×10^5$）质谱检测（MS/MS）交替进行。洗脱较长时间后在串联质谱仪上产生的重复记录会被一个动态排除表所筛除，它可以排除有效时间不超过 1 min 和片段大小相差在±3 Da 的肽段。

数据分析

所有的串联质谱仪都使用 Sequest 算法，从 NCBI 上的一个无冗余的人源蛋白数据库（Betheseda，MD）中寻找相同序列。每一段由 Sequest 算法鉴定出来的 APC/C 上的磷酸化的肽段都要再与串联质谱数据手工比较一遍，以确定其正确性。这里建议使用以下算法对所得结果进行验证：首先，一个多肽的质谱数据必须包含一个代表这个肽段的分子质量加上一个磷酸根的分子质量（80 Da）；其次，MS/MS 谱必须包含明显高于噪声基线的高质量的离子片段谱峰；再次，对于 b 或 y 离子系列都必须有一定的连续性，也就是说，在每个系列中至少有 4～6 个仅仅由于一个氨基酸造成差别的离子能被检测到；最后，因为脯氨酸-X 键（X 代表任意氨基酸）比较弱，因而比别的肽键都容易断裂，所以脯氨酸残基相应的 y 离子信号应该比较强。

对于质荷比（m/z）为 606.37 的人源 APC1 的一个磷酸化多肽，由碰撞诱导解离产生的(M+2H)$^{2+}$前体离子串联质谱（MS/MS）谱峰图进行分析。其中的离子片段主要由单个肽键随机断裂产生，因此从肽链的 N 端和 C 端同时记录了一些序列信息（分别是 b 和 y 离子）。应用 Sequest 算法从人的非冗余蛋白数据库中查找得知，这是 APC1 的肽段加上一个磷酸根。根据一个组氨酸-丝氨酸肽键的断裂产生的离子大小确定磷酸化位点在 Serine-355。这导致了 y1-7 离子片段的产生，其质荷比 m/z = 760.4，680.4[肽链]+80[磷酸根]。

使用这一方法，可以覆盖从有丝分裂期的细胞中分离得到的 7 个 APC/C 亚基 90% 以上的序列。利用这一方法，APC/C 上的 43 个磷酸化位点和 Cdc20 上的 2 个磷酸化位点都已被逐个确定。通过比较 S 期和有丝分裂期的 APC/C 质谱数据发现，至少有 34 个磷酸化位点是有丝分裂期特异的（54）。这表明上面所介绍的方法可以有效地鉴定体内蛋白质的磷酸化修饰位点图谱。另外，这一方法最大的优点是假阳性率很低。

C. APC/C 抑制蛋白 Mad2 的纯化及检测

在第一节的第三部分我们提到过蛋白质与泛素连接酶的结合会影响泛素连接酶的活性，下面我们就对调控 APC/C 泛素连接酶活性的 Mad2 蛋白的表达纯化和检测进行简单介绍。

a. Mad2 的二态性

纺锤体组装检验点蛋白 Mad2 通过直接结合在后期促进蛋白复合物（APC/C）的辅活化因子 Cdc20 上来抑制 APC/C 的活性。研究表明，Mad2 具有两种不同的天然折叠构象，这一不同寻常的二态行为在细胞周期检验点的信号传递中扮演着重要的角色。

为了通过 NMR 更深入地研究 Mad2 的活性构象，这里使用的是 Mad2 R133A 突变体，因为这一突变体在体外是以单体形式存在的，并且保留所有野生型 Mad2 的生物活性。为了获得具有活性构象的 Mad2 R133A，首先在细菌中表达蛋白，尽管已经有报道证实 Mad2 R133A 是以单体存在，但当 Mad2 R133A 过阴离子交换柱时，色谱却会出人意料地呈现出两个明显不同的峰。

这里我们将第一个峰命名为 N1-Mad2 R133A，第二个峰命名为 N2-Mad2 R133A，N1 和 N2 各自代表了两种折叠形式。根据双向 NMR 实验数据显示，N1-Mad2 R133A 是先前所判定的自由形式的 Mad2 构象，而 N2-Mad2 R133A 可能是 Mad2 与 Mad1 或 Cdc20 结合后的构象。这一结论通过 NMR 对 N2-Mad2 R133A 解构后被确认（55）。

除了一个空的肽结合位点，N2-Mad2 R133A 具有和 Mad2 在与 Cdc20 组成的复合物中相似的折叠。更令人惊奇的是，研究人员发现在室温下孵育过夜，N1-Mad2 R133A 能够自发地转变为 N2-Mad2 R133A。这表明两种 Mad2 R133A 构象平衡间存在一个巨大的能量势，并且 N2-Mad2 R133A 比 N1-Mad2 R133A 在体外更加稳定。尽管 Mad2 可以以 N1、N2 两种构象的单体形式存在，并经历相似的构象转化，但野生型的 Mad2 只有 N2-Mad2 能形成二聚体。此外，通过一系列实验证明，Mad2 与 Mad1 的结合会在很大程度上促进 N1-Mad2 向 N2-Mad2 转化，由此可以推测 Mad1 可能能够导致 Mad2 由 N1 到 N2 结构上的重排（55）。

为了判定 Mad2 两种构象在生物学上的相关性，在对体外 Cyclin B 的降解实验中对 Mad2 R133A 的两种构象进行了检测。在非洲爪蟾卵提取物中，N2-Mad2 比 N1-Mad2 能更强地抑制 APC/C 对 Cyclin B 的降解（55）。同时，野生型的 N2-Mad2 二聚体比野生型的 N1-Mad2 单体能更好地阻断 APC/C 对 Cyclin B1 的降解（56）。有趣的是，野生型的 N2-Mad2 二聚体相对于野生型 N2-Mad2 单体只有略微高一些的活性，因此推测其自身的二聚化并非抑制 APC/C 所必需（55）。实验数据进一步表明，由于 N2-Mad2 构象对于结合 Cdc20 有更高的亲和力，所以 Mad1 催化 N2-Mad2 构象的形成促进了 Mad2 与 Cdc20 的结合。这一模型解释了为什么在体内 Mad1 是 Mad2 和 Cdc20 结合所必需的，同时又是 Cdc20 与 Mad2 结合的竞争性抑制因子。这表明，体内 Mad1/Mad2 的比例对于正常的纺锤体组装检验点的信号途径是极为重要的：没有 Mad1，N2-Mad2 就不能高效地形成，导致纺锤体组装检验点的缺失；同时，Mad1 的过表达又会导致 Mad2 与 Cdc20 间的相互作用受阻。

总的说来，Mad2 不寻常的二态机制对于纺锤体组装检验点的信号途径具有严格的调控作用。Mad2 的这一特性为揭示一种具有构象可变性的蛋白质如何在一个重要的生物学进程中调控信号途径的机制提供了一个清晰的范例。下面介绍如何获得两种构象的重组人源 Mad2 蛋白，以及分析这两种构象体是如何抑制 APC/C 活性的。

b. N1-Mad2 和 N2-Mad2 的表达纯化

由于 Mad2 的 C 端区域参与构象变化，因此在 Mad2 的 C 端加上任何标记都会阻止 N2-Mad2 的形成，进而抑制 Mad2 的生化功能，所以我们在 *E.coli* 中表达 N 端 His_6 标记的人源 Mad2 蛋白。运用传统的 DNA 重组技术，将野生型的 Mad2 蛋白编码区克隆到 pQE30（Qiagen, Valencia, CA）的 *Bam*H I 和 *Hind*III 位点之间，并且在 5′端引物加上烟草蚀纹病毒（TEV）蛋白裂解酶位点。重组质粒 pQE30-Mad2 R133A 是利用位点特异性快速突变试剂盒（Stratagene, La Jolla, CA）所构建的。载体通过 DNA 测序后转化 *E. coli* 菌株 M15（pREP4）（Qiagen）。野生型 Mad2 和 Mad2 R133A 突变体的纯化过程类似，但野生型的 N2-Mad2 二聚体在过凝胶柱的时候比野生型 N1-Mad2 和 Mad2 R133A 先洗脱下来。其蛋白表达纯化方法与之前构建 SCF 体外泛素检测系统类似，这里不再详细叙述。

c. Mad2 的活性检测

在此检测中，以体外翻译 ^{35}S 标记的全长人源 Cyclin B1（APC/C 作用底物）作为检测对象。虽然，在大多数情况下，纯化的 N2-Mad2 也可直接用于 Cyclin B 的降解实验，但为了减少纯化时混合在 N2-Mad2 中的杂质的影响，这里建议使用 N1-Mad2（N1-Mad2 纯化时带有杂质较少）在试管中 30℃ 孵育过夜，转化产生 N2-Mad2。所有的实验都是在室温下进行的。在检测过程中，N1-Mad2 没有转化为 N2-Mad2 的量是可以忽略不计的。

具体操作程序如下。

（1）准备有丝分裂的 Δ90 非洲爪蟾卵提取物。

（2）将一小管 N1-Mad2 蛋白在冰水中解冻，均匀分装样品至两个 EP 管内：一管 N1-Mad2 用液氮冷冻，放在-80℃保存，作为在 Cyclin B 降解检验中的负对照；另一管在 30℃ 培养箱中孵育 18 h，使其转化为 N2-Mad2。

（3）按照步骤（2）的描述在冰水中解冻此前分装的那一管 N1-Mad2 样品。用 XB 缓冲液将 N1-Mad2 和 N2-Mad2 蛋白的浓度调至 5 mg/mL。取 3 个 500 μL EP 管，加入 37 μL Δ90 非洲爪蟾卵提取物于各管，再在一个管中加入 5 μL XB，另两个管中分别加入 5 μL N1-Mad2 和 5 μL N2-Mad2 蛋白，室温孵育 20 min。

（4）在各管中加入 2.5 μL 能量混合物和 2.5 μL 泛素，再加入 3 μL ^{35}S 标记的 Cyclin B1，各管反应物总体积为 50 μL，混匀并室温孵育。

（5）在 0 min、10 min、20 min、30 min、40 min、60 min 时由各管中取出 3 μL 反应混合物，迅速用 40 μL SDS 样品缓冲液混匀。在所有时间点取样完成后，100℃加热样品 5 min。各取 10 μL 样品上样，进行 12%的 SDS-PAGE，电泳完成后将胶烘干并在磷光影像分析仪的扫描盘上曝光，然后用磷光影像分析仪分析结果，可以观察到 N2-Mad2 可有效地促使 Cyclin B 的降解而 N1-Mad2 则不行。

（三）U-box 类泛素连接酶的表达纯化

U-box 结构域在四级结构上与 RING-finger 结构域很相似，表明它可能具有泛素连接酶活性。在这里，我们以 CHIP 蛋白（Hsc70 C 端结合蛋白）为例来说明该类泛素连接酶的研究方法。

1. 有活性的 CHIP 及其底物、泛素激活酶、泛素耦合酶、Ub 的表达纯化

CHIP 蛋白的泛素连接酶活性依赖于分子伴侣对底物的识别，因此在对 CHIP 泛素连接酶的研究之前应该先对其分子伴侣蛋白进行表达纯化。

Hsp90 和 Hsp70 可从同一来源的原材料中获取。将牛脑或猪脑（约 400 g）先后用冷水和溶液 A（20 mmol/L Tris-HCl，pH 7.5；20 mmol/L NaCl；1 mmol/L EDTA）洗净后，加入 400 mL 含 0.1% aprotinin 和 0.5 mmol/L PMSF 的溶液 A 用搅拌机匀浆。将匀浆液在 4℃ 离心（9000 g），15 min。取上清于 4℃，90 000 g 超速离心 30 min。将所得的粗提取液与 150 mL 事先用溶液 A 平衡的纤维素树脂 DEAE-cellulose DE-52（Whatman）在冰上混合 1 h，然后用 1 L 溶液 A 洗涤树脂并装入柱中，用 400 mL 的缓冲液（20 mmol/L Tris-HCl，pH 7.5；50 mmol/L NaCl）洗涤，再用梯度为 50～500 mmol/L NaCl（于 20 mmol/L Tris-HCl 中，pH7.5）进行洗脱。因为 Hsp70 和 Hsp90 在此条件下会被连续洗脱下来，通过 SDS-PAGE 验证后，分别收集有峰值的洗脱液。

将 hydroxyapatite HTP（Bio-Rad）column（25 mL）用 20 mmol/L potassium phosphate（pH 7.5）平衡后，把含有 Hsp90 的洗脱液加入树脂柱中，再用 50 mL 同样的缓冲液洗柱。树脂柱中的蛋白质用线性梯度的磷酸钾（20～300 mmol/L potassium phosphate，pH 7.5）洗脱。将含有 Hsp90 峰值的洗脱液用 Amicon PM-30 膜超滤浓缩，离心去除聚集物后过分子筛，采用 buffer A 平衡过滤用的 Sephacryl S-300 column（2.5 cm×100 cm；Amersham Biosciences）。所得的含有 Hsp90 的洗脱液加到用缓冲液（50 mmol/L Tris-HCl，pH 7.5；10 mmol/L NaCl）平衡过的 Q-Sepharose column（5 mL；Amersham Biosciences），再用线性梯度的 NaCl 溶液洗脱（10 mmol/L NaCl 于 50 mmol/L Tris-HCl，pH7.5）。合并含峰值的洗脱液，用 Amicon PM-30 膜超滤浓缩后，在缓冲液（20 mmol/L potassium phosphate， pH 7.5；50 mmol/L NaCl；0.1 mmol/L EDTA）中透析。一般最终可得到 20 mg 的 Hsp90。

将前面提到的从 DE-52 柱洗脱的含 Hsp70 的洗脱液加入用 10 mmol/L 磷酸钾溶液（pH 7.5）平衡过的 HTP column（60 mL）。用 60 mL 同样的溶液洗柱后，用线性梯度的磷酸钾（10～250 mmol/L potassium phosphate，pH 7.5）洗脱蛋白。用 SDS-PAGE 验证过的含有 Hsp70 峰值的洗脱液在补充 $MgCl_2$ 到终浓度为 3 mmol/L 后，加入到事先用 buffer B（20 mmol/L Tris-HCl，pH 7.5；20 mmol/L NaCl；3 mmol/L $MgCl_2$）平衡过的 ATP-agarose column（20 mL；Sigma C-8 linkage），用含 500 mmol/L NaCl 的 buffer B 洗柱，最后用含 3 mmol/L ATP 的 buffer B 洗脱蛋白。将所得的峰值组分加入到 DE-52 column（10 mL），用缓冲液（20 mmol/L Tris-HCl，pH 7.5；20 mmol/L NaCl）洗柱后，以 NaCl 梯度（20～500 mmol/L NaCl 于 20 mmol/L Tris-HCl，pH 7.5）洗脱蛋白。合并含有 Hsp70 的峰值组分，用 Amicon PM-30 膜超滤浓缩，然后在缓冲液（20 mmol/L HEPES，pH 7.4；25 mmol/L KCl；2 mmol/L $MgCl_2$）中透析。一般可得到 5 mg 的 Hsp70。

人源 Hsp40 可以通过 pET/表达载体在大肠杆菌 BL21（DE3）细胞中采用通用的方法表达，并按照前述的步骤进行纯化，一般最终可获得 10～20 mg 的 Hsp40。

重组的 His6-mouse E1（UBA1）在杆状病毒感染的 Sf9 昆虫细胞中表达，该方法在本章中已多次叙述，这里不再详细介绍。

重组的 His-UBCH5C、GST-Ub 和 GST-mouse CHIP 在大肠杆菌中表达。将 UBCH5C 克隆到 pET28a 表达载体（Novagen）中表达 N 端融合 His6 标记的蛋白质。将泛素和 CHIP 分别构建到 pGEX6p-1 表达载体（Amersham）上，并转化大肠杆菌 BL21（DE3）-Codonplus-RIL（Stratagene）表达 GST 融合蛋白。表达纯化方法与前述的 His6 融合蛋白及 GST 融合蛋白表达纯化方法相同。

其他材料如萤火虫萤光素酶（Roche）（采用萤火虫萤光素酶作为 CHIP 的模式底物的优点是，很容易用常规的方法获得变性、非变性或是被分子伴侣结合的这一蛋白）：溶于 20 mmol/L HEPES（pH 7.4）、50 mmol/L NaCl、1 mmol/L DTT，储液浓度为 4 mg/mL，−80℃保存。萤火虫萤光素酶不稳定，要避免反复冻融，建议分装使用。泛素和萤光素酶的抗体可从 Sigma 公司购得。

2. CHIP 的活性检测

将萤光素酶通过 Hsp90 或 Hsp70 依赖的反应进行热激后，在体外与纯化的泛素激活酶、泛素耦合酶、泛素及泛素连接酶 CHIP 进行泛素化反应。萤光素酶的热激采用以前报道的方法（57）。

然后分别在 50 μL 反应体系[1 μL 热激的萤光素酶（1 μL 未变性的萤光素酶作为对照），50 ng 鼠源的重组 E1，0.5 μg UBCH5C，2 μg GST-CHIP，5 μg bovine Ub 或 10 μg GST-Ub，50 mmol/L Tris-HCl（pH 7.5），2 mmol/L $MgCl_2$，1 mmol/L DTT，4 mmol/L ATP]中进行底物的泛素化，于 30℃反应 2 h，加 20 μL 的加样缓冲液于 100℃加热 5 min 后，进行 4%～12% SDS-PAGE。泛素化反应的萤光素酶的抗体经 Western blot 检测（图 5-11），结果显示分子伴侣依赖的热激对于 CHIP 介导的萤光素酶的泛素化起关键作用。

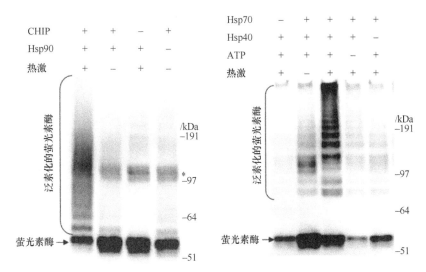

图 5-11　CHIP 依赖的萤光素酶的泛素化反应（57）。箭头标示的是未被泛素化修饰的萤光素酶，括号指示的是被泛素化修饰的萤光素酶，星号指示的是非特异性的条带

二、鉴定泛素连接酶的实验方法

泛素连接酶的鉴定应主要考虑两个关键问题：①泛素连接酶对特异底物的识别；②底物修饰对泛素连接酶识别的影响。另外，在进行实验设计之前，对泛素耦合酶的选择也应该加以考虑，因为有时泛素连接酶对于泛素耦合酶也有一定特异性。下面将通过两个实例介绍筛选和鉴定泛素连接酶的实验。

（一）IRP2 特异的泛素连接酶 HOIL-1 的鉴定

铁调节蛋白 2（IRP2）是哺乳动物细胞中铁代谢的核心调控者，这里我们将介绍利用差异性酵母双杂交筛选，即酵母细胞在有氧和缺氧的条件下筛选 IRP2 的泛素连接酶的方法，并阐述对筛选得到的 IRP2 特异的连接酶 HOIL-1 的鉴定和功能分析。

1. 差异性酵母双杂交筛选

IRP2 的 IDD 结构域是泛素连接酶的识别位点，并且泛素连接酶只在 IRP2 被氧化时才识别它。而 IDD 结构域在酵母细胞厌氧培养条件下不能够被氧化，因此可以使用 IDD 结构域作为诱饵蛋白将酵母分别培养于有氧和厌氧环境，进行差异性酵母双杂交以筛选能够特异识别氧化状态 IRP2 的泛素连接酶。

1）试剂与材料

采用酵母细胞 AH109；将编码 IDD 结构域的 cDNA 片段亚克隆进 pGBKT7（BD Biosciences，Palo Alto，CA）以形成重组表达质粒 pGBKT7-IDD。构建在 pGADT7 中的人肾癌细胞系 UOK111 cDNA 文库（由本实验室制备）；缺失组氨酸、色氨酸和亮氨酸而含有 2.5 mmol/L 3-氨基三唑的 SD 固体培养板；缺失组氨酸、色氨酸和亮氨酸而含有 2.5 mmol/L 3-氨基三唑、40 μg/mL 麦角固醇和 0.2%Tween 80 的 SD 固体培养板（厌氧培养）。

2）流程

（1）构建 pGBKT7-IDD 转化的 AH109 酵母细胞株，并用构建于 pGADT7 的人肾癌细胞系 cDNA 文库转化该酵母细胞，在缺失组氨酸、色氨酸和亮氨酸而含有 2.5 mmol/L 3-氨基三唑的 SD 固体培养板上进行筛选。

（2）有氧条件下于 30℃ 培养 4 天。

（3）挑取 His$^+$、Trp$^+$ 和 Leu$^+$ 克隆并涂布于缺失组氨酸、色氨酸和亮氨酸而含有 2.5 mmol/L 3-氨基三唑的 SD 固体培养板上。

（4）有氧条件下于 30℃ 培养 3 天。

（5）用复制涂板法转移克隆于另一块相同的培养板上，分别在有氧条件下和厌氧密封环境下，30℃ 孵育 4 天。

（6）分离可在有氧环境中生长却不能在厌氧环境下生长的克隆。

利用这种方法，一个含有 RING-finger 结构的潜在泛素连接酶被筛选得到，所以我们将其命名为亚铁血红素-氧化 IRP2 泛素连接酶-1（heme-oxidized IRP2 ubiquitin ligase-1，HOIL-1）并进一步对其进行分析。

2. IRP2 的泛素连接酶 HOIL-1 的功能鉴定

1）IRP2 的表达纯化

IRP2 是大小为 105 kDa 的胞质蛋白。在体外泛素化研究中采用重组 IRP2 蛋白作为底物。重组 IRP2 蛋白可在杆状病毒表达系统中表达纯化。

2）IRP2 的氧化

因为 IRP2 的氧化水平极难控制，IRP2 的氧化在样品冻存于 -80℃ 后仍能缓慢进行，所以 IRP2 氧化完成后的产物应立即用于体外泛素化反应。

A. 试剂

上述方法纯化得到的 IRP2；FeCl$_3$（Sigma，St. Louis，MO）；二硫苏糖醇（DTT；Wako，Osaka，Japan）。

B. 流程

（1）配制 20 μL 含 20 mmol/L Tris-HCl（pH 7.5）、5 μmol/L FeCl$_3$ 及 10 mmol/L DTT 的反应体系。

（2）添加 0.25 μg/μL 带 Myc 标记的 IRP2，37℃ 孵育 5 min。

（3）添加 deferoxamine（0.1 mmol/L）终止反应并于 4℃ 冷冻。

3）IRP2 的亚铁血红素装配

因亚铁血红素结合的 IRP2 易于体外氧化，所有流程都应在冰上或 4℃ 进行。亚铁血红素结合的 IRP2 可在迅速冷冻后冻存于 -80℃。但因其在 -80℃ 仍可被氧化，所以冻存的样品最好在 2~3 周内使用。

A. 试剂

血晶素（Sigma，St. Louis，MO）；二甲基甲酰胺（DMF；Nacalai Tesque，Kyoto，Japan）；PD10（Amersham Biosciences，Piscataway，NJ）；平衡液（20 mmol/L Tris-HCl，pH 7.5）。

B. 流程

（1）将血晶素溶于 DMF（0.5 mmol/L），混合等量 IRP2 和血晶素。

（2）冰浴 10 min。

（3）使用 PD10 柱，通过凝胶过滤去除过剩的血晶素，用平衡液平衡。

4）准备体外泛素化检测所需的酶

A. 准备细胞裂解物作为酶原

（1）用含 10% FBS 的 DMEM 在 Spinner 培养瓶中培养 HeLa S3 细胞，直至细胞铺满瓶底；离心收集 HeLa S3 细胞（400 g，4℃），用 PBS 洗涤 3 次；加入 3 倍体积裂解液以裂解细胞。

（2）冰浴 10 min；用 Dounce 匀浆器破碎细胞（击打 30 次）；再冰浴 10 min。

（3）将匀浆液 4℃、100 000 g 离心 20 min，转移上清。

（4）将上清 4℃、100 000 g 离心 60 min 即得到 HeLa S100 裂解物，可冻存于–80℃长期保存。

（5）用平衡液平衡 DE-52 柱，将 HeLa S100 裂解物过 DE-52 柱（裂解物和柱子的比率为 1.5∶1）。

（6）收集流出液即 Fr. I。

（7）用 3 倍体积洗涤液洗涤柱子。

（8）用 3 倍体积洗脱液洗脱 DEAE 结合物，即 Fr. II。

（9）用硫酸铵沉淀 Fr. I 和 Fr. II（硫酸铵终浓度为 80%）。

（11）在平衡液中溶解 Fr. I 和 Fr. II，并用平衡液透析去除硫酸铵。

（12）将 Fr. I 和 Fr. II 储存于–80℃。

B. 制备纯化的酶

泛素激活酶、泛素耦合酶及 HOIL-1 泛素连接酶都可以用杆状病毒表达系统表达 N 端（His）$_6$-标记的重组蛋白得到，这些酶的制备和纯化流程因前面已反复提及，这里不再列出细节。

使用的缓冲液的成分如下：

裂解液（20 mmol/L Tris-HCl，pH 7.5；10 mmol/L 2-巯基乙醇（2-ME）；蛋白酶抑制剂）；

洗涤液（20 mmol/L Tris-HCl，pH 7.5；10 mmol/L 2-ME；添加适宜浓度咪唑）；

洗脱液（20 mmol/L Tris-HCl，pH 7.5；10 mmol/L 2-ME；300 mmol/L 咪唑）；

透析液（20 mmol/L Tris-HCl，pH 7.5；1 mmol/L DTT）。

5）体外泛素化反应

体外泛素化反应不仅能够鉴定泛素连接酶的底物，也能够鉴别对底物进行泛素连接的泛素连接酶，因而是个有力的研究手段。下面介绍利用 IRP2 的泛素化反应鉴定其潜在泛素连接酶的不同方法。

首先，可以先利用细胞裂解物作为酶原进行泛素化研究。

因为体外反应中，细胞裂解物含有能够水解泛素连接的去泛素化酶，反应混合物或终止缓冲液需要分别添加泛素醛或 N-乙基顺丁烯二酰亚胺（N-ethylmaleimide，NEM）以减弱去泛素化酶的活性。

具体流程如下。

（1）准备 20 μL 含 1 μg 氧化 IRP2 的反应混合物 [20 mmol/L Tris-HCl（pH 7.5），5 mmol/L MgCl$_2$；1 mmol/L DTT；5 μg ubiquitin；0.5 μg 泛素醛]；酶来自 HeLa S100 裂解物（30 μg）：Fr. I（5 μg）、Fr. II（20 μg）或者 Fr. I（5μg）加 Fr. II（20 μg）；ATP 和 ATP 再生体系。

（2）反应物于 37℃ 孵育 60 min。

（3）加入终止缓冲液并冰浴 15 min 以终止反应，加入半胱氨酸（终浓度为 0.1%）以抑制 NEM 活性。

（4）15 000 r/min，4℃离心 20 min，转移上清。

（5）添加 5 μg 抗 Myc 抗体（9E10），冰浴 2 h。

（6）添加 10 μL protein A Sepharose FF（Amersham Biosciences，Piscataway，NJ），4℃旋转孵育 45 min。

（7）用洗涤液洗涤免疫沉淀 5 次。

（8）6% SDS-PAGE 凝胶进行凝胶电泳，并用兔源抗泛素抗体（来自 Dr. Aaron Ciechanover，Technion，Haifa，Israel）进行 Western blot。

注意：这里只是说明了 IRP2 是一个泛素化底物，但并不能确定泛素耦合酶和泛素连接酶。

随后，我们将引入纯化的泛素激活酶和泛素耦合酶到体外泛素化系统中进一步研究。氧化 IRP2 在 Fr. I 和 Fr. II 同时存在的情况下发生泛素化，但在两者单独存在的情况下泛素化并不发生。这说明两个组分中都不含有泛素化反应所需要的全部的酶，而仅含有泛素激活酶、泛素耦合酶和泛素连接酶中的一个或两个。通过对两个体系中分别添加体外表达纯化的泛素激活酶和不同的泛素耦合酶，我们发现 Fr. II 仅缺乏泛素耦合酶，而 Fr. I 中可能同时缺乏多种泛素化反应所需的酶。因此，这里可以利用 Fr. II 来鉴别氧化的 IRP2 发生泛素化所需要的特异的泛素耦合酶。以下是鉴定泛素耦合酶的方法。

试剂及流程皆与上一步骤相同，只不过我们使用了纯化的泛素激活酶和泛素耦合酶类。20 μL 反应混合物含有：1 μg 氧化的 IRP2，20 mmol/L Tris-HCl（pH 7.5），5 mmol/L MgCl$_2$，1 mmol/L DTT，5 μg ubiquitin，0.5 μg 泛素醛，100 ng E1，200 ng 不同的泛素耦合酶，20 μg 来自 HeLa S100 裂解物的 Fr. II，以及 ATP 和 ATP 再生体系。结果显示，UBCH5A、B 和 C 在氧化的 IRP2 的泛素化反应中可以充当泛素耦合酶的作用，而 UBC3、H7 则不行。

接下来，我们可以利用 IRP2 的 IDD 结构域获得其特异的泛素连接酶酶类：因为我们已知泛素连接酶存在于 Fr. II，氧化的 IRP2 特异的泛素连接酶可以利用体外泛素化研究方法被鉴别出来。之前的观察显示 IDD 结构域能被某个特异的 IRP2 的泛素连接酶识别，说明我们可以利用杆状病毒表达系统在表达 IDD 结构域的同时将泛素连接酶一起分离纯化出来。在体外泛素化研究中，加入纯化的泛素激活酶和泛素耦合酶，可检测到从昆虫细胞中纯化的 IDD 的结合蛋白确实具有泛素连接酶活性，这说明 IRP2 的泛素连接酶能够与 IDD 结构域紧密结合。

该方法本身与从层析产物 Fr. II 中分离 IRP2 特异泛素连接酶的方法并无两样。试剂及流程皆与细胞裂解物作为酶源进行泛素化研究时所用到的相同，不同的是我们在这一体外泛素化反应时，使用的是纯化的泛素激活酶和泛素耦合酶类。氧化的 IRP2 在昆虫细胞表达的 IDD 结构域存在的条件下会被有效地泛素化，而在细菌表达的 IDD 结构域存在的条件下不会有效地进行泛素化，表明昆虫细胞存在相应的泛素化系统而细菌不存在这一系统。这些研究表明 IRP2（氧化状态）的泛素连接酶可以和 IDD 一起从昆虫细胞裂解物中纯化出来。这些工作结合前面差异酵母双杂交的结果，促使我们能够有效地设计通过分离 HOIL-1 泛素连接酶并使用纯化的泛素激活酶、泛素耦合酶构建 IRP2 的体外泛素化反应系统。

我们确定了 HOIL-1 能够识别亚铁血红素装配的 IRP2。考虑到亚铁血红素装配的 IRP2 比氧化的 IRP2 更适合作为 HOIL-1 的泛素化底物，所以我们可以用底物特异抗体取代抗泛素抗体检测高分子质量的泛素化 IRP2。

具体流程如下。

（1）配制 20 μL 反应混合物：含 1 μg 亚铁血红素装配的 IRP2；20 mmol/L Tris-HCl（pH 7.5）；5 mmol/L $MgCl_2$；1 mmol/L DTT；5 μg GST 泛素；100 ng E1；50 ng UBCH5c；1 μg HOIL-1；ATP 和 ATP 再生体系[0.5 mmol/L ATP，10 mmol/L 肌红素磷酸（creatine hosphate），10 μg 肌红素磷酸激酶（creatine phosphokinase）]。

（2）37℃孵育 20 min。

（3）添加 7 μL 4×SDS 加样缓冲液终止反应并进行 5% SDS-PAGE 凝胶电泳，用抗 Myc 抗体（9E10）（Santa Cruz Biotechnology，Santa Cruz，CA）进行 Western blot 检测。

（二）利用 cDNA 微阵列成像技术筛选泛素连接酶

人类基因组计划的完成使大量潜在的泛素连接酶被鉴定和预测，虽然对其中一部分泛素连接酶的功能已经有了初步的了解，但对于大部分泛素连接酶的功能还所知甚少。因此，在基因组水平高通量地分析和研究潜在的泛素连接酶的功能，将会对更全面了解泛素连接酶在信号通路中的作用机制有重要的意义。

下面将介绍如何利用哺乳动物 cDNA 文库微阵列成像技术来筛选 neuro2a 鼠成神经瘤细胞中能阻止 poly-Q 介导的蛋白聚集体形成的泛素连接酶。这个 cDNA 文库微阵列也适用于多种基于成像和报告基因的检测方法，它是研究泛素连接酶各种不同功能的有力工具。

1. 基本方法

为了便于研究和分析各种不同的信号通路相关途径，针对各种不同研究领域（如磷酸激酶、泛素连接酶和细胞凋亡等）的 siRNA 和 cDNA 的文库已经被商品化，提供这些产品的公司包括：Dharmacon（http://www.dharmacon.com/）、Guthrie Research Institute（http://www.cdna.org/）、Ambion（http://www.ambion.com/）等。这些为大规模筛选设计的文库，适用于微阵列分析和多孔板分析。

一个标准的微阵列点样装置（PixSys 5500 Robotic Arrayer）通常可固定样品的密度为每平方厘米 9 个点。微阵列可被干燥储存超过 3 个月。我们也可在 96 孔或 384 孔组织培养板上利用自动加液器来进行核酸点样，用以转染哺乳动物细胞的表达载体上的 cDNA 可以被人为进行分组，分组越细，检测的灵敏度越高。较少的分组虽然可以大大减少成本，但是同时也降低了检测的灵敏性，不利于检测到稀有现象。

基因和短发夹 RNA（shRNA）通常是通过瞬时转染或病毒感染的方法导入哺乳动物细胞的。快速和平行地瞬时导入核酸最有效的方法是通过"反向"或"回复"转染方法。这一过程是将转染试剂（如 Fugene 或 Lipofectamine2000）加到事先已点过 cDNA 或 siRNA 的基质上。经过一段时间的孵育，再将细胞加入试剂/核酸复合物中，详细的方法参见 http://function.gnf.org 和 http://jura.wi.mit.edu/saba tini_public/reverse_transfection.htm。

另外，现在已有很多高通量的检测方法对不同表型进行检测，这些装置主要由高通量的小分子筛选系统改进而成，它们可以迅速地对 96、384、1536 孔板的每个孔的荧光量、荧光强度、荧光极化或吸收率等进行读取。

下面我们以基于成像技术的筛选为例，来说明如何鉴定由功能基因组分析所发现的一个与特定细胞过程相关的泛素连接酶。

2. 实例

多聚谷氨酸病（polyQ）是一类神经退行性疾病，包括亨廷顿病（Huntington's disease，HD）、脊髓小脑肌肉萎缩，以及好几种小脑失调。这种病是由于蛋白质序列中 CAG 重复序列的扩增，编码产生多聚谷氨酸。目前，这种由于多聚谷氨酸引起的神经退行性疾病已知有 9 种。像其他种神经退行性疾病一样，这些病症的特征也是神经元内形成聚集物。目前已经在不同生物系统中用不同的遗传学方法，筛选出 PolyQ 介导的聚集物形成的抑制物。结果显示，泛素、E1 和泛素连接酶都属于这一类抑制物。但是，以前的筛选都没找到参与此过程的泛素连接酶。

1）预筛选来优化和格式化方法

ataxin-3（MJD-1）是一个含有 polyQ 的蛋白质，它是脊髓小脑中 ataxia-3 蛋白的病变产物。正常的 ataxia-3 蛋白所含的 polyQ 序列是第 12～41 个氨基酸。我们用 GFP 融合表达的 ataxia-3 含有一段编码 84 个谷氨酸的基因（因而叫做 GFP-Atx-Q84）作为细胞水平上检测的报告基因。将 GFP-Atx-Q84 表达质粒瞬时转染 Neuro2a 细胞系。采用这一细胞系的原因是，当在其中过表达含多聚谷氨酸的序列时，该细胞中很容易形成聚集物。转染 24 h 后，观察到 GFP-Atx-Q84 在核周围形成可见的聚集物。与以前的报道一致，当共转染分子伴侣 Hsp70 和 Hsp40 时，聚集物就分散在核和细胞质中。与未聚集的

GFP-Atx-Q84 相比，聚集物的荧光强度明显要高很多，并主要集中在核周围的区域。本检测方法是对 384 孔反向转染法的优化。每孔文库 cDNA 的加样量为 62.5 ng。GFP-Atx-Q84（31.25 ng/孔）与 0.125 μL/孔的 Lipofectamine 2000 在 10 μL 的 OPTI-MEM 培养基中混合后，用自动加样装置分加到各个孔中。培养板在室温放置 30～45 min 后，每孔加入 6000 个细胞，接着在 37℃、5% CO_2 的条件下培养 24 h。活细胞观察前，每孔加 10 μL 的 Hoechst 33342 染料标记细胞核。

2）图像采集

采用 Q3DM EIDAC 100 高通量显微系统采集和处理图像。384 孔黑光板（Greiner）放在 10 倍镜下观察，每个孔的细胞在两个荧光通道下镜检：用紫外通道观察染色的核，用 GFP 通道观察 GFP-Atx-Q84。每孔采集 4～6 张图像，在单细胞水平上进行图像分析，细胞总数、GFP-阳性的细胞及有聚集物形成的细胞的数量都要进行统计并分析；每孔的转染率，也就是每孔中 GFP-阳性的细胞占细胞总数的百分比，要进行标准化处理。

每孔里的单个细胞都通过细胞核染色被标记。通过采用非线性的最小二乘法优化的图像滤镜的算法并基于直方图的自动阈值计算建立标记物和背景的对比，从而生成一个细胞核的蒙板（mask）。聚集体由高强度和集中的荧光所显示，聚集体的 mask 是通过 Beckman Coulter 聚集物算法来计算的。聚集体根据距离细胞核中心的距离被划分到单个细胞中。有了聚集体的 mask，三个量值可以计算出来：每个细胞聚集体的数目，每个聚集体的大小，聚集体在一定区域的强度。前两个量可以通过聚集体的 mask 计算出来。局部强度表示了聚集体的相对亮度。这个测量值通过聚集体的像素和其他像素算出强度之和 $I(x, y)$。聚集体的局部强度 F_a 值如以下公式所示，是聚集体中的总强度和细胞中的中总强度之比。

$$F_a = \frac{\sum_{(x,y)\in a} I(x,y)}{\sum_{(x,y)\in cell} I(x,y)}$$

3）结果分析

预先用 1000 个 cDNA 进行 3 次预实验以确定大规模筛选的可行性。在预实验中得到的能在 Neuro2a 细胞中有效抑制 GFP-Atx-Q84 介导的聚集物形成的克隆，在接下来的基因组水平实验中被用作阳性对照。最后本实验共有 11 000 个 cDNA 被从 MGC 库和 Origene 的泛素连接酶库中筛选出来，并经过两次验证。所有的数据都用聚集物形成算法进行分析，每孔中聚集物形成的百分比降低的倍数通过计算每块板的平均值得到，将各个 cDNA 所引起的降低倍数通过重复实验校准后进行排名，造成与阳性对照相等或更高降低倍数的 cDNA 被视为热门候选者，将其从文库中挑选出来，再次进行验证，确认它们的确可以抑制 GFP-Atx-Q84 介导的聚集物形成。

在 neuro2a 细胞中过量表达 cDNA 导致的细胞毒性可以通过共转染一个对照的绿色荧光蛋白报告基因，用 CellTiterGlo 发光细胞的生存力检验试剂盒（Promega）检测。在过量表达时，影响细胞活力或明显抑制绿色荧光蛋白表达的 cDNA 将被从候选者中剔除。

用半定量的 RT-PCR 分析来确认 GFP-Atx-Q84 在与候选的聚集体形成抑制物共转染时是否有相同的转录水平。这个检测可以用来筛选出一些 cDNA，这些 cDNA 由于在 mRNA 水平上影响 GFP-Atx-Q84 而间接抑制聚集体的形成。

一个新的 RING-finger 结构泛素连接酶在初级筛选中表现出抑制活性，并被挑选出来进行进一步的分析，以确定这种抑制活性是否依赖指环结构。这种泛素连接酶将以重组蛋白的形式被表达，然后在细胞外的泛素化体系中测试它的泛素连接酶活性（58）。对这种新的泛素连接酶的功能也会进一步在动物模型中进行研究，并观察在细胞内该蛋白质是否在神经退行性疾病中起着重要作用。

通过综合利用 cDNA 表达文库和自动图像采集处理系统，这里已鉴定出一种有特定生物学功能的新的泛素连接酶。这种方法也可被延伸用于哺乳动物的 siRNA 文库，以及其他的报告系统，如与参与信号通路的应答过程的启动子耦合的萤光素酶等。利用广泛收集的小鼠和人类基因编码的所有潜在泛素连接酶，我们有可能系统地阐明泛素连接酶在信号通路和表型中的调控机制。

三、鉴定泛素连接酶底物的实验方法

近几年来，已鉴定大量的泛素连接酶，但是鉴定它们特异性底物的研究进展却并不乐观。由于底物中被泛素连接酶识别的结构域常常并不明确，很难利用生物信息学方法鉴定底物。例如，泛素连接酶 APC 复合物（anaphase promoting complex）可以识别其某些底物中的 RXXLXXXXD/N/E 降解盒（destruction box）和 KEN 模体（59）。然而有许多包含这两个结构域的蛋白质在体内外并不能被 APC 识别。因而，底物的鉴定仍主要采用实验生物学方法，如利用亲和技术结合质谱法寻找泛素连接酶的新底物。在这些情况下，利用转染在细胞内表达泛素连接酶的底物结合部分，或直接将纯化的底物结合部分与细胞裂解液孵育，然后采用免疫共沉淀纯化目的蛋白并通过质谱鉴定。应用此法我们已鉴定出泛素连接酶 Nrdp1 的底物 BRUCE/Apollon（60）。

但是上述方法也有局限性，例如，由于 APC 的底物不是很丰富，且 APC 与底物之间的相互作用可能很弱，用上述方法筛选 APC 的底物并不成功。此外，SCF 复合泛素连接酶的一些底物需被磷酸化修饰后才能被识别，这也增加了鉴定底物过程的复杂性。因而，本节将介绍一些特殊的底物鉴定方法（61-63）。

（一）依赖于磷酸化的 SCF 底物的筛选

泛素连接酶 SCF（Skp1-Cullin-F-box 蛋白复合物）家族作用于多种依赖泛素进行降解的蛋白底物，包括细胞周期调控因子、转录因子、信号转导蛋白。底物通过 F-box 蛋白家族中的成员汇集到 SCF 复合物中一个固定的核心。F-box 蛋白通过 F-box 结构域与 Skp1 作用，还可以通过其 C 端的结构域，如 WD40 重复序列，与泛素化底物结合。人类基因组中包含大约 68 种 F-box 蛋白，主要分为三类：含 WD40 重复序列的 FBW，含富亮氨酸重复序列的 Fbls，含其他类型结构域的 FBX。F-box 蛋白与底物的相互作用很多情况下都依赖磷酸化，一般都需要一个称为磷酸降解子（phosphodegron）的小肽结构域，该结构域的氨基酸序列与 F-box 蛋白相应结构互补，并可发生特异的磷酸化。

例如，酵母 F-box 蛋白 Cdc4 通过多基序和各种底物结合，这些基序在一定程度上都与 Cdc4 磷酸降解子（Cdc4 phosphodegron，CPD）相匹配。CPD 能被细胞周期依赖性激酶 CDK 等激酶磷酸化。如果能够解析磷酸降解子和（或）以其为靶标的激酶，就可能用基因组的方法鉴定新的底物。基于合成的磷酸化多肽在膜上的阵列和基于底物在基因组水平的特征，下列两种方法可系统地筛选 SCF 底物：①应用斑点合成肽阵列筛选 Cdc4 高亲和力的磷酸降解子。该方法通过鉴定与 CPD 基序高度一致的底物，在预测的酵母蛋白质组中鉴定出约 1100 个匹配的蛋白质。合成的磷酸化多肽在膜上的一种阵列对应一种蛋白质序列，用重组的 Cdc4 作探针，从而能够鉴定潜在的底物。②直接鉴定与 Cdc4 相互作用的全长 CDK 底物。此法用来鉴定那些缺少明显 CPD 基序的底物，基因组水平上的一系列重组细胞周期蛋白依赖激酶（CDK）底物被磷酸化并直接分析与 Cdc4 的结合。每种方法测定的阳性结果所对应的蛋白质会进一步用一些更严格的条件来检验，测定体外与 Cdc4 依赖磷酸化结合、SCF^{Cdc4} 引起的泛素化和体内 Cdc4 依赖的蛋白不稳定性。两种方法都已经鉴定出 Cdc4 新底物，基本上也可以用来鉴定酵母和人的 SCF 及 SCF 类似复合物的新底物（62）。

1. 应用斑点合成肽阵列筛选 Cdc4 高亲和力的磷酸降解子

1）基因组水平筛选功能性的 CPD 基序

像筛选其他有机化合物一样，斑点合成肽阵列技术的发展使人们可以综合和连续地筛选排列在一张纤维素膜上的大量合成肽。机器人工作站进行的半自动肽合成技术基本不需要有机化学的经验，这种技术已在许多实验室装配使用。斑点合成肽阵列技术通过合成一连串重叠的肽来扫描整个蛋白质序列，已经成为鉴定磷酸化位点、抗体结合位点和介导蛋白质-蛋白质相互作用的线性序列基序的强有力的技术（64）。以前，使用斑点合成肽阵列，在人源周期蛋白 E——一个高亲和力的 CPD，每个残基被合成的 20 种天然氨基酸中的一种取代，以推测最佳的 CPD 共有序列基序。为了确定 Cdc4 候选的底物，从预测的酵母蛋白质组搜索与 CPD 匹配的蛋白质。为了扩展生物信息中搜查的范围，在−1 和−2 位弱匹配的残基和+3、+4 位基本的残基允许用在基因组水平基序搜索中。这就是说，所有与序列[ILQFPTWYV]-[ILPQFWVA]-pT-P--相匹配的都成为目标。因为中试规模研究在合成上的限制，这里不包括含丝氨酸磷酸化位点的可能的弱 CPD 位点。对酵母基因组数据库（SGD；http://www.yeastgenome.org）进行模式匹配检索，在 960 个蛋白质中确定了 1132 种匹配的肽。将与所有 1132 条肽对应的点阵列建立在苏氨酸磷酸化位点为中心的 11 个残基上，在膜上合成并用来筛选 Cdc4 相互作用的因子。

2）肽阵列的点合成

肽阵列（peptide arrays）是根据点合成（spot-synthesis）的方法建立的（64）。酸化变硬的纤维素膜预先用聚乙二醇（polyethylene glycol）处理，在肽合成以前点印上网格样的 9-芴甲氧羰基 β 丙氨酸（Fmoc alanine）。氨基酸被 AbiMed ASP422 机器人以 24×16

的高密度点印在 130 mm×90 mm 的膜上。每个偶联反应中再一次用 0.2 μL 活化的 9-芴甲氧羰基β丙氨酸点印。在每个合成循环的后期，用 20 min 完成反应。

A. 准备氨基酸储备溶液

将干燥的且没有活性的 9-芴甲氧羰基β丙氨酸（Fmoc amino acid）放入试管，加入 1.5 mL 溶解于 1-甲基 2-吡咯烷（1-methyl-2-pyrrolidine）的 0.5 mol/L 羟基苯并三唑（hydroxybenzotriazole），轻微旋转试管 0.5～1 h，直至全部溶解。未活化的 9-芴甲氧羰基β丙氨酸溶液可在 4℃ 保存一周以上。

B. 活化 9-芴甲氧羰基β丙氨酸

合成当天，准备好溶解在 1-甲基 2-吡咯烷中 1.1 mol/L 的二异丙基碳二亚胺（diisopropyl carbodiimide）溶液作为活化剂，将一份活化剂加入三份上一步准备好的氨基酸储备溶液从而活化 9-芴甲氧羰基β丙氨酸。因为其中的精氨酸会快速降解，应该在合成开始之前制备新鲜的活化液。

3）阵列合成

每个合成循环之后，按下面的操作把膜转移到一个聚丙烯盒子中，所有的步骤应该在通风橱中进行并有适当的保护措施。所有溶液操作和废液处理都应该用玻璃容器。

（1）帽化：将膜浸没在帽化溶液中（15 mL 二甲基酰胺+300 μL 无水乙酸）孵育 30 s，倒掉溶液，用新溶液再次孵育 2 min。

（2）DMF 洗涤：共洗涤两次，30 s 一次，2 min 一次。

（3）9-芴甲氧羰基去保护：将 80 mL DMF 和 20 mL 哌啶混合，每张膜与 25 mL 混合溶液孵育 10 min。

（4）DMF：洗涤 30 s，然后每次 2 min 洗 4 次。乙醇洗涤：30 s 洗一次，每次 2 min 洗 2 次。甲醇洗涤：2 min 洗一次，然后将膜自然晾干（不能用电吹风）。

（5）将膜安装在机器人支架先前的位置，为下一个合成循环做好准备。

上述所有步骤都是在摇床上温和搅动膜而进行的。如果使用多张膜，每张膜都必须在分开的聚丙烯容器里操作。注意用铅笔给每张膜做不同的标记，因为随后在膜上检测肽的相互作用，将肽用方格标注很重要。

4）侧链的去保护

这步是应用三氟乙酸（trifluoroacetic acid，TFA）和三异丙基硅烷（triisopropylsilane）作为催化剂去除保护基。TFA 是一种强酸，如果吸入其挥发的气体，可能会造成重度烧伤和肺损伤；侧链的去保护和溶液的制备必须在通风橱中进行，反应在带盖的聚丙烯盒子里进行。不要将 DMF 废液和 TFA 废液混合，以免这些试剂在一起反应产生强热使液体溅起或沸腾。需穿上实验服、戴好手套和防护眼镜。

按下列配方混合制备去保护溶液：

5 mL	三氟乙酸（TFA）
5 mL	二氯甲烷（DCM）
0.3 mL	三异丙基硅烷
0.2 mL	水

将去保护溶液加到膜上保持 1 h，然后按下面步骤洗膜：20 mL DCM 洗 4 次；DMF 洗 4 次，每次 2 min；乙醇洗 2 次，每次 2 min；甲醇洗一次，2 min。将膜晾干，可以立刻用作探针检测，短期内使用可以保存在 4℃，在−20℃的真空干燥器中可保存数月。

5）制备重组 Cdc-Skp1 复合物

将 ^{His6}Cdc4 和 ^{GST}Skp1 克隆到同一个表达载体 pPROEX HTa，在 BL21 菌株中共表达，在 EmulsiFlex-C5 高压匀化器中用 50 mmol/L HEPES（pH 7.5）、500 mmol/L NaCl、10% 甘油、5 mmol/L 咪唑及 2 mmol/L PMSF 溶液裂解细胞，将裂解液在 48 000 g 离心 30 min 去除细胞碎片，然后用两层 Whatman 0.45 μm PVDF 注射器式滤器过滤。用 Ni^{2+} 螯合柱纯化 ^{His6}Cdc4-^{GST}Skp1 复合物，然后进行浓缩，不需要进一步纯化就可以使用。样品的纯度估计约 65%。1 L 培养液可获得约 1 mg 的 ^{His6}Cdc4 和 ^{GST}Skp1 按 1∶1 组成的复合物，这些作为探针足够用来检测一张 130 mm×90 mm 的膜。

6）探针检测斑点合成的肽阵列

在所有膜上阵列的操作中，处理和探针检测使用与免疫印迹一样的方法进行。用针对目的探针蛋白不同的抗体来检测蛋白质的相互作用，避免可能的非特异抗体与某些肽结合。两种抗体都获得阳性信号，很可能反映特异的蛋白质-肽相互作用。膜可以经剥离（stripping）处理后重新用探针检测，这样重复 3 次以上信号强度基本不减少。具体操作步骤如下。

（1）将膜放入水溶液前先浸泡于甲醇中，然后转移到 TBS/0.05% Tween 20（TBST）中，用 TBST 洗 3 次，在密封的塑料小袋中加入含 5%脱脂奶粉的 TBST，4℃过夜封闭以消除非特异性的结合。

（2）用 5 mL 含 2 μmol/L ^{His6}Cdc4-^{GST}Skp1 的 TBST 4℃孵育 1.5 h，收集 ^{His6}Cdc4-^{GST}Skp1 溶液，可以重复使用几次。TBS 洗 3 次，每次 10 min。

（3）抗 Skp1 的多克隆抗体用含 5%脱脂奶粉的 TBST 以 1∶2000 稀释，与膜在室温孵育 30 min。TBST 洗 3 次，每次 10 min。

（4）加入 HRP 标记的抗兔二抗（Amersham），用含 5%脱脂奶粉的 TBST 以 1∶10 000 稀释。TBST 洗 3 次，每次 10 min。

（5）用 Supersignal ECL 试剂检测。

（6）为了确定真阳性，剥离处理膜，重新封闭，重新用 ^{His6}Cdc4-^{GST}Skp1 作探针探测，接下来加入抗 Cdc4 上四聚组氨酸的鼠单克隆抗体，以 1∶1250 稀释。

7）膜的再生

膜经过温和地剥离处理可以用第二种探针检测，每一步洗涤最好是室温 10 min。

（1）用水洗膜。

（2）剥离缓冲液 A 洗膜[8 mol/L 尿素，1%（m/V）SDS，0.5%（V/V）巯基乙醇]。

（3）剥离缓冲液 B 洗膜[10%（V/V）乙酸，50%（V/V）乙醇]。

（4）用乙醇洗膜，如果有必要，确信原来的信号完全消除，用 TBS 漂洗，ECL 试剂重新显色。用 TBST 漂洗，然后立即用探针杂交，或者经甲醇漂洗后晾干在−20℃保存备用。

8）初筛结果

如果在抗 Skp2 和抗四聚组氨酸（Cdc4）印记中都能检测到 Skp1-Cdc4 复合物的肽，则是真正的候选 CPD。1132 个原始的肽组成的肽阵列获得约 50 个强信号、300 个弱信号。在强信号中有转录因子 Gcn4，对应一个已知的高亲和力位点。值得注意的是，与 Sic1 中 CPD 一致序列相匹配、最接近天然的序列 VPVT45PSTTKS 仅仅表现出背景信号。在另一个已知有多个依赖磷酸化位点的底物 Far1 中以 63 位 Thr 为中心的一个候选 CPD，在这次分析中结果也是阴性。因此，像预期的一样，斑点合成肽阵列方法只能检测高亲和力的 CPD 相互作用（62）。

肽阵列方法的另一优点是可以建立一个更精确的 CPD 定义，例如，可以将成对的错配残基排除在外。最终，酵母蛋白质组中功能型 CPD 位点的全部组成需要通过更加简单的筛选进一步详尽阐述，如允许基序搜查中有选择性稍微差的丝氨酸磷酸化位点。

2. Cdc4 候选底物的确认

CPD 阳性肽对应的全长蛋白质需在第二次检测中确证是否是真正的 Cdc4 底物。SCF^{Cdc4} 底物测定的标准包括：①体外与重组 Cdc4 的结合能力；②体外被 SCF^{Cdc4} 泛素化；③体内依赖 Cdc4 的不稳定性。

为准备重组底物，体外测定所需的重组蛋白用 Gateway 克隆系统（Invitrogen）很容易在酵母里生产。用可诱导的 GAL1 启动子表达在 C 端带 Flag 标签的融合蛋白。与细菌表达系统不同，它的优点是大部分蛋白质都以相同程度表达，并且能够增强 Cdc4 识别的潜在磷酸化和其他修饰更可能在一个同源的过表达体系中发生。用先前的一套基因克隆的 CPD 肽阵列中强信号肽偶然有重叠，这使得 35 个 Cdc4 候选底物需要做第二次检测。蛋白质在 pep4 菌株中表达，pep4 缺失 vacular 蛋白酶，从而使蛋白质表达后的降解减少到最低。用非诱导棉子糖（2%，m/V）培养基培养 100 mL 培养物，细胞密度达到 1×10^7 个/mL 后，加入半乳糖（2%，m/V）诱导表达 1.5 h，通过玻璃珠裂解制备细胞提取物，用 10 μL 交联有 anti-Flag M2 单抗的树脂（Sigma 公司）免疫纯化 Flag 标签蛋白。因为蛋白质在表达和稳定性上的内在差异，产量在 0.1～2 μg 范围内变化，这足够用来做体外结合实验和泛素化测定。为保证底物磷酸化水平达到最大，用在昆虫中合成的重组激酶 Cln2-Cdc28 磷酸化纯化的底物蛋白。用表达 Cln2、GST-HA-Cdc28 和 His$_6$-Cks1 的重组杆状病毒同时感染 Sf 9 昆虫细胞，3 天后用缓冲液[50 mmol/L Tris-HCl（pH 7.5），100 mmol/L NaCl，5 mmol/L NaF，5 mmol/L EDTA，0.1% NP-40，1 mmol/L DTT，100 g/mL P 谷胱甘肽 MSF，1 g/mL aproteinin，1 g/mL leupeptin，1 g/mL pepstatin]裂解细胞，用谷胱甘肽琼脂糖树脂纯化激酶复合物，用 20 mmol/L 溶解在缓冲液[100 mmol/L Tris-HCl（pH 7.0），100 mmol/L NaCl，1 mmol/L EDTA，0.5 mmol/L NaF，和 10%甘油]中的谷胱甘肽洗脱树脂中可溶的 Cln2-Cdc28。

1）体外利用 Cdc4 捕获底物

如果能检测到体外 Cdc4 底物和 Cdc4 的结合，此方法即可被用来检测体内的低丰度、不稳定和具有潜在磷酸酶活性的底物。为了判断磷酸化的底物蛋白是否与 Cdc4 结合，将 40 μL 的可溶性底物加入 50 μL 含有 0.2 μg Cdc4（Skp1-Cdc4 复合物的形式）的谷胱甘肽琼脂糖凝胶填充物，在 4℃孵育 1 h。空的琼脂糖凝胶用来作为非特异性结合树脂的对照。珠子用缓冲液 3 冲洗 3 遍，然后溶解在 SDS-PAGE 样品缓冲液中。Cdc4 结合蛋白和 5 μL 的输入蛋白通过抗 Flag 免疫印迹分析。为进一步验证磷酸化依赖的结合位点可被蛋白磷酸酶的预处理造成结合的缺失，我们用 Cln2-Cdc28 激酶对去磷酸化的蛋白质是否重现结合的方法来证明。

2）体外利用 SCF^{Cdc4} 检测底物的泛素化

底物的泛素化反应可以在完全可溶的状态下进行，或者结合到树脂的底物或泛素连接酶复合物。就像前面描述的，磷酸化底物结合到珠子上，这就要求 SCF^{Cdc4} 复合物一定要被制备成可溶。重组泛素化反应混合物中的每一个成分按下列方法制备：在酵母中过量表达的泛素激活酶（^{His6}UBA1）使用 Ni 螯合物树脂和 DEAE 琼脂糖柱逐层梯度洗脱来纯化。同源的泛素耦合酶（^{His6}Cdc34）通过可诱导的 pET16b 表达载体在细菌中产生并在 Ni 螯合物树脂上纯化。SCF^{Cdc4} 复合物通过共转染特异表达 ^{Myc3}Cdc53、Cdc4、Skp1 和 ^{His6}Rbx1 的杆状病毒在 Sf9 昆虫细胞中表达。其复合物通过 Ni^{2+}螯合物柱从粗提细胞裂解液捕获，并在泛素化缓冲液中用 100 mmol/L 咪唑洗脱。制备的具有活性的 SCF^{Cdc4} 复合物的量通过对 Cdc4 总量的检测来估计，Cdc4 的总量通过对 SDS-PAGE 所分离物质的考马斯亮蓝染色来判断。

泛素化反应，用 1×泛素化缓冲液平衡珠子上的磷酸化底物[50 mmol/L Tris-HCl（pH 7.5），2 mmol/L ATP，10 mmol/L MgCl$_2$，0.1 mmol/L DTT]，加入 10 μL 的泛素化混合液，其中包括 0.2 μg His6-E1、0.4 μg His6-Cdc34、0.2 μg SCF^{Cdc4}、1 μg 泛素（Sigma）、1×泛素化缓冲液，30℃，孵育 1 h，间或振荡。使用 4 μL 的 6×SDS-PAGE 样品缓冲液终止反应，并用抗 Flag 进行免疫印迹分析。泛素化反应能引起输入的磷酸化底物的去除，并且引起高分子质量的底物泛素结合物的聚集。

3）体内 Cdc4 依赖的蛋白质不稳定性

若粗略检测一个蛋白质是否是真的泛素连接酶的底物，可在体内泛素连接酶通过条件性突变失去活性的情况下，检测底物的稳定性。体外进行的底物生化检测须在野生型和温度敏感性 Cdc4-1 细胞系中进行。Cdc4 依赖性的候选底物的稳定性通过以下方法进行评估。

（1）使用标准操作步骤，将具有 GAL1 启动子和预测的可读框的质粒转化入野生型和 Cdc4 细胞系。

（2）接种培养物到选择培养基，该培养基含 2%棉子糖作为碳源，25℃过夜培养，将 1：50 稀释培养物加入棉子糖培养基。生长至培养物的密度达到约 0.8×10^7/mL，然后加入半乳糖诱导蛋白表达。大约 30 min 后，转移培养基到 37℃振荡 30 min。

（3）加 2%的葡萄糖抑制表达，并且在加入葡萄糖后 0 min、20 min、40 min、60 min 和 80 min 分别收集 5 mL 的培养物。在每一个时间点，细胞要被迅速沉淀，在 300 μL

的预冷 20%TCA 中重悬，转移到 2 mL 的试管，并转移到液氮中迅速冷冻。

（4）为保护蛋白质在细胞裂解过程中不被蛋白酶降解，直接在 TCA 中提取总蛋白。加入 300 μL 玻璃珠到冰冻的 TCA 沉淀物中，在冷室里每 30 s 旋转一次，置于冰上 1 min，共 4 次。使用 200 μL 的移液器将破碎的细胞裂解液转移到干净的试管中。使用 200 μL 5% TCA 清洗珠子，与原始的细胞裂解液混合。

（5）粗提细胞裂解液在 4℃ 离心机上 14 000 r/min 旋转 10 min。用 30 μL 缓冲液 3 重悬白色的蛋白质沉淀，并加入 7 μL 6×SDS-PAGE 加样缓冲液。这种酸性溶液将使染料变黄。边旋转，边使用 P20 的自动移液器加 1 mol/L 氢氧化钠进行中和，直到溶液正好变成蓝色（1～3 μL 的 1 mol/L 氢氧化钠通常足够）。

（6）煮沸样品 5 min，简单混匀，加 10 μL 的上层液到 SDS-PAGE 胶进行免疫印迹分析。

作为一种可选择的前面所述启动子阻遏的方法，野生型和 Cdc4-1 细胞的蛋白质稳定性可以通过放线菌酮阻止翻译来粗略估计，接着用抗原表位标记的内源性位点表达的蛋白质进行免疫印迹分析，或者可使用天然蛋白的多克隆抗体。更精密的蛋白稳定性的估计需要[^{35}S]-甲硫氨酸脉冲标记（pulse-chase）方法，同样使用抗原表位标记的内源性位点表达的蛋白质和天然蛋白的多克隆抗体。

4）二级 Cdc4 底物检测的提要

前面的研究中，底物结合重组 SCF^{Cdc4} 和底物通过 SCF^{Cdc4} 泛素化的体外判断表明 12/35 个随机选择的斑点合成肽阵列是真的 Cdc4 的底物。此外，体内检测的一个底物 Hst4，在野生型细胞体内被迅速降解，在 Cdc4-1 温度敏感细胞系中则完全稳定。Hst4 是 Sir2 NAD$^+$ 依赖型脱乙酰基酶的四个同系物之一，这四个同系物在酵母的基因沉默中相互缠结。可能 Hst4 的不稳定性限制了其活性，从而阻止基因组中异域位点的沉默。斑点合成肽阵列中选择的不符合体内、体外二级底物判断标准的点，通常是完全得不到磷酸化的、具有三级蛋白结构的位点，或者这些位点只是被特定的重组激酶无效地磷酸化，或者定位在不同的、区别于 Cdc4 的亚细胞成分，这些成分主要被发现于细胞核内。斑点合成肽阵列扫描中还有约 350 个候选底物将用前面的方法识别，估计约 100 个新的 Cdc4 底物可以用这种方法鉴定出来。

3. 多级 CDK 底物作为潜在的 SCF^{Cdc4} 底物

斑点肽阵列方法的缺点是只能识别具有一个或多个高亲和力磷酸化位点的底物如 Gcn4 和 Cyclin E。通过复杂的相互作用，与 Cdc4 发生低亲和力结合的底物如 Sic1，可以预测在阵列上没有被捕获到。然而，这种特性的底物可以更集中地通过直接扫描具有多个蛋白激酶磷酸化位点的蛋白质而得到。该途径可直接筛选包含多个激酶磷酸化位点的蛋白质。在酵母蛋白质组 2004 年的注解中，402 个蛋白质包含两个或更多一致序列 S/T-P-XK/R 的基序。如果使用最小限度 S/T-P 磷酸化位点基序，潜在的靶向位点数量还将显著增多。最近，通过 Cdc28 对一套候选底物直接磷酸化确定了约 200 个 CDK 的底物。在这个方法中，每个候选蛋白在酵母中以 GST 融合蛋白的形式表达和纯化，然后在酵母粗提液中被磷酸化，酵母粗提液里有一个 Cdc28 敏感的类似蛋白，能够利用一种修饰的 ATP，而其他天然的激酶却不能利用。通过位点密度的判定、蛋白丰度、^{32}P-掺入的磷酸化和 p 值评分的综合分析，显示可能至少有 18 个是 Cdc28 体内的底物。为了检查这些 Cdc28 底物是否也是 Cdc4 的底物，我们选择 94 个底物的原始组合扩展了多重 CDK 位点，但缺少最佳的 CPD 位点。这些蛋白质通过已经建成的 Gateway 克隆技术带上 Flag 标签，并被 Cln2-Cdc28 磷酸化，然后评价它们将 Cdc4 捕获到 anti-Flag 的树脂上的能力，基本和先前描述的一样。作为阳性对照，已知的 Cdc4 底物 Sic1 和 Far1 能被 Cdc4 有效捕获。根据判定 Cdc4 结合的标准，不含与最佳 CPD 匹配的一致序列，或在 CPD 肽阵列中显示阴性的 23 种额外的候选底物。

这些蛋白质是否表现体内依赖 Cdc4 的不稳定性或者作为体外泛素化的底物尚无定论。尽管如此，如果一直保持这些候选途径中初期的筛选速率，我们估计大约 50 种 Cdc4 新底物将不会被覆盖。因此，CDK 底物筛选途径代表一种捕获 Cdc4 底物有效的方法，这些底物依赖 CDK 磷酸化。

用这些差异显示方法分析野生型和泛素连接酶突变的菌株或组织培养的细胞系，原则上应该能鉴定泛素连接酶候选底物。同源的底物原则上也应该能直接被与 F-box 蛋白相互作用重组蛋白的结构域捕获，并且能通过质谱分析被鉴定。在遗传学的方法中，泛素连接酶突变的菌株中过表达的底物，如在 Cdc4 突变菌株中过表达 FAR1 或者 Sic1，常常对菌株是致死的。因此，用遗传阵列的技术系统过表达所有酵母开放读码框，可以鉴定新的底物，而不需要困难的生化操作。所有这些方法联合起来应该可以详尽阐述 SCF 全部底物。

（二）用体外表达克隆方法鉴定泛素连接酶的底物

用体外表达克隆（in vitro expression cloning，IVEC）的方法已得到了多个新的 APC/C 底物，它们均含有降解盒（destruction box），后来体内外的证据确证了它们是真正的 APC/C 底物。体外表达克隆法在鉴定低丰度或仅在细胞周期中瞬时表达的那些蛋白质时尤有优势。其过程是：首先将一个小的 cDNA 文库（每个库有 50～300 个克隆）在 ^{35}S 标记的甲硫氨酸和半胱氨酸存在的条件下进行体外翻译，然后将放射性标记的反应产物与针对目标底物具有激酶或者蛋白酶活性的细胞提取物孵育，最后进行分析。在绝大多数情况下，将同一组体外翻译的蛋白质与对照组细胞提取物孵育，并与实验组孵育的结果进行比较，可以极大程度上减少鉴定出那些天然的不稳定蛋白（在筛选蛋白酶底物时）或组成性磷酸化蛋白（在筛选激酶底物时）的可能性。

用 IVEC 方法已成功地扫描了 Xenopus cDNA 文库，并鉴定出调控发育的分子。从不同的发育阶段，比如卵、囊胚和神经胚时期，获得 cDNA 序列，然后克隆到一个表达载体 pCS2p 中来构建文库，这些文库中的 cDNA 可以在商品化的聚合酶催化下进行体外转录。也可用成年哺乳动物脑组织 cDNA 文库（Promega）筛选鉴定激酶和蛋白酶的底物。这里主要讲述以鉴定泛素连接酶底物为目标的降解筛选（61）。

1. 用 Xenopus 卵抽提物鉴定有丝分裂相关的 APC 底物

APC 识别底物并启动降解时首先必须活化，活化时要求 APC 核心亚基发生磷酸化，并且需要 Cdc20 或者 Cdh1 蛋白参与；活化之后就使 APC/C 具有了识别特定底物的特异性。早期的 Xenopus 胚胎不表达 Cdh1，也没有 Cdh1 依赖的 APC 活性。因为与 APC/C 相关的 Cdc20 在高有丝分裂激酶活性存在时会增加，所以 APC 的主要形式 APC^{Cdc20} 也在有丝分裂中激活。这些结果提供了一个基本原理，有助于设计筛选方法以鉴定在间期失活而在有丝分裂期被激活的 APC^{Cdc20} 蛋白的底物。

2. Xenopus 卵抽提物的制备

间期细胞提取物可用新鲜配制的放线菌酮（cycloheximide）（Sigma；使用浓度为 100 µg/mL）溶液预先浸泡的 Xenopus 卵制备得到，放线菌酮可以阻断内源性 Cyclin B 的翻译，而后者的翻译将使细胞进入有丝分裂。用终浓度为 200 ng/mL 的 Ionophore（A23187；Sigma）或电活化池（electrical activation chamber）可以促使卵越过中期阻滞（metaphase arrest）。提取物要用终浓度为 300 mmol/L 的蔗糖或 4%的甘油保存在液氮中，用前在室温或冰上解冻。使用的时候，首先以 1 : 1 : 1 配制能量复合物[150 mmol/L 磷酸肌酸（creatine phosphate），20 mmol/L ATP（pH7.4），2 mmol/L EGTA（pH7.7），20 mmol/L MgCl$_2$，−20℃保存]：放线菌酮（0.1 µg/mL）：泛素（0.1 µg/mL）的混合物，然后按照 1 µL : 21 µL 的比例将该混合物加入到未活化提取物中。在制备有丝分裂提取物时，可以将间期卵提取物与不可降解的 Cyclin B 孵育，即可驱动其进入有丝分裂，在实验中可设一个只加缓冲液的对照。提取物中包含泛素连接酶底物泛素化和降解的全部活性成分，如泛素、泛素激活酶、泛素耦合酶和蛋白酶体等。有丝分裂期提取物中也包含激活的 APC，它可以启动几个有丝分裂蛋白的降解。

3. 底物库的制备和降解分析

将一个 cDNA 文库在体外转录和翻译，可以制备得到放射性标记的特定编码产物库。这些文库在甘油中冷冻保存，每份冻存样品是转化了 100～300 个不同 cDNA 克隆的细菌混合液。在使用的时候，菌液可以接种到液体培养基中培养，取 1～3 mL 培养物即可小规模提取文库质粒。取 1 µL（0.2～0.5 µg）质粒，与加入 ^{35}S 甲硫氨酸的 TNT 偶联转录-翻译反应体系（6 µL 反应总体积，1 µL DNA : 5 µL 包含兔网织红细胞裂解液的 TNT 混合物）在 30℃孵育 1.5 h。取 1 µL 翻译产物，分为两等份，加入 96 孔板的两个孔中；其中一个加入 5 µL 有丝分裂提取物（实验组），另一个加入 5 µL 间期提取物（对照组）。密封 96 孔板，室温反应 1 h；然后各加入 40 µL SDS 上样缓冲液[125 mmol/L Tris-HCl（pH 6.8），2%（m/V）SDS，10%（m/V）甘油]，使用前加入终浓度为 1 mmol/L 的 DTT 于 95℃加热 5 min 终止反应；分别取 5 µL 反应混合物进行 SDS-聚丙烯酰胺凝胶电泳，这样在对照组中存在而实验组中消失的 ^{35}S 标记蛋白条带就很容易被识别。

4. 用 Xenopus 卵提取物鉴定间期 APC 底物

早期 Xenopus 胚胎细胞周期中没有明显的 G$_1$ 期。间期 Xenopus 卵提取物中 APC 没有活性，但是当加入重组的或体外翻译的 APC G$_1$ 期激活子 Cdh1 时就能被激活。因此，希望能鉴定得到活性 APC 的特异底物，所用方法类似于以前鉴定有丝分裂中活性 APC

底物的方法。

5. 间期 APC 复合物的激活

用 SF9 细胞表达的重组 Cdh1 加入到浓缩的间期提取物中可以激活内源性 APC。间期提取物和重组 Cdh1 按照 20∶1 加入，最后 Cdh1 在提取物中的终浓度为 0.4 μmol/L，室温孵育 20 min 活化 APC；同时在另一组中加入缓冲液作为对照，然后转移至冰上，准备配制降解反应体系。取适量经体外转录翻译生成的蛋白质，分成两等份，加到 96 孔板的两个小孔中，与实验组和对照组提取物温和混匀。将 96 孔板转移至室温进行降解反应，60 min 后加入 SDS 上样缓冲液终止。实验中可以用体外翻译的 ^{35}S 标记 Cdc20 作为阳性对照，因为这个蛋白质可以特异性地被 Cdh1 激活的 Xenopus 卵 APC 启动降解。

应用这种方法，Kirschner 等鉴定了两个含有 KEN 模体的新 APC^{Cdh1} 底物。其中之一是 Tome-1，它可以调节 Xenopus 卵细胞和体细胞的 G_2-M 期转换，体外实验证明了它是 APC^{Cdh1} 的真实底物。突变这个蛋白质的 KEN 模体序列可以抑制其依赖 Cdh1 激活 APC 介导的降解。Tome-1 在体内被 APC 启动降解，因为它的水平在 G_1 期最低（65）。

6. 用体细胞提取物鉴定 APC 底物

研究发现，用 Xenopus 卵提取物不能进行早期胚胎细胞周期研究并进一步鉴定新的 APC 底物。有许多研究者正在用培养的组织细胞进行体外表达克隆筛选来鉴定泛素连接酶的底物。最近，用高度浓缩的体细胞提取物进行了多种 APC 底物的体外降解研究。应用貂的肺上皮细胞或 HeLa 细胞，体外证明了 Sno-N 和 Skp2 是 APC 的底物。也可以用冻存的细胞提取物进行 APC 底物降解实验研究（在冻存细胞提取物时，必须快速用液氮冷冻，随后保存在 -80℃）。

7. 体细胞提取物的制备

可用有丝分裂或者 G_1 期 HeLa 细胞制备浓缩细胞提取物。在 5% 二氧化碳、37℃ 悬浮培养 1～2 L 细胞。

（1）加入终浓度为 2 mmol/L 的胸苷（由 100× 储存液配制）作用 24 h；然后弃去培养基，用新鲜培养基洗涤 2 次，继续培养 3 h（胸苷释放）。

（2）加入终浓度为 330 nmol/L 的 Nocodazole 作用 11 h（不超过 12 h）。1000 r/min 离心 5 min 收取细胞沉淀，用 PBS 洗涤 3 次。

（3）取一半细胞放在冰上（细胞处于 Nocodazole 阻滞，用于制备有丝分裂提取物）；另一半细胞用培养基重悬后继续培养 4 h，再离心并用 PBS 洗涤，后一部分细胞用于制备 G_1 期提取物（Nocodazole 释放）。

（4）尽可能弃尽 PBS，置冰上 4 h，按照 0.75 mL 缓冲液∶1 mL 细胞（Packed cell）加缓冲液重悬细胞。缓冲液为 20 mmol/L Hepes（pH 7.7）、5 mmol/L MgCl$_2$、5 mmol/L KCl、1 mmol/L DTT、ATP 再生系统、蛋白酶抑制剂的混合物。

（5）将细胞样品反复冻融 2 次（液氮/30℃水浴），然后通过预冷的 20.5 G 针两次。将裂解液在 4℃、5000 r/min（2655 g）离心 5 min，收集上清并用 20 000 g、4℃离心 30 min。

（6）小心地吸出上清（避免吸到脂质层）并放在冰上，开始配制降解反应体系，配制方法同前。

（7）取 1 μL 体外翻译的 ^{35}S 标记产物与 20 μL 细胞提取物混合（要充分混匀但不能太剧烈，避免气泡产生），再加入 1 μL 按 1：1：1 配成的能量复合物、放线菌酮和泛素的混合物，所有反应成分要加入放在冰上的 96 孔板中，最后转移到室温开始反应。

（8）在不同的时间点（60～120 min）各取 4 μL 反应产物，并加入 10 μL 上样缓冲液终止反应。已终止反应的样品在 95℃加热，然后进行 SDS-PAGE 分离。应用这个方法，已经鉴定得到几个蛋白质，它们在 G_1 期提取物中降解，但在有丝分裂提取物中却没有降解。

考虑到目的蛋白的大小，使用 4%～15%的梯度胶，通常能从有 100 个 cDNA 翻译后的库中得到 30～40 个条带。用含 5%甲醇及 7.5%冰醋酸的溶液固定这些胶并烘干，将它们压片曝光或用磷屏成像检测，然后寻找在添加了 Cdh1 蛋白的实验组中特异消失的蛋白条带。胶片曝光比磷屏成像具有更高的灵敏度，是在很多实验中所必需的。一般来说，一个人一天之内可以很轻松地完成 50 个体外转录-翻译及降解反应实验，并用 SDS-聚丙烯酰胺凝胶电泳对它们进行分析。当在一个库中鉴定出可能的 APC^{Cdh1}底物后，要用一个阳性库重复降解的反应以确保其可重复性。在开始的扫描阶段完成之后，要进行相邻差异蛋白条带的比较分析，这个过程耗时约一周，并且会涉及编码假定底物的 cDNA 库的亚库建立工作。一旦分离得到单克隆，要进行对照实验，观察一个已知的 APC 底物，比如 Cyclin B 是否可以竞争性抑制降解的过程。最后，将编码阳性底物的重组子转化细菌，测定 cDNA 序列并鉴定降解盒和 KEN 模体序列。

也可使用 cDNA 文库以外的果蝇非冗余基因套作为 cDNA 的来源，非冗余基因组的使用最终会使分析变得非常简单。首先，在未标化的文库中不可能检测到稀有 cDNA，而别的 cDNA 则会多次出现。其次，因为同胞选择法自身的局限性使其不能选择编码大分子质量蛋白的 cDNA 序列，可能由于它们的细菌毒性引起含转化子的细菌死亡而使文库库容不足所致。但是，果蝇非冗余基因套是单个 cDNA 的有序排列，因此不需要同胞选择就能够鉴定阳性克隆。

（三）基于噬菌体展示技术的泛素连接酶底物鉴定

基于噬菌体展示技术的泛素连接酶底物鉴定噬菌体展示（phage display）技术是一种高通量的研究蛋白质-蛋白质、蛋白质-肽段、蛋白质-DNA 相互作用的方法。噬菌体展示技术的原理是将需要研究的蛋白质或多肽的基因与噬菌体表面蛋白的编码基因融合，经过表达并装配成噬菌体后，待研究蛋白或多肽会以融合蛋白的形式呈现在噬菌体表面。而导入了多种蛋白质的一群噬菌体，就构成了一个噬菌体展示文库。利用噬菌体展示技术对泛素连接酶底物进行筛查，首先需要进行阴性选择。将人脑 cDNA 展示文库与仅包含泛素激活酶、泛素耦合酶和 His 标签泛素，而不包含泛素连接酶的体外泛素化系统及 Ni-beads 共同孵育。收集没有与 Ni-beads 结合的噬菌体，并用它们感染 BLT5403

大肠杆菌进行扩增，扩增后的文库用于阳性筛选。在阳性筛选过程中，将之前扩增的文库与包含泛素连接酶的体外泛素化系统及 Ni-beads 共同孵育，Ni-beads 会结合 His 标签，所以发生泛素化修饰的噬菌体会被 Ni-beads 所捕获。将这些噬菌体从 Ni-beads 上洗脱后，用这些噬菌体感染 BLT5403 大肠杆菌扩增，再重复进行阴性、阳性筛选，经过多轮筛选后，单克隆的噬菌体利用 PCR 进行测序，从而得到泛素连接酶的底物序列。接着，将筛选得到的潜在底物逐一克隆到原核表达载体中进行表达纯化。利用体外泛素化体系和哺乳动物细胞两种方法加以验证并确认（66）。

该技术的原理决定了它可以对非降解的泛素连接酶底物进行考察，并且只要能够构建泛素连接酶对应的体外泛素化修饰系统，理论上就可以对底物进行筛查。

下面我们以人泛素连接酶 MDM2 为例，利用该方法筛选 MDM2 的底物。

1. 实验材料

（1）用于噬菌体扩增的 BLT5403（Novagen，69142）和 BLT5615（Novagen，69905）菌株。

（2）噬菌体克隆及文库 T7 select Human Brain cDNA Library（Novagen，70637-3）和 T7 select10-3 Vector 克隆。

（3）蛋白质纯化珠 MagExtractor（His-tag）（TOYOBO，NPK-701）用于小量 His 融合蛋白富集。

（4）原核表达的泛素激活酶、泛素耦合酶、His-ubiquitin、Myc-ubiquitin 和 GST 蛋白。

（5）试剂：Urea buffer（4 mol/L Urea，10 mmol/L Tris-HCl，100 mmol/L Na_2HPO_4，pH8.0）；Washing buffer（4 mol/L Urea，10 mmol/L Tris-HCl，100 mmol/L Na_2HPO_4，1%Triton X-100，pH8.0）；Elusion buffer，MagExtractor（His-tag）（TOYOBO，NPK-701）试剂盒内产品，含 200 mmol/L 咪唑。

2. 实验方法

1）噬菌体扩增

（1）接种 BLT5403 菌株至含有羧苄抗生素（Carb）的 M9LB 培养基中，37℃过夜培养，培养产物用 M9LB 培养基 1∶3 稀释。

（2）向宿主菌中接种一个噬菌体储存液或噬菌体空斑。

（3）在 37℃振荡培养 1～3 h 直到培养基变澄清。

（4）8000 g 离心 10 min，去除沉淀，将上清转移到另一个消毒 EP 管中，测定噬菌体滴度。

2）噬菌体滴度测定

（1）将宿主菌接种到 M9LB 培养基中，37℃振荡培养过夜。

（2）宿主菌放置于 4℃待用，不要储存超过 48 h。

（3）加热融化足够量的上层琼脂糖凝胶（top agarose），将融化的琼脂糖放置在

45～50℃的水浴中待用。

（4）用灭菌的 LB 培养基制成一定稀释倍数的噬菌体样品。取 10 μL 样品加入 990 μL 培养基制备 100 倍稀释样品。取 100 μL（1∶100）稀释样品，加入 900 μL 培养基制备 1000 倍稀释样品，依此类推。

（5）取一系列 5 mL 离心管，每一支加入 250 μL 宿主菌培养液，从最高的稀释倍数开始，向每一支管中加入 100 μL 噬菌体稀释液。

（6）向离心管中再加入 3 mL 上层琼脂糖凝胶，颠倒混匀，倒入 37℃预温的 LB Carb⁺固体平板中，立即摇晃平板，使琼脂糖均匀地铺在平板上。

（7）平板正置数分钟至琼脂糖凝固，然后 37℃倒置培养 3～4 h 或室温过夜。

（8）记录空斑数量，计算噬菌体滴度。样品的滴度=空斑数×稀释倍数×10。

3）噬菌体的保存

扩增后的澄清噬菌体裂解液，在 4℃冰箱中可以保存数个月；澄清裂解液加 10%体积的 80%甘油，在−80℃冰箱中可以长期保存。

4）泛素连接酶活性测定

测定重组泛素连接酶蛋白活性的体外泛素化体系包括以下成分：110 ng 泛素激活酶，300 ng 泛素耦合酶，300 ng 泛素连接酶，3 mmol/L ATP，2 μg Myc-ubiquitin，50 mmol/L Tris-HCl（pH7.4），7.5 mmol/L MgCl₂，1 mmol/L DTT，反应体系用去离子水补齐至 20 μL。在 30℃反应 90 min 后，加入 SDS 上样缓冲液终止反应。反应产物于 95℃处理 10 min，跑胶，蛋白免疫印迹，显色分析。

5）负筛选

（1）体外泛素化体系同"4)"。在 30℃反应 90 min 后，加入 80 μL Urea buffer 终止反应。取 5 μL 镍琼脂糖凝胶珠，用 100 μL PBS 洗 3 次，加入含有 1% BSA 的 PBS 溶液 100 μL，室温混匀 1～2 h 封闭，离心，弃上清。

（2）加入 5 μL Elusion buffer，室温颠倒混匀 1 h。

（3）离心，取上清。

（4）将上清接种到 BLT5403 宿主菌中液相扩增，得到负筛选后的文库。

6）正筛选

体外泛素化反应中加入负筛选后的文库（1.7×10⁷ PFU），其他操作同上。最后取出 90 μL 上清接种到 BLT5403 宿主菌中液相扩增，此为正筛选后得到的文库。

7）序列分析

（1）裂解扩增的正筛选得到的噬菌体。

（2）PCR 扩增目的基因。

（3）测序。

3. 实验分析

1）MDM2 适用于本筛选体系

首先将空载体噬菌体加入到含有 GST 或 GST-MDM2 的体外泛素化体系中，反应后加入 Urea buffer 终止，反应产物与镍珠孵育，用 Washing buffer 洗 5 次，最后用咪唑洗脱。结果表明（图 5-12A），单纯加入空载体噬菌体，只有很少的空载体噬菌体结合在镍珠上（12×10^2），而将空载体噬菌体加入到含有 MDM2 的体外泛素化体系中反应后，结合在镍珠上的噬菌体数目并没有增多。*Gene10* 编码 T7 噬菌体的外壳蛋白，其 N 端含有 T7 标签。因此，我们通过 Western blot 结果（图 5-12B）观察到，MDM2 不能使 T7 噬菌体的外壳蛋白被泛素化修饰。以上结果说明噬菌体空载体本身不与镍珠吸附，且 MDM2 不能泛素化空载体噬菌体。MDM2 适用于本筛选体系。

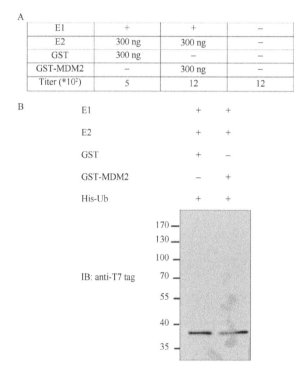

图 5-12 泛素连接酶 MDM2 不能泛素化空的噬菌体上的展示蛋白（66）

2）利用噬菌体展示系统多轮筛选 MDM2 潜在底物

针对 MDM2 共进行了 4 次筛选。方案 1 的筛选顺序为负筛—正筛—正筛—正筛—负筛—正筛—正筛（NPPPNPP）的顺序，方案 2 为 NPNPNP，方案 3 为 NPPP，方案 4 为 NPPP 并进行胰酶消化。经过该四轮筛选后，共测序获得 216 个阳性克隆序列，实际编码的天然蛋白为 16 个，有 8 个蛋白质在筛选过程中是被重复筛选到的。利用 IPA（Ingenuity Pathway Analysis）软件进行生物信息学分析发现，其中 15 个蛋白质都处在 MDM2 相关的网络中，说明筛选结果的可信度很高。随后在体外水平上对新发现的

MDM2潜在底物中的12个进行了验证,结果发现9个蛋白质可以在体外试验中被MDM2泛素化。这一结果提示整个筛选策略假阳性率低(2/12),是一种有效的筛选泛素连接酶底物的方法。

(四)利用 SiLAD 蛋白质组学鉴定泛素连接酶底物

本节将以 CHIP 泛素连接酶为例,介绍运用 SiLAD 蛋白质组学确认泛素连接酶作用底物的方法。

^{35}S 体内标记的动态蛋白质组学分析技术 SiLAD 是一种高灵敏度、高时间分辨率的研究动态或差异蛋白质组的检测方法(67)。SiLAD 技术通过利用 ^{35}S 标记的 Met/Cys 混合物对细胞或实验动物进行短时间的脉冲标记,在这段时间里新合成的蛋白质由于含有 ^{35}S 的 Met/Cys 的插入而被标记,随后这一部分蛋白质的信息在磷屏曝光结果中被显示。这样的处理,排除了细胞中已经累计的大量该种蛋白质干扰,而使新合成部分的蛋白质突出显示,因此 SiLAD 技术可以提供高时间分辨率的实验数据。通过这一技术我们可以得到分别代表了细胞蛋白质组不同部分的两种图像,结合两种结果可以提供传统蛋白质组学方法所不能得到的更多蛋白质组的信息。

本章我们利用 SiLAD 技术,将含有 ^{35}S Met/Cys 的培养基对野生型癌细胞株和过表达 CHIP 的稳定细胞系进行长时间标记(4 h),这段时间中细胞新合成蛋白由于 ^{35}S 的插入而被标记;随后对细胞更换全培养基,在无同位素的常态下培养 4 h。然后,我们比较标记细胞在两种状态下的二维双向电泳图谱,从而能够测量各个蛋白的降解速率。进一步比较在野生型癌细胞株和过表达 CHIP 的稳定细胞系中标记蛋白变化速率的差异,能够显示由 CHIP 过表达所引起的蛋白降解速率的改变。我们将降解速率发生明显变化的蛋白质确定为 CHIP 作用的目标蛋白。通过质谱鉴定得到蛋白名称,进而利用经典的体外相互作用和泛素化实验等验证目标蛋白是否为 CHIP 的作用底物(68)。

1. 实验材料

(1)Methionine free DMEM(Invitrogen)。

(2)^{35}S-Methionine(Pharmacia Biotech)。

(3)野生型癌细胞株和过表达 CHIP 的稳定细胞系。

(4)山梨醇溶液。

(5)细胞裂解液:U7+T2(7 mol/L 尿素+2 mol/L 硫脲)——7 mol/L Urea(尿素),2 mol/L Thiourea(硫脲),40% chaps,1% DTT(65 mmol/L),40 mmol/L Tris-HCl。使用前加入蛋白酶抑制剂 1% IPG 缓冲液。

(6)18 cm pH4~7 IPG strips。

(7)IPG 胶条平衡液 I:用前每 10 mL SDS 平衡缓冲液储液加入 100 mg 的 DTT(10 mL/strip),溶解即可。

(8)IPG 胶条平衡液 II:用前每 10 mL SDS 平衡缓冲液储液加入 250 mg 的 iodoacetamide(碘乙酰胺,10 mL/strip),溶解即可。

(9)考马斯亮蓝 R350 蛋白染色液:1 g 考马斯亮蓝 R350,80 mL 甲醇,120 mL

冰醋酸，充分溶解后过滤。再加 180 mL 冰醋酸、540 mL 甲醇、1080 mL 三蒸水、1 g CuSO$_4$ 溶解混匀即可。

（10）脱色液：100 mL 冰醋酸，250 mL 甲醇，650 mL 三蒸水。

2. 实验设备

GE 双向电泳设备；旋转仪；磷屏；干胶仪；Storm。

3. 实验方法

（1）分细胞，每种细胞设两个时间点：0 h 和 4 h。每个点每种细胞各 4 个 100 mm 培养皿。

（2）24 h 后，代谢标记：

a）用温热的 PBS 轻轻冲洗细胞 2 次；

b）每盘中加入 4 mL 含 5% FBS、缺失 Methionine 的 DMEM，37℃培养细胞 1 h；

c）每盘中加入标记混合物（^{35}S-Methionine 终浓度为 300 µCi/mL），37℃标记细胞 4 h。

（3）彻底吸出标记液，PBS 轻轻冲洗细胞 2 次，加入含过量 Methionine 的 DMEM 全培养基。

（4）继续培养细胞 4 h。

（5）收获细胞，方法如下：

a）吸出细胞培养皿中的培养基，用 PBS 洗细胞一次；

b）加入适量 PBS，用细胞刮子将细胞刮下；

c）4℃离心，3000 r/min，3 min；

d）PBS 洗 2 次，每次 10 mL，轻轻吹散细胞，1000 r/min 离心 4 min，去掉上清；

e）山梨醇 10 mL 洗细胞 1 次，轻轻吹散细胞，1000 r/min 离心 4 min，去掉上清；

f）加 1 mL 山梨醇吹打均匀，转移到 EP 管中，离心机预冷 4℃，离心弃上清；

g）加入适量细胞裂解液，重悬细胞沉淀。一般 100 mm 培养盘的细胞用 1 mL 裂解液重悬；

h）超声裂解，至裂解液清亮；

i）55 000 r/min，4℃高速离心 45min；

j）离心后溶液分为三层：上层脂类，中间蛋白质，下层沉淀。吸取中间层蛋白，每管 200 µL 分装冻于–80℃，待用。

（6）进行 2D 电泳分离实验。实验中采用 18 cm pH4～7 IPG strips 进行等电聚焦，采用水化和聚焦同时进行的策略。

a）取每个样品（对照组和实验组）500 µg，加入水化液，样品和水化液的总体积等于 350 µL（可以根据蛋白质的浓度调整蛋白溶液的体积，但是蛋白溶液体积最好不要超过 150 µL，否则会影响水化和聚焦效果）。

b）加入 1%（V/V）的 IPG buffer 充分混匀。

c）将 350 µL 的样品混合液轻轻加入上样槽中，从 IPG 胶条的酸端（尖端）轻轻地撕开胶条保护膜，然后胶面朝下轻轻地放在样品混合液的上面，防止引入气泡。

d）在胶条的上面轻轻覆盖约 2 mL 的 IPG 胶条覆盖油（drystrip coverfluid），盖好盖子之后放入等电聚焦仪器上。

e）设置水化和聚焦程序：温度为 20℃时，30 V、14 h，100 V、1 h，500 V、1 h，1000 V、1 h，8000 V、30 min（Gradient）。

f）聚焦结束后，拿出胶条进行后面的步骤，或者冻存于-20℃冰箱，尽快进行后续步骤。

（7）IPG 胶条的平衡。

等电聚焦后胶条平衡的目的就是利用还原剂打开蛋白质内部二硫键，然后再用碘乙酰胺封闭还原后的巯基，SDS 包裹在伸展肽链的周围，使得第二向电泳按照肽段的分子质量进行分离。

a）每根胶条用 10 mL 平衡缓冲液 I 进行平衡，在摇床上轻轻摇动，不要太剧烈，平衡 15 min，时间太长会造成 IPG 胶条里已经聚焦的蛋白质扩散或渗透到平衡液中。

b）用三蒸水轻轻冲洗，然后放入 10 mL 平衡缓冲液 II 中，轻摇 15 min，结束之后准备第二向的 SDS-PAGE。

（8）第二向垂直平板电泳 SDS-PAGE。

a）制备 12%的 SDS 分离胶，灌胶后用水饱和的正丁醇封胶顶层，PAGE 胶凝固 2 h 左右，倒去正丁醇，用去离子水把胶面上的正丁醇冲洗干净。此步工作一般于前一天进行，让 SDS 胶凝固。

b）用 50℃左右琼脂糖封胶液（0.5%琼脂糖＋0.002%溴酚蓝）灌于分离胶的上面。

c）迅速将平衡好的 IPG 胶条轻轻地转移至 PAGE 胶玻璃板的长板上面，用薄板将胶条推入封胶液中，直至 PAGE 胶的胶面上。注意在 IPG 胶条和 PAGE 胶面之间不要残留气泡，并在胶条的一边放上用滤纸吸收的 protein marker。等封胶液凝固之后，将平板 PAGE 胶放入电泳装置，开始电泳。

d）设置电泳条件：① 5 W/strip for 45 min；②17 W/strip 直到溴酚蓝前沿走到距离 PAGE 胶底部约 1 cm，停止电泳，取出凝胶，进行固定染色。

（9）双向电泳凝胶的染色、脱色及图像采集。

a）第二向电泳结束后，直接将胶放入考马斯亮蓝染色液中，在脱色摇床上慢摇 6 h 或者过夜。

b）将胶放入脱色液中，慢摇，中间更换 2～3 次脱色液，直到凝胶背景干净为止。

c）用 Umax powerlook 2000 扫描仪，以透射方式，300 dpi 扫描获取 tif 格式的图像文件。

（10）干胶制作及曝光图像采集。

a）将扫描后的双向胶放入 20%甲醇、3%甘油中脱水 4 h 或过夜。

b）在干胶仪上铺一张脱水溶液浸湿的滤纸，然后放上脱水后的双向胶，注意不要把胶弄破。

c）设置干胶仪 89℃，抽干 4 h。

d）待干胶冷却之后从干胶仪中取出来，修剪干胶周围多余的滤纸。

e）干胶用磷屏曝光，曝光匣放于暗室。

f）40 天后，取出磷屏，用 Pharos FXTM Plus Molecular 激光扫描仪进行扫描，图像以 tif 格式导出。

（11）蛋白表达图谱及差异蛋白的分析。将前面得到的考马斯亮蓝染色及磷屏扫描获得的图像导入到 ImageMaster 2D Platium 软件，自动生成 mel 格式的文件。分析程序简要如下。

a）Spot detection：所有的被分析的凝胶都用同一参数进行检测，调整 spot detection 的各个参数使图像上的蛋白点都是清晰可见的。检测之后肉眼校正，删除明显是杂质的点或轮廓不清的点。

b）Backbround substraction：采用 lowest on boundary 扣除背景。

c）Reference gel：选择分离效果最好、spot number 相对最多的凝胶，设置为 reference gel，在后续的差异蛋白的比较中，其余的凝胶都与参考胶相比较。

d）Matching：首先在各个胶上选择分辨率、聚焦较好，确信是同一个蛋白质点的点作为 landmark。landmark 的选取要在胶上均匀分布，选取 6~8 个 spot 作为胶之间进行 matching 的路标。

e）Normalization：目的是标准化每块胶上 spot 的 volumn 值，以便胶之间蛋白表达量的准确比较和分析。我们采用公式（volumn of each spot on a gel）/（total volumn of total spots on the same gel）×10 000 作为标准化之后的 volumn 值，这个值用于后面的定量分析，这样就避免了由于上样量的差异导致的差异表达假象。

f）Differential protein analysis：所有胶经过与 reference gel 匹配之后，参考胶上的每一个点都对应着各个胶上的相应的点，这样的点归为一个 Group，利用每个 spot 经过 nomalization 后的 volumn 值进行差异表达分析。在曝光图像中至少在一个时间点上，实验组与对照组之间表达量的差异大于或等于 2 倍的点定义为差异点。首先软件自动分析，然后肉眼确认 Visualization confirmation，方可认为是差异表达蛋白。

（12）差异蛋白质的胶内酶解。

a）用刀片将干胶上的差异蛋白点切下，装入 0.5 mL 离心管中，用 Milli-Q 水洗 3 次，每次 10~15 min。

b）胶块脱色：用脱色液（50% ACN/25 mmol/L NH₄HCO₃）每次加入 400 μL，摇床 250 r/min 摇动。脱色洗涤 5 次，直到胶块透明为止。

c）胶块加入 50 μL 100% ACN，作用 5 min，重复一次，最好振荡一下。待胶块变白缩小后吸出干燥液，并让残留的 ACN 自然干燥。

d）每个胶块加入 10 μL Trypsin 溶液[1 μg trypsin 溶于 100 μL 25 mmol/L NH₄HCO₃（pH8.0）中]，这样每个胶块大约 100 ng trypsin。47℃吸涨 30 min，然后补加 10 μL 的 NH₄HCO₃（pH8.0），37℃过夜。Trypsin 的作用时间依据蛋白质分子质量的大小而定，分子质量越小，作用的时间应该适当缩短，分子质量越大，消化时间适当延长。

（13）蛋白质的质谱分析和鉴定。

A. 用于 FTICR-MS 分析的样品需要进行萃取，整个分析过程如下：

a）酶切后的肽段用 100 μL 萃取液（50%乙腈、0.2%TFA）超声萃取 15 min，总共萃取 2 次；

b）合并萃取液，用抽干机真空抽干 2 h；

c）肽段重新溶于 0.1%的甲酸并用连有 C18 反相柱的 Nano-LC 系统进行分离；

d）肽段以 0～50%乙腈（溶于 0.1%甲酸）、400 nL/min 进行洗脱，每个样品需要约 120 min；

e）洗脱的肽段用 FTICR-MS 进行分析，数据采集以一种数据依赖性的方式进行，每进行一次母离子扫描，选取其中丰度最高的三个峰进行二级质谱分析，周而复始，直至整个样品分析完毕；

f）获得的数据运用 Mascot 2.1.0 进行数据库搜索，使用的数据库为 IPI.RAT database（version 3.41）；

g）搜索条件：信噪比 4.0，一级母离子误差 5 ppm，MS/MS 误差 0.02 Da。搜索结果中 Mascot 分数高于 69（$P< 0.005$）被认为是可信的。

B. 用于 ESI-Q-TOF-MS 分析的样品需要进行脱盐，分析过程如下：

a）脱盐；

b）平衡：移液器置于 10 μL 处，反复用润湿液润湿 Ziptip C18 枪头；用平衡液平衡 2 次；

c）吸附与冲洗：移液器置于 10 μL 处，吸入样品消化液 3～7 个循环，最好 10 个循环；用冲洗液冲洗 2 遍，冲洗液中加入 5%的甲醇，脱盐效果更好；

d）洗脱：加 1～4 μL 洗脱液到干净的管中，反复冲洗 3 次以上（不能带入气泡）；

e）平衡液：0.1% TFA；冲洗液：0.1% TFA/5% ACN；洗脱液：0.1% TFA/50% CAN；

f）样品由玻璃针以电喷雾的离子化方式进样，质谱在正离子模式下收集分子质量范围 400～2000 Da 的母离子，手动选取丰度最高的带有 2～3 个电荷的母离子进行 MS/MS 分析；

g）质谱搜集的数据用 Analysist QS1.0 软件分析，提取二级质谱子离子信息，用 MASCOT 搜索引擎（http://www.matrixscience.com）进行数据库（Swiss-Prot）搜索；

h）数据库搜索参数。肽段固定修饰：carbamidomethylation（C）；可变修饰：oxidation（M）；允许的错误剪切数：1；母离子分子质量误差：100ppm；子离子分子质量误差：0.1 Da。肽段的 MASCOT 分值大于 29（$P< 0.05$），两个或两个以上肽段鉴定为同一个蛋白视为可信。

4. 实验分析

1）双向电泳图谱及磷屏曝光图谱

我们将对照细胞和过表达 CHIP 的细胞同时进行 4 h 的脉冲标记，然后释放 4 h，分别收集释放前后的细胞（记为 0 和 4 h 点），提取总蛋白进行双向电泳。整个实验重复 3 次，获得蛋白点分离效果好、一致性高的双向电泳图谱（图 5-13 A）。双向胶经过 ImageMaster 2-D Elite software 软件检测及手动修正，每块胶平均可检测到 1407 ± 29 个蛋白点。双向胶制成干胶，曝光获得不同细胞株细胞释放前后标记蛋白的电泳图谱（图 5-13 B），每张图平均检测到 1594 ± 65 个蛋白点。

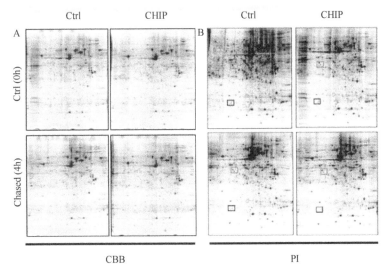

图 5-13　SiLAD 实验结果（68）。A. CBB，考马斯亮蓝染色；B. PI，磷屏曝光显色

2）差异蛋白的筛选及鉴定

磷屏成像结果利用软件 ImageMaster 2-D Elite software 进行分析。如前所述，SiLAD 技术可以获得释放前后细胞总蛋白经双向电泳分离并磷屏曝光后的结果，代表蛋白质在标记的 4 h 内的合成总量，以及释放后蛋白质降解 4 h 的标记蛋白的剩余量。因此，我们将从下面两个方面来分析整体蛋白的差异性：一是比较释放前后标记蛋白的总量改变，其能够显示蛋白质在释放过程中的降解速率；二是比较蛋白质在对照细胞和实验细胞中释放前后的表达差异，其能够显示出由 CHIP 蛋白过表达所引起的蛋白质降解速率的变化。我们主要分析了在 CHIP 过表达细胞中相对于对照细胞标记蛋白量下降的点，以及在 CHIP 过表达细胞中 4 h 时比 0 h 时标记蛋白量下降速率大于对照细胞的蛋白点。在任何一个方向上差异达到两倍或两倍以上的蛋白点定义为差异蛋白并通过 LC-MS/MS 进行鉴定。分析结果表明，共 28 个点为蛋白差异显著点，其中质谱分析成功鉴定了 19 个差异点。

随后我们就利用标准的验证泛素连接酶底物的方法进行具体验证。

（五）验证泛素连接酶底物的方法

本节将以 SCF 复合泛素连接酶为例，介绍确认泛素连接酶底物的方法。F-box 蛋白与 Skp1、Cullin 及 Rbx1 一起组成 SCF 复合泛素连接酶。在该复合酶中，Cullin 作为脚手架蛋白协助由单体泛素连接酶 Rbx1 和泛素耦合酶组成的催化活性组分的装配，而 Skp1 和 F-box 蛋白则构成底物结合组分。

含有 Cul1 N 端部分 452 个氨基酸残基的截短体可表现为一个显性负突变体（Cul1^{DN}），它可以与 Skp1 结合，并间接与 F-box 蛋白相互作用，但丧失了与 Rbx1 和泛素耦合酶结合的能力。相应地，当过表达 Cul1^{DN} 时，细胞中 F-box 蛋白与它结合，抑制依赖 Cul1 的底物泛素化。这种情况下，SCF 的底物趋于稳定。多数情况下，SCF 途径所介导的蛋白质降解需特定的激活信号刺激。因此，应检测存在或缺失 Cul1^{DN} 表达的情况下，经特定信号刺激后，蛋白代谢随时间的变化。在这里，我们将介绍鉴定 SCF 复合泛素连接酶底物所采用的研究方法，包括：①用 ^{35}S-甲硫氨酸脉冲标记研究 Cul1^{DN} 对特定蛋白质降解的影响；②放线菌酮（cycloheximide）处理法测定底物蛋白质的稳定性；③采用 RNAi 技术对泛素连接酶-底物相互作用进行功能性验证；④底物泛素化反应(63)。

1. ^{35}S-甲硫氨酸脉冲标记

研究 Cul1^{DN} 对某个特定蛋白代谢的影响，最好采用 ^{35}S 脉冲标记试验进行分析。如能找到可用于免疫共沉淀的抗体，则可采用 ^{35}S-甲硫氨酸标记代谢过程进行相应的研究。对于甲硫氨酸含量很低、较难进行上述代谢标记的蛋白质，也可利用放线菌酮处理法进行研究。由于每种蛋白质的代谢速率不同，应首先进行预实验确定其大致的半衰期，然后准备足够收集全部时间点的细胞。

（1）将 HEK293T 细胞植于 6 孔板中（约 1×10^6 个细胞/孔）。

（2）细胞植入约 24 h 后，在相应孔中转入 3 μg pcDNA3-Cul1^{DN} 质粒或 3 μg pcDNA3 空载体。转染时，细胞密度为 70%～80%。通常，转染上述质粒的细胞可使足够量的 Cul1^{DN} 抑制 SCF 途径的泛素化。若需共转染标签标记待测底物蛋白表达质粒时，Cul1^{DN} 的表达质粒应远高于底物蛋白的相应质粒，一般为 5∶1。

（3）转染 48 h 后，用 PBS 洗涤细胞 2 次，用缺乏甲硫氨酸的培养基孵育 30 min，再在培养基中添加 ^{35}S-甲硫氨酸（1000 Ci/mol）至终浓度为 100 μCi，再孵育 30 min。标记前和标记中的两个孵育过程，一定要清除培养基内源的甲硫氨酸，可使用商业化的缺乏甲硫氨酸的血清和培养基。

（4）标记完成后，清除原有培养基，更换含 1 mmol/L 甲硫氨酸的新培养基，由 0 h（即加入新鲜含甲硫氨酸培养基的时间）起始，在各时间点收集细胞，并用含有去垢剂的裂解液裂解。

（5）对细胞裂解液进行蛋白质定量后，用特异的抗体进行免疫共沉淀。然后用 SDS-PAGE 分离沉淀复合物，并进行放射自显影或磷光影像分析。后一种方法可以更精确地定量标记蛋白。标记蛋白的量是减少至 0 时间蛋白量的 50%所对应的时间，记为蛋白质的半衰期。若 Cul1^{DN} 的存在导致目的蛋白的半衰期明显增加，则说明 SCF 复合物参与该蛋白质的泛素化过程。

2. 放线菌酮处理法测定底物蛋白质的稳定性

对于某些难以进行代谢标记或无法得到用于免疫共沉淀抗体的蛋白质，可利用放线菌酮（cycloheximide）处理结合免疫印迹来检测其半衰期。放线菌酮可以抑制蛋白质的翻译过程，因此，加入它可以降低自身不稳定蛋白的丰度。转染 48 h 后，更换含有放线菌酮的培养基，其终浓度为 25 μg/mL。依据不同蛋白质的半衰期，确定收集细胞时间点的分布，要确保其分布至少涵盖整个半衰期。

在规定的时间点收集细胞，PBS 清洗，重悬于冰上，按照上文所述裂解细胞，以测定稳态蛋白的水平。SDS-PAGE 分离细胞裂解物，然后用特异的抗体进行免疫印迹分析，并通过对照抗体（如 tubulin）确定上样量是否一致。与转染对照质粒的细胞相比较，在

Cul1^{DN} 存在时，如果蛋白质的半衰期延长，则可说明相应的蛋白质降解是由 SCF 途径所介导的。利用这一分析方法，已经证明 Cul1 参与 Cdc25A 的降解（69）。

3. 采用 RNAi 技术对底物进行功能性验证

鉴定一个 F-box 蛋白可能与底物存在相互作用后，关键要进一步得到功能性相互作用的遗传学和生物化学佐证。其中，重建针对目标底物泛素连接酶活性的实验具有重要意义。除此以外，功能缺失试验也很重要。还可以用显性负突变体 F-box 蛋白来代替RNAi，由于其可能存在间接作用，前者有一定的局限性。下面，我们将以 Cdc25A 为例介绍采用 β-TRCP1 和 β-TRCP2 的 siRNA 检测 Cdc25A 的稳定性。下面的例子中，我们采用了同时可抑制 β-TRCP1 和 β-TRCP2 的 shRNA 表达载体，确定 Cdc25A 降解过程是否需要上述两种 F-box 蛋白，运用类似的方法鉴定了调控 Cyclin E、c-Myc、c-Jun 和其他 SCF 底物的 F-box 蛋白。虽然通过检测泛素化底物的稳态蛋白水平可以佐证 F-box 蛋白在底物降解中的作用，但应提供更为确切的证明，如利用脉冲标记或放线菌酮为基础的试验检测目的蛋白的半衰期。

（1）确定合成载体 siRNA 序列有效后，进行细胞转染，以内源目的蛋白稳定性来确定转染的若干参数。以 Cdc25A 为例，放线菌酮存在时，其表观半衰期为 30 min，因此选择 4 个时间点：0 min、30 min、60 min、90 min。10 cm 平皿中植入 8×10^6 HEK293T细胞以转染待测 shRNA 载体。细胞达到 70%～80%的密度时，用 Lipofectamine 2000 转染 20 µg 的 pSUPER-β-TRCP 或 pSUPER-GFP（阴性对照）。pSUPER-β-TRCP 质粒以 β-TRCP1 和 β-TRCP2 的保守序列为靶点并可有效减少两者的 mRNA。

（2）转染 24 h 后，将 10 cm 平皿的细胞平均分入 4 个 6 cm 平皿中。

（3）转染 48 h 后，去除培养基，更换含有 CHX（25 µg/mL）的培养基。

（4）加入 CHX 后，分别在 0 min、30 min、60 min、90 min 时收集细胞。40 µg 细胞抽提物用 PAGE 分离，然后用针对 Cdc25A 的抗体进行免疫印迹分析。将膜上抗体洗脱后，再用作为上样对照的抗 Cul1 抗体检测。未抑制 β-TRCP 时，Cdc25A 的半衰期约为 30 min；而抑制 β-TRCP 后，半衰期增加，大于 90 min，表明 β-TRCP 在体内参与 Cdc25A 的降解（图 5-14）。为确定 RNAi 的有效性，应在细胞裂解液中检测相应 F-box 蛋白的水平。根据降解速率，调整时间和时间点的数目。

4. 底物泛素化反应

将 2.5 µL 磷酸化的 Cdc25A 与 2.3 µL 非标记的 β-TRCP 预孵育 10 min（30℃），组装 SCF-底物蛋白复合物。然后加入 5.2 µL 包含相应组分的泛素化反应混合液，30℃预孵育 60 min。每个泛素化反应体系包括：250 ng 泛素激活酶（E1），250 ng His-UBCH5A，5 µg 泛素（Sigma），0.2 µL 100 mmol/L ATP，0.5µL 20 µmol/L 乙醛泛素，1 µL 10×泛素化反应缓冲液 [10× URB：500 mmol/L Tris-HCl（pH 7.5），50 mmol/L KCl，50 mmol/L NaF，50 mmol/L MgCl$_2$，5 mmol/L DTT]，1 µL 10×能量再生混合液（10×EM：200 mmol/L 磷酸肌氨酸和 2 µg/µL 肌氨酸磷脂酰激酶），0.5 µL 20×蛋白酶抑制剂（1 mL

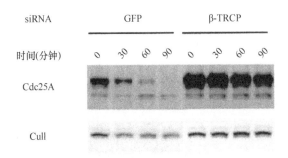

图 5-14 干扰 β-TRCP 后 Cdc25A 稳定性的变化。用 5 μg pSUPER-β-TRCP 或 pSUPER-GFP siRNA 载体转染 293T 细胞（2 cm 培养皿）。转染 48 h 后用 CHX 处理。在对应时间点收集细胞，并用抗 Cdc25A 和抗 Cul1 进行免疫印迹分析

中溶解一粒蛋白酶抑制剂混合物，Roche，Cat#1873580），0.5μL 0.5 mmol/L LLnL。加入 10 μL 2×SDS-PAGE 上样缓冲液中止反应。然后用 4%～12%的 SDS-PAGE 梯度胶分离反应产物，并对干胶进行放射性自显影分析。

若出现高分子质量产物，则说明可能发生泛素化。需要注意的是，由于网织红细胞抽提物是一个粗提物体系，因此必须做好充分的对照来说明高分子质量产物是添加泛素和 F-Box 蛋白后的特异产物。前者可以通过加入甲基化泛素来作为对照，因为甲基化泛素无法形成多泛素链，从而抑制泛素修饰产物的形成。进行一组其他 F-Box 蛋白的平行实验作为对照则可以阐明 F-Box 蛋白反应的特异性。

1）从杆状病毒感染的昆虫 SF9 细胞中纯化 SCF^{FBW7α} 复合物

除网织红细胞抽提物外，还可以利用由昆虫细胞纯化的 SCF 复合物进行酶活性重组实验。将纯化得到的复合物与体外拟素修饰的 Cul1 混合，能够得到高活性的重组复合物。已有遗传学和生物化学研究表明，FBW7 可能参与 CDK2 和（或）GSK3β 磷酸化 Cyclin E 的降解。但使用纯化的组分却没有得到上述结果。下面将介绍由重组杆状病毒感染昆虫细胞纯化得到的 SCF^{FBW7α} 复合物重组 SCF^{FBW7} 泛素连接酶活性的方法。

（1）在 150 mm×25 mm 的培养皿中植入 3×10^7 Sf9 细胞，添加 25 mL 昆虫细胞培养基。1 h 后，分别用表达 Flag-FBW7α、His-Cul1、His-Skp1 和 His-Myc-Rbx1 的杆状病毒感染细胞，使用滴度较高的病毒可以得到更好的表达效果。

（2）感染 24 h 以后，温和手法收集细胞，1000 g 离心 2 min。用冰冷的 PBS 洗涤一次，细胞应在–80℃冻存 30 min 以上，以加速裂解。每个培养皿的细胞用 2.5 mL 预冷的 NETN 裂解液（含有蛋白酶抑制剂）重悬细胞，冰上孵育 10 min。

（3）4℃，20 000 g 离心 30 min，将上清转入新的 15 mL 管中，加入 25 μL ANTI-FLAG M2 Agarose Affinity Gel（Sigma Cat# A-2220）（50%均匀悬浊液）。

（4）4℃轻柔摇动混匀 1 h，2000 g 瞬时离心收集珠子，然后依次用 2.5 mL 预冷的 NETN 裂解液洗涤 3 次。再用 1 mL TBS[50 mmol/L Tris-HCl（pH7.5），200 mmol/L NaCl] 洗涤。1000 g 离心 1 min，去上清。

（5）固定在珠子上的纯化 SCF 复合物可进行泛素化实验，也可以洗脱下来。洗脱时，向沉淀中加入一倍床体积的 3×Flag 洗脱液（TBS 溶解的 500 μg/mL 3×Flag 肽）。

（6）4℃轻柔摇动孵育 30 min。20 000 g 离心 10 s，小心将上清移入新管中，避免吸入沉淀。重复该步骤一次。

（7）合并洗脱的样品，移入 Mini Dialysis Unit（Pierce Cat# 69550）。用 200 mL 添加 1 mmol/L PMSF 的透析液[50 mmol/L Tris-HCl（ pH 7.5），200 mmol/L NaCl，50%（V/V）甘油]进行透析。4℃，2 h。

（8）更换新的透析液再透析 2 h。收集样品，存放于–80℃。利用 SDS-PAGE 检测复合物的纯度。3 μL 洗脱产物就可以通过考染检测（约 0.5 μg 复合物组分）。

2）重建 Cyclin E 泛素化

已知 Cyclin E 泛素化及降解需要依赖 Thr-380 进行磷酸化。之前的研究已经证实由 Sf9 昆虫细胞中纯化出的 Cyclin E/CDK2（E/K2）存在泛素化并被磷酸化。在加入泛素化组分之前，E/K2 复合物需与等量 SCF^{FBW7} 于 30℃下孵育 10 min。10 μL 泛素化反应体系包括：250 ng His6-E1，250 ng His6-UBCH3，5 μg 泛素，2 mmol/L ATP，1 μmol/L 泛素醛，1×URB，1×EM，6 nmol/L E/K2，6 nmol/L SCF^{FBW7}，12 nmol/L 拟素，6 nmol/L UBCH12，6 nmol/L 拟素-活化酶（NAE1），该体系于 30℃下反应 60 min。然后向反应体系中加入 10 μL 2×SDS-PAGE 样品缓冲液以终止反应，并于 4%～12% 的 SDS-PAGE 梯度胶上进行分离，再使用抗 Cyclin E 抗体进行免疫印迹检测（Santa Cruz，C-19）。拟素修饰的程度可通过与抗 Cul1 抗体进行免疫印迹来确定。

拟素修饰对多细胞真核生物中 SCF 复合物的功能至关重要。与网织红细胞裂解系统不同，由缺失拟素修饰的昆虫细胞中纯化出的 SCF^{FBW7} 复合物含有 Cul1。加入 Cul1 NEDD 修饰所需组分（拟素、NAE1 和 UBC12）会导致 Cul1 的电泳迁移率显著下降，这与单独的连接拟素分子（约 8 kDa）的结果一致。有实例表明，>50% 的 Cul1 会转变成 NEDD 修饰形式，且当孵育时间延长或增加 NEDD 修饰组分的量时，比例将会增至>90%。重要的是，不存在 Cul1 拟素修饰时，很少能够观察到 Cyclin E 的泛素化。当存在 Cul1 拟素修饰时，则可以观察到大量通过 SCF^{FBW7} 介导的 Cyclin E 的泛素化。

参 考 文 献

1. W. Li *et al.*, *PLoS One* **3**, e1487(2008).
2. S. Hatakeyama, K. I. Nakayama, *J. Biochem.* **134**, 1(2003).
3. S. J. Bae *et al.*, *Nat. Commun.* **6**, 6314(2015).
4. J. P. Kruse, W. Gu, *Cell* **137**, 609(2009).
5. C. Zhang, F. Zhang, *J. Genomics* **3**, 40(2015).
6. D. E. Spratt, H. Walden, G. S. Shaw, *Biochem. J.* **458**, 421(2014).
7. E. Rieser, S. M. Cordier, H. Walczak, *Trends Biochem. Sci.* **38**, 94(2013).
8. C. E. Berndsen, C. Wolberger, *Nat. Struct. Mol. Biol.* **21**, 301(2014).
9. K. L. Lorick, Y. C. Tsai, Y. Yang, A. M. Weissman, *Wiley-VCH Verlag GmbH & Co. KGaA.* **1**: Ubiquitin and the Chemistry of Life, 44(2005(b)).
10. P. S. Freemont, I. M. Hanson, J. Trowsdale, *Cell* **64**, 483(1991).
11. M. Wade, Y. C. Li, G. M. Wahl, *Nat. Rev. Cancer* **13**, 83(2013).
12. P. Vandenabeele, M. J. Bertrand, *Nat. Rev. Immunol.* **12**, 833(2012).
13. N. Zheng, P. Wang, P. D. Jeffrey, N. P. Pavletich, *Cell* **102**, 533(2000).

14. M. D. Petroski, R. J. Deshaies, *Nat. Rev. Mol. Cell Biol.* **6**, 9(2005).
15. A. Sarikas, T. Hartmann, Z. Q. Pan, *Genome Biol.* **12**, 220(2011).
16. S. Hatakeyama, M. Yada, M. Matsumoto, N. Ishida, K. I. Nakayama, *J. Biol. Chem.* **276**, 33111(2001).
17. F. Bernassola, M. Karin, A. Ciechanover, G. Melino, *Cancer Cell* **14**, 10(2008).
18. M. Scheffner, S. Kumar, *Biochim. Biophys. Acta.* **1843**, 61(2014).
19. D. Rotin, S. Kumar, *Nat. Rev. Mol. Cell Biol.* **10**, 398(2009).
20. J. M. Huibregtse, M. Scheffner, P. M. Howley, *Mol. Cell Biol.* **13**, 775(1993).
21. O. Staub *et al.*, *Embo. J.* **15**, 2371(1996).
22. A. M. Weissman, *Nat. Rev. Mol. Cell Biol.* **2**, 169(2001).
23. B. Eisenhaber, N. Chumak, F. Eisenhaber, M. T. Hauser, *Genome Biol.* **8**, 209(2007).
24. Y. Kulathu, D. Komander, *Nat. Rev. Mol. Cell Biol.* **13**, 508(2012).
25. J. J. Smit, T. K. Sixma, *EMBO. Rep.* **15**, 142(2014).
26. E. R. Kramer, N. Scheuringer, A. V. Podtelejnikov, M. Mann, J. M. Peters, *Mol. Biol. Cell* **11**, 1555(2000).
27. R. Hayami *et al.*, *Cancer Res.* **65**, 6(2005).
28. J. Feng *et al.*, *J. Biol. Chem.* **279**, 35510(2004).
29. J. M. Stommel, G. M. Wahl, *Embo. J.* **23**, 1547(2004).
30. S. W. Lowe, C. J. Sherr, *Curr. Opin. Genet. Dev.* **13**, 77(2003).
31. P. M. Snyder, D. R. Olson, B. C. Thomas, *J. Biol. Chem.* **277**, 5(2002).
32. P. M. Snyder, D. R. Olson, R. Kabra, R. Zhou, J. C. Steines, *J. Biol. Chem.* **279**, 45753(2004).
33. M. Gao *et al.*, *Science* **306**, 271(2004).
34. M. Gao, M. Karin, *Mol. Cell* **19**, 581(2005).
35. V. K. Chaugule *et al.*, *EMBO. J.* **30**, 2853(2011).
36. J. F. Trempe *et al.*, *Science* **340**, 1451(2013).
37. K. Ozawa *et al.*, *Sci. Rep.* **3**, 2202(2013).
38. N. den Elzen, J. Pines, *J. Cell Biol.* **153**, 121(2001).
39. P. Clute, J. Pines, *Nat. Cell Biol.* **1**, 82(1999).
40. J. W. Harper, J. L. Burton, M. J. Solomon, *Genes Dev.* **16**, 2179(2002).
41. S. Murata, Y. Minami, M. Minami, T. Chiba, K. Tanaka, *EMBO. Rep.* **2**, 1133(2001).
42. T. Buschmann, S. Y. Fuchs, C. G. Lee, Z. Q. Pan, Z. Ronai, *Cell* **101**, 753(2000).
43. C. Salvat, G. Wang, A. Dastur, N. Lyon, J. M. Huibregtse, *J. Biol. Chem.* **279**, 18935(2004).
44. T. Li, N. P. Pavletich, B. A. Schulman, N. Zheng, *Methods Enzymol* **398**, 125(2005).
45. N. Zheng *et al.*, *Nature* **416**, 703(2002).
46. M. D. Petroski, R. J. Deshaies, *Methods Enzymol* **398**, 143(2005).
47. A. Hershko, *Methods Enzymol* **398**, 170(2005).
48. A. Hershko, H. Heller, S. Elias, A. Ciechanover, *J. Biol. Chem.* **258**, 8206(1983).
49. A. N. Mayer, K. D. Wilkinson, *Biochemistry* **28**, 166(1989).
50. F. M. Townsley, A. Aristarkhov, S. Beck, A. Hershko, J. V. Ruderman, *P. Natl. Acad. Sci. USA.* **94**, 2362(1997).
51. M. Shteinberg, Y. Protopopov, T. Listovsky, M. Brandeis, A. Hershko, *Biochem. Biophys. Res. Commun.* **260**, 193(1999).
52. A. Wach *et al.*, *London: Academic Press.* **Yeast Gene Analysis**, 67(1998).
53. L. A. Passmore, *Institute of Cancer Research(*2003).
54. C. Kraft *et al.*, *Embo. J.* **22**, 6598(2003).
55. X. Luo *et al.*, *Nat. Struct. Mol. Biol.* **11**, 338(2004).
56. G. Fang, H. Yu, M. W. Kirschner, *Genes Dev.* **12**, 1871(1998).
57. S. Murata, M. Minami, Y. Minami, *Methods Enzymol* **398**, 271(2005).
58. Z. Chen, C. M. Pickart, *J. Biol. Chem.* **265**, 21835(1990).
59. C. M. Pfleger, M. W. Kirschner, *Genes Dev.* **14**, 655(2000).
60. X. B. Qiu, S. L. Markant, J. Yuan, A. L. Goldberg, *Embo. J.* **23**, 800(2004).

61. N. G. Ayad, S. Rankin, D. Ooi, M. Rape, M. W. Kirschner, *Methods Enzymol* **399**, 404(2005).

62. X. Tang *et al.*, *Methods Enzymol* **399**, 433(2005).

63. J. Jin, X. L. Ang, T. Shirogane, J. Wade Harper, *Methods Enzymol* **399**, 287(2005).

64. R. Frank, *J. Immunol. Methods* **267**, 13(2002).

65. N. G. Ayad *et al.*, *Cell* **113**, 101(2003).

66. Z. Guo, X. Wang, H. Li, Y. Gao, *PLoS One* **8**, e76622(2013).

67. Z. Zhang *et al.*, *PLoS One* **3**, e2991(2008).

68. Y. Shang *et al.*, *Oncogene*, (2017).

69. M. Donzelli *et al.*, *Embo. J.* **21**, 4875(2002).

（商　瑜　邱小波　常智杰　吴　缅）

第六章 泛素结合蛋白

泛素结合蛋白是与泛素分子相结合的蛋白质，它们通过泛素结合结构域与泛素分子结合。这些泛素结合结构域有二十几种（表 6-1），如 UBA（ubiquitin-associated domain）、UIM（ubiquitin-interacting motif）和 CUE（coupling of ubiquitin conjugation to endoplasmic reticulum degradation）等。根据所含泛素结合结构域的不同，可将泛素结合蛋白分为多种家族，不同家族与泛素的结合方式、作用位点、亲和性等都存在差异。泛素结合蛋白参与了细胞的多种生理或病理过程，涉及蛋白质降解、DNA 损伤修复、细胞周期调控、蛋白质的质量调控（ERAD）、细胞信号转导、自噬、内吞、聚集体的形成、免疫应答等多种细胞调控途径，这些泛素结合蛋白在维持机体正常生命活动的运转中发挥了重要作用。本章主要介绍泛素结合蛋白的种类、结构特性、生理和病理功能及相关实验技术。

大多数蛋白质翻译完成后，通过翻译后修饰在氨基酸表面加上各种基团或分子改变其功能，再分选到不同部位发挥作用，这些修饰包括泛素化、磷酸化、糖基化、乙酰化、甲基化、羟基化等。在真核细胞中，蛋白质的泛素化修饰是一个普遍的调控机制。蛋白质的泛素化包括两种，即单泛素化和多泛素化。靶蛋白上的单个赖氨酸残基与一个泛素分子相结合称为单泛素化，参与信号转导、内吞、DNA 修复等细胞过程。靶蛋白上的多个赖氨酸位点与单个泛素分子相结合称为多泛素化，参与信号转导和内吞等过程。泛素与泛素分子之间可结合形成泛素链，泛素分子上赖氨酸残基间形成的泛素链有 Lys6、Lys11、Lys27、Lys29、Lys33、Lys48 及 Lys63 连接的泛素链，一个泛素分子的头部也可以和下一个泛素分子的尾部连接成线性泛素链，此外，还有 Met1 连接的泛素链。靶蛋白上的单个赖氨酸位点与一条泛素链结合称为多泛素化。不同的泛素化修饰发挥不同的功能。例如，单泛素化的靶蛋白参与基因表达、沉默、内吞、蛋白质运输等功能，K29 和 K48 泛素链使底物通过蛋白酶体途径被降解，K63 泛素链具有信号转导、DNA 损伤修复等非蛋白水解功能。Met1 连接的泛素链具有信号转导功能（*1-4*）。泛素与底物之间的连接催化依赖于一系列的酶和泛素结合因子，能够与泛素结合的蛋白质称为泛素结合蛋白，也称为泛素受体（*5*）。这些泛素结合蛋白含有与泛素非共价结合的泛素结合结构域，它们通过泛素结合结构域与泛素分子相连接。迄今为止，已知的泛素结合结构域有二十几种（*2*），它们的长度为 20～150 个氨基酸。不同的泛素结合蛋白与泛素分子结合发挥不同的功能。泛素结合蛋白通过结合泛素，传递蛋白质上的泛素化信号，或促进泛素的结合和解聚。泛素结合结构域能够特异性结合单个泛素分子、多泛素链或泛素化底物，不同的泛素结合结构域参与形成的泛素化种类也不同，从而参与细胞内不同的细胞过程（*6*）。

本章根据泛素结合结构域对泛素结合蛋白进行分类，介绍了泛素结合蛋白家族成员、泛素结合结构域与泛素分子的作用特点、泛素结合蛋白的功能，整合介绍了大量已经报道的包括酵母、人在内的泛素结合蛋白。

第一节 泛素结合蛋白的特性和种类

泛素结合蛋白依靠泛素结合结构域（ubiquitin binding domain，UBD）与泛素分子相连接，根据泛素结合结构域的不同可对泛素结合蛋白进行分类。泛素结合结构域通过非共价键与泛素分子相结合，其具有以下特性：种类繁多，在细胞生命活动中发挥不同的作用。目前报道的泛素结合蛋白有二十几种泛素结合结构域，参与不同的细胞活动。K_d 表示 UBD 与泛素分子之间亲和力，K_d 越小，代表二者之间的亲和性越强。UBD 与泛素分子之间的 K_d 通常在 $10\sim500$ μmol/L，亲和力较低，推测可能是由于以下几个原因：一是因为 UBD 与泛素分子之间的结合是可逆的，可以通过去泛素化酶（deubiquitinating enzyme，DUB）除去泛素分子；二是因为如果泛素结合蛋白通过 UBD 与泛素分子之间的亲和力太高，不能将泛素传递给靶蛋白，就不能泛素化靶蛋白；还有一个原因可能是为了防止泛素结合蛋白自身泛素化。并不是所有的 UBD 都与泛素结合，有的可能与类泛素蛋白（UBL）结合，如拟素。就泛素结合蛋白与泛素的连接方式来讲，对于一些参与泛素-蛋白酶体体系的泛素结合蛋白来说，比较倾向于和多泛素链连接；对于在内吞途径中参与膜蛋白分选的泛素结合蛋白，与单个泛素分子结合的可能性较大，这种连接方式也可能受其自身亚细胞定位的影响；很多蛋白质携带多拷贝的 UBD，在一个蛋白质中也可能存在几种不同类型的 UBD（11，25，45）。

虽然 UBD 的种类具有多样性，可根据 UBD 结构的相似性对其进行分类：①具有一个或多个 α 螺旋的 UBD，有 UBA、UIM、CUE、GAT、MIU、DUIM、GGA、VHS、UBAN 等；②含有锌指的 UBD 有 NZF、A20 ZnF、ZnF UBP、UBZ 等；③含有一个 PH 折叠的 UBD 有 GLUE、PRU 等；④含有 UBC-like 结构域的 UBD 有 UEV、UBC 等；⑤其他相对独立的 UBD 有 UBM、PFU、JAB1/MPN 等（2，25）。大多数 UBD 通过与泛素分子表面疏水中心的 Ile44 相互作用从而与泛素分子结合，泛素分子的疏水中心包括 Leu8、Ile44 和 Val70 残基。但并不是所有的 UBD 都与泛素分子的疏水中心相结合，有的通过邻近的表面残基与泛素分子结合，例如，RABEX5 的 ZnF A20 结构域通过 Asp58 与泛素结合，USP5 的锌指-泛素结合蛋白酶（Zinc finger ubiquitin-binding protease，ZnF UBP）结构域通过泛素的 C 端与泛素结合。此外，ZnF UBP 结构域也可以通过泛素的 Ile36 及尾部与泛素相结合（2，11，25，45）。表 6-1 中主要介绍了目前研究较为详细的 UBD 的结构、结合特点、代表蛋白、功能等特性。

表6-1 主要的 UBD 及其特性

UBD	结构	氨基酸长度	与Ub作用表面	泛素结合类型	鉴别方法	代表蛋白（人）	代表蛋白（酵母）	主要功能	参考文献
α螺旋									
UBA	三个螺旋束	45~55	Ile44	mUb UBL pUb	酵母双杂交分析，与固定的 GST-Ub 结合	E2: UBC1 E3: EDD, HERC2, CBL, USP5/13/25/28, SIK2, RAD23A/B, SQSTM1, UBQLN1/2/3/4, ETEA MARK1/3/4, UBAP1/2 SNF1LK, LATS1/2	Swa2, Snf1, Ede1, Dsk2, Gts1, Ubp14, Ubc1, Ddi1, Rup1, Rad23, Yl419	泛素-蛋白酶小体途径，激酶调控，自噬	(2, 5, 6, 11-13)
CUE	三个螺旋束	42~43	Ile44	mUb	酵母双杂交分析	AMFR, AUP1, ASCC2, TOLLIP, CUED1/2, TAB2/3, SMRCD	Cue1/2/3/5, Vps9, Def1	内吞，激酶调控	(2, 5, 10, 11)
UIM	单个 α 螺旋，常以串联形式存在	约 25	Ile44	mUb	基于 S5a 的生物信息学方法	S5A, HGS/HRS, STAM, USP28/25/37, EPS15	Vps27, Ent1/2, Hse1, Rpn10, Ufo1	蛋白酶小体降解途径，MVB 形成，内吞等	(7-9)
DUIM	单个 α 螺旋，可结合两个泛素分子	约 25	Ile44	mUb	泛素结合实验，含有一个 UIM 但可以和两个泛素结合	HRS		MVB 形成	(25, 26)
MIU	单个 α 螺旋，与 UIM 和泛素作用的方向相反	约 25	Ile44	mUb	与 UIM 类似	RABEX5		内吞	(23, 24)
UBM	螺旋转角的螺旋，螺旋被一个 Leu-Pro 基序分开	约 30	Leu8	mUb	生物信息学方法，与固定的 GST-Ub 结合	polymerase iota, REV1	Rev1	DNA 跨损伤修复	(22)
UBAN	平行卷曲的螺旋二聚体	约 40	Ile44, Phe4, linker	Met1-di Ub	酵母双杂交筛选	NEMO, ABIN1/2/3 OPTINEURIN	Optineurin	NF-κB 信号通路	(18-21)
VHS	八个 α 螺旋组成的超螺旋	约 150	Ile44	mUb	Pull-Down 实验，与 Ub 或者 Ub 链结合	HRS, TOM1, TOM1-like protein1	Vps27	MVB 形成	(16, 17)
GAT	三个螺旋束	约 135	Ile44	mUb	酵母双杂交筛选，X 射线，SPR, NMR 结合 Pull-Down 实验	STAM，GGA3, TOM1	Tom1, Ggal/2	MVB 形成	(14, 15)

续表

UBD	结构	氨基酸长度	与Ub作用表面	泛素结合类型	鉴别方法	代表蛋白 人	代表蛋白 酵母	主要功能	参考文献
锌指（ZnF）									
NZF	锌指结构，含有四个β折叠	约30	Ile44	mUb pUb	与单个Ub、泛素链、或泛素化的蛋白结合，结合到GST-Ub上	NPL4, TAB2, TAB3, HOIP, HOIL-1L, RANBP2	Vps36, Npl4	MVB形成，ERAD，激酶调控	(34, 35)
ZnF A20	锌指结构	36~47	Asp58	mUb pUb	Pull-Down实验	RABEX5, A20		激酶调控，内存	(23, 24)
ZnF UBP	锌指，带有裂缝的球状折叠，以结合Ub的尾部	约58	Leu8 Ile36 Ub尾部	pUb	酵母双杂交筛选，与固定化的GST-Ub结合	USP5, HDAC6	Ubp8/14, Sad1, Etp1	自噬，蛋白酶体降解，UFD途径	(32, 33)
UBZ	锌指，含有ββα折叠	约30	Ile44	mUb pUb	Ub-agarosepull-dow实验，酵母双杂交筛选	FAN1, NDP52, Polyη, Polyκ, WRNIP1, RAD18, TAX1BP1	Rad18	NF-κB信号通路，DNA跨损伤修复	(22, 31)
Ubc-like 结构域									
UBC	β折叠		Ile44	mUb		UBCH5C		泛素转移	(29, 30)
UEV	αβ序列	约145	Ile44	mUb	与固定化的GST-Ub结合，和E2催化结构域相似	UEV1a, TSG101	Vps23, Mms2	MVB形成，DNA修复，激酶调控	(27, 28)
PH domain									
GLUE	PH结构	约135	Ile44	mUb	与mUb和固定GST-Ub结合	EAP45	Vps36	MVB形成	(43, 44)
PRU	PH结构，通过三个环结合泛素	约110	Ile44	mUb pUb UBL	酵母双杂交筛选	hRPN13	Rpn13	蛋白酶体降解途径	(41, 42)
其他									
SH3	β折叠，疏水槽结合泛素	50~70	Ile44	mUb	与mUb和固定GST-Ub结合	CIN85（SH3KBP1）	Sla1	内存	(40)
PFU	4个β折叠和两个α螺旋	约100	Ile44	mUb pUb	与mUb-Sepharose和泛素链部结合	PLAA	Ufd3（Doa1）	ERAD	(38, 39)
Jab1/MPN	α螺旋和β折叠	约120	Ile44	mUb		PRP8, EIF3	Rpn11, Eif3, Prp8	RNA剪切，蛋白酶体降解途径	(36, 37)

第二节 泛素结合蛋白的功能

泛素结合蛋白种类的多样性决定了其功能的多样性,它参与了机体多种生理、病理上的细胞过程,涉及蛋白质降解、DNA 损伤修复、细胞周期调控、蛋白质的质量调控(如 ERAD)、细胞信号转导、自噬、内吞、聚集体的形成、免疫应答等多种细胞调控途径,这些泛素结合蛋白在维持机体正常生命活动的运转中发挥了重要的作用。

一、泛素结合蛋白在泛素-蛋白酶小体系统中参与蛋白质降解

泛素-蛋白酶小体系统主要用于降解错误折叠或者不稳定的蛋白质,26S 蛋白酶体可降解大多数带有多泛素链共价修饰的蛋白质。26S 蛋白酶体亚基 S6/Rpt5 和 S5a/Rpn10/Pus1 均可与泛素链直接相互作用,带有 UBA 结构域的 RAD23、Dsk2、Ddi1 和 SHP1/p47-Cdc48/p97 泛素结合蛋白转运多泛素化的底物到蛋白酶体。人的 S5a/Rpn10/Pus1 包括两个 UIM 结构域,通过 UIM 结构域的螺旋与泛素分子的疏水区作用(6),而去泛素化酶 UBP6/USP14 可以去除泛素化链,随后靶蛋白进入蛋白酶体腔,最终被降解。参与泛素-蛋白酶小体系统中蛋白质降解过程的泛素结合蛋白若发生功能缺陷,会导致很多与泛素-蛋白酶小体系统有关的疾病,如肌肉萎缩、甲状腺功能亢进症等疾病。泛素结合蛋白 Dsk2 就涉及聚集体的形成及一些神经退行性疾病(46)。

二、泛素结合蛋白的非蛋白降解功能

泛素结合蛋白的非蛋白降解功能涉及内吞和蛋白质分选、DNA 损伤修复、NF-κB 信号转导途径、ERAD、细胞周期调控等细胞过程,本节就以上生理过程论述泛素结合蛋白的重要性。

(一)膜泡运输

泛素通过两种方式调控蛋白质转运:一是改变转运蛋白的活性;二是泛素作为一种分选信号,指导转运膜蛋白在不同细胞器之间的运动,例如,在内吞途径中,泛素为内吞蛋白提供了一种内吞或分选信号(47)。细胞表面蛋白在质膜表面内吞,通过载体转运到初级内吞囊泡或早期内吞体,载体返回细胞表面重新被利用,早期内吞体成熟后形成后期内吞体,也称为多囊泡体(late endosome/multivesicular body,MVB),MVB 与溶酶体或者液泡融合,从而为它们提供水解酶和底物蛋白。在 EGFR 的内吞中,EGFR 被含有 UBA 结构域的 c-Cbl 泛素连接酶泛素化,Eps15 蛋白招募 EGFR 到网格蛋白包被小窝,进而介导 EGFR 的内吞过程,Eps15 和 Epsins 都是 UIM 结构域类泛素结合蛋白(6)。Hrs(酵母同源物是 Vps27p)是早期内吞体上的一个泛素结合蛋白,与另外两种泛素结合蛋白 STAM 和 Eps15 形成复合物。Hrs 使泛素化的底物定位在内吞体膜的网格蛋白包被小窝区域,并招募内吞分选复合物 ESCRT-I。Hrs 的突变会导致膜泡到内吞体运输缺陷,过表达 Hrs 也会影响早期内吞体的形态(16)。STAM(酵母同源物是 Hse1p)与

Hrs 相互作用分选泛素化的 EGFR 到 MVB 中。哺乳动物蛋白 TOM1 通过 VHS 和 GAT 结构域被 Tollip 蛋白招募到早期内吞体，继而 TOM1 招募泛素化的蛋白质到早期内吞体。TSG101（酵母同源物是 Vps23p）是 ESCRT-I 的组分，在酵母中分选单泛素化的 CPS 到 MVB 中，在哺乳动物中参与泛素化的 EGFR 到溶酶体的降解过程（48，49）。泛素结合蛋白 Vps9/RABEX5 和 GTPase Vps21 在内吞体融合过程中发挥了重要的作用。Vps9 是一种鸟苷酸交换因子（GEF），在酵母中调控 GTPase Vps21 的活性，Vps9 与泛素化的内吞蛋白相互作用，释放 GTP，激活 Vps21，介导膜融合（50）。

（二）DNA 损伤修复

当 DNA 受到损伤时，参与 DNA 损伤修复的途径有核苷酸切除修复（NER）、碱基切除修复（BER）、同源重组（HR）、非同源末端连接修复（NHEJ），以及跨损伤 DNA 合成（TLS）。当 DNA 受到紫外线等损伤时，会启动 DNA 跨损伤合成途径，多种泛素结合蛋白参与这一途径，包括 RAD6、RAD18、UBC13/MMS2 和 RAD5 等泛素结合蛋白。首先，RAD18（E3）被一种单链 DNA 结合蛋白招募到受损伤的复制叉，RAD6（E2）和 RAD18 可使增殖细胞核抗原（PCNA）在 K164 处单泛素化。TLS 聚合酶是一种低保真度的聚合酶，单泛素化的 PCNA 可招募 TLS 聚合酶替换高保真度的 DNA 聚合酶。TLS 聚合酶可以越过 DNA 损伤位点使复制继续，之后 DNA 聚合酶替换 TLS 聚合酶，DNA 复制恢复正常，该过程中涉及的 TLS 聚合酶有 Rev1、polyη、polyκ 等，都属于泛素结合蛋白。单泛素化的 PCNA 可招募 UBC13/MMS2（E2）和 RAD5（E3），UBC13/MMS2 和 RAD5 可使 PCNA 形成 K63 的泛素链，而后者可激活一条称为模板开关的跨损伤途径，招募未损伤的 DNA 链作为模板合成新的 DNA（11，51）。

DSB 的形成会造成基因组的不稳定，当 DSB 发生时，会有大量的泛素结合蛋白被招募到 DSB 处，维持基因组的稳定性。DNA 的 DSB 处组蛋白的泛素化可加强对下游修复蛋白的招募，ATR（DNA 损伤激酶）磷酸化 MDC1，后者招募 RNF8 到 DSB 处使 H2A 泛素化，同时招募 RNF168（E3）到 DSB 处，RNF168 和 RNF8 一起作用于 H2A 和 H2AX 使其 K13、K15 泛素化，并形成 K63 或 K27 连接的泛素链，泛素化的 H2A 和 H2AX 招募 DNA 修复蛋白（53BP1、BRCA1）到 DSB 处。FANCL 是另一种 E3，可使 FANCD2 单泛素化，继而招募修复蛋白。去泛素化蛋白 USP3/44/16 会使 H2A 和 H2AX 去泛素化，产生负调控反应。去泛素化蛋白 USP8 能使 BRIT1 去泛素化，被招募到损伤的染色质上后，在 BRUCE（E3）作用下形成 BRIT1-SWI-SNF 复合物，促进染色质修复。USP8 和 BRUCE 一起调控了 BRIT1，若突变或者去除 BRUCE 的 UBC 结构域，就会降低修复蛋白在 DSB 处的聚集（11，29）。

（三）NF-κB 信号通路激活和 LUBAC 介导的线性泛素化修饰

泛素结合蛋白参与多种细胞信号转导途径，NF-κB 信号转导途径涉及的泛素结合蛋白有 NEMO、TRAF6（E3）、TAB2、TAB3、TRAF2（E3）、A20（DUB + E3）和 CYLD（DUB）等。TRAF2 和 TRAF6 可分别催化 RIP 和 NEMO 形成 K63 泛素链。TAB2 和 TAB3 可识别 K63 泛素链，拉近了 TAK1 和 IKK 的距离，从而激活了 NF-κB 信号转导途径。

但去泛素化蛋白 CYLD 可使 TRAF6、TRAF2 和 NEMO 的 K63 泛素链去除，从而抑制 NF-κB 信号转导途径的激活。A20 可使 RIP 的 K63 泛素链降解并催化其形成 K48 连接的泛素链，而后者具有介导 RPI 进入泛素-蛋白酶体系统从而使 RPI 降解的功能。总之，泛素结合蛋白决定了 NF-κB 信号转导途径的活化与否（49，52）。LUBAC（linear ubiquitin chain assembly complex）是由 HOIP（HOIL-1-interacting protein）、HOIL-1（heme-oxidized IRP2 ubiquitin ligase 1）和 SHARPIN（shank-associated RH domain- interacting protein）三种蛋白质组成的复合物，该复合物具有泛素连接酶 E3 活性，催化形成线性泛素化链。研究发现，LUBAC 参与机体炎症反应，对于 TNF 介导的基因激活是重要的（53）。

（四）内质网相关蛋白降解

细胞内产生的错误折叠、突变蛋白通过 ERAD（endoplasmic-reticulum-associated protein degradation）途径降解，泛素结合蛋白 p97/Cdc48、p47/SHP1、UBXD7/UBX2、NPL4、UFD1 等参与了 ERAD 途径，将 ER 上错误折叠的蛋白质和一些突变蛋白运回到细胞质，最后通过泛素-蛋白酶小体系统降解。UBXD7 含有一个 UBA 结构域和一个 UIM 结构域可招募 p97 到 ER 上，p97 参与将 ER 上的底物运回细胞质，NPL4 和 UFD1 形成 NPL4-UFD1 复合物，通过自身的 UBD 与泛素化的底物相结合，作为泛素穿梭因子发挥作用。ERAD 降解的大部分为错误折叠或突变的蛋白质，若因为参与该途径的泛素结合蛋白的功能缺陷而导致 ERAD 途径异常，会引发许多疾病。胰岛素、低密度脂蛋白受体的突变均通过 ERAD 途径降解，结果造成人体对胰岛素产生严重的抗性和高胆固醇血症（46，54）。

（五）细胞周期调控

泛素结合蛋白在细胞周期中起到重要的调控作用。APC 是细胞周期转化中向后期转化过程中一个重要的复合物，可调节 M 期周期蛋白泛素化依赖降解途径，还调节一些与细胞周期调控有关的非周期蛋白类周期蛋白的降解。APC 是泛素连接酶 RING 家族的一员，促进泛素分子从泛素耦合酶到底物上的转化。在芽殖酵母中，此过程需要两个 E2、UBC4 和 UBC1，分别促进了底物上泛素链的起始和延伸，当 UBC4 起始泛素链以后，UBC1 与 UBC4 竞相结合 APC。研究证明，UBC1 上的 UBA 结构域加强了它和 APC 的亲和性，使它们之间的亲和性达到平衡，最终使泛素化的底物通过泛素-蛋白酶小体系统降解，促进细胞周期的转换（55）。

第三节　泛素结合蛋白与人类疾病

泛素结合蛋白还涉及一些疾病，包括肿瘤、神经退行性疾病等，本节简要介绍这几类疾病。

与肿瘤密切相关的泛素结合蛋白有包含 ZnF 结构域的 A20 蛋白、去泛素化酶 USP7 和 USP9X 等。A20 蛋白在细胞增殖和细胞凋亡过程中发挥何种功能取决于外界环境中的细胞刺激和细胞类型，例如，在乳腺癌细胞中，过表达 A20 表现出抗细胞凋亡的表型；

然而，在树突状细胞中，缺失 A20 却表现出大量增殖和抗凋亡的表型（56）。NF-κB 信号转导途径的过度活化与肿瘤细胞的发生有关，在多种肿瘤细胞中 NF-κB 始终处于活化状态，A20 通过抑制 NF-κB 信号从而抑制腹主动脉瘤的炎症效应（57）。此外，A20 泛素结合蛋白还与银屑病（58）、肺动脉高压病（56）等疾病有关。抑癌基因 *p53* 是去泛素化酶 USP7 的作用底物，很多研究都报道了 USP7 的功能受到抑制后，会通过激活 *p53* 来诱导癌细胞凋亡。USP7 通过其去泛素化酶活性调控 MDM2-p53-p21 信号途径，USP7 被其特定的抑制子 P22077 抑制后，MDM2-p53-p21 信号途径激活诱导癌细胞凋亡（59）。高表达 USP9X 已被证明与多发性骨髓瘤和食管鳞状细胞癌预后不良有关，USP9X 可以稳定 MCL-1，促进细胞的存活，USP9X 的敲除会使多泛素化的 MCL-1 增加，从而进入泛素-蛋白酶小体降解途径。研究表明，USP9X 在非小细胞肺癌（NSCLC）中的表达远远高于正常组织，说明 USP9X 与细胞存活有关，异常高表达可能会导致癌症的发生（60）。

亨廷顿病（HD）是一种自主性的神经紊乱性疾病，由 Htt 蛋白中多聚谷氨酰胺扩展引起神经元外泛素化蛋白聚集，从而导致神经元细胞死亡。Tollip 是一种泛素结合蛋白，参与将泛素化的蛋白质从初级溶酶体运输到次级溶酶体。Tollip 通过 CUE 结构域与泛素分子结合，可以和泛素化的 Htt 共定位并刺激泛素化 Htt 的聚集，二者包裹在一起从而避免了泛素化的 Htt 对神经细胞的损伤（61）。含有 UBA 结构域的 p62（也称为 sequestosome 1）泛素结合蛋白可以和泛素化的 Htt 聚集体结合，p62 可能为 Htt 聚集体到自噬体膜的运输提供了一种桥梁作用，去除 Htt 聚集体对细胞的毒性作用（62）。

本章总结了现在研究较多的泛素结合蛋白的种类、特性，以及它们的功能。泛素结合蛋白含有多种泛素结合结构域，根据结构域的不同将它们分成不同的家族，种类的多样性决定了其功能的多样性。每个家族中泛素结合蛋白都参与了多种细胞生物学过程，在机体正常的生命活动运转中发挥了重要的作用，缺失或者过表达都会导致疾病的发生。除了上文提到的泛素结合蛋白的功能外，泛素结合蛋白还涉及基因沉默（63）、mRNA 降解（64）、MHC I mRNA 脱腺苷酸（64）等过程。随着研究的不断深入，会有越来越多的泛素结合蛋白被鉴定出来，很多泛素结合蛋白的功能都有待进一步研究。同时也存在一些有待解决的问题，比如泛素结合蛋白识别单泛素化、多泛素化的机制是什么，以及有的泛素结合结构域可以和多泛素链结合而有的却不能，这些问题的解答对于我们更清楚地认识细胞生物学过程意义重大。

第四节　泛素结合结构域分析方法

泛素结合结构域可以直接非共价结合单泛素或者多泛素链，存在于一些具有广泛生物学功能的蛋白质中。目前所认识的泛素结合结构域数量较少、结构各异，但都同泛素表面的一个疏水部位相互作用。因此，可以通过生物信息学、生物化学、分子生物学和生物物理学等手段，快速地鉴定和分析这些泛素结合结构域。本节将着重讨论一些鉴定和分析这些结构域的策略及实验方法。

一、生物信息学方法

泛素结合结构域最早是通过生物信息学的方法发现的（13，65）。目前，可以利用各种数据库检索确定泛素结合结构域。具体检索方法非常灵活，例如，可以通过寻找一段已知的、能直接同泛素结合的保守序列，确定泛素结合蛋白。许多数据库还提供了泛素结合结构域的特点。只要读者参考该数据库中的使用说明，就可以很容易地利用这些数据库来确定自己感兴趣的蛋白质。表 6-1 列出了目前部分已鉴定的泛素结合蛋白结构域，读者可以参考这些结构域进行预测。

二、生物化学方法

从生化水平上验证与泛素相互作用的蛋白质，可以通过 GST 体外结合试验或细胞体内的免疫共沉淀试验。

（一）GST 体外结合试验

1. 概述

GST 体外结合试验（GST pulldown assay）可以验证蛋白质的直接相互作用。通过在大肠杆菌中表达纯化重组蛋白（包含 His 标签），使用镍柱或者钴柱来纯化和固定此蛋白质。将固定后的蛋白质与大肠杆菌表达的 GST-Ub 融合蛋白共同孵育，结合的蛋白质可以通过抗 GST 的抗体来检测。相反，也可以通过共孵育大肠杆菌表达的 GST 融合蛋白和泛素结合的琼脂糖树脂，然后用抗 GST 的抗体检测洗脱液以验证相互作用。具体试验中，必须使用各种对照，如使用未结合泛素的树脂，或者不与泛素结合的其他蛋白质作为非特异性结合的对照。也可使用单一表达 GST 蛋白的细胞裂解液作为一个阴性对照，来证明该结合蛋白并非 GST 的特异性结合。同样的，可以使用 GST 融合的泛素蛋白，固定在谷胱甘肽树脂上，然后与大肠杆菌表达的带 His 标签的蛋白质共同孵育。在这种方式下，从树脂上洗脱的蛋白质可以使用抗 His 的抗体来检测。还可以使用体外翻译系统来合成所要鉴定的蛋白质，这种合成的蛋白质可以直接用 ^{35}S 标记，通过与 GST-Ub 孵育后，洗去杂质，再洗脱下来，即可直接进行电泳鉴定。

2. 操作步骤

1）实验材料

TNT 兔网状红细胞裂解液系统（Promega）；Redivue L-[^{35}S]-甲硫氨酸（Pharmacia Biotech）；RNase OUT^{TM} 重组核糖核酸酶抑制剂（GIBCO Invitrogen Life Science）；PBS；GST Sepharose-4B beads（Pharmacia Biotech）；洗涤液（TNE buffer）；2×SDS-PAGE 上样液。

2）实验方法

（1）用 Promega 提供的 TNT 兔网状红细胞裂解液系统，在体外翻译 ^{35}S 标记的待鉴定蛋白。反应体系总体积 50 μL，具体组成如下：

TNT 兔网状红细胞裂解液	25 μL
TNT RNA 聚合酶（T7）	1 μL
TNT 反应缓冲液	2 μL
无甲硫氨酸的氨基酸混合物	1 μL
DNA 模板（待鉴定蛋白，此处称为 X）	2 μg
^{35}S-甲硫氨酸	1 μL
RNase OUT^{TM} 重组核糖核酸酶抑制剂	2.5 μL
dH$_2$O	

混匀，在 30℃ 温箱中放置 2 h。

（2）取 15 μL 反应物，在其中加入适当 GST 或 GST-Ub 融合蛋白，并用 TNE buffer 将反应体系调整为 200 μL。在 4℃ 旋转混合 2～4 h。

（3）在上述混合物中加入 20 μL 用 PBS 平衡好的 GST Sepharose-4B beads 悬浊液，并在 4℃ 旋转混合 4 h。

（4）2500 r/min，4℃ 离心 5 min。

（5）弃上清，用 TNE buffer 将沉淀重悬，并在 4℃ 旋转混合 10 min。

（6）重复步骤（4）和步骤（5），4 次。

（7）离心，同步骤（4），弃上清，在沉淀中加入 30 μL 2× SDS-PAGE 上样液。

（8）SDS-PAGE 分离沉淀物，干胶后通过放射自显影检测结合蛋白。

（二）免疫沉淀试验

1. 概述

免疫沉淀试验（immunoprecipitation assay）的原理是：为了证明某个蛋白质在特定的真核细胞中与泛素相互作用，可以在此细胞中表达一个带表达标签（如 Flag）的该蛋白质，然后将细胞裂解液与泛素固定的树脂共孵育。对洗脱的蛋白质使用一种能特异识别该标签或蛋白质的抗血清进行免疫杂交。为了明确该蛋白质或片段并不是非特异性结合谷胱甘肽或者琼脂糖，同样的细胞裂解液必须与琼脂糖树脂或者固定的单一谷胱甘肽共培育作为对照。同时，也可以将一个已知的、不与泛素结合的蛋白质做同样的试验，作为阴性对照。必须明确的是，此种方法并不能确保此蛋白质或者片段直接与泛素相互作用，因为此种相互作用也可能是通过细胞内表达的其他蛋白质介导的。

2. 操作步骤

1）实验材料

（1）Tfx-20 转染试剂（Promega）。

（2）PBS：0.2 g/L KCl，0.2 g/L KH$_2$PO$_4$，8.0 g/L NaCl，1.15 g/L Na$_2$HPO$_4$。

（3）洗涤液：400 mmol/L KCl，100 mmol/L Na$_2$HPO$_4$，1 mmol/L EDTA，10% Glycerol，0.5% NP-40。

（4）全细胞裂解液：洗涤液中含有适当蛋白酶抑制剂，即 1 mmol/L DTT，1 mmol/L PMSF，1 μg/mL 抑蛋白酶多肽，2 μg/mL 亮抑蛋白酶肽，2 μg/mL 胃蛋白酶抑制剂，0.1 mmol/L Na$_3$VO$_4$（Sigma）。

（5）anti-Flag 抗体（Mouse，单抗，Sigma）。

（6）Agarose-protein A beads（Santa Cruz）。

2）实验方法

（1）按照 Tfx-20 转染试剂所提供的试验方法进行真核细胞 293T 的转染。需要共转染 His-Ub 和 Flag-X（所研究蛋白）表达质粒。

（2）转染 48 h 后，收获细胞，方法如下：

①吸出细胞培养皿中的培养基，用 PBS 洗细胞一次。

②加入适当 PBS，用细胞刮子将 293T 细胞刮下。

③4℃，1000 r/min 离心 5 min。

④用 PBS 将沉淀重悬后，再离心一次，条件同上。

⑤加入适当全细胞裂解液，重悬细胞沉淀。一般 100 mm dish 的细胞用 1 mL 裂解液重悬。

⑥在冰上放置 30 min。

⑦4℃，12 000 r/min 离心 15 min。

⑧将上清分装后，做好标记，冻于-80℃冰箱，待用。

（3）取 150 μL 细胞裂解物，加入 2 μg anti-Flag 抗体，在 4℃旋转混合 2～4 h。

（4）在上述混合物中加入 20 μL Agarose-protein A，继续在 4℃旋转混合 2～4 h。

（5）4℃，2500 r/min 离心 5 min。

（6）弃上清，用洗涤液重悬沉淀，并吹打 5 次。

（7）重复步骤（5）和步骤（6），5 次。

（8）离心，同步骤（5）。

（9）在沉淀中加入 40 μL 2× SDS-PAGE 上样液。电泳，转膜后用 Western blot 检测结合蛋白。特异抗体可以是抗 Ub 的抗体，也可以是抗 His 的抗体，这取决于在共转染时所用的质粒。一般情况下用 His-Ub 表达质粒。

三、在体互作研究方法

（一）酵母双杂交筛选方法

酵母双杂交是研究蛋白质-蛋白质相互作用的有力工具，利用泛素蛋白作为诱饵进行酵母双杂交筛选，能够鉴定泛素结合结构域。酵母双杂交的另外一个优点在于它检测的是内源性的相互作用。当然，酵母双杂交鉴定出的蛋白质还需利用其他生化方法加以验证，下面对酵母双杂交筛选方法进行简单介绍。

1. 诱饵蛋白的选择

为了筛选与单泛素蛋白结合的蛋白质，使用两种不同的泛素蛋白突变体。第一种突变体是将第 1 至第 48 位赖氨酸（Lys48）突变，以阻止多泛素链的形成。通常建议将这个区间所有的 7 个赖氨酸残基突变。第二种突变体是 C 端缺失 2 个甘氨酸残基的突变体。这个突变体能够防止泛素蛋白化学共价结合到其他蛋白质的赖氨酸残基或者其他泛素分子上。通过这些泛素突变体作为诱饵蛋白，人们曾发现了酵母的一个含有 CUE 结构域的蛋白质 vps9 及其他蛋白质。一些其他能结合泛素的蛋白质（如 GGA、TOM1）也是以此为诱饵进行酵母双杂交实验发现的。

2. 酵母双杂交系统的选择

酵母双杂交筛选实验中使用了许多报告基因和菌株，最广泛的是 Gal4 和 LexA 转录激活系统。在此系统中，Gal4 和 LexA 的 DNA 结合结构域通常与诱饵蛋白（突变了的泛素蛋白）形成融合蛋白，而 Gal4 和 LexA 的转录激活结构域则与 cDNA 文库表达的"捕食"蛋白融合。蛋白质相互作用测定的报告基因是营养型缺陷基因和 β-半乳糖报告基因。目前商业的酵母双杂交系统比较完善，同时所提供的文库也比较多样。读者可以根据自己研究的课题特点选择文库和系统。下面介绍的是 CloneTech 公司的 II 型系统。对于现在流行的 III 型系统，读者只要稍加修改即可。

3. 酵母双杂交实验的步骤

1）实验材料

（1）鲑鱼精 DNA，10 mg/mL，超声破碎成 500～8000 bp 大小的一系列 DNA，使用前沸水浴 20 min，然后立即置于冰上。

（2）PEG3350/LiAc 溶液：

PEG3350	40%
TE buffer	1×
LiAc	1×

（3）储存溶液：低压灭菌（115℃，15 min）。

①50%PEG3350（用 dH$_2$O 溶解，加热到 50℃助溶）；

②100%DMSO（dimethyl sulfoxide）；

③10×TE buffer：0.1 mol/L Tris-HCl，10 mmol/L EDTA（pH7.5）；

④10×LiAc：1 mol/L Lithium acetate（pH7.5）。

2）诱饵酵母制备步骤

（1）将一个 2～3 mm 的酵母单克隆转接到 1 mL YPD 或 SD 培养基中过夜培养。

（2）转移酵母液到 50 mL YPD 或 SD 培养基中，置于 30℃摇床中，以 250 r/min 的转速振荡培养 16～18 h，直至 OD$_{600}$ > 1.5。

（3）转移部分过夜培养物到 300 mL YPD 中使最终 OD$_{600}$ 为 0.2～0.3。30℃摇床以 230 r/min 的转速振荡培养 3～4 h，直至 OD$_{600}$ 为 0.4～0.6。

（4）转移酵母液至 50 mL 离心管中，1000 g 室温（20～21℃）离心 5 min。弃去上清，加入 25～50 mL 无菌水或无菌的 1×TE buffer 重悬酵母。

（5）将酵母液合并为一管，1000 g 室温离心 5 min。弃去上清，用 1.5 mL 无菌的 1×TE/1×LiAc 重悬酵母。至此酵母的感受态细胞制备完毕。

（6）向无菌的 1.5 mL 微量离心管中加入 0.1 μg 质粒 DNA（即我们要表达的泛素突变体与 Gal4-DNA 结合结构域融合蛋白）和 0.1 mg 鲑鱼精载体 DNA，轻弹混匀。

（7）再向每管中加入 0.1 mL 酵母感受态细胞，振荡混匀。加入 0.6 mL 无菌 PEG/LiAc 溶液，高速振荡 10 s 混匀，30℃，以 200 r/min 的转速振荡培养 30 min。

（8）加入 70 μL DMSO 轻轻地颠倒混匀，不要振荡，42℃水浴热激 15 min，取出后立即放到冰上，冷却 1～2 min。

（9）1000 r/min 室温离心 5 min，弃去上清，用 0.5 mL 无菌的 1×TE buffer 重悬酵母。

（10）取合适体积的菌液（一般 100 μL）涂到选择性的 SD 培养基（⁻Trp）的平板上，30℃培养箱中培养 2～4 天。

3）杂交酵母生长及筛选步骤

利用上述过程制备的诱饵酵母，按照上述步骤（1）～步骤（8），继续制备感受态酵母，至步骤（8）时进行文库转化。注意，这一过程一直使用单缺培养基（⁻Trp）。转化时，可以是单一 Prey 质粒，也可以是文库。转化后可以将酵母菌液涂于三缺平板上生长，一般需要 7～11 天可长出菌落。这种营养缺失型平板还有加上适量的 3-AT，以防止非特异的菌落生长。有菌落长出后，进行下面的检测。

A. β-半乳糖苷酶检测

a. 实验材料

（1）Z buffer：pH7.0 ，高压灭菌后可在室温保存一年以上。

Na_2HPO_4	0.06 mol/L
NaH_2PO_4	0.04 mol/L
KCl	0.01 mol/L
$MgSO_4$	0.001 mol/L

（2）X-gal 母液（20 mg/mL）：X-gal（5-bromo-4-chlro-3-inddyl-β-D-galactopyranoside）溶于 DMF（N, N-dimerthylformamide），存于–20℃。

（3）Z buffer/X-gal ：100 mL Z buffer，0.27 mL ß-ME，1.67 mL X-gal 母液。

（4）ONPG 4 mg/ mL：ONPG（O-nitrophenyl-β-D-galactopyranoside）溶于 Z buffer（pH7.0），需要 1～2 h 溶解，使用前新配制。

（5）Z buffer/ β-ME（β-mercaptoethanol，β-巯基乙醇）：0.27 mL β-ME 溶于 100 mL Z buffer。

（6）1 mol/L Na_2CO_3。

（7）液氮。

（8）YPD 培养基，SD 培养基（固体粉末购于 Clontech 公司）。

b. 定性分析（如 Colony-lift Filter Assay）

（1）将要测试的菌株转接到新的选择性 SD 培养基平板中，30℃培养箱中培养 2～4 天。

（2）为每一个要测试的平板准备好一张无菌的 Whatman 滤纸，置于 100 mm 无菌平板中，用 1～2 mL Z buffer/X-gal 浸泡。

（3）用镊子将无菌 Whatman 滤纸覆盖到平板表面，要使所有的待测菌株都有部分沾到滤纸上，用注射器在滤纸上打三个不对称的孔，以标识方向。

（4）取出滤纸放入液氮中 0.5～1 min，再放置于室温融化，如此反复冻融 3 次。

（5）将带有菌株的滤纸放到预浸泡的滤纸上，有菌株的一面向上，注意两层滤纸中间不要有气泡。

（6）将平板放到30℃培养箱中，观察其是否变蓝。一般筛选文库所得的阳性克隆在0.5～8 h内会变蓝，超过8 h容易产生假阳性结果。

c. 定量分析（如 Liquid Assay）

（1）将 SD 平板上的酵母菌落接种于 5 mL 选择性的 SD 液体培养基中，过夜培养。

（2）用微型振荡器将过夜培养物混匀，取部分接种于 3 mL 的 YPD 培养基中，使 $OD_{600}=0.2～0.3$。在 30℃的摇床中培养 3～5 h（250～300 r/min），使酵母菌长到对数中期（$OD_{600}=0.5～0.8$）。记录确切的 OD_{600} 值。

（3）取 1.5 mL 培养物，置于 1.5 mL Eppendorf 管中，13 200 r/min 离心 30 s。

（4）小心弃去上清，加入 1.5 mL Z buffer 重悬。

（5）再次离心后弃去上清，将沉淀重新混悬于 300 μL 的 Z buffer 中（此时的浓缩因子＝1.5 mL/0.3 mL＝5）。

（6）取出 0.1 mL 的混悬液置于另一新的 Eppendorf 管中。

（7）于液氮中使酵母菌充分冷冻（0.5～1 min）后，置于 37℃水浴中融化。如此重复 3 次，确保细胞壁已经破碎。

（8）用 100 μL Z buffer 设置一个空白对照。

（9）每管中加入 700 μL Z buffer/β-ME（包括样品管和空白对照）。

（10）在开始计时的同时，每管中迅速加入 160 μL ONPG Z buffer 溶液，迅速置于 30℃水浴中。

（11）当管中液体变黄后，加入 0.4 mL 1 mol/L Na_2CO_3 终止反应，同时记录所用的时间。

（12）13 200 r/min 离心 5 min。

（13）根据空白对照测定上清的 OD_{420}（千万不要将沉淀带入比色皿中，OD_{420} 在 0.02～1.00 区间为线性）。

（14）计算：β-半乳糖苷酶活性=$1000×OD_{420}/(t×V×OD_{600})$。其中，$t$ 为变黄所用时间，min；V=0.1 mL×5，5 为浓缩因子。

4）阳性酵母的确定

通过以上步骤得到的阳性酵母，需要提取质粒并转化到细菌中扩增，然后测序分析以确定其基因编码。一般建议将从大肠杆菌中扩增的"捕食"质粒再回转至诱饵酵母中验证相互作用的可靠性。

5）酵母双杂交的应用

有许多研究已经成功地利用酵母双杂交方法鉴定了泛素结合蛋白。和传统的酵母双杂交方法一样，在鉴定泛素结合蛋白时仍然有两个方面的应用：一个是只鉴定泛素和确定的蛋白质的相互作用，另一个是利用筛选文库鉴定泛素结合蛋白。

应用 1：RAD23 的 UBA 结构域与泛素结合的鉴定（*66-69*）。为了解 Ub-UBA 相互作用的基础，构建了包括泛素各突变体在内的双杂交融合蛋白。此外，在泛素编码区进行了一系列突变，这些区域的突变有可能影响到各种连接的形成。利用酵母双杂交实验，成功地鉴定了 UBA 与泛素结合的特性。

应用 2：利用筛选文库鉴定 Dsk2（一种包含 UBA 结构域的蛋白）的伴侣分子。这一例子是利用酵母双杂交方法鉴定泛素连接酶（E3）与酵母中 Dsk2（一种类似 RAD23 的泛素结合蛋白）的相关性。通过筛选文库，鉴定了 Dsk2 的伴侣分子 UFD2（一种 E3/E4 酶）。

（二）利用双分子荧光互补技术筛选泛素结合蛋白

1. 概述

双分子荧光互补（bimolecular fluorescence complementation，BiFC）技术是将荧光蛋白在合适的位点切开形成不发荧光的两个片段，这两个片段分别与待检测的蛋白质融合。在生理条件下，如果这两个蛋白质有相互作用，二者的靠近会将荧光蛋白的两个片段互补，进而恢复其荧光活性；反之，如果两个蛋白质不能相互作用，那么荧光将不会被恢复（*70*）。目前常用的荧光蛋白为黄色荧光蛋白（yellow fluorescent protein，YFP），应用的两个荧光蛋白片段为 YFP N 端（1~154 氨基酸，YN）和 C 端（155~238 氨基酸，YC）片段，如图 6-1 所示。

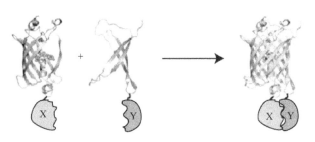

图 6-1 双分子荧光互补技术原理示意图

2. 双分子荧光互补技术操作步骤

1）实验材料

真核细胞表达载体，用于构建与荧光蛋白片段融合表达的目的蛋白；293T 或 HeLa 细胞系；DMEM 培养基；转染试剂 lipo2000、Opti-MEM。

2）实验方法

（1）构建目的蛋白与荧光蛋白片段的融合载体。一般可将单泛素分子构建到 YN 的 N 端，即 Ub-YN 的结构，将待检测蛋白构建到 YC 的 C 端，即 YC-X 结构。

（2）在六孔板中铺上 293T 或 HeLa 细胞。

（3）24 h 后将构建好的 Ub-YN 质粒和 YC-X 质粒各 1 μg 共转染进细胞，设置阴性对照，即未连接泛素分子和目的蛋白的 YN 及 YC 片段。

（4）转染 6 h 后对细胞进行换液。

（5）24~48 h 后可以在荧光显微镜下进行观察，YFP 的激发光为 515 nm、发射光为 525 nm；若有黄色荧光被激发，则说明泛素分子与该蛋白质存在相互作用，反之则没有相互作用。

（三）体外双分子荧光互补技术

1. 概述

经典的荧光蛋白互补实验只能在细胞内实现荧光的激发，其在体外的应用受到限制。2009 年，研究人员通过对 YFP 的两个片段引入点突变的方式，实现了其在互作蛋白的介导下在体外实现荧光互补的功能（71）。这些改进对于体外研究泛素结合蛋白的直接相互作用意义重大。这些突变分别为：N 端，Ser30Arg（S30R）、Tyr39Ile（Y39I）、Phe64Leu（F64L）、Phe99Ser（F99S）、Asn105Lys（N105K）、Glu111Val（E111V）、Ile128Thr（I128T）、Tyr145Phe（Y145F）、Met153Thr（M153T）；C 端，Val163Ala（V163A）、Lys166Thr（K166T）、Ile167Val（I167V）、Ile171Val（I171V）、Ser205Thr（S205T）、Ala206Val（A206V）。

2. 体外双分子荧光互补技术操作步骤

1）实验材料

（1）原核表达载体，用于构建与荧光蛋白片段融合表达的目的蛋白。

（2）点突变试剂盒（Quikchange Multi Site-Directed Mutagenesis Kit）。

（3）BL21 感受态细胞。

（4）IPTG，Ni-亲和层析介质。

（5）蛋白纯化溶液：50 mmol/L Tris/HCl（pH 8.8），300 mmol/L NaCl，5 mmol/L $MgCl_2$，5%甘油，2 mmol/L β-巯基乙醇。

2）实验方法

（1）先利用点突变试剂盒对 YFP 片段中所需位点进行点突变。

（2）与真核系统类似，构建目的蛋白与荧光蛋白片段的融合载体。此时需在融合蛋白的 N 端添加标签用于纯化，一般采用 His6 标签。

（3）分别将构建好的 Ub-YFPN 和 YFPC-X 质粒转化大肠杆菌 BL21，挑取阳性克隆进行培养，利用 0.5 mmol/L IPTG 进行蛋白诱导。同时分别表达 YFPN 和 YFPC 片段作为阴性对照。

（4）24~48 h 后收集菌体，利用 Ni-介质和蛋白纯化溶液对二者进行纯化。

（5）蛋白纯化后，按等比例加入到 96 孔板中，总体积 100 μL，蛋白总浓度从 0.2~2 μmol/L 设置梯度。

（6）利用激发光 485 nm、发射光 535 nm 进行检测。动力学间隔 1200 s，每次检测前均振荡均匀。对于长时间检测，需将 96 孔板进行封口。

（7）利用设定时间内发射光数据绘制曲线，得出荧光互补的结果。如果两个蛋白质间存在相互作用，随着孵育时间延长，荧光曲线会逐步升高；反之，如果两个蛋白质间不存在相互作用，则不会有荧光信号的出现和增强。

四、生物物理学方法

（一）利用 Biacore 3000 分析泛素与泛素结合蛋白的相互作用

1. 概述

Biacore 3000 系统采用非标记技术，记录分子间结合和解离过程中传感芯片表面分析物浓度的变化，从而实时地监测分子间的相互作用。Biacore 3000 的检测原理基于表面等离子共振技术（surface plasmon resonance，SPR），能够灵敏地反映离传感芯片表面约 150 nm 范围内折射率的变化。为了研究两个分子之间的相互作用，其中一个分子被固定到芯片表面上，称为配体；而另一个分子（称为分析物）以溶液的形式连续流过芯片表面。SPR 响应值直接与芯片表面附近的质量浓度变化成正比，用来计算两个分子的亲和力。具体操作可参考《BIAcore 3000 Getting Started Manual 简易操作手册》《Biacore® 3000 入门指南》《Biacore™方法开发手册》。

2. Biacore 3000 系统操作步骤

1）实验材料

（1）仪器 Biacore3000（核心组件包括 SPR 光学组件、微流控系统和传感芯片）。

（2）传感芯片：CM5 芯片（BR-1000-14，GE 公司有多种芯片供应，以满足不同实验需要，其中 CM5 芯片适用范围广）。

（3）蛋白样品：明确分子质量（kDa）、浓度、buffer（如果配体偶联采用氨基偶联的方法，则 buffer 系统不可含有 Tris 或其他含氨基的 buffer）。

（4）缓冲液：流动相 buffer：filtered and degassed HBS-EP buffer [0.01 mol/L HEPES（pH7.4），0.15 mol/L NaCl，3 mmol/L EDTA，0.005% Surfactant P20]（GE，BR-1001-88）。

（5）其他试剂与耗材：氨基偶联试剂盒（GE，BR-1000-50），EP 管，移液器 1 套。

2）实验方法

（1）开机，放置缓冲溶液和废液瓶在相应位置，并装入传感芯片。

（2）放置样品架并设置温度（包括流动池中样品检测温度及样品舱温度）。

（3）配体偶联：在这里介绍氨基偶联的方法，该方法是使用最为广泛的固定方法，它可以通过生物分子上的氨基将配体共价连接到传感芯片表面。进行氨基偶联时，传感芯片表面的羧甲基葡聚糖基质首先需要用 1-乙基-3-(3-二甲氨基丙基)碳二亚胺（EDC）和 N-羟基琥珀酰亚胺（NHS）按照 1∶1 混合，产生活化的琥珀酰亚胺酯；当含有氨基的配体分子流经该活化表面时，活化的琥珀酰亚胺酯会自发地同氨基或其他亲核基团发生反应而将配体共价连接于葡聚糖基质上。配体连接完毕后，注入的乙醇胺流经传感芯片表面会使余下的活化酯失活，从而避免与分析物发生相互作用。

（4）配体偶联条件：传感芯片上的羧甲基葡聚糖基质的 pK_a 值为 3.5，故其在 pH > 3.5 的溶液环境中将带有负电荷。因此，偶联所用的缓冲液 pH 应高于 3.5；同时，为了使配体分子带上与羧甲基葡聚糖相反的电荷，应该使偶联缓冲液的 pH 同时低于配体分子的等电点（pI 值），从而获取最有效的预富集效果。因而，偶联缓冲液的 pH 选择是一个重要的考虑因素，决定了偶联能否成功。

（5）偶联缓冲液 pH 筛选：一般将配体溶液用不同 pH 的乙酸钠缓冲溶液（10 mmol/L sodium acetate，pH4.5、5.0、5.5）充分混匀，配体终浓度为 20～200 μg/mL，设定流速为 5～10 μL/min，进样时间为 2 min 或更长。选用手动程序进样后，系统会给出不同 pH 下配体偶联曲线和偶联量，根据配体偶联水平和偶联缓冲液 pH 选择，并遵循"温和、够用"原则进行，确定配体偶联溶液的 pH。图 6-2 为配体偶联 pHScouting 示意图。

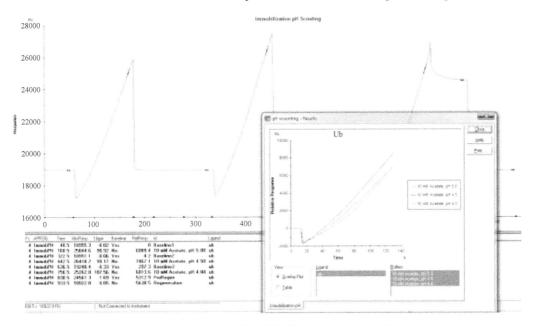

图 6-2 Biacore 系统配体偶联 pHScouting 示意图

（6）计算偶联量：

R_{max} =（Analyte MW/Ligand MW）× immobilized amount（R_L）× stoichiometic ratio（Sm）

固定量：配体偶联水平 R_L；

R_{max}：是指芯片表面的最大结合容量，在动力学研究中 $R_{max} \leqslant 100$；

化学计量比 Sm：未知时为 1；

实际偶联量为 1.5 倍的 R_L。

（7）以 CM5 芯片偶联配体 UbGFP 为例，采用 pH5.0、偶联量为 100RU，图 6-3 为配体偶联时样品架示意图，图 6-4 为配体偶联示意图。

（8）样品配制：预测亲和力，用 HBS-EP 稀释一定浓度范围的样品浓度（并设一个重复浓度梯度）作为流动相，以备进行亲和力检测。

3）Biacore 分析实验步骤

（1）固定（immobilization）：确定偶联量，选择适宜的偶联 pH，分别偶联参比通道和实验通道。

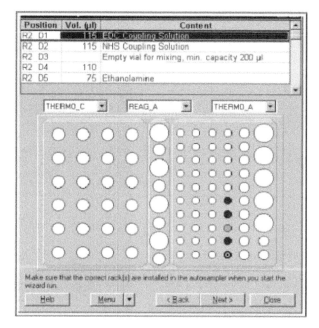

图 6-3　Biacore 系统配体偶联时样品架示意图

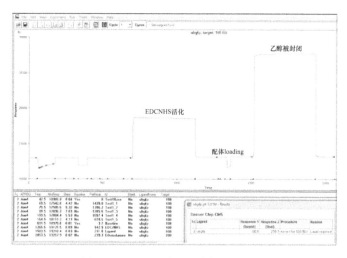

图 6-4　Biacore 系统配体偶联示意图

（2）分子间互作分析（interaction）：自动/手动注射[Biacore 3000 提供了 Manual run
（手动运行）和 Application Wizards（应用程序向导），详见 Biacore® 3000 入门指南]的
分析物流经传感芯片表面，不同浓度的分析物（需设置一个重复浓度）和偶联于传感芯
片表面（需要设置相应的参比通道）的配体分子之间的相互作用被实时监测和记录。动
力学分析时流速一般设为 30 μL/min，结合时间设定为 2～5 min；解离量达到 10%的结
合量时，设置的解离时间即可接收。经过结合—解离—再生步骤，最终得到一系列的结
合解离曲线，如图 6-5 所示，利用 BIAevaluation Software 以及这些结合解离曲线扣除参
比通道值来计算两种蛋白质之间的亲和力常数。

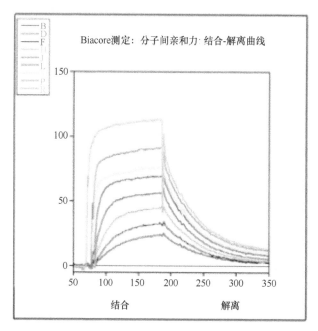

图 6-5 Biacore 分析蛋白样品不同浓度梯度结合解离曲线示意图

（3）再生（regeneration）：是指在一次样品分析结束后，从配体上去除已结合的分析物的过程。有效再生，即去除已结合的分析物而不影响配体活性，对于分析的成功非常重要。在多数情况下，传感芯片表面可以通过简单地暴露于酸性环境（如甘氨酸盐酸）或碱性环境（氢氧化钠）进行再生。再生条件摸索的步骤包括注射分析物流经芯片表面，然后加入再生溶液。分析物被去除的效果可由加入再生溶液后的响应值表示。同时，再次注射分析物也同样重要，因为这可以验证配体是否仍有活性，也可与加入再生溶液之前的活性对比，测试配体能否结合相同量的分析物。理想的再生条件是，分析物响应值在重复注射后保持稳定，变化值基本上在第一次注射后结合水平的10%以内。

（二）利用 ForteBio Octet 分析泛素与泛素结合蛋白的相互作用

1. 概述

Octet 利用 BLI（Bio-Layer Interferometry）技术实时分析非标记检测仪，光纤制成的 Biosensor 底端覆盖了生物分子相容层，可以用来固定相互作用分子中的一个，形成生物膜层。当具有一定带宽的可见光入射生物膜层时，根据薄膜干涉的简化模型和光线反射折射定律，入射光线在生物膜层表面被分成两部分，形成第一部分反射光，进入生物层的透射部分在生物层的第二个界面产生反射，形成第二部分反射光。光束垂直入射时，两部分反射光形成干涉波，被光谱仪所检测。相互作用发生时，生物层厚度增加，反射光干涉光谱曲线整体向波长增加方向移动。分子结合或解离时，都会导致干涉曲线的漂移，故而能跟踪检测溶液中分子与生物传感器之间的结合、解离的整个过程变化，具有快速的数据采集能力和极高的灵敏度。具体操作可参考 ForteBio 中文操作手册。

2. ForteBio 系统操作步骤

1）实验材料

（1）仪器：Octet RED 系列。

（2）传感器：SA 传感器（PALL，18-5019）；在设置参数时，需要一根 sensor loading，然后在检测缓冲液中检测基线，作为空白对照。

（3）蛋白样品：明确蛋白分子质量（kDa）、浓度 buffer（不可为 Tris 或其他含氨基的 buffer）。

（4）缓冲液：Assay buffer（AB）；Assay buffer 没有特定要求，便于样品的稳定保存即可；值得注意的是，由于 ForteBio 大多通过氨基生物素化实现偶联，因此需生物素化样品的 buffer 不可含 Tris 等氨基。

（5）其他试剂与耗材：biotin-LCLC-NHS，5 mg/mL biocytin，Greiner 96 孔板，BSA，Tween 20，EP 管，PD-10 Desalting Columns（GE，17-0851-01），移液器。

2）实验方法

（1）蛋白质生物素化：可参阅 ForteBio 公司技术说明书，按照生物素：蛋白质（摩尔比 3：1）的比例混合，室温放置 1 h 后，用 PD-10 柱子脱盐，洗脱后的生物素标记蛋白用来与传感器偶联。用于上样的生物素化蛋白浓度可采用 20～50 μg/mL。

（2）样品配制：预测亲和力，用 AB 稀释一定浓度范围的样品浓度（并设一个重复浓度梯度）作为流动相，进行亲和力检测。

3）实验步骤

（1）开机：点开数据采集软件，初始化结束后仪器显示为 Ready 状态。选择 Basic Kinetics，点击右向图标进入 protocol 设置界面。最大化，可看见流程化设置窗口，分别为 Plate Definition，Assay Definition，Sensor Assignment 和 Run Experiment 。

（2）Plate Definition（板块定义）：在该窗口定义如何加样，可排列如下：

	1	2	3	4	5	6	7	8	9	10	11	12
A	AB	Biotin-P	BCT	BSA	AB	AB	S1	AB	S1′	...	...	...
B	AB	Biotin-P	BCT	BSA	AB	AB	S2	AB	S2′	...	...	...
C	AB	Biotin-P	BCT	BSA	AB	AB	S3	AB	S3′	...	...	...
D	AB	Biotin-P	BCT	BSA	AB	AB	S4	AB	S4′	...	...	...
E	AB	Biotin-P	BCT	BSA	AB	AB	S5	AB	S5′	...	...	...
F	AB	Biotin-P	BCT	BSA	AB	AB	S6	AB	S6′	...	...	...
G	AB	Biotin-P	BCT	BSA	AB	AB	S7	AB	S7′	...	...	...
H	AB	Biotin-P	BCT	BSA	AB	AB	AB	AB	AB	...	...	...

AB=assay buffer，Biotin-P=biotin-protein，BCT=biocytin，S=sample；1,2,…,7 和 1′,2′,…,7′ 表示不同样品浓度从低到高的排布。

　　左键点击左上方微孔板列标数字 1，随即点击右键弹出样品类型菜单，根据如上样品排列，选择类型依次为：Buffer，Loading，Quench，Quench，Wash，Buffer，Sample，Buffer，Sample。H 行从第 5 列开始全设为 buffer。

　　（3）Assay Definition（实验定义）：在该窗口定义操作类型及运行步骤；在 "Step Data List" 下点击 "Add"，添加所需检测步骤：运行第 1 步，sensor 从 sensor tray 到样品板第 1 列 buffer 中检测基线，然后上样，因此添加步骤选择 "Loading"，时间设置为 300 s（上样时间可根据预实验确定；在完全未知时，可以根据需要设置为 120～300 s），点击 "OK" 确定。添加 "Quenching" 步骤，时间 60 s；此处先采用 biocytin 封闭上样蛋白后的 SA sensor，目的在于将 SA sensor 上可能存在的空置 SA 位点封闭，减少非特异吸附，再次添加 "Quenching" 步骤，时间 60 s；此处先采用牛血清白蛋白（BSA）封闭已用 biocytin 封闭过的上样蛋白后的 SA sensor，目的在于将 SA sensor 上可能存在的疏水位点封闭，减少非特异吸附，封闭后检测基线，即检测第 1 个浓度（最低浓度）对应基线。添加 "Association" 步骤，时间设为 300 s（具体时间需视样品预实验结果而定）。添加解离步骤 "Dissociation"，时间设为 600 s。将检测类型与样品板上样品关联，检测顺序依次为："Baseline-Loading-Quenching-Quenching-Wash-Baseline-Association-Dissociation"。

　　（4）Sensor Assignment（传感器设置）：在该窗口定义 sensor 放置位置，按照 Sensor tray 排列放置 sensor。

　　（5）Run Experiment（实验运行）：该窗口设定检测结果保存路径及名称等。

　　如果采用同一列 sensor 检测所有样品，其前提是再生效果较好，方案如下：

	1	2	3	4	5	6	7	8	9	10	11	12
A	AB	Biotin-P	BCT	BSA	AB	AB	S1	AB	S1′	…	R	N
B	AB	Biotin-P	BCT	BSA	AB	AB	S2	AB	S2′	…	R	N
C	AB	Biotin-P	BCT	BSA	AB	AB	S3	AB	S3′	…	R	N
D	AB	Biotin-P	BCT	BSA	AB	AB	S4	AB	S4′	…	R	N
E	AB	Biotin-P	BCT	BSA	AB	AB	S5	AB	S5′	…	R	N
F	AB	Biotin-P	BCT	BSA	AB	AB	S6	AB	S6′	…	R	N
G	AB	Biotin-P	BCT	BSA	AB	AB	S7	AB	S7′	…	R	N
H	AB	Biotin-P	BCT	BSA	AB	AB	AB	AB	AB	…	R	N

　　AB=assay buffer，Biotin-P=biotin-protein，BCT=biocytin，S=sample；1,2,…,7 and 1′,2′,…,7′ 表示不同样品浓度从低到高的排布。R=regeneration，一般为 pH1.0～2.0 的 Glycine，N=neutralization，一般为 AB。

　　再生及中和的步骤，时间均为 5 s。

　　（6）偶联后的传感器浸入不同浓度的流动相，经过结合—解离—再生步骤，最终得到不同的结合解离曲线，如图 6-6 所示。

　　（7）利用结合解离曲线计算两种蛋白质之间的亲和力常数。

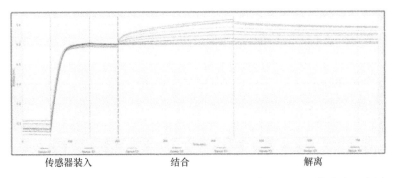

传感器装入　　　　　结合　　　　　解离

图 6-6　Fortebio Sensor 偶联及蛋白样品不同浓度梯度结合解离曲线示意图

（三）利用原子力显微镜分析泛素与泛素结合蛋白之间的相互作用

1. 概述

原子力显微镜（atomic force microscope，AFM）属于一种扫描探针显微镜，其首先是一种成像工具，但它也可以在皮牛顿（10^{-12} N）水平上测量分子间和分子内的相互作用力。成像模式通过探针在表面逐点扫描，样品表面高低状态或弹性性质会改变探针弯曲程度或运动状态，以此来感知表面形貌。而在力谱模式下，探针通常只有垂直于样品表面的运动，当二者有相互作用力存在时，探针的弯曲程度在一定范围内随力的增长而线性增大，这种弹性形变被用来指示力的大小。该技术可以在更为精确的水平检测泛素相关蛋白的相互作用。

2. 原子力显微镜操作步骤

1）实验材料

（1）原子力显微镜，包括激光、位置检测器、压电陶瓷精密位移台，以及相应的信号处理、接受、分析和控制单元。

（2）探针，可根据弹性系数、针尖形态、共振频率、表面修饰层等指标找到合适的产品。

（3）纯化的蛋白样品。

（4）HEPES 溶液（10 mmol/L HEPES，150 mmol/L NaCl，pH 7.4）。

（5）BSA 溶液（含 1% BSA 的 HEPES 溶液）。

2）实验方法

（1）将原子力显微镜探针及聚苯乙烯表面分别用待检测的蛋白质 4℃孵育过夜。同时设置 BSA 孵育作为空白对照。

（2）用 HEPES 溶液将孵育过的探针及表面清洗 6 次。

（3）用 BSA 溶液将探针及表面在室温中封闭 1 h。

（4）设置结果表示方式，可将泛素分子结合在探针上，将待检测蛋白结合在基底表面上，用连字符"-"连接两个分子，连接符前的为泛素，连接符后的为待检测蛋白。

（5）在下针循环中，首先以 10 pN 的力压在基底上 1 s，以提供分子相互作用时间。

（6）之后以 200 nm/s 的速度抬离表面。仪器记录探针的偏折及电陶瓷的位置信息。

（7）重复 200 次下针循环，若有效黏附率占总下针数的比例小于 30%，表明多数黏附事件来自单分子相互作用。另外，仅当力曲线中含有单个断裂峰时，该断键力才能被用来做进一步分析。

（8）利用 ORIGIN 软件作直方图，对断键力进行分析，并用高斯分布拟合。拟合函数峰值作为每种分子对的断键力，拟合算法自动给出每个参数的标准差，用 Tukey-test 来进行组间的显著性分析。

（四）用物理学方法分析单泛素化蛋白相互作用

利用核磁共振波谱学和 X 射线晶体学方法，可以在原子水平上分析单泛素化蛋白相互作用。核磁共振具有显著的优势，主要是由于所研究的泛素蛋白复合物分子质量较小（10～20 kDa），而且这些蛋白复合物的动力学解聚过程较快，因此，利用核磁共振分析泛素蛋白作用时灵敏度高。经常用到的实验有核磁共振化学位移微扰实验、用快速交换方法定量检测泛素-泛素结合蛋白复合物的结合力实验等。读者可以参考核磁共振和快速变换分析的标准方法完成自己的实验，在此不再赘述。

（五）泛素与泛素结合蛋白的研究方法

1. 鉴定发生相互作用的泛素关键残基的实验方法

泛素蛋白表面有两个疏水部位非常重要，与其细胞学功能密切相关。一个区域在第 44 位的异亮氨酸残基（Ile44）附近，同蛋白酶体的转运和内吞相关；另一个区域是第 4 位的苯丙氨酸残基（Phe4）附近，与蛋白质的内吞及酵母的无性繁殖相关，但与蛋白酶体的转运无关。在已研究的泛素结合结构域中，第 44 位的异亮氨酸残基（Ile44）区域是相互作用的关键所在。可以利用生化手段简单鉴定蛋白质相互作用中泛素关键残基的功能。主要的方法是建立针对特定位点的泛素蛋白突变体。在实验中，将所研究的蛋白质或者结构域表达纯化，固定在树脂上，然后与表达带有特定位点突变的 GST-Ub 或者 Ub-GST 的大肠杆菌裂解液共同孵育。最后洗脱结合的蛋白质，再用抗 GST 的抗体检测。将泛素突变体的结合能力与野生型相比较，从而确定此突变氨基酸在蛋白质相互作用中的功能；或者，可以先纯化不同的泛素突变体，然后以等量与目标蛋白共同孵育。

2. 对蛋白质结合不同形态的泛素修饰的分析方法

除了验证蛋白质与单泛素结合之外，还可以分析蛋白质或结构域与多泛素链的结合。目前，商业上已经有第 48 位赖氨酸残基（Lys48）偶联的四聚泛素链，以及不同长度的第 48 位（Lys48）和第 63 位（Lys63）赖氨酸残基偶联的聚合链复合物。将这些纯化的多聚链与固定在树脂上的蛋白质或结构域共孵育，就可以鉴定所研究的蛋白质或结构域是否被多泛素化修饰。具体方法是将结合的蛋白质洗脱，并用抗泛素抗血清检测。当然，也可以利用体内免疫共沉淀实验鉴定蛋白质的多泛素化。可以利用带表达标签的泛素蛋白，或者其一个或者多个赖氨酸残基突变体。将其在真核细胞中表达，然后裂解细胞并将裂解液与固定在树脂上的泛素结合蛋白共孵育。洗脱后利用特异性识别表达标签的抗体来检测共沉淀下来的蛋白质。

参 考 文 献

1. S. Fang, A. M. Weissman, *Cell Mol. Life Sci.* **61**, 1546(2004).
2. K. Husnjak, I. Dikic, *Annu. Rev. Biochem.* **81**, 291(2012).
3. C. M. Pickart, D. Fushman, *Curr. Opin. Chem. Biol.* **8**, 610(2004).
4. J. D. Schnell, L. Hicke, *J. Biol. Chem.* **278**, 35857(2003).
5. L. Hicke, H. L. Schubert, C. P. Hill, *Nat. Rev. Mol. Cell. Biol.* **6**, 610(2005).
6. K. M. Andersen, K. Hofmann, R. Hartmann-Petersen, *Essays. Biochem.* 49(2005).
7. E. Klapisz *et al.*, *J. Biol. Chem.* **277**, 30746(2002).
8. C. E. Oldham, R. P. Mohney, S. L. H. Miller, R. N. Hanes, J. P. O'Bryan, *Curr. Biol.* **13**, 1112(2002).
9. S. Polo *et al.*, *Nature* **6879**, 451(2002).
10. T. Biederer, C. Volkwein, T. Sommer, *Science* **5344**, 1806(1997).
11. K. Hofmann, *DNA Repair* **8**, 544(2009).
12. T. Dieckmann *et al.*, *Nat. Struct. Biol.* **12**, 1042(1998).
13. K. Hofmann, P. Bucher, *Trends Biochem. Sci.* **5**, 172(1996).
14. M. Akutsu *et al.*, *FEBS. Lett.* **579**, 5385(2005).
15. G. Prag *et al.*, *P. Natl. Acad. Sci. USA.* **102**, 2334(2005).
16. E. Mizuno, K. Kawahata, M. Kato, N. Kitamura, M. Komada, *Mol. Biol. Cell.* **14**, 3675(2003).
17. O. Lohi, V. P. Lehto., *FEBS. lett.* **440**, 255(1998).
18. D. Komander *et al.*, *EMBO. Rep.* **10**, 466(2009).
19. S. Rahighi *et al.*, *Cell* **136**, 1098(2009).
20. Y. C. Lo *et al.*, *Mol. Cell* **33**, 602(2009).
21. S. Wagner *et al.*, *Oncogene* **27**, 3739(2008).
22. M. Bienko *et al.*, *Science* **310**, 1821(2005).
23. S. Lee *et al.*, *Nat. Struct. Mol. Biol.* **13**, 264(2006).
24. L. Penengo *et al.*, *Cell* **124**, 1183(2006).
25. I. Dikic, S. Wakatsuki, K. J. Walters, *Nat. Rev. Mol. Cell Biol.* **10**, 659(2009).
26. S. Hirano *et al.*, *Nat. Struct. Mol. Biol.* **13**, 272(2006).
27. A. P. VanDemark *et al.*, *Cell* **105**, 711(2001).
28. W. I. Sundquist *et al.* *Mol. Cell* **13**, 783(2004).
29. C. Ge, L. Che, C. Du, *PLoS One* **10**, e0144957(2015).
30. P. S. Brzovic *et al.*, *Mol. Cell* **21**, 873(2006).
31. H. Iha *et al.* *EMBO. J.*, **27**, 629(2008).
32. C. Boyault *et al.* *EMBO. J.* **25**, 3357(2006).
33. F. E. Reyes-Turcu *et al.*, *Cell* **124**, 1197(2006).
34. H. H. Meyer, G. Wang Y., Warren G., *EMBO. J.* **21**, 5645(2002).
35. S. L. Alam *et al.* *EMBO. J.* **23**, 1411(2004).
36. H. J. Tran, M. D. Allen, J. Lowe, M. Bycroft, *Biochemistry* **42**, 11460(2003).
37. P. Bellare, A. K. Kutach, A. K. Rines, C. Guthrie, E. J. Sontheimer, *RNA* **12**, 292(2006).
38. J. E. Mullally, T. Chernova, K. D. Wilkinson, *Mol. Cell Biol.* **26**, 822(2006).
39. Q. S. Fu *et al.*, *J. Biol. Chem.* **284**, 19043(2009).
40. S. D. Stamenova *et al.*, *Mol. Cell* **25**, 273(2007).
41. K. Husnjak *et al.*, *Nature* **453**, 481(2008).
42. P. Schreiner *et al.*, *Nature* **453**, 548(2008).
43. S. L. Alam *et al.*, *Nat. Struct. Mol. Biol.* **13**, 1029(2006).
44. S. Hirano *et al.*, *Nat. Struct. Mol. Biol.* **13**, 1031(2006).
45. J. H. Hurley, S. Lee, G. Prag, *Biochem. J.* **399**, 361(2006).
46. C. Grabbe, I. Dikic. *Chem. Rev.* **109**, 1481(2009).

47. L. Hicke, R. Dunn, *Annu. Rev. Cell Dev. Biol.* **19**, 141(2003).

48. K. G. Bache, *Crit. Rev. Oncog.* **12**, (2006).

49. K. Haglund1; , I. Dikic1, *EMBO. J.* **24**, 3353(2005).

50. P. P. Di Fiore, K. Polo S Fau - Hofmann, K. Hofmann, *Nat. Rev. Mol. Cell Biol.*, **4**, 491(2003).

51. R. L. Welchman, C. Gordon, R. J. Mayer, *Nat. Rev Mol. Cell Biol.* **6**, 599(2005).

52. A. Kanayama *et al.*, *Mol. Cell* **15**, 535(2004).

53. L. Taraborrelli *et al.*, *Nat. Commun.* **9**, 3910(2018).

54. B. Meusser *et al.*, *Nat. Cell Biol.* 7, 766(2005).

55. J. R. Girard, J. L. Tenthorey, D. O. Morgan, *J. Biol. Chem.* **290**, 24614(2015).

56. J. Li *et al.*, *J. Cell Mol. Med.* **20**, 1319(2016).

57. Y. W. Yan *et al.*, *PLoS One* **11**, e0148536(2016).

58. X. Liu *et al.*, *Br. J. Dermatol.* **175**, 314(2016).

59. G. Lee *et al.*, *Biochem. Biophys. Res. Commun.* **470**, 181(2016).

60. Y. Wang *et al.*, *J. Thorac. Dis.* **7**, 672(2015).

61. A. Oguro, H. Kubota, M. Shimizu, S. Ishiura, Y. Atomi, *Neurosci. Lett.* **503**, 234(2011).

62. O. Kerscher, R. Felberbaum, M. Hochstrasser, *Annu. Rev. Cell. Dev. Biol.* **22**, 159(2006).

63. T. S. McCann, Y. Guo, W. H. McDonald, W. P. Tansey, *P. Natl. Acad. Sci. USA.* **113**, 1309(2016).

64. F. Cano, R. Rapiteanu, G. Sebastiaan Winkler, P. J. Lehner, *Nat. Commun.* **6**, 8670(2015).

65. K. Hofmann, L. Falquet, *Trends Biochem. Sci.* **26**, 347(2001).

66. K. D. Wilkinson *et al.*, *J. Mol. Biol.* **291**, 1067(1999).

67. Y. Chen *et al.*, *Biochemistry* **32**, 32(1993).

68. B. L. Bertolaet *et al.*, *J. Mol. Biol.* **313**, 955(2001).

69. B. L. Bertolaet *et al.*, *Nat. Struct. Mol. Biol.* **8**, 417(2001).

70. C. D. Hu, Y. Chinenov, T. K. Kerppola, *Mol. Cell* **9**, 789(2002).

71. C. Ottmann, M. Weyand, A. Wolf, J. Kuhlmann, C. Ottmann, *Biol. Chem.* **390**, 81(2009).

（王丽颖　刘卫晓　尚永亮　李　卫）

第七章　去泛素化酶

细胞内蛋白质的泛素化修饰是一种可逆的、动态平衡的翻译后修饰过程。泛素化修饰酶和去泛素化酶共同参与这一动态平衡过程。前文中已详细介绍了促进底物泛素化修饰过程的酶类，本章则将着重围绕去泛素化酶家族分类、结构特征、功能研究进展等方面，对去泛素化酶进行介绍。

去泛素化酶（deubiquitinating enzyme，DUB）作为一种可以移除泛素的超家族异肽酶，催化底物蛋白上泛素的去除过程，其功能与泛素连接酶相反。去泛素化酶能特异性切割靶蛋白赖氨酸侧链上的 ε 氨基基团与泛素羧基端基团之间的异肽键，或靶蛋白上 α 氨基基团与泛素羧基基团之间的肽键，使单泛素分子或多泛素修饰链脱离底物蛋白，或使聚合的泛素分子被释放，从而实现调控底物蛋白的功能。

第一节　去泛素化酶的分类

目前，人类基因组编码约 100 个 DUB，根据其序列和结构相似性可分为 6 个家族，分别为：泛素物异性蛋白酶（ubiquitin-specific protease，USP），泛素 C 端水解酶（ubiquitin carboxy-terminal hydrolase，UCH）家族，OTU（ovarian-tumor protease）家族，MJD（Machado-Joseph disease protein domain protease）家族，JAMM（JAMM/MPN domain-associated metallopeptidase）家族，MCPIP（monocyte chemotactic protein-induced protein）家族（图 7-1）。除 JAMM 家族为金属蛋白酶外，其他 DUB 均为半胱氨酸蛋白酶（1，2）。

1. USP 家族

USP 家族共有约 60 个成员，是目前为止成员最多的 DUB 家族。这一家族成员的共性为均具有由类似于右手手掌、拇指及手指三个亚结构域组成的高度保守的 USP 结构域。其催化位点位于前两个亚结构域之间，而手指状结构域负责与远端的泛素结合（3）。目前，只发现 CYLD（cyclindromatosis D）—— 一种参与人圆柱瘤病发生的 DUB，因缺少手指状结构域而成为这一家族结构特征的特例（4）。除 USP 结构域之外，许多 USP 家族成员还具有影响其活性和功能特异性的其他结构域及功能性末端，如 CYLD 中的 B-box 结构域，USP3、USP5、USP39、USP44、USP45、USP49 及 USP51 共享的锌指 USP 结构域，USP25 和 USP37 含有的泛素结合基序，USP5 和 USP13 中的泛素相关结构域，USP4、USP11、USP15、USP20、USP33、USP48 中的 DUSP 结构域，USP52 中的外切核酸酶Ⅲ结构域，以及存在于 USP4、USP7、USP14、USP32、USP47 及 USP48 等分子中的类泛素结构域等（5，6）。尽管不同的 USP 家族成员间的结构差异较大，但大多数 USP 成员都能在结合泛素后发生构象变化，从而使其从非活性形式转变为催化活性状态。

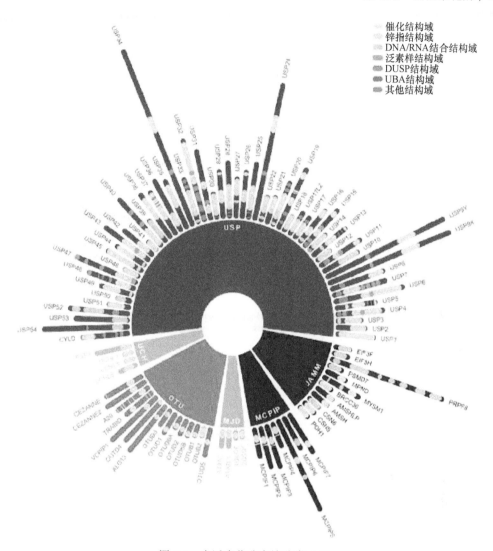

图 7-1 去泛素化酶家族分类（1）

2. UCH 家族

UCH 家族是第一个被鉴定出结构的 DUB 家族。人源 UCH 家族共有 4 个成员，分别为 UCHL1、UCHL3、UCHL5/UCH37 和 BAP1。UCHL5 的羧基端区域促进底物蛋白上多泛素链的修整，而 BAP1 的相应区域则与 BRCA1 氨基端的环指结构域发生相互作用（7，8）。

3. OTU 家族

OTU 结构域首次鉴定于果蝇中的卵巢癌基因中（9）。人源 OTU 家族现有 16 个成员，可分为 3 类：Otubains（OTUB1 和 OTUB2），A20-like OTU（A20/TNFAIP3、Cezanne/OTUD7B、Cezanne2/OTUD7A、TRABID 和 VCPIP1），OTUD（OTUD1、OTUD2/YOD1、OTUD3、OTUD4、OTUD5、OTUD6A、OTUD6B、OTULIN 和 ALG13）

等（*10*，*11*）。OTU 核心结构域由 5 个位于螺旋结构域之间的 β 折叠组成，而这些螺旋结构域在不同的 OTU 家族成员中大小不一（*12*）。类似于 USP 家族成员的结构，OTU 核心区域也伴有辅助泛素结合的结构域，如 A20 中的 A20 型锌指结构域、TRABID 中的 NP14 型锌指结构域、OTUD1 和 OTUD5 中的泛素结合基序（UIM），以及 Cezanne 中的泛素相关结构域（UBA）等（*4*）。

4. MJD 家族

MJD 家族有 4 个成员，分别为 ataxin-3（ATXN3）、ATXN3L、JOSD1 及 JOSD2。它们均有一个高度保守的催化三联体。这个催化三联体由一个半胱氨酸残基和两个组氨酸残基组成。除了 Josephin 结构域，ATXN3 和 ATXN3L 还具有泛素结合基序等结构域。此外，ATXN3 作为多泛素链编辑酶控制着蛋白质的折叠和稳定性，而其泛素水解活性对生物体正常生命周期的维持具有重要作用（*13*）。

5. JAMM 家族

JAMM 家族是唯一一个具有锌-金属蛋白酶活性的 DUB 家族，且其催化机制已经通过对 AMSH-LP（associated molecule with SH3 domian-like protease）的晶体结构研究得到了阐释。AMSH 家族成员可以特异性切割 Lys63 位多泛素链，从而促进囊泡运输和受体循环。AMSH-LP DUB 结构域由一个 JAMM 核心和两个保守的插入序列组成。其他缺少 AMSH 特异性插入序列的 JAMM 蛋白酶，不具有 Lys63 位连接的多泛素链特异性。除 JAMM-LP 外，人类基因组中还编码有其他 11 个 JAMM 蛋白，其中 5 个不具有催化活性，其余的对泛素或类泛素蛋白具有异肽酶活性（*14*）。

6. MCPIP 家族

MCPIP 是最近被明确的新的 DUB 家族。根据生物信息学分析，该家族应至少有 7 个成员。成员之一 MCPIP1 氨基端含有一个功能性泛素相关结构域，其能介导自身与泛素化修饰蛋白间的相互作用，但不具备 DUB 活性。除此之外，MCPIP1 的氨基端有一个保守区域，中部具有一个保守的 CCCH 型锌指结构域，氨基端有一个富含脯氨酸的结构域。氨基端的保守区域和 CCCH 锌指结构对 MCPIP1 的活性至关重要（*15*）。

第二节　去泛素化酶的作用机制

去泛素化酶在泛素内环境稳态和蛋白质稳定性控制过程中都发挥着重要功能（图 7-2）。这些功能可被概括为如下 6 种：①加工泛素前体为成熟的游离泛素，由 *Ubc*、*Ubb*、*Uba52* 和 *Uba40* 等泛素基因编码的初级产物，通常在 C 端含有延伸的肽段或者与核糖体偶联，需要去泛素化酶的剪切功能；②挽救蛋白质降解命运，去除底物蛋白上连接的降解性泛素信号，避免底物蛋白进入蛋白酶体被降解；③去除非降解性泛素信号，实现信号的有效转导或避免信号的过度活化；④防止泛素和泛素-底物复合物被溶酶体途径、蛋白酶体途径降解，维持体内泛素含量的相对稳定；⑤促进从底物上切除的泛素链解聚,使得泛素分子以游离态进入泛素库进行再循环利用;⑥对泛素修饰链进行编辑,使得泛素介导的信号发生转换。去泛素化酶通过上述 6 种方式参与细胞内多种生物学过程,发挥着重要的生理功能,如参与代谢过程、促进肿瘤的发生发展、调控免疫反应等(16,17)。

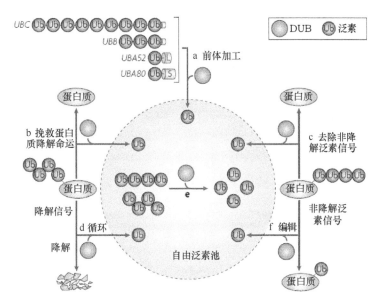

图 7-2　去泛素化酶的功能(2)

一、去泛素化酶的链型识别

泛素化修饰主要有两种形式,即单泛素化修饰和多泛素化修饰。当单个的泛素分子靶向底物的一个或多个赖氨酸位点时,称之为单泛素化修饰;多个泛素分子串联成泛素链结合在底物上时,称之为多泛素化修饰。泛素链由一个泛素的半胱氨酸与另一个泛素的赖氨酸连接形成,泛素本身含有 7 个赖氨酸位点,由此可形成 7 种不同的多泛素链。而泛素 N 端的 Met1 可形成直链式的泛素链。因此,总计有 8 种多泛素链。一种蛋白质通常可被多种泛素链修饰,形成同型(一种类型的泛素链)或异型(多种不同类型的泛素链)的泛素链修饰。不同的泛素链在细胞内行使不同的功能。例如,K48 位泛素链介导蛋白质的降解过程,K11 位泛素链主要参与细胞周期过程中选择性的蛋白质降解,而K63 位泛素链通常参与信号转导过程。

去泛素化酶识别泛素链具有高度的特异性和选择性。USP 家族和 OTU 家族的去泛素化酶既可识别 K48 位也可识别 K63 位的泛素修饰链。但已有的研究认为,部分去泛素化酶对多泛素链的识别具有一定的偏好性(18)。例如,USP14 识别 K48 位泛素链,而 CYLD 偏好识别 K63 位泛素链。JAMM 家族和 MJD 家族成员对 K63 位泛素链有一定的偏好性。OTU 家族成员对多泛素链的识别偏好性如表 7-1 所示。但在这里需要强调的是,目前关于去泛素化酶的研究尚浅,很多去泛素化酶的底物和作用方式仍未可知,对泛素链类型的偏好性认知也随着研究的持续进展而不断改变。例如,已有的研究认为

Cezanne 对 K11 位泛素链有更强的偏好性（*19，20*），但实际上 Cezanne 也可通过去除 K48 位或 K63 位泛素链的方式，从而阻止底物降解或影响细胞内信号的传递过程（*21*）。因此，去泛素化酶的链型识别偏好性研究有待进一步完善。

表 7-1　**OTU 家族链型识别偏好性** ［根据参考文献（*18*）结论进行整理］

蛋白名称 ＼ 识别链型	K6	K11	K27	K29	K33	K48	K63	Met1
OTUB1	×	×	×	×	×	√	×	×
OTUB2	×	●	×	×	×	●	√	×
OTUD1	×	×	×	×	×	×	√	×
OTUD2	×	●	√	√	√	○	×	×
OTUD3	√	√	×	×	×	×	○	×
OTUD4	○	○	○	×	×	√	○	×
OTUD5	×	×	×	×	×	×	×	×
OTUD6A	×	●	√	√	√	×	○	×
OTUD6B	×	×	×	×	×	×	×	×
OTUD7A	×	√	×	×	×	×	×	×
OTUD7B	×	√	×	×	×	×	×	×
A20	×	●	×	×	×	√	×	×
TRABID	×	×	×	√	√	×	●	×
VCPIP1	×	√	×	×	×	√	×	×
OTULIN	×	×	×	×	×	×	×	√
ALG13	×	×	×	×	×	×	×	×

注：其中，√、●、○、× 依次表示偏好、较偏好、一般和无作用活性。

二、去泛素化酶的调节

去泛素化酶对底物及泛素修饰链型识别都具有特异性，因此，其活性务必受到严格调控。考虑到其功能多样性，其催化活性也受到包含转录水平、翻译后修饰水平等多种水平的调节。

1. 转录水平的调节

小鼠的 *Dub-1*、*Dub-2*、*Dub-3* 基因的表达受炎症因子的诱导（*22，23*），CYLD 可同时被 NF-κB 和 MAPK-P38 通路激活（*24，25*），而低氧刺激可诱导 Cezanne 的表达（*26*）。

2. 翻译后修饰水平的调节

磷酸化修饰是细胞内翻译后修饰水平的一种重要的调节方式。许多去泛素化酶都可被磷酸化修饰并由此改变活性状态。例如，CYLD 和 USP8 可被磷酸化修饰抑制活性，而 A20、USP7、USP15、USP16、USP19 等可被磷酸化激活（25，27）。除磷酸化修饰之外，泛素化和类泛素化修饰也可调节 DUB 的活性。泛素化修饰激活 ATXN3 的 DUB 活性（28），却抑制 UCHL1 的活性（29）。SUMO 化修饰使 USP25 的活性受到抑制（30）。此外，有些 DUB 属于翻译后修饰蛋白水解酶，使得自身发生蛋白质水解和切割从而失活。例如，USP1 可经过自身蛋白水解而失活（31）。

3. 亚细胞定位的调节

亚细胞定位的改变往往可促进 DUB 与一些特定底物分子的结合，从而使 DUB 活性发生改变。USP30 在线粒体上的定位会造成线粒体形态特征的改变（32）。USP36 的核定位会改变其结构和功能（33）。此外，存在于 USP8、USP25、A20、OTUD5、ATXN3、AMSH 及 UCHL5 等分子中的附属泛素结合结构域也参与蛋白质的活性和识别特异性的调控。

4. 相互作用蛋白介导的活性转换

部分 DUB 介导的去泛素化过程的调控和特异性在很大程度上依赖于该 DUB 分子与其蛋白质伴侣间的关系。一些 DUB 分子在结合至如 26S 蛋白酶体或 COP9 信号体等大分子复合物上时才具有活性。Sowa 等使用基于串联亲和及生物信息学方法，在全蛋白质组中对 75 个 DUB 的高可信度相互作用蛋白进行鉴定，发现约有 774 个潜在的关联蛋白（34）。在这一背景下，蛋白质相互作用和复合物形成等增加了 DUB 功能调控机制的复杂度，而我们对其知之甚少，相关研究仍具有极大的探索空间。

第三节　去泛素化酶的生理和病理功能

去泛素化酶发挥功能的主要方式如前文所示，正是由这六种不同的方式介导了去泛素化酶在生理条件下广泛而丰富的功能发挥：一方面，DUB 参与细胞内正常生理活动的维持，保证机体的正常运转；另一方面，DUB 表达水平及活性的异常也与肿瘤的发生发展等病理过程密切相关。

以 NF-κB 信号通路为例，在 NF-κB 信号通路介导的炎症应答反应中，CYLD、A20、OTUD7B 等皆参与信号通路的负调控过程。其中，CYLD 通过去除 TRAF2 的 K63 位多泛素链修饰而抑制 NF-κB 的活化（35，36），A20 则通过去除 TRAF6（37）和 RIP1（38）上 K63 位多泛素链修饰而抑制 IKK 的活化，从而负调控 NF-κB 的活化过程。近年来多项研究发现 OTUD7B 也可通过去除 TRAF6（26）和 RIP1（39）上 K63 的方式抑制经典的 NF-κB 信号通路的活化。此外，OTUD7B 也可去除 TRAF3 上 K63 位多泛素链修饰而抑制非经典 NF-κB 信号通路的过度活化，负调控这一信号通路（40）。

DUB 的功能多样性使其在多种生物学过程的调控中具有重要作用。因此，其表达水平、功能及活性的异常会导致细胞周期及行为等的异常，与肿瘤的发生发展具有密切关系。在肿瘤中，DUB 参与的生物学过程包括细胞周期调控、DNA 损伤修复、染色质重塑及其他在癌症中常发生改变的信号通路等。

　　DUB 在细胞周期调控过程中的重要性，表现为其多个家族成员均为核心细胞周期机器和细胞周期检查点的重要组成部分。功能分析发现 USP28 能调控 c-Myc 的稳定性（41），而 c-Myc 是细胞生长、增殖和凋亡的核心调控子。其他 DUB，如 CYLD、USP13、USP37、USP39 和 USP44 等是有丝分裂时期多个事件的重要调控子。CYLD 通过调控 polo-like kinase 1 来促使细胞及时进入有丝分裂期（42）。USP13 被泛素识别蛋白 UFD1 募集，从而去除 APC/C-Cdh1 介导的 Skp2 泛素化修饰，最终使细胞周期蛋白依赖的激酶抑制剂 p27 积聚并造成细胞周期进程迟滞（43）。

　　关于肿瘤与 DNA 修复机制缺陷相关的报道持续增加，这揭示了基因损伤修复与肿瘤发生发展之间的密切关系。BRCC36、USP3、USP16 和 OTUB1 等参与双链断裂修复的 RNF8/168 信号通路的控制（44），USP11 在丝裂原 C 诱导的 DNA 损伤应答中参与 BRCA2 途径（45），USP28 参与 CHK2-p53-Puma 通路（46）。此外，USP47 能去泛素化碱基切除修复 DNA 聚合酶，从而参与 DNA 修复调控和基因组稳定性维持（47）。

　　细胞内关键信号通路的异常也常常会诱导肿瘤的发生。一些在肿瘤中频繁发生变化的信号通路，如 p53、受体酪氨酸激酶、Wnt 和 TGF-β 等通路受到去泛素化酶活性的显著影响（图 7-3）。p53 作为涉及细胞稳态并频繁在大多数肿瘤中发生突变的抑癌因子，

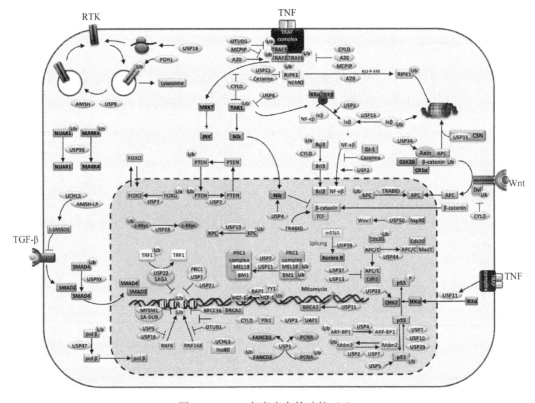

图 7-3　DUB 在癌症中的功能（1）

其可被 USP2、USP4、USP5、USP7、USP10 及 USP29 等 DUB 调控（*48-52*）。在人类的多种肿瘤中常可检测到受体酪氨酸激酶依赖的信号通路的异常变化。USP8、USP18、AMSH 及 POH1 等被认为会影响 RTK 的细胞转位（*53，54*）。Wnt 信号通路为胚胎发育控制所必需，其在肿瘤中也频繁地出现异常。CYLD、USP4、USP15、USP34 及 TRABID 等均被发现与此通路的正常调控相关（*55-58*）。

以 H2A、H2B 为主的组蛋白的翻译后修饰调控染色质结构的动态变化及基因转录，因而在癌症中也经常发生变化。已有的数据表明，很多去泛素化酶与组蛋白存在相互作用。目前，已发现 USP3、USP7、USP16、USP21、USP22、MYSM1 及 BRCC36 等多个去泛素化酶能够去除组蛋白的泛素化。除了组蛋白，基因表达还受到与染色质相关的去泛素化酶底物的调控。例如，USP22 调控端粒结合因子 1（telemoric-repeat binding factor 1，TRF1）的蛋白稳定性（*59*），而 USP7 和 USP11 去除 MEL18 和 BMI 的泛素化。其中，MEL18 和 BMI 是染色质结合多梳复合物 1 的复合物组分，影响 $p16^{INK4a}$ 的转录调控（*60*）。

此外，去泛素化酶在癌症发生的不同阶段可发挥不同的重要作用。例如，UCHL1 可通过诱导上皮间充质转换从而调节前列腺癌的发生和转移（*61*）。USP17 则可以通过调节在细胞运动中起到必要作用的 GTP 酶的亚细胞定位来影响细胞迁移过程（*62*）。一些去泛素化酶在调节细胞凋亡的过程中会起到双重的复杂作用。例如，USP9X 既能够使 MCL-1 去泛素化并稳定其蛋白质水平，从而促进细胞存活；也可以通过稳定细胞凋亡信号调节激酶 1，促进细胞凋亡（*63*）。

参 考 文 献

1. J. M. Fraile *et al.*, *Oncogene* **31**, 2373(2012).
2. D. Komander, M. J. Clague, S. Urbe, *Nat. Rev. Mo.l Cell Biol.* **10**, 550(2009).
3. M. Hu *et al.*, *Cell* **111**, 1041(2002).
4. D. Komander *et al.*, *Mol. Cell* **29**, 451(2008).
5. V. Quesada *et al.*, *Biochem. Biophys. Res. Commun.* **314**, 54(2004).
6. X. Zhu, R. Menard, T. Sulea, *Proteins* **69**, 1(2007).
7. D. E. Jensen *et al.*, *Oncogene* **16**, 1097(1998).
8. E. Koulich, X. Li, G. N. DeMartino, *Mol. Biol. Cell* **19**, 1072(2008).
9. K. S. Makarova, L. Aravind, E. V. Koonin, *Trends Biochem. Sci.* **25**, 50(2000).
10. M. Y. Balakirev, S. O. Tcherniuk, M. Jaquinod, J. Chroboczek, *EMBO. Rep.* **4**, 517(2003).
11. K. Keusekotten *et al.*, *Cell* **153**, 1312(2013).
12. F. E. Reyes-Turcu, K. H. Ventii, K. D. Wilkinson, *Annu. Rev. Biochem.* **78**, 363(2009).
13. B. Burnett, F. Li, R. N. Pittman, *Hum. Mol. Genet.* **12**, 3195(2003).
14. Y. Sato *et al.*, *Nature* **455**, 358(2008).
15. J. Liang *et al.*, *J. Exp. Med.* **207**, 2959(2010).
16. S. M. Nijman *et al.*, *Cell* **123**, 773(2005).
17. 陈. 张. 贺福初, 生物化学与生物物理进展 **41**, 13(2014).
18. T. E. Mevissen *et al.*, *Cell* **154**, 169(2013).
19. A. Bremm, S. M. Freund, D. Komander, *Nat. Struct. Mol. Biol.* **17**, 939(2010).
20. T. E. T. Mevissen *et al.*, *Nature* **538**, 402(2016).
21. B. Wang *et al.*, *Nature* **545**, 365(2017).

22. K. H. Baek, M. S. Kim, Y. S. Kim, J. M. Shin, H. K. Choi, *J. Biol. Chem.* **279**, 2368(2004).

23. J. F. Burrows *et al.*, *J. Biol. Chem.* **279**, 13993(2004).

24. H. Jono *et al.*, *J. Biol. Chem.* **279**, 36171(2004).

25. G. Liang, K. Ahlqvist, R. Pannem, G. Posern, R. Massoumi, *PLoS One* **6**, e19613(2011).

26. A. Luong le *et al.*, *Circ. Res.* **112**, 1583(2013).

27. X. Huang *et al.*, *Mol Cell* **42**, 511(2011).

28. S. V. Todi *et al.*, *Embo. j.* **28**, 372(2009).

29. R. K. Meray, P. T. Lansbury, Jr., *J. Biol. Chem.* **282**, 10567(2007).

30. E. Meulmeester, M. Kunze, H. H. Hsiao, H. Urlaub, F. Melchior, *Mol. Cell* **30**, 610(2008).

31. X. M. Cotto-Rios, M. J. Jones, L. Busino, M. Pagano, T. T. Huang, *J. Cell. Biol.* **194**, 177(2011).

32. N. Nakamura, S. Hirose, *Mol. Biol. Cell* **19**, 1903(2008).

33. A. Endo *et al.*, *J. Cell Sci.* **122**, 678(2009).

34. M. E. Sowa, E. J. Bennett, S. P. Gygi, J. W. Harper, *Cell* **138**, 389(2009).

35. E. Trompouki *et al.*, *Nature* **424**, 793(2003).

36. A. Kovalenko *et al.*, *Nature* **424**, 801(2003).

37. D. L. Boone *et al.*, *Nat. Immunol.* **5**, 1052(2004).

38. N. Shembade, K. Parvatiyar, N. S. Harhaj, E. W. Harhaj, *Embo. J.* **28**, 513(2009).

39. D. Komander, D. Barford, *Biochem. J.* **409**, 77(2008).

40. H. Hu *et al.*, *Nature* **494**, 371(2013).

41. X. X. Sun, R. C. Sears, M. S. Dai, *Cell Cycle* **14**, 3786(2015).

42. F. Stegmeier *et al.*, *P. Natl. Acad. Sci. USA.* **104**, 8869(2007).

43. M. Chen, G. J. Gutierrez, Z. A. Ronai, *P. Natl. Acad. Sci. USA.* **108**, 9119(2011).

44. A. Al-Hakim *et al.*, *DNA Repair* **9**, 1229(2010).

45. A. R. Schoenfeld, S. Apgar, G. Dolios, R. Wang, S. A. Aaronson, *Mol. Cell Biol.* **24**, 7444(2004).

46. D. Zhang, K. Zaugg, T. W. Mak, S. J. Elledge, *Cell* **126**, 529(2006).

47. J. L. Parsons *et al.*, *Mol. Cell* **41**, 609(2011).

48. C. L. Wang *et al.*, *Carcinogenesis* **35**, 1500(2014).

49. Z. Li *et al.*, *Oncogene* **35**, 2902(2016).

50. X. Zhang, F. G. Berger, J. Yang, X. Lu, *Embo. J.* **30**, 2177(2011).

51. S. Dayal *et al.*, *J. Biol. Chem.* **284**, 5030(2009).

52. J. M. Cummins, B. Vogelstein, *Cell Cycle* **3**, 689(2004).

53. S. Niendorf *et al.*, *Mol. Cell Biol.* **27**, 5029(2007).

54. M. Komada, *Curr. Drug Discov. Technol.* **5**, 78(2008).

55. D. V. Tauriello *et al.*, *Mol. Cell* **37**, 607(2010).

56. B. Zhao, C. Schlesiger, M. G. Masucci, K. Lindsten, *J. Cell Mol. Med.* **13**, 1886(2009).

57. S. I. Yun *et al.*, *Mol. Oncol.* **9**, 1834(2015).

58. H. Tran, F. Hamada, T. Schwarz-Romond, M. Bienz, *Genes Dev.* **22**, 528(2008).

59. B. S. Atanassov *et al.*, *Mol. Cell* **35**, 352(2009).

60. G. N. Maertens *et al.*, *Embo. J.* **29**, 2553(2010).

61. R. Ummanni *et al.*, *Mol. Cancer* **10**, 129(2011).

62. M. de la Vega *et al.*, *Nat. Commun.* **2**, 259(2011).

63. M. Schwickart *et al.*, *Nature* **463**, 103(2010).

（张令强　王婵娟）

第八章　相素化修饰

近十几年来科学家们相继发现了一些类泛素蛋白（ubiquitin-like protein）（*1*，*2*），其中相素（SUMO）是最受瞩目的一类。1995 年，Meluh 等在酿酒酵母（*Saccharomyces cerevisiae*）中发现一种新的蛋白质 Smt3，这是有关相素的最早报道（*3*）。在研究早期，相素并没有统一的名称，曾被命名为 hSmt3（*4*）、UBL1（*5*）、PIC1（*6*）、sentrin（*7*）、GMP1（*8*）等。直到 1997 年，Frauke Melchior 实验室首次提出了 SUMO（相素）这一名称（*9*）。

相素是一类在物种进化过程中高度保守的小蛋白。在低等真核生物（酵母、线虫和果蝇）中，只存在 1 种相素基因；在脊椎动物中，则至少存在 3 种相素基因（*10*）；在哺乳动物中，目前已发现 4 种相素基因，分别为 *Sumo1*、*Sumo2*、*Sumo3* 和 *Sumo4*（*4*，*11*，*12*）。

人类的相素 1（SUMO1）与泛素的氨基酸序列只有 18%的相似性，但是它们的三级结构却非常相似。有意思的是，SUMO1 氨基端（N 端）有一个 21 个氨基酸的延伸，而在泛素中则不存在。此外，相素蛋白表面的电荷分布也与泛素明显不同（*13*）。SUMO2 与 SUMO3 的氨基酸序列有 97%的相似性，与 SUMO4 有 87%的相似性，而与 SUMO1 却只有 50%的相似性（*14*）。SUMO1、SUMO2 和 SUMO3 在大部分组织中表达，而 SUMO4 则主要在肾脏、淋巴结和脾脏中表达（*12*，*15*）。在细胞内，SUMO1 主要分布在细胞核核膜和有丝分裂的纺锤体上，而 SUMO2/3 主要聚集在着丝粒和染色质中（*16*）。此外，SUMO1 主要是以与底物蛋白质结合的形式存在，而 SUMO2/3 则主要是以游离的形式存在。当机体受到外界的刺激后，游离的 SUMO2/3 便会结合到底物蛋白上，当刺激消除后，SUMO2/3 又会从底物蛋白上解离下来（*8*，*17*），这种机制保证了机体能够对外界刺激做出快速应答。SUMO4 在体内主要定位于细胞质中，参与 IκBα 的修饰。SUMO4 有一种特异的多态性 M55V，与 1 型糖尿病相关。SUMO1 和 SUMO2/3 对底物的选择修饰具有一定的偏好性，例如，RanGAP1 主要被 SUMO1 修饰（*17*），而 Topoisomerase Ⅱ主要被 SUMO2/3 修饰（*18*），另外一些蛋白质如 PML，则可同时被 SUMO1 和 SUMO2/3 修饰（*19*，*20*）。

第一节　相素化修饰的生物学作用

值得注意的是，与泛素修饰不同，相素化修饰并不直接导致底物蛋白的降解。到目前为止，已经证实可以被相素化修饰的底物蛋白就超过了 1000 种。由于相素化修饰底物蛋白的多样性，所以相素在细胞内具有极为多样的生物学功能，如维持基因组稳定性、介导蛋白质之间相互作用、调节蛋白质在细胞内的定位、调控转录因子活性和信号转导，以及参与 DNA 损伤修复等（*21*）。

一、转录活性调控

一大类已被鉴定的受相素化修饰调控的核内底物多为转录调节因子或共调节因子。以造血系统为例，相素化修饰对造血发育过程中一系列重要的转录因子如 GFI1、RUNX1、GATA1、CEBPA 等均起到负调控的作用。一般认为在大多数情况下，转录因子的相素化修饰主要起着转录抑制的作用，其机制可能是相素通过募集 HDAC、Daxx 等转录共抑制因子，从而抑制转录。但是，对于心脏发育中一系列重要的核心转录因子如 NKX2.5、GATA4、SRF 等，相素化修饰则主要起着转录激活的作用。因此，相素化修饰对于转录活性的调节机制值得继续深入研究。

二、蛋白质稳定性调控

相素发挥作用的另一途径是通过空间位阻（steric hindrance）机制。靶蛋白上的相素可与泛素分子竞争结合底物蛋白的同一赖氨酸结合位点，从而达到阻止蛋白降解的作用。例如，在正常情况下，转录因子 NF-κB 在细胞质中因与其抑制物 IκBα 结合处于非活性状态，而在外界刺激作用下，IκBα 可发生泛素化，并被 26S 蛋白酶小体降解，从而释放 NF-κB，进入细胞核激活靶基因转录。研究发现，相素可与泛素分子竞争结合 IκBα 的同一赖氨酸残基，从而使得 IκBα 免受泛素-蛋白酶体系统的降解。

三、调节蛋白亚细胞定位

相素与靶蛋白之间的连接通常还会促进靶蛋白与其他蛋白质之间发生相互作用。RanGAP1 是第一个被发现的相素化修饰的重要底物，主要被 SUMO1 修饰。经相素分子修饰的 RanGAP1 蛋白与核膜孔复合物（nuclear-pore complex）之间的连接就是通过这种多价结合的方式完成的。单独的相素分子或 RanGAP1 蛋白都无法与核膜孔复合物形成紧密连接。

四、参与 DNA 修复调控

几乎所有主要的 DNA 修复途径、损伤避免机制和细胞周期检查点反应等过程都或多或少地受到了相素修饰途径的调控。

五、参与维持基因组完整性

增殖细胞核抗原（proliferating cell nuclear antigen，PCNA）在细胞周期 S 期暴露于致死量的甲基磺酸时，相素化修饰可保护其免受损伤。相素分子的抗损伤作用是通过解旋酶 Srs2p 介导的，Srs2p 可通过抑制同源染色体随机重组而影响基因组的稳定性。Srs2p 羧基端的特异性结合位点有直接与相素化的 PCNA 作用的能力，能将解旋酶 Srs2p 募集到复制叉并发挥作用。

还有文献报道，组蛋白相素化对于维持组蛋白的功能和 DNA 转录是十分重要的，它的失衡将影响细胞周期、分化及凋亡，并可导致肿瘤的发生。构成核小体的四种核心组蛋白中，只有组蛋白 H4 可被 SUMO1 或 SUMO3 有效相素化，而组蛋白 H2A、H2B 和 H3 的相素化程度都非常低。组蛋白 H4 的相素化修饰可以引起 HDAC 的异常招募，其中 HDAC 作为调控基因的关键蛋白酶，可通过对组蛋白去乙酰化，使 DNA 结构更紧密，从而抑制某些基因的转录表达。除直接抑制外，HDAC 还可通过对转录因子如 p53、GATA1、TFIIE 和 TFIIF 等的去乙酰化作用间接调节基因。当出现 HDAC 数量增加或活性增强时，组蛋白乙酰化状态的平衡将偏向去乙酰化，从而导致基因表达的异常调节。基因表达异常是肿瘤的主要特征之一，与肿瘤的发生和发展存在着密切关系。

第二节 相素化修饰及相关酶

一、相素化共价修饰

类似于泛素化，相素对底物蛋白的修饰也是一个多步骤酶促反应。首先，相素前体在相素特异性蛋白酶（sentrin/SUMO-specific protease，SENP）作用下切除羧基端（C端）数个氨基酸从而暴露出双甘氨酸残基，成为成熟的相素（21）。随后，成熟相素的 C 端甘氨酸通过硫酯键与相素激活酶（SUMO-activating enzyme）的半胱氨酸残基相连，此激活过程需要 ATP 的参与。相素激活酶是一种异源二聚体，在人类细胞中由 SAE1（在酵母中被称为 UBA2）和 SAE2（AOS1）两个亚基组成（20-24）。然后相素被转移到 E2 缀合酶（SUMO-conjugating enzyme）的半胱氨酸残基上（25, 26）。到目前为止，仅发现一种相素耦合酶，即 UBC9。UBC9 可以直接识别底物，从而最终将相素通过异肽键偶联到底物蛋白的赖氨酸残基上。许多底物蛋白都含有相素结合保守序列（SUMO consensus motif）ψKXE（ψ 代表疏水性氨基酸；K 为赖氨酸；X 代表任意的氨基酸；E 为谷氨酸）（27）。值得注意的是，并不是所有的被相素化修饰的底物蛋白都含有相素结合保守序列，如相素耦合酶 25K 的相素化修饰位点即发生在非典型的结合序列（28）。类似泛素分子成链，SUMO2/SUMO3 自身的氨基端也具有相素结合保守序列，能够形成多聚相素链。多聚相素链在对底物蛋白的细胞内定位及协同泛素化降解等方面发挥着重要作用（29）。在某些情况下，相素连接酶（SUMO-ligating enzyme）可以增强 UBC9 转移相素到底物蛋白的效率及特异性，这可能是由于相素连接酶能够活化 UBC9 或拉近 UBC9 与底物蛋白的距离。相素连接酶主要包括三类，即 PIAS（protein inhibitor of activated STAT）家族成员（30）、RanBP2（31）和 Pc2（32）。

二、相素化非共价修饰

相素的非共价修饰是通过底物上的相素相互作用基序（SUMO-interacting motif，SIM）实现的。目前公认的 SIM 序列是 V/I-X-V/I-V/I，其疏水特性使相素与 SIM 结合，并召集 SIM 蛋白来调控下游过程。也就是说，相素化可能为底物提供了一个作用平台。

三、SENP 与去相素化修饰

蛋白质的相素化修饰是一个动态且可逆的过程,其去相素化是由一组相素特异性蛋白酶家族 SENP 来完成的。由于相素化修饰系统只有一个激活酶和耦合酶,使得蛋白质的相素化反应具有组成性活化的特点,因此 SENP 所介导的去相素化很大程度上就决定了靶蛋白相素化修饰的水平。最早从酵母中鉴定出了两种相素特异性蛋白酶 ULP1 和 ULP2/Smt4,二者都能使靶蛋白去相素化,并且还能催化相素蛋白的成熟(33,34)。序列比较发现这一家族成员均具有 200 个氨基酸左右的酶活性区域(属于 C48 半胱氨酸蛋白酶)(35)。哺乳动物细胞中的 SENP 家族共有 6 个成员,根据其序列同源性、细胞内定位和底物特异性不同可分为 3 组:第一组是 SENP1 和 SENP2,二者被认为具有广泛的底物特异性;第二组是 SENP3 和 SENP5,二者都位于核内,但主要是在核仁中,倾向于去相素-2/3 修饰;第三组由 SENP6 和 SENP7 组成,在它们的催化区域内有一个额外的环结构(36)。目前的研究发现,SENP 家族各成员具有相对特异的组织分布和细胞内定位,这个特点使得 SENP 家族各成员具有不同生物学功能。SENP 家族成员除了有位于 C 端保守的酶催化活性区域外,N 端序列则存在有很大的不同。现在研究发现 SENP 的 N 端可以发生多种蛋白质翻译后修饰,这些修饰可能与 SENP 的活性调控有关。下面将通过一些例子介绍 SENP 参与细胞信号转导调控的模式与机制。

1. SENP1 调控雄激素受体信号通路

在生理和病理过程中,SENP 的表达和活性往往受到不同信号通路的调节,继而调控靶蛋白的相素化修饰水平及功能,因此,SENP 就成了信号通路中的一个重要组成成员,通过调控蛋白质的相素化修饰水平来调节靶蛋白参与的生物学过程。

SENP1 参与雄激素受体(androgen receptor,AR)信号通路的调控过程就是一个典型的例子。雄激素受体是一种配体依赖性的转录因子,属于核受体超家族。雄激素受体除了介导雄激素在维持细胞生长、分化及男性生殖功能等方面的效应外,在前列腺癌的发生发展中也发挥了重要作用。雄激素与其共调控因子 SRC-1、SRC-2、p300 和 HDAC1 均是相素化修饰的靶蛋白。基于这些特性,雄激素受体信号途径成为了一个研究 SENP 生物学活性的良好系统。研究发现 SENP1 是唯一能够特异并显著增强雄激素受体转录活性的 SENP 家族成员。进一步研究发现,SENP1 主要是通过对共调控因子 HDAC1 去相素化,减弱其去乙酰化作用和对雄激素受体转录活性的抑制作用,从而增强雄激素受体的转录活性(37)。同时,研究发现雄激素能增强 SENP1 表达,并在 *Senp1* 基因的启动子上确定了雄激素反应元件,证实 AR 结合到该反应元件介导了雄激素诱导 SENP1 的表达(38)。

SENP1 能增强雄激素介导的雄激素受体转录活性,反过来,雄激素受体信号又可诱导 SENP1 的表达,通过这种正反馈机制 SENP1 将会进一步增强雄激素受体的活性。鉴于雄激素受体是前列腺癌发生发展过程中最重要的调控因子之一,SENP1 与雄激素受体信号间的这种相互关系说明 SENP1 可能在前列腺癌发生发展中有重要作用。通过建立前列腺组织特异性的 SENP1 转基因小鼠，发现 SENP1 转基因小鼠在 4 个月时便出现前列腺上皮内肿瘤（prostate intraepithelial neoplasia，PIN）。随着午龄的增加，PIN 由一级发展到四级，并在更高比例的转基因小鼠中出现，但在转基因小鼠中没有发现前列腺癌病灶。同时，在转基因小鼠的前列腺间质中有显著的血管增生。PIN 是前列腺癌发生的一种常见性癌前病变，对于缺乏自发性前列腺癌发生的小鼠而言，能促进小鼠 PIN 形成的因子被认为是一种致癌因素。因此，SENP1 能促进小鼠 PIN 的形成，说明 SENP1 在前列腺癌发生发展中具有重要作用（39）。

　　进一步分析人前列腺癌标本中 SENP1 的表达与病理 Gleason 评分的相关性，发现前列腺癌标本中 SENP1 的表达水平与标本的 Gleason 评分高度相关，说明 SENP1 表达与前列腺癌的恶性程度有关。对 SENP1 与前列腺癌患者手术切除后复发情况进行了统计分析，发现 SENP1 的表达与前列腺癌手术后复发的时间亦密切相关。统计结果显示，SENP1 阳性的病例，手术后复发的时间要显著早于 SENP1 阴性的病例（40）。上述标本分析结果表明，SENP1 可能参与了前列腺癌细胞的转移过程。通过建立前列腺癌骨转移小鼠模型来检测 *in vivo* SENP1 对 PC3 细胞骨转移能力的影响。将 si-SENP1-PC3 细胞与 si-NS-PC3 细胞分别注射入小鼠的左心室内，然后用 X 射线和切片检测小鼠的股骨及胫骨，尤其是关节部位是否有肿瘤形成。结果表明，SENP1 能显著调控前列腺癌细胞的转移能力。有关机制的研究揭示，SENP1 通过调节 MMP2 和 MMP9 的表达来影响前列腺癌细胞的转移能力。有趣的是，*Mmp2* 和 *Mmp9* 亦是 HIF1α 的靶基因，SENP1 通过 HIF1α 信号通路调节了 MMP2 和 MMP9 的表达，从而调控了前列腺癌细胞的转移（40）。

2. SENP1 对 HIF1α 信号通路的正反馈调节及在血管生成中的作用

　　SENP1 缺失小鼠胚胎在妊娠 13～15 天时发生死亡。死亡的原因是由于胚胎肝脏的造血功能障碍所致。进一步分析发现 SENP1 调控 HIF1α-Epo 信号通路，是红细胞生成的一个重要调控因素。由于在 SENP1 缺失的小鼠胚胎中 Epo 表达显著减少，使红细胞生成出现严重障碍，从而导致胚胎发生贫血性死亡。HIF1α 是调控 Epo 表达的一个重要因子，SENP1 诱导 Epo 的表达是通过 HIF1α。缺氧能诱导的 HIF1α 发生相素化修饰，相素化的 HIF1α 能够被 VHL 参与的一种泛素连接酶所识别，并通过泛素修饰而降解。SENP1 能特异性地去 HIF1α 相素化。这种去相素化，对保持 HIF1α 蛋白的稳定与活性十分关键。如果 SENP1 突变或活性降低，相素化修饰的 HIF1α 将被降解，使 Epo 等缺氧反应基因表达减少，从而使机体出现一系列病理学过程，如贫血等。

　　缺氧所导致的 HIF1α 相素修饰亦是一个典型的动态过程，即在缺氧的早期，HIF1α 发生相素化接合，之后接合的相素再发生去相素化过程。我们的研究证实，早期发生的相素化接合是缺氧所诱导的 PIASy 激活其相素连接酶活性，从而促进 HIF1α 发生相素化修饰。而之后所发生的去相素化则是由于激活了 SENP1 的表达，使得 SENP1 介导了 HIF1α 的去相素化修饰过程。我们通过一系列的实验，证实了 *Senp1* 基因的表达能被缺氧所激活，其机制是在 *Senp1* 基因的启动子上有两个缺氧反应元件（hypoxia responsive element，HRE），在缺氧作用下，HIF1α 能结合到这两个 HRE 上，从而促进 *Senp1* 基因的转录。

上述发现亦展示了 SENP1 正反馈调控缺氧-HIF1α 信号通路的作用模式，即 *Senp1α* 作为 HIF1α 的靶基因，缺氧促进其表达，表达的 SENP1 反过来通过去除缺氧所诱导的 HIF1α 的相素化，进一步促进 HIF1α 的稳定和活性。

SENP1 的这种正反馈调控机制在生理和病理情况下，对缺氧-HIF1α 信号通路都是至关重要的。血管生成是缺氧-HIF1α 信号通路所作用的生物学过程之一。SENP1 被检测到在结肠癌肿瘤血管内皮细胞中高表达，并且 SENP1 的表达与 HIF1α 的靶基因 *Vegf* 的表达和肿瘤标本中血管的密度有显著的相关性，说明 SENP1 可能是肿瘤血管生成的一个重要调控因子。进一步在血管内皮细胞体外成血管活性分析中证实 SENP1 在血管内皮细胞成血管过程中具有关键的调控作用。SENP1 的表达对缺氧诱导内皮细胞分泌 VEGF 是必需的，SENP1 对 VEGF 的这种调控作用正是通过 SENP1 调控缺氧-HIF1α 的正反馈机制所实现的。因此，SENP1 显著影响 HIF1α 信号通路的活性，以及 HIF1α 所参与的生理和病理过程。

3. SENP2 对 PcG 的调控及在小鼠心脏发育中的作用

SENP 家族的另一个成员 SENP2 的功能与组蛋白修饰及表观遗传调控有关。SENP2 缺失小鼠在胚胎发育的 10 天左右发生死亡，其中主要表型为心脏功能衰竭。通过组织学观察发现，导致 SENP2 缺失胚胎心脏衰竭的主要原因是由于心肌细胞增殖缺陷。通过分析参与心脏生长发育调控基因的表达，发现在 *Senp2* 突变小鼠的心肌细胞中 GATA4、GATA6、MEF2C 的表达减少。由于 *Mef2C* 是 *Gata4* 与 *Gata6* 的下游基因，因此 SENP2 缺失胎中 GATA4 和 GATA6 的下调应该是原发性的。在胚胎发育过程中，GATA4 与 GATA6 的表达主要受到 PcG 的调控。SENP2 通过 PcG 调节了 GATA4/6 的表达。已报道有好几个 PcG 复合物的成员能被相素修饰。例如，PRC1 中的 Pc2（又称 CBX4）、PRC2 中的 SUZ12 和 EZH2 都是相素修饰的底物。Pc2 还具有相素 E3 连接酶的功能。基于 *C. elegans* 的研究结果表明，相素修饰一个 PcG-like 蛋白 Sop-2 对其 *Hox* 基因的表达调控是必需的。进一步研究发现，Pc2 的相素修饰对它结合到 H3K27me3 位点是必需的。SENP2 通过去 Pc2 的相素化修饰，减少 Pc2 与 H3K27me3 位点的结合，从而降低 PRC1 对靶基因表达的抑制作用，促进一些 PcG 靶基因的表达。

四、相素介导的泛素连接酶 RNF4

近年来，一类全新的、兼具环指（RING）和 SIM 结构域的泛素连接酶家族被发现，被称为相素介导的泛素连接酶（SUMO-targeted ubiquitin ligase，STUbL）。这类泛素连接酶通过 SIM 与相素化修饰的底物蛋白结合，是一种特殊类型的、由相素化介导的蛋白质泛素化-蛋白酶体依赖的蛋白降解过程，从而将蛋白质相素化修饰与泛素化修饰这两条重要途径联系起来（*41*）。STUbL 家族在物种进化过程中亦高度保守，成员包括粟酒酵母的 Slx8-Rfp、酿酒酵母的 Slx5-Slx8、阿米巴虫的 MIP1、斑马鱼和人类的 RNF4 等。这些蛋白质的基因突变会导致大量高分子相素化产物积聚在细胞内。

由于 STUbL 底物的筛选困难，目前国际上已鉴定的底物还相当少，其中大多为一些与 DNA 损伤修复相关的蛋白质。值得注意的是，RNF4 还能调控下列转录因子：①低氧诱导因子 HIF1α 和 HIF2α，其降解受 von Hippel-Lindau（VHL）泛素连接酶和 RNF4 共同调控（42，43）；②Tatham 等发现 RNF4 能够特异性地识别并结合 SUMO2 多聚体，并催化其多泛素化。利用 RNAi 技术敲除 RNF4，导致细胞内出现高分子质量的相素化底物的积聚，尤其是相素化 PML 积聚在 PML-NB（PML nuclear body）内。PML-NB 是以 PML 为核心蛋白形成的细胞核内亚结构，调节细胞功能，而 PML 是在 t（15，17）染色体易位导致的急性早幼粒细胞白血病（APL）中被发现的，有 3 个位点（K65、K160 和 K490）被相素化修饰。Tatham 等进一步研究发现，只有当 PML 被 SUMO2 链修饰时，才能激活 RNF4 对 PML 进行多泛素化，进而促使其降解。而 Lallemand-Breitenbach 等在研究 APL 治疗机制过程中，发现三氧化二砷能促进 PML 部分相素化，募集 RNF4 到细胞的 PML-NB，而相素化位点突变的 PML 则不招募 RNF4，利用 RNAi 干扰 SUMO2 表达，RNF4 同样不定位于 PML-NB，因此 PML 被 SUMO2 修饰对募集 RNF4 至关重要。随着 RNF4 被募集到 PML-NB，泛素和 20S 蛋白酶体也聚集于此，致使 PML 的 K401 被泛素以 K48 相连的链修饰而降解并最终清除白血病细胞。这种相素化修饰依赖的泛素化降解 PML 及 PML/RARA 肿瘤蛋白途径对三氧化二砷治疗 APL 具有重要作用（44）。

五、相素介导的泛素连接酶 RNF111

RNF111 是最近继 RNF4 后发现的第二种 STUbL。其结构与 RNF4 相似，也兼具 SIM 与环指结构域（45）。该基因以前多被认为作为泛素连接酶参与调控 TGF-β 途径中数个蛋白质如 SKIL 等的降解。值得注意的是，最近的研究发现相素化修饰的 PML 不仅可被 RNF4 降解，亦可被 RNF111 降解（46），提示 RNF4 与 RNF111 的底物蛋白可能有一定的重合性。迄今为止，RNF111 的底物发现极少。

第三节　相素化修饰相关基因敲除模型

一、相素基因敲除

近年来，有关相素通路中各成员生物学功能的研究相继被报道。Alkuraya 等研究发现，通过基因诱捕方法产生的 *Sumo1* 缺失的纯合子小鼠胚胎出生后致死，小部分（8.7%）杂合子小鼠出现唇裂表型，提示 SUMO1 在胚胎的正常发育过程中起着重要的作用（47）；而另一研究小组报道，通过同源重组的方法产生的 *Sumo1* 敲除的纯合子小鼠发育完全正常，杂合子小鼠没有出现唇裂的表型，SUMO1 的功能被 SUMO2/3 代偿（48）。还有报道显示，*Sumo2* 敲除的纯合子小鼠死于胚龄 10.5 天，并伴随细胞增殖受损与凋亡增多，而 *Sumo3* 敲除的纯合子小鼠发育正常。此外，在斑马鱼中，通过反义寡核苷酸技术单独敲减 *Sumo1*、*Sumo2* 或 *Sumo3*，胚胎发育正常；同时敲减三个相素，胚胎发育早期致死，说明在胚胎发育过程中相素之间功能相互冗余（49）。

二、相素耦合酶基因敲除

UBC9，即目前已知的相素化修饰过程中唯一的一个耦合酶，其生物学功能在不同模式生物中被广泛研究。在 UBC9 缺失的酿酒酵母（*Saccharomyces cerevisiae*）中，细胞有丝分裂被阻滞在细胞周期的 G_2/M 期，导致大量细胞出芽异常（50）。在裂殖酵母（*Schizosaccharomyces pombe*）中，*hus5*（*Ubc9* 同源基因）的缺失导致了细胞对 DNA 合成抑制剂和辐射的敏感，以及细胞有丝分裂缺陷等表型（51）。在果蝇（*Drosophila melanogaster*）中，UBC9 缺失阻断了 bicoid 蛋白（调控果蝇前部体节发育的重要转录因子）进核，进而影响了 *bicoid* 靶基因的正常表达，最终导致果蝇前部体节发育异常（52）。在另一 *Ubc9* 突变的果蝇中，减数分裂过程中纺锤体的形成受到了影响（53）。在线虫（*Caenorhabditis elegan*）中，沉默 *Ubc9* 的表达致使胚胎发育迟缓，幼虫生殖孔外翻，最终导致无法正常产卵及生殖孔破裂（54）。在斑马鱼胚胎中，敲减 *Ubc9* 的表达引起了细胞有丝分裂异常，导致头、眼睛和咽弓发育缺陷（49，55）。在鸡的 DT40 细胞系中，条件性缺失 UBC9 后致使细胞中出现多个细胞核，最终促使细胞凋亡（56）。在小鼠中，UBC9 缺失的纯合子胚胎早期致死，内细胞团细胞凋亡，染色体分离异常，细胞核结构出现紊乱（57）。这提示我们 UBC9 在维持细胞活性、胚胎发育及正常生理活动中发挥着关键的作用。

三、相素连接酶 E3 基因敲除

虽然越来越多由 PIAS 所介导的相素化修饰的底物被报道，但是 PIAS 家族成员敲除的小鼠表型并不严重。*Piasy* 敲除的纯合子小鼠发育正常，底物蛋白的相素化修饰水平无明显变化，仅 IFN 和 Wnt 信号通路受到轻微的影响（58，59）。PIASx 缺失的雄鼠睾丸重量减轻，精母细胞凋亡增多，但是小鼠整体发育正常并且可以正常生育（60）。*Pias1* 敲除的小鼠在围产期部分致死，存活的小鼠发育矮小，但是无组织缺陷，并且可以正常生育；在细胞因子刺激作用下，调节 JAK/STAT 和 NF-κB 信号通路的能力减弱（61）。单独敲除 *Pias* 基因的小鼠发育基本正常，提示 PIAS 家族蛋白成员之间可能存在功能冗余的现象。而当同时缺失 PIAS1 和 PIASy 时，小鼠胚胎在胚龄 11.5 天前死亡（62）。*RanBP2* 敲除的纯合子小鼠胚胎期致死，杂合子小鼠中枢神经系统中Ⅰ型己糖激酶（hexokinase typeⅠ，HKⅠ）和 ATP 水平显著降低，葡萄糖分解代谢不足，并且体重增加速度缓慢（63）；另一研究小组通过表达不同剂量的 RanBP2 蛋白水平发现，大约表达 1/4 的蛋白质水平就可以维持小鼠的正常发育，并且底物蛋白的相素化修饰水平没有发生明显变化。在成体小鼠脾脏细胞中，随着 RanBP2 蛋白水平的降低，非整倍体细胞及异常染色体数目逐渐增多。低表达 RanBP2 的小鼠更易自发或者由致癌物质诱导生成肿瘤（64）。

四、去相素化酶 *Senp* 基因敲除

相素化修饰是一个可逆的动态过程，去相素化酶在此动态过程中起着重要的作用，

其生物学功能的研究也越来越得到人们的重视。通过逆转录病毒随机插入方法产生的SENP1突变的小鼠胎盘发育异常，胚胎在胚龄12.5~14.5天死亡，底物蛋白的SUMO1结合水平增强，而SUMO2/3的结合水平则没有发生明显变化（65）。在另一Senp1基因敲除的纯合子小鼠中，由于促红细胞生成素（Epo）缺乏而引起红系前体细胞凋亡增多，进而导致成熟红细胞数目减少，最终产生严重的胚胎期贫血，小鼠在妊娠中期死亡（66）。Senp2基因敲除的纯合子小鼠由于心肌细胞增殖减少而导致心脏发育异常，胚胎在胚龄10天左右死亡，杂合子小鼠发育正常并且可以正常生育（67）。SENP1和SENP2缺失导致了不同的表型，提示在胚胎发育过程中SENP对底物的修饰具有选择性。其他SENP成员的基因敲除小鼠均表现为胚胎性致死，进一步说明SENP家族成员间具有底物的特异性。

五、Rnf4 基因敲除

Rnf4基因敲除的纯合子小鼠死于胚龄14~15天，死因可能为室间隔缺损与心功能不足。同时还发现在RNF4$^{-/-}$小鼠的MEF细胞中整体呈现DNA高甲基化状态，提示RNF4还与去甲基化相关（68）。

第四节 相素化修饰与人类疾病

一、相素化修饰和癌症

随着研究的深入，越来越多的结果表明，相素化修饰与许多人类重大疾病密切相关。通过基因芯片分析，发现在低存活率的肝癌患者中相素激活酶表达水平上调（69）；在人类的乳腺癌和卵巢癌细胞中检测到相素耦合酶，即UBC9，表达水平增高，并且过表达UBC9促进了乳腺癌细胞的生长及肿瘤的发生（70，71）；在肺癌、乳腺癌、前列腺癌、结肠-直肠癌和脑癌细胞中，相素连接酶（PIAS3）都存在不同程度的表达上调（72）；在前列腺癌和甲状腺癌中发现去相素化酶SENP1表达水平升高（73，74）。此外，许多在肿瘤发生发展过程中起重要作用的蛋白质，如p53、retinoblastoma protein（pRB）、p63、p73和murine double minute（MDM2）等都可以被相素化修饰。由此可见，相素化修饰在癌症中扮演着重要的角色。

二、相素化修饰和神经退行性疾病

相素化修饰在许多神经退行性疾病中也起着重要的作用。引起亨廷顿病的关键蛋白Huntingtin可以被相素化修饰，修饰后的蛋白质变得更加稳定，积聚能力减弱，并且转录抑制的能力增强。在亨廷顿病的果蝇模型中，阻断Huntingtin的相素化修饰后，疾病表型有所缓解，提示Huntingtin的相素化修饰对其致病性至关重要（75）。在脊髓小脑共济失调1型疾病（spinocerebellar ataxia type 1）发生过程中起重要作用的蛋白ataxin-1也可以被相素化修饰，相素化修饰促进了该致病蛋白的积聚（76）。参与帕金森病

（Parkinson's disease）发生的蛋白质 Tau 和 α-synuclein 更偏好被 SUMO1 修饰（77），另一致病蛋白 DJ-1 也可以被相素化修饰，阻断 DJ-1 的相素化修饰后致使其功能丧失。DJ-1 突变体（L166P DJ-1）的异常相素化修饰导致了该蛋白质的溶解性降低，细胞内分布发生改变，并且加速了该突变体蛋白的降解（78）。引起肌萎缩性脊髓侧索硬化症（amyotrophic lateralsclerosis）的重要蛋白 SOD1 可以被 SUMO1 修饰，修饰后蛋白质的稳定性和积聚能力增强（79）。在阿尔茨海默病（Alzheimer's disease）中扮演重要角色的淀粉样前体蛋白（amyloid precursor protein，APP）可以被 SUMO1 和 SUMO2 修饰，该蛋白质的相素化修饰致使 β-淀粉样（amyloid-β，Aβ）蛋白的积聚水平降低，而 Aβ 是引起阿尔茨海默病的关键因素（80）。

三、相素化修饰和心脏疾病

引起心肌病（cardiomyopathies）、肌营养不良（muscular dystrophies）和 Hutchinson-Gilford 早衰综合征（Hutchinson-Gilford progeria syndrome）的蛋白质 Lamin A 可以被相素化修饰，并且更偏好被 SUMO2 修饰，相素化修饰对 Lamin A 在细胞内的正确分布起到重要作用。家族性扩张型心肌病（familial dilated cardiomyopathy）患者中 Lamin A 蛋白产生两种突变形式（E203G 和 E203K），突变位点发生在相素结合保守序列。这两种突变体蛋白在细胞内分布异常并且相素化修饰水平减少，提示 Lamin A 的相素化修饰水平与家族性扩张型心肌病的发生密切相关（81）。

四、相素化修饰和白血病

白血病是造血系统的恶性疾病，居年轻人恶性疾病的首位，其发病机制至今仍不完全清楚。在急性早幼粒细胞白血病（acute promyelocytic leukemia，APL）发病过程中，起关键作用的融合蛋白 PML/RARA 可以被相素化修饰。该融合蛋白至少有三个相素结合位点，分别为第 65 位、第 160 位和第 490 位赖氨酸。第 160 位赖氨酸突变为精氨酸的 PML/RARA 转基因小鼠出现骨髓异常增生综合征，但不发生白血病，提示第 160 位赖氨酸的相素化修饰为 PML/RARA 融合蛋白引起白血病所必需（82）。

在急性髓系细胞白血病（acute myeloid leukemia，AML）中，10% 左右的患者存在 *C/Ebpα* 基因突变。该基因突变导致一种短型的 C/EBPα（p30）蛋白水平升高，p30 通过上调 UBC9，从而增强全长 C/EBPα 的相素化修饰水平，进而抑制了全长 C/EBPα 的转录活性，提示我们 C/EBPα 的相素化修饰水平增强与急性髓系细胞白血病的发生紧密相关（83）。导致急性淋巴细胞白血病（acute lymphoblastic leukemia，ALL）的重要融合蛋白 TEL-AML1 可以被相素化修饰，修饰后该致病蛋白在细胞内的定位发生改变（84）。由此可见，致病蛋白的相素化修饰在白血病的发生过程中起着重要的作用。

五、相素假基因和癌症

长链非编码 RNA（long non-coding RNA，lncRNA）是长度大于 200 个核苷酸的非

编码 RNA，在表观遗传调控和细胞分化调控等众多生命活动中发挥重要作用。最近的研究发现，*Sumo1* 假基因 3（*Sumo1P3*）表达的 lncRNA 在胃癌中表达上调。继而 *Sumo1P3* 还被发现与膀胱癌相关，然而其具体致病机制尚不清楚（85）。

第五节　蛋白质相素化修饰分析方法

一、通过过表达体系研究目标蛋白相素化修饰和去修饰

（1）取 4 个 60 mm 皿的 293T 细胞，分别转染以下质粒：EGFP、HA-SUMO1、Flag-目标蛋白、Flag-目标蛋白+HA-SUMO1。用空载体将各皿的质粒转染量调至相同。当研究去相素修饰时，还需额外准备更多皿细胞，将目标蛋白和 SUMO1 与 SENP1 表达质粒或 SENP1 酶活位点突变体表达质粒共转染，以检测 SENP1 能否去除目标蛋白的相素修饰。

注：这里以 SUMO1 和 SENP1 为例，当研究 SUMO2/3 或其他 SENP 时，亦采用类似方法。

在此，也可以考虑将目的蛋白带上 His-Myc 标签，这样可以利用更为廉价的镍珠（Ni-NTA，Qiagen）或钴珠（TALON，Clontech）在尿素存在的变性条件下结合 His 标签从而富集目标蛋白，去除与目标蛋白发生非共价相互作用的蛋白质，同时也可以在一定程度上抑制 SENP 的活性，从而减少操作过程中去相素修饰情况的发生。由于在真核细胞中有很多富含组氨酸的蛋白质，这种方法会得到很多非特异蛋白，因此在后续洗 beads 时须将缓冲液的 pH 降至 6.3 以削弱非特异性结合 *(1)*。另外，在后续 Western blot 检测时，可采用 Myc 标签抗体而非 His 标签抗体，从而更特异性地检测目标蛋白。

（2）转染 24～36 h 后，收集各皿细胞，分别加入 300 μL 裂解液（400 mmol/L NaCl、1% NP-40、0.25%脱氧胆酸钠、0.1% SDS、0.3% Triton X-100、1%甘油、50 mmol/L Tris-HCl pH7.4，使用前加入 1×蛋白酶抑制剂、10 mmol/L PMSF 和 20 mmol/L NEM），置于冰上短暂超声数次。

（3）于 4℃在 16 000 *g* 离心 10 min，取上清。

注：此时，可以分出少量（如 30 μL）上清液，作为后续 SDS-PAGE 实验中的 input。若需进行蛋白定量，则应采用 BCA 法，而非 Bradford 法。

（4）取 40 μL 左右 Flag M2 beads，加入 1 mL 裂解液清洗后离心去上清，在 beads 中加入适量 RIPA 裂解液，将 beads 平均分至上述 4 管中，在 4℃旋转 2 h。

注：清洗 beads 既可以除掉保存 beads 的溶液中的组分，也可以除掉从 beads 上解离下来的抗体，从而防止目标蛋白结合在 beads 之外的抗体上，提高富集得率。

（5）短暂高速离心收集 beads，每管均用 1 mL 裂解液洗 3 次，每次旋转 5～10 min。

注：在旋转混合仪上清洗 5～10 min 比手摇混合更充分，有助于减少非特异性结合的蛋白质。

（6）在最后一次清洗时，尽可能去除残留溶液。加入 50 μL SDS-PAGE 上样缓冲液，

沸煮 5 min。进行 Western blot，用 Flag 和 HA 抗体检测上述样品中目标蛋白的相素化修饰条带。

二、研究细胞内源目标蛋白的相素化修饰和去修饰酶

（1）准备 3 个 10 cm 皿的细胞，分别向其中转染 si-NC、si-SENP1-1 和 si-SENP1-2 化学合成的小干扰 RNA，24 h 后，用胰酶消化收集细胞，用 PBS 洗后转移至 1.5 mL 离心管中，离心收集细胞沉淀。

注：这里以检测 SENP1 是否是目标蛋白的去修饰酶为例，当研究其他 SENP 时，同此方法。推荐用 2 条不同的序列来干扰 SENP1，可以用化学合成 siRNA 做瞬时干扰，也可以用病毒载体构建稳定干扰细胞株，还可以用 CRISPR-Cas9 等方法敲除特定的 *Senp* 基因。

如果目标蛋白表达量低或修饰少，则可能需要更多细胞；也可以考虑通过亚细胞器分离来富集更多的目标蛋白。

（2）向细胞中加入 1 mL RIPA 裂解液（150 mmol/L NaCl、1%NP-40、50 mmol/L Tris-HCl pH7.4，使用前加入 1×蛋白酶抑制剂、10 mmol/L PMSF 和 20 mmol/L NEM），置于冰上短暂超声数次。

注：裂解液配方根据目标蛋白的特性（如定位和与染色质结合强度等）和抗体性能（如对离子强度和去污剂的耐受程度等）而调整，较强的裂解液（如含 SDS 等更强的去污剂）有助于提取定位于细胞核中的目标蛋白，但也可能影响到后续抗体的结合。在这种情况下，则应在抗体结合前进行稀释。裂解液中不推荐加入 DTT 等还原剂，因为它们能与 NEM 反应，从而削弱 NEM 对 SENP 的抑制作用，导致相素修饰在操作中发生损失。超声有助于破碎细胞和剪切 DNA，从而减少蛋白裂解液的黏度。具体的超声时间和次数取决于超声仪的型号和设置，一般来讲，只要溶液不黏，即可停止超声。

（3）于 4℃在 16 000 *g* 离心 10 min，弃沉淀。

注：此时，可以分出少量（如 30 μL）上清液，作为后续 SDS-PAGE 实验中的 input。若需进行蛋白定量，则应采用 BCA 法，而非 Bradford 法。

（4）将每份上清液均分至两个 1.5 mL 离心管中。其中一管加入适量目标蛋白的抗体，另外一管加入等量同种属的非特异性 IgG 作为阴性对照。在 4℃旋转 1 h 后，每管分别加入等量 protein G-Sepharose，具体用量根据厂商说明书而定。将离心管在 4℃旋转混合器上转 1 h。

注：当抗体不能有效与 protein G 结合时，可以考虑用 protein A-Sepharose 替代。可以考虑在加入一抗之前，先将裂解液与 protein G-Sepharose 孵育，离心后取上清再进行后续操作，以减少非特异性结合（2）。在此，也可以用相素抗体来富集修饰蛋白，后续再通过目标蛋白的抗体来检测其相素化修饰条带。

（5）短暂高速离心收集 beads，每管均用 1 mL 裂解液洗 3 次，每次旋转 5～10 min。

（6）在最后一次清洗时，尽可能去除残留溶液。加入 30 μL SDS-PAGE 上样缓冲液，

沸煮 5 min。

（7）通过 Western blot 检测样品中目标蛋白的相素化修饰条带，观察其在各组样品间的量的差异以判断 SENP1 在该细胞中是否是目标蛋白的去相素化修饰酶。

第六节 相素耦合酶 UBC9 的表达、纯化和活性鉴定

许多研究小组已经报道了 UBC9 的功能，通过研究 UBC9 的突变形成和生化特征，明确了参与相素激活酶（E1）硫酯键转移和结合的几个氨基酸残基、UBC9 的表面结构、稳态和半反应动力学及复杂的反应机制。下面描述在体内外表达和纯化 UBC9、评价 UBC9 功能的实验方法（86-88）。

一、蛋白质的表达和纯化

（一）UBC9 的表达

（1）用 PCR 技术扩增人 UBC9 cDNA，在编码区 5′端引入一个 Nde I 酶切位点，在 3′端终止密码子后面引入 Xho I 的酶切位点。这个 PCR 产物用 Nde I /Xho I 限制性内切核酸酶消化后，克隆到 pET28 载体，以编码合成一个 N 端能被凝血酶切开的带 His6 标签的复合蛋白。

（2）这个质粒被转化到大肠杆菌 BL21（DE3）或 BL21（DE3）pLysS。

（3）10 L 的培养液在 37℃培养至 $OD_{600nm}=3$，然后转移到 30℃加入 0.75 mmol/L IPTG 继续孵育 4 h。

（4）离心收集细胞，并将细胞沉淀物称重，用 50 mmol/L Tris-HCl（pH 8.0）和 20% 的蔗糖至终浓度 2 mg/L 重悬浮细胞，然后再分装到 50 mL 圆锥形试管里放在液氮中速冻。

（二）UBC9 的纯化

（1）从 2 L 培养液里得到的细胞沉淀物解冻后，加入裂解缓冲液（350 mmol/L NaCl，20 mmol/L）咪唑，1 mmol/L BME，20 μg/mL 溶解酶，1 mmol/L PMSF，0.1% NP-40 去垢剂（IGEPAL CA-630 聚乙氧基乙醇）。

（2）超声裂解，离心除去不溶物。每 2 L 培养液含有约 300 mg His6-UBC9。

（3）细胞裂解物的上清加入到 30 mL 的金属亲和树脂，如 Ni-NTA 超滤柱（Qiagen；最大吸附能力是 10 mg/mL）。

（4）用最大剂量 500 mmol/L 咪唑从亲和树脂上洗脱 UBC9，在凝胶上的迁移率相当于分子质量约 20 kDa 的蛋白质。

（5）用 1∶1000 的牛凝血酶从 UBC9 上水解掉标签 His6。通过 SDS-PAGE 检测蛋白质的水解作用，水解完全后置于室温下 2～4 h，然后 4℃过夜。

（6）含有 UBC9 的水解物用 50 mmol/L NaCl 稀释，加入到单 S 的阳离子交换层析仪，然后用浓度梯度 50～500 mmol/L NaCl 洗脱。把 UBC9 从交换层析柱上洗脱下来大约需要 150 mmol/L NaCl。这个峰值被透析在含有 10 mmol/L Tris-HCl（pH 7.5）、50 mmol/L NaCl、1 mmol/L DTT 的缓冲液中，最终浓度＞5 mg/mL。最后在液氮中速冻，放在–80℃保存备用。

（三）体外结合反应的其他蛋白的表达和纯化

1. 异二聚体相素激活酶（*89，90*）

（1）AOS1/SAE1 被亚克隆到没有亲和标签的质粒，UBA2/SAE2 被亚克隆到 N 端带有 His6 标签的第二个质粒。

（2）这两个质粒被共转化到大肠杆菌并用适当的抗生素选择分离。因为 His6 亲和标签位于 UBA2/SAE2 上，这个异二聚体 E1 能够共表达和提纯。

（3）用金属亲和层析纯化后，过滤并转移到 Superdex200 凝胶过滤柱（Pharmacia）。这个相素 E1 异源二聚体在凝胶上的迁移相当于分子质量约为 120 kDa 的蛋白质。

（4）所得到的蛋白质被稀释或除盐至 100 mmol/L NaCl，然后转到单 Q 阴离子交换树脂，用浓度梯度为 100～500 mmol/L 的 NaCl 洗脱。相素 E1 从单 Q 阴离子交换树脂洗脱下来需要 200～250 mmol/L NaCl。这个峰值被透析在含有 10 mmol/L Tris-HCl（pH 7.5）、50 mmol/L NaCl、1 mmol/L DTT 的缓冲液中，最终浓度＞5 mg/mL。粉状后在液氮中速冻，放在–80℃保存备用。

2. UBC9 的底物 RanGAP1、p53 和 IkBα

用于分析 UBC9 结合的几种底物包括人和鼠的 RanGAP1 的 C 端结构域（分别是残基 418～587，残基 420～589）、人 p53（残基 320～393）的 C 端四聚体化结构域和全长的人 IkBα（残基 1～317）。这些蛋白质被选作底物，因为每个与相素结合的位点分别位于各自多肽序列不同的位置。IkBα 含有的相素结合位点靠近它的 N 端，p53 的结合位点靠近它的 C 端，而 RanGAP1 在蛋白质的中间。这些底物多肽是被合成的，或是利用 Smt3 融合蛋白表达体系生成，最后被反向层析仪分离（*91*）。

3. 相素亚型（*92*）

（1）通过 PCR 从 cDNA 文库中扩增出三个人亚型（SUMO1、SUMO2 和 SUMO3），然后克隆到含有 *Nco* I 和 *Xho* I 酶切位点的 pET28b 中，表达一个 N 端无标签、C 端融合有 His6 标签的相素亚型蛋白，然后被金属亲和层析柱纯化。

（2）过完金属层析柱后，所获得蛋白质再被过滤并转移到 Superdex 75（Pharmacia）凝胶过滤柱。所有的相素亚型的移行相当于分子质量大约为 20 kDa 的单分子蛋白。

（3）用 ULP1 或 SENP2 蛋白酶解原始的相素亚型。水解之后获得含有成熟相素亚型的溶解物。

（4）溶解物被平衡至含有少于 100 mmol/L 的 NaCl 溶液，然后通过阴离子交换层析仪（MonoQ）进一步纯化，用 NaCl 溶液浓度梯度从 100～500 mmol/L 逐步洗脱。相素的亚型从 MonoQ 上洗脱下来大约需要 200 mmol/L NaCl，所获蛋白浓缩至＞5 mg/mL，然后液氮中速冻，保存在–80℃。

二、UBC9 功能的测定

在 E1、ATP 和相素存在的条件下，通过 UBC9 直接与底物的结合情况来测定 UBC9 功能，但是之前要考虑以下的关键因素（93）。因为 UBC9 相素耦合酶必须与底物、相素和相素激活酶相互作用才能导致结合的发生，所以确定各个组分的最适浓度范围，对最终结果的合理解释是至关重要的。例如，在体外反应中，底物大量过剩可抑制其结合；相素激活酶或相素耦合酶浓度过高，可导致相素酶变成结合的底物，并且与将被修饰的底物相互竞争；相素也可以变成底物，导致反应中相素的合成。因此，必须首先确定最佳实验条件（如时间、酶浓度和底物浓度），有时也必须对每一种靶蛋白采用不同的反应条件。下面描述的是用于检测相素耦合酶硫酯键形成和相素耦合酶结合的最佳反应条件。

（一）硫酯键形成的检测

UBC9 硫酯键形成的测定一般在 37℃进行。一个反应混合体系包括 50 mmol/L NaCl、20 mmol/L HEPES（pH 7.5）、0.1% Tween 20、5 mmol/L $MgCl_2$、100 nmol/L hUBC9、100 nmol/L hE1 和 100 nmol/L 相素。反应通过加入 0.1～1 μmol/L ATP 而启动，通过加入使样品变性的缓冲液而终止反应。终止缓冲液包含 50 mmol/L Tris-HCl（pH 6.8）、2% SDS、4 mol/L 尿素和 10%甘油。样品在用非还原的 SDS-PAGE 分析之前在 37℃温育 10 min。尽管硫酯键加合物可以通过 Sypro 或考马斯亮蓝染色观察到，但是应用抗 UBC9 或抗相素的蛋白印迹可获得每一个硫酯键加合物的更好结果。通过将变性缓冲液中的 4 mol/L 尿素置换为 100 mmol/L DTT，并在用非还原的 SDS-PAGE 分析之前在 95℃温育 10 min，即可特异地断开硫酯键。

（二）结合的 Western blot 检测

Western blot 可检测 UBC9 依赖的相素与底物 RanGAP1 的结合。1 mL 的反应体系包括 50 mmol/L NaCl、20 mmol/L HEPES（pH 7.5）、0.1% Tween 20、5 mmol/L $MgCl_2$、1 mmol/L DTT、0.1 nmol/L hUBC9、10 nmol/L hE1、0.4 μmol/L 相素和 RanGAP1（浓度范围从–0.015～2 μmol/L）。反应一般在 37℃进行，通过加入终浓度为 1 mmol/L ATP 而启动，反应进行 120 min 后，通过用三氯乙酰酸（TCA）沉淀蛋白而阻止反应。蛋白沉淀物用 15 μL 的 1×NuPAGE LDS 加样缓冲液溶解，缓冲液由 100 mmol/L DTT、45 mmol/L Tris（pH 7.5）和 10%甘油组成。SDS-PAGE 电泳后，转移到 PVDF 膜上。膜封闭后用标记有抗 RanGAP1 或抗相素的一抗培养 1～2 h，然后用结合有 ECL-Plus（Amersham Biosciences）的相应二抗检测蛋白，成像定量。用一个已知浓度的 RanGAP1（0.625～10 nmol/L）来准备标准对照。

（三）结合的肽测定

相素的结合可以通过含有相素修饰位点的肽来测量，如从 p53（380-HKKLMFKTEGPDSD-393）合成的肽。反应如前所述在 37℃发生，100 μL 的反应体系包括 16 μmol/L 相素、0.3 μmol/L E1、3 μmol/L hUBC9、0.5 个单位的无机焦磷酸酶（Sigma）

和 500 μmol/L p53 的肽（即饱和的底物浓度）。所包含的无机焦磷酸酶不是必需的，但是它能帮助转移焦磷酸，并且对 E1 的活性有潜在的抑制作用。反应通过以下条件开始：50 mmol/L NaCl、20 mmol/L HEPES（pH 7.5）、0.1% Tween 20、5 mmol/L MgCl$_2$、1 mmol/L DTT 和 1 mmol/L ATP。反应起始后立即取出 10 μL 的反应体积，然后加入 SDS 加样缓冲液以终止反应。在反应的不同时间点取出 10 μL 的体积，产物用 SDS-PAGE 分离。凝胶用 Sypro Ruby（Bio-Rad）染色 4～12 h，脱色至少 1 h 后，用 Bio-Rad 凝胶成像系统紫外光照射成像。

第七节 荧光共振能量转移方法分析相素化修饰

到目前为止，许多已知靶蛋白的相素化修饰已可在体外建立的反应体系中进行，被相素化修饰的蛋白质可通过考马斯亮蓝染色、免疫印迹或放射自显影进行检测。但是这些检测总是涉及 SDS-PAGE，不能满足许多样品的检测。而 FRET 检测为相素化修饰的动态分析提供了一个良好的平台。

因为 RanGAP1 是迄今为止所知的相素最有效修饰的靶蛋白，因此选它作为靶蛋白。YFP-SUMO1 和 CFP-RanGAP1 两个融合蛋白可相互结合。FRET 在体内外的应用中，CFP 和 YFP 是一对典型的受体和配体。在这两个分子之间形成异肽键，可直接引起能量共振转移，而不需要其他试剂。在细菌中能够很好地表达和纯化 YFP-SUMO1、CFP- GAPtail、AOS1/UBA2 和 UBC9 酶。在 ATP 依赖性异肽键的形成过程中，这些成分具有重要的功能。在 YFP-SUMO1、CFP-GAPtail 结合过程中，可观测到清晰的 FRET 信号（88，94-99）。

一、重组蛋白的表达和纯化

（一）表达载体的构建

1. pET28a-AOS1

用 PCR 方法从克隆 DKFZp434J0913 扩增人 AOS1 的编码序列。正向链引入 *Nhe* I 酶切位点（5-GGCTAGCATGGTGGAGAAGGAGGAGGCTGG-3），反向链引入 *Bam*H I 酶切位点（5-GGGATCCCGGGCCAATGACTTCAGTTTTCC-3）。PCR 产物克隆到 pBluescript 载体上，*Nhe* I /*Bam*H I 双酶切，连到 pET28a 的 *Nde* I /*Bam*H I 位点。

2. pET11d-UBA2

用 PCR 方法从克隆 DKFZp434O1810 扩增人 UBA2 的编码序列。正向链引入 *Nco* I 酶切位点（5-GGCTAGCGCCATGGCACTGTCGCGGGGGCTGCCCC-3），反向链引入 *Bgl* II 酶切位点（5-GAGATCTGGCATTTCTGTTCAATCTAATGC-3）。PCR 产物克隆到 pBluescript 载体上，*Nco* I /*Bgl* II 双酶切，连到 pET11d 的 *Nco* I /*Bam*H I 位点。

3. pET23a-UBC9

用 PCR 方法从 EST 克隆 NO.IMAGp998A061122 中扩增出小鼠 UBC9 的编码序列。

正向链引入 *Nde* I 酶切位点（5-CATATGTCGGGGATCGCCCTCAGCCGC-3），反向链引入 *Bam*H I 酶切位点（5-GATCCTTATGAGGGGGCAAACTTCTTCGC-3）。PCR 的产物用 *Nde* I /*Bam*H I 双酶切后，再连接到 pET23a 载体的 *Nde* I /*Bam*H I 位点。

4. pET-YFP-相素 1

用 PCR 方法从克隆 pET11 相素 1ΔC4 扩增人成熟相素 1（氨基酸 1～97）的编码序列。正向链引入 *Kpn* I 酶切位点（5'-GGTTCCGCGTGGTACCATGTCTGACCAGGAG- 3'），反向链引入 *Bam*H I 酶切位点（5'-AGAGGATCCTAACCCCCCGTTTGTTCCTG-3'）。PCR 产物克隆到 pEYFP-C1（Clontech）载体上，*Nco* I /*Bam*H I 双酶切，连接到 pET11d 的 *Nco* I /*Bam*H I 位点。

5. pET-CFP-GAPtail

通过用 *Bgl* II 和 *Eco*R I 双酶切 pHHS10B GAPtail 获得鼠 RanGAP1（编码氨基酸 400～589）的 C 端结构域编码序列，并克隆到 pECFP-C1 的相同位点（Clontech）。然后用 *Nco* I 和 *Bam*H I 双酶切 pECFP-GAPtail，再把可读框克隆到 pET11d 的相应位置。

（二）蛋白质的表达和纯化

1. 重组相素激活酶的表达和纯化

该方法适用于 His 标签的 AOS1 和未标签的 UBA2 的共表达，虽然步骤较多，但是最后获得的酶比分别表达 His-AOS1 和 His-UBA2 的活性更高。一般从冷冻的细菌沉淀中分离出蛋白质需要 4 天，每升细菌培养液产生 0.5～1 mg 的相素 E1 酶。

1）缓冲液

下面的缓冲液均包括 1 μg/mL 蛋白酶抑制剂（抑酞酶、亮肽酶素、胃酶抑素）。

裂解缓冲液：50 mmol/L 磷酸钠（pH 8.0），300 mmol/L NaCl，10 mmol/L 咪唑。

洗涤缓冲液：50 mmol/L 磷酸钠（pH 8.0），300 mmol/L NaCl，20 mmol/L 咪唑，1 mmol/L β-巯基乙醇。

溶解缓冲液：50 mmol/L 磷酸钠（pH 8.0），300 mmol/L NaCl，300 mmol/L 咪唑，1 mmol/L β-巯基乙醇。

S200 缓冲液：50 mmol/L Tris（pH 7.5），50 mmol/L NaCl，1 mmol/L DTT。

Q 缓冲液 1：50 mmol/L Tris（pH 7.5），50 mmol/L NaCl，1 mmol/L DTT。

Q 缓冲液 2：50 mmol/L Tris（pH 7.5），1 mol/L NaCl，1 mmol/L DTT。

转移缓冲液（TB）：110 mmol/L 乙酸钾，20 mmol/L HEPES（pH 7.3），2 mmol/L 乙酸镁，1 mmol/L EGTA，1 mmol/L DTT。

2）步骤

（1）用 pET28a-AOS1 和 pET11d-UBA2 质粒共转染菌株 BL21（DE3），直接接种到含 50 μg/mL 氨苄青霉素和 30 μg/mL 卡那霉素。

（2）在 37℃培养 18 h 后，离心细菌，接种到 2 L 新鲜的培养基中。直接加入 IPTG 诱导蛋白表达。25℃继续培养 6 h。

（3）用 Beckman 离心机转子 JS5.2 在 4℃，4000 r/min 离心收集，在 50 mL 缓冲液 A 中重悬，经过一次冷冻和融化（–80℃）循环，在融化状态下立即加入 1 mmol/L β-巯基乙醇、0.1 mmol/L PMSF，以及 1 μg/mL 抑酞酶、亮肽酶素、胃酶抑素和 50 mg 溶菌酶，然后细菌悬液在冰上放置 1 h。

（4）用转子 45Ti 在 4℃，100 000 g 离心 1 h 以去除细胞碎片。His-AOS1 和 UBA2 用 6 mL Probond 树脂从悬浮液中富集。Probond 树脂先用裂解缓冲液平衡，包括蛋白抑制剂和 β-巯基乙醇。

（5）树脂在 4℃，500 r/min 离心 5 min，装柱。用冷洗涤缓冲液充分洗涤，直到柱中没有蛋白残留（可用分光光度计测 OD_{280} 或丽春红染色或 Western-blot 的硝酸纤维素检测）。

（6）蛋白质可用 3 倍体积的洗脱液洗脱，每 2 mL 为一组分收集。合并含有蛋白质的组分，用离心法浓缩至 2～5 mL。

（7）浓缩液通过 0.2 μm 低蛋白结合滤膜过滤后，上 FPLC S200 准备的凝胶过滤柱。5 mL 为一组分收集，用 SDS-PAGE 分析。

在分析含有 His-AOS1（40 kDa）和 UBA2 时注意，尽管预期的分子质量是 72 kDa，但应合并迁移到 90 kDa 的组分，并在 1 mL MonoQ 阴离子交换柱中进一步被纯化。MonoQ 阴离子交换柱的洗脱液含有 50～500 mmol/L 梯度 NaCl（来自于 Q 缓冲液 1 和 2）。0.5 mL 为一组分收集，用 SDS-PAGE 分析。含等摩尔的 His-AOS1 和 UBA2 的组分被合并，透析除去缓冲液。然后每 5 μL 分装，在液氮中快速冷冻，在–80℃可稳定保存数年。因为蛋白质被反复冻融后会丧失一些活性，推荐每次用一份。一般在 TB 缓冲液（含 0.05% Tween 和 0.2 mg/mL 白蛋白）中稀释。

2. 重组 UBC9 的表达和纯化

该方法可从大肠杆菌纯化未标签的 UBC9。一般从一个冷冻的细菌沉淀物分离 UBC9 需要 2 天，每升细菌培养液可获得 5～10 mg UBC9 蛋白。

1）缓冲液

下面的缓冲液均包括 1 μg/mL 蛋白酶抑制剂（抑酞酶、亮肽酶素、胃酶抑素）。

缓冲液 1（B1）：50 mmol/L 磷酸钠（pH 6.5），50 mmol/L NaCl，1 mmol/L DTT。

缓冲液 2（B2）：50 mmol/L 磷酸钠（pH 6.5），300 mmol/L NaCl，1 mmol/L DTT。

转移缓冲液（TB）：110 mmol/L 乙酸钾，20 mmol/L HEPES（pH 7.3），2 mmol/L 乙酸镁，1 mmol/L EGTA，1 mmol/L DTT。

2）步骤

（1）用 pET23a-UBC9 质粒转化细菌菌株 BL21（DE3）。挑单个克隆在 20 mL 培养基中振摇过夜。

（2）4000 r/min 离心沉淀细菌，在新鲜的 LB/Amp 重悬细菌，接种到 2 L 的 LB/Amp

培养基。

（3）在 OD$_{600}$ 为 0.6 左右时（37℃，250 r/min 大约为 2h），加入 IPTG 后继续培养 4 h。

（4）用 60 mL B1 重悬细菌，经过一次冷冻和融化（-80℃）循环后，在融化状态下立即加入 PMSF，在 100 000 g，4℃离心 1 h 以去除细胞碎片。

注：UBC9 可通过简单的冷冻和融化循环而从细胞中裂解出来，不需要加溶菌酶或者用超声波。

（5）上清液用 10 mL SP 琼脂糖柱纯化。层析柱先用 B1 平衡，弃掉流出物。

（6）用 30 mL B1 洗柱后，UBC9 用 B2 洗脱。每个组分收集 2 mL，共 15 组分，用 SDS-PAGE 检测 UBC9 的存在。

（7）合并含有 UBC9 的组分，用离心浓缩的方法（5K-Centriprep）浓缩至 2 mL。

（8）最后一步用 S200 FPLC 柱（分子筛），先用 TB 平衡柱子，每一次加入 2 mL 蛋白溶解液，每 5 mL 为一组分收集。UBC9 在柱中的主要分子质量为 20 kDa，很容易在 280 nm 波长处检测。UBC9 的纯度可以被 SDS-PAGE 所鉴定。分装后，在液氮中快速冷冻，保存在-80℃可以稳定数年，能被反复冻融数次。

（9）推荐每次用一份。一般在 TB 缓冲液（含 0.05% Tween 和 0.2 mg/mL 白蛋白）中稀释。

3. 重组 YFP-SUMO 和 CFP-GAPtail 的表达和纯化

YFP-SUMO 和 CFP-GAPtail 的纯化方法与纯化其他蛋白质的方法相似。主要的不同点是所使用的裂解缓冲液稍微不同（因为结合阴离子交换树脂的能力不同）。YFP-SUMO 和 CFP-GAPtail 的产量为每升培养液 0.5～1.0 mg。

1）缓冲液

YFP-SUMO 裂解缓冲液：50 mmol/L Tris-HCl（pH 8.0），50 mmol/L NaCl，1 mmol/L EDTA。

CFP-GAPtail 裂解缓冲液：50 mmol/L Tris-HCl（pH 8.0），20 mmol/L NaCl，1 mmol/L EDTA。

下面的缓冲液均包括 1 μg/mL 蛋白酶抑制剂（抑酞酶、亮肽酶素、胃酶抑素）。

缓冲液 A：50 mmol/L Tris（pH 8.0），1 mmol/L DTT。

缓冲液 B：50 mmol/L Tris（pH 8.0），1 mol/L NaCl，1 mmol/L DTT。

转移缓冲液（TB）：110 mmol/L KOAc，20 mmol/L HEPES（pH 7.3），2 mmol/L Mg(Oac)$_2$，1 mmol/L EGTA，1 mmol/L DTT。

2）步骤

（1）用 pET11d-YFP-SUMO1 或 pET11d-CFP-GAPtail 质粒转染菌株 BL21（DE3），然后直接在含 50 μg/mL 氨苄青霉素的 500 mL LB 培养基中培养过夜。

（2）加新鲜的培养液到 2 L，用 1 mmol/L IPTG 直接诱导蛋白表达。在 20℃培养 6 h。

（3）4000 r/min 离心沉淀细菌（细菌团略呈黄色）。

（4）用 50 mL 裂解缓冲液重悬，经过一次冷冻和融化（–80℃）循环，在融化状态下立即加入 1 mmol/L β-巯基乙醇、0.1 mmol/L PMSF，以及 1 μg/mL 抑酞酶、亮肽酶素、胃酶抑素和 50 mg 溶菌酶，然后将细菌悬液置于冰上 1 h。

（5）在 100 000 g，4℃离心 1 h 以去除细胞碎片。带明显黄色的上清液用 0.2 μm 低蛋白结合滤膜过滤后，加入 Hightrap Q 琼脂糖柱（连接色谱仪）纯化。

（6）每次上样 25 mL，层析柱先用缓冲液 A 和 B 平衡（纯化 YFP-相素另加 50 mmol/L NaCl 平衡，纯化 CFP-GAPtail 另加 20 mmol/L NaCl 平衡）。

（7）在用 20 mL 加样缓冲液洗柱后，YFP-SUMO 和 CFP-GAPtail 用总体积为 20 mL 的梯度 NaCl（可达 0.5 mol/L）洗脱。每个黄色组分收集 5 mL，用 SDS-PAGE 检测全长蛋白质的存在（注意：在荧光裂解碎片存在时，单独靠颜色判断不足）。

（8）合并最清亮的组分，浓缩，经过凝胶过滤法或 S200（TB 平衡）进一步纯化。合并适当的组分，按每份 20 μL 分装，在液氮中快速冷冻，然后保存在–80℃。

二、FRET 的分析

（一）缓冲液和蛋白质

（1）转移缓冲液：110 mmol/L 乙酸钾，20 mmol/L HEPES（pH 7.3），2 mmol/L 乙酸镁，1 mmol/L EGTA，1 mmol/L DTT，1 μg/mL 抑酞酶、亮肽酶素、胃酶抑素。

（2）FRET 缓冲液：TB+0.2 mg/mL 卵清蛋白和 0.05% Tween 20。

（3）ATP：含 5 mmol/L ATP 的 TB 溶液。

（4）蛋白质：分装的 YFP-SUMO1，CFP-GAPtail，UBC9，在 TB 溶液中的 His-AOS1/UBA2（可用 His-UBC9 来代替无标签的 UBC9，效率相似）。其他试剂，如异构肽、无荧光蛋白等。

（二）仪器

应有自动进样和温控的荧光微量滴定板读数仪、参数设置和数据处理软件。滤光：430 nm 激发，485 nm 和 527 nm 发射。微量滴定板：黑色的 384 孔板，如 Cliniplate 384。

（三）测定

在没有加 ATP 时，直接将 20 μL 的反应混合液加入 384 孔板中（96 孔板也可以用，但需要 100 μL 的体积）。由于有效的修饰和良好的信噪比，荧光底物可以在一个大范围（0.04～2 μmol/L）中应用。典型的反应体系用等摩尔的 CFP-GAPtail 和 YFP-SUMO1（均为 200 nmol/L）及 1～100 nmol/L 不同浓度的酶。在 30℃预孵育 5 min 后，加入 5 μL 的 ATP（浓度为 5 mmol/L）。反应开始后，在理想的时间点上，样品在 430 nm 处被激发，485 nm 和 527 nm 发射的荧光在整个 20 ms 的时间内被记录。一般在 30 min 的时间内每分钟检测一次。利用这个设置，可以同时平行测定 40 个样品。如果增加样品量，测量的间隔应增加。

注意事项：

（1）溶解所有蛋白质的 FRET 缓冲液应含有 Tween 20 和卵清蛋白，以防止蛋白质的非特异性吸附，也有助于提高分析的重复性。

（2）气泡可使读数不准确，因此需要特别注意防止气泡的产生。

（四）FRET 在相素化分析中的应用

FRET 方法在分析相素化机制中有较广范围的应用（88）。与其他检测方法相比，该实验有时间短、材料少的优点。一般情况下每个实验均可在少于 2 h 的时间内完成，一个 25 μL 的反应体系可提供 30 次的数据。在同一时间内可分析多达 384 个反应，使得这一分析方法尤其适合去检测化学或生物复合物。用其他的靶蛋白替换 CFP-GAPtail，则可以分析特异的相素 E3 连接酶。

第八节　小　结

近十几年来，蛋白质的相素化修饰研究越来越多地受到人们的关注。关于相素化修饰仍有很多问题值得思考和探索，例如，还有哪些相素化修饰底物？底物蛋白相素化的详细机制和功能是什么？相素化修饰还有哪些未知功能？相素化修饰与其他蛋白修饰的关系如何？是否还有其他因子参与相素化体系中？相素对底物的特异性是如何决定的？相素化的时空调节机制是怎样的？不含保守的相素化修饰基序 ψKXE 的底物是如何被相素体系识别的？

相素化修饰不仅在正常生理活动中发挥重要作用，而且修饰异常与许多人类重大疾病直接或间接相关。蛋白质的相素化具有瞬时且所占比例很低（1%左右）的特点，这大大增加了相素底物分离的难度。随着实验技术的发展，将会有更多的相素底物被鉴定出来，相素化参与各种生理与病理过程的机制也将被揭示得越来越清楚。对相素化修饰的深入研究，不仅有助于进一步揭示生命的奥秘，更重要的是为理解人类相关疾病的发病机制提供了新的线索，成为今后靶向治疗的一个新的靶标，为疾病的预防、诊断及治疗提供新的策略。

参 考 文 献

1. Bonifacino JS, Weissman AM., *Annu. Rev. Cell Dev.Biol.* **14**, 19(1998).
2. Hershko A., Ciechanover A., *Annu.Rev. Biochem.* **67**, 425(1998).
3. Meluh PB., Koshland D., *Mol. Biol. Cell* **6**, 793(1995).
4. Mannen H., Tseng HM., Cho CL., Li SS., *Biochem. Biophys. Res. Commun.* **222**, 178(1996).
5. Shen Z. *et al., Genomics.* **36**, 271(1996).
6. Boddy MN. *et al., Oncogene.* **13**, 971(1996).
7. Okura T., Gong L., Kamitani T. *et al., J. Immunol.* **157**, 4277(1996).
8. Matunis MJ., Coutavas E., Blobel G., *J. Cell Biol.* **135**, 1457(1996).
9. Mahajan R. *et al., Cell.* **88**, 97(1997).
11. M. Novatchkova, R. Budhiraja, G. Coupland, F. Eisenhaber, A. Bachmair, *Planta* **220**, 1(2004).
10. Melchior F., *Genomics.* **40**, 362(1997).
12. Guo D., Li M., Zhang Y. *et al., Nat. Genet.* **36**, 837(2004).
13. Bayer P., Arndt A., Metzger S., *et al., J. Mol. Biol.* **280**, 275(1998).
14. Kim KI., Baek SH., *Int. Rev. Cell Mol. Biol.* **273**, 265(2009).

15. Bohren KM., Nadkarni V., Song JH., Gabbay KH., Owerbach D., *J. Biol. Chem.* **279**, 27233(2004).
16. Zhang XD. *et al.*, *Mol. Cell* **29**, 729(2008).
17. Saitoh H., Hinchey J., *J. Biol.Chem.* **275**, 6252(2000).
18. Azuma Y., Arnaoutov A., Dasso M., *J., Cell Biol.* **163**, 477(2003).
19. Sternsdorf T., Puccetti E., Jensen K. *et al.*, *Mol Cell Biol.* 1999; 19: 5170-5178.
20. Fu C., Ahmed K., Ding H. *et al.*, *Oncogene* **24**, 5401(2005).
21. Hay RT., *Mol. Cell* **18**, 1(2005).
22. Desterro JM., Rodriguez MS., Kemp GD., Hay RT., *J. Biol. Chem.* **274**, 10618(1999).
23. Johnson ES., Schwienhorst I., Dohmen RJ., Blobel G., Embo J. 1997; 16: 5509-5519.
24. Okuma T., Honda R., Ichikawa G., Tsumagari N., Yasuda H., *Biochem. Biophys. Res. Commun.* **254**, 693(1999).
25. Desterro JM., Thomson J., Hay RT., *FEBS. Lett.* **417**, 297(1997).
26. Johnson ES., Blobel G., *J. Biol. Chem.* **272**, 26799(1997).
27. Rodriguez MS., Dargemont C., Hay RT., *J. Biol. Chem.* **276**, 12654(2001).
28. Pichler A., Knipscheer P., Oberhofer E. *et al.*, *Nat. Struct. Mol. Biol.* **12**, 264(2005).
29. Ulrich HD. *Mol. Cell* **32**, 301(2008).
30. Shuai K., *Oncogene* **19**, 2638(2000).
31. Pichler A., Gast A., Seeler JS., Dejean A., Melchior F., *Cell* **108**, 109(2002).
32. Kagey MH., Melhuish TA., Wotton D., *Cell* **113**, 127(2003).
33. Li SJ., Hochstrasser M., *Nature* **398**, 246(1999).
34. Li SJ., Hochstrasser M., *Mol. Cell Biol.* **20**, 2367(2000).
35. Hay RT., *Trends Cell Biol.* **17**, 370(2007).
36. Yeh ET., *J. Biol. Chem.* **284**, 8223(2009).
37. Cheng J., Wang D., Wang Z., Yeh ET., *Mol. Cell Biol.* **24**, 6021(2004).
38. Bawa-Khalfe T., Cheng J., Wang Z., Yeh ET., *J. Biol. Chem.* **282**, 37341(2007).
39. Bawa-Khalfe T., Cheng J., Lin SH., Ittmann MM., Yeh ET., *J. Biol. Chem.* **285**, 25859(2010).
40. Wang Q. *et al. Oncogene* **32**, 2493(2013).
41. Sun H., Leverson JD., Hunter T., *EMBO.J.* **26**, 4102(2007).
42. van Hagen M., Overmeer RM., Abolvardi SS. *et al.*, *Nucleic. Acids. Res.* **38**, 1922(2010).
43. Perry JJ., Tainer JA., Boddy MN., *Trends Biochem. Sci.* **33**, 201(2008).
44. Lallemand-Breitenbach V., Jeanne M., Benhenda S. *et al.*, *Nat. Cell Biol.* **10**, 547(2008).
45. Poulsen SL, Hansen RK, Wagner SA *et al.*, *J. Cell Biol.* **201**, 797(2013).
46. Erker Y., Neyret-Kahn H., Seeler JS. *et al.*, *Mol. Cell Biol.* **33**, 2163(2013).
47. Alkuraya FS., Saadi I., Lund JJ., *et al.*, *Science* **313**, 1751(2006).
48. Zhang FP., Mikkonen L., Toppari J. *et al.*, *Mol. Cell Biol.* **28**, 5381(2008).
49. Yuan H, Zhou J, Deng M, *et al.*, *Cell Res.* **20**, 185(2010).
50. Seufert W., Futcher B., Jentsch S., *Nature* **373**, 78(1995).
51. al-Khodairy F., Enoch T., Hagan IM, *et al.*, *J. Cell Sci.* **108**, 475(1995).
52. Epps JL., Tanda S., *Curr. Biol.* **8**, 1277(1998).
53. Apionishev S., Malhotra D., Raghavachari S. *et al.*, *Genes.Cells*.**6**, 215(2001).
54. Jones D., Crowe E, Stevens TA., *et al.*, *Genome Biol.* **3**, RESEARCH0002(2002).
55. Nowak M., Hammerschmidt M., *Mol. Biol. Cell* **17**, 5324(2006).
56. Hayashi T., Seki M., Maeda D. *et al.*, *Exp. Cell Res.* **280**, 212(2002).
57. Nacerddine K., Lehembre F., Bhaumik M. *et al.*, *Dev. Cell* **9**, 769(2005).
58. Roth W., Sustmann C., Kieslinger M. *et al.*, *J. Immunol.* **173**, 6189(2004).
59. Wong KA., Kim R., Christofk H. *et al.*, *Mol. Cell Biol.* **24**, 5577(2004).
60. Santti H., Mikkonen L., Anand A. *et al.*, *J. Mol. Endocrinol.* **34**, 645(2005).
61. Liu B., Mink S., Wong KA. *et al.*, *Nat. Immunol.* **5**, 891(2004).
62. Tahk S., Liu B., Chernishof V. *et al.*, *P. Natl. Acad.Sci. USA.* **104**, 11643(2007).
63. Aslanukov A., Bhowmick R., Guruju M. et al., *PLoS Genet.* **2**, e177(2006).

64. Dawlaty MM., Malureanu L., Jeganathan KB. *et al., Cell* **133**, 103(2008).
65. Yamaguchi T., Sharma P., Athanasiou M. *et al. Mol. Cell Biol.* **25**, 5171(2005).
66. Cheng J., Kang X., Zhang S. *et al., Cell* **131**, 584(2007).
67. Kang X., Qi Y., Zuo Y. et al. *Mol Cell*, 2010, 38(2): 191-201
68. Hu XV., Rodrigues TM., Tao H. et al. *P. Natl. Acad. Sci. USA.* **107**, 15087(2010).
69. Lee JS., Thorgeirsson SS., Gastroenterology **127**, S51(2004).
70. McDoniels-Silvers AL., Nimri CF., Stoner GD. *et al., Clin. Cancer Res.* **8**, 1127(2002).
71. Mo YY., Yu Y., Theodosiou E. *et al., Oncogene* **24**, 2677(2005).
72. Wang L., Banerjee S., *Oncol. Rep.* **11**, 1319(2004).
73. Cheng J., Bawa T., Lee *et al., Neoplasia* **8**, 667(2006).
74. Jacques C., Baris O., Prunier-Mirebeau D. *et al., J. Clin. Endocrinol. Metab.* **90**, 2314(2005).
75. Steffan JS., Agrawal N., Pallos J. *et al., Science* **304**, 100(2004).
76. Ryu J, Cho S, Park BC, et al., *Biochem. Biophys. Res. Commun.* **393**, 280(2010).
77. Dorval V, Fraser PE., *J. Biol. Chem.* **281**, 9919(2006).
78. Shinbo Y, Niki T., Taira T, *et al., Cell Death. Differ.* **13**, 96(2006).
79. Fei E, Jia N, Yan M., *et al., Biochem. Biophys. Res. Commun.* **347**, 406(2006).
80. Zhang YQ., Sarge KD., *Biochem. Biophys. Res. Commun.* **374**, 673(2008).
81. Zhang YQ., Sarge KD., *J. Cell. Biol.* **182**, 35(2008).
82. Zhu J., Zhou J., Peres L. *et al., Cancer Cell* **7**, 143(2005): 53
83. Geletu M., Balkhi MY., Peer Zada AA. *et al., Blood* **110**, 3301(2007): 9
84. Chakrabarti SR., Sood R., Nandi S. *et al., P. Natl. Acad. Sci. USA.* **97**, 13281(2000).
85. Mei D., Song H., Wang K., Lou Y. *et al., Med. Oncol.* **30**, 709(42013).
86. Johnson ES., *Annu. Rev. Biochem.* **73**, 355(2004).
87. Bernier-Villamor V., Sampson DA., Matunis MJ., Lima CD., *Cell* **108**, 345(2002).
88. Pichler A., Gast A., Seeler JS., Dejean A., Melchior F., *Cell* **108**, 109(2002).
89. Bossis G. et al., *Methods Enzymol* **398**, 20(2005).
90. Lois LM., Lima CD., Chua NH., *Plant Cell* 2003, **15**(6): 1347-1359.
91. Jensen JP., Bates PW., Yang M., Vierstra RD., *J. Biol. Chem.* **270**, 30408(1995).
92. Mossessova E., Lima CD., *Mol. Cell* **5**, 865(2000).
93. Scheffner M., Huibregtse JM., Howley PM., *P. Natl. Acad. Sci. USA.* **91**, 8797(1994).
94. Desterro JM., Rodriguez MS., Kemp GD., Hay RT., *J. Biol. Chem.* **274**, 10618(1999).
95. Herman B., Krishnan RV., Centonze VE., *Methods Mol. Biol.* **261**, 351(2004).
96. Hong CA. *et al., Assay Drug Dev. Technol.* **1**, 175(2003).
97. Desterro JM., Rodriguez MS., Hay RT., *Mol. Cell* **2**, 233(1998).
98. Mahajan R., Gerace L., Melchior F., *J. Cell. Biol.* **140**, 259(1998).
99. Jares-Erijman EA., Jovin TM., *Nat. Biotechnol.* **21**, 1387(2003).

（程金科　李汇华　朱　军）

第九章　拟素化修饰

拟素化（neddylation）修饰是一种类泛素化蛋白翻译后修饰方式，它通过三级酶联反应将类泛素小分子拟素（NEDD8）共价耦合到底物蛋白上，进而影响底物蛋白的稳定性、构象和功能等，从而调控诸多生物学功能（1）。拟素的 mRNA 最初在小鼠胚胎脑组织中被发现（2），随后在大部分真核生物中也发现了拟素的表达，其具有高度保守性和功能重要性（3）。研究表明，拟素化通路功能失调与肿瘤等疾病的发生发展密切相关，而灭活拟素化通路将会显著抑制肿瘤恶性表型（4-6）。本章主要概述拟素化修饰通路活化与肿瘤发生发展的相关性，及其靶向治疗的效果与机制。

第一节　概　　述

拟素化修饰过程是由拟素激活酶（NEDD8 activating enzyme，NAE）、拟素耦合酶（NEDD8 conjugating enzyme，UBC12/UBE2M 和 UBE2F），以及底物特异性的拟素连接酶所介导的三步酶促级联反应（3，7-10）。首先，在 ATP 参与下，拟素 C 端的甘氨酸被由 NAE1/APPBP1 和 UBA3/NAEβ 组成的异二聚体拟素激活酶 E1（NAE）转化为腺苷酸，从而使拟素发生活化（11）；接着，激活的拟素分子被转移到拟素结合酶 E2（UBC12/UBE2M 或 UBE2F）（12，13）；最后，在 Rbx1/ROC1 和 MDM2 等具有底物特异性的拟素连接酶的催化下，拟素分子共价结合到底物上，并进一步调控所修饰底物的生物学功能（14-25）（图 9-1）。

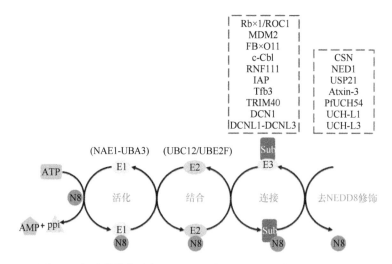

图 9-1　拟素化修饰酶促级联反应过程。N8，拟素；Sub，底物

第二节　拟素化修饰的蛋白底物

一、CRL 泛素连接酶

迄今为止，鉴定最为充分的拟素化修饰底物是 Cullin-RING 泛素连接酶（CRL）。CRL 泛素连接酶是真核细胞最大的多亚基泛素连接酶超家族，可介导广泛底物的泛素化修饰和降解，包括细胞周期调控蛋白、信号转导分子和转录因子等，从而调控诸多生物学效应（26-29）。CRL 泛素连接酶主要由 Cullin 和 ROC1/2 构成骨架结构，其中 Cullin 的 N 端可通过结合接头蛋白和底物识别蛋白招募蛋白底物，而其 C 端则通过结合 RING 结构域蛋白（Rbx1 或 Rbx2）招募泛素耦合酶（30，31）。通过此多亚基复合物，泛素分子可被 CRL 泛素连接酶从泛素耦合酶上转移到底物蛋白上（图 9-2）。研究表明，CRL 泛素连接酶的激活必须在其核心亚基 Cullin 蛋白 C 端的赖氨酸残基上发生拟素化修饰（32，33），从而使 CRL 泛素连接酶复合物的构象从闭合状态转变到开放的活化状态，进而激活 CRL 泛素连接酶（34-36）。激活的 CRL 作为泛素连接酶使底物蛋白发生多泛素化，进而通过蛋白酶体系降解。底物发生泛素化后将与 CRL 复合物分离，然后 COP9 信号体复合物（CSN）与拟素化修饰的 Cullin 家族蛋白结合，进一步将小分子拟素从 Cullin 家族蛋白上去除。去拟素化的 Cullin 家族蛋白与 CAND1 结合，使 CRL 保持无活性构象，即拟素化激活 CRL 泛素连接酶复合物介导底物的泛素化，而去拟素化灭活 CRL 泛素连接酶复合物活性促使 Cullin 与 CAND1 结合。这样的动态平衡有助于 CRL 核心结构在细胞内的再循环，使得细胞在短时间内根据其需要泛素化不同的底物以维持细胞稳态（37）。

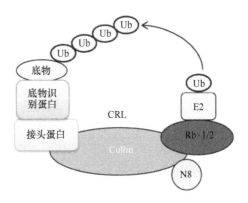

图 9-2　CRL 多亚基泛素连接酶结构示意图

二、其他拟素化修饰底物

除了 Cullin 家族蛋白成员，近年来陆续鉴定了一些新的拟素化修饰底物，提示拟素化修饰具有更加广泛的生物学功能。例如，泛素连接酶 MDM2 具有拟素连接酶功能，可以促进 p53 发生拟素化修饰并进而抑制 p53 的转录活性（18，38）。同时，MDM2 还可以催化其自身发生拟素化修饰（*39，40*），从而增加蛋白质的稳定性（*41*）。类似地，含有 HECT 结构域的泛素连接酶 SMURF1 亦可催化自身发生拟素化修饰，从而稳定其表达，促进肿瘤发生发展（*42*）。表 9-1（*43-57*）列举了迄今鉴定的非 CRL 泛素连接酶的拟素化新底物。

表 9-1   拟素化修饰底物蛋白

拟素修饰的底物	拟素连接酶	拟素化作用
Cul 1，2，3，4A，4B，7，9	Rbx1/2，DCN1	泛素连接酶活性
p53	MDM2/FBXO11	抑制 p53 的转录活性
HuR	MDM2	增强稳定性，促进核定位
MDM2	MDM2	MDM2 对 p53 的抑制活性减弱了，且拟素化修饰后 MDM2 的稳定性增加
BCA3	−	招募组蛋白去乙酰化酶 SIRT1，进而抑制 NF-κB 转录活性
EGFR	c-Cbl	增强 EGFR 泛素化及其随后的溶酶体降解
核糖体蛋白	MDM2	增强稳定性，促进核定位
pVHL	−	促进 pVHL 与纤维连接蛋白的相互作用
TGF-βII	c-Cbl	增强稳定性
Histone H4	RNF111	激活 DNA 损伤诱导的泛素化
E2F-1		降低 E2F-1 稳定性、转录活性
AICD	−	通过抑制 AICD 与转录共激活因子（Fe65 和 Tip60）的相互作用，进而抑制 AICD 的转录活性
Parkin/PINK1		增强泛素连接酶活性，增强 PINK1 55kDa 片段稳定性
SMURF1		增强泛素连接酶活性
HIF1α/ HIF2α		增强稳定性

第三节　拟素化修饰与肿瘤

　　近年来的一系列研究发现，拟素化修饰通路的关键催化酶（E1、E2 和 E3）表达水平和总体蛋白拟素化修饰水平在多种类型人类肿瘤内显著增高，且与患者生存预后呈显著负相关，提示该通路过度活化可促进肿瘤的发生发展。而且，拟素化通路过度活化会显著增强肿瘤内 CRL 泛素连接酶的修饰水平，进而诱导 CRL 泛素连接酶在肿瘤内的持续激活，促进抑癌蛋白底物降解和肿瘤的发生发展。反之，阻断过度活化的拟素化-CRL 泛素连接酶通路，可以导致 CRL 泛素连接酶的抑癌蛋白底物因降解受阻而发生积聚，从而诱导显著抗肿瘤效应（*8，58-60*）（图 9-3）。

　　上述系列研究成果具有重要的理论价值和转化应用前景：其一，全面系统地揭示了拟素化修饰通路关键组分在肿瘤内的过度活化状态，鉴定了针对该通路的多个潜在抗肿瘤分子靶点（如 E1、E2 和 E3）；其二，揭示了 CRL 泛素连接酶在肿瘤内持续激活的一个新机制，为发展通过靶向拟素化通路灭活 CRL 泛素连接酶的肿瘤治疗策略提供了直接理论依据；其三，证实了拟素化-CRL 泛素连接酶通路是可行的抗肿瘤治疗靶点，为针对该通路分子靶向药物的研发与合理应用奠定了坚实的科学基础（图 9-3）。

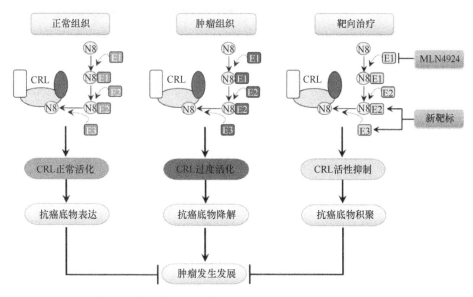

图 9-3 拟素化-CRL 通路在肿瘤内过度活化及其靶向治疗

在针对拟素化通路靶向药物研发的进程中，已成功地鉴定了拟素激活酶（NAE）的小分子抑制剂 MLN4924（61）。MLN4924 是通过高通量筛选得到的 NAE 特异性抑制剂，可高效地抑制拟素结合到拟素化底物蛋白上（26）。在 NAE 催化的拟素活化过程中，会形成拟素-AMP 中间体。MLN4924 在结构上与 AMP 类似，可结合到 NAE 的 AMP 结合位点，攻击拟素与 NAE 的半胱氨酸残基之间形成的硫酯键，从而与拟素形成 MLN4924-拟素加合物（5，62）。由于 MLN4924-拟素的亲和力远大于拟素-AMP，所以 MLN4924 能竞争性地抑制 NAE 对拟素的活化反应，阻断拟素化通路的继续进行（41，62，63）（图 9-4）。据此可知，MLN4924 阻断 Cullin 蛋白发生拟素化修饰，从而灭活 CRL 泛素连接酶并导致其抑癌蛋白底物显著积聚，最终抑制肿瘤生长和侵袭转移等恶性表型（26，62，64-66）。

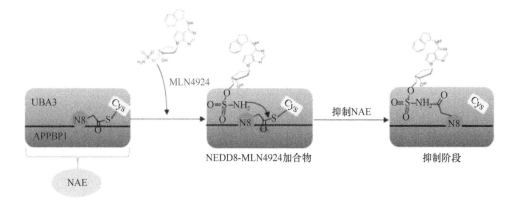

图 9-4 MLN4924 抑制拟素化通路机制

鉴于其高效、低毒的特点，MLN4924 已经在多种实体瘤和血液恶性肿瘤（4，5）中进行了 I / II 期临床试验。其中，MLN4924 在骨髓增生异常综合征（MDS）、急性骨髓系白血病（AML）、淋巴瘤和实体瘤的治疗中达到了预期药效学效果并显示出良好的安全性；而且，在复发及难治性淋巴瘤中 MLN4924 亦有潜在的疗效（67-69）。这些发现提示，靶向拟素化通路可以作为新型的抗肿瘤策略，并且 NAE 抑制剂 MLN4924 具有良好的开发前景。

一、灭活拟素化通路诱导肿瘤细胞发生细胞凋亡

研究表明，NAE 特异性抑制剂 MLN4924 灭活拟素化通路可诱导细胞凋亡的发生，相关凋亡诱导机制包括：①MLN4924 灭活 CRL 泛素连接酶，诱导 CRL 泛素连接酶底物 DNA 复制调控蛋白 CDT1 与 ORC1 积聚，引起 DNA 重复复制应激和 DNA 损伤，诱导细胞凋亡（26，70，71）；②MLN4924 灭活 CRL 泛素连接酶，诱导其底物 NF-κB 抑制蛋白 IκBα（72）积聚，从而阻断 NF-κB 通路，促发细胞凋亡（73，74）；③MLN4924 诱导 CRL 泛素连接酶底物、转录因子 c-Myc 或 ATF4 降解受阻并发生积聚，进而转录激活 NOXA 等促凋亡蛋白表达，诱导内源性细胞凋亡（8，9，75，76）（图 9-5）。

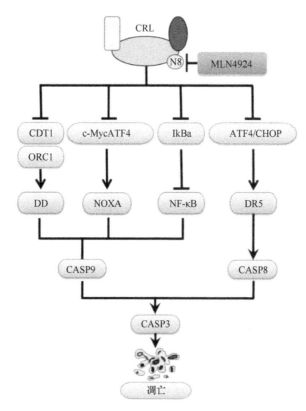

图 9-5　靶向拟素化通路激活细胞凋亡的分子机制

上述发现表明靶向拟素化通路抗肿瘤治疗可以诱导内源性（线粒体介导的）细胞凋亡。但是，在此过程中外源性（死亡受体介导的）细胞凋亡通路是否被激活及其潜在作用未见系统报道。我们最近研究发现，灭活拟素化-CRL 泛素连接酶通路可以活化 ATF4-CHOP-DR5（死亡受体 5）通路，进而激活 caspase8 并诱导外源性细胞凋亡；而且，caspase8 活化可通过切割 BID 产生促凋亡分子 tBID，后者进而转位到线粒体从而激活内

源性细胞凋亡（图 9-5）。这些发现表明，诱导外源性细胞凋亡是靶向拟素化抗肿瘤治疗的一个重要效应机制。

二、灭活拟素化通路诱导细胞衰老

细胞衰老（cell senescence）是一种细胞周期阻滞状态，处于衰老状态的细胞表现为形态变大而扁平、伴随细胞衰老相关标志物 β-半乳糖苷酶的表达及 DNA 损伤（应答）等特征。前期发现表明，靶向拟素化通路抗肿瘤治疗可在部分肿瘤细胞系诱导细胞凋亡。最近的一系列发现表明，靶向该通路在部分肿瘤细胞系并不诱导细胞凋亡。相反，MLN4924 在这些非凋亡细胞诱导细胞衰老进而抑制肿瘤细胞恶性表型（65）。

研究发现：①灭活拟素化-CRL 拟素连接酶通路可在广谱（肺癌、结肠癌及胶质母细胞瘤、淋巴瘤及肝内胆管癌等）非凋亡的肿瘤细胞系诱导 p21 介导的细胞衰老（8，60，65，77，78）；②灭活拟素化-CRL 拟素连接酶通路诱导细胞衰老或细胞凋亡是细胞系依赖的；③机制研究发现，诱导促凋亡蛋白 NOXA 是阻断该通路后决定细胞死亡命运（衰老或者凋亡）的关键分子（60）；④MLN4924 诱导的细胞衰老不依赖于 p53 通路，提示MLN4924 对携带野生型 p53 和突变型 p53 的肿瘤患者均可能产生较好的治疗效果（图9-6）（65，79，80）。这些发现不仅揭示了一个新的 MLN4924 作用机制，而且提示检测 p21 积聚和 NOXA 表达可以作为临床评价 MLN4924 抗肿瘤效应的潜在生物标记物。

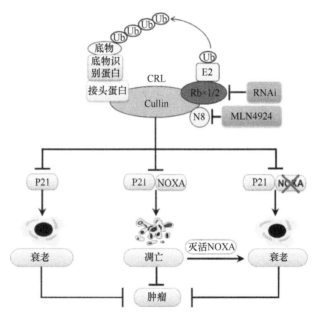

图 9-6　靶向拟素化-CRL 泛素连接酶通路诱导细胞衰老及其效应机制

三、灭活拟素化通路可诱导肿瘤细胞保护性细胞自噬

MLN4924 在诱导细胞凋亡或衰老介导肿瘤细胞杀伤的同时，还可以诱导肿瘤细胞发生保护性自噬（64，81-84）。机制上，MLN4924 主要通过以下途径抑制 mTOR 通路

活性从而诱导细胞自噬：①MLN4924 灭活 CRL 泛素连接酶，诱导其底物 mTOR 抑制蛋白 DEPTOR（DEP domain containing mTOR interacting protein）发生积聚，进而抑制 mTOR 通路活性（*83,85-87*）；②MLN4924 还可通过诱导 CRL 泛素连接酶底物 HIF1α 积聚（*88*），激活 HIF1-REDD1-TSC1 轴，抑制 mTOR 通路活性（*81*）（图 9-7）。此外，MLN4924 可以促进细胞活性氧（ROS）的产生，引起细胞氧化应激，参与诱导细胞自噬（*74,89*）。

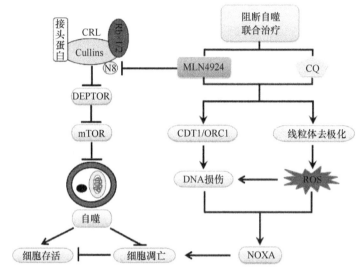

图 9-7　灭活拟素化-CRL 泛素连接酶通路诱导细胞自噬及其潜在应用

生物学功能上，MLN4924 灭活拟素化通路诱导的自噬应答发挥促生存作用，而通过遗传学或药理学手段阻断自噬可以显著增强细胞凋亡，增强抗肿瘤作用（*81,82,90*）。研究证实，MLN4924 联合应用具有高度安全性的自噬抑制剂氯喹（*91,92*），可以通过增强细胞内 DNA 损伤和 ROS 的产生，进而诱导促凋亡蛋白 NOXA 表达和细胞凋亡发生，显著增强体内外抗肿瘤效果（*64,81,84,93*）（图 9-7）。上述发现不仅揭示了靶向拟素化抗肿瘤治疗对细胞自噬的调控作用，而且为联合应用自噬阻断剂（如氯喹）与拟素化抑制剂（如 MLN4924）临床试验的设计和开展提供了科学依据。

四、灭活拟素化通路抑制肿瘤血管新生

血管生成促进肿瘤发生发展和侵袭转移，它既是恶性肿瘤的一大特征，也是一个重要的抗肿瘤靶标。国内外研究者在靶向拟素化-CRL 泛素连接酶通路进行抗肿瘤治疗的前期研究中，主要着眼于其对肿瘤细胞的直接杀伤作用，而对于灭活该通路对肿瘤血管生成的影响鲜见报道。近期研究发现，应用小分子抑制剂或者遗传学手段灭活拟素化-CRL 泛素连接酶通路的抗肿瘤治疗，可以显著抑制肿瘤血管生成和原位肿瘤的生长、侵袭与转移，提示抑制血管生成是靶向该通路抗肿瘤治疗的一个新机制，为该通路抑制剂（如 MLN4924）临床试验的设计和观察指标的选择提供了新的科学参考（图 9-8）。

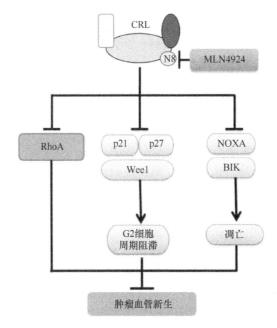

图 9-8　靶向拟素化-CRL 泛素连接酶通路抑制肿瘤血管新生及其效应机制

机制上，MLN4924 短时间处理血管内皮细胞，在不影响细胞增殖活力的情况下，通过诱导 CRL 底物 RhoA 积聚，抑制血管生成（9，94）。相应的，MLN4924 长时间持续处理血管内皮细胞，可以诱导 CRL 泛素连接酶底物（如细胞周期抑制蛋白 p21、p27 和 Wee1）和促凋亡蛋白（BIK、BIM 和 NOXA）积聚，进而诱导细胞周期阻滞与细胞凋亡（9，94）。通过应用原位胰腺癌等肿瘤模型研究发现，MLN4924 在体内也可以显著抑制肿瘤血管生成，从而抑制肿瘤生长、侵袭与转移。综上所述，靶向拟素化通路可显著抑制肿瘤血管新生，提示拟素化通路抑制剂（如 MLN4924）是潜在的血管生成抑制剂。

五、MLN4924 与化疗药物/放疗联合应用

近年来，MLN4924 与化疗药物/放疗联合使用，呈现出显著的放化疗增敏效果。例如，MLN4924 与抗白血病经典化疗药物维甲酸联合应用，可以通过诱导 NOXA 的表达显著增强细胞凋亡（95）。MLN4924 与肿瘤坏死因子相关诱导凋亡配体（TRAIL）联合应用，可以通过促进抗凋亡蛋白 c-FLIP 的降解诱导头颈部肿瘤细胞发生细胞凋亡（96）。而且，MLN4924 还可以通过增强 DNA 损伤、氧化应激和 BIK/NOXA 等促凋亡蛋白的表达，显著增强卵巢癌、肺癌和胆管癌等肿瘤细胞对铂类化疗药物的敏感性（8，60，97）（表 9-2）。

表 9-2　MLN4924 的化疗增敏效应

药物	肿瘤类型	机制
维甲酸	白血病	c-Jun 和 NOXA 的积聚诱导细胞凋亡（95）
TRAIL	头颈部肿瘤	促进 c-FLIP 降解诱导的细胞凋亡（96）
	卵巢癌细胞	
铂类药物	肺癌	增强 DNA 损伤和氧化应激；增加促凋亡蛋白 BIK 的表达（8，60，97）
	胆管癌	

研究表明，MLN4924 对放疗也具有增敏作用。在胰腺癌中，MLN4924 可以有效增加在体外培养及体内异种移植模型中胰腺癌细胞对于电离辐射的敏感性，这主要归因于 CDT1、Wee1、NOXA 等 CRL 泛素连接酶底物的积聚，以及 MLN4924 诱导的 DNA 损伤、G_2 期细胞周期阻滞和细胞凋亡。在人乳腺癌细胞中，MLN4924 可以诱导 G_2 期细胞周期阻滞及 p21 依赖的放疗增敏（98）。上述发现提示，MLN4924 具有显著的放化疗增敏效果，这为进一步开展相关临床试验提供了科学依据。

第四节 UBC12 介导的拟素修饰实验

本节主要描述了体外 UBC12 介导的拟素结合试验中的主要蛋白质成分，包括拟素、拟素特异的激活酶（APPBP1 和 UBA3 的异源二聚体）、耦合酶（UBC12）、底物 IKKα 和 Cul1 复合物（由 Cul1、Skp1、F-box 蛋白 β-TRCP1 和 ROC/Rbx1 组成的 SCF$^{β-TRCP1}$ 复合物）的表达和纯化（99）。Cul1 连接酶复合物的拟素修饰化和测量它对 Cul1 复合物的泛素连接酶活性作用的方法见文献（100）。所有的蛋白质都是从细菌、昆虫细胞，或部分从人的 HEK293 细胞表达纯化的重组蛋白（101）。

一、大肠杆菌中 UBC12、拟素、泛素、UBC4 的表达和纯化

人 UBC12 和 UBC4 cDNA 分别被克隆到细菌表达载体如 pET28，并在编码序列 N 端连接一个 His6 标签。对于泛素和拟素，每个可读框都被修饰，即在二甘氨酸序列后面引进一个终止密码子，产生成熟的蛋白质。这种修饰忽略了泛素和拟素需要的 C 端处理酶。修饰过的 cDNA 被亚克隆到细菌的表达载体，产生 N 端有融合谷胱甘肽-S-转移酶或 His6 标签的克隆。然后这些细菌表达载体被转化进 Lon 蛋白酶缺乏的 E.coli 菌株 BL21，该菌含有 λDE3 溶素原，然后种到含有合适抗生素的 LB 琼脂培养皿上。挑选单一的克隆在 2 mL 含有抗生素的 LB 液体培养基中培养，振荡过夜。取 1 mL 过夜培养液接种到 500 mL 含有抗生素的 LB 液体培养基中，振荡培养至 OD_{600}=0.4。再加入 IPTG 至终浓度为 1 mmol/L 培养 2 h，以诱导融合蛋白的表达。然后 8000 r/min，4℃离心收集细菌沉淀，并用预冷的 PBS 冲洗一遍，再用 10 mL PBS-T（PBS 加 1%的 Triton X）重悬细菌，超声裂解。5800 g 离心细胞裂解物 10 min，收集上清液。剩下的细胞碎片再加 10 mL PBS-T（PBS 加 1%的 Triton X）重悬，超声裂解。离心收集上清液。在应用金属亲和层析柱前，集中所有的细菌裂解液，过滤。根据产品说明书，安装螯合的柱子，加入细菌裂解液，在冷室里轻轻旋转 2 h 后，用 PBS-T 冲洗两遍。然后将这个螯合柱子转移到另一个柱子，用 2 倍柱子体积的 PBS（包含着浓度 10～500 mmol/L 递增的咪唑）呈梯度洗脱蛋白。用 20 mmol/L Tris-HCl、2 mmol/L EDTA（pH8.0）透析纯化的蛋白质。SDS-PAGE 电泳，用考马斯亮蓝染色来确定其纯度。

二、昆虫细胞中 APPBP1/UBA3 异源二聚体和 SCF 复合物的表达及纯化

编码 APPBP1、UBA3、Skp1、Cul1、ROC1 和 F-box 蛋白 TRCP1 的人 cDNA 亚克

隆到载体 pVL1393，然后将杆状病毒编码的 His-APPBP1 和 T7-UBA3、His-TRCP1、Flag-Skp1、HA-Cul1 和 T7-ROC/Rbx1 分别转染到昆虫细胞中。感染 48~72 h 后，用裂解液[20 mmol/L Tris-HCl（pH 7.5）、150 mmol/L NaCl、0.5% NP-40]裂解细胞，然后通过金属亲和层析柱子纯化。

三、哺乳动物细胞中 Flag-IKKα 的表达和纯化

用哺乳动物表达载体编码的 Flag-IKKα 转染 HEK293 细胞。转染 2 天后用裂解液[20 mmol/L Tris-HCl（pH 7.5）、150 mmol/L NaCl、1 mmol/L EDTA、1 mmol/L EGTA、0.5% NP-40、2 mmol/L DTT、25 mmol/L 磷酸甘油和蛋白酶抑制剂）收集细胞。用琼脂糖连接的抗 Flag 抗体（Sigma）免疫共沉淀 Flag-IKKα，再用裂解液冲洗琼脂糖后，IKKα 复合物被自身磷酸化处理以增强它的激酶活性。具体方法如下：免疫共沉淀 IKKα 复合物用激酶缓冲液洗两遍[20 mmol/L Tris-HCl（pH 7.4）、150 mmol/L NaCl、1 mmol/L EDTA、0.05% Triton X-100、2 mmol/L DTT、25 mmol/L 磷酸甘油和蛋白抑制剂]，再加入 10×ATP 再生缓冲液（20 mmol/L ATP、100 mmol/L 磷酸肌氨酸、100 IU/mL 肌氨酸激酶和 10 IU/mL 无机焦磷酸酯），在 25℃下孵育 30 min。反应结束后用激酶缓冲洗凝胶两遍，再加入 Flag 短肽（200 µg/mL）洗脱具有活性的 IKKα 复合物。

四、体外拟素修饰 Cul1 的实验方法

混合 APPBP1/UBA3（0.5 µg）、UBC12（0.5 µg）、拟素（3 µg）、SCF 复合物（1 µg），最终反应混合物的体积为 20 µL [20 mmol/L Tris-HCl（pH 7.5）、2 mmol/L ATP、1 mmol/L DTT]，在 30℃孵育 30 min。加 3×SDS 加样缓冲液终止反应，再用 4%~20% SDS-PAGE 胶分离。用抗-HA 抗体的免疫共沉淀方法检测拟素修饰的 HA-Cul1。

五、体外 SCF^{β-TRCP1} 复合物促进 IkBα 泛素化的实验方法

在体外转录和翻译体系中，应用网织红细胞合成 ^{35}S 甲硫氨酸标记的 IkBα。2 µL 的被标记 IkBα 的细胞裂解物与 IKK（50 ng）混合至最终反应体系 12 µL[50 mmol/L Tris（pH 7.5）、10 mmol/L MgCl$_2$、0.5 mmol/L DTT、2 mmol/L ATP、10 mmol/L 肌酸磷酸盐、10 IU/mL 肌酸激酶、1 IU/mL 无机焦磷酸）。在常温孵育 30 min 能被完全磷酸化。然后磷酸化的 IkBα 与 E1（0.5 µg）、UBC4（1 µg）、SCF（1 µg）和泛素（10 µg）混合至最终的反应体系 25 µL，在有或无拟素连接体系的情况下，继续孵育。拟素连接体系包括拟素（10 µg）、APPBP1/UBA3（0.5 µg）、UBC12（0.5 µg）。在用 5 µL 10% SDS 和 10 µL 4×SDS 样品缓冲液终止反应后，取 10 µL 煮好的样品在 10% SDS-PAGE 上分离。凝胶被固定、干燥、曝 X 光片或图像拍照。

第五节 COP9 信号体（CSN）的纯化

本节将根据 Menon 等（102）的著作来介绍应用经典的层析法从猪脾细胞中纯化 CSN

复合物，以及应用免疫亲和纯化法从培养的人类细胞和表达 CSN 亚单位的转基因拟南芥植物细胞中纯化 CSN 复合物的过程。最近，人们成功采用一步免疫纯化法，从人类细胞（100）、裂殖酵母（*Schizosaccharomyces pombe*）和拟南芥细胞中纯化不同的带标签的 CSN 亚基。下面将详细介绍应用层析法从猪脾脏细胞、应用免疫亲和层析从人 293 细胞、应用 TAP 和免疫亲和纯化方法从拟南芥种子细胞中纯化 CSN 复合物的过程。此外，还将介绍应用 HeLa 细胞或拟南芥细胞裂解液进行体外去拟素化实验，用于检测和比较纯化的 CSN 复合物的活性。

一、从猪脾脏细胞中纯化 CSN 复合物

对 CSN 最初的研究是用抗-CSN8 抗体检测小鼠不同脏器中 CSN 的表达水平，表明 CSN 在甲状腺、脾脏、胎盘和脑组织中表达水平较高（103）。因此，选用新鲜冻存的猪脾脏作为纯化 CSN 的原材料。所有的层析操作过程均在冷室中进行，由自动高效液相色谱系统协助完成。所有的缓冲液使用前在 4℃预冷，用 300 多克新鲜组织进行大规模纯化。但推荐从 100 g 新鲜组织中纯化 CSN，以便操作并获得更高纯度的 CSN。纯化方案见流程图（图 9-9A）。

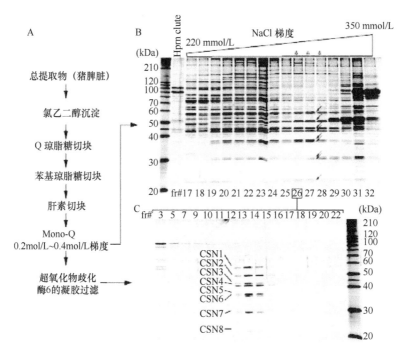

图 9-9　从猪脾脏纯化 CSN 复合物。A. CSN 亲和纯化流程图。B. Mono-Q 洗脱组分检测。每 0.5mL Mono-Q 梯度洗脱组分取 2μL 上样，进行 12% 的 SDS-PAGE 凝胶电泳，银染。CSN 洗脱时的盐浓度范围较宽，但主要集中在＃26 到＃28。C. Mono-Q＃26（200μL）样品组分经 Superose 6 凝胶过滤柱进一步分离纯化。银染检测蛋白组分。CSN 复合物分子质量为 450～500 kDa，存在于＃12～＃14 组分中

1. 制备组织匀浆

（1）将组织放入 2.5～3×的提取缓冲液 I [50 mmol/L Tris-HCl（pH 7.0），1.5 mmol/L MgCl$_2$，10 mmol/L KCl，0.2 mmol/L EDTA，5%甘油，临用前加入 4 mmol/L 二硫苏糖醇（DTT）、2 mmol/L 苯甲基磺酰氟（PMSF）、1×蛋白酶抑制剂 cocktail（Roche）]中，用搅拌器进行匀浆。

（2）匀浆所得混合物用四层棉纱进行过滤。

（3）8000 g 离心 10 min，12 000 g 再次离心 15 min，上清液或整个可溶部分即为蛋白组分 A。所得蛋白质约占组织鲜重的 3%。

2. 聚乙二醇（PEG）纯化

（1）用提取缓冲液 I 配制 60%的 PEG（MW 3350）储存液。将 PEG 储存液与蛋白组分 A 以 1∶4（$V\colon V$）缓慢混匀，得到终浓度为 12%的 PEG 溶液，冰上放置 20 min。

（2）10 000 g 离心 10 min，弃上清液，CSN 存于沉淀中。

（3）在沉淀中加入 1×提取缓冲液 II [50 mmol/L Bis-Tris（pH 6.4），1.5 mmol/L MgCl$_2$，10 mmol/L KCl，0.2 mmol/L EDTA，0.01% NP-40，100 mmol/L NaCl，10%甘油，临用前加入 4 mmol/L DTT、2 mmol/L PMSF 及 1×蛋白酶抑制剂 cocktail（Roche）]。用加样器轻轻吹打蛋白沉淀，促进溶解。根据沉淀大小，旋转溶解 1～4 h。

（4）15 000 g 离心 30 min，取上清，0.8 μm 微孔滤膜过滤。

3. 离子交换柱层析

用 20 mmol/L Bis-Tris（pH 6.4）、10%甘油溶液平衡 300 mL 的 Q Sepharose 快速流动柱（Amersham-Pharmacia）。将 PEG 纯化得到的上清液上柱，先用含 200 mmol/L NaCl 的平衡缓冲液清洗柱子，再用含 400 mmol/L NaCl 的平衡缓冲液洗脱 CSN。

4. 疏水柱层析

（1）在 Q-柱洗脱得到的 CSN 样品中加入 1/3 体积 600 mmol/L 的 Na$_2$SO$_4$，使溶液盐离子浓度达到 300 mmol/L NaCl、150 mmol/L Na$_2$SO$_4$。

（2）用含 10 mmol/L Tris-丙烷（pH 7.0）、10%甘油、300 mmol/L NaCl 和 150 mmol/L Na$_2$SO$_4$ 的溶液平衡 40 mL 的 phenyl Sepharose 高性能柱（Amersham-Pharmacia）。含 CSN 的样品上柱后，用平衡缓冲液清洗柱子，再用含 10 mmol/L Bis-Tris 丙烷（pH7.0）、10%甘油的溶液洗脱。洗脱完成后立即在洗脱组分中加入 1/2 体积的提取缓冲液 II。此步骤可能损失少量 CSN，但可以去除一些很难在最后的纯化步骤中被去除的杂质。

5. 肝磷脂柱纯化

（1）用含 10 mmol/L Bis-Tris 丙烷（pH 7.0）、10%甘油、100 mmol/L NaCl 的溶液平衡 10 mL 的肝磷脂柱。含 CSN 的溶液上柱后，用相同溶液清洗柱子。

（2）用含 100 mmol/L 磷酸钠（pH 7.2）、200 mmol/L NaCl 的溶液洗脱样品。洗脱缓冲液应在室温配制和保存，避免产生沉淀。

6. Mono-Q 梯度纯化

（1）用含 20 mmol/L Bis-Tris 丙烷（pH 7.0）、10%甘油和 200 mmol/L NaCl 的溶液平衡预先填充的 1 mL Mono-Q HR 5/5 柱（Amersham-Pharmacia）。

（2）在含 CSN 的肝磷脂洗脱组分中加入 3 倍体积的含 20 mmol/L Bis-Tris 丙烷（pH 7.0）、10%甘油的溶液稀释后上柱，Mono-Q 平衡缓冲液清洗柱子。

（3）进行梯度洗脱时，先在 12 mL 含有 20 mmol/L Bis-Tris 丙烷（pH 7.0）、10%甘油的溶液中形成 200～400 mmol/L 的 NaCl 浓度梯度。在整个梯度洗脱过程中，对每个 0.5 mL 的洗脱组分进行收集。

（4）SDS-PAGE 电泳检测含 CSN 的蛋白部分，每 0.5 mL 洗脱组分取 1～5 μL 上样，银染（见图 9-9B）。Mono-Q 纯化得到 CSN 复合物蛋白浓度很高，适宜进行许多 CSN-相关生化实验，比如 Cullin 去拟素化实验和泛素连接酶的体外活性实验。Mono-Q 纯化的 CS 在去拟素化实验中的直接应用参见图 9-10B 和图 9-10C。若用于其他实验，可将样品溶入所需的缓冲液中。

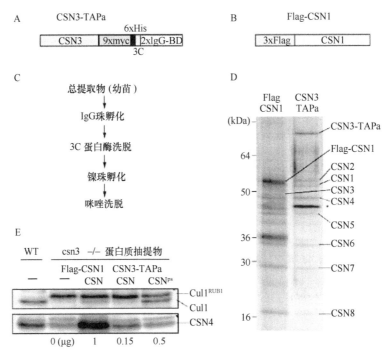

图 9-10 拟南芥 CSN 复合物的纯化和活性检测。A，B. CSN3-TAPa 和 Flag-CSN1 的构建。C. TAPa 纯化方案概要图。D. CSN$^{Flag-CSN1}$ 和 CSN$^{CSN3-TAPa}$ 蛋白条带清晰可见。纯化的 Flag-CSN1 和 CSN3-TAPa 复合物经 7.5%～15% SDS-PAGE 梯度胶分离，银染显色。显示每个 CSN 组分的位置。星号指示 3C 蛋白酶条带的位置。CSN3-TAPa 复合物中无 CSN3 条带，但出现了分子量更大的 CSN3-TAPa 融合蛋白条带。Flag-CSN1 融合蛋白与内源性 CSN2 大小相近。E. 拟南芥 Cullin 去拟素化实验。12μg 野生型蛋白抽提物和纯合子 csn3$^{-/-}$ 突变植株抽提物与反应缓冲液，CSN$^{Flag-CSN1}$（1μg），CSN$^{CSN3-TAPa}$（0.15μg），猪脾脏 CSN 复合物，室温孵育 20min。用 anti-Cul1 和 anti-CSN4 抗体进行免疫印迹检测

7. 凝胶过滤

为了进一步纯化 CSN 复合物，最后进行凝胶过滤层析是非常有效的。用含 20 mmol/L Tris（pH 7.2）、150 mmol/L NaCl、10%甘油、2mmol/L MgCl$_2$ 的溶液平衡 Superose 6HR 10/30 凝胶过滤柱（Amersham-Pharmacia）。将 Mono-Q 纯化的蛋白组分上柱后，用相同缓冲液进行洗脱。通常洗脱下来的 CSN 复合物大约为 500 kDa（见图 6-2C）。在检测蛋白活性之前，应进行蛋白浓缩。从该组分中纯化得到的 CSN 在 Cullin 去拟素化实验中具有活性，并适合于进行细胞显微注射实验。

当纯化柱填充并平衡后，一般应在 2 天内完成整个纯化过程，以避免反复冻融样品。以 CSN 复合物的蛋白纯化为例，100 g 新鲜组织（或 3.8 g 粗制猪脾脏可溶蛋白）在 Mono-Q 纯化后，可得到约 0.75 mg 的 CSN 复合物（仅计算 Mono-Q # 26，# 27，# 28，见图 9-10B）。

二、应用带标签的 CSN 亚单位纯化培养细胞中的 CSN 复合物

这种纯化方法是利用能够稳定表达带有 Flag 标签的 CSN 亚单位的细胞株，结合一步免疫亲和纯化进行的。首先建立稳定表达 Flag-CSN1 或 Flag-CSN2 的人 293 细胞株（Flag 标签位于融合蛋白的 N 端），以及表达 CSN2-MH 和 CSN3-MH 的细胞株（亚单位 C 端融合一个 Myc 标签和一个 6×His 的标签）。由于后者的表达水平显著低于与其对应的细胞内源蛋白的表达水平，使用这些融合蛋白作为标签很难拉下全部的 CSN 复合物。因此，这里仅介绍在表达 N 端带有 Flag 标签的细胞株中 Flag-CSN1 复合物的纯化过程（102）。

具体实验步骤如下。

（1）稳定表达 Flag-CSN1 的 293 细胞生长于含 10%胎牛血清的高糖 DMEM 中，用 PBS 收集对数生长期细胞（25 cm×15 cm plates），用低渗缓冲液[20 mmol/L HEPES（pH 7.2），1.5 mmol/L MgCl$_2$，5 mmol/L KCl，0.5 mmol/L DTT]快速漂洗细胞。用冰预冷的低渗缓冲液重悬细胞，用时现加 1 mmol/L PMSF 和 1×蛋白酶抑制剂 cocktail（Roche）。整个纯化过程尽可能将样品置于冰上。

（2）超声破碎（Branson Sonifier 250，50% duty cycle，输出调控 5，2×50 strokes）裂解细胞。向裂解液中加 0.2% NP-40 和高盐提取缓冲液 [15 mmol/L Tris-HCl（pH 7.5），1 mmol/L EDTA，0.4 mol/L NaCl，0.1 mmol/L DTT，10%甘油]，使盐离子的终浓度达到 300 mmol/L。

（3）将细胞裂解液置于冰上 15 min，4000 g 离心 10 min，继续在 4℃，14 000 g 高速离心 20 min。所得上清经 0.8 μm 的微孔滤膜过滤，得到澄清的上清。其余的纯化过程由 FPLC 自动系统（Amersham-Pharmacia）在 4℃完成。

（4）用 5 倍柱体积的缓冲液 A [15 mmol/L Tris-HCl（pH 7.5），275 mmol/L NaCl，8%甘油]平衡 1 mL 的 anti-Flag（M2）亲和层析柱（Sigma）。在本实验中，50 mL 全细胞提取液含 100 mg 蛋白质，以 0.1 mL/min 的速度上柱。

（5）用 15 mL 缓冲液 A 清洗柱子，然后用 5 mL 缓冲液 B[15 mmol/L Tris-HCl（pH

7.5)，50 mmol/L NaCl，10%甘油]以 0.5 mL/min 的速度平衡柱子。在缓冲液 B 中加入 1 mL 1 mg/mL 的 Flag 多肽（Sigma），以 0.1 mL/min 的速度洗脱 Flag-CSN1 复合物。

（6）再生 anti-Flag M2 层析柱时，先用 1 mL pH 2.7 的 100 mmol/L 甘氨酸，再用 15 mL 的 20 mmol/L Tris（pH 7.5）溶液清洗柱子，可重复使用多次。

通过 SDS-PAGE 电泳和银染检测含 CSN$^{Flag-CSN1}$ 复合物的蛋白组分（见图 9-10A）。应用 mincrocon YM-3 过滤装置（Millipore），CSN 复合物能够进一步被富集，100 mg 的起始蛋白抽提液中可获得约 76 μg 的 CSN 复合物。用同样的方法分离纯化 CSN$^{Flag-CSN2}$ 复合物。具有活性的 CSN$^{Flag-CSN1}$ 复合物将在后面的 Cullin 去拟素化实验中进行介绍，比较不同方法纯化的 CSN 复合物的 Cullin 去拟素化活性。

三、植物拟南芥中的 CSN 复合物的亲和纯化法

串联亲和纯化（tandem affinity purification，TAP）是一种快速有效地从植物中纯化蛋白质复合物的方法。改进的串联亲和纯化（TAPa）系统，第一步的 IgG 结合同最初的 TAP 策略一样，而在第二步中，原来的 calmodulin 结合结构域被一个包含 6×His 和 9×Myc 的结构所取代，因此可以进行金属离子和（或）anti-Myc 的免疫亲和层析。在两个亲和标签之间插入低温活化的 3C 蛋白酶剪切位点，这就使纯化过程可在 4℃条件下进行。

用拟南芥的 *CSN3-TAPa* 转基因株作为原材料（图 9-10A），该植株在功能上可以挽救 *Csn3* 基因的突变（V. Rubio 和 X. W. Deng，未发表数据）。这里使用的另一个拟南芥转基因株——fus6/Flag-CSN1-3-4，是在 *csn1* 突变株基础上，在 AtCSN1 的 N 端融合了 3×Flag 标签。这一转基因植株的等位基因完全避免了突变株的表型，Flag-CSN1 的表达水平与野生型植物表达的内源性 CSN1 水平相当。值得注意的是，这些转基因植株各自突变背景存在交叉，以至于相应的内源性基因表达产物缺失。本部分主要介绍从两种转基因植株中纯化 CSN 复合物的步骤。最后通过分析从拟南芥 Cul1RUB1 去拟素化（derubylation）的能力，来鉴定纯化的 CSN$^{Flag-CSN1}$ 和 CSN$^{CSN3-TAPa}$ 复合物的活性（图 9-10E）。

1. 免疫纯化拟南芥 Flag-CSN1 复合物的步骤

（1）用 70%的漂白剂对 300 mg 的 fus6/Flag-CSN1-3-4 种子表面进行消毒，轻轻旋转 15 min。用消毒水洗 3 次，将洗好的种子放在含 0.3%蔗糖的 MS 平皿（Gibco）上，冷处理 3 天。然后，将植物进行持续白光照射[110 mol/(m^2·s)]。

（2）9 天后，收获植物，在液氮中研磨。加入 1 倍体积的提取缓冲液[20 mmol/L Tris-HCl（pH 7.5），10 mmol/L MgCl$_2$，150 mmol/L NaCl，10%甘油，0.01% NP-40，0.5 mmol/L PMSF，1×无 EDTA 的蛋白酶混合抑制剂（Roche）]使匀浆解冻，4℃，13 000 *g* 离心 25 min。取上清，用 Bradford 实验（Bio-Rad）测定蛋白浓度。用 10 mL 100 mmol/L 甘氨酸（pH 2.5）洗 anti-Flag（M2）亲和珠子 1 次，再用含提取缓冲液清洗珠子 3 次，每次 10 mL。全细胞提取液与 M2 珠子在 4℃轻柔混匀，孵育 3 h。用 10 mL 提取缓冲液清

洗珠子 4 次。每次 4℃，150 g 离心 3 min。

（3）亲和珠子中加入 600 μL 1mg/mL 的 Flag 多肽（Sigma），4℃轻轻旋转混匀孵育 12 h，以洗脱 Flag-CSN1 复合物。

（4）应用 Microcon YM-3 过滤装置（Millipore）浓缩蛋白质复合物。取 4 μL 样品进行 SDS-PAGE 电泳，银染鉴定（图 9-10D）。从 5 g 新鲜的 Flag-CSN1 植物组织中（26 mg 总蛋白）大约可得到 16 μg CSN$^{Flag-CSN1}$ 复合物。

2. TAPa 纯化拟南芥 CSN3-TAPa 复合物的步骤

（1）将 1 g CSN3-TAPa 种子消毒，置于含 0.3%蔗糖的 MS 平皿（Gibco）上。

（2）18 天后，收获植物，在液氮中研磨。加入 2 倍体积的提取缓冲液[50 mmol/L Tris-HCl（pH 7.5），150 mmol/L NaCl，10%甘油，0.1% NP-40，1 mmol/L PMSF，1×蛋白酶抑制剂 cocktail（Roche）]溶解匀浆，用四层纱布过滤，4℃，12 000 g 离心 15 min。上清即全细胞抽提液（图 9-10C）。

（3）用 10 mL 提取液预先清洗珠子 3 次。然后，将全细胞抽提液与 500 μL IgG 珠子（Amersham-Pharmacia）混合后于 4℃孵育 2 h。用 10 mL 洗涤缓冲液[50 mmol/L Tris-HCl（pH 7.5），150 mmol/L NaCl，10%甘油，0.1% NP-40]清洗珠子 3 次，再用 10 mL 剪切缓冲液[50 mmol/L Tris-HCl（pH 7.5），150 mmol/L NaCl，10%甘油，0.1% NP-40，1 mmol/L DTT]洗 1 次。

（4）从 IgG 珠子上洗脱蛋白。在 4℃条件下，将 IgG 珠子在 5 mL 剪切缓冲液中与 50 μL（100U）的 3C 蛋白酶（prescission protease，Amersham Biosciences）轻轻旋转混匀，孵育 2 h。重复此步骤，合并两次洗脱所得产物。

（5）将全部 10 mL 洗脱产物加入 1 mL Ni-NTA 树脂柱子（Qiagen）。将流出液循环上样。用 30 mL 洗涤缓冲液洗柱。

（6）用 1 mL 咪唑洗脱缓冲液[50 mmol/L Tris-HCl（pH 7.5），150 mmol/L NaCl，10%甘油，0.1% NP-40，0.05 mol/L 咪唑]将蛋白质从 Ni-NTA 树脂上洗脱下来。银染检测纯化的复合物（图 9-10D）。

（7）进行去拟素化活性检测之前，用脱盐旋转柱子（Pierce）去除上一步洗脱产物中的咪唑，变为反应缓冲液。用 microcon YM-3 过滤装置（Millipore）浓缩样品。通过这一纯化过程，从 15 g 新鲜的 CSN3-TAPa 植物（33 mg 总蛋白）中可得到大约 1.5 μg 的 CSN 复合物。该法比 Flag-CSN1 纯化方法的产量少很多。

四、HeLa 细胞或拟南芥 CSN 突变体纯化产物拟素/RUB1 的体外解聚实验

按照 Yang 等（104）的方法制备 HeLa 细胞质抽提液。用 0.5 mL 含固定了 anti-CSN1 抗体的亲和柱进行两次亲和吸附，以完全去除细胞质抽提液中的 CSN。由于 CSN 减少，Cul2、Cul4 和 Cul1 主要以拟素修饰形式累积，并被选作底物用于检测 CSN 的去拟素活性。检测 HeLa 细胞全细胞抽提液中的 CSN 去拟素化活性（104），表明其敏感性较低于完全去除 CSN 的抽提液。

用去除 CSN 的 HeLa 细胞抽提液（20 μg）与不同纯化过程得到的 CSN 复合物进行孵育，或仅与低渗缓冲液孵育进行免疫印迹检测。反应体系为 20 μL。室温反应 20 min 后终止。用抗 Cul2（Zymed）和 Cul4 抗体检测去拟素化 Cullin 的水平。上述三种方法纯化的 CSN 复合物在本实验中具有活性，其中从猪脾脏（CSN^ps）纯化的 CSN 复合物活性最高。

检测拟南芥 CSN 复合物 RUB1 解聚（deconjugation）活性时，使用 CSN 突变体提取物，含有高 rubylated Cul1（105, 106）。Cul1 是体外去拟素化实验的理想底物。检测方法与用裂殖酵母 CSN 突变体抽提物检测哺乳动物 CSN 复合物的解聚活性相似（107）。本实验中（图 9-10E），首先用反应缓冲液[50 mmol/L Tris-HCl（pH 7.5），50 mmol/L NaCl，10%甘油，1 mmol/L MgCl$_2$]从 CSN3 突变体（Salk_000593）（108）中制备蛋白抽提液。12 mg 的 CSN3 抽提液与 1 μg 的 CSN^{Flag-CSN1} 复合物、0.15 μg 的 CSN^{CSN-TAPa} 复合物、0.5 μg 的 CSN^ps 复合物，或反应缓冲液（对照）室温反应 20 min，反应体系 14 μL。加 SDS-PAGE 上样缓冲液，终止反应。用 anti-Cul1 抗体免疫印迹分析检测拟素化和去拟素化的 Cul1。如图 9-10E 所示，1 μg 的 CSN^{Flag-CSN1} 复合物可以使拟南芥 Cul1 充分去拟素化，而 0.15 μg 的 CSN^{CSN-TAPa} 复合物不能使拟南芥 Cul1 充分去拟素化。实验证实，从猪脾脏纯化的 CSN^ps 复合物，在将 RUB 从植物 Cul1 解离或将拟素从人 Cul2 和 Cul4 解离的过程，较其他方法纯化的 CSN 复合物更有效。

五、从人血液红细胞中纯化 COP9 信号体（CSN）的方法

（一）纯化方案

本纯化方案在 Hetfeld 等（109）对人 outdated 红细胞中 CSN 的纯化方法的基础上进行了改进（图 9-11），以早期基于 CSN 分离方法的 26S 蛋白酶体纯化方法为基础（110）。

图 9-11 从保存的红细胞中分离人 CSN 复合物的纯化流程示意图

首先，红细胞裂解液经过一个盐离子浓度呈线性梯度分布的 DEAE 凝胶柱被分离。经过 45%硫酸铵沉淀和随后的透析，进行 10%～40%甘油密度梯度离心。然后，在 FPLC 系统进行两个连续的阴离子交换层析。先使用一个 Resource Q 柱子，然后使用一个 Mono-Q 柱子，用盐离子浓度呈线性分布的盐溶液洗脱柱子。最后，进行第二次密度梯度离心（10%～30%或 40%甘油）即可获得纯度更高的 CSN 复合物。

（二）纯化过程

1. 裂解细胞

整个纯化过程均在 4℃进行，包括使用的缓冲液和仪器。为了纯化 CSN 复合物，最好用 2 个单位的储存血。首先，用等体积磷酸盐缓冲液（PBS；137 mmol/L NaCl，100 mmol/L potassium phosphate，pH 7.2）清洗血细胞 3 次，每次于 4℃以 4000 g 离心 10 min。必须认真去除较轻的红色上清，以及位于上清与血细胞之间的白色脂肪部分（连接真空泵操作更容易进行）。每次加入 400～500 mL 新的 PBS，用玻璃棒重悬细胞沉淀。

进行细胞裂解时，根据对终产物要求不同，可以选用两种缓冲液。若只需纯化 CSN 复合物，可在细胞中加入 2 倍体积的裂解缓冲液[40 mmol/L Tris，0.2% NP-40，2 mmol/L β-mercaptoethanol（β-Me）]。如需同时纯化未受损伤的 26S 蛋白酶体，可用去离子水 1∶3 进行稀释。细胞裂解过程中，NP-40 可使大量膜结合形式的 CSN 溶解。为了使细胞完全裂解，混合物至少应在 4℃裂解 1 h，并可以看到红细胞明显变暗。

细胞裂解液在 4℃下 16 000 g 离心 1 h。小心吸取低黏度的暗红色上清，避免震荡。注意，可以再离心 30 min 以避免将细胞碎片混入上清。

2. DEAE 阴离子交换层析柱

清洗柱子时，先用缓冲液 A[20 mmol/L Tris（pH7.2），50 mmol/L KCl，10%甘油，1 mmol/L β-Me]平衡 65 g DEAE 柱（DEAE cellulose 阴离子交换柱，Sigma）3 次。将大约 1.5 L 细胞裂解液与 DEAE cellulose 混合后，置于旋转器中以 200 r/min 的转速颠倒混匀至少 2 h（推荐过夜颠倒混匀）。重力自然沉降后去上清，用等体积的缓冲液 A 清洗 DEAE cellulose 两次（大约需要 1 h）。纯化流程的第一步，DEAE 离子交换层析是将 200 mL DEAE 紧密填充于一个合适的柱体中（如 SR25/45 柱，Amersham Biosciences Europe，Freiburg，Germany），用至少 3 倍体积的缓冲液 A，以 2 mL/min 的速度清洗柱子，大约需要 5 h。洗柱时可以观察到随着血红色素的去除，DEAE 珠的红色被显著稀释。用 240 mL 缓冲液 A 和缓冲液 B1[20 mmol/L Tris（pH 7.2），400 mmol/L KCl，10%甘油，1 mmol/L β-Me]，在 50～400 mmol/L KCl 的线性梯度下以 1 mL/min 流速过夜，结合在柱上的蛋白质约 65%可以被洗脱下来，用免疫印迹法检测 CSN 复合物（图 9-12A）。KCl 的浓度在 180～230 mmol/L 时，约 10%的 CSN 复合物被洗脱下来，体积 60～70 mL。

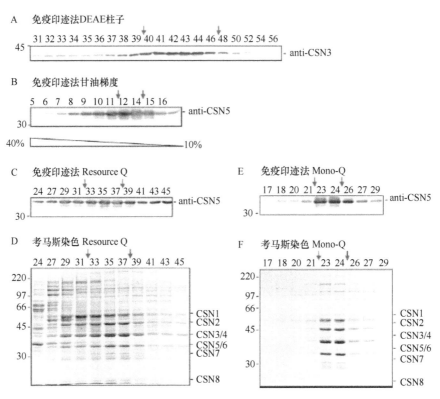

图 9-12　免疫印迹法和考马斯亮蓝染色。红色箭头表明用于进一步纯化的蛋白样品。免疫印迹法中用
anti-CSN3 抗体检测经 DEAE 柱纯化的 31–56 号蛋白部分（A），用 anti-CSN5kt 抗体检测经 10%～40%
甘油梯度密度离心后 5～16 号蛋白部分（B），用 anti-CSN5 抗体检测和考马斯亮蓝染色经 Resource Q
柱子纯化的 24～45 号蛋白部分（C,D）。用 anti-CSN5 抗体检测 CSN 复合物和考马斯亮蓝染色经 Mono-
Q 柱子纯化的 17～29 号蛋白部分（E，F）（彩图请扫封底二维码）

3. 硫酸铵沉淀

用 45%的硫酸铵沉淀蛋白质。边搅拌边缓慢加入硫酸铵，约 30 min。将得到的混合
物再放置混匀 30 min。在 4℃以 13 000 g 离心 15 min。用适当体积的缓冲液 C 溶解沉淀，
在缓冲液 C[20 mmol/L Tris（pH 7.2），50 mmol/L KCl，5% glycerol，1 mmol/L β-Me]中进
行过夜透析（透析膜选用可再生的 cellulose 透析膜，MWCO 6～8000，Spectrum Europe，
Breda，The Netherlands）。考虑到在随后的甘油梯度离心脱盐时会增大溶液体积，推荐
用 1～3 mL 缓冲液 C 溶解沉淀。硫酸铵沉淀这一步非常重要，可以提高蛋白质的纯度
和浓度。

4. 密度梯度离心

用 Beckman SW28 离心机进行 10%～40%的甘油密度梯度离心。取缓冲液 A 和缓
冲液 B2[20 mmol/L Tris（pH 7.2），50 mmol/L KCl，40% 甘油，1 mmol/L β-Me]各 17.5 mL
（25 mm×89 mm 试管，Beranek，Weinheim，Germany）形成线性盐离子梯度，在蛋白质
上样前至少预冷 1 h。这种梯度离心最多上样量为含有 40～50 mg 蛋白质的 1 mL 样品。
从两个血样品获得的蛋白量通常需要 2～4 个梯度离心。在 4℃，27 000 r/min（96 500 g）

离心 22 h。用收集器将离心后的不同蛋白组分进行收集（RediFrac Fraction Collector，Amersham Biosciences）。每个梯度离心管以 1 mL/min 的最大速度收集 20 个不同蛋白部分，并从每个部分取 10 μL 进行免疫印迹法检测（图 9-12B）。在这种情况下，CSN 正常沉淀于 10～14 组分，每个组分大约有 1.8 mL。

5. Resource Q 阴离子交换层析

从甘油密度梯度离心得到的 CSN 蛋白部分，将通过 Resource Q 阴离子交换层析（Amersham Biosciences）得到进一步纯化。合并后样品溶液体积增大，最后应用一个 superloop 柱子。用缓冲液 A 和缓冲液 B3[20 mmol/L Tris（pH 7.2），1 mol/L KCl，10% 甘油，1 mmol/L β-Me]，形成 145～430 mmol/L KCl 盐离子梯度（相当于 10%～40% 的 B3 缓冲液），以 1 mL/min 流速收集蛋白。免疫印迹法检测（图 6-6C）和考马斯亮蓝染色（图 9-12D）发现，用浓度为 280 mmol/L 和 350 mmol/L 的 KCl 溶液洗脱柱子时，可以得到两个 CSN 复合物主要的蛋白峰。很明显，这两个 CSN 峰表明它们所带电荷不同，相互作用蛋白质也不同。蛋白激酶 CK2 和 PKD 主要在 330 mmol/L KCl 时，与 CSN 共同被洗脱下来，而 inositol 1，3，4-trisphosphate 5/6-激酶在较低盐浓度情况下被洗脱下来。两种 CSN 所带不同电荷的特性并不清楚，可能是由于 CSN 亚单位的磷酸化状态不同造成的。

6. Mono-Q 阴离子交换层析

进一步的蛋白质纯化需要去除盐离子。应用适合的离心过滤装置（Amicon Ultra-15，10K NMWL，Millipore，Schwalbach，Germany）进行蛋白浓缩及透析滞留物重新溶于缓冲液 A。离心转速为 1000 g，即可获得很好的产率，得到终体积 10～15 mL 的样品，加入 Mono-Q 阴离子交换柱（5/50 GL，Amersham Biosciences）中。用 145～430 mmol/L KCl 梯度盐溶液，以 1 mL/min 流速洗脱 CSN。虽然进行 FPLC 纯化时 Resource Q 柱的条件相同，但不同的阴离子交换材料提供不同的进一步纯化原理。通过免疫印迹法、考马斯亮蓝染色（图 9-12E）和质谱检测，CSN 在 300～350 mmol/L KCl 浓度时被洗脱下来。通常，本步纯化后，有 2～3 个蛋白质部分含有纯的 CSN。在高盐浓度条件下，CSN 复合物相当稳定，可以储存于冰上大约 2 个月而不分解，失去蛋白激酶、deneddylase 或去泛素化酶活性。

7. 密度梯度离心

最后一步纯化是在 Mono-Q 柱纯化效果并不令人满意，或进一步实验需要更低的盐离子浓度及更长时间保存时，再次进行甘油密度梯度离心。样品溶液在适合的过滤装置中以 1000 g 的最大转速（Amicon Ultra-15，10K NMWL，Millipore）旋转，浓缩至 0.5～1.0 mL 体系中。用缓冲液 A 和缓冲液 B2（40%甘油）各 6 mL 或缓冲液 B4[20 mmol/L Tris（pH 7.2），50 mmol/L KCl，30%甘油，1 mmol/L β-Me）形成线性梯度，在 Beckman SW40 离心机上，4℃，27 000 r/min，离心 22 h。如果 Monov-Q 纯化得到的 CSN 蛋白浓度和纯度相对较高，推荐进行 10%～30%的密度梯度离心。通过此离心可以获得浓度较低但纯度更高的 CSN。如果需要，在两种缓冲液中，盐浓度可以在 50～150 mmol/L 之间调整。

（三）纯化的 CSN 的特性

上述纯化方法大约可以得到 0.5 mg 的纯 CSN 复合物。经过整个纯化过程后，CSN 复合物的每一个亚单位，包括 CSN7b，经考马斯亮蓝染色，质谱和免疫印迹法均能够清晰地被检测到。这种制备方法可以进一步发现包括 26S 蛋白酶体亚单位在内的许多新的蛋白质。纯化的 CSN 复合物甚至在储存 2 个月后，仍然具有蛋白激酶的活性、去拟素化酶的活性和去泛素化酶的活性。应用这种方法，一种特殊的 18 000 curcumin 敏感蛋白激酶已得到纯化（111）。长期在 4℃ 及高盐浓度条件下进行保存，会导致 CSN 形成一种可以在非变性胶电泳及免疫印迹法检测中观察到的高分子质量复合物，推测是 CSN 二聚体。为了延长储存时间，可将纯化的 CSN 保存于-80℃，避免反复冻融。解冻后，CSN 活性仍然存在。

六、利用 COP9 信号体及去拟素化酶 1 在体外切割 Cul1 蛋白上的拟素

拟素是一种小的类泛素蛋白，可通过连接到 Cullin 家族蛋白上，提高 Cullin-ROC1/Rbx1/Hrt1 的连接酶活性，促进底物蛋白的泛素化，在 Cullin 蛋白家族依赖的蛋白降解中发挥关键性的作用（112）。拟素共价结合到 Cullin 蛋白上的过程称为拟素化。拟素 Gly-76 的 C 端与 Cullin 上一个保守的赖氨酸残基的 ε-氨基共价结合形成异肽键（113）。

拟素化能够被拟素异肽酶所逆转。COP9 信号体（CSN）是一个被研究得较深入的 deneddylase，它是一个 8 亚基复合物，最初作为植物光合作用的抑制物而被分离出来（114）。越来越多体内和体外的证据显示，CSN 是一类进化保守、含 JAMM 催化结构域的金属蛋白酶，能有效水解 Cullin 拟素之间的异肽键（100，115）。另一种 deneddylase 是 deneddylase1（DEN1）（100，116）或 NEDP1（117），原来被称为 SENP8，因为它与 ULP1/SENP 半胱氨酰 SUMO-去连接酶家族同源。DEN1/NEDP1 区别 CSN 之处在于它能选择性地结合拟素，并能特异有效地水解拟素的 C 端同系物（100，116，117），提示该蛋白酶在加工拟素前体蛋白（-G^{75}G^{76}GGLRQ）的 C 端，形成能连接到 Cullin 的成熟形式的拟素（-G^{75}G^{76}）的过程中起作用。DEN1/NEDP1 含有一个能够除去 Cullin 靶蛋白上拟素的异肽酶活性（100，117），但其效率比 CSN 低很多。

胞内 deneddylase 活性在调控 Cullin 的拟素修饰状态时发挥关键性作用，这种活性对应于某些调控基于 Cullin 泛素连接酶活性的发育及环境信号。用体外重建系统分析 CSN 和 DEN1 的去拟素化过程在理解这些酶的作用机制方面具有十分重要的意义。在这里，我们将详细描述制备 CSN 和 DEN1 的方法，以及分析它们水解 Cul1-拟素异肽键的活性（118）。

（一）分离人去拟素化酶：CSN 和 DEN1 的方法

1. 为亲和纯化人 CSN 而构建稳定细胞系 293F23V5

为了方便分析人 CSN 的去拟素化的活性，可通过构建一个稳定表达 CSN-2 和 CSN-3 这两个 CSN 亚基的 HEK293 细胞系（293F23V5）来方便亲和纯化 CSN 复合物。这两个

亚基的 N 端和 C 端分别插入 Flag 和 V5 标签。构建或索取 293F23V5 细胞系的方法参见文献（119）：HEK293 细胞生长于加 10%胎牛血清的 DMEM 生长培养基中，转染前 20～24 h，每个培养皿（10 cm）接种 $2×10^6$ 个 HEK293 细胞，用标准的磷酸钙转染方法转染带有 zeocin 抗性的 pcDNA-Flag-CSN2（7 μg）和 pcDNA-CSN3-V5-zeo（7 μg）。pcDNA-CSN3-V5-zeo 质粒来源于 Resgen Genestorm（clone ID RG002289）。转染 40 h 后，胰酶消化细胞，以 1∶5、1∶50 或 1∶500 的比例将细胞传代至 15 cm 培养皿（25 mL 培养基）中，选择培养基中添加 zeocin（1.25 μg/mL）。传代后 3 天，每天换液以除去死细胞，之后两周内每 3 天换液一次。zeocin 处理 10～15 天后，可见单个的细胞克隆，转移至含有选择培养基的 24 孔板中继续培养。通过免疫印迹法检测 Flag-CSN2 和 CSN3-V5 的表达来确定阳性克隆。

2. 从 293F23V5 细胞中亲和纯化人 CSN

亲和纯化人 CSN 时，收集 50 个 15 cm 培养皿的 293F23V5 细胞，参照 Dias 等（119）的方法，用缓冲液 A[15 mmol/L Tris-HCl（pH 7.4），0.5 mol/L NaCl，0.35% NP-40，5 mmol/L EDTA，5 mmol/L EGTA，1 mmol/L phenylmethylsulfonylfluoride（PMSF），2 μg/mL antipain，2 μg /mL leupeptin]裂解细胞。得到的细胞抽提液（15 mL；5 mg 蛋白/mL）与 M2 琼脂糖珠子（0.5 mL；Sigma）4℃旋转混合 14～16 h，使蛋白吸附到珠子上。将珠子装柱，用 80 mL 缓冲液 A 和 10 mL 含 0.1 mol/L NaCl 的缓冲液 B [25 mmol/L Tris-HCl（pH 7.5），1 mmol/L EDTA，0.01% NP-40，10% glycerol，0.1 mmol/L PMSF，1 mmol/L dithiothreitol（DTT），0.2 μg/mL antipain 和 0.2 μg/mL leupeptin]洗涤柱子，结合的蛋白用含 Flag-多肽（1 mg/mL）的缓冲液 B 加 0.1 mol/L NaCl 进行洗脱，连续 3 次，每次 0.7 mL。收集的洗脱产物通过一个 5K NMWL 超滤管（Millipore）浓缩到 0.5 mL，得到的 CSN 浓度为 0.5 pmol/μL。制备的酶可储存在–80℃。在一年内反复冻融 10 次，蛋白水解活性没有显著降低。

3. 凝胶排阻层析纯化已亲和层析的人 CSN

采用体积排阻层析来确定亲和纯化得到的 CSN 复合物的分子大小。将 CSN 与含 150 mmol/L NaCl 的缓冲液 B 通过 Superose 6 10/300 GL 的凝胶过滤柱（Amersham Biosciences）。银染显示 CSN 所有的 8 个亚基一起迁移，峰值位于组分 25 上（图 9-13A，lane 4），对应于斯托克斯半径（图 9-13D）。同时，纯化的 CSN 复合物通过甘油梯度沉降（15%～35%，5 mL）进行分析：含有 0.25 mol/L NaCl 缓冲液 C [25 mmol/L Tris-HCl（pH 7.5），1 mmol/L EDTA，0.01% NP-40，0.1 mmol/L PMSF，1 mmol/L DTT，0.2 μg/mL of antipain，0.2 μg/mL leupeptin]，在 4℃，45 000 r/min（Beckman，SW50.1）离心 18 h，收集组分，取样银染，结果显示 CSN 的所有 8 个亚基一起迁移，峰值在组分 10（图 6-7B，lane 4）上，对应于 S 值 11.3（图 9-13D）。

这些结果证实用 M2 珠子进行的一步亲和层析所纯化出的 CSN 是一个 8 亚基复合物。用 Siegel 和 Monty 的公式推算出制备的 CSN 分子质量为 349 kDa，这与理论推测的分子质量（330 kDa）十分接近，提示 8 个亚基均以单拷贝形式存在。因此，分离的人 CSN 含有化学计量关系的 8 个亚基。此外，这些分析显示 CSN 的摩擦系数为 1.6（图 9-13D），说明这个复合物是长形的。

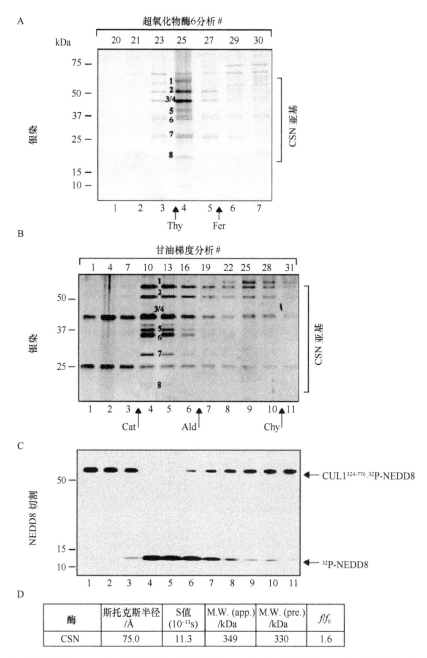

图 9-13　亲和纯化的人 CSN 复合物的体积排阻层析。A. 亲和纯化的人 CSN 复合物的凝胶过滤分析。B. CSN 的甘油梯度分析。C. CSN 含有一个内源性的 NEDD8 异肽酶活性。D. 亲和纯化的 CSN 复合物的分子参数

4. 重组 DEN1 的纯化

使用 *E.coli* 表达系统可以容易地得到大量可溶性蛋白。构建 DEN1 表达质粒 pDEST-17-DEN1（*100*），在其 N 端融合一个 GST 标签以便纯化。载体上还含有一个凝血酶位点以方便纯化过程中去除 GST 标签。在每个步骤后对 SDS-PAGE 胶进行考马斯亮蓝染

色以检测蛋白纯度。

GST-DEN1 在 BL21 细胞中高表达。将大肠杆菌接种于 40 mL 含 50 μg/mL 氨苄抗生素的 LB 液体培养基中，37℃摇床孵育过夜。将这 40 mL 菌液转接入 4 L 含 0.4%葡萄糖和 50 μg/mL 氨苄抗生素的 LB 液体培养基中，培养至其 OD_{600} 值达到 0.5（大约 3 h）。以终浓度为 0.8 mmol/L 的 IPTG 诱导重组 GST-DEN1 的表达 3 h，4℃，5000 r/min（Sovall GS-3）离心 15 min 收集细胞 。

用缓冲液 D[50 mmol/L Tris-HCl（pH 8.0），1% Triton X-100，0.5 mol/L NaCl，10 mmol/L EDTA，10 mmol/L EGTA，10% glycerol，2 mmol/L PMSF，5 mmol/L DTT]重悬细胞沉淀后，超声破碎（4×20 s pulses，Misonix Sonicator 3000）。裂解液 4℃ ，17 000 r/min 离心 30 min（Sovall SS-34），GST-DEN1 主要存在于可溶性的上清组分中。为了纯化 GST-DEN1，裂解液的上清部分通过一个预先以缓冲液 D 平衡的 30 mL 谷氨酰胺-葡聚糖柱子。先后用 10 倍柱体积的缓冲液 D 和 10 倍柱体积含 50 mmol/L NaCl 的缓冲液 E[25 mmol/L Tris-HCl（pH 7.5），1 mmol/L EDTA，0.01% NP-40，10% glycerol，1 mmol/L DTT] 洗涤柱子，然后以 90 mL 含 20 mmol/L 谷胱甘肽和 50 mmol/L NaCl 的缓冲液 E 洗脱柱子，收集峰值组分，大约能得到 700 mg 蛋白质。

因为 GST 标签相对较大，应去除以避免干扰 DEN1 的正常活性。收集的 GST-DEN1 组分用缓冲液 F[20 mmol/L Tris-HCl（pH 8.4），150 mmol/L NaCl，5% glycerol，2.5 mmol/L $CaCl_2$]进行透析，向透析的组分中加入生物素标记的凝血酶（Novagen；350 units），室温孵育过夜。用 Millex GP 注射滤器（Millipore）除去孵育过程中产生的沉淀物。滤出液经过一个预先平衡的链霉卵白素-Sepharose 高效柱（Amersham Biosciences；2 mL），凝血酶通过生物素与链霉卵白素结合而吸附于柱上。流出液体继续上样到可再生的、预先平衡过的谷胱甘肽-Sepharose 柱（30 mL）以结合切割下来的 GST。收集剩下的液体，大约能得到 200 mg DEN1。

通过凝胶过滤层析除去制备中污染的蛋白质。上述 DEN1 组分通过缓冲液交换调整到加 150 mmol/L NaCl 的缓冲液 E 中，并被浓缩至大约 50 mg/mL。然后分成两份通过预先平衡的 HiLoad 16/60 Superdex 75-pg 柱（SD75；Amersham Biosciences）。DEN1 的洗脱峰值应位于 25 kDa 的胰凝乳蛋白酶原，证实大肠杆菌表达的 DEN1 以单体形式存在。收集这两次的峰值组分，重新浓缩，得到大约 150 mg 纯的 DEN1。

（二）制备底物

1. 制备 ROC1-Cul1$^{324-776}$ 复合物

体外分析 CSN 和 DEN1 的去拟素化活性时，需制备一个含有连接到 Cul1 的 ^{32}P-拟素底物。首先制备含有 ROC1 和 Cul1 的 C 端部分的 ROC1-Cul1$^{324-776}$ 异源二聚体，通过将质粒 pGEX-4T3/pET-15b-(GST-HA-ROC1)/His-Flag-Cul1$^{324-776}$（*100*）转化入大肠杆菌使其同时过表达 GST-HA-ROC1 和 His-Flag-Cul1$^{324-776}$，得到这个复合物。IPTG（0.2 mmol/L）25℃诱导细胞 14 h，离心收集细胞，沉淀用缓冲液 G[50 mmol/L Tris-HCl（pH 8.0），1% Triton X-100，0.5 mol/L NaCl，10 mmol/L EDTA，10 mmol/L EGTA，10%

甘油，2 mmol/L PMSF，0.4 μg/mL of antipain，0.2 μg/mL 亮抑蛋白酶肽，5 mmol/L DTT] 重悬（1/25 培养基体积），超声后离心除去沉淀，得到大约 60 mL 上清，将上清与谷胱甘肽-Sepharose（2 mL）混合，4℃旋转混匀 4 h，使蛋白质结合到谷胱甘肽-Sepharose 上，再用缓冲液 G（100 mL）及含 50 mmol/L NaCl 的缓冲液 B 洗涤珠子。

为了得到无 GST 的 ROC1-Cul1$^{324-776}$ 复合物，将上述吸附 GST- ROC1-Cul1$^{324-776}$ 的谷胱甘肽-Sepharose 与凝血酶（20U 溶于 2 mL 缓冲液 F）在 14℃孵育 12～14 h，多于 95% 的 GST- ROC1-Cul1$^{324-776}$ 被切割，ROC1-Cul1$^{324-776}$ 复合物被释放。通过链霉卵白素（strepavidin）-Sepharose 柱（50 μL）除去凝血酶，再通过 Superose 6 凝胶排阻层析进一步纯化 ROC1-Cul1，收集峰值组分（0.5 mL；1 mg/mL 蛋白质）。

2. 体外将 ^{32}P-拟素连接到 Cul1$^{324-776}$ 上

通过两步反应法制备含有结合在 ^{32}P-拟素上的 Cul1$^{324-776}$ 底物。纯化的 PK-拟素（15 μg），其 N 端带有 cAMP 激酶磷酸化位点（100），与反应液（200 μL）[40 mmol/L Tris-HCl（pH 7.4），12 mmol/L MgCl$_2$，2 mmol/L NaF，50 mmol/L NaCl，25 μmol/L ATP，50 Ci [γ-^{32}P]ATP，0.1 mg/mL BSA，20U cAMP 激酶（Sigma）] 37℃ 孵育 30 min，形成 ^{32}P-拟素。接着加入第二种反应液[4 mmol/L ATP，APPBP1/UBA3（20 ng），10 μg UBC12，80 pmol 的 ROC1-Cul1$^{324-776}$]，继续在 37℃ 孵育 60 min，形成 ROC1-Cul1$^{324-776}$-^{32}P-拟素。然后将反应液与偶联抗 HA 抗体的 Agarose 基质（这种亲和分离基于 ROC1 的 N 端含有 HA 的抗原表位）4℃孵育 2 h，进行 ROC1-Cul1$^{324-776}$-^{32}P-拟素的亲和纯化。用缓冲液 A 和加 50 mmol/L NaCl 的缓冲液 B 洗涤琼脂糖珠子后，用含 HA 多肽（2 mg/mL）、50 mmol/L NaCl 的缓冲液 B 洗脱结合的蛋白质，得到浓度约为 0.26 μmol/L 的 ROC1-Cul1$^{324-776}$-^{32}P-拟素。

3. 体内 Flag-拟素连接底物的分离纯化

分离体内连接拟素的底物时，首先构建稳定表达 Flag-拟素的细胞系 293FN8，用于亲和纯化细胞内与拟素共价结合的蛋白质。构建 293FN8 的方法与前述构建 293F23V5 的方法相似。分离 Flag-拟素连接物时，收集 250 个 15 cm 培养皿的 293FN8 细胞，与上述分离 CSN 的方法相同，用 M2 琼脂糖基质亲和纯化细胞裂解液（75 mL），得到最后组分（0.5 mL；0.2 μg/μL 蛋白）。

用免疫印迹方法检测上述的 Flag-拟素免疫沉淀物中是否存在 Cullin 结合物，见图 9-14A。与先前体内的发现一致（120），Flag-拟素与内源性的 Cul1-5 结合（图 9-14A，lanes 1～5）。此外，用识别拟素或 Flag 的抗体检测结果显示，Flag-拟素的免疫沉淀物中含有拟素抗体识别，但分子质量与单拟素化的 Cullin 分子质量不同的条带（图 9-14A，lanes 6 和 7；箭头所示），提示 Flag-拟素可能与胞内非 Cullin 蛋白结合，或者 Cullin 与多个拟素结合。但是拟素-Cul1-5 结合物仍然是主要的拟素化蛋白，因为与其他的蛋白质相比，它们对抗 Flag 抗体的反应性很强（图 9-14A，lane 7）。

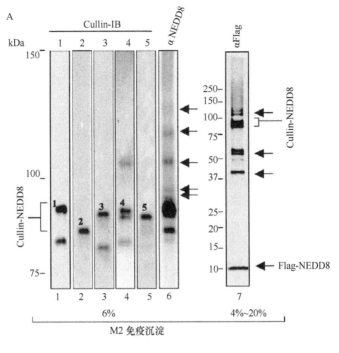

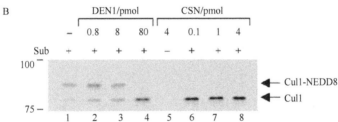

图 9-14 分析体内形成的 Flag-NEDD8 连接物。A. Flag-NEDD8 免疫沉淀物的免疫印迹分析。B. DEN1 和 CSN 切割体内形成的 Cul1-Flag-NEDD8 异肽键的活性分析

4. 体外 CSN 和 DEN1 切割拟素-Cul1 异肽键分析

有一种用于在体外敏感地检测 CSN 和 DEN1 去除 Cul1 连接的拟素的蛋白酶活性方法。这种放射自免方法通过检测 CSN 或 DEN1 依赖的、从放射性标记的 ROC1-Cul1$^{324\text{-}776}$-^{32}P-拟素切割下的拟素,分析 Cul1$^{324\text{-}776}$-^{32}P-拟素水平的减少和伴随的 ^{32}P-拟素的增加。切割反应在含有 40 mmol/L Tris-HCl(pH 7.4)、0.6 mmol/L DTT、2 mmol/L NaF、10 mmol/L okadaic acid、0.2 mg/mL BSA、26 nmol/L ROC1-Cul1$^{324\text{-}776}$-^{32}P-拟素和 deneddylating 酶的反应液(10 μL)中进行。37℃孵育 30 min 后,进行 4%~20%的 SDS-PAGE 电泳,检测放射强度。确定 CSN 是否含有内源性的 deneddylase 活性。检测来源于亲和纯化的人 CSN 复合物的甘油梯度组分(见图 9-13B)水解放射性底物的能力,结果显示水解活性在组分 10~16 有一个值峰(图 9-13C,lanes 4~6),特征为 Cul1$^{324\text{-}776}$-^{32}P-拟素的减少和 ^{32}P-拟素的增加,与 CSN 复合物的迁移一致(图 6-7B,lanes 4~6),表明 CSN 含有内源性的异肽酶活性,能够水解 Cul1-拟素键。

　　纯化的 DEN1 也能够从 Cul1$^{324-776}$ 上切割拟素,但与 CSN 相比,需要更多的 DEN1 (*100*),在体外实验中这两种蛋白质不具有协同作用,混合使用时仅产生一点增加的酶切效应。

　　为了确定 CSN 和(或)DEN1 是否能够切割体内形成的 Cul1-拟素异肽键,我们用上述得到的 Flag-拟素免疫沉淀物作为底物进行体外切割反应。除了不含有 NaF 和冈田酸(Okadaic acid)外,反应与应用放射性底物的反应相同。本实验中,将 CulI 与 DEN1 (图 9-14B,lanes 2~4)或 CSN(lanes 6~8)孵育后,用抗 Cul1 抗体免疫印迹可检测其从拟素化的形式到无修饰形式的转变。这两种酶都能够切割 CulI-拟素连接物,且 CSN 比 DEN1 活性更高(约 3 个数量级)(与图 6-8B 相比,lanes 4 和 6)。这个结果与体外放射性底物的结果(*100*)一致,说明 CSN 在水解拟素与 Cul1 lys720 残基之间的异肽键的反应中起主要作用。

　　考虑到 CSN 并不与拟素结合,为验证 CSN,必须首先识别 ROC1-Cul1$^{324-776}$ 才能水解其异肽键,可应用体外结合试验来证明。用结合有 GST-HA-ROC1 或 GST-HA-ROC1-Cul1$^{324-776}$ 的谷胱甘肽-Sepharose 与 CSN 在含 50 mmol/L NaCl 的缓冲液 B(20 μL)中 37℃孵育 20 min,通过洗涤除去未结合的蛋白质,用抗 CSN5(JAB1)的抗体检测结合的蛋白质。如图 6-9 所示,JAB1 与 GST-HA-ROC1-Cul1$^{324-776}$(lanes 2~4)和 GST-HA-ROC1(lanes 5~8)结合。去除 GST-HA-ROC1-Cul1$^{324-776}$ 或 GST-HA-ROC1(lane 9),或用 GST 代替,可观察到相互作用消失,从而证实了相互作用的特异性。这与酵母双杂实验结果一致(*105,107,121*),说明 CSN 与 ROC1-Cul1 具有直接相互作用,也提示 ROC1 在 CSN 识别中具重要作用。

第六节　展　　望

　　综上所述,针对拟素化通路抗肿瘤新靶点鉴定与分子靶向药物研发,近年来取得了显著进展。相关关键科学问题的阐明,无疑将进一步推动靶向该通路抗肿瘤治疗的进程。例如,迫切需要阐明肿瘤发生发展中拟素化通路激活的上游调控机制及其活化后下游促癌机制。再如,最近研究表明,肿瘤细胞可通过发生 UBA3 杂合突变产生 MLN4924 耐药(*122,123*),提示应当研发针对拟素耦合酶(UBE2M 或 UBE2F)和拟素连接酶的特异性抑制剂。这些关键科学问题的阐明不仅会加深我们对于拟素化修饰在肿瘤发生发展过程中作用的深入理解,也必将极大促进拟素化抑制剂作为新型抗肿瘤分子靶向药物的研发进程。

参 考 文 献

1. T. Kamitani, K. Kito, H. P. Nguyen, E. T. Yeh, *J. Biol. Chem.* **272**, 28557(1997).
2. S. Kumar, Y. Tomooka, M. Noda, *Biochem. Biophys. Res. Commun.* **185**, 1155(1992).
3. G. Rabut, M. Peter, *EMBO. Rep.* **9**, 969(2008).
4. T. A. Soucy, L. R. Dick, P. G. Smith, M. A. Milhollen, J. E. Brownell, *Genes Cancer* **1**, 708(2010).
5. M. Wang *et al.*, *Expert. Opin. Ther. Targets* **15**, 253(2011).
6. I. R. Watson, M. S. Irwin, M. Ohh, *Cancer Cell* **19**, 168(2011).

7. D. P. Xirodimas, *Biochem. Soc. Trans.* **36**, 802(2008).
8. Q. Gao *et al.*, *Oncotarget* **5**, 7820(2014).
9. W. T. Yao *et al.*, *Cell Death Dis.* **5**, e1059(2014).
10. Z. K. Yu, J. L. Gervais, H. Zhang, *P. Natl. Acad. Sci. USA.* **95**, 11324(1998).
11. H. Walden *et al.*, *Mol. Cell* **12**, 1427(2003).
12. L. Gong, E. T. Yeh, *J. Biol. Chem.* **274**, 12036(1999).
13. D. T. Huang *et al.*, *Mol. Cell* **17**, 341(2005).
14. W. M. Abida, A. Nikolaev, W. Zhao, W. Zhang, W. Gu, *J. Biol. Chem.* **282**, 1797(2007).
15. T. Kamura, M. N. Conrad, Q. Yan, R. C. Conaway, J. W. Conaway, *Genes Dev.* **13**, 2928(1999).
16. M. Morimoto, T. Nishida, Y. Nagayama, H. Yasuda, *Biochem. Biophys. Res. Commun.* **301**, 392(2003).
17. S. Oved *et al.*, *J. Biol. Chem.* **281**, 21640(2006).
18. D. P. Xirodimas, M. K. Saville, J. C. Bourdon, R. T. Hay, D. P. Lane, *Cell* **118**, 83(2004).
19. T. Kurz *et al.*, *Mol. Cell* **29**, 23(2008).
20. N. Meyer-Schaller *et al.*, *P. Natl. Acad. Sci. USA.* **106**, 12365(2009).
21. M. Broemer *et al.*, *Mol. Cell* **40**, 810(2010).
22. T. Nagano, T. Hashimoto, A. Nakashima, U. Kikkawa, S. Kamada, *FEBS. Lett.* **586**, 1612(2012).
23. T. Ma *et al.*, *Mol. Cell* **49**, 897(2013).
24. K. Noguchi *et al.*, *Carcinogenesis* **32**, 995(2011).
25. G. Rabut *et al.*, *Mol. Cell* **43**, 488(2011).
26. T. A. Soucy *et al.*, *Nature* **458**, 732(2009).
27. K. I. Nakayama, K. Nakayama, *Nat. Rev. Cancer* **6**, 369(2006).
28. R. J. Deshaies, C. A. Joazeiro, *Annu. Rev. Biochem.* **78**, 399(2009).
29. M. D. Petroski, R. J. Deshaies, *Nat. Rev. Mol. Cell Biol.* **6**, 9(2005).
30. R. J. Deshaies, *Annu. Rev. Cell Dev. Biol.* **15**, 435(1999).
31. Y. Sun, M. Tan, H. Duan, M. Swaroop, *Antioxid Redox Sign.* **3**, 635(2001).
32. J. Merlet, J. Burger, J. E. Gomes, L. Pintard, *Cell Mol. Life Sci.* **66**, 1924(2009).
33. E. Sakata *et al.*, *Nat. Struct. Mol. Biol.* **14**, 167(2007).
34. A. Saha, R. J. Deshaies, *Mol. Cell* **32**, 21(2008).
35. D. M. Duda *et al.*, *Cell* **134**, 995(2008).
36. N. Zheng *et al.*, *Nature* **416**, 703(2002).
37. Y. Zhao, Y. Sun, Cullin-RING Ligases as attractive anti-cancer targets. *Current pharmaceutical design* **19**, 3215-3225(2013).
38. J. W. Harper, *Cell* **118**, 2(2004).
39. A. McLarnon, *Nat. Rev. Gastroenterol Hepatol* **9**, 4(2012).
40. N. Embade *et al.*, *Hepatology* **55**, 1237(2012).
41. I. R. Watson *et al.*, *Oncogene* **29**, 297(2010).
42. P. Xie *et al.*, *Nat. Commun.* **5**, 3733(2014).
43. D. T. Huang *et al.*, *Mol. Cell* **33**, 483(2009).
44. T. Kurz *et al.*, *Nature* **435**, 1257(2005).
45. Z. Q. Pan, A. Kentsis, D. C. Dias, K. Yamoah, K. Wu, *Oncogene* **23**, 1985(2004).
46. N. D. Mathewson *et al.*, *Am. J. Pathol.* **186**, 2679(2016).
47. C. Dohmesen, M. Koeppel, M. Dobbelstein, *Cell Cycle* **7**, 222(2008).
48. K. Abdelmohsen, M. Gorospe, *Wiley Interdiscip. Rev. RNA* **1**, 214(2010).
49. F. Gao, J. Cheng, T. Shi, E. T. Yeh, *Nat. Cell Biol.* **8**, 1171(2006).
50. D. P. Xirodimas *et al.*, *EMBO. Rep.* **9**, 280(2008).
51. A. Sundqvist, G. Liu, A. Mirsaliotis, D. P. Xirodimas, *EMBO. Rep.* **10**, 1132(2009).
52. J. Zhang, D. Bai, X. Ma, J. Guan, X. Zheng, *Oncogene* **33**, 246(2014).
53. N. H. Stickle *et al.*, *Mol. Cell Biol.* **24**, 3251(2004).
54. W. Zuo *et al.*, *Mol. Cell* **49**, 499(2013).
55. S. J. Loftus *et al.*, *EMBO. Rep.* **13**, 811(2012).

56. M. R. Lee *et al.*, *Biochem. Biophys. Res. Commun.* **366**, 976(2008).

57. Y. S. Choo *et al.*, *Hum. Mol. Genet.* **21**, 2514(2012).

58. J. H. Ryu *et al.*, *J. Biol. Chem.* **286**, 6963(2011).

59. K. Chairatvit, C. Ngamkitidechakul, *Mol. Cell Biochem.* **306**, 163(2007).

60. L. Barbier-Torres *et al.*, *Oncotarget* **6**, 2509(2015).

61. L. Li *et al.*, *J. Natl. Cancer Inst.* **106**, dju083(2014).

62. T. A. Soucy *et al.*, *Nature* **458**, 732(2009).

63. J. E. Brownell *et al.*, *Mol. Cell* **37**, 102(2010).

64. R. I. Enchev, B. A. Schulman, M. Peter, *Nat. Rev. Mol. Cell Biol.* **16**, 30(2015).

65. Z. Luo *et al.*, *Cancer Res.* **72**, 3360(2012).

66. L. Jia, H. Li, Y. Sun, *Neoplasia* **13**, 561(2011).

67. Y. Pan, H. Xu, R. Liu, L. Jia, *Int. J. Biochem. Mol. Biol.* **3**, 273(2012).

68. J. J. Shah *et al.*, *Clin. Cancer Res.* **22**, 34(2016).

69. J. Sarantopoulos *et al.*, *Clin. Cancer Res.* **22**, 847(2015).

70. R. T. Swords *et al.*, *Br. J. Haematol.* **169**, 534(2015).

71. H. K. Lin *et al.*, *Nature* **464**, 374(2010).

72. M. A. Milhollen *et al.*, *Cancer Res.* **71**, 3042(2011).

73. J. T. Winston *et al.*, *Genes Dev.* **13**, 270(1999).

74. M. A. Milhollen *et al.*, *Blood* **116**, 1515(2010).

75. R. T. Swords *et al.*, *Blood* **115**, 3796(2010).

76. J. C. Godbersen *et al.*, *Clin. Cancer Res.* **20**, 1576(2014).

77. M. A. Dengler *et al.*, *Cell Death Dis.* **5**, e1013(2014).

78. Y. Wang *et al.*, *Cancer Biol. Ther.* **16**, 420(2015).

79. W. Hua *et al.*, *Neuro. Oncol.* **17**, 1333(2015).

80. T. Abbas *et al.*, *Genes Dev.* **22**, 2496(2008).

81. Y. Kim, N. G. Starostina, E. T. Kipreos, *Genes Dev.* **22**, 2507(2008).

82. Y. Zhao, X. Xiong, L. Jia, Y. Sun, *Cell Death Dis.* **3**, e386(2012).

83. D. Yang *et al.*, *Cell Death Differ* **20**, 235(2013).

84. Y. Zhao, X. Xiong, Y. Sun, *Mol. Cell* **44**, 304(2011).

85. Z. Luo, Y. Pan, L. S. Jeong, J. Liu, L. Jia, *Autophagy* **8**, 1677(2012).

86. S. Duan *et al.*, *Mol. Cell* **44**, 317(2011).

87. D. Gao *et al.*, *Mol. Cell* **44**, 290(2011).

88. T. R. Peterson *et al.*, *Cell* **137**, 873(2009).

89. P. Jaakkola *et al.*, *Science* **292**, 468(2001).

90. R. Scherz-Shouval, Z. Elazar, *Trends Biochem. Sci.* **36**, 30(2011).

91. D. Yang, Y. Zhao, J. Liu, Y. Sun, L. Jia, *Autophagy* **8**, 1856(2012).

92. N. Mizushima, T. Yoshimori, B. Levine, *Cell* **140**, 313(2010).

93. D. J. Klionsky *et al.*, *Autophagy* **8**, 445(2012).

94. P. Chen *et al.*, *Oncotarget* **6**, 9002(2015).

95. M. Tan, H. Li, Y. Sun, *Oncogene* **33**, 5211(2014).

96. S. H. Tonino *et al.*, *Oncogene* **30**, 701(2011).

97. L. Zhao, P. Yue, S. Lonial, F. R. Khuri, S. Y. Sun, *Mol. Cancer Ther.* **10**, 2415(2011).

98. S. T. Nawrocki *et al.*, *Clin. Cancer Res.* **19**, 3577(2013).

99. D. Yang, M. Tan, G. Wang, Y. Sun, *PLoS One* **7**, e34079(2012).

100. S. Murata, Y. Minami, M. Minami, T. Chiba, K. Tanaka, *EMBO. Rep.* **2**, 1133(2001).

101. R. Hayami *et al.*, *Cancer Res.* **65**, 6(2005).

102. W. M. Gray, H. Hellmann, S. Dharmasiri, M. Estelle, *Plant Cell* **14**, 2137(2002).

103. S. Menon, V. Rubio, X. Wang, X. W. Deng, N. Wei, *Methods Enzymol* **398**, 468(2005).

104. N. Wei, X. W. Deng, *Photochem Photobiol* **68**, 237(1998).

105. X. Yang *et al.*, *Curr. Biol.* **12**, 667(2002).

106. C. Schwechheimer *et al.*, *Science* **292**, 1379(2001).

107. X. Wang *et al.*, *Mol. Biol. Cell* **13**, 646(2002).

108. S. Lyapina *et al.*, *Science* **292**, 1382(2001).

109. J. M. Alonso *et al.*, *Science* **301**, 653(2003).

110. B. K. Hetfeld, D. Bech-Otschir, W. Dubiel, *Methods Enzymol* **398**, 481(2005).

111. M. Seeger *et al.*, *Faseb. J.* **12**, 469(1998).

112. S. Uhle *et al.*, *Embo. J.* **22**, 1302(2003).

113. T. Buschmann *et al.*, *Cell* **101**, 753(2000).

114. D. F. Hochstrasser, *Clin. Chem. Lab. Med.* **36**, 825(1998).

115. N. Wei, X. W. Deng, *Annu. Rev. Cell Dev. Biol.* **19**, 261(2003).

116. G. A. Cope, R. J. Deshaies, *Cell* **114**, 663(2003).

117. T. Gan-Erdene *et al.*, *J. Biol. Chem.* **278**, 28892(2003).

118. H. M. Mendoza *et al.*, *J. Biol. Chem.* **278**, 25637(2003).

119. K. Yamoah, K. Wu, Z. Q. Pan, *Methods Enzymol* **398**, 509(2005).

120. D. C. Dias, G. Dolios, R. Wang, Z. Q. Pan, *P. Natl. Acad. Sci. USA.* **99**, 16601(2002).

121. T. Hori *et al.*, *Oncogene* **18**, 6829(1999).

122. L. Pintard *et al.*, *Curr. Biol.* **13**, 911(2003).

123. M. A. Milhollen *et al.*, *Cancer Cell* **21**, 388(2012).

124. J. I. Toth, L. Yang, R. Dahl, M. D. Petroski, *Cell Rep.* **1**, 309(2012).

（张文娟　贾立军　许执恒）

第十章 植物蛋白质的泛素化修饰

翻译后修饰——蛋白质泛素化是蛋白质发挥生物学功能的重要调节机制。蛋白质泛素化能够调节短寿命蛋白或非正常折叠蛋白的稳定性，改变蛋白质的亚细胞定位、蛋白质的组装和蛋白质的活性等（1，2）。在拟南芥中，涉及泛素化途径的蛋白质占总蛋白的近 5%，可见泛素化修饰在植物生长过程中发挥着非常广泛和重要的作用（3，4）。蛋白质泛素化由其特异的泛素激活酶、泛素耦合酶和泛素连接酶催化的级联反应完成。因此，建立有效的泛素化体内和体外检测体系，对分析泛素耦合酶/泛素连接酶和泛素连接酶/底物特异性，以及了解泛素化修饰系统如何调控植物的生理生化过程非常重要。

第一节 概 述

在 ATP 存在条件下，泛素（ubiquitin，Ub）被泛素激活酶激活为腺苷酸化的泛素分子，被激活的腺苷酸化泛素分子羧基端的甘氨酸残基与 E1 活性中心的半胱氨酸巯基形成硫酯键，接着泛素分子被转移到泛素耦合酶的半胱氨酸巯基上，然后由泛素连接酶介导将泛素转移到靶蛋白分子的赖氨酸残基上。被泛素化的蛋白质在被 26S 蛋白酶体降解之前，由去泛素化酶（deubiquitinating enzyme，DUB）将泛素链从底物蛋白上移除供循环利用。目前发现在拟南芥中有 2 个泛素激活酶、37 个泛素耦合酶、8 个泛素耦合酶-like 蛋白，以及多于 1500 个泛素连接酶（5）。

一、泛素分子

Ub 是广泛存在于真核细胞生物中的一类小分子，因此称为"泛素"，它由 76 个氨基酸组成。植物的泛素分子与动物和酵母中的泛素只有 2 个和 3 个氨基酸的差别，说明泛素分子在植物、动物和酵母中是高度保守的。序列上的保守性决定了其空间结构上的保守性。泛素分子呈现出一个球状结构，它的 5 个 β 折叠围绕形成一个空腔，空腔的对角线方向由一个 α 螺旋支撑，这种结构被称为"Ub fold"。泛素分子内存在很多氢键，使泛素分子具有非常稳定的结构，从而使其能够结合底物蛋白，并且从底物蛋白上移除后仍然能够进入再循环。Ub fold 柔软的 C 端突出一个甘氨酸，该氨基酸的羧基与泛素激活酶、泛素耦合酶和一些泛素连接酶的半胱氨酸残基形成硫酯键，最终将 Ub 分子加到目的蛋白上(6)。

拟南芥中编码泛素分子的基因有 12 个，它们编码的是泛素融合蛋白前体（7）。这些泛素蛋白前体分为两类：一类是 Ub 分子首尾相接的多聚体，共有 5 个泛素编码基因；另一类是 Ub 分子与其他蛋白质的氨基端相连的融合蛋白，包括 5 个与核糖体亚基编码基因连接的泛素编码基因和 2 个与泛素相关蛋白（related to Ub，RUB）编码基因连接的泛素编码基因。这两类泛素融合蛋白前体均需要去泛素化酶在其泛素分子 C 端的甘氨酸处精确剪切，从而将泛素化分子释放出来，形成 C 端具有 RGG 活性的泛素蛋白分子（3，8）。Ub-RUB 融合蛋白的存在也意味着泛素与类泛素蛋白修饰存在相互关系，类泛素蛋白也的确能够调节泛素化修饰，如第十一章提到的识别 SUMO 的连接酶 STUbL 等。

大部分蛋白质的泛素化链连接在赖氨酸残基上。泛素化形式大体分为单泛素化（mono-ubiquitination）和多泛素化（polyubiquitination）。底物蛋白可能在多个位点被单泛素化（multi-mono-ubiquitination）修饰。因为泛素分子可以连接在上一个泛素分子的 7 个赖氨酸残基的任意一个，所以多泛素链能够形成不同的拓扑结构，包括 K6、K11、K27、K29、K33、K48 和 K63 位连接的泛素化链形式，还有一种是形成线性的首尾相接的泛素链（M1）（9）。底物蛋白的泛素化链形式在一定程度上能够决定被修饰蛋白的命运。例如，K11 和 K48 位连接的泛素化链修饰往往导致蛋白质降解，而 K63 连接的泛素化链修饰和单泛素化修饰很可能参与 DNA 修复和内吞过程（9）。根据参与的生物学过程，泛素化链能够被 16 种泛素结合结构域识别。泛素化修饰是一个可逆的生物学过程，在拟南芥中，大约少于 70 种 DUB 参与去泛素化修饰（10，11），释放泛素分子。有些 DUB 对泛素化链的分解是没有选择性的（12，13），而有一部分则作用于特定的泛素化底物。

二、泛素激活酶

拟南芥中编码泛素激活酶的基因有两个，即 Uba1（ubiquitin activating 1，At2g30110）和 Uba2（At5g06460），它们分别编码一个长约 1100 个氨基酸的蛋白质，这两个蛋白质的氨基酸序列相似性高达 80%（14）。它们含有一个能够结合泛素分子的保守半胱氨酸残基，以及一个能够与 ATP 和 AMP-Ub 中间体互作的氨基酸基序，因此，泛素分子被 E1 激活需要 ATP 提供能量。以往认为在动物中只存在一个泛素激活酶 UBA1，其激活功能没有底物特异性，但后来发现还存在另外一个 E1 蛋白 UBA6，它能够特异地激活 Ub，而不作用于其他的 UBL（ubiquitin-like protein）。进一步研究发现，UBA1 和 UBA6 的 C 端泛素折叠结构域负责招募泛素耦合酶，并且对泛素耦合酶具有选择性（15）。

三、泛素耦合酶和类泛素耦合酶

泛素耦合酶负责将泛素激活酶激活的泛素分子经 E3 介导，将泛素加到底物蛋白上，或是将泛素激活酶激活的泛素分子加到泛素连接酶上。泛素耦合酶包含一个 UBC（ubiquitin conjugating）结构域，它是由 140~150 个氨基酸组成的催化核心。它含有一个保守的半胱氨酸残基，能够与泛素分子羧基端的甘氨酸残基形成共价结合的硫酯键（7）。拟南芥中有 48 个基因编码含有 UBC 结构域的蛋白质（6，8，16），其中 3 个蛋白质通过巯基结合 UBL，而不是结合泛素，包括 RUB 的耦合酶 RCE1（RUB conjugating enzyme 1）和 RCE2、SUMO 耦合酶 SCE1（SUMO conjugating enzyme1）；8 个 UBC 蛋白缺少活性半胱氨酸，不能形成硫酯键，不具有真正的泛素耦合酶活性，但仍然能够结合泛素分子，这一类蛋白质称为类泛素耦合酶（E2-like），因此，拟南芥中共有 37 个真正的泛素耦合酶。这些泛素耦合酶大部分具有体外泛素化活性，并且一部分泛素耦合酶需要在特异的泛素连接酶、底物蛋白或是其他相互作用蛋白存在的情况下才具有活性

（16）。例如，UBC19 只有在特异的泛素连接酶复合物 APC（anaphase promoting complex）存在时才具有活性（17）。虽然 UBC20 与 UBC19 的序列相似性高达 90%，但是没有检测到 UBC20 的体外泛素化活性，UBC20 可能会像 UBC19 那样，只有在特定的蛋白质存在下才具有泛素耦合酶活性（16）。

泛素耦合酶的 UBC 结构域包括 4 个 α 螺旋和 4 个反向平行的 β 折叠，一个短的螺旋结构位于活性半胱氨酸附近（18）。N 端的螺旋结构 H1 为泛素激活酶的结合提供了空间结构。有意思的是，泛素激活酶和泛素连接酶与泛素耦合酶结合的区域是相互重叠的，表明泛素耦合酶与泛素连接酶结合前需要泛素激活酶从泛素耦合酶上解离下来（19）。

四、泛素连接酶

拟南芥中存在近 1500 个泛素连接酶（5），数目众多的泛素连接酶意味着泛素化底物的特异性主要是由泛素连接酶决定的，因此对泛素连接酶及其底物的研究，对于了解泛素化修饰在植物生长发育和抗逆方面所发挥的功能尤为重要。根据泛素连接酶含有的特征性结构域，以及是否含有巯基连接的泛素分子，可以将其分为三种类型（7）：HECT（homologous to the E6-AP carboxyl terminus）、RING（really interesting new gene）和 RBR（RING-between-RING）。HECT 类型的泛素连接酶含一个有活性的半胱氨酸残基，能够形成硫酯键连接泛素的中间体。因此，这类泛素连接酶介导的泛素化过程中，泛素耦合酶的半胱氨酸残基连接的泛素分子需先转移到泛素连接酶的半胱氨酸残基上，由 E3 泛素连接酶将泛素分子直接传递给底物蛋白。RING 类型的泛素连接酶介导的泛素化过程中，共价连接泛素分子的泛素耦合酶与泛素连接酶的保守结构域相互作用，但是 E3 泛素连接酶自身没有共价连接泛素分子。RING 类型泛素连接酶又分为单亚基泛素连接酶和多亚基泛素连接酶复合物，并且多亚基复合物进一步分为四类：SCF（Skp-Cullin-F-box）蛋白复合物、BTB（bric-a-brac-tramtrak-broad）、DDB（DNA damage-binding protein）和 APC（anaphase-promoting complex）（10）。RBR 类型的泛素连接酶包含两个 RING 结构域（RING1 和 RING2），中间是 IBR（in-between-RING）结构域，它介导的泛素化由两步完成：首先，RING1 负责招募泛素分子连接的泛素耦合酶中间体；然后，含有活性的半胱氨酸 RING2 连接泛素分子，并将泛素转移给底物（7）。RING2 不形成典型的 RING 类型泛素连接酶的结构，又名 Rcat（required-for-catalysis）结构域。IBR 结构域的折叠构象如同 RING2，但是缺少有活性的半胱氨酸残基。大多数被泛素化修饰的蛋白质被 26S 蛋白酶体识别并介导其降解。但是，一般含有少于 4 个泛素分子的泛素链修饰的蛋白质不会被 26S 蛋白酶体降解，而有可能改变底物蛋白的亚细胞定位(9)。

五、去泛素化酶

去泛素化酶在调控细胞生物学过程中发挥着广泛的作用，概括为以下 4 个方面：①泛素蛋白前体的加工，与核糖体亚基或 RUB 蛋白相连的泛素蛋白前体需由去泛素化酶加工为有活性的泛素分子；②泛素化的蛋白质在通过 26S 蛋白酶体或液泡蛋白酶降解前，需要去泛素化酶将泛素链切除；③通过移除底物蛋白上的泛素链抑制其进入降解途径，从而调节底物蛋白的稳定性；④通过移除底物蛋白上的泛素链影响底物蛋白与其他蛋白的结合能力，从而调节下游的生物学过程（20）。在真核生物中，根据去泛素化酶的催化结构域不同，可将其分为 5 类：泛素结合蛋白酶（ubiquitin-binding protease，UBP）/泛素特异性蛋白酶（ubiquitin-specific protease，USP）、泛素 C 端水解酶（ubiquitin carboxy-terminal hydrolase，UCH）、OTU（ovarian-tumor protease）、MJD（Machado-Joseph domain）蛋白酶和 JAMM（JAB1/MPN/MOV34）蛋白酶（21，22）。拟南芥中存在近 50 个去泛素化酶编码基因，编码 27 个 UBP、3 个 UCH、12 个 OTU、3 个 MJD 蛋白酶和 8 个 JAMM 蛋白酶。其中一些 DUB 也具有水解 UBL 蛋白的活性，如具有水解拟素/RUB 和 SUMO 的活性（23，24）。与对连接酶的研究相比，目前关于去泛素化酶的生物学功能研究较为有限。

六、26S 蛋白酶体

26S 蛋白酶体由 31 个组分构成，分为两个亚基——20S 核心颗粒（core particle，CP）和 19S 调节颗粒（regulatory particle，RP）。核心蛋白酶体是一个由 4 个七聚体环状结构堆叠而成的圆柱状结构，其外围的两圈环状结构每圈由 7 个 α 亚基构成，内层两圈环状结构每圈由 7 个 β 亚基构成，呈 α1-7/β1-7/β1-7/α1-7 的构象。CP 行使蛋白酶体功能时不依赖于 ATP 和泛素分子，X 射线晶体分析发现其 β1、β2 和 β5 亚基是蛋白酶活性位点，其中，β1 具有肽谷氨酰肽水解活性，β2 具有类胰蛋白酶活性，β5 具有类胰乳凝蛋白酶活性。26S 蛋白酶体抑制剂 MG115、MG132、lactacystin 和 epoxomycin 等可以通过抑制这些活性位点而破坏 26S 蛋白酶体的降解功能。RP 亚基可以结合到 CP 的一端或者两端，依赖于 ATP 水解提供能量，特异识别 K48 连接的泛素分子链。简单来说，RP 可以辅助识别并展开底物蛋白，移除底物蛋白上被共价连接的泛素分子，打开 CP 的 α 环状结构，引导被展开的肽段进入 CP 腔中降解。

为了更深入地研究植物蛋白的泛素化修饰，我们以研究拟南芥为例创建了植物蛋白泛素化修饰的研究方法，包括以下两个部分：第一部分，植物体外泛素化检测修饰研究方法；第二部分，植物体内快速高效检测蛋白泛素化修饰研究方法。以上两种方法被证实在包括拟南芥在内的单双子叶植物蛋白泛素化研究中皆可应用。但是建议任何杂合系统的研究结果最好能在相应的植物中证实。

第二节　植物体外泛素化检测修饰研究方法

泛素化是所有真核生物中最重要的翻译后修饰之一。泛素激活酶、泛素耦合酶及泛素连接酶是该过程中三个重要的关键酶（7，8）。为了分析泛素耦合酶-泛素连接酶的特异性协同作用，以及泛素连接酶和底物蛋白之间的相互关系，需要进行泛素化反应实验。本文提供了一种方便高效地分析泛素耦合酶与泛素形成的对 DTT 敏感的硫酯键，以及泛素耦合酶与 RING/U-box 类型泛素连接酶、泛素连接酶与底物之间的泛素化反应的方法。利用此系统同时可以快速有效地分析泛素耦合酶-泛素连接酶特异性。此方法可应用于所有真核生物蛋白质的体外泛素化活性分析（25）。

一、实验材料

(一)用于蛋白质表达的菌株及质粒

1. 菌株

大肠杆菌品系 BL21(DE3)。

2. 质粒

(1)包含小麦泛素激活酶及人类泛素耦合酶基因(作为对照)的质粒:pET32a-wheat E1(GI:136632);pET15b-UBCH5B;

(2)包含拟南芥泛素基因的质粒:pET28a-UBQ14(At4g02890);

(3)包含拟南芥泛素泛素激活酶的质粒:pET28a-UBA2(At5g06460);

(4)包含拟南芥泛素泛素耦合酶的质粒:拟南芥泛素耦合酶(Ubc)基因分属于 12 个亚家族(8),将每一个亚家族中至少一个成员的蛋白质编码序列克隆到 pET28a 载体上,包括 Ubc27(At5g50870)、Ubc1(At1g14400)、Ubc2(At2g02760)、Ubc3(At5g62540)、Ubc10(At5g53300)、Ubc32(At3g17000, delete 跨膜结构域)、Ubc13(At3g46460)、Ubc4(At5g41340)、Ubc5(At1g63800)、Ubc6(At2g46030)、Ubc21(At5g25760)、Ubc19(At3g20060)、Ubc35(At1g78870)、Ubc16(At1g75440)、Ubc26(At1g53020)、Ubc22(At5g05080)及 Ubc24(At2g33770)的 UBC 结构域。

(二)大肠杆菌中的蛋白质表达及纯化试剂

1. LB 培养基及相应抗生素

2. 各种储存液

(1)异丙基硫代-β-D-半乳糖苷(IPTG):100 mmol/L 储存液,用水溶解(本文中的"水"指的是电阻值为 18.2 MΩ-cm 的超纯水),0.22 μm 无菌膜过滤,-20℃保存。

(2)二硫苏糖醇(DTT):1 mmol/L 储存液,用 10 mmol/L NaAc 溶解,0.22 μm 无菌膜过滤,-20℃保存。

(3)PMSF:100 mmol/L 储存液,用异丙醇溶解,-20℃保存。

(4)裂解缓冲液 A(用于 6×His-标签蛋白的纯化):50 mmol/L NaH_2PO_4、300 mmol/L NaCl、1 mmol/L PMSF。调节 pH 8.0,4℃保存(1 mmol/L DTT 及 100 mmol/L PMSF 储存液在 4℃或室温下不稳定,因此储存于-20℃。在溶液使用前再加入 DTT 或 PMSF 至其工作浓度。PMSF 在水溶液中非常不稳定,其 100 mmol/L 储存液用异丙醇配制)。

(5)结合缓冲液(用于 6×His-标签蛋白的纯化):50 mmol/L NaH_2PO_4、300 mmol/L NaCl、20 mmol/L 咪唑、1 mmol/L PMSF。调节 pH 8.0,4℃保存。

(6)洗涤缓冲液(用于 6×His-标签蛋白的纯化):50 mmol/L NaH_2PO_4、300 mmol/L NaCl、50 mmol/L 咪唑、1 mmol/L PMSF。调节 pH 8.0,4℃保存。

(7)洗脱缓冲液 1(用于 6×His-标签蛋白的纯化):50 mmol/L NaH_2PO_4、300 mmol/L

NaCl、100 mmol/L 咪唑、1 mmol/L PMSF。调节 pH 8.0，4℃保存。

（8）洗脱缓冲液 2（用于 6×His-标签蛋白的纯化）：50 mmol/L NaH$_2$PO$_4$、300 mmol/L NaCl、250 mmol/L 咪唑、1 mmol/L PMSF。调节 pH 8.0，4℃保存。

（9）洗脱缓冲液 3（用于 6×His-标签蛋白的纯化）：50 mmol/L NaH$_2$PO$_4$、300 mmol/L NaCl、500 mmol/L 咪唑、1 mmol/L PMSF。调节 pH 8.0，4℃保存（三种洗脱缓冲液的唯一区别是咪唑的浓度不同。建议第一次实验时摸索一下不同的洗脱缓冲液的效果，以便确定哪一种洗脱缓冲液中能够包含最大量的目的蛋白）。

（10）裂解缓冲液 B（column buffer，用于 MBP-标签蛋白的表达及纯化）：200 mmol/L NaCl、20 mmol/L Tris-HCl（pH 7.4）、1 mmol/L EDTA、1 mmol/L DTT、1 mmol/L PMSF。调节 pH 8.0，4℃保存。

（11）用于 6×His-标签蛋白纯化的珠子：Ni-NTA agarose（QIAGEN）。

（12）用于 MBP-标签蛋白纯化的珠子：Amylose resin（NEB）。

（13）超滤离心滤膜的型号：Amicon Ultra-15（Millipore）。

（三）体外泛素化反应试剂

1. 储存液

（1）ATP：1 mmol/L 储存液。购自 Sigma 公司。用水溶解，4℃保存（ATP 在室温下会快速失活，因此 ATP 以及泛素化反应缓冲液的母液应该小体积分装并在–20℃保存。应该在使用前将它们取出溶解，并应避免反复冻融）。

（2）SDS-聚丙烯酰胺凝胶电泳、Western blot 试剂及抗体。

2. 缓冲液

（1）用于泛素耦合酶生成对 DTT 敏感的二硫键检测的反应缓冲液（20×）：1 mmol/L Tris-HCl（pH 7.4）、200 mmol/L MgCl$_2$、200 mmmol/L ATP。–20℃保存。

（2）用于泛素耦合酶-泛素连接酶及泛素连接酶-底物泛素化反应的反应缓冲液（20×）：1 mmol/L Tris-HCl（pH 7.4）、200 mmol/L MgCl$_2$、100 mmol/L ATP、40 mmol/L DTT。–20℃保存。

（3）小麦泛素激活酶及人的泛素耦合酶基因在大肠杆菌中表达的蛋白粗提物、纯化的拟南芥 Ub、泛素激活酶、泛素耦合酶和泛素连接酶蛋白。–20℃保存。

（4）含有 β-巯基乙醇的 SDS 蛋白上样缓冲液（4×）：0.25 mmol/L Tris-HCl（pH 6.8）、8% SDS、40%甘油、0.004%溴酚蓝、20% β-巯基乙醇。4℃保存。

（5）不含 β-巯基乙醇的 SDS 蛋白上样缓冲液（4×）：0.25 mmol/L Tris-HCl（pH 6.8）、8% SDS、40%甘油、0.004%溴酚蓝。4℃保存。

二、实验方法

在大肠杆菌中表达蛋白质是我们得到目的基因产物最方便的方法。尽管由于缺乏翻译后修饰等原因使得在大肠杆菌中表达的某些真核基因的蛋白质没有活性，但大部分真核基因在大肠杆菌中表达的蛋白质是有活性的，可以用于后续的分析。将目的蛋白与特定的标签融合，能够非常方便地利用相关方法得到纯化的蛋白质。为了避免纯化过程中洗脱缓冲液成分的干扰，纯化的蛋白质需要利用 Amicon 超滤方法进行脱盐处理，以除去其中高浓度的盐或糖等成分。这样得到的蛋白质即可用于体外泛素化分析实验。

（一）蛋白质在大肠杆菌中的表达及纯化

1. 大肠杆菌中蛋白质的表达：将质粒转化至大肠杆菌 BL21（DE3）

挑取 2～3 个克隆放入 5 mL LB 液体培养基中，37℃振荡培养。将过夜培养物用含有 0.2%葡萄糖的 LB 液体培养基稀释至光吸收值 $OD_{600} \approx 0.1$，然后 18℃振荡培养。当 OD_{600} 达到 0.4～0.6 时，用 IPTG（终浓度 0.2 mmol/L）诱导细胞内的蛋白质表达。加入 IPTG 后，细胞再在 18℃下继续培养 12～16 h，然后离心收集菌体。带有 6×His 标签蛋白质的细胞沉淀用裂解缓冲液 A 重悬，而含有 MBP 融合蛋白的菌体则用裂解缓冲液 B（column buffer）悬浮，然后分别用超声波细胞粉碎仪将细胞裂解。细胞裂解物于 4℃，13 000 g 离心 45 min，将上清液移至新管中。

2. 6×His 标签蛋白质的纯化：将 Ni-NTA agarose 装柱（流速应控制在 1 mL/min 左右）

用无菌水洗涤珠子后，用相当于珠子 10 倍体积的裂解缓冲液 A 平衡柱子，然后使含有重组蛋白的上清液流过柱子。随后用相当于珠子 5 倍体积的洗涤缓冲液洗柱子，再依次用洗脱缓冲液 1、2、3 将蛋白质从柱子上洗脱下来（该过程需要使用高纯度的咪唑。结合缓冲液、洗涤缓冲液及洗脱缓冲液中咪唑的浓度对于蛋白质纯化的效率至关重要。为了得到最高纯度的目的蛋白，应在实验前设置咪唑的浓度梯度进行预实验，以确定最适的咪唑使用浓度）。

3. MBP 标签蛋白质的纯化

将淀粉酶树脂装柱，将上清液过柱。用相当于淀粉酶树脂珠子 12 倍体积的裂解缓冲液 B 洗涤柱子，然后用含有 10 mmol/L 麦芽糖的裂解缓冲液 B 洗脱蛋白。以 1 mL 为单位依次收集洗脱成分。通常在前 5 个管中可以得到足够多的目的蛋白。

4. 纯化的蛋白质用 Amicon centrifuge column 超滤

将存在于洗脱缓冲液中已纯化的蛋白质用 1×PBS 稀释至 15 mL，将此溶液加至用无菌水预洗过的超滤管（Amicon ultra 15）滤膜上。4℃、4000 g 离心至膜上剩余体积在 0.2～0.5 mL 左右。超滤后的蛋白质可定量检测或用 SDS-PAGE 凝胶电泳分析。超滤后蛋白质可加入 15%～20%体积的甘油。小体积分装蛋白质，–80℃保存（为了最大限度地保留蛋白质的活性，相关操作均应在冰上尽快进行。通常情况下，保存在–80℃或–20℃比在 4℃下更有利于蛋白质活性的维持。蛋白质在 4℃下放置一段时间后其活性会明显下降，因此应将蛋白质小体积分装成多份，在–80℃保存，使用前再取出融化。应避免反复冻融）。

（二）泛素耦合酶产生对 DTT 敏感的硫酯键的分析（16, 25）

总反应体系为 30 μL，包括：1.5 μL 20× buffer、50 ng E1、200～500 ng 泛素耦合酶和 2 μg 泛素蛋白，将反应体系在 37℃孵育 5 min，均分反应产物，分别加入含有或不含有 β-巯基乙醇的 4×SDS 上样缓冲液终止反应，100℃煮沸样品 5 min，反应产物用 12% 的 SDS-PAGE 电泳分离，并用 anti-His 抗体进行 Western blot，检测对 DTT 敏感的硫酯键形成的情况。注意，要设置不加泛素的对照反应，具体反应实例见图 10-1。

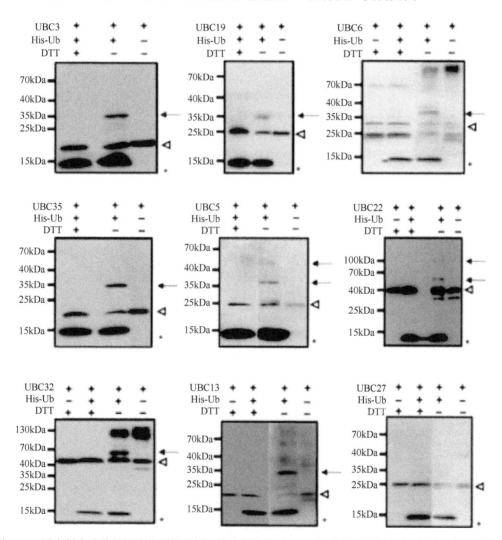

图 10-1 泛素耦合酶体外泛素化活性分析。箭头所指为对 DTT 敏感的泛素耦合酶-Ub 化合物的存在，该蛋白质在加入 DTT 的样品中未能检测到。三角号所指为未与泛素结合的泛素耦合酶蛋白，星号所指为游离的 His-Ub 蛋白

本部分用拟南芥多个泛素耦合酶蛋白与泛素分子进行泛素耦合酶活性检测反应，具有活性的泛素耦合酶会与泛素分子形成对 DTT 敏感的硫酯键。首先将不同的泛素耦合

酶构建到 pET28a 载体上并利用原核系统表达蛋白,然后利用亲和纯化法得到纯化的 His-泛素耦合酶蛋白。不同的 His-泛素耦合酶蛋白分别与小麦泛素激活酶及拟南芥 Ub 蛋白混合,37℃孵育 5 min,将反应体系均分为两份,分别加入含有 DTT 和不含 DTT 的 4× 上样缓冲液终止反应。反应产物经 12% SDS-PAGE 胶分离后用 Nickel-HRP 或 anti-His 抗体进行 Western blot 检测。

(三) 泛素耦合酶-泛素连接酶组合特异性的分析

1. 亲和纯化泛素连接酶蛋白

可在泛素化反应前进行泛素连接酶蛋白纯化,将蛋白粗提物在 1.5 mL 的 Eppendorf 管中进行纯化(利用 Amicon centricon 进行过超滤的泛素连接酶蛋白可直接用于泛素化反应)。具体步骤为:用 1 mL column buffer 预洗 amylase resin 珠子,400 g 离心 2 min,小心地去除上清,向含有预洗好的珠子的管中加入 0.5~1 mL 蛋白粗提物(其中含有的泛素连接酶蛋白总量应为 0.5~1 μg),室温下旋转孵育 1 h 使得蛋白质与珠子充分结合,400 g 离心 2 min,小心地去除上清,分别用 1 mL 50 mmol/L Tris-HCl(pH 7.5)洗涤珠子 3 次,最后用细小的枪头小心地移去所有的上清。

2. 泛素化反应

准备总体积为 30 μL 的反应体系,包括 1.5 μL 20×反应缓冲液、50 ng 泛素激活酶、200~500 ng 泛素耦合酶、5 μg 泛素蛋白。将反应体系加入上一步骤含有已结合上 MBP-泛素连接酶蛋白的 amylase resin 珠子的 Eppendorf 管中,恒温混匀仪上 30℃振荡孵育 1.5 h,最后加入含有 β-巯基乙醇的 4×SDS 上样缓冲液终止反应,并于 100℃煮沸样品 5 min,反应产物用 10%~12%的 SDS-PAGE 电泳分离,并用 anti-His 或 anti-Ub 抗体进行 Western blot 检测(*16, 25*)。具体反应实例见图 10-2。

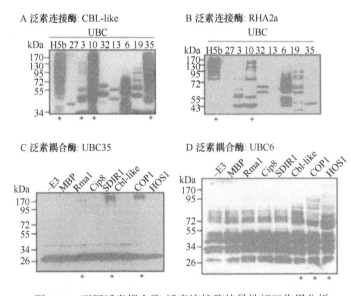

图 10-2　不同泛素耦合酶-泛素连接酶特异性相互作用分析

本部分用不同的拟南芥泛素耦合酶和泛素连接酶蛋白分别两两组合进行体外泛素化反应以检测泛素耦合酶-泛素连接酶特异性作用的存在。首先，将不同的泛素耦合酶构建到 pET28a 载体上、将多个泛素连接酶构建到 pMalC2 载体上，并利用原核系统表达蛋白，然后进行纯化得到不同的 His-泛素耦合酶及 MBP-泛素连接酶蛋白。将一种泛素连接酶分别与不同泛素耦合酶组合进行泛素化反应（图 10-2A 和 B），也可以将同一种泛素耦合酶分别与不同的泛素连接酶组合（图 10-2C 和 D）。各反应管中均加入泛素激活酶和 His-Ub 进行体外泛素化反应，其中加 MBP 及不加泛素连接酶组为对照反应。反应产物经 12% SDS-PAGE 胶分离后用 Nickel-HRP 或 anti-His 抗体进行 Western blot，检测各泛素耦合酶-泛素连接酶组合泛素化反应结果，+代表该泛素耦合酶-泛素连接酶组合可以发生泛素化反应。

（四）泛素连接酶/底物泛素化反应分析

首先分别构建泛素连接酶和底物的表达载体以进行相应的蛋白质表达和纯化。一般泛素连接酶可利用原核系统进行表达纯化（若原核中表达情况不理想，可尝试用植物或其他系统表达蛋白），如构建在 pMalC2 载体上得到 MBP-泛素连接酶融合蛋白。底物可根据具体情况选择原核（26）或者植物系统表达（27），但一定要用与泛素连接酶不同的标签构建重组蛋白。

利用亲和纯化方法得到结合有泛素连接酶蛋白的珠子（可以在此情况下直接进行后面的反应，用洗脱下来的蛋白质也可以），然后向含有该珠子的试管中加入以下反应成分：1.5 μL 20×反应缓冲液、50 ng 泛素激活酶、200～500 ng 泛素耦合酶、100～200 ng 的底物蛋白、5 μg 泛素蛋白。将反应体系在恒温混匀仪上 30℃ 振荡孵育 1.5 h，加入 10 μL 含有 β-巯基乙醇的 4×SDS 上样缓冲液终止反应，并于 100℃煮沸样品 5 min，反应产物用 10%～12% 的 SDS-PAGE 电泳分离，并用相应的标签抗体及 anti-Ub 进行 Western blot 分析。注意，需要设置不同的对照反应，包括分别缺少泛素激活酶、泛素耦合酶，以及用标签蛋白 MBP 代替 MBP-泛素连接酶等。反应实例见图 10-3 和图 10-4。

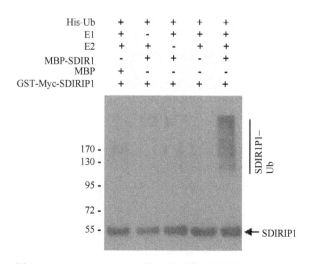

图 10-3　SDIR1/SDIRIP1 的泛素连接酶/底物泛素化反应

本部分用泛素连接酶 SDIR1 与其底物 SDIRIP1 进行说明。将 *SDIR1* 构建于 pMalC2 载体上与 *MBP* 标签相连,经蛋白表达及亲和纯化后得到融合蛋白 MBP-SDIR1。同样,利用原核表达纯化的方法得到 GST-Myc-SDIRIP1 蛋白。将这两种带有不同蛋白标签的蛋白质进行体外泛素化反应,反应产物利用 anti-Myc 抗体进行 Western blot 分析。如图 10-3 所示,在泛素激活酶、泛素耦合酶及泛素同时存在的情况下,SDIRIP1 可以被 SDIR1 进行多泛素化修饰;而当缺少其中任意一种蛋白质时,则不能检测到这种泛素化的存在。这个结果说明 SDIRIP1 是泛素连接酶 SDIR1 泛素化修饰的底物蛋白。

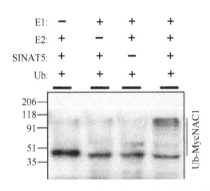

图 10-4　SINAT5/NAC1 的泛素连接酶/底物泛素化反应

本部分用泛素连接酶 SINAT5 与其底物 NAC1 进行说明。将 SINA5 构建于 pMalC2 载体上与 MBP 标签相连,经蛋白表达及亲和纯化后得到融合蛋白 MBP-SINA5。利用本章第三节的植物表达系统表达并纯化 Myc-NAC1。将 MBP-SINAT5 与 Myc-NAC1 蛋白混合并进行泛素化反应,反应产物利用 anti-Myc 抗体进行 Western blot 分析。如图 10-4 所示,在泛素激活酶、泛素耦合酶及泛素同时存在的情况下,Myc-NAC1 可以被 MBP-SINAT5 进行多泛素化修饰,而当缺少其中任意一种蛋白质时则不能检测到这种泛素化的存在。这个结果说明 NAC1 是泛素连接酶 SINAT5 泛素化修饰的底物蛋白。

第三节　植物体内快速高效检测蛋白泛素化修饰研究方法

UPS(ubiquitination-proteasome system)参与了植物中绝大多数的信号转导通路。一些激素的受体本身就是泛素连接酶,如茉莉酸(jasmonic acid)的受体 COI1(coronotine insensitive protein 1)和生长素(auxin)的受体 TIR1(transport inhibitor response 1)都是 F-box 蛋白,它们通过特异性地介导相应转录抑制子的泛素化降解来传递激素信号。但是我们发现对于整个 UPS 体系而言,由于技术方面的限制,迄今为止仅有少量泛素连接酶与特异性底物间的生化机制被报道。用大肠杆菌表达蛋白实施泛素连接酶泛素化修饰底物的体外试验是验证泛素连接酶/底物对的常用方法,但体外试验由于缺乏一些蛋白质必需的转录后修饰,导致结果有时存在"假阴性"或"假阳性"现象。通过体内试验验证一个蛋白质是否通过泛素化途径被降解可以弥补这一体外试验的不足。得到可以检测到的蛋白量是所有生化试验得以进行的第一步,在现有的蛋白体内表达技术中,烟草瞬时表达法可以简便、快速、大量地表达目的蛋白。为了建立简单易行的体内泛素化检测体系，我们借鉴了动物学中的方法建立了一个新的实验技术。动物学家们在哺乳动物的培养细胞中瞬时表达目的蛋白来完成实验，以此为鉴，我们将底物蛋白和泛素连接酶通过注射的方法共同在烟草叶片中瞬时表达来检测底物蛋白的泛素化。

一、植物蛋白泛素化检测策略

一般而言，植物学家通过三个方面的实验来证明一个蛋白质是某一泛素连接酶的底物：①体内或体外 pull down 实验证明二者的相互作用；②体外的泛素化实验证明泛素连接酶可以将泛素分子加在目的蛋白上；③在泛素连接酶的突变体中检测到目的蛋白量的升高，或者在泛素连接酶的过表达植株中检测到目的蛋白量的降低，并且泛素连接酶和目的蛋白二者的突变体具有相反的表型。例如，参与生长素信号途径的 SINAT5 和 NAC1 这一对泛素连接酶/底物：Yeast two-hybrid 试验和体外 pull down 试验证明二者有相互作用；体外的泛素化试验证明 SINAT5 可以泛素化修饰 NAC1；在 SINAT5 无功能突变形式蛋白表达的植株中 NAC1 的蛋白量明显提高。由此证明，NAC1 特异性地被 SINAT5 降解，是 SINAT5 的底物（27）。再如，Stone 等报道的参与 ABA 信号途径的泛素连接酶/底物蛋白 KEG（keep on going）/ABI5（ABA insensitive 5）：体外的 pull down 试验证明二者相互作用；体外的泛素化试验证明 KEG 可以泛素化修饰 ABI5；表型上 KEG 是 ABA 信号途径的负调控因子，该基因的缺失使植株对 ABA 更加敏感，而 ABI5 是 ABA 信号的正调控因子，缺失之后植物对 ABA 产生抗性，并且在 KEG 突变体中 ABI5 大量积累（28，29）。

用这种方法来证明泛素连接酶和底物的特异性当然是可信的，但其不足点也显而易见。一方面，体外的泛素化反应很难检测，这一点从 KEG 对 ABI5 的修饰上就可以证实。2006 年已报道 KEG 可能通过降解 ABI5 来调节 ABA 信号途径，但直到 2010 年 KEG 在体外泛素化修饰 ABI5 才见报道。而且，体外的泛素化反应存在其自身的局限性，可能产生"假阳性"或"假阴性"的结果。这是由于体外的泛素化反应所用的蛋白质是在大肠杆菌中表达的，而这些原核中表达的蛋白质由于缺乏一些泛素连接酶或底物蛋白发挥功能所必需的修饰，如磷酸化修饰，而不具有活性或不能被泛素化。另一方面，转基因植物的获得需要几个月到一年的时间，并且由于蛋白质的表达量一般较低，底物蛋白量在泛素连接酶突变体或者高表达植株中的变化并不是总能被检测到。为了避免这些问题，有的科学家采用了原生质体瞬时表达技术。例如，在证明参与植物干旱胁迫信号转导的泛素连接酶/底物对 Rma1H1（RING membrane-anchor 1 homolog 1）/PIP2;1（plasma membrane intrinsic protein 2;1）时，用原生质体瞬时表达的试验证明共同转化 Rma1H1 后 PIP2;1 的蛋白量降低，并且用同样的方法证明了 Rma1H1 可以增强 PIP2;1 蛋白的泛素化（30）。瞬时表达法检测泛素连接酶和底物蛋白的特异性借鉴了动物学方面的知识（31，32），弥补了以上讲到的传统方法的不足。但原生质体转化实验步骤烦琐，每次得到的样品较少，并且很多蛋白质表达量并不高。因此，需要寻找其他的瞬时表达手段来代替。

在植物中瞬时表达蛋白的方法有以下几种：原生质体转化法、基因枪注射法（biolistic bombardment）、农杆菌注射法（30，33，34）。其中，最简单易行的是农杆菌注射法。首先将目的基因构建于植物表达载体上；将重组质粒转化农杆菌；将所得的重组农杆菌悬浮液直接注射入植物的叶片；至少一天后观测基因的表达即可。农杆菌注射的方法已经被用来分析 RNA、小 RNA（small RNA）、蛋白定位及抗体生产，并皆被证明行之有效（*34-36*）。被用于注射的植物有多种，但烟草的应用最为广泛（*37-39*）。农杆菌注射烟草来瞬时表达蛋白有以下几点优势：第一，烟草是一种广泛应用的模式植物，所有的植物研究实验室都可以很好地种植烟草；第二，通过农杆菌注射法可以很好地表达蛋白质，也容易得到较高的蛋白质表达量，并且研究发现同时注射含有基因沉默抑制子 p19 或 p1/HC-Pro 等的重组质粒可以大大提高蛋白质的表达水平（*40-42*）；第三，得到的样品量大，容易进行后续的实验，如有需要，每次可以同时注射多片烟草叶片以保证有足够多的样品进行多种分析；第四，如上所述，注射的整个流程简单、快捷，不需要特殊的仪器，且从准备注射到取样分析所用时间仅一周左右。因此，用烟草注射法瞬时表达蛋白来检测泛素化是最好的选择。

二、实验材料

1. 烟草：烟草（*Nicotiana benthamiana*）用于注射实验，烟草种子直接播于营养土中，2 周后将幼苗单独移栽到 9 cm×9 cm 的小钵中继续生长 4～6 周，至 8～12 片叶子时用于注射。

2. 菌株：大肠杆菌（*Escherichia coli*）株系 XL1-blue；根癌农杆菌（*Agrobacterium tumefaciens*）菌株 EHA105。

3. LB 液体培养基；各种抗生素；含各种抗生素的 LB 固态培养板。

4. MES[2-(*N*-morpholine)-ethanesulfonic acid]溶液。配制 1 mol/L MES 储存液的方法：溶解 21.325 g MES 至 50 mL 无菌蒸馏水中，调节 pH 至 5.6，定容至 100 mL，用 0.2 μmol/L 的滤膜抽滤灭菌。室温保存。

5. 乙酰丁香酮（acetosyringone，AS）溶液。配制 100 mmol/L AS 储存液的方法：溶解 1.962 g AS 到 100 mL DMSO 中。–20℃冷冻保存。

6. $MgCl_2$ 溶液。配制 10 mmol/L 氯化镁溶液的方法：0.952 g $MgCl_2$ 溶于 1 L 无菌蒸馏水中，用 0.2 μmol/L 的滤膜抽滤灭菌。室温保存。

7. 1 mL 一次性注射器，无针头。

三、实验方法

（一）检测泛素连接酶和底物蛋白间的相互作用

泛素连接酶和底物的相互作用是检测底物蛋白被泛素连接酶泛素化的第一步，因此首先要通过免疫共沉淀的方法来检测已知的泛素连接酶和其预期的底物蛋白是否可以在体内相互作用。

1. 实验流程

1）泛素连接酶和预期底物重组农杆菌的构建

（1）将编码泛素连接酶和预期底物的编码区（coding sequence，CDS）分别克隆到不同的 35S 启动子控制的植物表达载体上。这些目的植物表达载体必须有可以检测的表达标签（GFP、HA、Myc、Flag 等）。同时，泛素连接酶和底物需连接不同的表达标签。

（2）将连有泛素连接酶和预期底物编码区的重组载体及相对应的泛素连接酶空载体分别转化入农杆菌 EHA105 株系中。

2）烟草注射

（1）挑取重组农杆菌单克隆菌落转入 3 mL 含有相应抗生素的 LB 培养液中，28℃摇培过夜。

（2）培养得到的菌液以 1∶100 的比例转接于 10 mL LB 培养液中（含相应抗生素、10 μmol/L MES 和 40 μmol/L AS），28℃摇培过夜。

（3）次日菌液 OD_{600} 约为 3.0 时，收集菌液入离心管。

（4）4000 r/min，离心 10 min 收集菌体，悬浮于 10 mmol/L $MgCl_2$ 中。

（5）将悬浮液浓度调整为 $OD_{600}=1.5$。重悬液中添加乙酰丁香酮（AS）至终浓度为 200 μmol/L，室温静置 2～5 h。

（6）选择烟草植株上部生长状态良好的叶片，在叶片主脉与边缘的中间位置用针尖戳细孔，用 1 mL 注射器吸取农杆菌悬浮液，由小孔将农杆菌注射到叶片中；泛素连接酶和预期底物分别注入不同的烟草叶片。

3）免疫共沉淀反应

（1）注射 3 天后收集叶片，迅速放入液氮中。

（2）用非变性提取缓冲液[50 mmol/L Tris-MES（pH8.0）、0.5 mol/L sucrose、1 mmol/L $MgCl_2$、10 mmol/L EDTA、5 mmol/L DTT、protease inhibitor cocktail Complete Mini tablet]提取烟草叶片总蛋白，分别得到泛素连接酶和预期底物的蛋白提取液，将 1/3 的两种蛋白提取液混合得到泛素连接酶+预期底物蛋白混合液。

（3）在 1 mL 泛素连接酶、预期底物和泛素连接酶+预期底物的总蛋白提取液中加入泛素连接酶或底物所带表达标签相应的抗体 10 μg，同时加入终浓度为 50 μmol/L 的 MG132 阻止蛋白质被 26S 蛋白酶体降解。

（4）4℃，缓慢旋转反应过夜。

（5）加入 20 μL Protein G agrose beads。

（6）4℃，缓慢旋转反应 2 h。

（7）14 000 g 离心 5 s，去上清。

（8）用预冷的提取缓冲液洗 beads 4 次，每次 1 mL。

（9）完全去除上清，所得即是免疫共沉淀的复合物。

4）检测 E3 和预期底物蛋白的相互作用

（1）在获得的免疫共沉淀复合物中加入 50 mL 2×SDS 上样缓冲液[200 mmol/L Tris-HCl（pH6.8）、4% SDS、0.005% bromphenol、20% glycerol、0.2 mmol/L DTT]，95℃ 5 min 变性蛋白。

（2）蛋白电泳：使用 BIO-RAD 公司的蛋白电泳系统，安装 SDS-PAGE 胶，加入电泳缓冲液（3.03 g/L Tris base、14.4 g/L 甘氨酸、1 g/L SDS）；上样，稳压 180 V，至溴酚蓝跑出分离胶时卸下胶板。

（3）Western blot：蛋白样品经 SDS-PAGE 胶电泳分离后，安装转膜装置；100 V 转移 75 min，将蛋白质转移至 NC 膜。取出 NC 膜，5%脱脂奶粉/PBS（137 mmol/L NaCl、2.7 mmol/L KCl、10 mmol/L Na$_2$HPO$_4$、2 mmol/L KH$_2$PO$_4$）室温封闭 2 h 或 4℃过夜；加入由 3%脱脂奶粉/PBS 合理稀释的一抗（如用 E3 的表达标签免疫共沉淀，则用预测底物的表达标签进行 Western blot，反之亦然），室温孵育 1 h；PBST（PBS 加 0.1% Tween 20）洗涤 2 次，每次 15 min；加入由 3%脱脂奶粉/PBS 合理稀释的连有 HRP 的二抗，室温孵育 1 h；PBST 洗涤 2 次，每次 15 min；向膜上加 HRP 的化学发光底物液（Immobilon^{TM} Western，Millipore）显色 5 min，在暗室用 X 光片检测信号。

2. 实例说明

COP1（constitutive photomorphogenic 1）和 HY5（elongated hypocotyl 5）是植物中控制光形态建成的一对 E3/底物对。将 COP1 编码区和 HY5 编码区构建在植物表达载体上。COP1 构于 pBA002 载体上与 Myc 标签相连并被 35S 启动子启动，得到 35S::Myc-COP1，HY5 构建于 pVR 载体上与 GFP 标签相连同样被 35S 启动子启动，得到 35S::HY5-GFP。将两个构建分别转入农杆菌 EHA105 中。把两个重组农杆菌分别注入烟草叶片中瞬时表达 Myc-COP1 和 HY5-GFP 蛋白。提取注射后烟草叶片的总蛋白进行免疫共沉淀反应，所用的样品分别是：HY5-GFP 样品，Myc-COP1 样品，HY5-GFP 和 Myc-COP1 的混合样品。首先用 anti-Myc 抗体来进行免疫共沉淀反应，把 Myc-COP1 及其相互作用蛋白沉淀下来，将得到的免疫共沉淀复合物用 SDS-PAGE 电泳分离，用 anti-GFP 的抗体来检测。结果如图 10-5A 所示，只能在 HY5-GFP 和 Myc-COP1 的混合样品中检测到 HY5-GFP 的信号。同一批样品用 anti-GFP 的抗体进行免疫共沉淀反应，用 anti-Myc 抗体检测反应后的信号。同样地，只能在 HY5-GFP 和 Myc-COP1 的混合样品中检测到 Myc-COP1 的信号（图 10-5B）。

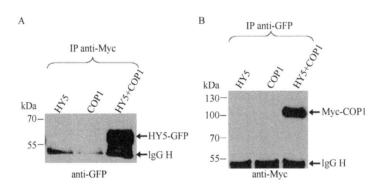

图 10-5 用烟草注射法检测 HY5 和 COP1 之间的相互作用

3. 注意事项

由于足量的蛋白质是生化实验的第一步，因此如果蛋白质表达量低，可以参考以下的建议。

（1）烟草的状态对蛋白质的表达很重要。不健康的烟草或者开花的烟草都会降低蛋白质的表达量。

（2）基因沉默抑制子 p19 可以很大程度地提高蛋白质的表达量。将表达 p19 的农杆菌和表达目的基因蛋白的农杆菌混合后注入烟草能有效增加蛋白质表达水平。

（3）不同的表达载体同样会影响蛋白质的表达量，如果蛋白质在烟草中表达量低，可以尝试更换表达载体。

（4）不同蛋白质在烟草中的表达时间不一样，可以通过不同天数取样，来确定蛋白质的最佳取样时间。

（5）由于不同蛋白质的稳定性不同，因此在试验初期需要通过时间梯度实验来决定免疫共沉淀实验的时间。

（二）检测体内表达预期底物蛋白的泛素化修饰

1. 实验流程

（1）构建预期底物和用于做对照的 GFP 的表达载体并转化农杆菌。

（2）用如上所述的方法在烟草中分别瞬时表达预期底物和 GFP。

（3）取样前 12 h 在注射过农杆菌的叶片上注射终浓度为 50 μmol/L 的 MG132 抑制26S 蛋白酶体对目的蛋白的降解。

（4）取样后用非变性提取缓冲液提取烟草叶片总蛋白，进而用目的蛋白所连接的表达标签进行免疫共沉淀反应（步骤如上所述）。

（5）用 Western blot 的方法检测底物蛋白（一抗为预期底物所连接的表达标签）和已被泛素化修饰的底物蛋白（一抗为泛素抗体）。如若二者的信号可以重叠，则证明预期底物可以被泛素化修饰。

2. 实例说明

本试验选用了两个 COP1 的底物 HY5 和 ELF3（early flowering 3）。将这两个基因连同用来作为对照的 GFP 编码区全长分别连接到 pCAMBIA-1300-221 载体上与 Myc 标签相连，得到 35S::Myc-HY5，35S::Myc-ELF3 和 35S::Myc-GFP。所得到的重组农杆菌注射烟草叶片表达相应蛋白，提取蛋白后用 anti-Myc 的兔源多抗进行免疫共沉淀反应。所得到的免疫共沉淀复合物用鼠源的 anti-Myc 单克隆抗体进行 Western blot 检测。结果显示在 Myc-HY5 和 Myc-ELF3 样品中，除了两个蛋白质本身的条带外，还检测到分子质量大于蛋白质本身的弥散条带，这些条带呈现蛋白质被泛素化的特征（图 10-6A）。而在 Myc-GFP 的样品中没有检测到类似的条带。同样的免疫共沉淀复合物在 SDS-PAGE胶分离后用 anti-ubiquitin（anti-Ub）抗体检测，发现在 Myc-HY5 和 Myc-ELF3 样品中anti-Ub 能够识别 anti-Myc 抗体检测到的大分子质量修饰条带（图 10-6B），从而证实这些条带是 Myc-HY5 和 Myc-ELF3 被泛素化修饰后的产物。在该过程中起到泛素连接酶作用的可能是烟草自身的 COP1 同源蛋白，或者其他可以泛素化 HY5 和 ELF3 的泛素连接酶。

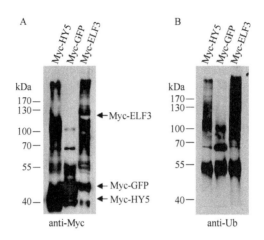

图 10-6　烟草注射法检测底物蛋白 HY5 和 ELF3 体内的自身泛素化情况

3. 注意事项

（1）GFP 与预期底物应构建于相同的目的载体，以便后期试验的比较。

（2）GFP 的表达量一般远远高于目的蛋白，因此注射时可适度降低 GFP 农杆菌的量。

（3）如果未检测到分子质量大于目的底物本身的弥散条带，或者相应条带信号偏弱，可以共注射泛素连接酶和预期底物。进一步观察 E3 是否促进预期底物的泛素化。

（4）用作免疫共沉淀的抗体和后期 Western blot 检测的抗体最好不同源（鼠源、兔源等），这样可以最大限度地避免检测到免疫共沉淀所用抗体的重链和轻链，减少不必要的非特异性信号。

（三）检测 26S 蛋白酶体抑制剂 MG132 对预期底物蛋白降解的抑制作用

1. 实验流程

（1）用如上所述的方法准备用于注射的预期底物和 GFP 的农杆菌。悬浮于 10 mmol/L MgCl$_2$ 后，将二者混合共同注入烟草叶片。

（2）取样前 12 h 在注射过农杆菌的叶片上注射终浓度为 50 μmol/L 的 MG132 或者空白对照（10 mmol/L MgCl$_2$）。

（3）将注射 MG132 和空白对照的样品分别取样。

（4）用非变性提取缓冲液提取两个样品烟草叶片总蛋白（留出部分烟草样品用于 mRNA 的提取）；Western blot 检测预期底物蛋白（一抗为预期底物所连接的表达标签）和 GFP 蛋白的表达量（一抗为 GFP 抗体）。

（5）比较预期底物蛋白和 GFP 蛋白在 MG132 和空白对照样品中的相对含量，得出 MG132 是否影响预期底物蛋白表达量的结论。

（6）提取 MG132 和空白对照样品的 mRNA：

①将 0.1 g 新鲜植物样品液氮速冻，研钵中磨碎后将样品转移至 1.5 mL Eppendorf 管中；

②加入 1 mL 的 Trizol 提取缓冲液，混匀，室温放置 5 min；

③加入 0.2 mL 氯仿，混匀，室温放置 5 min；

④4℃，12 000 r/min 离心 15 min；

⑤取上清，加入 0.6 倍上清体积的异丙醇，混匀，冰上放置 10 min；

⑥4℃，12 000 r/min 离心 15 min 沉淀 RNA；

⑦沉淀用 800 μL 的 70%乙醇洗涤两次；去尽上清，空气干燥数分钟；

⑧沉淀用适量 TE 或 dH₂O 溶解；待 RNA 充分溶解后，用测 OD 值及电泳的方法对 RNA 进行定量并检查其质量。

（7）反转录后检测预期底物在 RNA 水平上的表达是否受到 MG132 的影响：

①取总 RNA 2 μg，用 DNase 去除其中的 DNA；

②根据 Promega 公司 MMLV（Cat. M170A）的使用方法进行 cDNA 第一条链的合成；

③冰上依次加入下列反应组分：去除 DNA 后的 RNA，0.05 μg Oligo-dT，加 dH₂O 至 10 μL 混匀，75℃ 5 min，冰上冷却；

④再依次加入如下组分：5×反应缓冲液 5 μL；Ribonuclease inhibitor（40 U/μL）0.7 μL；dNTP（10 mmol/L）5 μL；MMLV Reverse transcriptase（200 U/μL）0.5 μL；加水至 25 μL；

⑤42℃反应 1 h，70℃ 10 min 终止反应，置于冰上；

⑥设计预期底物基因的引物序列，以合成的 cDNA 为模板，进行 RT-PCR 反应；以 ACTIN 或 UBQITIN 的表达量作为内参。

⑦通过 Agrose 凝胶来检测预期底物基因在 RNA 水平上的表达量。

2. 实例说明

该实例中 HY5 选用的是前面构建的 35S::HY5-GFP。ELF3 构建于 pJIM 载体上与 HA 标签相连，并被 35S 启动子启动，得到 35S::HA-ELF3。35S::HA-GFP 构建于 pCANG 载体上作为注射时蛋白表达的内参。将这些构建转入农杆菌 EHA105。35S::HA-GFP 农杆菌作为内参分别与两个底物的重组农杆菌混合共注射烟草。样品收集 12 h 前在部分注射过的烟草叶片中注射 MG132 抑制 26S 蛋白酶体的功能，另一部分注射过的叶片注射空白对照（10 mmol/L MgCl₂）。收集后的烟草样品一部分提取蛋白质用于 Western blot 检测分析蛋白质的表达量，一部分提取 RNA 用于通过 RT-PCR 的方法来检测相应构建中基因的表达情况。图 10-7A 和 B 是两个底物 HY5 和 ELF3 对 MG132 的反应情况，可以看到与拟南芥中得到的结果相同（*43，44*），在加入 MG132 后两个蛋白质的稳定性明显提高，而 MG132 并不影响两个底物蛋白在 RNA 水平上的表达量及内参蛋白 HA-GFP 的表达量。

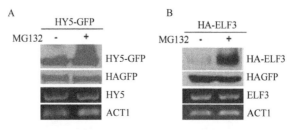

图 10-7 烟草注射法检测 MG132 对底物蛋白稳定性的影响

3. 注意事项

（1）对该试验而言，需选择生长状态较一致的烟草。一般这样的烟草的 mRNA 与蛋白质的表达量比较一致，有利于后续试验的比较。

（2）由于 GFP 的表达量一般远远高于目的蛋白的表达量，因此在混合 GFP 和预期底物的农杆菌时应适量减少含 GFP 农杆菌的比重，一般为预期底物农杆菌的 1/10~1/5。

（四）体内实验检测 E3 泛素连接酶对底物降解的促进作用

1. 实验流程

（1）用如上所述的方法制备用于注射的泛素连接酶、泛素连接酶空载体、预期底物和 GFP 的农杆菌。农杆菌悬浮于 10 mmol/L $MgCl_2$ 后，将其中三者（泛素连接酶、预期底物和 GFP，或者泛素连接酶空载体、预期底物和 GFP）按一定比例混合后共同注入烟草叶片。

（2）3 天后分别取样。

（3）用非变性提取缓冲液提取两个样品烟草叶片总蛋白（留出部分烟草样品用于 mRNA 的提取）；Western blot 检测预期底物蛋白（一抗为预期底物所连接的表达标签）、泛素连接酶（一抗为泛素连接酶所连接的表达标签）和 GFP 蛋白的表达量（一抗为 GFP 抗体）。

（4）比较共表达空载体和共表达泛素连接酶中预期底物蛋白及 GFP 蛋白的相对含量，得出泛素连接酶是否影响预期底物蛋白表达量的结论。

（5）提取共表达泛素连接酶样品和共表达空载体样品的 mRNA。

（6）反转录后检测预期底物在 RNA 水平上的表达是否受到泛素连接酶的影响。

2. 实例说明

本部分用泛素连接酶 COP1 与其底物 ELF3 进行说明。将 COP1 构建于 pTA-7002 载体上与 Flag 标签相连，并被 35S 启动子启动，得到 35S::Flag-COP1。将相同量的含有 35S::HA-ELF3 的重组农杆菌与不同量的含有 35S::Flag-COP1 的重组农杆菌相混合，以含有 pBA-Myc 空载体的农杆菌来补足体积，同时加入少量的 HA-GFP 重组农杆菌作为内参。不同组合的农杆菌混合物分别注射烟草，3 天后取样。收集后的烟草样品一部分提取蛋白质用于 Western blot 检测分析蛋白质的表达量，另一部分提取 RNA 用于通过 RT-PCR 的方法来检测样品中 *Elf3* 基因的表达情况。如图 10-8 所示，随着泛素连接酶 Flag-COP1 蛋白量的增加，底物 HA-ELF3 的蛋白量逐渐降低；在不同组合的混合样品中内参 HAGFP 的表达量并不受 Flag-COP1 的影响。同时，HA-ELF3 在 mRNA 水平上的表达也没有随着 Flag-COP1 表达量的增加而发生变化。因此，Flag-COP1 是在蛋白质水平上调节 HA-ELF3 的稳定性。

3. 注意事项

（1）参照检测 MG132 对预期底物蛋白降解抑制作用实验的注意事项：挑选生长状

态较一致的烟草；混合时适量减少含 GFP 农杆菌的比重。

（2）泛素连接酶和底物蛋白的表达量同样可能有较大的差距，因此同样需要根据其表达量来调整相应农杆菌的比例。

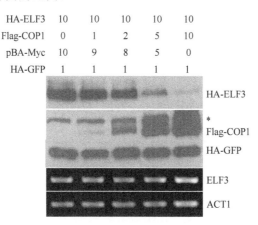

HA-ELF3	10	10	10	10	10
Flag-COP1	0	1	2	5	10
pBA-Myc	10	9	8	5	0
HA-GFP	1	1	1	1	1

图 10-8　烟草注射法在体内检测 COP1 蛋白量对 ELF3 稳定性的影响。*为非特异性异常

（五）半体内的蛋白降解反应

1. 实验流程

（1）用如上所述的方法制备用于注射的泛素连接酶、预期底物的农杆菌。农杆菌悬浮于 10 mmol/L MgCl₂ 后将二者分别注入烟草叶片。

（2）3 天后取样：分别收集泛素连接酶样品和底物蛋白样品，收集未注射的烟草样品作为对照。

（3）将三个样品用非变性提取缓冲液分别提取，向最终的蛋白提取液中加入终浓度为 10 mmol/L 的 ATP 以维持 26S 蛋白酶体的活性。

（4）将底物蛋白样品提取液分别与泛素连接酶样品提取液或对照样品提取液混合。

（5）将混合后的样品放置于 4℃或室温，缓慢旋转反应相应时间。

（6）加入 4×SDS-PAGE 上样缓冲液[0.25 mol/L Tris（pH6.8）、8% SDS、40% glycerol、0.005% bromophenol blue、20% 2-mercaptoethanol]，95℃，5 min 终止反应。

（7）Western blot 杂交检测预期底物蛋白（一抗为预期底物所连接的表达标签）、E3 泛素连接酶（一抗为 E3 所连接的表达标签）的蛋白量。

2. 实例说明

本部分选用 35S::Flag-COP1 和 35S::HY5-GFP 进行实验说明。将含有 35S::Flag-COP1 和 35S::HY5-GFP 的重组农杆菌分别注射烟草叶片，3 天后取样提取蛋白质，同时以未注射的空白烟草（mock）作为 Flag-COP1 的对照。将 HY5-GFP 蛋白提取液分别和 Flag-COP1、mock 提取液混合后置于 4℃进行蛋白降解试验，相应时间点取样。取出的样品加入蛋白上样缓冲液并沸水浴 5 min 终止反应。将最终得到的各个时间点的反应样品通过 SDS-PAGE 胶分离后用 anti-GFP 抗体检测 HY5-GFP 蛋白的变化情况，同时用

anti-Flag 抗体检测 Flag-COP1。结果如图 10-9 所示，随着时间的延长，两个反应混合液中 HY5-GFP 蛋白的量都逐渐减少，同时降解形式的 HY5-GFP 蛋白（星号标注）逐渐增多，但在 HY5+COP1 的样品中 HY5 蛋白的降解速率明显高于样品 HY5+mock。HY5 蛋白在 HY5+mock 样品中的降解可能是由于在烟草中存在 COP1 的同源蛋白。以上试验结果证明 COP1 介导对 HY5 的降解，且其对 HY5 的降解随时间增加而增加。

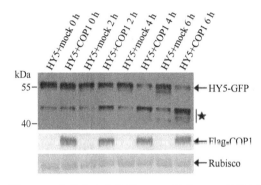

图 10-9　半体内实验检测 COP1 促进 HY5 的降解

3. 注意事项

（1）对于一些表达量高且稳定性强的底物而言，有时体内试验很难直接检测到泛素连接酶对底物蛋白降解的影响。而半体内的方法可以通过改变反应时间来达到研究的目的。

（2）泛素连接酶和底物蛋白的表达量可能有较大的区别，因此需要根据二者的表达量来调整相应提取液的比例。

（3）一般情况下室温可以加快蛋白质的降解，但如果泛素连接酶或预期底物在溶液中稳定性较弱，则应选择低温下进行试验。

（4）由于不同蛋白的稳定性不同，因此在试验初期需要通过时间梯度试验来决定最好的取样时间点。

（六）检测 26S 蛋白酶体抑制剂 MG132 对泛素连接酶促进底物蛋白降解的抑制作用

1. 实验流程

（1）对于在体内检测泛素连接酶对底物降解的促进作用的试验而言，取样前 12 h 分别在注射了农杆菌的烟草叶片中再次注射 50 μmol/L 的 MG132 或者 10 mmol/L MgCl₂（对照），然后以同样的试验流程检测蛋白质的稳定性，以及 MG132 对底物蛋白稳定性的影响。

（2）对于在半体内检测泛素连接酶对底物降解的促进作用的试验而言，混合泛素连接酶和预期底物后，在混合液中加入 50 μmol/L 的 MG132 或者相应量的 DMSO，然后以同样的试验流程检测蛋白的稳定性，以及 MG132 对底物蛋白稳定性的影响。

2. 实例说明

本实例中 HY5+COP1 样品和 HY5+mock 样品皆一分为二。在其中一份中加入终浓度为 50 μmol/L 的 MG132，另一份中加入等量的 DMSO。反应混合液在 4℃放置 6 h 后加入蛋白上样缓冲液并煮沸 5 min 终止反应。结果如图 10-10 所示，在加入和未加入 COP1 的样品中 HY5 的降解皆被 MG132 抑制，降解形式的 HY5-GFP 蛋白（星号标注）不受 MG132 的影响，说明 HY5 的降解确实是通过 26S 蛋白酶体来完成的。

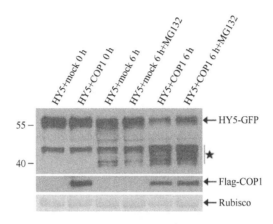

图 10-10　烟草注射法检测 MG132 抑制 COP1 对 HY5 的降解

3. 注意事项

（1）该试验是在检测了泛素连接酶对底物降解的促进作用试验的基础上进行的。一般只选择一个泛素连接酶和预期底物的农杆菌浓度比例，或一个时间点。

（2）可同时加入 MG132 和 MG115 来增强对 26S 蛋白酶体的抑制作用。

（七）用烟草注射表达的蛋白质进行体外泛素化反应

我们知道体内泛素连接酶对底物的泛素化降解反应可能是由于间接原因造成的，比如泛素连接酶影响其他蛋白质的稳定性，而这个蛋白质的存在是我们检测的底物蛋白保持稳定状态所必需的，或者泛素连接酶的存在使整个细胞的状态发生改变从而使底物蛋白由于某些原因被降解。因此，体外的底物泛素化反应对于证明特定泛素连接酶和底物之间的特异性是非常重要的。但由于在 *E. coli* 中表达的蛋白质缺少翻译后的蛋白质修饰，从而使一些泛素连接酶不能很好地发挥其功能。同样，一些底物蛋白也可能由于缺乏修饰而不能被泛素化，如有些蛋白需要首先磷酸化后才能被泛素化进而被降解。在动物泛素研究领域，科学家在细胞系中瞬时表达泛素连接酶与底物蛋白，纯化后用于体外的泛素化反应，从而避免了原核生物表达真核蛋白的修饰问题（*31*，*32*）。基于同样的设想，通过烟草注射系统表达的蛋白纯化后应该也能够用于体外的泛素化试验。

1. 实验流程

1）获得免疫共沉淀复合物

（1）用如上所述的方法在烟草中分别瞬时表达泛素连接酶和预期底物。

（2）取样后用非变性提取缓冲液提取烟草叶片总蛋白。

（3）混合泛素连接酶和预期底物的提取液，进而用预期底物所连接的表达标签进行免疫共沉淀反应（步骤如上所述）。

2）体外泛素化反应

（1）向免疫沉淀反应后所得到的免疫共沉淀复合物中加入 900 μL 50 mmol/L 的 Tris-HCl（pH7.5）重悬 beads，迅速均匀地将其分装至三个 1.5 mL Eppendorf 管中。

（2）向每个管中再加入 1 mL 预冷的 50 mmol/L Tris-HCl（pH7.5），离心，去尽上清。

（3）向每个管中加入 1.5 μL 20×反应缓冲液 [1 mol/L Tris（pH7.5），100 mmol/L ATP，200 mmol/L MgCl$_2$，40 mmol/L DTT]和 4 μg 纯化的 His-Ub。

（4）三个管分别标注为+E1、+E2 和+E1E2。在+E1 和+E1E2 管中加入 50 ng wE1，在+E2 和+E1E2管中加入 100 ng hE2 UBCH5B，最终三个管皆加dH$_2$O至总体积为30 μL。

（5）30℃，900 r/min，孵育 90 min。

（6）向管中分别加入 4×SDS-PAGE 上样缓冲液，95℃，5 min 终止反应。

（7）Western blot 检测预期底物蛋白（一抗为预期底物所连接的表达标签）及其泛素化情况（Nichel-HRP）。

2. 实例说明

本部分选用 35S∷HY5-GFP 和 35S∷Myc-COP1 两个重组载体进行实例说明。在烟草中分别表达 HY5-GFP 和 Myc-COP1。用非变性缓冲液进行蛋白提取后，把 HY5-GFP 和 Myc-COP1 提取液混合。用 anti-Myc 抗体进行免疫共沉淀反应得到 HY5-GFP/Myc-COP1 复合物。将所得到的免疫共沉淀复合物平均分为三份，相应地加入泛素激活酶、泛素耦合酶和泛素蛋白 Ub 后置于 30℃，900 r/min 条件下反应 90 min。反应后的产物用 SDS-PAGE 胶分离。Western blot 时用 anti-GFP 抗体检测 HY5-GFP 蛋白，可以看到只有在 E1、E2 和 Ub 都存在的情况下才可以检测到高于 HY5-GFP 自身条带大小的信号，说明 HY5 被 COP1 泛素化（图 10-11A）。同样的样品用 Nichel-HRP 检测 His-Ub 及其修饰的蛋白质发现，只有在 E1、E2 和 Ub 都存在的情况下才能检测到泛素化修饰的大分子质量条带（图 10-11B）。这些条带可能是 COP1 自身泛素化及 HY5 泛素化条带的混合物（星号标识）。图中三角形标识为泛素化的 E2。

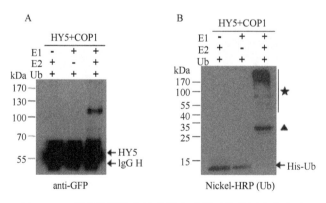

图 10-11 烟草注射法表达的蛋白质用于体外泛素化实验

3. 注意事项

（1）泛素连接酶和底物蛋白的表达量可能有较大的差距，因此需要根据其表达量来调整相应蛋白提取液的比例。

（2）对于体外泛素化的实施，应参照上一节体外泛素化的详细信息。

参 考 文 献

1. M. Proietto, M. M. Bianchi, P. Ballario, A. Brenna, *Int. J. Mol. Sci.* **16**, 15347(2015).
2. R. D. Vierstra, *Plant Physiol.* **160**, 2(2012).
3. J. Smalle, R. D. Vierstra, *Annu. Rev. Plant Biol.* **55**, 555(2004).
4. R. D. Vierstra, *Trends Plant Sci.* **8**, 135(2003).
5. Z. Hua, R. D. Vierstra, *Annu. Rev. Plant Biol.* **62**, 299(2011).
6. C. Michelle, P. Vourc'h, L. Mignon, C. R. Andres, *J. Mol. Evol.* **68**, 616(2009).
7. J. Callis, *Arabidopsis Book* **12**, e0174(2014).
8. A. Bachmair, M. Novatchkova, T. Potuschak, F. Eisenhaber, *Trends Plant Sci.* **6**, 463(2001).
9. D. Komander, M. Rape, *Annu. Rev. Biochem.* **81**, 203(2012).
10. R. D. Vierstra, *Nat. Rev. Mol. Cell Biol.* **10**, 385(2009).
11. N. Yan, J. H. Doelling, T. G. Falbel, A. M. Durski, R. D. Vierstra, *Plant Physiol* **124**, 1828(2000).
12. A. J. Book *et al.*, *J. Biol. Chem.* **285**, 25554(2010).
13. X. Fu *et al.*, *Plant Cell* **14**, 3191(2002).
14. P. M. Hatfield, M. M. Gosink, T. B. Carpenter, R. D. Vierstra, *Plant J.* **11**, 213(1997).
15. J. Jin, X. Li, S. P. Gygi, J. W. Harper, *Nature* **447**, 1135(2007).
16. E. Kraft *et al.*, *Plant Physiol* **139**, 1597(2005).
17. M. C. Criqui *et al.*, *Plant Physiol* **130**, 1230(2002).
18. D. M. Wenzel, A. Lissounov, P. S. Brzovic, R. E. Klevit, *Nature* **474**, 105(2011).
19. Z. M. Eletr, D. T. Huang, D. M. Duda, B. A. Schulman, B. Kuhlman, *Nat. Struct. Mol. Biol.* **12**, 933(2005).
20. E. Isono, M. K. Nagel, *Front Plant Sci.* **5**, 56(2014).
21. F. E. Reyes-Turcu, K. H. Ventii, K. D. Wilkinson, *Annu. Rev. Biochem.* **78**, 363(2009).
22. D. Komander, M. J. Clague, S. Urbe, *Nat. Rev. Mol. Cell Biol.* **10**, 550(2009).
23. M. J. Matunis, E. Coutavas, G. Blobel, *J. Cell Biol.* **135**, 1457(1996).
24. M. Hochstrasser, *Annu. Rev. Genet.* **30**, 405(1996).
25. Q. Zhao *et al.*, *Plant J.* **74**, 524(2013).
26. H. Zhang *et al.*, *Plant Cell* **27**, 214(2015).
27. Q. Xie *et al.*, *Nature* **419**, 167(2002).
28. S. L. Stone *et al.*, *Plant Cell* **18**, 3415(2006).
29. H. Liu, S. L. Stone, *Plant Cell* **22**, 2630.
30. H. K. Lee *et al.*, *Plant Cell* **21**, 622(2009).
31. S. Fang *et al.*, *J. Biol. Chem.* **275**, 8945(2000).
32. G. Chen *et al.*, *Am. J. Physiol. Renal. Physiol.* **295**, F1528(2008).
33. S. Ueki, B. Lacroix, A. Krichevsky, S. G. Lazarowitz, V. Citovsky, *Nat. Protoc.* **4**, 71(2009).
34. M. M. Goodin, R. G. Dietzgen, D. Schichnes, S. Ruzin, A. O. Jackson, *Plant J.* **31**, 375(2002).
35. E. Koscianska, K. Kalantidis, K. Wypijewski, J. Sadowski, M. Tabler, *Plant Mol. Biol.* **59**, 647(2005).
36. M. Rodriguez *et al.*, *Biotechnol. Bioeng.* **89**, 188(2005).
37. N. Mokrzycki-Issartel *et al.*, *FEBS. Lett.* **552**, 170(2003).
38. T. Wroblewski, A. Tomczak, R. Michelmore, *Plant Biotechnol. J.* **3**, 259(2005).
39. R. Chakrabarty *et al.*, *Mol. Plant Microbe. Interact.* **20**, 740(2007).

40. L. K. Johansen, J. C. Carrington, *Plant Physiol.* **126**, 930(2001).

41. O. Voinnet, S. Rivas, P. Mestre, D. Baulcombe, *Plant J.* **33**, 949(2003).

42. P. Ma *et al.*, *Appl. Biochem. Biotechnol.* **158**, 243(2009).

43. M. T. Osterlund, C. S. Hardtke, N. Wei, X. W. Deng, *Nature* **405**, 462(2000).

44. J. W. Yu *et al.*, *Mol. Cell* **32**, 617(2008).

（于菲菲　谢　旗　赵庆臻　刘利静）

第十一章 植物蛋白质的相素化修饰

翻译后修饰是蛋白质发挥生物学功能的重要调节机制，相素化（sumoylation）修饰是其中一种重要的形式。相素（small ubiquitin-like modifier，SUMO）是一类结构上与泛素相似，广泛存在于真核生物中的保守蛋白质。相素化修饰与泛素化相似，也分为成熟、活化、结合、连接和解离等过程，而且该途径在各物种间进化上是保守的。相素化反应需要相素活化酶（E1）、相素耦合酶（E2）、相素连接酶（E3）及相素特异性蛋白酶（ULP）。成熟的相素分子通过异肽键连接到底物蛋白的赖氨酸残基（1）。与酵母和哺乳动物类似，植物蛋白质的相素化修饰广泛存在于细胞内的各种生物学途径，调控靶蛋白的定位、稳定性和功能，在信号转导、转录调控、核质运输、DNA 损伤修复和细胞周期调控等方面发挥着重要作用。

第一节 概 述

一、相素分子

相素分子存在于所有的真核生物中，它们都具有保守的泛素结构域和 C 端双 Gly 的断裂/连接位点。与酵母和哺乳动物相比，植物包含更多的相素基因。模式植物拟南芥（*Arabidopsis thaliana*）的基因组中含有 9 种编码相素的基因，其中 Sumo9 是假基因。其他 8 个簇生的拟南芥相素蛋白可分成 5 个亚族：相素 1/2、相素 3、相素 5、相素 4/6 和相素 7/8（2）。此外，与动物和真菌一样，多数植物相素蛋白的 C 端包含 2 个甘氨酸，但是相素 7 的 C 端是丙氨酸-甘氨酸，而相素 4 和相素 6 的 C 端则是丝氨酸-甘氨酸（3）。目前尚不清楚这些差异是否影响相素的活性及其加工过程。拟南芥中 Sumo1 和 Sumo2 表达水平较高，它们的双缺失突变体产生胚胎致死表型（4），而过表达 Sumo1 或 Sumo2 影响了植物对脱落酸的反应（5）。Sumo3 缺失突变体延迟植物开花，而过表达 Sumo3 导致早花和激活植物防御反应（6）。拟南芥中其他相素蛋白的生物学功能尚待进一步研究。

二、相素特异性蛋白酶

相素一般先表达为无活性的前体蛋白，而后其羧基端发生裂解，水解切除几个氨基酸残基以暴露双甘氨酸残基，从而转变为成熟形式。此过程由一组半胱氨酸蛋白酶催化完成，称为类泛素蛋白加工酶（ubiquitin-like-protein-processing enzyme，ULP）或相素特异性蛋白酶（SUMO-specific protease），拟南芥的相素蛋白酶称为 AtULP（3）。相素特异性蛋白酶是一种双功能酶，除了加工相素前体蛋白之外，它还参与去相素化过程（desumoylation），即将相素分子从底物上解离出来，重新进入相素化循环。由此可见，相素化修饰是一个可逆的动态过程。靶蛋白的动态相素化调节对于其功能调节是非常重要的，因此去相素化与相素化都非常重要。例如，拟南芥中编码相素特异性蛋白酶的 *Esd4* 基因的突变使植物提早开花，同时也影响了其他器官的发育（*7，8*）。

三、相素激活酶（SAE/E1）

成熟的相素分子需要经过活化才能修饰底物，这个过程是由相素激活酶（SUMO-activating enzyme，SAE）催化完成的。相素激活酶是由 AOS1（SAE1）和 UBA2（SAE2）形成的异源二聚体，二者的 N 端及 C 端分别与泛素激活酶的相应结构类似。拟南芥含有 2 个编码 SAE 小亚基 SAE1 的基因，分别是 *Sae1a* 和 *Sae1b*；编码 SAE 的大亚基是 *Sae2*（*3*）。相素激活酶消耗 ATP，通过非共价键形成腺苷酸化的相素中间体，然后有活性的相素分子被转移到相素活化酶大亚基的半胱氨酸残基上，形成硫酯键而完成活化（*2*）。拟南芥相素激活酶基因的缺失突变导致胚胎死亡（*4*）。

四、相素耦合酶（SCE1/E2）

活化后的相素通过转酯反应转移至相素耦合酶（SUMO-conjugating enzyme，SCE1，又名 UBC9）的半胱氨酸残基上，形成相素-相素耦合酶中间体（*9*）。在相素与底物结合的反应中，相素耦合酶起着最终供体的作用。相素耦合酶的序列及折叠结构都与泛素途径中泛素耦合酶类似，但泛素途径包含多种泛素耦合酶以应对不同的底物，而相素化修饰过程中相素耦合酶却是唯一的（*10*）。拟南芥中唯一编码相素耦合酶的基因是 *AtSce1*。AtSCE1 与相素结合的位点位于 C 端的第 94 位半胱氨酸残基上（*2*）。生物信息学预测，水稻中可能存在 3 个编码相素耦合酶的基因：*Scea*、*Sceb* 和 *Scec*（*11*）。近年来，酵母双杂交和体外试验的结果表明，UBC9 已具有足够的底物识别能力，在没有相素连接酶的协助下也可以完成相素化修饰。其原因可能是 UBC9 或 UBC9-相素耦合物提供了对保守位点及保守序列之外的几何结构的特异性识别（*1*）。另一种观点则认为 SCE 的 C 端带有很强的正电荷，由此 SCE 的半胱氨酸残基可以直接和底物的靶位点（ψKXE/D 序列，ψ 代表疏水氨基酸；K 为赖氨酸；X 为任意氨基酸；E 为谷氨酸；D 为天门冬氨酸）相结合（*12*）。拟南芥 *Sce1* 基因的缺失突变同样产生胚胎致死表型（*4*）。

五、相素连接酶（E3）

体外试验中，相素激活酶和泛素耦合酶足以使底物相素化。但是体内试验表明，绝大多数相素定位到靶分子的过程还需要相素连接酶的参与。相素连接酶赋予蛋白质相素化过程的底物特异性，底物的靶位点通常含有保守序列 ψKXE/D。相素连接酶还可与通过识别底物的其他特征或者通过激活相素-SCE1 复合物来增强其特异性（*13*）。拟南芥中目前只发现了两种相素连接酶：AtSIZ1 和 AtMMS21。AtSIZ1 参与植物中多种与环境适应有关的调控，包括硝酸还原酶的激活、耐冷耐热性、磷酸饥饿响应等胁迫反应、SA 信号途径、ABA 信号途径及花期调控等植物生长发育过程（*14-17*）。另一种相素连接酶 AtMMS21 参与调控植物的根部发育、生殖发育、细胞周期、DNA 损伤修复及干旱胁迫应答等过程（*18, 19*）。

六、相素连接酶（E4）

最近在拟南芥中发现 *Pial1* 和 *Pial2* 两种基因编码相素连接酶 E4，它的作用是将相素分子连接成一条多聚相素链（*20*）。结合到底物蛋白上的多聚相素链形成一个结合位点，该结合位点可被一类称为相素靶向泛素连接酶[STUbL（*8, 21, 22*）]的泛素连接酶 E3 所识别。拟南芥中现已发现存在至少 6 种 STUbL，其中 2 种在真核生物中相当保守，在进化和功能上与哺乳动物中的 RNF4 及酵母中的 Slx8（*23*）类似。STUbL 通过它的多重相素互作基序（SIM）二聚化，并以非共价键的形式结合多聚相素链，最终将相素分子及其底物蛋白泛素化（*24, 25*），从而介导多聚相素链及其底物蛋白进入泛素化降解途径。

七、相素化修饰底物及其调控功能

相素化修饰具有广泛的功能，主要体现在被其修饰的底物上。通过基于高通量的质谱鉴定及酵母双杂交等方法，在植物中已鉴定了大量潜在的相素化修饰底物（*26, 27*）。目前的研究表明，植物的相素化修饰在植物生长发育、激素信号转导、抗病防御及应对非生物胁迫等方面起重要作用。例如，ICE1 的相素化能够促进它的活性及稳定性，从而影响植物的冷信号通路（*28*）；细胞周期关键因子 DPa 的相素化可以影响 DPa 和 E2Fa 的相互作用，从而调控植物细胞周期（*29*）；染色质重塑复合物中 BRM 蛋白的相素化影响其稳定性，表明蛋白质相素化在表观遗传调控中也具有重要作用（*30*）；DNA 断裂修复途径中的一些同源重组蛋白如 PCNA、RanGAP 等会发生相素化修饰，参与 DNA 双链断裂修复（*31*）；活性化的 SnRK1 能引起其自身的相素化及降解，从而构成负反馈环，减弱 SnRK1 信号途径的转导（*32*）；植物通过调整非相素结合的 DELLA 蛋白的比例来响应环境压力，从而构筑了一个非 GA 依赖的信号通路，实现了不依赖 GA 的生长调控（*33*）；此外，ABI5 受 SIZ1 介导的相素化对 ABA 信号途径具有负调控作用（*15*）。以上例子表明蛋白质相素化在植物生长发育和逆境响应调控中均具有重要的生物学功能。

第二节　实　验　技　术

植物蛋白相素化的检测，主要是在待检测的目标蛋白上融合一个检测标签，如 Flag、Myc、YFP 等，在植物或大肠杆菌体内进行表达。由于相素化修饰是共价结合的，使得在 SDS 变性胶中被相素化修饰的目标蛋白分子质量增大，导致电泳迁移速率变慢，从而与未被修饰的部分目标蛋白分离。目标蛋白的相素化修饰是依靠内源相素酶系，或在体外系统中加入相素化酶系组分来实现的。

一、在大肠杆菌重构体系中检测植物蛋白相素化修饰

本方法在大肠杆菌中引入拟南芥的相素反应酶系（At 相素 1，激活酶 SAE1-SAE2，

耦合酶 SCE1），同时表达带有标签的待检测底物，使相素化修饰在大肠杆菌细胞内进行。该方法简单快速，易于操作，缺点是无法进行定量反应，也较难检测连接酶对反应的影响。下面以细胞周期关键因子 DPa 的相素化检测为例进行说明（29）。

（1）分别构建 pET28a-SAE1a-His-SAE2（E1）、pACYCDuet-相素 1 GG（活化态相素 1）、pACYCDuet-His-SCE1-Myc-相素 1 GG（E2+活化态相素 1）表达载体，用以表达相素分子及相素化酶系。

①pET28a-SAE1a-His-SAE2 载体来自维也纳大学 Perutz 实验室（34）。

②构建 pACYCDuet-Myc-相素 1 GG，以野生型拟南芥 cDNA 为模板，AGATCT-C-GAGCAAAAGCTCATTTCTGAAGAGGACTTG-ATGTCTGCAAACCAGGAGGAAG 和 AGT-ACTAGT-CTCGAG-TCAGCCACCAGTCTGATGGAGCATC 为引物进行 PCR，获得相素 1 GG 的编码序列（CDS），并以 *Bgl* II/*Xho* I 双酶切连入表达载体 pACYCDuet 中。

③构建 pACYCDuet-His-SCE1-Myc-相素 1 GG，以野生型拟南芥 cDNA 为模板，AGT-GAATTC-G-ATGGCTAGTGGAATCGCTCGTG 和 AGT-GTCGAC-TTAGACAAGAGCAGGATACTGCTTG 为引物进行 PCR，克隆 SCE1 的 CDS 序列，并以 *EcoR* I /*Sal* I 双酶切连入表达载体 pACYCDuet-Myc-相素 1 GG 中。

（2）将 pET28a-SAE1-His-SAE2 载体[卡那霉素（Kan）抗性]和 pACYCDuet-Myc-相素 1 GG 载体[氯霉素（Cm）抗性]共同转入 BL21 大肠杆菌蛋白诱导菌株中，鉴定并挑取单菌落，将携带这两种质粒的 BL21 菌株制成对照组感受态。

（3）将 pET28a-SAE1-His-SAE2 载体和 pACYCDuet-His-SCE1-Myc-相素 1 GG 载体（Cm 抗性）共同转入 BL21 菌株中，鉴定并挑取单菌落，将携带这两种质粒的 BL21 菌株制成实验组感受态。

（4）将待检测的目的蛋白基因融合检测标签连入 pCDFDuet 表达载体[链霉素（Str）抗性]中构建融合载体（例如，构建 pCDFDuet-His-DPa-Flag，以野生型拟南芥 cDNA 为模板，AGT-GTCGAC-ATGAGTATGGAGATGGAGTTGTTTG 和 AGT-GCGGCCGC-TCACTTATCGTCGTCATCCTTGTAATC-GCGAGTATCAATGGATCCCGAGTTC 为引物，克隆 *DPa* 的 CDS 序列，并以 *Sal* I /*Not* I 双酶切连入 pCDFDuet 载体中），并将该融合载体分别转入上述的对照组感受态及实验组感受态之中。由于两种大肠杆菌感受态均含有 pET28a 和 pACYCDuet 的质粒，所以自身含有 Kan 和 Cm 两种抗性，加之 pCDFDuet 为 Str 抗性，故应用 LB 培养基中加入 Kan 75 mg/L、Cm 30 mg/L、Str 50 mg/L 三种抗生素的平板进行阳性克隆筛选。37℃培养 12～16 h。

（5）分别挑取转化对照组和转化实验组的阳性单克菌落，接种于 5 mL 含有 Kan+Cm+Str 的 LB 液体培养基（用试管），37℃，200 r/min，培养 12～14 h。

（6）将培养的菌液接种于 50 mL 含 Kan + Cm + Str 的 LB 液体培养基（150 mL 锥形瓶）中，调整 OD_{600} 至 0.1 左右（一般需加 1 mL 左右菌液），37℃，200 r/min，培养约 1.5 h，至 OD_{600} 为 0.5 左右，吸取诱导前对照 1 mL，12 000 r/min 离心 1 min，弃上清，液氮速冻保存于–80℃超低温冰箱；然后向锥形瓶中加入终浓度为 0.5 mmol/L 的 IPTG，25℃，200 r/min，培养 12～16h，诱导蛋白表达（此步之前的 OD 测量均需要在超净工作台中完成）。

（7）测量诱导后菌液 OD_{600} 的数值（此时可以直接在外面吸取，若要继续诱导、培养，则仍需要在超净台中操作），吸取与诱导前菌体数大致相当的诱导后样品，12 000 r/min 离心 1 min，弃上清，液氮速冻保存于 –80℃ 超低温冰箱。

（8）取诱导前和诱导后的样品，加适量 1×PSB[10% 甘油，60 mmol/L Tris-HCl（pH6.8），2% SDS（m/V），0.01% 溴酚蓝（m/V），1 mmol/L β-巯基乙醇 或 DTT（使用前加入）]，混匀，沸水浴 4 min，上样 20 μL，进行 SDS-PAGE 电泳，考马斯亮蓝染色和脱色观察结果。

（9）考马斯亮蓝染色确定相素激活酶、相素耦合酶、相素、目的片段等均有表达后，将诱导后的蛋白样品（缺少相素耦合酶的对照组和含有相素耦合酶的实验组）进行 SDS-PAGE 电泳，转膜，分别用目标蛋白标签对应的抗体（如 Flag 抗体，Sigma）及 At 相素 1（ZiNiBio）抗体进行 Western blot 检测，检测目的蛋白是否有相素化修饰。

二、利用纯化组分体外检测植物蛋白相素化修饰

本方法通过在大肠杆菌中分别表达和纯化拟南芥相素 1、激活酶 SAE1-SAE2（E1）、耦合酶 SCE1（E2）、连接酶（AtMMS21 或 AtSIZ1）及待检测的底物蛋白，在试管中进行相素化修饰。该方法需进行蛋白质纯化，步骤较为复杂，但可以严格控制反应组分的量，也可以方便检测连接酶对反应的影响。以下方法以 AtMMS21 对底物相素化的影响为例进行说明（*29*）。

（1）分别构建 pACYCDuet-His-相素 1 GG（以拟南芥 cDNA 为模板，AGT-GAATTC-G-GAGCAAAAGCTCATTTCTGAAGAGGACTTG-ATGTCTGCAAACCAGGAGGAAG 和 AGT-GTCGAC-TCAGCCACCAGTCTGATGGAGCATC 为引物，克隆相素 1GG 的 CDS 片段，并以 *Eco*R I /*Sal* I 双酶切连入表达载体 pACYCDuet 中）、pGEX-4T1-GST-AtMMS21（以拟南芥 cDNA 为模板，ATA-GGATCC-ATGGCGTCGGCGTCCTCG 和 ATA-CTCGAG-CTAATCTTCATCCACATCTTCT 为引物，克隆 *AtMMS21* 的 CDS 序列，并以 *Bam*H I /*Xho* I 双酶切连入 pGEX-4T1 载体中），以及融合了 His 标签和检测标签（如 pCDFDuet-His-DPa-Flag）的目标蛋白表达载体。表达相素活化酶的 pET28a-SAE1a-His-SAE2 质粒和表达相素耦合酶的 pACYCDuet-His-SCE1 质粒见方法 1。

（2）将 pACYCDuet-His-相素 1 GG、pGEX-4T1-GST-AtMMS21、pET28a-SAE1a-His-SAE2、pACYCDuet-His-SCE1，以及融合了 His 标签和检测标签的目标蛋白表达载体（如 pCDFDuet-His-DPa-Flag）分别转入 BL21 菌株中，分别检验并挑取单菌落，接种于 5 mL 相应抗性的 LB 液体培养基中，37℃，200 r/min，培养 12~14 h。

（3）分别将培养的菌液接种于 50 mL 含有对应抗生素的 LB 液体培养基（150 mL 锥形瓶）中，调整 OD_{600} 至 0.1 左右（一般需加 1 mL 左右菌液），37℃，200 r/min，培养约 1.5 h，至 OD_{600} 为 0.5 左右，吸取诱导前对照 1 mL，12 000 r/min 离心 1 min，弃上清，液氮速冻保存于 –80℃ 超低温冰箱；向锥形瓶中加入终浓度为 0.5 mmol/L 的 IPTG，18℃，200 r/min，培养 12~16 h，诱导蛋白表达（此步之前的 OD 测量均需要在超净工作台中完成）。吸取与诱导前菌体数大致相当的诱导后样品，12 000 r/min 离心 1 min，弃

上清，液氮速冻保存于–80℃超低温冰箱。将剩余的菌液收集于 50 mL 离心管，6000 r/min 离心 10 min，弃上清，液氮速冻，–80℃保存，用于后续蛋白纯化。

（4）取诱导前和诱导后的样品，加 80 μL 1× PSB，混匀，沸水浴 4 min，上样 20 μL 进行 SDS-PAGE 电泳，考马斯亮蓝染色确认蛋白样品是否成功诱导表达，确认后取出已收集的 50 mL 菌体沉淀，裂解细胞，纯化蛋白。

（5）通过 His 纯化获得相素 E1、相素 E2、相素 1 GG 及目标蛋白（步骤详见 His 蛋白纯化）；通过 GST 纯化获得 AtMMS21 蛋白（纯化步骤详见 GST 蛋白纯化）。

（6）将上述纯化蛋白经过 Amicon Ultra 超滤离心管浓缩并将溶剂更换为相素化反应缓冲液 [50 mmol/L Tris（pH7.4），100 mmol/L NaCl，5 mmol/L MgCl$_2$，5%甘油（V/V），5 mmol/L ATP]，分别进行蛋白定量。

（7）在离心管中加入 4 μg 相素 1GG、500 ng SAE1 和 SAE2（相素 E1）、200 ng SCE1（相素 E2）、1 μg DPa-Flag，加反应缓冲液补至 30 μL。如果检测连接酶 AtMMS21 对该反应的影响，可按一定的梯度如 0 μg、0.9 μg、9 μg 将 AtMMS21 加入反应液中。反应中各蛋白组分的量可根据不同的底物进行调整。37℃恒温孵育 4 h，加入 2 × PSB 30 μL，沸水浴 4 min 后置于冰上。

（8）进行 SDS-PAGE 电泳，转膜，分别用目标蛋白标签对应的抗体（如 Flag 抗体）及 At 相素 1 抗体进行 Western blot 检测，检测目的蛋白是否有相素化修饰，比较相素化的程度。

附：His 及 GST 蛋白纯化

（1）取出冻存的带 His 或 GST 标签的蛋白沉淀，每 50 mL 的菌体沉淀加入 2 mL 的 His binding buffer [50 mmol/L Tris-HCl（pH7.4），200 mmol/L NaCl，5 mmol/L Imidazole，5%甘油，1 mmol/L β-巯基乙醇或 DTT（使用前加入），1 mmol/L PMSF（使用前加入）。当纯化 E1 蛋白时，需额外加入 5 mmol/L ATP 以保持相素 E1 二聚体的完整性]或 GST binding buffer [50 mmol/L Tris 7.4，120 mmol/L NaCl，0.5% NP-40，5%甘油，1 mmol/L β-巯基乙醇或 DTT（使用前加入），1 mmol/L PMSF（使用前加入）]，为了降低裂解液的黏度和增加抽提效率，可以加入 2 μL Benzonase 核酸酶和 2 μL Lysozyme 溶菌酶，冰浴 10 min，超声波破碎细胞 10 min，收集破碎后的液体于 1.5 mL 离心管中，4℃，12 000 r/min 离心 10 min，收集上清。如不立即进行蛋白纯化，可将上清通过液氮速冻保存于–80℃超低温冰箱。纯化试验开始前，取出上清样品，室温水浴融化后，12 000 r/min 离心 5 min，去掉冻存过程中形成的沉淀，取上清用于纯化。

（2）预清洗 Ni-NTA 树脂（QIAGEN）或 GST 树脂（GE healthcare）：取 200 μL 的 Ni-NTA 树脂或 GST 树脂，用 1 mL His 或 GST binding buffer 洗 3 次，每次 300 g，2 min 离心，弃上清。

（3）将步骤（1）中收集的上清加入预清洗好的 Ni-NTA 或 GST 树脂中，室温下在垂直混合仪中孵育 30 min（或4℃ 2 h 以上）。然后4℃条件下 300 g 离心 2 min，弃上清。

（4）以 His wash buffer [50 mmol/L Tris-HCl（pH7.4），200 mmol/L NaCl，15 mmol/L Imidazole，5%甘油，1 mmol/L β-巯基乙醇 或 DTT（使用前加入），当纯化 E1 蛋白时，需额外加入 5 mmol/L ATP 以保持相素 E1 二聚体的完整性]或 GST wash buffer [50 mmol/L

Tris-HCl（pH7.4），120 mmol/L NaCl，5%甘油，1 mmol/L β-巯基乙醇 或 DTT（使用前加入）]清洗树脂，300 *g* 离心 2 min，弃上清，重复清洗 5 次。

（5）每管加入 200 μL 的 His elution buffer [50 mmol/L Tris-HCl（pH7.4），200 mmol/L NaCl，250 mmol/L Imidazole，5%甘油；当纯化相素激活酶蛋白时，需额外加入 5 mmol/L ATP 以保持相素激活酶二聚体的完整性]或 GST elution buffer [50 mmol/L Tris-HCl（pH7.4），120 mmol/L NaCl，5%甘油，10 mmol/L 还原型谷胱甘肽]，4℃孵育 15 min，期间每隔 5 min 用吸头搅拌混匀一次，300 *g* 离心 2 min，保留洗脱的上清液，重复洗脱 3 次。通过蛋白电泳分析洗脱液中纯化蛋白的量，用于后续实验。

三、运用质谱方法鉴定植物蛋白相素化位点

为了研究相素化修饰对底物蛋白功能的影响，对于相素化底物修饰位点的突变分析必不可少，而这一分析的前提则是底物的相素化修饰位点的鉴定。

对相素化修饰位点的预测主要是运用生物信息学方法，目前主流的预测软件为相素 sp 2.0（http://bioinformatics.lcd-ustc.org/相素 sp）（*35*）、 相素 plot ™（http://www.abgent.com.cn/相素 plot）、相素 pre（http://spg.biosci.tsinghua.edu.cn/service/相素 prd/predict.cgi）（*36*）。将预测分值较高的位点进行定点突变，利用上述方法一"在大肠杆菌重构体系中检测植物蛋白相素化修饰"进行检测，观察突变是否影响了底物蛋白的相素化修饰。然而生物信息学预测也存在着局限性和不确定性，很可能无法准确找到修饰位点。以下介绍一种基于质谱分析的检测底物蛋白相素化修饰位点的方法。

由于质谱分析法一般采用胰蛋白酶消化蛋白质，此时酶解出来的连接在修饰位点上的拟南芥相素 1 残留片段具有 25 个氨基酸，导致片段太长，不利于质谱分析。因此，选用拟南芥相素 3 作为修饰分子，酶解后的残留片段只有 5 个氨基酸，大大提高了可检测性（*37*）。

（1）分别构建 pACYCDuet-Myc-相素 3GG 和 pACYCDuet-His-SCE1-Myc-相素 3 GG（以拟南芥 cDNA 为模板，AGATCT-C-GAGCAAAAGCTCATTTCTGAAGAGGACTTG-ATGTCTAACCCTCAAGATGACAAG 和 CTCGAG-TCAACCACCACTCATCGCCCGGC AC 为引物，克隆相素 3 GG 的 CDS 片段，并以 *Bgl* II /*Xho* I 双酶切连入表达载体 pACYCDuet）。pET28a-SAE1a-His-SAE2（E1）和底物表达载体（如 pCDFDuet-His- DPa-Flag）的信息见方法一"在大肠杆菌重构体系中检测植物蛋白相素化修饰"。

（2）根据方法一"在大肠杆菌重构体系中检测植物蛋白相素化修饰"，在大肠杆菌 BL21 中转入 pET28a-SAE1a-His-SAE2、pACYCDuet-His-SCE1-Myc-相素 3 GG 及 pCDFDuet-His-DPa-Flag 作为实验组进行相素化反应，或者转入 pET28a-SAE1a-His-SAE2、pACYCDuet-Myc-相素 3 GG 及 pCDFDuet-His-DPa-Flag 所用的相素分子为拟南芥 At 相素 3 GG。200 mL LB 液体培养基中的菌体收集于 50 mL 离心管，6000 r/min 离心 10 min，弃上清，液氮速冻，–80℃保存，用于后续蛋白纯化。

（3）根据方法二"利用纯化组分体外检测植物蛋白相素化修饰"中 His 标签蛋白的纯化方法，分别在实验组和对照组中纯化 His-DPa-Flag 蛋白，通过 SDS-PAGE 电泳，考

马斯亮蓝染色、脱色，对比发现实验组中增加的蛋白条带为相素化修饰的条带。

（4）实验组和对照组的底物蛋白条带（包括相素化修饰的底物条带）分别从蛋白胶上切割收集，进行胰蛋白酶处理，用于常规的蛋白质谱试验，通过软件分析底物上受相素3修饰的片段，从而鉴定修饰位点。

（5）对鉴定的位点进行定点突变，运用方法一"在大肠杆菌重构体系中检测植物蛋白相素化修饰"，验证鉴定位点的突变是否影响底物的相素化。

四、通过免疫沉淀方法检测植物蛋白相素化修饰

蛋白质在植物体内的相素化修饰检测能真实反映生物体内的情况，但是实验难度较大，主要是因为目标蛋白在植物细胞内的表达量通常不高，而且相素化修饰在体内是动态变化的。所以通常在拟南芥原生质体中瞬时表达带有检测标签的底物蛋白和带有不同标签的 At 相素1，通过免疫共沉淀的方法，检测纯化的蛋白质是否受相素分子修饰（15，38）。

（1）将目标蛋白融合 Flag 标签，克隆至 35S 启动子驱动的表达载体中；将 At 相素1 的编码序列克隆至带有 Myc 标签的植物表达载体中，使 Myc 标签位于 At 相素1的 N端。

（2）利用 PEG 介导的原生质体转化方法，将带有 Flag 标签的目标蛋白表达载体和Myc-At 相素1 表达载体在拟南芥原生质体中共表达。将 Flag 空载体和 Myc-At 相素1共转化作为阴性对照。转化 24 h 或 48 h 后 60 g 离心 10 min，收集原生质体，移除上清。以下步骤在冰上或 4℃ 条件下操作。

（3）在原生质体沉淀中加入 1 mL 裂解液 [10 mmol/L Tris-HCl（pH7.5），0.5% Nonidet P-40，2 mmol/L EDTA，150 mmol/L NaCl，1 mmol/L PMSF，1%（V/V）protease inhibitor mixture（Sigma）]，轻轻吸打使细胞充分裂解。

（4）在 4℃ 条件下，12 000 g 离心 10 min，小心收集上清。

（5）将 20 μL Anti-Flag Agarose（Sigma）（Agarose 已用裂解液预洗涤 3 遍）与收集的上清混合，在 4℃ 条件下，旋转孵育 2 h。

（6）4℃ 条件下 500 g 离心 1 min，移除上清。同样条件洗涤 Agarose 树脂 5 次，每次加入 1 mL 裂解液，尽量减少 Agarose 损失。

（7）尽量吸干残存的裂解液，加入适量蛋白上样缓冲液至 Agarose 上，沸水浴 5 min，放置冰上冷却。

（8）将样品进行 SDS-PAGE 电泳，转膜后通过 Western blot 检测，利用 anti-Flag 抗体检测目标蛋白是否沉淀下来；利用 anti-Myc 抗体检测沉淀的目标蛋白是否受相素化修饰。如果目标蛋白受相素化修饰，anti-Myc 抗体可在免疫沉淀样品中检测到 Myc-相素1修饰，而在阴性对照样品中检测不到相应修饰。

参 考 文 献

1. R. J. Dohmen, *BBA-Mol. Cell Res.* **1695**, 113(2004).
2. M. Novatchkova, R. Budhiraja, G. Coupland, F. Eisenhaber, A. Bachmair, *Planta* **220**, 1(2004).

3. J. Kurepa *et al.*, *J. Biol. Chem.* **278**, 6862(2003).

4. S. A. Saracco, M. J. Miller, J. Kurepa, R. D. Vierstra, *Plant Physiol.* **145**, 119(2007).

5. L. M. Lois, C. D. Lima, N.-H. Chua, *Plant Cell* **15**, 1347(2003).

6. H. A. van den Burg, R. K. Kini, R. C. Schuurink, F. L. Takken, *Plant Cell* **22**, 1998(2010).

7. P. H. Reeves, G. Murtas, S. Dash, G. Coupland, *Development.* **129**, 5349(2002).

8. K. Uzunova *et al.*, *J. Biol. Chem.* **282**, 34167(2007).

9. P. Heun, *Curr. Opin. Cell Biol.* **19**, 350(2007).

10. S. Müller, A. Ledl, D. Schmidt, *Oncogene* **23**, 1998(2004).

11. K. Miura *et al.*, *Plant Cell* **19**, 1403(2007).

12. D. A. Sampson, M. Wang, M. J. Matunis, *J. Biol. Chem.* **276**, 21664(2001).

13. D. Reverter, C. D. Lima, *Nature* **435**, 687(2005).

14. J. B. Jin *et al.*, *Plant J.* **53**, 530(2008).

15. K. Miura *et al.*, *P. Natl. Acad. Sci. USA.* **106**, 5418(2009).

16. K. Miura *et al.*, *P. Natl. Acad. Sci. USA.* **102**, 7760(2005).

17. B. S. Park, J. T. Song, H. S. Seo, *Nat. Commun.* **2**, 400(2011).

18. L. Huang *et al.*, *Plant J.* **60**, 666(2009).

19. T. Ishida *et al.*, *Plant Cell* **21**, 2284(2009).

20. K. Tomanov *et al.*, *Plant Cell* **26**, 4547(2014).

21. Y. Xie *et al.*, *J. Biol. Chem.* **282**, 34176(2007).

22. M. H. Tatham *et al.*, *Nat. Cell Biol.* **10**, 538(2008).

23. N. Elrouby, M. V. Bonequi, A. Porri, G. Coupland, *P. Natl. Acad. Sci. USA.* **110**, 19956(2013).

24. A. Plechanovová, E. G. Jaffray, M. H. Tatham, J. H. Naismith, R. T. Hay, *Nature* **489**, 115(2012).

25. Y. Xu *et al.*, *Nat. Commun.* **5**, 4217(2014).

26. N. Elrouby, G. Coupland, *P. Natl. Acad. Sci. USA.* **107**, 17415(2010).

27. M. J. Miller, G. A. Barrett-Wilt, Z. Hua, R. D. Vierstra, *P. Natl. Acad. Sci. USA.* **107**, 16512(2010).

28. K. Miura *et al.*, *Plant Cell* **19**, 1403(2007).

29. Y. Liu *et al.*, *Plant Cell* **28**, 2225(2016).

30. J. Zhang *et al.*, *Plant Physiol.*(2017).

31. I. Psakhye, S. Jentsch, *Cell* **151**, 807(2012).

32. P. Crozet *et al.*, *Plant J.* **85**, 120(2016).

33. L. Conti *et al.*, *Dev. Cell* **28**, 102(2014).

34. R. Budhiraja *et al.*, *Plant Physiol.* **149**, 1529(2009).

35. Y. Xue, F. Zhou, C. Fu, Y. Xu, X. Yao, *Nucleic. Acids. Res.* **34**, W254(2006).

36. J. Xu *et al.*, *BMC bioinformatics* **9**, 1(2008).

37. S. Okada *et al.*, *Plant Cell Physiol.* **50**, 1049(2009).

38. Y. Zheng, K. S. Schumaker, Y. Guo, *P. Natl. Acad. Sci. USA.* **109**, 12822(2012).

（阳成伟　赖建彬　喻孟元）

第十二章　泛素化蛋白的质谱法鉴定

第一节　概　　述

系统深入地研究泛素化及其修饰系统、鉴定泛素化相关酶的底物及其修饰位点，不仅有助于深入理解生理、病理过程，解析重大疾病的关键节点，而且也可为研发相应靶点的药物，实现对多种疾病的精准治疗提供理论基础。

泛素（ubiquitin，Ub）是一种含 76 个氨基酸、序列高度保守且广泛存在于真核生物的小分子蛋白（1）。泛素分子的 7 个赖氨酸残基（lysine，K）及 N 端的甲硫氨酸均可发生泛素化修饰，形成具有 8 种拓扑结构的泛素链。以酵母为例，利用蛋白质组学中绝对定量（absolute quantification，AQUA）策略测定 7 种赖氨酸链接的泛素链比例，即 K6：K11：K27：K29：K33：K48：K63 约为 11：28：9：3：4：29：16（2）（图 12-1）。

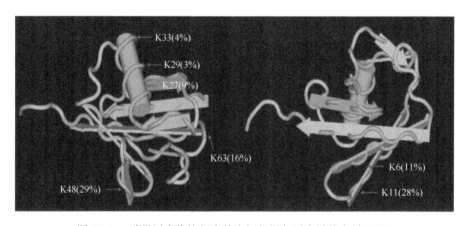

图 12-1　酵母泛素修饰位点的空间位置与泛素链的含量（2）

泛素链的结构各异、种类繁多。不同类型泛素链介导众多的生物学过程（3，4），其影响甚至决定了蛋白质的命运。其中研究最充分的 K48 链主要介导蛋白质通过 26S 蛋白酶体降解（5）；K11 链参与内质网相关的蛋白质降解（endoplasmic-reticulum-associated protein degradation，ERAD）和 APC/C 复合物介导的细胞周期调控蛋白的降解（2）；K63 链大多作为非降解信号，参与细胞内信号转导、胞吞（endocytosis）、核糖体氧化应激和 DNA 修复等过程（6-9）。与此同时，其他非典型泛素链的生物学功能逐步被报道。此外，单泛素化修饰参与调节 DNA 修复和受体胞吞（10，11）。N 端线性多泛素链能激活 NF-κB 激酶和免疫信号传递（12）。

蛋白质泛素化信号丰富多样，但研究难度大，在一定程度上阻碍了该领域的发展。蛋白质组学以其高通量、高灵敏度等特点，在翻译后修饰研究中发挥了重要的作用，目前已在磷酸化、泛素化、乙酰化和糖基化等修饰的研究中取得了显著的成绩。目前，蛋白质组学常用的鉴定与定量策略是基于质谱法的 bottom up 策略，即将蛋白质组进行特异性酶切（如胰蛋白酶）产生肽段后实现质谱碎裂检测，然后由肽段组装拼接成蛋白质。随着高分辨率、高灵敏度生物质谱的快速发展，以"鸟枪法（shotgun）"为鉴定策略的蛋白质组学发展迅速（图 12-2），极大地提高了泛素化蛋白和修饰位点的鉴定效率（*13，14*）。

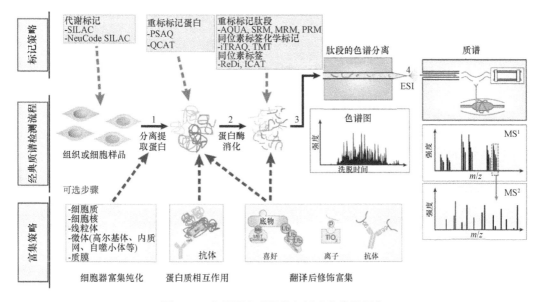

图 12-2　定量蛋白质组学与泛素化信号研究

利用质谱法鉴定泛素化蛋白的基本流程包括以下几个环节（图 12-3）：①泛素化蛋白的富集，主要通过蛋白质标签，泛素结合结构域或者抗体实现对泛素化蛋白的有效富集；②一维离线分离，主要通过 SDS-PAGE 凝胶电泳，高 pH 反相色谱或者 Stage Tip 实现对样品的分离；③富集样品的消化，目前常用的为胰蛋白酶，可以特异性的产生 K-GG 泛素化肽段；④二维在线分离，目前主要使用低 pH 超高压纳升反相色谱；⑤质谱检测主要采用数据依赖的采集模式（DDA），用于大规模鉴定与定量；针对目标导向的检测，可以采用靶向检测的模式（SRM）（注：如果第一维离线分离采用高效液相色谱法，先将富集的泛素化蛋白进行酶切处理）。如何深度覆盖鉴定与精确定量泛素化蛋白及其修饰位点成为目前该领域的技术挑战。

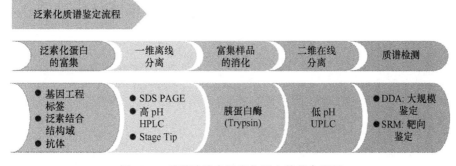

图 12-3　质谱法鉴定泛素化蛋白的基本流程

与传统分子生物学技术相比，质谱法鉴定泛素化蛋白具有自身独有的优势，如通量高、修饰位点鉴定准确、泛素链修饰类型精确鉴定并可进行定量研究。这为准确、靶向研究泛素化蛋白及其调控机制提供了技术支撑。然而，泛素化蛋白含量低，且易被去泛素化酶或蛋白酶体降解，导致泛素化修饰研究面临巨大的挑战。因此，质谱法的每一个环节都需要进行大量的优化以提高质谱法鉴定泛素化蛋白的覆盖度与灵敏度。随着泛素化蛋白的富集、分离、质谱鉴定等技术的发展，使得泛素化蛋白及其修饰位点和泛素链精准鉴定成为可能，为泛素化修饰的生物学功能研究创造了条件。下面我们就对该过程所涉及的主要实验技术与原理进行详细的介绍。

第二节　泛素化蛋白的富集

泛素化蛋白在总蛋白质组中含量低、易降解，同时高丰度蛋白易对低丰度修饰蛋白的质谱鉴定造成干扰。因此，有效地富集泛素化蛋白是对其开展研究的前提与关键。近年来，随着多种泛素化蛋白富集分离技术的发展，这一问题得到了有效解决。随着泛素化修饰肽段特异性抗体和高效杂合泛素结合蛋白的出现，极大地提高了泛素化蛋白的鉴定效率与通量（13-15）。目前常用的泛素化蛋白纯化方法包括泛素偶联标签法、串联泛素结合结构域法（tandem ubiquitin binding domain，TUBE），以及泛素、甘氨酸-甘氨酸残基修饰肽段（K-ε-GG）抗体法等（图12-4）。每种方法都具有自身独特的优势，互为补充，可以有效提高泛素化蛋白质组的纯化效率。

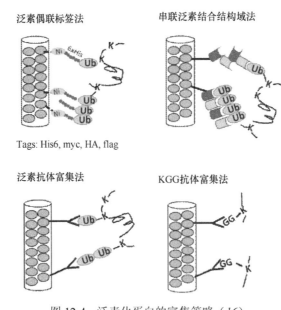

图 12-4　泛素化蛋白的富集策略（16）

一、泛素偶联标签法

亲和纯化技术广泛应用于泛素化蛋白的富集。在泛素分子的 N 端偶联相应的亲和纯化标签（如 His、Myc、Flag 和 Biotin 等），然后在细胞内表达带有标签的泛素分子。带有标签的泛素分子被泛素化系统修饰到底物上，然后利用相应的亲和纯化介质富集泛素化蛋白。在众多亲和纯化标签中，多聚组氨酸标签（6×His）对于蛋白质组学研究具有明显优势：①结构简单、分子质量小，对修饰蛋白的结构、活性和功能无明显影响；②变性和非变性条件下均可实现靶蛋白的高效纯化，在变性条件下（如高浓度尿素）纯化可显著降低污染蛋白的比例；③组氨酸亲和纯化介质 Ni-NTA bead 相对其他纯化体系介质成本更低、效率更高；④成熟的多聚组氨酸亲和纯化体系，能够快速完成靶蛋白的富集，以最大限度地减少靶蛋白的降解；⑤His-tag 免疫原性相对较低，不会诱导宿主细胞发生明显免疫应激反应。因此，多聚组氨酸标签成为大多数泛素化蛋白纯化标签的优先选择。

此种纯化方法的原理是利用组氨酸残基侧链与镍形成强配位键，可借助固定化金属螯合层析（IMAC）实现重组蛋白的分离纯化。具体过程是将 Ni 固定在琼脂糖凝胶填料亲和介质上，然后将细胞总蛋白中含有六聚组氨酸标签标记的底物蛋白流经 Ni 亲和介质，六聚组氨酸标签与 Ni 配体亲和作用，从而将携带的泛素及其修饰蛋白一起结合到凝胶柱上，而不含此标签的蛋白质不能结合，从而穿过 Ni 亲和介质。最后用高浓度的咪唑来竞争性结合 Ni，从而洗脱靶蛋白，实现对相应泛素化蛋白的纯化。

哈佛大学医学院的 Daniel Finley 等（17）在芽殖酵母内用不同的氨基酸编码基因逐一替换酵母基因组的 4 个泛素编码基因，同时在质粒上表达带有（6×His）标签的泛素，因此，质粒上表达的 6×His 标签泛素成为酵母细胞内泛素蛋白的唯一来源，实现了酵母泛素基因的基因工程改造。研究发现该质粒表达的泛素与野生型酵母细胞内泛素化水平相当，为生理条件下泛素化功能研究创造了条件。这是至今唯一彻底成功改造的泛素研究模型。

2003 年，哈佛大学 Gygi 实验室的彭隽敏等（18）利用该酵母细胞模型，在变性条件下成功纯化了酵母泛素化蛋白（图 12-5），并利用质谱成功鉴定到了 1075 个潜在的泛素化蛋白，其中 72 个蛋白质鉴定到了泛素化修饰位点。该工作开启了泛素化蛋白质组学研究的先河，利用亲和纯化的方法获得了大量的泛素化蛋白，建立了基于胰蛋白酶处理和质谱检测泛素化修饰肽段的技术框架，提供了一种常规的泛素化蛋白分析和表征方法，至今仍然是泛素化研究的主要策略，并在酵母细胞内首次鉴定到了所有 7 种泛素链。

2009 年，美国 Emory 大学彭隽敏实验室的徐平（2）同样利用相同来源的酵母作为模型，定量了所有 7 种泛素链的组成，并结合 Ni-NTA 亲和富集和 SILAC 定量蛋白质组学技术系统比较了野生型和泛素第 11 位赖氨酸到精氨酸突变体（Ub K11R）全蛋白质组的差异，成功筛选到了 K11 泛素链特异性修饰底物 UBC6，并揭示了 K11 泛素链介导内质网相关蛋白的降解。

在亲和富集过程中，非特异结合是干扰泛素化蛋白鉴定与定量的主要因素。例如，细胞内存在大量富含组氨酸的蛋白质，这些蛋白质易被 Ni-NTA 纯化系统富集，从而形成质谱鉴定中的假阳性。为减少这些污染蛋白，一方面，通过在细胞裂解和蛋白质亲和结合过程引入少量咪唑，减少非特异性结合；另一方面，通过添加无标签泛素样品的空载对照平行试验来扣除背景蛋白的影响。近年来，串联亲和纯化（tandem afinity purification，TAP）富集方法的出现为上述问题的解决提供了新的可靠方法，进一步降

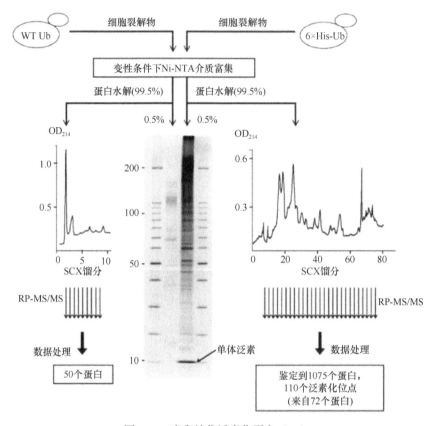

图 12-5 亲和纯化泛素化蛋白（*18*）

低了纯化的背景。串联亲和纯化是通过基因操作使目的蛋白同时标记上两种亲和标签，过程可有效减少非特异性结合，降低背景蛋白的影响。例如，串联生物素和 6×His 标签，可以实现变性和非变性的串联纯化。值得一提的是，变性纯化可最大限度地降低相互作用蛋白的干扰，并抑制去泛素化酶和蛋白酶体的活性，从而保护泛素化蛋白在纯化过程中泛素链不被移除，底物蛋白不被降低。非变性条件可以保持目的蛋白的结构，维持与其他蛋白质的相互作用，在相互作用蛋白的筛选鉴定中得到广泛的应用。

　　然而，所有这些亲和纯化方法都需要基因工程改造泛素基因，尽管给泛素及其修饰蛋白的纯化带来便利，但标签标记的泛素可能影响一些细胞正常生理状况的变化，其具体的生物学效应无法被有效地评估。因此，开发能够富集非标签标记的内源性泛素化蛋白的技术方法，对泛素化蛋白质组学的研究具有重要意义。

二、串联泛素结合结构域法

　　在无法插入标签的组织、器官等样品中进行泛素化蛋白的富集时，开发高效的、非标签依赖的富集材料成为研究的重点。其中，能够特异性识别泛素的泛素结合结构域成为关注的重点。细胞内含有如 UBA、UIM、ZNF 等多达 20 余种泛素结合结构域（UBD）（*19*）（表 12-1）。

表 12-1　UBD 的种类与功能汇总

类别	泛素亲和结构域	代表蛋白[结合常数 K_d/(μmol/L)]	功能
α螺旋	UIM	S5a（350/73），Rpn10，Vps27（277/177）	蛋白酶体降解，内吞作用，DNA 修复
	MIU	RABEX5（29）	内吞作用
	DUIM	Hrs（190）	MVB 的生物发生
	UBM	polymerase iota，reversionless 1	DNA 损伤耐受
	UBAN	NEMO	NF-κB 信号
	UBA	RAD23，Dsk2（14.8）	靶向蛋白酶体，激酶，调节自噬
	GAT	GGA3（181），TOM1（409）	MVB 的生物发生
	CUE	Vps9（20），TAB2，TAB3	内吞作用和激酶调节
	VHS	STAM，GGA3	MVB 的生物发生
Zinc finger（ZnF）	UBZ	polymerase-h，polymerase-k，TAX1BP1	DNA 损伤耐受和 NF-κB 信号
	NZF	NPL4（126），Vps36，TAB2，TAB3	ERAD，MVB 的生物发生和激酶调节
	ZnF A20	RABEX5（22），A20	内吞作用和激酶调节
	PAZ	Isopeptidase T（USP5）（2.8），HDAC6	蛋白酶体功能，自噬
Plekstrin 同源（PH）	PRU	Rpn13	蛋白酶体功能
	GLUE	EAP45（Vps36）	MVB 的生物发生
类 UBC 结构域	UEV	Vsp23（510）	DNA 修复，MVB 生物生成和激酶调节
	UBC	UBCH5C（300）	泛素转移
其他	PFU	UFD3（Doa1）	ERAD
	JAB1/MPN	PRP8	RNA 剪切

　　这些 UBD 形成 α 螺旋、锌指结构、pleckstrin 同源（PH）褶皱，以及类似于 E2 中的泛素结合结构域，可与泛素或泛素链的表面形成瞬变的分子间非共价相互作用。不仅如此，不同的 UBD 会特异性识别特定类型的泛素链，且其亲和能力也有所不同（20）。例如，RAD23 蛋白内含有 UBA 结构域，帮助与底物蛋白上的 K48 链结合，然后进入 26S 蛋白酶体进行降解；同样，Rpn13 的 PRU 结构域（泛素的 Plextrin 受体）偏好与 K48 泛素链相互作用。RAP80 蛋白内含有 UIM 结构域，能够特异性结合 K63 链，参与 DNA 修复过程（21，22）；TAK2 结合蛋白 2（TAB2）的 NZF 结构域特异性结合 K63 泛素链，而 NEMO 中的 UBD 和 ABIN 蛋白对线性泛素链的亲和性是 K63 或 K48 链的 100 倍。此外，不同的 UBD 对泛素链具有混杂的亲和性，如 TAB2 的 NZF 结构域在溶液中也能较好地结合 K48 泛素链。2008 年，Hjerpe 等（23）发现串联 UBD 能够特异性富集并保护泛素化蛋白的泛素链信号不被去泛素化酶所识别化酶降解（图 12-6），借此成功开发了串联 UBD 的泛素化蛋白亲和纯化介质。

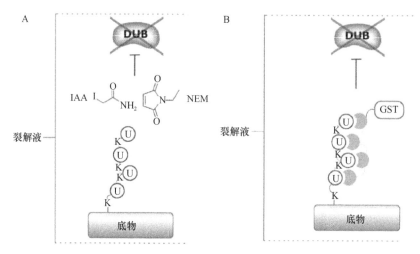

图 12-6　UBD 保护泛素链不被去泛素化酶修剪（23）

　　有研究认为泛素二聚体是 UBD 识别的基础元件，而双泛素结合结构域能够协同结合多泛素。同时，根据泛素化蛋白的高效蛋白酶体降解需要 4 个以上泛素单体组成的泛素链假说，现有研究通常将 4 个泛素亲和结构域通过多聚甘氨酸连接在一起，形成串联重复泛素结合实体（TUBE）。该 TUBE 经外源性原核表达，纯化后偶联固定在 NHS 铰链填料上。利用这些铰链，TUBE 可较好地富集样品中的泛素化蛋白。Shi 等（24）利用串联 UBD（TUBE2）对 293T 细胞的泛素化蛋白质组进行了系统分析，成功鉴定到了 223 个带有甘氨酸-甘氨酸（KGG）修饰位点的泛素化蛋白，进一步增强了利用串联 UBD 富集泛素化蛋白的信心。然而细胞内存在多种结构的 UBD，其对泛素链的亲和能力存在差异，而且不同 UBD 对不同泛素链的识别也存在偏好性。因此，开发一种高效、无偏性的泛素化蛋白富集介质显得尤为重要。

　　研究显示，不同组成的 TUBE 能够结合不同种类的泛素化蛋白，这主要取决于串联泛素结合结构域的偏好性。利用特异性偏好某一种泛素链（比如 K63 链）的泛素结合结构来构建 TUBE，促进其对某一种泛素链的亲和富集（9）。如果对细胞内的泛素化蛋白的全貌进行解析，选择无偏好性或者用多种不同偏好性的泛素结合结构域，可以实现对所有泛素化蛋白的无偏性富集。徐平实验室的高媛、李衍常等（25）系统评价了不同 UBD 对 7 种不同泛素链的纯化能力，筛选出了高亲和能力的 UBD（图 12-7）。组合这些高亲和 UBD，成功开发了串联杂合 UBD（ThUBD），实现了对泛素化蛋白的高效、无偏性富集。利用 ThUBD 分别纯化了酵母及 MHCC 97H 肝癌细胞的泛素化蛋白，分别鉴定到了 1092 个和 7487 个可能的泛素化蛋白，其中 362 个酵母蛋白和 1125 个人蛋白中还鉴定到了 KGG 修饰位点。

　　这种 ThUBD 富集泛素化蛋白具有诸多优点：①可以实现在非变性条件下高效快速富集大量多泛素化修饰的底物蛋白；②可实现无偏好性和特定泛素链修饰底物特异性定向富集；④可以不经过遗传改造，实现生理条件下泛素化蛋白质的富集；④能够对泛素化蛋白上的泛素链形成保护，避免其在纯化过程中被去泛素化酶或者 26S 蛋白酶体降解，提高泛素化蛋白的富集效率。

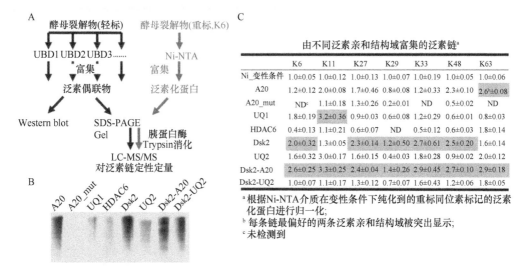

图 12-7 ThUBD 纯化酵母泛素化蛋白（*16*）

表格部分：

由不同泛素亲和结构域富集的泛素链[a]

	K6	K11	K27	K29	K33	K48	K63
Ni_变性条件	1.0±0.05	1.0±0.12	1.0±0.13	1.0±0.07	1.0±0.19	1.0±0.05	1.0±0.06
A20	1.2±0.12	2.0±0.08	1.7±0.46	0.8±0.08	1.2±0.33	2.3±0.10	2.6[b]±0.08
A20_mut	ND[c]	1.1±0.18	1.3±0.26	0.2±0.01	ND	0.5±0.02	ND
UQ1	1.8±0.19	3.2±0.36	0.9±0.03	0.6±0.08	1.2±0.29	0.6±0.01	0.8±0.03
HDAC6	0.4±0.13	1.1±0.21	0.6±0.07	ND	0.5±0.12	0.6±0.03	1.8±0.14
Dsk2	2.0±0.32	1.3±0.05	2.3±0.14	1.2±0.50	2.7±0.61	2.5±0.20	1.6±0.14
UQ2	1.6±0.32	3.0±0.17	1.6±0.15	0.4±0.03	1.8±0.28	0.9±0.02	2.0±0.12
Dsk2-A20	2.6±0.25	3.3±0.25	2.4±0.04	1.4±0.26	2.9±0.45	2.7±0.10	2.9±0.18
Dsk2-UQ2	1.0±0.07	1.1±0.17	1.3±0.12	0.7±0.07	1.6±0.43	1.2±0.06	1.8±0.05

[a] 根据 Ni-NTA 介质在变性条件下纯化到的重标同位素标记的泛素化蛋白进行归一化;
[b] 每条链最偏好的两条泛素亲和结构域被突出显示;
[c] 未检测到

由于这种富集必须在非变性条件下完成，从而增加了富集非特异性结合杂蛋白的可能性。因此，如何最大限度地降低背景蛋白的影响是未来泛素化蛋白亲和富集研究需要努力的方向。

三、KGG 抗体富集法

泛素化蛋白经过胰蛋白酶（trypsin）消化后，带有泛素化修饰的赖氨酸残基会形成漏切；同时由于泛素单体本身 C 端的序列为 RGG，因此经过胰蛋白酶消化后得到一个赖氨酸残基侧链连有两个甘氨酸断肽（GG）的肽段，称为 K-ε-GG 肽段（图 12-8）。GG 作为一个具有 114.142 Da 分子质量迁移的修饰单位，作为特征性质量标签用来鉴定泛素化修饰位点。泛素本身的 7 个赖氨酸残基和 N 端氨基继续被泛素修饰，形成特定拓扑结构的泛素链。通过质谱对这些肽段的靶向鉴定与定量，可以对样品中的泛素链类型与含量进行测定。

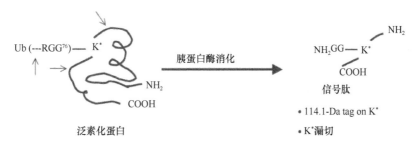

图 12-8 泛素化蛋白胰蛋白酶酶切示意图（*18*）

由于富集的泛素化蛋白经胰蛋白酶消化后形成的 K-ε-GG 肽段比例较低，影响了泛素化位点的鉴定效率。随着 K-ε-GG 抗体的开发，以 KGG 修饰肽段为富集目标的策略在位点鉴定方面取得了重要的进展（*15，26，27*）（图 12-9），至今已鉴定超过 2 万个泛素化位点（*15*），极大地促进了泛素化蛋白质组的深度解析。

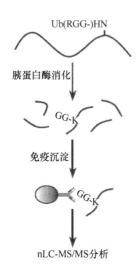

图 12-9 KGG 抗体富集泛素化修饰肽段（15）

这种基于 K-ε-GG 肽段的免疫亲和富集策略优点包括：①不受样品种类限制；②在肽段水平进行富集，提高了泛素化肽段鉴定的准确性；③降低了背景蛋白的影响；④可防止在蛋白质水平长时间富集反应造成的泛素化蛋白降解。

但这一技术在推广过程中也碰到了一些难题：获得高效 K-ε-GG 抗体的工艺复杂，价格昂贵，限制了其大量推广；K-ε-GG 特征性泛素化修饰肽段难于与产生相同修饰 K-ε-GG 肽段的类泛素化修饰如拟素（NEDD8）和扰素（ISG15）等区分；K-ε-GG 抗体对于不同的表位可能存在不同的亲和性，且存在对不同泛素化肽段偏好性富集的风险。

目前四种常用的泛素化蛋白富集策略比较见表 12-2。

表 12-2 泛素化蛋白富集策略比较

	偶联标签法	串联结合结构域法	泛素抗体富集法	K-ε-GG 抗体富集法
优点	纯化效率高；可实现变性条件纯化，降低污染蛋白干扰	不受样品种类限制；可实现泛素链偏好性或特定泛素链修饰底物特异富集；对修饰底物的泛素链有保护作用	不受样品种类限制；减少样品处理过程中泛素化蛋白的降解	不受样品种类限制；在肽段水平进行富集，有利于泛素化位点的鉴定
缺点	受样品种类限制；研究对象需进行遗传改造；可能无法代表内源修饰状态；可能对泛素分子结构、活性和功能造成影响	需在非变性条件下进行，污染蛋白比例较高	抗体亲和力低，富集效率低；非变性条件纯化，污染蛋白较多；纯化大量游离泛素造成后续检测干扰；价格昂贵、成本高	受某些类泛素化修饰（NEDD8/ISG15）肽段的干扰；无法得到完整泛素化蛋白的信息；操作要求高、价格昂贵、成本高

如何组合这些不同方法的优点是未来的研究方向。可能的策略是将上述富集分离过程偶联组合在一起，通过两步甚至三步的纯化，最大限度地降低背景污染，提高泛素化蛋白的纯度，并进一步增强泛素化位点鉴定的准确性。

第三节 泛素化蛋白的分离

蛋白质组学研究得益于分析技术和理念的快速发展。未经分离的样本直接采用经典的液相色谱-串联质谱（LC-MS/MS）方法进行样品分析，蛋白质测序深度与通量都会受到限制。因为富集的泛素化蛋白的组成仍然比较复杂，且蛋白质含量的动态范围较大，这些样品如不经预先分离就直接进行质谱检测，高丰度肽段会严重干扰低丰度肽段。对于泛素化蛋白，由于包含泛素化修饰位点的肽段长，离子化效率低，测序机会少，从而造成很多 K-ε-GG 修饰蛋白质或位点的漏检。因此，在 LC-MS/MS 分析前采用合适的分离方法对富集的泛素化蛋白进行分离以降低样品的复杂度，对提高泛素化蛋白组的覆盖度是非常重要的。在这里主要介绍第一维度的分离方法，包括聚丙烯酰胺凝胶电泳分离、离线高 pH 反向液相色谱和基于 C_{18} 填料的 StageTip 快速分离三种策略。这三种分离策略各有优劣，彼此互补。

一、聚丙烯酰胺凝胶电泳分离

聚丙烯酰胺凝胶电泳（SDS-PAGE）分离的优点在于可以依据分子质量的大小对蛋白质进行分离，降低了样品的复杂度。除此之外，还可以获得某一蛋白质在不同聚丙烯酰胺凝胶部位的分子质量，并通过与理论分子质量的比较，获得分子质量迁移信息，从而推测其是否可能发生泛素化修饰。但是，这种方法使得不同程度泛素化修饰的蛋白质分散到了凝胶上的不同位置，降低了同一被修饰蛋白质的浓度，导致泛素化位点鉴定更加困难。

二、离线高 pH 反相液相色谱（RP-LC）

反相液相色谱（RP-LC）以其分辨率高、操作简单、易与后续质谱分析对接等优点，在蛋白质组学预分离实验中应用广泛。为了获得与后续 LC-MS 分析中低 pH 反相液相色谱分离更好的正交分离效果（图 12-10），通过离线高 pH 反相液相色谱对蛋白质组样品进行分离简化（28）。

离线高 pH 反相液相色谱一般采用非极性固定相（如 C_{18}、C_8 等）；流动相为水相与有机相（如乙腈、甲醇等）的混合。液相分离起始为高水相（如 H_2O 占 98%）洗脱，随着分离时间的延长，有机相的比例逐渐升高。该技术主要依据肽段的生化特性实现分离，其中亲水性肽段保留时间短，先被洗脱；疏水性肽段保留时间长，后被洗脱。而源自不同泛素化程度修饰的底物蛋白产生的 K-ε-GG 肽段能够在相同的馏分中被分离出来，从而避免了被稀释的风险，提高了泛素化位点的检测效率（图 12-11）。

纯化的泛素化蛋白样品中，每个被修饰蛋白底物的一个甚至多个残基发生泛素化。即使是同一氨基酸残基发生泛素化，也可能包括一个甚至多个泛素单体。由于这些被不同程度泛素化修饰的同一底物蛋白具有不同的分子质量，因此在 SDS-PAGE 电泳时被分散到胶内的不同位置，相应产生的 K-ε-GG 肽段也被稀释到不同的馏分中，从而降低了

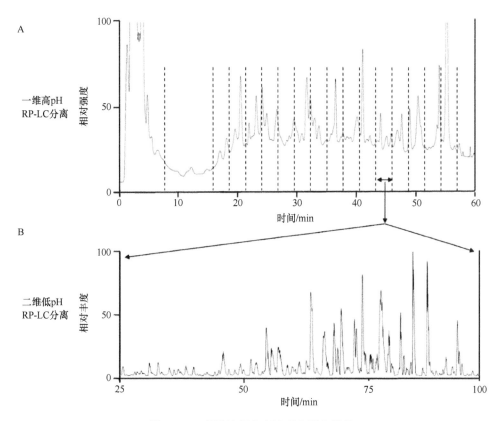

图 12-10 离线液相分离泛素化蛋白样品

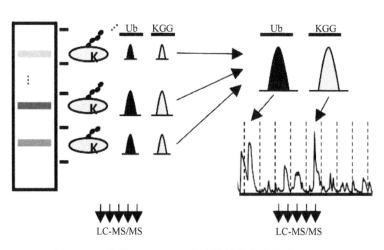

图 12-11 比较 SDS-PAGE 与离线液相分离策略（*16*）

这些泛素化位点的检测效率；另外，由于一个底物蛋白分子可被多个泛素单体修饰，因此泛素本身的含量远高于某个具体底物蛋白的含量，使得每一个馏分中同时存在类似于泛素本身产生的高丰度肽段，这对 K-ε-GG 及其他低丰度肽段的鉴定也形成干扰，进一步加剧了泛素化位点检测的难度。如果采用离线高 pH RP-LC 进行分离，泛素自身来源的肽段可被集中洗脱并浓缩至特定馏分中，因此可有效降低其对低丰度肽段的干扰；而不同泛素化修饰的同一底物蛋白的 K-ε-GG 肽段会被浓缩至相同的馏分，可进一步增加被质谱检测的可能性，从而实现泛素化位点的深度覆盖鉴定。

离线高 pH RP-LC 分离策略可以显著提高泛素化蛋白和泛素化位点的鉴定量，且在电泳分离策略中鉴定到的泛素化蛋白和位点通常（高达 91.5%）可以在离线高 pH RP-LC 分离策略中鉴定到（图 12-12）。因此，离线高 pH RP-LC 对于鉴定低丰度的泛素化蛋白具有显而易见的优势。

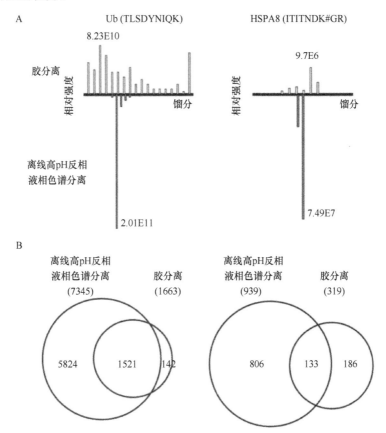

图 12-12　离线液相与 SDS-PAGE 分离鉴定比较（16）。A.泛素分子与 KGG 肽段在两种分离策略中的含量分布比较；B.两种分离策略鉴定的蛋白质（左）与带有 KGG 位点的蛋白质（右）比较

另外，这种二维 RP-LC 高效分离富集泛素化肽段的优势来自于高和低 pH RP-LC 条件下不同肽链的电荷分布不同，因此可更快地完成层析分馏，更好地分辨肽段，峰容量也更高，可更好地实现正交性分离。RP-LC 还可利用低盐或者无盐的缓冲液来制备更纯净的样品，进一步提高蛋白质鉴定的效率。

三、基于 C$_{18}$ 填料的 StageTip 快速分离

对于微量甚至痕量样品，由于电泳分离的稀释效应，使得其中多数蛋白质由于低于

检测限而无法被鉴定到。而高 pH RP-LC 系统工作流程长，也会造成样品的大量损失。为解决上述问题，作者所在实验室开发了一种 C_{18} 简易柱微量泛素化样品快速分离方法，实现了快速高效分离。该方法的原理与高 pH RP-LC 一致，但操作简易，样品损失少，效率高（图 12-13）。

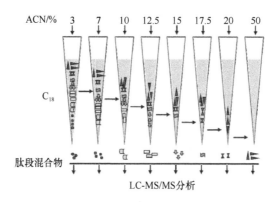

图 12-13　StageTip 快速分离肽段

用 3～5 μg 的泛素化肽混合物结合到 C_{18} 反相填料上，然后用不同百分比含量的乙腈洗脱液进行洗脱，分成 8～10 个馏分，并逐一进行 LC-MS/MS 分析。该方法的优势在于样品起始用量少、分离迅速、操作简单。其分离一个样品只需 15～30 min，通量与 SDS-PAGE 策略相当。三种分离策略的比较见表 12-3。

表 12-3　泛素化蛋白分离策略的比较

分离方法	SDS-PAGE 凝胶电泳	离线高 pH RP-LC	StageTip 快速分离
优点	依据分子质量的大小对蛋白质进行分离； 降低样品复杂度，利于深度覆盖鉴定； 可重构泛素化蛋白分子质量跃迁情况	相同肽段同时洗脱，提高 KGG 肽段信号强度，降低高丰度肽段的干扰； 鉴定通量高； 与二维 LC-MS 分析兼容性好	损耗较小，适用于微量或痕量样品分离； 操作简单、快速； 与二维低 pH 液相分离兼容性好
缺点	稀释了低丰度修饰蛋白，不利于低丰度特别是 KGG 肽段的鉴定	无法获得蛋白分子质量跃迁信息； 样品损耗较高，不适用于微量或痕量样品分离	无法获得蛋白分子质量跃迁信息； 柱子载量小，不适用于大量样品分离

第四节　泛素化蛋白的验证与定量

与磷酸化、乙酰化等小分子物质的蛋白质修饰不同，参与修饰的泛素本身也是蛋白质，分子质量大，因此泛素化修饰造成底物蛋白分子质量呈现阶梯状的跃迁。更为特殊的是，修饰底物蛋白的泛素单体还可被后续的泛素单体修饰，且链长不等，由此形成了同一泛素化修饰蛋白分子质量的异质性。而泛素化蛋白在生物体内的快速翻转能力，进一步加剧了泛素化蛋白的异质性。生物体内种类繁多、异质性极强的泛素化蛋白，导致了蛋白质鉴定和定量的困难。但近年来多种富集策略的开发使这一问题得到了良好的解决。

　　为了反映蛋白质泛素化修饰的状态及其变化，Seyfried 和徐平等（*29*）开发了基于 MATLAB 重构蛋白在 SDS-PAGE 内分子质量迁移及含量变化的可视化 Western blot （virtual Western blot）技术（*29*）。该技术根据 SDS-PAGE 电泳中每个凝胶条带的分子质量，表征所鉴定到的蛋白质的实验分子质量，而质谱鉴定的蛋白质的丰度信息用于表征每个蛋白质在该特定胶条内的含量。由此，以条带的位置代表所鉴定的目的蛋白的分子质量，以条带的深浅与宽窄代表蛋白质含量的多少，拟合成了类似 Western blot 的图像（图 12-14）。该方法可以形象地反映蛋白质发生泛素化修饰后分子质量的异质性跃迁，可有效鉴别假阳性泛素化蛋白。

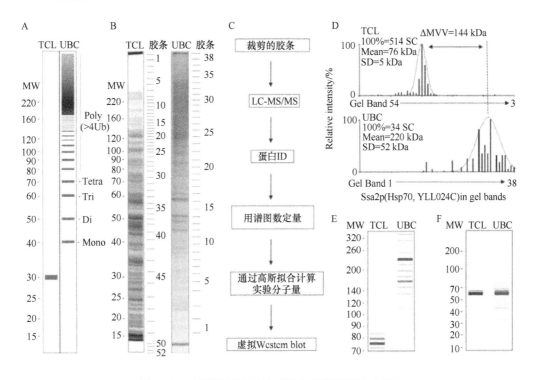

图 12-14　泛素化蛋白重构虚拟免疫印迹实验（*29*）

　　从鉴定到定量是蛋白质组学发展的必然要求。定量蛋白质组学分为绝对定量和相对定量。相对定量又包括无标、化学标记和代谢标记三种定量技术，其费用、实验条件和定量精度也逐渐升高（*14，30*）。

　　不同的泛素链动态变化剧烈，且不同泛素链的含量差异巨大。特定泛素链产生的特异性肽段含量低，普通的质谱检测技术很难对 7 种泛素链进行鉴定与定量。为此，除了提高泛素化蛋白的纯化效率之外，还需采用选择离子监测技术（selected reaction monitoring，SRM）这一新兴的高灵敏度质谱检测方式来提高泛素链的鉴定效率，实现不同泛素链的高效鉴定与精确定量（*31-33*）（图 12-15）。

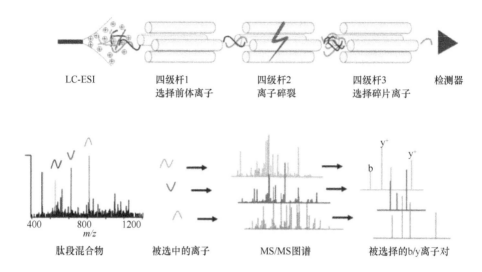

图 12-15　靶向蛋白质组学提高低丰度肽段检测灵敏度（*34*）

如前所述，多泛素链修饰的蛋白底物经过胰蛋白酶消化后，产生能够特异性代表 7 种赖氨酸连接的泛素链的肽段（表 12-4），通过鉴定与定量 7 种肽段来实现对泛素链的研究。表 12-4 是代表 7 种不同赖氨酸连接的泛素链的特征性肽段序列。

表 12-4　酵母内代表不同泛素链的标准肽段

肽段	序列
Myc-K6	*LISEEDLG*MQIFVK(GG)TLTGK
K6	MQIFVK(GG)TLTGK
K11	TLTGK(GG)TITLEVESSDTIDNVK
K27	TITLEVESSDTIDNVK(GG)SK
K29	SK(GG)IQDK
K33	IQDK(GG)EGIPPDQQR
K48	LIFAGK(GG)QLEDGR
K63	TLSDYNIQK(GG)ESTLHLVLR

为了精确定量泛素链，我们可以合成序列完全相同但含有重稳定同位素标记的特定氨基酸的重标肽段，测定内标肽的绝对含量（即摩尔数），然后加入到待测样品。由于重标肽段与待检测的轻标肽段具有相同的色谱保留时间，可被共洗脱；相同的化学性质，使之具备相同的离子化条件，实现精确定量；而质谱可以区分轻、重稳定性同位素标记肽段的不同（*m/z*）（图 12-16）。因此，通过比较轻标与重标肽段的信号强度，通过简单的数学计算就可得出待检测样品中代表目的泛素链肽段的绝对含量。

以 SILAC 为代表的代谢标记样品，由于可在细胞水平将样品进行混合，有效地扣除了样品制备过程中的试验误差，极大地提高了定量精度，因此在定量蛋白质组学中作为金标准，得到了广泛的应用。该技术在降低低丰度肽段的定量误差方面作用更为显著（*33*）。我们通常在细胞层面使用重标的赖氨酸（K）和（或）精氨酸（R）进行全蛋白质组完全标记，等细胞量混合后，纯化得到泛素化样品并进行后续的质谱鉴定与定量。表 12-6 是我们研究确定的不同泛素链代表性肽段轻重离子对的特征及其 SILAC-SRM 参数。具体的方法参考后面的实验技术。

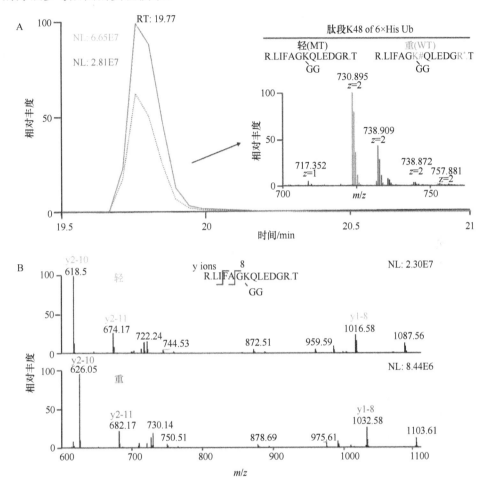

图 12-16 SRM 技术精确定量泛素链。A. 轻、重标 KGG 肽段共洗脱；B. 轻、重标 KGG 肽段产生的二级质谱图

第五节 实 验 技 术

一、亲和层析富集泛素化蛋白

由于体内泛素化蛋白的丰度低及遗传操作的限制，现多用外源表达的标签泛素来完成泛素化蛋白的富集。主要应用的标签包括 His6、生物素、GST、HA 和 Myc 等。这些标签主要通过直接酶切、酶连将编码泛素分子的基因插入含有这些标签的载体中，然后转染到细胞中获得。下面就应用最广泛的 His6 标签在酵母细胞中的纯化过程进行详细介绍。

（一）实验材料

（1）YEPD 液体培养基：2%蛋白胨，1%酵母提取物，2%葡萄糖。

（2）His-变性裂解缓冲液（pH8.0）：8 mol/L 尿素，50 mmol/L NH$_4$HCO$_3$，5 mmol/L 咪唑，50 mmol/L 碘乙酰胺，100 μmol/L PMSF，100 μmol/L NEM。

（3）His-变性洗涤缓冲液（pH8.0）：8 mol/L 尿素，50 mmol/L NH$_4$HCO$_3$，10 mmol/L 咪唑，10 mmol/L 碘乙酰胺，100 μmol/L PMSF，100 μmol/L NEM。

（4）His-非变性裂解缓冲液（pH8.0）：50 mmol/L Na$_2$HPO$_4$（pH8.0），500 mmol/L NaCl，0.01% SDS，5% 甘油，5 mmol/L 咪唑，50 mmol/L 碘乙酰胺，100 μmol/L PMSF，100 μmol/L NEM。

（5）His-非变性洗涤缓冲液（pH8.0）：50 mmol/L Na$_2$HPO$_4$（pH8.0），500 mmol/L NaCl，0.01% SDS，5% 甘油，10 mmol/L 咪唑，10 mmol/L 碘乙酰胺，100 μmol/L PMSF，100 μmol/L NEM。

（6）Ni-NTA 琼脂糖颗粒（QIAGEN）。

（7）1×SDS-PAGE 上样缓冲液：50 mmol/L Tris-HCl（pH6.8），2% SDS，10%甘油，0.1%溴酚蓝，1% β-巯基乙醇。

（二）实验方法

（1）在 100 mL YEPD 培养基中培养酵母细胞至 OD$_{600}$=1.5，4℃，6000 g 离心 5 min 收集菌体，用预冷的超纯水清洗酵母细胞，除去残余培养基，4℃，6000 g 离心 5 min，去上清，得到菌体。

（2）用 1 mL His-裂解缓冲液重悬菌体，加入与菌体相等体积的玻璃珠。

（3）用多功能细胞破碎仪剧烈振荡，6000 r/min，20s 破碎，1 min 间歇冰浴以降温，破碎 10～12 次为宜[细胞培养和收集参照常规方法（15, 26），破碎采用超声破碎法，破碎 2 s，间歇 3 s，共破碎 10 min，功率 30%，至裂解液变澄清透亮]。

（4）4℃，12 000 g 离心 15 min；转移上清至含有预先用 His-裂解缓冲液平衡过的 Ni-NTA 琼脂糖颗粒 50 μL，4℃旋转温育 1～2 h（变性裂解在室温温育）。

（5）将上述混合物装柱，用相应 His-洗涤缓冲液洗涤 3～4 次，每次 3 个柱体积。

（6）用 His-洗涤缓冲液将 Ni-NTA 琼脂糖颗粒从柱中转出，300 g 离心 2 min，尽弃上清。

（7）若样品直接进行后续检测，则加入 80 μL 1×SDS-PAGE 上样缓冲液，80℃煮 10min，蛋白质全部溶解在 1×SDS-PAGE 上样缓冲液中；若样品需进行其他体外反应，则可用含 0.2 mol/L 咪唑的 His-洗涤缓冲液洗脱泛素化蛋白。SDS-PAGE 电泳结果见图 12-17。

为了降低杂蛋白的背景污染，提高泛素化蛋白的纯度，需在变性条件下裂解和纯化；如果研究泛素化蛋白的体外活性或者其相互作用蛋白，则不能破坏蛋白质的结构与相互作用，可以在非变性条件下进行试验。

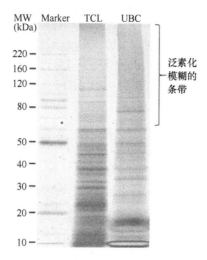

图 12-17　Ni-NTA 纯化前后蛋白电泳带型变化。Marker，蛋白分子质量标准；TCL，总蛋白；UBC，
Ni-NTA 琼脂糖颗粒纯化所得泛素化蛋白

二、UBD 富集泛素化蛋白

以 GST 标记的 UBD 富集酵母细胞中的泛素化蛋白为例，由于纯化是基于泛素与 UBD 的相互作用，因此所有纯化过程需在非变性条件下完成。

（一）实验材料

（1）LB 液体培养基：1%蛋白胨，0.5%酵母提取物，1% NaCl。

（2）YEPD 液体培养基。

（3）诱导剂 IPTG：0.5 mmol/L 异丙基硫代半乳糖苷。

（4）GST-裂解缓冲液：1 mmol/L DTT，1% Triton X-100 溶于磷酸缓冲液中。

（5）GST-洗脱缓冲液：30 mmol/L 谷胱甘肽，1 mmol/L DTT，1% Triton X-100 溶于磷酸缓冲液中。

（6）NHS-偶联缓冲液：0.2 mol/L $NaHCO_3$，0.5 mol/L NaCl（pH8.3）。

（7）酵母细胞裂解液：50 mmol/L Na_2HPO_4（pH8.0），500 mmol/L NaCl，0.01% SDS，5% 甘油。

（8）GST-UBD 洗涤缓冲液 A：同酵母细胞裂解液。

（9）GST-UBD 洗涤缓冲液 B：50 mmol/L NH_4HCO_3，5 mmol/L 碘乙酰胺。

（10）GST-UBD 洗涤缓冲液 C：50 mmol/L NH_4HCO_3。

（11）谷胱甘肽（GSH）4B 琼脂糖颗粒（QIAGEN）。

（12）活化的 NHS 琼脂糖颗粒（GE Healthcare）。

（13）1×SDS-PAGE 上样缓冲液。

（二）实验方法

（1）LB 液体培养于 37℃培养含 GST-UBD 质粒的大肠杆菌至对数生长期，加入

0.5 mmol/L IPTG 低温（18℃）诱导 GST-UBD 蛋白表达 6 h，4℃，6000 g，离心 10 min 收菌。

（2）加入 GST-裂解缓冲液，超声破碎细胞，参数设置同前述超声破碎。

（3）14 800 r/min，4℃离心 10 min，转移上清至新管。

（4）将上清与 50 μL 谷胱甘肽（GSH）4B 琼脂糖颗粒混合，4℃旋转温育 1～2 h。

（5）将上述混合物装柱，用相应 GST-洗涤缓冲液洗涤 3～4 次，每次 3 个柱体积。

（6）GST-洗脱缓冲液洗脱 GST-UBD 蛋白。

（7）用 NHS-偶联缓冲液重悬洗脱的 GST-UBD 蛋白，然后与活化的 NHS 琼脂糖颗粒 4℃旋转温育 1 h。

（8）UBD 偶联的琼脂糖颗粒可保存在含有 30%甘油的磷酸缓冲液中，置于 4℃。

（9）用酵母细胞裂解液裂解酵母细胞（裂解方法见 His-非变性条件纯化泛素化蛋白部分），4℃，70 000 g，离心 30 min，取上清与固定的 GST-UBD 琼脂糖颗粒 4℃旋转温育 30 min。

（10）温育完成后用 GST-UBD 洗涤缓冲液 A、GST-UBD 洗涤缓冲液 B 和 GST-UBD 洗涤缓冲液 C 依次洗上述琼脂糖颗粒 3～5 次，每次 3 个柱体积，以除去非特异性结合和过量的碘乙酰胺。

（11）最后用 1×SDS-PAGE 上样缓冲液，80℃煮琼脂糖颗粒 10 min，蛋白质全部溶解在 1× SDS-PAGE 上样缓冲液中（图 12-18）。

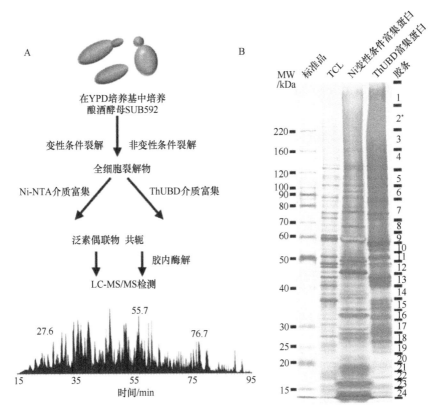

图 12-18 Ni-NTA 与 ThUBD 富集酵母泛素化蛋白比较

三、电泳分离泛素化蛋白

经多种富集方法获得的泛素化蛋白样品非常复杂，可在消化前后对其进行一维分离，以降低样品复杂度。电泳分离主要在蛋白质层面对样品进行分离，在电泳过程中蛋白质依据分子质量迁移，因此可以通过可视化 Western blot 筛选出潜在的泛素化蛋白。

（一）实验材料

（1）SDS-PAGE 聚丙烯酰胺凝胶。
（2）SDS-PAGE 染色液：25%甲醇，8%乙酸，0.125%考马斯亮蓝 G250。
（3）SDS-PAGE 脱色液：25%甲醇，8%乙酸。
（4）脱色液：50%乙腈，25 mmol/L NH_4HCO_3。
（5）酶解缓冲液：50 mmol/L NH_4HCO_3，5%乙腈，胰蛋白酶 10 ng/μL。
（6）抽提液：5%甲酸，50% 乙腈。
（7）乙腈：HPLC 级。
（8）胰蛋白酶（华利世）。

（二）实验方法

（1）配制相应浓度的 SDS-PAGE 凝胶。
（2）将需要分离的蛋白样品用相应的凝胶电泳适度分离。
（3）电泳完成后，加入 SDS-PAGE 染色液染色，蛋白条带显示清楚后用 SDS-PAGE 脱色液脱色至胶背景为无色。
（4）以原尺寸打印，根据蛋白条带的位置用铅笔在胶图上进行分区划线。切下每部分分离胶中含蛋白质的部分，先切成条带状，后切成 1 mm^3 等体积小块，转移到 1.5 mL 离心管中。
（5）向含有小胶块的离心管中加入 300 μL 脱色液，涡旋至溶液颜色不能变深，离心 1 min，弃上清。重复上述步骤至胶粒颜色变为无色。离心，弃上清，加入 300 μL 乙腈，先用手轻弹混匀，将硬粒打散，再涡旋直至胶变为白色硬颗粒，旋转蒸发至完全干燥。
（6）加入胰蛋白酶酶解缓冲液，以酶液刚好浸没胶为准，冰上放置，胶溶胀后补加酶解液；冰上放置 40 min，直至胶不再膨胀；封口，37℃酶解 12 h。
（7）酶解好后去掉封口膜，检测 pH 是否大于 7；13 300 r/min 离心 1 min；将酶液小心吸出，转移至新的 1.5 mL 离心管中；向胶中加入抽提液 40 μL；13 300 r/min 离心 1 min，静置 4 min，重复 4 次，吸出上清，放入对应的离心管中；重复 2～3 次至胶中液体完全抽提出来；最后用乙腈榨尽胶粒中剩余的液体；将抽提出来的肽段溶液旋转蒸发干燥。
注：此种分离方法以蛋白质为分离对象。

四、KGG 抗体富集泛素化肽段

大规模高效鉴定泛素化蛋白及其泛素化修饰位点的前提是泛素化蛋白的有效富集、分离，以及高效的液质联用分析。直接富集泛素化蛋白可以反映被修饰蛋白的全貌。但是由于大量非修饰肽段的干扰，使得修饰肽段的鉴定大大降低。而利用 KGG 泛素化修饰位点抗体富集策略能够明显改善泛素化位点鉴定的覆盖度。

（一）实验材料

（1）缓冲液 A：2%乙腈+0.1% 甲酸。
（2）缓冲液 B：90%乙腈+0.5% 乙酸。
（3）缓冲液 C：50%乙腈+0.5% 乙酸。
（4）IAP 缓冲液：50 mmol/L MOPS NaOH（pH 7.2），10 mmol/L Na_2HPO_4，50 mmol/L NaCl，保存在 2～8℃。
（5）C_{18} 脱盐柱。
（6）KGG 抗体。
（7）Protein G beads。

（二）实验方法

（1）溶液消化：真核哺乳动物细胞（如 293T）裂解后所得上清全蛋白，加入胰蛋白酶及其解缓冲液，37℃孵育过夜。第二天每管加入抽提液终止反应，转移到 PCR 管中，用真空干燥仪抽干溶液。

（2）脱盐：20 μL 甲醇活化 C_{18} 脱盐柱，重复一次。用缓冲液 B 清洗 C_{18} 脱盐柱两次，每次 20 μL；用缓冲液 A 平衡 C_{18} 脱盐柱两次，每次加 20 μL；20 μL 缓冲液 A 溶解样品，轻弹使肽段彻底溶解，转移到柱子中，轻弹柱子，放置一会，用针管推液体到原装样品的管中；样品管离心再加载到柱子，推出溶液到样品管中，此时肽段已结合到柱子上；用缓冲液 A 洗一遍柱子，推出溶液至新的样品管中，用水把柱子尖端洗干净；用 20 μL 缓冲液 C 洗脱，推出转到新的 PCR 管中；用 20 μL 缓冲液 B 洗脱，推出转到上述 PCR 管中。

（3）KGG 抗体富集：将 PCR 管中液体抽干，用 IAP 缓冲液溶解样品，测定肽段溶液的 pH；若酸性过强则用 NaOH 调节 pH 至中性；1400 r/min 离心 5min，将上清转移至新管，并置冰上预冷。先将 Protein G 的 beads 和 KGG 抗体 4℃温育 2 h，然后将溶解有肽段的 IAP 缓冲液与偶联 KGG 抗体的 beads 混合，4℃旋转温育 1 h，800 g 离心 5 min，弃尽上清；用 IAP 缓冲液洗 beads 3 次，再用预冷的超纯水洗 1 遍。加入 55 μL 5% FA，混合并置于室温孵育 10 min，收集洗脱液 1；加入 4 μL 0.1% TFA，混合并置于室温孵育 10 min，收集洗脱液转入洗脱液 1 中，用真空干燥仪抽干溶液。

注：采用 KGG 抗体富集泛素化修饰的肽段过程中，肽段投入量较高，KGG 抗体用量也较高，实验成本高。经 KGG 抗体富集的肽段一般用离线高 pH RPLC 先行分离，以降低样品的复杂度。

五、离线高 pH RP-LC

（一）实验材料

（1）缓冲液 A：2%乙腈，98% H_2O，氨水调节 pH 至 10。
（2）缓冲液 B：2% H_2O，98%乙腈，氨水调节 pH 至 10。
（3）缓冲液 C：100% 甲醇。
（4）缓冲液 D：超纯 H_2O。

（二）实验方法

（1）按照实验要求制备聚丙烯酰胺凝胶；将需要分离的蛋白样品用相应的凝胶进行电泳；割下样品部分，进行脱色、消化、抽提、蒸干，获得消化好的肽段。
（2）开机登录，液相从下而上开机，待自检结束后运行工作站软件。
（3）用缓冲液 C 冲洗 C_{18} 柱和泵，A、B 探头各 50%甲醇冲洗 C_{18} 柱，以排空系统气体。
（4）将 A、B 探头分别换到缓冲液 A、B 中，分别用 50%缓冲液 A 和 50%缓冲液 B 冲洗柱子和泵，待系统稳定后，用缓冲液 B 冲洗样品环和 C_{18} 柱至基线平稳，再用缓冲液 A 冲洗样品环及 C_{18} 柱至基线平稳。
（5）设定分离时间、液相梯度、采集时间、柱温、保护压力范围等液相参数。
（6）根据样品量确定上样次数，清洗上样针，用缓冲液 A 溶解样品，进样针进样，开始采集数据。
（7）收集样品（根据样品出峰情况调节馏分收取间隔）。
（8）分离结束后，用缓冲液 B 冲洗 C_{18} 柱至无紫外吸收。
（9）将 A、B 探头分别放到甲醇中，冲洗 C_{18} 柱 1 h 使整个体系浸润在甲醇中；进样阀手柄处于 Inject 位置，用甲醇清洗 3 次。
（10）清洗完成后，点击"停泵"，流速调为 0，退出工作站，从上而下依次关闭液相。
注：由于损失较大，因此大量的肽段样品才能选用离线高 pH RPLC 进行分离。

六、StageTip 分离泛素化蛋白

由于翻译后修饰蛋白含量极低，现有液相分离方法会不可避免地造成大量肽段的丢失，因此，此法是本实验室依据高效液相色谱原理开发的分离微量样品的简易方法。

（一）实验材料

（1）缓冲液 A：2%乙腈，98% H_2O，氨水调节 pH 至 10。
（2）缓冲液 B：2% H_2O，98%乙腈，氨水调节 pH 至 10。
（3）缓冲液 C：100% 甲醇。
（4）洗脱梯度缓冲液。
（5）C_{18} 脱盐柱。

梯度设置个数和缓冲液 A、B 比例依样品物化性质及样品量而定，如表 12-5 所示。

表 12-5 洗脱梯度设置

洗脱梯度	1	2	3	4	5	6	7	8
有机相 B/%	3	7	10	12.5	15	17.5	20	50
水相 A/%	97	93	90	87.5	85	82.5	80	50

（二）实验方法

（1）先用甲醇活化 C_{18} 柱，再用缓冲液 B 和 A 依次清洗柱床。

（2）将肽段样品用缓冲液 A 溶解，加载到 C_{18} 柱上，用针管推出至 1 号管。

（3）依次从低到高用各梯度的缓冲液洗脱 C_{18} 柱结合的肽段，用针管推出依次保存于新管中。

（4）用缓冲液 B 将结合在 C_{18} 柱上的所有肽段洗脱下来，作为最后一管洗脱液。

（5）将各管样品蒸干，冻存于-80℃保存。

注：由于柱子载量小，因此微量样品才能用此方法进行分离，最低可实现 5 μg 肽段样品的分离。

七、大规模蛋白质组鉴定和定量

（一）实验技术

（1）样品处理及设置液相梯度：肽段样品用溶解液（1% 甲酸+1%乙腈）溶解，利用蛋白质组深度测序平台 nano-UPLC（Waters Acquity）-MS/MS（Thermo Fisher Scientific，LTQ Orbitrap Velos）完成样品数据采集（35）。肽段上样到 15 cm 自装毛细管柱（360 μm 外径×75 μm 内径，3 μm C_{18} 填料）上，在线液相分离时间 60 min，液相梯度从 98% A（2%乙腈+0.1% 甲酸）到 35% B（0.1% 甲酸+乙腈），流速为 300 nL/min。

（2）设置质谱参数：质谱数据使用 DDA 模式采集，扫描离子质荷比（m/z）范围为 300～1600，一级母离子扫描在 Orbitrap 内完成，分辨率设置为 30 000，离子自动增益控制（Automatic Gain Control，AGC）设置 $1×10^6$ 个离子，最大离子注入时间（max injection time，MIT）设置为 150 ms；二级谱图采用 CID 碎裂模式，归一化碰撞能量为 35%，选取丰度最高的前 20 进行二级碎裂，AGC 设置为 $5×10^4$，MIT 设置为 25 ms。最小信号检测阈值（minimal signal threshold）设置为 2000。动态排除（dynamic exclusion）设置为 50 s，已检测过的母离子在 50 s 内不再进行重复扫描。

（3）质谱检测：取 1～2 μg 肽段，在高精度质谱平台检测。

（4）质谱检测所得谱图进行相应数据库的检索：将实际肽段谱图与数据库中理论谱图进行匹配，以 MaxQuant 为例，需要设置 KGG 的可变修饰，胰蛋白酶消化形式，FDR ≤1%，最小肽段长度为 7 个氨基酸残基。

（二）数据处理

产生的质谱数据均使用软件 MaxQuant（1.4.1.2）进行鉴定并定量（33，36）。数据库采用 Swiss-Prot 提供的酵母蛋白质序列数据库（2013.10 版本，含有 6652 个蛋白质）。蛋白质鉴定参数设置如下：半胱氨酸上设置 Carbamidomethylation 固定修饰，甲硫氨酸氧化为可变修饰。全胰蛋白酶酶切，最多允许两个漏切。母离子误差设定为 20 ppm，校正后误差设置为 6 ppm，二级碎片离子误差为 0.5 Da，肽段最小长度为 7 个氨基酸。泛素化 KGG 修饰鉴定中，除了上述限定外，使用二次搜库的策略，即第一次不加 KGG 修饰，将鉴定的蛋白质构建亚数据库，并以此为搜索数据库进行第二次搜库分析，KGG 为可变修饰。肽段和蛋白质的鉴定假阳性率（false discovery rate，FDR）控制在 1% 以下（37）。

SILAC 定量，将赖氨酸（K6）和精氨酸（R10）作为重标加入定量搜索。选取 unique+razor 的肽段进行定量，至少含有 2 个定量肽段的蛋白质才会给出定量信息。最后采用归一化后的定量数据作为后续筛选差异蛋白的标准。

八、基于质谱信号强度重构鉴定蛋白的虚拟免疫印迹实验

由于泛素分子本身是含有 76 个氨基酸的小分子蛋白，分子质量为 8 kDa 左右，且泛素化修饰一般呈现阶梯状递增的状态，造成修饰底物蛋白的分子质量发生不连续跃迁。因此，利用胶图上的分子质量迁移与丰度信息计算其实验分子质量。

（1）计算每个胶馏分的平均实验分子质量：蛋白质在 SDS-PAGE 上的相对迁移量与分子质量（10～220 kDa）的 log 值呈线性关系。通过线性关系计算出每个馏分的实验分子质量，超过 220 kDa 的部分利用线性延伸计算得到相应的分子质量。

（2）计算每个鉴定蛋白的实验分子质量：由于大部分蛋白质在多个馏分内鉴定，利用每个馏分内鉴定蛋白的谱图计数（SC）或者色谱抽提累积面积（XIC）为权重，分别乘以不同馏分的实验分子质量，根据高斯分布计算得到每个鉴定蛋白的实验分子质量。

（3）统计学评估实验分子质量与理论分子质量的差异（ΔMW）：实验分子质量与理论分子质量之差作为蛋白分子质量迁移情况（ΔMW），以 ΔMW 为横轴、理论分子质量为纵轴，由于含 His-Myc 标签的泛素分子本身的分子质量为 10 kDa，以 ΔMW 大于 10 kDa 的蛋白质为阳性结果。总蛋白（TCL）的实验分子质量迁移平均为 0，与理论分子质量接近；而泛素化蛋白（UBC）的实验分子质量与理论分子质量相比出现跃迁，如图 12-19 所示。

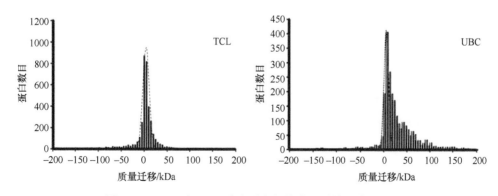

图 12-19 TCL 与 UBC 鉴定蛋白整体分子质量迁移（16）

对于单一蛋白，蛋白质的信号强度从两个因素反映：条带的颜色深度和宽度。同一

个蛋白质可能在多个条带中鉴定，首先将鉴定最多的位置设定为 100，其他条带按照相应信号强度的比例进行归一化，当条带信号强度的相对比例低于 1 时，表明在该条带的量非常微弱。条带的位置是根据 SDS-PAGE 上分子质量迁移率计算得到的，尽量反映蛋白质在胶上的迁移行为。选取了泛素化蛋白 Zeo1 为例，经过泛素化富集后的 Zeo1 分子质量明显呈现跃迁，如图 12-20 所示。其中，ThUBD 富集的 Zeo1 比 Ni-NTA 富集的跃迁更加明显，我们推测主要是由于 ThUBD 对泛素链的保护作用。

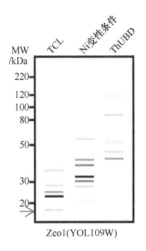

图 12-20　重构泛素化蛋白 Zeo1 的分子质量迁移（*16*）

九、泛素链的绝对和相对定量

多种疾病生物标志物的筛选离不开差异蛋白的寻找，定量蛋白质组学的出现为这一问题的解决提供了良好的方案。而靶蛋白的绝对和相对定量实现了对靶蛋白及其修饰形式的精准定量，从而为揭示靶蛋白及其翻译后修饰形式的关键调控作用提供了前提条件。

为了准确、灵敏地鉴定样品中 7 种泛素链，采用选择离子检测反应（SRM）的质谱检测策略，靶向检测 7 种赖氨酸连接的泛素链（*2, 32*）。本实验采用 SILAC 定量策略，纯化的 K-ε-GG 修饰肽段包含轻、重标肽段。一级母离子在 Orbitrap 内扫描（300～1600 *m/z*，分辨率 30 000），在 LTQ 内靶向监测特定的代表 7 种泛素链的 *m/z* 离子，检测范围根据特征报告离子确定。使用 Xcalibur 2.0 软件提取离子色谱图及鉴定谱图。

（一）绝对定量（AQUA）

（1）合成 7 种含重标同位素标记的 K-ε-GG 内标肽，并用氨基酸分析法对其进行定量。

（2）将内标肽混入已消化好的泛素化蛋白样品中，进行质谱检测，具体步骤如前所述。

（3）计算内标肽段和待检测轻标肽段的分子质量及其质荷比（*m/z*），见表 12-6，质谱检测时选择离子监测模式（SRM）靶向监测特定质荷比的离子。

表12-6　SRM 测定泛素链的参数设置

肽段标记方法	肽段名称	肽段序列	标记氨基酸	质量迁移 /Da	前体离子 (m/z)		产物离子 (m/z)		保留时间 /min
					正常肽段 (轻标)	同位素标记肽段 (重标)	正常肽段 (轻标)	同位素标记肽段 (重标)	
化学合成的重标肽段	Ub（无修饰的）	TLSDYNIQK	L2	7	541.3	544.8	215.2	222.2	11.6[#]
	Ub（K6氧化的）	LISEEDLGM*QIFVK (GG) TLTGK	L16	7	751.4	753.7	1013.5	1017.0	19.9[#]
	Ub（K6）	LISEEDLGMQIFVK (GG) TLTGK	L16	7	746.1	748.4	1005.5	1009.0	22.4[#]
	Ub（K11）	TLTGK (GG) TITLEVESSDTIDNVK	V20	6	793.4	795.4	1116.6	1119.6	15.8[#]
	Ub（K27）	TITLEVESSDTIDNVK (GG) SK	V15	6	698.4	700.4	940.0	943.0	14.4[#]
	Ub（K29）	SK (GG) IQDK	GG	6	416.7	419.8	686.4	692.4	7.8[#]
	Ub（K33）	IQDK (GG) EGIPPDQQR	P9	6	546.6	548.6	370.8	373.8	9.3[#]
	Ub（K48）	LIFAGK (GG) QLEDGR	L8	7	730.9	734.4	617.8	621.3	14.4[#]
	Ub（K63）	TLSDYNIQK (GG) ESTLHLVLR	L17	7	748.7	751.1	1015.6	1019.1	16.2[#]
代谢合成的重标肽段	Ub（无修饰的）	TLSDYNIQK	K9	6	541.3	544.3	867.4	873.4	31.2[##]
	Ub（K6氧化的）	LISEEDLGM*QIFVK (GG) TLTGK	K14, K19	12	751.4	755.4	1013.5	1019.5	43.3[##]
	Ub（K6）	LISEEDLGMQIFVK (GG) TLTGK	K14, K19	12	746.1	750.1	1005.5	1011.5	47.9[##]
	Ub（K11）	TLTGK (GG) TITLEVESSDTIDNVK	K5, K21	12	793.4	797.4	1116.6	1119.6	38.7[##]
	Ub（K11, GluC & Trypsin）	TLTGK (GG) TITLE	K5	6	595.8	598.8	974.5	982.5	30.5[##]
	Ub（K27）	TITLEVESSDTIDNVK (GG) SK	K16, K18	12	698.4	702.4	940.0	946.0	36.7[##]
	Ub（K29）	SK (GG) IQDK	K2, K6	12	416.7	422.8	503.3	509.3	23.7[##]
	Ub（K33）	IQDK (GG) EQIPPDQQR	K4, R13	16	819.4	827.4	898.5	904.5	28.9[##]
	Ub（K48）	LIFAGK (GG) QLEDGR	K6, R12	16	730.9	738.9	617.8	625.8	36.3[##]
	Ub（K63）	TLSDYNIQK (GG) ESTLHLVLR	K9, R18	16	748.7	754.1	1015.6	1023.6	38.6[##]

标记氨基酸：被选择进行稳定同位素比较的残基（例如：L8，8个亮氨酸残基）；质量迁移：由同位素标记引起的质量改变；前体离子：正常肽段和比较肽段单体同位素 m/z 的值；产物离子：在 SRM 中监测的产物离子单体同位素的 m/z 的值。#，30 min；##，50 min；###，130 min。

（4）依据相应内标肽的绝对量和峰面积确定检测样品中相应肽段的绝对量。

（二）相对定量

以代谢标记 SILAC 为例，介绍泛素链的相对定量比较。

（1）分别用含轻、重标同位素的培养基培养试验细胞和对照细胞。

（2）取相等细胞数的细胞混合，收取细胞。

（3）按前述方法进行裂解、纯化、分离、消化、脱盐，获得质谱检测肽段。

（4）计算 SILAC 标记的重标肽段和轻标肽段的分子质量及其质荷比（m/z），见表 12-6，质谱检测时选择离子监测模式（SRM）靶向鉴定特定质荷比的离子。

（5）根据轻重同位素标记肽段的峰面积的比值即可确定二者的相对含量。

需要注意的是，代表 K6 泛素链的肽段含有甲硫氨酸（M），在样品处理过程中容易被氧化，因此检测时需要同时检测其氧化状态。代表 K11 泛素链的肽段氨基酸组成及长度导致其离子化效率偏低，质谱响应信号弱，因此可以采用 Glu C 进行第二次酶消化以降低 K11 泛素链特征肽段的长度，进而提高其离子化效率和信号强度。泛素化肽段都呈高价态，在色谱中先洗脱下来，因此进行 SRM 监测时要适当调节液相梯度，提高泛素链对应肽段的分离与鉴定效率。

参 考 文 献

1. A. Hershko, A. Ciechanover, *Annu. Rev. Biochem.* **67**, 425(1998).
2. P. Xu *et al.*, *Cell* **137**, 133(2009).
3. F. Ikeda, I. Dikic, *EMBO. Rep.* **9**, 536(2008).
4. Y. Kulathu, D. Komander, *Nat. Rev. Mol. Cell Biol* **13**, 508(2012).
5. M. H. Glickman, A. Ciechanover, *Physiol. Rev.* **82**, 373(2002).
6. E. Lauwers, C. Jacob, B. Andre, *J. Cell Biol.* **185**, 493(2009).
7. Y. C. Lo *et al.*, *Mol. Cell* **33**, 602(2009).
8. J. A. Nathan, H. T. Kim, L. Ting, S. P. Gygi, A. L. Goldberg, *EMBO. J.* **32**, 552(2013).
9. G. M. Silva, D. Finley, C. Vogel, *Nat. Struct. Mol. Biol.* **22**, 116(2015).
10. L. Hicke, *Nat. Rev. Mol. Cell Biol.* **2**, 195(2001).
11. S. Longerich, J. San Filippo, D. Liu, P. Sung, *J. Biol. Chem.* **284**, 23182(2009).
12. B. K. Fiil *et al.*, *Mol. Cell* **50**, 818(2013).
13. R. Aebersold, *Nature*(2003).
14. Y. Zhang, B. R. Fonslow, B. Shan, M. C. Baek, J. R. Yates, 3rd, *Chem. Rev.* **113**, 2343(2013).
15. N. D. Udeshi *et al.*, *Mol. Cell Proteomics* **12**, 825(2013).
16. Y. Gao *et al.*, *Mol. Cell Proteomics* **15**, 1381(2016).
17. D. Finley, B. Bartel, A. Varshavsky, *Nature* **338**, 394(1989).
18. J. Peng, *Nature Biotechnology* **21**, 921(2003).
19. K. Husnjak, I. Dikic, *Annu. Rev. Biochem.* **81**, 291(2012).
20. J. D. Licchesi *et al.*, *Nat. Struct. Mol. Biol.* **19**, 62(2012).
21. J. J. Sims, A. Haririnia, B. C. Dickinson, D. Fushman, R. E. Cohen, *Nat. Struct. Mol. Biol.* **16**, 883(2009).
22. J. J. Sims, R. E. Cohen, *Mol. Cell* **33**, 775(2009).
23. R. Hjerpe *et al.*, *EMBO. Rep.* **10**, 1250(2009).
24. Yi Shi, D. W. C, Sung Yun Jung, Anna Malovannaya, *Mol. Cell Proteomics* **10**(2011).

25. Y. Gao *et al.*, *Mol. Cell Proteomics* **15**, 1381(2016).
26. G. Xu, J. S. Paige, S. R. Jaffrey, *Nat. Biotechnol* **28**, 868(2010).
27. S. A. Wagner *et al. Mol. Cell Proteomics* **10**, (2011)
28. Chen Ding *et al.*, *Mol. Cell Proteomics* **12**, 2370(2013).
29. P. X. Nicholas T. Seyfried, *Anal. Chem.* **80**, (2008).
30. S.-E. Ong, M. Mann, *Nat. Chem. Biol.* **1**, 252(2005).
31. D. S. Kirkpatrick, S. A. Gerber, S. P. Gygi, *Methods* **35**, 265(2005).
32. P. Xu *et al.*, *Israel J. Chem.* **46**, 171(2006).
33. J. Cox *et al.*, *Nat. Protoc.* **4**, 698(2009).
34. V. Lange, P. Picotti, B. Domon, R. Aebersold, *Mol. Syst. Biol.* **4**, 222(2008).
35. P. Xu, *J.Proteome Res.***8**, 2944(2009).
36. J. Cox, M. Mann, *Nat. Biotechnol.* **26**, 1367(2008).
37. J. E. Elias, S. P. Gygi, *Nat. Methods* **4**, 207(2007).

（徐　平　李衍常　兰秋艳）

第十三章　泛素化修饰与表观遗传调控

组蛋白的翻译后修饰在调控染色质结构、基因表达和细胞功能方面起重要作用（*1*，*2*）。其中，泛素化是组蛋白的一种主要修饰方式，这种修饰主要发生在组蛋白 H2A 和 H2B 上。最近的研究表明，组蛋白 H2A 的泛素化在 PcG 蛋白介导的基因沉默（*3*，*4*）和 DNA 损伤修复过程（*5-10*）中起重要作用；而组蛋白 H2B 的泛素化则参与调控转录的起始和延伸（*11-14*）、pre-mRNA 的剪切和拼接（*15-17*）、核小体的稳定（*18*，*19*）、组蛋白 H3 的甲基化（*20-23*）和 DNA 的甲基化（*24*）。本章主要根据我们对哺乳动物细胞的研究，详细讲述组蛋白的泛素化，以及组蛋白泛素连接酶和去泛素化酶的研究方法。对于组蛋白的泛素化在酵母中的研究方法，可以参考最近的有关综述（*25*，*26*）。

第一节　概　　述

组蛋白的翻译后修饰在调控染色质的结构和功能，以及遗传信息的表达应用中起重要作用（*1*，*2*）。这些翻译后修饰主要包括组蛋白的乙酰化、甲基化、磷酸化、泛素化和相素化。这些修饰特定地标记某一个或一组核小体，而这一特定的"标记"或"密码"可以被下游的调节蛋白识别，并引起特定的细胞生理功能的改变（*1*，*2*）。对组蛋白翻译后修饰的研究主要集中在组蛋白的乙酰化、甲基化和磷酸化。这些研究主要包括对修饰酶的鉴定，以及利用特异的组蛋白乙酰化、甲基化和磷酸化的抗体，对各种修饰在染色质上的分布、各种修饰在各种生理活动中的动态变化，以及各种修饰调控的生物学功能进行研究（*1*，*2*）。相对而言，组蛋白的泛素化研究起步较晚，但是随着研究技术的进步，我们对这种修饰的了解越来越深入。

与组蛋白的其他修饰相比，泛素化修饰的特别之处在于泛素蛋白的质量相对较大，相当于单个组蛋白质量的 2/3（*27*，*28*）。最初人们在制备组蛋白泛素化的特异性抗体时遇到了很多困难，而且只得到了抗泛素化 H2A 的抗体（*29*）。有鉴于此，人们发明了一种遗传学和免疫印迹相结合的方法来研究这种修饰（*4*，*25*，*30*）。然而，人们最近在制备泛素化 H2B 的抗体方面取得了突破（*31*）。这些特异性的抗体使得人们可以用高通量测序的技术来进一步了解这种修饰的功能（*31*）。这些研究，以及人们对组蛋白泛素连接酶和去泛素化酶的鉴定，揭示了组蛋白的泛素化具有多重功能，包括在转录调控、信使 RNA 的剪接加工、DNA 损伤修复、核小体稳定性、细胞周期的调控，以及染色质重组等生物学过程中的调控作用（*3-11*，*13-25*，*32*，*33*）。

在四种核心组蛋白中，H2A 和 H2B 的泛素化存在于多种生物中（*27*，*28*）。组蛋白 H2B 的泛素化在进化上高度保守，存在于芽殖酵母、拟南芥、果蝇和哺乳动物细胞中（*27*，*28*）。组蛋白 H2B 的泛素化水平在不同物种间差别很大，其中在芽殖酵母中可以占到细胞 H2B 总量的 10%以上（*34*）。人类 H2B 的泛素化修饰位点是 120 位赖氨酸（相当于酵母的 123 位赖氨酸），H2B 的泛素耦合酶 RAD6 是一种多功能的泛素耦合酶，可以把结合的泛素转移到不同的底物（34）。RAD6 对组蛋白 H2B 的特异活性是通过 RING finger 蛋白 Bre1 介导的（35, 36）。在对 H2B 泛素化的研究中，人们发现 H2B 的泛素化可以单向地调控组蛋白 H3 的 4 位和 79 位赖氨酸的甲基化（20-23）。这种跨组蛋白的调控在进化上是保守的，而且人们可以在体外重组的核小体上观察到同样的调控方式（37-40）。这表明组蛋白 H2B 的泛素化使得核小体可以更倾向于接受甲基化。有趣的是，组蛋白 H2B 也可以在 34 位赖氨酸进行泛素化，而这种泛素化的结果也可以调控组蛋白 H3 的甲基化（41）。在拟南芥中，组蛋白 H2B 的泛素化可以调节 DNA 的甲基化和异染色质介导的基因沉默（24）。与组蛋白 H2B 的泛素化不同，组蛋白 H2A 的泛素化还没有在芽殖酵母和线虫中检测到（3, 24, 34, 40），组蛋白 H2A 的泛素化是否存在于拟南芥中还不确定（24）。组蛋白 H2A 的主要泛素连接酶是 PcG 蛋白 RING2，这一事实表明组蛋白 H2A 的泛素化可能是一种在进化过程后期获得的表观遗传机制（3, 4）。与 H2B 的泛素化相似，组蛋白 H2A 的泛素化也发生在组蛋白羧基末端的 119 位赖氨酸。在细胞受到伤害时，H2A 可以在 N 端进行泛素化。

除了组蛋白 H2A 和 H2B，组蛋白 H3、H4、H2A.Z 和 H1 也可以被泛素化，而且这些蛋白质的泛素化在调节细胞功能方面起重要作用。例如，Cul4/DDB/ROC1 可以泛素化组蛋白 H3 和 H4，组蛋白 H3 和 H4 的泛素化使核小体的结构变得不稳定，从而有利于下游 DNA 的损伤修复（30）。最近的研究表明，Cul4 介导第 56 位赖氨酸被乙酰化的组蛋白 H3 泛素化，H3 的泛素化使得 Asf1 和 H3-H4 四聚体之间的结合变得不稳定，从而有利于把组蛋白 H3-H4 四聚体转移至下游组蛋白的分子伴侣上（42）。这一功能可能与细胞分裂过程中核小体的组装有关。组蛋白 H3 第 23 位赖氨酸也可以被 UHRF1 泛素化，这一修饰与 DNA 复制过程中 DNA 的甲基化有关（43）。在转录活化过程中，Cul4 介导的组蛋白 H4 第 31 位的泛素化可能与连接组蛋白 H1.2 有关（44）。组蛋白 H1 也可以被泛素化，其泛素化酶是 TAF250。这种酶兼具泛素耦合酶和泛素连接酶的功能（45）。组蛋白 H1 的泛素化与基因活化有关。

与其他蛋白质的泛素化类似，组蛋白的泛素化也是通过一系列的酶促反应来实现的（图 13-1）。首先，泛素被泛素激活酶激活。这一过程需要 ATP，泛素激活酶通过活性部位的半胱氨酸和泛素的末端羧基形成高能硫酯键，从而激活泛素。随后，活化的泛素被转移到泛素耦合酶。最后，泛素连接酶可以与结合泛素的耦合酶和底物同时结合，从而使泛素和底物靶蛋白赖氨酸的 ε 氮之间形成异肽键。泛素连接酶分为两种类型：一种泛素连接酶只是使泛素耦合酶和底物在空间上接近；另一种泛素连接酶则是首先和泛素之间形成共价结合物，而后再把泛素转移到底物。在这一过程中，底物的特异性主要是由泛素连接酶决定的，因此人们投入了很大的精力来确定底物的泛素连接酶（46-48）。与组蛋白的其他修饰一样，组蛋白的泛素化也是一个可逆的过程（48, 49）。结合到组蛋白的泛素可以通过去泛素化酶而进行解离。最近的研究确定了多种位点特异的组蛋白去泛素化酶。而通过对组蛋白去泛素化酶的研究，人们进一步揭示了组蛋白泛素化在不同生理过程中的作用（16, 24, 50-55）。本章主要讲述组蛋白泛素化和去泛素化、组蛋白泛素连接酶和去泛素化酶的实验方法。这些方法主要是基于我们对哺乳动物细胞的研究。关于组蛋白泛素化在芽殖酵母中的研究，可以参考最近的有关综述（25，26）。

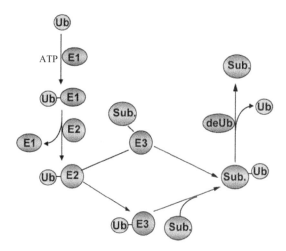

图 13-1 蛋白质泛素化和去泛素化的酶反应示意图

为了进行蛋白质泛素化，ATP 依赖的泛素激活酶通过和泛素形成高能硫酯键而激活泛素。随后，泛素被转移到泛素耦合酶而形成泛素-泛素耦合酶复合物。最后，泛素在连接酶的作用下将泛素结合在靶蛋白，泛素和靶蛋白之间形成异肽键。根据泛素是否与泛素连接酶形成复合物，泛素连接酶可以分为两种类型。结合到靶蛋白的泛素可通过特定的去泛素化解离，并释放完整的泛素

第二节 组蛋白泛素化的研究技术

组蛋白泛素化的体外检测包括底物的制备和酶反应体系的建立，具体流程如下。

（1）底物的制备。组蛋白八聚体、单体核小体和寡聚核小体均从 HeLa H3 细胞中制备。制备的详细流程可以参考有关文献（56）。所有的底物均对组蛋白缓冲液[10 mmol/L HEPES-KOH（pH 7.5），1 mmol/L EDTA，10 mmol/L KCl，10 % Glycerol，0.2 mmol/L PMSF] 透析，并分装保存在-80℃。值得注意的是，寡聚核小体在 4℃下至少可以保存 1 个月；单体核小体非常不稳定，在 4℃下即使过夜保存也可能发生沉淀。因此，建议在保存单体核小体时，分装成小的组分并保存在-80℃。组蛋白 H1 可能影响核小体的泛素化。因此，建议使用不含有 H1 的寡聚核小体作为泛素化反应的底物[制备流程参考有关文献（56）]。

（2）反应体系的建立。将组蛋白八聚体（5 μg）、单体核小体（5 μg）和寡聚核小体（5 μg）与 HeLa 细胞核蛋白组分或可能的泛素连接酶在反应缓冲液[50 mmol/L Tris-HCl（pH 7.5），5 mmol/L MgCl$_2$，2 mmol/L NaF，2 mmol/L ATP，10 μmol/L Okadaic acid，0.6 mmol/L DTT，0.1 μg 泛素激活酶（Calbiochem），0.2 μg 泛素耦合酶（UBC5C），1 μg Flag-ubiquitin（Sigma）]中混合。

（3）将反应混合物在 37℃温育 1 h；加入 SDS 样品上样缓冲液以终止反应。

（4）将反应混合物在 15%或 8%～15% SDS-PAGE 上进行分离，并转移至硝酸纤维素膜。

（5）利用 anti-Flag 抗体（Sigma）进行蛋白免疫印迹试验。泛素化的组蛋白应该在

分子质量为 25 kDa 的位置（图 13-2A）。

（6）为确保信号的真实性，应设立阴性对照，即在反应体系中去除泛素激活酶，或泛素耦合酶，或底物，或泛素连接酶（蛋白组分或假定的泛素连接酶）。在这些情况下，组蛋白泛素化的信号应该不存在（图 13-2B）。

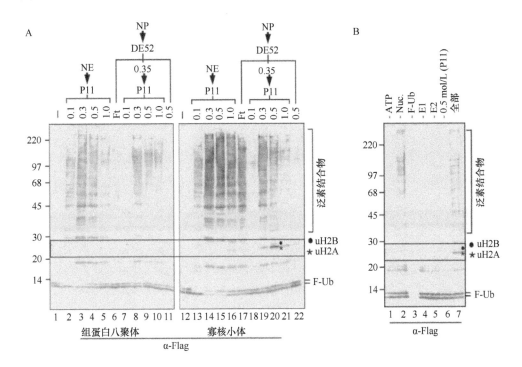

图 13-2 组蛋白泛素化的体外检测。A.以 HeLa 细胞核蛋白 DE52 和 P11 柱分离组分为酶活的组蛋白泛素化的体外检测。顶部的数字表示分步洗脱的盐浓度（M）。NE 和 NP 分别代表核提取物和核沉淀。左、右分别使用组蛋白八聚体和寡聚核小体为底物。B.阴性对照的设立。当反应体系中 ATP、泛素激活酶、泛素耦合酶、泛素、核小体组蛋白不存在时，组蛋白泛素化的信号即不存在

组蛋白泛素化的体内检测最初借助于变性条件下的免疫沉淀，这种方法耗时耗力（25，30，54）。最近由于特异的组蛋白泛素化抗体的出现（29，31），使得组蛋白泛素化的体内检测变得非常容易。下面我们把两种方法的流程都介绍一下。

（一）方法一：变性条件下的免疫沉淀

（1）用 Mfe I 限制性内切核酸酶线性化 pcDNA3-Flag-H2A（新霉素抗性）和 pcDNA3-Flag-H2B（新霉素性）。利用 Wizard SV Gel and PCR Clean-up System（Promega）或类似的试剂盒回收线性化的质粒。

（2）用 Effectene（Qiagen）将线性化的质粒转染入 HeLa 细胞中。转染 48 h 后，将细胞按 1∶3 的比例分离，并加入终浓度为 0.5 mg/mL 的新霉素。继续培养直至单克隆形成。用 anti-Flag（Sigma）的抗体进行免疫印迹实验，以检验单克隆细胞株中的表达水平。筛选具有高表达量的细胞株用于下面的实验。

（3）将稳定细胞株以每孔 1×10^5 个细胞的密度接种于 6 孔板中，并在 37℃，5% CO$_2$ 的条件下培养过夜。

（4）用 Lipofectamine 2000（Invitrogen）将针对假定的蛋白连接酶的 siRNA 转入细胞，继续在 37℃，5% CO$_2$ 的条件下培养 24 h。24 h 后将 HA-ubiquitin 用 Effectene（Qiagen）转染入细胞，37℃，5% CO$_2$ 继续培养 24 h。

（5）收集细胞并用 PBS 缓冲液清洗两次。将细胞在超声波的帮助下溶解在变性缓冲液[20 mmol/L Tris-HCl（pH 7.4），50 mmol/L NaCl，0.5 % Nonidet P-40（NP40），0.5 % deoxycholate，0.5 % SDS，1 mmol/L EDTA，1 mmol/L DTT，0.1 mmol/L PMSF，使用前加入蛋白酶抑制剂]中；将细胞破碎液在 4℃，16 100 g（台式离心机，下同）离心 10 min。

（6）将上清液和 anti-Flag M2 亲和凝胶（Sigma，事先用变性缓冲液平衡）温育 2 h；温育后，将 anti-Flag M2 亲和凝胶用变性缓冲液清洗三次。结合的蛋白质用 0.2 mg/mL 的 Flag 多肽（溶解于变性缓冲液中）洗脱。反复洗脱直至没有蛋白质为止。

（7）将洗脱的蛋白质在 SDS-PAGE 上进行分离，并将蛋白质转移到硝酸纤维素膜上。

（8）将硝酸纤维素膜以分子质量 20 kDa 为界分为两部分。膜的上半部分用 anti-HA 抗体、下半部分用 anti-Flag 抗体进行蛋白免疫印迹试验。值得注意的是，如果用整个膜进行 anti-Flag 抗体免疫印迹试验，由于有大量的非泛素化组蛋白的存在，泛素化组蛋白不容易检测到。此外，使用 anti-HA 的抗体膜的上半部分背景较少。

（二）方法二：利用特异的泛素化 H2A 和 H2B 的抗体

（1）将 HeLa 细胞或其他细胞系以每孔 1×10^5 个细胞的密度接种于 6 孔板中，并在 37℃，5% CO$_2$ 的条件下培养过夜。

（2）利用 Lipofectamine 2000（Invitrogen）将针对假定的蛋白连接酶的 siRNA 转入细胞，37℃，5% CO$_2$ 的条件下再培养 24 h。如果 siRNA 的效率比较低，可以再转染一次。

（3）收集细胞并用 PBS 缓冲液清洗细胞沉淀两次，在超声波的帮助下把细胞溶解在变性缓冲液（变性缓冲液成分见上）中。将细胞破碎液在 4℃下，16 100 g 离心 10 min。

（4）将上清液在 6.5%～15% SDS-PAGE 上进行分离，并将蛋白质转移到硝酸纤维素膜上。

（5）以分子质量 30 kDa 为界，将硝酸纤维素膜切为两部分。分子质量小的部分用抗泛素化 H2A（Millipore，05-678）或 H2B（Millipore，05-1312）的抗体，分子质量大的部分用组蛋白特异性泛素连接酶的抗体，进行免疫印迹试验。泛素化的 H2A 在 25 kDa 的位置，而泛素化 H2B 比泛素化 H2A 略高。

第三节 组蛋白去泛素化的研究技术

组蛋白去泛素化的体外检测包括底物的制备和反应体系的建立。其中主要的步骤在于准备泛素化的核小体或组蛋白作为酶反应底物，具体流程如下。

（一）底物制备

1. 纯化天然的含有泛素化 H2A 的核小体

（1）用 *Mfe* I 限制性内切核酸酶将 pcDNA3-Flag-H2A（新霉素抗性）和 pcDNA3-HA-ubiquitin（潮霉素抗性）质粒进行线性化，并利用 Wizard SV Gel and PCR Clean-up System（Promega）或类似的试剂盒回收线性化的质粒。

（2）用 Effectene（Qiagen）将质粒转染入 HeLa 细胞。转染 48 h 后，将细胞按 1∶3 比例进行分离，并分别加入终浓度为 0.5 mg/mL 和 0.3 mg/mL 的新霉素和潮霉素，继续培养直至单克隆出现。

（3）用 anti-Flag（Sigma）和 HA（12CA5）抗体的免疫印迹试验检验单克隆细胞株中 Flag-H2A 和 HA-ubiquitin 的表达情况。选择稳定的、表达量高的 Flag-H2A 和 HA-ubiquitin 的细胞株用于下面的试验。通常我们可以从转染的两个 6 孔板中获得 5～6 个细胞株。细胞株中只表达一种蛋白质的克隆可以用于别的试验（如组蛋白的泛素化体内检测，见上）。先转染一种质粒，而后再转染第二种质粒，这样需要更多的时间，而且效率较低。因此，我们不建议使用这种方法。

（4）从 2～3 个 15 cm 培养皿（大约可以提取 7～10 mg 核小体）收集细胞并用 PBS 洗涤两次。将细胞悬浮于 1 mL 缓冲液 A[0.25 mol/L sucrose，60 mmol/L KCl，150 mmol/L NaCl，10 mmol/L MES-KOH（pH 6.5），5 mmol/L MgCl$_2$，1 mmol/L CaCl$_2$，0.5% Triton X-100，1 mmol/L DTT，0.1 mmol/L PMSF，蛋白酶抑制剂]中，在冰上温育 15 min。

（5）在 4℃，1200 g（台式离心机）离心 10 min，收集细胞核，并用缓冲液 A 把细胞核重新洗涤一次。

（6）把细胞核用缓冲液 B[10 mmol/L Tris-HCl（pH 8.0），100 mmol/L NaCl，5 mmol/L CaCl$_2$，2 mmol/L MgCl$_2$，0.3 mol/L sucrose，1 mmol/L DTT，0.1 mmol/L PMSF，蛋白酶抑制剂]洗涤一次，并重新悬浮在 0.4 mL 缓冲液 B 中，加入 2 μL 微球菌核酸酶（200 U/mL），在 37℃孵育 30 min。孵育过程中尽量使细胞核悬浮在溶液中。

（7）孵育完后，用缓冲液 B 洗涤细胞核一次。这种酶解处理主要产生单体核小体。为了获得寡聚核小体，我们需要通过不同时间的处理来找到合适的降解条件。寡聚核小体可以通过 5 mL 的 5%～30%蔗糖梯度（以不同比例的 5%和 30%蔗糖溶液混合而成）离心来分离。而含有泛素化 H2A 的组蛋白八聚体可以通过小规模的羟基磷灰石柱制备（54，57）。

（8）将细胞核悬浮于 0.4 mL 核小体提取液[20 mmol/L Tris-HCl（pH7.9），10 mmol/L EDTA，0.5 mol/L NaCl，1 mmol/L DTT，0.1 mmol/L PMSF，蛋白酶抑制剂]中，并在冰上孵育 15 min。在 4℃，16 100 g 离心 10 min，上清液中含有核小体。反复提取直至无蛋白质为止。

（9）合并核小体提取液，并用 Bio-Rad Bradford 测定蛋白质浓度。把核小体稀释至 0.25 mg/mL。在稀释过程中，应一边涡旋一边向核小体中加入组蛋白缓冲液。为了避免发生沉淀，稀释前应把组蛋白缓冲液中 NP-40 的浓度提高到 0.05%（终浓度）。稀释后，将核小体样品在组蛋白缓冲液中透析至少 4 h。

（10）用组蛋白缓冲液平衡 100 μL 的 anti-Flag M2（Sigma）亲和凝胶，把核小体提取液和 anti-Flag M2 亲和凝胶在 4℃下孵育 2 h。

（11）将 anti-Flag M2 亲和凝胶用组蛋白缓冲液洗涤三次。在 4℃下用 0.2 mg/mL Flag 多肽（溶解于组蛋白缓冲液）洗脱结合的蛋白质。每次洗脱时间为 30 min。重复洗脱 2～3 次，直到没有蛋白质洗脱出来。把洗脱的蛋白质在组蛋白缓冲液中透析 2 h。

（12）把透析过的核小体和已经交联到 protein A-agarose 上的 anti-HA 抗体在 4℃温育 2 h。温育结束后，用组蛋白缓冲液把 protein A-agarose 凝胶洗涤三次。用 0.8 mg/mL HA 多肽（溶解于组蛋白缓冲液中并把 NaCl 的浓度提高到 0.5 mol/L）洗脱结合的蛋白质。把洗脱的样品对组蛋白缓冲液透析并保存于 4℃。纯化的单体核小体应在 2 周内使用。

2. 纯化天然的含有泛素化 H2B 的核小体

（1）将酵母 T85 菌株（53）和表达人类 Flag-human H2B 的 T85 菌株（16，55）接种于 25 mL 的 YPD 培养液（T85 菌株），或没有色氨酸的选择性培养液中（表达人类 H2B 的 T85 菌株），在 27～30℃下培养过夜。把过夜培养的酵母放大到 1L 的培养液中。酵母中泛素化 H2B 的水平与细胞密度和培养条件有关。通常当 OD_{600} 等于 0.3～0.5 时，泛素化水平最高。

（2）离心收集酵母细胞，并用 2×HC 缓冲液[300 mmol/L HEPES-KOH（pH 7.6），2 mmol/L EDTA，100 mmol/L KCl，20 % glycerol，2 mmol/L DTT，蛋白酶抑制剂]洗涤细胞两次。将酵母悬浮液分装到 1.5 mL 的试验管中，16 100 g 离心 10 min，将细胞沉淀冻存在–80℃。冷冻有助于细胞裂解并提高蛋白产量。因此，即使当天使用，仍建议冷冻酵母细胞。

（3）将酵母细胞重新悬浮在 800 μL 的 1×HC 缓冲液[150 mmol/L HEPES-KOH（pH 7.6），1 mmol/L EDTA，250 mmol/L KCl，10 % glycerol，1 mmol/L DTT，蛋白酶抑制剂]中，并转移到含有约 200 μL 事先用酸清洗过的玻璃珠的螺旋盖管中。使用玻璃珠涡旋裂解细胞或使用酵母裂解仪来裂解酵母细胞。

（4）把裂解后的上清液转移到 15 mL 的锥形管中并超声处理以产生单体核小体（超声处理条件根据试验条件确定）。

（5）将超声处理后的溶液在 4℃，16 100 g 离心 10 min，收集上清液。

（6）把上清液和 anti-Flag M2 亲和凝胶（Sigma）在 4℃下温育 3 h。

（7）将 anti-Flag M2 亲和凝胶用 1×HC buffer 清洗三次，并用 Flag 多肽（0.2 mg/mL，溶解在 1×HC 缓冲液中，其中 KCl 的浓度调整为 50 mmol/L）洗脱。

（8）将洗脱的核小体在组蛋白缓冲液透析，分装保存在–80℃。含有泛素化的组蛋白可以通过将核小体结合到羟基磷灰石柱获得（54，57）。

（9）将不同量的核小体或组蛋白利用 15% SDS-PAGE 进行分离，用 Flag 抗体进行蛋白免疫印迹试验。其中，可检测到的最低量的核小体和组蛋白即为体外组蛋白去泛素化反应所需的量。

3. 重组含有泛素化组蛋白的核小体

（1）以 XP-10 质粒作为模板，以 5'-bio-TGTTACTCAGAATGGCAA-3' 和 5'-TGATTACGAATTCGAGCT-3' 为引物，PCR 扩增用于重组核小体的 DNA 片段。扩增条件为：94℃，4 min；94℃，30 s，50℃，30 s，72℃，30 s，共 40 个循环；72℃，7 min。PCR 产物的预期大小为 232 bp。利用 1% 的琼脂糖凝胶电泳分离 PCR 产物，并用 Wizard SV Gel and PCR Clean-up System（Promega）或类似的试剂盒回收纯化所需的 DNA 片段。

（2）利用柱层析的方法从大肠杆菌中分离纯化组蛋白 H3、H4、H2A、H2B。纯化的流程可以参考有关的文献（58）。样品冷冻干燥后储存于 -80℃。

（3）为了纯化含有泛素化的组蛋白 H2A，从 2～3 个 15 cm 培养皿中收集稳定表达 Flag-H2A 的细胞（建立方法见第三节"组蛋白去泛素化研究技术，底物制备部分"）。PBS 清洗后，借助超声波的帮助把细胞溶解于 0.5 mL 的变性缓冲液中。把细胞裂解液在 16 100 g（台式微型离心机）离心 10 min 后，收集上清液。

（4）把 100 μL 的 anti-Flag M2 亲和凝胶（Sigma）利用变性缓冲液进行平衡（清洗三次），然后把亲和凝胶和上清液在 4℃ 进行温育 2 h。温育后把凝胶用变性缓冲液洗涤三次，结合到凝胶上的蛋白质可以利用 0.2 mg/mL Flag 的多肽（溶解于变性缓冲液中）进行洗脱，每次洗脱时间为 20 min。重复洗脱，直至没有蛋白质洗出为止。把洗脱的样品在水中透析过夜，冷冻干燥，保存于 -80℃。

（5）从酵母菌株 T85 中提取含有泛素的 H2B。这种提取是在变性条件下进行的。具体的纯化流程可以参考有关文献（34）。纯化的样品在水中透析过夜，冷冻干燥，在 -80℃ 保存。

（6）为了进一步纯化泛素化的 H2A 和 H2B，把以上样品在 15% SDS-PAGE 上进行分离。为了获得足够的样品量，可以把样品在多个样品槽中重复上样，或把样品槽粘在一起后上样。在 SDS-PAGE 上，泛素化的 H2A 和 H2B 在 25 kDa 附近，其中泛素化 H2B 比泛素化 H2A 略高一点。根据样品和分子质量的相对位置，切下含泛素化 H2A 和 uH2B 的条带。作为对照，我们还切下含有 H2A 和 H2B 的条带。

（7）把切下的蛋白胶条放在 15 mL 试验管中用水充分洗涤，然后把胶条转移到透析管（分子质量截留为 6～8 kDa，以确保组蛋白不被透析出去）。把透析袋放置于含有 TAE[40 mmol/L Tris-acetate，1 mmol/L EDTA] 缓冲液的水平电泳上，4℃，电压 60V，从凝胶中电洗脱蛋白。

（8）把洗脱的样品用缓冲液 P [5 mmol/L Hepes-KOH（pH 7.5），40 mmol/L KCl，0.01 mmol/L $CaCl_2$，10 % glycerol，1 mmol/L DTT，0.1 mmol/L PMSF] 透析，并结合到 1 mL 的羟基磷灰石的柱子上。利用含有 1 mol/L KCl 的缓冲液 P 洗脱蛋白。把洗脱后的蛋白质在 4℃ 下对水透析过夜。冷冻干燥并保存于 -80℃。

（9）组蛋白八聚体的形成。将纯化的组蛋白、泛素化的 H2A 和 H2B，以及作为对照的 H2A、H2B 分别溶解在解折叠缓冲液[6 mol/L guanidinium chloride，20 mmol/L Tris-HCl（pH 7.5），5 mmol/L DTT，用时临时配制] 中，终浓度为 1 mg/mL；在 4℃ 温育 1 h。把各种组蛋白以等量的摩尔比混合，混合比例可以进一步通过考马斯亮蓝染色来调整（图 13-3A）。

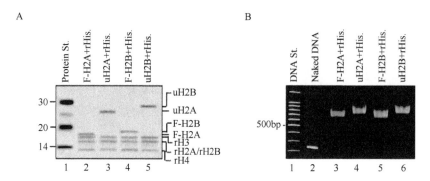

图 13-3　重组含有泛素化 H2A 和 H2B 的核小体。A. 含有不同组蛋白八聚体的 SDS-PAGE（经考马斯蓝染色）。组蛋白的组成在图的顶部注明。B. 含有重组核小体和裸 DNA 的 5%非变性 PAGE。PAGE 经溴化乙锭染色后在紫外灯下观察

（10）把组蛋白混合液在折叠缓冲液[2 mol/L NaCl，10 mmol/L Tris-HCl（pH 7.5），1 mmol/L EDTA，5 mmol/L 2-ME]中透析 24 h，期间更换缓冲液三次。

（11）把透析后的样品加到 Superdex-200 凝胶层析柱（GE Healthcare Life Sciences）进行分离。把含有组蛋白八聚体的组分混合，利用 Amicon Ultra（Millipore）进行离心浓缩。浓缩后的样品可以在 4℃下保存 2 个月。

（12）核小体重组。用 5 mol/L 的 NaCl 溶解 DNA 并使得 NaCl 的终浓度为 2 mol/L。加入适量的八聚体。根据等摩尔数比计算所需的 DNA 和组蛋白八聚体的量。可以通过比等摩数比略高或略低的比例重组核小体，然后在 5%非变性 PAGE 检查重组是否成功。

（13）将组蛋白八聚体和 DNA 的混合物在室温下温育 30 min，然后加入等体积的 10 mmol/L Tris-HCl（pH7.5），并在室温温育 1 h。随后每隔 1 h 加入等体积 10 mmol/L 的 Tris-HCl（pH7.5）以使 NaCl 浓度从 1.0 mol/L→0.8 mol/L→0.67 mol/L→0.2 mol/L→0.1 mol/L。

（14）将重组的核小体在 5%非变性 PAGE 分离，利用溴化乙锭染色。在紫外灯下，重组的核小体迁移在 700 bp 的位置,而裸露的 DNA 的迁移在 200 bp 的位置(图 13-3B)。在电泳时，应先将 5%非变性 PAGE（59∶1，丙烯酰胺∶双丙烯酰胺）在 4℃，150V，预电泳 1 h；将重组的核小体与 50%的蔗糖以 1∶10 的比例（*V/V*）混合，上样。

（二）反应体系的建立

（1）将 1.5 μg 含有泛素化 H2A 的核小体，或 0.8 μg 重组的含有泛素化 H2A 或 H2B 的核小体，或最小量的含有泛素化 H2B 的核小体和蛋白质组分，或假设的组蛋白去泛素化酶在 1×泛素化反应缓冲液[100 mmol/L Tris-HCl（pH 8.0），1 mmol/L EDTA，0.1 mmol/L PMSF，1 mmol/L DTT，1 μg/mL aprotinin，1 μg/mL leupeptin，1 μg/mL pepstatin A]中混匀。反应时间设定为 5 个时间点（0 min，10 min，20 min，40 min，60 min）。

（2）将样品在 37℃进行温育；在每个时间点，把样品和 SDS 上样缓冲液混合以终止反应。将反应混合物在 15%的 SDS-PAGE 中分离并转移到硝酸纤维素膜上。

（3）利用 anti-HA 抗体（含泛素化 H2A 的核小体，或重组的含泛素化 H2A 的核小体）或 anti-Flag（含泛素化 H2B 的天然或重组的核小体）进行蛋白免疫印迹试验。组蛋白的去泛素化酶活性可以通过泛素化组蛋白的降低和泛素释放来反映（图 13-4）。值得注意的是，纯化的天然核小体比重组的核小体更适合作为去泛素化酶的底物。这可能是由于变性纯化期间微量的 SDS 和蛋白质结合导致的。在某些情况下，使用 anti-HA 抗体很难看到泛素的增加，因此我们使用 anti-ubiquitin（FK2）抗体。

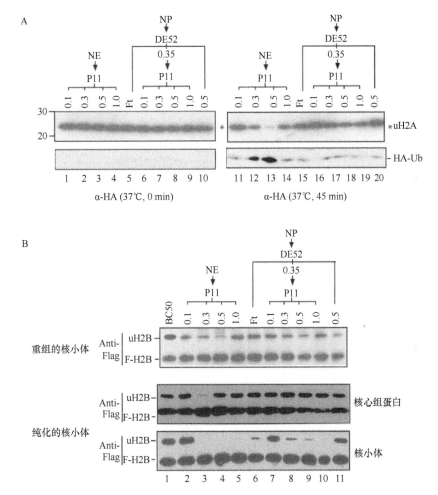

图 13-4　组蛋白去泛素化的体外检测。A. 以 HeLa 核蛋白 DE52 和 P11 柱分离组分为酶活性来源的组蛋白 H2A 去泛素化的体外检验。左、右分别显示在 37℃下孵育 0 min 和 45 min 后的蛋白免疫印迹试验。B. 以 HeLa 核蛋白 DE52 和 P11 柱分离组分为酶活性来源的组蛋白 H2B 去泛素化的体外检验。上图以重组核小体为底物，中图和下图分别以纯化的含泛素化 H2B 的核小体及核心组蛋白作为反应的底物。顶部的数字表示为分步洗脱的盐浓度（M）。NE 和 NP 分别代表核提取物和核沉淀

组蛋白去泛素化的体内检测与组蛋白泛素化的体内检测相似，包括最初借助于变性条件下免疫沉淀，以及最近发展的利用特异组蛋白的泛素化抗体（图 13-5）。在上述试验中，只要把泛素连接酶的 siRNA 换为去泛素化酶的 siRNA 即可，在此就不一一赘述了。

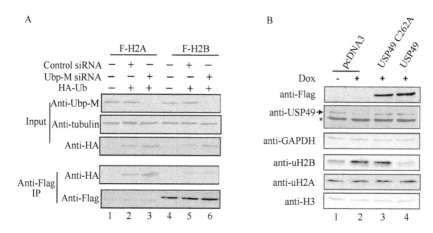

图 13-5 组蛋白去泛素化的体内检测。A. 组蛋白 H2A 去泛素化的体内检测。稳定表达 Flag-H2A（泳道 1～3）和 Flag-H2B（泳道 4～6）的 HeLa 细胞株用所注明的 siRNA 和质粒转染。顶部三图显示细胞总蛋白的蛋白免疫印迹试验，而底部二图显示变性条件下 anti-Flag 的免疫沉淀物的蛋白质免疫印迹试验。B.组蛋白 H2B 去泛素化的体内检测。Dox 诱导的 *Usp49* 基因表达量的降低特异性地增加 H2B 的泛素化水平，而不会影响 H2A 的泛素化水平（泳道 1 和 2）。野生型 USP49 恢复了由 USP49 量减少引起的组蛋白 H2B 泛素化的水平，而 C262A 突变体没有（泳道 3 和 4）。箭头显示 USP49，星号显示非特异条带

参 考 文 献

1. O. J. Rando, *Curr. Opin. Genet. Dev.* **22**, 148(2012).
2. G. E. Zentner, S. Henikoff, *Nat. Struct. Mol. Biol.* **20**, 259(2013).
3. M. de Napoles *et al.*, *Dev. Cell* **7**, 663(2004).
4. H. Wang *et al.*, *Nature* **431**, 873(2004).
5. C. Doil *et al.*, *Cell* **136**, 435(2009).
6. M. Gatti *et al.*, *Cell Cycle* **11**, 2538(2012).
7. F. Mattiroli *et al.*, *Cell* **150**, 1182(2012).
8. G. S. Stewart *et al.*, *Cell* **136**, 420(2009).
9. V. Ginjala *et al.*, *Mol. Cell Biol.* **31**, 1972(2011).
10. I. H. Ismail, C. Andrin, D. McDonald, M. J. Hendzel, *J. Cell Biol.* **191**, 45(2010).
11. T. Xiao *et al.*, *Mol. Cell. Biol.* **25**, 637(2005).
12. C.-F. Kao *et al.*, *Gene Dev.* **18**, 184(2004).
13. R. Pavri *et al.*, *Cell* **125**, 703(2006).
14. J. Kim *et al.*, *Cell* **137**, 459(2009).
15. I. Jung *et al.*, *Genome Res.* **22**, 1026(2012).
16. Z. Zhang *et al.*, *Genes Dev.* **27**, 1581(2013).
17. G. Shieh *et al.*, *BMC Genomics.* **12**, 627(2011).
18. A. B. Fleming, C. F. Kao, C. Hillyer, M. Pikaart, M. A. Osley, *Mol. Cell* **31**, 57(2008).
19. M. B. Chandrasekharan, F. Huang, Z. W. Sun, *P. Natl. Acad. Sci. USA.* **106**, 16686(2009).
20. Z.-W. Sun, C. D. Allis, *Nature* **418**, 104(2002).
21. S. D. Briggs *et al.*, *Nature* **418**, 498(2002).
22. J. Dover *et al.*, *J. Biol. Chem.* **277**, 28368(2002).
23. H. H. Ng, R. M. Xu, Y. Zhang, K. Struhl, *J. Biol. Chem.* **277**, 34655(2002).
24. V. V. Sridhar *et al.*, *Nature* **447**, 735(2007).
25. C. F. Kao, M. A. Osley, *Methods* **31**, 59(2003).

26. K. M. Trujillo, R. K. Tyler, C. Ye, S. L. Berger, M. A. Osley, *Methods* **54**, 296(2011).
27. M. A. Osley, *Biochim. Biophys. Acta.* **1677**, 74(2004).
28. L. J. Jason, S. C. Moore, J. D. Lewis, G. Lindsey, J. Ausio, *Bioessays* **24**, 166(2002).
29. A. P. Vassilev, H. H. Rasmussen, E. I. Christensen, S. Nielsen, J. E. Celis, *J. Cell Sci.* **108**, 1205(1995).
30. H. Wang *et al.*, *Mol. Cell* **22**, 383(2006).
31. N. Minsky *et al.*, *Nat. Cell Biol.* **10**, 483(2008).
32. S. Bergink *et al.*, *Genes Dev.* **20**, 1343(2006).
33. S. Facchino, M. Abdouh, W. Chatoo, G. Bernier, *J. Neurosci.* **30**, 10096(2010).
34. K. Robzyk, J. Recht, M. A. Osley, *Science* **287**, 501(2000).
35. W. W. Hwang *et al.*, *Mol. Cell* **11**, 261(2003).
36. A. Wood *et al.*, *Mol. Cell* **11**, 267(2003).
37. J. Kim *et al.*, *Cell* **137**, 459(2009).
38. J. Kim *et al.*, *Mol. Cell* **49**, 1121(2013).
39. L. Wu *et al.*, *Mol. Cell* **49**, 1108(2013).
40. R. K. McGinty, J. Kim, C. Chatterjee, R. G. Roeder, T. W. Muir, *Nature* **453**, 812(2008).
41. L. Wu, B. M. Zee, Y. Wang, B. A. Garcia, Y. Dou, *Mol. Cell* **43**, 132(2011).
42. J. Han *et al.*, *Cell* **155**, 817(2013).
43. A. Nishiyama *et al.*, *Nature* **502**, 249(2013).
44. K. Kim *et al.*, *Cell Rep.* **5**, 1690(2013).
45. A. D. Pham, F. Sauer, *Science* **289**, 2357(2000).
46. C. M. Pickart, *Cell* **116**, 181(2004).
47. C. M. Pickart, *Annu. Rev. Biochem.* **70**, 503(2001).
48. K. D. Wilkinson, *FASEB J.* **11**, 1245(1997).
49. K. D. Wilkinson, *Semin. Cell Dev. Biol.* **11**, 141(2000).
50. R. G. Gardner, Z. W. Nelson, D. E. Gottschling, *Mol. Cell Biol.* **25**, 6123(2005).
51. J. A. Daniel *et al.*, *J. Biol. Chem.* **279**, 1867(2004).
52. K. W. Henry *et al.*, *Genes Dev.* **17**, 2648(2003).
53. N. C. T. Emre *et al.*, *Mol. Cell* **17**, 585(2005).
54. H. Y. Joo *et al.*, *Nature* **449**, 1068(2007).
55. H. Y. Joo *et al.*, *J. Biol. Chem.* **286**, 7190(2011).
56. J. Fang, H. Wang, Y. Zhang, *Methods Enzymol* **377**, 213(2004).
57. A. Jones, H. Y. Joo, W. Robbins, H. Wang, *Methods* **54**, 315(2011).
58. K. Luger, T. J. Rechsteiner, T. J. Richmond, *Methods Mol. Biol.* **119**, 1(1999).

（王　未　王占新　王恒彬）

第十四章　泛素化修饰调控细胞代谢

　　细胞代谢是细胞内部进行的物质和能量代谢活动，是一切生命活动的基础。细胞代谢主要包括糖、脂类、氨基酸及核酸代谢，主要满足细胞的三类基本需求，包括：维持能量状态所必需的 ATP；提供生物合成的大分子；维护细胞内的氧化还原平衡。细胞内各类物质经济有效地转换与利用是细胞内物质和能量平衡的重要保障，对于维持细胞正常的生理功能至关重要。细胞代谢特征的改变会诱发许多疾病，包括癌症、糖尿病及心脑血管疾病等。例如，癌细胞可以将吸收的葡萄糖转化为乳酸，利用糖酵解途径为自身提供能量，糖酵解的中间产物则为生物大分子的合成提供含碳前体，癌细胞通过协调细胞内的合成和能量代谢，满足自身快速生长的需求，这一过程称为 Warburg 效应。此外，癌细胞的氨基酸和脂类代谢特征也与正常的分化细胞不同，代谢的重编程已成为癌症的重要标志之一。目前，以葡萄糖、蛋白质、核酸及脂肪酸的代谢显像和定量分析为基础的 PET-CT，已经被广泛用于许多肿瘤的早期诊断。因此，细胞代谢调控的研究将为癌症及代谢性疾病的发病机制、药物研发及耐药机制研究提供新的见解。在本章中，我们将就泛素化修饰调控葡萄糖代谢、脂肪酸代谢、氨基酸代谢、核酸代谢及代谢相关信号分子分别进行阐述，概括泛素化修饰在相关疾病发生中的作用。

第一节　泛素化修饰与糖代谢

一、糖原分解过程中的泛素化

　　糖原分解是体内葡萄糖来源之一，该过程是由多个酶参与的酶促级联反应。糖原分解代谢的紊乱与许多疾病的发生密切相关，拉福拉病（Lafora disease）就是糖原代谢紊乱导致的一种疾病。糖原代谢相关酶系的功能受损，会导致细胞内拉福拉小体的产生，该小体中存在未彻底解离的葡聚糖。随着研究的不断深入，我们已经开始了解拉福拉小体的形成与泛素化修饰的密切关系。

（一）Laforin 蛋白

　　Laforin 蛋白是糖原代谢过程中重要的调控蛋白之一。该蛋白质是由 *Epm2A*（epilepsy myoclonus gene 2A）基因编码的磷酸化酶。从进化史上看，Laforin 是一个非常保守的蛋白质，普遍存在于低等及高等生物中。该蛋白质含有多个结构，N 端有一个 CBM20（carbohydrate binding module type 20）结构域，C 端有两个磷酸化酶结构域，因此，其又被称为双磷酸化酶。在这些结构域中，CBM 结构域的主要功能是介导该蛋白质与糖类物质或糖原合酶结合，而磷酸化酶结构域是该蛋白质的活性中心，即 Laforin 蛋白通过它的 CBM 结构域与底物结合后会发挥它的磷酸化酶活性，对该底物蛋白进行去磷酸化修饰（*1*）。有研究报道，Laforin 蛋白的蛋白量与细胞内的糖原含量密切相关，这其中的具体机制是：Laforin 蛋白能够与 PTG/R5 相互作用，PTG/R5 作为一个支架蛋白能够介导 Laforin 蛋白对 PP1 进行去磷酸化修饰，并最终激活糖原合成酶的活性。此外，Laforin 蛋白也被报道能够对 GSK3 进行去磷酸化修饰，并激活 GSK3 的激酶活性。

糖原代谢过程中还存在一重要的调控蛋白——Malin 蛋白，它是由 *Epm2B*（epilepsy myoclonus gene 2B）基因编码的泛素 E3。该蛋白质由多个结构域组成，包括 RING 结构域，以及跟随在 RING 后面的 NHL 结构域，Malin 蛋白含有 6 个 NHL 结构域。其中，RING 结构域是该蛋白质含有泛素 E3 活性的关键，而 NHL 结构域被预测是一个能够介导该蛋白质与底物结合的结构域，该结构域对 Malin 蛋白发挥它的酶活性也是至关重要的。到目前为止，发现了很多与糖原代谢相关的酶都是 Malin 蛋白的底物。

早在 2005 年就有研究发现，Malin 蛋白能够与 Laforin 蛋白相互作用，同时，Malin 蛋白能够对 Laforin 蛋白进行多泛素化修饰，并最终介导 Laforin 蛋白的蛋白酶体依赖的降解。Malin 蛋白的这种作用依赖于它的泛素化酶活性（*2*）。基于 Laforin 蛋白在糖原代谢过程中的重要性，我们可以推测 Malin 蛋白对 Laforin 蛋白的泛素化修饰在糖原的合成和分解过程中具有重要的意义。

（二）糖原磷酸化酶

糖原磷酸化酶（glycogen phosphorylase，GP）是糖原分解的第一步，它能够识别、结合并催化糖原分解，在糖原代谢过程中扮演着重要角色。例如，肝糖原的分解就离不开糖原磷酸化酶的活性，糖原磷酸化酶能够连续地将处在糖原非还原性末端的葡萄糖残基一个一个地移除，从而产生大量游离的磷酸葡萄糖，这些磷酸化的葡萄糖是细胞的直接能源物质。2014 年有研究组就通过利用 *Malin* 和 *Laforin* 基因敲除小鼠，并结合质谱、免疫共沉淀、免疫荧光、葡聚糖结合及酶活性检测等实验室技术鉴定了 Malin 蛋白的一个新底物。该报道认为糖原磷酸化酶是 Malin 蛋白的又一新底物。Malin 蛋白通过与 GP 相互作用并对其进行泛素化修饰。该报道发现在 *Malin* 基因敲除小鼠的组织中，GP 的含量及磷酸化水平都有所降低，GP 的泛素化修饰介导 GP 在细胞核内的积聚并非蛋白质的降解。不仅如此，GP 的泛素化修饰还会影响 GP 和糖原的结合。因此，GP 的泛素化修饰通过影响该蛋白质的定位及其与底物的结合，从而实现对糖原代谢的调控。这一研究进一步揭示了 Malin 蛋白在糖原代谢中的作用，也为揭示拉福拉疾病中的分子机制提供了新的线索。

（三）糖原脱支酶

糖原是一种大分子物质，主要由直链和支链糖组成，其中直链部分是以 1-4 糖苷键连接的，而支链糖是在直链糖的基础上以 1-6 糖苷键的形式形成糖原中的支链部分。前面我们已经介绍，糖原磷酸化酶（GP）的活性在肝糖原分解过程中起着极为重要的作用，但 GP 的催化特点是将处在糖原非还原性末端的葡萄糖残基移除，因为该酶的催化活性主要是识别 1-4 糖苷键并催化该糖苷键断裂，故该酶只能够将糖原直链部分的葡萄糖残基解离出来，即在糖原磷酸化酶的作用下，体内最后将会有大量短分支链的多糖分子和游离的 6-磷酸葡萄糖。事实上，糖原的彻底分解离不开另一种酶的催化活性——糖原脱支酶（AGL）。因为糖原磷酸化酶不能够催化 1-6 糖苷键的断裂，它只能催化 1-6 糖苷键后第 5 个葡萄糖残基的磷酸解。而糖原脱支酶具有双重功能，它既有转移葡萄糖残基的功能，又具有催化 1-6 糖苷键水解的作用。在糖原脱支酶的糖基转移酶作用下，将 1-6 糖苷键后面的葡萄糖残基转移至短分支链多糖的非还原性末端，然后在糖原磷酸化酶和脱支酶的协同作用下将糖原彻底形成游离的 6-磷酸葡萄糖分子，其中脱支酶的作用是催化 1-6 糖苷键的水解。总之，在糖原分解期间，当糖原磷酸化酶遇到分支点前 4 个葡萄糖残基，它的活性就会失效。因此，为了进一步分解糖原，糖原脱支酶是必不可少的。其中，AGL（amylo-1,6-glucosidase, 4-alpha-glucanotransferase）是糖原脱支酶的一种，对糖原的彻底分解起着积极的作用。有报道认为糖原分解的物质能够促进 AGL 与 E3 泛素连接酶 Malin 蛋白相互作用，Malin 蛋白发挥它的酶活性能够对 AGL 进行泛素化修饰，泛素化修饰能够介导 AGL 进入蛋白酶体，从而介导 AGL 的降解（*3*）。通过上述内容我们可以得知，在拉福拉小体内存在大量的没有彻底分解的短支型型葡聚糖，而 AGL 在糖原分解过程中的作用及它的泛素化修饰也许能够为该小体的形成提供一些可能的分子机制。

（四）靶定糖原的 PTG/R5 蛋白

作为一个泛素连接酶，Malin 蛋白不仅能够对 Laforin 蛋白、糖原磷酸化酶（GP）及糖原脱支酶（AGL）进行泛素化修饰，有报道发现其还能促进靶定糖原的 PTG/R5（protein targeting to glycogen）蛋白泛素化修饰，并介导该蛋白泛素化依赖的蛋白酶体降解。靶定糖原的 PTG/R5 蛋白是介导糖原与相关酶相互作用的重要蛋白，主要包括蛋白磷酸酶（protein phosphatase 1，PP1）、糖原合成酶、磷酸化酶 ，以及 Laforin 蛋白，是糖原分解过程中不可或缺的一类蛋白。体内 PTG/R5 蛋白的含量与糖原分解和合成息息相关，即 PTG 表达的增强能够大幅度地增加体内糖原的积累，而减弱 PTG/R5 的表达能够减少糖原在体内的储存。虽然有报道发现了 Malin 能够介导 PTG/R5 的泛素化修饰，但是他们并没有检测到这两个蛋白质之间的相互作用。他们认为可能是 Laforin 蛋白在这两者之间充当了一个支架蛋白的作用，从而促进了 Malin 与 PTG 的相互作用。此外，还有研究发现 AMPK（AMP-activated protein kinase）能够与 PTG/ R5 相互作用，并促进 PTG/ R5 上的第 8 和 268 位丝氨酸的磷酸化修饰。该报道认为 PTG/ R5 上的第 8 和 268 位丝氨酸的磷酸化能够促进 Malin 蛋白对 PTG/ R5 的泛素化修饰，从而介导该蛋白质的蛋白酶体降解。

（五）糖原合成酶 MSG

尽管已经发现了 Malin 蛋白的多种底物，但是这些底物主要集中在糖原分解这一过程中，故还不足以全面揭示拉福拉疾病的发病机制。糖原合成酶也是糖原代谢的一类重要酶，它能够直接催化游离的 6-磷酸葡萄糖形成糖原，从而实现体内能量物质的储存。有研究发现，糖原的含量在神经细胞中一般很少，但是拉福拉小体在部分神经性疾病中却有发现。有报道认为在小鼠的神经元中存在与糖原合成相关的酶系，这些酶系能够催化形成糖原，但是神经元中的 MSG（muscle glycogen synthase）处于一种失活的磷酸化状态，这样就使得神经元中的糖原合成受到阻断。该报道还发现 Laforin 蛋白和 Malin 蛋白组成的复合物能够促进 MSG 的这种抑制状态。与磷酸化修饰抑制 MSG 的活性不一样，他们认为 Laforin-Malin 复合物能够促进 PTG 和 MSG 的泛素化修饰，并介导 PTG 和 MSG 的蛋白酶体降解，从而实现对 MSG 的抑制。这一研究揭示了 Malin 蛋白的又一底物，进一步阐释了 Malin 蛋白在糖代谢过程中的重要性。

　　综上所述，我们可以发现，Malin 蛋白作为一种泛素连接酶能够在不同层次上对糖原分解及合成过程中的酶进行泛素化修饰，从而调节体内糖原代谢的平衡，影响拉福拉疾病等代谢性疾病的发生（图 14-1）。

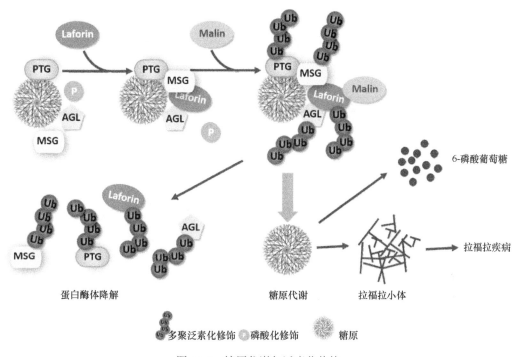

图 14-1　糖原代谢与泛素化修饰

二、葡萄糖转运过程中的泛素化调控

　　葡萄糖是细胞内最重要的能量物质来源，也是三大单糖中唯一一个可以直接被吸收进入血液的单糖。细胞内的葡萄糖主要有两个来源：①从食物中直接获取；②通过糖原的分解获得。其中，从食物中获取的是葡萄糖分子，该分子是不经任何修饰的，而从糖原获取的葡萄糖分子是游离的磷酸葡萄糖，这主要是因为糖原分解采用的是磷酸解。从食物中获取的葡萄糖分子是不能自由通过细胞质膜，因为细胞质膜是磷脂双分子层结构，而葡萄糖是一种极性分子，这就决定了葡萄糖分子不能够通过与细胞膜融合进入细胞。但是在细胞膜上存在一类蛋白质——葡萄糖转运体（glucose transporter，GLUT），该类蛋白质能够协助葡萄糖分子进入细胞内。葡萄糖进入细胞内主要有两种方式：主动运输和简易扩散。不管是主动运输还是简易扩散，都需葡萄糖转运体的协助。由此可见，葡萄糖转运体在葡萄糖代谢及体内细胞能量供应等方面起着极其重要的调控作用。

前面我们已经介绍，糖原分解产生的葡萄糖分子是磷酸化形式的，由于磷酸葡萄糖不能够通过葡萄糖转运体形成的通道，所以由糖原分解形成的磷酸葡萄糖基本上全都游离在细胞中。本节我们主要介绍食物中的葡萄糖分子是怎样在葡萄糖转运体的帮助下被细胞吸收并利用的，以及泛素化修饰在该过程中的作用。

（一）葡萄糖转运体 SGLT1

在小肠上皮细胞和肾上皮细胞中，葡萄糖主要是以主动运输进入细胞被利用，此过程不仅需要依赖葡萄糖转运体形成的葡萄糖分子通道，还需与钠离子耦合，即钠离子耦合葡萄糖转运体（Na-coupled glucose transporter，SGLT）。其中，SGLT1 是定位在细胞质膜上的 SGLT 家族的一员，SGLT1 的激活能够促进小肠及肾上皮细胞对葡萄糖的吸收及利用。由于这一过程是主动运输，能够将葡萄糖由低浓度向高浓度转运，所以有时候会使得体内血糖浓度过高，导致细胞内的胰岛素过度分泌和体内脂类物质的积聚，最终影响机体的健康。所以，这类葡萄糖转运体在细胞内必须处于一种平衡的状态，过多或过少都将会导致疾病的发生。

研究发现，泛素化修饰系统参与并调控了这一平衡状态的维系。泛素连接酶 NEDD4-2 能够与 SGLT1 相互作用并对该转运体进行泛素化修饰，SGLT1 泛素化修饰能够影响该蛋白质在细胞内的稳定性，即泛素化修饰能够介导该蛋白质的泛素依赖的蛋白酶体降解。同时，NEDD4-2 的这一调控功能还受信号的调控。SGK1 是一种丝/苏氨酸蛋白激酶，与蛋白激酶 B 具有高度的同源性，当细胞受到糖皮质激素或血清刺激后，SGK 的转录水平会迅速升高，因此将其命名为血清和糖皮质激素调节蛋白激酶，该激酶具有 SGK1、2、3 三种异构体。研究发现，SGK1 能够对 NEDD4-2 进行磷酸化修饰并抑制该泛素连接酶的酶活性，从而维系葡萄糖转运体在细胞内的平衡状态。

（二）葡萄糖转运体 GLUT4

此外，葡萄糖还能够通过 GLUT 转运体由高浓度向低浓度运输，该过程就是所谓的简易扩散。与主动运输不同的是，此过程介导葡萄糖顺着浓度梯度转运，是一个不耗能的过程。但是该过程也受 GLUT 的紧密调控。到目前为止，已经有 14 个 GLUT 转运体被发现。这些转运体都具有相似的结构，它们都具有 12 个跨膜结构域，这里主要介绍 GLUT4 蛋白。GLUT4 是一个会响应胰岛素应答的葡萄糖转运体，这主要体现在胰岛素介导该蛋白质在细胞膜上的定位。要实现对葡萄糖的转运，就需要该转运体在细胞膜上的定位，该过程主要通过以下方式来实现：首先，GLUT4 主要是在内质网中形成的，它会进一步向内质网转移进入高尔基体，在高尔基体内的 GLUT4 能够聚集形成 GLUT4 储存小泡（GLUT4 storage vesicles，GSV），GSV 能够传递到细胞质膜上并与细胞质膜进行融合，从而使得 GLUT4 定位在细胞质膜上。这整个过程都受胰岛素信号的调控，胰岛素的刺激能够使定位在细胞质膜上的 GLUT4 的量增加 10～40 倍，而当胰岛素刺激移除之后，GLUT4 会通过胞吞作用进入细胞内并在胞内体上进行循环。

从上面的介绍我们可以得知胰岛素信号在葡萄糖转运体转移过程中的重要性。脂肪细胞或是骨骼肌细胞中的 GLUT4 从 GSV 到细胞质膜的运输受损是导致 2 型糖尿病的主要原因。细胞内葡萄糖响应胰岛素信号的刺激离不开泛素化修饰的协助。在脂肪细胞中发现，GLUT4 能够发生泛素化修饰。同时，通过构建不能发生泛素化修饰的 GLUT4 突变体，发现该突变体不能响应胰岛素的刺激，即在胰岛素信号的刺激下不能使该突变体在细胞膜上定位。GLUT4 的泛素化修饰能够充当一种信号，在胰岛素信号的介导下，GLUT4 能够从反面高尔基体的表面穿梭进入 GSV 小泡中，而这一功能同时也是 GLUT4 应答胰岛素的刺激而定位到细胞质膜上的关键一步。

研究发现 GLUT4 还能够与连接酶 UBC9 相互作用。连接酶 UBC9 是介导底物蛋白发生类泛素化修饰的耦合酶，该报道发现 UBC9 能够正调控 GLUT4 含量，即过表达 UBC9 能够促进 GLUT4 形成 GSV 小泡，阻断 GLUT4 的降解，从而导致更多的 GLUT4 定位在细胞质膜上。相反，当敲减细胞内的 UBC9 的蛋白含量时，会抑制 GLUT4 形成 GSV 小泡，从而使得 GLUT4 被降解。但是进一步研究发现 UBC9 的这一功能并不依赖于它的催化酶活性。

此外，在 GLUT4 家族还有一些其他的蛋白质也能够进行泛素化的修饰。例如，有报道发现 GLUT 家族的 GLUT1 也能够发生相素化修饰。GLUT1 是第一个被鉴定的葡萄糖转运体，是已知葡萄糖转运体中分布最广的转运体，它参与了细胞内血糖平衡的维系、细胞生长增殖的调控，以及各种疾病的发生等。

三、糖酵解过程中的泛素化调控

糖酵解（glycolysis）是指 1 个葡萄糖分子在各种酶的催化作用下转变为 2 个丙酮酸分子的过程。该过程是普遍存在于一切生物有机体中的葡萄糖代谢途径。在动物体内该过程产物的去向受氧气的调控，即在有氧的情况下会产生乙酰辅酶 A，而在无氧情况下则是生成乳酸。

（一）己糖激酶

葡萄糖发生糖酵解过程的第一步是要将其发生磷酸化修饰，此磷酸化修饰发生在葡萄糖分子第 6 位的 C 原子上，主要由己糖激酶（HK）催化进行。当细胞处于营养缺乏的情况下，细胞内的能量匮乏，细胞则通过调动细胞内的各种酶系对葡萄糖加以利用。由己糖激酶催化葡萄糖形成 6-磷酸葡萄糖的过程基本是不可逆的，这样就保证了进入细胞内的葡萄糖都处于磷酸化的形式，从而使得葡萄糖都滞留在细胞内供细胞利用。由此可见，己糖激酶催化的这一过程也是整个糖酵解的限速步骤。同时，己糖激酶也是一类调节酶，它的活性受很多因素的影响。例如，该酶的活性能够被它的产物 6-磷酸葡萄糖和 ADP 进行变构抑制。己糖激酶在动物组织中存在 4 种形式，它们分布在不同的组织中，其中 1 型主要存在于脑和肾中，2 型主要存在于骨骼和心肌中，3 型主要存在于肝脏和肺组织中，而 4 型只存在于肝脏中。

有报道认为己糖激酶不仅只受底物别构调控，泛素化修饰体系与该激酶的活性也息息相关。与变构抑制不同的是，泛素化修饰是通过介导己糖激酶的蛋白降解来实现对己糖激酶活性的调控。泛素连接酶——Parkin 可以介导己糖激酶的泛素化修饰（4）。它能够通过对线粒体膜蛋白进行泛素化修饰从而介导线粒体的自噬，Parkin 的这一功能的受损将会导致各种疾病的发生，如帕金森病。此外，也有研究表明，己糖激酶的活性对于 Parkin 蛋白在线粒体上的定位也是很重要的，认为己糖激酶介导的 Parkin 蛋白在线粒体的定位是线粒体自噬的前提。

（二）磷酸果糖激酶

在糖酵解过程中有一类酶的催化效率很低，但是它又是糖酵解过程不可或缺的酶之一。磷酸果糖激酶就是其中一员，该酶和己糖激酶一样都是一种变构酶，它的催化效率很低，所以它也是糖酵解过程的限速步骤。事实上，该酶的活性直接决定着糖酵解的速率，它能够催化 6-磷酸果糖向 2,6-二磷酸果糖转化，此过程是不可逆的。磷酸果糖激酶是哺乳动物糖酵解过程中最重要的调控酶，与己糖激酶不同，该酶也受底物的变构激活，即底物 2,6-二磷酸果糖是磷酸果糖激酶的激动剂，它能够促进磷酸果糖激酶与 6-磷酸果糖的结合。磷酸果糖激酶 2 也能够促进 2,6-二磷酸果糖的生成，但是它和磷酸果糖并不是一种酶，它们对 6-磷酸果糖的催化机制不同。

PFKFB3（6-phosphofructo-2-kinase/fructose-2,6-bisphosphatase, isoform 3）是磷酸果糖激酶 2 的一个异构体，它也是一个别构酶，研究发现其活性除受底物的别构调控之外，还受泛素化修饰的调控。该报道认为 PFKBF3 的泛素连接酶为 APC/C^{Cdh1}。细胞周期的末期促进复合物 APC/C（anaphase promoting complex）负责大量与有丝分裂有关的重要工作，是细胞分裂过程中重要的蛋白质之一。在细胞周期的不同时间点，APC/C 会与不同的元件组合，从而调控细胞周期的进行，主要包括 DNA 复制、染色体分离及胞质分离等。其中，APC/C 与 Cdh1 形成 APC/C^{Cdh1} 复合物，这对于 APC 的泛素连接酶的活性至关重要。以往的试验结果表明，Cdh1 在有丝分裂期向 G_1 期转化过程中发挥着关键作用。其在有丝分裂晚期及 G_1 期激活 APC/C，使之与底物蛋白结合并将泛素分子转移给底物，介导底物被蛋白质酶体降解（5）。泛素连接酶 APC/C^{Cdh1} 通过与 PFKFB3 蛋白中的 KEN 结构基序结合，促进该激酶的泛素化修饰，介导该蛋白质的蛋白酶体降解，并调控糖代谢的进程，影响细胞增殖的进程。

此外，后续的研究还发现 PFKFB3 蛋白还具有 DSG 基序，这预示着该蛋白激酶可能是 β-TRCP1 的底物。β-TRCP1 也是控制细胞周期的一个重要调控蛋白，其主要是通过泛素连接酶活性控制细胞进入 M 期。研究发现在 β-TRCP1 的众多底物中都含有 DSG 基序，该基序已经被证明是 β-TRCP1 的识别序列（6）。该报道认为在细胞周期中 PFKFB3 除了能够通过它的 KEN 基序被 APC/C^{Cdh1} 降解之外，还能够通过它的 DSG 基序被 β-TRCP1 识别。它们的进一步研究发现 β-TRCP1 能够对 PFKFB3 进行泛素化修饰，也能够介导该蛋白质的蛋白酶体降解。与 APC/C^{Cdh1} 不同的是，β-TRCP1 对 PFKFB3 的降解发生在 S 期，而 APC/C^{Cdh1} 对 PFKFB3 的调控作用主要发生在 G_1 期（6）。这两项实验结果揭示了糖酵解与细胞周期调控乃至细胞增殖的密切关系，这可能为将来肿瘤的治疗提供新思路。

（三）果糖-1,6-二磷酸酶

与磷酸果糖激酶作用相反的酶是果糖-1,6-二磷酸酶（fructose 1,6-bisphosphatase，FBPase）。该酶存在于细胞质中，其功能是将果糖-2,6-二磷酸转变成果糖-6-磷酸，在糖的异生代谢和光合作用中起关键性的作用。事实上，果糖-2,6-二磷酸对磷酸果糖激酶和果糖-1,6-二磷酸酶的调控具有协同的作用，即果糖-2,6-二磷酸是磷酸果糖激酶的别构激活剂，是果糖-1,6-二磷酸酶的别构抑制剂。当暴饮暴食时，细胞内的果糖-2,6-二磷酸浓度升高，磷酸果糖激酶的活性升高，果糖-1,6-二磷酸酶的活性降低，从而促进糖酵解的过程，抑制糖异生的过程；相反，当饥饿时，细胞内的果糖-2,6-二磷酸浓度降低，糖异生作用增强，糖酵解过程受到抑制。由此可见，果糖-2,6-二磷酸在维持机体内血糖的平衡中起着重要的作用。

有报道认为，促进果糖-2,6-二磷酸转变成果糖-6-磷酸的酶——果糖-1,6-二磷酸酶受泛素化修饰的调控。他们发现用葡萄糖刺激细胞时，FBPase 会发生 K48 位多泛素化修饰，这种多泛素化修饰会介导 FBPase 的蛋白酶体降解。进一步的研究发现 FBPase 的降解依赖于泛素耦合酶：UBC1、UBC4 和 UBC5。后来的研究又发现细胞质中的泛素耦合酶 UBC8p 能够介导 FBPase 的蛋白酶体降解。此外，有研究表明 Cdc48$^{UFD1-NPL4}$ 三聚体是该酶的泛素连接酶，报道认为 Cdc48$^{UFD1-NPL4}$ 三聚体能够在 Dsk2 和 RAD23 的协助下对 FBPase 进行泛素化修饰，从而介导该蛋白质的蛋白酶体降解。总之，FBPase 的泛素耦合酶及泛素连接酶的鉴定揭示了泛素化修饰对于 FBPase 的蛋白稳定性的重要性，同时也阐释了泛素化修饰在糖代谢过程中的重要角色。

（四）丙酮酸激酶

在糖酵解过程中主要有三个限速步骤，前面我们介绍的己糖激酶和磷酸果糖激酶催化过程都是限速步骤，而第三个限速步骤是我们在本小节即将介绍的酶——丙酮酸激酶。丙酮酸激酶的功能主要是催化磷酸烯醇式丙酮酸向丙酮酸转变，该过程是糖酵解又一产能过程，即磷酸烯醇式丙酮酸的高能磷酸键在催化下转移给 ADP 生成 ATP，自身生成烯醇式丙酮酸后自发转变为丙酮酸。与前面介绍的两个限速酶相似，丙酮酸激酶也是糖酵解中一个重要的别构调节酶，ATP、长链脂肪酸、乙酰 CoA、丙氨酸都对该酶具有别构抑制的作用，而果糖-1,6-二磷酸和磷酸烯醇式丙酮酸对该酶具有别构激活的作用。丙酮酸激酶有 M 型和 L 型两种同工酶，其中 M 型又可分为 M1 及 M2 亚型。M1 主要分布于心肌、骨骼肌和脑组织中，M2 主要分布于脑及肝脏等组织。L 型同工酶主要存在于肝、肾及红细胞内。PKM2 是一个磷酸酪氨酸结合蛋白，受多种转录因子（如 HIF1α）和一些代谢中间产物（如 FBP）的调节。最近研究发现，在 M2 型丙酮酸激酶中 PKM2 是 Warburg 效应中一个重要的调节因子。

关于 PKM2 的泛素化研究，早在 2003 年就有报道认为该酶能够与泛素连接酶相互作用。该报道发现 PKM2 能够与具有 HECT 结构域的泛素连接酶 HERC1 相互作用，但是该课题组进一步的研究发现这两个蛋白质的相互作用既没有影响 PKM2 的泛素化修饰，也没有影响 PKM2 的激酶活性（7）。2009 年有报道认为 PKM2 受类泛素相素的修饰，该研究认为 PIAS3（inhibitor of activated STAT3）能够与 PKM2 和 PKM1 相互作用并促进该蛋白质的相素化修饰。同时，他们还发现 PIAS3 的这一功能依赖于它的相素化酶活性。在他们的工作中，我们可以发现 PIAS3 对 PKM2 的相素化修饰并没有改变 PKM2 的稳定性，但是这一修饰改变了 PKM2 的定位，即相素化修饰的 PKM2 会定位在细胞核中，从而影响该酶的活性。这两个报道提示了 PKM2 与（类）泛素化的联系，但是 PKM2 是否存在靶定它的泛素连接酶，在这两个报道中未能得到说明。

　　然而，在 2016 年有份报道揭示了 PKM2 的泛素连接酶 Parkin。该报道通过体内和体外试验证明了 Parkin 能够与 PKM2 相互作用，并且这一相互作用受葡萄糖信号刺激的影响，即葡萄糖刺激能够抑制 Parkin 与 PKM2 的相互作用。进一步的研究发现，Parkin 能够发挥它的泛素连接酶活性，对 PKM2 的第 186 和第 206 位的赖氨酸进行单泛素化修饰。与 PKM2 的相素化修饰类似，Parkin 对 PKM2 的泛素化修饰并不影响该酶的稳定性，他们发现 PKM2 的单泛素化修饰影响了它的激酶活性。同时，他们发现 Parkin 还能够对 PKM1 进行单泛素化修饰并进而调控它的激酶活性。

（五）糖酵解过程中的其他酶

　　当然，在糖酵解过程中还有很多酶也能够发生泛素化的修饰，例如，有研究表明，催化 1,6-二磷酸-D-果糖生成 3-磷酸-D-甘油醛与 α-二羟丙酮磷酸反应的醛缩酶 B（AldoB）能够经过泛素化修饰，这一发现者认为该酶的泛素化修饰并不是介导该蛋白酶体降解，他们认为醛缩酶的泛素化修饰能够介导该蛋白质进入自噬体和自噬溶酶体，并通过该途径被降解。

　　同时，研究还发现 3-磷酸甘油醛脱氢酶（glyceraldehyde-3-phosphate dehydrogenase，GAPDH）也受泛素化修饰的调控。GAPDH 也是糖酵解过程中的一种关键酶，它由 4 个 30～40 kDa 的亚基组成，分子质量为 146 kDa。它催化 3-磷酸甘油醛脱氢和磷酸化，生成 1,3-二磷酸甘油酸。GAPDH 是能够进行核质穿梭的一类蛋白质，该蛋白质进入细胞核能够激活 p53 从而诱导细胞的死亡。但是该蛋白质并不具有核定位信号（nuclear localization signal，NLS）序列，那 GAPDH 怎样定位到细胞核内？2009 年有报道发现 GAPDH 的这一核质穿梭受泛素连接酶（seven in absentia homolog 1，SIAH1）的调控，SIAH1 是一个具有核定位信号 NLS 的蛋白质。该报道认为，在葡萄糖刺激的情况下，SIAH1 能够与 GAPDH 形成复合物从而使得 GAPDH 在 SIAH1 的协助下定位在细胞核里面。同时有报道认为泛素连接酶（seven in absentia like 7）能够与 GAPDH 相互作用，并介导该蛋白第 76 位的赖氨酸进行单泛素化修饰。与以上介绍的泛素化修饰功能有所不同的是，这个酶的单泛素化修饰并不是介导该酶的降解。该研究认为该酶的单泛素化修饰能够促进该蛋白质在细胞核内的定位，从而抑制该酶的活性。

　　还有报道发现磷酸甘油酸变位酶（phosphoglycerate mutase，PGM）也受泛素化的调控。该酶能够催化 3-磷酸甘油酸向 2-磷酸甘油酸转化。该报道发现 PGM-B 能够发生单泛素化修饰，但是该研究并没有揭示该蛋白质的泛素化修饰作用，也没鉴定该酶的泛素连接酶。

　　此外，还有报道发现乳酸脱氢酶（lactate dehydrogenase A，LDH-A）也会发生泛素化修饰。乳酸脱氢酶（LDH）是能催化丙酮酸生成乳酸的酶，是参与无氧糖酵解的重要酶之一。该酶几乎存在于所有组织中，具有6种形式的同工酶，即LDH-1（H4）、LDH-2（H3M）、LDH-3（H2M2）、LDH-4（HM3）、LDH-5（M4）及LDH-C4，这些同工酶的分布有组织特异性。该报道认为LDH-A能够发生单泛素化修饰，他们发现LDH-A的蛋白稳定性受泛素化介导的溶酶体降解途径的调控，即使用溶酶体抑制剂能够促进单泛素化修饰的LDH-A在细胞中的积累（8）（图14-2）。

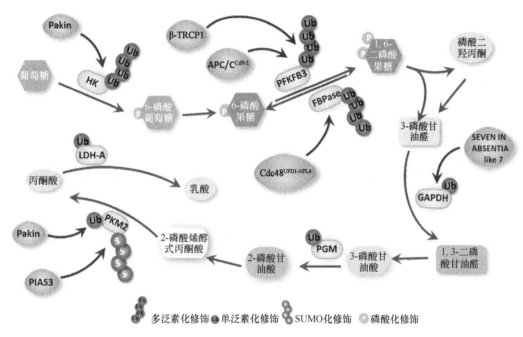

图14-2 糖酵解与泛素化修饰

四、三羧酸循环中的泛素化调控

三羧酸循环（tricarboxylic acid cycle，TCA）是需氧生物体内普遍存在的代谢途径，在线粒体中发生。三羧酸循环既是三大营养物质（糖类、脂类、氨基酸）的最终代谢路径，也是联系糖类、脂类和氨基酸代谢的枢纽。三羧酸循环受到很多因素的影响，本节我们主要介绍泛素化修饰在该循环中的作用。

（一）丙酮酸脱氢酶

乙酰辅酶A（acetyl-CoA，乙酰CoA）是糖类、脂类、氨基酸代谢进入TCA循环的共同中间产物。乙酰CoA进入TCA循环后会被分解生成产物二氧化碳和NADH，NADH将会继续进入呼吸链最终产生H_2O，同时偶联氧化磷酸化产生ATP，提供能量。由此可见，乙酰CoA在TCA循环过程中扮演着极为重要的角色。

在糖代谢过程中，乙酰CoA主要是由丙酮酸脱氢酶（pyruvate dehydrogenase，PDH）催化丙酮酸脱羧反应形成的。丙酮酸脱氢酶是一个复合物，又称丙酮酸脱氢酶系，它主要是由3种酶（丙酮酸脱氢酶、二氢硫辛酰胺转乙酰酶、二氢硫辛酸脱氢酶）和6种辅助因子组成，其中辅助因子主要包括焦磷酸硫胺素、硫辛酸、FAD、NAD、CoA 和 Mg 离子，在这些酶和辅助因子的协同作用下，丙酮酸转变为乙酰 CoA 和 CO_2。丙酮酸脱氢酶的作用机制比较复杂，简言之就是：①丙酮酸脱氢酶（E1）催化丙酮酸脱羧形成羟乙基-TPP；②二氢硫辛酰胺转乙酰酶（E2）催化羟乙基-TPP 形成乙酰硫辛酰胺-E2，并进一步在 E2 的作用下生成乙酰 CoA，同时使硫辛酰胺上的二硫键还原为 2 个巯基；③二氢硫辛酰胺脱氢酶（E3）使还原的二氢硫辛酰胺脱氢，同时将氢传递给 FAD，并进一步在 E3 的作用下将 FADH2 上的 H 转移给 NAD^+，形成 NADH。

丙酮酸脱氢酶受泛素化修饰的调控。它是一种异源四聚体，主要是由 2 个 E1α 亚基和 2 个 E1β 组成。该报道认为在 EGFR-PTK（epidermal growth factor receptor-protein-tyrosine kinase）被激活的情况下，E1β 的泛素化修饰的水平发生了增强，并导致该酶通过泛素化-蛋白酶体体系而被降解。

（二）柠檬酸合成酶

TCA 循环的第一步是由乙酰 CoA 与草酰乙酸缩合形成柠檬酸。催化这一步的酶是柠檬酸合成酶（citroyl synthetase），又称柠檬酸缩合酶，该酶是 TCA 循环过程中首个限速酶。柠檬酸合成酶是一个别构调节酶，该酶催化的底物乙酰辅酶 A 和草酰乙酸是它的别构激活剂，而 NADH、琥珀酰辅酶 A 是别构抑制剂。

有研究认为柠檬酸合成酶也受泛素化的调控，该报道认为泛素连接酶 SCF[Ucc1] 能够介导柠檬酸合成酶的泛素化修饰，并使得该酶通过泛素-蛋白酶体体系被降解。SCF 是 SCF 复合物家族的成员，Ucc1（ubiquitination of citrate synthase in the glyoxylate cycle）是该研究组命名的一种泛素连接酶。他们认为 SCF[Ucc1] 能够通过调控柠檬酸合成酶的含量参与到机体对碳源变化的应答。

（三）α-酮戊二酸脱氢酶

在 TCA 循环过程中还有一类非常重要的酶系——α-酮戊二酸脱氢酶酶系。该酶与丙酮酸脱氢酶系极其相似，也是 TCA 循环的限速酶。它主要有三种酶：α-酮戊二酸脱氢酶（E1）、二氢硫辛酰转乙酰基酶（E2）、二氢硫辛酸脱氢酶（E3）。α-酮戊二酸脱氢酶酶系的作用机制与丙酮酸脱氢酶系也极其相似，这里就不再介绍。该酶也是变构调节酶，主要受其产物琥珀酰 CoA 和 NADH 的抑制。

有报道发现 α-酮戊二酸脱氢酶复合物 OGDHC（the α-oxoglutarate dehydrogenase complex）能够发生泛素化修饰。该报道发现 SIAH2 能够与 OGDHC-E2 相互作用，并介导该蛋白质的泛素-蛋白酶体降解。SIAH2 是一类具有 RING 结构域的 E3 泛素连接酶，目前已经发现该蛋白的底物有很多种：BAG1、DCC（deleted in colon cancer）、N-CoR、c-Myb、Kid、OBF1、β-catenin 和 Numb 等。此外，研究还发现 SIAH2 在 HIF1α 信号通路中起着重要的作用。该研究人员利用基因敲除细胞系发现，在 SIAH2[−/−] 细胞中 OGDHC-E2 的含量及活性比 SIAH2[+/+] 细胞中的要强，他们利用缺失线粒体靶向信号肽的 OGDHC-E2 突变体，发现该蛋白质主要定位在细胞质中，同时，该蛋白质的稳定性也受到较为明显的影响，而这一降解现象在 SIAH2[−/−] 细胞中并没有发生（9）。

（四）琥珀酸脱氢酶

琥珀酸脱氢酶（succinate dehydrogenase，SDH）属于细胞色素氧化酶，与其他酶不同的是，该酶是唯一一个定位在线粒体上的酶，所以该酶也被认为是线粒体的一种标志酶。SDH 能够催化琥珀酸脱氢氧化形成延胡索酸和 FADH2，该酶是连接氧化磷酸化和电子传递链的枢纽之一。作为参与三羧酸循环的关键酶，琥珀酸脱氢酶是反映线粒体功能的标志酶之一，其活性一般可作为评价三羧酸循环运行程度的指标。

有研究发现，SDH 能够调控 HIF1α 的羟化酶活性。该报道认为抑制 SDH 酶的活性会导致琥珀酸在细胞中积累并抑制 HIF1α 羟化酶活性，从而导致泛素连接酶 pVHL 与 HIF1α 分离。HIF1α 是泛素连接酶 pVHL 的底物，pVHL 能够促进 HIF1α 的泛素化修饰并介导 HIF1α 的蛋白酶体降解（10）。该报道揭示了 SDH 能够通过调节琥珀酸的含量对 HIF1α 羟化酶蛋白稳定性及酶活性进行调控（图 14-3）。

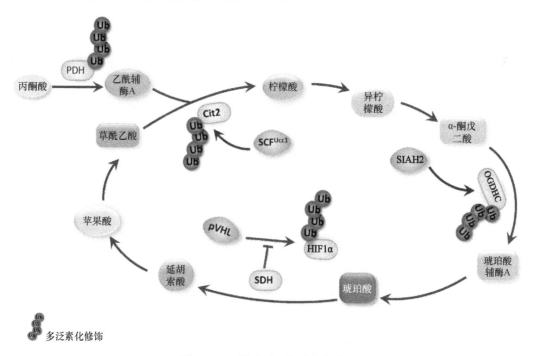

图 14-3 三羧酸循环与泛素化修饰

五、磷酸戊糖途径中的泛素化调控

磷酸戊糖途径（pentose phosphate pathway）是细胞内除糖酵解途径、TCA 以外的另一个葡萄糖分解途径。该过程是由 6-磷酸葡萄糖（G-6-P）开始，也被称为己糖磷酸旁路。该途径最终会产生大量的 NADPH 和多种代谢中间产物，供细胞的生物合成。葡萄糖-6-磷酸脱氢酶（glucose 6-phosphatedehydrogenase，G6PD）能够催化 6-磷酸葡萄糖脱氢，形成 6-磷酸葡糖酸。这一过程是磷酸戊糖途径的第一步反应，G6PD 是该途径的限速酶。在血管组织，G6PD 能够调控高血压和主动脉平滑肌肥大，G6PD 酶活性的增强被认为对心血管功能具有保护作用。有报道认为泛素化修饰对 G6PD 的这一功能具有调控功能。研究发现，血小板衍生因子（platelet-derived growth factor，PDGF）能够促进 G6PD 在细胞膜上的定位及激活，并促进 VSMC（vascular smooth muscle cell）细胞的增殖。进一步研究发现这一过程离不开 SM22α 的泛素化修饰。该报道认为经过泛素化修饰的 SM22α 能够与 G6PD 相互作用，从而使得 G6PD 在细胞膜上正确定位并激活。其中，介导 SM22α 泛素化修饰的泛素连接酶是 TRAF6。虽然在这整个过程中 G6PD 并没有经过泛素化修饰，但是它的活性离不开泛素化修饰这个体系，这也说明了泛素化修饰对该蛋白质的活性及功能调控的重要性（11）。

六、葡萄糖代谢的泛素化调控与疾病的发生

从以上的介绍我们可以发现，泛素化修饰在疾病中也起着重要的作用，在这一小节中我们主要介绍糖代谢中关键蛋白的泛素化修饰与疾病的关系。

首先，拉福拉病就是与糖原代谢最为相关的疾病。拉福拉病属常染色体隐性神经性遗传性疾病。患者半数始以局部性抽搐发作，故早期多被诊断为普通性癫痫，这种疾病在数月内可进行性发展，出现肌阵挛发作并且逐渐布及全身甚至导致死亡。有报道称在患有拉福拉病的患者体内能够发现大量的葡聚糖胶，这些葡聚糖胶主要是由非正常短支葡聚糖分子构成，由于这种由大量的葡聚糖和分支型葡萄糖组成的小体主要存在于患有拉福拉病的患者体内，故将它称为拉福拉小体。拉福拉小体首先在患有拉福拉病的患者体内被发现，现在已经被认为是拉福拉病患者的标志。有研究发现这种拉福拉小体存在于患者的大脑、心脏、肝脏、肌肉及皮肤中。

研究发现，在拉福拉病中编码 Laforin 蛋白的 *Epm2A* 基因的突变达到 48%，而编码 Malin 蛋白的 *Epm2B* 基因突变达到 30%～40%。这些相关基因的突变导致体内糖原代谢发生紊乱，这也是拉福拉病的一大病因。同时，在拉福拉病中发现了在 NHL 结构域发生错义突变的 Malin 蛋白，这种突变直接导致了 Laforin 蛋白的泛素化修饰水平降低，从而提高了该蛋白质在体内的含量。

此外，研究还发现，在科里病中发现糖原脱支酶 AGL 有一个点发生了突变，即第 1448 位的谷氨酰胺突变为精氨酸。该点突变导致了 AGL 呈现高度泛素化水平，使得 AGL 不稳定，进一步研究发现该突变体不能够与糖原结合，这也是导致科里病发生的一种机制（3）。

在葡萄糖转运过程中，SGLT 和 GLUT 蛋白发挥着极为重要的作用，研究发现这两个蛋白功能的失调与代谢性疾病有着紧密的联系，例如，肥胖和 2 型糖尿病（胰岛素耐受）患者就与葡萄糖转运体的功能失调有关。有报道发现 NEDD4-2 和 UBC9 分别能够介导 SGLT1 泛素化修饰和 GLUT4 的类泛素化修饰（12）。对 SGLT1 的这一修饰能够减缓肥胖疾病的发生，而对 GLUT4 的类泛素化修饰是响应胰岛素应答的重要一步。

代谢的改变是肿瘤的一大特征。在正常细胞中，细胞主要是利用线粒体进行三羧酸循环和有氧呼吸链产生大量的能量供细胞利用。但是大部分的肿瘤细胞不一样，肿瘤细胞能够摄取大量的葡萄糖，然后利用糖酵解途径产生少量的 ATP 在糖酵解过程中供细胞

利用，肿瘤细胞这一葡萄糖代谢的方式也被称为 Warburg 效应。Parkin 是在帕金森病（Parkinson's disease）中发现被发现的一种泛素连接酶，有研究发现 Parkin 的缺失能够导致 Warburg 效应，而过表达 Parkin 能够抑制 Warburg 效应，Parkin 在肿瘤细胞中的重要性主要是通过对糖代谢途径的调控来体现的。从上述的结果我们可以得知，糖酵解过程中的两个关键蛋白（己糖激酶和丙酮酸激酶）都是 Parkin 的底物。Parkin 能够对己糖激酶进行泛素化修饰并介导该蛋白质的降解，实现对糖酵解途径的调控；泛素化修饰的丙酮酸激酶能够影响丙酮酸激酶的活性，从而调控糖酵解途径，改变细胞的代谢。同时，其他一些泛素连接酶（APC/C^{Cdh1}、β-TRCP1、SIAH2 等）也能够调控糖代谢过程中相关酶的稳定性，从而调节葡萄糖代谢或细胞周期等过程。这些调控过程都与肿瘤的发生发展有着密切的关系（13）。

琥珀酸脱氢酶是线粒体 TCA 循环的关键酶之一，也是一种肿瘤抑制因子，该酶能够抑制血管生成因子及转移相关蛋白基因的表达，并最终抑制肿瘤的发生与发展。嗜铬细胞瘤（一种交感神经系统的肿瘤）、副神经节瘤、肾脏上皮肾细胞癌、胃癌及结肠癌的发生都与琥珀酸脱氢酶的突变有关系。琥珀酸脱氢酶能够通过影响泛素连接酶与 HIF1α 的相互作用而调控 HIF1α 羟化酶蛋白的稳定性及酶活性。有研究还发现琥珀酸脱氢酶的 B、C 或 D 亚基发生突变将会导致肿瘤的发生（10）。

通过上述的介绍，我们可以发现在糖代谢过程中几乎每一步都伴随着泛素化修饰的调控。这些报道揭示了在糖代谢过程中泛素化修饰不仅会以单泛素化修饰的形式参与，还会以多泛素化修饰的类型介入；同时，参与糖代谢过程的泛素化修饰不仅可以介导底物蛋白的降解，还可以影响目标蛋白的定位及酶的活性；此外，不仅仅是泛素化修饰可以影响糖代谢的过程，糖代谢也可以通过各种方式参与调控相关泛素连接酶的活性。尽管泛素化修饰在糖代谢中的作用已经研究得较为深入，但是在这个领域还有很多的未解之谜。例如，在糖原代谢过程中，我们现在只知道 Malin 蛋白是能够参与该过程的泛素连接酶，至于有没有其他泛素连接酶的参与还不得而知；虽然我们发现在糖酵解过程中有很多蛋白质能够经过泛素化的修饰，但是还有部分蛋白的泛素连接酶没有得到鉴定，如醛缩酶 B、3-磷酸甘油醛脱氢酶（GAPDH）、磷酸甘油酸变位酶（PGM）、乳酸脱氢酶（LDH-A）；三羧酸循环和磷酸戊糖途径是糖代谢过程中的两个重要途径，但是在这两个重要途径中的很多酶的泛素化修饰还没有被发现，这些会不会经过泛素化修饰也不得而知。

此外，泛素化修饰是一个动态可逆的过程。我们可以将泛素化修饰简单归为三个过程：编辑、读写及擦除。其中，"编辑"和"读写"是泛素化修饰与识别的过程；而"擦除"就涉及细胞酶的另外一类酶系——去泛素化酶系。关于去泛素化酶在糖代谢过程中的作用还鲜有研究。

总之，泛素化以不同的形式介入到糖代谢过程中，但是这只是泛素化参与糖代谢过程的冰山一角，要揭开泛素化与糖代谢关系的神秘面纱，还需要今后各领域科学家的不断深入研究。

第二节　泛素化修饰与脂质代谢

已有许多研究表明，泛素化修饰在脂质代谢中必不可少，脂类代谢过程中许多重要的酶与转录因子都能发生泛素化修饰。本节将重点讲述泛素化修饰在几种重要的脂质代谢过程中的具体作用与重要功能，包括脂肪细胞分化、脂肪酸代谢、胆固醇代谢、脂滴代谢，并进一步阐述脂质代谢与人类疾病的紧密联系，以及对人类疾病潜在的或行之有效的治疗措施。

一、泛素化修饰调节脂肪细胞分化与脂类代谢

脂肪细胞分化的机制复杂，多由前脂肪细胞分化而来，而前脂肪细胞则由未分化的成纤维细胞（fibroblast）分化而来。此外，间充质干细胞（mesenchymal stem cell）也能够分化为脂肪细胞。脂肪细胞分化的多个步骤都存在转录因子的调控，这些转录因子能够起始或抑制脂肪细胞分化过程中许多关键基因的表达，是重要的分子开关。许多转录因子在细胞内都处于一个不稳定的状态，受到多重的蛋白质翻译后修饰的调控，泛素化修饰在这其中尤为重要。本节中我们将围绕一些关键的转录因子的泛素化修饰调控机制，介绍泛素化修饰通过调节转录因子活性从而调节脂肪细胞分化与脂类代谢的研究进展（*14*）（图 14-4）。

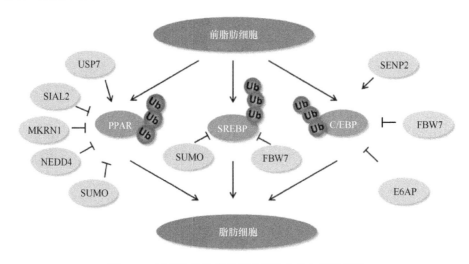

图 14-4　泛素化修饰调节脂肪细胞分化与脂类代谢

（一）转录因子 PPAR

PPAR（peroxisome proliferator-activated receptor）转录因子家族调节细胞内许多重要的生理过程，PPAR 是这个家族的成员之一。PPAR 在细胞内发挥作用时需要与它同家族的其他蛋白质形成异源二聚体，从而结合到 DNA 的特定区段激活 DNA 转录活性。PPAR 的蛋白质表达也受到多重调节。许多研究表明 PPAR 是一个很不稳定的蛋白质，

半衰期很短，泛素化修饰是其重要的调节方式之一，已知多个泛素连接酶能够直接或者间接参与调节 PPAR，从而调节脂肪细胞的分化（*15*）。

1. 泛素连接酶 MKRN1

泛素连接酶 MKRN1（makorin ring finger protein 1）广泛参与调节细胞内各种生理过程，已知的底物有 hTERT、p53 与 FADD 等，这些蛋白质都是细胞内许多反应的关键调节因子。MKRN1 除了具有泛素连接酶活性以外，还能作为一个细胞核受体的调节因子，参与调节雄性激素受体、视黄酸受体的活性，这一生物学作用并不依赖于其泛素连接酶活性。体外试验证明，在多种细胞系，如 H1299 细胞、PC-3 细胞、3T3 细胞中都发现 MKRN1 能够影响转录因子 PPAR 的蛋白质稳定性。在这些细胞中敲减 MKRN1 的表达量能够显著增加 PPAR 的蛋白量。MKRN1 对于 PPAR 的调控依赖于泛素蛋白酶体途径，MKRN1 蛋白泛素化活性缺失的突变体不能够调节 PPAR 的稳定性，且蛋白酶体抑制剂能够抑制 MKRN1 对于 PPAR 的降解。通过分析 PPAR 蛋白质序列，发现两个能够被 MKRN1 泛素化的位点，分别是 184 位与 185 位的赖氨酸位点，将这两个位点进行突变均能够抑制 MKRN1 对其的泛素化。MKRN1 对 PPAR 的泛素化降解能够调节脂肪细胞的分化，在 3T3 细胞中敲减 MKRN1 及过表达 MKRN1 泛素化活性缺失的突变体都能够促进脂肪细胞的分化，导致细胞内脂类物质的累积，并且通过回复试验证明 MKRN1 对于脂肪细胞的调节都是通过调控 PPAR 蛋白的稳定性而实现的。

综上所述，MKRN1 能够在脂肪细胞中调节脂类代谢关键转录因子 PPAR 的蛋白质稳定性，从而调节脂肪细胞的分化及细胞内脂类代谢的进行（*16*）。

2. 泛素连接酶 SIAH2

SIAH2 是一个含有 324 个氨基酸的泛素连接酶，它的 RING 结构样的锌指结构域是其发挥泛素化功能的主要结构域，能够调控多种底物的稳定性，并且广泛地调节着细胞中各种生理过程。已知的 SIAH2 的底物有 POU2AF1、PML、NCOR1，在细胞缺氧时 SIAH2 能够降解蛋白质 DYRK2，从而调节机体细胞凋亡、转录、细胞周期等生理过程。在脂肪细胞中 SIAH2 能够使 PPAR 发生降解，在 3T3 细胞中敲减 SIAH2 能够显著提高 PPAR 的蛋白量，此外 SIAH2 的表达量在脂肪合成的过程中有明显的上调，且 PPAR 与 SIAH2 的结合也发生在这一时期。SIAH2 能够通过调节 PPAR 蛋白的稳定性来调节脂肪细胞的分化与脂肪的合成。

综上所述，SIAH2 能够在脂肪细胞分化及脂肪合成的特定时期，通过调节 PPAR 的蛋白质稳定性调节脂类代谢（*17*）。

3. 泛素连接酶 NEDD4

NEDD4 是泛素连接酶 HECT 家族的成员之一，参与调节许多重要蛋白质的泛素化修饰，从而影响它们的蛋白质活性。NEDD4 能够单泛素化 IGF-1R，促进受体内吞，进而被溶酶体降解；NEDD4 还能够泛素化 FGFR1，促进其溶酶体降解。此外，NEDD4 参与体内多种生理过程的调节，诸如内皮细胞信号通路、免疫反应等。

在雌二醇物质 17β-estradiol 刺激下，PPAR 蛋白的表达下调，研究发现，泛素连接酶 NEDD4 在 17β-estradiol 刺激时能够与 PPAR 结合，促进其泛素化降解。PPAR 通过其保守的 PPxY-WW 结构域与 NEDD4 的 WW3 结构域结合，在细胞中敲减 NEDD4 的表达能够显著增强 PPAR 的表达量，调节细胞衰老等生理过程（18）。

4. 相素化修饰

相素化修饰是一类类泛素化修饰，PPAR 发生相素化修饰对其活性同样至关重要。PPAR 上有两个相素修饰位点，分别是 107 位与 395 位的赖氨酸位点。E3 相素连接酶 PIAS1 能够将相素 1 或者相素 2 连接在 PPAR 的 107 位赖氨酸上，这一修饰能够下调 PPAR 的转录活性。这些都提示相素化修饰参与调控的 PPAR 的转录活性在脂类代谢调节中起到重要作用。

5. 去泛素化酶 USP7

PPAR 蛋白不仅受到泛素化修饰，还能被特定的去泛素化酶去泛素化修饰。USP7 是一个研究较多的去泛素化酶，广泛参与调节机体多种生理过程。例如，USP7 能够抑制 MDM2 的自身泛素化，从而抑制 MDM2 对重要的抑癌因子 p53 的降解；USP7 能够去泛素化转录因子 FOXO4，抑制其转录活性；PTEN 是一个重要的肿瘤抑制因子，USP7 能够去泛素化 PTEN，调节其核质定位；USP7 还能够稳定调节性 T 细胞的重要转录因子 FOXP3 的表达，从而调节机体免疫反应。USP7 是 PPAR 重要的去泛素化酶，能够去掉 PPAR 的泛素化修饰并且稳定 PPAR 的蛋白质表达。PPAR 的 DBD/LBD 蛋白结构域负责与 USP7 结合，USP7 通过稳定 PPAR 来调节其转录活性与其下游基因的表达（如 ADPR、glycerol kinase、FABP1、GLUT2 与 CD36），在细胞中过表达 USP7 能够显著增加细胞内三酰甘油的聚集。综上所述，USP7 能够通过稳定 PPAR 蛋白的表达来调节细胞内脂类代谢。

（二）转录因子 C/EBP

转录因子 C/EBP 家族是一类重要的亮氨酸拉链结构转录因子家族，整个家族包含 6 个成员，它们在发挥转录功能时能够形成同型或者异型二聚体。在脂类代谢过程中，C/EBP 自身的表达水平受到调控，例如，脂肪合成的重要诱导因子 cAMP 能够上调 C/EBP P 的表达。基于 C/EBP 转录因子家族的重要性，研究其调控方式意义重大。在细胞内，C/EBP 转录因子家族蛋白质不稳定，容易被泛素蛋白酶体系统捕获并降解，提示泛素化修饰是调节 C/EBP 家族蛋白的重要方式。

1. 泛素连接酶 FBW7

泛素连接酶 FBW7 是 F-box 家族成员之一，也被称为 FBXW77。BW7 最初在芽殖酵母中被发现，称其为 Cdc4。人类基因组中 *Fbw7* 位于 4 号染色体上，通过不同的剪切方式形成三种亚型，即 FBW7α、FBW7β、FBW7γ。它们在体内的分布不尽相同，FBW7α 主要存在于核质中，FBW7β 主要存在于胞质中，FBW7γ 主要存在于核仁中。FBW7 有多重功能，在肿瘤抑制、细胞周期调控、细胞增殖和分化、DNA 损伤应答、基因组稳定性及一些干细胞干性的维持方面都有重要的作用。已知的 FBW7 的底物主要有：Cyclin E、c-Myc、c-Jun、Notch、MCL-1、mTOR、KLF5、c-Myb、AuroraA、NF1、NRF1、p100 等，其中大多数都是致癌蛋白。在各种肿瘤，如胆管癌、结肠癌、急性淋巴细胞白血病中，FBW7 常常发生突变。当 FBW7 与底物发生结合时，底物分子上需要含有一段特定序列，称之为降解决定子（Cdc4 phospho-degrons，CPD），不同的 FBW7 的底物含有较为保守的 CPD，通常为(L)-X-pT/pS-P-(P)-X-pS/pT/E/D（X 表示任意氨基酸），大部分底物 CPD 中的磷酸化位点可被 GSK3β 磷酸化。

C/EBP 能够被泛素连接酶 FBW7 泛素化并且降解，C/EBP 的蛋白序列中有一段保守的、被 FBW7 识别的降解决定子，其中第 222 与第 226 位苏氨酸能够被特定的蛋白激酶磷酸化，这一磷酸化修饰是 FBW7 降解的信号。FBW7 通过降解 C/EBP 负调控脂类合成与脂肪细胞分化。在 3T3-L1 前脂肪细胞中敲减 FBW7 能够促进细胞内脂滴的聚集，脂类合成的许多标记物的表达在 FBW7 敲减的 3T3-L1 细胞中都有明显的上调。在 FBW7 缺失的细胞中进一步敲减 C/EBP 的表达可以回复这些表型，证明 FBW7 能够通过调节脂类代谢重要转录因子 C/EBP 的蛋白质表达来调节脂类代谢过程（19）。

2. 泛素连接酶 E6AP

E6AP 是 HECT 家族泛素连接酶，在细胞内 E6AP 调控多种细胞生理功能，包括细胞周期、细胞增殖等，在肿瘤等疾病中也发挥重要的调节作用。已知的 E6AP 的底物有 p53、PML 等。在细胞内 E6AP 能够特异性地与转录因子 C/EBPα 结合，促进其泛素化修饰，从而调控 C/EBPα 的蛋白质稳定性。在前脂肪细胞 3T3L1 细胞中特异性敲减 E6AP 的表达能够显著促进脂肪细胞的分化、脂肪的合成，以及与脂肪合成相关基因的表达。这些表型都证明 E6AP 是一个重要的调节脂类代谢的泛素连接酶。

3. 相素化修饰

C/EBP 的转录活性受到类泛素化相素化修饰的调控。SENP2 是一个去相素化修饰酶。在脂肪细胞分化过程中，SENP2 的表达会有显著的上调，在前脂肪细胞 3T3-L1 中敲减 SENP2 能够抑制前脂肪细胞的分化与细胞内脂滴的形成。C/EBP 的相素化修饰可以促进其发生泛素依赖的蛋白酶体降解，去相素化酶 SENP2 能够解除 C/EBP 的相素化修饰并且稳定 C/EBP 的蛋白质表达，在细胞内敲减 SENP2 的表达能够显著下调 C/EBP 的表达量，使其变得不稳定，在 SENP2 敲减的细胞中过表达 C/EBP 能够明显地回复敲减 SENP2 所造成的表型，提示 SENP2 调控的 C/EBP 的蛋白稳定性是调节脂肪细胞分化与脂类合成的重要方式。

（三）转录因子 SREBP

SREBP 是一类螺旋-环-螺旋-亮氨酸拉链家族转录因子，是调节脂肪细胞分化，以及脂肪酸、胆固醇等脂类合成的重要转录因子。SREBP 家族的成员有 SREBP1α、SREBP1γ 与 SREBP2。SREBP1α 与 SREBP1γ 由同一基因不同启动子编码启动，它们在蛋白质氨基端略有不同。在脂肪细胞代谢活跃的肝脏中主要表达 SREBP1c，故相比于其他两位成员，SREBP1c 在脂肪酸合成与脂肪细胞细胞分化等方面具有更加重要的作用。许多年前，有科学家发现定位于细胞核中的 SREBP 能够通过泛素蛋白酶体途径被降解，此外还发现 SREBP 能够被蛋白质乙酰化修饰所调控。细胞核中的 SREBP 是一个非常不稳定的蛋白质，能够通过泛素蛋白酶体途径被降解，泛素化修饰是调节 SREBP 转录活性的重要方式，通过突变 SREBP 转录活性的重要结构域或者抑制 RNA 合成酶活性都能够抑制 SREBP 蛋白的降解。泛素化修饰除了直接作用于 SREBP 蛋白以外，还可以通过调节它的共转录结合因子，诸如 CREB 结合蛋白与 P300 等，导致 SREBP 蛋白的不稳定，从而影响脂类代谢（20）。

1. 泛素连接酶 FBW7

研究表明 FBW7 可以参与调节脂类代谢的重要转录因子 SREBP1 的蛋白质表达，Sundqvist 和他的团队发现 SREBP 蛋白上有 FBW7 识别的降解决定子，降解决定子中的磷酸化位点能够被 GSK3 激酶磷酸化，从而介导其被 FBW7 降解；在人类的肠癌细胞系 HCT116 细胞中敲减 FBW7 可以显著增强胆固醇与脂肪酸的合成，低密度脂蛋白的摄取也有显著的增强；肝脏细胞特异性敲除 FBW7 的小鼠展现出肝肿大与脂肪肝的病理现象，并且伴随着大量的三酰甘油的沉积，这些基因敲除小鼠中的表型证明了 FBW7 能够在体内生理状态下调节脂类代谢；microRNA-182 能够调节 FBW7 的活性，也能够通过调节 FBW7 的活性来调节机体脂类代谢。以上都证明 FBW7 能够调节机体脂类代谢。

2. 相素化修饰

类泛素化相素修饰在调节 SREBP 转录活性中起到重要作用。当细胞内营养状态改变时，相素连接酶 PIASy 能够在 SREBP 第 98 位赖氨酸上发生相素化修饰，相素化修饰的 SREBP 加速了其泛素蛋白酶体依赖的降解过程，变得极为不稳定，从而抑制其转录活性。在小鼠中过表达 PIASy 能够抑制小鼠脂肪肝的发生，在 *Piasy* 基因缺失的小鼠中能够观察到肝脏脂肪过度合成。从这些体内与体外试验的结论中可以发现相素化修饰是调节 SREBP 转录因子功能的重要方式，并且具有一定的生理意义。

（四）转录因子 ACLY

ATP 柠檬酸盐裂解酶（ACLY）是一个与糖脂代谢相关的酶，在快速增殖的细胞中，三羧酸循环加快，产生大量的柠檬酸盐，这些柠檬酸盐从线粒体运出到达细胞质中，被 ACLY 切割，生成细胞质中的乙酰辅酶 A，乙酰辅酶 A 是合成脂类的基础原料。ACLY 蛋白表达与功能的紊乱会导致许多疾病的发生，其中以肿瘤疾病较多。ACLY 的表达水平受到多重调节，包括转录与蛋白质翻译后修饰调节。在转录方面，转录因子 SREBP 能够起始 ACLY 的表达；在蛋白质翻译后修饰方面，磷酸激酶 AKT 能够磷酸化修饰 ACLY，从而激活它的活性。ACLY 蛋白能够发生乙酰化修饰，并且乙酰化修饰对于其调节的代谢过程有非常重要的作用。在细胞内激活糖代谢信号能够显著增强 ACLY 蛋白第 540 位、546 位及 554 位的赖氨酸发生乙酰化修饰，乙酰化修饰的 ACLY 能够变得更加稳定，进一步研究发现，乙酰化修饰能够抑制 E3 泛素连接酶 UBR4 对 ACLY 的泛素化降解作用。更加稳定的 ACLY 能够在细胞内显著增强脂类合成这一生理过程，并且调节细胞增殖的速度。这些结论都证明了 ACLY 的泛素化修饰是调节 ACLY 蛋白活性及细胞内脂类代谢的重要方式（21）。

二、泛素化修饰调节胆固醇代谢

胆固醇又称胆甾醇，是一种环戊烷多氢菲的衍生物。胆固醇广泛存在于动物体内，尤以脑及神经组织中最为丰富，在肾、脾、皮肤、肝和胆汁中含量也高。其溶解性与脂肪类似，不溶于水，易溶于乙醚、氯仿等溶剂。胆固醇是调节细胞生理活动的重要脂类之一。它不仅是细胞膜的组分之一，也是合成甾醇类激素与胆酸的前体。在胆固醇的代谢过程中存在着一些关键的步骤，例如，被低密度脂蛋白受体摄取、由乙酰辅酶 A 从头合成、脂肪酸的酯化、ABC 家族转运、载脂蛋白分泌等，这些步骤都存在着许多转录活性与蛋白质翻译后修饰的调控机制，例如，调节胆固醇合成的 SREBP 与 LXR 两个转录因子会受到多种机制的调控，还有一些胆固醇代谢过程中的关键酶会受到翻译后修饰的调控。因此，泛素化修饰在胆固醇代谢中起到了极其重要的作用（22）（图 14-5）。

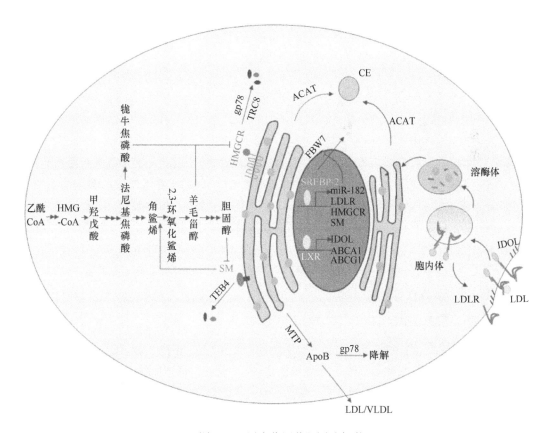

图 14-5 泛素化调节胆固醇代谢

1. 泛素连接酶 Gp78

Gp78 是一个由 643 个氨基酸组成的泛素连接酶，先前的研究表明，泛素连接酶 Gp78 主要参与调节肿瘤细胞的入侵与转移。进一步研究发现，其主要定位于内质网上，并且可以与泛素耦合酶 UBC7/UBE2G2、、UFD1 及 P97/VCP 形成复合物，参与降解一些底物蛋白。胆固醇代谢过程中的许多关键组分都是其底物，例如，ApoB-100、insulin-induced gene 1 and 2 proteins（INSIG1/2）和 3-hydroxy-3-methyl-glutaryl-CoA reductase（HMGCR）。

HMGCR 在胆固醇及其他一些类异戊二烯的合成反应中是一个重要的限速酶，它包含两个结构域：一个是其氨基端的穿膜结构域，这个结构域把其自身定位于内质网上；另一个结构域为羧基端结构域，负责将 HMG-CoA 转换为甲羟戊酸。在细胞中，HMGCR 的蛋白量受到转录因子 SREBP 的调节，除此之外，它的蛋白量还受到泛素蛋白酶体系统的调控，并且泛素蛋白酶体对它的调节也是一种重要的负调控胆固醇生物合成的方式。

在细胞内，高浓度的固醇，尤其是羊毛固醇会促进 HMGCR 蛋白的氨基端结构域与诱导基因 *Insig*1/2 结合，诱导基因将作为桥梁招募泛素连接酶 Gp78，Gp78 将促进 HMGCR 蛋白第 248 位与 89 位的赖氨酸发生 48 位多泛素化修饰,泛素化修饰的 HMGCR 蛋白会从内质网上脱离下来游离到细胞质中而被蛋白酶体降解（*23*）。

在小鼠体内也证实了 Gp78 参与调节 HMGCR 蛋白的稳定性，在 *Gp78* 基因敲除小鼠中 HMGCR 的蛋白水平有明显的升高，活性明显增强，并且 *Gp78* 基因敲除小鼠能够通过增强棕色脂肪的产热来很好地抵御食物及年龄导致的肥胖问题。这些研究不但阐明了 Gp78 在小鼠脂类代谢活动中的作用及其作用机制，也提示 Gp78 是一个潜在的治疗高血脂、肥胖等疾病的药物靶点。

除了调节 HMGCR 蛋白的稳定性，Gp78 还能够调控 ApoB-100 的蛋白稳定性与 LDL/VLDL 颗粒的分泌。ApoB-100 是一个低密度脂蛋白与极低密度脂蛋白必需的组分，它对于血浆胆固醇的运输极为重要。当机体中脂类供给受到限制，如脂类合成受阻时，ApoB-100 就会在内质网上被 Gp78 降解，在细胞内敲减 Gp78 表达之后，ApoB-100 的表达量与 VLDL 的表达量都会上调。除了以上两个蛋白质是 Gp78 的底物以外，细胞内还存在着其他 Gp78 的底物，诸如 CYP3A1、CYP2E1 等，Gp78 通过影响这些蛋白质的稳定性参与调节细胞内胆固醇代谢。

2. 泛素连接酶 Hrd1

Hrd1 由 617 个氨基酸组成，定位于内质网上，Hrd1 与 Gp78 有 28%的序列相似性。Hrd1 与 Gp78 有一些相同的底物，诸如 HMGCR 等，也可以通过影响这些底物的蛋白质稳定性调节细胞内脂类代谢。

3. 泛素连接酶 TRC8

TRC8 定位于内质网上，是一个多次跨膜蛋白，含有两个明显的结构域：一个位于氨基端，包含甾醇感受结构；另一个是羧基端的 RING 结构域，起到 E3 泛素化连接酶的作用。TRC8 可以与 INSIG1、INSIG2 蛋白相结合，在 SV589 细胞内同时敲减 TRC8 与 Gp78 可以显著上调 HMGCR 的蛋白质表达量。

4. 泛素连接酶 TEB4

TEB4 由 910 个氨基酸组成，定位于内质网上，在其氨基端存在 RING 结构域，羧基端存在穿膜结构域。在细胞内，TEB4 与泛素耦合酶 UBC7 结合催化底物发生 48 位赖氨酸泛素化，从而介导底物降解。之前研究证实，TEB4 可以调节角鲨烯单加氧酶蛋白稳定性，角鲨烯单加氧酶是一类微粒体黄素单加氧酶，它在胆固醇合成的第一步反应中起作用，催化角鲨烯向 2,3-环氧化物角鲨烯转化。角鲨烯单加氧酶是 SREBP2 下游的目标基因，它的转录受到甾醇类物质调节，它的翻译后修饰水平也受到胆固醇的调节。哺乳动物细胞在被胆固醇刺激时，细胞内角鲨烯单加氧酶蛋白能够特异性地被 TEB4 泛素化修饰然后被降解，这一调节机制也为日后针对 E3 泛素连接酶 TEB4 作为高血脂疾病的治疗靶点提供了可能。

5. 泛素连接酶 IDOL

泛素连接酶 IDOL（inducible degrader of LDLR）由 445 个氨基酸组成，在羧基端有一个 RING 结构域，IDOL 与泛素耦合酶 UBE2D 相结合参与降解低密度脂蛋白受体。体内低密度脂蛋白是一类调节脂类代谢的重要物质，其突变会导致家族性胆固醇过多，这种罕见的常染色体基因突变会导致机体血浆中胆固醇浓度显著升高。低密度脂蛋白受体的表达量受到转录因子 SREBP 的调节，LDLR 的蛋白丰度在体内受到多种调控，例如，蛋白转化酶 PCSK9 能够介导 LDLR 被溶酶体途径降解。PCSK9 是蛋白转化酶家族的成员之一，定位于内质网上，可以自我催化剪切并且分泌到细胞外，在胞外与 LDLR 的胞外段相结合，促进其被溶酶体途径降解。除了溶酶体途径，LDLR 还可以经历泛素蛋白酶体途径的降解。在脂类代谢过程中，转录因子 LXR 会被激活，之后下调 LDLR 的蛋白表达，进一步研究发现 IDOL 参与调节这一生理过程，在 IDOL 缺失的小鼠胚胎纤维细胞中，LDLR 的蛋白表达量有明显的上调，伴随着低密度脂蛋白摄取的增加。在细胞与小鼠中，过表达 IDOL 蛋白能够促进小鼠血浆中胆固醇的含量升高。除了作用于LDLR，IDOL 还能够泛素化修饰其他 LDLR 家族成员，诸如 VLDL 受体等，广泛参与细胞内脂类代谢调节。

三、泛素化修饰调节脂滴代谢

脂滴是细胞内中性脂（neutral lipid）的主要储存场所，广泛存在于细菌、酵母、植物、昆虫及动物细胞中，是一种结构组成多元的细胞器。研究表明，多种代谢性疾病，如肥胖、脂肪肝、心血管疾病、糖尿病、中性脂储存性疾病和 Niemann Pick C 疾病，往往都伴随着脂质储存的异常。因此，关于脂滴的生物学研究日益受到人们的重视（24）（图 14-6）。

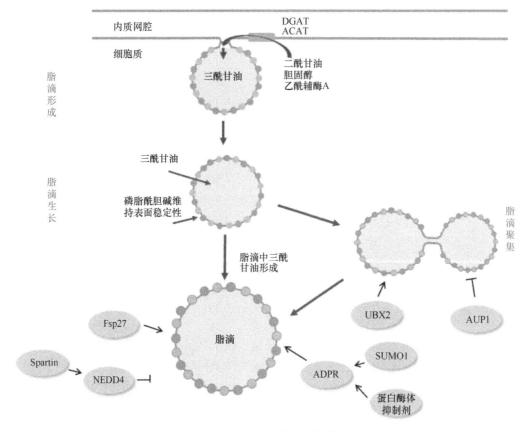

图 14-6　泛素化调节脂滴代谢

（一）Spartin

　　Spartin 蛋白在氨基端含有一个微管结合调节结构域（microtubule-interacting and trafficking domain），在羧基端含有一个植物衰老结构域（plant-senescence domain），羧基端的结构域负责 Spartin 蛋白与脂滴的特异性结合。Spartin 蛋白具有多种生理功能，可以与多种胞内细胞器相结合，在 EGFR 的胞内转运与细胞内脂滴丰度的调节中都起到非常重要的作用。蛋白质泛素化修饰可以调节 Spartin 的活性，从而影响体内脂滴的生理代谢。在体内，Spartin 蛋白可以特异性地与 NEDD4 泛素连接酶家族的成员 AIP4/ITCH 相结合。有趣的是，Spartin 不是 AIP4/ITCH 底物，不能被其降解，但是，Spartin 与 AIP4/ITCH 的结合能够显著增强 AIP4/ITCH 的泛素连接酶活性，被 Spartin 激活的泛素连接酶 AIP4/ITCH 随即被招募到脂滴周围，促进脂滴中亲脂素（adipophilin）的泛素化，从而调节脂滴的丰度。

（二）膜蛋白 AUP1

　　AUP1（ancient ubiquitous protein 1）是一个定位在脂滴与内质网上的膜蛋白。AUP1 蛋白自身可以发生泛素化修饰，例如，AUP1 蛋白可以通过其羧基端的 G2BR 结构域与泛素耦合酶 UBE2G2 结合。AUP1 可以促进脂滴的聚集，并且这一生理功能是受到单泛素化修饰调控的。在 A431 细胞中，特异性敲除 AUP1 可以明显促进脂滴聚集。AUP1 蛋白含有多个赖氨酸位点，在 cos7 细胞系中，这些赖氨酸位点可以被单泛素化修饰。将这些赖氨酸位点突变之后可以抑制其促进脂滴聚集的功能，证明了 AUP1 的单泛素化对于调节脂滴的聚集具有重要的作用。

（三）膜蛋白 UBX2

UBX2 是一个定位于内质网上的穿膜蛋白质。在细胞内，UBX2 将一些内质网上错误折叠的蛋白质由内质网转到细胞质中，最终这些蛋白质会被泛素化修饰，然后经由蛋白酶体途径降解，这一过程也称之为内质网关联的降解（ER-associated degradation）。在这一生理过程中，UBX2 起到一个桥梁的作用，连接起了细胞质中 Cdc48$^{NPL4-UFD1}$ 复合物与膜上的 Hrd1-Hrd3-Ssm4 泛素连接酶复合物，UBX2 通过其氨基端的泛素关联结构域（ubiquitin-associated domain）识别需要被降解的底物。UBXD8 是 UBX2 在哺乳动物中的同源蛋白，在脂肪酸去除的细胞中参与内质网介导的 INSIG1 蛋白的降解。同样，UBXD8 表达于脂滴的蛋白质组中，参与多种脂滴生理功能的调节。

在脂滴的代谢与稳态维持中，UBX2 起到重要的作用。在脂滴形成的过程中，UBX2 可以与内质网、线粒体与脂滴相结合。在细胞内过表达 UBX2 能够显著促进脂滴的聚集；在缺失 UBX2 的细胞中，脂滴会变得更小且形态各异。除了形态上的改变，脂滴中的蛋白质组成，诸如 Pet10 和 Erg6 在正常细胞与 UBX2 敲除细胞中也有着很大的不同。UBX2 蛋白存在着两个重要的结构域，分别为 UBX 与 UBA 结构域。将这两个结构域敲除之后会显著影响脂滴的形态，提示这两个结构域对维持脂滴的稳态具有重要的调节作用。

分析正常细胞与 UBX2 敲除细胞中脂类含量发现，敲除 UBX2 后相比正常细胞三磷酸甘油酸的量下降了近一半。三磷酸甘油主要由二酰甘油转变而来，期间有两个重要的酰基转移酶 Dga1 与 Lro1。UBX2 敲除细胞中三酰甘油的减少主要是因为 UBX2 参与调节 Lro1 的酰基转移酶活性，UBX2 敲除的细胞中 Lro1 蛋白在细胞内的定位发生改变，使其不能作用于它的底物二酰甘油。

（四）膜蛋白 Fsp27

Fsp27（fat-specific protein 27）是一个定位于脂滴上的蛋白质，在体内参与调节代谢稳态。Fsp27 敲除的小鼠展现出更高的能量消耗，且对胰岛素更加敏感，能够抵御高脂饲喂诱导的肥胖与糖尿病。Fsp27 在脂肪细胞中高表达，在体内的白色与棕色脂肪中也高度累积。在细胞内，Fsp27 与脂滴共定位，在细胞内过表达 Fsp27 可以显著促进脂滴中三酰甘油的含量。近期的研究发现，Fsp27 参与直接调节 PPARγ 依赖的脂肪肝。Fsp27 参与调节脂滴的形成，缺失 Fsp27 可以显著降低白色脂肪组织的储备。此外，敲除 Fsp27 的小鼠对胰岛素更加敏感且体态更瘦。

在脂肪细胞中，Fsp27 是一个非常不稳定的蛋白质，Fsp27 的羧基端含有 3 个赖氨酸位点，能够被泛素化修饰，泛素化修饰的 Fsp27 蛋白能够被蛋白酶体识别并且降解。泛素化调节 Fsp27 是调节脂滴形成的重要机制，在 3T3 细胞中敲减 Fsp27 的表达可以明显降低脂滴内三酰甘油的含量，在此基础上，在细胞中过量表达不能够被泛素化修饰并降解的 Fsp27 蛋白突变体能够显著回复这一表型，提示泛素化调控的 Fsp27 蛋白稳定性是调节脂滴内三酰甘油含量的重要方式之一。

（五）相素化修饰

相素化修饰是体内一类重要的类泛素化修饰，在调节脂类代谢方面也起到重要的作用。一些脂类代谢的关键转录因子都能发生相素化修饰，诸如 SREBP1 与 LRH-1。同时，在果蝇中敲除相素同源基因 *Smt3* 能够影响脂类物质的合成。在 Huh7.5 细胞中特异性敲除相素基因能够显著影响脂滴调节的丙肝病毒的复制。当细胞被丙肝病毒感染时，脂滴的量会有一个明显的上升，随后调节丙肝病毒的复制。然而敲除相素 1 基因后会显著影响脂肪细胞中与脂肪细胞分化有关的 ADPR 蛋白的表达，从而降低脂滴的形成与聚集。ADPR 是一种亲脂素，是一个 47 kDa 大小的蛋白质，其序列与周脂素相类似。ADPR 在各种组织中都有表达，能够选择性地增加细胞对于长链脂肪酸的摄取，并且对于脂肪酸的转运也有一定的调节作用。脂肪酸刺激细胞能够上调 ADPR 的 mRNA 与蛋白质水平的表达。在肺部组织中，ADPR 的表达与脂滴的形成和累积有相关性。ADPR 的蛋白表达量受到泛素蛋白酶体的调控，蛋白酶体抑制剂能够显著提升 ADPR 在细胞中的表达量，并且提升脂滴在细胞内的累积。

四、泛素化调节的脂质代谢与疾病

在本小节的引言当中已经简单介绍过脂质代谢与人类疾病的关系，正常的脂质信号调控网络维持着人体稳定的生理过程，而一旦发生脂质代谢紊乱，将会引起相应的人类疾病。研究显示，在多种疾病中，脂质代谢信号已经发生改变，从而导致免疫系统中细胞功能失调，引起慢性炎症（如动脉粥样硬化）、自身免疫反应、过敏、心脑血管疾病，或者促进肿瘤生长等。正如前面部分所介绍的，泛素化修饰在脂类代谢调节中扮演着重要的角色，脂类代谢的泛素化修饰紊乱与疾病密切相关。下面以肥胖和动脉粥样硬化为例，介绍泛素化调节的脂质代谢与疾病发生发展的关系。

（一）肥胖

超重和肥胖的定义是可损害健康的异常或过量脂肪累积。根据世界卫生组织统计，2013 年，4200 万 5 岁以下儿童超重或肥胖；2014 年，全世界约有 13%的成年人（男性 11%，妇女 15%）肥胖。超重和肥胖问题一度被视为仅限于高收入国家，如今在低收入和中等收入国家，尤其是城市环境中，也呈现急剧上升的趋势。

肥胖与心血管脂质代谢异常综合征有着必然的联系。肥胖症患者的脂肪细胞或者脂肪组织储存着大量的脂质，包括三酰甘油和游离的胆固醇。肥胖症的一个重要特征是血脂异常，具体表现在：低密度脂蛋白（LDL）异常增多，载脂蛋白 B-100 胆固醇过高，空腹和餐后三酰甘油水平高，高密度脂蛋白（HDL）过低，低密度脂蛋白颗粒增加，血浆和组织中脂蛋白脂酶活性改变，等等。此外，肥胖症患者体内非高密度脂蛋白很大程度上被氧化。这些因素还会导致冠状动脉性心脏病的发生。

　　许多脂类合成中关键转录因子及酶的泛素化修饰的紊乱都与肥胖疾病相关，例如，TRB3 蛋白能够在小鼠禁食期与泛素连接酶 COP1 相结合，促进乙酰辅酶 A 羧化酶泛素化修饰影响其活性。在 TRB3 缺失的小鼠中乙酰辅酶 A 羧化酶的含量有显著的增加，TRB3 转基因小鼠能够通过促进脂肪酸的氧化分解抵御肥胖的发生。又如，sirt7 是去乙酰化酶 sirt 家族的成员之一，研究表明 sirt7 能够通过与泛素连接酶 DCAF/DDB1/Cul4B 相结合，抑制这一泛素连接酶降解脂类代谢中重要的核受体——TR4。Sirt7 特异性敲除小鼠能够抵御肥胖及肥胖引起的脂肪肝等疾病（25）。

（二）动脉粥样硬化

　　动脉粥样硬化是动脉壁变厚并失去弹性的几种疾病的统称，是动脉硬化中最常见而重要的类型。动脉粥样硬化的主要病变特征为：动脉某些部位的内膜下脂质沉积，并伴有平滑肌细胞和纤维基质成分的增殖，逐步发展形成动脉粥样硬化性斑块。斑块部位的动脉壁增厚、变硬，斑块内部组织坏死后与沉积的脂质结合，形成粥样物质，称为粥样硬化。该病常伴有高血压、高胆固醇血症或糖尿病等；脑力劳动者较多见，对健康危害甚大，为老年人主要病死原因之一。

　　引起动脉粥样硬化的原因，除了遗传因素（大约占30%）外，主要的外因包括高血压、高血脂、肥胖、糖尿病、吸烟等。临床资料表明，高胆固醇血症伴随动脉粥样硬化。实验动物给予高胆固醇饲料可以引起动脉粥样硬化，胆固醇是动脉壁上形成的粥样硬化斑块成分之一。近年的研究发现低密度脂蛋白和极低密度脂蛋白的增高、高密度脂蛋白的降低与动脉粥样硬化有关。高密度脂蛋白（HDL）是由 1000 多种脂质和几十种脂蛋白组成的复合物，因此功能复杂、容易变异。正常 HDL 具有保护心血管的作用，HDL 能抑制免疫反应，迅速而明显地抑制细胞因子、脂多糖、氧化型低密度脂蛋白的表达，抑制单核细胞的趋化活性，进而减小 AS 斑块的面积，从而抑制动脉粥样硬化形成。但近年来发现在某些疾病中，正常 HDL 可以转变为趋炎（或氧化）HDL，失去保护心血管的作用，甚至损害心血管功能。因此，HDL 可能成为心血管疾病的形成原因和治疗靶点。此外，血液中三酰甘油的增高与动脉粥样硬化的发生也有一定关系。

　　先前有研究表明在动脉粥样硬化的病灶部位泛素-蛋白酶体的活性升高，提示泛素蛋白酶体系统可以作为治疗动脉粥样硬化的靶点。阿司匹林能够通过抑制 20S 蛋白酶体的活性降低动脉粥样硬化的发病风险。通过动脉粥样硬化疾病模型证实，使用阿司匹林能够降低动脉粥样硬化发病过程中血浆的脂类含量。此外，泛素连接酶 ITCH 能够通过泛素化降解去乙酰化酶 sirt6 影响胆固醇代谢过程，从而调节动脉粥样硬化疾病的发生（26）。

　　脂类代谢是机体中重要的代谢反应，脂类代谢的紊乱与多种疾病紧密相关，深入理解脂类代谢的调控方式与具体分子机制，对相关疾病的治疗与药物的筛选都具有重要的意义。泛素化修饰作为一类重要的蛋白质翻译后修饰方式，广泛地调节着细胞内各种生理过程。阐明脂类代谢中的泛素化修饰调节方式，也是脂类代谢研究的重要科学问题。泛素化修饰调节脂类代谢过程中多个重要转录因子的转录活性，也调节脂肪、胆固醇合成过程中多个限速酶的活性。通过体内、体外试验并结合临床数据，证明了泛素化修饰在脂肪细胞分化、脂类合成和运输中起到重要的调节作用。脂肪细胞分化与脂类代谢是一个极其复杂的生理过程,许多酶与转录因子参与其中,在脂类代谢中是否还会有更多的成员被泛素化修饰还需要进一步研究。同样,一些重要的转录因子存在多个泛素连接酶的调节,一些重要的限速酶往往会被泛素连接酶复合物所调控,这些泛素连接酶之间怎样保持调节的平衡,它们相互是否存在调节,在这其中哪一个泛素连接酶起到更加重要的作用,这些问题都有待于进一步阐明。

总之,泛素化修饰对于脂类代谢调节的重要性不言而喻,更多的调节机制也亟待阐明,这不仅对深入理解脂类代谢的调控提供基础,也为日后由基础研究向临床转化铺垫基石。

第三节 泛素化修饰调控氨基酸代谢

一、泛素化修饰与氨基酸代谢

α-氨基酸除了组成蛋白质外,还是能量代谢的物质,也是生物体内重要含氮化合物的前体,包括谷胱甘肽、核苷酸、血红素和生物活性胺等。哺乳动物可从代谢物前体合成非必需氨基酸,而从食物中获取必需氨基酸。食物中得到的多余氨基酸不被储存,也不会排泄,而是经过代谢转化为常见的代谢中间体,如丙酮酸、草酰乙酸和 α-酮戊二酸等。氨基酸代谢的多个过程都受到泛素化修饰的调控。

(一)泛素化修饰调控氨基酸的转运

氨基酸是机体内重要的小分子极性物质,不能自由通过细胞膜,需要细胞膜上转运载体的协助才能进入细胞内。在这个过程中,相关转运载体的活性发挥关键的作用。目前已经发现多种氨基酸转运系统,氨基酸转运异常将会导致氨基酸吸收和代谢障碍性疾病,如胱氨酸尿症、家族性肾原性亚甘氨酸尿症等。氨基酸转运载体是一类膜蛋白,其表现出较为广泛的底物特异性,一个转运蛋白可以转运多种氨基酸,从结构上来说,这些蛋白质有 8～14 次跨膜结构域。

氨基酸转运载体可根据转运底物的酸碱性分为中性、酸性和碱性氨基酸转运载体,也可根据转运过程是否依赖于 Na^+ 分为 Na^+ 依赖和 Na^+ 非依赖氨基酸转运载体。中性氨基酸转运载体家族研究最为广泛,成员也最多,主要包括 A 型、B0 型、N 型、ASC 型、G 型和 β 型等 Na^+ 依赖性转运载体,以及 L 型和 T 型等 Na^+ 非依赖性转运载体。膜蛋白通常被溶酶体降解,但也有试验证据表明转运蛋白可以被泛素-蛋白酶体途径所调控(图 14-7)。

1. SLC1A5

快速增殖的细胞通常利用谷氨酰胺作为重要的氮源,并为生物合成提供重要的代谢中间产物。细胞内谷氨酰胺的水平由细胞膜表面的谷氨酰胺转运体决定,其表达水平对细胞的营养代谢至关重要。SLC1A5(也称 ASCT2)属于 ASC 型转运载体,对谷氨酰胺有较高的亲和力,研究表明其在结肠癌、前列腺癌和非小细胞肺癌等多种肿瘤组织中高表达,对细胞氨基酸平衡、mTOR 的活化及癌细胞的存活都至关重要。在肝癌和急性白血病细胞中敲减 SLC1A5 的表达可以明显抑制 mTORC1 的激活，导致细胞生长阻滞并凋亡（*27*）。

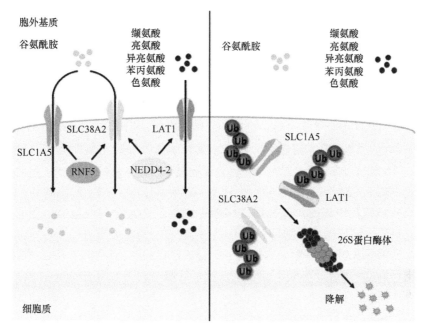

图 14-7　泛素化修饰调控氨基酸的转运

内质网能够感受细胞内外的压力以调节细胞的生存或死亡。多种 E3 泛素连接酶在内质网应激过程中发挥重要的调节功能。RNF5 是一个内质网相关的 RING 家族的泛素连接酶，其是 UBC6E/p97 复合物中的一员，能够清除错误折叠的蛋白质。Young Joo Jeon 等发现，RNF5 可以结合并泛素化降解 L-谷氨酰胺转运蛋白 SLC1A5，从而导致谷氨酰胺摄入减少，引起细胞自噬和死亡。在乳腺癌细胞中，抗肿瘤药物紫杉醇能够诱导内质网应激反应，从而促进 RNF5 对 SLC1A5 的结合继而发生泛素化降解。将 *Rnf5* 基因表达敲减可导致 SLC1A5 表达的上调，肿瘤细胞摄入谷氨酰胺增多，从而促进肿瘤细胞的生长和增殖（*28*）。

2. SLC38A2

SLC38A2（也称 SNAT-2）是 Na$^+$ 依赖的中性氨基酸转运蛋白，归属于 A 型（system A），在人体内有着广谱的表达，谷氨酰胺是其最适底物，它在谷氨酸-谷氨酰胺循环等生物通路中发挥重要的作用。Takahiro Hatanaka 等发现在脂肪细胞 3T3-L1 及前体脂肪细胞中，泛素连接酶 NEDD4-2 可以和 SLC38A2 共定位在细胞膜上，促进 SLC38A2 的多泛素化修饰，并诱导其发生内吞，继而被蛋白酶体所降解。内质网相关的 RNF5 也可以促进 SLC38A2 的泛素化降解，调节细胞内谷氨酰胺的水平。

氨基酸的摄取对胚胎发育过程是非常重要的。氨基酸的转运受到严格的调控，若氨基酸代谢失调，会导致胎儿发育障碍，胎儿体重低于同龄平均体重，称为宫内发育迟缓（intrauterine growth restriction，IUGR）。Chen 等发现宫内发育迟缓过程中，SLC38A2 的表达降低，而其泛素化水平则明显上升。他们还发现在培养的人胚胎滋养层细胞中，

mTOR 信号通路能够调控 SLC38A2 的泛素化，并影响其膜定位。进一步的研究表明在宫内发育阻滞过程中，mTOR 信号通路被抑制，从而导致 SLC38A2 的泛素化增强，被 26S 蛋白酶体所降解，膜定位减少，导致胎盘摄取的氨基酸量降低，胚胎发育受到抑制。随后 Rosario 等发现泛素连接酶 NEDD4-2 能够促进 SLC38A2 的泛素化降解，且 mTOR 通路会抑制 NEDD4-2 的表达（29）。

3. LAT1

LAT1 是 Na$^+$ 非依赖的氨基酸转运系统，能够介导大分子支链氨基酸和芳香族中性氨基酸的摄入，对缬氨酸、亮氨酸、异亮氨酸、苯丙氨酸和色氨酸等氨基酸有较强的亲和力。LAT1 属于 L-型氨基酸转运蛋白，L-型氨基酸转运蛋白是一个异源二聚体，由一个轻链 LAT1（或者 LAT2）和一个重链 4F2bc 组成。LAT1 广泛存在于哺乳动物肝脏、大脑和心脏等组织中，其在肿瘤细胞中大量表达，给癌细胞提供快速增殖所需要的必需氨基酸，是导致肿瘤细胞快速生长的原因之一。LAT1 在胎盘中大量表达，这与胎儿的营养需求和发育相关。Rosario 等发现在人胚胎滋养层细胞（PHT）中 NEDD4-2能够泛素化并降解 LAT1，导致 LAT1 膜定位蛋白降低，从而使细胞摄入氨基酸减少，胚胎发育阻滞。NEDD4-2 的表达可以受到 mTORC1 的调节，而 mTORC2 则没有影响（30）。

（二）泛素化修饰调控氨基酸的分解和合成

氨基酸分解代谢的第一步是 α-氨基的脱离。脱氨基作用主要包括转氨作用和氧化脱氨基作用。绝大多数氨基酸脱氨出自转氨基作用，在氨基转移酶的作用下，氨基酸脱下氨基转移到 α-酮戊二酸，生成谷氨酸，并留下碳骨架进一步降解。谷氨酸的氨基可以在第二步转氨基中转移到草酰乙酸上形成天冬氨酸，也可以在谷氨酸脱氢酶的催化下生成氨，并使 α-酮戊二酸得到再生。

1. TAT

转氨酶的种类很多，体内除赖氨酸和苏氨酸之外，其余 α-氨基酸都可参加转氨基作用并各有其特异的转氨酶。Gross-Mesilaty 和 Ciechanover 等同时发现中间产物代谢中的关键酶酪氨酸转氨酶（tyrosine aminotransferase，TAT）可以发生泛素化修饰并被 26S蛋白酶体降解，而 TAT 与特异性的辅因子磷酸吡哆醛结合可以抑制其降解（31）。

2. GLS

谷氨酰胺分解（glutaminolysis）又称谷氨酰胺异化或谷氨酰胺降解，是通过一系列的生化反应过程，将谷氨酰胺降解为谷氨酸、天冬氨酸、丙酮酸、乳酸、丙氨酸和柠檬酸等产物。谷氨酰胺是人体含量最丰富的循环性氨基酸，谷氨酰胺经过代谢可以转化为α-酮戊二酸，α-酮戊二酸是 Krebs 循环的中间产物。Krebs 循环不仅为细胞提供 ATP，还为大分子合成提供前体物质，例如，为糖异生提供苹果酸，为氧化磷酸化提供 NADH，为亚铁血红素合成提供琥珀酰 CoA；另外，谷氨酰胺还是还原性谷胱甘肽（GSH）的前体（图 14-8）。

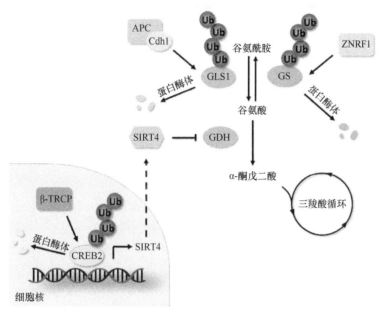

图 14-8 泛素化修饰调控谷氨酰胺代谢

谷氨酰胺酶（glutaminase，GLS）可将谷氨酰胺分解为谷氨酸和氨，是细胞利用谷氨酰胺的关键酶，主要包括两个同工酶 GLS1 和 GLS2。Colombo 等发现在人 T 淋巴细胞中 E3 泛素连接酶 APC^{Cdh1} 能够泛素化降解 GLS1，从而调控细胞周期。另外，他们发现在人宫颈癌细胞（HeLa）中，APC^{Cdh1} 对 GLS1 的降解需要 KEN 结构域（KEN box）和 D 结构域（D box），这种调控对细胞 G_1-S 期转变至关重要（32）。

3. GDH

谷氨酸在谷氨酸脱氢酶的催化作用下生成 α-酮戊二酸和氨。Csibi 等发现 mTOR 信号通路可以通过激活谷氨酸脱氢酶（glutamate dehydrogenase，GDH）来促进谷氨酰胺的代谢过程，这种调控作用需要 SIRT4 的介导。SIRT4 定位于线粒体，能够抑制谷氨酸脱氢酶的活性。研究发现 SIRT4 的转录水平受到转录因子 CREB2 的调控，进一步试验表明 mTORC1 能够促进 β-TRCP 对 CREB2 的泛素化降解，从而降低 SIRT4 的表达水平，以激活谷氨酸脱氢酶，促进细胞内谷氨酰胺的代谢（33）。

4. GS

施万细胞（Schwann cell，Sc）是周围神经系统中特有的一类神经胶质细胞，当周围神经受损后，施万细胞能够反应性地分裂增殖，分泌营养因子、细胞外基质和细胞黏附分子，为周围受损神经的再生提供适宜的微环境。ZNRF1 是一个 RING 家族的泛素连接酶，含有一个锌指结构。其序列在线虫、果蝇等物种中都极为保守。有研究发现，当周围神经受损后，ZNRF1 表达上调。

谷氨酰胺合成酶能够催化谷氨酸和氨生成谷氨酰胺，且谷氨酰胺合成酶在分化的施万细胞中高表达。Saitoh 等发现在施万细胞中谷氨酰胺合成酶（glutamine synthetase，GS）能被泛素连接酶 ZNRF1 泛素化，并介导其发生蛋白酶体依赖的降解。施万细胞受到神经损伤刺激时，不断增加的氧化压力可以诱导 ZNRF1 的表达，导致谷氨酰胺合成酶泛素化增强而被降解。使得细胞内谷氨酸盐的浓度上调，从而抑制了髓鞘化，最终促进了施万细胞的增殖。

5. ASS

对于哺乳动物来说，精氨酸被认为是一种条件性必需氨基酸。在损伤、脓毒症及癌症等情况下，细胞为了响应炎症因子，需要由精氨酸合成一氧化氮（NO），此时组织对于精氨酸的需求远远高于其合成精氨酸的能力，容易造成精氨酸匮乏。日常饮食中，摄入的精氨酸中有近一半在小肠中水解成为鸟氨酸，随后转变成瓜氨酸，再转运至肾脏中用于精氨酸的合成。此举旨在防止摄入的精氨酸被转运入肝脏中。肝脏是进行尿素合成的主要场所，含有高活性的精氨酸酶，精氨酸进入肝脏后会被精氨酸酶分解，继而只增加尿素的合成。

瓜氨酸在组织中由精氨基琥珀酸合成酶（argininosuccinate synthetase，ASS）和精氨基琥珀酸裂解酶（argininosuccinate lyase，ASL）催化合成精氨酸，该过程也有助于将生成一氧化氮时产生的瓜氨酸回收循环利用。Tsai 等发现 Ras/PI3K/ERK 信号通路的激活能够抑制泛素-蛋白酶体对转录因子 c-Myc 的降解过程，增强 c-Myc 的稳定性，从而上调 c-Myc 下游基因蛋白 ASS 在细胞中的含量，帮助肿瘤细胞拮抗抗癌药物 ADI-PEG20 的杀伤作用（34）。

6. nNOS 和 iNOS

合成一氧化氮是精氨酸在机体中的一个重要代谢过程。一氧化氮是一种信号分子，它可由血管内皮细胞合成并释放，抑制平滑肌的收缩，调控血流；在免疫系统中，一氧化氮是一种细胞毒剂；在神经系统中，其介导细胞间的信号传递。除此之外，一氧化氮还可参与对酶类的合成后修饰，调节部分酶类的活性。

机体中的一氧化氮主要通过一氧化氮合酶（nitric oxide synthase，NOS）的作用，由精氨酸合成。目前发现的 NOS 主要有三种：nNOS、eNOS 和 iNOS。nNOS 最初在神经元细胞中被发现，但是许多组织和细胞中都能够发现其不同的拼接体；eNOS 主要在内皮细胞中表达，起维持血流的作用；iNOS 最早在巨噬细胞中被发现，是具有细胞毒性的一氧化氮的来源，在炎症中发挥作用。

Mezghenna 等发现，在 nNOS 的钙调蛋白结合位点的 Lys739 能够发生泛素化，从而引起 nNOS 的降解，整个过程依赖于 Hsp70 与 CHIP。Watanabe 等发现 nNOS 还可以被 PIASxβ 催化发生相素化修饰。Kim 等发现 E3 泛素连接酶 MUL1 可以泛素化 AKT，从而影响 eNOS 的功能。Lawrence 等发现泛素连接酶 NKLAM 可以调控 iNOS 的表达量。Mat 等发现 ECS（SPSB）可以泛素化 iNOS，是 iNOS 蛋白质寿命的主要调控者。Burkholder 等发现用小分子抑制剂 WP1130 抑制去泛素化酶 DUB 的活性可以增加 iNOS 在巨噬细胞吞噬泡上的定位，从而增强巨噬细胞的杀菌能力（35）。

（三）泛素化修饰调控氨基酸衍生物的合成

生物体在生命活动中需要由氨基酸合成许多生物分子来调节代谢和生命活动，称为生物活性物质。部分氨基酸可以在脱羧酶的作用下进行脱羧形成一级胺，一级胺有许多重要的生理作用。脑组织中富有 L-谷氨酸脱羧酶，能使 L-谷氨酸脱羧生成γ-氨基丁酸，是重要的神经递质。组氨酸脱羧可以形成组胺，有降低血压的作用，也是胃液分泌的刺激剂。酪氨酸脱羧形成的酪胺有升高血压的作用。

1. Tyrosinase

酪氨酸酶（tyrosinase）是黑色素形成过程的限速酶，酪氨酸在酪氨酸酶（tyrosinase）的催化作用下经二羟苯丙氨酸生成多巴醌，最终形成黑色素（melanin pigment）。酪氨酸酶是一种跨膜糖蛋白，在黑色素细胞中组成性表达，而在黑色素瘤（melanoma）细胞中高表达。Park 等发现酪氨酸酶可以受到泛素化修饰的调控。

EDEM1 是一个甘露糖苷酶（mannosidase）样的蛋白质，能够招募错误折叠的蛋白质，导致其发生内质网系统相关的降解（endoplasmic-reticulum-associated degradation，ERAD）。Marin 等发现 ERAD 可以调控酪氨酸酶的泛素化及蛋白酶体降解。Bellei 等发现 MAPK-P38 的活性可以调控黑色素的形成过程，p38 可以促进酪氨酸酶的泛素化并导致该酶发生蛋白酶体途径的降解。Ando 等发现细胞内脂肪酸的水平可以调控酪氨酸酶的降解，不饱和脂肪酸亚油酸（linoleic acid）能够加速酪氨酸酶的蛋白酶体降解，而饱和脂肪酸棕榈酸（palmitic acid）则可以抑制酪氨酸酶的泛素化降解（36）。

2. SHMT1

生物体内具有一个碳原子的基团，称为"一碳单位"（one carbon unit）。许多带有甲基的化合物在生物体内都有重要的功能，如肾上腺素和肌酸等。一碳单位还参与嘌呤和嘧啶的生物合成，以及 S-腺苷甲硫氨酸的生物合成，是生物体各种化合物甲基化的甲基来源。而一碳单位与氨基酸代谢密切相关，许多氨基酸可作为一碳单位来源，如甘氨酸、苏氨酸、丝氨酸和组氨酸等。甘氨酸和丝氨酸可以在丝氨酸羟甲基转移酶的作用下相互转化，产生一碳单位。该酶在提供一碳单位中至关重要，是一个潜在的药物靶点。Anderson 等发现丝氨酸羟甲基转移酶 SHMT1（serine hydroxy methyl transferase 1）的蛋白质水平可以被细胞周期调控，UBC13 介导的 SHMT1 的泛素化可以促进其核输出，并增强其稳定性，而 UBC9 介导的 SHMT1 的类泛素化修饰相素 2/3 可以促进其核内降解（37）。

3. GAD65 和 GAD67

谷氨酸在谷氨酸脱羧酶（glutamic acid decarboxylase）的作用下脱羧形成γ-氨基丁酸（GABA），可增加突触后神经细胞膜对 Na^+ 的通透性，使神经膜超极化，是脑组织中具有抑制作用的神经递质。谷氨酸脱羧酶有两个亚型，即 GAD65 和 GAD67，该酶在兴奋性毒性（excitotoxic condition）的刺激下会发生断裂。Baptista 等发现在培养的海马神经元细胞中，毒害浓度的谷氨酸盐刺激可导致 GAD65 和 GAD67 蛋白的氮端发生断裂，而且这种作用可被蛋白酶体抑制剂 MG132、YU102、乳胞素，以及泛素激活酶的抑制剂 UBEI41 所抑制（38）。

4. AdoMetDC

多胺（polyamine）如腐胺、精胺及亚精胺对细胞的生长和增殖至关重要，且广泛存在于各种组织。它们有多个氨基基团，可以和带负电荷的核酸、酸性蛋白质及磷脂结合，从而调控染色质和基因表达。多胺在肿瘤组织中聚集，检测血液及尿中的多胺浓度可以检测肿瘤治疗的效果。

鸟氨酸在鸟氨酸脱羧酶的作用下形成腐胺。S-腺苷甲硫氨酸在 S-腺苷甲硫氨酸脱羧酶（S-adenosylmethionine decarboxylase，AdoMetDC）的作用下脱羧，并在丙基氨基转移酶 I 的作用下与一分子的腐胺结合，生成亚精胺。亚精胺可在丙基氨基转移酶 II 的作用下形成精胺。精胺可以调控翻译起始因子 5A，从而调节信使 RNA 的翻译过程。参与多胺形成过程的多个酶可被泛素化修饰。Yerlikaya 等发现 AdoMetDC 可以发生泛素化修饰并被蛋白酶体降解，其底物 AdoMet 介导的转氨可以失活 AdoMetDC，并加速 AdoMetDC 的蛋白酶体降解（39）。

5. Antizyme

鸟苷酸脱羧酶（ornithine decarboxylase）是多胺合成的限速酶，以二聚体的形式发挥功能，半衰期很短，只有 11 min。多胺可以刺激合成抗体酶（antizyme），抗体酶竞争性结合鸟苷酸脱羧酶单体，可以失活鸟苷酸脱羧酶并导致其构象发生变化，从而促进鸟苷酸脱羧酶发生非泛素依赖的蛋白酶体降解。Gandre 等发现抗体酶可发生泛素化修饰，并被蛋白酶体降解。

6. Azin1 和 Azin2

抗体酶可以被抗体酶抑制因子（antizyme inhibitor）所失活。抗体酶抑制因子有两个亚型，Azin1 广谱表达，Azin2 则只在脑和睾丸中表达。Bercovich 等发现 Azin1 和 Azin2 都可以被泛素化修饰并降解。

7. SSAT

精脒/精胺 N1-乙酰转移酶（spermidine/spermine N1-acetyltransferase，SSAT）是多胺分解代谢的关键酶，可使细胞内多胺处于平衡状态，其半衰期只有 30 min。Coleman 等发现多胺类似物 BE-3-4-3 能够抑制 SSAT 的泛素化，通过点突变试验发现 K87 是其主要的泛素化位点。

（四）泛素化修饰与氨的去向（尿素循环）

氨基酸经过脱氨基生成的氨对生物机体而言是有害物质，血液中 1% 的氨即可引起中枢神经系统中毒，所以氨的排泄是生物体维持正常生命活动所必需的。

在谷氨酰胺合成酶的催化作用下，谷氨酸与氨结合生成谷氨酰胺。谷氨酰胺是中性无毒物质，是氨的主要运输形式。谷氨酰胺由血液运送到肝脏，肝细胞中的谷氨酰胺酶将其分解为谷氨酸和氨。在肝脏中，氨经过尿素循环，即一分子鸟氨酸和一分子氨及二氧化碳结合形成瓜氨酸，瓜氨酸与另一分子氨结合形成精氨酸，精氨酸经精氨酸酶催化水解形成尿素和鸟氨酸完成一次循环，形成的尿素被分泌进入血液，再被肾脏汇集，从尿中排出体外。精氨酸酶 Arg1 是尿素循环的关键酶。Ganji 等发现泛素连接酶 SMURF2 可通过 WW 结构域结合 SMAD7 从而负调控 TGF-β，下调 TGF-β 下游基因 *Arg1* 的表达水平（*40*）。

（五）泛素化调节氨基酸代谢与疾病的发生

氨基酸对细胞的生长增殖等生理过程至关重要，氨基酸代谢的异常将导致疾病的发生，如肿瘤、胚胎发育阻滞和神经退行性疾病等。已有大量研究表明，泛素化系统的失调是导致氨基酸代谢紊乱的重要原因之一。

肿瘤细胞通过重组细胞代谢适应肿瘤微环境。肿瘤细胞会加速摄取氨基酸等营养物质。大量研究表明，肿瘤细胞对谷氨酰胺有特殊的依赖性，其利用谷氨酰胺提供氮源，合成核苷酸，并为生物合成提供重要的代谢中间产物。谷氨酰胺代谢通路的多个关键酶都可以受到泛素化的调控：①肿瘤细胞对谷氨酰胺的摄取依赖于 SLC1A5 和 SLC38A2 这两种氨基酸转运载体，SLC1A5 和 SLC38A2 在乳腺癌、肝癌和前列腺癌等多种肿瘤中表达上调。SLC1A5 和 SLC38A2 的表达可以受到泛素连接酶 RNF5 的调控。在乳腺癌细胞中，抗肿瘤药物紫杉醇能够促进 RNF5 对 SLC1A5 和 SLC38A2 的泛素化降解；②谷氨酰胺在谷氨酰胺酶的作用下生成谷氨酸和氨，APC^{Cdh1} 可以促进 GLS1 的泛素化降解；③谷氨酸在谷氨酸脱氢酶 GDH 的作用下可生成 α-酮戊二酸，进入 TCA 循环，用以合成核苷酸、磷脂和氨基酸等物质。mTOR 信号通路在多种肿瘤细胞中活化，而研究发现 mTOR 信号通路能够促进泛素连接酶 β-TRCP 泛素化降解 CREB2，导致 GDH 抑制因子 SIRT4 的转录水平下调，谷氨酸脱氢酶 GDH 的活性被解除抑制而升高，促进了肿瘤细胞内谷氨酰胺的代谢水平，为肿瘤细胞的生长增殖提供营养保障。

施万细胞是周围神经系统中的神经胶质细胞，沿神经元的突起分布，包裹在神经纤维上。施万细胞的外表面有基膜，可以分泌神经营养因子，促进受损神经元的存活及其轴突的再生。周围神经系统发生损伤时，施万细胞反应性的分裂增殖，分泌营养因子、细胞外基质和细胞黏附因子，为周围神经的再生提供适宜的微环境，以便对损伤进行修复。泛素化修饰在周围神经系统损伤修复过程中发挥重要的调控作用。周围神经受损可以激活施万细胞中 ZNRF1 的表达，从而增强谷氨酰胺合成酶 GS 的泛素化降解，导致谷氨酸盐的浓度上调，抑制髓鞘化，促进施万细胞的增殖。

胎盘氨基酸转运的失调将影响胚胎的生长，增加围产期并发症，以及罹患肥胖、糖尿病和心血管疾病的风险。氨基酸的正常摄取对胚胎发育必不可少。胎盘氨基酸转运载体活性的降低将导致宫内发育迟缓，而其上调将导致胚胎过度增生。SLC38A2 和 LAT1 在胎盘中高表达，可以有效运送氨基酸至胚胎组织，保证胚胎发育对氨基酸的需求。泛素连接酶 NEDD4-2 可以泛素化并降解 SLC38A2 和 LAT1，而 NEDD4-2 的表达水平可以受到 mTOR 的负调控。在宫内发育阻滞过程中，mTOR 信号通路被抑制，NEDD4-2 的表达上调，促进了 SLC38A2 和 LAT1 的泛素化及蛋白酶体降解，导致胎盘对氨基酸的摄取不足，胚胎发育受到抑制。

第四节 泛素化调控核酸代谢

一、DNA 的分解和合成代谢与泛素化修饰

胞嘧啶核苷酸的转变是由尿嘧啶核苷酸在尿嘧啶核苷三磷酸的水平上进行的。有研究发现，在果蝇细胞中可逆的泛素化修饰能够调控 CTP 合成酶聚合物的装配。原癌基因 *Cbl* 编码产物 Cbl 作为泛素连接酶可以调节细胞周期中 CTP 合成酶丝状聚合物（CtpS filament）的形成。Cbl 并不影响 CTP 合成酶在蛋白质水平上的含量，但会影响 CTP 合成酶活性。在细胞内下调 Cbl 或者 CTP 合成酶都会使细胞周期中 S 期的相关过程受到阻碍。Cbl 通过泛素化 CTP 合成酶影响着细胞内核苷酸的平衡状态，具有重要的生理作用。

DNA 是由脱氧核糖核苷酸在 DNA 聚合酶等多种酶的催化作用下聚合而成的。增殖细胞核抗原（proliferating cell nuclear antigen，PCNA）是 DNA 聚合酶的辅助因子，并参与真核细胞 DNA 复制时滑动夹的形成。有研究发现 PCNA 的单泛素化和多泛素化修饰对其在 DNA 损伤耐受（DNA-damage tolerance，DDT）中起到一定的作用（*41*）。

（一）泛素化调控拓扑异构酶

DNA 的拓扑结构是指 DNA 分子结构在空间上的关系。DNA 分子双螺旋结构相互缠绕表现出许多拓扑学的性质。DNA 在复制、转录和重组等过程中都会涉及其拓扑结构的转变。DNA 复制时，首先需要将两条相互缠绕的双链解开，这样就会产生很大的扭曲张力，而这种张力的消除依赖于 DNA 的拓扑异构酶。

细胞的增殖和凋亡都涉及拓扑异构酶Ⅱα（topoisomerase Ⅱα）的参与。细胞凋亡时，拓扑异构酶Ⅱα 参与 DNA 片段化的形成过程。有研究表明，当细胞受到由过氧化氢（H2O2）引起的氧化胁迫时，会导致拓扑异构酶Ⅱα泛素化修饰的增强。在这个过程中，BRCA1 与成视网膜细胞瘤蛋白（pRb）协同作用，介导了拓扑异构酶Ⅱα 的泛素化。BRCA1 是一个抑癌基因蛋白，参与转录调节、细胞周期调控及 DNA 损伤修复。BRCA1 的 BRCT 结构域能够与磷酸化形式的拓扑异构酶Ⅱα 结合，同时 BRCA1 含有 RING 结构域，可以发挥泛素连接酶功能，参与拓扑异构酶Ⅱα泛素蛋白酶体降解途径。BRCA1 与拓扑异构酶Ⅱα 的结合需要 pRb 的参与。在过氧化氢处理的 HCC1937 细胞中下调 BRCA1 表达，拓扑异构酶Ⅱα 的泛素化修饰及活性都没有明显的变化。同时，蛋白酶体抑制剂 MG132 能够抑制 BRCA1 正常表达，从而导致拓扑异构酶Ⅱα 的降解。可见，BRCA1 能够通过泛素化调节拓扑异构酶Ⅱα 的活性及稳定性（42）。

（二）泛素化修饰调控 DNA 的修复

当 DNA 受到如放射线造成的损伤时，DNA 聚合酶将不能识别受损的 DNA 模板，从而导致 DNA 复制的终止。通常情况下，大多数的 DNA 损伤都能够通过核苷酸切除修复和碱基切除修复等方法进行修复，如果 DNA 损伤通过这些机制都不能修复，就会

造成细胞基因组的不稳定，甚至会导致细胞的死亡。

泛素化与 DNA 修复相关的最早证据就是在酵母细胞中发现的一种参与复制后修复（postreplication repair，PRR）的泛素耦合酶 RAD6。真核生物中的 PRR 包括跨损伤 DNA 合成（translesion synthesis，TLS）和模板转换相关的同源重组修复。PCNA 是参与 PRR 的重要成员，在酵母中，RAD6/RAD18 能单泛素化 PCNA，招募 TLS 相关的 DNA 聚合酶，从而促进 TLS 的发生。此外，PCNA 还能被 RAD5-UBC13-MMS2 多泛素化，促进重组修复的发生。

RNF8 是最早发现的参与 DNA 损伤信号通路的泛素连接酶。当 DNA 发生双链断裂后，MDC1（mediator of DNA damage checkpoint 1）是最先到达 DSB 位点的蛋白质之一，RNF8 能结合到被 ATM 磷酸化的 MDC1 上，进而招募下游的 53BP1、BRCA1 等修复相关的重要蛋白。此外，RNF8 能够泛素化组蛋白 H2A 和其变体 H2AX，另一种泛素连接酶 RNF168 被发现能够识别这种泛素化标记，RNF8/RNF168 与泛素耦合酶 UBC13 一起，相互作用形成 K63 多泛素链，RAP80（receptor-associated protein 80）包含能与泛素相互作用的结构域（ubiquitin-interacting motif domain，UIM），因而能与泛素化的靶蛋白结合，且 RAP80 能与 BRCA1 相互作用，故能够招募 BRCA1 至损伤位点。RNF8/RNF168-UBC13 使得 53BP1、BRCA1 等修复蛋白持续地到达 DSB 位点，促进 DSB 修复的进行（图 14-9）（43）。

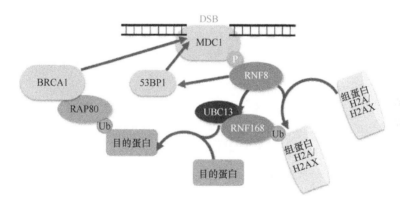

图 14-9 泛素化与 DNA 双链断裂修复

（三）去泛素化修饰调控 DNA 的修复

已知有许多的去泛素化酶能够参与 DNA 损伤应答的过程，下面简要介绍已知的能够参与 DNA 修复的相关去泛素化酶（deubiquitinating enzyme，DUB）。

USP1 是最早发现的能够参与 DNA 损伤应答的泛素水解酶之一。有文献报道 USP1 能够选择性水解 FANCD2 和 PCNA 上的单泛素化标记。FANCD2 是与范可尼贫血症（Fanconi anemia）相关的重要蛋白，USP1 去泛素化 FANCD2 后，可以进一步稳定细胞周期检验点蛋白 CHK1（checkpoint kinase 1），有助于 DNA 修复的进行。USP1 通过与 UAF1（USP1-associated factor 1）形成异二聚体发挥作用，研究表明 USP1/UAF1 复合物对于调控链交联修复（interstrand cross-link，ICL）和同源重组修复至关重要（44）。

最新研究发现，USP4 也参与了 DNA 损伤的切除修复。DNA 损伤修复的起始是由 CtIP 和 Mre11-RAD50-NBS1（MRN）复合物共同作用完成的，USP4 可以通过其一个保守区域和催化活性区域分别与 CtIP 和 MRN 结合，将 CtIP 招募到 DNA 损伤的位置，从而起始 DNA 损伤部位的切除及同源重组修复。同时 USP4 自身的去泛素化对于 DNA 的同源重组修复也是必要的（45）。

1. 去泛素化酶与 RNF8/RNF168

RNF8/RNF168 通路是 DNA 发生双链断裂后修复蛋白 53BP1、BRCA1 等募集至 DSB 位点处的重要途径。人体中存在多种通过影响这一通路进而调控 DNA 损伤修复的去泛素化酶，如 USP34 能够稳定 RNF168（46），当敲除 USP34 后，RNF168 迅速降解，使得 DSB 相关的泛素化水平受影响，53BP1 和 BRCA1 的招募受到损害，IR 照射后的细胞存活率也降低。有研究表明，敲除 USP26 和 USP37 会通过影响 RNF8/RNF168 进而影响 BRCA1 的招募最终影响 HR，HR 发生过程中 BRCA1 既能形成促进 HR 的 BRCA1-PALB2-BRCA2-RAD51 复合物（BRCC complex），也能形成 BRCA1-A 复合物（BRCA1-A complex），通过抑制 DNA 末端切除或是通过结合 RNF8/RNF168 泛素化的染色体，BRCA1-A 复合物能阻碍后续 BRCA1 的招募。USP26 和 USP37 能促进 BRCA1 与 PALB2-BRCA2-RAD51 结合形成 BRCC complex，促进 HR 的发生。Sharma 等发现 USP3 能逆向调控 RNF8/RNF168 介导的 γ-H2AX 的泛素化过程，影响 DNA 修复的进行。过表达 USP3 会破坏 RAP80 和 53BP1 到达损伤位点。USP44 也被发现能够结合到 RNF168 的泛素化产物上，影响 RNF168 介导的损伤位点处 53BP1 的停留。OTUB1 能结合与 RNF168 相互作用的泛素耦合酶 UBC13，通过抑制 UBC13，抑制 RNF168 依赖性的多泛素化，从而抑制 DNA 修复，且敲除 OTUB1 后能缓解 ATM 信号通路缺损引起的 DNA 损伤修复缺陷。OTUB2 是与 OTUB1 同属一个家族的去泛素化酶，敲除 OTUB2 能在 DNA 损伤应答早期增强 RNF8 介导的泛素化，加速 53BP1 和 RAP80 在 DSB 位点的聚集，促进快速的 DSB 修复，但是会抑制 HR 修复。IR 照射后，BRCC36 与 RAP80 以复合物的形式被招募至 DNA 损伤位点，这种 UBK63 去泛素化酶的存在暗示 RAP80 复合物能同时参与泛素链的合成和降解。敲除 BRCC36 后，DSB 相关的接合态泛素（conjugated ubiquitin）和 53BP1 在 DSB 位点处积累增加，这一现象在敲除 RNF8 后得到部分恢复。这些结果表明 BRCC36 是 RNF8/RNF168 通路的一个负调控因子。USP7 也是一种最近发现的能够与 RNF168 结合、调控其稳定性，进而参与 DNA 修复的去泛素化酶（47）。

2. 去泛素化酶与 p53

p53 是一种肿瘤抑制因子，其在 DNA 损伤应答中也发挥着重要作用。MDM2 是一种泛素连接酶，它能够泛素化 p53 并使之为蛋白酶体降解。人体中存在能够通过影响 MDM2 进而影响 p53 水平的去泛素化酶。例如，之前报道的 USP7 被磷酸化后的特异性异构体 USP7S，能够稳定 MDM2 使得 p53 水平下调。当照射 IR 后，USP7S 发生去磷酸化从而被下调，随之 MDM2 稳定性降低，导致 p53 的积累，影响 DNA 损伤应答的过程。Jian 等发现 USP10 能够对抗 MDM2 的作用从而去泛素化 p53，在发生 DNA 损伤后，

USP10 被磷酸化，转运至核内，稳定并激活 p53，应对 DNA 损伤。Park 等发现 OTUD5 能够与 PDCD5（programmed cell death 5）结合激活 p53。

3. 去泛素化酶与组蛋白

组蛋白是真核生物染色质的重要组成部分，其修饰水平对于基因组的稳定性有着很大的影响。RNF8/RNF168 能够使组蛋白 H2A 发生 K13/15 位的泛素化，RNF20 和 RNF40 能够使组蛋白 H2B 发生 K120 位泛素化。已知的研究报道有多种去泛素化酶能够影响组蛋白的修饰，如 USP11 能够去泛素化 γ-H2AX，敲降 USP11 后，53BP1 会在 DSB 位点停留更长时间，影响同源重组修复。USP16 在 DNA 发生损伤后，会发生泛素连接酶 HERC2（HECT domain and RCC1-like domain-containing protein 2）依赖性的增多，负调控 DNA 损伤诱导的泛素化，影响下游修复因子的招募，从而影响 DNA 损伤应答的过程。USP29 在之前被报道能够有效地去泛素化 H2A，但是其识别的泛素化底物不具有特异性。

二、RNA 的分解和合成代谢与泛素化修饰

RNA 聚合酶 II 是介导 RNA 合成的关键酶。RNA 聚合酶 II 的多泛素化修饰是伴随着转录延伸过程一直发生的。很多研究表明，RNA 聚合酶 II 介导的转录延伸并不是一个连续不断的过程，经常会发生暂停、失速甚至不可逆转的终止。当转录发生暂停或终止时，细胞会招募很多转录延伸因子，如 TFIIS，来帮助转录继续进行。还存在另一些转录的阻碍，例如，体积比较大的 DNA 结合蛋白，阻挡了 RNA 聚合酶前进的道路，由于 RNA 聚合酶的高保真性，转录延伸复合物不会从 DNA 模板上解离，但整个基因的转录就会终止。一旦 RNA 聚合酶 II 多聚体不能重新启动，它就会发生多泛素化修饰，并在蛋白酶体中降解。

RNA 聚合酶 II 的泛素化降解过程是受到严格调控的，这个过程通过多个步骤发生。在最初的阶段，RNA 聚合酶会被泛素连接酶（E3）Rsp5 进行单泛素化修饰，之后会有其他泛素连接酶介导它发生多泛素化修饰。这两个过程都会被精准地校对，同时也可能被特定地去泛素化酶所逆转。多泛素化修饰的 RNA 聚合酶会被带到蛋白酶体降解。

RNA 聚合酶 II 大亚基（Rpb1）是决定真核生物信使 RNA（mRNA）转录起始和延伸的最主要的功能亚基，存在多种翻译后修饰。其中，它的泛素化修饰和降解，不仅发生在 DNA 损伤引起的转录停滞过程中，而且涉及其他的转录障碍事件。

（一）Rpb1 的单泛素化修饰

首先被发现与 Rpb1 降解有关的泛素连接酶是酵母细胞 HECT 家族的 Rsp5。含有 HECT 结构域的泛素连接酶不仅能识别它的底物，还能直接催化泛素与底物的连接。在细胞内 Rsp5 有着多种功能，除了促进 RNA 聚合酶 II 的降解外，还能促进转录因子的激活。Rsp5 和 Rpb1 的相互作用是通过 Rsp5 的 WW 结构域和 Rpb1 的 C 端结构域 CTD 介导的。如果 Rsp5 活性缺失，会使在发生 DNA 损伤转录受阻时 Rpb1 的泛素化修饰及降解明显减少。体外模拟泛素化试验发现，UBA1（E1）、UBC5（E2）和 Rsp5 能够促

使 Rpb1 发生 K63 位多泛素化链修饰。这种泛素化修饰一般与蛋白质的降解没有直接关系,这有可能与 RNA 聚合酶 II 在应对外界压力时的功能有关。另外,Rsp5 促进 Rpb1 K63 位多泛素化修饰的过程可以被去泛素化酶 UBP2 逆转。还有其他一些泛素连接酶发现在不同情况下与 RNA 聚合酶 II 的泛素化修饰有关,例如,Asr1 可以泛素化修饰 RNA 聚合酶 II 与启动子有关的亚基 Rpb4/7,进而抑制转录的起始。

在哺乳动物细胞中,其他一些调节 Rpb1 泛素化与降解的泛素连接酶也被发现。CSA、NEDD4 及 WWP 被认为与 Rpb1 的泛素化修饰及其降解有很重要的关系(48)。在 DNA 损伤的情况下,CSA 和 CSB 修复蛋白的缺失会导致 Rpb1 泛素化水平的明显降低。在哺乳动物细胞中下调 NEDD4(与酵母中的 Rsp5 同源),Rpb1 的泛素化修饰及降解会明显降低。体外试验也证明,NEDD4 能与泛素化修饰的 Rpb1 结合,这与酵母细胞中 Rsp5 的功能相一致。也有研究表明 WWP2——小鼠 HECT 家族的泛素 E3 连接酶,是 Rpb1 新的泛素连接酶。研究结果显示在体内和体外,小鼠的 WWP2 均能特异性结合 Rpb1 并催化它的泛素化修饰。有趣的是,WWP2 对 Rpb1 的结合和泛素化修饰既不依赖于 Rpb1 的磷酸化状态,也不依赖于 DNA 损伤。然而 WWP2 的酶活性对于 Rpb1 的泛素化修饰是必需的。进一步的研究还显示,WWP2 和 Rpb1 的相互作用是通过 WWP2 的 WW 结构域和 Rpb1 的 C 端结构域 CTD 介导的。当下调 WWP2 的表达水平时,Rpb1 的泛素化水平也随之降低,而蛋白质水平则明显升高。通过质谱分析,Rpb1 CTD 结构域中的 6 个赖氨酸残基被确认为 WWP2 介导的泛素化位点。这些结果显示 WWP2 在 Rpb1 正常生理状态下的表达调节中发挥重要功能。

(二)Rpb1 的多泛素化修饰

Rsp5 只能介导 Rpb1 的单泛素化或者 K63 位多泛素化修饰,因此必定存在其他的泛素连接酶来介导 Rpb1 的 K48 位多泛素化修饰及其降解。近来研究揭示了一些酵母细胞中的延伸因子 E3 泛素连接酶复合物,包括 Elc1、Ela1 及 Cul3,发挥着促进 Rpb1 多泛素化修饰及降解的功能。在缺失这些蛋白质的菌株中,DNA 损伤引起的 Rpb1 的降解将不能发生,但有趣的是,Rpb1 的单泛素化修饰没有受到影响。虽然 Rsp5 和 Elc1-Cul3 复合物都能介导 Rpb1 的泛素化修饰,但是研究发现,在缺失活性 Rsp5 的酵母提取物中,单泛素化的 Rpb1 比没有修饰的 Rpb1 更容易发生多泛素化修饰。Harreman 等的研究表明,Elc1-Cul3 复合物能够配合 Rsp5 形成多泛素化的 Rpb1,促进它的蛋白酶体降解。在缺失活性 Rsp5 和 Elc1 的酵母提取物中,无论是单泛素化还是多泛素化的 Rpb1 都不能被检测到。另外,体外纯化的 Elc1-Ela1-Cul3-Rbx1 复合物也只能多泛素化修饰已经被 Rsp5 单泛素化修饰的 Rpb1。无论是酵母还是人的 Rpb1,都可以在多个赖氨酸位点发生泛素化修饰,因此 Elc1-Cul3 复合物介导的这种多泛素化修饰是发生在原有的单泛素化修饰的基础上还是发生在其他新的赖氨酸残基上还有待研究。

在人类细胞中,与酵母 Elc1/Ela1 同源的是延伸因子 A/B/C 三聚体,它们可以与 Cul5 和 Rbx2 结合发挥泛素连接酶的功能。体外试验证明,只有在 NEDD4 存在并将 Rpb1 单泛素化修饰的情况下,这个复合物才能对 Rpb1 进行多泛素化修饰。这与酵母中 Elc1-Cul3 复合物发挥功能的情况是一致的。综合以上研究数据可以发现,这种需要两种不同泛素连接酶协同作用介导 Rpb1 多泛素化修饰的机制在进化上是高度保守的。除此之外，pVHL-Elongi B/C-Cul2-Rbx1 复合物及 Def1 也能对 Rpb1 进行泛素化修饰。

在酵母细胞中，UBP2 和 UBP3 发挥着 Rpb1 的去泛素化酶的功能。如前所述，UBP2 作用于 Rsp5，能够去除 Rpb1 K63 位多泛素化链修饰，但是它不能完全水解泛素链，只能将 Rpb1 还原为单泛素化修饰的状态。UBP3 能够去除 Rpb1 的 K48 位泛素化修饰，使其不被蛋白酶体降解。当细胞缺失 UBP3 时，Rpb1 的降解速率也会加快，同时细胞对转录延伸因子抑制剂 6-氮尿嘧啶（6-AU）也变得更加敏感。UBP3 就像 RNA 聚合酶的泛素化降解的刹车工具，提高了细胞在不良外界条件下的生存能力（图 14-10）（49）。

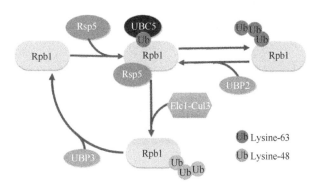

图 14-10　RNA 聚合酶 II 大亚基 Rpb1 的泛素化调控

（三）泛素化调控的 RNA 复制酶

RNA 复制是以 DNA 为模板合成 RNA，但有些生物，像某些病毒的遗传信息是储存在 RNA 分子中的。病毒 RNA 进入宿主细胞后还可进行复制，即在 RNA 指导的 RNA 聚合酶催化下进行 RNA 合成反应。病毒的 RNA 复制酶主要包括三个组成部分：PB1（polymerase basic protein 1）、PB2（polymerase basic protein 2）、PA（polymerase acidic protein），它们同时负责病毒基因组的复制和转录。甲型流感病毒的 RNA 复制涉及很多病毒和宿主细胞蛋白的参与。有研究发现，去泛素化酶 USP11 能够影响甲型流感病毒 RNA 的复制。下调 USP11 能够促进甲型流感病毒的增殖，过表达 USP11 能够明显抑制病毒基因组 RNA 的复制。同时，这种作用依赖于 USP11 的去泛素化酶活性。USP11 能够与甲型流感病毒 RNA 复制复合物 PB2/PA/NP 相互作用，NP 在 K184 位的单泛素化修饰对于病毒 RNA 的复制是必需的，USP11 恰好能够抑制这个过程（50）。

单泛素化和多泛素化修饰能够引起很多细胞与病毒蛋白在功能和定位上的改变。病毒能够招募并利用泛素化网络来促进病毒感染过程或者抑制固有免疫的功能。E2 泛素连接酶 RAD6B 和它在植物中的同源蛋白 AtUBC2 能够与两个番茄丛矮病毒（tomato bushy stunt virus，TBSV）复制酶相互作用（51）。有研究表明，在 RAD6 缺失的酵母细胞中，番茄丛矮病毒 RNA 的复制及 p33 的泛素化修饰都明显减少。在植物细胞中敲除 UBC2 也可以使番茄丛矮病毒的积累明显减少，使植物病毒感染症状减轻，从而证明 UBC2 病毒在植物中的复制起到重要作用。除此之外，NEDD4 泛素连接酶家族中的 Rsp5p 能够通过它的 WW 结构域与番茄丛矮病毒复制相关蛋白 p33 和 p92pol 相互作用。在酿酒酵母中过表达 Rsp5p 能够抑制 TBSV 的复制；相反，下调 Rsp5p 能够促进 TBSV 的积累。这是因为 Rsp5p 能够发挥其泛素连接酶的功能，介导 p92pol 的泛素化降解，抑制了病毒基因组 RNA 的复制，从而起到抑制番茄丛矮病毒复制的作用（52）。

三、泛素化调节核酸代谢与疾病的发生

生物体的遗传信息主要储存在 DNA 分子中，并通过复制的方式将遗传信息从亲代传给子代。储存于 DNA 中的遗传信息需要通过转录成 RNA 再翻译成蛋白质来实现表达。因此，DNA 和 RNA 的合成对于生物体的生存是极其重要的。DNA 和 RNA 的合成过程中，除了以上提及的这些酶之外，还有很多关键性的酶，如 DNA 连接酶、拓扑异构酶及 RNA 复制酶等，是否存在其他的泛素化和去泛素化酶来调节这些酶的活性及稳定性还不得而知，但值得肯定的是，泛素化修饰的调控对于生物体遗传信息的传递和表达有着重要的作用。DNA 损伤修复研究对于癌症、衰老等的发生机制及潜在治疗意义重大，而作为 DNA 修复调控的重要参与者，泛素化与去泛素化对于这些疾病研究的重要性毋庸置疑，它们可能会影响到细胞内 DNA 损伤修复通路的选择、修复的效率、修复的精确性等，因此深刻认识泛素化及去泛素化对于 DNA 损伤修复的影响，可能会有助于解决癌症治疗及衰老相关研究中的一些难题，为未来的药物开发、临床应用等提供潜在契机。

第五节 代谢相关的信号通路与泛素化修饰

多细胞生物是一个繁忙而有序的细胞社会，这种社会性的维持不仅依赖于细胞的物质代谢与能量代谢，还有赖于细胞间通讯与信号的调控，从而以不同的方式协调细胞的行为。生物体不仅接受外界环境的信息，而且生物体内部组织器官之间亦不断地发出和接受信息，以协调整体的代谢状态。信号分子通过对代谢相关酶活性的调节，控制细胞的物质和能量代谢。参与细胞代谢主要的信号转导通路有：AMPK 信号通路、AKT 信号通路和 mTOR 信号通路。泛素化或类泛素化修饰是真核细胞内广泛存在的蛋白质的修饰方式。在特定泛素化酶催化下实现的蛋白质泛素化修饰能够高选择性地降解细胞中的特定信号蛋白，对维持细胞正常的生理功能具有非常重要的作用。另外，某些泛素化修饰反应也能够实现与蛋白质降解无关的功能调控作用。许多研究表明，泛素化修饰能够通过调控信号转导通路中关键蛋白的泛素化或类泛素化的修饰，进而调控细胞代谢，对多种生理功能的调控起着重要的作用。

一、泛素化修饰与 AMPK 信号通路

腺苷酸激活蛋白激酶（AMPK）是细胞和机体能量代谢的主要感受器，其活性主要受细胞中 AMP/ATP 比值的调节。一旦细胞质中的 AMP/ATP 比值升高或其他因素激活 AMPK 时，AMPK 通过调控细胞代谢通路中的关键蛋白可增强葡萄糖的摄取和利用，以及脂肪酸氧化，产生更多的能量；同时抑制葡萄糖异生、脂质合成及糖原合成等通路，

减少能量消耗，从而使细胞能量代谢保持平衡。AMPK 可参与调节包括胰岛 β 细胞、肝脏、骨骼肌和脂肪在内的多种外周组织的糖脂代谢过程；能够控制产能的分解和合成代谢通路，保证细胞能量的供应。

（一）AMPK 的泛素化修饰

近期研究表明，AMPK 除了能够被磷酸化修饰，还能发生泛素化修饰，MAGE-A3/6-TRIM28 泛素化酶能使 AMPK 发生泛素化并使其降解（53）。AGE-A3 和 MAGE-A6 这两个同源物起初只在男性生殖系统中表达，但在肿瘤中这两者会被重新活化。在小鼠中，敲除 MAGE-A3/A6 能够抑制肿瘤的生长，然而在不表达 MAGE-A3 的细胞系中过表达 MAGE-A3 能够促进肿瘤的生长和转移（54）。研究表明，MAGE 能够通过与泛素连接酶相互作用，进而发挥其功能（55），其中 AMPKα 的稳定性就受这一复合物调控。在多种肿瘤细胞中，MAGE-A3/A6 通过与泛素连接酶 TRIM28 形成复合物，能够使 AMPKα 发生泛素化并介导其蛋白酶体依赖的降解。

泛素化修饰是个可逆的过程，AMPKα 既可被泛素连接酶进行泛素化修饰，也可通过去泛素化进行去泛素化修饰。研究表明，去泛素化酶 USP10 能够促进 AMPKα 的去泛素化修饰。AMPKα 的泛素化修饰可通过抑制 LKB1 对 AMPKα 的磷酸化修饰，进而抑制 AMPKα 的活化。去泛素化酶 USP10 对 AMPK 的去泛素化修饰能够解除这一抑制作用，促进 AMPKα 激活，从而调控细胞中的糖代谢和脂质代谢（56）。

（二）LKB1 的泛素化修饰

AMPK 上游信号分子的泛素化修饰对 AMPK 的活化也起着重要的作用。在营养或是能量缺乏的情况下，LKB1 能使 AMPKα 的 Thr172 发生磷酸化修饰并活化 AMPKα。当 LKB1 与 STRAD 和 MO25 两个蛋白质形成复合物后，其活性方才能被激活。研究表明，LKB1 发生 K63 位的泛素化对这一过程起着重要的作用。泛素连接酶 Skp2 通过 Skp2-SCF 这一复合物可使 LKB1 发生 K63 位的泛素化修饰，进而维持 LKB1/STRAD/MO25 复合物并激活 LKB1。活化的 LKB1 近一步活化 AMPK，从而维持糖代谢和脂肪酸代谢，调节细胞的代谢（57）。

（三）泛素化修饰调控 PKA-AMPK 信号通路

cAMP 是多细胞动物中重要的第二信使，它能够激活蛋白激酶 A（protein kinase A，PKA）。无活性的 PKA 是由 2 个调节亚基（regulatory subunit，R）和 2 个催化亚基（catalytic subunit，C）组成的四聚体，在每个 R 亚基上有 2 个 cAMP 的结合位点，cAMP 与 R 亚基结合是以协同方式发生的，即第一个 cAMP 的结合会降低第二个 cAMP 结合的解离常数，因此胞内 cAMP 水平的很小变化就能导致 PKA 释放 C 亚基并使激酶快速活化。

有研究表明，泛素连接酶 Praja2 能够与 PKA 发生相互作用后使 PKA 发生泛素化，进而使 PKA 降解，持续的再酯化反应使细胞内 AMP/ATP 比值升高，进而使 LKB1 活化，AMPKα 的 Thr172 发生磷酸化并使激活，调控细胞的糖代谢与脂质代谢过程。

（四）泛素化修饰调控 CaMKK-AMPK 信号通路

细胞质基质中 Ca^{2+} 浓度是严格受控的，即使在细胞外液缺乏 Ca^{2+} 的情况下，很多激素与肝细胞、脂肪细胞和其他细胞表面受体结合也会引起细胞质基质中 Ca^{2+} 浓度升高。依细胞类型不同，Ca^{2+} 可激活或抑制各种靶酶和运输系统，改变膜的离子通透性，诱导膜的融合或者改变细胞骨架的结构与功能。钙调蛋白（calmodulin，CaM）是真核细胞中普遍存在的 Ca^{2+} 应答蛋白，含 4 个结构域，每个结构域可结合一个 Ca^{2+}。Ca^{2+} 与 CaM 结合形成活化态的 Ca^{2+}-CaM 复合物，然后与靶酶结合将其活化。受钙调蛋白调节的酶包括磷酸化酶、钙调蛋白激酶、钙调素依赖的蛋白激酶（CaMKK）等。这些活化的酶可调节细胞糖原的降解及各种蛋白质的磷酸化等细胞功能。活化的 CaMKK 能够使 AMPKα 的 Thr172 发生磷酸化，并使其活化。

现已有相关的研究表明，CaMKK 能够发生泛素化和类泛素化修饰。例如，有研究表明，CaMKK 能够与泛素连接酶 FBXL12 发生相互作用，并被其泛素化后通过蛋白酶体降解。此外，研究者们在果蝇中发现 CaMKK 能够与 UBA2 和 UBC9 发生相互作用，后两者能使 CaMKK 发生相素化修饰（58）（图 14-11）。

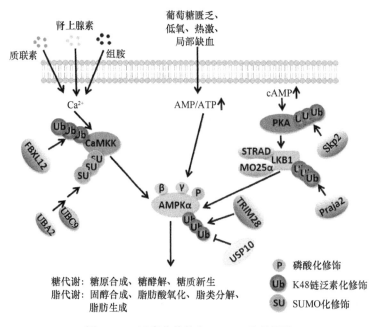

图 14-11　泛素化修饰与 AMPK 信号通路

二、泛素化修饰与 PI3K/AKT 信号通路

磷脂酰肌醇-3 激酶（PI3K）信号参与细胞增殖、分化、凋亡和葡萄糖转运等多种细胞功能的调节。在 PI3K 家族中，研究最广泛的是能被细胞表面受体所激活的Ⅰ型 PI3K。哺乳动物细胞中Ⅰ型 PI3K 又分为ⅠA 和ⅠB 两个亚型，它们分别从酪氨酸激酶连接受体和 G 蛋白连接受体传递信号。

（一）AKT 的泛素化修饰

在生长因子或细胞因子的刺激下，AKT 的活性能够被激活，并且在这一过程中，AKT 的泛素化修饰也发生了一定的变化。AKT 激酶的活性同时受 K48 链的泛素化和 K63 链的泛素化调控。K48 链的泛素化修饰通过调控 AKT 蛋白的稳定性，进而来关闭 AKT 的活性和下游信号的激活。相反的，K63 链的泛素化修饰能够促进 AKT 招募至质膜上，使 AKT 激活（59）。

研究发现，泛素连接酶 TTC3 能够与 AKT 发生相互作用，AKT 能够使 TTC3 的 Ser378 位发生磷酸化，其磷酸化对 AKT 的泛素化修饰起着重要的作用。在哺乳动物中，TTC3 与发生 Thr308 位磷酸化的 AKT 相互作用，并导致其发生 K48 链的泛素化进而使其发生降解，从而调控 AKT 下游的生物学反应。BRCA1 在乳腺癌中发挥着重要的作用。在细胞核中，BRCA1 的 BRCT 结构域能够与发生 T308 和 S473 磷酸化的 AKT 发生相互作用，导致其发生 K48 链的泛素化修饰并降解。这说明在肿瘤的发生过程中，BBRC1 作为一个负调节因子来调控 AKT 信号通路的活性。在细胞质中，AKT 也能被线粒体蛋白 MULAN 泛素化。MULAN 与磷酸化的 AKT 发生相互作用并导致其降解，从而抑制细胞的生长与活性。此外，热激蛋白 Hsp90 被报道能够与 AKT 发生相互作用并能稳定其蛋白质水平。泛素连接酶 CHIP 能够与 Hsp90 发生相互作用并调控 AKT 的蛋白稳定性（60）。

有趣的是，AKT 的 K48 链的泛素化修饰既可发生在细胞质中（MULAN 和 CHIP），也可发生在细胞核中（BRCA1 和 TTC3）。因为在细胞核（FOXO、Nur77）和细胞质（BAD、GSK）中都有 AKT 的底物，泛素化介导的降解能够影响到其在细胞核和细胞质内底物的磷酸化，从而调控许多细胞生物学的反应。

不像 K48 链的泛素化能够使蛋白分子通过蛋白酶体发生降解，K63 链的泛素化更多是调控蛋白分子的活性。TRAF6、HECTH9、c-IAP1/2 和 RNF8 都已被报道能使底物发生 K63 链的泛素化。研究人员发现 TRAF6 能够使 AKT 发生 K63 链的泛素化修饰，而不是 K48 链的泛素化修饰。研究发现，AKT 的泛素化修饰并不影响它的稳定性，但对其活性的激活具有重要的作用。TRAF6 已被报道能够使 AKT 发生泛素化修饰。在生长因子，如胰岛素样生长因子（IGF-1）和血清刺激 TRAF6 缺失的原代细胞中，AKT 的泛素化和磷酸化都下调。在缺失 TRAF6 的原代细胞中过表达 TRAF6，能够回复 AKT 的泛素化和磷酸化水平，这恰恰说明了 AKT 的磷酸化及其活化需要泛素连接酶 TRAF6。进一步研究发现，AKT 的泛素化发生在 PH 结构域的 K8 和 K14 两个位点。在 EGF 的刺激下，泛素连接酶 Skp2 也能使 AKT 发生 K63 链的泛素化。Skp2 介导的 AKT 的泛素化，能够使 AKT 招募至细胞膜上并感应由 EGF 激活的 ErbB 受体。Skp2、TRAF4 或 TRAF6 均能使 AKT 发生 K63 链的泛素化，并使 AKT 招募至细胞膜中，这一过程依赖于细胞外生长因子：Skp2 和 TRAF4 依赖于 EGF，TRAF6 依赖于 IGF。这些研究说明，不同的生长因子通过特定的泛素连接酶来激活 AKT 的活性。所以在不同的生长环境中，机体通过 Skp2 或 TRAF6 来促进 AKT 的 K63 链的泛素化，进而调控细胞的生理过程。NEDD-4 能够促进 AKT 发生 K63 链的泛素化，泛素化的 p-AKT 聚集在核周。接着，泛素化的 p-AKT 能够释放至细胞质中，或转运至细胞核中，或转运至蛋白酶体而被降解。IGF-1

的刺激能够促使 p-AKT 被 NEDD-4 泛素化。突变体 AKT（E17K）是一个持续激活的致癌性的突变，NEDD4-1 更倾向于使其发生泛素化修饰，进而入核调控细胞的生理反应。K63 链的泛素化为蛋白质的相互作用提供了更多的可能性，这些相互作用涉及信号的激活、蛋白质的转运及受体的内吞作用等。

　　AKT 除了能发生泛素化修饰外，还能发生 SUMO 化修饰。通过系统地分析在 AKT 上的赖氨酸残基的作用，通过构建突变体的方式，研究人员通过构建突变体的方式系统地分析了 AKT 赖氨酸残基的作用，发现 AKT 上的 K276 位点是保守的 SUMO 化位点，对 AKT 活性的激活起着重要的作用。SUMO 化连接酶 PIAS1 能够促进 AKT 发生相素化，而 SUMO 化特异的水解酶 SENP1 能够使 AKT 去 SUMO 化。突变体 K276R 或 E278A 能够下调 AKT 的 SUMO 化，但并不影响这两个位点发生的泛素化。去泛素化酶（DUB）能够使发生泛素化修饰的蛋白质去泛素化。通过去泛素化，去泛素化酶能够调控蛋白质的降解、定位、活化，以及蛋白质之间的相互作用。近期的研究发现，去泛素化酶 CYLD 能够使 AKT 去泛素化。在 CYLD 敲除的小鼠试验，以及 CYLD 在多种肿瘤中的突变都表明了 CYLD 是一个肿瘤的抑制因子。在生长因子的刺激下，CYLD 能够直接与 AKT 发生相互作用并使其去泛素化，泛素连接酶接着对 AKT 发生泛素化从而使其活化。CYLD 也可使 AKT 的 K63 链的泛素化发生去泛素化，从而使 BRCA1 或 TTC3 对其进行 K48 链的泛素化修饰并使之发生降解（图 14-12）。

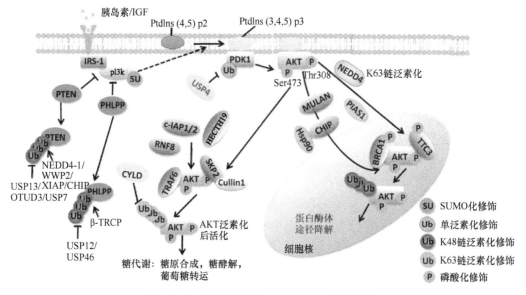

图 14-12　泛素化修饰与 PI3K/AKT 信号通路

（二）PI3K-Ⅰ的泛素化修饰

　　Ⅰ型的 PI3K 能够通过磷酸化激活 AKT 信号通路，进而激活细胞的存活和增殖。Ⅰ型的 PI3K 是一个异源二聚体，它由催化亚基 p110 和辅助亚基 p85 或 p55 组成。所有的亚基都存在不同的亚型，这些亚型表达于不同的细胞类型，因此各自发挥着不同的功能。

（三）PDK1 的泛素化修饰

PDK1 作为 AKT 直接的上游调控因子，能够使 AKT 发生磷酸化进而激活 AKT 信号通路，故 PDK1 在细胞增殖和细胞代谢过程中起着至关重要的作用。有研究报道，在多种肿瘤细胞中 PDK1 能够发生单泛素化，但这一单泛素化并不影响 PDK1 的活性和定位，可能会影响与其他蛋白质的相互作用。通过去泛素化酶的筛选实验，研究人员发现 USP4 能够使 PDK1 去单泛素化修饰，但其功能有待进一步的研究（61）（图 14-12）。

（四）PTEN 的泛素化修饰

PTEN 是广为人知的肿瘤抑制因子，其在细胞存活和凋亡的过程中发挥着重要的作用。PTEN 作为一个脂质磷酸酶，能够抑制 PI3K 信号通路。现已发现 PTEN 能够发生泛素化修饰，并且能够被去泛素化酶去泛素化。现已报道的 PTEN 的泛素化酶包括 NEDD4-1、WWP2、XIAP 和 CHIP。这些泛素化酶可使 PTEN 发生泛素化进而使其降解，或通过改变其蛋白质的定位进而调控其功能。HECT 家族的泛素连接酶 NEDD4-1 既能使 PTEN 发生多泛素化进而调控其蛋白稳定性，又能使其发生单泛素化进而使其定位发生变化。定位在核中的 PTEN 是稳定的，其不会被多泛素化修饰而被降解，然而发生单泛素化的 PTEN 能够出核，在细胞质中，PTEN 进一步发生多泛素化修饰进而被降解。研究发现，在肿瘤中，PTEN 会发生 K13E 和 K289E 的突变，这将导致 PTEN 滞留在细胞质中，不能入核发挥作用，进而导致 AKT 的活性上调。另外，PTEN 的 K13 和 K289 位是发生泛素化的主要位点，NEDD4-1 能使这两个位点发生单泛素化和多泛素化，进而导致 PTEN 出核并在细胞质将其降解，促进肿瘤的生成。WWP2 随后也发现能够使 PTEN 发生泛素化进而使其降解，从而调控细胞的凋亡。随后又报道了泛素连接酶 XIAP 和 CHIP 也能够使 PTEN 发生泛素化进而使其降解，从而使得 AKT 信号通路激活。

另外，越来越多的研究表明，PTEN 除了能够发生泛素化外，还能被去泛素化酶去泛素化，进而逆转其在细胞中的功能。研究人员发现，USP7 在前列腺癌细胞和急性早幼粒细胞白血病中是高表达的，USP7 与 PTEN 直接作用，使其发生去泛素化，进而使其定位在细胞核中，发挥作用。然而，USP7 对 PTEN 的蛋白稳定性并没有发生改变。此外，近几年研究发现 PTEN 的稳定性也受去泛素化酶的调控。去泛素化酶 USP13 和 OTUD3 能够与 PTEN 相互作用，进而使其去泛素化，稳定其蛋白质水平，进而抑制 AKT 信号通路的活性，并起到抑制肿瘤生长的作用（图 14-12）。

（五）PHLPP 的泛素化修饰

已有报道表明，在多种肿瘤中，PI3K/AKT 信号通路是被高度激活的。PH 区域富含亮氨酸重复结构的蛋白磷酸酶（PHLPP），能够通过与 AKT 直接作用并使其去磷酸化，进而抑制 AKT 的活性。PHLPP 已被发现能够作为肿瘤抑制因子在多种肿瘤中发挥抑制肿瘤生长的作用。PHLPP 可分为两个不同的亚型：PHLPP1 和 PHLPP2。PHLPP 蛋白分子也受泛素化修饰的调控，通过泛素化和去泛素化修饰，可使 PHLPP 的蛋白稳定性发生变化。泛素连接酶 β-TRCP 能够使 PHLPP1 发生泛素化并下调其蛋白分子的稳定性。研究表明，CK1 和 GSK3β 能分别使 PHLPP1 的 Ser869 和 Ser847 位发生磷酸化，磷酸化后的 PHLPP1 能够被 β-TRCP 识别，进而导致其降解，AKT 信号通路被激活，导致肿瘤的发生（图 14-12）。

三、泛素化修饰与 mTOR 信号通路

哺乳动物雷帕霉素靶蛋白（mammalian target of rapamycin，mTOR）是一种丝/苏氨酸蛋白激酶，从酵母到哺乳动物，其广泛存在且进化十分保守。mTOR 属于磷脂酰肌醇 3-激酶相关激酶（phosphatidylinositol 3-kinase-related kinase，PIKK）蛋白家族，在调节细胞生长、增殖、调控细胞周期等多个方面起到重要作用。研究发现，mTORC1 可以感应细胞外的营养物质、能量及应力等刺激。氨基酸（AA）刺激能够使 mTORC1 定位在溶酶体上，而生长因子、能量及应力等刺激主要是活化定位在溶酶体上的 mTORC1。研究发现氨基酸调控 mTORC1 信号通路主要是通过调控 Rag GTPase 来实现的，生长因子激活 mTORC1 主要依赖于 AKT 和 Rheb。mTORC1 可对细胞外包括生长因子、胰岛素、营养素、氨基酸、葡萄糖等多种刺激产生应答。

（一）DEPTOR 的泛素化修饰调控

泛素化修饰对 mTORC1 信号通路有着极其重要的调控作用。DEPTOR 是 mTORC1 信号通路中的一个重要抑制因子，它不仅能够抑制 mTORC1 的活性，还能抑制 mTORC2 的活性。但是 DEPTOR 是一个不稳定的蛋白质，研究表明当细胞受到生长因子的刺激时，DEPTOR 的蛋白量明显下调。研究表明，β-TRCP1 能够通过泛素化降解 DEPTOR，从而解除对 mTORC1 信号通路的抑制，同时也揭示了 K48 链的泛素化介导的降解调控着 mTORC1 信号通路，并进而调控细胞的增殖与自噬。此外，研究人员发现 Cul1 作为泛素连接酶复合物 SCF（Skp1-Cullin-F-box 蛋白复合物）的支架蛋白，能够促进 DEPTOR 的泛素化并使其降解，进而激活 mTORC1 信号通路。

（二）TSC1/TSC2 的泛素化修饰调控

TSC1/TSC2 复合物可通过抑制 Rheb 的活性进而抑制 mTORC1 信号通路。TSC1 和 TSC2 所编码的蛋白产物分别是 hamartin 和 tuberin，这两者紧密结合形成复合物，在细胞中共同发挥作用。Tuberin 对小 G 蛋白 Rheb 具有 GTP 酶活性，其可通过抑制 Rheb 的活性进而抑制 mTORC1 信号通路。研究发现，泛素连接酶 Pam 通过泛素化 Tuberin 进而使其降解，并破坏了 TSC1/TSC2 复合物的形成，进而抑制了 mTORC1 信号通路。此外，泛素连接酶 HERC1 也能使 TSC2 发生泛素化修饰并使其降解，然而这一过程会被 TSC1 阻断，这恰恰也就揭示了 TSC1 是如何通过稳定 TSC2 来激活 mTORC1 信号通路的。

（三）mTOR 的泛素化修饰调控

mTOR 作为 mTOR 信号通路中的核心蛋白，在该信号通路中起着关键的作用。研究发现，在氨基酸刺激的情况下，TRAF6 在 P62 的帮助下能够直接与 mTOR 相互作用，

并能够使 mTOR 发生 K63 位的泛素化，从而正调控 mTORC1 信号通路。在 mTOR 信号通路中，mTOR 的活性及稳定性是调节该信号通路的关键。研究人员发现，肿瘤抑制因子 FBW7 能够通过泛素化降解途径调控 mTOR 蛋白的稳定性，从而负调控该信号通路，揭示了 FBW7 调控肿瘤发生的新机制。去泛素化酶 USP9X 可使 mTORC1 去泛素化，进而负调控其活性。

（四）　Raptor 的泛素化修饰调控

Raptor 作为 mTORC1 复合物中的重要支架蛋白，能够激活 mTORC1 信号通路。Cul4-DDB1 能够与 Raptor 发生相互作用，并被泛素化降解，进而抑制 mTORC1 信号通路的激活（62）。

（五）RagA 的泛素化修饰调控

在细胞对多种环境刺激的应答中，mTORC1 发挥了非常重要的作用。当细胞受到氨基酸刺激，mTORC1 会定位在溶酶体上并被激活，在这个过程中，异源二聚体 Rag GTPase 的激活起着非常重要的作用。研究发现，定位在溶酶体上的 E3 RNF152 能够促进 RagA 发生 K63 位的泛素化，从而对 mTORC1 信号通路起负调控作用。当细胞处于营养危机（氨基酸缺乏）的情况下，RNF152 与 RagA 发生相互作用，并使其发生泛素化。RagA 被 RNF152 泛素化之后，能够形成一个泛素链，这个泛素链能够招募 GATOR1（一种 Rag GTPase 的 GAP），从而抑制 RagA 的活性（63）。此外，Skp2 也能使 RagA 发生 K63 链的泛素化，进而招募 GATOR1，通过抑制 RagA 的活性，抑制 mTORC1 信号通路（64）（图 14-13）。

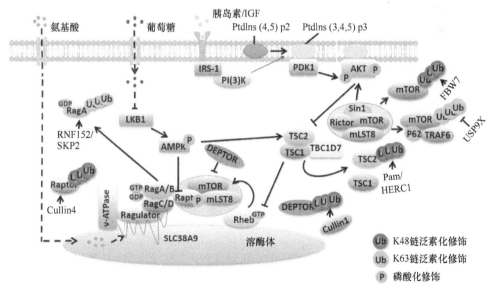

图 14-13　泛素化修饰与 mTOR 信号通路

四、泛素化修饰与调控细胞代谢的关键转录因子

（一）调控细胞代谢的关键转录因子

转录因子在调控机体代谢中发挥重要作用。在机体能量摄入受限或饥饿状态下，转录因子可激活相关基因转录，增加肝脏葡萄糖产生，减少胰岛素分泌，为葡萄糖异生提供底物。其中，转录因子 HIF1α、Myc、p53 与细胞的糖脂代谢密切相关。此外，能量代谢重编程是肿瘤的重要特征之一，快速增殖的肿瘤细胞以高速率的糖酵解为主要的供能方式，促进肿瘤对缺氧等应激环境的适应，增加肿瘤的恶性潜能。转录因子对糖代谢基因的调控是肿瘤能量代谢重编程的重要机制之一。HIF1α、Myc、p53 等作为糖代谢的主要转录因子影响糖酵解、三羧酸循环中相关基因的表达，同时糖代谢酶或产物也能反馈调节转录因子的活性。因此，转录因子与糖代谢的相互作用关系为靶向代谢抗癌药物的研究提供了新思路。

（二）泛素化修饰调控 HIF1α

低氧诱导因子（HIF）总共包括三种亚型：HIF1、HIF2 和 HIF3。在低氧的情况下，这些转录因子能够促进糖酵解和乳酸生成。HIF 由 α 亚基和 β 亚基组成，其中 α 亚基对氧气的浓度较为敏感，易通过蛋白酶体途径降解；而 β 亚基则较为稳定。

HIF1 是低氧条件下广泛存在于机体内的一种转录因子，它能诱导一系列糖酵解基因的表达，比如 SLC2A1 和 SLC2A3、己糖激酶 1 和己糖激酶 2、LDH-A、MCT4 和 PDK1。SLC2A1 和 SLC2A3 能够分别编码葡萄糖转运体 GLUT1 和 GLUT3，这两者在葡萄糖吸收过程中起着重要的作用。当葡萄糖被机体吸收后，被己糖激酶催化生成 6-磷酸葡萄糖。糖酵解的终产物丙酮酸既能在丙酮酸脱氢酶的作用下生成乙酰辅酶 A 进入三羧酸循环，也能生成乳酸。在低氧的条件下，HIF1 能够使参与糖酵解循环的酶表达上调，促进乳酸的生成，同时抑制丙酮酸进入三羧酸循环。HIF1 主要能够促进丙酮酸脱氢酶激酶 1（PDK1）和乳酸脱氢酶（LDH）的表达。PDK1 能够磷酸化丙酮酸脱氢酶 E1α 亚基，进而抑制全酶的活性。LDH 能够催化丙酮酸生成乳酸，生成的乳酸通过一元羧酸转运体 MCT4 转出细胞。现已报道在多种肿瘤中，HIF1α 和 HIF2α 的表达均是上调的，且 HIF 的表达越高，其临床的治疗效果越差（65）。

由于 HIF 在机体中发挥着重要的作用，多项研究揭示了调控其蛋白稳定性的蛋白分子，其中包括多种泛素连接酶和去泛素化酶。研究表明，在正常情况下，HIF1α 是极其不稳定的，其可通过泛素化修饰进而被降解（44）。然而，在低氧环境下，HIF1α 却变得稳定。研究人员发现，肿瘤抑制因子泛素连接酶 VHL 能够与 HIF1α 相互作用并使之发生降解，从而抑制肿瘤的生长。此外，近年来研究发现 GSK3β 能磷酸化 HIF1α，磷酸化修饰后的 HIF1α 与 FBW7 相互作用进而被泛素化降解，进而破坏了血管新生及细胞迁移，并抑制肿瘤的生长，这一降解过程可被去泛素化酶 USP28 抑制，而这种作用由恰恰依赖于 FBW7 的存在。另一 F-box 家族的泛素连接酶 FBXO11 能够降低 HIF1α 的 mRNA 水平，但对其蛋白稳定性并没有影响，然而其具体的机制有待进一步的研究。肿

瘤抑制因子 p53、Tap73 和 PTEN 将泛素连接酶 MDM2 招募至 HIF1α，使其发生泛素化降解。低氧诱导因子 HAF 既可调控 HIF1α 的蛋白稳定性，又可调控其转录活性。在不依赖于氧化效应的情况下，HAF 能够作为泛素连接酶使其泛素化降解，然而，在低氧的情况下，HAF 能够发生相素化修饰，相素化修饰后的 HAF 能够促进 HIF2α 的转录活性，但对其稳定性并没有影响。此外，泛素连接酶 CHIP 能够与 HIF1α 相互作用，进而通过蛋白酶体或自噬的途径使其降解。另有研究表明，TRAF6 能够使 HIF1α 发生 K63 链的泛素化，使其不被蛋白酶体降解（图 14-14）。

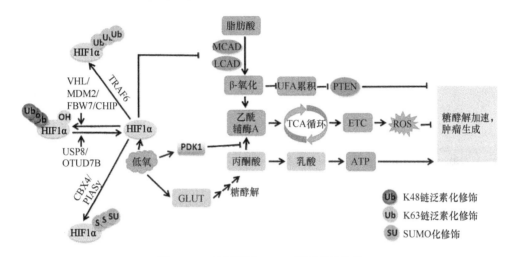

图 14-14　转录因子 HIF1α 的泛素化修饰

同样的，HIF1α 既能发生泛素化的修饰，也能被相应的去泛素化酶去泛素化。OTUB7B 能够使底物蛋白发生去泛素化，其可使 HIF1α 发生去泛素化，进而抑制其被溶酶体降解。通过 siRNA 文库筛选的方法，研究人员发现，去泛素化酶 USP8 能够与 HIF1α 相互作用并使其发生去泛素化，进而维持了其在常氧情况下的基本表达及转录活性。此外，HIF1α 还能发生相素化修饰。高浓度葡萄糖的刺激能促进 CBX4 和 PIASy 的基因表达，同时也能促进 HIF1α、GLUT1 和 VEGFA 的表达。

（三）泛素化修饰调控 c-Myc

现已报道，转录因子 c-Myc 可参与多种细胞代谢，如葡萄糖代谢、谷氨酰胺代谢、脂肪酸和胆固醇代谢，以及核苷酸的生物合成，在调控细胞代谢网络中起着重要的作用。c-Myc 作为癌基因蛋白在多种肿瘤细胞中处于高度活化的状态，其编码的转录因子 c-Myc 调控细胞的增殖、代谢和转移等过程。c-Myc 活化可上调与葡萄糖吸收及糖酵解相关基因的表达。例如，c-Myc 可上调葡萄糖转运体和己糖激酶的表达，进而促进葡萄糖的转运；此外，c-Myc 能够促进磷酸葡萄糖异构酶、磷酸果糖激酶、甘油醛-3-磷酸脱氢酶、磷酸甘油激酶和烯醇酶等糖酵解相关基因的表达。c-Myc 可与 HIF1α 协同调节体内糖代谢。c-Myc 活化还可增加谷氨酰胺代谢酶转运体表达，供给细胞增殖所需的营养。当营养充足时，激活的 mTORC1 可磷酸化 4E-BP1，启动 c-Myc mRNA 翻译。此外，c-Myc

还可调控脂肪酸和胆固醇代谢相关基因的表达，如 ACC、FASN 和 SCD。在人的前列腺上皮细胞中过表达 c-Myc 可促进 FASN 的转录和翻译。通过代谢组学的研究发现，在 c-Myc 过表达的细胞中，磷脂的含量明显上调，这也就意味着高表达的 c-Myc 与脂肪酸的合成相关。核苷酸的合成与细胞的代谢和增殖密切相关。研究发现，c-Myc 能够调节嘌呤和嘧啶合成通路中相关基因的表达。例如，c-Myc 可直接调控 PRPS2、肌苷单磷酸脱氢酶（IMPDH1/2）和胸苷酸合酶（TS）等基因的表达。

早期的研究表明，c-Myc 是一个极不稳定的蛋白质，其半衰期非常短。研究发现 c-Myc 可通过泛素蛋白酶体的途径降解（66）。

越来越多的研究鉴定了 c-Myc 的泛素连接酶和去泛素连接酶，进一步推进了 c-Myc 泛素化降解的研究。在细胞周期 G_1 到 S 期，泛素连接酶 Skp2 可与 c-Myc 发生相互作用并使其泛素化降解，进而阻断细胞周期，抑制肿瘤的生成。GSK3 磷酸化 c-MycT58，磷酸化的 c-Myc 与 FBW7 相互作用，并使其发生泛素化修饰，进而使其发生泛素化降解，通过抑制细胞的增殖来抑制肿瘤的生长。近年来的研究发现，肿瘤抑制因子 FBW7 在多种肿瘤中存在错义突变，包括在 T 细胞急性淋巴细胞白血病中也存在突变 R465C，突变后的 FBW7 不能使 c-Myc 通过泛素化降解，进而促进白血病的生成。此外，其他的研究表明泛素连接酶 β-TRCP、CHIP 及 FBXO32 等均能使 c-Myc 发生泛素化降解，并抑制肿瘤的生成。现已报道，去泛素化酶 USP37 和 USP36 可使 c-Myc 去泛素化进而使其稳定，促进肿瘤的生成。

另外，c-Myc 还能发生类泛素化相素化修饰。通过质谱的方法发现，c-Myc 的 K326 位能发生相素化修饰。研究人员通过进一步的研究发现，相素连接酶 PIAS 可使 c-Myc 发生相素化修饰，相素化修饰的 c-Myc 可促进其泛素化降解；相反，SENP7 可使 c-Myc 发生去相素化修饰（图 14-15）。

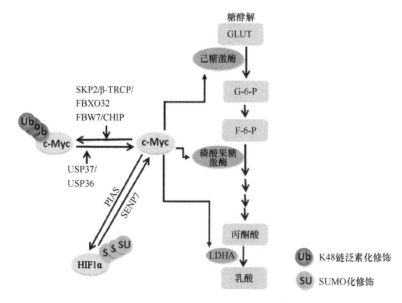

图 14-15 转录因子 c-Myc 的泛素化修饰

（四）泛素化修饰调控 p53

p53 是迄今为止细胞中最为重要的肿瘤抑制因子之一，它在细胞生长发育的周期调控、DNA 修复及细胞凋亡等重要细胞过程中发挥着关键作用。近年来，科学家发现 p53 在细胞代谢，尤其在糖代谢中也起着重要作用。p53 主要是通过抑制糖酵解及促进氧化磷酸化来调节细胞代谢的。在较低致癌及基因毒性的刺激下，p53 蛋白是持续性表达的，但其蛋白质水平往往维持在较低的水平。研究发现，这与 p53 持续性泛素化修饰及通过蛋白酶体降解相关。在外界环境的刺激下，p53 泛素化降解这一过程被抑制，导致其蛋白质变得稳定，且其发挥了转录的活性。研究发现，p53 的稳定性和活性均会受泛素化修饰的影响。越来越多的研究鉴定出了 p53 的泛素连接酶。与其他泛素化底物的情况相同，K48 链的泛素化修饰可促进 p53 的降解，而 K63 链的泛素化修饰可使 p53 出核，并定位于细胞质中使 p53 稳定。现已发现 p53 的泛素连接酶已超过 15 种，这些泛素连接酶按家族可分为 RING 家族（MDM2、Pirh2、TRIM24、Cul1/Skp2、Cul4A/DDB1/ROC、Cul5、Cul7、Synoviolin、COP1、CARP1/2）、HECT 家族（ARF-BP1、Msl2/WWP1）和 U-box 家族（CHIP、UBE4B）。

泛素连接酶 MDM2 能与 p53 相互作用使其发生泛素化降解，并且通过结构分析，MDM2 的 N 端能与 p53 的转录活性区域结合。然而，另一个与 MDM2 结构相似的 MDMX 蛋白，并不具有泛素连接酶的活性，但其可以抑制 p53 的转录活性。泛素连接酶 Pirh2、TRIM24、Cul1/Skp2、Cul4A/DDB1/ROC、Cul5、Synoviolin、COP1、CARP1/2 均能使 p53 发生泛素化后降解；然而 Cul7 可使 p53 定位发生变化并改变其活性。此外，ARF-BP1、Msl2/WWP1、CHIP、UBE4B 也可促进 p53 泛素化降解。

正如上文所说，去泛素化过程在细胞代谢过程中也是一个关键的调控步骤。研究发现，去泛素化酶 HAUSP 和 USP10 能够使发生泛素化修饰的 p53 发生去泛素化，进而抑制其降解。HAUSP 定位于细胞核中，即使是在 MDM2 高度表达的情况下，能够使 p53 发生去泛素化进而使其不被降解。不像 HAUSP，USP10 主要定位在细胞质中，在正常情况下，HAUSP 通过去泛素化 p53 使其蛋白质稳定在正常的水平。在 DNA 损伤的情况下，ATM 可使 USP10 的 Thr42 和 Ser337 位发生磷酸化，使其定位于细胞核中，进而使 p53 发生去泛素化并使其蛋白质稳定，进而使其发挥肿瘤抑制因子的作用。

p53 除了能发生泛素化修饰外，其还能发生其他类泛素化的修饰，比如拟素化和相素化的修饰。MDM2 能够抑制 p53 介导的转录活性，而这种作用并非是通过泛素化降解 MDM2 实现的，而是通过 p53 的拟素化修饰来调控的，研究发现 MDM2 能够使 p53 的 K370、K372 和 K373 位发生拟素化修饰。另一些研究发现，p53 的相素化修饰能够调控 p53 的转录活性，或可使 p53 出核定位于细胞质中。定位于细胞质中的 p53 可发生泛素化、拟素化、相素化及乙酰化修饰，其修饰的具体作用有待进一步的研究（图 14-16）。

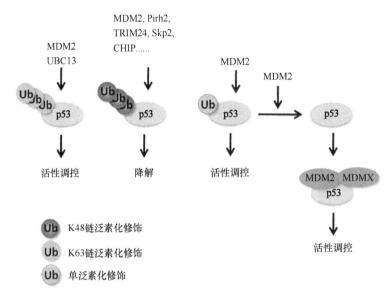

图 14-16 转录因子 p53 的泛素化修饰

在过去的研究中，对调控细胞代谢的信号转导通路，以及调控各种代谢通路的关键转录因子有了较为全面的研究。许多研究也表明，泛素-蛋白酶体途径是调节细胞内各个代谢反应过程中蛋白质表达水平与功能的重要机制，在越来越多的细胞生命过程中已证实有泛素系统的参与，对维持细胞的稳态有十分重要的意义。随着蛋白质泛素化调控机制研究的逐步深入，我们所需要研究的不仅仅是发生泛素化修饰的底物，或是鉴定得到某个代谢通路中的关键分子的泛素连接酶。更值得我们思考的是，这种泛素修饰的方式是如何被信号所调控的。

第六节 小结与展望

细胞代谢包括物质代谢和能量代谢两个方面。细胞通过感受外界的信号，吸收葡萄糖、氨基酸、脂类及核酸等营养物质，代谢产生能量，同时提供生物合成所需要的大分子物质，维护细胞内的氧化还原平衡，最终维持生命活动的正常进行。值得注意的是，细胞内的各类代谢并不是独立存在的，不同的代谢途径可以通过共同的关键中间代谢产物相互影响及转化，形成一个代谢交叉的网络。这些共同的中间代谢产物，使得细胞可以根据环境的变化，通过重构代谢的途径，形成一个经济有效的代谢通路，保证生命活动的正常进行。

细胞的代谢是一个完整而统一的过程，存在复杂的调节机制。在本章中，我们着重介绍了泛素化修饰在细胞代谢调控中的作用。许多代谢相关蛋白的过度累积、降解或者活性的改变都与泛素化的修饰密切相关，引起癌症及代谢性疾病的发生。在葡萄糖代谢中，泛素化修饰可以通过调控糖原的分解、葡萄糖的转运、糖酵解及三羧酸循环的关键酶的活性，影响葡萄糖的代谢及相关疾病的发生。在脂类代谢方面，泛素化调控许多脂类代谢中的关键转录因子与脂类代谢过程的关键酶，如 CEBP 家族、PPARγ及 SREBP

等。研究发现谷氨酸是人类血清中最丰富的自由氨基酸，快速增殖的细胞通常利用谷氨酰胺作为重要的氮源，并为生物合成提供重要的代谢中间产物。泛素化修饰可以通过调控谷氨酰胺酶的活性，影响肿瘤的发生。此外，泛素化修饰还可以调控氨基酸的转运、氨基酸衍生物的生成及氮的去向，影响整个氨基酸的代谢通路。核酸是一类重要的生物大分子，可以储存遗传信息、编码蛋白质、提供能量等。泛素化修饰可以通过调控 DNA、RNA 的合成及 DNA 的损伤修复，影响细胞周期及癌细胞的耐药。此外，细胞可以通过感受自身和微环境中的能量及营养的变化重塑代谢网络，在这一过程中代谢相关信号通路及关键的转录因子有着举足轻重的作用。泛素化修饰可以通过调控 PI3K-AKT、AMPK、mTORC1 信号通路，以及转录因子 c-Myc、p53、HIF1α 等调控细胞内葡萄糖、氨基酸、脂类及氨基酸代谢，从而影响肿瘤和代谢性疾病的发生。

　　总之，泛素化修饰调控细胞代谢的研究才刚刚开始，随着二代测序技术、质谱技术、蛋白质组学、代谢组学及基因编辑技术的发展，泛素化修饰调控细胞代谢网络的研究将逐步展开，我们将对这一重要的生理过程有着更加深刻而清晰的认识。泛素化修饰与细胞代谢的研究无疑将对未来代谢相关药物的开发与疾病的治疗提供新的思路。

参 考 文 献

1. V. S. Tagliabracci *et al.*, *P. Natl. Acad. Sci. USA.* **104**, 19262(2007).
2. S. Mittal, D. Dubey, K. Yamakawa, S. Ganesh, *Hum. Mol. Genet.* **16**, 753(2007).
3. A. Cheng *et al.*, *Genes Dev.* **21**, 2399(2007).
4. K. Okatsu *et al.*, *Biochem. Biophys. Res. Commun.* **428**, 197(2012).
5. I. Garcia-Higuera *et al.*, *Nat. Cell Biol.* **10**, 802(2008).
6. D. Frescas, M. Pagano, *Nat. Rev. Cancer* **8**, 438(2008).
7. F. R. Garcia-Gonzalo *et al.*, *Febs. Lett.* **539**, 78(2003).
8. Y. Onishi *et al.*, *Biochem. Biophys. Res. Commun.* **336**, 799(2005).
9. H. Habelhah *et al.*, *J. Biol. Chem.* **279**, 53782(2004).
10. F. Yu, S. B. White, Q. Zhao, F. S. Lee, *P. Natl. Acad. Sci. USA.* **98**, 9630(2001).
11. L. H. Dong *et al.*, *Circ. Res.* **117**, 684(2015).
12. C. A. Lamb, R. K. McCann, J. Stockli, D. E. James, N. J. Bryant, *Traffic* **11**, 1445(2010).
13. A. Almeida, J. P. Bolanos, S. Moncada, *P. Natl. Acad. Sci. USA.* **107**, 738(2010).
14. A. H. Merrill, Jr., J. J. Schroeder, *Annu. Rev. Nutr.* **13**, 539(1993).
15. O. van Beekum, V. Fleskens, E. Kalkhoven, *Obesity* **17**, 213(2009).
16. J. H. Kim *et al.*, *Cell Death. Differ.* **21**, 594(2014).
17. G. Kilroy, H. Kirk-Ballard, L. E. Carter, Z. E. Floyd, *Endocrinology* **153**, 1206(2012).
18. L. Han *et al.*, *Protein Cell* **4**, 310(2013).
19. M. T. Bengoechea-Alonso, J. Ericsson, *P. Natl. Acad. Sci. USA.* **107**, 11817(2010).
20. D. Eberle, B. Hegarty, P. Bossard, P. Ferre, F. Foufelle, *Biochimie.* **86**, 839(2004).
21. R. Lin *et al.*, *Mol. Cell* **51**, 506(2013).
22. E. Ikonen, *Nat. Rev. Mol. Cell Biol.* **9**, 125(2008).
23. P. St Pierre, I. R. Nabi, *Protoplasma* **249**, S11(2012).
24. A. R. Thiam, R. V. Farese, Jr., T. C. Walther, *Nat. Rev. Mol. Cell Biol.* **14**, 775(2013).
25. L. Qi *et al.*, *Science* **312**, 1763(2006).
26. R. Stohr *et al.*, *Sci. Rep.* **5**, 9023(2015).
27. B. C. Fuchs, R. E. Finger, M. C. Onan, B. P. Bode, *Am. J. Physiol. Cell Physiol.* **293**, C55(2007).
28. Y. J. Jeon *et al.*, *Cancer Cell* **27**, 354(2015).

29. Y. Y. Chen *et al.*, *Clin. Sci.* **129**, 1131(2015).
30. F. J. Rosario, K. G. Dimasuay, Y. Kanai, T. L. Powell, T. Jansson, *Clin. Sci.* **130**, 499(2016).
31. S. Gross-Mesilaty, J. L. Hargrove, A. Ciechanover, *Febs. Lett.* **405**, 175(1997).
32. S. L. Colombo *et al.*, *P. Natl. Acad. Sci. USA.* **108**, 21069(2011).
33. A. Csibi *et al.*, *Cell* **153**, 840(2013).
34. W. B. Tsai *et al.*, *Cancer Res.* **72**, 2622(2012).
35. K. M. Burkholder *et al.*, *Infect. Immun.* **79**, 4850(2011).
36. H. Ando, M. Ichihashi, V. J. Hearing, *Int. J. Mol. Sci.* **10**, 4428(2009).
37. D. D. Anderson, J. Y. Eom, P. J. Stover, *J. Biol. Chem.* **287**, 4790(2012).
38. M. S. Baptista *et al.*, *PLoS One* **5**, e10139(2010).
39. A. Yerlikaya, B. A. Stanley, *J. Biol. Chem.* **279**, 12469(2004).
40. A. Ganji, H. M. Roshan, A. Varasteh, M. Moghadam, M. Sankian, *Cell Biol. Int.* **39**, 690(2015).
41. W. Zhang, Z. Qin, X. Zhang, W. Xiao, *Febs. Lett.* **585**, 2786(2011).
42. H. Shinagawa, Y. Miki, K. Yoshida, *Antioxid Redox Signal* **10**, 939(2008).
43. L. Feng, J. Chen, *Nat. Struct. Mol. Biol.* **19**, 201(2012).
44. J. H. Guervilly, E. Renaud, M. Takata, F. Rosselli, *Hum. Mol. Genet.* **20**, 2171(2011).
45. A. Shibata *et al.*, *Mol. Cell* **53**, 7(2014).
46. S. M. Sy, J. Jiang, W. S. O, Y. Deng, M. S. Huen, *Nucleic. Acids. Res.* **41**, 8572(2013).
47. C. Doil *et al.*, *Cell* **136**, 435(2009).
48. R. Anindya, O. Aygun, J. Q. Svejstrup, *Mol. Cell* **28**, 386(2007).
49. K. Kvint *et al.*, *Mol. Cell* **30**, 498(2008).
50. T. L. Liao, C. Y. Wu, W. C. Su, K. S. Jeng, M. M. Lai, *Embo. J.* **29**, 3879(2010).
51. Y. Imura, M. Molho, C. Chuang, P. D. Nagy, *Virology* **484**, 265(2015).
52. D. Barajas, Z. Li, P. D. Nagy, *J. Virol.* **83**, 11751(2009).
53. C. T. Pineda *et al.*, *Cell* **160**, 715(2015).
54. W. Liu, S. Cheng, S. L. Asa, S. Ezzat, *Cancer Res.* **68**, 8104(2008).
55. J. M. Doyle, J. L. Gao, J. W. Wang, M. J. Yang, P. R. Potts, *Mol. Cell* **39**, 963(2010).
56. M. Deng *et al.*, *Mol. Cell* **61**, 614(2016).
57. S. W. Lee *et al.*, *Mol. Cell* **57**, 1022(2015).
58. X. M. Long, L. C. Griffith, *J. Biol. Chem.* **275**, 40765(2000).
59. *Annual Review of Biochemistry,* **81**, 1(2012).
60. A. J. Ramsey, L. C. Russell, S. R. Whitt, M. Chinkers, *J. Biol. Chem.* **275**, 17857(2000).
61. I. Z. Uras, T. List, S. M. B. Nijman, *Plos One* **7**, (2012).
62. P. Ghosh, M. Wu, H. Zhang, H. Sun, *Cell Cycle* **7**, 373(2008).
63. L. Deng *et al.*, *Mol. Cell* **58**, 804(2015).
64. G. X. Jin *et al.*, *Mol. Cell* **58**, 989(2015).
65. S. Pavlides *et al.*, *Aging-Us* **2**, 185(2010).
66. S. E. Salghetti, S. Y. Kim, W. P. Tansey, *Embo. J.* **18**, 717(1999).

（王　平　等）

第十五章 泛素化修饰与细胞周期调控

细胞周期是指细胞从一次分裂完成后开始到下一次分裂结束所经历的一系列高度有序事件的全过程。在细胞周期进程中，遗传物质和其他细胞组分以单向不可逆转的方式复制并分配到子细胞中。细胞内的许多蛋白质被用于控制细胞周期的 4 个时相（G_1期、S 期、G_2 期和 M 期）的转换，其中最关键的蛋白质是周期蛋白依赖激酶（Cyclin-dependent kinase，CDK）。CDK 的活性受到周期蛋白和周期性表达的周期蛋白依赖激酶抑制因子（Cyclin-dependent kinase inhibitor，CKI）的调节。周期蛋白和周期蛋白依赖激酶抑制因子等细胞周期调节因子在细胞周期特定时间的合成与降解，是调控细胞周期单向不可逆推进的关键。泛素介导的蛋白质降解途径不仅是所有真核生物细胞周期调节系统的重要组成部分，同时也是确保基因组完整性的核心机制。这些功能主要是通过 SCF（Skp-Cullin-F-box 蛋白复合物）和 APC/C 复合物（anaphase-promoting complex/cyclosome）这两个泛素连接酶实现的。细胞周期相关蛋白的泛素降解异常通常会导致细胞异常增殖和重大疾病的发生，如癌症、神经退行性疾病等。

第一节 概　　述

1983 年，研究人员发现快速分裂的海胆胚胎能够表达一些蛋白质，具有与细胞周期高度相关的周期性。由于此类蛋白质的周期性表达，因而被命名为"周期蛋白（Cyclin）"。在周期蛋白作为细胞周期的正调控因子的功能被阐明之前，已有大量研究结果暗示蛋白水解可能在细胞周期的控制过程中起着重要的作用，但其在细胞周期调控中的重要性远超出了最开始的预期。随着泛素化研究的深入，人们逐渐意识到普遍存在的泛素介导的蛋白质降解在细胞周期中扮演着中心角色（1）。

一、细胞周期的运转机制

细胞增殖是细胞最重要的生命活动之一，细胞的生命起始于产生它的亲代细胞的分裂，结束于子代细胞的形成或是细胞的自身死亡。这种从亲代细胞向子代细胞传递、周而复始的连续过程是生命延续的基础。细胞必须单向前进，从而有序地通过细胞周期的 4 个时相：G_1 期、S 期、G_2 期和 M 期。这些时相间的转换程度很大，并且这个过程被设计为不可逆的，以保证其向前行进。这种普遍性的机制其实不难理解：一个 DNA 复制起始的细胞，此时返回 G_1 期有可能在其重新进入 S 期的时候引发染色体的非整倍性。同样，细胞从 M 期突然离开很可能导致染色体错误分离，从而导致基因组的突变（2）。

细胞内的许多蛋白质参与控制 G_1、S、G_2 和 M 期细胞时相的转换，其中，CDK 是驱动细胞周期时相转换的引擎，每个时相之间的转换主要是通过 CDK 家族中诸多靶蛋白的磷酸化来驱动的。然而，CDK 蛋白在细胞周期中是稳定不变的，其活性受周期蛋白的正调控，周期蛋白在细胞分裂中呈周期性的表达，从而调节 CDK 的活性，进而驱动细胞周期各时相的转换。CDK 复合物的活性还受到周期性表达的 CKI 的负调控。一旦进入下一个时期的进程条件得到满足，这些蛋白质便被不可逆地降解，从而促进细胞周期的时相转换。实际上，这样一个限制时相转换的抑制因子产生的不可逆蛋白水解被认为是一个类似齿轮的机制，只允许向前进，阻止其后退（3）。

泛素介导的蛋白质降解在细胞周期进程中起着许多作用，其中最主要的两个功能：一是通过 CKI 的降解来限制 G_1 向 S 期转换，二是通过后期抑制因子 securin、Cyclin B 等的降解调控染色体的分离和有丝分裂的退出。这些降解过程确保了遗传物质及时复制并平均分配到两个子细胞中，维持了基因组的完整性和细胞活性。这些功能主要是通过 SCF 复合物和 APC/C 复合物这两个泛素连接酶实现的（2）。

CDK 的活性调控决定着细胞周期的起始、染色体复制和凝集、有丝分裂装置的形成、有丝分裂的发生，以及细胞周期结束的整个过程。细胞周期进程中的这些事件必须受到精细调控，任何一个环节出现问题对细胞来说都是一场灾难。因此，细胞在长期的进化过程中发展出了一套负反馈调节机制，即细胞周期检验点（checkpoint），以保证细胞周期中 DNA 复制和染色体分配的正常进行。当细胞周期进程中出现异常事件，如 DNA 损伤或 DNA 复制受阻，这类调节机制会被激活，及时地中断细胞周期的运行；待细胞修复或排除了故障后，细胞周期又可以恢复运转。细胞内这些正调控和负调控机制组成了一个复杂的分子调控网络，从而使细胞周期有条不紊地单向前进（4）。

细胞周期进程中涉及各种结构的急剧变化，为了保证这个过程的精准性，细胞周期中的这些蛋白质除了在时间上受到严格调控外，在空间上也必须受到精细调控。例如，在哺乳动物细胞中 Cyclin B2 存在于内质网和高尔基体上；而 Cyclin B1 则是在细胞核与细胞质之间穿梭，并在 M 期转移至核内；此外，Cyclin B1 也能与微管和中心粒相结合。也就是说，动物细胞内至少存在两类 Cyclin-CDK 激酶，一类是在细胞核内，另一类是在细胞质内，它们起着不同的作用。过去一段时间，人们对蛋白质空间位置和分布的改变与细胞周期的影响没有给予足够的重视，注意力主要放在时间的变化上。随着认识的深入，从时空结合这样一种四维角度研究细胞周期调控已得到了研究者的共识。

二、细胞周期中的关键调控因子

（一）CDK 激酶和周期蛋白

CDK 蛋白是细胞周期的引擎，在细胞周期的各个时相，不同的周期蛋白与相应的 CDK 形成有活性的 CDK 复合物，对与染色体复制、有丝分裂纺锤体组装和染色体分离等过程相关的关键底物进行磷酸化，驱动细胞周期中各个事件的有序进行。细胞周期不同时相中表达的周期蛋白与不同的 CDK 蛋白结合，调节不同的 CDK 激酶活性。在单细胞真核生物中，负责细胞周期内蛋白质磷酸化的 CDK 蛋白通常只有一种，但有多种不同的周期蛋白与它结合。在哺乳动物细胞中，驱动细胞周期的 CDK 蛋白则有许多种，例如，哺乳动物细胞中，在 G_1 期起主要作用的是 CDK2、CDK4 和 CDK6，在 M 期起主要作用的则是 CDK1（Cdc2）。CDK1 激酶的活性依赖于 Cyclin B 的积累，Cyclin B 在 G_1 期末开始合成，在 G_2 期表达量达到顶峰，此时 CDK1 的活性最高。CDK1 激酶通过调节其他蛋白质的活性，实现其对细胞周期的调控。

（二）CKI

周期蛋白与 CDK 蛋白结合正向调节 CDK 激酶的活性，而 CKI 则是负向调节 CDK 激酶的活性。在芽殖酵母里目前已发现了两种 CKI：Far1 和 Sic1。在哺乳动物细胞中负调控 CDK 激酶活性的 CKI 主要有两类，一类是 Cip/Kip 家族，其家族成员包括 $p21^{Cip/WAF1}$、$p27^{Kip1}$ 和 $p57^{Kip2}$；另一类是 INK4 家族，其家族成员包括 p15、p16、p18 和 p19。Cip/Kip 家族主要参与调节 G_1 期和 G_1/S 转型期中 CDK2、CDK4 和 CDK6 激酶的活性；INK4 家族则主要负责抑制 CDK4 和 CDK6 激酶的活性。

（三）蛋白质降解复合物

参与细胞周期运行和调控的蛋白质降解是通过泛素酶体途径来进行的。在细胞周期中主要负责这一工作的是 SCF 复合物和 APC/C 复合物。SCF 复合物在 G_1 期向 S 期的转换中起着重要的作用。哺乳动物细胞中 SCF 复合物泛素化降解的靶蛋白主要有 Cyclin D 和 E、CDK 激酶抑制因子 $p21^{Cip/WAF1}$、$p27^{Kip1}$ 和 $p57^{Kip2}$ 等。APC/C 复合物在细胞分裂中期向后期转化中起着重要的作用，其降解的主要靶蛋白有 Cyclin A 和 B、securin、geminin 等（5）。SCF 复合物和 APC/C 复合物在细胞周期不同时期中的靶向底物见图 15-1（6）。

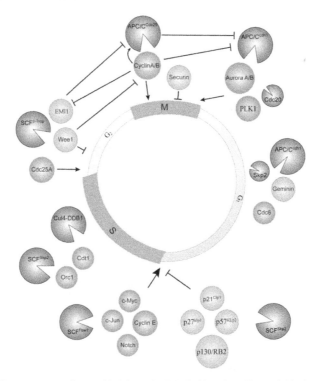

图 15-1 泛素介导的细胞周期调节因子的降解。细胞周期的正向调节因子用橙色圆圈图标表示，负向调节因子用蓝绿色圆圈图标表示，泛素连接酶用紫色圆弧图标表示（彩图请扫封底二维码）

（四）细胞周期限制点

细胞周期是一个单向不可逆的过程，细胞通常在 G_1 期需要通过某些机制来决定是否进入 S 期。在酵母细胞中 G_1 期的调控点称为起始点（start），类似地，在哺乳动物细胞的 G_1 期也存在这样一个调控点，即限制点（restriction point，R point）。限制点是 G_1 期细胞能够顺利进入 S 期的关键，其受许多因素的影响。

（五）细胞周期的负调控——检验点

细胞在长期的进化过程中发展出了一套保证细胞周期中 DNA 复制和染色体正确分配的负反馈调节机制，即细胞周期检验点。细胞周期中存在以下几种检验点。①DNA 损伤检验点：负责检查 DNA 有无损伤，在 DNA 受损时阻止复制的启动或终止复制，为 DNA 修复赢得时间。②DNA 复制检验点：检测 DNA 是否完整复制，以及是否被多次复制。DNA 复制检验点持续作用于 S 期和 G_2 期，使 CDK1 保持磷酸化，不能启动 M 期。DNA 损伤严重时，DNA 复制检验点将启动细胞凋亡过程。③纺锤体组装检验点：一种进化上高度保守的机制，它保证中期染色体在赤道面上完全排列整齐之前染色单体不会分离，从而保证染色体分配的准确性。

三、细胞分裂方向的调控

细胞分裂受 DNA 完整性、CDK 激酶和周期蛋白、泛素降解途径及检验点等多个层面的调控。此外，细胞分裂还受细胞分裂方向的调控，细胞分裂的方向对生物体组织和器官发育至关重要。细胞分裂的方向决定了组织内细胞的内含物、位置及子细胞的命运。首先，它有益于产生延长的细胞片层及完好的组织形态；其次，它决定了细胞的多样性。为了达成这两个相互依存的功能，有丝分裂纺锤体的方向必须受到严密调控。纺锤体方向和细胞分裂方向对决定细胞形态至关重要，它决定了细胞是进行对称分裂还是非对称分裂，从而产生两个相同的或不同的子细胞（7，8）。

根据空间方向、形态、结构及功能的不同，细胞可以分为两类：极性细胞和非极性细胞。在早期阶段，哺乳动物细胞受精后，会快速地进行细胞分裂。这些细胞属于多能干细胞，经历对称分裂后形成克隆系种群细胞。在克隆扩增的某个时间点，外部或内部的一些信号能刺激细胞极性的建立。此后，细胞经历对称分裂（自我维持）和非对称分裂（产生不同的细胞系）。分化的细胞可能是有极性的，也可能是非极性的。非极性的细胞通常通过对称分裂来保持器官中细胞的数目平衡。但是在外部信号影响下或纺锤体位置异常时，这些细胞可能会进行非对称分裂。在极性细胞中，分裂轴较为有规律，这为细胞形态及子细胞的特性维持提供了较好的基础。细胞沿着顶端-底部轴分裂，从而形成不同的细胞皮层。从器官水平来说，这为从极化的神经元或上皮细胞中形成神经管或消化管提供了一个驱动力。极化的细胞也能沿着前后轴分裂，这种分裂方式受水平细胞极化的控制。与细胞分裂方向相关的一些蛋白质及其梯度分布决定了细胞分裂轴的位置和方向，进而进行细胞的对称或不对称分裂。根据外部或内部信号的不同，极性细胞会进行对称或不对称的分裂（8）。大量研究表明，泛素化调节的分子功能缺失将影响细胞分裂的方向，进而导致疾病的发生（9）。

四、细胞周期关键分子的修饰与活性调节

细胞周期中的关键调控蛋白主要通过磷酸化和泛素化修饰调控来驱动细胞周期的正常运转。CDK 之所以具有推动细胞周期运行的功能，就在于它可以在不同时相对适当的蛋白质进行磷酸化。此外，CDK 活性不仅受周期蛋白和 CKI 的控制，还受自身磷酸化的调节。一个典型的例子就是磷酸酯酶 Cdc25 活性的调控。非磷酸化状态的 Cdc25 存在于核内，并且可以对 CDK1 进行去磷酸化，从而激活 CDK1，启动 M 期。当 DNA 受到损伤并激活了蛋白激酶 CHK1 后，CHK1 可以将 Cdc25 磷酸化。磷酸化的 Cdc25 会被一种属于 14-3-3 蛋白家族的 RAD24 结合后带出细胞核，导致了细胞核内的 CDK1 保持其磷酸化的失活状态，使细胞停滞在 G_2 期（10）。

不同的周期蛋白在细胞周期的不同时相中表达，调控该时相的各种活动，当细胞进入下一时相时，这些蛋白质会被蛋白酶降解，以确保各时相的互不干扰。例如，在哺乳动物细胞中，Cyclin A 在 G_1 期末开始表达，在 S 期表达量达到最高点，然后在 M 期后期被蛋白酶降解。而 Cyclin B 则在晚 S 期开始产生，到 G_2 期达到峰值，然后在 M 期后期被蛋白酶降解。显然，细胞周期中蛋白质的增减是不可逆的，正是因为这种不可逆性，保证了细胞周期各种时相的有序和单向的转换。

需要强调的是，在细胞周期分子调控机制中，不仅涉及蛋白质的表达与降解的有序调控，而且蛋白质的降解和翻译后修饰之间的调控也同样有着密切的关系。例如，磷酸化修饰参与了基因转录调控和蛋白质泛素化降解。研究者发现，APC/C 的活性也受到磷酸化水平的调控，如 APC/C 的某些亚基可以被 Cyclin B-CDK 激酶磷酸化，最近的研究发现小分子质量的 Suc1 蛋白能与 CDK 激酶结合并调节 APC/C 的磷酸化状态，当 Suc1 蛋白缺失时，APC/C 不能被磷酸化激活，Cyclin B 也不会被降解。因此，在细胞内，这些调控方式相互制约或耦联，形成了一个复杂的分子调控网络（11）。

第二节　细胞周期的泛素化修饰调控

一、泛素化修饰在细胞周期调控中的重要性

细胞周期的推动需要大量的基因产物发挥功能。这些基因产物中很多可能仅仅需要在一个精确的时间执行特定的任务。大部分周期蛋白的主要功能是促进特定的细胞周期转换，在细胞周期特定时间点催化特定的底物磷酸化。周期蛋白的寿命很短，在 Cyclin-CDK 复合物激酶执行完功能后，复合物中的周期蛋白会迅速地被泛素-蛋白酶体降解，避免此类激酶长期激活可能导致的在错误的时间磷酸化错误的底物。例如，酵母中的 B 型 Cyclin 在细胞周期末期必须被降解，否则残存的 B 型 Cyclin-CDK1 复合物会干扰细胞周期的正常运转（12, 13）。

有丝分裂期间的细胞处于剧烈的动态变化中，细胞器在有丝分裂期解体，分裂结束后重新组装，染色质浓缩形成染色体，间期细胞的微管在分裂期组装成纺锤体，泛素化修饰在整个细胞周期的调控过程中有着关键的作用。泛素连接酶和去泛素化酶的快速酶动力学特性及反应的可逆性决定了其非常适用于细胞分裂这一高度动态过程的调控。

事情确实如此，蛋白质泛素化降解是细胞周期调控的关键，细胞周期中的关键调控因子，如周期蛋白依赖性激酶的调节因子（如 Cyclin A、B、E；CDK 的抑制性激酶 Wee1 和 Cdc25 磷酸酶）、细胞周期检验点的成分（如 CKI 成员 p21、p27、XPC 等）、有丝分裂激酶（如 PLK1、Aurora A、Aurora B），或者调节细胞分裂与环境相适宜的组成成分都受到泛素化修饰的调控，并通过泛素蛋白酶体水解来完成其在细胞周期中的使命（14，15）。

二、细胞周期中的关键泛素化酶

在细胞分裂过程中，周期蛋白的水平随细胞周期的运行呈周期性变化。这是周期蛋白在细胞周期内持续合成，以及由泛素蛋白酶体系统（ubiquitin-proteasome system，UPS）执行的特异蛋白水解双重作用的结果。Cyclin-CDK 激酶复合物的负调控因子 CKI 也受 UPS 的靶向降解。RING-finger 型是泛素连接酶中最大的一类，其可再划分为若干个亚类，其中一个亚类包括 7 种泛素连接酶，它们都以 Cullin 为基本组成成分。SCF 复合物和 APC/C 复合物是 RING-finger 型中的两种最重要的泛素连接酶，它们在细胞周期中参与细胞周期核心组分的蛋白水解过程（16，17）。

1. SCF 复合物的结构与功能

SCF 复合物由三个不变的组件——衔接蛋白 S 期激酶相关蛋白 1（Skp1）、支架蛋白 Cul1（也称为 Cdc53）和环指蛋白 Rbx1（也称为 ROC1 和 Hrt1），以及一个可变的组件 F-box 蛋白组成。F-box 蛋白的 N 端负责与 Skp1 结合，而 C 端负责识别和结合不同的底物蛋白。Rbx1 和携带泛素的泛素耦合酶分别结合在 Cul1 不同部位，Skp 同时结合 F-box 蛋白和 Cul1。Cul1 作为一个长"支架"，将结合了泛素的泛素耦合酶和特异性底物募集在一起，完成蛋白质的泛素化过程。

F-box 蛋白通过其特异的蛋白质-蛋白质结合结构域来捕获不同的底物，是决定泛素化特异性的关键所在。人体中的 F-box 蛋白已经有约 70 种被鉴定出来，在细胞周期控制中扮演最重要角色的 SCF 连接酶含有三种 F-box 蛋白——Skp2、FBW7 和 β-TRCP（β-transducin repeat-containing protein）（18，19）。

SCF 复合物在细胞周期调控中扮演着核心的角色，包括通过泛素化 CKI、G_1 和 S 期周期蛋白，以及有丝分裂抑制子来控制 S 期和 M 期的进入。Cullin 亚基 Cul1 作为脚手架，既可以结合并招募环指蛋白 Rbx1，又可以结合招募衔接蛋白 Skp1。F-box 蛋白通过其保守的 N 端 F-box 基序结合 Skp1，通过其 C 端蛋白质-蛋白质结合结构域来招募底物，例如，基于 WD40 重复序列的 β 螺旋及富集亮氨酸的重复序列组成的蛋白质-蛋白质结合结构域，赋予了整个系统底物特异性。底物上特定序列的磷酸化修饰，也称为磷酸降解决定子，对于被最匹配的 F-box 蛋白所识别是必需的，该位点的磷酸化有助于 K48 泛素化修饰降解。

2. APC/C 复合物的结构与功能

APC/C 复合物由固定的核心成分和一个被称为激活因子的可变成分组成，其核心成分包括 APC11（Rbx1 相关的 RING 蛋白）、APC2（Cul1 相关的支架蛋白），以及至少 11 种其他功能不确定的蛋白质。处于有丝分裂进程中的细胞内有两种激活因子，即 Cdc20（cell division cycle 20）和 Cdh1（也称 HCT1），分别在细胞周期的不同时期与 APC/C 结合并使其活化。它们具有底物特异性，对底物的识别方式与 SCF 复合物中的 F-box 蛋白相同。

APC/C 通过泛素化许多重要的细胞周期调节蛋白来决定细胞是否进入 G_1 期，其底物包括细胞分裂周期蛋白、后期复合物调节蛋白、纺锤体组装因子（spindle assembly factor，SAF）和 DNA 复制蛋白等。在人类中，APC/C 的核心是由至少 14 种不同的蛋白质组成的，包括与泛素耦合酶相互作用的 RING-finger 蛋白 APC11 和充当脚手架的类 Cullin 亚基 APC2。UBE2S 是存在于脊椎动物中的泛素耦合酶，负责延长 APC/C 底物上被其他泛素耦合酶起始的泛素链，它也同时决定了泛素链的连接特异性。APC/C 活性是通过与两个共激活亚基之中的一个相结合而被激活的，这两个共激活亚基分别为：细胞分裂周期蛋白 Cdc20（也称为 Slp1 和 Fzy）和 Cdh1（Cdc20 的同系蛋白 1，也称为 HCT1、Ste9 或 Fzr）。这两个共激活亚基也具有底物衔接蛋白的功能，都是通过其 C 端的由 WD40 重复序列构成的结构域来识别底物的降解决定子。典型的可被 APC/C 识别的降解决定子是 D-box（consensus sequence RXXLXXXXN）和 KEN-box（consensus sequence KENXXXN）。Cdc20 优先识别 D-box 基序，Cdh1 既识别 D-box 基序也识别 KEN-box 基序。此外，APC10 核心蛋白与 Cdc20 和 Cdh1 衔接蛋白协作，也在 APC/C 识别并泛素化 D-box 中起到一定作用。APC/C 活性的调节和其底物的选择性不仅通过与特异衔接蛋白 Cdc20 和 Cdh1 的结合来调控，而且受到 APC/C 抑制剂、APC/C 核心的磷酸化调控。此外，APC/C 底物的起始基序与上述的 D-box 和 KEN-box 序列不同，它决定了被同源泛素耦合酶起始的泛素链的效率，因此指明了有丝分裂期间不同底物被降解的顺序（20，21）。

3. SCF 和 APC/C 之间的协同性

SCF 复合物与 APC/C 复合物具有相似的结构和生物化学特征，但它们在细胞内发挥的功能却不相同，主要表现为它们在细胞周期的不同时期被激活以发挥作用：SCF 复合物主要在 G_1/S 过渡期发挥作用，但其活性可从 G_1 期末一直持续到 M 期的前期；APC/C 在细胞周期的 M 期中期被激活，并一直延续到下一个 G_1 期。这两个复合物组成了一个紧密联系的调节环路（图 15-2）（22）。有趣的是，SCF$^{\beta\text{-TRCP}}$ 靶向降解 APC/C 的抑制因子 EMI1，表明 APC/C 与 SCF 之间存在一个功能上的联系，从而将 APC/C 活化与中后期转换偶联在了一起。此外，在癌症中这两种复合物发生基因突变的频率也不相同，参与癌症发生的 SCF 复合物的基因突变频率远高于 APC/C。

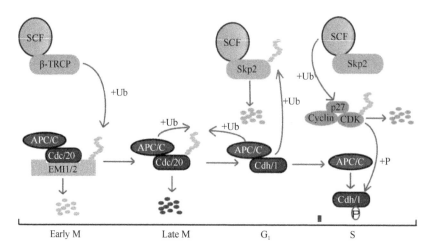

图 15-2　SCF 复合物和 APC/C 复合物对细胞周期的调控。SCF 复合物和 APC/C 复合物活化的界限以及它们的可变成分都由它们之间的正、负反馈相互作用控制。在 M 期前期，SCF$^{\beta\text{-TRCP}}$ 识别磷酸化的 APC/C^{Cdc20} 的抑制因子 EMI1 和 EMI2，并促进其降解从而增强 APC/C 复合物的活性。在 M 期晚期，Cdc20 被泛素化，然后被 APC/C^{Cdh1} 或其自身降解，从而使 APC/C^{Cdc20} 变成 APC/C^{Cdh1}。Cdh1 可识别 Skp2 的 D-box 并促进其降解，从而使 SCF 复合物活性下降、p27 等 CKI 积累。反过来，在 G$_1$/S 交界处，Skp2 表达增高并促进 p27 的降解、激活 CDK2，活化的 CDK2 磷酸化 Cdh1 从而使其脱离核心 APC/C 成分，因此 APC/C 复合物的活性在 G$_1$/S 交界处减弱，从而使有丝分裂周期蛋白在 S 期和 G$_2$ 期逐渐积累

三、泛素化降解途径的底物识别机制

泛素化降解是一个具有高度特异性及系统选择性的复杂体系。为什么某些蛋白质极其稳定，而另一些蛋白质却极易被降解？为什么某些蛋白质在细胞周期的特定时间点被降解？在泛素化体系中，一些蛋白质可以直接被泛素连接酶所识别，然而很多蛋白质必须经过翻译后修饰（如磷酸化），或者需要与辅助蛋白（如分子伴侣）结合后才能被泛素连接酶所识别。因而，蛋白质的翻译后修饰和辅助蛋白同样也在泛素化体系识别过程中起到了重要的作用。

细胞周期调控中的两种主要的泛素化策略为：连接酶活化与底物活化。

细胞周期内众多蛋白质的降解由两种可互相替代的泛素化机制所调控：激活自身的靶蛋白（底物激活），或是激活泛素蛋白酶体（连接酶激活）。前一种机制考虑的是选择性，依赖于靶蛋白的调控环境；第二类机制则考虑的是在细胞周期的特定时间节点，众多靶蛋白的整体降解。一般来说，SCF 复合物在细胞周期中以底物活化方式调控靶蛋白的降解，而 APC/C 复合物则以连接酶活化方式调控细胞周期中靶蛋白的降解（2）。

1. 连接酶活化：APC/C

APC/C 的泛素连接酶活性受到磷酸化和共激活因子的调控。APC/C 在活化与失活两种状态中转换，但从后期开始直到下一个 G$_1$/S 转换期，APC/C 一直处于活化状态。APC/C 在这段期间是如何被激活的还不是完全清楚，有可能是 APC/C 自身的核心亚基发生了磷酸化，也有可能是底物结合所需的共激活因子的表达和结合导致了 APC/C 的持续活化。

共激活因子 Cdc20 在细胞周期的后期合成，这与 APC/C 在细胞中后期转换中的角色正好一致。事实上，纺锤体组装检验点的正常运行就是通过调控 APC/C 活化所需的 Cdc20 的量来实现的。在 Cdc20 完成了其后期促进功能的使命后，Cdc20 自身发生泛素化后被 APC/C 靶向降解，从而限制了其在后期的功能维持。另一方面，另一个促进 APC/C 活化转换的共激活因子 Cdh1 在细胞中组成型表达，但它受到磷酸化的负调控，特别是 CDK 激酶介导的磷酸化。在有丝分裂末期和 G_1 期，CDK 活性很低，此期间 APC/C^{Cdh1} 会一直处于活化状态。在特定的时间激活能识别很多底物的连接酶的策略可能与其在有丝分裂中的特殊地位有关——在那个时间点大量的蛋白质需要同时被降解，并阻止其在接下来的 G_1 期再次增加。这些被靶向降解的蛋白质仅仅只需带有一个组成型的、能被 Cdc20 和（或）Cdh1 识别的降解决定子，对大部分蛋白而言，带有 D-box 或 B-box 两个模序中的任何一个，就足够介导其在有丝分裂 G_1 期的降解。最关键的 APC/C 的底物有 securin（Separase 的抑制子）和有丝分裂周期蛋白。这些蛋白质包含一个由 9 个氨基酸组成的基序，称为降解决定子，通常定位在距 N 端 40～50 个氨基酸残基处，一般具有以下结构：$R_1(A/T)_2(A)_3L_4(G)_5X_6(I/V)_7(G/T)_8(N)_9$，其中 $R_1 L_4$ 是最关键的氨基酸位点。

2. 底物活化机制：SCF

APC/C 的作用模式适用于针对大量底物的降解。这种机制调控方式简单（一个 E3 连接酶同时水解多种底物），但其缺少时间上和情景上的灵活性。另一种策略是以 SCF 为代表的底物活化机制，它使一个单独的泛素连接酶就能满足细胞周期在不同时间点的多种需求。有趣的是，APC/C 和 SCF 都属于同一个泛素连接酶家族，它们的催化核心都有一个 Cullin 样蛋白（APC/C 中是 APC/C2，SCF 中是 ROC1/Rbx1）和 RING-finger 蛋白（APC/C 中是 APC/C11，SCF 中是 Cul1/Cdc53）。然而 APC/C 由 13 个核心亚基和 1 个可变的底物特异性识别因子（Cdc20 或 Cdh1）组成（图 15-3）(6)。SCF 复合物由 3 个核心元件和 1 个可变的 F-box 蛋白组成，F-box 蛋白负责特异性底物的识别。尽管基因组分析已经揭示了在哺乳动物和酵母中许多蛋白质都含有 F-box 基序，但它们只有一部分参与 SCF 连接酶的组装。SCF 连接酶灵活性的关键在于相关的 F-box 蛋白识别唯一的磷酸化底物，因此其识别的底物不依赖于 SCF 复合物自身的活性状态，而是只受到底物磷酸化水平的调控，底物的磷酸化水平更易受到时间上和情景上的调控 (23)。

四、泛素介导的细胞周期调控

最低限度来说，细胞增殖仅需要完成两件事情：遗传物质的复制和分配到两个子细胞。对于真核生物，这些过程在进化上都是高度保守的，如上所述，泛素介导的蛋白质降解在这两个过程中都发挥了关键的作用。在大多数细胞类型中，为了使细胞分裂与发育、细胞功能、外部信号相协调，必须引入多种调节限制机制，使得整个过程极为复杂。而两栖类动物、鱼类和许多无脊椎动物（如海胆、海星和蛤类），它们的卵裂是例外的情况。为了由受精卵迅速产生多种细胞种类，这些生物体选择了一种缺失了大多数调节机制的精简模式，如不同步的细胞周期调节方式 (6)。

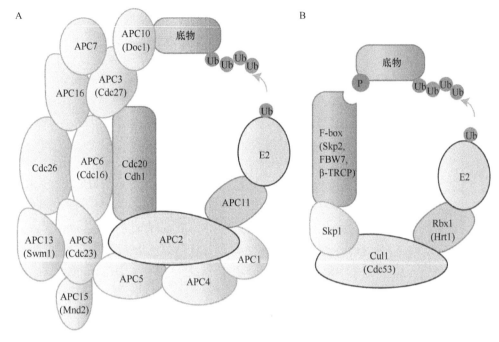

图 15-3　APC/C 复合物和 SCF 复合物的结构示意图。两种 E3 连接酶的催化核心都是由相似结构组成的，包括由 Cullin 类似蛋白（APC/C 中的 APC2 和 SCF 中的 Cul1；浅红色标记）提供复杂的脚手架，由 RING-finger 蛋白（APC/C 中的 APC11 和 SCF 中的 Rbx1；墨绿色标记）招募一个泛素耦合酶用于底物的泛素化修饰（分别为浅红色和浅紫色）。A. 在 APC/C 复合物中，由衔接蛋白 Cdc20 或 Cdh1 负责与底物的特异性结合，并直接使底物进行泛素介导的蛋白质水解。APC/C 包含多种保守的分子脚手架蛋白（黄色）。人源蛋白的术语直接标出，括号中是酿酒酵母来源的蛋白质名称。B. SCF 连接酶含有一个可变组分 F-box 蛋白（Skp2 或 FBW7 或 β-TRCP），负责特异性识别底物上的磷酸化序列（磷酸化降解决定子），并触发其泛素化介导的蛋白质降解。衔接蛋白 Skp1 负责招募 F-box 蛋白组成 SCF 核心结构。P，磷酸（橘红色）（彩图请扫封底二维码）

（一）早期胚胎细胞的泛素化修饰与细胞周期

　　两栖类、鱼类和许多无脊椎动物的早期卵裂进行得非常快，简化了细胞周期，在此以爪蟾系统为例进行说明。爪蟾卵在受精后，会在不发生转录的情况下经历 12 次同步分裂。为了完成这个过程，卵母细胞提前装配好了受精卵转录前所需要的蛋白质和 mRNA。重复的卵裂使一个大细胞（受精卵）在短时间内变为 4000 个左右的小细胞，在中囊胚转换过后就可以被用于发育过程。为了积累这些细胞，许多细胞周期调节的保护措施被舍弃掉了。

　　非洲爪蟾早期胚胎的细胞分裂过程主要是由 Cyclin B1 的积累和降解来驱动的，Cyclin B1 是 CDK1 的主要激活因子。一旦细胞退出了有丝分裂期，Cyclin B1 会通过之前储存的 mRNA 的翻译不断累积。由于 Wee1 激酶对 CDK1 第 115 位酪氨酸磷酸化修饰的负调控作用，Cyclin B1-CDK1 复合物初始时处于非活性状态。一旦 Cyclin B1-CDK1 积累到一定阈值（由 Cyclin B1-CDK1 激酶分别与 Wee1 和酪氨酸磷酸酶 Cdc25C 的反馈关系所决定），CDK1 激酶迅速被激活并使细胞进入有丝分裂状态。接着 Cyclin B1-CDK1

复合物会磷酸化许多蛋白质，包括 APC/C 泛素连接酶的亚基，进而激活 APC/C 复合物的活性。APC/C 复合物反过来又能靶向结合 Cyclin B1 并致使其泛素化降解，从而构成了一个负反馈回路。Cyclin B1 的降解伴随着 CDK1 激酶的失活，使得有丝分裂期退回到间期。周期性的 Cyclin B1 积累、CDK1 激活和 Cyclin B1 降解可以在不含细胞核和其他细胞器的爪蟾卵细胞提取物中得以验证。Cyclin B1 和 APC/C 的关系构成了早期原始胚胎细胞周期自发调节的基础（*24*）。

在爪蟾早期胚胎细胞周期中，Cyclin E-CDK2 激酶触发 DNA 复制。与 Cyclin A 和 B 不同，Cyclin E 在这些细胞周期中并不会受到泛素降解途径的调节。而与 Cyclin A 和 B 相同的是，Cyclin E 的浓度在细胞周期不同时间点中也呈周期性变化：S 期高，有丝分裂期迅速变低，从而得以起始预复制复合物的组装。这个浓度变化是通过稀释而非降解来实现的。核膜分解时，原本集中于核内的 Cyclin E 释放到早期卵裂胚胎极大的胞质空间中。一旦有丝分裂后细胞核重新组装，Cyclin E-CDK2 被激活并重新聚集到体积小的核中，达到阈值浓度就会起始 DNA 的复制。虽然蛋白质水解在爪蟾的早期胚胎复制起始中并不起核心作用，但其对于保证在每个细胞周期中只发生一次复制起始至关重要。在爪蟾早期胚胎中，通过相继降解预复制复合物组装蛋白 CDT1 及其抑制子 geminin 这样一种更加严格的机制来限制在每个细胞周期只发生一次 DNA 复制起始。一旦 DNA 复制起始，CDT1 会被 Cul4-DDB1 泛素连接酶泛素化修饰并被降解。CDT1 与增殖细胞核抗原（proliferating cell nuclear antigen，PCNA，一种聚合酶延伸因子）的结合对于 Cul4-DDB1 的激活是必需的，这将 CDT1 的降解与复制过程偶联在了一起。但是，与染色质结合的 CDT1 的 Cul4 依赖性降解并不足以阻止卵母细胞提取物中的预复制过程，还需要 CDT1 的抑制子 geminin 的参与。在细胞提取物中，除去 geminin 可以诱发 DNA 的复制。geminin 在间期是稳定的，但在分裂期会被 APC/C 靶向结合并被降解。这就给 CDT1 在分裂期后的积累和活性维持提供了无 geminin 的有利环境，进而允许预复制复合物的组装。因此，在爪蟾早期胚胎细胞周期中，APC/C 同时控制着有丝分裂和复制进程的重置（*25*）。

（二）体细胞中的泛素化修饰与细胞周期

由于需要对许多内部和外部的信号做出应答，体细胞周期与爪蟾和果蝇的早期胚胎分裂相比展现出更多的调控水平。所以，大多数情况下细胞周期的时长被延伸，泛素介导细胞周期调节因子的降解过程更加复杂。APC/C 和 SCF 连接酶控制了从酵母到高等真核生物在内的多种体细胞的细胞周期事件，包括临界期转换，如 G_1/S 期和中后期转换，还包括基本的调控检验点，如 DNA 损伤和纺锤体组装检验点（SAC）。此外，对底物进行选择性和程序性泛素降解过程也会受到细胞对外部信号的响应、基因表达波动、蛋白磷酸化修饰等因素的调节。

1. 体细胞中的 APC/C 与细胞周期

如上所述，APC/C 通过分别对有丝分裂周期蛋白和 geminin 进行泛素降解，在早期胚胎中引导了有丝分裂和 DNA 复制的连续周期。而在体细胞中，APC/C 不仅调控分裂期进程，还控制着之后的 G_1 期间隔，这是通过 APC/C 与共激活因子之一的 Cdh1 结合实现的。此外，在体细胞中，APC/C 活性也会被其他的机制调节，例如，受到 APC/C 抑制因子的调节，以及 APC/C 底物衔接蛋白、核心蛋白在转录水平及转录后的调节。APC/C^{Cdc20} 主要通过分别引发 securin（在酵母中称为 Pds1 和 Cut2）、Cyclin A 和 Cyclin B 的泛素降解来促进后期的姐妹染色单体分离和分裂期退出。在酵母细胞和多细胞动物的体细胞中，Cdc20 底物衔接蛋白的转录调控增加了 APC/C 系统的调控复杂性。虽然 Cdc20 蛋白水平从 S 期开始积累，APC/C^{Cdc20} 直到中后期过渡时才真正被激活，在此期间对 APC/C^{Cdc20} 的活性抑制导致了有丝分裂周期蛋白的积累，从而促使了驱动有丝分裂进程的 CDK1 活性的暴发。在 S 和 G_2 期，APC/C^{Cdc20} 被 EMI1（早期有丝分裂抑制剂 1，也叫作 FBX5）抑制，阻止底物与 Cdc20 相结合。在分裂早期，APC/C^{Cdc20} 被 SAC 抑制，这个随后会详细介绍。在分裂早期，Polo 样激酶（PLK）和 Cyclin B-CDK1 磷酸化 EMI1，致使其被 SCF$^{\beta\text{-TRCP}}$ 泛素化降解。一旦 EMI1 被降解而 SAC 足量时，APC/C^{Cdc20} 会被 Cyclin B-CDK1 直接磷酸化而激活，从而起始负反馈回路中 Cyclin B 的泛素化降解。APC/C^{Cdc20} 的另一个关键底物 securin 可以导致 seperase（半胱氨酸蛋白分离酶，在酵母中也称为 Esp1 和 Cut1）的激活，它可以使粘连亚基 Scc1 分离，从而使姐妹染色单体分开。在分裂晚期，一些机制会使 APC/C^{Cdc20} 失活，包括 Cdc20 表达下调和 Cdc20 被 APC/c^{Cdh1} 所降解。而在酵母中，大多数 Cdc20 的泛素化降解是通过后期的自我泛素化修饰完成的（26）。

　　系统中另一个体细胞特异的组分是可替代的共激活因子 Cdh1。APC/C^{Cdh1} 通过维持有丝分裂蛋白的低水平，负责有丝分裂退出和随后的 G_1 期进程。在 S 期、G_2 期和 M 期早期，CDK 介导的磷酸化抑制 Cdh1 与 APC/C 核心组件的结合。APC/C^{Cdc20} 在 CDK 活性高时被激活，与此不同的是，APC/C^{Cdh1} 在 CDK 处于低活性时才被激活，调控接下来的有丝分裂周期蛋白、非 CDK 有丝分裂激酶（如 Aurora A/B 和 PLK1）和 G_1 期 DNA 复制因子的降解。在脊椎动物细胞周期中，APC/C^{Cdh1} 的活性会进一步被 EMI1 抑制，EMI1 作为一种伪底物抑制因子，可以和底物竞争性结合并阻止底物与 Cdh1 结合。在酵母中也存在着类似的机制：APC/C^{Cdh1} 的活性被 Acm1（APC/C^{Cdh1} 调节子 1）——一种 Cdh1 结合底物的特异性抑制剂抑制。在分裂期的末期，由于 APC/C^{Cdh1} 介导的有丝分裂周期蛋白的降解和 CDK1 的相继失活，APC/C^{Cdh1} 被激活，在酵母中，APC/C^{Cdh1} 通过 Cdc14 磷酸酶对 Cdh1 的去磷酸化被激活。APC/C^{Cdh1} 通过降解 SCF 靶向识别底物 Skp 来促进 G_1 期 CKI p21^{Cip1} 和 p27^{Kip1} 的蛋白积累。G_1 期低水平的 CDK 环境为细胞生长和内外部调节信号的整合提供了有利条件。在相同的环境中，APC/C^{Cdh1} 也会触发 geminin 的泛素化降解，将 CDT1 释放出来发挥预复制复合物组装的功能。当细胞进入 G_1/S 过渡期，S 期周期蛋白的转录导致 CDK 活性增强，Cdh1 被磷酸化后从 APC/C 核心中脱离。APC/C^{Cdh1} 的活性被 Cdh1 和泛素耦合酶 UBCH10 的自泛素化修饰降解所抑制。此外，在 G_1/S 交界时，核心 SCF 复合物开始通过一种未知机制来调节 Cdh1 的降解。所有以上机制都使得 APC/C 在下一个 G_2/M 过渡期之前处于一种非活性状态（27）。

2. 体细胞中的 SCF 复合物与细胞周期

　　随着进入生长和调控的间隔期（G_1 和 G_2 期），SCF 泛素连接酶承担了许多重要的角色。SCF 连接酶通过靶向结合不同的关键调节蛋白并使之降解来调节 S 期的进入和分裂期的起始。一些 SCF 的底物直接参与 CDK 活性的调节。如下面所述，体细胞中主要的三个 F-box 蛋白负责调节细胞周期相关的 SCF 活性。APC/C^{Cdh1} 在 G$_1$/S 过渡期的活性丧失导致 Skp2 蛋白的积累，从而激活 SCF^{Skp2}。SCF^{Skp2} 活性主要调节 CKI，如 p27^{Kip1}、p21^{Cip1}、p57^{Kip2} 和口袋蛋白 p130/RB2 的降解，从而增加 S 期 Cyclin-CDK 激酶的活性，使细胞通过 S 期和 G$_2$ 期。Skp2 通过 C 端的 LRR 结构域结合底物，并在某些情况下需要额外与一个高度保守的小辅助因子 Cks1（Cyclin-dependent kinase subunit 1，在裂植酵母中也称为 Suc1）相结合，Cks1 提供底物结合表面的一部分。例如，在 SCF^{Skp2} 介导的 p27^{Kip1} 降解中，p27^{Kip1} 是一个 G$_1$/S 期转换的负调控因子。G$_1$ 后期，p27 被 Cyclin E-CDK2 激酶在 187 位苏氨酸磷酸化，触发 SCF$^{Skp2/Cks1}$ 介导的识别和泛素化降解。细胞通过 S 期和 G$_2$ 期时，SCF^{Skp2} 诱导"起始执照因子"ORC1 和 CDT1 的泛素化降解，从而防止重复的起始和重新复制，虽然另一个 CRL——Cul4-DDB1 在 CDT1 的降解过程中更加重要。最后，通过上面介绍的 APC/C^{Cdh1} 介导的 Skp2 降解，SCF^{Skp2} 的活性在退出分裂期时被抑制。

与 Skp2 相比，F-box 蛋白 FBW7 主要在多细胞动物中介导细胞周期激活子的泛素化修饰，如 Cyclin E、cMyc、c-Jun 和 Notch。与 Skp2 不同的是，FBW7 通过由 WD40 的重复序列构成的 8 片 β 螺旋的结构域与底物的磷酸降解决定子结合。此外，FBW7 可以二聚化，增强底物结合的有效性，加强一些底物的泛素化修饰。FBW7 水平在细胞周期中是不变的，以致对 SCF^{FBW7} 活性的调节大多是通过底物的磷酸化修饰实现的。而 SCF^{FBW7} 活性也可以被 glomulin——一个 CRL 抑制子所调节，glomulin 直接与 RING-finger 蛋白 Rbx1 结合并阻碍它与泛素耦合酶 Cdc34 的结合，进而导致 FBW7 的靶蛋白如 cyclin E 和 c-Myc 的累积。在裂殖酵母中，SCF^{FBW7} 同源物 SCF^{Cdc4} 的关键底物是 CKI Sic1。研究者最初猜测 SCF^{Cdc4} 与 Sic1 的相互作用仅发生在 Sic1 的至少 6 个残基被逐渐磷酸化之后，只有在 G$_1$ 期 Cyclin Cln1 和 Cln2 积累最多且对应的 CDK1 具有高活性时才发生。SCF^{Cdc4} 介导的 Sic1 泛素化降解解除了对 S 期 CDK 的抑制，促进 DNA 复制的起始。将 Sic1 的降解和许多低效位点的磷酸化耦合在一起可能会阻止未成熟的 S 期提前进入。然而，最近的研究提出了另一个模型，其中 Sic1 的降解依赖于一小类特殊磷酸降解决定子的连续磷酸化，而磷酸化过程依赖于与 Cln2 和 Clb5 结合的 CDK1 活性。这两个激酶复合物协同作用于多磷酸化的级联过程，促使 Sic1 被 SCF^{Cdc4} 泛素化修饰、降解和 G$_1$/S 期转换。在哺乳动物和其他多细胞动物中，SCF^{FBW7} 介导的经典底物 Cyclin E1 的降解也需要提前对特异的磷酸降解决定位点进行磷酸化修饰。但与酵母 Sic1 不同的是，单个高亲和性磷酸降解决定子可以通过自磷酸化而激活，这足以介导 Cyclin E 的有效泛素化和降解。Cyclin E-CDK2 复合物的激活与 Cyclin E 的降解偶联形成了一个负反馈回路，可以将细胞周期中依赖 Cyclin E 的 CDK2 活性限制在一个较窄的范围内。

SCF$^{β-TRCP}$ 主要通过泛素化介导细胞周期抑制子 Wee1 和 EMI1 的降解来调节有丝分裂的进入。和 FBW7 类似，β-TRCP 通过其 C 端的 WD40 重复序列结构域来结合底物的磷酸降解决定子。在 S 和 G$_2$ 期，Wee1 激酶会通过直接的磷酸化修饰抑制 M 期 CDK 活性，防止有丝分裂在不成熟的条件下起始。当细胞接近有丝分裂时，SCF$^{β-TRCP}$介导Wee1的泛素化和降解，解除对M期CDK活性的抑制，从而启动体细胞的有丝分裂。在爪蟾卵中，一个著名的可替换SCF复合物叫作SCF^{Tome-1}，它可以结合并降解Wee1，促进胚胎细胞进入有丝分裂。如上所述，SCF$^{β-TRCP}$在早期有丝分裂中进一步通过结合APC/C抑制子EMI1来促进有丝分裂进程，使APC/C^{Cdc20}激活，促进中期向后期的转换（*28*）。

（三）细胞周期中关键泛素连接酶的动态调控

为适应细胞周期调控的核心作用，SCF和APC/C介导的泛素化反应需适时、适地发生，这依赖于这些酶和它们的底物之间复杂的相互影响。许多SCF的底物需要先发生磷酸化、糖基化或羟基化等修饰后才能与泛素连接酶结合，但有一些结合蛋白会促进或抑制APC/C介导的底物识别。此外，为适应在细胞分裂中的调控作用，泛素连接酶自身也受到紧密的调控，这主要通过一种高度动态性的方式来实现：SCF能快速更换底物受体以应对多变的生物学需求，并且使细胞分裂过程中APC/C活性在失活与部分活跃之间转换，从而快速启动细胞姐妹染色单体分离。

1. SCF复合物靶向底物的动态调控

在人类中，SCF复合物存在约70个F-box蛋白，这些F-box蛋白作为底物受体决定了SCF对底物的选择性。为了控制像细胞分裂这样的动态过程，SCF复合物需要具备快速交换底物受体的能力以适应生理的需要。最近有研究指出，CAND1蛋白在其中起着重要的调节作用。CAND1环绕在Cullin蛋白的四周，抑制F-box底物受体与SCF复合物的结合。CAND1能促进底物受体从SCF复合物中解离下来，使SCF复合物的核心组件能与另外的底物受体结合，从而靶向降解另外的底物。在CAND1缺失时，SCF复合物不能更换底物受体，导致SCF更换底物以应对细胞环境变化的能力受损。CAND1更换底物受体的能力与正在进行的泛素化反应及该SCF残余底物的数量相协调，并在一定程度上受由类泛素蛋白NEDD8介导的Cullin蛋白的可逆性修饰的影响。NEDD8能够被含JAMM结构域的CSN5从Cullin蛋白上快速移除。类泛素修饰诱导Cullin蛋白的构象发生改变，提高了SCF的催化活性，但是它也会导致CAND1介导的SCF-底物受体复合物的转换受到抑制（图15-4）（*17*）。

CSN不能有效地识别已结合了底物并正在进行泛素化反应的SCF，因此，在反应完成之前，SCF复合物一直处于一种保护状态，防止Cullin发生NEDD类泛素修饰及CAND1介导的底物受体更换。即使底物已被泛素化降解，立即拆开SCF-底物受体复合物仍然不是一件容易的事，尤其是在有更多的底物等待降解时。在这种情况下，CSN通过与泛素连接酶结合而不是移除NEDD8的方式来调节SCF。事实上，在人细胞内，超过30%的SCF被CSN占据。CSN与SCF结合时，同时封闭了底物受体上的底物结合位点和RING结构域的催化位点，从而抑制SCF的活性，并降低CAND1介导的更换底物受体的能力（图15-4C）。如果SCF的底物仍很充足，它们能取代CSN，从而激活SCF以促进其自身的泛素化。因此，CSN能够帮助维持已准备好的SCF复合物的构象，允许这些E3酶变换重要的底物去完成它们的任务（图15-4D）。

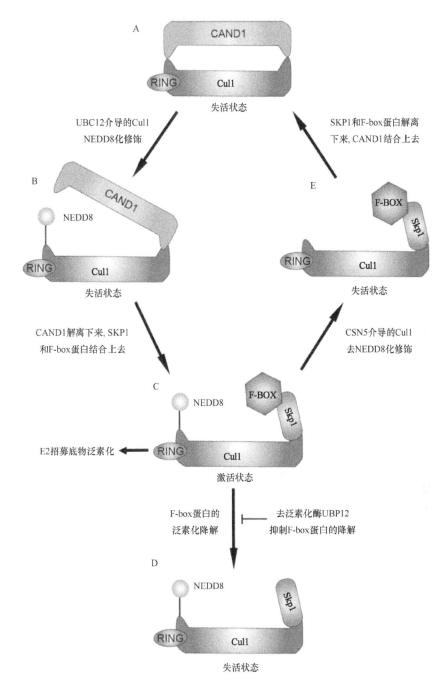

图 15-4 CAND1/NEDD8 循环对 SCF 复合物活性的调控。NEDD8 化修饰的发生与移除对 SCF 复合物的活性调节至关重要。A. 当 SCF 的酶活性中心被 CAND1 占据时，酶处于失活状态。B. NEDD8 化修饰导致 CAND1 从 SCF 复合物上解离下来。C. Skp1-f-box 底物识别模块在 SCF 酶活性中心组装，使 SCF 复合物处于活性状态，能够泛素化底物。D. COP9 信号转导体（COP9 signalosome，CSN）结合的去泛素化酶 UBP12 和泛素化之间的交互作用通过影响 F-box 的稳定性调节底物的数量。一旦一个 F-box 蛋白被泛素化降解，新的 F-box 蛋白可能会重新结合上去。E. 另一条通路是 CSN 的 SCN5 亚基的异肽酶活性将 NEDD8 从 Cul-1 上解离下来，从而导致 Skp1 与 SCF 复合物的分离，Cul1 被 CAND1 封存，不能形成 SCF 复合物

　　总的来说，SCF 处于一个动态的组装中，以使其能够快速调节它们对可获得的底物的活性（图 15-5）（*29*）：当与给定的底物受体结合时，NEDD 化的 SCF 酶被激活，泛素化特定的底物，促进细胞周期调节因子的降解，或者改变对细胞分裂有关键调节作用的信号通路的活动。CSN 通过去除 NEDD8 或封闭催化结构域抑制 SCF 连接酶的活性，残留的底物能将 CSN 从 SCF 复合物中取代下来，激活 SCF 复合物的连接酶活性，诱导底物自身的降解。相反，如果其他的 SCF 底物需要被降解，CAND1 能破坏已有的 SCF-底物受体复合物，促进新的 SCF-底物受体复合物的结合和组装，使其进入另一个泛素化周期。

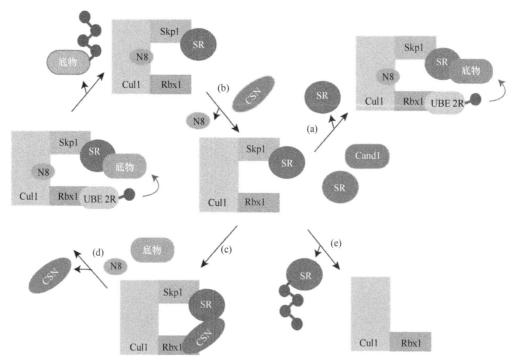

图 15-5　CRL-底物受体复合物的动态装配。SCF 与许多底物受体（substrate receptor，SR）组合形成动态复合物。底物受体通过衔接蛋白 Skp1 与 Cul1 结合。当被 NEDD8 化修饰时，Cul1-SR 复合物招募特定的底物并使其泛素化。当底物的泛素化处理完成后，CRL-SR 复合物被大的 CSN 复合物去 NEDD 化（b），导致其催化活性的降低。随后，SCF-SR 复合物（a）由 CAND1 介导进行底物受体交换，从而导致其他底物的泛素化降解。（c）CSN 能一直与失活的 CRL-SR 复合物结合以稳定其构象。（d）底物可以将 CSN 替换下来，促进其自身的泛素化降解。（e）SR 可以被 SCF 依赖的泛素化和蛋白酶体靶向降解。SCF 因此动态性地调节其组成元件的构成以适应不同生物需求

2. APC/C 的活性受纺锤体组装检验点的动态性调控

　　APC/C 的活性变化调控对于细胞周期的中后期转换十分重要。因为 APC/C 能促进姐妹染色单体的分离，其活性需要等所有的染色体附着在纺锤体的两极后才能被完全激活，否则，将不能保证均等的染色体组分配到子细胞中去。在有丝分裂的早期，抑制 APC/C 的任务被委托给一个称为纺锤体组装检验点的复杂信号网路。一旦染色体列队完成，细胞快速关闭有丝分裂检验点，活化 APC/C 复合物，启动姐妹染色单体的分离（*30*）。

当纺锤体检验点激活时，由 BubR1、Mad2、Bub3 和 Cdc20 组成的有丝分裂检验点复合物（mitotic check-point complex，MCC）与 APC/C 结合形成 APC/C^{MCC} 复合物。APC/C^{Cdc20} 驱动姐妹染色单体的分离，但在 APC/C^{MCC} 复合物中，Cdc20 的位置与其在 APC/C^{Cdc20} 的位置不一样，Cdc20 与 APC10 分离开，干扰了 Cdc20 与 APC10 交界面处的 D-box 降解决定子识别。另外，BubR1 在 Cdc20 的中央腔内插入一个 KEN-box 降解决定子，从而抑制底物 KEN-box 降解决定子与 Cdc20 的结合。通过这些方法，纺锤体检验点抑制 APC/C 招募并降解 Cyclin B1 或者 securin 等底物的能力，从而抑制 securin 介导的姐妹染色单体分离。

有趣的是，即使 APC/C^{MCC} 不能泛素化它的关键底物，它却仍能泛素化降解 APC/C^{MCC} 复合物中的 Cdc20 分子，这一反应导致纺锤体检验点复合物的解体。因此，存在着这样一个平衡：当纺锤体检验点抑制了 APC/C 活性时，APC/C 会反击并关掉检验点。

APC/C 特异性靶向降解 Cdc20 的机制目前还不太清楚，但是有证据表明这一过程与检验点的激活密切相关。p31^{Comet} 具有与 Mad2 类似的构象，并且与纺锤体检验点复合物和 APC/C 均能结合，强烈诱导 Cdc20 的泛素化和检验点复合物的解体。即使有纺锤体损伤的情况存在，p31^{Comet} 的缺失仍能够阻止检验点成员从 APC/C 中解离，这表明 APC/C^{MCC} 复合物在有丝分裂早期一直处于运转状态。APC/C 亚基 APC15 缺失时也存在类似的现象，APC15 对 Cdc20 的自泛素化至关重要，但是与有丝分裂的底物靶向识别没有关系。即使染色体列队还未完成，APC15 的缺失也能够保护检验点复合物免于解体。APC15 位于 APC/C 的检验点复合物的结合位点附近，帮助 Cdc20 上的关键赖氨酸残基暴露出来，或者是直接影响 APC/C 的催化活性。

APC/C 与 Cdc20 结合不仅有助于底物的传送，同时也能使其催化活性被完全激活。因此，尽管 Cdc20 的泛素化降解有利于检验点复合物的解聚，但它也最终导致了 APC/C 的失活。为了避免这种不需要的失活，分裂的细胞积极地翻译 Cdc20 mRNA 去合成新的 Cdc20 蛋白。如果染色体的附着没有完成并且检查点仍处于活化状态，新合成的 Cdc20 作用于 Mad2、BubR1 和 Bub3 去形成新的 MCC（图 15-6），这一反应对于维持稳定的纺锤体检验点信号是必要的。相反，如果染色体的列队已经完成，会有多种方式来阻断新 MCC 复合物的形成，并且新合成的 Cdc20 快速产生有活性的 APC/C^{Cdc20} 去驱动姐妹染色单体的分离（图 15-6）（29）。因此，纺锤体检验点对 APC/C 活性的调控是一个动态的过程，需要持续的 APC/C^{MCC} 的生成和解聚。

为什么对细胞周期控制有关键作用的 E3 连接酶处于这样一个动态过程的调控中？一个显而易见的解释是对 E3 连接酶活性的动态调控能使细胞快速地响应外界环境并做出应答。细胞分裂成功的先决条件是细胞需要在它分裂期内整合营养物质的波动需求，在细胞存在损伤时及时阻止细胞周期，并适应细胞分裂时出现的剧烈的结构改变。事实上，SCF 和 APC/C 的动态调控允许细胞快速响应细胞周期环境的变化：当酵母细胞调整转录过程去响应其营养物质来源改变的时候，或者是植物细胞受到控制细胞分裂和形态学生长的激素刺激时，通过 CAND1 重塑 SCF-衔接蛋白复合物是非常有必要的。同样地，在染色体附着于纺锤体完成后的几分钟内，APC/C 必须立即被激活，检验点复合物的持续解聚很有可能对促进 APC/C^{MCC} 快速转变为完全活化的 APC/C^{Cdc20} 有帮助作用（31）。

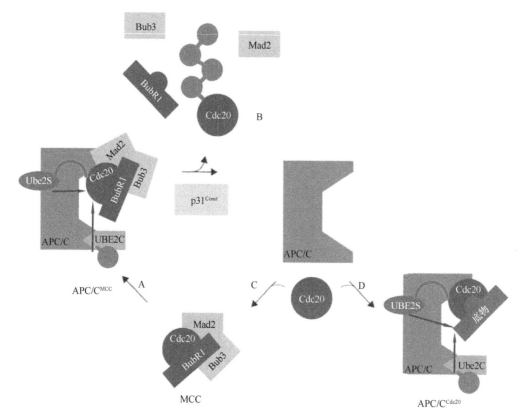

图 15-6　纺锤体组装检验点动态调节 APC/C 的活性。A. 在纺锤体检验点信号通路中，由 BubR1、Mad2、Bub3 和 Cdc20 组成的有丝分裂检验点复合物（MCC）与 APC/C 结合形成 APC/C^{MCC}。APC/C^{MCC} 不与大多数 APC/C-底物相互作用，但是与 Cdc20 靶向结合促进 Cdc20 的自泛素化和降解。B. 这一反应通过 p31^{Comet} 推进，Cdc20 的离开导致 MCC 的解体，从而释放出游离的 APC/C。分裂的细胞合成新的 Cdc20 蛋白。C. 如果检验点一直处于开放状态，新合成的 Cdc20 蛋白可与检验点效应子结合组装成新的 MCC。D. 新合成的 Cdc20 蛋白与 APC/C 结合形成有活性的 APC/C^{Cdc20}，APC/C^{Cdc20} 能够结合并泛素化有丝分裂的底物，从而导致细胞分裂的退出

（四）泛素化修饰在操纵细胞周期调节因子以外的作用

　　CDK 的周期依赖性激活和周期蛋白的泛素化降解构成了细胞周期调控的核心。然而，其他蛋白质的泛素化修饰和降解对于细胞周期进程的调控和有效执行也是必需的。细胞周期中一些比较重要的功能，包括纺锤体组装、中心体复制、染色体分离、胞质分裂等也是受到泛素介导的蛋白水解的调控。

1. 泛素化修饰在有丝分裂纺锤体组装和维护中的作用

　　为了纺锤体组装及功能的适时性，纺锤体的动态性、长度及微管上的附着物必须受到严格的调控。对于参与调节微管功能的很多蛋白质来说，泛素化修饰和泛素介导的蛋白水解对于其发挥适当的功能是非常关键的。促进纺锤体形成和发挥功能的蛋白质，如微管马达蛋白（如驱动蛋白），在执行完其特殊的功能后，在分裂期结束时会被 APC/C^{Cdh1} 降解。脊椎动物中纺锤体组装过程中的许多蛋白质都属于纺锤体组装因子（spindle assembly factor，SAF），在后期开始时，纺锤体的组装功能不再有价值甚至可能有害，这时与纺锤体组装相关的因子如 BARD1、Hmmr 和 TPX2 都会被 APC/C 降解。有趣的是，BRCA1/BARD1 二聚体也具有泛素连接酶活性，该活性对纺锤体的组装功能是必需的。Aurora A 和 Aurora B 激酶在纺锤体组装、维持和染色体附着中有着多种作用，在分裂结束时它们也会被 APC/C 靶向结合。Aurora B 在有丝分裂后期，从着丝粒区域转移至纺锤体中间区域，Aurora B 的重新分布对其在有丝分裂后期的功能是必需的。这个动态行为需要 Cul3 相关的 CRL 与底物适配器 KLHL9、KLH13 协同作用介导泛素化。Cul3 相关的连接酶介导的 Aurora B 泛素化修饰促进了其从染色体上的移除而不是被蛋白酶体降解。Ran-importin β 系统可以调节许多纺锤体组装因子。HURP 和 NuSAP 是重要的受 Ran-importin β 调节的 SAF，在着丝粒附近通过核化和交联微管发挥作用。与 BARD1、Hmmr 和 TPX2 不同的是，APC/C^{Cdc20} 在有丝分裂的早期靶向结合 HURP 和 NuSAP。在这个时期，APC/C 对于大多数而非全部底物来说是失活的，意味着 APC/C 有特殊的识别方式。虽然被 APC/C 结合，HURP 和 NuSAP 依然保持着足够的稳定性，从而发挥纺锤体组装的功能。一种可能的解释是与 importin β 的结合避免了 HURP 和 NuSAP 被降解，因为它们与 importin β 相互作用的基序和 APC/C 降解决定子有空间重叠。一旦在 Ran-GTP 的调节下被释放，这两个分子不仅会具有纺锤体组装活性，同时也会被靶向结合并降解。因此，蛋白质的激活和降解偶联在一起也是常见的现象。这种偶联很有可能保证了 SAF 在纺锤体组装中被严密调节以保持稳定的水平，HURP 和 NuSAP 过多或是被过度降解都会导致纺锤体组装的异常（32）。

2. 泛素化修饰在染色体构造、凝缩中的作用

染色质的凝缩和去凝缩过程对于有丝分裂的进入和退出至关重要。有丝分裂期间染色质凝缩过程部分受到 Aurora B 介导的核小体组蛋白 H3 在第 10 位丝氨酸的磷酸化调控，其中 Aurora A 激酶也部分参与了这一过程。组蛋白 H3 的磷酸化会招募 condensin I ——一个介导染色质压缩的、由 5 个蛋白质组成的复合物。在间期，RING1B 泛素连接酶对组蛋白 H2A 的单泛素化修饰破坏了 Aurora B 与染色质的结合及其对组蛋白 H3 第 10 位丝氨酸的磷酸化，进而阻止了在分裂起始时染色质凝缩的发生。然而，一种特异性组蛋白去泛素化酶 UBP-M（USP16），在 G_2/M 临界点时被招募到核小体上，将组蛋白 H2A 的泛素分子移除，使组蛋白 H3 上第 10 位丝氨酸得以磷酸化，染色质随后发生凝缩。当有丝分裂退出时，必须逆转这个过程。上面提到依赖 APC/C 的 Aurora A 和 Aurora B 被降解，继而组蛋白 H3 第 10 位丝氨酸去磷酸化，促进了染色质的去凝缩和间期的恢复。染色体结构功能的另一方面是着丝粒的维持，它是染色体与有丝分裂纺锤体接触的位置。所有的真核生物都利用特异性组蛋白的变化来在着丝粒上形成核小体（多细胞动物中的 CENP-A 和酵母中的 Cse4）。由于着丝粒的作用必须被限制在着丝粒上，因此防止 CENP-A/Cse4 和非着丝粒染色体位点的结合是至关重要的。所有的真核生物都具有限制着丝粒组蛋白 H3 移位变化的机制。在酵母中，泛素连接酶 Psh1 特异性靶向结合异位的 Cse4 进而使之降解。一个 Cse4 特异的分子伴侣 Scm3 可以与着丝粒上的 Cse4p 特异性结合，保护其不被 Psh1 调节的泛素化修饰，从而维护着丝粒的功能。在果蝇中，

CENP-A 的同源物 CID 以相似的方式被调节，但它是被以 F-box 蛋白 Ppa（partner of paired）作为底物适配器的 SCF 泛素连接酶所结合。在果蝇的 G_2 期和中-后期转换期，需要 RCA1（EMI1 的同源物）和 Cyclin A 来招募 CID，在后期需要它们来确保着丝粒的恰当装配。这两个蛋白质在其中的关键作用是抑制 APC/C^{Cdh1} 的活性。对这些现象最简单的解释是，未成熟的 APC/C^{Cdh1} 底物需要被降解掉，因为功能不确定的底物可能会影响分裂后期着丝粒的特异性和扩增（*33*）。

3. 泛素化修饰在胞质分裂和有丝分裂终结时的作用

如上所述，当细胞完成有丝分裂并进入间期时，依赖 APC/C 的蛋白降解从细胞中清除了很多特异执行有丝分裂功能的蛋白质。蛋白降解的特殊作用非常复杂，因为在有丝分裂进程中，许多有丝分裂蛋白都具有多种不同的功能。除此之外，功能的冗余可能会使特异蛋白降解的重要性变得模糊不清。而 APC/C 的活性对于胞质分裂的必要性是很清楚的，超过了它在 Cyclin B 降解中发挥的作用。海胆胚胎可以被操纵使卵裂沟在 Cyclin B 不降解的情况下形成。而直接抑制 APC/C 会阻碍卵裂沟形成，表明 APC/C 存在一个或多个底物在胞质分裂时必须被降解。在有丝分裂中，具有多种功能的 PLK1 激酶有可能是其中的一个底物。而 PLK1 在后期开始时的降解对于胞质分裂是必需的。这一过程很复杂，因为 PLK1 在胞质分裂中既有正向，也有负向的作用。一种对 PLK1 在胞质分裂中的必要性的解释是，PLK1 作为反平行微管成束蛋白 PRC1 的负调控因子发挥作用。纺锤体中央复合物在后期末负责组织形成分裂沟，而 PRC1 活性是其形成的关键。因此，PLK1 降解的必需性可以通过需要激活 PRC1 来解释。有趣的是，在有丝分裂末期纺锤体必须解聚时，PRC1 和它在酵母中的同源物 Ase1 一样，是 APC/C 的底物。Aurora B 是在有丝分裂，包括胞质分裂中起多种作用的另一个被 APC/C 降解的激酶。虽然 Aurora B 的降解对于胞质分裂不是必需的，但泛素化修饰影响 Aurora B 在分裂晚期的作用。如上所述，Aurora B 被 Cul3 协同底物受体 KLH9 和 KLH13 进行泛素化修饰，这对于将 Aurora B 从染色体着丝粒上移除是必需的。而 Cul3 的另一个不同的底物受体 KLH21 所介导的泛素化修饰，可能参与将 Aurora B 招募到纺锤体的中间带这一过程，Aurora B 在中间带发挥其胞质分裂的功能后才被 APC/C 降解（*34*）。

4. 泛素化修饰对中心体复制周期的调节

为了维持基因组完整性，中心体复制在每个细胞周期中必须发生仅一次，分裂期细胞内有两个中心体，每个中心体负责两极纺锤体中的一极。因此，促进中心体复制的蛋白质必须受到严格控制，这通常是通过泛素介导的蛋白水解来进行的。PLK4 可以促进中心体复制，它的过表达会导致过多的纺锤体数量。SCF$^{\beta\text{-TRCP}}$ 靶向结合 PLK4 使其水解来控制它的量。PLK4 反过来负调控另一个含有底物特异性因子 FBW5 的 SCF 连接酶。SCF^{FBW5} 促进促中心粒组织蛋白 HsSAS-6 的泛素化和降解。随着 PLK4 的表达增加，HsSAS-6 的表达也增加，进而促进中心体的过量生产。因此，一个包含蛋白激酶和两个 SCF 泛素连接酶的级联通路控制着中心体数量的平衡。两个其他的 SCF 连接酶（含 F-box 蛋白 FBW7 和 Cyclin F）也涉及中心体循环的调控。SCF^{FBW7} 介导的 Cyclin E 的靶向结合对于限制中心体复制是必需的。像其他周期蛋白一样，Cyclin F 随着细胞周期呈周期性活动，在 G_2 期达到峰值，这对于靶向结合中心体蛋白 CP110 使之泛素降解是必要的。如果在 G_2 期不能降解 CP110，会造成纺锤体畸形和有丝分裂错误。此外，γ-tubulin 被 BRCA1/BARD1 泛素化修饰也会阻止中心体扩增（35）。

5. 泛素化修饰在细胞周期检验点调节中的作用

1）纺锤体组装检验

SAC 将细胞阻滞在后期直到每个染色体对应的着丝粒都正确地连在两极有丝分裂纺锤体上。SAC 从检验点上释放出来需要纺锤体与着丝粒的接触和双向拉力的产生。破坏微管会阻止纺锤体的形成及其功能，也会触发检验点。SAC 通过在不满足上述条件的着丝粒上产生可扩散 APC/C 抑制因子来发挥其功能。一个未连接的着丝粒就足以抑制 APC/C 与它的两个关键后期底物 securin 和 Cyclin B1 发生作用。最后一个着丝粒的恰当接触足以使 SAC 介导的 APC/C 抑制发生迅速逆转。检验点特异性蛋白 Mad2 和 BubR1 均能抑制 APC/C 的活性，但两者一起作用时对 APC/C 的抑制更加有效。Mad2 和 BubR1 被装配到着丝粒的 Cdc20 上。未被附着的动粒之所以能产生足够的有丝分裂检验点复合物（mitotic checkpoint complex，MCC）来完全抑制 APC/C 的活性，依赖于 Mad2 存在的两种不同的构象，可以通过自我催化转换为活性状态。着丝粒结合的 Mad1 与 Mad2 结合并将其转换为关闭状态，然后结合更多开放状态的 Mad2 分子使之转变为关闭状态。只有关闭形式的 Mad2 能插入到 MCC 中，进而扩散并与 APC/C 复合物相结合。BubR1 包含一个典型的 KEN-box 并作为一个假底物部分抑制 APC/C 的活性。除此之外，结构研究表明，与 Mad2 和 BubR1 结合后的 Cdc20 以不同于非检验点抑制的方式与 APC/C 相互作用。特别的是，Cdc20 从原本的位置被取代以至于不能与 APC/C 亚基 APC10 形成双向的 D-box 受体，从而影响了含 D-box 底物的招募。虽然 Cdc20 本身是 APC/C^{Cdh1} 的后期底物，在 SAC 期间 Cdh1 缺失时可以进行自泛素化，在 MCC 存在的环境下，Cdc20 的修饰位点会被提呈给 APC/C。APC/C 介导的有活性的 Cdc20 的降解帮助维持了 SAC（图 15-7）（6）。

2）DNA 损伤检验点

复制压力和不同形式的 DNA 损伤会触发细胞周期检验点，通过阻碍细胞周期进程来避免进一步的损伤，或者防止遗传物质的突变和丢失。泛素化修饰在 DNA 损伤信号放大和调节检验点装置中起到重要的作用。在双链断裂处，上游信号激酶 ATM（ataxia telangiectasia mutated）的有效招募依赖于泛素连接酶 RNF8。RNF8 对 H2A 进行基础水平的单泛素或多泛素化修饰，导致染色质重塑，这对于 ATM 在损伤处附近与染色质的结合是必需的。与复制压力和 DNA 损伤相关的检验点，利用泛素介导的蛋白降解来进行信号转导和调控。由复制叉移动损伤所导致的复制压力可以使单链 DNA 暴露，进而被 ATR/ATRIP（ataxia telangiectasia mutated related/ATR-interacting protein）复合物识别。这会触发新的复制起始，将出错的复制叉引起的 DNA 损伤降低到最小。ATR 激酶和辅助因子 claspin 的激活会导致检验点激酶 CHK1 的磷酸化和激活。CHK1 主要的底物是激活 CDK 的磷酸酶 Cdc25A，在阻止复制起始时它必须是失活的。Cdc25A 被 CHK1 磷

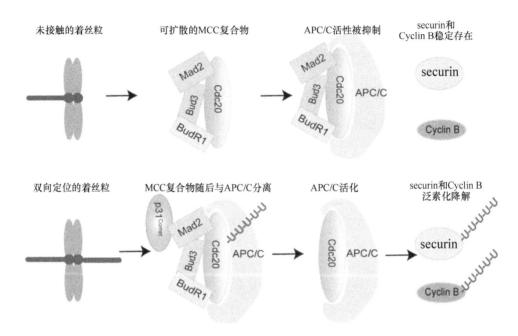

图 15-7　泛素化修饰在细胞周期纺锤体组装检验点中的作用。没有与纺锤体接触的着丝粒产生可扩散的 APC/C 抑制剂，即有丝分裂检验点复合物（MCC），它包括 APC/C 转接蛋白及激活因子 Cdc20、Mad2、BubR1 和 Bub3。在这种情况下，关键的后期底物 securin 和 Cyclin B 是稳定的。当染色体通过纺锤体实现了双向定位（biorientation）后，着丝粒承受拉力，MCC 不再继续产生，在 Cdc20 的自泛素化和 p31^{Comet} 协同合作下，MCC 和 APC/C 的结合被解开。APC/C 与 Cdc20 结合后靶向降解 securin 和 Cyclin B，促进细胞进入有丝分裂后期

酸化会起始其他激酶对它的磷酸化修饰，为 SCF$^{β-TRCP}$ 提供了磷酸降解决定子，引导它的泛素化途径降解。Cdc25A 缺失会导致 CDK2 的活性丧失，阻止复制的起始。泛素介导的分裂前激酶 PLK1 的降解在 DNA 损伤修复中也有着关键的作用。正常情况下，PLK1 在 G$_2$/M 转换期被激活，在此期间它会磷酸化有丝分裂抑制剂 Wee1 和 EMI1，促使它们被 SCF$^{β-TRCP}$ 泛素化修饰和进一步被蛋白酶体降解。PLK1 也可以靶向结合 CHK1 活化的辅助因子 claspin，在无限制的细胞周期中最大化促进 CDK 的激活。而在上述的 DNA 损伤中，磷酸酶 Cdc14B 从核中被释放，去磷酸化 APC/C 的辅助因子 Cdh1，Cdh1 通常在 G$_2$ 期被 CDK 介导的磷酸化限制为非活性状态。APC/C^{Cdh1} 的活化会促进 PLK1 的泛素化降解，使 CKI Wee1 得以积累，并通过稳定 claspin 激活 CHK1。反过来，PLK1 的稳定和 Wee1、claspin 的降解等事件对于检验点恢复来说是很重要的（36）。

第三节　泛素化修饰异常与人类疾病

泛素化修饰在细胞周期调控中起着关键的作用，泛素化修饰的异常很可能导致细胞增殖失控、基因组不稳定及癌症的发生。泛素激活酶是否参与癌症的发生过程还不清楚，泛素耦合酶和癌症的关系也只有零星的报道。但是大量的研究证据表明泛素连接酶在肿瘤的发生发展过程中可能起着关键的作用。目前，蛋白酶体抑制剂 Bortezomib 已被 FDA

批准用于治疗复发性多发性骨髓瘤，但其对正常细胞的毒性可能是影响其临床使用的一个限制因素。泛素连接酶作为一类前景广阔、特异性高而毒性低的新药物的作用靶点，必将引起更多研究者的关注（37）。

1. Skp2

Skp2 是 SCF 复合物的一种 F-box 蛋白成分，依靠 Skp2 的底物识别能力，SCF 复合物参与 p27、p21 和 p57 等 CKI 的泛素化降解。目前已知能被 Skp2 识别的蛋白质还有 p130、Cyclin A、Cyclin D1、游离的 Cyclin E、E2F1、ORC1、CDT1、CDK9、Myc、b-Myb、SMAD4、Rag2、UBP43、FOXO1 ，以及乳头瘤病毒 E7 蛋白。其中，p27 蛋白似乎是 Skp2 识别的主要靶蛋白，这是因为 *Skp2^{-/-}* 鼠有显著的 p27 蛋白累积，并且其细胞表型也发生了显著的变化，包括核增大、染色体多倍化及中心体数目增多，这些变化可能是染色体和中心体过度复制造成的，而 *Skp2^{-/-}p27^{-/-}* 双突变鼠中上述变化消失。

在人的多种恶性肿瘤中普遍存在 p27 表达下调的现象。但是，与 p53、Rb 等肿瘤抑制物不同，*p27* 基因的突变或缺失在人癌症发展过程中是罕有的事件，提示肿瘤中 p27 表达的异常通常是由转录后机制造成的。我们已经知道在许多癌症中 Skp2 的表达与 p27 的水平呈负相关，并且与某些肿瘤的恶性程度也呈负相关。在肺癌和表达高危性人乳头瘤病毒的细胞系中也发现了 *Skp2* 基因频繁扩增和过度表达的现象。参与 p27 泛素化降解的其他成分（主要是 Cks1）也有致癌潜力，并且 Skp2 或 Cks1 的过度表达分别与肿瘤分化的丧失和低存活有非常密切的关系。在转基因小鼠模型中也发现 Skp2 有致癌潜力（38）。

2. FBW7

FBW7 是 SCF 复合物中另一种 F-box 蛋白成分，能特异性识别一些致癌蛋白并介导其降解，这些蛋白质包括 Cyclin E、Myc、Jun、Notch 1 和 Notch 4 。最初利用遗传筛查技术在秀丽隐杆线虫（*Caenorhabditis elegans*）中发现了 FBW7，它是 Lin-12（Notch）信号通路的一个负调节因子。FBW7 缺陷鼠胚胎在胚胎期的第 10.5 天死于子宫内，其血管发育显著畸形。在 *Fbw^{-/-}* 胚胎中 Notch 累积致使 HEY1 的表达升高，而 HEY1 是 Notch 下游的一个转录抑制因子，并且与血管发育有关。因此，在哺乳类血管发育中，FBW7 通过调节胚胎发生过程中 Notch 的稳态而发挥关键作用。

Myc 是 FBW7 另一个重要的底物，它的异常可能与癌症的发生发展有关。在很多恶性肿瘤中 Myc 的表达水平都有提高，并且许多 *Myc* 基因突变影响编码蛋白的稳定性，Myc 是通过蛋白酶体介导泛素化途径降解的。它发生泛素化的区域与其反式激活结构域重叠，在这个反式激活结构域内有两个高度保守的序列元件 MB1（Myc box 1）和 MB2，它们与 Myc 的水解有关。特别要提的是，MB1 的 Thr58、Ser62 的磷酸化是 Myc 稳定性的一个重要决定因子。在人肿瘤中，Thr58 和 Ser62 残基频繁地发生突变，这与磷酸化对 Myc 的影响是一致的。FBW7 通过磷酸化 MB1 与 Myc 相互作用并促进后者降解。*Fbw7* 基因发生突变，Notch 与 Myc 等蛋白质的降解可能会受到抑制，致使这些蛋白质在细胞内累积，最终导致癌症的发生（39）。

3. β-TRCP

β-TPCR 是组成 SCF 复合物的一种多功能 F-box 蛋白，能识别并介导多种底物蛋白的降解，这些底物蛋白包括一些关键的细胞周期调节因子如 EMI1/2、Wee1A、Cdc25A/B 等。*β-Trcp* 基因在人类的多种癌症中都发生了变化。例如，胃癌细胞系中检测到 *β-Trcp2* 基因的一个核苷酸被取代，导致其编码产物的第 7 个 WD40 重复基序的一个氨基酸残基发生改变，而这个基序在人、鼠、非洲爪蟾及黑腹果蝇的 β-TRCP 中都是保守的。

β-TRCP 还参与对细胞分裂的调节。果蝇的 *Slimb*（人的 *β-Trcp* 同源基因）基因突变导致中心体增多和有丝分裂异常。在 *β-Trcp1$^{-/-}$* 鼠中观察到雄性生殖力缺陷，并且处于减数分裂 I 中期的精母细胞在睾丸中聚集。此外，*β-Trcp1$^{-/-}$* 成纤维细胞表现出染色体多倍化、中心体过度复制、有丝分裂进程被削弱及生长速率降低。这些异常是由 EMI1 的稳定造成的，而 EMI1 是 APC/C 的一个抑制因子。EMI1 能抑制 APC/C 在 S 期和 G$_2$ 期的活化，从而确保在有丝分裂早期 Cyclin B-Cdc20 复合物不会提前激活 APC/C。

4. Cdc20

在细胞周期中，APC/C^{Cdc20} 从有丝分裂中后期直到末期都有活性。APC/C^{Cdc20} 水解 securin 以触发后期染色体的分离。染色体复制之后一直到分裂后期，姐妹染色单体都被凝聚复合物（multiprotein complex cohesin）粘连在一起。Separase 能分裂凝聚复合物，但它的活性被 securin 抑制。APC/C^{Cdc20} 降解 securin 后激活分离酶，从而引起凝聚复合物的分裂和姐妹染色单体的分离。虽然 Cdc20 在进入 M 期前的 G$_2$ 期就开始表达，但 APC/C^{Cdc20} 的活性在纺锤体微管附着于动粒完成之前一直处于抑制状态。这种监控系统被称为纺锤体检验点（spindle checkpoint），它能防止染色体提前分离，而染色体提前分离会导致染色体数目异常（出现非整倍体），后者是人类癌症中遗传不稳定性的一种普遍形式。这个监控系统的主要调节因子是 Mad（mitotic arrest deficient）蛋白和 Bud（budding uninhibited by benzimidazole）蛋白。它们中的 Mad2、BubR1 和 Bub3 组成有丝分裂检验点复合物 MCC，MCC 与 Cdc20 结合并抑制 APC/C^{Cdc20} 的活化。当中-后过渡期所有动粒都被纺锤体微管附着后，MCC 就从 Cdc20 上解离下来，激活 APC/C^{Cdc20} 并触发染色体的分离。在人类肿瘤中经常检测到 securin 过表达。在细胞周期调控中，Cdc20 依赖的蛋白水解途径发生异常是一个重要的事件，可能参与肿瘤的发生。

5. Cdh1

Cdc20 在后期识别 securin 和周期蛋白并介导其降解，而 Cdh1 识别 M 期晚期和 G$_1$ 期的多种蛋白，如有丝分裂周期蛋白、Cdc20、Cdh1、Aurora A、Aurora B、PLK1、NEK2A、geminin、Cdc6、mE2-C、SNON、核苷酸还原酶 R2、胸苷激酶 1、TPX2 及 Skp2。APC/C^{Cdh1} 主要作用之一是保证 CDK 处于低活性状态。第一，APC/C^{Cdh1} 介导 G$_1$ 期周期蛋白的组成型水解。第二，APC/C^{Cdh1} 识别 Skp2 并介导其水解，引起 CKIp27、p21 和 p57 的累积，从而抑制 CDK 的活性。第三，APC/C^{Cdh1} 促进 geminin 的降解，而 geminin 是参与复制前复合物（pre-replicative complex，pre-RC）组装的 DNA 复制因子 CDT1 的抑制剂。APC/C^{Cdh1} 下调 geminin，使 CDT1 能接近 DNA 的复制原点。因此，APC/C^{Cdh1} 能促进

G_1 期 pre-RC 在复制原点的形成。在人类的多种癌症中都涉及 geminin 的异常表达，提示 pre-RC 定位异常能促进遗传不稳定的癌细胞的发生。

在 G_1 期，APC/C 不但能下调 Cyclin-CDK 复合物，还能下调有丝分裂中的非 CDK 激酶如 Aurora A、PLK1 和 NEK2A。在 G_2 和 M 期，Aurora A 的累积能促进中心体的复制和分离，以及纺锤体的组装。在很多人类癌症中都发现 Aurora A 表达增高，使细胞在通过有丝分裂时胞质不分裂，从而产生四倍体子细胞，在接下来的细胞分裂中产生非整倍细胞，在缺乏肿瘤抑制因子 p53 时这种现象尤为明显。很多研究相继发现，多种恶性肿瘤如乳腺癌、子宫颈癌、前列腺癌、Ewing 肉瘤和淋巴瘤中都有 NEK2 的异常表达。因此，APC/C^{Cdh1} 功能缺陷可能引起有丝分裂中 CDK 和非 CDK 激酶的异常累积，并引起癌症的发生（22）。

6. 泛素化调控的其他细胞周期调节因子与人类疾病

泛素连接酶在调节皮层蛋白（如 dynein、LGN、NuMa、Gα），以及纺锤体的组装、稳定性和完整性方面有着重要的作用。这些调节对于细胞的对称分裂十分重要。目前已经鉴定的许多泛素连接酶，如 PARK2、BRCA1/BARD1、MGRN1、SMURF2 及 SIAH1，被发现在纺锤体定向调控中也有着关键的作用。尽管发育或各种病理过程与泛素化介导的皮层调节之间的直接关系证据不足，但这些关键蛋白的缺失或突变会导致发育的异常及疾病的发生（40）。

1）PARK2

RBR 连接酶 Parkin（PARK2）与帕金森病的发生发展密切相关。大量研究表明，在帕金森病中，泛素-蛋白酶体存在功能异常。研究发现，胰腺癌组织样本中 PARK2 表达下调，且存在各种有丝分裂缺陷，如多极纺锤体、染色体不稳定、纺锤体方向倾斜、纺锤体两极间的距离变长等。PARK2 可能通过调控微管马达蛋白 Eg5 的表达来调控对有丝分裂纺锤体起关键作用的蛋白质。Eg5 是一个双极的、正向运动的微管马达蛋白。缺失或抑制 Eg5 的活性会抑制双极纺锤体的形成，使细胞阻滞于有丝分裂期产生未分离的中心体。Eg5 能结合反向平行的微管并将它们分开，从而形成对中心体的外推力。在正常情况下，PARK2 调节 Hsp70 多个位点的单泛素化，使 c-Jun 氨基末端激酶失活，导致 c-Jun 的磷酸化减少，继而降低 c-Jun 在 Eg5 启动子上的 AP1 位点的结合，导致 Eg5 的基因转录下调。因此，PARK2 的活性抑制引起的 Eg5 活性上调会导致有丝分裂装置的异常。

2）BRCA1/BARD1

BRCA1 在生殖细胞中的突变与家族性乳腺癌和卵巢癌的发病率呈正相关。BRCA1 与 BRCA1 相关 RING 结构域蛋白 BARD1 形成异源二聚体，产生的 BRCA1/BARD1 异源二聚体具有泛素连接酶的活性，参与细胞增殖和染色体稳定的调节。BRCA1 和 BARD1 在细胞周期中定位于中心体上。Brca1 基因敲除小鼠的胚胎成纤维细胞中存在中心体扩增和基因组不稳定现象。BRCA1 能与中心体的主要成员蛋白 γ-tubulin 结合，使 γ-tubulin 的第 48 和 344 位点发生单泛素化，从而调节中心体的数目及功能。此外，BRCA1/BARD1

复合物的泛素化活性还能调节微管的核化过程及中心体的肥大。在细胞中，降低 BRCA1/BARD1 复合物的表达能抑制间期星体微管的形成。有丝分裂纺锤体两极的组装和 TPX2（Xklp2 目标蛋白）在纺锤体两极的累积需要 BRCA1/BARD1 复合物的参与，TPX2 是纺锤体的主要组织者及 Ran-GTP 的下游靶标。BRCA1/BARD1 复合物的对纺锤体的影响不依赖于中心体，而是通过调控 Ran-GTPase 下游通路实现的，与 BRCA1/BARD1 复合物的泛素化连接酶活性相关。BRCA1/BARD1 复合物在细胞分裂中期定位于中心体上并泛素化中心体上的 Aurora B 激酶，从而导致 Aurora B 的降解。研究还发现多种癌细胞中表达 BARD1 蛋白 RING 缺陷的异构体 BARD1β。BARD1β 具有不依赖于 BRCA1 的功能。BARD1β 在有丝分裂末期及胞质分裂期定位于中心体上，结合并稳定中心体上的 Aurora B 激酶，其中 Aurora B 激酶对于中心体的形成与剪切至关重要。因此，BARD1β 的表达上调和 BARD1/BARD1β 的水平失衡将部分增加细胞分裂的速度。

3）VHL

von Hippel-Lindau 疾病是一种与 VHL（von Hippel-Lindau 肿瘤抑制因子）相关的癌症遗传综合征，VHL 具有泛素连接酶活性，von Hippel-Lindau 患者易于发生各种血管瘤和肾透明细胞癌，这表明 VHL 在组织形态发生与肿瘤形成中发挥着不同的功能。VHL 是 Cullin-RING 泛素连接酶复合物 CRL 的底物识别成分之一，CRL 复合物包括 Cul2、Rbx1、elongins B 和 C。VHL 在纺锤体定向中发挥功能，在小鼠胚胎成纤维细胞和 HeLa 细胞中下调 VHL 的表达会抑制星体微管的形成，导致纺锤体方向的异常。与 APC（adenomatous polyposis coli）的失活一样，VHL 的表达下调会引起包括受损的纺锤体及排列异常的染色体在内的一些异常状况。其中一个可能的原因是 VHL 能正向调节细胞中的 Mad2。Mad2 是动粒上有丝分裂检验点复合物的成员之一，能与动粒上的其他蛋白质如 Bub1 相互作用。Mad2 的降低会导致细胞的非等倍性，VHL 缺陷的细胞也经常观察到非等倍性现象。这些现象与 VHL 在微管稳定性和细胞周期调控中的功能是一致的。此外，VHL 对于错误折叠的 tubulin 的降解是必需的，提示 VHL 在微管的动态性调节中也有着重要的作用。

4）SMURF2

SMURF2（SMAD 特异性泛素调节因子 2）是一个 HECT 家族的泛素连接酶，最初发现 SMURF2 通过靶向 TGF-β 信号通路中的受体、信号中间分子及其他一些通路特异性转录因子的降解来负调控 TGF-β 信号通路。Smurf2⁻/⁻ 小鼠在胚胎形成期并没有严重的发育问题，在断奶期 Smurf2⁻/⁻ 小鼠与野生型或杂合性小鼠也并没有明显的差别。意外的是，Smurf1 和 Smurf2 同时突变的小鼠耳蜗有水平方向细胞极化的缺陷及收缩伸展运动的异常，其中包括神经管的封闭失败。SMURF2 在有丝分裂期的定位呈动态性变化，在前期末和中期定位在中心体上，在后期移动到有丝分裂中间区域，末期定位于中体上。研究表明，SMURF2 参与 Mad2 的翻译后修饰过程并稳定 Mad2。SMURF2 的缺失导致 Mad2 多泛素化后降解，从而调控纺锤体检验点。此外，SMURF2 在其他重要的有丝分裂结构上的定位提示它可能在有丝分裂控制过程中的其他方面发挥功能，这一假说还需进一步的研究来证明。

5）TRIM

还有一类泛素连接酶是 TRIM 家族，这个家族的多个成员与疾病关系密切，如 MID1（midline-1）、TRIM5α（三结构域家族蛋白 5-α）和 Xnf7（爪蟾核因子 7）。TRIM5 调节猕猴细胞对人类病毒的耐受性，MID1 则与发育异常、奥皮茨综合征和天生胆固醇合成错误等疾病相关。Xnf7 作为有丝分裂 APC/C 复合物的抑制剂发现于非洲爪蟾卵提取物中，Xnf7 是一个母系表达核蛋白，从卵母细胞成熟到中囊胚转换一直停留在胞质中，且与背腹发育方式有关。暂时还没发现 Xnf7 与疾病有关联。尽管 MID1 和 Xnf7 都有泛素连接酶活性，它们在调控纺锤体活性方面的功能却与泛素连接酶的活性无关。这些蛋白质与微管结合，促进微管的成束，因而在调节纺锤体动态性方面扮演着重要的角色。

第四节 实 验 技 术

细胞周期研究中经常使用一些典型的物种和细胞系统，其中最常用的模型包括酵母、爪蟾卵提取物和同步化的哺乳动物体外培养细胞。

一、细胞周期同步化

在细胞培养过程中，细胞多处于不同的细胞周期时相中，有的细胞正在进行有丝分裂活动，有的细胞分别处于 G_1、S 或 G_2 期。在细胞周期调控研究中常常需要设法获得时相均一的细胞群，使样品中的细胞都处于大致相同的细胞周期阶段，此时需要使细胞周期同步化。细胞同步化的常用方法有：振荡收集法、胸腺嘧啶核苷双阻断法等。

（一） M 期同步化方法（振荡收集法）

该法利用 M 期细胞变圆、易脱落的特点，取单层贴壁生长的、处于对数增殖期的细胞，此时细胞分裂活跃。当细胞进入 M 期时，细胞变圆隆起，黏附能力降低，松散地附着于培养皿上，轻轻振荡或拍击培养瓶，M 期细胞则与瓶壁脱离，悬浮在培养液中。收集培养液，之后再加入新鲜培养液，按照此法继续收集，可得到一定数目的 M 期细胞。振荡收集法操作简单，同步化程度高，并且细胞不受药物伤害，能够真实反映细胞周期状况；缺点是由于 M 期较短，被分离出的细胞很少，只能应用于贴壁细胞。

具体实验步骤如下。

（1）取生长占瓶底面积 60%～80%的细胞一瓶，轻轻摇晃或拍击培养瓶，使松动细胞脱落而悬浮在培养液中，并用离心管收集。

（2）用 Hank's 液洗涤 2 次，漂洗液收集到离心管中。

（3）600 r/min 离心 5 min，并用培养液将细胞浓度调整为 2.5×10^5 个/mL 接种于培养瓶。

（二）S 期同步化方法（胸腺嘧啶核苷双阻断法）

胸腺嘧啶核苷（TdR）双阻断法是在处于对数生长期细胞的培养基中首次加入过量的 DNA 合成抑制剂 TdR，可逆地抑制 S 期细胞的 DNA 生成，而不影响细胞周期其他期的运转，导致大多数细胞群被同步化于 G_1/S 期交界处，但仍有部分细胞处于 S 期范围；移去胸腺嘧啶核苷，细胞再培养一段比 S 期长而短于 G_2、M、G_1 三期总和的时间，让它们完全越过 S 期，但又不使周期发展最快的细胞进入下一个 S 期。第二次胸腺嘧啶核苷处理：当细胞继续运转至 G_1/S 交界处时，被过量的胸腺嘧啶核苷抑制而停止。细胞则于 G_1/S 期边界汇集，再次撤掉胸腺嘧啶核苷，加入完全培养基，使细胞继续生长，则细胞同时启动于 S 期。该方法的优点是同步化程度高，适用于任何培养体系，几乎可将所有的细胞同步化；缺点是造成非均衡生长，个别细胞体积增大。

具体实验步骤如下。

（1）取指数生长期细胞。

（2）第一次阻断：将对数生长期细胞的培养基换成含 2 mmol/L 的新鲜 TdR 培养液。

（3）37℃、5% CO_2 培养箱中培养 12 h。

（4）第一次释放：弃去含有 TdR 的培养基，用 Hank's 液对贴壁细胞漂洗 2~3 次，并更换不含 TdR 的新鲜培养基，继续培养 16 h。

（5）第二次阻断：弃去培养液，再加入浓度为 2 mmol/L TdR 的新鲜培养基，37℃、5% CO_2 培养 12 h。

（6）第二次释放：重复步骤（4），此时的细胞大部分处于 G_1/S 期边界，同步化细胞随时间推移逐渐进入 S 期。

（三）胸腺嘧啶和 Nocodazole 综合阻断法

以 HeLa 细胞为例，具体方法如下图所示：

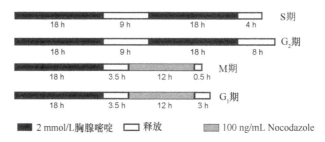

图 15-8　利用胸腺嘧啶/Nocodazole 阻断法同步化不同时相细胞的示意图

二、非洲爪蟾卵提取物

虽然历史上首次关于细胞周期蛋白的周期性聚集与降解的观察是在海胆中进行的，而到目前为止大多数对于这条线索的研究使用的是爪蟾的卵母细胞，这是因为爪蟾卵母细胞的一个有用的特点是，所有卵裂细胞周期的现象都可以在细胞提取物中重现，细胞提取物可以大量生产，并且能经受生化操作的检验。

非洲爪蟾卵提取物可以被特异地阻滞在有丝分裂期或间期，是研究细胞周期调控的极佳材料。根据实验目的及策略的不同，有多种爪蟾卵提取物的分离方法。超速离心或高速离心能得到更高的分离组分，CSF（cytostatic factor）-捕获提取物因 CSF 的作用，被阻滞于减数分裂期而不是间期，CSF-捕获提取物可以在钙的诱导下进入间期。为了确保间期的提取物不会返回有丝分裂期，常常在添加钙之前加入放线菌酮（cycloheximide）以阻止 Cyclin B 的合成，从而将细胞阻滞在间期。"周期中"提取物中的内源性成分可以驱动细胞周期发生多次周期进程的转换。

1. 实验材料

（1）4 雌性非洲爪蟾。

（2）6 L 的桶及通气的盖子。

（3）250 mL 玻璃烧杯。

（4）15 mL 圆底离心管。

（5）5 mL 圆底离心管。

（6）医用离心机。

（7）Beckman 高速离心机。

（8）人绒毛膜促性腺激素（human chorionic gonadotrophin，HCG）。

（9）$1 \times$ MMR：100 mmol/L NaCl，2 mmol/L KCl，1 mmol/L $MgSO_4$，2 mmol/L $CaCl_2$，0.1 mmol/L EDTA，5mmol/L HEPES，pH 7.8。

（10）CSF-XB：0.1 mmol/L $CaCl_2$，2 mmol/L $MgCl_2$，100 mmol/L KCl，10 mmol/L HEPES（pH 7.6），50 mmol/L sucrose，5 mmol/L EGTA（KOH）。

（11）2% L-cysteine hydrochloride，pH 7.8（现用现配）。

（12）1 mol/L dithiothreitol（DTT）。

（13）Aprotinin 和 Leupeptin（10 mg/mL）。

（14）Cycloheximide（10 mg/mL）。

（15）Cytochalasin B（5 mg/mL）。

（16）$20 \times$ Energy mix：150 mmol/L creatine phosphate，20 mmol/L ATP，2 mmol/L EGTA，20 mmol/L $MgCl_2$。 分装后-80℃保存。

（17）甘油。

（18）液氮。

（19）一次性标准移液管。

（20）0.5 mL 离心管。

2. 实验步骤

1）非洲爪蟾卵的产生

（1）配制两种浓度的 HCG 溶液：用 10 mL 无菌去离子水重悬 10 000 U 的 HCG 干粉，配制成终浓度为 1000 U/mL 的溶液，然后，取出 1 mL 新配制的 1000 U/mL 的 HCG 溶液，加入 9 mL 无菌去离子水以配制成终浓度为 100 U/mL 的 HCG 溶液，储存于 4℃备用。

（2）注射 HCG 到成熟的非洲爪蟾，连续注射 3 天以刺激产卵：第 1 天下午左右，准备 4 只非洲爪蟾，将 0.2 mL 100 U/mL 的 HCG 溶液注射到每只爪蟾背部的卵黄囊处。

（3）第 2 天下午左右，在第 1 天注射的非洲爪蟾中再次注射 0.2 mL 100 U/mL 的 HCG 溶液。

（4）第 3 天上午，注射 0.2 mL 1000 U/mL 的 HCG 溶液，然后将非洲爪蟾放入到含有 100 mmol/L NaCl 的爪蟾水的桶中，桶放置于 25℃的黑暗环境中。第 3 次注射 4 h 后非洲爪蟾将开始产卵，7 h 后彻底完成排卵。

（5）分别收集卵，去掉多余的爪蟾水。由于爪蟾卵的质量存在差异，在整个提取过程中都保持每个爪蟾卵的独立性而不将其与别的卵混合后提取。

2）爪蟾卵提取物的制备

（1）遗弃肿胀的、松散的坏卵，将合格的卵转移到新鲜配制的 2% gelatin 的烧杯中，涡旋 5 min 以去除胶质层。1～2 min 后可在上清液中观察到溶解的胶质，更换新的 2% gelatin 溶液继续不断地涡旋，直到卵非常紧密地结合在一起，并朝卵黄极排列。快速移弃尽可能多的 gelatin 溶液。爪蟾卵一旦去胶质化后对机械操作非常敏感。

（2）用 MMR 溶液洗 3 遍。

（3）用 CSF-XB 溶液浸洗 3 遍，第 2 遍洗涤过程中去除已裂解的、肿胀的或白色的已活化的卵。

（4）将卵转移到含有 50 μg/mL 的 cycloheximide，以及 aprotinin、leupeptin 和 cytochalasin B（终浓度为 5 μg/mL）的 CSF-XB 溶液中，尽可能多地去掉 CSF-XB 溶液后轻轻地旋转，并将其转移到 15 mL 的圆底离心管中，等卵稳定下来后，将过多的溶液从管的顶端吸掉。

（5）1300 r/min 离心 15 s，2000 r/min 离心 60 s，3000 r/min 离心 30 s，然后从管的顶部吸掉过多的液体，吸的过程中避免接触到或打散爪蟾卵。

18 000 g，16℃离心 15 min。这一步将会形成 3 个不同的分离层，最上面是黄色的脂质层，中间的是褐色的卵初提液，底部的是薄的色素颗粒层和黑的卵黄层。

用装有 18 G 针头的注射器插入到薄的色素颗粒层上部，小心地将中间层的卵初提液吸取出来，转移到一个预冷的 15 mL 圆底离心管中，18 000 g，4℃再次离心 15 min。

去掉离心管中的卵黄层及脂质层污染，将粗提液转移到一个新的预冷的离心管中，加入 1× energy mix，混匀，此提取物即为 CSF-阻滞提取物或 M 期提取物。补充甘油（终浓度为 5%），4℃混匀。将初提液分装后储存于液氮罐中备用（图 15-9）。

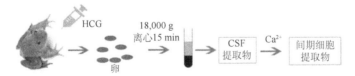

图 15-9 非洲爪蟾卵提取物获取示意图

在 M 期提取物中加入 cycloheximide（100 μg/mL），加入 0.4 mmol/L CaCl$_2$，23℃孵育 15 min 制备间期提取物。

三、周期蛋白修饰的研究策略

我们可以在爪蟾卵提取物中加入重组蛋白来体外模拟细胞周期过程中的各个事件，然后通过免疫沉淀、离心、洗脱、质谱分析等方法来分析细胞周期过程中的特定事件，如磷酸化修饰、泛素化修饰等过程（图 15-10）。

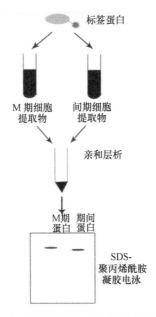

图 15-10 有丝分裂期或间期蛋白研究策略

1. 溶液

（1）胶脱色液Ⅰ：50% ethanol，7% HOAc。

（2）胶脱色液Ⅱ：10% ethanol，5% HOAc。

（3）染色液：50% methanol，5% HOAc，2.5% Coomassie Blue R250。

（4）保存液：3% glycerol，5% HOAc。

（5）HBS：10 mmol/L HEPES（pH 7.4），150 mmol/L NaCl。

（6）Antibody–protein A agarose（Sigma）。

（7）Glutathione beads（Pharmacia）。

（8）Ni-agarose beads。

（9）Gels：不连续的 SDS-PAGE 梯度胶。

2. 实验方法

（1）制备并纯化重组的目的蛋白。

（2）制备非洲爪蟾 M 期提取物或间期提取物。

（3）将 20 μL 重组蛋白加入到 180 μL M 期提取物或间期提取物中，23℃反应 30 min。

（4）向反应液中加入 5 倍体积的 HBS 溶液。

（5）3000 r/min 离心 2 min。

（6）加入 5～10 μL 亲和 beads，4℃旋转孵育 1 h。

（7）最高转速离心 15 s。

（8）用 HBS 溶液重悬并洗涤结合的蛋白-beads，洗 3 遍。

（9）去掉上清液，沉淀用 SDS-loading buffer 重悬并 95℃煮样 5 min。

（10）用相应的抗体通过免疫印迹方法检测蛋白的修饰情况等，或通过 Mass spectrometer 鉴定分析蛋白质的修饰情况。

参 考 文 献

1. M. Glotzer, A. W. Murray, M. W. Kirschner, *Nature* **349**, 132(1991).
2. S. I. Reed, *Nat. Rev. Mol. Cell Biol.* **4**, 855(2003).
3. S. Gilberto, M. Peter, *J. Cell Biol.* **216**, 2259(2017).
4. S. Lim, P. Kaldis, *Development* **140**, 3079(2013).
5. K. Kitagawa, M. Kitagawa, *Curr. Cancer Drug Targets* **16**, 119(2016).
6. L. K. Teixeira, S. I. Reed, *Annu. Rev. Biochem.* **82**, 387(2013).
7. P. Gonczy, *Nat. Rev. Mol. Cell Biol.* **9**, 355(2008).
8. X. Morin, Y. Bellaiche, *Dev. Cell* **21**, 102(2011).
9. M. J. Daniels, Y. Wang, M. Lee, A. R. Venkitaraman, *Science* **306**, 876(2004).
10. A. Lopez-Girona, B. Furnari, O. Mondesert, P. Russell, *Nature* **397**, 172(1999).
11. K. Fujimitsu, M. Grimaldi, H. Yamano, *Science* **352**, 1121(2016).
12. E. Schwob, T. Bohm, M. D. Mendenhall, K. Nasmyth, *Cell* **79**, 233(1994).
13. A. Lengronne, E. Schwob, *Mol. Cell* **9**, 1067(2002).
14. R. A. Woo, R. Y. Poon, *Cell Cycle* **2**, 316(2003).
15. R. van Leuken, L. Clijsters, R. Wolthuis, *Biochim Biophys Acta* **1786**, 49(2008).
16. R. J. Deshaies, C. A. Joazeiro, *Annu. Rev. Biochem.* **78**, 399(2009).
17. M. D. Petroski, R. J. Deshaies, *Nat. Rev. Mol. Cell. Biol.* **6**, 9(2005).
18. T. Cardozo, M. Pagano, *Nat. Rev. Mol. Cell Biol.* **5**, 739(2004).
19. D. Frescas, M. Pagano, *Nat. Rev. Cancer* **8**, 438(2008).
20. J. M. Peters, *Nat. Rev. Mol. Cell Biol.* **7**, 644(2006).
21. C. M. Pfleger, M. W. Kirschner, *Genes Dev.* **14**, 655(2000).
22. K. I. Nakayama, K. Nakayama, *Nat. Rev. Cancer* **6**, 369(2006).
23. B. A. Schulman *et al.*, *Nature* **408**, 381(2000).
24. L. L. Parker, H. Piwnica-Worms, *Science* **257**, 1955(1992).
25. J. A. Wohlschlegel *et al.*, *Science* **290**, 2309(2000).
26. F. Uhlmann, F. Lottspeich, K. Nasmyth, *Nature* **400**, 37(1999).
27. L. E. Littlepage, J. V. Ruderman, *Genes Dev.* **16**, 2274(2002).
28. J. Y. Hsu, J. D. Reimann, C. S. Sorensen, J. Lukas, P. K. Jackson, *Nat. Cell Biol.* **4**, 358(2002).
29. H. Konder, F. Moysich, W. Mattusch, *Reg. Anaesth* **13**, 122(1990).
30. A. Musacchio, E. D. Salmon, *Nat. Rev. Mol. Cell Biol.* **8**, 379(2007).
31. A. Verdugo, P. K. Vinod, J. J. Tyson, B. Novak, *Open Biol.* **3**, 120179(2013).
32. L. Song, M. Rape, *Mol. Cell* **38**, 369(2010).
33. S. Erhardt *et al.*, *J. Cell Biol.* **183**, 805(2008).
34. A. Rodrigues-Martins, M. Riparbelli, G. Callaini, D. M. Glover, M. Bettencourt-Dias, *Science* **316**, 1046(2007).
35. V. D'Angiolella *et al.*, *Nature* **466**, 138(2010).
36. F. Bassermann *et al.*, *Cell* **134**, 256(2008).
37. G. Nalepa, M. Rolfe, J. W. Harper, *Nat. Rev. Drug Discov.* **5**, 596(2006).
38. S. Signoretti *et al.*, *J. Clin. Invest.* **110**, 633(2002).
39. M. Welcker *et al.*, *P. Natl. Acad. Sci. USA* **101**, 9085(2004).
40. D. Srivastava, O. Chakrabarti, *Biochem. Cell Biol.* **93**, 273(2015).

（谢松波 万 勇 周 军）

第十六章　泛素化调节细胞死亡

清除不必要或者损伤的细胞对于维持组织、器官乃至整个生物体的稳态至关重要。凋亡（apoptosis）是一种由胞内或者胞外信号驱动的程序化细胞死亡机制。凋亡的正确调控对多细胞生物的生存至关重要。过度的凋亡会导致神经退行性疾病、贫血或器官移植时的排异反应，而减弱的凋亡则导致自体免疫疾病或癌症。不同的基因家族，如脱天蛋白酶（Caspase）、IAP（inhibitor of apoptosis protein）、BCL（B cell lymphoma）-2家族、TNF（tumor necrosis factor）受体超家族、p53蛋白及NF-κB通路相关蛋白等在凋亡中扮演着重要角色。

蛋白质的泛素化修饰作为一种重要的翻译后修饰参与了众多的生命活动过程。在细胞凋亡的过程中，一些关键的凋亡相关蛋白的泛素化修饰能决定细胞凋亡。已知多个泛素连接酶和去泛素化酶（DUB）在凋亡中亦扮演着重要的角色，例如，泛素连接酶MDM2能泛素化抑癌蛋白p53并且促进其降解，而去泛素化酶USP7能水解p53上的泛素链，保护其不被蛋白酶体降解。MDM2抑制剂能够稳定野生型p53从而促进癌细胞凋亡，目前已经用于临床抗癌试验之中（1）。

另一种重要的细胞死亡方式是细胞程序性坏死（necrosis），其对个体的发育和机体的稳态也非常重要，而泛素化修饰在其中亦有重要的调控作用。

第一节　细胞凋亡概述

在凋亡的过程中，细胞的形态会有巨大的变化。所有的形态学变化可以归为以下三个方面。①线粒体在细胞凋亡中具有重要的作用。BCL-2家族的成员在线粒体膜通透性的改变上扮演重要角色，促凋亡成员和抑凋亡成员之间相互拮抗以调节线粒体膜的完整性。当线粒体膜的通透性增加时，很多凋亡诱导分子会从线粒体释放到细胞质，如细胞色素 c（cytochrome c）（2）、SMAC（second mitochondrial activator of caspase，又称DIABLO）、HtrA2（high-temperature requirement A2，又称Omi）、Arts（apoptosis-related protein in the TGF-β signaling pathway，又称SEPT4）、AIF（apoptosis-inducing factor）和EndoG（endonuclease G）等，从而启动Caspase活化诱导细胞凋亡。②细胞膜和细胞质的改变导致细胞皱缩，凋亡小体形成。一旦凋亡起始，凋亡细胞就会与邻近的细胞脱离，位于细胞膜内侧的磷脂酰丝氨酸外翻（3），细胞膜皱缩并包裹细胞内容物形成凋亡小体。巨噬细胞能识别凋亡小体外翻的磷脂酰丝氨酸并将其吞噬清除，所以细胞内容物不会外露，避免了炎症反应的发生。与此同时，细胞质内的支架蛋白和细胞连接蛋白如Actin、β-catenin、血影蛋白（spectrin）和Gas2都将因Caspase的切割而失活，细胞的完整性丧失。③染色质固缩导致的细胞核的改变（4）。细胞核的片段化是凋亡的后期事件，DNA双链会断裂成180～200 bp或其倍数长度的DNA碎片，基于凋亡的这个特征，可以采用 TUNEL 实验方法进行凋亡检测。凋亡主要通过两条途径调节：线粒体起始的内源途径和死亡受体起始的外源途径。这两条途径最终都会激活 Caspase，它们是执行细胞凋亡的核心蛋白。

　　线粒体在细胞凋亡内源途径中处于中枢地位。有毒化学物质、病毒感染、射线辐射或生长因子匮乏等刺激会引起 DNA 损伤，当细胞自身的修复机制不足以逆转这些变化时，细胞会启动内源性凋亡，清除非正常细胞以达到保护机体的目的。内源凋亡途径主要由 BCL-2 家族蛋白和肿瘤抑制因子 p53 控制。很多 BCL-2 的家族成员结合在线粒体膜上或活化后结合到线粒体膜上，它们通过相互作用对线粒体膜的通透性和完整性进行调节。而 p53 对内源凋亡通路的影响主要是它能作为转录因子调控多种 BCL-2 家族蛋白的表达，如 Puma、NOXA 和 BAX（BCL-2 associated X）等。当细胞受到有毒物质侵害或射线辐射时，BCL-2 家族蛋白中含 BH3（BCL-2 homology 3）-only 模块的成员会被激活，它们能中和 BCL-2 家族抗凋亡成员 BCL-2、BCL-XL（BCL-extra large，也叫 BCL-2L1）或 MCL-1（Myeloid leukaemia cell differentiation 1），释放其结合的促凋亡蛋白 BAX 和 BAK（BH antagonist or killer）。释放的 BAX 和 BAK 会插入线粒体外膜形成孔道，使其通透性增加，细胞色素 c、SMAC、HtrA2、Arts、AIF 和 EndoG 等蛋白质会从线粒体膜间隙释放到细胞质。释放的细胞色素 c 联合 dATP 一起结合到 Apaf1（adaptor protein apoptotic protease-activating factor 1）蛋白上，形成凋亡复合物。凋亡复合物招募非活性状态的 Pro-caspase9 自我切割，形成活化的 Caspase9。活化的 Caspase9 会对下游的 Pro-caspase3、6 和 7 进行切割，形成活化的执行 Caspase3、6 和 7。凋亡执行者会对一系列的底物蛋白进行切割，如 ICAD（inhibitor of caspase-activated DNase）被 Caspase 切割，释放 CAD 进入细胞核使 DNA 片段化。另外，活化的 Caspase 会对各种激酶、细胞骨架蛋白等进行切割，这将导致细胞皱缩等一系列的细胞形态改变，最终导致细胞死亡。除了细胞色素 c 以外，线粒体释放的 SMAC 或 HtrA2/Omi 等促凋亡分子可以拮抗细胞质中存在的凋亡抑制分子，如 IAP 等。线粒体释放凋亡诱导因子 AIF 和核酸内切酶 EndoG，这两种蛋白质不依赖于 Caspase 的活化，可进入细胞核，直接导致大量 DNA 的片段化和染色质固缩。AIF 位于线粒体外膜，当线粒体膜通透性改变时，AIF 从线粒体转移到细胞质，继而进入细胞核，引起核内 DNA 凝聚并断裂形成 50 kb 大小的片段而非典型的间隔 200 bp 的片段。核酸内切酶 EndoG 属于 Mg^{2+} 依赖的核酸酶家族，它定位于线粒体。当内源性凋亡发生时，EndoG 从线粒体中释放并进入细胞核，对核内 DNA 进行切割。不同于 AIF，EndoG 对核 DNA 的切割会产生典型的间隔 200 bp 的 DNA 片段。

　　外源性的细胞凋亡起始于 TNF 受体超家族与其对应配体的结合。TNF 受体超家族与其对应的配体结合后会诱发受体聚集并组装死亡诱导信号复合物 DISC（death-inducing signaling complex）。死亡配体包括 TNFα、FASL（FAS ligand）、TRAIL（TNF-related apoptosis-inducing ligand）等，对应的受体包括 TNFR1（TNF receptor 1）、FAS（又称 CD95）、DR5（death receptor 5，也叫 TNFRSF10B）和 DR4。Pro-caspase8 的活化依赖于 DISC 复合物的形成。接头分子 FADD（FAS-associated death domain protein）和 TRADD（TNFR1-associated death domain protein），以及无活性的 Pro-caspase8 被招募到死亡受体处组装形成 DISC 复合物。DISC 中的 Pro-caspase8 发生自我切割活化。活化的 Caspase8 会切

割下游的 Pro-caspase3 和 Pro-caspase7,使其活化,扩大死亡信号。活化的 Caspase3 和 Caspase7 作为执行者对下游的一些重要蛋白施行切割,最终导致细胞的死亡。另外,活化的 Caspase8 可以切割 BCL-2 家族中的 BH3-only 亚家族成员 BID(BH3 interacting domain death agonist), 使其活化成 tBID,tBID 从细胞质移位到线粒体膜上,并通过 BAX 和 BAK 的作用改变线粒体膜的通透性,使细胞色素 c 和 SMAC 等释放到细胞质,从而激活线粒体凋亡通路。

第二节　细胞凋亡的调控

一、Caspase 家族

Caspase 家族蛋白是一类存在于细胞质中的具有相似保守结构的蛋白酶,其全称为天冬氨酸特异性的半胱氨酸蛋白水解酶。它们的活性位点均包含有半胱氨酸残基,能够特异性地切割底物蛋白天冬氨酸残基后的肽键,这也是它们名称的由来。在哺乳动物中存在 14 种不同的 Caspase,可大致分为:凋亡起始者(apoptotic initiator),包括 Caspase2、8、9 和 10;凋亡执行者(apoptotic executioner),包括 Caspase3、6 和 7;不直接参与细胞凋亡的 Caspase,包括 Caspase1、4、5、11、12、13 和 14,这些 Caspase 参与细胞炎症反应或者其他细胞学过程,如 Caspase1 参与 IL-1β(interleukin-1β)的前体切割活化,而 Caspase14 在角化细胞的分化中起作用。从分子结构来看,起始 Caspase 的 N 端含有 CARD 结构域(caspase recruitment domain),大约包含 90 多个氨基酸;执行 Caspase 的 N 端则包含 DED 结构域(death effector domain),包含 20~30 个氨基酸,因此 Caspase 家族蛋白也属于 DD 超家族。Caspase 一开始都是以无活性的酶原即 Pro-caspase 形式存在的。一旦凋亡起始,Caspase 完成自我切割活化之后,执行 Caspase 会被起始 Caspase 招募并切割活化(5)。除了参与细胞凋亡,Caspase 在细胞增殖、生存和炎症中也扮演着重要角色。多种泛素连接酶可以调节 Caspase 的功能及其蛋白质稳定性(表 16-1)。

表 16-1　Caspase 家族及其泛素连接酶

功能	Caspase 类型	Caspase 酶	E3 泛素连接酶
细胞凋亡	凋亡起始者	Caspase2	—
		Caspase8	HECTD3,Cul3,TRAF2
		Caspase9	XIAP,NEDD4
		Caspase10	—
	凋亡执行者	Caspase3	XIAP,SCF$^{β\text{-TRCP}}$,c-IAP
		Caspase6	—
		Caspase7	XIAP,c-IAP
细胞坏死或其他	炎症相关或其他	Caspase1	—
		Caspase4	—
		Caspase5	—
		Caspase11	—
		Caspase12	—
		Caspase13	—
		Caspase14	—

作为起始 Caspase，Caspase8 在外源凋亡信号通路中是一个核心因子。Pro-Caspase8 会被 FADD 或 TRADD 招募到 DISC 复合物中，继而多聚化的 Pro-Caspase8 发生自我切割活化，形成活化形式的 Caspase8。Caspase8 会继续活化 Caspase3、7 和 BID，使凋亡信号级联放大。cFLIP 能抑制 Caspase8 的激活，它是 Pro-caspase8 的结构同源蛋白，但是它没有切割活性（图 16-1）。FLIP 是 cFLIP 的短的同源异构体，它主要抑制 DISC 复合物的形成。cFLIP 的长的同源异构体 FLIP$_L$ 对 Caspase8 活性的调节主要依赖于 FLIP$_L$ 的蛋白质水平。在低浓度时，FLIP$_L$ 与 Pro-Caspase8 或 Pro-Caspase10 形成异二聚体促进 Caspase 的活性，但是当 FLIP$_L$ 处于高浓度时，Caspase8 的活性会被抑制而促细胞生存的 NF-κB 通路会被激活。另一个重要的起始 Caspase 是 Caspase9，它在内源线粒体凋亡途径中扮演重要角色，参与形成 Apoptosome 复合物。当细胞色素 c 从线粒体中释放进入细胞质时，Apaf1 作为受体与细胞色素 c 结合后，继而招募 Pro-Caspase9，在该复合物中 Pro-caspase9 实现自我切割活化。这时，Apoptosome 复合物也处于活化状态，作为一个整体对下游 Caspase3、6、7 进行切割活化（6）。Caspase2 也是凋亡起始 Caspase 之一，它在 DNA 损伤、代谢异常和内质网应激（ER-stress）诱导的细胞凋亡中扮演重要角色。Caspase2 还是 Caspase3 和 Caspase8 的底物蛋白，参与凋亡信号的级联放大。活化的 Caspase2 会形成 PIDDosome 复合物，促进细胞死亡。除了 Caspase2，该复合物还包含蛋白 RAIDD（RIP-associated ICH-1/ECD3 homologous protein with death domain）、PIDD（p53-induced protein with death domain）和 RIP（receptor-interacting protein）。

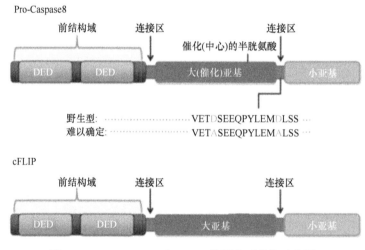

图 16-1　Pro-Caspase8 和 cFLIP 的蛋白质结构示意图（8）

Caspase3、6 和 7 是凋亡执行 Caspase，它们以类似的方式参与细胞凋亡，但是 Caspase3 起核心作用。有研究表明，同时抑制 Caspase6 和 7 不能有效地抑制细胞凋亡，但当 Caspase3 的活性被抑制时，细胞凋亡进程就可以很好地被阻断。凋亡的内源途径和外源途径都能活化 Caspase3，Caspase3 的活化是内源和外源凋亡信号汇集的地方。Caspase3 对于 PARP 的切割和 DNA 片段化有关键作用（7）。但是，一些研究表明，在同时敲除 Caspase3 和 7 的条件下，细胞通过另一种方式死亡——坏死。

二、泛素化调控 Caspase 家族蛋白和凋亡

泛素化修饰对 Caspase8 的活性具有调节作用。当凋亡信号活化后，Pro-caspase8 会被招募进入 DISC 复合物，经过一步自我切割，Pro-Caspase8（p55）会形成活化的（p43）2（p10）2 四聚体，再进一步切割形成（p18）2（p10）2 四聚体，这两种异源四聚体都是活化形式的 Caspase8。泛素连接酶 HECTD3 及 Cul7 会在 Pro-Caspase8 的第 215 个赖氨酸（K215）处发生非降解的 K63 链多泛素化修饰，阻止 Pro-Caspase8 进入 DISC 复合物活化（9）。在 DISC 复合物中，以 Cul3 为骨架的泛素连接酶复合物可在 Pro-Caspase8 的小催化结构域（p10 region）上形成非降解型的多泛素化链，该修饰能促进 Pro-Caspase8 的聚集和活化，扩大下游凋亡信号（10）。在 DISC 复合物中，泛素连接酶 TRAF2（tumor necrosis factor receptor-associated factor 2）会被招募进来并与 Caspase8 相互作用，TRAF2 会在活化的 Caspase8 的大催化结构域（p18 region）上进行 K48 链多泛素化修饰，促进 p18 亚基或 p43 亚基通过蛋白酶体快速降解，阻止 Caspase8 的进一步自我切割活化，并防止活化的 Caspase8 进入细胞质，从而抑制凋亡（11）。

cFLIP 作为一个重要的凋亡负调控分子，也会被招募进入 DISC 复合物。cFLIP 是 Pro-Caspase8 的同源蛋白，它们有极其相似的蛋白结构，但是 cFLIP 不能发生自我切割，因为其大的催化结构域中没有 Caspase 催化活性所必需的半胱氨酸残基。cFLIP 和 Pro-Caspase8 能发生结合形成异源二聚体，使 Pro-Caspase8 无法进行自我切割活化。当细胞受到 TNF-α 的刺激时，上游通路能活化激酶 JNK，JNK 磷酸化 ITCH 使其活化，继而活化的 ITCH 泛素化修饰 cFLIP 使其通过蛋白酶体途径降解。失去了 cFLIP 的抑制，Caspase8 得以活化。Itch 基因敲除的小鼠能抵抗 TNF-α 诱导的急性肝损伤，因为 Itch 基因敲除后 cFLIP 的泛素化降解被抑制，积累的 cFLIP 能抑制 Caspase8 介导的细胞凋亡（12）。

IAP 蛋白有广谱的 Caspase 抑制活性，而且其中几个 IAP 都含有 RING 结构域，是泛素连接酶，如 cIAP1/2 和 XIAP。XIAP 通过其 BIR2 结构域和该结构域前的连接区结合并抑制活化的 Caspase3 和 Caspase7。除了抑制这些 Caspase 的蛋白酶活性外，XIAP 通过泛素化修饰限制它们的蛋白质水平，从而拮抗细胞凋亡（13,14）。Pro-Caspase3（p32）会在上游 Caspase 的作用下切割成 p12 和 p20 亚基，p20 亚基进一步自我切割形成 p17 亚基，p12 和 p17 组成异源四聚体，形成活化形式的 Caspase3。XIAP 泛素化降解 Caspase3 的每一个亚基，包括 p12、p17 和 p20，但是不降解 Pro-Caspase3。细胞质中的 Pro-Caspase3 能被 SCF^{β-TRCP} 降解。XIAP 对活化的 Caspase7 也有类似的泛素化降解作用。可见 XIAP 不但能直接抑制 Caspase3 和 Caspase7 的切割活性，还能降解活化的 Caspase3 和 Caspase7，从而阻止凋亡的执行。cIAP1/2 也能介导 Caspase3 和 Caspase7 的泛素化降解。

XIAP 对 Caspase9 也有抑制作用，但是不依赖于 RING 结构域，而是通过 BIR3 结构域与 Caspase9 结合，阻止 Caspase9 的二聚化和活化。在鼠源细胞中表达失活形式的 XIAP 将导致 Caspase3 的活性增强，使细胞对凋亡刺激更加敏感，这与 XIAP 负向调节凋亡的重要角色一致。XIAP 还可以在 AIF 的第 225 位赖氨酸残基发生非降解型的多聚

泛素化，阻止 AIF 与 DNA 的结合，进而防止 AIF 对 DNA 的切割。另外，在 Hedghog 通路中，受体 Ptc（Patched）能招募泛素连接酶 NEDD4 对 Caspase9 进行泛素化修饰并使其活化，以一种不依赖于 BAX 的方式起始内源凋亡（图 16-2）。

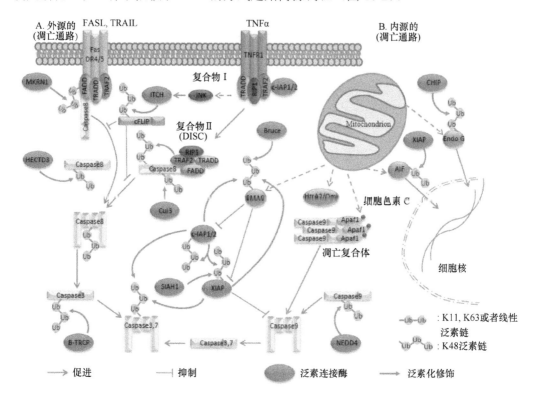

图 16-2 Caspase 家族蛋白和 IAP 家族蛋白的泛素化调控。A. 配体 FASL、TRAIL 与死亡受体 FAS、DR4/5 结合，或 TNFα 与 TNFR1 结合起始细胞的凋亡外源途径。在 DISC 复合物中，cFLIP 抑制 Caspase8 酶原（Pro-caspase8）的自我切割活化，而这一过程被 ITCH E3 连接酶逆转，ITCH 泛素化修饰 cFLIP 使其降解；TRAF2 能泛素修饰 Caspase8 的大催化结构域，促进 Caspase8 的降解，而 Cul3 在 Caspase8 的小催化结构域发生非降解的泛素化修饰，促进其自我切割活化。HECTD3 在 Pro-caspase8 的 215 位赖氨酸处发生非 K48 链的泛素化修饰，阻止其进入 DISC 复合物。cIAP1/2 直接泛素化修饰活化的 Caspase3 和 Caspase7，促其降解。SCF$^{\beta\text{-TRCP}}$ 能促进未活化的 Pro-caspase3 降解。B. 当细胞凋亡内源途径起始时，线粒体会释放 Cytochrome C、SMAC、HtrA2/Omi、AIF 和 EndoG 等促凋亡因子。SMAC 与 cIAP1/2 和 XIAP 结合后会促进 E3 泛素连接酶的自我泛素化降解，反过来，cIAP1/2、XIAP 及 BRUCE 也会对 SMAC 进行泛素化修饰，促进其降解。另外，XIAP 通过非降解的泛素化链修饰 AIF，阻止其与 DNA 的结合，CHIP 泛素化降解 EndoG，这两种泛素化修饰都保护 DNA 不被切割。E3 泛素连接酶 SIAH1 能促进 XIAP 的降解。NEDD4 能对 Caspase9 进行非降解的泛素化修饰使其活化

三、泛素连接酶 IAP 具有抗凋亡功能

IAP 蛋白最初是在杆状病毒中发现的。所有的 IAP 都含有 BIR（Baculovirus IAP repeat）结构域，该结构域约含 70 个氨基酸残基，该结构域中通常有一个或多个锌指模块，介导蛋白质与蛋白质的相互作用（15）。另外，有些 IAP 蛋白还包含 UBA 结构域或 RING 结构域。第一个鉴定了的 IAP 是 1993 年米勒等发现的 OpIAP，它能抑制病毒诱

导的细胞凋亡，主要通过抑制 Pro-caspase 的切割活化而非直接抑制 Caspase 对底物的切割活性来抑制凋亡。在哺乳动物中，IAP 蛋白有 8 个成员：NIAP（BIRC1）、cIAP1（BIRC2）、cIAP2（BIRC3）、XIAP（BIRC4）、Survivin（BIRC5）、BRUCE（BIRC6，也叫 Apollon）、ML-IAP（BIRC7）、ILP-2（BIRC8）（图 16-3）。

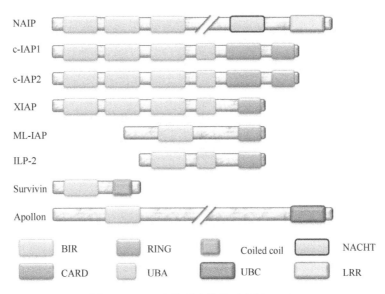

图 16-3 IAP 家族蛋白结构示意图（16）

XIAP 是研究得最为清楚的哺乳动物 IAP 之一，它含有三个 BIR 结构域和一个 RING 结构域，其基因位于 X 染色体上，能高效地抑制 Caspase 活性进而抑制细胞凋亡。XIAP 通过第二个 BIR 结构域在 Caspase 的活性中心插入一个天冬氨酸对 Caspase3 和 7 进行抑制，通过第三个 BIR 结构域与 Pro-Caspase9 的 N 端结合阻止其二聚化，从而抑制 Caspase9 的活化。另外，XIAP 还能促进 Caspase3 和 7 的泛素化降解。cIAP1/2 不能像 XIAP 那样通过结合抑制 Caspase，但 cIAP 能促进 Caspase3 和 7 的泛素化降解，也可以通过结合 IAP 抑制子 SMAC，发挥凋亡抑制作用。Survivin 能抑制 Caspase3 的活性。BRUCE 是一种主要在分泌性器官、睾丸、淋巴细胞和脑中表达的 IAP，与 Survivn 类似，BRUCE 主要定位在反面高尔基体网的外膜上，它只含有一个 BIR 结构域。BRUCE 能抑制 Caspase3、6、7、8 和 9，并能促进 SMAC 的蛋白酶体依赖的降解。很多研究表明，BRUCE 在卵巢癌和脑瘤细胞系中高表达，导致细胞凋亡抵抗（17）。细胞内源性的 IAP 拮抗分子有 SMAC、HtrA2/Omi 和 XAF1（XIAP-associated factor 1），对 IAP 具有强烈的抑制作用。SMAC 的 N 端 MTS 信号肽介导其定位于线粒体，MTS 被切除后意味着 SMAC 的活化。当凋亡内源途径启动时，SMAC 会被释放进入细胞质形成二聚体，并通过它 N 端的 Ala-Val-Pro-Ile 氨基酸序列结合到 IAP 发挥抑制作用（18）。SMAC 能与 XIAP 的第二和第三个 BIR 结构域结合，使 XIAP 结合的 Caspase 与 XIAP 分离（19），而 ML-IAP 因与 SMAC 有更强的亲和性，又可以将 SMAC 蛋白从 XIAP 上剥离。HtrA2/Omi 也是线粒体来源的 IAP 拮抗分子，它通过 IBM 模块（IAP-binding motif）与 IAP 结合发挥抑制作用。XAF1 也是强有力的 IAP 拮抗分子，结合于 XIAP、cIAP1 和 cIAP2 的 BIR 结构域发挥抑制功能，促进细胞凋亡。

  cIAP1 能泛素化 SMAC 使其降解，继而促进细胞生存。另外，有意思的是，cIAP1 能泛素化其他 IAP 蛋白，如 XIAP 和 cIAP2，这可能是为了调整其他 IAP 蛋白的水平以达到调控细胞凋亡的最佳平衡。IAP 的泛素底物蛋白还有很多，如 RIP1 和 TRAF2（20），这两个蛋白质参与了凋亡途径和 NF-κB 信号通路。

  IAP 家族蛋白稳定性大多依赖于自身的泛素化降解（21，22）。在没有上游信号激活的情况下，cIAP1 以无活性的单体形式存在。cIAP1 的 BIR3 结构域与 RING 结构域形成分子内的相互作用，阻碍了 RING 结构域的二聚化（通常，RING 家族的泛素连接酶以二聚化形式激活），以及与泛素耦合酶的结合，从而抑制其自身的泛素连接酶活性。cIAP1 的 CARD 结构域位于 BIR3 和 RING 之间，为 BIR 和 RING 的分子内相互作用提供了空间上的可能。研究发现，当 cIAP1 的 CARD 结构域发生缺失突变时，其泛素连接酶活性会得到最大限度的释放，导致其自身泛素化降解加剧，严重缩短其半衰期。而与此同时，CARD 缺失突变的 cIAP1 对底物的泛素化降解能力也增强（23）。另一方面，当与底物结合时，cIAP1 的泛素连接酶活性会被激活。底物结合到 BIR3 结构域会释放 RING 结构域，RING 的二聚化对泛素连接酶的活性非常重要。

  在多种肿瘤中，IAP 蛋白都有表达的上调，它们参与抑制细胞凋亡的信号通路。例如，ML-IAP 表现出强烈的肿瘤表达偏向，XIAP、cIAP1 和 cIAP2 在多种肿瘤中的表达与预后负相关；在多种人和鼠的肿瘤中，包含 cIAP1 和 cIAP2 的染色体区域经常发生扩增。这些都暗示着 IAP 蛋白为潜在的癌蛋白（24）。在淋巴结外的非霍奇金 MALT 淋巴瘤 [non-Hodgkin mucosa-associated lymphoid tissue lymphoma tanslocatio（MALT）lymphoma]中，包含有 t（11；18）（q21；q21）的染色体易位，这直接导致了一种融合蛋白 cIAP2-MALT1 的产生，即 cIAP2 的 N 端区域连接到 MALT1 蛋白（一种 para-caspase 蛋白）的中间部分和 C 端区域所形成的一个全新的蛋白质（25）。在该癌症中，cIAP2-MALT1 融合蛋白促进 NF-κB 信号通路的持续活化，而 NF-κB 信号通路是促细胞生存和促炎症的通路，它的增强能促进肿瘤进程和肿瘤对放化疗的抵抗（26）。这一实例也很好地支持了 IAP 蛋白的促癌角色。IAP 蛋白的这些特性催生了很多针对它的药物靶向研究（27）。截至目前，多种靶向策略已被开发，其中针对 IAP 的小分子抑制剂备受瞩目。

  IAP 小分子拮抗剂 SM 能模拟活化的 SMAC 蛋白的 N 端，与特定的 BIR 结构域高亲和性地结合。在体内肿瘤模型中，IAP 小分子抑制剂抑制 IAP 的活性，促进细胞的凋亡。有趣的是，IAP 小分子拮抗剂能改变 cIAP 的空间构象，增强它们的泛素连接酶活性，这将导致 cIAP 的多种底物蛋白的泛素化修饰增加。最明显的是，cIAP 调节 RIP1 的泛素化活化，激活经典的 NF-κB 信号通路，促进细胞生存（28）。但是，这种强烈的泛素连接酶活性的增加也会导致 cIAP 蛋白自身的不稳定性，因为结合拮抗剂 SM 后 cIAP 会发生自我泛素化降解（29）。反过来，cIAP 蛋白的缺失会导致 NIK 激酶的积累，继而活化非经典 NF-κB 信号通路。NF-κB 信号通路的活化诱导 TNF-α 的产生，而 TNF-α 又会通过 TNFR1 介导的信号通路进一步诱导缺少 cIAP 蛋白的肿瘤细胞的凋亡。IAP 小分子拮抗剂起初的设计想法是作为阻断剂阻断 IAP 蛋白与 Caspase 或其他促细胞凋亡蛋白之间的相互作用，可令人意想不到的是，竟发现它能活化 IAP 蛋白的泛素连接酶活性，发挥强烈的促肿瘤细胞凋亡作用（图 16-4）。

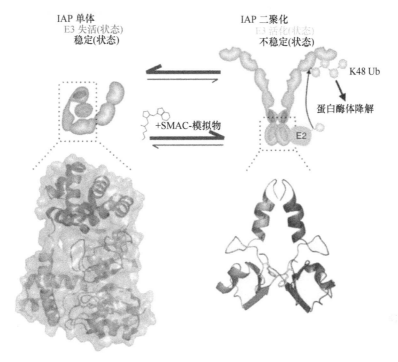

图 16-4　SM 促进 IAP 蛋白的自我泛素化调节（30）。IAP 单分子存在时，BIR3 在分子内对 RING 形成结构上的抑制。当结合 SM 时，BIR3 对 RING 的这种抑制作用会被解除，RING 完成二聚化从而激活 IAP 的泛素连接酶活性，同时增加 IAP 的自我泛素化降解

四、泛素化修饰调控 BCL-2 家族蛋白和凋亡

在内源线粒体凋亡通路中，抗凋亡蛋白 BCL-2、BCL-XL、MCL-1 能拮抗含有一个或多个 BH3 结构域的 BCL-2 家族中的促凋亡蛋白，保护线粒体的完整性。BCL-2 蛋白家族在调节细胞凋亡过程中起至关重要的作用，根据功能不同可以细分为三个亚家族：①抗凋亡亚家族，包括 BCL-2、BCL-XL、BCL-W（也叫 BCL-2L2）和 MCL-1；②BH3（BCL-2 homology 3）-only 亚家族，包括 BID、BAD（BCL-2 antagonist of cell death）、BIM（BCL-2-interacting mediator of cell death，也叫 BCL-2L11）、NOXA（也叫 PMAIP1）和 Puma（p53 upregulated modulator of apoptosis，也叫 BBC3）；③促凋亡亚家族，包括 BAX、BAK 和 BOK。几乎所有的 BCL-2 家族蛋白都能与 BCL-2 家族的其他蛋白质形成二聚体，它们调节线粒体的完整性，可以影响线粒体膜孔道的形成。正常情况下，线粒体膜上的抗凋亡亚家族成员与促凋亡亚家族成员之间是相互结合的，这样能抑制促凋亡亚家族成员在线粒体膜上多聚化形成孔道。其中，BH3-only 亚家族成员一般在细胞处于压力状态下活化，如生长因子匮乏或 DNA 损伤。活化的 BH3-only 亚家族成员会结合抗凋亡亚家族成员，使促凋亡亚家族成员得以释放并在线粒体膜上形成孔道，细胞色素 c 等线粒体内容物会顺着这些孔道进入细胞质，继而起始细胞内源凋亡途径。在多种人类恶性肿瘤中，BCL-2 家族蛋白间的表达平衡被打破，严重偏向抗凋亡亚家族的表达。这样的直接后果就是细胞抵抗

凋亡信号，在放化疗治疗中易产生抗性。因此，很多研究者将目光聚焦在 BCL-2 家族蛋白作为抗癌靶点的研究中，如用模仿 BH3-only 亚家族结构的药剂靶向 BCL-2 的研究已经在进行临床试验。

BCL-2 家族中的促凋亡蛋白 BAX、BAK 和 BOK 就像是随时可能被引爆的炸弹，在正常的细胞中，为了防止细胞自发凋亡，它们的蛋白质水平和活性必须被严密监控。通常，BAX 是细胞质定位，BAK 是线粒体膜蛋白，而 BOK 则是内质网结合蛋白。IBRDC2 是一种 IBR 型的泛素连接酶，定位在细胞质和线粒体，它能负调节促凋亡蛋白 BAX 的蛋白稳定性。正常情况下，IBRDC2 和 BAX 均定位于细胞质，而当 BAX 发生异常活化时，活化的 BAX 会移位至线粒体，IBRDC2 也会在线粒体膜上累积。IBRDC2 会与活化的 BAX 结合并促进 BAX 的泛素化降解，进而防止异常的自发凋亡（31）。BAX 的另一个泛素连接酶是 Parkin，由 Park2 基因编码表达，该基因的失活突变是导致神经退行性疾病帕金森病的重要原因之一。Parkin 能在本底水平和凋亡刺激诱导的条件下，阻止 BAX 移位到线粒体（32）。BOK 是非典型的 BCL-2 家族成员，在缺失 BAX 和 BAK 的情况下，BOK 依然能够促进线粒体依赖的内源凋亡，而且 BOK 的活化不依赖于 BCL-2 家族的其他蛋白成员。BOK 能定位到内质网膜和线粒体外膜，它的 C 端结构决定了它的亚细胞定位。BOK 的活性调节依赖于内质网相关的降解（endoplasmic-reticulum-associated degradation，ERAD）。ERAD 成员包括 AMFR/Gp78 复合物、VCP/p97 复合物和蛋白酶体。Gp78 是内质网相关的泛素连接酶，负责泛素化修饰非正确折叠的蛋白质；p97 是内质网相关的 ATP 酶，负责将非正确折叠的蛋白质从内质网腔转位到细胞质。不同于 BAK 和 BAX，BOK 的 BH3 结构域与其他 BCL-2 家族蛋白亲和性很低，它的活性几乎不受 BCL-2 家族其他成员的调节，所以它处于一种组成型活化的状态。正常情况下，BOK 通常定位于内质网膜，而且会很快被 ERAD 泛素化降解，以至于很难检测到其蛋白质水平。当内质网应激发生时，大量的非正确折叠蛋白产生，BOK 会从内质网转位到线粒体外膜，并在此形成孔道，使线粒体内的促凋亡分子释放到细胞质，起始内源凋亡途径。而 BOK 的缺失能抵抗内质网应激（ER-stress）诱导的凋亡（33）（图 16-5）。

BCL-2 是著名的凋亡抑制蛋白，它能结合 BAK 和 BAX，防止其在线粒体外膜发生聚合而形成孔道。BCL-2 的蛋白稳定性依赖于泛素化修饰，但是其泛素连接酶仍未找到。很多化疗药物会诱导细胞的氧自由基应激的发生，BCL-2 会因此发生去磷酸化，然后 BCL-2 会被泛素化降解，释放结合的 BAX 和 BAK，促进细胞凋亡。一氧化氮（NO）能阻止 BCL-2 的泛素化降解而上调 BCL-2 的蛋白水平，防止凋亡。很多化疗药物能诱导一氧化氮合成酶（NO synthase）的表达，这也是肿瘤细胞对多种抗癌化疗药物产生抗性的原因之一。BCL-XL 是 BCL-2 家族中的抗凋亡蛋白，它的泛素连接酶也未找到，但其蛋白稳定性受泛素化调节。活化的 JNK 激酶在 BCL-XL 的第 62 位丝氨酸处磷酸化，继而促进 BCL-XL 的泛素化降解，而磷酸酯酶 PP6 可以移除该位点的磷酸化，维持其稳定。MCL-1 是 BCL-2 家族抗凋亡成员，对细胞生存极为重要。Mcl-1 基因敲除小鼠在围着床期出现胚胎致死，各种组织的条件敲除小鼠也揭示，MCL-1 对淋巴细胞、造血干细胞、神经细胞、中性粒细胞、肝脏细胞和心肌细胞等的生存都至关重要。MCL-1 也是

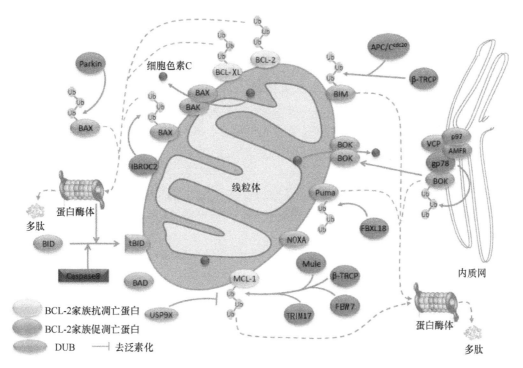

图 16-5　BCL-2 家族蛋白的泛素化调控。BCL-2 家族蛋白对于线粒体起始的内源凋亡途径起关键调控作用。BAX 是细胞质定位，而 BAK 是线粒体膜蛋白，活化的 BAX 会移位到线粒体膜与 BAK 结合形成孔道释放凋亡相关因子。IBRDC2 能在线粒体膜上对活化的 BAX 进行泛素化修饰，促进其降解。另外，Parkin 可以促进细胞质中的 BAX 降解。MCL-1 是重要的凋亡抑制蛋白，它的泛素化降解受到多个泛素连接酶的调控，包括 Mule、SCF$^{\beta\text{-TRCP}}$、SCF^{FBW7} 和 TRIM17，而这一过程能被去泛素化酶 USP9X 抑制。BOK 是内质网定位的 BCL-2 家族蛋白，当发生内质网应激时，其移位到线粒体起始内源凋亡途径，而正常情况下，定位于内质网的 BOK 被 E3 Gp78 持续泛素化降解。APC/C^{Cdc20} 和 SCF$^{\beta\text{-TRCP}}$ 促进 BIM 的降解，FBXL18 促进 Puma 的降解，BCL-2 和 BCL-XL 的蛋白稳定性也受泛素化调控

泛素化修饰研究得较为清楚的抗凋亡蛋白。MCL-1 可以被 4 种不同的泛素连接酶修饰降解，包括 Mule、SCF$^{\beta\text{-TRCP}}$、SCF^{FBW7} 和 TRIM17，可以被去泛素化酶 USP9X 所稳定（*34-38*）。Mule（MCL-1 ubiquitin ligase E3）含有 BH3 结构域，但该结构域只介导其与 MCL-1 的相互作用，却不与其他 BCL-2 家族蛋白结合。NOXA 能促进 Mule 和 MCL-1 的结合，因而能促进 MCL-1 的降解。SCF$^{\beta\text{-TRCP}}$ 和 SCF^{FBW7} 介导的 MCL-1 泛素降解是磷酸化依赖的。GSK3β 激酶首先在 MCL-1 的 S155、S159 和 T163 三个残基上发生磷酸化修饰，该磷酸化信号促进 SCF$^{\beta\text{-TRCP}}$ 对 MCL-1 的识别和结合，进而促进 MCL-1 的泛素化降解。FBW7 对 MCL-1 的泛素降解也是磷酸化依赖的，涉及不同的激酶，包括 GSK3β、JNK、p38 和 CKⅡ等。TRIM17 在神经元中过表达能促进神经元的凋亡，原因是 TRIM17 促进 MCL-1 的降解，诱导了线粒体依赖的内源凋亡通路。TRIM17 对 MCL-1 的泛素化修饰同样依赖于 MCL-1 的 S159 和 T163 两个残基的磷酸化。USP9X 是 MCL-1 的去泛素化酶，能有效地将 MCL-1 上的多泛素化链移除，促进 MCL-1 的蛋白稳定性。有趣的是，当把 MCL-1 上的 S155、S159 和 T163 位点突变成甘氨酸，能显著增强 MCL-1 与 USP9X 的结合，而当激活 GSK3β 时，MCL-1 与 USP9X 的结合会被破坏。因此，

MCL-1 上的磷酸化不仅促进泛素连接酶 SCF$^{\beta\text{-TRCP}}$、SCF^{FBW7} 或 TRIM17 与 MCL-1 的结合，同时还抑制了 MCL-1 与去泛素化酶 USP9X 的结合，从而促进 MCL-1 降解（图 16-5）。

BH3-only 亚家族的许多成员的蛋白稳定性都受到泛素化的调节。APC/C^{Cdc20}（anaphase-promoting complex Cdc20）在有丝分裂后期进程中起着重要调控作用，是一个大的泛素连接复合物。它也能参与细胞凋亡的调控，BCL-2 家族的 BIM 蛋白就是其靶蛋白，敲减 *Cdc20* 能增加细胞对凋亡刺激的敏感性。*Puma* 是 *p53* 的下游基因，和其他 BH3-only 亚家族成员一样通过拮抗 BCL-2 家族的抗凋亡蛋白来促进细胞凋亡。Puma 在细胞中的半衰期较短，约 3 h，泛素连接酶 FBXL18 能促进 Puma 的泛素化修饰然后降解。NOXA 的蛋白稳定性也依赖于泛素化的修饰，但目前其对应的泛素连接酶并没有找到（图 16-5）。

五、泛素化调控 p53 及凋亡

p53 蛋白由人的 *TP53* 基因编码，是一个分子质量为 43.7 kDa 的蛋白质，其基因座位于 17 号染色体的断臂上，基因全长 19 200 bp，含 11 个外显子。基于可变剪切，*TP53* 基因可编码多种 p53 蛋白的同源异构体。人的 p53 蛋白含有三个重要的功能结构域：DNA 结合结构域、N 端转录激活结构域和 C 端多聚化结构域。DNA 结合结构域可以结合下游靶基因的顺式作用元件，N 端转录激活结构域负责激活或者抑制靶基因的转录，而 C 端多聚化结构域负责介导 p53 蛋白的同源聚合，是可变剪切和转录后修饰集中的区域。p53 以四聚体的形式行使转录因子活性，其下游调控的基因参与各个重要的细胞过程，包括 DNA 损伤检测、细胞周期阻滞、细胞凋亡、DNA 修复及细胞衰老等。对于细胞凋亡，p53 既参与外源凋亡通路，又参与内源凋亡通路，而且它主要通过诱导下游靶基因参与其中，像凋亡相关蛋白 Puma、BID、BAX、Apaf1、DR5 和 CD95 等，都是 p53 的调控下游靶蛋白。在正常细胞中，p53 蛋白由于其快速的降解机制而处于低水平。一旦细胞检测到损伤发生时，p53 的蛋白质发生磷酸化，稳定性增加而大量积累，导致 p53 依赖的凋亡的发生。p53 除了转录依赖的促凋亡作用外，还能发挥非转录依赖的促凋亡作用。p53 能直接移位到线粒体上发挥诱导凋亡的作用，它结合并抑制 BCL-2 和 BCL-XL，使线粒体外膜的通透性增强，释放细胞色素 c 等促凋亡内容物。还有研究发现 p53 可以竞争性地结合 BAK，解除 MCL-1 对 BAK 的抑制，使 BAK 在线粒体膜上多聚化后形成孔道。

MDM2 是一个对细胞生存至关重要的泛素连接酶，它能泛素化 p53，促进 p53 降解。MDM2 对 p53 调控的有力证据来源于对基因敲除小鼠的研究。*Mdm2* 基因敲除小鼠是胚胎致死的，但是将其与 *p53* 基因敲除小鼠进行杂交获得的双基因敲除小鼠却是可存活的！这提示 p53 是 MDM2 的重要下游泛素化底物，当 MDM2 缺失时，p53 的水平显著上调。另外，*p53* 基因敲除小鼠，*p53* 和 *Mdm2* 双基因敲除小鼠易感于相同类型的肿瘤，而且两者拥有几乎完全一样的生存曲线，这也强烈地揭示了 MDM2-p53 保守的上下游调控关系，以及它们在调控细胞生存和肿瘤发生中的重要作用。尽管 MDM2 能调控 p53 的稳定性，但是它并不影响 p53 相关的蛋白质 p63 和 p73，后两者的蛋白稳定性由 E3 泛素连接酶 ITCH 和 WWP1 来调控。前面提到 ITCH 除了能泛素化修饰 p63 和 p73 之外，还能调控 cFLIP 的稳定性。

除了 p53，MDM2 还靶向很多其他蛋白质来调控细胞生存。例如，MDM2 能泛素化 FOXO 家族的转录因子促进其降解，从而促进细胞生存和增殖。但是，MDM2 的蛋白稳定性也受其他泛素连接酶的调控，SCF$^{\beta\text{-TRCP}}$ 就是一个能降解 MDM2 的泛素连接酶。在细胞应答 DNA 损伤时，SCF$^{\beta\text{-TRCP}}$ 促进 MDM2 的降解，使 p53 得以上调促进 DNA 损伤修复或促进细胞凋亡 (39)。特别值得一提的是，*Mdm2* 本身是 p53 下游转录靶基因，这种负反馈机制保证正常细胞中 p53 蛋白的总量不会太高。

USP7 一开始被鉴定为一种疱疹病毒相关的 USP，因此也得名为 HAUSP (herpesvirus-associated USP)。USP7 能调节一系列凋亡相关蛋白，包括 p53 和 MDM2。p53、USP7 和 MDM2 之间有着极其复杂的相互作用关系。USP7 在控制细胞凋亡中扮演重要角色，它能特异地调节 p53 和 MDM2 的蛋白稳定性。USP7 能结合 p53 和 MDM2，并将两者的泛素化修饰链移除从而增加其稳定性。我们知道，MDM2 是 p53 泛素连接酶并且其基因是 p53 下游的靶基因，而且 MDM2 能发生自我泛素化而降解，USP7 这种同时调节 p53 和 MDM2 的独特作用方式使调控比较复杂。正常情况下，USP7 更倾向于结合 MDM2。在 *Usp7* 基因敲除细胞系和胚胎细胞中，MDM2 变得更不稳定，使得 p53 得以大量积累 (40)。那么，是什么决定了 p53 和 MDM2 哪一个成为 USP7 的初始底物呢？在 DNA 损伤应答中，一种复杂而精细的调控机制已被阐明：DNA 损伤激活激酶 ATM，ATM 然后磷酸化 MDM2 和另一个相关的 p53 抑制蛋白 MDMX。这两者的磷酸化会降低它们与 USP7 的亲和性，因而，MDM2 和 MDMX 的稳定性下降，MDM2 通过自我泛素化而降解。失去 MDM2 后，p53 的稳定性增加，积累的 p53 蛋白介导 DNA 损伤修复或促进细胞凋亡 (图 16-6)。

除了 MDM2，p53 还受到多个泛素连接酶的修饰，这些泛素连接酶包括 CARP、Pirh2、COP1、ARF-BP1/Mule、WWP1、E4F1、CHIP 等。CARP1、CARP2、COP1 和 Pirh2 能泛素化修饰 p53，介导 p53 的蛋白酶体依赖的降解，而且这些泛素化修饰不依赖于 MDM2。Topors 能同时泛素化和相素化 p53，但其具体功能并不清楚。ARF-BP1 能直接泛素化 p53，但这种修饰会被肿瘤抑制因子 ARF 抑制。因为 p53 在细胞的不同位置发挥着多种重要的生物学功能，很多泛素化修饰也是背景特异的。在细胞核内，p53 主要行使转录因子的活性，促进细胞周期阻滞和凋亡相关基因的表达。同样，身为转录因子的 E4F1 是一个非典型的泛素连接酶，它能多泛素化 p53，改变其对靶基因转录的偏向性，使其更倾向转录细胞周期阻滞相关的基因。有意思的是，MDM2 可以通过剂量依赖的方式对 p53 进行单泛素化修饰，介导 p53 的出核。泛素连接酶 Msl2 和 WWP1 也能通过泛素化修饰介导 p53 的出核作用。细胞质中存在的 p53 可以直接结合 BCL-2 家族的抗凋亡蛋白 BCL-2 或 BCL-XL，发挥促凋亡作用。CBP 和 p300 能泛素化降解细胞质中的 p53。在内质网上，Synoviolin 能介导 p53 的内质网相关的降解 (ERAD) (图 16-6)。

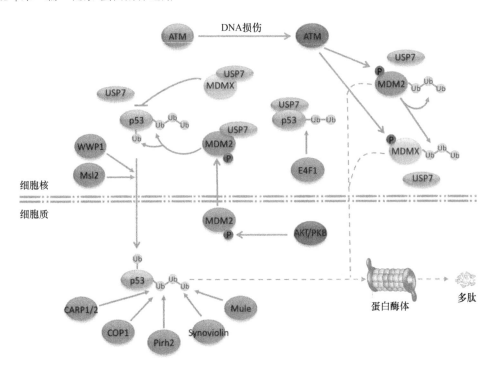

图 16-6　p53 的泛素化调控。MDM2 和 USP7 分别是 p53 的泛素连接酶和去泛素化酶。正常情况下，
细胞中的 p53 维持一种低水平状态，因为此时的 USP7 更倾向于结合 MDM2 和 MDMX，MDM2 会对
p53 有一个持续降解的作用。而当细胞出现 DNA 损伤时，激酶 ATM 会被活化，进而磷酸化 MDM2
和 MDMX，这种磷酸化抑制 USP7 与 MDM2 和 MDMX 的结合。游离的 USP7 蛋白会与 p53 进行保护
性结合，而失去 USP7 保护的 MDM2 会发生自我泛素化降解，从而使 p53 在细胞内积累。E4F1 通过
泛素化修饰改变 p53 对靶基因的偏向性。MDM2 通过单泛素化介导 p53 出核，WWP1 和 Msl2 也可以
介导 p53 的泛素化出核。细胞质中的 p53 能被多种泛素连接酶，如 CARP1/2、COP1、Pirh2、Synoviolin
和 Mule 等泛素化修饰并通过蛋白酶体降解

　　许多癌症都存在着 p53 的失活，研究者对于如何在肿瘤中恢复 p53 的活性也进行的
大量的研究。通过靶向 MDM2 来提高野生型 p53 的蛋白质水平是最常见的一种策略。
一系列的小分子化合物，如 Nutlin、JNJ-26854165 和 MI-219（也叫 AT-219），通过竞争
性结合 MDM2 上 p53 的结合位点阻止 p53 与 MDM2 结合，而 RITA 结合 p53 上 MDM2
的结合位点同样阻止 p53 与 MDM2 的结合，这两类小分子药物都能保护 p53 免受 MDM2
的泛素化降解。

六、泛素化调控 NF-κB 信号通路和凋亡

　　NF-κB（nuclear factor Kappa enhancer binding protein）参与调控多种生物学过程，
包括免疫、炎症和凋亡。NF-κB 转录因子家族由 p50，p52，p65（也叫 RelA）、c-Rel 和
RelB 组成，其中 p50 和 p52 是由蛋白酶体分别切割前体分子 p105（NF-κB1）和 p100
（NF-κB2）产生的。所有 NF-κB 家族成员都含有 RHD 结构域，该结构域介导家族成员
间的同源或异源二聚化、DNA 结合、核定位，以及与 IκB 的结合。二聚化的 NF-κB 可
以在细胞核与细胞质间来回穿梭。NF-κB 信号通路可分为经典和非经典通路。在未受到

上游信号刺激时，IκB 蛋白会结合二聚化的 NF-κB 使其滞留在细胞质，而一旦刺激发生，上游通路活化，IκB 会被迅速地磷酸化，继而被 SCF$^{β-TRCP}$ 泛素化并通过蛋白酶体降解。IκB 的降解使得二聚化的 NF-κB 释放入核，启动下游一系列基因的转录，如凋亡相关蛋白 TNF-α、cIAP2、BCL-2、cFLIP 和 XIAP。

泛素化直接参与 NF-κB 通路活性调节主要包括三个方面：TAK1 激酶复合物和 IKK 激酶复合物的活化、IκB 蛋白酶体依赖的降解，以及 NF-κB 前体分子的切割活化。

（一）TAK1 激酶复合物和 IKK 激酶复合物的活化

在 TNF-α 活化的经典 NF-κB 信号通路中，配体 TNF-α 和受体 TNFR1 的结合导致一系列的信号接头蛋白，包括 TRADD、TRAF2 和 cIAP1，被招募到 TNFR1 上，进而继续招募 cIAP2 和 RIP1 组装形成 TNFR1 相关的信号复合物（complex Ⅰ）（41，42）。在该复合物中，cIAP1/2 通过多种非降解的泛素化形式修饰 RIP1、TRAF2 及它们自身，包括 K63 和 K11 多泛素链但不限于这两种（43-46）。cIAP 提供的多泛素链形成一个支架，负责招募 TAB 和 TAK1，并使 TAK1 活化，继而 TAK1 会磷酸化修饰 IKKβ 使其激活。该多泛素化链支架还会招募 HOIP，并组装形成包含 HOIP、HOIL-1L 和 SHARPIN 的 LUBAC，该复合物促进 NEMO（也叫 IKKγ）的线性泛素化。NEMO 对于 NF-κB 的活化尤为重要，在 NEMO 缺失的细胞中，TNF-α、IL-1β 和 LPS 都无法使 NF-κB 活化（图 16-7）。

在 TRAF 蛋白家族中，除了 TRAF1 之外，其他的 TRAF 蛋白（TRAF2-6）的 N 端都包含保守的 RING 结构域，是泛素连接酶。当细胞表面的受体，如 IL-1R 或 TLR 受到配体刺激时，受体的胞质区会招募 TRAF 蛋白，如 TRAF6。TRAF6 在 E2 泛素结合酶 UBC13-UEV1A 的协助下会发生自身 K63 链的多泛素化修饰而活化。该多泛素化修饰类似于 cIAP 的泛素化修饰，为下游 NF-κB 信号的活化提供一个蛋白相互作用的平台。TRAF6 发生自我泛素化后会招募 TAK1 复合物和 IKK 复合物，TAK1 发生自我磷酸化而活化。继而，TAK1 磷酸化 IKKβ 使 IKK 复合物活化，而且该磷酸化的发生依赖于 TRAF6 对 NEMO（IKKγ）的 K63 链多泛素化修饰。活化的 IKK 复合物磷酸化 IκB，使其继而发生泛素化降解，然后转录因子 NF-κB 形成二聚体，主要是 p50 和 RelA（也叫 p65），得以释放进入细胞核调控促炎和抗凋亡基因的表达（图 16-7）。

TRAF6、cIAP 和 NEMO 的泛素化修饰可以被去泛素化酶 CYLD 和 A20 逆转，从而使 NF-κB 的活化抑制。还有研究表明，不同于 CYLD，去泛素化酶 A20 通常与 E2 泛素结合蛋白 TAX1BP1 和泛素连接酶 ITCH 形成一种泛素编辑复合物，该复合物会移除 RIP1 的 K63 链多泛素化修饰并使 RIP1 发生 K48 链多泛素化修饰而降解（图 16-7）。值得一提的是，A20 是 NF-κB 的转录靶基因。

NIK（NF-κB-inducing kinase）能活化非经典的 NF-κB 信号通路，但是通常情况下，NIK 被 cIAP-TRAF2-TRAF3 复合物中的 cIAP1/2 持续泛素化降解，使非经典 NF-κB 信号通路一直处于抑制状态。当 TWEAK（TNF-related weak inducer of apoptosis，也叫 TNFSF12）、CD40L 或其他 TNF 家族的配体与相应的受体结合时，cIAP-TRAF2-TRAF3 复合物会被招募到受体的胞内区，其成员在此会发生相继的泛素化降解，这使得 NIK 得以累积,进而激活下游信号通路(图 16-7)。NIK 磷酸化 IKKα,活化的 IKKα 磷酸化 NF-κB 家族转录因子 p100,磷酸化的 p100 会发生切割和局部的蛋白酶体降解,从而产生有转录活性的转录因子 p52,p52 同源二聚化,或与 RelB 形成异源二聚体行使转录功能(图 16-7)。

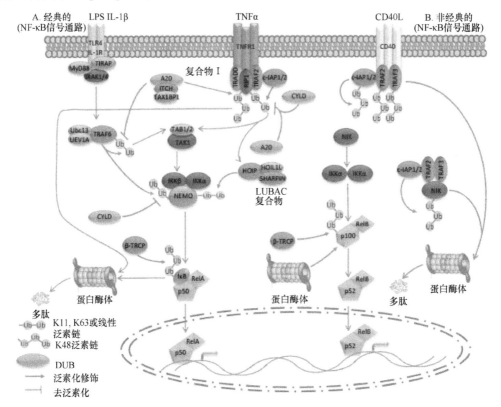

图 16-7　泛素化调控 NF-κB 信号通路和凋亡。NF-κB 信号通路是促进细胞生存的信号通路,其下游靶基因的表达会对凋亡产生抑制。NF-κB 信号通路包括经典 NF-κB 信号通路和非经典 NF-κB 信号通路。
A. ①经典 NF-κB 信号通路受不同的细胞因子激活。当细胞受到 LPS 或 IL-1β 刺激时,TRAF6 会被招募活化,活化的 TRAF6 会发生自我 K63 链的泛素化修饰,这为招募和活化 TAK1 激酶复合物提供了平台,活化的 TAK1 磷酸化 IKKβ 使 IKK 激酶复合物活化,TRAF6 还会对 NEMO 进行 K63 链的修饰。而当细胞受到 TNFα 刺激时,TNFR1 会迅速招募相关蛋白形成复合物Ⅰ,该复合物中的 cIAP1/2 会对 RIP1 进行 K63 链的泛素化修饰,这种泛素链作为一个平台对 TAK1 复合物进行招募活化。另外,该泛素链还会招募 LUBAC,LUBAC 会进一步对 RIP1 进行线性泛素链修饰,这种线性泛素化链会招募 NEMO(IKKγ),使其在 LUBAC 的作用下被线性泛素化修饰,NEMO 的线性泛素化修饰为 IKK 激酶活化所必需。去泛素化酶 CYLD 及 A20 会逆转 TRAF6 和 cIAP1/2 的这些泛素化修饰,从而抑制经典 NF-κB 信号通路的活化。A20 还能利用其泛素连接酶活性对 RIP1 进行 K48 链泛素化修饰。活化的 IKK 激酶会磷酸化 IκB,继而 SCF^β-TRCP 使 IκB 泛素化降解,释放的 NF-κB 转录因子入核行使转录功能。
B. ②非经典 NF-κB 信号通路,也受到不同细胞因子激活,主要有 CD40L 和 TWEAK 等。在非经典 NF-κB 信号通路,NIK 激酶处于关键位置。当细胞未接受刺激时,cIAP1/2、TRAF2 和 TRAF3 形成泛素连接酶复合物,对 NIK 进行持续的泛素化降解;而当 CD40L 与受体 CD40 结合后,泛素连接酶复合物会被招募到受体胞质区进行自我泛素化降解,释放的 NIK 得以积累活化,继而活化 IKKα。活化的 IKKα 磷酸化修饰 p100,SCF^β-TRCP 识别磷酸化信号之后会对 p100 进行泛素化修饰,在蛋白酶体的加工处理下,p100 会成熟为有转录活性的 p52 转录因子

（二）IκB 蛋白酶体依赖的降解

当细胞受到激动剂（如 TNF-α、IL-1β 或 LPS）刺激时，经典 NF-κB 信号通路会被激活，经典的 NF-κB 通路主要由 p50/p65 二聚体介导。这些不同刺激激活不同的受体，但最终信号都会在 IKK 激酶复合物处汇集，IKK 激酶复合物包含催化亚基 IKKα 和 IKKβ，以及调节亚基 NEMO（也叫 IKKγ）。IKK（inhibitor of NF-κB）可以在 IκB 的第 32 和第 36 位丝氨酸处发生磷酸化，继而招募泛素连接酶 SCF$^{β-TRCP}$ 在 IκB 第 21 和第 22 位赖氨酸处发生多泛素化修饰，这将导致 IκB 的 26S 蛋白酶体依赖的降解。IκB 的降解能使 NF-κB 活化，然而 IκB 本身也是 NF-κB 强烈诱导上调蛋白中的一个，若没有上游持续的信号刺激，NF-κB 二聚化转录因子很快会被 IκB 结合并带出细胞核失活（图 16-7）。

（三）NF-κB 前体分子的切割活化

非经典的 NF-κB 信号通路主要由 TNF 受体超家族中的配体，如 CD40L、TWEAK 和淋巴毒素 β，与其对应的受体结合而活化。NIK 和 IKKα 是参与这条通路的两个主要激酶，活化的 NIK 磷酸化 IKKα 使其激活，激活的 IKKα 磷酸化 p100，泛素连接酶 SCF$^{β-TRCP}$ 识别 p100 上的磷酸化位点与之结合并使其发生泛素化修饰，在蛋白酶体的加工处理下，前体 p100 会成熟为 p52。p52 与 RelB 结合形成功能活化的异源二聚体 NF-κB 转录因子后，入核调控下游基因的表达。

p105 的蛋白酶体加工修饰可发生在翻译时，也可发生在翻译后，可以使 p105 蛋白完全降解或形成 p50。本底水平时，p100 在 20S 蛋白酶体的作用下加工处理形成 p50 这一过程并不是泛素化依赖的，这与 p52 的加工成熟不同。但在受到外界刺激时，p50 的加工活化需要 p105 事先泛素化。

蛋白酶体如何区分底物蛋白的不同区域一直是一个让人感到困惑的问题。例如，p105 和 p100 蛋白的 C 端被降解了，而 N 端却完好无损。可能的解释是，蛋白酶体降解底物蛋白起始于一种发夹样的环状结构，然后同时降解底物蛋白的 C 端和 N 端。p105 和 p100 都包含一段富含甘氨酸的序列，该序列能形成发夹样环状结构，提供蛋白酶体修饰信号。这两个蛋白质的 C 端会被完全降解，但是在降解 N 端时会遇到稳定三级结构，以及与之共结合的其他 NF-κB 成员的阻碍，使得蛋白酶体对蛋白质的降解停止（图 16-7）。

七、重要的参与细胞凋亡的泛素连接酶

从前文的介绍，我们也注意到，同一个蛋白质可被多个泛素连接酶泛素化修饰，而同一个泛素连接酶也可以修饰多个底物蛋白。SCF$^{β-TRCP}$ 和 SCF^{FBW7} 两个泛素连接酶在细胞凋亡中扮演重要角色。β-TRCP 和 FBW7 是两个 F-box 蛋白，与 Skp1、Cul1 和 Rbx1 形成复合物。F-box 蛋白是底物特异识别亚基，它们的特异性决定着泛素连接酶复合物 SCF 的特异性。F-box 是一段约 40 个氨基酸残基、能介导蛋白质-蛋白质相互作用的蛋

白模块，它负责与 Skp1 蛋白的结合。FBW7 和 β-TRCP 都含有 WD40 结构域，该结构域直接结合底物蛋白，但它们两者之间调节的底物却大不相同。在人细胞中，β-TRCP 有两种同源异构体——β-TRCP1（也叫 FBXW1、FBW1A 和 FWD1）和 β-TRCP2（也叫 FBXW11 和 FBXW1B），它们发挥着近似的细胞学功能。通过遗传学方法同时敲除 β-TRCP1 和 β-TRCP2 还没有研究报道过，单独敲除 β-TRCP1 的小鼠并没有表现出整体组织的异常或生存能力的降低，这很可能是因为 β-TRCP2 的存在代偿了 β-TRCP1 缺失后失去的功能（47, 48）。但是通过 RNA 干扰（RNAi）的方法同时敲减 β-TRCP 的两个同源异构体或过表达显性负突变体（dominant-negative mutant）能明显促进细胞凋亡，这很可能是 β-TRCP 的促细胞凋亡底物累积的结果（49）。在此，我们主要关注 β-TRCP 调控的细胞凋亡相关的蛋白质。其中最重要的是 BIMEL（an extra-long isoform of BIM）和 Pro-Caspase3。BIMEL 是 BCL-2 家族蛋白中的促细胞凋亡蛋白，它对 BCL-2 家族中的促细胞生存蛋白有高度的亲和能力，能有效地中和促细胞生存蛋白的作用。Pro-Caspase3 是 Caspase3 的酶原形式，过多 Pro-Caspase3 的积累会增加细胞凋亡的风险。肿瘤抑制子 p53 和其相关蛋白 p63，作为转录因子它们都能促进细胞凋亡。这些重要的细胞凋亡调节蛋白都是 β-TRCP 的底物蛋白（50, 51）。β-TRCP 还能促进另一个促细胞凋亡的转录因子 STAT1 的泛素化降解（52）。尽管 β-TRCP 缺失能促进细胞凋亡，但是有研究发现，促细胞生存蛋白 MCL-1 也是 β-TRCP 的泛素化底物。这种机制可能是为了在某些特定情况下对细胞凋亡进行微调。正如前面提到的，转录因子 NF-κB 具有促进细胞生存的作用，而 IκB 能抑制 NF-κB 的入核。β-TRCP 能泛素化 IκB 促进其降解，使转录因子 NF-κB 释放并入核行使转录功能。此外，β-TRCP 能泛素修饰 NF-κB 转录因子的前体分子 p100 和 p105，促使其发生部分降解而活化。泛素连接酶 MDM2 本身是 β-TRCP 的底物蛋白。

FBW7 是一个重要的抑癌蛋白，它能促进多个原癌基因蛋白的泛素化降解，包括 c-Myc、MCL-1、Cyclin E、Notch1、c-Jun 和 KLF5 等（53）。FBW7 的缺失能显著诱导 Notch1 蛋白水平的上升，这被认为是 FBW7 参与细胞命运决定的一个关键，因为 Notch 信号在不同的背景下能直接影响细胞命运决定、细胞增殖和分化、细胞凋亡等。Cyclin E 是第一个被鉴定的 FBW7 的底物蛋白，Cyclin E 的过量积累会导致正常细胞周期和 DNA 复制紊乱，促进细胞凋亡（54）。FBW7 通常在肿瘤中是失活的，因此在癌细胞积累了大量的 FBW7 的底物蛋白，如 Myc、Jun 和 Notch1。

SIAH1 是一个能影响细胞生存的泛素连接酶。它能泛素化 HIPK2（homeodomain-interacting protein kinase 2）并促进其降解。在 DNA 损伤诱导的细胞凋亡中，HIPK2 扮演促进者的角色。DNA 损伤会通过活化激酶 ATM 和 ATR 来破坏 HIPK2 和 SIAH1 的相互作用，导致 HIPK2 的稳定性和活性增加，进而导致细胞凋亡（55）。有证据显示，SIAH1 能靶向降解 XIAP，且不依赖于 XIAP 的泛素连接酶活性，SIAH1 依赖于一个叫 Arts（也叫 SEPT4）的 XIAP 结合蛋白结合到 XIAP 上发挥酶活性。SIAH2 能泛素化修饰 TRAF2 参与细胞通路的调节，另外，在细胞低氧应激时，SIAH2 能调节 PHD1 和 PHD3，继而影响 HIF1α。HIF1α 在细胞低氧应激过程中是一个关键的转录因子，而泛素连接酶 VHL 能介导 HIF1α 的泛素化降解。在氧气充足时，HIF1α 的 α 亚基上的特定 Pro 残基会被羟基化，这为 VHL 结合 HIF1α 提供了位点，使得 HIF1α 始终保持在低水平状态。在发生低氧应激时，细胞为了生存会下调 VHL。

八、重要的参与细胞凋亡的 DUB

和泛素连接酶一样，去泛素化酶 DUB 在细胞凋亡调控中的地位同样不容忽视。DUB 是一种将泛素化修饰从底物蛋白上移除的酶。著名的 DUB，如 A20（也叫 TNFAIP3）和 USP9X，分别调节 RIP1 和 MCL-1 的去泛素化和稳定性，是重要的细胞凋亡调节因子（56）。

A20 兼具 DUB 和泛素连接酶的活性，所以它在调节细胞凋亡时会在泛素连接酶活性和 DUB 去泛素化活性之间进行精细的切换，以决定细胞命运的走向（57）。A20 最初是作为一个响应炎症因子的基因被发现的。因为 A20 下调自身的表达，所以它被认为参与了负反馈调节以减弱炎症反应。A20 的基因敲除小鼠因 NF-κB 信号通路持续活化表现为全身系统性炎症和多器官衰竭（58）。A20 减弱 TNFα 诱导的 NF-κB 信号有两种方式：一是通过它的 OUT DUB 结构域移除 RIP1 上的 K63 泛素链；二是通过它的 zinc-finger 4 模块在 RIP1 上增加降解性泛素链修饰。在淋巴瘤中，A20 发挥着肿瘤抑制功能，但是 A20 的功能似乎是细胞类型和环境特异性的。现在还不清楚为什么在某些细胞（如脾脏淋巴细胞和肠上皮细胞）中，A20 的缺失使细胞对 TNF 诱导的凋亡更加敏感（59），但是在 A20 失活的淋巴瘤细胞中重新表达野生型的 A20 却能促进细胞的凋亡。A20 与多种自身免疫疾病相关，包括克罗恩病、银屑病、类风湿性关节炎和系统性红斑狼疮。另外，在多种淋巴瘤中，A20 是重要的抑癌因子，包括弥漫性大 B 细胞淋巴瘤（DLBCL）、MALT 淋巴瘤，以及典型的霍奇金淋巴瘤。A20 的基因失活有多种调节机制，包括基因删除、启动子甲基化、可读框移码突变或无义突变，这些机制都将产生无功能的 A20 蛋白。A20 作为肿瘤抑制因子，在肿瘤中，它通常是两个等位基因同时失活。A20 是蛋白酶 MALT1 的底物蛋白，在 MALT 淋巴瘤中，MALT1 持续活化并切割 A20 使其失活，增强 NF-κB 信号通路的活性（60）。在自身免疫疾病和淋巴瘤肿瘤发生中，多种机制使 A20 失活，使得 NF-κB 信号通路得不到有效的抑制，最终导致持续的炎症和细胞生存能力的增强。

Cyld 最初是在家族性圆柱额瘤中发现的一个致病性突变基因，它的基因突变携带者有更高的皮肤附属物肿瘤发生易感性（61）。*Cyld* 在肿瘤发生中扮演着抑癌基因的角色，因为在多种骨髓瘤和多种其他癌症中都存在 *Cyld* 的突变。在化学致癌物诱导肿瘤的小鼠模型中，敲除或敲减 *Cyld* 的表达更有利于肿瘤发生（62）。CYLD 的去泛素化酶活性中心位于其蛋白质 C 端的 USP 催化结构域中，其酶活对于它的肿瘤抑制功能至关重要。绝大多数的 CYLD 底物参与 NF-κB 信号通路。BCL-3（一种 IκB 的同源蛋白）是转录共激活因子，能促进转录因子 NF-κB 的 DNA 结合亚基 p50 和 p52 的转录活性。BCL-3 是 CYLD 的底物，CYLD 能移除 BCL-3 上的 K63 泛素链，改变其细胞定位，从而限制其促转录活性（63）。CYLD 同时也是 RIP1 的去泛素化酶。因为 K63 多泛素化链修饰的 RIP1 调节经典的 NF-κB 信号通路，并能阻止由 Caspase8 和 FADD 组成的促细胞凋亡复合物的形成，所以能调节 RIP1 的去泛素化的 DUB 不仅能抑制

NF-κB 信号通路，而且可以促进 Caspase8 依赖的细胞凋亡（64）。近期的研究发现，当 Caspase 的活性被抑制时，非泛素化修饰的 RIP1 可以与 RIP3 结合促进细胞程序性坏死。因此，RIP1 的去泛素化能促进依赖 Caspase 和不依赖 Caspase 的细胞死亡途径。

除了 A20 和 CYLD，其他几种 DUB，如 USP9X 和 USP7，也能调节细胞凋亡。USP9X 通常促进细胞的生存，利用其去泛素化功能将促生存底物的泛素链修饰移除，增加它们在细胞内的稳定性（65）。USP9X 能稳定 β-catenin，通过 Notch 和 Wnt 信号通路促进细胞生存和胚胎干细胞来源的神经前体细胞的自我更新。同时，USP9X 也能促进 TGF-β 信号通路，TFG-β 的受体和通路下游的调节因子 SMAD 均为 USP9X 的底物。另外，USP9X 还能稳定促细胞生存蛋白 MCL-1。但是，USP9X 的促细胞生存作用可能是环境依赖的，因为它也能使氧化应激活化的 ASK1 激酶去泛素化而稳定，从而促进细胞的凋亡。

第三节 程序性坏死

程序性死亡对个体的发育和机体各系统稳态的维持有很重要的作用。研究发现，除了 Caspase 依赖的细胞凋亡之外，还有一种激酶 RIP1 和 RIP3 依赖的细胞程序性死亡，叫做细胞程序性坏死（necrosis），以下简称细胞坏死。

很早以前就有研究发现，当用 TNF-α 刺激不同的细胞系时，有些细胞系会走向凋亡，而另一些走向坏死。在机体内，个体发育和组织稳定维持的过程中，生理条件下的坏死也会发生。除了 TNFR1 通路之外，FAS 和 TLR 等受体以及细胞内压力（如 ROS）也能诱导细胞坏死。许多病毒在感染细胞之后会编码 Caspase 的抑制分子，这些分子阻断感染诱导的细胞凋亡而促进细胞进入坏死，通过这样的方式阻碍病毒的清除并扩大病毒的播散。针对坏死的研究远不及凋亡研究那样透彻，还处于研究的早期阶段。

目前，最常用的诱导细胞坏死的办法就是用 TNF-α 诱导。当配体 TNF-α 与受体 TNFR1 结合后，TNFR1 蛋白的胞质区会招募多种蛋白形成复合物 I（complex I），包括接头蛋白 TRADD、E3 泛素连接酶 cIAP、TRAF2 及激酶 RIP1。复合物 I 提供一个平台用于招募下游激酶或效应蛋白，活化 NF-κB 信号通路。而当 RIP1 上泛素化链被移除时，会形成复合物 II（complex II），即 DISC 复合物，包括 TRADD、FADD、RIP1、Caspase8 和 FILP。当 RIP3 加入到复合物 II 中之后，则进一步形成坏死复合物（necrosome），包括 FADD、Caspase8、RIP1 和 RIP3。因为坏死复合物与复合物 II 有多个相同的蛋白质，所以也被称为复合物 II b。在坏死复合物中，Caspase8 直接切割 RIP1 和 RIP3，抑制其活性。而当 Caspase8 被抑制或缺失时，细胞会走向坏死。

细胞坏死主要由 RIP1 和 RIP3 介导，而 RIP3 处于核心地位。RIP3 和 RIP1 属于相同的激酶家族，其 N 端都有激酶结构域。不同的是，RIP1 含有 DD 结构域，能与其他 DD 超家族成员，如 TNFR1 和 FADD 等发生相互作用，而 RIP3 不能。RIP1 和 RIP3 的结合是由这两个蛋白质均含有的 RHIM 结构域介导。敲除 RIP1 或 RIP3 都能阻断 TNF-α 和 FASL 诱导的细胞坏死。不像细胞凋亡能依赖 Caspase3 和 Caspase7 等凋亡执行者对特定的下游靶蛋白进行切割而引起细胞形态的巨大变化，RIP1 和 RIP3 介导细胞坏死的下游机制目前并不清楚。RIP3 的激酶活性可能对细胞坏死至关重要，RIP3 能发生自我磷酸化，并磷酸化 RIP1。另外，激酶 MLKL（mixed lineage kinase domain-like protein）可能在坏死信号通路中扮演重要角色，它也会被 RIP3 磷酸化，可能是介导 RIP3 下游信号的关键调节分子。

细胞凋亡和细胞坏死之间存在着相互作用的关系。在一些细胞系和原代细胞中，药物抑制 Caspase8 能阻断细胞凋亡，但会诱导细胞坏死。研究也发现，凋亡信号通路的核心蛋白 FADD 和 Caspase8 在成体组织和细胞，以及个体发育过程中一起抑制细胞坏死的发生。敲除基因 Fadd 或 Casp8 会导致小鼠在出生前的妊娠中期因心血管细胞和血细胞形成缺陷而出现胚胎致死。具体机制是：因为缺失 Caspase8 或 FADD 的小鼠细胞无法抑制 RIP1-RIP3 依赖的细胞坏死，而在 Fadd 或 Casp8 基因敲除小鼠中同时敲除基因 Ripk1 或 Ripk3 可以避免小鼠的胚胎致死。Casp8 和 Ripk3 的双基因敲除小鼠在胚胎时期心脏和血管系统是正常的，而且小鼠出生后可以发育成正常的成年小鼠。Fadd 和 Ripk1 基因双敲除小鼠的胚胎发育是正常的，但是小鼠出生不久后就会因缺少 RIP1 蛋白而死亡。可见，在个体发育和组织器官的稳态维持中，FADD-Caspase8 复合物能很好地抑制 RIP1-RIP3 依赖的细胞坏死。关于细胞坏死中泛素化调控参见图 16-2 和图 16-8。

第四节　泛素化调控决定细胞命运走向

在 TNF-α 信号通路中，不同底物蛋白的泛素化修饰决定着细胞的命运。当配体 TNF-α 与受体 TNFR1 结合时，TNFR1 会聚合形成三聚体，招募接头分子 TRADD，以及两个泛素连接酶 TRAF2 和 cIAP1。继而，激酶 RIP1 和泛素连接酶 cIAP2 也会被招募形成复合物 I。cIAP 的 RING 结构域发生二聚化激活其泛素连接酶活性，活化的 cIAP 会泛素化修饰复合物 I 中的多个底物分子，如 RIP1。RIP1 的泛素化会招募线性泛素链装配复合物（linear ubiquitin chain assembly complex，LUBAC），该复合物能使 NEMO（IKKγ）和 RIP1 发生线性泛素链修饰，继而通过 NEMO 上的线性泛素链结合结构域 UBAN 招募更多的 NEMO 分子。NEMO 通常与 IKK-α 和 IKK-β 结合形成激酶 IKK，IKK-β 会被上游的激酶 TAK1 磷酸化活化，但是 TAK 并不会被招募进入复合物 I。活化的 IKK 会磷酸化 IκB，这种磷酸化信号会招募泛素连接酶 $SCF^{β-TRCP}$ 对 IκB 进行泛素化降解，使原先受 IκB 抑制的 NF-κB 转录因子 p50 和 p65 释放并入核，促进下游促生存基因（如 Flip）的转录，阻止复合物 II 诱导的细胞凋亡。在去泛素化酶 CYLD 和 A20 的作用下，RIP1 会发生去泛素化，并使 RIP1 和 TRADD 的复合物移位到细胞质。在细胞质中，TRADD 会通过 DD 结构域招募 FADD，继而招募 Pro-Caspase8 和 cFLIP，形成复合物 II（也叫 DISC 复合物）。在复合物 II 中，Pro-Caspase8 发生自我切割而活化，启动外源凋亡通路。游离进入细胞质的去泛素化 RIP1 可以招募 FADD、Caspase8、cFLIP 及 RIP3 形成复合物 IIb（也叫 necrosome）。虽然 cFLIP 招募进入复合物 II 中会与 Caspase8 结合并抑制 Caspase8 启动细胞凋亡，但是在复合物 IIb 中，Caspase8 与 cFLIP 的结合依然具有酶活性，Caspase8 直接切割 RIP1 和 RIP3 使复合物 IIb 失活。另外，由于复合物 IIb 的形成依赖于 CYLD 对 RIP1 的去泛素化，Caspase8-cFLIP 复合物还可能切割

CYLD 阻止复合物 Ⅱb 的形成。另外，在复合物Ⅱ中，cIAP 还会介导 RIP1 的泛素化降解，进一步防止复合物 Ⅱb 的形成。而当细胞失去 Caspase8 和 cIAP 的活性时，细胞会进入复合物 Ⅱb 依赖的细胞坏死途径（图 16-8）。

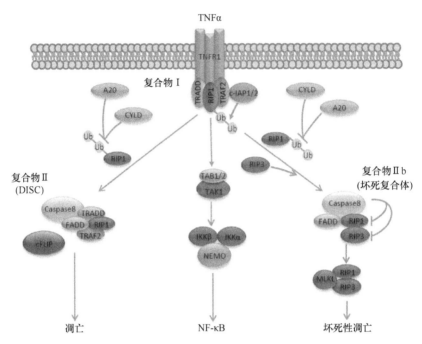

图 16-8　泛素化调控 TNF-α 信号通路和细胞命运走向。TNF-α 信号通路同时参与了外源凋亡通路、NF-κB 信号通路和细胞坏死通路，而这些信号通路对细胞的命运决定可能截然相反，泛素化修饰信号决定了 TNF-α 信号通路的走向。TNF-α 与 TNFR1 结合后会迅速招募复合物Ⅰ，在该复合物中，cIAP1/2 会使 RIP1 发生 K63 链的泛素化修饰，继而活化 TAK1 和 IKK，活化经典 NF-κB 信号通路。而当 RIP1 上的泛素化链被 CYLD 或 A20 移除时，复合物 Ⅰ 会招募 FADD 和 Caspase8 形成复合物 Ⅱ（DISC），导致细胞走向凋亡。而如果此时 RIP3 同时被招募进来的话，会形成复合物 Ⅱb，这时，若 Caspase8 的活性受到抑制，RIP3 就能活化下游蛋白，促进细胞坏死

在整个 TNF-α 信号通路中，我们可以看到，泛素化修饰在其中扮演着重要的角色，尤其是泛素连接酶 cIAP 的存在。当 cIAP 存在时，TNFR1 优先活化经典的 NF-κB 通路促细胞生存；但是当 cIAP 不存在时，活化的 TNFR1 转向促进细胞凋亡或坏死。cIAP 的存在对细胞生死的命运决定很重要。cIAP 的这种重要作用主要体现在以下三个方面：第一，当 cIAP 不存在时，RIP1 不被泛素化，LUBAC 和 IKK 复合物不能被招募到 TNFR1 复合物中，阻断了经典 NF-κB 通路的活化，使得其下游的促生存基因的表达受阻；第二，非泛素化形式的 RIP1 迅速地与 FADD 和 Caspase8 结合形成二级促死亡复合物，并从受体上游离下来促进细胞凋亡；第三，当 Caspase 活性受阻时，非泛素化形式的 RIP1 会结合 RIP3 促进细胞坏死。但是，因为 cIAP 负调控非经典的 NF-κB 通路，它们的缺失却能促进 B 细胞的生存和增殖。因此，在不同的组织和细胞环境下，通过对 TNF-α 相关的 NF-κB 通路调控，cIAP 的泛素连接酶的活性能决定细胞的命运（图 16-8）。

第五节 凋亡检测方法

一、细胞凋亡的形态学检测

(一)光学显微镜观察

（1）细胞直接观察：凋亡细胞皱缩，体积变圆变小，细胞膜完整但出现发泡现象，细胞凋亡晚期可见凋亡小体（图 16-9 A）。

（2）细胞染色后观察：常用吉姆萨染色、瑞氏染色（即伊红-美蓝染色）等。凋亡细胞的染色质固缩、边缘化，细胞发泡和凋亡小体形成等典型的凋亡形态。

(二)荧光显微镜和共聚焦激光扫描显微镜

一般以细胞核染色质的形态学改变为指标来评判细胞凋亡的进展情况。常用的DNA特异性染料有 DAPI 和 Hoechst，其与 DNA 的结合是非嵌入式的，主要结合在 DNA 的 A-T 碱基区，在紫外光激发时发射明亮的蓝色荧光。Hoechst 可用于活细胞染色；DAPI 为半通透性，常用于细胞固定后染色。细胞凋亡过程中，细胞核和染色质的形态学变化进程可分为三个时期：Ⅰ期的细胞核呈波纹状或呈折缝样，部分染色质出现浓缩状态；Ⅱa 期细胞核的染色质高度凝聚固缩并呈现边缘化分布；Ⅱb 期的细胞核裂解为碎块，产生凋亡小体（图 16-9 B）。

(三)电子显微镜观察

可不染色，直接进行凋亡细胞形态观察（图 16-9C 和 D）。

二、Annexin V/PI 双染色法流式检测法

正常情况下，磷脂酰丝氨酸（phosphatidylserine，PS）位于细胞膜的内侧，但在细胞凋亡的早期或细胞损伤时，PS 可从细胞膜的内侧翻转到细胞膜的外表面，暴露在细胞外环境中。Annexin V 是一种分子质量为 35～36 kDa 的 Ca^{2+} 依赖性磷脂结合蛋白，它能与 PS 高亲和力特异性地结合。多种商业化的试剂将 Annexin V 进行荧光素（FITC、PE）标记，用标记了的 Annexin V 作为荧光探针，利用流式细胞仪或荧光显微镜可检测细胞凋亡的发生。碘化丙啶（propidine iodide，PI）是一种核酸红色染料，它不能透过完整的细胞膜，但在凋亡中晚期的细胞和死细胞，PI 能够透过细胞膜而使细胞核红染。因此将 Annexin V 与 PI 联合使用，可以对凋亡早期和晚期的细胞及死细胞进行区分（图 16-9 F）。

三、线粒体膜电位变化的检测

线粒体在细胞凋亡过程中起着至关重要作用，线粒体跨膜电位的下降被认为是细胞凋亡级联反应过程中的早期事件，它发生在细胞核凋亡特征（染色质浓缩、DNA 断裂）

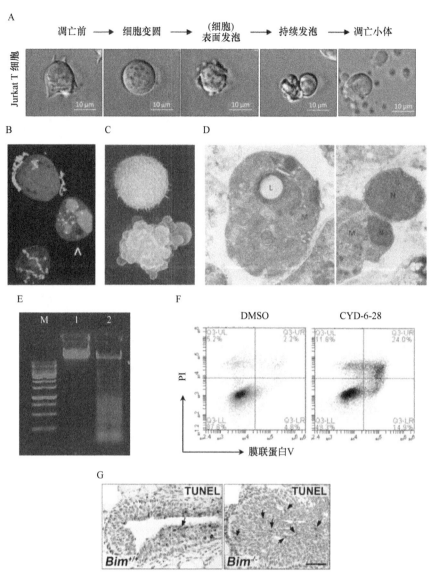

图 16-9 细胞凋亡检测方法。A. 倒置相差显微镜观察 Jurkat T 细胞凋亡进程。细胞不处理或接受 anti-FAS 和曲伐沙星处理，标尺为 10 μm（66）。B. 共聚焦荧光显微镜观察细胞凋亡。在正常细胞中，高尔基体（绿色）通常围绕在细胞核周围；而在凋亡细胞（箭头所指）中，高尔基体片段化，细胞核固缩裂解为块状，蓝色染的细胞核，红色染的 cleaved-PARP（67）。C. 扫描电子显微镜观察细胞凋亡。上面为正常淋巴细胞，下面为出现发泡现象的凋亡细胞（72）。D. 投射电子显微镜观察细胞凋亡。5 日龄大鼠正常肾上腺组织中的细胞外凋亡小体。N，细胞核碎片；M，线粒体；L，脂滴（68）。E. 凋亡 NIH-3T3 细胞梯状 DNA 电泳检测。M，DNA marker（1 kb）；泳道 1，未处理细胞；泳道 2，H_2O_2 处理过的细胞（69）。F. Annexin V/PI 双染色法流式检测细胞凋亡。分别用对照试剂 DMSO 和冬凌草甲素衍生物 CYD-6-28 处理乳腺癌细胞系 HCC1937 24h，用 Annexin V 和 PI 联合染色后流式检测。Annexin V$^+$/PI$^-$为早期凋亡细胞，Annexin V$^+$/PI$^+$为晚期凋亡细胞或死细胞（70）。G. TUNEL 染色检测细胞凋亡。5 周龄野生型和 Bim 基因敲除雌性小鼠乳腺末端乳芽 TUNEL 染色。BIM 诱导乳腺发育过程中多余细胞凋亡，促进乳腺正常发育。棕色为 TUNEL 染色阳性的凋亡细胞，Bim 缺失后只有少量细胞凋亡（黑色箭头所指）。标尺为 6mm（71）（彩图请扫封底二维码）

出现之前，一旦线粒体跨膜电位平衡被打破，则细胞凋亡不可逆转。线粒体跨膜电位的存在，使一些亲脂性阳离子荧光染料如 Rhodamine 123、JC-1、TMRM 等结合到线粒体基质，其荧光的增强或减弱说明线粒体内膜电负性的增高或降低。

四、DNA 片段化检测

细胞凋亡时主要的生化特征是其染色质发生固缩，染色质 DNA 会在核小体单位之间的连接处断裂，形成 50～300 kb 长的 DNA 大片段，或 180～200 bp 整数倍的寡核苷酸片段，在凝胶电泳上表现为梯形电泳图谱（DNA ladder）（图 16-9 E）。固定细胞后进行 PI 染色，通过流式技术分析，与正常完整的二倍体细胞相比，凋亡细胞因 DNA 发生断裂和丢失，会呈现亚二倍体状态（subG1）。

五、TUNEL 法（DNA 断裂原位末端标记法）

TUNEL 是 terminal-deoxynucleotidyl transferase mediated nick end labeling 的简写，即末端脱氧核苷酸转移酶介导的 dUTP 缺口末端标记，这一方法能针对 DNA 分子断裂缺口处的 3'-OH 进行原位标记。细胞凋亡过程中，染色体 DNA 双链断裂或单链断裂而产生大量的黏性 3'-OH 末端，可在脱氧核糖核苷酸末端转移酶（TdT）的作用下，将脱氧核糖核苷酸和连有荧光素、过氧化物酶或生物素的脱氧核糖核苷酸衍生物标记到 DNA 的 3'端，通过激发光照射或显色反应，可以用荧光显微镜对凋亡细胞进行观察。由于正常细胞几乎没有 DNA 的断裂，因而没有 3'-OH 形成，很少能够被染色。TUNEL 可用于石蜡包埋组织切片、冰冻组织切片、培养的细胞和从组织中分离细胞的凋亡检测，而且其灵敏度高，因而在细胞凋亡的研究中被广泛采用（图 16-9 G）。

六、Caspase3 和 Caspase7 活性的检测

Caspase 家族在介导细胞凋亡的过程中起着非常重要的作用，其中 Caspase3 和 Caspase7 为关键的执行分子，它们在凋亡信号转导的许多途径中发挥功能，它们的活化意味着凋亡的发生。Caspase3 和 Caspase7 正常以酶原的形式存在于细胞质中，在凋亡的早期阶段，它被激活，活化的 Caspase3 和 Caspase7 由两个大亚基和两个小亚基组成，切割相应的胞质胞核底物蛋白，最终导致细胞凋亡。

（1）Western blot 分析：Caspase 家族蛋白的酶原形式 Pro-Caspase 无底物切割活性，需要完成自我切割或被其他 Caspase 切割而活化。通过 Western blot 检测，可分析 Pro-Caspase3/7 的活化，以及活化的 Caspase3 和 Caspase7 及对底物多聚（ADP-核糖）聚合酶 poly（ADP-ribose）polymerase、PARP 等的切割。

（2）荧光分光光度计分析：活化的 Caspase3 和 Caspase7 可以将多肽底物 C 端的 DEVD-X 序列由天冬氨酸残基处切开，根据这一特点，设计出荧光物质罗丹明偶联的短肽 Z-DEVD-R110。在共价偶联时，R110 不能被激发发射荧光，当 Caspase3 和 Caspase7 加入后，短肽被水解释放出 R110，自由的 R110 会在激发光照射下发射荧光。根据释放

的 R110 荧光强度的大小，可以测定 Caspase3 和 Caspase7 的活性，从而反映 Caspase3 和 Caspase7 活化的程度。类似的底物试剂还有 Ac-DEVD-Amc 等。

（3）免疫组化检测：切割的 Caspase3 不仅可以用 Western blot 检测，用特异性的抗体通过免疫组化染色检测组织细胞中切割的 Caspase3 水平也可以指示凋亡的水平。

七、HECTD3 以 K63 链泛素化修饰 Caspase8

泛素连接酶 HECTD3 能抵抗外源凋亡信号诱导的细胞凋亡，进而促进癌细胞的生存。HECTD3 能与 Pro-Caspase8 相互作用，并在 Pro-Caspase8 的 K215 位点发生 K63 的泛素化修饰，阻止 Pro-Caspase8 进入 DISC 复合物，从而阻止细胞凋亡。

1. 实验试剂准备

（1）Ub 裂解缓冲液：

50 mmol/L	Tris-HCl pH6.8	
1.5%	SDS	

（2）EBC/BSA 缓冲液：

50 mmol/L	Tris-HCl pH6.8
180 mmol/L	NaCl
0.5%	CA630 或 NP-40
0.5%	BSA

（3）3×SDS 样品缓冲液：

150 mmol/L	Tris-HCl pH6.8
6%	SDS
30%	甘油
3%	β-巯基乙醇
痕量	溴酚蓝

2. 实验所需质粒

pEBG-HECTD3，pcDNA3-Flag-Caspase8，pEF-IRES-P-HA-Ub 及 Ub 突变体质粒（K0，K48-only，K63-only，K48R 和 K63R）。

3. 变性条件下的 Caspase8 泛素化检测

（1）6 孔板铺适量 HEK293T 细胞，转染质粒，48 h 后收细胞，在收细胞之前用 MG132（10 μmol/L）处理过夜。

（2）移除培养基，用 1×PBS 清洗一次。

（3）每孔加入 150 μL Ub 裂解缓冲液，于冰上操作。

（4）冰上裂解 30 min，收集细胞裂解液。

（5）将细胞裂解液 95℃热变性 15 min。

（6）吸取 100 μL 细胞裂解液，加入 1.2 mL EBC/BSA 缓冲液和 anti-Flag-M2 珠子

（Sigma）（每个样本准备 40 μL anti-Flag-M2 珠子，事先用 EBC/BSA 缓冲液清洗）。剩余细胞裂解液做 input。

（7）4℃混合过夜。

（8）10 000 g，4℃离心 30 s。

（9）用 1 mL 预冷的 EBC/BSA 缓冲液振荡清洗，重复 3～5 次。

（10）用 30 μL 3×SDS-PAGE 样品缓冲液重悬，95℃热变性 5 min，室温 10 000 g 离心 5 min，8% 的胶进行 Western blot 跑胶。

（11）用 anti-HA、anti-K48 或 anti-K63 抗体检测泛素化。

4. 实验结果（图 16-10）

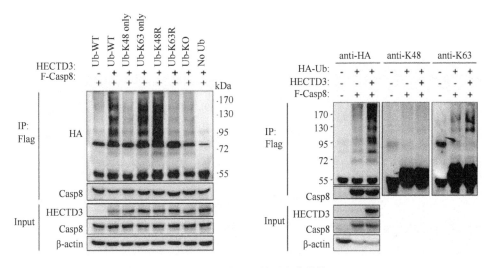

图 16-10　HECTD3 以 K63 链泛素化修饰 Caspase8

参 考 文 献

1. C. F. Cheok, C. S. Verma, J. Baselga, D. P. Lane, *Nat. Rev. Clin. Oncol.* **8**, 25(2011).
2. X. Liu, C. N. Kim, J. Yang, R. Jemmerson, X. Wang, *Cell* **86**, 147(1996).
3. K. Elward, P. Gasque, *Mol. Immunol.* **40**, 85(2003).
4. J. Savill, V. Fadok, *Nature* **407**, 784(2000).
5. N. Yan, Y. Shi, *Annu. Rev. Cell Dev. Biol.* **21**, 35(2005).
6. H. Qin *et al.*, *Nature* **399**, 549(1999).
7. S. A. Lakhani *et al.*, *Science* **311**, 847(2006).
8. D. R. Green, A. Oberst, C. P. Dillon, R. Weinlich, G. S. Salvesen, *Mol. Cell* **44**, 9(2011).
9. Y. Li *et al.*, *Cell Death Dis.* **4**, e935(2013).
10. Z. Jin *et al.*, *Cell* **137**, 721(2009).
11. F. Gonzalvez *et al.*, *Mol. Cell* **48**, 888(2012).
12. L. Chang *et al.*, *Cell* **124**, 601(2006).
13. A. J. Schile, M. Garcia-Fernandez, H. Steller, *Genes Dev.* **22**, 2256(2008).
14. B. P. Eckelman, G. S. Salvesen, F. L. Scott, *EMBO. Rep.* **7**, 988(2006).
15. N. E. Crook, R. J. Clem, L. K. Miller, *J. Virol.* **67**, 2168(1993).

16. M. C. de Almagro, D. Vucic, *Exp. Oncol.* **34**, 200(2012).

17. G. S. Salvesen, C. S. Duckett, *Nat. Rev. Mol. Cell Biol.* **3**, 401(2002).

18. J. Chai *et al.*, *Nature* **406**, 855(2000).

19. S. M. Srinivasula *et al.*, *Nature* **410**, 112(2001).

20. X. Li, Y. Yang, J. D. Ashwell, *Nature* **416**, 345(2002).

21. E. Varfolomeev *et al.*, *Cell* **131**, 669(2007).

22. E. C. Dueber *et al.*, *Science* **334**, 376(2011).

23. J. Lopez *et al.*, *Mol. Cell* **42**, 569(2011).

24. I. Imoto *et al.*, *Cancer Res.* **62**, 4860(2002).

25. J. Dierlamm *et al.*, *Blood* **93**, 3601(1999).

26. H. Zhou, M. Q. Du, V. M. Dixit, *Cancer Cell* **7**, 425(2005).

27. C. Ndubaku, F. Cohen, E. Varfolomeev, D. Vucic, *Future Med. Chem.* **1**, 1509(2009).

28. M. J. Bertrand *et al.*, *Mol. Cell* **30**, 689(2008).

29. J. E. Vince *et al.*, *Cell* **131**, 682(2007).

30. J. Silke, P. Meier, *Cold Spring Harb Perspect Biol.* **5**, (2013).

31. G. Benard *et al.*, *EMBO. J.* **29**, 1458(2010).

32. R. A. Charan, B. N. Johnson, S. Zaganelli, J. D. Nardozzi, M. J. LaVoie, *Cell Death Dis.* **5**, e1313 (2014).

33. F. Llambi *et al.*, *Cell* **165**, 421(2016).

34. Q. Zhong, W. Gao, F. Du, X. Wang, *Cell* **121**, 1085(2005).

35. H. Ren *et al.*, *Mol. Cancer* **12**, 146(2013).

36. Q. Ding *et al.*, *Mol. Cell Biol.* **27**, 4006(2007).

37. M. Schwickart *et al.*, *Nature* **463**, 103(2010).

38. M. M. Magiera *et al.*, *Cell Death Differ.* **20**, 281(2013).

39. H. Inuzuka *et al.*, *Nature* **471**, 104(2011).

40. J. M. Cummins *et al.*, *Nature* **428**, 486(2004).

41. O. Micheau, J. Tschopp, *Cell* **114**, 181(2003).

42. M. Rothe, M. G. Pan, W. J. Henzel, T. M. Ayres, D. V. Goeddel, *Cell* **83**, 1243(1995).

43. J. N. Dynek *et al.*, *EMBO. J.* **29**, 4198(2010).

44. D. J. Mahoney *et al.*, *P. Natl. Acad. Sci. USA.* **105**, 11778(2008).

45. F. Ikeda, N. Crosetto, I. Dikic, *Cell* **143**, 677(2010).

46. B. Gerlach *et al.*, *Nature* **471**, 591(2011).

47. D. Guardavaccaro *et al.*, *Dev. Cell* **4**, 799(2003).

48. K. Nakayama *et al.*, *P. Natl. Acad. Sci. USA.* **100**, 8752(2003).

49. L. Busino *et al.*, *Nature* **426**, 87(2003).

50. J. R. Gallegos *et al.*, *J. Biol. Chem.* **283**, 66(2008).

51. Y. Xia *et al.*, *P. Natl. Acad. Sci. USA.* **106**, 2629(2009).

52. S. M. Soond *et al.*, *J. Biol. Chem.* **283**, 16077(2008).

53. M. T. Tetzlaff *et al.*, *P. Natl. Acad. Sci. USA.* **101**, 3338(2004).

54. S. Mazumder, E. L. DuPree, A. Almasan, *Curr. Cancer Drug Targets* **4**, 65(2004).

55. M. Winter *et al.*, *Nat. Cell Biol.* **10**, 812(2008).

56. R. J. Deshaies, C. A. Joazeiro, *Annu. Rev. Biochem.* **78**, 399(2009).

57. I. E. Wertz *et al.*, *Nature* **430**, 694(2004).

58. E. G. Lee *et al.*, *Science* **289**, 2350(2000).

59. L. Vereecke *et al.*, *J. Exp. Med.* **207**, 1513(2010).

60. B. Coornaert *et al.*, *Nat. Immunol.* **9**, 263(2008).

61. G. R. Bignell *et al.*, *Nat. Genet.* **25**, 160(2000).

62. S. Saggar *et al.*, *J. Med. Genet.* **45**, 298(2008).

63. S. C. Sun, *Cell Death Differ.* **17**, 25(2010).

64. L. Wang, F. Du, X. Wang, *Cell* **133**, 693(2008).

65. J. J. Sacco, J. M. Coulson, M. J. Clague, S. Urbe, *IUBMB Life* **62**, 140(2010).
66. R. Tixeira *et al.*, *Apoptosis* **22**, 475(2017).
67. J. D. Lane *et al.*, *J. Cell Biol.* **156**, 495(2002).
68. J. F. Kerr, A. H. Wyllie, A. R. Currie, *Br J. Cancer* **26**, 239(1972).
69. Y. Rahbar Saadat, N. Saeidi, S. Zununi Vahed, A. Barzegari, J. Barar, *Bioimpacts* **5**, 25(2015).
70. J. Wu *et al.*, *Cancer Lett.* **380**, 393(2016).
71. A. A. Mailleux *et al.*, *Dev. Cell* **12**, 221(2007).
72. Robert A.Weinberg, *the biology of Cancer.* New York: Garland Science, Taylor & Francis Group, LLC. (2007).

（李富兵　陈策实）

第十七章　泛素化修饰调控固有免疫信号通路

底物蛋白的赖氨酸残基既可以被单个泛素分子修饰（单泛素化），也可以被泛素链修饰（多泛素化）。多泛素化修饰包含两种类型：一种称为线性泛素化，即一个泛素分子 C 端的甘氨酸残基与另一个泛素分子 N 端的甲硫氨酸残基形成肽键，多个泛素分子以首尾相接的形式串联在一起；另一种称为非线性泛素化，即一个泛素分子 C 端的甘氨酸残基与另一个泛素分子内部的赖氨酸残基形成肽键，多个泛素分子依次交联在一起（1）。

由于泛素分子本身包含 7 个赖氨酸残基（K6、K11、K27、K29、K33、K48 和 K63），因此底物蛋白可以被至少 7 种多泛素链型的非线性泛素化修饰。特定链型的泛素化修饰采用相应的分子模式调节底物蛋白的生物学功能，导致丰富多彩的生物学效应。例如，发生 K48 链型多泛素化修饰的底物蛋白能被 26S 蛋白酶体识别并降解；K63 链型的多泛素化修饰则介导了底物蛋白的活化及相关细胞信号转导（2）。

固有免疫是宿主防御病原微生物入侵的第一道防线。宿主通过一系列胚系基因编码的模式识别受体（pattern recognition receptor，PRR），如 Toll 样受体（Toll like receptor，TLR）、RIG-I 样受体（RIG-I like receptor，RLR）及 DNA 识别受体等，识别病原相关分子模式（pathogen associated molecular pattern，PAMP），如细菌的脂多糖与病毒的核酸等，感知病原菌的入侵，通过相关的细胞信号转导，激活重要转录因子（核因子 κB 及干扰素调控因子），诱导 I 型干扰素（type I interferon）及炎症因子的表达，同时诱导适应性免疫反应，最终清除病原菌（3）。

在宿主抵抗病原微生物入侵的过程中，泛素化修饰发挥了重要的生物学功能。宿主通过动态泛素化修饰细胞信号通路中的关键蛋白质，将先天性免疫反应维持在适当的水平：一方面，激活机体免疫反应，避免机体因免疫功能不足导致病原微生物的侵袭；另一方面，防止因信号通路的过度激活而使机体产生炎症及自身免疫疾病。在长期的进化过程中，病原微生物优化了一系列的逃逸机制，可以有效地躲避宿主的免疫监视，例如，病原微生物编码的蛋白质可以催化固有免疫信号通路中的关键蛋白发生泛素化，影响信号节点分子的活化，或者直接促进宿主蛋白质降解，阻断宿主炎症及抗病毒蛋白的表达。

第一节　泛素化修饰在 TLR 信号通路中的功能

在哺乳动物细胞中，TLR 家族有 13 个成员，它们分别识别不同的配体，例如，TLR3 识别病毒的双链 RNA，TLR4 识别细菌的脂多糖。根据接头蛋白的不同，TLR 信号通路可分为两类：MyD88（myeloid differentiation primary response gene 88）依赖的信号通路；TRIF（TIR domain-containing adapter inducing interferon-β）依赖的信号通路。除 TLR3 外，其余所有 TLR 均利用 MyD88 依赖的信号通路：TLR 识别相应的配体之后将信号传递到接头蛋白 MyD88，接着 MyD88 招募 IRAK4（interleukin-1 receptor-associated kinase

4）及 IRAK1；IRAK4 磷酸化 IRAK1，被磷酸化的 IRAK1 从 MyD88 解离，然后与泛素连接酶 TRAF6（TNF receptor-associated factor 6）相互作用，在泛素耦合酶 UBC13 及 UEV1A 的帮助下，TRAF6 催化形成 K63 位多泛素链，此多泛素链招募 TAK1、TAB1、TAB2/3 形成的激酶复合物及 IKK 激酶复合物，随后 TAK1 分别磷酸化 MKK6 及 IKKβ，激活 JNK、p38 及经典 NF-κB 信号通路，最终诱导下游炎症因子的表达。定位在包涵体膜上的 TLR7、TLR8 及 TLR9 也利用接头蛋白 MyD88 向下游传递信号：MyD88 招募 IRAK4、TRAF3，接着活化 IKKα，激活的 IKKα 磷酸化 IRF7，IRF7 二聚化入核诱导下游 I 型干扰素基因的表达（4）（图 17-1）。

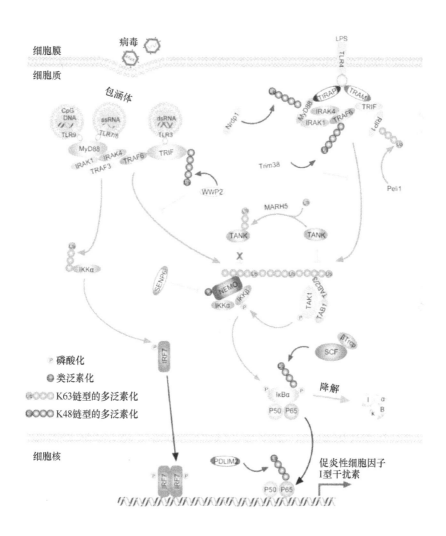

图 17-1　泛素化修饰在 TLR 信号通路中的调控作用

宿主细胞的 TLR 识别病原体上的保守组分，然后激活相关信号通路。一方面，TLR4/7/8/9 激活 MyD88 依赖的信号通路，随后激活下游分子 TRAF6：在 TLR4 信号通路中，TRAF6 催化形成的 K63 位多泛素链招募 TAK1 复合物及 IKK 复合物，最终激活 NF-κB 下游炎症因子的表达；在 TLR7/8/9 信号通路中，K63 位多泛素链招募 TRAF3、IKKα、IRF7，最终导致 I 型干扰素的表达。另一方面，TLR3/4 也可以触发 TRIF 依赖的信号通路，最终激活 NF-κB 或 IRF3 入核起始下游基因的转录。在这个过程中，RIP1 被 Peli1 催化发生 K63 位多泛素化。另外，Nrdp1、TRIM38、WWP2 和 PDLIM2 分别催化 MyD88、TRAF6、TRIF 和 p65 发生 K48 位多泛素化修饰，促使后者被蛋白酶体降解，抑制宿主的固有免疫反应（3）。

一、非 K48 位多泛素化修饰对 TLR 信号通路的调控

TRAF6 催化形成的 K63 位多泛素链并不能共价修饰底物蛋白 TAK1，而是被 TAK1 复合物中的 TAB2/3 识别，这直接导致了 TAK1 的激活，但具体的分子机制仍待进一步的结构解析。IKK 复合物包含了两个催化亚基（IKKα、IKKβ）和一个调节亚基（NEMO）。尽管 NEMO 不具有催化活性，但对于经典 NF-κB 的激活至关重要。纯化的 IKKα、IKKβ 及 NEMO 不具有激酶活力，因此推测存在其他辅助因子或翻译后修饰调节 IKK 复合物的激活。早期研究揭示，TRAF6 催化形成的 K63 位多泛素链可以激活 IKK 催化亚基。最近研究发现，调节亚基 NEMO 含有一个泛素结合结构域，它可以识别并结合 K63 位多泛素链，然后激活 IKK（5）。另外，UBC13 作为泛素耦合酶，决定 TRAF6 催化形成 K63 位多泛素链。但有文献报道，小鼠细胞 UBC13 的缺失并不影响 NF-κB 的激活，这表明存在其他的泛素耦合酶，暗示其他泛素链型也介导 IKK 的激活（6）。随后的研究工作证实了此猜想：NEMO 的泛素结合结构域可以识别并结合线性多泛素链，促进 NF-κB 的激活（7）。NEMO 如何选择识别 K63 位多泛素链或线性多泛素链，以及识别多泛素链的 NEMO 如何激活 IKK 催化亚基仍待进一步研究。IKK 复合物的结构解析或许能为这些问题的解答提供线索。

已有文献报道，在 TRAF 家族相关的 NF-κB 激活子（TRAF family member-associated NF-κB activator，TANK）缺失的小鼠巨噬细胞中，TRAF6 催化产生的 K63 位多泛素链的修饰增强，并伴随 NF-κB 的显著激活及炎症因子的表达明显上调（8）。本实验室研究发现，定位在线粒体上的泛素连接酶 MARCH5 催化 TANK 发生 K63 位多泛素化修饰，解除了 TANK 对于 TRAF6 催化产生 K63 位多泛素链的抑制，最终增强了 TLR 信号通路的激活。该工作首次报道了线粒体蛋白直接调控 TLR 信号通路，揭示了线粒体调节固有免疫信号通路的新分子机制（9）。

TLR3 和 TLR4 通过 TRIF 依赖的信号通路诱导 I 型干扰素及炎症因子的表达。在 TLR3/4 激动剂的刺激下，TRIF 招募 RIP1（receptor-interacting protein 1）及 TRAF6，然后激活下游的 IKK 激酶复合物。RIP1 的多泛素化对于 IKK 复合物的活化是必需的。最初认为，TRAF6 与 RIP1 相互作用，催化 RIP1 发生 K63 位多泛素化修饰。但随后的研究发现，在 TRAF6 缺失的细胞中，TRIF 依赖的信号通路的激活并不受影响，这说明存在其他的泛素连接酶。最近研究表明，泛素连接酶 Peli1 催化 RIP1 发生 K63 位多泛素化修饰，显著增强了 TRIF 依赖的 TLR 信号通路的激活（10）。

其他的一些泛素连接酶在 TLR 信号通路中同样发挥着非常重要的作用，尽管其具体机制尚未发现。cIAP 在 NF-κB 活化过程中的功能尚未报道，但 cIAP 可参与 TLR3 信

号通路：cIAP 可以被招募到 TLR3 信号复合物上，并通过 RIP1 的多泛素化调控细胞死亡。此外，越来越多的研究表明 LUBAC 参与 TLR 信号通路。缺失 LUBAC 组分 SHARPIN 的小鼠（也被称为 *cpdm* 小鼠）巨噬细胞在 LPS 的刺激下，并不能诱导 IκBα 的磷酸化。另一方面，来源于 *cpdm* 小鼠骨髓的树突状细胞在 LPS 或 poly(I:C)刺激下也不能激活 NF-κB（*11*）。Sasaki 近期的一项研究表明，小鼠 HOIP 蛋白缺失了泛素连接酶活性的 B 细胞，在 LPS 的刺激下 NF-κB 和 ERK 的活性得到抑制（*12*）。尽管已经明确 LUBAC 通过活化 TAB-TAK 和 IKK-NEMO 复合物参与调控 TLR 信号通路，但其具体机制依旧未知，这也是近年来的研究热点。

二、K48 位多泛素化修饰对 TLR 信号通路的调控

细胞处于静息状态时，转录因子 NF-κB 因与抑制因子 IκBα 蛋白相互作用，被滞留在细胞质中；当细胞受刺激之后，相关的信号通路激活 IKK 复合物，激活的 IKKβ 磷酸化 IκBα，磷酸化的 IκBα 被 E3 泛素连接酶 SCF^{βTRCP} 催化，发生 K48 位多泛素化修饰，随后被 26S 蛋白酶体降解；NF-κB 的抑制被解除，转移到细胞核内调控靶基因的转录。

宿主细胞利用泛素-蛋白酶体途径，降解信号通路抑制因子，激活 NF-κB 信号通路；宿主细胞也利用同样的方式限制信号通路持续激活，防止过度的炎症反应导致自身损伤。接头蛋白 MyD88 被 K48 位多泛素化修饰从而受到严谨的调控。已报道 E3 泛素连接酶 SMURF1 及 SMURF2 结合 MyD88，并且它们的相互作用依赖 SMAD6；然后 SMURF1/2 催化 MyD88 发生 K48 位多泛素化修饰，从而抑制了 TLR 信号所诱导的下游炎症反应（*13*）。Nrdp1 可以结合接头蛋白 MyD88，催化其发生 K48 位多泛素化修饰，促进 MyD88 被蛋白酶体降解；在 TLR3 信号通路中，TLR3 识别病毒的双链 RNA，随后通过其 TIR 结构域与接头蛋白 TRIF 相互作用，进一步激活下游 TRAF3 及 TBK1，最终诱导干扰素的产生。E3 泛素连接酶 WWP2（WW domain-containing protein 2）催化 TRIF 发生 K48 位多泛素化修饰，促进 TRIF 被蛋白酶体降解，从而抑制抗病毒反应。*Wwp2* 基因缺失小鼠骨髓来源的巨噬细胞相比于野生型细胞 poly(I:C)所诱导的 IFNβ、TNFα 及 IL-6 的表达显著上调，与此一致的是，*Wwp2* 基因缺失的小鼠相比于野生型的小鼠更容易被过量的 poly(I:C)感染致死（*14*）。TRIM38 催化 TRAF6 发生 K48 位多泛素化修饰，随后 TRAF6 被蛋白酶体降解，TRIM38 同时也可以被 TLR 激活剂所诱导，从而实现了对 TLR 信号通路的负反馈调控（*15*）。

持续的 NF-κB 激活可以导致炎症、自身免疫病、癌症的发生。IκBα 通过与 NF-κB 结合将其滞留在胞质中，这是终止 NF-κB 激活的一种方式；另外一种更有效的方式是在细胞核内抑制 NF-κB 的活性。有文章报道，通过镍柱纯化偶联质谱的方法鉴定出 p65 的一个结合蛋白 SOCS1（suppressor of cytokine signaling 1）。功能分析揭示 SOCS1 可以负调控 NF-κB 信号通路，另外，受 LPS 刺激的细胞内 p65 与 SOCS1 的结合显著增强；机制上，SOCS1 与 Elongins B/C 及 Cul2 结合，通过催化 p65 发生 K48 位多泛素化修饰，显著降低了 p65 的稳定性（*16*）。相反，Pin1 可以与 SOCS1 竞争结合 p65，从而保持了 p65 的稳定性（*17*）。有趣的是，进一步的研究表明，p65 在同源启动子附近以一种蛋白

酶体依赖的方式降解，但矛盾的是，SOCS1 主要定位在胞质中，因此这暗示在核内存在一个未知的泛素连接酶负责催化 p65 发生泛素化修饰。在 PDLIM2（PDZ-LIM domain-containing protein）缺失的细胞中，LPS 诱导的炎症因子表达显著上调；分子机制研究发现，PDLIM2 可以携带 p65 进入 PML 核体内，在此处，PDLIM2 催化 p65 发生 K48 位多泛素化修饰，促进 p65 被蛋白酶体降解，从而终止 NF-κB 活性（18）。因此，通过 K48 位多泛素化修饰，可以在多位置协同抑制 NF-κB 的过度激活。

　　K48 位多泛素化修饰及 K63 位多泛素化修饰还可以协同促进信号通路的激活。例如，在 TLR4-MyD88 信号通路中，MyD88 招募 TRAF6、TRAF3 及 cIAP1/2 等蛋白质。TRAF6 催化 cIAP 发生 K63 位多泛素化修饰，激活了 cIAP；接着 cIAP 催化 TRAF3 发生 K48 位多泛素化修饰，导致 TRAF3 被蛋白酶体降解，最终 TRAF6、cIAP1/2 及 TAK1 复合物得以释放到胞质中，随后激活 IKK 激酶复合物（19）。

　　为了防止不利的免疫应答的发生，DUB 作为去泛素化酶发挥着重要作用。近期研究发现，泛素特异性蛋白酶 25（USP25）在阻断 TLR4 介导的 MAPK 激活信号通路中有着极其重要的作用。在 LPS 刺激的 DC 细胞、巨噬细胞和 MEF 细胞中，USP25 与 MyD88 结合，而并不与 TRIF 相互作用，进而通过稳定 TRAF3 抑制了炎性细胞因子的分泌，同时促进了 I 型干扰素的表达。机制方面，USP25 作为一种直接的 TRAF3 去泛素化酶解除 cIAP1/2 对 TRAF3 的抑制效应，阻止该复合物从膜上脱落，抑制炎症反应。在这一过程中，USP25 帮助 TRAF3 促进了 TRIF 依赖的 I 型干扰素的分泌。USP25 的这种双重效应能够维持 TLR 触发的炎性因子和 I 型干扰素的表达平衡。最近的研究发现，去泛素化酶 USP7 在响应多种 TLR 的刺激物［如 LPS 和 poly(I:C)］的过程中发挥了重要作用。USP7 在 NF-κB 靶向基因启动子上，通过去除泛素化修饰，抑制了 NF-κB 被蛋白酶体降解。泛素连接酶及 USP7 的泛素化和去泛素化作用平衡了 NF-κB 介导的基因转录的强度和持续时间（20）。

　　另一个重要的调控 TLR 反应的去泛素化酶是 A20。A20 缺失的小鼠患有自身免疫病，并在出生后不久死亡。然而 A20 缺失的小鼠同时敲除 *MyD88* 基因可显著改善这一状况，而敲除 *TNFR1* 却不能，这一现象提示 TLR-MyD88 接头复合物是 A20 缺陷引起的炎症反应的主要调控因子。A20 是多蛋白复合物（包括 TAX1BP1、泛素连接酶 ITCH、RNF11 和 ABIN1/2/3）的组成部分。A20 在 TLR 信号通路中起重要作用的另一个证据是，TAX1BP1 缺陷的巨噬细胞或成纤维细胞在 LPS 刺激下显著增强 TRAF6 的 K63 位连接形式的多泛素化，这表明 TAX1BP1 可作为连接 A20 和 TRAF6 的调控因子（21）。去泛素化酶 CYLD 有可能调控 TLR 信号通路，因为 CYLD 缺失的巨噬细胞对 LPS 的刺激呈现高应答状态，但是 CYLD 调控 TLR3 和 TLR4 的特异性的靶点仍然未知（22）。

第二节　泛素化修饰在 RLR 信号通路中的功能

　　RLR 家族包含三个成员：RIG-I（retinoic acid-inducible gene 1）、MDA5（melanoma differentiation-associated protein 5）及 LGP2（laboratory of genetics and physiology 2）。RIG-I 及 MDA5 的 N 端含有两个 CARD（caspase recruitment domains）结构域，中间是 DExD/H 盒的 RNA 解旋酶结构域，C 端包含抑制子结构域。在静息状态时，N 端 CARD 与 C 端

抑制子结构域结合，使得 RIG-I/MDA5 处于活性抑制状态。LGP2 由于缺少 N 端 CARD，不能将信号传递给下游分子；但它可以调控 RIG-I/MDA5 的激活。

RIG-I 识别带有 5′三磷酸的病毒 RNA，而 MDA5 识别长链 RNA。在识别 RNA 后，RIG-I/MDA5 发生构象改变，暴露出两个 CARD 从而解除抑制状态，然后将信号传递给线粒体抗病毒信号蛋白（mitochondrial antiviral signaling protein，MAVS）。MAVS 的 C 端跨膜结构域定位在线粒体上，N 端的 CARD 可以与 RIG-I/MDA5 的 CARD 相互作用，接受上游的激活信号。激活的 MAVS 招募 TRAF3、TRADD 等形成信号复合物。本实验室研究发现，线粒体外膜转运蛋白 70（translocase of outer membrane 70，TOM70）是 MAVS 信号复合物的重要接头蛋白。TOM70 通过 Hsp90（heat shock protein 90）将 TBK1/IRF3 招募到线粒体上，然后激活 TBK1。活化的 TBK1 磷酸化转录因子 IRF3，诱导 IRF3 二聚化并入核启动下游 I 型干扰素基因的表达（*23*）（图 17-2）。

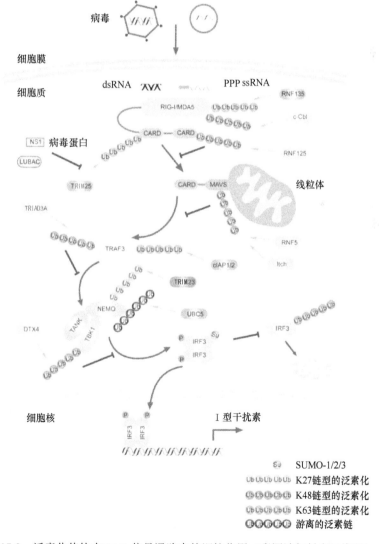

图 17-2 泛素化修饰在 RLR 信号通路中的调控作用（彩图请扫封底二维码）

RIG-I/MDA5 受体识别并结合病毒 RNA 后，通过 MAVS-TBK1-IRF3 信号转导调控抗病毒基因的表达。其中，RIG-I 和 TRAF3 分别被 TRIM25/RNF135 和 cIAP1/2 催化发生 K63 位泛素化（蓝色）修饰；NEMO 除了被 TRIM23 催化发生 K27 位泛素化（绿色）修饰，还可以结合游离的泛素链（紫色），这些泛素化修饰都可以促进 RIG-I/MDA5 信号通路的转导。相反，RIG-I、MAVS、TRAF3、TBK1 可以分别被 c-Cbl/RNF125、RNF5/ITCH、TRIAD3A、DTX4 催化发生 K48 位泛素化（橙色）修饰，并进一步被蛋白酶体降解，抑制 RIG-I/MDA5 信号通路的活化。LUBAC 及病毒蛋白 NS1 可以抑制 TRIM25 催化 RIG-I 发生 K63 位泛素化修饰，抑制宿主的抗病毒反应（图 17-2）。

（一）非 K48 位多泛素化修饰对 RLR 信号通路的调控

泛素连接酶 TRIM25 与 RIG-I 的第一个 CARD 相互作用，然后催化 RIG-I 第二个 CARD 的 172 位赖氨酸位点发生 K63 位多泛素化修饰，随后招募 MAVS，并将激活信号传递给 MAVS 信号复合物，RIG-I 上的 K63 位多泛素化修饰对于 RIG-I 与 MAVS 的相互作用是至关重要的，另外，*Trim25* 基因敲除的 MEF 细胞相比于野生型的 MEF 细胞响应 RNA 病毒感染的能力也显著降低（24）。A 型流感病毒非结构蛋白 1（non-structural protein1，NS1）与 TRIM25 的卷曲螺旋结构域相互作用，阻断 TRIM25 多聚体的形成，抑制其催化活性，最终下调 RIG-I 的活化，该研究揭示了 A 型流感病毒拮抗宿主免疫反应的新分子机制。LUBAC 通过两种途径抑制了 RIG-I 的活化。LUBAC 一方面抑制 TRIM25 与 RIG-I 的结合，另一方面催化 TRIM25 发生 K48 位多泛素化修饰，使其被蛋白酶体降解（25）。有文章报道，USP15 移除 TRIM25 的 K48 位多泛素链，阻断 LUBAC 引起的 TRIM25 的降解（26）。这一系列的研究充分展示，泛素连接酶 TRIM25 在 RLR 信号通路中具有关键的调控功能，泛素化修饰对免疫反应具备复杂而又精准的调控。Riplet（又名 RNF135）与 TRIM25 类似，也催化 RIG-I 发生 K63 位多泛素化修饰，激活 RIG-I 信号通路。在 Riplet 缺失的细胞中，RNA 病毒诱导的抗病毒基因的表达显著减少，*Riplet* 敲除的小鼠相比于野生型的小鼠更易受 RNA 病毒的感染。虽然上述研究阐述了 Riplet 在 RIG-I 泛素化修饰及激活方面的重要作用，但一些具体的机制方面需要详细的探究，比如 RIG-I 被 Riplet 催化泛素化修饰的位点。另外的研究报道了 Riplet 催化 RIG-I 的 N 端 CARD 结构域发生泛素化修饰（27），然而也有研究报道 Riplet 催化 RIG-I 的 C 端结构域上的几个赖氨酸位点发生泛素化修饰，其中第 788 位赖氨酸位点对于 RIG-I 信号至关重要（28）。 Riplet 催化 RIG-I 发生泛素化修饰的具体位点需要进一步的质谱研究进行明确。

最近研究报道，泛素连接酶 TRIM4 调控 RIG-I 介导的信号转导，过表达 TRIM4 可以显著增强 SeV 诱导的干扰素表达。机制上，TRIM4 与 RIG-I 相互作用并且催化 RIG-I 的 CARD 结构域第 154、164、172 位赖氨酸位点发生泛素化修饰（29）。由 TRIM4 催化产生的 RIG-I 上的 K63 位多泛素化修饰在天然抗病毒反应中的具体功能有待阐释。K63 位多泛素化修饰调控 RIG-I 活性被发现涉及抗病毒应激颗粒（antiviral stress granules，avSG）这一亚细胞成分，泛素连接酶 MEX3C 结合病毒 RNA 组分，进而在 avSG 内与 RIG-I 结合，随后 MEX3C 催化 RIG-I 第 48、99、169 位赖氨酸位点发生 K63 位多泛素化修饰，从而促进抗病毒反应的发生，此研究的结论使得"RIG-I 的亚细胞定位对于病毒 RNA 检测是必要的"这一猜想得到证实。另外，avSG 在天然抗病毒信号通路中的准确功能需要详细研究。RIG-I 上的 K63 位多泛素化修饰在病毒感染引起的信号转导中发挥很重要的作用，这不难想到去泛素化酶在此处拮抗这种修饰防止信号的过度放大。已经发现至少三个去泛素化酶（CYLD、USP21、USP3）可以去除 RIG-I 上的 K63 位多泛素链。以 CYLD 为例，*Cyld* 的敲减可以显著增强 SeV 感染诱导的 I 型干扰素的产生，然而 CYLD 的过表达则表现出相反的效应。进一步的研究发现，*Cyld* 基因缺失小鼠的成纤维细胞及骨髓来源的树突状细胞表现出组成性的 TBK1 激活；机制上，CYLD 与 RIG-I 相互作用进而去除 RIG-I 上的多泛素链，从而抑制信号往下游传递（*30*）。

Zeng 等（*31*）研究发现，RIG-I 的激活还可能依赖其他的机制。在体外重组 RIG-I 信号通路的无细胞体系中，额外添加的非锚定的 K63 位多泛素链（体外重组或分离自人源细胞系）可以激活 RIG-I 信号通路。在外源 RNA 及 ATP 存在时，RIG-I 的 CARD 直接识别并结合非锚定的 K63 位多泛素链。在生理环境中，锚定的还是非锚定的 K63 位多泛素链介导了 RIG-I 的激活，仍待进一步的探究。在随后的研究工作中，Zeng 等还阐释了 MAVS 诱导下游 TBK1 激活的可能分子机制。他们从细胞质中分离鉴定出泛素耦合酶 UBC5，发现其对于病毒诱导下的 IRF3 的激活是必要的。进一步的研究发现，内源泛素分子 63 位赖氨酸突变成精氨酸后，病毒诱导的 IRF3 的激活受到明显抑制。IRF3 的激活也需要 NEMO 的泛素结合结构域。这些发现暗示，NEMO 识别 K63 位多泛素链后，将信号传递给下游 TBK1，促进 TBK1 的激活。催化此 K63 位多泛素链形成的泛素连接酶目前未知。

泛素连接酶 TRIM23 催化 NEMO 发生 K27 位多泛素化修饰，促进 TBK1 及 IKK 复合物的激活（*32*）。有趣的是，志贺氏杆菌效应分子 IpaH9.8 具有泛素连接酶活力，也可以催化 NEMO 发生 K27 位多泛素化修饰。不同的是，由 IpaH9.8 催化修饰的 NEMO 被蛋白酶体降解。志贺氏杆菌利用此策略阻止 NF-κB 介导的抗感染应答，有利于其入侵宿主（*33*）。同样的泛素链型修饰同一底物蛋白，却产生不同的生物学效应，具体的分子机制有待进一步研究。

研究发现，许多泛素连接酶参与调控 MAVS 下游信号的传递，例如，cIAP1/2 催化 TRAF3 发生 K63 位多泛素化修饰，正调控 RLR 信号通路（*34*）。现在有几个去泛素化酶（DUBA、OTUB1、UCHL1）已经被发现可以去除 TRAF3 上的 K63 位多泛素链，进一步表明共价修饰到 TRAF3 的 K63 位多泛素链对于 TRAF3 功能发挥的重要性。泛素连接酶 MIB1/2（mind bomb 1 and 2）催化 TBK1 第 69、154、372 位赖氨酸发生 K63 位多泛素化修饰，深入分析揭示共价修饰到 TBK1 上的多泛素链对于招募 NEMO 是必要的，并且对于胞质 RNA 刺激引发的抗病毒反应是必需的。另外，TRAF3 及 Nrdp1 被报道也催化 TBK1 发生 K63 位多泛素化修饰（*35*）。最近研究发现，几乎全长的 TBK1 蛋白的结构解析表明 TBK1 可以形成二聚体，二聚化的 TBK1 的第 30 位及第 401 位赖氨酸位点上的 K63 位多泛素链对于 TBK1 激酶活性是必要的（*36*）。

（二）K48 位多泛素化修饰对 RLR 信号通路的调控

为了避免 RLR 信号通路过度激活对宿主细胞造成的伤害，宿主细胞可以通过催化 RLR 信号通路关键蛋白发生泛素化降解，抑制下游炎症因子及干扰素的过量产生。

泛素连接酶 RNF125 催化 RIG-I/MDA5 发生 K48 位泛素化修饰，促使 RIG-I/MDA5 通过蛋白酶体途径降解。更为重要的是，RNF125 可以被 poly(I:C)刺激所诱导，形成一个负反馈环路，限制 RIG-I 信号通路的过度激活（37）。凝集素家族成员 Siglec-G 可以被 RNA 病毒感染所诱导，它招募泛素连接酶 c-Cbl，催化 RIG-I 发生 K48 位泛素化修饰，促使 RIG-I 被蛋白酶体降解（38）。RNF125 与 c-Cbl 功能相似，它们的具体生理功能需要进一步的阐明。去泛素化酶 USP4 可以去除 RIG-I 上 K48 位多泛素链，从而阻止了 RIG-I 被蛋白酶体降解，维持了干扰素的产生（39）。

Narayan 等报道，泛素连接酶 TRIM13 负调控 MDA5 所介导的信号通路，过表达 TRIM13 可以显著抑制 MDA5 所介导的下游干扰素产生；Trim13 基因敲除的小鼠相比于野生型小鼠，血清中脑心肌炎病毒感染诱导的干扰素的表达明显上调，并且 Trim13 基因敲除的小鼠相比于野生型小鼠更有能力抵抗脑心肌炎病毒的感染（40）。值得注意的是，Narayan 等的研究并没有涉及 TRIM13 能否催化 MDA5 发生泛素化修饰，然而 TRIM13 蛋白本身含有 RING 结构域，因此极有可能 TRIM13 通过降解 MDA5 抑制了抗病毒信号通路，但更加确切及详细的机制需要进一步的研究。

MAVS 作为 RLR 信号通路的一个关键枢纽蛋白，其活性也被泛素化修饰精细地调控。Poly(rC)结合蛋白 PCBP2 可以招募泛素连接酶 ITCH，催化 MAVS 的第 371、420 位赖氨酸位点发生 K48 位泛素化修饰，并且被蛋白酶体降解，抑制 MAVS 所介导的信号通路的激活。PCBP2 被病毒感染所诱导，在病毒感染的晚期催化 MAVS 发生降解。有趣的是，poly(rC)结合蛋白家族的另一个成员 PCBP1 组成性催化 MAVS 的泛素化修饰、降解（41）。泛素连接酶 RNF5 催化 MAVS 的第 362、461 位赖氨酸位点发生 K48 位泛素化修饰，进而被蛋白酶体降解。这些泛素连接酶是否具有细胞特异性，有待深入研究。有研究报道 TRIM44 拮抗 K48 位多泛素化修饰引起的 MAVS 降解，因为过表达 TRIM44 明显增加了 MAVS 的稳定性。TRIM44 抑制 PCBP2/ITCH 介导的 MAVS 的泛素化，使得 MAVS 介导的下游干扰素的产量显著增加（42）。值得注意的是，TRIM44 由于缺失 RING 结构域，因此属于非典型的 TRIM 家族蛋白，然而 TRIM44 拥有去泛素化酶家族典型的 ZF-UBP 结构域。将来需要进一步探究 TRIM44 通过何种机制稳定了 MAVS 的表达，尤其是 TRIM44 的去泛素化酶活性是否调控了 MAVS。

研究发现，许多泛素连接酶还调控 MAVS 下游接头蛋白的稳定性，如 NLRP4（NACHT、LRR 和 PYD domains-containing protein 4）招募 E3 泛素连接酶 DTX4，催化 TBK1 发生泛素化修饰降解。最新的研究表明，DYRK2［dual-specificity tyrosine-(Y) phosphorylation regulated kinase 2］以激酶依赖的方式促进 TBK1 的降解：DYRK2 磷酸化 TBK1，磷酸化的 TBK1 能够招募 NLRP4 及泛素连接酶 DTX4（43）；SOCS3（suppressor of cytokine signaling 3）同 DTX4 类似，催化 TBK1 发生 K48 位多泛素化修饰进而被蛋白酶体降解，从而负调控抗病毒信号通路（44）；TRIP（TRAF-interacting protein）直接

结合 TBK1 也催化 TBK1 发生 K48 位多泛素化修饰，从而负调控 TRIF 以及 RIG-I 介导的抗病毒信号通路（45）；另外，泛素连接酶 TRIM27 介导泛素依赖的 TBK1 降解过程，负调控 I 型干扰素信号：在病毒感染过程中，I 型干扰素诱导 Siglec1（sialic acid-binding Ig-like lectin1）的表达，Siglec1 结合接头蛋白分子 DAP12 然后招募 SHP2（tyrosine phosphatase），SHP2 作为脚手架蛋白招募泛素连接酶 TRIM27 继而导致泛素化依赖的 TBK1 降解，从而负调控 I 型干扰素的诱导（46）。研究报道，TRIAD3A 催化 MAVS 下游分子 TRAF3 发生 K48 位多泛素化修饰，进而被蛋白酶体降解（47）。

RNA 病毒感染细胞 6~8 h 后，IRF3 在蛋白水平上显著减少，但蛋白酶体抑制剂 MG132 可以逆转这一过程，这说明 IRF3 通过蛋白酶体途径发生降解。另外，激活的 IRF3 可以在多位点被磷酸化，然而被剥夺了磷酸化位点的 IRF3 的突变体（K396/398/402/404/405A）可以抵抗病毒所诱导的降解。与此一致的是，在 TBK1 缺失的细胞内，IRF3 也不会被降解。上述表明，IRF3 的 C 端丝氨酸/苏氨酸磷酸化基序对于 IRF3 的降解是必要的。磷酸化的 IRF3 可以招募 Pin1 及 Cul1（48）。Cul1 是 SCF 泛素连接酶家族的组成成分，SCF 复合物是否催化了 IRF3 发生 K48 位多泛素化修饰需要具体研究。然而 Pin1 可以促进 IRF3 的多泛素化修饰进而被蛋白酶体降解，这或许是由于 Pin1 促使了 IRF3 发生构象改变导致这一现象的发生。Yu 等报道具有 HECT 结构域的泛素连接酶 RAUL（RTA-associated ubiquitin ligase）催化 IRF3 及 IRF7 发生 K48 位多泛素化修饰，然而他们并没有阐释 RAUL 介导的 IRF3 降解是否依赖 IRF3 的磷酸化（49）。另外，有研究报道 TRIM21 结合 IRF3 进而催化其发生多泛素化修饰，然而 Yang 等的研究结果与此并不一致，他们发现 TRIM21 特异地与 IRF3 发生相互作用，进而阻止泛素连接酶与 IRF3 的结合，从而稳定了 IRF3。他们认为 TRIM21 可能催化了自身或者是 IRF3 复合物中其他蛋白质发生多泛素化修饰（50）。

第三节 泛素化修饰在 NLR 信号通路中的功能

NOD 样受体家族（NOD-like receptor，NLR）属于另一类细胞内模式受体家族，包含 C 端的富含亮氨酸基序及 N 端效应分子结合区域，比如 Caspase 招募结构域（caspase recruitment domains，CARD）、pyrin 结构域（pyrin domain，PYD）或者杆状病毒抑制子基序（baculovirus inhibitor repeat，BIR）。基于 N 端结构域的类型，NLR 粗略地被分为三个亚家族：NOD、NLRP 及 IPAF。NOD1 及 NOD2 是 NF-κB 信号强烈的激活子，遗传水平上，它们与克罗恩病密切相关（51）；然而，其余大多数 NLR 参与形成炎症小体（inflammasome），而炎症小体对于 Caspase1 前体的剪切至关重要（图 17-3）。

NLR 家族成员通过激活 NF-κB 或形成激活 Caspase1 的炎症小体启动炎症免疫应答反应。在这一过程中，非降解性的多泛素链对于充分的 NF-κB 活化及 Caspase1 成熟是必需的。多个泛素连接酶催化 RIP2 形成的多泛素链为 TAK1-TAB2/3 复合物及 LUBAC 提供了结合位点，并最终导致了 IKK 复合物的激活。另外，cIAP1/2 通过催化 Caspase1 发生 K63 位多泛素化修饰从而激活 Caspase1。

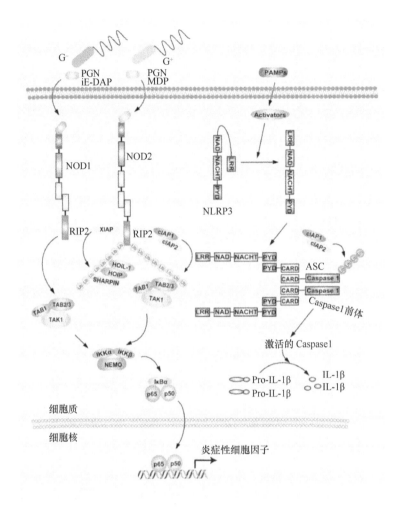

图 17-3 泛素化修饰在 NLR 信号通路中的调控作用

NOD1/2 与配体结合后，暴露出的 N 端 CARD 结构域可以招募丝苏氨酸激酶 RIP2，最终导致 NF-κB 的激活。有趣的是，在这一过程中 RIP2 经历 K63 位及非 K63 位多泛素化修饰，然后分别招募 TAK1 蛋白复合物及线性泛素链复合物 LUBAC，从而促进下游 IKK 复合物的激活。RIP2 突变体（K209R）由于不能被催化发生泛素化修饰，从而不能激活 NF-κB 信号通路（52），这表明泛素链对于 RIP2 的功能是非常必要的。有多个泛素连接酶介导 RIP2 泛素化修饰从而调控 NOD1/2 信号，如 TRAF2、TRAF5、TRAF6、Peli3、cIAP1、cIAP2 及 XIAP。另外一个泛素连接酶 ITCH 也介导 RIP2 的多泛素化修饰，然而 ITCH 在 NOD2 信号通路中的功能比较复杂，主要因为 ITCH 促进了 MAPK 的激活，抑制了 NF-κB 的活化（53）。为何多种泛素连接酶介导 RIP2 的泛素化修饰，以及这些连接酶是否协同发挥作用仍然值得进一步研究。

XIAP 也会被招募到 NOD 信号复合物，然后直接结合 RIP2，催化 RIP2 的 K63 位多泛素化修饰。另外，XIAP 也招募 LUBAC，催化 RIP2 线性多泛素化修饰。K63 位及线性多泛素化修饰对于信号传递到下游起了关键作用。几例动物感染模型都表明 XIAP

在宿主响应胞内病原菌感染过程中发挥了重要作用：*Xiap*基因缺失的小鼠在肺炎衣原体感染的情况下表现出明显的肺部感染，而且由于NF-κB活性降低不能清除病原菌（54）；类似的，*Xiap*基因缺失的小鼠也容易被由腹腔注射的李斯特菌感染致死。NOD2及TLR4的共激活表现出协同增加细胞因子的生成，这对于宿主抵抗细菌感染是必需的。LPS、肝脏细胞特异的转录抑制剂GalN及NOD2激动剂MDP混合注射小鼠引起的重症肝炎在*Xiap*基因缺失的情况下会更加严重。这种现象是NOD2信号依赖的，因为在仅注射LPS及GalN的情况下，*Xiap*基因缺失小鼠表现出较为普通的肝炎症状。与此一致的是，*Xiap*基因缺失小鼠相比于野生型小鼠，MDP诱导的血清及骨髓来源的巨噬细胞培养上清中细胞因子的产量明显减少。值得注意的是，上述现象与XIAP作为凋亡抑制剂无关，因为*Xiap*基因缺失小鼠的巨噬细胞在MDP和（或）LPS的处理下均不会出现死亡。总之，以上研究都表明XIAP的泛素连接酶活性在NOD信号通路中的重要作用。最近研究发现，在患有Ⅱ型X染色体相关的淋巴组织增生综合征（X-linked lymphoproliferative 2，XLP2）的患者细胞样品中检测到编码部分RING domain及BIR2 IBM结合口袋的*Xiap*基因发生突变，这些突变破坏了XIAP的E3泛素连接酶活性及XIAP结合RIP2的能力，最终破坏了NOD2介导的NF-κB的激活（55）。SMAC模拟化合物A破坏XIAP-RIP2的结合，从而拮抗了RIP2的泛素化修饰，以及对LUBAC的招募，重要的是，上述现象不依赖于cIAP1（cellular inhibitor of apoptosis protein 1）及cIAP2，因为此现象发生在XLP2患者细胞样品中。研究报道，cIAP1/2催化Caspase1发生K63位多泛素化修饰从而调控Caspase1依赖的炎症反应，cIAP缺失的小鼠在Caspase1介导的炎症反应水平上明显减弱（56）。

去泛素化酶A20是NOD2信号通路的负调控因子，它可以直接去除共价修饰到RIP2上的多泛素链。体内外试验均证明A20缺失的情况下，RIP2的泛素化修饰水平和NF-κB活性均增加，同时对MDP刺激的反应增加（57）。类似地，最近报道的去泛素化酶OTULIN通过两个方面负调控NOD2信号通路：一方面，抑制本底水平LUBAC的自身泛素化；另一方面，限制激活状态下RIP2和LUBAC上线性泛素链的堆积。细胞中OTULIN的减少可导致MDP诱发的NF-κB介导的目的基因的转录增加。另外，过表达OTULIN可抑制LUBAC介导的NF-κB活化（58）。

近期对泛素化修饰的探讨较多涉及另一种重要的NLR即NLRP3。NLRP3参与炎症小体的组装，并通过Caspase1参与IL-1β活性的调节（59）。cIAP1/2被报道参与炎症小体的调节，但是由于它们的功能存在一些争议，现阶段尚不能全面了解它们的功能及其相关机制。Labbé等的研究发现，cIAP1/2与TRAF2直接结合包含Caspase1的复合物，并且介导该复合物的K63位多泛素化修饰，从而正向调控炎症小体的活性（56）。在单核细胞系THP1细胞中，*cIap1/2*的敲减可以显著抑制Caspase1的活性和IL-1β的合成（56）。另一方面，Vince等证明cIAP1/2及XIAP对NLRP3炎症小体有抑制效应。Vince等的研究表明不管是用SMAC的模拟化合物A还是遗传缺失*cIap1/2*和*Xiap*基因，均可导致NLRP3-Caspase1炎症小体的迅速产生，从而促进了IL-1β的成熟和分泌（60）。他们还进一步地证明了缺失IAP，IL-1β会以Caspase1不依赖的方式分泌，这就暗示存在其他IL-1β活化平台，这或许是依赖Caspase8。在这一过程中，泛素连接酶IAP表现出负调节的作用（60）。尽管 cIAP1 和 cIAP2 的具体作用尚不清楚，但是它们对炎症小体活化起重要作用是明确的。Py 等近期的研究表明，去泛素化酶 BRCC3 通过去除共价修饰到 NLRP3 上的多泛素链从而对炎症小体发挥正调控效应。细胞内 BRCC3 的减少明显增加了 NLRP3 的泛素化修饰水平。BRCC3 的去泛素化酶活性对 Caspase1 活化和 IL-1β 的剪切是必需的，但对于 LPS 刺激引起的 IL-1β 的转录或 NLRP3 自身并没有作用（61）。

综上，这些近期的研究为我们理解泛素化修饰在 NLRP3 炎症小体依赖和非依赖的 IL-1β 活化过程中的重要性提供了新的思路。探索发现其他的泛素连接酶和去泛素化酶在炎性小体活化中的作用将更有利于我们理解这一过程。

第四节　泛素化修饰在 STING 依赖的信号通路中的功能

在浆细胞样树突状细胞中，包涵体膜表面的 TLR9 可以识别胞外菌的 CpG-DNA。然而在 TLR9 缺失的细胞中，胞质外源 DNA 也可强烈地诱导 I 型干扰素基因的表达。这暗示细胞质中存在可以识别 DNA 的特异受体。近年的突破性研究进展相继报道了细胞质中的 DNA 结合蛋白，如 cGAS、Mre11、IFI16（p204）、DDX41 及 DNA-PKc。它们可以识别胞质中的 DNA，强烈诱导 I 型干扰素的表达。这些 DNA 结合蛋白在生理状态下的功能需要构建基因敲除小鼠做进一步的研究，它们之间生理生化方面的相关性也需要进一步的阐明。

在髓样树突状细胞中，DNA 受体 DDX41 的过表达可以触发 STING 依赖的 IFN-β 的产生，最近有文章报道，TRIM21 结合 DDX41 催化其发生 K48 位多泛素化修饰进而被蛋白酶体降解，TRIM21 缺失的小鼠相比于野生型的小鼠，HSV-1 诱导产生的 IFN-β 含量明显增多（62）。除了 DDX41 的泛素连接酶已知外，其他 DNA 受体相关的泛素连接酶需要进一步的筛选与探究。

DNA 受体识别 DNA 之后，都将信号传递到内质网上一个共同的节点分子 STING（stimulator of interferon gene）。DNA 病毒 HSV-1 及李斯特菌的刺激并不能够诱导 STING 缺失的细胞产生干扰素及炎症因子。另外，STING 敲除的小鼠相比于野生型的小鼠更易受 DNA 病毒 HSV-1 的感染。最近研究发现，在胞质外源 DNA 刺激下，内质网上的 STING 可以迅速二聚化，然后从内质网经过高尔基体转移到核外周小体上。有趣的是，TBK1 也会同时聚集到核外周小体上。由 DNA 刺激驱动的 STING-TBK1 复合物的聚集对于 TBK1 的激活是必需的。激活的 TBK1 可以磷酸化 IRF3，随后 IRF3 发生二聚化，入核起始靶基因的表达（63）（图 17-4）。

STING 与 TBK1 同时聚集到核外周小体的分子机制不清楚，本实验室最近的研究阐明了这一生物学过程。在内质网泛素连接酶 AMFR（autocrine motility factor receptor）或者 INSIG1（insulin-induced gene 1）缺失的细胞中，由胞质 DNA 刺激引发的、STING 介导的抗病毒基因的表达显著减少。与此一致的是，髓样细胞中 INSIG1 特异性敲除的小鼠相比野生型的小鼠更易受 HSV-1 病毒的感染。深入的分子机制研究表明，STING 通过 INSIG1 招募 AMFR，AMFR 催化 STING 发生 K27 链型的泛素化修饰；此泛素链作为分子平台招募 TBK1，将 STING 和 TBK1 转移到核外周小体上。STING 与 TBK1 在核外周小体，通过未知的机制激活 TBK1（64）。

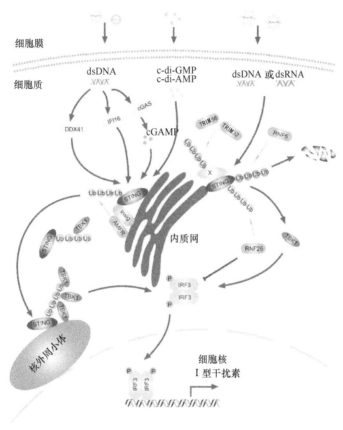

图 17-4　泛素化修饰在 STING 介导的信号通路中的调控作用。病原微生物的 DNA 或 RNA 被胞质中的受体识别后，通过 STING-TBK1-IRF3 信号转导起始 I 型干扰素基因的表达（图 17-4）。其中，在胞质 DNA 刺激下，AMFR 催化 STING 发生 K27 链型的泛素化（黄色）修饰，此泛素链招募 TBK1 并且将其转移到核外周小体上；TRIM32 和 TRIM56 催化 STING 复合物中的其他未知组分发生 K63 位泛素化（蓝色）修饰；另外，在病毒感染初期，RNF26 催化 STING 发生 K11 位泛素化（紫色）修饰，促进下游 I 型干扰素基因的表达。在胞质 DNA 或 RNA 的刺激下，RNF5 催化 STING 发生 K48 位泛素化（橙色）修饰，随后被蛋白酶体降解，抑制信号传递（彩图请扫封底二维码）

　　Tsuchida 等（65）报道，在外源 DNA 或者 RNA 刺激下，STING 的 150 位赖氨酸位点可以被 TRIM56 催化，发生 K63 位多泛素化修饰，促进 STING 二聚化及 TBK1 的招募。但随后有研究指出，150 位赖氨酸位点对于 STING 二聚化的形成并不是必需的（66）。除了 TRIM56 外，STING 还可被 TRIM32 催化发生 K63 位多泛素化修饰，促进 STING 与 TBK1 的相互作用（67）。本实验室通过一步免疫共沉淀的方法，重复出 STING 被 TRIM56 或者 TRIM32 催化发生泛素化修饰的结果；但通过严格的两步免疫共沉淀方法，并没有得出一致的结论（64）。我们猜测，TRIM56 或 TRIM32 可能催化 STING 复合物中其他成员的泛素化修饰，间接调控了 STING 所介导的信号通路。

　　泛素化修饰可以正调控 STING 介导的信号通路，促进下游Ⅰ型干扰素表达；还可以抑制 STING 所介导的信号传递，避免过度免疫反应。Zhong 等以 STING 作诱饵，通过酵母双杂交的方法，筛选到了 RNF5 为 STING 的一个相互作用的分子，研究表明两者的跨膜区域介导了它们的相互作用。在 RNA 病毒 SeV 刺激下，RNF5 催化 STING 的第 150 位赖氨酸位点发生 K48 位多泛素化修饰，随后 STING 被 26S 蛋白酶体降解，抑制Ⅰ型干扰素相关基因的表达（68）。外源 DNA 的刺激也可促进 STING 发生降解（69）。在树突状细胞中，TRIM30α 的表达被 HSV1 所诱导，并且 TRIM30α 催化 STING 发生 K48 位多泛素化修饰，使得 STING 被蛋白酶体降解，与此一致的是，TRIM30α 缺失的小鼠相比野生型小鼠，更能够抵抗 DNA 病毒的侵染。

　　Qin 等（70）研究发现，定位在内质网上的泛素连接酶 RNF26 催化 STING 发生 K11 链型的泛素化修饰。有趣的是，在病毒感染早期，RNF26 催化形成的 K11 多泛素链竞争 STING 的 K48 位泛素化修饰位点，阻止 RNF5 引起的 STING 的降解，促进了Ⅰ型干扰素的表达；但在病毒感染的晚期，RNF26 通过促进 IRF3 的溶酶体降解，抑制了Ⅰ型干扰素的表达。

第五节　展　　望

　　固有免疫细胞信号转导的研究是当前生物医学研究领域的前沿热点。相关细胞信号转导通路的精细调控机制有待全面而深入的阐释。调控许多关键信号节点分子的泛素连接酶已经被发现，并进行了初步的生物学功能与分子机制研究。但在生理条件下，这些节点分子是否受这些泛素连接酶的调节，有待在动物模型层面确认。目前大部分研究的结论是基于：将底物蛋白的潜在泛素化修饰位点，通过赖氨酸（K）至精氨酸（R）的突变，筛选相关的功能变化。但底物蛋白的氨基酸突变后，蛋白质的构象或其酶活力都有可能发生改变，间接导致底物蛋白不再被修饰。通过质谱鉴定修饰位点，以及通过构建位点突变基因敲入小鼠的方法在将来的研究中会发挥更重要的作用。

　　细胞内去泛素化酶的存在，使得锚定或非锚定到底物的泛素链极不稳定，因此实时监测细胞内泛素链形成的时间和位置变得尤为重要。同一个枢纽信号分子经常被多个 E3 泛素连接酶调节，并且催化形成的泛素连接类型纷繁复杂。需要用动态和实时的研究方法，以便阐明细胞与组织的特异性，以及时间与空间的动态变化规律。宿主细胞如何整合不同的泛素连接酶、去泛素化酶及泛素结合蛋白，实现对固有免疫细胞信号通路的精准调控，是本领域最具挑战性的课题。对相关分子机制及功能的深入研究，将为设计治疗自身免疫疾病、慢性炎症及病毒感染等提供新思路和新策略。

参 考 文 献

1.　T. Kirisako *et al.*, *EMBO. J.* **25**, 4877(2006).
2.　D. Komander, M. Rape, *Annu. Rev. Biochem.* **81**, 203(2012).
3.　H. Kumar, T. Kawai, S. Akira, *Int. Rev. Immunol.* **30**, 16(2011).

4. K. Yang *et al.*, *Immunity* **23**, 465(2005).
5. E. Laplantine *et al.*, *EMBO. J.* **28**, 2885(2009).
6. H. Sebban, S. Yamaoka, G. Courtois, *Trends Cell Biol.* **16**, 569(2006).
7. A. S. Shifera, *J. Cell. Physiol.* **223**, 558(2010).
8. T. Kawagoe *et al.*, *Nat. Immunol.* **10**, 965(2009).
9. H. X. Shi *et al.*, *Plos Pathogens* **7**, e1002057(2011).
10. M. Chang, W. Jin, S. C. Sun, *Nat. Immunol.* **10**, 1089(2009).
11. C. Wang *et al.*, *Vaccine* **30**, 4790(2012).
12. Y. Sasaki *et al.*, *EMBO. J.* **32**, 2463(2013).
13. Y. S. Lee *et al.*, *Nat. Commun.* **2**, 460(2011).
14. Y. Yang *et al.*, *P. Natl. Acad. Sci. USA.* **110**, 5115(2013).
15. W. Zhao, L. Wang, M. Zhang, C. Yuan, C. Gao, *J. Immunol.* **188**, 2567(2012).
16. G. N. Maine, X. Mao, C. M. Komarck, E. Burstein, *EMBO. J.* **26**, 436(2007).
17. A. Ryo *et al.*, *Mol. Cell* **12**, 1413(2003).
18. T. Tanaka, M. J. Grusby, T. Kaisho, *Nat. Immunol.* **8**, 584(2007).
19. P. H. Tseng *et al.*, *Nat. Immunol.* **11**, 70(2010).
20. A. Colleran *et al.*, *P. Natl. Acad. Sci. USA.* **110**, 618(2013).
21. H. Iha *et al.*, *EMBO. J.* **27**, 629(2008).
22. J. Zhang *et al.*, *J. Clin. Invest.* **116**, 3042(2006).
23. X. Y. Liu, B. Wei, H. X. Shi, Y. F. Shan, C. Wang, *Cell Res.* **20**, 994(2010).
24. M. U. Gack *et al.*, *Nature* **446**, 916(2007).
25. K. S. Inn *et al.*, *Mol. Cell* **41**, 354(2011).
26. E. K. Pauli *et al.*, *Sci. Signal.* **7**, ra3(2014).
27. D. Gao *et al.*, *PLoS One* **4**, e5760(2009).
28. H. Oshiumi, M. Miyashita, M. Matsumoto, T. Seya, *Plos Pathog.* **9**, e1003533(2013).
29. J. Yan, Q. Li, A. P. Mao, M. M. Hu, H. B. Shu, *J. Mol. Cell Biol.* **6**, 154(2014).
30. C. S. Friedman *et al.*, *EMBO. Rep.* **9**, 930(2008).
31. W. W. Zeng *et al.*, *Cell* **141**, 315(2010).
32. K. Arimoto *et al.*, *P. Natl. Acad. Sci. USA.* **107**, 15856(2010).
33. H. Ashida *et al.*, *Nat. Cell Biol.* **12**, 66(2010).
34. A. P. Mao *et al.*, *J. Biol. Chem.* **285**, 9470(2010).
35. C. Wang *et al.*, *Nat. Immunol.* **10**, 744(2009).
36. D. Tu *et al.*, *Cell Rep.* **3**, 747(2013).
37. K. Arimoto *et al.*, *P. Natl. Acad. Sci. USA.* **104**, 7500(2007).
38. W. Chen *et al.*, *Cell* **152**, 467(2013).
39. L. Wang *et al.*, *J. Virol.* **87**, 4507(2013).
40. K. Narayan *et al.*, *J. Virol.* **88**, 10748(2014).
41. X. Zhou, F. You, H. Chen, Z. Jiang, *Cell Res.* **22**, 717(2012).
42. B. Yang *et al.*, *J. Immunol.* **190**, 3613(2013).
43. T. An *et al.*, *Plos Pathogens* **11**, e1005179(2015).
44. D. Liu *et al.*, *Mol. Cell Biol.* **35**, 2400(2015).
45. M. Zhang *et al.*, *J. Exp. Med.* **209**, 1703(2012).
46. Q. Zheng *et al.*, *Cell Res.* **25**, 1121(2015).
47. P. Nakhaei *et al.*, *Plos Pathogens* **5**, e1000650(2009).
48. A. Bibeau-Poirier *et al.*, *J. Immunol.* **177**, 5059(2006).
49. Y. Yu, G. S. Hayward, *Immunity* **33**, 863(2010).
50. K. Yang *et al.*, *J. Immunol.* **182**, 3782(2009).
51. J. P. Hugot *et al.*, *Nature* **411**, 599(2001).
52. M. Hasegawa *et al.*, *EMBO. J.* **27**, 373(2008).
53. M. Tao *et al.*, *Curr. Biol.* **19**, 1255(2009).

54. H. Prakash, M. Albrecht, D. Becker, T. Kuhlmann, T. Rudel, *J. Biol. Chem.* **285**, 20291(2010).
55. R. B. Damgaard *et al.*, *EMBO. Mol. Med.* **5**, 1278(2013).
56. K. Labbe, C. R. McIntire, K. Doiron, P. M. Leblanc, M. Saleh, *Immunity* **35**, 897(2011).
57. O. Hitotsumatsu *et al.*, *Immunity* **28**, 381(2008).
58. B. K. Fiil *et al.*, *Mol. Cell* **50**, 818(2013).
59. E. Latz, T. S. Xiao, A. Stutz, *Nat. Rev. Immunol.* **13**, 397(2013).
60. J. E. Vince *et al.*, *Immunity* **36**, 215(2012).
61. B. F. Py, M. S. Kim, H. Vakifahmetoglu-Norberg, J. Yuan, *Mol. Cell* **49**, 331(2013).
62. Z. Zhang *et al.*, *Nat. Immunol.* **14**, 172(2013).
63. H. Ishikawa, Z. Ma, G. N. Barber, *Nature* **461**, 788(2009).
64. Q. Wang *et al.*, *Immunity* **41**, 919(2014).
65. T. Tsuchida *et al.*, *Immunity* **33**, 765(2010).
66. S. Ouyang *et al.*, *Immunity* **36**, 1073(2012).
67. J. Zhang, M. M. Hu, Y. Y. Wang, H. B. Shu, *J. Biol. Chem.* **287**, 28646(2012).
68. B. Zhong *et al.*, *Immunity* **30**, 397(2009).
69. H. Konno, K. Konno, G. N. Barber, *Cell* **155**, 688(2013).
70. Y. Qin *et al.*, *Plos Pathogens* **10**, e1004358(2014).

（王　琛）

第十八章　蛋白酶体的结构与功能

蛋白酶体广泛分布于真核生物的细胞核和细胞质，负责细胞内绝大多数蛋白质的降解，因而调控着几乎所有的细胞活动。它是一种巨大的（约 2000 kDa）、具有多种蛋白水解酶活性的、由几十个亚基组成的、具有四级结构的复合蛋白酶。其高级的四级结构将蛋白质水解活性位点封闭在一个桶形的空腔中，仅通过狭窄的门控通道与外界相连，从而有效阻止正常折叠的蛋白质进入降解腔。目前已发现 4 种蛋白酶体：含 19S 调节颗粒的 26S 蛋白酶体，由 PA28α 和 PA28β 组成调节颗粒的免疫蛋白酶体，含 PA28γ 调节颗粒的 PA28γ-蛋白酶体，由 PA200 作为调节颗粒的 PA200-蛋白酶体（如生精蛋白酶体）。

绝大部分细胞内蛋白质的降解是经泛素-蛋白酶体途径（ubiquintin-proteasome pathway）完成的。该降解过程具有特异性、高效性和不可逆性的特点，并受多种调节机制严格调控（1-4）。经泛素-蛋白酶体途径降解的蛋白质的半衰期可以很长，如细胞骨架蛋白（半衰期为几天）、晶状体蛋白（半衰期为几年），也可以很短，如 p53（半衰期仅几分钟）。目前发现，许多参与细胞周期、细胞程序性死亡及感染等重要信号途径的调节蛋白本身均受蛋白酶体降解调控，如核因子 κB 抑制物（IκB）（5）、β-连环蛋白（6）、抑癌蛋白 p53（7）、细胞周期依赖的蛋白激酶抑制蛋白 p21（8, 9）和 p27（10）、低氧诱导转录因子 HIF1α（11）、促凋亡蛋白 BAX（12），以及上皮生长因子受体家族成员 ErbB3（13）等。此外，细胞内新合成的但具有缺陷的蛋白质及变性蛋白也会被蛋白酶体迅速降解，以防止错误折叠和受损蛋白质在细胞内积累（14）。当细胞受到外界刺激或者由于自身生长导致细胞的生理状态发生改变时，蛋白酶体介导的迅速且不可逆的特异性蛋白质降解成为细胞打破旧的胞内调节网络秩序、建立新秩序的基础。本章介绍蛋白酶体的组成、结构和作用机制。

第一节　蛋白酶体的组成与结构

蛋白质降解是活细胞中受到严格调控的生命活动之一，其最基本的调控原则是：细胞中只有真正需要降解的蛋白质才能够被允许接近蛋白酶的水解活性位点。事实上，蛋白酶体和某些蛋白酶（如 ClpAP、HslVU 及博莱霉素水解酶）尽管没有序列上的同源性，但都会形成相类似的四级结构，这样的高级结构会将蛋白质水解活性位点封闭在一个桶形的空腔中，仅通过狭窄的门控通道与外界相连，从而有效阻止正常折叠的蛋白质进入降解腔（15）。蛋白酶体就是这样一种广泛分布于细胞核和细胞质中的巨大的（约 2000 kDa）、具有多种蛋白水解酶活性的、通常依赖于底物泛素化的蛋白酶复合物，是细胞最主要的蛋白质降解"机器"。

26S 蛋白酶体由 20S 核心颗粒（core particle，CP）和 19S 调节颗粒（regulatory particle，RP，也称 PA700）组成（图 18-1）。20S 核心颗粒约 700 kDa，由 4 个同轴的、由 7 个亚基组成的七聚体环垒叠形成中空的桶状结构。

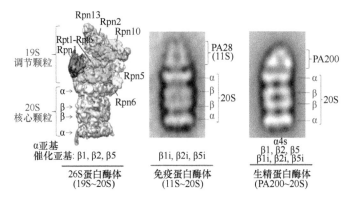

图 18-1 不同类型蛋白酶体

位于桶状结构外侧的两个环（α 环）由 α 亚基（α1～α7）组成，其功能是：①α 亚基的 N 端可形成控制底物进入和降解产物释放的两个狭窄的轴向门控通道；②在由 β 环组成的降解催化腔（容积约 84 nm³）的两侧各形成一个"接待室（antechamber）"（容积约 59 nm³），用以容纳相当数量的待降解底物或（部分）降解产物（16）；③α 亚基能够独立聚合成环，α 环的组装是 β 环形成的必要条件；④α 环作为降解腔的屏障，能够防止细胞内非降解蛋白误入降解腔；⑤19S 调节颗粒也通过 α 环与核心颗粒相结合。近年来，研究人员在睾丸中发现了一种与 α4 亚基高度同源的新的蛋白酶体亚基 α4s，85% 的 α4 氨基酸与 94% 的 α4 氨基酸高度一致，它们不同的序列主要集中在 α4 的 178～191 和 C 端的 219～248 两个区域。睾丸特异表达的 α4 亚基与调节颗粒 PA200 组成了一种新的蛋白酶体，即生精蛋白酶体（17）。位于桶状结构内侧的两个环（β 环）由 β 亚基（β1～β7）组成。三个组成型表达的 β 亚基（β1、β2 和 β5）具有苏氨酸蛋白酶活性位点，且均位于 20S 核心颗粒降解腔的内侧，从而与外界的细胞环境隔绝开来（18，19）。这三对 β 亚基在完整的蛋白酶体形成之前以 pro-β 亚基的形式存在，当前肽被水解以后才能够形成有活性的 β 亚基。其中，β5 亚基具有"胰凝乳蛋白酶样"活性位点；β2 亚基具有"胰蛋白酶样"活性位点；β1 亚基具有"半胱天冬酶样"活性位点（也称 PGPH 样位点）（20，21）。当细胞受到干扰素-γ（IFN-γ）、肿瘤坏死因子-α（tumor necrosis factor-α，TNF-α）、炎症反应、氧化应激和一氧化氮等刺激诱导，蛋白酶体核心颗粒 20S 的 β 亚单位中的 β1、β2 和 β5 分别被 β1i（LMP2 或 PSMB9）、β2i（LMP10、PSMB10 或 MECL-1）和 β5i（LMP7 或 PSMB8）所取代，β1i、β2i 和 β5i 可以加强蛋白酶体产生与主要组织相容性抗原（MHC I）相结合多肽的能力，由此形成一种衍生于组成型蛋白酶体（constitutive proteasome）的、具有高效蛋白水解能力的一类蛋白酶体，被称为免疫蛋白酶体（immunoproteasome）（22-24）。免疫蛋白酶体的特异性多肽水解位点发生改变，胰凝乳蛋白酶样和胰蛋白酶样活性增强，产生的降解肽段具有独特的 N 端和 C 端基序，更容易被 MHC I 类分子识别进而提呈至免疫系统（25）。免疫蛋白酶体的合成机制与组成型蛋白酶体相似，但免疫亚单位会优先于组成型亚单位进行组装。β1i 先于 β1 掺入 α 环内部，这对之后 β2i 的组装是必需的，而 β2i 可以加速 β1i 的募集组装（26）。β5i 是独立组装的，其对 β1i 和 β2i 的前肽翻译后加工也是必需的（27）。然而，免疫蛋白酶体的半衰期短于组成型蛋白酶体。因此，免疫蛋白酶体"优先合成"、"半衰期短"的这些生物学特性就使得其在细胞受到应激刺激时可以快速合成，而在不需要时又能快速恢复到基本水平（28）。另外，很多睾丸中的蛋白酶体也具有免疫蛋白酶体亚基（β1i、β2i、β5i），但其生理作用仍有待探明（17）。20S 核心颗粒可以以游离的形式存在，它比 26S 复合物更加稳定且更易于分离。

20S 蛋白酶体可被 3 种不同类型的调节颗粒所激活，即 19S/PA700/RP、PA200，以及干扰素-γ 诱导的 11S/PA28。这三类调节颗粒可结合于 20S 核心颗粒的两端，其中 19S 调节颗粒是最主要的调节颗粒，其结构和功能均类似于 20S 复合物的"嘴"，在降解过程中负责：①底物识别；②降解底物去折叠；③释放游离的泛素分子，即去泛素化；④打开 α 环上的降解腔通道；⑤将去折叠底物送入降解腔。纯化的蛋白酶体通常是由游离的 20S CP、结合了一个 RP 的 RP1CP，以及结合了两个 RP 的 RP2CP 组成的混合物。调节复合物以 ATP 依赖的方式与 20S 核心颗粒结合，因此若要分离得到完整的 26S 蛋白酶体，纯化过程中使用的所有缓冲液都必须含有 ATP 和甘油。

11S 调节颗粒是由分子质量约为 28 kDa 的亚基组成的同源或异源的七聚体。它的 3 种同源物分别为 PA28α、PA28β 和 PA28γ（也被称为 REGα、REG28β 和 REG28γ）。PA28α 和 PA28β 在 INF-γ 诱导下产生，且 INF-γ 会使 PA28α 和 PA28β 的转录水平上调，并优先与免疫蛋白酶体结合（29）。结合了 PA28α 和 PA28β 的 20S 降解短肽的能力，以及对氧化损伤蛋白的选择特异性和降解能力均显著提高（30）。PA28α、β 既可以结合在 20S 蛋白酶体的两端，也可以和 19S 调节颗粒一起分别结合在 20S 蛋白酶体的两端，形成不对称的 PA28α、β-20S-19S 杂合蛋白酶体。相比于 26S 蛋白酶体，PA28α、β-20S-19S 杂合蛋白酶体能够更高效地水解 3 氨基酸多肽和 4 氨基酸多肽（31）。11S 调节颗粒与免疫蛋白酶体的激活有关，研究表明 PA28α 和 PA28β 在 MHC Ⅰ 类分子多肽配体的生成过程中发挥作用（32）。PA28γ 可以被类泛素化（相素）、乙酰化和磷酸化修饰，主要表现为以下几点。①相素 1、相素 2 和相素 3 能够对 PA28γ 的 K6、K12 和 K14 位点进行类泛素化修饰，促进 PA28γ 从细胞核转移至细胞质中，增强其稳定性，提高 PA28γ 降解底物的能力。②CREB 蛋白（cAMP response element binding protein）的结合蛋白 CBP（CREB binding protein）能够使 PA28γ 的 K195 位点发生乙酰化修饰，从而促进 PA28γ 形成七聚体的结构，增强了其对底物细胞周期蛋白激酶抑制因子 p21 和丙型肝炎病毒 HCV（hepatitis C virus）核心组蛋白的降解能力，但去乙酰化酶 Sirt1 可以阻止 PA28γ 乙酰化的发生。此外，氧化应激能够增加 PA28γ-蛋白酶体的胰蛋白酶-样活性，且 PA28γ 在氧化应激诱导的 p21 和 HCV 蛋白的降解中也发挥关键作用。③MEKK3 可以促进 PA28γ 的磷酸化，增加其蛋白质的表达量，但具体机制尚不明确。最初认为 PA28γ 只能降解短肽，但在 2006 年李晓涛等发现 PA28γ 能够以非泛素和非 ATP 依赖的方式直接降解类固醇受体辅激活因子 SRC-3（steroid receptor coactivator-3），SRC-3 是一种致癌基因蛋白，常在乳腺癌中高表达（33）。近年来，对 PA28γ 在生理、病理中功能的研究越来越多，发现 PA28γ 参与调控细胞周期、细胞凋亡、脂肪代谢、衰老、雄性生殖和肿瘤的发生发展等。

PA200 是一种新发现的 20S 蛋白酶体调节颗粒，与 PA28 相似，PA200 可以提高 20S 蛋白酶体对肽的降解效率。最新研究发现，在体细胞 DNA 损伤和精子发生过程中，PA200

可以促进乙酰化介导的核心组蛋白降解（17）。组蛋白的乙酰化可以减弱组蛋白和 DNA 的相互作用，从而打开染色质的结构使其处于转录活跃状态。在精子发生过程中，组蛋白被乙酰化后，被过渡蛋白和鱼精蛋白从染色质上替换下来，进而允许 DNA 的凝集（34）。DNA 损伤修复过程中，核心组蛋白可能需要从 DNA 损伤部位游离出来，从而保证损伤的 DNA 有机会接触到 DNA 损伤修复酶。这样，PA200 蛋白酶体对组蛋白的降解应有效保证受损伤 DNA 的及时修复。

19S 调节颗粒至少由 17 个不同亚基组成，从结构上可分为两个亚复合物：①基底复合物（base），与 20S 蛋白酶体 α 环相连，由 6 个 ATP 酶亚基和 4 个非 ATP 酶亚基组成；②盖复合物（lid），由另外 9 个亚基组成（35）。基底复合物中的 ATP 酶亚基属于 AAA-ATP 酶家族，分别被命名为 Rpt1～6。6 个亚基由不同的基因编码，尽管都带有 AAA 结构域且具有 40% 的序列相似性，但每个亚基的突变体都会产生不同的表型，说明其可能具有各自不同的功能。由 Rpt1～6 亚基组成的六聚体环与 CP 外侧的 α 环相结合，负责 CP 降解腔通道的开启、降解底物去折叠，以及帮助降解底物或产物进出降解腔。Rpn1 和 Rpn2 作为"脚手架"发挥作用，Rpn10 和 Rpn13 则是作为泛素的受体发挥作用（36）。基底复合物中的 Rpn10/S5a 亚基是稳定基底和盖复合物结合的重要亚基。从 Δrpn10 酵母细胞中分离得到的蛋白酶体中，盖复合物的解离比例很高（37，38）。研究表明，Rpn10/S5a 亚基的 N 端 vWA 结构域可与盖复合物相结合；C 端 UIM（ubiquitin-interacting motif）结构域可与多泛素链相结合，能够作为泛素受体识别泛素化降解底物；其中间序列可与基底复合物相结合（37）。Rpn13 是近年来发现的一种新的泛素受体，Rpn13 通过其 N 端的 PRU 结构域结合底物上的多泛素链，其 C 端结合于去泛素化酶 UCH37，Rpn13 结合于 UCH37 有助于维持细胞内稳态。另外，Rpn13 通过结合于 Rpn2 为底物提供进入核心颗粒的通道。盖复合物包括 Rpn3、Rpn5、Rpn6、Rpn7、Rpn8、Rpn9、Rpn11、Rpn12 和 Rpn15。Rpn8-Rpn11（DUB）是 lid 复合物执行去泛素化的功能单位。Rpn8 和 Rpn11 在结构上均含有 MPN（Mpr1-Pad1-N-terminal）结构域。其中，Rpn11 具有去泛素化酶活性位点，Rpn8 作为 Rpn11 的辅助蛋白发挥作用。此外，除了 Rpn15，其他 6 个 Rpn 亚基均含有 PCI（proteasome-COP9/signalosome-eIF3）模块，可能作为"脚手架"发挥作用。Rpn11 是盖复合物中唯一一个具有酶活性（异肽酶活性）的亚基，能够水解多泛素链，发挥去泛素化酶功能。由施一公课题组解析的酿酒酵母内源性 26S 蛋白酶体的结构（分辨率为 4.6～6.3 Å）所引导的生物化学分析揭示，在组装盖复合物时 Rpn11 去泛素化酶活性增高。由此可见，盖复合物在泛素依赖的蛋白质降解过程中发挥泛素降解信号的识别和去泛素化的重要作用。与此相吻合的是，某些非泛素化的降解底物能够被人为解离了盖复合物的蛋白酶体以 ATP 依赖的方式有效地降解，同样也可被天生缺少盖复合物的原核细胞蛋白酶体降解（39）。

蛋白酶体的组装和成熟过程十分复杂，目前的研究发现，一个 α 环和一个带有 pro-β 亚基的 β 环首先形成半个蛋白酶体前体，即 CP/2。一种 Ump1 蛋白存在于真核细胞的 CP/2 中，在蛋白酶体成熟过程中发挥稳定作用。当两个 CP/2 发生二聚化时，pro-β 亚基会自我催化前体肽的裂解，形成有水解酶活性的 β 亚基。同时，Ump1 蛋白是 CP/2 二聚化所必需的，当完整的蛋白酶体形成以后，Ump1 蛋白将成为新生蛋白酶体的第一个降解底物而被迅速降解（*40*）。26S 蛋白酶体的各个亚基采用两种命名方式进行命名，即系统命名和基因名，且同一个亚基在酵母和人类中的命名亦不相同，表 18-1 中列出了26S 蛋白酶体各亚基名称的对应关系。

表 18-1　26S 蛋白酶体各亚基名称及分子质量等

20S蛋白酶体

命名法						基因		1°Acc.#(人)	序列长度(氨基酸)	分子质量/Da
Baumeister et al	人(老年)	Conx et al	Groll et al	混杂	UniProtKB	人	酿酒酵母			
20S α亚基										
α1	iota	Pro-α6	α1_sc	Pros27, p27k, C7, Prs2, Y8, Prs2, Sd1	α6	PSMA6	PRS2	P60900	246	27399
α2	C3	Pro-α2	α2_sc	Pre8, Prs4, Y7	α2	PSMA2	PRS4	P25787	233	25767
α3	C9	Pro-α4	α3_sc	Pre9, Prs5, Y13	α4	PSMA4	PRS5	P25789	261	29484
α4	C6	Pro-α3	α4_sc	XAPC-7, Pre6	α7	PSMA7	PRE6	O14818	248	27887
α5	zeta	Pro-α1	α5_sc	Pup2, Doa5	α5	PSMA5	PUP2	P28066	241	26411
α6	C2	Pro-α5	α6_sc	nu, Pros30, p30k, Pre5	α1	PSMA1	PRE5	P25786	263	29556
α7	C8	Pro-α7	α7_sc	Pre10, Prs1, C1, Prc1	α3	PSMA3	PRS1	P25788	254	28302
20S β亚基										
β1	Y	Pro-β3	β1_sc	delta, Lmp9, Pre3	β6	PSMB6	PRE3	P28072	239/205	25358/21904
β1i	Lmp2	Pro-β3		Ring12	β9	PSMB9		P28065	219/199	23264/21276
β2	Z	Pro-β2	β2_sc	Lmp19, MC14, Pup1	β7	PSMB7	PUP1	Q99436	277/234	29965/25218
β2i	MECL-1	Pro-β2		Lmp10	β10	PSMB10	-	P40306	273/234	28936/24648
β3	C10	Pro-β6	β3_sc	theta, Pup3	β3	PSMB3	PUP3	P49720	205	22949
β4	C7	Pro-β7	β4_sc	Pre1, C11	β2	PSMB2	PRE1	P49721	201	22836
β5	X	Pro-β1	β5_sc	epsilon, Lmp17, MB1, Pre2, Doa3, Prg1	β5	PSMB5	PRE2	P28074	208/204	22897/22458
β5i	Lmp7	Pro-β1		Ring10, Y2, C13	β8	PSMB8		P28062	276/204	30354/22660
β6	C5	Pro-β5	β6_sc	gamma, Pre7, Prs3, C5, Pts1	β1	PSMB1	PRS3	P20618	241	26489
β7	N3	Pro-β7	β7_sc	beta, Pros26, Pre4	β4	PSMB4	PRE4	P28070	264/219	29192/24380

19S蛋白酶体

命名法				基因		1°Acc.#(人)	序列长度(氨基酸)	分子质量/Da
Finley et al	Dubiel et al	混杂	UniProtKB	人	酿酒酵母			
19S(PA700)调节ATP酶亚基								
Rpt1	S7	p48, Mss1, Yta3, Cim5	Subunit 7	PSMC2	CIM5	P35998	432	48503
Rpt2	S4	p56, Yhs4, Yta5, Mts2	Subunit 4	PSMC1	YTA5	P62191	440	49185
Rpt3	S6b	S6, p48, Tbp7, Yta2, Ynt1, MS73	Subunit 6b	PSMC4	YTA2	P43686	418	47336
Rpt4	S10b	p42, Sug2, Pcs1, Crl13, CADp44	Subunit 10b	PSMC6	SUG2	P62333	389	44173
Rpt5	S6a	S6', p50, Tbp1, Yta1	Subunit 6a	PSMC3	YTA1	P17980	439	49204
Rpt6	S8	p45, Trip1, Sug1, Cim3, Crl3, Tby1, Tbp10, m56	Subunit 8	PSMC5	SUG1	P62195	406	45626
19S(PA700)调节非ATP酶亚基								
Rpn1	S2	p97, Trap2, Nas1, Hrd2, Rpd1, Mts4	Subunit 2	PSMD2	HRD2	Q13200	908	100200
Rpn2	S1	p112, Sen3	Subunit 1	PSMD1	SEN3	Q99460	953	105836
Rpn3	S3	p58, Sun2	Subunit 3	PSMD3	SUN2	O43242	534	60978
Rpn4		Son1, Ufd5		RFN4		Q03465(Sc)	531	60153
Rpn5		p55, Nas5	Subunit 12	PSMD12	YDL147W	Q00232	455	52773
Rpn6	S9	p44.5, Nas4/6?	Subunit 11	PSMD11	YDL097C	O00231	421	47333
Rpn7	S10a	p44, HUMORF07	Subunit 6	PSMD6		O15008	389	45531
Rpn8	S12	p40, Mov-34h, Nas3	Subunit 7	PSMD7	YOR261C	P51665	324	37025
Rpn9	S11	p40.5, Les1, Nas7	Subunit 13	PSMD13		Q9UNM6	376	42916
Rpn10	S5a	p54, ASF1, Sun1, Mcb1, Mbp1	Subunit 4	PSMD4	SUN1	P55036	377	40736
Rpn11	S13	Poh1, Mpr1, Pad1h	Subunit 14	PSMD14	MPR1	O00487	310	34577
Rpn12	S14	p31, Nin1, Mts3	Subunit 8	PSMD8	NIN1	P48556	257	30005
Rpn13		YLR421C			RPN13	O13563(Sc)	156	17902
	S5b	p50.5	Subunit 5	PSMD5		Q16401	503	56065
	S15	p27-L	Subunit 9	PSMD9	NAS2	O00233	223	24654
		p28, Gankyrin, Nas6	Subunit 10	PSMD10		O75832	226	24428

第二节　蛋白酶体的作用机制

泛素（ubiquitin，Ub）分子在泛素激活酶（ubiquitin-activating enzyme，E1）、泛素耦合酶（ubiquitin-conjugating enzyme，E2）和泛素连接酶（ubiquitin-protein ligase，E3）的顺序催化下交联到特异性降解底物的一个或多个赖氨酸残基上，形成长短不一的 Ub 链，成为可被蛋白酶体识别的降解信号。三种酶在细胞中的数量分布呈"金字塔"形，位于"塔底"的泛素连接酶种类最多，它决定着降解底物的特异性。细胞内绝大多数蛋白质通过 ATP 和泛素依赖的蛋白酶体途径降解。泛素化的底物被蛋白酶体 19S 亚基识别后与蛋白酶体复合物结合，去折叠后通过 α 环上的狭窄通道转运至 20S 蛋白水解腔中降解，同时释放出游离的泛素分子。泛素化酶系和蛋白酶体复合物既可以定位于胞质，也可定位于胞核。从酵母到哺乳动物细胞，这种严格的泛素化降解调控机制是高度保守的。

一、蛋白酶体识别并结合泛素化底物

识别多泛素化降解信号是 19S 调节颗粒的主要功能之一。单分子泛素化修饰的细胞靶向和定位作用并不能使被修饰蛋白定位于蛋白酶体，只有当 4 个以上的泛素分子以 G76-K48 异肽键相连形成泛素链后，才能够被蛋白酶体有效地识别并结合。多泛素链的四级结构及每个泛素分子的空间分布决定了其蛋白酶体的靶向效应，通过 Lys-6、Lys-11 或 Lys48 连接的泛素链与蛋白酶体 Rpn10 亚基的亲和力较强，而通过 Lys-63 连接的泛素链则与信号转导、DNA 损伤修复或细胞内吞作用有关（41），通常认为其与蛋白酶体降解无关。然而最近研究发现，26S 蛋白酶体可识别并结合 Lys-63 连接的泛素化蛋白，且酵母 26S 蛋白酶体可以将 Lys-63 连接的泛素化蛋白正常降解。因此，Lys-63 连接也将不再被排除在蛋白酶体降解范围之外。近来研究也发现，原来认为很少存在的 Lys-11 连接的泛素化蛋白在某些条件下与 Lys-48 连接的泛素化蛋白的比例相当，其主要参与如有丝分裂期 APC/C（anaphase promoting complex）介导的降解、内质网相关降解及 UBX 蛋白辅助的蛋白降解（42，43）。

早期被首先发现的具有泛素链亲和功能的蛋白酶体 Rpn10/S5a 亚基的 C 端具有 LALAL 疏水性基序，可作为泛素结合基序 UIM 的一部分发挥泛素识别功能，但是缺失 Rpn10 的酵母细胞只表现出轻度蛋白降解缺陷（44）。因此，Rpn10/S5a 很可能不是蛋白酶体中唯一的泛素受体。随后的研究发现，基底复合物中的 ATP 酶亚基 Rpt5 能够特异性地与蛋白酶体结合的泛素链相互作用，这种识别模式能够将底物固定在基底复合物上，有助于随后发生的 ATP 依赖的底物去折叠反应。近年来的研究表明，Rpn13/ADRM1 和 Rpn1 同样具有泛素结合功能，从而将泛素结合亚基的数目扩展到 4 个，其中以 Rpn10/S5a 和 Rpn13/ADRM1 的功能最为明确。

细胞中还存在一些非蛋白酶体亚基的泛素结合蛋白。用亲和法纯化蛋白酶体时发现，RAD23（哺乳动物 RAD23 的同源分子称为 hHR23）分子能够与蛋白酶体共沉淀下来。RAD23 的 C 端具有泛素结合结构域（ubiquitin-associated domain，UBA），可直接与泛素结合；而其 N 端的泛素样结构域（ubiquitin-like domain，UBL）与泛素分子具有一定的同源性，能够与蛋白酶休紧密结合。这样，UBL-UBA 蛋白可以通过结合拉近泛素化蛋白与蛋白酶体的空间距离，形成独特的降解信号靶向机制。此外，Dsk2 与 RAD23 类似，也可以通过其 UBA 和 UBL 结构域将泛素化蛋白"摆渡"至蛋白酶体（45）。研究也发现，某些泛素连接酶（如酵母 Hul5）能够与蛋白酶体组成型结合，在底物到达蛋白酶体后才开始对其进行泛素化修饰。某些非泛素化的底物也可以直接通过蛋白酶体降解，Ub 对降解底物的标记作用可以被其他辅助蛋白或底物序列本身的降解信号所替代。抗酶（antizyme，AZ）辅助下的鸟氨酸脱羧酶（ornithine decarboxylase，ODC）的降解，以及细胞周期依赖的激酶抑制剂 p21 泛素化突变体（无法被泛素化）的降解就是最为典型的例子（46）。

　　在组成 19S 基底复合物的亚基中，除 6 个 ATP 酶亚基外，还有 Rpn1 和 Rpn2 两个非 ATP 酶亚基，Rpn1 和 Rpn2 均含有多个富含亮氨酸的重复序列，该结构域与蛋白质相互作用有关。蛋白酶体纯化过程中获得的 3 个最主要的蛋白酶体结合蛋白中，去泛素化酶 Ups6 能够与 Rpn1 结合，E3 连接酶 Hul5 能够与 Rpn2 结合，而 UBL-UBA 蛋白 RAD23 可同时与 Rpn1 和 Rpn2 结合，提示 Rpn1 和 Rpn2 在泛素化底物识别及底物的泛素化-去泛素化动态调节过程中发挥重要作用。与原核细胞中 ATP 依赖的蛋白酶的底物结合功能相似，真核细胞蛋白酶体中的 ATP 酶亚基也能够与降解底物直接结合。由此推测，基底复合物中的每一个亚基都具有底物结合功能。事实上，失去盖复合物的蛋白酶体能够以 ATP 依赖的方式结合并降解非泛素化的、去折叠的底物，而不再发挥泛素依赖的降解功能。蛋白酶体与募集获得的降解底物之间的结合是否依赖泛素分子还有待进一步研究。

二、去折叠降解底物进入蛋白酶体降解腔

　　由 α 环形成的 20S 蛋白酶体降解腔通道十分狭窄，具有天然折叠结构的蛋白质根本无法通过，因此，ATP 依赖的去折叠过程成为蛋白底物进入降解腔的必要步骤。ATP 水解不仅为 RP 和 CP 复合物的结合提供能量，而且还参与以下三个过程：①控制降解腔通道的开启；②将降解底物去折叠；③使去折叠底物通过门控通道进入降解腔。原核细胞蛋白酶调节复合物的体外活性分析表明，这些复合物具有极强的、信号依赖的去折叠酶活性。尽管到目前为止，人们并没有在分离的蛋白酶体 19S 调节颗粒中看到十分显著的去折叠酶活性，但在完整的 26S 蛋白酶体中，19S 调节颗粒可以表现出选择性去折叠酶活性。当纯化的 26S 蛋白酶体与 Ub-Sic-Cyclin-CDK 复合物孵育时，能够选择性地降解多泛素化的抑制亚基 Ub-Sic，而其他非泛素化亚基可依然保持其活性状态。对于绝大多数泛素化底物而言，单凭泛素分子本身并不能将底物送入蛋白酶体降解腔中，因为这些泛素分子最终会被完整地释放出去。而且，泛素化修饰并没有明显的位点特异性，泛素链也不像人们想象的那样倾向于结合在折叠结构松弛的结构域上。那么，泛素链是如何指导蛋白酶体从何处起始降解底物的去折叠呢？一个可能的作用模式是：首先，降解底物通过多泛素链（其他靶向分子）与蛋白酶体可逆地结合；随后，降解底物的某一端、

某个套锁结构（loop）或松弛折叠区域能够与蛋白酶体更为紧密地啮合在一起，并以这些位点作为切入点启动底物的去折叠反应，而这些位点可能位于泛素链附近，也可能在位置上没有必然的联系。由于基底复合物在位置上最接近 20S 降解腔，而且具有 6 个 ATP 酶活性亚基及开启降解腔通道的能力，因此推测基底复合物很可能在底物去折叠过程中发挥主要作用。

体外研究表明，真核细胞 20S 蛋白酶体的降解活性极低，即使降解底物是很小的肽段。其主要原因在于，位于降解腔两端的 α 环亚基的 N 端尾处于相互啮合的状态，从而阻断了降解腔入口（47）。与 19S 调节颗粒的结合会极大地激活 20S 复合物的降解活性。同样，如果对关键 α 亚基的 NH_2-尾进行缺失突变（即 α3ΔN），得到的 20S 蛋白酶体复合物的活性与完整的 26S 蛋白酶体相当。进一步的研究表明，11S（PA28）和 19S 调节颗粒亚基通过与 α 环亚基相互作用，竞争性地与 α 亚基上的酪氨酸、天冬氨酸或精氨酸残基相互作用，使得 α 亚基的 NH_2-尾的空间位置发生重排，从而开启降解腔（48）。在这一过程中发挥作用的依然是基底复合物，因为基底复合物自身足以在盖复合物缺失的情况下激活 20S 蛋白酶体对多肽和非泛素化蛋白底物的降解活性。当基底复合物中的 Rpt2 亚基的 ATP 结合位点发生突变后，会导致降解腔入口的持续关闭，大大降低蛋白酶体的降解活性。

降解腔入口开启时的空间足以容纳多个去折叠的底物同时通过，具有分子内或分子间交联键的底物同样可以通过，因此蛋白酶体没有必要将降解底物完全处理成线性结构后再降解。类似 loop 的松弛折叠区域有可能会优先进入降解腔启动降解，而且与我们想象中的底物的完全降解不同，蛋白酶体能够选择性地对底物进行部分降解。例如，有研究发现，当某个底物的 C 端和 N 端均为十分稳定的结构域，而中间部分为天然的去折叠区域时，20S 或 26S 蛋白酶体能够迅速地、选择性地降解中间的无构象区域，而两侧的稳定结构域则完好无损。更有趣的是，当把该底物的两端共价连接形成环形底物时，可得到同样的降解结果（49）。某些天然的降解底物也具有这样的特点，如 p105 NF-κB 前体成熟为 p50 的过程中，需要 p50 结构域的稳定折叠。此外，该过程还依赖 p50 结构域附近富含甘氨酸的序列，在被降解时其功能类似 loop 插入区。是否某些去折叠的底物天生具有不依赖调节复合物的降解通道开启能力还有待进一步研究，但至少有些疏水性多肽能够通过打开降解通道的方式激活 20S 蛋白酶体的降解活性。

研究表明，哺乳动物蛋白酶体降解泛素化蛋白时 20S 和 19S 不会发生解离（50）。然而在酵母中，有研究提示 26S 蛋白酶体催化降解时会发生解离，反之也有研究表明蛋白裂解过程的启动有助于 26S 蛋白酶体的形成。不管是哪一种情况，19S 基底的 6 个 AAA-ATP 酶都会因 ATP 的结合和水解而发生构象变化，最终调控降解底物的进入（51）。此外，泛素化底物的结合也能诱导蛋白酶体的结构发生微小改变，促进 20S 降解腔开启，并别构激活其肽酶活性。因此，可以认为 26S 蛋白酶体具有动态结构，其构象会在底物结合和降解过程中发生变化。

三、底物降解及蛋白酶体的抗原提呈作用

蛋白酶体可将降解底物切割成 3~23 个氨基酸的小肽片段，目前认为降解产物的平均长度为 8~9 个氨基酸。这些降解产物通常不会在细胞中积累，其中的绝大部分会迅速地被 TPPII、THIMET 等蛋白酶和氨基肽酶进一步水解，而只有约 1%的降解产物会转运至内质网，被 MHC Ⅰ 类分子识别后提呈给免疫细胞。20S 蛋白酶体中 3 个具有酶活性的 β 亚基具有不同的裂解特异性：β5 亚基可水解疏水性氨基酸后的肽键；β1 亚基可水解酸性或某些疏水性氨基酸后的肽键；β2 亚基可水解碱性或某些疏水性氨基酸后的肽键。从总体上看，20S 蛋白酶体可以水解任何一个氨基酸后面的肽键。降解底物的水解速率与其一级结构序列密切相关，同一肽键两侧不同的氨基酸序列会导致不同的裂解速率。

既然降解底物进入蛋白酶体降解腔是一个非常困难的过程，并受 19S 调节颗粒严格调控，那么降解产物离开降解腔也将面临同样的问题，并很可能与底物的降解程度密切相关。研究表明，具有组成型开放降解通道的酵母 20S 蛋白酶体的降解产物平均长度显著增加，进一步证明了门控通道对降解产物释放的抑制作用（52）。作为免疫蛋白酶体调节复合物的 PA28 就是通过与 20S 蛋白酶体结合，打开降解腔通道，进而调节降解产物的长度使之更容易被 MHC Ⅰ 类分子识别（48）。

研究发现，绝大多数被 MHC Ⅰ 类分子特异性结合并提呈至免疫细胞的抗原肽均为蛋白酶体降解产物。蛋白酶体产生的抗原提呈肽段的 C 端表位具有 MHC Ⅰ 类分子锚定功能，而 N 端表位则需要特异性氨基肽酶（位于胞质或内质网中）的进一步剪切才能够形成（22，53）。有些病毒可在其降解产物 C 端抗原提呈识别表位处发生变异，从而达到免疫逃逸的目的。例如，从 HCV（hepatitis C virus）慢性感染的患者体内可分离得到 NS3$_{1073-1081}$ 抗原提呈表位附近保守的 Y→F 氨基酸替换，该突变会使蛋白酶体无法产生具有 NS3$_{1073-1081}$ 免疫显性表位的提呈肽段（54）。由辅助性 T1 淋巴细胞、CD8$^+$细胞毒 T 淋巴细胞或自然杀伤（NK）细胞产生的 IFN-γ 具有显著增强抗原提呈的功能。在 IFN-γ 的诱导下，细胞会合成三个蛋白酶体"免疫亚基"，即 LMP7（β5i，取代 β5 亚基）、LMP2（β1i，取代 β1 亚基）及 MECL-1（β2i，取代 β2 亚基）。由此形成的"免疫蛋白酶体"的特异性多肽水解位点发生改变，产生的降解肽段具有独特的 N 端和 C 端基序，更容易被 MHC Ⅰ 类分子识别进而提呈至免疫系统。相对于组成型蛋白酶体 120 h 的半衰期，免疫蛋白酶体在细胞中的半衰期极短，仅为 21 h，且与细胞因子的存在无关。在 IFN-γ 的诱导下，细胞中这两种蛋白酶体是共存的，且在功能上互补，不可取代。感染初期，免疫蛋白酶体水平的迅速上调使细胞能够在短时间内满足机体的免疫需求，而当免疫蛋白酶体的功能不再需要时，细胞中蛋白酶体的组成也会很快恢复正常。

IFN-γ 诱导产生的另一个重要的蛋白酶体调节组分是 PA28 复合物，由排列成环形的 3 个 PA28α 和 4 个 PA28β 亚基构成（55）。目前认为，该复合物不会直接影响蛋白酶体的水解活性，而是与 20S 蛋白酶体的 α 环结合，通过改变 α 亚基 N 端尾的排列方向，使降解底物和产物能够更容易地通过降解腔入口。19S-20S-PA28 复合物降解通道的开启

能够促进降解产物 N 端的延长，满足抗原加工相关转运体 TAP（transporter associated with antigen processing）的转运需要。由于 19S 复合物本身也具有开启降解腔的能力，因此 PA28 在免疫蛋白酶体中的生物学功能有待进一步研究。

四、去泛素化

26S 蛋白酶体的一个重要特点是不会降解其降解识别信号，即泛素或泛素链。对于细胞而言，不断合成新的泛素分子会占用大量资源，这显然是不经济的；同时，泛素分子具有极其稳定的结构，蛋白酶体在降解泛素时需要更长的时间（一个泛素分子会使被修饰物的降解时间增加 9～10 倍），极大地降低蛋白酶体的降解效率，对于蛋白酶体本身而言也不是一种有效的作用模式。因此，为了使细胞内的泛素分子能够被循环利用，去泛素化成为解决这一问题的必要手段。为了不影响底物与蛋白酶体的结合，去泛素化通常发生在底物与蛋白酶体紧密啮合之后直至进入降解腔的这段时间，19S 调节颗粒在此过程中发挥重要作用。

人类基因组编码约 80 个去泛素化酶（DUB），根据其催化结构域的序列同源性分为 6 类，包括：USP、UCH、OTU、MJD、JAMM、MCPIP（56）。针对 DUB 的研究近年来发展迅速，尤为重要的是发现其在多种类型肿瘤的发生、发展过程中发挥重要作用，因而使其成为抗肿瘤药物的潜在靶标。

靶向蛋白质降解的泛素化修饰最少需要形成 4 分子泛素链，以适应盖复合物中的泛素受体亚基 Rpn10/Rpn13 和去泛素化酶 Rpn11 亚基间的空间需求（57）。Rpn11 亚基具有 Zn^{2+}-金属蛋白酶活性位点（即 MPN^{+}或 JAMM 结构域），能够将完整的泛素链从泛素化底物上解离下来，该位点突变会导致多泛素化底物的积累。纯化的 19S 蛋白酶体中的 Rpn11 亚基能够以 ATP 非依赖的方式水解多泛素链，而在完整的 26S 蛋白酶体中，其泛素链水解活性是严格依赖 ATP 的（58）。此外，19S 调节颗粒上还结合有两个具有半胱氨酸活性的去泛素化酶，即 Upb6/USP14 和泛素碳端水解酶 UCH37/UCHL5。Upb6 作为蛋白酶体结合蛋白在高盐浓度下会从蛋白酶体上解离下来，其 N 端的 UBL 结构域介导 Upb6 与基底复合物的 Rpn1 亚基结合（59）。Upb6 同时具有去泛素化酶活性和蛋白酶体降解抑制活性，可在抑制 Rpn11 亚基泛素链水解活性的同时以另外一种逐步的、渐进的方式发挥其去泛素化酶活性。与蛋白酶体结合的泛素连接酶 Hul5 可催化降解底物泛素链的延伸，但同时这些泛素化底物又会被同样结合于蛋白酶体的 Upb6 去泛素化。泛素链的延伸和水解的动态调节成为蛋白酶体降解活性的重要调控模式。UCH37 可以从泛素链的远端开始逐个水解泛素分子，与前面两个去泛素化酶的作用相反，目前认为 UCH37 介导的去泛素化的主要目的是使泛素化不完全或具有稳定结构的泛素化蛋白逃离蛋白酶体，从而免遭降解（60）。

为了便于理解，我们分 4 个步骤介绍了底物经蛋白酶体降解的生物学过程，但事实上每个过程之间都不是相互独立的，例如，降解底物的去折叠、去泛素化，直至进入 20S 蛋白酶体降解腔的过程很可能是同时进行并相互制约的。近年来，利用冷冻电镜等技术已经清楚地解析出蛋白酶体全酶在降解底物结合或非结合状态下的三维构象（61）。通过比较蛋白酶体在不同条件下的三维构象，可直观地解释 20S 复合物如何被 19S 激活、降解腔如何开启、底物如何进入等过程（62）。蛋白酶体作为最重要的蛋白质降解机器，主要负责特异性地降解细胞内泛素化标记蛋白，其中也包括组成蛋白酶体复合物的亚基。研究发现，在组成蛋白酶体 19S 复合物的所有亚基中，Rpn10 亚基是唯一一个主要以游离态形式存在的亚基（游离 Rpn10 约为蛋白酶体整合 Rpn10 的 10 倍），而且也是最早被发现经蛋白酶体降解的蛋白酶体亚基。过量的游离态 Rpn10 会抑制蛋白酶体对泛素化底物的降解活性（44）。此外，作为蛋白酶体基因转录调节因子的 Rpn4 亚基主要以泛素非依赖的方式经蛋白酶体降解，但也有最新的研究表明 UBR2 可以作为 E3 介导 Rpn4 以泛素依赖的方式降解（63）。20S 蛋白酶体亚基中也存在类似的现象，如 PSMA7 亚基能够被 c-Abl 酪氨酸激酶磷酸化，进而影响蛋白酶体的降解活性和稳定性。PSMA7 Y106F 磷酸化突变体的泛素化水平显著提高且稳定性显著降低，说明 c-Abl 酪氨酸激酶的磷酸化作用能够调节蛋白酶体活性及其亚基经泛素-蛋白酶体途径降解（64）。目前，利用双向电泳技术能够鉴定出至少 7 个 20S 亚基存在泛素化修饰，说明这些亚基很可能也是蛋白酶体的潜在降解底物（65）。对蛋白酶体的自身降解现象的研究将有可能揭示蛋白酶体自我调节的新机制。

五、蛋白酶体抑制剂

大量研究表明，蛋白酶体活性异常导致的相关疾病包括肿瘤（66）、神经系统疾病（帕金森病、阿尔茨海默病、亨廷顿病等）（67）、自身免疫及炎症性疾病（重症肌无力、多发性硬化、系统性红斑狼疮、哮喘、银屑病、大肠炎等）（68）、感染性疾病（疟疾）（69）、器官移植后急性抗移植物反应（70）等。泛素-蛋白酶体系统具有调节细胞生长和凋亡的重要功能，从而使蛋白酶体成为肿瘤治疗的新靶标。蛋白酶体的特异性抑制剂（PI）在体内具有抗肿瘤活性，在体外可诱导肿瘤细胞发生凋亡。蛋白酶体抑制剂可通过抑制 IκB 的降解，进而抑制 NF-κB 的转录活性，促进细胞凋亡。同时，蛋白酶体抑制剂也可以防止血管生成和肿瘤迁移，进一步增加肿瘤细胞对凋亡的敏感性。此外，蛋白酶体抑制剂可以选择性地诱导旺盛增殖和转化的细胞发生凋亡，从而表现出选择性细胞毒性作用。例如，高表达 c-Myc 的肿瘤细胞对蛋白酶体抑制剂诱导的凋亡更为敏感。蛋白酶体抑制剂通过提高 p53、p27 或 BCL-2 在细胞中的表达水平，或激活 JUK 激酶，促进线粒体细胞色素 c 的释放，最终激活 Caspase 依赖的凋亡信号转导途径。目前，直接抑制蛋白酶体活性或者抑制蛋白酶体降解的上游途径，如抑制泛素连接酶或对降解底物进行磷酸化修饰的激酶，已经成为治疗癌症、中风，以及各种炎症和自身免疫性疾病的新策略。

蛋白酶体的特异性抑制剂还被广泛用于研究体内泛素-蛋白酶体途径的功能，以及体外蛋白酶体的降解活性。显然，最理想的针对蛋白酶体的特异性抑制剂不会影响细胞内其他丝氨酸或半胱氨酸蛋白酶的活性，而且有些抑制剂还能够特异性地抑制蛋白酶体三个不同的活性位点。这样的抑制化合物成为精确研究蛋白酶体降解机制的有利工具，可用于：①干扰某些蛋白经泛素-蛋白酶体途径降解；②诱导凋亡；③将细胞粗提物中蛋白酶体和其他蛋白酶的活性区分开；④体外研究蛋白酶体降解机制，包括各个活性位点的作用。根据其与蛋白酶体活性位点 Thr 发生共价结合与否，可将蛋白酶体抑制剂分为两个主要类别，此外还有别构抑制剂等。目前使用的共价结合蛋白酶体抑制剂主要包括：

（1）肽醛（aldehyde，CHO）：MG132（Z-LLL-CHO）、proteasome inhibitor I（PS I）；

（2）乙基乙烯砜肽（vinyl sulfone，VS）：Z-LLL-VS、NIP-LLL-VS；

（3）硼酸肽（boronic acid）：PS-341（Bortezomib 或 Velcade®）、MG262（PSIII）；

（4）Epoxyketone 肽：epoxomicin、YU101、YU102；

（5）内酯衍生物（lactone derivative）：MLN519（PS-519）、lactacystin。

以上列举的抑制剂均可与蛋白酶体竞争性结合，且这种结合是可逆的，但不同抑制剂的解离时间会有所不同。MG132 是最普遍使用的抑制剂，低浓度下（1 μmol/L）可抑制蛋白酶体胰凝乳蛋白酶样位点活性，高浓度下（100 μmol/L）对另外两个活性位点也有一定的抑制作用。非共价结合抑制剂则包括环肽、非环肽、肽等配物、羟基脲等，其具有选择性好、副作用小等优势。

2003 年，Bortezomib（PS-341，Velcade™）成为首个被 FDA 批准用于治疗复发性及难治性多发性骨髓瘤和套细胞淋巴瘤的蛋白酶体抑制剂。纳摩尔级的 PS-341 就可以非常特异地抑制胰凝乳蛋白酶-样位点活性（PSMB5）。PS-341 的分子质量较小，可以很容易地透过细胞膜。肿瘤细胞对 PS-341 引起的细胞周期阻滞和凋亡的敏感程度比正常细胞高很多。另一种抑制剂 PS-519 可以作为抗感染药物使用，目前已用于治疗中风的临床试验。lactacystin 也是非常经典的胰凝乳蛋白酶样位点的抑制剂，高浓度下可抑制蛋白酶体全部三个活性位点。有关蛋白酶体的许多重大发现（如证明蛋白酶体是 N 端苏氨酸水解酶）中均使用了该抑制剂。2012 年，FDA 批准了静脉用二代蛋白酶体抑制剂 Carfilzomib（Kyprolis™）用于治疗已接受至少两期先期治疗（如 Velcade 或免疫调节剂）或在最后一期治疗结束后 60 天内疾病发生进展的多发性骨髓瘤患者。2015 年，FDA 又批准了第三个蛋白酶体抑制剂 Ixazomib（Ninlaro™），其与来那度安（lenalidomide）和地塞米松（dexamethasone）联合用药治疗已接受至少一期治疗的多发性骨髓瘤，且该药是第一个上市的口服蛋白酶体抑制剂。伴随蛋白酶体抑制剂被广泛应用于临床，抗药性问题也逐渐为人们所关注。以 Bortezomib 为例，其结合抑制靶点为蛋白酶体 PSMB5 亚基。PSMB5 在药物结合结构域发生的一系列突变（如 Ala49 突变为 Thr）会严重干扰蛋白酶体抑制剂的抑制效率，甚至对后续 PI 药物也产生交叉抗性。此外，蛋白酶体 PSMB5 及其他亚基表达的上调、抗凋亡蛋白 MCL-1 的高表达，以及高水平的细胞自噬都可能是导致 Bortezomib 抗药性的因素。Bortezomib 与上述抗药性靶标抑制剂的联合用药将有望改善机体对 Bortezomib 的耐药性。鉴于目前靶向蛋白酶体裂解活性的 PI 药物可能引发机体耐药性且具有剂量依赖的毒副作用，针对去泛素化酶 DUB（如 USP14 或 UCHL5 等）的抑制剂 b-AP15、RA-9 等将有望为靶向 UPS 抗肿瘤药物的研发提供新思路。

参 考 文 献

1.　C. M. Pickart, R. E. Cohen, *Nat. Rev. Mol. Cell Biol.* **5**, 177(2004).
2.　O. Coux, K. Tanaka, A. L. Goldberg, *Annu. Rev. Biochem.* **65**, 801(1996).
3.　M. H. Glickman, A. Ciechanover, *Physiol. Rev.* **82**, 373(2002).
4.　A. Ciechanover, *Nat. Rev. Mol. Cell Biol.* **6**, 79(2005).
5.　M. Karin, Y. Ben-Neriah, *Annu. Rev. Immunol.* **18**, 621(2000).
6.　H. Aberle, A. Bauer, J. Stappert, A. Kispert, R. Kemler, *Embo. J.* **16**, 3797(1997).
7.　U. M. Moll, O. Petrenko, *Mol. Cancer Res.* **1**, 1001(2003).
8.　M. V. Blagosklonny, G. S. Wu, S. Omura, W. S. el-Deiry, *Biochem. Biophys. Res. Commun.* **227**, 564(1996).
9.　J. Bloom, M. Pagano, *Cell Cycle* **3**, 138(2004).
10.　M. Pagano *et al.*, *Science* **269**, 682(1995).
11.　P. H. Maxwell *et al.*, *Nature* **399**, 271(1999).
12.　B. Li, Q. P. Dou, *P. Natl. Acad. Sci. USA.* **97**, 3850(2000).
13.　X. B. Qiu, A. L. Goldberg, *P. Natl. Acad. Sci. USA.* **99**, 14843(2002).
14.　J. W. Yewdell, E. Reits, J. Neefjes, *Nat. Rev. Immunol.* **3**, 952(2003).
15.　C. N. Larsen, D. Finley, *Cell* **91**, 431(1997).
16.　J. Lowe *et al.*, *Science* **268**, 533(1995).
17.　M. X. Qian *et al.*, *Cell* **153**, 1012(2013).
18.　M. Groll, R. Huber, *Int. J. Biochem. Cell Biol.* **35**, 606(2003).
19.　D. Voges, P. Zwickl, W. Baumeister, *Annu. Rev. Biochem.* **68**, 1015(1999).
20.　W. Baumeister, J. Walz, F. Zuhl, E. Seemuller, *Cell* **92**, 367(1998).
21.　A. F. Kisselev, A. Callard, A. L. Goldberg, *J. Biol. Chem.* **281**, 8582(2006).
22.　P. M. Kloetzel, *Nat. Rev. Mol. Cell Biol.* **2**, 179(2001).
23.　T. Muchamuel *et al.*, *Nat. Med.* **15**, 781(2009).
24.　S. Kotamraju *et al.*, *P. Natl. Acad. Sci. USA.* **100**, 10653(2003).
25.　V. Cerundolo, A. Kelly, T. Elliott, J. Trowsdale, A. Townsend, *Eur. J. Immunol.* **25**, 554(1995).
26.　M. Groettrup, S. Standera, R. Stohwasser, P. M. Kloetzel, *P. Natl. Acad. Sci. USA.* **94**, 8970(1997).
27.　D. J. Kingsbury, T. A. Griffin, R. A. Colbert, *J. Biol. Chem.* **275**, 24156(2000).
28.　A. Angeles, G. Fung, H. Luo, *Front Biosci.* **17**, 1904(2012).
29.　S. Bose, P. Brooks, G. G. Mason, A. J. Rivett, *Biochem. J.* **353**, 291(2001).
30.　A. M. Pickering, K. J. Davies, *Arch. Biochem. Biophys.* **523**, 181(2012).
31.　F. Kopp, B. Dahlmann, L. Kuehn, *J. Mol. Biol.* **313**, 465(2001).
32.　M. Rechsteiner, C. Realini, V. Ustrell, *Biochem. J.* **345** Pt 1, 1(2000).
33.　X. Li *et al.*, *Cell* **124**, 381(2006).
34.　J. Gaucher *et al.*, *Febs. J.* **277**, 599(2010).
35.　M. H. Glickman *et al.*, *Cell* **94**, 615(1998).
36.　G. A. Collins, A. L. Goldberg, *Cell* **169**, 792(2017).
37.　H. Fu, N. Reis, Y. Lee, M. H. Glickman, R. D. Vierstra, *EMBO. J.* **20**, 7096(2001).
38.　M. H. Glickman, D. M. Rubin, V. A. Fried, D. Finley, *Mol. Cell Biol.* **18**, 3149(1998).
39.　G. N. DeMartino, C. A. Slaughter, *J. Biol. Chem.* **274**, 22123(1999).
40.　P. C. Ramos, J. Hockendorff, E. S. Johnson, A. Varshavsky, R. J. Dohmen, *Cell* **92**, 489(1998).
41.　L. Deng *et al.*, *Cell* **103**, 351(2000).
42.　P. Xu *et al.*, *Cell* **137**, 133(2009).
43.　L. Jin, A. Williamson, S. Banerjee, I. Philipp, M. Rape, *Cell* **133**, 653(2008).
44.　S. van Nocker *et al.*, *Mol. Cell Biol.* **16**, 6020(1996).
45.　Y. Matiuhin *et al.*, *Mol. Cell* **32**, 415(2008).
46.　M. Zhang, C. M. Pickart, P. Coffino, *EMBO. J* .**22**, 1488(2003).

47. M. Groll *et al.*, *Nat. Struct. Biol.* **7**, 1062(2000).
48. F. G. Whitby *et al.*, *Nature* **408**, 115(2000).
49. C. W. Liu, M. J. Corboy, G. N. DeMartino, P. J. Thomas, *Science* **299**, 408(2003).
50. F. Kriegenburg *et al.*, *Cell* **135**, 355(2008).
51. A. A. Horwitz *et al.*, *J. Biol. Chem.* **282**, 22921(2007).
52. A. Kohler *et al.*, *Mol. Cell* **7**, 1143(2001).
53. K. L. Rock, I. A. York, T. Saric, A. L. Goldberg, *Adv. Immunol.* **80**, 1(2002).
54. U. Seifert *et al.*, *J. Clin. Invest.* **114**, 250(2004).
55. Y. Sun *et al.*, *Cancer Res.* **62**, 2875(2002).
56. D. Komander, M. J. Clague, S. Urbe, *Nat. Rev. Mol. Cell Biol.* **10**, 550(2009).
57. G. C. Lander *et al.*, *Nature* **482**, 186(2012).
58. R. Verma *et al.*, *Science* **298**, 611(2002).
59. A. Guterman, M. H. Glickman, *J. Biol. Chem.* **279**, 1729(2004).
60. Y. A. Lam, W. Xu, G. N. DeMartino, R. E. Cohen, *Nature* **385**, 737(1997).
61. P. Unverdorben *et al.*, *P. Natl. Acad. Sci. USA.* **111**, 5544(2014).
62. D. Finley, X. Chen, K. J. Walters, *Trends Biochem. Sci.* **41**, 77(2016).
63. L. Wang, X. Mao, D. Ju, Y. Xie, *J. Biol. Chem.* **279**, 55218(2004).
64. D. Li *et al.*, *Cell Rep.* **10**, 484(2015).
65. S. Ventadour *et al.*, *J. Biol. Chem.* **282**, 5302(2007).
66. T. A. Grigoreva, V. G. Tribulovich, A. V. Garabadzhiu, G. Melino, N. A. Barlev, *Oncotarget* **6**, 24733(2015).
67. A. Ciechanover, Y. T. Kwon, *Exp. Mol. Med.* **47**, e147(2015).
68. S. E. Verbrugge, R. J. Scheper, W. F. Lems, T. D. de Gruijl, G. Jansen, *Arthritis Res. Ther.* **17**, 17(2015).
69. S. Crunkhorn, *Nat. Rev. Drug Discov.* **15**, 232(2016).
70. M. J. Everly, *Clin. Transpl.*, 323(2009).

（姜天霞　刘　萱　刘翠华　缪时瑛　邱小波　王琳芳　曹　诚）

第十九章 蛋白酶体的活性测定与纯化

蛋白酶体是具有多种蛋白水解酶活性的蛋白酶复合物，广泛分布于各种组织和细胞，在胸腺中已发现特异的亚基，而在睾丸中则有特异类型的生精蛋白酶体。普遍存在于各种组织中的 26S 蛋白酶体由 20S 核心颗粒（core particle，CP）和 19S 调节颗粒（regulatory particle，RP，也称 PA700）组成。此外，还有由 PA28（包括 PA28α、PA28β 和 PA28γ）组成调节颗粒的蛋白酶体，以及由 PA200 作为调节颗粒的 PA200-蛋白酶体。这些调节颗粒可结合于 20S 核心颗粒的两端，其中 19S 调节颗粒催化泛素化底物的降解，而 PA28γ和 PA200 所催化降解的底物都不需泛素化。蛋白酶体除调节颗粒不同外，其组成 20S 核心颗粒的亚基，尤其是催化亚基，也不尽相同。所以，不同蛋白酶体的活性测定方法也有差别，纯化方法就更不一样。本章将介绍各种蛋白酶体的活性测定和纯化等实验方法。

第一节 蛋白酶体的活性测定

一、应用荧光肽底物分析蛋白酶体活性

荧光肽底物广泛用于检测蛋白酶体活性，为监测纯化过程中蛋白酶体的活性，以及研究新型抑制剂对蛋白酶体不同活性位点的阻断能力提供了敏感而且方便的手段。这些肽底物一般由 3~4 个氨基酸残基组成，C 端带有一个荧光素报告基团，当蛋白酶体将氨基酸残基和报告基团之间的氨基键水解后，可释放出高荧光的水解产物。这种底物的应用，大大提高了蛋白酶体活性分析的效率。

20S 蛋白酶体包含与 26S 蛋白酶体完全相同的活性位点，因此人们曾经普遍认为可以通过测定 20S 复合物的活性而准确地反映 26S 蛋白酶体的活性。但是，在 ATP 存在的条件下分析 26S 复合物的活性时，20S 核心颗粒的 α 环通道被 19S 调节颗粒中的 ATP 酶打开，肽底物和抑制剂得以进入 20S 核心颗粒。相比之下，游离 20S 蛋白酶体通道的开闭则依赖许多难以控制的非生理因素，如纯化过程中添加去垢剂、样品反复冻融等，均会导致通道开启和 20S 复合物激活，而低浓度的钠离子和钾离子则会阻碍 20S 复合物的自发活化（1）。因此，20S 复合物的活性除反映活性位点的底物降解能力外，也反映了底物穿越甚至开启 α 环通道的能力。这些复杂的因素会产生令人误解的结果。因此，只要条件允许，应该直接测定 26S 蛋白酶体的肽酶活性。基于上述原因，本节将介绍应用产荧光肽底物来分析纯化的 26S 蛋白酶体活性的方法，以及分析细胞粗提物中蛋白酶体活性的新方法，用于快速评价经抑制剂处理后细胞内蛋白酶体的活性。

（一）用于蛋白酶体体外活性分析的产荧光肽底物

常用于蛋白酶体活性分析的产荧光肽底物的荧光基团有 7-氨基-4-甲基香豆素（AMC）、2-萘胺（NA）及 4-甲基-2-萘胺（MNA）。其中，AMC 的荧光最强，因此含有 AMC 的底物也应用最广。在实际命名中，连接在肽链上的这些荧光团分别用小写字母简写为 amc、na 和 mna，以避免与单字母表示的氨基酸混淆。

根据不同的底物特异性，可以设计出不同的底物，用于分析蛋白酶体三种不同特异性蛋白酶活性，例如，Suc-LLVY-amc 常用于分析胰凝乳蛋白酶样活性（如果没有 Ac-RLR-amc，也可用 100 µmol/L Boc-LRR-amc 替代）；具有低 K_m 值、高特异性的 Ac-RLR-amc（enzyme system product）常用于胰蛋白酶样位点活性分析；Z-LLE-na 广泛应用于半胱天冬酶样位点活性分析，但是由于水解后释放的 NA 具有致癌性，其荧光强度比 AMC 弱且激发波长不同，给实验造成不便，因此现在一般使用 nLPnLD-amc 和 Ac-GPLD-amc（2），其中较为好用的是 Ac-nLPnLD-amc。

（二）纯化蛋白酶体的活性分析

在对纯化蛋白酶体的常规分析中，底物使用浓度均为 100 µmol/L，均用 DMSO 配制成 100×储存液（注意实验体系中 DMSO 浓度不应超过 4%）。所有针对 26S 蛋白酶体的肽酶分析均使用相同的缓冲液：50 mmol/L Tris-HCl（pH 7.5）、40 mmol/L KCl、5 mmol/L MgCl$_2$、0.5 mmol/L ATP、1 mmol/L DTT。其中，ATP 用于防止 26S 蛋白酶体解体，以确保其最大活性，且保证所测得的是 26S 而不是 20S 蛋白酶体的活性。KCl 可以抑制 20S 蛋白酶体的自激活，进一步降低 20S 蛋白酶体的肽裂解活性（1）。当在塑料容器或多孔板中进行连续检测时，经常出现 26S 蛋白酶体活性降低的现象，在缓冲液中加入 BSA 或大豆胰蛋白酶抑制剂（SBTI）可以防止这种问题的出现。其中 ATP、DTT、SBTI 和 BSA 必须–20℃储存，现用现加。

常用分析方法：用含 0.5 mg/mL BSA 或 50 µg/mL SBTI 的分析缓冲液配制底物溶液，取 400 µL 底物溶液加入试管中。如果进行的是抑制剂检测，可加入 4 µL 的 100×底物储存液并混匀。将试管放在恒温装置上（分析哺乳动物蛋白酶体时应在 37℃，酵母蛋白酶体时应在 30℃），没有恒温装置时，也可以室温下进行分析。底物在适当温度下预孵育至少 5 min 后，加酶（1～10 µL）混匀并开始记录荧光值（激发光波长 380 nm，发射光波长 440～460 nm）。酶的浓度和用量应根据实验确定，使实验结束时底物的消耗量不应该超过起始量的 1/10。比较适宜的用量是每个试管中加 0.1 µg 纯化的 26S 蛋白酶体。如果分析曲线呈线性，则孵育 10～15 min 就足够了。对于非线性的分析实验，例如，当存在缓慢结合的抑制剂时，可能需要更长的孵育时间（长至 1 h）以使数据分析呈线性化。实验结束后，用分光光度计软件计算反应进程曲线中线性部分的斜率，该数据可用于计算抑制剂处理后的剩余活性（用不含抑制剂的斜率除以含抑制剂的斜率）。酶的特异性活性可通过下面的公式来计算：

$$\text{特异性活性}[\text{nmol}/(\text{min}\cdot\text{mg})]=\frac{\text{斜率(FU/min)}\times\text{标准品浓度(µmol/L)}}{\text{酶储存液的浓度(mg/mL)}/[\text{酶稀释度}\times\text{标准品荧光值(FU)}]}$$

使用荧光分析方法前，必须用不同浓度的 AMC（用反应缓冲液配制）校准荧光分光光度计，生成的校正曲线在 0.1～10 μmol/L AMC 浓度范围内应该为直线。仪器必须每天校准，线形校正曲线一旦被建立，就只需使用一个 AMC 标准浓度（常用 5 μmol/L）进行校准。为确保实验的线性，实验中的底物消耗不应超过 10%，即如果实验中使用的 AMC 浓度是 100 μmol/L，产生的荧光强度是 5 μmol/L AMC 标准品荧光强度的 2 倍以上时，则说明反应时间太长或使用的蛋白酶体过多，需要进行适当调整。

除荧光分光光度计外，还可使用多种板（96、384 及 1536 孔板）进行反应，用相应的荧光检测器检测。但是要注意选择专用于荧光分析的多孔板，使其自身不产生荧光本底，而且不容易吸附蛋白酶体，以保证数据的线性化。根据所使用的仪器，可以对底物的降解过程进行连续检测，也可以在不同时间点读取荧光值，找出反应呈线性的时间范围，确定反应的终点时间。

当确定适宜的反应时间后，在适宜的反应温度下将试管（400 μL/管）或反应板（96 孔板为 100 μL/孔；384 孔板为 40 μL/孔）中的底物预孵育 5～10 min 后加入蛋白酶体，每种底物设置至少一管或一孔对照（即不加酶），孵育 30～60 min（方法同前）。反应结束后立即读取荧光值，或者将样品冷冻，待以后测量。

（三）细胞粗提物中蛋白酶体活性的分析方法

对许多实验来说，能够选择性地检测粗提物中蛋白酶体全部三种位点的活性和受抑制水平是非常有意义的。例如，许多研究者喜欢用一种最常用的蛋白酶体抑制剂来检测他们所研究的目的蛋白是否是蛋白酶体的底物。如果加入抑制剂后这个蛋白质的稳定性提高，则说明它的确是蛋白酶体的底物。但如果蛋白质的稳定性没有提高，则表明可能存在不同的蛋白水解系统参与该蛋白质的降解，或者蛋白酶体的所有活性位点未被完全抑制。因此，一种快速检测全部三种活性位点的降解活性和受抑制水平的分析方法非常重要。选择性地检测提取物中蛋白酶体活性的优点在于，不必为了计算新型抑制剂的 K_i 和 k_{obs} 值，或从小分子库中筛选新型抑制剂而花大量的时间去纯化蛋白酶体。

本部分介绍一种检测细胞提取物中蛋白酶体活性的方法。它利用了不可逆抑制剂（vinyl sulfone、β-lactone、epoxyketone）或可逆结合但缓慢解离的抑制剂（如 Velcade）对细胞中蛋白酶体三种活性位点的抑制作用。这些蛋白酶体抑制剂与迅速可逆结合的肽乙醛类抑制剂（如 MG132 和 PSⅠ）不同，它们在细胞提取物的制备和实验过程中不会与蛋白酶体解离。

与纯化蛋白酶体的分析不同，细胞裂解物中含有多种蛋白水解酶，可以导致荧光底物裂解。例如，Suc-LLVY-amc 也是钙蛋白酶和肥大细胞食糜酶的底物。凋亡相关蛋白酶可以降解 Ac-nLPnLD-amc。细胞中的很多蛋白酶，如弗林蛋白酶和激素原转化酶（PC）、类胰蛋白酶和溶酶体组织蛋白酶等均可裂解碱性残基之后的肽键，因此就有可能裂解胰蛋白酶样位点的作用底物。但是，由于组织蛋白酶、弗林蛋白酶和 PC 定位于细胞器中，如果检测的是细胞胞质提取物并且反应在中性 pH 条件下进行，则这些酶对蛋白酶体底物的降解能力会降低。不同的酶在不同细胞系或不同组织中的活性会有所不同（3），也许还会因物种的不同而存在差异，同时还取决于生长条件（4）及细胞是否发生凋亡（尤其对于凋亡酶样活性更是如此）。为了检测某底物在特定条件下是否被蛋白酶体之外的蛋白酶降解，可以利用蛋白酶体高度特异性的抑制剂如 epoxomicin 来评估非蛋白酶体蛋白酶的影响。高浓度的 epoxomicin（20 μmol/L）能够完全且不可逆地抑制蛋白酶体全部三类活性位点的活性。细胞提取物经 epoxomicin 处理 30 min 后进行肽酶活性分析，从而确定未被 epoxomicin 抑制的蛋白质水解的比例，这部分蛋白质的水解是由蛋白酶体以外的其他酶催化完成的。

通过上述研究发现，非蛋白酶体裂解酶对胰蛋白酶样位点作用底物的裂解活性总是高于半胱天冬酶样和胰凝乳蛋白酶样位点作用底物。在许多细胞系和组织的总提取物中，大部分碱性底物的裂解都不是由蛋白酶体完成的。在 HeLa 细胞中，如果分析胞质提取物中蛋白酶体的活性，则非蛋白酶体裂解酶的影响会显著减少，这表明大部分碱性残基裂解酶存在于细胞器内。非蛋白酶体裂解酶的影响也取决于底物类型，从 Ac-RLR-amc 和 Boc-LRR-amc 的 25%~35% 到 Boc-LSTR-amc 的 10% 不等。在 HeLa 细胞胞质提取物中，非蛋白酶体裂解酶对 Suc-LLVY-amc 和 Ac-nLPnLD-amc 的裂解作用可以忽略不计。因此，三种蛋白酶体活性位点均能用 HeLa 细胞胞质提取物进行检测，但对于其他细胞系则不一定是这样，因此仍需对蛋白酶体做进一步纯化。

在制备用于蛋白酶体活性检测的细胞提取物时需要特别注意的是，不能使用 Triton X-100 和 NP-40 等常用去污剂，因为它们会显著抑制蛋白酶体的活性。为了制备胞质提取物，一般用含 0.25 mol/L 蔗糖和洋地黄皂苷（digitonin）的缓冲液使细胞通透化（5），其中洋地黄皂苷是无蛋白酶体抑制活性的去污剂，而蔗糖可防止细胞器破坏并有助于保护 26S 蛋白酶的完整性。最后通过离心将通透化细胞的胞质"挤"出来。

1. 细胞提取物的制备

实验所需的细胞数量取决于细胞系，需要具体实验具体分析。例如，HeLa 细胞在 10 cm 培养皿中培养至 50%~70% 汇合度，经抑制剂处理后，用磷酸盐缓冲液洗 3 次，收集细胞。在这个阶段，细胞可以冷冻。将细胞重悬于 4 倍体积含 0.025% 洋地黄皂苷的匀浆缓冲液[50 mmol/L Tris-HCl（pH 7.5）、250 mmol/L 蔗糖、5 mmol/L MgCl$_2$、2 mmol/L ATP、1 mmol/L DTT、0.5 mmol/L EDTA]中，其中 DTT、ATP 和洋地黄皂苷一般在使用前新鲜加入。洋地黄皂苷应首先用 DMSO 配制成 5 mmol/L 高纯度的储存溶液，-20℃保存。重悬细胞在冰上孵育 5 min，使细胞能够被洋地黄皂苷通透化。20 000 g，4℃离心 15 min 将胞质"挤"出后，将上清转移到另一管中。用 Bradford 法测定胞质提取物的蛋白浓度，并进行蛋白酶体活性测定。如有必要，细胞沉淀可用匀浆缓冲液重悬，超声破碎后提取剩余的成分。

2. 细胞提取物中蛋白酶体活性分析

如前所述，当分析细胞粗提物中蛋白酶体活性时，必须测定粗提物中其他蛋白酶对蛋白酶体底物的裂解作用。为此，提取物要在有或无 20 μmol/L epoxomicin 的条件下，在 37℃孵育 30 min。检测所需的细胞提取物的量主要取决于细胞系，如对于 HeLa 细胞提取物，每 200 μL 底物中加入 1~6 μg 总蛋白（由 Bradford 法测定）就足够了，但对于活性低的细胞系可能需要更多蛋白质。比较不同样品的蛋白酶体活性时，需要确保每份样品中加入的总蛋白量相同。与 epoxomicin 孵育结束后，立刻按照前文所述的纯化蛋白酶体活性测定方法测定其活性，唯一不同的是用 600 μmol/L Boc-LSTR-amc 代替 100 μmol/L Ac-RLR-amc 检测胰蛋白酶样位点活性。因为根据我们的经验，非蛋白酶体蛋白酶对 Boc-LSTR-amc 的裂解活性较 Ac-RLR-amc 差。由于 100 μmol/L 的 Boc-LSTR-amc 信号太弱，因此必须使用高浓度的 Boc-LSTR-amc（600 μmol/L）。检测胰凝乳蛋白酶样和半胱天冬酶样位点所用的底物与检测纯化蛋白酶体活性时一样：100 μmol/L Suc-LLVY-amc 和 100 μmol/L Ac-nLPnLD-amc。如果针对 Ac-nLPnLD-amc 底物活性太低并且提取物的数量有限，则需将底物浓度增加几倍。这种底物的 K_m 值约为 500 μmol/L，浓度的增加可导致信号强度成比例的增加。然而，Suc-LLCY-amc 的 K_m 值约为 60 μmol/L，浓度超过 100 μmol/L 也不会引起信号强度的显著增加。计算样品中蛋白酶体活性时，用未经 epoxomicin 处理的提取物的检测值减去经 epoxomicin 处理的提取物的检测值。

3. 超速离心法部分纯化蛋白酶体

如果粗提物中蛋白酶体对底物的裂解作用低于 50%（当用 Boc-LSTR-amc 和其他胰蛋白酶样位点特异性底物时），那么就需要通过超速离心进一步纯化蛋白酶体。一般用 300 000 g 离心 2 h，蛋白酶体位于沉淀中。由于沉淀很少且呈透明状，很难看到，需迅速将管子从转子上取出，沉淀部位用黑点在管外壁上标记出来。弃上清后，用匀浆缓冲液反复吹打油脂样的沉淀并使之重悬，将重悬液置于冰上 15～30 min 使之完全溶解，16 000 g 离心 10 min 以除去不溶物，测量上清液中蛋白质浓度，在含或不含 20 μmol/L epoxomicin 的条件下孵育 30 min 后，按照上述方法测定蛋白酶体活性。因为沉淀中蛋白酶体含量丰富，因此每孔加入的蛋白量可以减少至粗提物的 1/4～1/3。用这种方法可以去除裂解胰蛋白酶样位点特异性底物的低分子质量蛋白酶，因此可用 100 μmol/L Ac-RLR-amc 或更便宜的 Boc-LSTR-amc 代替昂贵的 Boc-LSTR-amc。

如果在初次检测时能够明确证实 20 μmol/L epoxomicin 能够抑制 95% 以上底物的裂解，并且用于检测的样品量又非常有限，那么可以在后面的实验中省去用 epoxomicin 处理蛋白酶体的步骤，样品的全部降解活性都可以认为来源于蛋白酶体。

（四）蛋白酶体活性测定所用的缓冲液和底物

26S 蛋白酶体分析缓冲液：50 mmol/L Tris-HCl（pH 7.5）、40 mmol/L KCl、5 mmol/L MgCl₂、0.5 mmol/L ATP、1 mmol/L DTT、0.05 mg/mL（培养板）或 0.5 mg/mL（塑料容器）BSA 或 SBTI。DTT、ATP 和 BSA 或 SBTI，通常在使用前加入。

胞质提取缓冲液：50 mmol/L Tris-HCl（pH 7.5）、250 mmol/L 蔗糖、5 mmol/L MgCl₂、2mmol/L ATP、1 mmol/L DTT、0.5 mmol/L EDTA、0.025% 洋地黄皂苷。DTT、ATP 和洋地黄皂苷通常在使用前加入。

其他试剂储备液（–20℃）：100 mmol/L ATP、1 mol/L DTT、50 mg/mL BSA、50 mg/mL SBTI（以上均溶于水）、5% 洋地黄皂苷（溶于 DMSO）。

底物：100 μmol/L Suc-LLVY-amc（用于所有实验）、100 μmol/L Ac-nLPnLD-amc（用

于所有实验）、100 µmol/L Ac-RLR-amc（用于纯化的或部分纯化的蛋白酶体检测）、600 µmol/L Boc-LSTR-amc（用于提取物检测）。

底物储备液（溶于 DMSO）：10 mmol/L Suc-LLVY-amc、10 mmol/L Ac-nLPnLD-amc、10 mmol/L Ac-RLR-amc、60 mmol/L Boc-LSTR-amc。

epoxomicin 储备液：10 mmol/L epoxomicin 溶于 DMSO。

二、应用模式底物检测 26S 蛋白酶体的活性

如上所述，通常用于蛋白酶体的分析方法是利用小荧光肽底物，其在特异性靶序列位点被裂解后能够发射出荧光。类似的荧光肽底物可用于检测蛋白酶体三种不同蛋白水解酶的活性（胰凝乳蛋白酶样、胰蛋白酶样、肽-谷氨酰肽样蛋白水解酶活性）。尽管这些荧光肽底物可以为蛋白酶体水解活性的研究提供详尽的信息，也有助于鉴定酶活性位点抑制剂，但是它们不能真实反映蛋白降解机制的生物学相关活性。而且，蛋白酶体的水解作用也仅是泛素-蛋白酶体介导蛋白质降解过程中诸多步骤中的一个步骤（6）。底物泛素化、募集、去折叠和易位等过程在泛素-蛋白酶体依赖的蛋白质水解过程中都同样重要，干扰任一过程都会严重影响泛素-蛋白酶体系统对底物的降解。研究泛素-蛋白酶体系统功能的重要方法是检测其天然底物的降解，因此需要使用多种模式底物。

由于难以制备均一的多泛素化底物，使体外 26S 蛋白酶体降解分析变得困难重重。这个问题源自泛素连接酶催化的底物泛素化过程固有的复杂性。虽然泛素连接酶对底物结合的特异性和亲和性很高，但是底物的泛素结合位点和修饰程度通常不可预知。一般底物中的多赖氨酸位点是其泛素化位点，每个赖氨酸上可交联 1 个或者多个泛素分子，因此会产生多泛素化底物的混合物，其中每个分子的降解率可能不同（7）。虽然可以用这样的产物定性分析蛋白酶体的降解活性，但却不适于进行定量降解分析（如动力学分析），因为底物的均一性对于定量分析十分重要。因此，被均匀泛素化的底物蛋白是理想的模式底物。此外，不依赖泛素化而被蛋白酶体降解的分子（如鸟氨酸脱羧酶）也常用于 20S 蛋白酶体活性分析。经过人工改造的荧光蛋白也为蛋白质泛素-蛋白酶体降解分析提供了有用的工具。

（一）模式底物 Ub$_5$DHFR 的合成与应用

Varshavsky 实验室在酿酒酵母细胞内证明，经改造的二氢叶酸还原酶（dihydrofolate reductase，DHFR）可以通过 Ub 途径降解（8）。研究者发现，当把泛素融合到 DHFR 的 N 端时，就能够启动多泛素链的合成，进而使 DHFR 成为 26S 蛋白酶体降解的靶标。为了稳定 UbDHFR 融合蛋白，防止融合泛素被酶切除，在泛素分子的 C 端引入 G76V 突变可阻止内源性去泛素化酶的切割。这样的泛素融合蛋白可用于多种遗传学筛选，寻找参与泛素融合降解（ubiquitin fusion degradation，UFD）途径中新的因子，以及研究多泛素化的泛素融合蛋白在体内的降解途径。

Pickart 实验室建立了体外合成模式底物 Ub$_5$DHFR 的技术。Ub$_5$DHFR 的体外合成需要泛素交联酶 E2-25K，它可以特异性地通过 Ub 第 48 位赖氨酸将 Ub 分子连接至泛素

链上。在包含 UbDHFR 融合蛋白（易于细菌中表达纯化）和 Ub4 链的反应体系中，在 E1 酶和 ATP 存在的条件下，Ub₅DHFR 是 E2-25K 唯一的催化产物（9）。因此，在这个反应体系中产生的 Ub₅DHFR 均带有 Ub5 多泛素链，且均交联于同一个位点（融合泛素的 K48 残基），这样的底物能有效地被纯化 26S 蛋白酶体识别和降解（10）。使用这种均一的泛素化底物可以克服前面所讲的许多困难，而且底物的合成能力可达毫克级，可为蛋白酶体活性分析提供充足的底物。Ub₅DHFR 底物的这些特点为 26S 蛋白酶体降解机制的研究提供了有效的技术支持。

最初利用 Ub₅DHFR 进行研究时，通常用 ³⁵S-Met 体内标记 UbDHFR，以引入降解监测信号（检测酸溶放射性物质的产量）（10）。尽管事实证明该方法非常有效，但为了保证放射性的强度和特异性，必须用几毫居的 ³⁵S-Met 标记样品。后来，人们又开发出另外一种方法，使放射性物质的使用量达到最少：在 DHFR 的 C 端引入蛋白激酶 A（PKA）磷酸化位点（11），一旦蛋白底物（Ub₅DHFR）合成并纯化（使用常规方法），用极少量的纯化底物就可成功地完成标记，该过程需要商品化的 PKA，以及仅 10 μCi 放射标记的 ATP。这样就可以在需要的时候随时进行放射性标记，用更少的放射性材料标记更少量的样品。

正常泛素分子的 C 端残基是甘氨酸 76（G76）。在迄今为止使用的所有 UbDHFR 融合蛋白中，该残基被替换成缬氨酸 76（V76）。正如前面讨论过的，最初引入该突变是为了防止体内去泛素化酶将 DHFR 切除。使用这种突变的 Ub₅DHFR 融合蛋白作为底物时，整个 UbDHFR 融合蛋白均被 26S 蛋白酶体降解，同时释放 Ub4 链。UbDHFR 中的融合泛素也会被蛋白酶体降解，因为 V76 突变残基不能被 26S 蛋白酶体的去泛素化酶活性切割。而剩余的泛素链由于保留有正常的 G76 残基而能够被去泛素化酶活性切割。近来，一种 UbG76DHFR 融合蛋白也可用于合成 Ub₅DHFR。在这个蛋白质中，DHFR 被 26S 蛋白酶体降解，而 Ub5 链被释放（12）。

1. Ub^{V76}DFHR 和 Ub^{G76}DHFR 的纯化

首先在大肠杆菌中表达利用 C 端带 PKA 位点的 Ub^{V76}DHFR[构建方法详见 Raasi 和 Pickart（2003）]，并通过定点诱变技术将 Ub^{V76}DHFR 的缬氨酸位点定向诱变成 Ub^{G76}DHFR，表达后通过镍亲和及离子交换层析进行纯化，纯化的 UbDHFR 储存于 −80℃。

对于 G76 型 UbDHFR 蛋白，尽管在 4℃下进行细胞裂解和纯化操作，但是部分融合蛋白还是会被降解，在纯化过程中产生游离的（带 His 标签的）Ub 和 DHFR。为了从完整的融合蛋白中去除游离的 Ub，将 Q-Sepharose 纯化产物浓缩至 100 μL 后，用 Superdex 75 GL 凝胶过滤层析柱（30 mm × 100 cm，Amersham）进一步纯化。

2. Ub₅DHFR 的合成

Ub₄（90 μmol/L）与 UbDHFR（82 μmol/L）在含有 0.1 μmol/L E1、20 μmol/L E2-25K、0.6 μmol/L YUH1、2 mmol/L ATP、5 mmol/L MgCl₂、50 mmol/L Tris（pH 8）和 ATP 再生系统的缓冲体系中 37℃孵育 3 h（注：E2-25K 仅能被哺乳动物来源的 E1 激活）。体系中的 Ub₄ 应稍微过量，以确保大部分 UbDHFR 融合蛋白都能转化成最终产物（注：添

加泛素 C 端水解酶 YUH1 是为了去除 Ub$_4$ 近端 Ub 分子上的 D77 残基，从而激活 Ub$_4$ 交联反应）。Ub$_5$DHFR 用镍树脂纯化，1 mL 反应产物用 0.5 mL 树脂进行纯化。上样后的镍柱首先用含 50 mmol/L HEPES（pH 7.5）和 0.1 mmol/L 叶酸（FA）的缓冲液清洗，再用含 60 mmol/L 咪唑的同一缓冲液清洗。最后用含 200 mmol/L 咪唑的 HEPES/FA 缓冲液洗脱 Ub$_5$DHFR。洗脱产物经过反复浓缩和 HEPES/FA 缓冲液稀释，直至咪唑浓度低于 10 mmol/L，蛋白浓度大于 2 mg/mL。

3. Ub$_5$DHFR 的放射性标记

25 μg Ub$_5$DHFR 和 75 ng PKA 在含有 20 mmol/L MES（pH 6.5）、1 mmol/L DTT、1 mmol/L MgCl$_2$、10 mg/mL 卵清蛋白（作为蛋白载体）和 10 μCi [γ-^{32}P] ATP 的 20 μL 缓冲体系中 37℃孵育 15 min。可以使用实验室制备的重组 PKA，也可以从 Sigma 购买商品化的牛心 PKA。孵育结束后，将样品上样至微量 Bio-Spin（Bio-Rad）层析柱（离心前用含 100 mmol/L NaCl 和 10 mg/mL 卵清蛋白的 MES 缓冲液进行预清洗），2000 r/min 离心 1 min 以去除未结合的 ATP。蛋白回收率一般为 25%～40%。蛋白浓度用 SDS-PAGE 电泳确定，以 BSA 作为蛋白量标准。放射性标记的样品（10^4/pmol）储存于 4℃，2 周内使用。G76 型融合蛋白的放射活性通常比 V76 型融合蛋白高 2 倍。

4. 降解研究

200 nmol/L 底物和 20 nmol/L 纯化的牛红细胞 26S 蛋白酶体在含有 50 mmol/L Tris（pH 7.6）、2 mmol/L MgCl$_2$、1 mmol/L ATP、ATP 再生系统、1 μmol/L Ub-aldehyde（Boston Biochem），以及 1 mg/mL 泛素（作为蛋白载体）的 30 μL 缓冲体系中 37℃孵育。UBA1 用于抑制哺乳动物 26S 蛋白酶体的 UCH37-去泛素化活性，并且该抑制剂要首先与蛋白酶体在冰上预孵育 5 min。底物和蛋白酶体在混合之前应分别在 37℃预孵育 2 min。有两种方法可用于监测 Ub$_5$DHFR 的降解：用于定性降解分析的 Western blot（抗 His 标签抗体），以及用于定量降解分析的 TCA 沉淀法。

蛋白质经 TCA 沉淀后，检测可溶部分的放射活性就可以反映蛋白质的降解量。在指定的时间点从降解反应体系中取出 5 μL 加至 15 μL 冷的 10 mg/mL BSA 中，涡旋混匀后加入 17 μL 冷的 40% TCA，立即混匀，TCA 的终浓度为 10%。蛋白质被沉淀后，在进行下一步处理前将样品置于冰上保持 10 min 或更长的时间。当所有时间点的样品均被收集和沉淀后，用 13 000 r/min（4℃，10 min）离心经 TCA 沉淀的样品。从每个样品中取出 20 μL 上清，加入 5 mL 闪烁液，用液闪计数器计数。

因为 UbDHFR 的 N 端带有多聚 His 标签，因此 Ub$_5$DHFR 的含量可以用 anti-His10 抗体的 Western blot 进行检测。在指定时间点从降解反应体系中取 7.5 μL 加入 SDS-PAGE 上样缓冲液，样品用 13.5% SDS-PAGE 凝胶分离。在 4℃下转印至 PVDF 膜（67V，1 h），用抗 His10 抗体进行 Western blot 分析，可以直观地分析蛋白质降解情况。

（二）利用泛素化的 Sic1 检测纯化 26S 蛋白酶体的降解活性及去泛素化活性

下面将以 S-CDK 的抑制剂 Sic1 为例，介绍如何分析检测依赖 ATP 和泛素化修饰的蛋白水解过程。

MBP-Sic1-MychHis6 从大肠杆菌中纯化获得；由 Gst-Cdc28、Clb5 和 Sic1 组成的三聚物复合物从 Hi5 昆虫细胞中纯化获得。纯化的 Sic1 被 G_1 CDK 复合物磷酸化，并在酵母泛素激活酶、Cdc34（E2）、泛素、1×ARS 和乙酸镁存在的条件下被 SCF 泛素连接酶复合物泛素化[更详细的泛素化 Sic1 的制备方法请参考（13）]。

降解反应体系包含：50 μL 纯化的 26S 蛋白酶体（75～100 nmol/L 终浓度）、6 μL 10×ARS 和 1 μL 200 mmol/L 乙酸镁，混合后置于冰上。加入 2～3 μL 泛素化的 Sic1（UbSic1；250～300 nmol/L 终浓度）启动降解反应，30℃孵育 3 min（UbSic1 三聚体底物）或 5 min（UbMbpSic1 底物）。加入 5×Laemmli SDS-PAGE 缓冲液终止反应，取 15 μL 样品用 8%（或 10%）聚丙烯酰胺凝胶进行分离，转膜时要记得保留分离胶。最后用抗 Sic1 的多克隆抗体进行显影。为了检测 ATP 依赖的降解反应，可以先用腺苷三磷酸双磷酸酶（15 U/mL，30℃，5 min）或葡萄糖/己糖激酶（5 U/mL 己糖激酶加 30 mmol/L 葡萄糖）对 26S 纯化产物和 UbSic1 进行预处理，以去除反应体系中的 ATP。为了检测泛素依赖的降解反应，可以向反应体系中加入等摩尔未经修饰的 Sic1（其制备方法与泛素化反应一样，只是反应体系不加泛素和泛素激活酶）（14）。

当 26S 蛋白酶体的降解活性被抑制时，其去泛素化反应活性就可以表现出来。可用抑制剂阻断 20S 核心颗粒的肽酶活性。200 μmol/L lactacystin 和 MG132 不能阻断 UbSic1 的降解，而 100 μmol/L epoxomicin 和 YU101 却可以有效地阻断 UbSic1 的降解。时间依赖实验表明，为了获得最显著的抑制效果，纯化的 26S 蛋白酶体必须与抑制剂在 30℃ 条件下预孵育至少 20 min 以上。epoxomicin 剂量依赖实验表明，其 IC_{50} 大约为 50 μmol/L。这个值远高于文献报道的 epoxomicin 抑制蛋白酶体胰凝乳蛋白酶活性的 IC_{50}（40～80 nmol/L）（15）。然而，仅使用 epoxomicin 抑制胰凝乳蛋白酶样位点的活性只能轻微抑制蛋白降解，只有当胰蛋白酶或半胱天冬酶样位点的活性同时都被抑制时，才能显著抑制蛋白降解（16）。当 epoxomicin 的浓度达到 100 μmol/L 时，蛋白酶体三种位点的活性全部被抑制了。

也可以将去泛素化实验设计成为检测蛋白酶体降解的替代实验。与 UbSic1 的蛋白水解相似，其去泛素化需要完整的 26S 蛋白酶体、ATP、多泛素链受体功能（由 Rpn10 或 RAD23 完成），以及完整的 Rpn11 活性位点。通过检测去泛素化进而反观蛋白酶体的降解活性的好处在于，可以监测到离散的、低分子质量的去泛素化底物的出现，而不是监测高分子质量 UbSic1 的消失。这种分析方法具有更高的敏感性，更容易暴露底物处理过程中的细小缺陷[例如，从 *rad23Δ* 细胞中分离出的 26S 蛋白酶体，参考（17）]。

标准去泛素化反应体系的建立：50 μL 纯化的 26S 蛋白酶体和 100 μmol/L epoxomicin（0.5 μL 10 mmol/L DMSO 配制的储存液，分装冻存于–20℃）在 30℃ 下孵育 45 min。如果污染了半胱氨酸异肽酶，可以加入 UBA1（泛素醛）至终浓度为 2.5 μmol/L（18）。用 epoxomicin 处理 26S 蛋白酶体置于冰上，按照前面所述方法配置反应体系、监测反应进程。去泛素化活性依赖金属异肽酶（metalloisopeptidase）Rpn11，它是蛋白酶体的一个亚基，有高度保守的 JAMM 基序（EXnHXHX10D）（19）。通过分析在金属螯合剂 1,10-菲啰啉（1,10-phenanthroline）（1 mmol/L）存在的条件下去泛素化，或者通过分析来源于 rpn11ts/rpn11AXA 突变株的 26S 蛋白酶体活性,就能够确定去泛素化反应的特异性(*19*)。

(三)泛素非依赖性蛋白酶体降解途径的研究——鸟氨酸脱羧酶研究泛素-蛋白酶体系统

鸟氨酸脱羧酶(ornithine decarboxylase,ODC)经由蛋白酶体降解。与一般蛋白酶体底物不同,ODC 的降解不需要泛素修饰。ODC 作为研究蛋白酶体功能的底物,具有如下特点:①活性底物易于制备,不需要进行一系列复杂的酶学泛素转移反应;②ODC 的降解标签定位在一个较小的结构域中,而且当把该结构域与其他蛋白融合后,仍可独立发挥其降解标签作用,导致其他蛋白质通过泛素非依赖途径降解;③该标签很保守,在多种真核生物中都发现有其同源序列;④由于降解标签中的重要残基已经被确定,因此能够建立很好的方法确保降解的特异性;⑤建立 ODC 降解的体内和体外研究系统已有相关文献报道;⑥用生化方法纯化的蛋白质可用于体外降解实验;⑦由于无须泛素交联,ODC 的降解可以从总体上评价蛋白酶体的功能。

ODC 分子中的蛋白酶体靶序列为位于 C 端的 37 个保守氨基酸残基(cODC),尽管该标签可以独立发挥功能,但是当与另外一种蛋白质——抗酶(antizyme,AZ)结合后,cODC 对蛋白酶体的亲和性增强近 10 倍。抗酶可以使 ODC 同源二聚体解离,形成一种 ODC:抗酶异源二聚体。由此引起的 ODC 四级结构重排使得 cODC 变得更易接近。在哺乳动物中发现了三个不同的抗酶同系物。尽管抗酶 1 和抗酶 2 都可以与 ODC 结合并抑制其酶活性,但抗酶 1 能够更有效地促进 ODC 经蛋白酶体途径降解。

无论在体内还是体外,ODC 为研究蛋白酶体介导的降解反应是否依赖于泛素化提供了一种便利的检测手段。值得一提的是,检测 ODC 的降解能够让研究者区分究竟是突变、处理因素或生物学状态使蛋白酶体本身的功能受到特异性损伤,还是泛素-蛋白酶体途径中的非蛋白酶体因素发生了改变。

1. ODC/AZ 应用实例:GFP-cODC 用于蛋白质合成实时监测的不稳定报告分子

水母绿色荧光蛋白被广泛应用,作为转录报告分子。由于 GFP 是一种稳定的蛋白质,不能根据其表达水平追踪 GFP 的合成速率,但可用于记录蛋白质随时间而累积的过程。不稳定的报告分子能够更精确地反映合成速率,并提供时间依赖性的合成速率变化的准确信息。将 cODC 融合至 GFP 的羧基端可以使报告分子变得不稳定,这样就能够敏锐地追踪基因表达水平的变化。

2. ODC 体内降解的研究方法

1)应用 Pulse-Chase 或免疫印迹法分析多胺诱导的 ODC 降解

在体外培养的细胞中研究 ODC 降解最简单的方法就是在给予多胺后测量 ODC 蛋白水平或酶活性的变化。添加外源性多胺可以刺激抗酶合成,导致 ODC 的降解加速。向体外培养的哺乳动物细胞中添加多胺对 ODC 的合成速率没有明显的影响(*20*)。哺乳动物细胞中 ODC 的降解情况可以直接用 Pulse-Chase 实验检测(*21*)。内源性 ODC 或通过瞬时或稳定转染的异源表达的 ODC 均可用此方法检测。哺乳动物细胞中内源性 ODC 的表达水平通常很低，用免疫印迹法很难检测到。在体外培养的细胞中表达外源 ODC，不仅能够获得高表达的 ODC，还可以引入带表位标签的 ODC 蛋白。由于历史原因，研究 ODC 降解时应用最为广泛的是克隆有小鼠 ODC cDNA 的载体及其编码的 ODC 蛋白（22）。本文中除非特别指明，ODC 都是特指小鼠的 ODC。由于氨基酸一级序列的广泛同源性，用重组小鼠ODC制备的抗血清也同样能与源自其他哺乳动物的ODC发生反应。

Pulse-Chase 分析实验中，在 24 孔组织培养板（Falcon 353047）的每个孔中接种 200 μL 含 1.25×10^5 个细胞的 DMEM 培养基（含 10%胎牛血清）。添加腐胺至终浓度 500 μmol/L，细胞在多胺存在的条件下培养 4～24 h。外源添加的腐胺在细胞内很快会被亚精胺合酶催化转变为亚精胺。之所以添加腐胺而不是亚精胺，是由于在胎牛血清中存在着多胺氧化酶，该酶可以作用于亚精胺产生有毒的物质。如果一定要添加亚精胺，须使用不含多胺氧化酶的马血清替代胎牛血清。细胞用 PBS 洗三遍之后，添加含有 10% 胎牛血清的无甲硫氨酸 DMEM 培养基。细胞在无甲硫氨酸的培养基中孵育 15 min 后，加入 50 μCi 的 L-[^{35}S]标记的甲硫氨酸。细胞在 37℃下标记 1 h 后，用 PBS 再洗三次，重悬于含 500 μmol/L 腐胺和 5 mmol/L 甲硫氨酸的完全培养基中，开始追踪计时。分别在 1.5 h、3 h 和 6 h 追踪时间点收集细胞，用 PBS 洗涤两次，在 400 μL RIPA 裂解液（50 mmol/L Tris pH8.0、150 mmol/L NaCl、1.0% NP40、0.5%脱氧胆酸、0.1% SDS）中冰上裂解 5 min，冻存于–80℃。经过一次冻融循环后，离心（14 000 g）裂解产物以去除不溶物质，测定三氯乙酸沉淀物的放射活性。每份裂解产物中放射性标记的 ODC 也可用免疫沉淀、SDS-聚丙烯酰胺凝胶电泳及最后的放射自显影进行分析。

2）在酵母细胞中进行 ODC 降解分析

所有 ODC 降解所需的结构在酵母中都是保守的，这就使得小鼠 ODC 成为研究真菌蛋白酶体功能的有效探针。小鼠 ODC 可以在任何一种现有的酵母表达载体中表达。在酵母细胞中，ODC 编码区利用 ADH1 启动子得以表达，使得成熟 ODC 蛋白的半衰期达到 5～10 min，易于检测。下面介绍的方法可以用于检测酵母细胞中 ODC 的降解（23）。

表达 ODC 的酵母转化细胞在 SD 培养基中生长至对数生长中期（OD$_{600}$ 为 0.5～1.0），室温 2000 g 离心 3 min 收集细胞，弃去培养基。用 1 mL 无甲硫氨酸的 SD 培养基（SD-Met）洗涤细胞两次，转移至 1.5 mL 微量离心管中。将细胞在 SD-Met 培养基中 30℃孵育 1 min，用微量离心机短暂离心收集细胞，然后将细胞重悬于 0.4 mL SD-Met 培养基中，随后加入 200 μCi L-[^{35}S]标记的甲硫氨酸，在 30℃下反应 5 min。标记结束之后，用微量离心机短暂离心收集细胞，弃去标记液。用 0.4 mL 含 10 mmol/L 甲硫氨酸及 0.5 mg/mL 放线菌酮的 SD 培养基重悬细胞，开始追踪计时。在每个追踪时间点收集 0.1 mL 细胞悬浮液，转移至 2 mL 带旋盖的管中，管中预先添加 0.7 mL 冰冷的裂解缓冲液[50 mmol/L HEPES（pH7.5）、150 mmol/L NaCl、1 mmol/L EDTA、1% Triton X-100、1 mmol/L phenylmethylsulfonyl fluoride]，以及 0.5 mL 直径 0.5 mm 的玻璃珠。在微型玻璃珠搅拌器（Biospec product）上以最大速度裂解细胞，每次 30 s，共 4 次，每次搅拌间隔将管子至于冰上冷却。细胞也可以用台式涡旋振荡器裂解，每次振荡 1 min，共 4 次，每次振荡间隔将管子置于冰上冷却。用微型离心机离心细胞裂解液（13 000 g，10 min，4℃），检测三氯乙酸沉淀物的放射活性。用免疫沉淀、SDS-聚丙烯酰胺凝胶电泳和放射自显影分析每一份细胞裂解物中标记 ODC 的量。对于含有 Flag-ODC 的细胞裂解物，我们通常用抗 Flag 的 M2 抗体琼脂糖珠（Sigma）进行免疫沉淀，向 0.5 mL 的细胞裂解物（约 2.0×10^7 cpm）中加入 10μL 抗体交联琼脂糖珠。免疫沉淀在 4℃进行 1～2 h，之后用 1 mL 洗涤缓冲液（含 0.1% SDS 的裂解缓冲液）洗珠子 4 次。

3. ODC 用于蛋白酶体体外分析

AZ1 刺激鸟氨酸脱羧酶的降解可在体外通过两种形式再现，即应用纯化的蛋白酶体，或者应用兔网织红细胞裂解粗提物以作为蛋白酶体活性的来源。在裂解粗提物中，AZ1 通常可以在 1 h 之内使 ODC 完全降解，该降解体系具有较高的活性和可靠性，且易于制备。相反，应用含有明确组分的降解体系则需要高度纯化的 AZ1、蛋白酶体及标记的 ODC，需要满足更多的技术需求。在某些特殊情况下，如定量测定动力学参数，就需要使用这种组分明确的生化体系。

首先，利用兔网织红细胞裂解物系统（TNT，Promega）体外转录和翻译[^{35}S]标记的 ODC（按照厂商说明）。用于 ODC 转录/翻译的质粒含有 T7 启动子，位于 ODC 可读框的上游。将反应体系置于 30℃，90 min 以完成转录和翻译，用冰冻法终止反应。样品可以在−20℃储存数周。降解反应在 50 μL 体系中进行（反应条件 37℃），体系中含有 5 μL 裂解物（提供标记的 ODC 及 ODC 降解所需的蛋白酶体）、50mmol/L Tris-HCl（pH7.5）、5 mmol/L $MgCl_2$、ATP 再生缓冲液（2 mmol/L DTT、10 mmol/L 磷酸肌氨酸、1.6 mg/mL 肌氨酸激酶）及 2 μg 重组 AZ1。AZ1 的制备参照下面"应用纯化组分构建 ODC 降解体系"中所述方法。为了记录降解反应进程，定时（通常在第 0、15 min、30 min 和 60 min 时）从反应体系中吸取 10 μL 反应产物，与等体积的 2×SDS-PAGE 上样缓冲液混合后，用 SDS-PAGE 凝胶电泳和放射自显影检测残留的未降解 ODC 的比例。用 ODC 单一位点突变体（Cys441Ala 或 Cys441Ser）或者羧基端 37 个氨基酸缺失突变体作为阴性对照，因为这些突变体都可以抑制蛋白酶体对 ODC 的降解。用 AZ1 稀释缓冲液替代 AZ1，或者使用蛋白酶体特异抑制剂，可以为降解反应提供特异性对照。

4. 应用纯化组分构建 ODC 降解体系

首先，从牛红细胞或大鼠肝脏中提取的高纯度的白酶体均在大肠杆菌中表达并纯化带 6×组氨酸标签的鼠全长 AZ1，AZ1 制备物的活性可以用前面介绍的降解分析法进行测定，用体外翻译标记的 ODC 作为底物，以网织红细胞裂解物作为蛋白酶体的来源。

将下游带 6×组氨酸标签的鼠全长 ODC ORF 克隆至 pQE30 质粒（Qiagen）中，转化大肠杆菌 M15[pREP4]（Stratagene）。细菌在含有氨苄青霉素（100 mg/L）和卡那霉素（50 mg/L）的 3 μL LB 培养基中于 37℃培养过夜。取 1 μL 过夜培养物接种 80 μL 成分相同的预温 LB 培养基，37℃剧烈摇动培养至 OD_{600} 达到 0.4～0.6（2～3 h）。室温离心 10 min（1600 g）收集细胞，并用 M9 培养基洗涤一次。随后将细胞重悬于 40 μL 含 0.063% 甲硫氨酸分析培养基（Fisher Scientific）的 M9 培养基中。37℃孵育 30 min 后，加入 IPTG（1 mmol/L）诱导表达 60 min，随后加入[^{35}S]标记的甲硫氨酸（2.5 mCi）孵育 5 min，再换用未标记的甲硫氨酸（1 mmol/L）继续孵育 10 min。将细菌置于冰上 5 min 以冷却细胞，4℃，1600 g 离心 10 min 收集细胞。用 7.5 μL 冰冷的 1×提取/洗涤缓冲液[50 mmol/L 磷酸钠（pH 7.0）、0.3 mol/L NaCl]重悬细胞，同时洗涤一次。加入溶菌酶至 0.75 mg/mL 终浓度，将细菌悬液于室温孵育 20 min。超声破碎细胞，超声设置为 3×10 s 超声脉冲，每次超声脉冲结束后将样品于冰上 30 s（注意：超声时应当格外小心，防止放射性气溶胶扩散）。4℃，10 000～12 000 g 离心细胞裂解物。将裂解上清与 0.5 μL 经 1×提取/洗涤缓冲液平衡过的 Talon 金属亲和树脂（BD Bioscience）在 4℃ 孵育 30 min，持续摇动以促进结合。随后用 20 倍体积的 1×提取/洗涤缓冲液洗涤树脂，1000 g 离心 3 min，至少洗涤两次。将树脂装入一个体积较小的柱子中（约 5 μL），用 5 倍体积的 1×提取/洗涤缓冲液洗涤。用 5 μL 含 150 mmol/L 咪唑和 1 mg/mL 牛血清白蛋白的 1×提取/洗涤缓冲液将[^{35}S]标记的 His6-mODC 从 Talon 树脂上洗脱下来，样品组分的收集体积为 0.5 mL/管。将具有最高放射活性的两个组分混合，用柱浓缩器（Millipore，分子质量截流值为 30 kDa）浓缩至 100 μL，浓缩的同时进行缓冲体系交换，浓缩后的缓冲体系为：50 mmol/L Tris-HCl（pH 7.5）、10 mmol/L KCl、5 mmol/L MgCl$_2$、1 mmol/L DTT、1 mmol/L ATP 及 10%的甘油。[^{35}S]标记的 ODC 的特异性放射活性通常为 5×10^4 cpm/pmol。[^{35}S]标记的 ODC 可以储存于-80℃一个月而无活性丧失。同位素标记的蛋白纯度可用 SDS-PAGE 凝胶电泳及放射自显影进行检测，[^{35}S]标记的 ODC 蛋白应是位于 53 kDa 的单一蛋白条带。标记质量可通过降解实验检测，以兔网织红细胞作为蛋白酶体的来源。未标记的 ODC 可以用同样的方法制备，只是省略了标记的步骤。未标记的 ODC 的纯化量通常是 10 mg/L 培养物。

蛋白质降解反应的孵育体系为 20 μL，在 37℃下孵育。体系中含有 50 mmol/L Tris-HCl（pH 7.5）、5 mmol/L MgCl$_2$、10 mmol/L KCl、10%的甘油、ATP 再生系统（2 mmol/L DTT、10 mmol/L 磷酸肌酸、1.6 mg/mL 磷酸激酶）、2 mg/mL BSA、50 nmol/L 大鼠蛋白酶体、约 2 μL [^{35}S]标记的 ODC（大约 10 000 cpm）及 2 μg AZ1（经[^{35}S] 标记或未标记）。加入蛋白酶体之前，应使反应体系预先孵育 10 min，随后加入蛋白酶体起始反应。如果反应体系中含有蛋白酶体抑制剂，则应在底物加入前将抑制剂与其他所有组分预先在 37℃孵育 30 min。降解反应的孵育时间一般为 30～40 min，随后加入 140 μL 20% 冰冷的三氯乙酸（TCA）终止反应。在冰上放置 10～30 min 后，14 000 g 离心 30 min，取 150 μL 上清液用液闪计数器检测 TCA 溶解肽的放射性标记量，TCA 溶解肽是[^{35}S]标记的 ODC 的降解产物。总的放射强度可以用水而不用 TCA 测定。当无蛋白酶体存在时，同位素释放强度的背景值通常是总放射强度的 0.5%左右。标记蛋白的降解百分比通过下面的公式计算：降解的百分比=（释放 cpm 值−背景 cpm 值）/总 cpm 值。如果反应体系中加入未标记的 ODC，同时用标记的 ODC 作为追踪标记，那么降解初始速度的计算方法为：v=[（降解百分比）×（标记的底物+未标记的底物）]/孵育时间。这种测定[^{35}S]标记的 ODC 降解产物，即酸溶性肽的方法能够灵敏而准确地检测 AZ1 依赖或（降解活性很低的）AZ1 非依赖的 ODC 的降解。

AZ1 激活的、标记 ODC 的降解也可用 SDS-PAGE 凝胶电泳或放射自显影的方法检测。然而，检测标记底物的消失过程，其灵敏度要远低于检测放射性标记的酸可溶肽的产生过程。同样，由于 ODC 的 N 端带有 His 或 Flag 标签，因此也可用针对标签的特异性抗体的 Western blot 来检测未标记 ODC 在体外重建系统中的降解。

在这个重建系统中，AZ1 可以使 ODC 的降解速率提高至少 5 倍。如果未能获得这样的结果，那么体外重建系统中每种组分的活性，即 AZ1、标记的 ODC 及蛋白酶体，都应该用先前描述的方法进行检测，同时应该设置合理的对照来保证降解反应的特异性。

（四）用 PY 基序插入法制备泛素化底物用于 26S 蛋白酶体活性检测

泛素连接酶（E3）对底物的识别作用是保证降解底物被特异性泛素化的关键所在。研究发现，许多 E3 的底物识别信号需要通过修饰获得，如磷酸化、氧化或者是糖基化。例如，酿酒酵母（S. cerevisiae）中的 CDK 抑制物 Sic1 的多泛素化需要经过多重的磷酸化修饰才能够被 E3 复合物 SCF^{Cdc4} 识别。Deshaies 和他的同事在体外重建了由 SCF-催化的 Sic1 泛素化体系，并将获得的 Sic1 多泛素化产物应用到 26S 蛋白酶体的生化作用研究中（14）。但是，制备多泛素化的 Sic1 在技术上是相当困难的，因为这个泛素化体系的重建需要 CDK 和 SCF^{Cdc4} 复合物。而且，其中几个组分必须利用昆虫表达系统制备。因此建立一种更简便的方法来获得多泛素化的蛋白质对于蛋白酶体的活性分析具有重要意义。在泛素连接酶识别的基序中，PY 基序能够与 Rsp5 / NEDD4 家族的 WW 结构域结合而不需要任何修饰（24）。PY 基序由 Pro-Pro-X-Tyr 短序列组成，体外可直接与 WW 结构域结合。研究发现，将 PY 基序插入到 Sic1 的 N 端后，Sic1 能够被 Rsp5 有效地多泛素化。更为重要的是，这个系统中的所有组分，包括 Rsp5，都可以很容易地从大肠杆菌中表达、纯化出来。下面，我们将介绍如何利用 PY 基序插入法成功地使 Sic1 泛素化，并且证明经该方法泛素化的 Sic1 能够被纯化的酵母 26S 蛋白酶体降解。

1. 含有 PY 基序 Sic1 蛋白的纯化

通过聚合酶链反应（PCR），将 CCACCGCCGTAT 序列（编码 Pro-Pro-Pro-Ser）插入到 Sic1 可读框的 +18～+25bp 处（作为翻译起始密码子的 ATG 中的腺嘌呤残基被定义为 +1 核苷酸），克隆至大肠杆菌表达载体（含 6×His，在大肠杆菌中表达）。细菌离心后，用 15 mL 冰冷的裂解缓冲液（含一片蛋白酶抑制剂混合物）重悬细胞，超声裂解。加入 Triton X-100 至终浓度为 0.2%，冰上放置 10 min 后 15 000 g 离心 30 min 除去细胞碎片，将上清转移至 15 mL 离心管中，加入 200 μL 经裂解缓冲液预平衡的 TALON 树脂。在 4℃ 旋转孵育 1～2 h。离心（3000 r/min，2 min，TOMY 1500 或与之相当的转头）收集 TALON 树脂，用 10 mL 的洗涤缓冲液洗涤三次（3000 r/min 离心 2 min，弃上清）。将树脂转移到 MicroSpin 空柱子中，用 400 μL 裂解缓冲液洗涤两次。加入 300 μL 洗脱缓冲液，盖上盖子，旋转孵育 20 min。离心（5000 r/min，1 min）回收洗脱液。在 500 mL 缓冲液 A 中透析 12 h（4℃）后，用 SDS-PAGE 凝胶电泳分析纯化的蛋白质。稀释至适当浓度后，分装成小份储存在 –80℃。

2. Rsp5 的纯化

Rsp5 具有多结构域的拓扑学结构：一个 N 端 C2 结构域，三个 WW 结构域，一个 C 端 HECT 结构域。由于 C2 结构域是膜定位信号，因此该结构域可能与泛素连接酶活性无关。缺失 N 端 220 个氨基酸的 Rsp5 突变体（命名为 WWHECT）的泛素化活性和野生型 Rsp5 一样高。

按照标准方法，将转化有相应质粒（pGEX-6P1-Rsp5、pGEX-6P1-WWHECT）的 *E. coli* Rosetta（DE3）接种至 200 mL LB 培养基（含有 50 μg/mL 氨苄青霉素和 24 μg /mL 氯霉素，培养至 OD$_{600}$=0.5 后将细胞冷却到 20℃，用 0.2 mmol/L IPTG 在 20℃下诱导 15 h。用 15 mL 冰浴的缓冲液 A 重悬细胞，超声裂解。加入 Triton X-100 至终浓度为 0.2%，冰上放置 10 min。15 000 *g* 离心 30 min 除去细胞碎片，将上清转移至 15 mL 离心管中。加入 200 μL 经缓冲液 A 预平衡的谷胱甘肽琼脂糖珠。4℃旋转孵育 1 h。离心（3000 r/min，2min）收集树脂，用 10 mL 含有 0.2% Triton X-100 的缓冲液 A 洗涤三次（3000 r/min，离心 2 min，弃上清）。将琼脂糖珠转移至 MicroSpin 空柱子中。用 400 μL 缓冲液 A 洗涤两次（柱子用 5000 r/min 离心 30 s）。加入 200 μL 蛋白酶缓冲液（含 8 μL PreScission 蛋白酶的缓冲液 A）。盖上盖子，4℃旋转孵育 12 h。离心（5000 r/min，1 min）回收洗脱液。用 SDS-PAGE 凝胶电泳分析纯化的蛋白质。

3. 制备多泛素化的 Sic1PY

泛素化反应通常在 25℃下进行 3 h，20 μL 反应体系中包含缓冲液 A[50 mmon/L Tris-HCl（pH 7.5），100 mmon/L NaCl，10%甘油]、2 mmon/L ATP、5 mmon/L MgCl$_2$、2 pmol UBA1、60 pmol UBC4、10 pmol Rsp5 或 WWHECT、10 pmol Sic1^{PY} 和 1.2 nmol 泛素。首先，在 Eppendorf 管中加入 4.5 μL 缓冲液 A、2 μL 5×ATP 溶液 [10 mmon/L ATP（pH 7.5），50 mmon/L MgCl$_2$，5 mmon/L DTT 溶于缓冲液 A]、0.5 μL UBA1、1 μL UBC4、2μL 泛素。在 25℃预孵育 5～10 min，作为反应混合物 A。在反应混合物 A 预孵育的时间准备反应混合物 2：6 μL 缓冲液 A、2 μL 5×ATP 溶液、1 μL Rsp5 或 WWHECT、1 μL Sic1^{PY}。预孵育完毕后将混合物 1 和混合物 2 合并，在 25℃孵育 3～12 h。然后取 2～4 μL 反应混合物，用 anti-T7 抗体（1∶2000 稀释）的免疫印迹监测泛素化反应。产物可以储存于 4℃（2 天）或–80℃。

4. 含有 PY 基序的多泛素化蛋白的体外降解分析

首先用亲和纯化法制备酿酒酵母 26S 蛋白酶体。降解分析通常 10 μL 体系中进行，反应混合物包含：缓冲液 A[50 mmon/L Tris-HCl（pH 7.5），100 mmon/L NaCl，10%甘油]，2 mmon/L ATP，5 mmon/L MgCl$_2$，1 mmon/L DTT，2 pmol 泛素化 Sic1^{PY}，1 pmol 纯化的 26S 蛋白酶体。在 Eppendorf 管中加入 3 μL 缓冲液 A、2 μL 5×ATP 溶液[含 10 mmol/L ATP（pH 7.5），50 mmon/L MgCl$_2$，5mmon/L DTT 的缓冲液 A]和 1 μL 26S 蛋白酶体。在 25℃孵育 1～5 min，然后加入 4 μL 泛素化 Sic1^{PY}，温和地混合后在 25℃孵育适当的时间（2～10 min）。加入 5 μL 3×SDS 上样缓冲液终止反应，煮沸 5 min 后取 5～

15 μL 进行 10% SDS-PAGE 凝胶电泳分析。用半干转膜系统（转模电流为 4 mA/cm^2，每一块 mini-gel 240 mA，转膜 1 h）将蛋白质完全转移到 PVDF 膜上。用 anti-T7 抗体（1∶2000 稀释）进行免疫印迹。

因为制备降解时间为 0 的样品在技术上是很困难的，因此我们加入泛素化 Sic1^{PY} 之前加入 SDS 上样缓冲液，以使 26S 蛋白酶体变性。为了定量地分析泛素化的 Sic1，曝光应该在信号达到饱和前停止。显然，泛素化 Sic1^{PY} 比未经泛素修饰的 Sic1 的信号更强，这是因为抗体的结合能力存在差异。值得注意的是，Rsp5 也会使它自身高度多泛素化，自身泛素化的 Rsp5 似乎可以和 26S 蛋白酶体结合。

以上介绍了一种很方便地进行体外泛素化的方法，称为 PY 插入法，并证明了多泛素化的 Sic1^{PY} 能够被纯化的 26S 蛋白酶体降解。对于由 Rsp5 或 WWHECT 催化的泛素化反应而言，将 PY 基序插入至靶蛋白序列是至关重要的。当使用甲基化的泛素时，可在 150～250 kDa 的位置上检测出单泛素化的 Sic1^{PY}。因为 Sic1 有 20 个赖氨酸，经过长时间的孵育后 Sic1 上几乎所有的赖氨酸都会被泛素化。多泛素化的 Sic1^{PY} 会迅速地被 26S 蛋白酶体降解，而未修饰的 Sic1^{PY} 和多个位点单泛素化的 Sic1^{PY} 则不会被降解。PY 基序插入法的优势在于，任意蛋白质都可以成为泛素化的底物。PY 基序插入法是研究泛素依赖的蛋白水解作用的一种新型的、十分有用的工具。

（五）用绿色荧光蛋白底物检测泛素依赖的蛋白水解作用

尽管利用上述模式底物的分析方法可以为我们提供有价值的信息，但是也有许多缺点。第一，泛素-蛋白酶系统的大多数底物降解是受调节的，因此某一底物的降解迟滞并不一定是由于泛素-蛋白酶体依赖的蛋白水解功能损伤引起的，例如，在某些条件下，当肿瘤抑制因子 p53 的降解被抑制时，并不一定就是由于泛素-蛋白酶体系统被阻断所导致的，更有可能是由于细胞正处在 p53 依赖的凋亡期（25）。第二，对蛋白酶体底物降解的监测无论是采用 pulse-chase 代谢标记法，还是利用蛋白合成抑制剂处理进而对靶蛋白的降解进行生化分析，都是非常繁琐的过程，而且实验本身还可能会影响到细胞的正常生理。第三，这些方法不能对泛素依赖的蛋白水解作用进行实时监控。第四，这些方法不可能对单个细胞的泛素-蛋白酶体系统进行分析。

许多研究者已利用绿色荧光蛋白（GFP）及其同系物开发出了泛素-蛋白酶体系统的荧光蛋白底物，用以实时监控泛素依赖的蛋白降解过程（26）。GFP 作为报告底物蛋白具有以下特点：第一，其生色团的形成是一个自身催化的过程，不需要其他蛋白质或辅助因子参与；第二，GFP 是一种非常稳定的蛋白质，具有天然构象的 GFP 不是泛素-蛋白酶体系统或其他胞内蛋白酶的有效底物；第三，荧光蛋白结构完整性被破坏后，会导致荧光强度锐减。所以，即使蛋白酶体产生的降解肽段的长度达到 20～30 个氨基酸，GFP 在被蛋白酶体降解后残留发荧光的 GFP 片段的可能性也是微乎其微的。虽然以 GFP 为基础的报告底物在被蛋白酶体降解前需要去折叠，该过程足以使蛋白质失去荧光，但这种情况在没有蛋白裂解作用时是不可能发生的，因为在生理条件下去折叠的 GFP 又可很快重折叠。事实上，只有当体外存在使 GFP 蛋白陷入去折叠构象的分子伴侣时，才可检测到去折叠导致的 GFP 荧光的丧失。

　　为泛素-蛋白酶体系统设计不同的荧光报告蛋白通常遵循的普遍原则是（26），要么将一个蛋白降解信号引入 GFP 中，要么将 GFP 融合到蛋白酶体的底物中，这两种方法都可以使荧光报告蛋白在合成后立刻被泛素依赖的降解途径降解。蛋白降解信号是指那些能够被泛素连接酶识别的结构域、小的基序或者是异常的结构。降解信号被识别后，泛素连接酶使含有降解信号的蛋白质发生多泛素化，最终导致这些泛素化蛋白被蛋白酶体降解。报告蛋白中降解信号或融合蛋白的选择是很关键的，它不仅决定蛋白质的半衰期，同时也决定其泛素化能否被内部或外部因素调节。成为检测泛素-蛋白酶体系统功能的报告底物的首要条件是其能够被组成型降解。将 GFP 融合至某些降解过程受严格调控的蛋白底物中，如 IκBα（27），可能对于研究某个特定底物的降解是非常有用的，但却无法回答泛素-蛋白酶体系统是否存在功能损伤等相关的问题。有幸的是，细胞中存在许多组成型的降解信号，而且在不同物种中都起作用。这些降解信号已成功用于报告底物的设计中。

　　表达以 GFP 为基础的蛋白酶体底物的细胞或转基因小鼠中通常含有低水平的荧光蛋白，用自然荧光检测方法或免疫染色法很难检测到，利用许多透膜复合物能够通过抑制蛋白酶体的水解活性，进而阻断泛素-蛋白酶体系统的功能，从而可以监测到荧光活性。最常用的蛋白酶体抑制剂有乳胞素（lactacystin）、肽醛（peptide aldehyde，如 MG132 和 PSⅠ）、epoxomicin、peptide boronic acid（如 MG262 和 bortozemib）、肽乙烯砜（peptide vinyl sulfone）。用蛋白酶体抑制剂处理表达报告底物的细胞时，会导致荧光强度的显著增加，易于定量。在广泛表达以 GFP 为基础的蛋白酶体底物的转基因小鼠的腹膜内注射蛋白酶体抑制剂后，会使受抑制剂影响的组织中的报告底物的水平增加。以 GFP 为基础的底物除了用于研究泛素-蛋白酶体系统外，还可借助引入降解信号而缩短 GFP 的半衰期，使得它们成为一种非常有用的转录报告分子。由于其低稳定性及增强的信噪比，启动子活性发生的微小改变都可以被灵敏地检测到。

　　应用 GFP 报告底物研究泛素-蛋白酶体系统与针对该降解途径中的某个特异性事件（泛素化、去泛素化、蛋白水解等）进行的研究相比，一个重要的区别在于前者可以了解整个泛素-蛋白酶体系统的功能信息，但是不能回答是什么阻断了该系统的功能。用 GFP 报告底物检测获得的实验数据只能告诉研究者细胞或组织是否能够处理大量内源性的泛素化底物，至于细胞是如何降解泛素化底物的，或在什么情况下它们不能降解这些底物，以及细胞中的底物为何会积累，这些问题都不能回答，而需要做进一步研究。但另一方面，注重于某一过程的分析研究也不可能预测该过程的异常对整个泛素-蛋白酶体系统的影响有多大。由于细胞内的蛋白酶体活性大量过剩，只有抑制 80% 以上的糜凝乳蛋白酶样活性时，才能从功能上破坏泛素-蛋白酶系统。应用报告底物进行蛋白酶体活性检测代表了真正的功能分析，可将该系统的复杂性用一种简单的方式来说明，即细胞是否有能力清除经泛素依赖的降解途径降解的靶蛋白。它所提供的这种信息与疾病条件下泛素-蛋白酶体系统的功能性破坏有着极高的相关性（28），同时也可用于开发新的蛋白酶体抑制剂作为治疗性药物。

　　下面将介绍以 GFP 为基础的报告底物的基本应用原理、它们的优势和不足，以及利用这些底物在酵母、细胞系和转基因小鼠中研究泛素-蛋白酶系统的一些技术方法。

1. 用于分析泛素依赖的蛋白质降解的 GFP 报告分子

如上所述，有两种途径构建适于进行泛素-蛋白酶体分析的 GFP 分子。首先将具有组成型活性的降解信号引入 GFP 序列中，可构建以 GFP 为基础的泛素-蛋白酶体系统底物。为了实现这一目的，通过单一氨基酸替代，使目的蛋白由一个非常稳定的蛋白质变成符合 N 端规则的底物蛋白或泛素融合降解（UFD）途径的底物蛋白。将 GFP 的 N 端与泛素相融合，N 端的泛素分子就可以迅速地被内源性去泛素化酶（DUB）从前体中剪切掉。因此，泛素-GFP（Ub-GFP）融合产物中的泛素分子会在合成后被立即剪切掉，剩余的 GFP 剪切产物的半衰期则取决于剪切产生的 GFP 片段的 N 端残基的种类。如果融合蛋白表达为泛素-甲硫氨酸-GFP（Ub-M-GFP），那么经 DUB 剪切后会产生 M-GFP，这是一个长寿命蛋白。而对于泛素-精氨酸-GFP（Ub-R-GFP）而言，剪切产生的 R-GFP 可以被特异的泛素连接酶识别，使得泛素链连接于 R-GFP 的 N 端，随后蛋白质被快速降解。N 端规则的利用为研究靶蛋白经蛋白酶体的降解提供了一种可靠而有力的工具。反过来，如果将泛素成分中的末端氨基酸由甘氨酸替换为缬氨酸，那么 N 端泛素的剪切就会被强烈抑制。因此在 Ub^{G76V}-GFP 中，多泛素链可以锚定在 N 端泛素分子上，使得整个融合蛋白全部被降解，这称为 UFD 途径。除此之外，目前除了其他一些类似的报告分子，如 GFP-CL1（也被称为 GFP^U），其设计基础是向 GFP 分子中引入被称为 CL1 降解信号的 16 个氨基酸基序；又如，GFP-MHC I 类分子融合蛋白，能够以病毒蛋白的形式经内质网相关的泛素-蛋白酶途径降解。

以 GFP 为基础的报告蛋白根据泛素融合技术，特别是 Ub-R-GFP 和 Ub^{G76V}-GFP，在酵母、细胞、转基因动物中成为评价泛素-蛋白酶系统依赖的蛋白水解作用非常有价值的工具。

2. 在芽殖酵母中监测泛素依赖的降解

酿酒酵母的基因操作可以很容易地与生物化学及细胞生物学分析相结合，使酵母成为研究胞内参与蛋白水解作用的各个分子功能的理想生物模型。目前已构建了许多缺失泛素-蛋白酶系统中某些功能蛋白的突变株，并已深入研究了其生物学特性。另外，N 端规则和 UFD 降解途径等都是首先在酵母发现的，带有降解信号且具有酶活性的报告底物蛋白已被用于在基因组范围内筛选与降解途径有关的蛋白质。利用 GFP 报告底物可实现直接利用荧光检测工具如荧光分光光度计和流式细胞仪等分析蛋白质的稳定性，GFP 报告底物也已应用于进行酵母突变体中 N 端规则及 UFD 途径的功能分析。值得注意的是，由于通常用于多细胞研究的蛋白酶体抑制剂不能穿透酵母细胞壁，因此，除非应用于特别的突变体，否则这些抑制剂对于绝大多数酵母株都不适用。下面，我们将介绍用流式细胞技术分析酵母中 GFP 报告底物的稳定水平的技术方法。

3. 利用流式细胞术分析酵母表达的 GFP 报告底物

（1）用表达 GFP 报告底物基因的质粒进行转化，或将 GFP 报告底物基因整合到基因组适当位点的方法获得表达 GFP 报告底物的酵母株。分别转化空质粒或 Ub-M-GFP

表达质粒作为阴性及阳性对照；或者也可用 N 端规则缺陷（*ubr1Δ*）或 UFD 途径缺陷（*ubc4/ubc5Δ*）的酵母突变株作为对照。

（2）在选择性液体培养基中培养转化克隆。每一野生株及突变株都要被检验，包括转化有空质粒、报告基因编码质粒（如 Ub-R-GFP、Ub^{G76V}-GFP）和 Ub-M-GFP 编码质粒的酵母转化株。

（3）如果报告蛋白是由 GAL1 启动子表达的，可以在含 2%葡萄糖、2%棉子糖、以 2%半乳糖作为唯一碳源的选择性培养基中过夜培养转化酵母株，通过增加生长密度获得最佳表达。

（4）用含 2%半乳糖的选择性培养基稀释过夜培养物至 OD$_{600}$=0.1～0.2，继续培养至对数期。

（5）取 100 μL 对数期酵母（OD$_{600}$ 为 0.5～1.0 时）培养液，用培养基按 1∶5 稀释。

（6）用装有标准 FL1 滤片（excitation 488nm，emission 515 nm）的流式自动细胞分类仪（FACSort；Becton-Dickinson，San Jose，CA）分析 $1×10^4$ 个细胞。

（7）用 CellQuest 软件分析原始数据，用直方图显示 FL1 通道的荧光值并进行统计学分析，最有意义的数据是样品中所有酵母细胞荧光强度的平均值。

2 μm 酵母附加体表达质粒具有较高而且可变的拷贝数（每细胞 20～40 个拷贝），当表达稳定的 Ub-M-GFP 报告分子时，会产生一个很宽的荧光峰，范围从背景荧光强度直至约 100 倍于背景的荧光强度。用低拷贝质粒如着丝粒型或整合型质粒就可以获得强度更为均一的荧光表达。当酵母通过 2 μm 质粒表达不稳定 Ub-R-GFP 或 Ub^{G76V}-GFP 报告蛋白时，荧光强度与转化空载体对照的背景相当。在 N 端规则缺陷的酵母中表达 Ub-R-GFP 或在 UFD 途径缺陷的酵母中表达 Ub^{G76V}-GFP 时，荧光强度会增强到与表达 Ub-M-GFP 的酵母细胞相当的水平，说明这些突变株可以用来评价报告蛋白是否成为正常的降解靶标。

4. 在细胞系中检测泛素依赖的蛋白降解

GFP 报告底物已被用于研究蛋白质或复合物对泛素-蛋白酶体系统功能的影响。稳定表达 Ub-R-GFP 或 Ub^{G76V}-GFP 的细胞系通常含有低水平的报告蛋白，可能很难与荧光背景区分，也难以用 WB 检测。用蛋白酶抑制剂阻断泛素-蛋白酶体系统可使表达报告蛋白细胞的荧光强度提高 500 倍。Ub-R-GFP 和 Ub^{G76V}-GFP 报告蛋白细胞系已有人、鼠和昆虫细胞。下面我们将介绍如何获得稳定表达 GFP 报告蛋白的细胞系。

在 100 mm 平皿中培养细胞。用表达 Ub-R-GFP 和 Ub^{G76V}-GFP 的质粒转染细胞，48 h 后用 G418 筛选具有抗性的克隆，用倒置荧光显微镜检测细胞克隆的荧光，大多数克隆由于 GFP 报告蛋白极低的稳定性而不显示荧光。将筛选获得的克隆用含 5 μmol/L 蛋白酶体抑制剂 MG132 的完全培养基培养 6～8 h，表达有功能的 GFP 报告底物的细胞克隆能在蛋白酶抑制剂的作用下积累 GFP 并发出荧光。正常情况下只有很小比例的细胞克隆满足要求。在荧光克隆出现的 6～8 h 内应经常观测细胞的荧光强度，这是因为蛋白酶体抑制剂具有细胞毒性，并可最终诱导凋亡，因此应使蛋白酶体抑制剂的作用时间尽可能少，以减小对细胞克隆的毒害。一旦有很弱的荧光克隆出现，就在平皿底部进行标记，并用不含抑制剂的完全培养基洗细胞三次，最后一次洗完后将细胞置于少量完全培养基中。收集细胞转移到 24 孔板中，加入适量的培养基及 G418。当细胞长至 70% 汇合度时进行传代，并用 10 μmol/L MG132 的完全培养基培养 10～16 h[此时可以使用其他种类的抑制剂，如 10 μmol/L 乳胞素、Z-亮氨酸-亮氨酸-亮氨酸-乙烯基砜（ZLVS）或 500 nmol/L epoxomicin）]。用流式细胞检测技术比较经抑制剂处理的细胞和未处理细胞（两孔中的一个）的荧光强度，鉴定出经蛋白酶抑制剂处理可积累 GFP 报告蛋白的克隆。同时在 G418 存在的条件下扩增培养，维持报告蛋白质粒的阳性选择压力，获得表达改造的荧光蛋白的细胞克隆。

如果细胞不能耐受抑制剂 MG132 6～8 h 的作用，也可改用其他抑制剂；或者，也可不用抑制剂处理而先挑选细胞克隆，随后再进行抑制剂实验。建议在转染之前检测细胞系对蛋白酶体抑制剂的敏感性。

5. 稳定信号的识别鉴定

稳定信号可定义为顺式作用的结构域，能够阻断降解信号进而保护蛋白质免受蛋白酶体的降解。目前已在病毒蛋白、病原体蛋白中鉴定出了稳定信号，推测细胞蛋白可能利用稳定信号来调节自身的降解。利用在酵母及哺乳动物细胞中表达的报告蛋白可以研究某些结构域对蛋白质降解的顺式抑制作用。

通过比较插入结构域对报告蛋白稳定水平的影响，可对推测的稳定信号（PSS）进行鉴定和研究。报告底物稳定水平的增加说明该结构域可以延缓降解，用启动子关闭实验或 Pulse chase 实验可分析有/无 PSS 时报告蛋白的半衰期，以确定该稳定信号的作用。同时也应该检测该结构域是否会对泛素-蛋白酶体系统的功能造成损伤，这也可能会间接阻断报告底物的降解。真正的稳定信号应该是选择性地保护含有此结构域的蛋白质不被降解（类似于降解信号）。一个未经修饰的 GFP 报告蛋白和融合有 PSS 的 GFP 报告蛋白共表达时，同时检测这两种报告蛋白的降解就能够判断该 PSS 是否起作用。

（六）GFP^U 报告分子家族在泛素-蛋白酶体系统研究中的应用

目前主要有三种方法用于分析细胞、组织或整个生物体中 UPS 的功能。荧光肽分析法的应用非常广泛，可以快速地分析 20S 或 26S 蛋白酶体催化活性。由于这些报告分子不能进入细胞，因此只适用于分析细胞裂解物或组织匀浆液中的蛋白酶体活性。而且，由于裂解这些荧光肽不需要 ATP 依赖的去折叠（蛋白水解的限速步骤）（10）及泛素交联过程，因此不能用于 UPS 的系统研究。另一类监测方法是通过免疫印迹或免疫荧光显微技术监测短寿命内源性底物的水平，但信噪比会严重影响免疫荧光分析结果，定量免疫印迹的结果则由于泛素化底物在 SDS-PAGE 上的迁移速率发生变化而变得难以解释。基于抗体的检测方法的问题可以通过使用报告蛋白融合分子得以克服，但必须注意的是，应防止融合蛋白过表达产生的负显性效应。

将荧光素酶或 GFP 与 UPS 特异性的降解决定模序（如 GFP^U）融合就能够克服前面提到的许多问题。它们不需要模拟或参与任何已知的细胞信号或代谢途径，不需要进行细胞或组织破碎，而且是真正的多肽底物，其降解需要去折叠和泛素化（以鸟苷酸脱羧酶[ODC]为基础的报告分子除外)。用荧光检测法研究这些报告分子降解的酶学过程可有助于提高监测系统的信噪比。

UPS 报告分子目前利用的靶向降解元件包括泛素非依赖的 ODC 底物、不可裂解的泛素融合分子（UFD）、可产生 N 端规则底物的可裂解泛素融合分子及 CL1 降解信号。非 ODC 降解信号之间的主要不同在于其泛素交联途径不同。这些报告分子均可被组成型降解，已成为广泛使用的 UPS 监测底物。

GFP^U 是 UPS 报告分子的一种，其 GFP 的 C 端融合了 16 个氨基酸的降解模序。CL1 降解模序首先在酵母中被发现，可以以 UBC6 和 UBC7 依赖的方式降低 β-半乳糖苷酶的稳定性（29）。结构预测分析显示，该肽段可形成两性螺旋结构，有可能模拟内源性酵母蛋白 Matα 中 UBC6/7 依赖的降解结构域（30）。尽管 GFP^U 在哺乳动物细胞中的降解是泛素依赖性的，但尚不清楚 GFP^U 的降解是否还依赖 UBC6/7。研究表明，UBC6 的负显性同源物不会影响 GFP 的降解，至少说明 UBC6 不是介导 GFP^U 降解的唯一的 E2 泛素酶（31）。有趣的是，为了促进 GFP^U 的积累而使用蛋白酶体抑制剂处理细胞时，蛋白酶体的胰凝乳蛋白酶样活性必须被抑制至少 70%，这与泛素融合的 GFP 报告分子相一致（32），说明细胞中很可能具有强大的蛋白酶体活性储备，或者如果要真正阻断蛋白降解还需要抑制胰蛋白酶样或 PGPH 样蛋白酶活性（但多数抑制剂对胰凝乳蛋白酶位点的亲和性较高，而只有在高浓度下才会影响后两种位点的酶活性）。

研究表明，GFP^U 报告分子能够与泛素分子免疫共沉淀，而且表达 K48R 的泛素负显性突变体会抑制 GFP^U 的降解，说明 GFP^U 的降解是泛素依赖性的。CL1 降解决定子中含有赖氨酸位点，可作为泛素受体，将 CL1 的赖氨酸突变为谷氨酸会使融合报告分子的半衰期由 30 min 延长至大约 1 h，但不会改变报告分子最终被降解的命运（酵母和哺乳动细胞中都是如此）。GFP 的 β 桶状结构的表面有许多赖氨酸残基可作为后备的泛素受体，这与酵母蛋白 Sic1 中的多聚赖氨酸残基类似（7）。

CL1 其他氨基酸的突变也会影响降解模序的功能。将酵母 CL1 的两个组氨酸突变为丙氨酸会阻碍 UBC6/7 的作用，进而由一种未知的泛素耦合酶介导 CL1 的泛素化（30）。目前，人们已经构建出了用于细胞核和细胞质研究的 GFP^U 报告分子（33）。两种报告分子均由串联的 GFP 分子（超过 60kDa 的核孔复合物扩散的分子质量上限）和 CL1，以及核定位信号（NLS）/核输出信号（NES）组成。细胞核和细胞质的 GFP^U 报告分子（$NLSGFP^U$ 以及 $NESGFP^U$）可用于研究局部的 UPS 损伤，这种损伤对细胞核和细胞质中蛋白酶体的影响是不同的。细胞核和细胞质 GFP^U 报告分子，以及原始的 GFP^U 及其各种序列突变体一起成为研究 USP 的有力工具。

1. GFP^U 报告分子在哺乳动物细胞中的应用

GFP^U 可以通过瞬时或稳定的方式在细胞中表达，其中稳定表达更有优势，因为瞬时表达时报告分子的合成效率过高而使 UPS 系统饱和，导致报告分子对 UPS 的功能变化不敏感。GFP^U 已经成功地在多种细胞中表达，且对稳定表达的细胞似乎也没有毒性。应该筛选能够表达中等或低水平且可检测到的 GFP^U 稳定细胞克隆，使报告分子的降解反应动力学范围达到最大，同时使 GFP^U 降解所占用的 UPS 活性最小化。本文所有在细胞中进行的实验均使用稳定表达 GFP^U 的细胞系。

2. 应用流式细胞技术和蛋白酶体抑制剂分析 GFP^U

方法 1：用 6 cm 或更大的培养皿培养约 2×10^6 个 GFP^U 细胞。在整个细胞培养和实验过程中（如使用蛋白酶体抑制剂），使细胞密度保持在 40%～60% 为宜；细胞可以用蛋白酶体抑制剂处理（5 μmol/L MG132 处理 12 h）或不处理。为了使药物分布均匀，应首先将抑制剂与培养基混匀后加入细胞培养皿中。将微量的抑制剂直接加入培养基中会导致抑制剂分布不均，进而导致同一培养皿内的细胞荧光强度不均一。在适当时间点用 PBS 洗涤细胞，用胰酶（trypsin-EDTA）将细胞消化下来，在 5 mL FACS 管中用最少 2 mL PBS 重悬细胞，200 g 离心 5 min 收集细胞，用冰冷的 PBS 洗涤，轻轻吹打重悬后离心细胞，加入碘化丙啶至终浓度 10 μg/mL，用流式细胞仪进行分析，监测碘化丙啶阴性的细胞的 GFP 荧光强度。经蛋白酶体抑制剂处理的 GFP^U 细胞会表现出较高的荧光强度，导致 GFP 强度图谱发生位移。对比抑制剂处理细胞和未处理的对照细胞的平均荧光强度图谱，分析蛋白酶体抑制剂的抑制效应。

方法 2：在整个实验过程中将细胞密度保持在非完全汇合状态。该方法需要大量洗涤和离心的步骤，因此应准备足够量的细胞（每个样品最少 10×10^6 个细胞）以弥补实验过程中细胞的损失。用脂质体或基于磷酸钙的方法向 GFP^U 细胞中转染所选基因和对照载体。转染 24～72 h 后，用胰酶（或胰酶-EDTA，PBS+10 mmol/L EDTA）消化贴壁细胞。在 FACS 管中 200 g 离心 5 min 后用冰冷的 PBS 重悬细胞，置于冰上 5 min 以促进细胞变圆。200 g 离心 5 min 沉淀细胞。用含 1 mL 4% ρ-甲醛的 PBS 重悬细胞，在室温下孵育 15 min，每隔几分钟轻轻摇动管子以使细胞保持悬浮状态。甲醇或其他包含乙醇的固定方法会破坏 GFP 分子的生色团，应避免使用。用含有 2% BSA（缓冲液 A）和 0.1% Triton X-100 的冷 PBS 重悬细胞，使细胞通透化。脂质提取应在冰上迅速进行，孵育时间不应超过 5 min，以保持样品的完整性。用大于 2 mL 的缓冲液 A 洗涤、沉淀细胞。抗体交联方法应针对不同的抗体进行优化。通常的参考条件是在室温条件下，在缓冲液 A 中与一抗孵育 30 min。用大于 2 mL 缓冲液 A 洗涤两次。与荧光标记二抗体孵育 30 min，用缓冲液 A 洗涤三次。为防止信号污染造成 GFP^U 信号增强的假象，推荐使用光谱重叠最小、发射波长比 GFP 长的荧光[alexa 594 或 texas red 交联抗体用于显微镜检测；藻红蛋白（PE）或异藻蓝蛋白（APC）交联抗体用于双色流式细胞仪检测]。用流式细胞仪（对于固定细胞不要使用 PI 染色）或显微镜分析细胞。如果使用流式细胞仪检测，需要确定 GFP^U 荧光水平与染色蛋白的荧光水平在指示 UPS 功能障碍方面是否具有相关性。为了明确这一点，可以在检测过程中获取带有低或高水平荧光染色蛋白的细胞，针对每个细胞亚群作 GFP 荧光图谱，对每个细胞亚群的 GFP 荧光强度平均值进行分析和比较。

3. GFP^U UPS 报告分子的显微定量检测

用安装 CCD（charge coupled device，电荷耦合器件）相机和图像分析软件的落射荧光显微镜可以对 GFP^U 进行准确的定量分析。尽管双色流式细胞技术可以在单个细胞的基础上快速比较 GFP^U 荧光强度和第二个蛋白的全部细胞荧光强度，但这种方法并不总是最佳的。例如，如果一个负显性抑制分子表现出细胞核和细胞质的定位表型，同时具有与 UPS 功能障碍相关的核表型，流式细胞技术就不能加以区分。显微镜分析法允许研究者选择这样的靶向表型。如果操作适当，这种方法能够产生高质量的定量数据。

分析所用的关键部件包括一个高质量物镜、一个 CCD 相机，以及图像采集和分析软件。由于起始的 UPS 报告分子的荧光强度较低，应采用高数值孔径（NA）油镜（NA 为 1.2~1.4）。物镜应至少为 40 倍，以保证最终生成的图像中的每个细胞由足够的像素组成，从而有助于定量分析。在实验之前，应首先确定并考虑视野照明的均一性和 CCD 相机的线性度。细胞的染色与流式细胞仪类似，但是对细胞中第二蛋白染色时应避免使用 UV 激发的 DNA 染料（如 DAPI、bisbenzimide），因为这种染料有可能通过蓝色激发光渗漏进入绿色通道，而且紫外光对 GFP 荧光有破坏作用。染色后细胞可在含抗光猝灭剂的封片剂中重悬。将一小滴该悬液滴到载玻片上，盖上盖玻片，用指甲油封片。用显微镜扫描盖玻片上感兴趣的单个细胞，在针对包含感兴趣荧光的细胞的所有通道中获取细胞图像，包括针对 GFP^U 的 GFP 通道。采用合适的软件程序对图像进行收集、分析。为了进行分析，在感兴趣的细胞周围（A 区）及视野中的空白区（B 区）分别画两个同样的圆形区域，获取每个区域的全部整合像素荧光密度，用区域 A 整合的像素荧光强度减去区域 B 整合的像素荧光强度就可以计算出细胞最终的荧光强度。集合细胞荧光强度数据可储存起来用于生成荧光值图谱。

GFP^U UPS 报道家族可用于评价细胞核、细胞质或整个细胞的 UPS 功能。其所表现出的荧光值依赖于泛素化，对蛋白酶体抑制作用产生的迅速反应使该方法成为研究 UPS 简单而又可靠的工具。本文所讲的基本流式细胞仪和落射荧光显微镜技术可用于研究由药物、proteotoxic 应激、突变或其他 UPS 损伤导致的 UPS 功能障碍。合理地利用该方法能够为 UPS 研究者提供有价值的科研数据。

三、细胞和活体动物体内蛋白酶体的活性监测

对细胞和活体动物中总的及底物特异性的蛋白酶体活性进行定量检测，就能够分析体内蛋白酶体的调节机制，有助于筛选和确定蛋白酶体或其底物的潜在调节因子。下面将介绍如何利用报告分子和远程探测装置定量检测体内蛋白酶体活性变化。

（一）利用转基因小鼠监测泛素依赖的蛋白质降解

表达 GFP 或萤光素酶报告蛋白的小鼠可应用于多种研究领域。更重要的是，利用转基因报告小鼠可以简化体内药理学研究，使人们能够在复杂的病理条件下分析生物系统的功能。目前已建立了研究泛素-蛋白酶体系统的异种移植模型，就是在裸鼠中注入表达萤光素酶蛋白酶体底物的人源细胞（34）。尽管这种模型允许在活鼠体内对泛素-蛋白酶体系统进行非侵袭性成像分析，但它只能够用于分析移植的肿瘤细胞。由于注入位点周围的组织中并不表达报告蛋白，而且该模型也不能揭示出疾病小鼠模型中泛素-蛋白酶体系统功能的异常。广泛表达 Ub^{G76V}-GFP 报告底物的泛素-蛋白酶体系统转基因小

鼠可用于研究蛋白酶体抑制剂在正常和恶性组织中的作用,也可用来研究以错误折叠蛋白的积聚为特征的疾病中,泛素-蛋白酶体系统的损伤是否发挥重要作用(28)。下面将介绍如何建立转基因小鼠模型,以及如何应用这个模型研究泛素-蛋白酶体系统的功能。

1. Ub^{G76V}-GFP 转基因小鼠模型的建立和鉴定

将 Ub^{G76V}-GFP 报告基因置于巨细胞病毒早期增强子和鸡 β-actin 启动子的控制之下,注入受精的 CBA×C57BL/6F1 卵母细胞的前核中,表达未修饰 GFP 的转基因小鼠和表达 Ub^{G76V}-GFP 报告底物的转基因小鼠具有相同的遗传背景(表达 GFP 的小鼠可从 Jackson 实验室获得),在研究中可作为 Ub^{G76V}-GFP 报告转基因小鼠的阳性对照。获得的 Ub^{G76V} 转基因小鼠的大脑、小脑、心、肺、脾、胰腺、胃、小肠、卵巢和睾丸等组织中均表达报告蛋白转录体。携带 Ub^{G76V}-GFP 的转基因小鼠是可存活的、有繁殖能力的,而且与同窝生的非转基因小鼠在外表上无明显差别。用杂合子的雄性或雌性 Ub^{G76V}-GFP 转基因小鼠与 C57BL/6 小鼠进行连续的回交,可以维持转基因小鼠克隆。

2. 用蛋白酶抑制剂处理 Ub^{G76V}-GFP 转基因小鼠

尽管所有已分析的转基因小鼠组织中均存在 Ub^{G76V}-GFP 转录单元,但由于其表达产物会被蛋白酶体迅速降解,因此通常检测不到 Ub^{G76V}-GFP 融合蛋白。为研究泛素-蛋白酶体系统损伤时转基因小鼠的状况及报告蛋白水平,可以先给予适量的蛋白酶体抑制剂 MG262 或 epoxomicin 来观察其影响。用抑制剂处理 20 h 会导致 Ub^{G76V}-GFP 在肝内积聚。同样的方法也可用来检测某种复合物对泛素依赖的蛋白降解的影响。

称重 Ub^{G76V}-GFP 转基因小鼠,准备 200 μL 含蛋白酶体抑制剂的 60% DMSO/40% PBS 溶液,MG262 或 epoxomicin 的剂量按 1 mol/kg 小鼠体重计算。将抑制剂溶液注射至 Ub^{G76V}-GFP 转基因小鼠的腹膜内,同时用不含抑制剂的 60% DMSO/40% PBS 作对照。也可以考虑用含或不含抑制剂的溶液注射非转基因的同窝小鼠作对照。注射 20 h 后处死小鼠,取肝及其他组织进行镜检。两种抑制剂诱导的底物积聚主要发生在门静脉周围的细胞中,其中 MG262 所导致的积聚更为显著。Ub^{G76V}-GFP 自身产生的 GFP 荧光可以直接被检测到,该荧光强度也可以通过免疫荧光或免疫组化的方法得到进一步加强。

当注射 5 倍浓度的 MG262 抑制剂后,报告蛋白会在多个组织中积聚(如肝、小肠、胰腺、脾、肾、肺),但考虑到对小鼠的毒性作用,应谨慎使用。

除应用荧光显微镜直接检测 GFP 外,也可通过免疫荧光和免疫组化方式来增强 GFP 信号,提高监测的灵敏度。

3. 监测 Ub^{G76V}-GFP 转基因小鼠原代细胞中的泛素-蛋白酶体系统

Ub^{G76V}-GFP 转基因小鼠可以提供表达 GFP 报告蛋白的原代细胞。这些原代细胞可以用来定量分析不同的细胞系对于蛋白酶体抑制剂,以及影响泛素-蛋白酶体系统的病理条件的敏感性。从 Ub^{G76V}-GFP 转基因小鼠中分离并建立起了原代成纤维细胞系、心肌细胞系、肝细胞系及神经元细胞系,研究表明报告蛋白均可在这些细胞系中功能性表达。

（二）分子成像技术用于活体蛋白酶体活性研究

分子成像是利用远程成像检测装置在细胞和分子水平上对活体动物、模型系统，以及人体内的生物过程进行监测和研究。其主要目的是实现对体内基因表达进行反复的、无创的监测。靶基因可以是内源基因或外源基因。有了报告分子技术，可直接对外源基因的表达进行成像，也可以利用内源基因启动子驱动的报告分子的表达间接对内源基因的表达进行成像。目前已经广泛应用的报告系统有：各种荧光素酶（即萤火虫荧光素酶、水母荧光素酶）的生物发光成像（BLI）、单纯疱疹病毒-1 胸苷激酶（HSV-1 TK）的正电子发射 X 射线断层成像（PET）（35）、各种荧光蛋白的荧光显微镜和肉眼可见成像、转铁蛋白受体（ETR）的磁共振成像（MRI）（36），以及各种受体或转运体[如 2 型生长抑素受体（37）、2 型多巴胺受体（38）及 NaI 同向转运体）的单光子发射计算机断层扫描（SPECT）和 PET 成像（39）]。

监测活体细胞内和完整生物体内蛋白酶体活性的方法主要有两种：①利用可以被蛋白酶体激活或抑制的外源探针；②利用报告分子作为蛋白酶体的底物（特异或非特异），那么这种报告分子产生的信号就会反映蛋白酶体针对这种底物的活性水平。例如，Ub-FL（34）和 Ub-GFP 用于监测总的蛋白酶体活性；IκBα-FL 用于监测 IκBα-特异性的蛋白酶体活性。

虽然理论上荧光素酶可以和前面提到的任何一种报告基因互换用于不同的成像模式，但是 BLI 为重复监测细胞和动物体内蛋白酶体活性提供了一种简单有效的方法。BLI 另一个重要的优点是只有当 D-荧光素和荧光素酶发生底物/酶反应时才产生光或者能被检测出荧光。因此，大多数动物背景发光水平很低，这就可以在体内进行灵敏的、高信噪比的分析。因此，我们将主要介绍实验设计过程中需考虑的技术因素，以及用于监测蛋白酶体活性或底物降解的荧光素酶融合报告分子成像技术。

（三）用四聚泛素化的荧光素酶成像监测总的蛋白酶体活性

为了直接分析细胞和活体动物体内总蛋白酶体活性，可以将四聚泛素突变体（Ub^{G76V}）与萤火虫萤光素酶的 N 端融合，构建成一个泛素-荧光素酶生物发光成像报告分子。四泛素融合降解基序能显著降低细胞中多种蛋白质的稳定性（40），因为泛素 C 端的甘氨酸-缬氨酸突变限制了泛素水解酶的裂解作用。将 pGL-3 质粒（Promega）中的密码子优化的萤火虫（*Photinus pyralis*）萤光素酶（FL）基因克隆到 EGFP-N1（Clontech）的 *Hind*III 和 *Not* I 位点之间，替代 EGFP。将 Ub^{G76V} 四聚体融合到 FL 的 N 端，构建成泛素-荧光素酶融合体（Ub-FL），同时构建一个泛素非融合的萤火虫荧光素酶表达载体作为非特异性对照，并可通过 500 μg/mL G418 筛选表达上述融合蛋白的细胞克隆。

当检测组织培养物中萤光素酶的活性时，将稳定表达报告分子的细胞按每孔 50 000 个细胞接种 24 孔板，然后与蛋白酶体的可逆（例如，MG-132；Sigma，St.Louis，MO 和 Bortezomib；Millennium Pharmaceuticals，Cambridge，MA）或不可逆（例如，lactacystin；Sigma）抑制剂（41）一起孵育。细胞裂解上清中的萤光素酶活性可以用萤光素酶检测试剂盒（Promega）在荧光发光计上测定，同时需要用 BCA 法（Pierce）测定上清蛋白含量以进行样品间的平衡。荧光素酶活性也可以在活细胞中直接用生物发光成像系统测定，但是实验数据需要根据样品中的蛋白含量、细胞数量或非融合的第二报告分子（如水母萤光素酶[RL]或 β-Gal）的信号强度进行校正处理。

在基础条件下，非融合比融合强 150 倍。蛋白酶体抑制剂对 Ub-FL 的生物发光影响呈现浓度和时间依赖性，而对 FL 的生物发光没有明显影响。为了证实生物发光的变化是否能真实地反映相应的 Ub-FL 或 FL 水平变化，还应该用 Western blot 方法来检测荧光素酶的水平。

用生物发光成像监测体内蛋白酶体功能时，在 15～20 g 雄性 NCr *nu/nu* 裸鼠（Taconic）右上肢皮下注射稳定表达 Ub-FL 的 HeLa 细胞以诱导产生肿瘤，同时在左上肢皮下注射稳定表达非融合 FL 的 HeLa 细胞。将携带空质粒的 HeLa 细胞注射到右下肢附近诱导产生肿瘤，将该肿瘤的生物发光设置为背景水平。这些细胞在移植入小鼠的前 1 天需用不加 G418 的培养基培养。注射后第 4 天开始影像学研究，这时候可触摸到直径大约为 4 mm 的肿瘤。蛋白酶体抑制剂 Bortezomib 可通过尾静脉注射给药，而 MG132 和 lactacystin 通过腹腔给药。先给小鼠腹腔注射含 150 μg/g D-荧光素（Xenogen）的 PBS，注射后 10 min 开始用 CCD 照相机（IVIS，Xenogen）成像，生物荧光强度以光子流量表示[光子/(s·cm²·立体弧度)]。背景光子流量定义为空载体对照的 HeLa 细胞肿瘤的 ROI（region of interest）信号强度，检测得到的 FL 和 Ub-FL 肿瘤光子流量值需要减去这个背景值。通常计算每只小鼠的 Ub-FL 肿瘤与 FL 肿瘤的光子流量的比值，以解释个体之间 D-荧光素的体内递送及药物代谢动力学的差异。由于个体之间底物药物代谢动力学、灌注效果、血压及麻醉水平不同，因此若在同一只动物身上仅接种 Ub-FL 肿瘤而不接种 FL 和空载体肿瘤作为对照，那么体内分析数据将会出现很大的标准误。因此，设置合理的对照可以使我们的分析更加精确，增加检测信号的敏感性，减小生物学信号的差异。

用这种方法，可从 FL 肿瘤中检测到很强的生物发光，而同样大小的 Ub-FL 肿瘤在背景光基础上几乎检测不到生物发光。当 Ub-FL 和 FL 在基准条件下的平均比值为 0.01～0.04 时，说明生物发光成像可以监测活体小鼠的稳态蛋白酶体活性。给小鼠注射 Bortezomib（0.1 μg/g BW、0.5 μg/g BW 或 1.0 μg/g BW）4 h 后监测生物发光，可以观察到只有 Ub-FL 肿瘤的萤光素酶活性呈剂量依赖性升高。Bortezomib（1.0 μg/g BW）使 Ub-FL 肿瘤的光子流量增加了两个数量级，导致 Ub-FL 和 FL 的比值上升到 0.8～1.0，而对 FL 肿瘤的生物发光没有影响；同样，仅用溶剂 DMSO 进行处理对这一比值也没有显著影响。用 MG-132 和 lactacystin 处理也得到了类似的结果。

上述结果证实 Ub-FL 可以作为体内报告分子监测靶组织中 26S 蛋白酶体的功能。Ub-FL 报告分子使我们可以重复分析特定组织中 26S 蛋白酶体活性，极大地促进了利用小鼠模型进行的蛋白酶体抑制剂的研究，以及病理状态下泛素-蛋白酶体途径功能的研究。由于报告基因的转录和翻译也会影响结果，因此 Ub-FL 适用于分析蛋白酶体的降解活性，以及在体内和体外比较不同蛋白酶体抑制剂的抑制能力，但在药物作用速率常数分析或体外上游调节物或体内快速药效动力学数据的分析方面通常是不切实际的。为了解决这个问题，需要一种新的方法将生物发光检测与报告分子的转录/翻译过程解离分开，从而能够对蛋白酶体底物进行实时成像。

如上所述，除了将降解信号构建到报告基因上游外，也可将 FL 分子克隆至蛋白酶体底物的 N 端，构建报告分子，用于研究特定底物的降解。例如，NF-κB 的激活依赖于 IκBs 以磷酸化依赖的方式降解，IκBα 磷酸化后成为特异性泛素连接酶（SCF$^{β-TRCP}$）的底物（42）和 26S 蛋白酶体的降解底物。为了应用生物发光成像法在活细胞中监测配体诱导的、蛋白酶体依赖的 IκBα 的降解，可通过构建 IκBα-FL 融合报告分子，但应注意在 FL 上游引入一段编码 11 个氨基酸的多肽 linker（SSGGSSSGGLA）（43），以最大限度地减少 FL 在 IκBα 与 NF-κB 二聚体相互作用时产生的空间位阻。

四、监测活细胞中蛋白酶体的分布和动态变化

为了监测蛋白酶体在活细胞中的分布和动态，19S 复合物或 20S 核心颗粒中的亚基均可被荧光蛋白（如绿色荧光蛋白 GFP）标记。将 GFP 克隆至编码靶蛋白的基因阅读框架中，由此形成的融合蛋白可以在转染的细胞中表达。在理想状态下，与 GFP 融合表达不会影响被标记蛋白的功能或定位，而且由于 GFP 蛋白分子的体积致密，定位于不同细胞器的许多蛋白质都可被成功标记。荧光不但可反映亚细胞定位（取决于被标记蛋白内的靶结构域），还可以反映基因的表达水平。GFP 对光漂白有一定的抵抗性，荧光可被追踪较长时间。但是，在高激光能量照射下，GFP 会被不可逆的光漂白，该特性可用于测量扩散导致的荧光恢复。动态学是指示被标记复合物在特定细胞部位（如细胞核）中的移动性或在细胞不同部位之间运动的一个重要指征。此外，蛋白质相互作用及构象的改变也能用漂白的方法进行测量。

下面介绍如何通过荧光标记亚基实现活细胞内的蛋白酶体可视化的研究方法。采用绿色荧光蛋白这样的非侵入性荧光标签可使泛素-蛋白酶体系统中的多种亚基可视化，防止出现可能的假象，如由显微注射引起的破坏或由固定引起的荧光分布的改变。只要能够确保标记亚基定量嵌入蛋白酶体，就能在细胞内观察到蛋白酶体的分布。此外，不同的漂白技术也可被用于研究蛋白酶体在细胞内的动力学。最后，我们将讲述在各种细胞状态下，如聚体形成或者病毒侵染过程中，蛋白酶体如何被招募至某一特定的降解部位。

用 GPF 标记蛋白酶体

为实现蛋白酶体在活细胞内的可视化，我们用 GFP 标记 β-亚基 LMP2。原则上，任何亚基都可以被标记，只要融合蛋白能够定量嵌入 20S 复合物中。我们选择 LMP2 亚基，因为抗该亚基 C 端的抗体可以检测完整的蛋白酶体。这说明 LMP2 的 C 端暴露在 20S 桶形结构的外部，用 GFP 标记 LMP2 的 C 端应该不会干扰亚基的嵌入。全长的 LMP2 cDNA 用于生成 LMP2 片段，其终止密码子被 GFP 的起始密码子替代。同样的，通过 PCR 方法生成的 GFP 片段的 N 端加上了 LMP2 最后一个密码子（无终止密码子）。两个片段可以作为互补链的引物，生成 LMP2-GFP 融合蛋白，克隆至 pcDNA3（Invitrogen）载体中。这种两步法生成融合蛋白的方法已经不再需要了，因为现在的 pEGFP 载体家族在多克隆位点的前面或后面包含有 EGFP，可在我们感兴趣的蛋白质的 N 端或 C 端加

上 EGFP 标签（Clontech）。

　　当用荧光团标记了一个较大的复合物中的特定亚基后，还需要确保所观察到的荧光是来源于整个复合物，而非那些非嵌入的融合蛋白（即蛋白酶体复合物而非游离的 LMP2-GFP 亚基）。现在有许多方法可以检测是否大多数（如果不是全部）标记亚基已嵌入复合物中：①用识别复合物中其他亚基的抗体对复合物进行免疫沉淀，检测细胞裂解上清中是否仍存在非嵌入的融合蛋白。在实验中制备了稳定转染 LMP2-GFP 的细胞裂解液，用识别蛋白酶体 α-亚基 HC3（α2）的 MCP21 抗体进行三次免疫沉淀，可去除全部已嵌入完整蛋白酶体中的 LMP2-GFP 亚基。用抗 GFP 抗血清进行 Western 印迹显示，LMP2-GFP 可与 MCP21 免疫共沉淀，而在经三次 MCP21 免疫沉淀后剩下的裂解上清中检测不到 LMP2-GFP，说明 LMP2-GFP 已定量嵌入至蛋白酶体。②当非嵌入亚基和大的复合物处于细胞的同一位置时，可用蔗糖密度梯度离心法将二者分离。稳定转染 GFP 或 LMP2-GFP 的细胞用磷酸盐缓冲液（PBS）洗涤两遍，从培养皿刮下的细胞用 1 mL 预冷的匀浆缓冲液（HB，0.25 mmol/L 蔗糖、10 mmol/L TEA [triethanolamine]、10 mmol/L 乙酸和 0.5mmol/L $MgCl_2$）稀释，并用球头匀浆器匀浆。核和细胞碎片通过低速离心（2500 r/min）去除，将剩下的细胞质组分置于 1.5 mL 含 10%/15%/20%/25%/30%/35%/40%蔗糖梯度 HB 的最上层。样品用 Beckman SW 40 Ti 在 4℃下 31 000 r/min 离心 24 h（不间断）。从顶部将 0.5 mL 组分吸出，用 10%TCA（三氯乙酸）沉淀法重新获得蛋白质，随后用 12% SDS-PAGE 和 Western 印迹法进行分析。如果 LMP2-GFP 没有嵌入蛋白酶体，它应该和其他低分子质量蛋白如游离的 GFP 等存在于同一组分中，因为其具有相同的密度。结果表明，仅在包含其他 20S 蛋白酶体亚基的另一个不同的组分中检测出 LMP2-GFP，说明其已定量嵌入到 20S 桶形结构中。③测量活细胞中荧光亚基扩散速率。正如后面将要详细讲到的，融合蛋白的扩散速率可以用光漂白荧光恢复（fluorescence recovery after photobleaching，FRAP）技术进行测量。当细胞中的一个小区域被高激光能量选择性光漂白后，细胞环境中的非漂白分子会从其他位置扩散到这个区域，使该区域内的荧光恢复。荧光恢复时间与分子的大小有关，因为大复合物的扩散速率会比小分子慢（扩散速率主要取决于复合物半径）。LMP2-GFP 的扩散速率小于游离 GFP 或小的 GFP 融合蛋白。此外，荧光恢复曲线显示荧光信号呈单指数恢复，说明细胞内只存在一个位于大复合物中的 LMP2-GFP 库。④测量荧光亚基在两个区域之间的扩散。当研究 LMP2-GFP（约 52 kDa）这样相对小的融合蛋白时，其分子质量通常足够小以至于可通过核孔扩散（分子质量大小限制在 60 kDa 左右）。当无特定定位信号存在时，在细胞核和细胞质中均能观察到荧光，这是由于漂白造成的一个区域内荧光的消失将会导致其他区域的荧光消失（因为荧光和漂白分子通过核孔的扩散是双向的）。实验表明，没有观察到 LMP2-GFP 在细胞核和细胞质之间迅速扩散，说明其已嵌入到大的复合物中，因此不能通过扩散穿过核孔。通过用 MCP21 抗体（抗 α-亚基 HC-3）或抗 GFP 抗血清（用于免疫沉淀、含 LMP2-GFP 的蛋白酶体）分离得到蛋白酶体。利用小的产荧光肽底物检测胰凝乳蛋白酶样和胰蛋白酶样蛋白酶体活性，证实 GFP-LMP2 嵌入的蛋白酶体与野生型蛋白酶体具有类似的比活性，因此 GFP 标记的 LMP2 亚基的嵌入对蛋白酶体的胰凝乳蛋白酶和胰蛋白酶活性几乎没有影响。

1. 蛋白酶体在活细胞内的分布

哺乳动物细胞可以用编码融合蛋白的 cDNA 进行瞬时或稳定转染,以便于观察荧光分布。瞬时转染会在 24～48 h 内产生高强度的荧光,但大多数细胞系的荧光会在 3 天后消失。而且,融合蛋白过高的荧光水平会导致融合蛋白仅能够部分嵌入复合物中,给进行可靠的生化试验带来问题。转染后的细胞经过选择(由载体携带的抗性基因决定),可以挑选含有导入基因的稳定转染克隆,表达低水平荧光的稳定转染细胞也可以通过 FACS 分选出来。而且,选择表达低水平荧光的细胞有利于所表达的融合蛋白定量嵌入复合物中。

大多数倒置荧光显微镜都可用于观察活细胞中带 GFP 标签的蛋白酶体在细胞内的分布。在转染细胞的细胞质和细胞核中均可观察到绿色荧光,但是在核仁及膜结构丰富的区域(如核膜和 ER/Golgi 区域)中则不存在蛋白酶体。GFP 标记法采用的非侵入性技术,可使蛋白质的分布可视化,无须固定细胞后用荧光抗体对靶蛋白进行染色。后者可能会产生对实验结果的错误解释,因为用冷甲醇固定细胞 5 min 会显著改变荧光模式。甲醇处理会促使 GFP 标记的蛋白酶体移动到像 ER 这样膜结构丰富的区域,从而误认为蛋白酶体会锚定在与抗原处理相关的转运结构上,以便于肽运输至 ER 腔后与 MHC I 结合。对表达 GFP 标记分子的细胞进行染色更好的方法是用 3.7% 甲醛将细胞固定 10 min,然后用 0.1% Triton X-100 处理细胞,使抗体能够进入已固定的细胞内部。

2. 活细胞内蛋白酶体的动态观察

许多利用 GFP 的研究者只是想在活细胞中展示他们感兴趣蛋白的细胞定位。在倒置荧光显微镜下,人们可以清楚地看到蛋白质在细胞内的分布,以及分布随时间的变化。但是,这种方法不可能显示蛋白质在细胞内的迁移及其与其他细胞组分结合的动力学。目前大多数的研究设备都配备有带光漂白功能的共聚焦扫描激光显微镜(CSLM),这样就有可能检测荧光蛋白在某一细胞区域内或不同区域间的移动。为了显示蛋白质的运动,细胞内的一个小区域可以被光漂白(用高能聚焦激光束),致使被选定区域内的荧光耗尽。荧光分子可被不可逆地光漂白,但能够扩散出该区域,与此同时,周围的荧光分子也会扩散到被漂白的区域中来。利用低能量激光,在这个区域内发生的荧光恢复可以被及时追踪,荧光恢复的速度和程度均可被定量(44)。

为了检测含有 LMP2-GFP 的蛋白酶体是在细胞内自由运动,还是保持一种大的、不移动复合物的状态,我们可以通过一种称为光漂白荧光恢复(FRAP)的技术检测蛋白酶体的迁移性。采用时间延迟的方法,首先在光漂白之前获取全细胞图像,然后用接近 100% 的激光能量对细胞中的一个小区域进行光漂白,随后立即在长时间内拍摄全细胞图像(直到观察不到进一步的荧光恢复)。在光漂白之前和之后,通过细胞成像来检测迁移比例及由于成像而造成的荧光损失时,采用相同的激光强度设置是非常重要的。在低激光能量下成像仍可导致一定程度的荧光损失,在 FRAP 分析过程中,可以通过测量邻近细胞(在高激光能量下不会发生光漂白)的荧光强度进行检查。如果在邻近的细胞中也可观察到荧光损失,则光漂白细胞的荧光恢复速率应该被校正。光漂白后的连续成像是非常关键的,因为荧光恢复会在光漂白后立即发生。

例如，当表达 LMP2-GFP 细胞的某一区域被光漂白后，就可以检测荧光分子的迁移比例和荧光恢复速率。漂白区域的荧光（以白圈表示）会从起始的荧光 F_i 降至 F_0（刚刚漂白后）。荧光会通过扩散及时恢复，直至荧光恢复至平台期（F_∞）。迁移比例 R 可通过光漂白区域内荧光完全恢复值（F_∞）与漂白前和漂白后的荧光值相比而计算出来：$R=(F_\infty-F_0)/(F_i-F_0)$。当许多蛋白质的运动受限时，$R$ 值将会比较低（因为与不移动的分子或结构相互作用）。第二个参数是扩散时间 $t_{1/2}$，表示荧光强度恢复至一半所用的时间。对于自由扩散的分子来说，扩散时间主要取决于分子半径，但也会受与其他分子的碰撞或被不移动的障碍物（如细胞骨架纤维）阻挡的影响。在 LMP2-GFP 的例子中，荧光的恢复是迅速的，几乎观测不到不移动的部分，说明蛋白酶体在细胞质中可以不受限制地迁移。其迁移性不依赖能量，因为 ATP 的损耗对荧光标记的蛋白酶体的迁移性没有影响（用 0.05% NaAz 和 50 μmol/L 2-脱氧葡萄糖处理 30 min 以耗尽细胞内 ATP 水平），由此说明蛋白酶体的运动是通过扩散而非主动运输。同样，当核内的某一区域被光漂白后，核内的荧光恢复与细胞质相似。显然，蛋白酶体能够在细胞的这两个区域内部迅速扩散，从而与待降解的靶蛋白发生碰撞和相互作用。

长时间（或多次）对细胞内的某个区域进行光漂白处理，以检测光漂白荧光消失（FLIP）。所有扩散到该区域的荧光分子都将被光漂白，与漂白区域相连的细胞其他部位的荧光也将会及时消失。与 FRAP 分析相似，可将许多细胞的时间延迟成像与小范围的重复光漂白合并起来，从而监测每次光漂白期间的荧光恢复。同时，细胞中与漂白区域不相连部位的荧光水平仍然不受影响。例如，游离的 GFP 可以存在于细胞质和细胞核中，对细胞质进行重复的光漂白，会使细胞质和细胞核的荧光水平均发生降低，因为 GFP 可以在这两个部位间扩散。然而，蛋白酶体的大小会阻碍经核孔的被动扩散，对细胞质进行重复的光漂白会使细胞质内的荧光消失，但不影响核内的荧光。同样，长时间对细胞核进行光漂白会导致核内的荧光消失，而细胞质几乎不受影响。尽管蛋白酶体在细胞的这两个区域之间不会发生迅速地交换，但当细胞核经光漂白处理并在较长的时间内（几小时而非几分钟）监测荧光水平时，能观察到细胞核内缓慢的荧光恢复，这是因为蛋白酶体上存在核定位信号。此外，在有丝分裂期间，由于核膜的解体，蛋白酶体会在细胞内重新分布。

在上述实验用 20S 蛋白酶体的 LMP2 亚基标记蛋白酶体，但是能够成功标记 26S 蛋白酶体的亚基并不仅限于 LMP2。26S 蛋白酶体的其他部分，如 20S 核心颗粒的 α-亚基及 19S 调节颗粒的亚基均可标记 GFP。显微镜分析发现，酵母蛋白酶体的 20S 和 19S 亚基主要在核膜和内质网内侧积累（45），这是与真核细胞所不同的。

除了 26S 蛋白酶体的组分外，泛素也可以用 GFP 标记。例如，用 GFP 标记泛素的 N 端会产生一个具有完整功能的泛素分子，能够参与各种细胞过程，如多泛素化降解靶蛋白及内吞作用（46）。然而，若 GFP 标记在泛素的 C 端，GFP 就会被去泛素化酶（DUB）去除，从而产生两个独立的蛋白质，其中游离的 GFP 可作为转染标记分子。泛素、20S 和 19S 亚基的可视化可以通过两个或更多的荧光染料同时实现，因为 FRAP 和 FLIP 技术并不只局限于 GFP 分子。根据可利用的激光激发波长，我们也可以使用其他 GFP 变异分子，如 CFP（青色）和 YFP（黄色），或近来优化获得的 mRFP。FRAP 的反向衍生技术可以利用光激活形式的 GFP（PA-GFP）实现。这种变异荧光可以被 UV 激光激活，GFP 荧光染料通过激光转化成为阴离子状态，经 488 nm 激发波长照射后其荧光强度增加 100 倍（47）。与经典 FRAP 实验中的光漂白分子相似，局部的荧光增强会在整个细胞中重新分布。

不同的研究小组已经观察到不同的蛋白酶体重定位模式，这可能是因为使用了不同的固定技术和抗体。此外，外源引入的蛋白表达质粒通常受 CMV 启动子调控，（过）表达的差异也容易导致不同的结果。因此，细胞内表达的外源蛋白的功能和嵌入性质都应该经过检验，以最终确保该蛋白质完全不会干扰细胞行为。此外，对于不同的细胞系而言，扩散系数和移动比例会因为细胞的黏滞性和构造的不同而有很大的差异。共聚焦设置的差异（如时间延迟设置及温度变化）也会影响对可溶性及膜结合分子迁移性的测量。在严格控制温度的条件下进行光漂白实验时，从许多有趣的方面进行的活细胞成像可能会生成一个接近体内状态的模型系统，这将是观测泛素-蛋白酶体途径中各种成分动态学的极好机会。这些研究技术也可用于观察细胞内结构中的蛋白酶体是否还能够从这些结构中扩散出来。快速 FRAP 和（或）FLIP 实验可能已经给出了答案。

五、利用非变性凝胶电泳技术分析蛋白酶体的组成和活性

非变性凝胶电泳技术的应用对进一步研究蛋白酶体的结构发挥了关键性的作用。在温和的蛋白酶体亲和纯化技术后，通过非变性凝胶电泳分析发现，亲和法纯化的蛋白酶体迁移速率比传统方法的纯化产物慢很多，提示在应用传统层析法制备蛋白酶体的过程中丢失了大量的组分；非变性凝胶技术还被用于研究蛋白酶体的结构与活性的关系，以及蛋白酶体的核心和调节亚基、细胞从高度静息阶段复苏时核心颗粒和调节颗粒的体内组装过程，以及核心颗粒的成熟过程。通过非变性凝胶进行蛋白酶体迁移性变化（mobility shift）分析，发现了蛋白酶体结合配体，如泛素样蛋白 RAD23 和 Dsk2（48）。同样，通过非变性凝胶迁移性变化分析，也已发现 Rpn10 在蛋白酶体识别泛素连接物的过程中发挥作用。

下面将介绍非变性凝胶的制备、电泳和显色的方法，并对常见的蛋白酶体类型进行介绍。此外，还将介绍如何应用非变性凝胶研究细胞裂解物中的蛋白酶体及蛋白酶体配体的特性。在对蛋白酶体进行非变性凝胶电泳后，还可对其做进一步的分析，如激活核心颗粒以进行特异性活性分析、对非变性凝胶进行 Western blot 分析、应用 SDS-PAGE 对非变性复合物进行检测，以及利用质谱技术对蛋白质进行鉴定等。

1. 非变性凝胶电泳

按有关指南配制非变性凝胶（最好从 Sigma 等公司购买预制凝胶）。凝胶聚合（预制胶拆封）后，立即将非变性胶装入电泳装置中，并在电泳槽中装满预冷的电泳缓冲液。有必要在制备样品的同时测试一下电泳装置是否发生缓慢泄漏，因为槽液耗竭会导致电泳中断，进而导致电泳带弥散及不规则迁移。上样前，需将样品与 5×上样缓冲液 [250 mmol/L Tris-HCl（pH 7.4），50% 甘油，60 ng/mL 二甲苯胺]充分混匀。用微量注

射器接一细长的枪头（Sorensen Bioscience Inc.，13790），小心将样品加入加样孔，也可用具有扁平末端的 Hamilton 注射器加速样品在加样孔中的沉淀，并抑制样品与加样孔液体的混合。如用荧光覆盖分析法观察蛋白酶体全酶，则加入的纯化蛋白酶体上样量为 1～5 μg/mm 加样孔。

凝胶的电泳电压为 100～110 V（23～25 mA），在 4℃冷室中电泳 3 h。电泳后，将胶小心地从夹板中取出轻放入含显影缓冲液的碟中[50 mmol/L Tris-HCl（pH 7.4），5 mmol/L $MgCl_2$，1 mmol/L ATP]。吸去缓冲液后，将胶与 50 μmol/L Suc-LLVY-amc 一起在 30℃孵育 10～30 min（依蛋白酶体上样量的多少而定，且不要搅动）。在显影过程中，必须将胶浸入显影液中，使其充分展平。因为 AMC 可扩散，如果凝胶自身发生折叠，则可能产生强的鬼影带。孵育后，将凝胶放置于 UV 灯下进行拍照。

注意事项：①加样孔宽度：对于非变性胶，应用宽泳道可产生较好的带型。②丙烯酰胺的百分含量：通常 3.5% 的凝胶最适于大多数用途。由于 3% 的胶非常难以操作，因此 3.5% 的凝胶是更好的选择。③Tris/硼酸浓度：对于非变性胶，Tris/硼酸浓度范围为 90～180 mmol/L。较高的缓冲液导电率可能会降低蛋白酶体的泳动速度，从而导致凝胶变热，但同时样品中盐的存在会抵消对泳动速度的影响，也可产生较平整的带型。④温度、电压和电泳时间：虽然我们通常在 4℃ 的冷室中进行非变性凝胶电泳，也可使用与电泳装置相连的恒温器（Fisher Scientific Isotemp，1016S）在 10℃ 进行非变性胶电泳，可以达到相同的效果。如果在 4℃ 电泳，最少需要 2 h 以上才能确认主要蛋白酶体类型的存在，电泳 3.5 h 才能在迁移性变化分析中区分复合物。通过降低电压及电泳过夜的做法可导致更显明的带型弥散，从而增加分析的难度。

2. 分析方法

在酵母中，通常可观察到三种主要的蛋白酶体：核心颗粒、与一个调节颗粒结合的核心颗粒（RP-CP），以及与两个调节蛋白相结合的核心颗粒（RP2CP）。蛋白酶体调节颗粒可被拆分为"基底"和"盖"两部分，它们分别位于核心颗粒的近端和远端。研究也发现，从缺乏 Rpn9、Rpn10 或 Rpn11 C 端的细胞中分离出的蛋白酶体全酶中"盖"结构缺失（19）。"盖"也可在 1 mol/L NaCl 存在的条件下与"基底"分离，所得到的基底-CP-RP、基底$_2$CP 和基底-CP 复合物的迁移位置分别位于 RP-CP 条带的上方、同一位置或下方。

核心颗粒的激活： 在 RP 不存在的情况下，与两种形式的全酶相比，CP 具有较低的特异性活性。CP 和全酶存在活性差异的原因在于，蛋白酶体的"门"只有在调节颗粒存在的条件下才能被打开。由于 CP 可以被 SDS 激活，因此在显影液中加入 0.02% SDS 可以激活 CP 对 Suc-LLVY-amc 的水解活性。先后在无 SDS 和有 SDS 存在的条件下对凝胶进行显影可揭示 CP 的这种特性，并更可靠地确认条带。

非变性凝胶的考马斯亮蓝染色和银染： 应先进行胶内活性分析，再对非变性凝胶进行蛋白质染色。通过活性比较与蛋白质染色结果，可发现和研究那些纯化后从核心颗粒上解离下来的蛋白酶体亚复合物，以及那些含有核心颗粒和抑制物的复合物。

Western blot 分析：将凝胶转印于膜上后，用针对单个复合物的特异性抗体进行检测，就可以鉴别不同电泳条带中所含的蛋白质。转膜前，先将整块凝胶浸泡于含 25 mmol/L Tris 碱、192 mmol/L 甘氨酸和 1% SDS 的溶液中，随后将其置于转膜缓冲液（25 mmol/L Tris 碱，192 mmol/L 甘氨酸）中孵育 10 min，在 250 mA 条件下转膜 1.5 h。在将凝胶安放在转膜组合模块的过程中应使凝胶始终浸泡于转膜缓冲液中，这样可防止凝胶变性。一旦转膜完毕，即可按常规 Western blot 技术的操作方法进行后续的操作。

非变性凝胶电泳后的 SDS-PAGE 电泳分析：经非变性凝胶电泳分离的复合物也可通过随后的二维 SDS-PAGE 电泳做进一步分析。将非变性凝胶的整条泳道切除后插入带有一个长加样孔的变性凝胶中，用 2×加样缓冲液配制的 1% 琼脂糖凝胶封顶后进行电泳。对于凝胶中的较小区域，如活性条带，则可将其切除，在等量的 2×SDS-PAGE 加样缓冲液中煮沸后进行电泳分析。对于以上两种选择中的任何一种，如果只切除泳道的中部而去除各个条带两侧的特征性拖尾，则可获得最好的电泳结果。

质谱分析：最通用的条带鉴定方法是对其进行质谱分析。此法有数种优点，其中最大的优点是敏感性高，既可在荧光分析后直接切除条带，也可在切胶前用考马斯亮蓝或硝酸银对其进行染色，这样可更准确地将复合物条带切除，同时也便于鉴定非产荧光性复合物的类型。此法的关键作用是鉴定新的低丰度蛋白酶体结合蛋白，以及准确鉴定某一给定蛋白酶体亚复合物的成分。

3. 检测裂解液中的蛋白酶体

非变性凝胶提供了极好的研究粗制裂解液中蛋白酶体特性的工具。某些蛋白酶体结合蛋白对传统的纯化条件敏感，基于同样的原因，某些蛋白质与蛋白酶体的结合可能会被目前使用的亲和标签弱化。在非变性凝胶中分析裂解液，可提供与蛋白酶体体内状态最接近的结果。因为无须纯化蛋白酶体，故也可对那些未经亲和标签修饰的蛋白酶体类型的特性进行研究。Suc-LLVY-amc 水解活性分析可用于研究凝胶分离后的蛋白酶体复合物活性，Western blot 分析也可研究由蛋白酶体成分组成的无水解活性的复合物。

具体方法：应用非变性凝胶分析细胞裂解液时，我们需收集细胞并按 1.5 mL 缓冲液/g 细胞湿重的比例将其重悬于裂解缓冲液[50 mmol/L Tris-HCl（pH 8.0），5 mmol/L MgCl$_2$，0.5 mmol/L EDTA，1 mmol/L ATP]中。然后用法氏加压器裂解细胞（一次，2000 psi），或向样品中加入 0.5 mm 酸处理过的玻璃珠（Sigma，G8772）于 4℃涡旋搅拌 5 min 以裂解细胞。随后，4℃、15 000 g 离心 30 min 以去除杂质。裂解液通常含有 10 mg/mL 蛋白，凝胶上样的总蛋白量为 50~300 μg，以便在荧光分析中检测到信号。非变性凝胶对盐非常敏感，故推荐降低裂解缓冲液中的盐浓度。

4. 蛋白酶体结合分析

非变性凝胶电泳可用于检测与蛋白酶体相结合的配体。此方法已被用于研究泛素连接物及泛素样蛋白的结合特性。某些蛋白酶体配体有可能阻碍蛋白酶体在非变性凝胶上的迁移，因而可根据这一观察结果推测某一复合物的存在。对于那些并不改变蛋白酶体在非变性凝胶上的迁移率的配体，可在进行完蛋白酶体依赖性的配体迁移分析后，应用

Western blot 分析或放射标记结合放射自显影分析复合物的形成。

在结合分析实验中，复合物形成所需的时间和温度必须通过经验确定。蛋白酶体在非变性凝胶上的迁移特性对缓冲条件敏感，因而在分析每一个样品时须严格应用同样的缓冲条件。此外，由于没有层积胶，上样体积不均一会导致上样量较多的样品产生较明显的拖尾带，这可能被误认为是一种微小的条带迁移变化，因而在上样时须在各加样孔中加入完全等量的样品。为确定所观察到的迁移变化不是由凝胶假象所引起的，可在凝胶的第一道和最后一道中加入完全相同的样品以确定迁移的基线。

第二节　蛋白酶体及其激活物的纯化与分析

蛋白酶体在体内可被 3 种不同类型的激活物所激活，即 19S/PA700/RC（49，50）、PA200（51）和 11S（52-54）等。本节将主要介绍 11S 和 PA200 激活物的纯化与分析。

一、26S 蛋白酶体的纯化

（一）利用传统生化方法纯化 26S 蛋白酶体

26S 蛋白酶体是一巨型复合蛋白酶，包含一个催化中心（称为 20S 蛋白酶体或核心颗粒，CP），以及一个或两个调节亚复合物（称为 PA700 或调节颗粒，RP）。虽然蛋白酶体复合物因其在细胞中的基本作用而在进化上显示出高度保守，它在多细胞有机体中也呈现出相当的多样性，尤其在哺乳动物中，既有不同类型的免疫蛋白酶体，也有同一类型中某些亚单位的多种选择性剪接体。另外，蛋白酶体中很多亚单位的生理学功能尚不明确。从各种哺乳动物细胞及组织中均可纯化出 26S 蛋白酶体。常见的方法有两种：一种是利用离子交换层析和梯度沉降的传统生化方法；另一种是亲和层析法。

1. 利用传统生化方法纯化 26S 蛋白酶体

用于纯化 26S 蛋白酶体的常用动物组织包括肌肉、血液及肝。下面着重介绍从大鼠肝中纯化的方法（55）。

（1）取 200～400 g 的大鼠肝，用 3 倍体积的 25 mmol/L Tris-HCl 缓冲液（pH 7.5，1 mmol/L DTT、2 mmol/L ATP 和 0.25 mol/L 蔗糖）在匀浆器中匀浆。将匀浆物在 70 100 g 离心 1 h，上清就是得到的粗提物。

（2）将上清再次离心，70 100 g 离心 5 h 以得到 26S 蛋白酶体，其几乎完全存在于沉淀中。将沉淀溶解在适当体积（40～50 mL）的缓冲液 A[25 mmol/L Tris-HCl（pH 7.5），1 mmol/L DTT（或 10 mmol/L 巯基乙醇），0.5 mmol/L ATP，20%甘油]。然后，于 20 000 g 离心 30 min，以除去不溶物。

（3）将从步骤（2）得到的样品加到经缓冲液 C 平衡过的 Bio-Gel A-1.5 m 柱子（5 cm×90 cm）。每 10 mL 组分收集一次，测定它们的蛋白酶体活性。将含有 26S 蛋白酶体的组分合并。

（4）在从 Bio-Gel A-1.5 m 柱合并的组分中加入 ATP 使得最后浓度为 5 mmol/L。把样品直接加到 50 mL 柱床体积的、已经用缓冲液 B[10 mmol/L 磷酸缓冲液（pH 6.8），1 mmol/L DTT，20% 甘油，5 mmol/L ATP]平衡的羟基磷灰石柱（hydroxylapatite）上。在穿透组分中回收 26S 蛋白酶体，因为在有 5 mmol/L ATP 的情况下它们不会和这个柱子结合。大约 70%的蛋白质，包括游离的 20S 蛋白酶体会结合到羟基磷灰石树脂上。

（5）用缓冲液 C（缓冲液 A 中去除 ATP）平衡 Q-Sepharose 柱，并用 1 倍柱床体积的缓冲液 A 洗涤。将从羟基磷灰石柱得到的穿透组分加到该柱，用 5 倍柱床体积的缓冲液 A 洗涤，然后用 300 mL 的线性梯度的 0～0.8 mol/L NaCl（在缓冲液 A 中）洗脱被吸附的产物。每 3.0 mL 组分收集一次。用大约 0.4 mol/L NaCl 可以洗脱下一个单独的对称峰，其中的蛋白质能够降解 Suc-LLVY-amc。在同样位置洗脱的极其明显的对称峰，被发现具有 ATP 酶活性和依赖 ATP 的降解 ^{125}I-lysozyme-Ub 的多肽酶活性，这也提示了 26S 蛋白酶体复合物可能结合特有的 ATP 酶。合并具有高活性蛋白酶体的样品。

（6）将通过 Q-Sepharose 层析得到的 26S 蛋白酶体用 Amicon PM-30 膜超滤，浓缩到 2.0 mg/mL，然后将 2.0 mg 的上述样品进行 10%～40%甘油的密度梯度离心（30 mL 缓冲液 C 包含 2 mmol/L ATP）。用 SW 转子，82 200 g 离心 22 h，从离心管底部收集，每管 1 mL。在没有 SDS 时，ATP 酶和肽酶活性的主峰大约出现在洗脱的第 15 管；但是在有 0.05% SDS 时测定活性，可以观察到另一个小峰，大约在第 20 管。后面的峰相当于 20S 蛋白酶体的洗脱位置。降解 ^{125}I-lysozyme-Ub 依赖 ATP 的活性也作为单独的对称峰被观察到，这个位置与没有 SDS 时检测到的 ATP 酶和肽酶的活性峰一致。在有 20S 蛋白酶体的样品中没有发现明显的 ^{125}I-lysozyme-Ub 降解活性。将 12～16 管的样品合并，储存在–80℃。经过双向电泳（2D-PAGE）分析表明，纯化的 26S 蛋白酶体大约由 40 个蛋白质组成，分子质量在 20～110 kDa，等电点（pI）为 3～10。

2. 基于 Rpn11 Flag + ES 细胞的 26S 蛋白酶体亲和纯化

采用通用的色谱柱时，26S 蛋白酶体暴露于高离子强度的缓冲液中，可能会引起蛋白酶体和结合蛋白质的亲和力下降，或者是暂时的解离。在酵母中，给某些 26S 蛋白酶体的亚基带上标签，通过这种标签就可以在温和条件下纯化。使用该方法已经鉴定了许多新的蛋白酶体相互作用蛋白（PIP）（56，57）。可以预计，哺乳动物蛋白酶体应该有更复杂的网络，阐明哺乳动物蛋白酶体相互作用蛋白（PIP）对充分了解蛋白酶体的作用是必不可少的。Tanaka 及其同事通过同源重组的方法建立了一种 ES 细胞系，它有一个人类 *Rpn11* 基因的等位基因，其 C 端带有 Flag 单抗原决定簇（Rpn11 Flag + ES cells）（58）。下面介绍的就是在该 ES 细胞系基础上建立的亲和性纯化方法。

（1）Rpn11 Flag + ES 细胞培养在 6 个 10 cm 的平皿中，平皿中铺有用丝裂霉素 C（mitomycin C）处理的鼠胚胎成纤维细胞。

（2）用合适的细胞刮将细胞收集在盛有 PBS 的锥形管中，1500 g 离心 10 min。再用 PBS 洗涤细胞一次。

（3）用吸管温和地吹散沉淀，重悬在 6 mL 的缓冲液 D 中[20 mmol/L HEPES-NaOH

（pH 7.5），0.2% NP-40，2 mmol/L ATP，1 mmol/L DTT]，冰上放置 10 min。10 000 g 离心 10 min，以除去细胞碎片。

（4）预清除裂解液，将裂解液流过一个装有 0.5 mL（柱床体积）的 Sepharose CL-4B（Sigma）的柱子。将穿透液加到装有 50 μL（柱床体积）的 M2-agarose（Sigma）的柱子上。将穿透液流过这个柱子 5 次。用 5 mL 含有 50 mmol/L NaCl 的缓冲液 D 洗涤柱子 10 次。

（5）将柱子与 50 μL 的 Flag 多肽（Sigma；100 μg/mL 溶解在缓冲液 D 中）在冰上孵育 3 min。1000 r/min 离心 1 min，回收洗脱蛋白。

（6）重复步骤（5）三次，将所有的洗脱产物收集到一个管子中。在这个步骤，通常得到大约 60 μg 的 26S 蛋白酶体。另外，还可将目的蛋白与其他亲和标签（如六聚体组氨酸、蛋白 A、GST 等）融合在一起。这种亲和性方法大大简化了纯化过程，并可在相对较短的时间内高效地获得较纯的蛋白质。通过转染 Rpn11-蛋白 A 融合蛋白进入培养的哺乳动物细胞，邱小波等也建立了一种简易的亲和性纯化 26S 蛋白酶体的方法，并利用该法得到了比传统方法纯度更好的 26S 蛋白酶体（图 19-1）（55）。为了纯化 26S 蛋白酶体，全部的溶液中应该包含 ATP（0.5 mmol/L 或 2 mmol/L）、20% 甘油和 1 mmol/L DTT，因为它们可以强有力地稳定 26S 蛋白酶体复合物。在有 2 mmol/L ATP 和 20% 甘油存在的情况下，纯化的蛋白酶体可以在-70℃存储至少 6 个月。色谱分离的步骤中，应该避免使用高盐浓度或极端的 pH，因为这些操作可能导致组成 26S 复合物的成分解离。

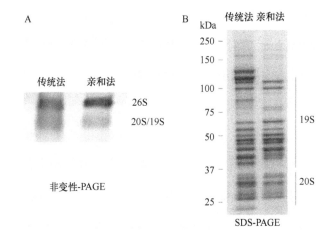

图 19-1 一步法亲和纯化哺乳类蛋白酶体

3. 基于泛素样结构域的 26S 蛋白酶体亲和纯化

为了从不同细胞中分离 26S 蛋白酶体，Besche 等发展了一种不同于上述策略的、快速一步纯化 26S 蛋白酶体的亲和纯化方法（59，60）。该方法基于内源性蛋白酶体与人 RAD23B 蛋白的泛素样（ubiquitin-like，UBL）结构域之间存在的亲和力，并通过应用人 S5a 来源的过量泛素互作模序（ubiquitin-interacting motif，UIM）与 26S 蛋白酶体竞争结合 UBL，从而温和地洗脱 26S 蛋白酶体，以及对高盐洗脱敏感的蛋白酶体相关蛋白。最后再应用 Ni^{2+}-NTA 去除带 His 标签的 UIM，从而得到纯化的 26S 蛋白酶体。在整个纯化过程中及处理 26S 蛋白酶体时，需在 4℃条件下应用预冷的缓冲液进行相关操作。通常从 100 mg 肌肉蛋白中可获得 50～100 μg 的纯 26S 蛋白酶体。该亲和纯化法的流程如图 19-2 所示。具体步骤如下。

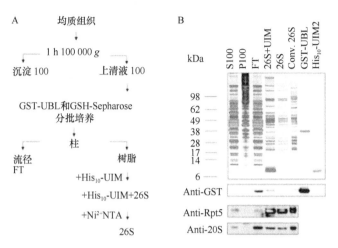

图 19-2　基于泛素样（UBL）结构域的 26S 蛋白酶体亲和纯化。A. 纯化流程图。B. 从大鼠骨骼肌中纯化的 26S 蛋白酶体的 SDS-PAGE 电泳图（*59, 60*）

1）制备粗提物

（1）将冻存的肌肉组织从冰箱中取出置于冰上化冻。用刀片将 2.5 g 组织切成细片，将其放入一个 50 mL 的塑料离心管（Corning）并置于冰上。

（2）加入 12.5 mL 含新鲜添加 ATP 和 DTT 的亲和纯化缓冲液（affinity purification buffer，APB 缓冲液）。APB 缓冲液的配制（150 mL）：25 mmol/L Hepes-KOH（pH 7.4），10% glycerol，5 mmol/L $MgCl_2$，1 mmol/L ATP，1 mmol/L DTT。

（3）在冰上，用匀浆器将组织打碎，直至组织匀浆很细滑且无明显可见的肌肉组织块（尽量防止产生过多泡沫），将样品保存于冰上。

（4）将组织匀浆离心，1500 g，15 min。去除肌纤维沉淀物。

（5）转移上清液再次将其离心，100 000 g，60 min。该步骤可分离可溶性蛋白和微粒体。

（6）离心后，转移上清液（S100）用于蛋白酶体纯化。如果该上清液中含有一层细微的悬浮物，则用一个 0.45 μm 孔径的滤膜（Pall）进行过滤。

2）亲和纯化

（1）将上述得到的 S100（约 10 mL）置于 15 mL 离心管。添加 1 mg GST-UBL（至终浓度 0.1～0.2 mg/mL）。

（2）去除洗过的 GST-Sepharose 中的纯化缓冲液，获得 50% 的匀浆（500 μL）。剪去 P1000 tip 头的尖端，并用其将 GST-Sepharose 匀浆加入 S100 样品中。用纯化缓冲液补充至总体积为 10 mL。

（3）将含 GSH-Sepharose 和 GST-UBL（或 GST）的 S100 置于 4℃低速旋转，2 h。

（4）在冷室内，将 S100 倒入一个空的 20 mL 柱状容器，收集滤过液。

（5）用 40 倍柱床体积的纯化缓冲液清洗 resin 共两遍，然后用一个塑料盖封闭柱状容器。

（6）剪去 P1000 tip 头的尖端，并用其将 250 μL UIM（2 mg/mL）加入盛有 250 μL GSH-resin 的柱状容器。轻柔地上下吹打 resin 使其混匀，将其置于 4℃静置孵育 15 min。

（7）打开柱状容器，将其中的 UIM 洗脱液收集于含 100 μL 洗过的 Ni-NTA agarose 的 1.5 mL 管中。

（8）再次用 250 μL UIM 重复洗脱样品并收集于同一管中。

（9）在混旋器上孵育上述的 500 μL UIM 洗脱液和 Ni-NTA，共 20 min，然后 500 g 离心 1 min，从而沉淀 Ni-NTA 并去除 UIM。

（10）将上清液转移至一个 500 μL 容量的过滤器，并再次于 10 000 g 离心 5 min，从而去除残留的 Ni-NTA。其滤过液为纯化的 26S 蛋白酶体。

（11）测定所获得的 26S 蛋白酶体的浓度，分装并保存于–80℃。为了尽可能地保存 26S 蛋白酶体的完整性，应避免在后续的实验中反复冻融样品。

（二）20S 蛋白酶体的纯化

根据纯化的量的不同，用来纯化 20S 蛋白酶体的方法也不同。20S 蛋白酶体在细胞中是以一种潜伏的形式存在的，甘油有利于保持这种形式。为了能高产量地分离它们，保持它们的潜伏形式是很关键的，因为它们的活化将导致某些亚基的自溶损失，并且会显著地降低酶的活性，特别是它们可以水解许多蛋白质。因此，全部的缓冲液含有 10%～20%甘油作为稳定剂。此外，还需要一种还原剂，以防止 20S 蛋白酶体沉淀。全部的纯化步骤都应该在 4℃进行（58）。

1. 大鼠肝 20S 蛋白酶体的纯化

（1）取 200～400 g 的大鼠肝，加入 3 倍体积的 25 mmol/L Tris-HCl 缓冲液（pH 7.5），包含 1 mmol/L DTT 和 0.25 mol/L 蔗糖，在匀浆器中匀浆。将匀浆物在 70 100 g 离心 1 h，上清液即为粗提物。

（2）在粗提物中加入甘油，使最后浓度为 20%。先将 Q-Sepharose（Amersham）用缓冲液 A[25 mmol/L Tris-HCl（pH 7.5），含有 1 mmol/L DTT（或 10 mmol/L 2-巯基乙醇）和 20%甘油]平衡，然后将提取物和 500 g Q-Sepharose 混合。在布氏漏斗上使用缓冲液 A 洗涤 Q-Sepharose，然后转入层析柱中（5 cm× 60 cm）。用缓冲液 A 洗涤柱子，用 2 L 的线性梯度 0～0.8 mol/L 的 NaCl（在缓冲液 A 中）进行洗脱，使用 Suc-LLVY-amc 作为底物测定蛋白酶体的活性。

（3）将从 Q-Sepharose 柱中洗脱的包含 20S 蛋白酶体的组分汇聚起来，加入 50% 聚乙二醇 6000（Sigma）（调节 pH 7.4）温和搅拌直到最后浓度为 15%。15 min 后，将混合物 10 000 g 离心 20 min，用最小体积的缓冲液 A（大约 50 mL）溶解沉淀物，20 000 g 离心 10 min，除去不溶物。

（4）将用聚乙二醇得到的沉淀物通过 Bio-Gel A-1.5 m 柱（5 cm× 90 cm）进行分离（缓冲液 A）。每 10 mL 组分收集一次，测定它们的蛋白酶体活性。将含有 20S 蛋白酶体的组分集中起来。

（5）将从 Bio-Gel A-1.5 m 柱得到的有活性组分直接加到事先用缓冲液 B [10 mmol/L 磷酸盐缓冲液（pH6.8）包含 1 mmol/L DTT 和 20%甘油]平衡好的羟基磷灰石柱上。用同样的缓冲液洗涤柱子，并用 400 mL 的线性梯度的 10～300 mmol/L 磷酸盐进行洗脱。每 4 mL 的组分收集一次。20S 蛋白酶体大约在 150 mmol/L 磷酸盐时被洗脱下来。

（6）将从羟基磷灰石柱得到的有活性的组分混合，用缓冲液 A 透析，再加到事先用缓冲液 A 平衡好的 Heparin-Sepharose CL-6B（Amersham）柱上。用同样的缓冲液洗涤柱子，直到洗脱液 280 nm 的吸光值回到基线。然后用 200 mL 线性梯度的 0～0.4 mol/L NaCl 在缓冲液 A 中洗脱，2 mL 组分收集一次。20 S 蛋白酶体大约在 75 mmol/L NaCl 时被洗脱。

（7）将蛋白酶体活性高的组分集中起来，用缓冲液 A 透析，通过 Amicon cell PM-10 膜（Millipore）超滤可以浓缩到大约 5 mg/ mL 的蛋白质。酶可以储存在-80℃，最少 2～3 年。纯化的 20S 蛋白酶体经过 SDS-PAGE 分析表明它是由一系列的蛋白质组成的，分子质量在 20～32 kDa。

2. 酵母 20S 蛋白酶体的亲和性纯化

由于在其亚单位间存在紧密的相互作用而具有紧凑的折叠构象，20S 蛋白酶体较易于被纯化为均一的样品，因而成为真核蛋白质复合物中的特例。在纯化哺乳动物 20S 蛋白酶体过程中遇到的困难是由于哺乳动物 20S 蛋白酶体中含有可被 γ-干扰素诱导的、可互换的不同类型的 β-亚单位，因而样品中亚组分不均一所致。这最终导致 20S 颗粒整体结构的亚化学计量学特性的改变，并给结晶带来极大困难。与之相反，酵母 20S 蛋白酶体缺乏可诱导的亚单位，并且形成均一的蛋白质组分，这使得它们很适合于进行蛋白质结晶。已发展了一种从芽殖酵母中纯化天然真核 20S 蛋白酶体的实验方案，用该方法得到的 20S 蛋白酶体可被用于晶体结构研究。在此方法中，融合蛋白前面加入了蛋白水解切割位点（TEV 蛋白酶、PreScission 蛋白酶），并且其中的一个显性 *KanMX6* 抗性标志基因被目标基因侧翼的同源序列所包绕。这一模块通过同源重组插入酵母染色体 DNA 中，并使得从细胞粗提取物中通过一步亲和纯化捕获目的蛋白成为可能。纯化过程中所应用的温和的缓冲条件避免了由亚化学计量组分和其他杂质所引起的麻烦，从而使得分离非变性蛋白复合物成为可能。此法已被成功地应用于酵母蛋白酶体的纯化（*43*）。

本章详细介绍了通过将 ProA 亲和标签以同源重组法引入蛋白酶体亚单位 β2 染色体部位而从野生酵母细胞中分离非变性酵母 20S 蛋白酶体的纯化方案。通过将一 TEV 蛋白酶水解性蛋白 A 标签融合在 β2 亚单位的 C 端而对其进行染色体突变。其中，内源性的启动子未被改变，因而蛋白质合成仍可达到生理水平。此突变株是通过同源重组法获得的，并且所产生的细胞不表现明显的表型。一个含有 Tev-ProA 和庆大霉素模序的质粒被用作聚合酶反应的模板。DNA 的操作按常规方法进行。应用 Taq 聚合酶扩增目的基因。应用 3～5 μL 的纯化重组载体对酵母感受态进行转化。转化方案是基于 LiOAc

方法。相关步骤如下。

（1）将转化的酵母细胞接种于 YPAD 培养基（1%酵母抽提物，2%蛋白胨，2%葡萄糖，并且添加 100 mg/mL 腺嘌呤）于 30℃培养至少 6 h 或过夜以达到 OD$_{600}$ 值为 0.5～1.5。

（2）将对 β2 进行了修饰的酵母菌株接种于 12L YPD 培养基（1%酵母提取物，2%蛋白胨，2%葡萄糖，pH 5）中，在 Fernbach 三角烧瓶中培养细胞至 OD 值为 2～4。

（3）离心收集细胞后，用两倍体积的缓冲液 C[50 mmol/L Tris-HCl（pH 8），1 mmol/L EDTA]重悬酵母沉淀后，用法氏加压器将细胞裂解（2200 psi）。

（4）将细胞裂解液离心 45 min（45 000 g）后与 IgG 树脂于 4℃共孵育 1 h。然后用 50 倍柱床体积的含 500 mmol/L NaCl 的缓冲液 B 洗涤树脂。在此步骤，SDS-PAGE 分析显示蛋白酶体复合物已经很纯，并且调节颗粒已被完全去除。

（5）用 3 倍柱体积的 TEV 洗脱缓冲液（50 mmol/L Tris-HCl，pH 7.5，1 mmol/L EDTA，1 mmol/L DTT）洗涤 IgG 珠后，用 TEV 蛋白酶将结合在 IgG 树脂上的 ProA 标签从蛋白酶体上切除。酶切条件如下：将 IgG 珠置于 1.5 倍体积的含 150 U 六聚体组氨酸的 TEV 蛋白酶缓冲液中，于 30℃孵育 1 h 后，用缓冲液 B 洗脱切除的蛋白酶体，再通过将洗脱样品与镍-NTA 树脂（Qiagen，Hilden，Germany）在 4℃孵育 15 min 而将 TEV 蛋白酶去除。

（6）接着用 Superose 6（Pharmacia）分子排阻层析柱将 20S 蛋白酶体进一步纯化于缓冲液 A 中。从 12 L 培养物中可纯化 1～2 mg 的蛋白质。

（三）26S 蛋白酶体中的 19S 调节颗粒——PA700 的纯化

19S 调节颗粒 PA700 负责底物的结合、修饰，以及向蛋白质降解区室的输送。因此，PA700 在 26S 蛋白酶体所介导的泛素依赖性的蛋白质降解过程中发挥多种必不可少的作用。本部分详细介绍从哺乳动物组织中大规模纯化 PA700 的方法，还描述了一种简易的基于蛋白酶体活性刺激的 PA700 的功能分析方法。应用该纯化方案可获得不含杂蛋白（包括 20S 蛋白酶体及其他被发现也可与 26S 蛋白酶体相结合的非蛋白酶体蛋白）的纯 PA700。PA700 似乎可以两种不同形式存在：与 20S 蛋白酶体相结合的形式，以及非结合的游离形式。但这些不同形式间的精确分配比例可能因细胞类型而异。通过以下步骤纯化的 PA700 可能含有以上两种形式，因为在此纯化过程中，纯化条件的优化是以促进大多数 26S 蛋白酶体分解为 20S 蛋白酶体和 PA700 组分为目的。

1. 牛血的采集和制备

牛血来源于屠宰场，将其采集至含抗凝剂（每加仑血中加入 500 mL 的 150 mmol/L 枸橼酸钠和 pH7.6 的 5 mmol/L EDTA）的容器后立即运送至实验室，以 5 000 g 的速度离心 1 h。将上清和白细胞层吸除后，用磷酸盐缓冲液重悬收集的红细胞并再次离心。重复此步骤 4～5 次，或直到上清液中不含蛋白质为止。可立即应用洗涤后的红细胞或将其冻存于-70℃备用。还未发现应用新鲜的和冻存的红细胞制备的 PA700 在结构和功能特性上的区别。

2. 细胞裂解和离心

所有的纯化步骤都在 4℃进行。将新鲜的或解冻的 1 L 压缩红细胞在 5 倍体积的低渗裂解缓冲液中进行裂解（20 mmol/L Tris-HCl，pH 7.6；1 mmol/L EDTA；5 mmol/L β-巯基乙醇），然后以 14 000 g 的速度离心 1 h，转移并保存上清液，用裂解缓冲液重悬细胞沉淀后并再次离心，然后合并两次收集的离心上清，并应用阴离子交换色谱对其进行分离纯化。

3. 阴离子交换色谱分离纯化

将裂解上清加入用裂解缓冲液（每毫升上清液用 0.25 mL DE52）平衡好的 DE52 阴离子交换柱（Whatman），轻轻搅拌 30 min。将树脂静置，利用重力使其沉淀（约 60 min），然后立即弃去大部分上清液。将 DE52 树脂倒入一个预装了 Whatman 1 滤纸的大 Buchner 漏斗，并用裂解缓冲液反复清洗直至过滤液变为无色为止。应用约 1500 mL 含 0.4 mol/L NaCl 的裂解缓冲液将含 PA700 的结合蛋白洗脱下来。

4. 硫酸铵沉淀

缓慢将固体硫酸铵加入滤过液使其达到 40%的饱和度（0.243 g/mL）。60 min 后于 14 000 g 离心 1 h 收集沉淀物，并用含 40%饱和硫酸铵的裂解缓冲液洗涤后再次离心。用少于 30 mL 的 X 缓冲液[20 mmol/L Tris-HCl（pH 7.6），100 mmol/L NaCl，1 mmol/L MgCl$_2$，0.1 mmol/L EDTA，0.5 mmol/L DTT，20%甘油]重悬沉淀，并用同样的缓冲液将样品透析过夜。

5. 凝胶过滤色谱分离纯化

将透析液离心以去除不溶性蛋白质和残留的红细胞。将清亮的上清液加入用 X 缓冲液预平衡的凝胶过滤色谱柱 Sephacry S-300（5 cm×140 cm），然后对洗脱液进行 PA700 活性分析（见后述）。具活性的洗脱成分为一分子质量约 700 kDa 的均一峰。

6. DEAE 阴离子交换层析

合并所有具高 PA700 活性的洗脱峰收集样品，并立即将其加入用 X 缓冲液预平衡的 DEAE（DEAE Fractogel，EM Separation）离子交换柱（20 cm×2.5 cm）。应用 1000 mL X 缓冲液（其中的 NaCl 线性梯度为 100～450 mmol/L）洗脱所结合的蛋白质，并对洗脱峰的 PA700 活性进行分析，此洗脱峰在大约 300 mmol/L 的 NaCl 盐浓度处被洗脱为单一对称峰。然后，将具高 PA700 活性的洗脱峰收集合并后，用 5 mmol/L 磷酸钾缓冲液（含 5 mmol/L β-巯基乙醇和 20%甘油，pH7.6）对其进行透析。

7. 羟基磷灰石色谱分析

将透析过的、从 DEAE Fractogel 柱收集的样品溶液加至用透析缓冲液预平衡的羟基磷灰石柱（8 cm×2.5 cm）。用 5～200 mmol/L 线性梯度的磷酸钾缓冲液（含 5 mmol/L β2-巯基乙醇和 20%甘油，pH7.6）对其进行洗脱，并对洗脱样品的 PA700 活性进行分析，此 PA700 活性部分在大约 375 mmol/L 的磷酸盐浓度处被洗脱为单一对称峰。在某些制备样品中，可在高磷酸浓度处出现另一个小的活性峰。这一洗脱峰包含少量的 26S 蛋白酶体，可能是 PA700 的另一种形式，此 PA700 峰与 PA700 主峰之间的确切结构学关系尚未明确。通过活性检测，以及对所收集的洗脱峰样品进行 SDS-PAGE 检测，将 PA700 主峰洗脱样品合并。在大部分制备样品中，此阶段的 PA700 的纯度极高。偶尔，PA700 样品在行 SDS-PAGE 并用考马斯亮蓝染色后可见少量污染成分的存在。如出现后一情况，可将 PA700 再过一次凝胶过滤色谱柱（如前所述）。合并从羟基磷灰石色谱柱（或按需要应用从第二次凝胶过滤柱收集的洗脱样品）收集的洗脱样品，并于 4℃用含 20 mmol/L Tris-HCl（pH 7.6）、20 mmol/L NaCl、1.0 mmol/L DTT、1 mmol/L EDTA 和 20% 甘油的透析液对样品进行彻底透析。

8. 样品的浓缩，保存和产量

在 Amicon XM-300 膜上对透析后的 PA700 进行浓缩，直至其浓度至少达到 1 mg/mL，分装并应用液氮快速冷冻样品，将其保存于−80℃。PA700 在被保存 12 个月后仍然具有稳定的结构和功能，并在高浓度时可经受数次冻融周期。从 1 L 牛红细胞中可纯化 20～30 mg 的 PA700。

9. 纯度分析

按上述方法纯化的 PA700 在非变性聚丙烯酰胺凝胶电泳胶上为一单带，并且在进行甘油梯度离心时沉淀为一个均一峰。对从甘油梯度离心收集的样品进行的 SDS-PAGE 分析表明，所有已明确的 PA700 亚单位均以相似的分配系数进行迁移，并且与 PA700 的主活性峰相一致（图 19-3）。

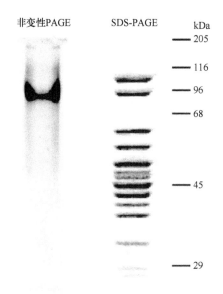

图 19-3　从牛血红细胞中纯化的 PA700。纯化的 PA700 经非变性或 SDS-PAGE 后，
用考马斯亮蓝染色（57）

10. PA700 活性分析

利用 PA700 所特有的、刺激 20S 蛋白酶体肽水解活性的功能,可对其进行活性分析。前述的从牛红细胞提取的未激活的 20S 蛋白酶体显示较低的水解 Suc-LLVY-amc 的活性。此分析中,蛋白酶体活性的增加反映了 PA70 与未激活的蛋白酶体的结合及其对底物进入孔道的门控功能,PA700 可激活蛋白酶体的活性至 20~50 倍以上。在终体积为 25 μL 的标准分析体系中含有以下成分:50 mmol/L Tris-HCl(pH 8.0),2 mmol/L DTT,200 μmol/L ATP,10 mmol/L MgCl$_2$,10 nmol/L 20S 蛋白酶体,PA700(或者是 100 nmol/L 的纯化蛋白或 5 μL 前述的色谱柱洗脱样品)。在 37℃孵育 45 min 后,在反应液中加入 200 μL 100 μmol/L 的 Suc-LLVY-amc(溶于 pH 8.0 的 20 mmol/L Tris-HCl 和 1 mmol/L DTT)。amc 从肽中水解的速率是通过直接检测荧光强度(360 nm 的激发光波长/480 nm 的发射光波长)随时间的增加而确定的。可简便地对此分析法稍加改动从而与 96 孔荧光板阅读仪相匹配。分析中所用的对照包括不含 20S 蛋白酶体和 PA700 的反应混合物。纯化的 PA700 无明显的肽水解活性,但在纯化的早期,含 PA700 的成分可表现出低的或不同程度的内源性 20S 和 26S 蛋白酶体活性。此纯化方案已被优化用于从牛红细胞中纯化 PA700,也已被成功地推广应用到其他一些组织材料,包括人红细胞、HeLa 细胞和兔骨骼肌细胞等。而应用其他组织材料,包括牛心脏和脾脏等所纯化的 PA700 产量和纯度则均较差。

二、11S 激活物的纯化与分析

11S 蛋白酶体激活物是由 30 kDa 亚基组成的七聚体,广泛存在于多细胞动物中。有颌脊椎动物编码 3 种 11S 同源物,分别称为 PA28α、PA28β 和 PA28γ(也被称为 REGα、REGβ 和 REGγ)。PA28α 与 PA28β 具大约 45% 的序列同源性,而 PA28γ 与 PA28α 和 PA28β 间的序列同源性约为 30%。较简单的物种仅编码一个 PA28,并且与 PA28γ 最为接近(*61*)。11S 激活物的生物学功能尚未完全弄清。一些观察显示,PA28α 和 PA28β 在 MHC I 类分子多肽配体的生成过程中发挥作用。其中,11S 和 19S 激活物结合至同一蛋白酶体核心颗粒的两端,形成杂合蛋白酶体。

本部分介绍 11S 激活物的纯化、与蛋白酶体结合的生化分析、蛋白酶体肽酶活性的激活、生物学活性异常、突变体的构建等研究方法。

1. 荧光肽活性分析

一个标准的分析体系是将 170 ng 蛋白酶体与不同量的激活物(如 100 nmol)在 50 μL 缓冲液(10 mmol/L Tris,pH 7.5)中孵育 10 min。随后,加入 50 μL 200 μmol/L 荧光肽底物启动酶学反应,温和地上下反复抽吸以使反应液混匀。经过不同时间的孵育后,向样品中加入 200 μL 冰乙醇并混匀终止反应。荧光分光光度计(Beckman)检测样品荧光信号,结果以激活倍数表示,即有 11S 存在时的荧光产生率与对照反应的荧光产生率的比值。在测定 PA28β 时通常应用较高的浓度(如 440 nmol/L),因为 PA28β 在低浓度时其活性显著降低，这可能是因为同聚 PA28β 的七聚化亲和力会明显减弱（*62*）。

2. HPLC 分析长肽降解

HPLC/MS 已被用于分析 PA28/REG 对蛋白酶体活性的激活作用（*63，64*）。例如，在 Realini 等（*64*）的研究中，应用了 p21（由 21 个氨基酸残基组成的肽，SADPE LALALRVSMEEQRQRQ）和 BBC1（由 49 个氨基酸残基组成的肽，MKKEKARVITE EEKNFKAFASLRMARANARLFGIRAKRAKE-AAEQDGSG）两种底物。将底物、蛋白酶体及 PA28 一同孵育，然后在不同时间点取样（如 10 min、30 min、135 min、5 h 和 12 h）。用 C18 HPLC 柱对反应产物进行分离，并用 0～45%的乙腈（含 0.1%三氟乙酸）进行浓度梯度洗脱。最后利用质谱技术分析产物肽的分子质量。同易于检测的荧光肽释放分析法相比，这种分析方法可用于揭示蛋白酶体更为复杂的行为。例如，PA28γ 可降低 p21 水解的速率，但却增加 BBC1 水解的速率；而 PA28α 则可加速 p21 和 BBC1 两者的降解。

3. 重组 11S 激活物的表达和纯化

大肠杆菌的重组蛋白（包括来源于大鼠的同源物）表达技术的利用极大地促进了对 11S 激活物生化特征的研究。目前有重组人 P28α、PA28β 和 PA28γ 在细菌中的表达和纯化方案，通过同样的措施，表达和纯化了布氏锥形虫的 PA26（*61*）。

4. 重组人 PA28α、PA28β 和 PA28γ 的纯化

将转化了目的质粒（pAED4-REGα、pAED4-REGβ、pAED4-REGγ）的大肠杆菌 BL21（DE3）接种于含 50 μg/mL 的 LB 琼脂平板上，37℃培养过夜。挑取单菌落接种 50 mL 含有 100 μg/mL 氨苄青霉素的 LB 培养基，置于摇床培养过夜（30℃，200 r/min），随后转接 2 L 含 100 μg/mL 氨苄青霉素的 LB 培养基。当细菌生长至 $OD_{600}=0.3$ 时，加入 0.5 mmol/L IPTG 诱导，2 h 后，4℃离心（15 min，4000 g）收集细菌并将其重悬于 4℃预冷的 TSD（pH 8.8）中。3700 g，4℃离心 15 min 收集细胞，冻存于-80℃。

将细胞置于冰上融化，重悬于含蛋白酶抑制剂（完全的、不含 EDTA 的蛋白酶抑制剂混合片，Roche）的 TSD（pH 8.8）中使其终体积为 45 mL。细胞裂解及上清液收集如上述对 PA26 的操作。后续操作均在 4℃进行。

制备好的澄清的细胞裂解上清上样至 DEAE 柱后，首先用 1 倍柱体积的 TSD（pH 8.8）洗柱。随后，用总量 26 倍柱体积的、具有浓度梯度的 TSD 溶液[从 TSD（pH 8.8）至 TSD400（pH 8.8）]进行洗脱。每个组分收集 5 mL，将最纯的样品（通过 SDS-PAGE 分析确定）合并后用超滤浓缩管（Amicon Stirred Cell with YM30 filter，Millipore）进行浓缩，使得蛋白质浓度不超过 20 mg/mL（用 Bradford 法确定）。实验得到的蛋白凝胶和层析图谱参见（*62*）。在这一阶段如果过度浓缩蛋白质将导致可溶性聚合物的形成，可利用动态光散射鉴定聚合物的形成。取 2 mL 的浓缩样品用经 TSD 200（pH 7.2）平衡的 Superdex 200 柱进行分离，如果蛋白量多于 2 mL，则可按需要对样品进行多次过柱。用同一溶液以 0.5 mL/min 的流速洗脱蛋白。洗脱 100 mL 后开始收集样品，每次收集

5 mL 直至洗脱完 300 mL，与此同时用 OD$_{280}$ 对蛋白质洗脱进行监控。对收集的各样品组分进行活性分析及 SDS-PAGE 以确定最纯的收集组分。重组人 PA28 蛋白在 SDS-PAGE 上呈现出约 32 kDa 大小的单一条带。将纯度最高的组分合并后用 Bradford 法测定浓度。通常用 TSD（pH 7.2，储存于 4℃）溶液对蛋白质进行透析，也可用含 10% 甘油的 TSD（pH 7.2）对蛋白质进行透析，用液氮将蛋白质速冻后保存于-80℃。

纯化 PA28 常用的溶液和试剂：TSD（pH 8.8）：10 mmol/L Tris-HCl、25 mmol/L KCl、10 mmol/L NaCl、1.1 mmol/L MgCl$_2$、0.1 mmol/L EDTA 和 1 mmol/L DTT；TSD400（pH 8.8）：TSD（pH 8.8）+ 365 mmol/L KCl；TSD200（pH 7.2）：TSD（pH 7.2）+ 165 mmol/L KCl。

5. 异源寡聚 PA28 复合物的制备

PA28α 和 PA28β 可从组织中同时纯化出来（65），且重组蛋白易形成异源寡聚体（62）。将分别纯化的重组蛋白质混合而制备的异源寡聚体，可用于单个亚基的功能研究（66，67）及异源寡聚体的研究（68）。此法也已被用于研究潜在的"显性负性效应"，将一个或数个缺陷亚基整合到组装的七聚体中就会形成"负显性效应"（69）。通常的做法是将等量的、纯化的重组 PA28α 和 PA28β 蛋白混合，4℃孵育过夜。然后用 Superdex 200 柱纯化复合物，所用方法与前面所述的纯化同聚物复合物的方法相同。

6. 11S 蛋白酶体结合分析

利用纯化蛋白质进行肽水解分析的结果表明，激活物可与蛋白酶体相互结合。其他一些更直接的结合分析也被证实是可行的。分子筛凝胶层析法通常用处不大，因为复合物在凝胶柱中常发生解离。竞争活性分析可检测无活性 PA28 突变体对野生型 PA28 的激活功能的抑制性，但此法也存在一些不足之处，即野生型和突变型激活物亚基间可能会相互混杂。有两种方法可解决该问题：①ELISA，其优点是它可以估算结合常数，但需要利用针对蛋白酶体和激活物的特异性抗体；②超速离心法，此法可用于分析任何蛋白酶体及相应的激活物，并且无须抗体，在研究古细菌蛋白酶体时尤其有用。由于古细菌蛋白酶体具有很高的组成型肽酶活性，因而在做荧光肽分析时加入活化物并不表现出明显的激活效应。

7. ELISA 结合分析

简要地说，该方法是将蛋白酶体固定在 ELISA 板上，与野生型或突变型激活物共同孵育。随后将未结合的蛋白质洗去，用高盐缓冲液洗脱结合的激活物后再用免疫印迹法进行定量。此分析法依赖 MCP20 单克隆抗体，它可与天然状态下的蛋白酶体结合而不干扰其与激活物的相互作用，目前已被商品化（Affiniti Research Product）。

用 200 μL 羊抗鼠 IgG（20 μg/mL，溶于 0.05 mol/L 碳酸盐，pH 9.6）包被 ELISA 板。用含 0.1% Tween 20 的 Tris 缓冲液（TBS-T）洗板三次后，用 200 μL 含 1.5% 脱脂奶粉的 TBS-T 液封闭 2 h。向 ELISA 孔中加入 200 μL 1∶2500 稀释的 MCP20 抗体，4℃孵育过夜。用 TBS-T 洗三次后，向各孔中加入 200 μL 人红细胞蛋白酶体（30 μL/mL，

溶于 TBS-T 中）孵育过夜。用 TBS-T 清洗三次后，加入激活物（溶于 10 mmol/L Tris，pH 7.5 中），37℃孵育 20 min，随后将反应板置于 4℃继续孵育 150 min。孵育结束后，用预冷的含 0.1% Tween 20 的 10 mmol/L Tris（pH7.5）溶液快速清洗两次，再用 10 mmol/L Tris（pH 7.5）溶液清洗一次。最后，用 200 μL 含 0.5 mol/L NaCl 的 20 mmol/L Tris（pH 7.5）溶液将与 ELISA 板结合的激活物洗脱下来，将高盐洗脱样品转印到硝酸纤维素膜上，用 PA28 特异性抗体检测。针对 PA28α、PA28β 和 PA28γ 的特异性单克隆抗体已可通过数种商业途径获得，包括 Affiniti Research Products（Exeter，United Kingdom）。

在竞争性结合研究中，此技术可用于确定不同激活物的相对亲和力（62）。例如，应用这项技术研究发现，PA28γ 与蛋白酶体的亲和力高于 PA28α，因为当用二者含量为 1∶1 的混合物与固相的蛋白酶体孵育后，PA28γ 与蛋白酶体的亲和力要高于 PA28α。与此同时也发现，尽管 PA28β 与蛋白酶体的亲和力较弱（推测可能是因为其七聚化亲和力较低），但 PA28α/β 异源寡聚体复合物与蛋白酶体的亲和力比 PA28γ 高。

8. 沉降速率结合分析

我们利用 Beckman Optima XL-I 分析型超速离心机收集沉降速率数据。离心前，用含 20 mmol/L Tris（pH 7.5）、200 mmol/L NaCl 和 2 mmol/L DTT 的溶液对样品进行充分透析，同时以透析液作为空白对照用于本底校正。20℃以 42 000 r/min 离心样品（包括单纯蛋白酶体、单纯激活物、不同比例混合的蛋白酶体∶激活物混合物样品；蛋白质终浓度为 0.9 mg/mL），并且每隔 30 s 记录干扰值。将干扰值平均后用空白对照进行背景校正。用 dcdt+（70）程序进行 $g(s)^*$ 分析以确定沉降系数，不同种属来源的蛋白酶体和激活物显示不同的 s^* 值。以下是一些典型的 s^* 值：单纯激活物为 $8.5s^*$、单纯蛋白酶体为 $18s^*$、带单帽的蛋白酶体-激活物复合物为 $22s^*$；带双帽的蛋白酶体-激活物复合物为 $24s^*$。

三、蛋白酶体激活物 PA200 的纯化与分析

对纯化自牛睾丸组织的一种新蛋白酶体激活物的研究发现，该激活物是分子质量约 200 kDa 的蛋白质单体，因而被称为 PA200（51）。应用生物信息学技术发现 PA200 分子中存在 HEAT 样重复基序，在 19S 调节颗粒的两个亚基 S1 和 S2，以及蛋白酶体调节物 Ecm29 中也存在类似的基序。

免疫荧光研究显示，PA200 定位于 HeLa 细胞的细胞核内。与七聚体 PA28 蛋白酶体激活物相似，PA200 可提高 20S 蛋白酶体对肽的降解效率，但不能促进蛋白酶体对完整蛋白质的降解。PA200 很可能在细胞代谢过程中发挥一种重要的但目前未知的作用，因而有必要对 PA200-蛋白酶体复合物的功能进行更深入的研究。

1. 牛睾丸组织中 PA200 的纯化

通常通过凝胶过滤和随后两轮 DEAE 层析纯化 PA200。在分子质量排阻质谱分析过程中，PA200 从 20S 蛋白酶体上解离下来，并且可被进一步纯化。在纯化过程中应用 Mono-Q 色谱柱和甘油梯度离心技术会使纯化的 PA200 分子更为均一。在整个纯化过程

中，可用 PA200 的特异性抗体（affinity bioreagents，Inc；Golden，CO）进行 Western
印迹检测。

　　冷冻的牛睾丸组织用锤和凿捣碎后，去除最外层的结缔组织（白膜），将剩余组织
切成小块。将 200～600 g 组织块放入 Waring 匀浆器中，加入 2.4 倍体积的匀浆液[0.25%
Triton X-100、10 mmol/L Tris-HCl（pH7.0）、1 mmol/L dithiothreitol（DTT）]，每 50 mL
匀浆液中加入 1 片完全蛋白酶体抑制剂混合物（Roche），组织匀浆液 100 000 g 离心
60 min。用 TSDG 平衡液（10 mmol/L Tris（pH 7.0）、25 mmol/L KCl、10 mmol/L NaCl、
5.5 mmol/L MgCl$_2$、0.1 mmol/L EDTA、1 mmol/L DTT 和 10% 甘油）平衡 500 mL DEAE
650 M 树脂，随后加入匀浆上清使其吸附至树脂上。将树脂装载至 Pharmacia XK50 柱
中，用 1 倍柱体积的 TSDG 洗涤，接着再用 5 倍柱体积的含 0～400 mmol/L KCl 线性梯
度的 TSDG 溶液洗脱样品（每个样品组分收集 15 mL 较为方便）。PA200 在 KCl 浓度为
225 mmol/L 时被洗脱下来，与 20S 蛋白酶体活性基本吻合。

　　合并所有具有 20S 蛋白酶体活性的洗脱组分，用 2 倍体积 TSDG 稀释后上样 100 mL
DEAE 65M 层析柱。层析柱经 100 mL TSDG 清洗后用 1 L 含 0～300 mmol/L KCl 线性梯
度的 TSDG 洗脱样品。每个组分收集 5 mL 样品用于分析 20S 蛋白酶体活性，以及用
Western 印迹法分析 PA200 的分布。PA200 洗脱峰的分布仍然与 20S 蛋白酶体活性高度
一致。将这些洗脱组分合并，加入等体积的 TSDG 稀释，用 20 mL Pharmacia Q-Sepharose
Fast Flow 树脂柱进行浓缩。用 1 倍体积的 TSDG 清洗柱子，用含 750 mmol/L KCl 的
TSDG 洗脱蛋白。将收集的洗脱液（蛋白质浓度<15 mg/mL，蛋白质总量<50 mg）上样
至经 TSDG（含 150 mmol/L KCl）预平衡的 Pharmacia Superdex 200 26/60 柱上。用高盐
洗脱 Q Sepharose 柱和（或）缓慢的凝胶过滤会导致大量 PA200-20S 蛋白酶体复合物解
离，游离的 PA200 分子可以在 20S 蛋白酶体之后的组分中出现

　　从 Superdex 200 柱收集得到的含游离 PA200 的洗脱组分，继续用 1 mL 的 Mono-Q
柱(用含 150 mmol/L KCl 的 TSDG 预平衡)进行纯化。用 20 mL 含 125～500 mmol/L KCl
线性梯度的 TSDG 洗脱样品。每个组分收集 0.25 mL，用 Western 印迹确定 PA200 洗脱
峰的位置。将富含 PA200 的组分合并，在 5%～20%的甘油梯度中 25 000 r/min 离心沉降
19 h。PA200 处于甘油梯度的最底层，而且以单体和二聚体的混合形式存在。甘油梯度
中有几个组分所含的 PA200 纯度大于 90%，纯化的蛋白质保存于–80℃，在 6 个月内蛋
白质活性无显著降低。

2. PA200 的激活分析

　　内源性蛋白酶体活性测定的方法：从纯化分离得到的各个洗脱组分中取 5μL 加入到
100μL 含 100 μmol/L 的 MLLVY-amc、20 mmol/L Tris（pH 7.8）、5 mmol/L MgCl$_2$、
10 mmol/L KCl 和 1 mmol/L DTT 的反应液中，37℃孵育 20 min 后加入 200 μL 乙醇终止
反应。用分光荧光计在激发波长 380 nm、发射波长 440 nm 条件下检测 AMC 的荧光强
度；在激发波长 335 nm、发射波长 410 nm 条件下检测 LLE-β-na 的荧光强度。

　　蛋白酶体激活检测的方法：从洗脱组分中取 5 μL 加入到 100 μL 含 200 ng 纯化的牛
红细胞蛋白酶体和 100μmol/L LLVY-amc 的反应混合液中，孵育 20 min 后加入 200 μL

ETOH 终止反应。纯化 PA200 的结合能力及对蛋白酶体活性的激活能力可以用以下方法分析：将浓度从 145~435 ng 递增的 PA200 与 200 ng 纯化牛红细胞蛋白酶体在室温下孵育 30 min。当 PA200 与 20S 蛋白酶体的摩尔比达到 8∶1 时，PA200 对蛋白酶体的激活活性将达到饱和。

参 考 文 献

1. A. Kohler et al., *Mol. Cell* **7**, 1143(2001).
2. A. F. Kisselev et al., *J. Biol. Chem.* **278**, 35869(2003).
3. K. J. Rodgers, R. T. Dean, *Int. J. Biochem. Cell Biol.* **35**, 716(2003).
4. G. Fuertes, J. J. Martin De Llano, A. Villarroya, A. J. Rivett, E. Knecht, *Biochem. J.* **375**, 75(2003).
5. C. E. Shamu, C. M. Story, T. A. Rapoport, H. L. Ploegh, *J. Cell Biol.* **147**, 45(1999).
6. W. Baumeister, J. Walz, F. Zuhl, E. Seemuller, *Cell* **92**, 367(1998).
7. M. D. Petroski, R. J. Deshaies, *Mol. Cell* **11**, 1435(2003).
8. E. S. Johnson, P. C. Ma, I. M. Ota, A. Varshavsky, *J. Biol. Chem.* **270**, 17442(1995).
9. J. Piotrowski et al., *J. Biol. Chem.* **272**, 23712(1997).
10. J. S. Thrower, L. Hoffman, M. Rechsteiner, C. M. Pickart, *Embo. J.* **19**, 94(2000).
11. S. Raasi, C. M. Pickart, *J. Biol. Chem.* **278**, 8951(2003).
12. T. Yao, R. E. Cohen, *Nature* **419**, 403(2002).
13. M. D. Petroski, R. J. Deshaies, *Methods Enzymol* **398**, 143(2005).
14. R. Verma, H. McDonald, J. R. Yates, 3rd, R. J. Deshaies, *Mol. Cell* **8**, 439(2001).
15. L. Meng et al., *P. Natl. Acad. Sci. USA.* **96**, 10403(1999).
16. A. F. Kisselev, A. L. Goldberg, *Methods Enzymol* **398**, 364(2005).
17. R. Verma, R. Oania, J. Graumann, R. J. Deshaies, *Cell* **118**, 99(2004).
18. C. H. Chung, S. H. Baek, *Biochem. Biophys. Res. Commun.* **266**, 633(1999).
19. R. Verma et al., *Science* **298**, 611(2002).
20. T. van Daalen Wetters, M. Macrae, M. Brabant, A. Sittler, P. Coffino, *Mol. Cell Biol.* **9**, 5484(1989).
21. L. Ghoda, T. van Daalen Wetters, M. Macrae, D. Ascherman, P. Coffino, *Science* **243**, 1493(1989).
22. M. Gupta, P. Coffino, *J. Biol. Chem.* **260**, 2941(1985).
23. T. Suzuki, A. Varshavsky, *EMBO. J.* **18**, 6017(1999).
24. M. Sudol, T. Hunter, *Cell* **103**, 1001(2000).
25. M. Scheffner, *Pharmacol Ther.* **78**, 129(1998).
26. J. Neefjes, N. P. Dantuma, *Nat. Rev. Drug Discov.* **3**, 58(2004).
27. X. Li et al., *J. Biol. Chem.* **274**, 21244(1999).
28. F. Hernandez, M. Diaz-Hernandez, J. Avila, J. J. Lucas, *Trends Neurosci.* **27**, 66(2004).
29. T. Gilon, O. Chomsky, R. G. Kulka, *EMBO. J.* **17**, 2759(1998).
30. T. Gilon, O. Chomsky, R. G. Kulka, *Mol. Cell Biol.* **20**, 7214(2000).
31. U. Lenk et al., *J. Cell Sci.* **115**, 3007(2002).
32. M. G. Masucci, N. P. Dantuma, *Nat. Biotechnol.* **18**, 807(2000).
33. E. J. Bennett, N. F. Bence, R. Jayakumar, R. R. Kopito, *Mol. Cell* **17**, 351(2005).
34. G. D. Luker, C. M. Pica, J. Song, K. E. Luker, D. Piwnica-Worms, *Nat. Med.* **9**, 969(2003).
35. G. D. Luker et al., *P. Natl. Acad. Sci. USA.* **99**, 6961(2002).
36. R. Weissleder et al., *Nat. Med.* **6**, 351(2000).
37. T. R. Chaudhuri, B. E. Rogers, D. J. Buchsbaum, J. M. Mountz, K. R. Zinn, *Gynecol. Oncol.* **83**, 432(2001).
38. D. C. MacLaren et al., *Gene. Ther.* **6**, 785(1999).
39. V. Sharma, G. D. Luker, D. Piwnica-Worms, *J. Magn. Reson. Imaging* **16**, 336(2002).
40. J. H. Stack, M. Whitney, S. M. Rodems, B. A. Pollok, *Nat. Biotechnol.* **18**, 1298(2000).

41. A. F. Kisselev, A. L. Goldberg, *Chem. Biol.* **8**, 739(2001).

42. M. Karin, Y. Ben-Neriah, *Annu. Rev. Immunol.* **18**, 621(2000).

43. C. R. Robinson, R. T. Sauer, *P. Natl. Acad. Sci. USA.* **95**, 5929(1998).

44. E. A. Reits, J. J. Neefjes, *Nat. Cell Biol.* **3**, E145(2001).

45. S. J. Russell, K. A. Steger, S. A. Johnston, *J. Biol. Chem.* **274**, 21943(1999).

46. S. B. Qian, D. E. Ott, U. Schubert, J. R. Bennink, J. W. Yewdell, *J. Biol. Chem.* **277**, 38818(2002).

47. G. H. Patterson, J. Lippincott-Schwartz, *Science* **297**, 1873(2002).

48. S. Elsasser *et al.*, *Nat. Cell Biol.* **4**, 725(2002).

49. D. Voges, P. Zwickl, W. Baumeister, *Annu. Rev. Biochem.* **68**, 1015(1999).

50. G. N. DeMartino, C. A. Slaughter, *J. Biol. Chem.* **274**, 22123(1999).

51. V. Ustrell, L. Hoffman, G. Pratt, M. Rechsteiner, *EMBO. J.* **21**, 3516(2002).

52. W. Dubiel, G. Pratt, K. Ferrell, M. Rechsteiner, *J. Biol. Chem.* **267**, 22369(1992).

53. C. P. Hill, E. I. Masters, F. G. Whitby, *Curr. Top Microbiol. Immunol.* **268**, 73(2002).

54. C. P. Ma, C. A. Slaughter, G. N. DeMartino, *J. Biol. Chem.* **267**, 10515(1992).

55. X. B. Qiu, A. L. Goldberg, *P. Natl. Acad. Sci. USA.* **99**, 14843(2002).

56. R. Verma *et al.*, *Mol. Biol. Cell* **11**, 3425(2000).

57. G. N. DeMartino, *Methods Enzymol* **398**, 295(2005).

58. M. Groll, R. Huber, *Methods Enzymol* **398**, 329(2005).

59. Y. Hirano, S. Murata, K. Tanaka, *Methods Enzymol* **399**, 227(2005).

60. D. S. Leggett, M. H. Glickman, D. Finley, *Methods Mol. Biol.* **301**, 57(2005).

61. Y. Yao *et al.*, *J. Biol. Chem.* **274**, 33921(1999).

62. C. Realini *et al.*, *J. Biol. Chem.* **272**, 25483(1997).

63. J. Li *et al.*, *EMBO. J.* **20**, 3359(2001).

64. Z. Zhang, C. Realini, A. Clawson, S. Endicott, M. Rechsteiner, *J. Biol. Chem.* **273**, 9501(1998).

65. J. D. Mott *et al.*, *J. Biol. Chem.* **269**, 31466(1994).

66. X. Song, J. von Kampen, C. A. Slaughter, G. N. DeMartino, *J. Biol. Chem.* **272**, 27994(1997).

67. Z. Zhang, A. Clawson, M. Rechsteiner, *J. Biol. Chem.* **273**, 30660(1998).

68. Z. Zhang *et al.*, *Biochemistry* **38**, 5651(1999).

69. Z. Zhang *et al.*, *P. Natl. Acad. Sci. USA.* **95**, 2807(1998).

70. J. S. Philo, *Anal. Biochem.* **279**, 151(2000).

（刘　萱　曹　诚　姜天霞　邱小波　刘翠华　缪时瑛　王琳芳）

第二十章 泛素-蛋白酶体通路与药物研发

本章概述了几种主要的抑制泛素-蛋白酶体通路的药物及其作用机制，阐述了设计抑制药物筛选模型的关键问题和采用的策略。然后根据泛素-蛋白酶体通路的不同靶点，系统而全面地介绍成功的筛选实验设计与步骤，力图使读者了解相关的基础知识和国际前沿进展，拓展读者的视野。由于篇幅限制，本书无法系统介绍化学合成与药物筛选的理论和技术，读者可参考相关的专论。

第一节 概　　述

细胞内蛋白质代谢的平衡对于维持正常细胞的生理功能起着至关重要的调节作用。在正常细胞内，数万种蛋白质的精确合成和降解形成了蛋白质代谢的动态平衡。泛素蛋白酶体系统（ubiquitin-proteasome system，UPS）是负责细胞内环境蛋白质代谢稳定的主要清理系统（1），通过控制细胞内 80%～90% 的蛋白质的降解，进而调控一系列关键生理过程，如细胞周期进程、DNA 损失应答、信号转导、基因组稳定性、细胞凋亡、肿瘤发生等，因此泛素蛋白酶体系统的异常调节往往导致多种人类疾病的发生，如肿瘤、神经性疾病（阿尔茨海默病、帕金森病等）和病毒感染等。

蛋白质泛素化修饰和类泛素化修饰是一种重要的，也是普遍存在的翻译后修饰，通过调节蛋白质的稳定性、活性、细胞内定位等方式，广泛参与生理过程的调节。蛋白质泛素化修饰和类泛素化修饰一般通过三级酶促反应完成。首先，由 76 个氨基酸组成的泛素分子在 ATP 存在的情况下，被泛素激活酶激活；然后，激活的泛素分子被转移到泛素耦合酶上；最后，泛素连接酶识别特异的蛋白质底物，并把泛素分子共价结合在底物的赖氨酸上。泛素分子本身含有 7 个赖氨酸及羧基端的甲硫氨酸，又能作为下一个泛素分子结合的受体，共价结合一个新的泛素分子，这样重复进行多次该酶促反应，就可以给蛋白质底物加上一条由多个泛素分子组成的长链，此过程被称为多泛素化过程。最终，发生多泛素化的蛋白质被 26S 蛋白酶体识别并降解（图 20-1）（1）。人类基因组总共编码 17 种类泛素分子，对应 17 种类泛素化修饰过程，其中研究比较清楚的包括拟素化修饰和相素化修饰（2）。

细胞通过精确调节细胞周期蛋白（Cyclin B、Cyclin D、Cyclin E 等）和细胞周期抑制因子（p21、p27 等）的降解维持细胞周期有序进行，而泛素蛋白酶体系统的异常，如泛素连接酶 Skp2 的过度活化导致 p21 和 p27 异常降解，或者如泛素连接酶 FBXW7 的突变失活导致 Cyclin E 的积累，都可引起细胞周期进程调节失控、细胞无节制的增生或者有利于细胞逃避程序性死亡，从而导致肿瘤的发生。因此，靶向泛素蛋白酶体系统被认为是一条有效的抗肿瘤途径，特别是蛋白酶体的通用抑制剂硼替佐米（Bortezomib）于 2003 年被美国 FDA 批准治疗多发性骨髓瘤（multiple myeloma），充分证明了泛素蛋白酶体系统是有效的抗肿瘤靶点（3）。科学家 Aaron Ciechanover、Avram Hershko 和 Irwin Rose 也因发现泛素蛋白酶体系统的突出贡献而获得 2004 年的诺贝尔化学奖。

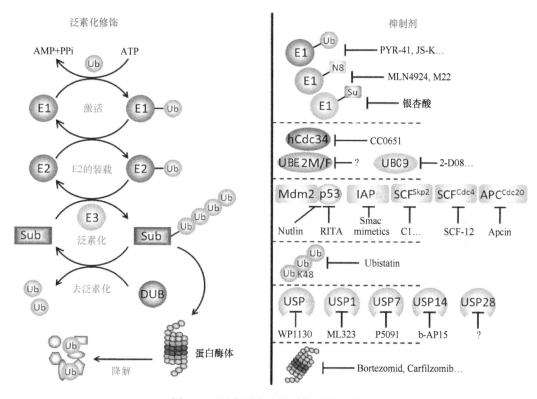

图 20-1　泛素蛋白酶体系统及其抑制剂

　　虽然抑制剂硼替佐米在临床中治疗多发性骨髓瘤和外套细胞淋巴瘤（mantle cell lymphoma）取得了成功，但是仍然存在如下几个方面的问题：①由于硼替佐米通过抑制 26S 蛋白酶体的催化亚基，从而抑制了整个泛素蛋白酶体系统，因此也抑制正常细胞的蛋白质降解，无疑具有较大的毒副作用；②仍有较大部分的骨髓瘤患者对硼替佐米的治疗无明显疗效；③大部分的骨髓瘤患者经硼替佐米治疗后产生耐药；④尽管有 700 多项关于硼替佐米单独或与其他抗癌药物联合治疗多种类型肿瘤（包括实体肿瘤）的临床试验正在进行（4），但目前还是没有任何一种方案被美国 FDA 批准。因此，寻找更加特异的药物靶点（如肿瘤细胞中特异高表达的泛素连接酶），并基于此靶点进行抗肿瘤药物设计或筛选，以及进一步优化靶向 26S 蛋白酶体的药物研发，将有望克服硼替佐米的不足或耐药问题，更好地造福肿瘤患者。本章将分别阐述组成泛素蛋白酶体系统的泛素激活酶、泛素耦合酶、泛素连接酶、DUB 和蛋白酶体作为抗肿瘤药物靶点的潜力及目前小分子抑制剂的研究情况（图 20-1），以及目前常用的靶向泛素蛋白酶体系统的药物筛选方法。

第二节　靶向泛素-蛋白酶体系统的小分子抑制剂

一、靶向泛素激活酶的抑制剂

泛素激活酶以 ATP 依赖的形式催化泛素化修饰（ubiquitination）的第一步（图 20-1）。泛素激活酶结合 ATP，催化泛素分子羧基末端的甘氨酸腺苷酸化，并与自己催化中心的半胱氨酸形成共价的硫酯键。随后，泛素激活酶结合第 2 个 ATP 和泛素分子，形成一个三元复合物，最后将硫酯键结合的泛素分子转移到泛素耦合酶上（5）。通过分析泛素激活酶激活泛素分子的生化特征，可以得出三个潜在药物设计的靶点：①类似常见的蛋白激酶（kinase）抑制剂，设计或筛选与 ATP 竞争结合的小分子抑制剂阻断泛素激活酶和ATP 结合；②靶向失活泛素激活酶活性中心的巯基，从而阻止泛素激活酶-Ub 复合物的形成；③阻断泛素激活酶和泛素耦合酶的相互作用（3）。由于人类基因组只编码 2 个泛素激活酶（UBA1 和 UBA6），泛素激活酶抑制剂一般可以抑制整个泛素化修饰通路，故一般认为泛素激活酶抑制剂为非特异的，其抑制效果原则上超过蛋白酶体的抑制剂，同样也具有更大的潜在毒性。

（一）靶向泛素激活酶的抑制剂

目前已发现数个抑制泛素激活酶的抑制剂。PYR-41（图 20-2A）是第一个发现的不可逆的泛素激活酶抑制剂（6）。它是以泛素连接酶 MDM2 为靶点、稳定和激活其靶蛋白 p53 为筛选信号（readout），通过体外高通量筛选化合物库而得到的。PYR-41 利用其呋喃环上的二氧化氮基团共价修饰泛素激活酶的催化活性位点的半胱氨酸，阻断 E1-Ub复合物的形成。有趣的是，PYR-41 并不影响其他很多包括泛素耦合酶在内的依赖于巯基为其催化活性的酶。作用机制方面，PYR-41 主要通过抑制 NF-κB 信号通路和激活 p53实现其抗肿瘤作用（6）。一氧化氮前体药 JS-K（图 20-2B）也能通过一氧化氮与 E1 催化活性中心的巯基相互作用从而抑制 E1-Ub 复合物的形成，其生物学效应主要通过降低总体多泛素化蛋白水平、稳定和激活 p53 来实现（7）。NSC624206（图 20-2C）则是通过筛选 p27 抑制剂时得到的另一个可以抑制泛素分子与泛素激活酶之间硫酯键形成的泛素激活酶抑制剂（8）。小分子化合物 PYZD-4409（图 20-2D）也能阻断 E1-Ub 复合物的形成，并引发内质网应激（ER stress），从而诱导白血病（leukemia）细胞死亡。体内白血病小鼠模型验证了其抑制肿瘤生成的作用，提示泛素激活酶抑制剂治疗恶性血液性肿瘤具有潜在的可能（9）。

目前总共报道了 5 种天然产物可以抑制泛素激活酶的活性：Panapophenanthrine、Himeic acid A、Largazole、Hyrtioreticulin A 和 B。它们通过不同的方式阻断泛素激活酶-Ub 复合物的形成：Panapophenanthrine 阻断泛素激活酶与泛素分子结合；Himeic acid A抑制泛素激活酶与泛素分子之间硫酯键的形成；Largazole 和其衍生物则特异性抑制泛素激活酶催化的腺苷酰（化）作用过程，而对泛素激活酶与泛素分子之间形成硫酯键没有影响；Hyrtioreticulin A 和 B 不影响泛素激活酶与泛素分子结合。

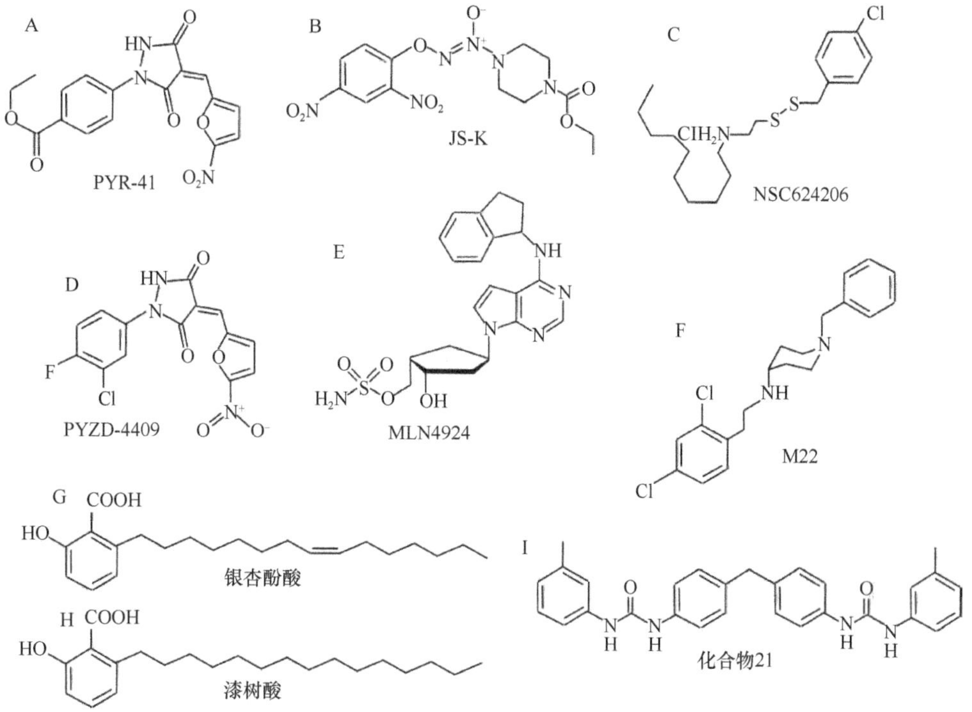

图 20-2　靶向泛素激活酶的抑制剂

（二）靶向拟素化修饰泛素激活酶的抑制剂

蛋白质的拟素化修饰是研究得比较清楚的一种类泛素化修饰。类似泛素化修饰也是通过三级酶促反应（泛素激活酶-NAE、泛素耦合酶、泛素连接酶）把 NEDD8 分子共价结合至其底物蛋白上，从而调节底物蛋白的活性和稳定性。成熟的 NEDD8 分子也包括 76 个氨基酸，其与泛素分子（Ub）氨基酸序列有 60% 相同、80% 同源。拟素化修饰最重要的生理底物是 Cullin 蛋白家族，Cullin 蛋白分子的拟素化修饰是所有 CRL 泛素连接酶（Cullin-RING ligase）活性所必需的（5，10），因此，抑制拟素化修饰就能抑制整个 CRL 泛素连接酶的活性。

MLN4924（图 20-2E）是第一个发现的、正在进行临床试验的 NAE 抑制剂，其选择性抑制 NAE，而对泛素激活酶没有抑制作用（11）。人类基因组只编码一个拟素化修饰泛素激活酶（APPBP1/UBA3），因此它可以抑制整个拟素化修饰。MLN4924 是美国千禧制药公司（Millennium Pharmaceuticals，Inc.，硼替佐米也由此公司研发）通过高通量筛选方法而得到的，是腺苷氨基磺酸盐衍生物。结构生物学分析表明，MLN4924 被NAE 催化形成一个共价的 NEDD8-MLN4924 加合物（adduct），NEDD8-MLN4924 是 NEDD8-AMP（NAE 催化的正常产物）的类似物，但不能被后续的酶促反应利用，因此 NEDD8-MLN4924 稳定结合在 NAE 的活性位点，从而抑制 NAE 的活性（12）。由于拟素化修饰目前只发现一个 NAE，理论上 MLN4924 可以抑制整个拟素化修饰。MLN4924 通过抑制 Cullin 蛋白家族的拟素化修饰，从而抑制所有 CRL 泛素连接酶的活性，导致大量 CRL 泛素连接酶的底物积累，引起肿瘤细胞凋亡、衰老和自噬，达到抑制肿瘤细胞增殖的效果（10）。由于其在细胞、小鼠模型水平具有明显的抗肿瘤效果，目前 MLN4924 正针对一系列的恶性血液病和实体肿瘤进行临床 Ⅰ/Ⅱ 期试验（表 20-1）（10，13），提示拟素化修饰是一个理想的抗肿瘤靶点。

表 20-1　MLN4924 临床试验（10）

临床试验编号	临床阶段	肿瘤类型	起始时间	联合用药
NCT00677170	1	晚期 非血液性恶性肿瘤	2008 年 5 月	单独
NCT00722488	1	HM，MM，HL， 淋巴瘤	2008 年 7 月	单独
NCT00911066	1	AML，ALL，MS	2009 年 5 月	单独 与 Azacitidine 联合
NCT01011530	1	转移型黑色素瘤	2009 年 11 月	单独
NCT01415765	1/2	肥大 B 细胞淋巴瘤	2011 年 8 月	单独 与标准 EPOCH-R 联合化疗
NCT01862328	1b	实体瘤	2013 年 5 月	与 docetaxel 联合 与 gemcitabine 联合 与 carboplatin+paclitaxel 联合
NCT01814826	1b	AML	2013 年 3 月	与 azacitidine 联合

注：HM，血液系统恶性肿瘤；MM，多发性骨髓瘤；HL，霍奇金淋巴瘤；AML，急性髓性白血病；ALL，急性淋巴细胞白血病；MS，骨髓增生异常综合征。

此外，一种环金属铑（Ⅲ）复合物[cyclometallated rhodium (Ⅲ) complex]也可以通过类似 MLN4924 的方式抑制 NAE。M22（图 20-2F）是基于 NAE 的活性位点的结构进行虚拟筛选获得的 NAE 抑制剂（14）。天然化合物去氧鸭嘴花酮碱共轭二肽衍生物通过阻断 ATP 结合功能域可能成为 NAE 的非共价竞争抑制剂。

（三）靶向相素化修饰 E1 的抑制剂

蛋白质的相素化修饰是研究得比较清楚的另一种类泛素化修饰，与拟素化修饰一样，它也只包括一个异聚体的 E1（SAE1/UBA2）。相素化修饰控制一系列与细胞周期、转录、DNA 修复和先天免疫相关重要蛋白质的活性、细胞内的位置和稳定性。银杏酚酸（ginkgolic acid）（图 20-2G）和其类似物漆树酸（anacardic acid）（图 20-2H）是最早报道可以抑制蛋白质相素化修饰而不影响泛素化修饰的小分子抑制剂。生物化学实验分析发现银杏酚酸可以直接结合相素化 E1，从而阻断 E1-相素中间体的形成（15）。kerriamycin B 是从放线菌中提取的一种抗生素，它可以阻断 E1-相素中间体的形成，但作用机制尚不清楚。化合物 21（compound 21）（图 20-2I）则是基于结构信息的虚拟筛选（structure-based virtual screening）获得的，它可以抑制相素-1 和 E1 之间硫酯键的形成（16）。Davidiin 是从植物中纯化得到的天然产物，它通过抑制 E1-相素中间体的形成，从而抑制相素化修饰。丹宁酸（tannic acid）是以相素化修饰控制下游基因表达的表型为筛选方式获得的对细胞无毒的 E1 抑制剂，它也抑制相素-1 和 E1 之间硫酯键的形成。

二、靶向泛素耦合酶的抑制剂

泛素化修饰第二步由泛素耦合酶催化（图 20-1），人类基因组编码 38 个泛素耦合酶，其他类泛素化修饰有其独特的耦合酶，如 UBE2M/F 和 UBE2I（UBC9）分别是拟素化和相素化的耦合酶。不少报道揭示耦合酶的异常与肿瘤和其他疾病密切相关，其例子包括：①UBE2Q2 在头和颈鳞状细胞癌，特别是喉咽癌中高表达，并与抗癌药物顺铂或紫杉醇的敏感性负相关；②UBE2T 在肺癌组织和细胞系高表达，并能明显促进细胞锚定非依赖性的生长（anchorage-independent），提示其表达与肿瘤恶性特征相关；③UBE2C 在多种肿瘤类型中高表达并与肿瘤的进程相关，*Ube2C* 的转基因小鼠模型进一步证明了 UBE2C 过表达导致染色体不稳定和肿瘤发生，提示其具有原癌基因特性。因此，泛素耦合酶有望成为抗肿瘤药物设计的靶点。

泛素耦合酶作为一个中间桥梁负责接收来自泛素激活酶的泛素分子，并把激活的泛素分子传递到 HECT 泛素连接酶上或协同 RING 泛素连接酶共价结合到需要修饰的底物上。因此，针对泛素耦合酶有三个潜在药物设计的靶点：①阻断泛素激活酶和泛素耦合酶的相互作用；②靶向失活泛素耦合酶活性中心的巯基，从而阻止泛素耦合酶-Ub复合物的形成；③阻断泛素耦合酶和泛素连接酶的相互作用。一个泛素耦合酶可以分别和多个泛素连接酶相互作用催化不同的底物泛素化修饰，因此普遍认为靶向泛素耦合酶-泛素连接酶比靶向 E1-泛素耦合酶和泛素耦合酶-Ub 更具特异性。但是，目前靶向泛素耦合酶-泛素连接酶最大的挑战是：同一个泛素耦合酶如何识别不同的泛素连接酶、其结构基础是什么。

（一）靶向泛素耦合酶的抑制剂

CC0651（图 20-3A）是第一个靶向泛素耦合酶的小分子变构抑制剂，特异靶向泛素耦合酶 UBE2R1/hCdc34 泛素耦合酶。它以泛素化修饰的三级酶促反应为靶点，以 p27 体外泛素化修饰为筛选信号，通过体外高通量筛选而获得（*17*）。结构生物学分析发现 CC0651 插入远离 hCdc34 催化位点的一个隐形结合口袋，促使 hCdc34 二级结构元件大规模精准地转位。hCdc34 空间结构的变构至少影响三个方面：①泛素耦合酶与泛素激活酶的结合；②泛素耦合酶的催化活性；③泛素耦合酶与泛素连接酶/底物的结合。生物学效应方面，CC0651 通过稳定 p27 抑制肿瘤的增殖（*17*）。CC0651的成功实例提示针对其他的泛素耦合酶也可以采用相似的策略筛选或设计小分子抑制剂。

天然产物 Leucettamol A（图 20-3B）（*18*）、Manadosterol A（图 20-3C）和 B（*19*）抑制 UBC13 和 UEV1A 相互作用，从而抑制异源二聚体 UBC13-UEV1A 泛素耦合酶的活性。UBC13-UEV1A 泛素耦合酶负责催化形成 K63 多泛素链，与 K48 或 K11 多泛素链不同，K63 多泛素链修饰往往调节蛋白质底物的活性而非蛋白酶体降解。K63 多聚泛素链是调节 NF-κB 信号通路活性的一种重要方式，因此靶向 UBC13-UEV1A 泛素耦合酶可以从另一个角度抑制 NF-κB 信号通路活性，从而抑制肿瘤细胞的生成。

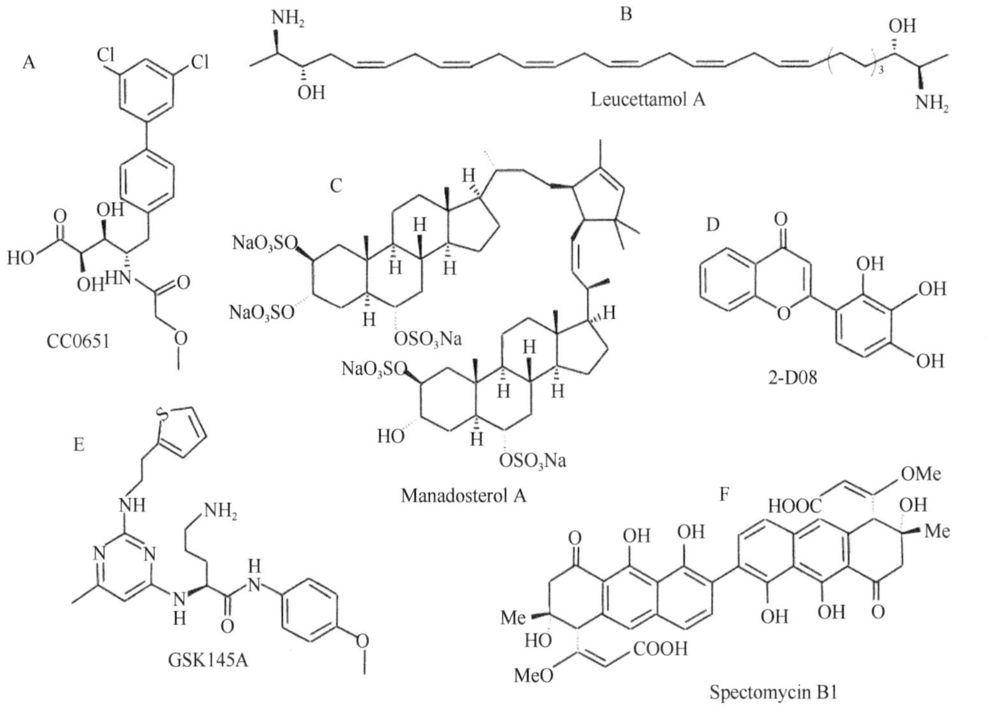

图 20-3　靶向泛素耦合酶的抑制剂

（二）靶向拟素化修饰 E2 的抑制剂

人类基因组总共编码 2 个 E2 负责蛋白质的拟素化修饰：UBE2M（UBC12）和 UBE2F。UBE2M 和 UBE2F 在非小细胞肺癌中均高表达，并与患者的不良预后呈正相关，此外，UBE2M 在结直肠癌、恶性胶质瘤、食管癌等肿瘤组织中高表达，并与患者的不良预后呈正相关，提示它们作为抗肿瘤靶点的潜力。虽然目前尚无靶向 UBE2M/UBE2F 的小分子抑制剂，但是以下几点都提示拟素化修饰的 E2 将是一个理想的抗肿瘤药物靶点：①合成多肽 UBC12N26 可以与 UBC12 竞争结合 NAE，从而抑制 Cullin 的拟素化修饰；②拟素化修饰 E1 小分子抑制剂 MLN4924 的成功；③负责拟素化修饰的 E2 只有 2 个；④UBE2M/UBE2F 在肿瘤组织中高表达并与患者的不良预后呈正相关的特性；⑤UBE2M 与 E3 DCN1/RBX1 复合物的晶体结构显示 DCN1 蛋白中有一个与 UBE2M 结合的疏水性口袋非常适合设计小分子抑制剂（20，21）。

（三）靶向相素化修饰 E2 的抑制剂

人类基因组只编码 1 个 E2 负责蛋白质的相素化修饰——UBE2I（UBC9），因此，理论上靶向抑制 UBC9 可以抑制整个相素化修饰。UBC9 在多发性骨髓瘤、黑素瘤、结肠癌、乳腺癌、前列腺癌等肿瘤组织相对于正常组织/癌旁组织高表达，且与肿瘤细胞对于抗癌药物的细胞毒性的敏感性及预后相关。骨髓瘤患者经骨髓移植后，UBC9 低表达的患者 6 年存活比例（80%）明显高于 UBC9 高表达的患者（45%）。此外，也有研究证明相素化修饰是原癌基因 *Myc* 诱发肿瘤发生所必需的。所有这些发现都提示 UBC9 将是一个不错的抗肿瘤药物靶点。目前已经报道了 3 个 UBC9 的抑制剂：2-D08、GSK145A 和 Spectomycin B1。2-D08（图 20-3D）是基于多肽体外相素化修饰后在毛细管电泳中迁移速度不同的中等通量筛选体系获得的 UBC9 抑制剂，2-D08 主要通过阻断相素-1 分子从 UBC9 转移到底物达到抑制相素化修饰的效果（22）。GSK145A（图 20-3E）则是基于带荧光素的多肽体外相素化修饰后产生荧光能量共振转移（forster resonance energy transfer，FRET）的高通量筛选体系获得的 UBC9 抑制剂。通过结构比对，发现 GSK145A 的结构与 UBC9 的底物 TRPS1 上被 UBC9 识别的位点类似，因此 GSK145A 充当一个 UBC9 的竞争底物，从而抑制其底物的相素化修饰（23）。Spectomycin B1（图 20-3F）是利用细胞原位筛选系统筛得的，属于抗生素类天然产物。它直接结合 UBC9，并选择性抑制 E2-相素中间体的形成（24）。

三、靶向泛素连接酶的抑制剂

蛋白质泛素化修饰的最后一步由泛素连接酶负责完成：泛素连接酶特异识别特异底物，从泛素耦合酶上转移泛素分子，并共价结合到底物的赖氨酸上（图 20-1）。人类基因组编码超过 600 个泛素连接酶，特异识别细胞内成千上万需要泛素化修饰的蛋白质，因此靶向泛素连接酶被广泛认为是筛选或设计高效低毒的抗肿瘤药物最佳的策略，特别是针对肿瘤组织中特异高表达、具有原癌基因特性的泛素连接酶。相对于靶向蛋白酶体的通用抑制剂硼替佐米或泛素激活酶、泛素耦合酶抑制剂，靶向泛素连接酶的抑制剂在抗肿瘤方面具有更大的治疗窗口（相对于正常的组织），特别是目前硼替佐米在治疗实体肿瘤方面的限制，靶向肿瘤组织中特异高表达的泛素连接酶有望在这方面取得突破。

针对泛素连接酶有三个潜在药物设计的靶点：①阻断泛素连接酶和泛素耦合酶的相互作用；②靶向失活泛素连接酶；③阻断泛素连接酶与底物的相互作用。根据泛素连接酶的结构和生化特征，600 多种可以大致分成两大类：HECT 泛素连接酶和 RING 泛素连接酶。RING 泛素连接酶又可以分为 4 小类：单蛋白分子 RING 泛素连接酶、CRL 泛素连接酶复合物（Cullin-RING ligase）、APC/C 泛素连接酶复合物和 U-box 泛素连接酶。因此，靶向失活泛素连接酶，需根据不同的泛素连接酶的结构和生化特征而采用不同的策略。鉴于 HECT 泛素连接酶从泛素耦合酶转移泛素分子到底物过程需先将泛素分子通过硫酯键共价结合到自己的催化活性中心，因此靶向 HECT 泛素连接酶可以考虑失活其活性中心的巯基。而针对最大泛素连接酶超家族 CRL 泛素连接酶复合物（超过 400 种）则有更多可以靶向的位点（图 20-4），包括：①Cullin 分子的拟素化修饰是所有 CRL 酶活所必需的，因此该过程是最受追捧的靶点。拟素化修饰泛素激活酶（NAE）的小分子抑制剂 MLN4924 的成功证明拟素化修饰的泛素激活酶、泛素耦合酶和泛素连接酶都是抗肿瘤的靶点。②靶向小分子 RING 蛋白与 Cullin 分子的相互作用。RING 蛋白负责招募泛素耦合酶，并转移泛素分子到底物上，RING 蛋白与 Cullin 分子羧基端的相互作用是保持 CRL 泛素连接酶核心酶活的关键。400 多种 CRL 泛素连接酶复合物仅分享 2 个小分子 RING 蛋白 Rbx1 和 Rbx2，为靶向小分子抑制剂的筛选和设计提供了便利。③靶向接头蛋白（adaptor）与 Cullin 分子的相互作用。不同的 Cullin 分子（Cul1/2/3/4A/4B/5/7/9）

通过自己特异的接头蛋白，在氨基端结合一类底物识别受体，因此此类抑制剂可以特异失活同一类 CRL 泛素连接酶，比如分离 Skp1 和 Cul1 相互作用的抑制剂可以抑制所有的 CRL1 泛素连接酶（也叫 SCF 泛素连接酶）。④靶向接头蛋白与底物识别受体的相互作用。此类抑制剂可以特异失活某个 CRL 泛素连接酶，比如小分子抑制 SMER3 可以阻断 Skp1 和 Met30 相互作用，从而失活 SCF^{Met30} 泛素连接酶复合物。⑤靶向底物识别受体与底物的相互作用。此类抑制剂可以特异抑制某个底物的泛素化，具有最高的特异性，比如 SCF-12 可以阻断 F-box Cdc4 和其底物 pSic1，从而抑制 SCF^{Cdc4} 对 pSic1 的降解。

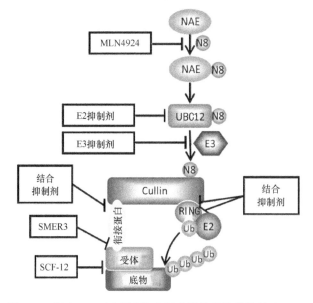

图 20-4　靶向 CRL 泛素连接酶超家族的药物设计策略（5）

（一）靶向 MDM2 的抑制剂

MDM2 是一种 RING 泛素连接酶，主要负责重要抑癌蛋白 p53 的泛素化降解。约有一半人类肿瘤组织中存在 p53 缺失或突变，另一半的肿瘤组织带有野生型的 p53。带有野生型 p53 的组织往往由于 MDM2 的高表达而使 p53 被维持在一个很低的水平，因此靶向抑制 MDM2、稳定并激活 p53 被认为是治疗带有野生型 p53 肿瘤的有效途径。目前已经有 6 个针对一系列恶性实体肿瘤和血液病的 MDM2 小分子抑制剂进入临床试验阶段（表 20-2）（13）。

Nutlin 是第一个选择性特异靶向 MDM2-p53 相互作用的小分子抑制剂（25）。MDM2-p53 复合物的晶体结构显示 MDM2 拥有一个相对深的疏水性口袋结合 p53 的 3 个氨基酸（F19、W23 和 L26），这种疏水性结合口袋非常利于设计小分子化合物阻断 MDM2-p53 的相互作用，从而稳定 p53。Nutlin（图 20-5A）就是基于此原理设计并合成得到的。生物学效应方面，Nutlin 诱导 p53 依赖的肿瘤细胞的周期阻滞、凋亡和衰老，更重要的是体内异种移植裸鼠肿瘤模型显示 Nutlin 具有明显的抗肿瘤效果且对正常组织无明显的毒性（25）。鉴于良好的预临床结果，Nutlin 3A/R7112（RO5045337）正对多种实体肿瘤和白血病进行临床 I 期试验。

表 20-2　靶向 MDM2-p53 相互作用进入临床试验的抑制剂（13）

药物名称	家族结构	结合类型	肿瘤类型	给药途径	临床阶段
Mk-8242	Nutlin	可逆	白血病急性髓性 前列腺癌 软组织肉瘤 非特异性固体瘤 非霍奇金淋巴瘤	口服	1
SAR-405838	Spirooxindole	可逆	霍奇金淋巴瘤 软组织肉瘤 非特异性固体瘤	口服	1
APG-115/AA-115	不明	非特异	晚期实体瘤 淋巴瘤	口服	1
RO-5045337	Nutlin	可逆	晚期实体瘤 白血病	口服	1
RO-5503781	Nutlin	可逆	白血病急性随性 前列腺癌 非特异性固体瘤 非霍奇金淋巴瘤	口服	1
DS-3032	Imidazothiazole	非特异	霍奇金淋巴瘤 黑色素瘤 非特异性固体瘤	口服	1
CGM-097	不明	非特异	晚期实体瘤 对此标准疗法无反应的患者	口服	1

RITA（图 20-5B）是基于成对结肠癌细胞系 HCT116 p53$^{+/+}$和 p53$^{-/-}$对小分子抑制剂敏感性不同，对美国国立癌症研究所（NCI）化合物库进行筛选获得的 p53 稳定剂（26）。机制研究表明 RITA 与 p53 结合，引起 p53 空间构象的变化，阻断了 MDM2 对 p53 的识别，从而抑制了 p53 的泛素化降解。生物学效应方面，RITA 诱导 p53 依赖的肿瘤细胞的凋亡，而对正常细胞无影响，体内异种移植裸鼠肿瘤模型也显示 RITA 对 HCT116 p53$^{+/+}$具有明显的肿瘤抑制效果而对 HCT116 p53$^{-/-}$的肿瘤生长影响不大（26）。

HLI98 小分子家族（HLI98C、HLI98D 和 HLI98E）（图 20-5C）是以 MDM2 自身多泛素化为靶点，通过高通量筛选化合物库获得的。它们直接靶向 MDM2 的泛素连接酶的酶活性，从而稳定了 p53（27）。5-deazaflavin 的类似物（图 20-5D）直接结合 MDM2 的 RING 结构域、失活 MDM2 的泛素连接酶活性，从而稳定 p53（28）。MDM2 其他的抑制剂包括 Nutlin 的类似物 L2、MI-43、MI-63、MI-219、MI-77301、NVP-CGM097、JNJ-26854165（Serdemetan）、吡咯烷酮的衍生物（pyrrolidone）、基于异吲哚酮支架的化合物（Isoindolinone）、MITA（NSC162908）、NSC333003、甲苯并呋喃-5-胺（Methylbenzonaphthyridin-5-amine，MBNA：SID 174333115、SID 17431609 和 SID 24790995）、基于吡咯啉嘧啶支架的化合物（pyrrolopyrimidine）、1,4-二氮杂（1,4-diazepine）、基于 Benzodiazepinedione 支架的化合物（TDP222669）、硫代-苯二氮杂草（Thio-benzodiazepine）、咪唑啉的衍生物（Imidazoline）、脱氢细格菌素（Dehydroaltenusin）、利索宁 B（Lissoclinidine B）、常绿钩吻碱（Sempervirine）、氯福素（Chlorofusin）、已糖酸（Hexylitaconic acid）、银胶菊内脂（Parthenolide）、黄连素（Berberine）、甲酰胺 D（Hoiamide D），它们大部分是基于高通量的筛选化合物库，或基于 MDM2-p53 复合物晶体结构设计和筛选的。

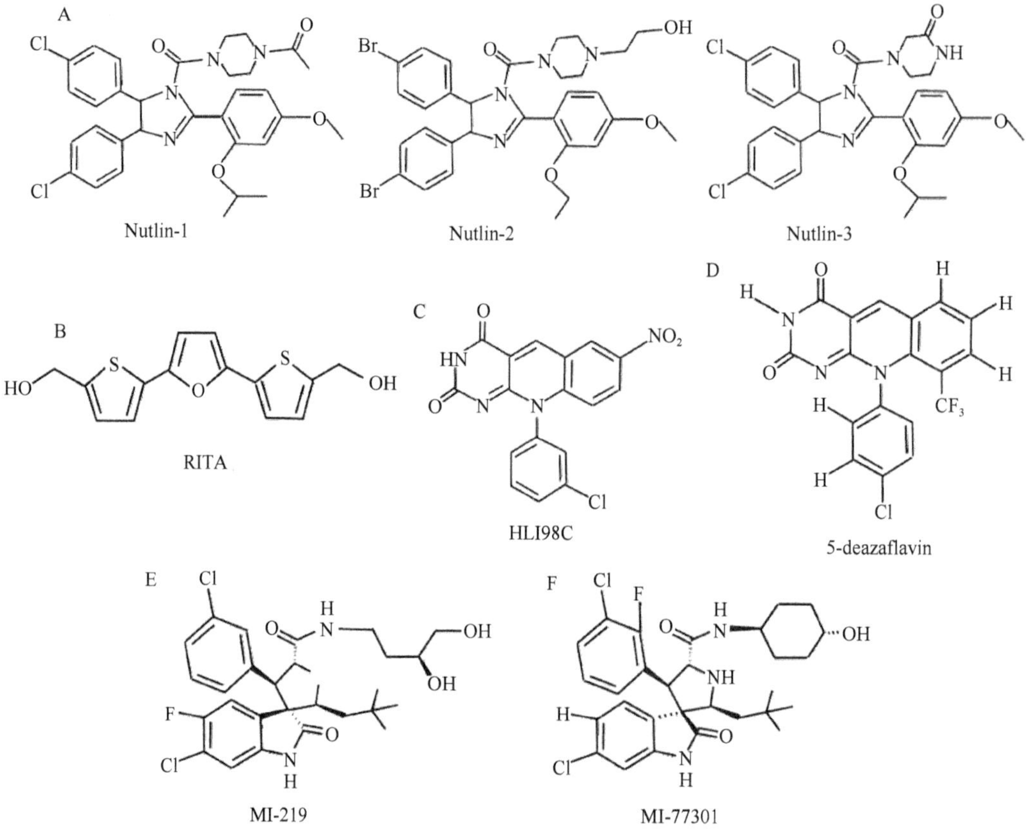

图 20-5　靶向 MDM2 和 p53 的抑制剂

（二）靶向 IAP 的抑制剂

　　IAP 也是一种 RING 泛素连接酶，IAP 有效地抑制 Caspase 的酶活，从而阻断细胞内和细胞外信号调节的细胞凋亡，并且 IAP 在肝癌、肺癌、卵巢癌、淋巴瘤等多种肿瘤中过表达，是理想的抗肿瘤靶点。IAP 泛素连接酶的活性通过调节自身和其他底物的泛素化降解，在程序性死亡进程中发挥关键的调节作用。SMAC 蛋白与 IAP 的 BIR3 结构域相互作用解除了 IAP 对 Caspase 的抑制作用，从而开启细胞的凋亡程序。结构生物学分析表明 SMAC 蛋白只需通过 4 个关键氨基酸 Ala-Val-Pro-Ile 与 IAP 结合，因此设计和筛选模拟此 SMAC 多肽结构小分子抑制剂是靶向 IAP、诱导肿瘤细胞凋亡最吸引人的研发策略。目前已开发了一批 SMAC 类似小分子抑制剂，它们主要通过诱导 IAP 自身的多泛素化降解、刺激 TNF-α 信号通路，从而诱导肿瘤细胞的死亡。鉴于 SMAC 类似小分子抑制剂明显的抗肿瘤效果且对正常组织较小的毒性，目前已经有 5 个 SMAC 类似小分子抑制剂针对一系列恶性实体肿瘤和血液病进行临床 I 期/II 期试验（表 20-3）（29）。

（三）靶向 Skp2 的抑制剂

　　Skp2 是 CRL1 泛素连接酶复合物（也叫 SCF 泛素连接酶）的一种底物识别受体（也叫 SCF 泛素连接酶的 F-box 蛋白）。它负责 SCF^{Skp2} 泛素连接酶识别特异底物蛋白质。

SCF^{Skp2} 靶向 p21、p27、p57、FOXO1 等多种发挥重要功能的蛋白质泛素化并启动它们的降解。已知 SCF^{Skp2} 的底物多为抑癌蛋白，如 p27、p21 等，且 Skp2 在原发性乳腺肿瘤、鼻咽癌、前列腺癌等多种恶性肿瘤中过表达，并与患者的不良预后呈正相关，故 Skp2 具有明显的原癌蛋白特性。因此，Skp2 被认为是一个理想的抗肿瘤靶点，靶向抑制其活性的抑制剂将使 Skp2 异常激活或过表达的肿瘤患者受益。

表 20-3 靶向 IAP 进入临床试验的 SMAC 类似小分子抑制剂 (13, 30)

抑制剂	家族结构	给药途径	临床阶段	肿瘤类型
GDC-0152	非特异性	IV	1	局部晚期或转移性恶性肿瘤
			3	结肠癌
				非霍奇金淋巴瘤
				霍奇金淋巴瘤
				白血病急性髓性瘤
				非小细胞肺癌
TL32711	丙酰胺	IV	2	小细胞肺癌
				黑色素瘤
				卵巢癌
				胰腺癌
				非特异固体瘤
			1	乳腺癌
			2	多发性骨髓瘤
				乳腺癌
LCL161	非特异性	口服		胰腺癌
				卵巢癌
			1	结肠癌
				非特异固体瘤
			2	头颈瘤
				非霍奇金淋巴瘤
				霍奇金淋巴瘤
SM-406/AT-406/Debio1143	甲酰胺	口服	1	白血病急性髓性瘤
				非小细胞肺癌
				乳腺癌
				卵巢癌
				非特异固体瘤
			1	非霍奇金淋巴瘤
				霍奇金淋巴瘤
				白血病急性髓性瘤
				白血病慢性髓性瘤
				非小细胞肺癌
AEG40826/HGS1029	盐酸盐	IV	1	乳腺癌
				结肠癌
				头颈癌
				胰腺癌
				前列腺癌
				非特异性固体瘤

分析 Skp2-Cks1-p27 复合物的晶体结构，发现 Skp2 和 Cks1 之间相互作用形成了一个结合 p27 的口袋，此口袋的面积和体积满足小分子化合物抑制剂的设计要求。通过计算机虚拟筛选拥有 31.5 万化合物的库，找到 96 个候选化合物（Hits），体外泛素化分析进一步确定了 4 个化合物（C1、C2、C16 和 C20，图 20-6A）能特异阻断 Skp2 与 p27 结合、稳定 p27 蛋白质水平。生物学效应方面，这些化合物可以 p27 依赖的方式将细胞阻滞在细胞周期的 G$_1$ 期或者 G$_2$/M 期，显示了其抗肿瘤的潜力 (31)。Compound A

（CpdA，图 20-6B）则是通过高通量筛选而获得的，通过阻止 Skp2 与 Cullin 分子组装成完整的 SCF^{Skp2} 泛素连接酶复合物，导致 SCF^{Skp2} 的底物 p27、p21 等的积累，诱导细胞周期的阻滞和自噬性细胞死亡。尤为重要的是，在多发性骨髓瘤模型中，CpdA 能克服地塞米松（dexamethasone）、阿霉素（doxorubicin）、美法仑（melphalan）、硼替佐米等的耐药，并和硼替佐米具有协同抗癌作用；并且，相对骨髓中的正常细胞，CpdA 优先杀死癌变的细胞（*32*）。Compound 25（也叫 SZL-P1-41）（图 20-6C）是基于 SCF^{Skp2} 的晶体结构，预测 Skp2 与 Skp1 潜在的结合口袋，靶向此潜在的结合口袋，通过虚拟筛选总共 12 万种化合物而获得的。Compound 25 能特异阻断 Skp2 与 Skp1 的结合，而不影响其他 F-box 蛋白如 FBXW7 和 β-TRCP 与 Skp1 的结合，从而特异地失活 SCF^{SKP2} 泛素连接酶，稳定其底物 p27 和失活 AKT。生物学效应方面，Compound 25 可以明显抑制肿瘤干细胞的自我更新，并在肺癌、前列腺癌等多个裸鼠异种移植肿瘤模型中表现出抗肿瘤活性，充分证明了 Skp2 是一个理想的抗肿瘤靶点（*33*）。小分子化合物 SMER3（图 20-7A）是另一个阻断 F-box 与 Skp1 结合、抑制 SCF^{Met30} 泛素连接酶活性的代表性抑制剂（*34*）。

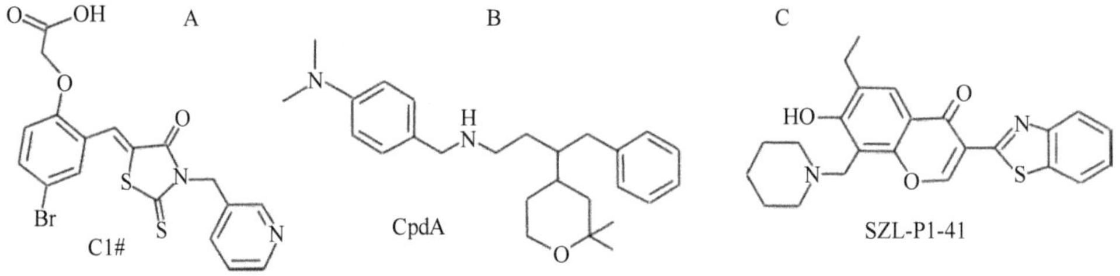

图 20-6　靶向 Skp2 的抑制剂

（四）靶向 β-TRCP 的抑制剂

β-TRCP 是另一个研究得比较清楚的 F-box 蛋白（SCF 泛素连接酶的底物识别受体）。β-TRCP 通过降解一系列重要的底物蛋白在多个生物学进程中发挥着关键的调节作用。已经报道的近 100 种 β-TRCP 的底物中既包括抑癌蛋白（如 IκBα、BIMEL、PDCD4 等），也包括原癌蛋白（如 Wee1、β-catenin、Cdc25A、EMI1 等）。此外，β-TRCP 的表达水平也具有肿瘤类型的特异性。β-TRCP1 的 mRNA 和蛋白质水平在 56% 的结直肠癌样品中升高，并与细胞凋亡的减少和患者不良的预后相关。在黑素瘤和化疗耐受的胰腺癌细胞中，β-TRCP 的水平也明显增加，从而导致 NF-κB 信号通路的持续激活（IκBα 是 NF-κB 信号通路的最主要抑制因子）。在胃癌、前列腺癌、乳腺癌等少数几种肿瘤类型中发现 β-TRCP 的突变，比如，在 95 个胃癌样品中，发现了 5 个 β-TRCP2 的错义突变，β-catenin 在这些突变样品中高度积累，提示 β-TRCP 的突变导致 β-catenin 的积累也许在胃癌的发生中起着重要作用。因此，对于靶向 β-TRCP 的抑制剂的应用，应根据不同肿瘤类型而采用不同的策略。理想的抑制剂是靶向 β-TRCP/特异的抑癌蛋白底物的相互作用，只特异地稳定抑癌蛋白底物，而不积累原癌蛋白底物，从而抑制肿瘤的生长。

密花绵毛叶菊素（erioflorin）（图 20-7B）是一种天然产物，是目前报道的唯一的 β-Trcp 抑制剂。密花绵毛叶菊素特异阻断 β-TRCP 与它的底物（如 PDCD4、IκBα、β-catenin）

结合，促使它们积累，而不影响其他底物识别受体（如 Skp2 和 VHL）与底物的结合，但是它作用的分子机制及生物学效应还有待深入研究（35）。

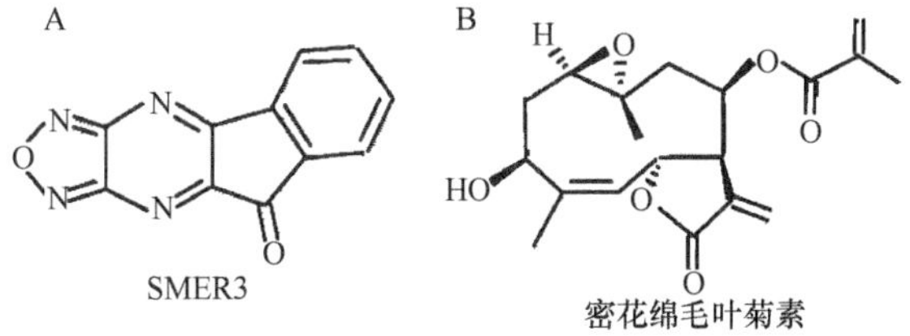

图 20-7　靶向 Met30 和 β-TRCP 的抑制剂

（五）靶向 FBXW7 等具有抑癌蛋白特性的底物识别受体的药物研发策略

FBXW7 是最著名的具有抑癌蛋白特性的 F-box 蛋白。大部分 FBXW7 的底物为原癌蛋白，比如 c-Myc、c-Jun、Cyclin E、MCL-1、Notch1 等。FBXW7 的表达受到 p53、C/EBP-δ、Hes-5、miRNA（miR-27a、miR-25、miR-223 等）上游元件的精准调控，而 FBXW7 的蛋白稳定性则受到异构酶 Pin1 的控制，Pin1 与磷酸化的 FBXW7 相互作用后，诱导 FBXW7 的构象变化，启动 FBXW7 的自身泛素化和降解。特别是 Pin1 在多数人类肿瘤中过表达，并与不良预后相关。因此靶向抑制 Pin1、稳定 FBXW7、启动原癌蛋白（FBXW7 的底物）的降解，将是一条理想的抗肿瘤药物设计的策略。但是，FBXW7 在胆管癌、T 细胞急性淋巴细胞性白血病（T-ALL）、胃癌、结肠癌、胰腺癌等多种恶性肿瘤中存在突变或缺失。对于此类肿瘤的靶向策略应该考虑如何恢复 FBXW7 的功能，比如：①利用 CRISPR-Cas9 等基因编辑技术修复 FBXW7 突变的位点；②筛选小分子伴侣化合物，修复突变的 FBXW7 正确识别底物的空间构象[模拟植物激素 Auxin 诱导 AUX/IAA 转录抑制因子家族经 SCF 泛素连接酶降解的原理（36）]；③基于 PROTAC 技术（靶向蛋白降解嵌合分子：蛋白质化学敲除法，具体内容见第三节），直接靶向降解积累的 FBXW7 的原癌蛋白底物（如 c-Myc）。

天然产物冬凌草甲素（oridonin）（图 20-8A）一方面上调 FBXW7 的表达，另一方面激活负责 c-Myc 磷酸化的激酶 GSK-3（磷酸化的 c-Myc 才能被 FBXW7 结合并启动泛素化降解），二者共同促进原癌蛋白 c-Myc 的降解，发挥重要的抗肿瘤作用（37）。染料木黄酮（genistein）（图 20-8B）则通过抑制 miR-223 从而上调 FBXW7 的表达，诱导胰腺癌细胞的凋亡和抑制增殖（38）。小分子化合物 SCF-12（图 20-8C）特异地插入 FBXW7 酵母中的同系物 Cdc4 的 WD40 结构域的 β-strand 中（此位置远离底物结合位点），引起 Cdc4 发生一系列的构象变化，破坏底物结合的口袋，抑制 Cdc4 与磷酸化的底物结合，从而稳定了 Cdc4 的底物（39）。虽然 SCF-12 本身无临床成药的潜力，但它是一个变构抑制剂，在技术上证明了对拥有重复 WD40 结构域的泛素连接酶进行设计和筛选变构抑制剂的可能性。

VHL 是另一个具有抑癌蛋白特性的底物识别受体，它和 Cul2 组装成 $CRL2^{VHL}$ 泛素连接酶，负责与血管生成相关的重要原癌蛋白 HIF1α 的泛素化降解。在肾细胞癌、胰腺囊肿和肿瘤等高度血管生成的肿瘤中存在 VHL 的突变。因此，针对这一类肿瘤，修复 VHL 的正常功能将是一条有效的治疗策略。生物工程改造的 VHL 复合物能够加速 HIF1α 的降解并抑制血管的生成，为 HIF1α 过表达的肿瘤类型提供新的治疗方向。目前数个能特异阻断 VHL-HIF1 相互作用的小分子抑制剂被开发，虽然它们单独无法用于靶向肿瘤的治疗，但是对于治疗慢性贫血和局部缺血仍有很大的应用前景，特别是它们大大推进了基于 VHL 设计的 PROTAC 技术在肿瘤治疗中的应用（具体内容见本章第三节）。

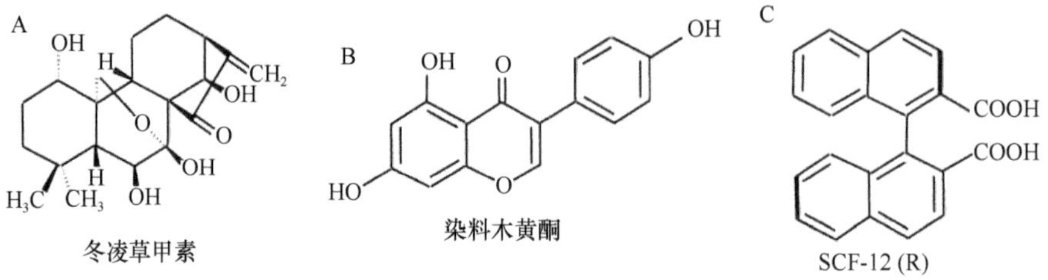

图 20-8　靶向 FBXW7 的小分子

（六）靶向 Cdc20 的抑制剂

Cdc20 是 APC/C（anaphase-promoting complex/cyclosome）泛素连接酶复合物的底物识别受体，它的底物包括多个与细胞周期进行相关的蛋白质，如 securin、Cyclin B1、Cyclin A、p21、MCL-1 等。因此，Cdc20 在细胞周期进程中起着关键的调控作用。目前，普遍接受的观点认为 Cdc20 是一个原癌蛋白，例如：①Cdc20 在原发性非小细胞肺癌、结直肠癌等多种恶性肿瘤中高表达，并且 Cdc20 的表达水平与肿瘤转移、病理分级等临床恶性指标呈正相关；②特别是在 tamoxifen 诱导的皮肤特异的条件敲除小鼠肿瘤模型中，敲除 Cdc20 可以完全抑制肿瘤的发生。另外，研究表明抑制细胞有丝分裂的退出是一种有效的诱导细胞死亡的方式。因此，靶向抑制 APC/C^{Cdc20} 泛素连接酶复合物被认为是一个新的、潜在的肿瘤治疗策略。

虽然多个研究团队报道了一些小分子化合物（如 NAHA、GDNT 等）可以抑制 Cdc20 的表达，但是 Cdc20 特异的抑制剂还有待开发。小分子抑制剂 TAME（图 20-9A）结合 APC 的核心复合物，从而阻止 Cdc20 或 Cdh1 激活 APC 复合物，细胞通透性更好的 pro-TAME（图 20-9B）则能实现诱导有丝分裂的阻滞（*40*）。该研究团队随后又发现另一个小分子化合物 Apcin（图 20-9C）可以结合 Cdc20，竞争抑制含有 D-box 的 Cdc20 底物（如 Cyclin B1）与 Cdc20 结合，抑制它们的泛素化降解，从而阻止有丝分裂的退出。晶体结果分析发现 Apcin 占据了 Cdc20 上 WD40 结构域的 D-box 结合口袋。更重要的是，Apcin 可以和 TAME 协同作用，增强对有丝分裂退出的抑制（*41*）。

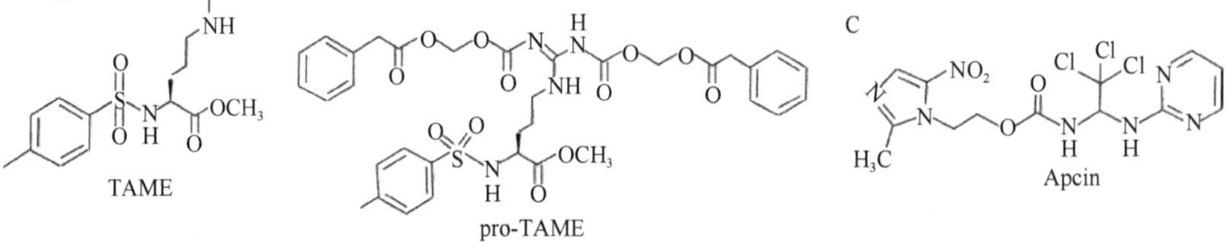

图 20-9　靶向 Cdc20 的抑制剂

Cdh1 作为另一个 APC/C 泛素连接酶复合物的底物识别受体，是一个已知的抑癌基因蛋白。抑制 Cdh1 引起中心体的放大和染色体不正确的分离，导致基因组不稳定和肿瘤发生。特别是 Cdh1 的杂合子小鼠（Cdh1$^{+/-}$）自发性诱发乳腺癌、纤维腺瘤等上皮细胞类肿瘤，且 Cdh1 在卵巢癌、前列腺癌、乳腺癌、结肠癌、脑肿瘤、肝癌等多种肿瘤细胞系中低表达，而它的底物 Aurora A、Aurora B、Cdc6、Cdc20、Cyclin B 等在人类肿瘤组织中则上调。因此，与 FBXW7 类似，针对 Cdh1 的药物设计策略主要是恢复或增强其功能。

（七）靶向 NEDD4 的抑制剂

NEDD4 属于 HECT 泛素连接酶。一系列重要的功能性蛋白被报道是 NEDD4 的底物，包括 PTEN、MDM2、pAKT、Notch、VEGF-R2、IGF-1R 等。NEDD4 发挥着原癌蛋白的作用并促进人类肿瘤的进程。NEDD4 在结直肠癌、乳腺癌、非小细胞肺癌、胃癌、前列腺癌和膀胱癌等多种人类肿瘤中频繁高表达，因此靶向 NEDD4 是一条治疗恶性肿瘤理想的策略。遗憾的是，目前还未见任何 NEDD4 抑制剂的报道，因此，靶向 NEDD4 抑制剂作为新的研究领域将为肿瘤治疗带来曙光。

总之，泛素连接酶负责特异识别需要降解的底物蛋白。相比靶向蛋白酶体、泛素激活酶、泛素耦合酶的抑制剂，靶向泛素连接酶的抑制剂无疑具有更高的特异性和更小的毒副作用。但是，人类基因组编码至少 600 个泛素连接酶，每个泛素连接酶的结构、生化特性、肿瘤发生中的作用各异，给靶向泛素连接酶的药物设计和筛选带来了巨大的困难（同时也是机遇），特别是目前只有针对为数不多的泛素连接酶的研究相对清楚，绝大部分泛素连接酶的结构和功能的研究还是一片"处女地"，未来持续的基础研究投入将加速人们对泛素连接酶的认识，无疑也将加速以泛素连接酶为靶点的药物研发进程。

四、靶向泛素链的抑制剂

泛素链是泛素化过程循环进行而形成的泛素分子长链。泛素分子的 7 个赖氨酸和氨基端的甲硫氨酸都可以接受下一次循环的泛素分子。不同类型的泛素链具有不同的拓扑学结构，因此对其修饰的蛋白质的命运影响也不同。一般情况下，K48 和 K11 泛素链修饰的蛋白质被蛋白酶体降解，K63 泛素链在 DNA 损伤修复、蛋白质运输、核糖体蛋白合成、NF-κB 信号通路的激活等过程中发挥重要作用；K27 和 K33 泛素链则是由 U-box 泛素连接酶在应答压力时合成；K29 泛素链在泛素融合降解中发挥重要作用；另外，线性的泛素链（linear）在 NF-κB 信号通路的激活中发挥关键作用（42）。由于不同类型的泛素链具有其固有的拓扑学结构，且能决定被修饰的蛋白质的命运，因此泛素链也是一个潜在的药物分子靶点。

Ubistatin（图 20-10）是大规模化学遗传学筛选中意外发现能特异结合 K48 泛素链的一类小分子抑制剂。Ubistatin 能稳定 APC/C 的底物 Cyclin B 和 SCF^{FBXW7} 的底物 Sic1。核磁（NMR）分析显示 Ubistatin 结合在以 K48 成链的泛素分子的接触面，从而改变泛素链的空间构象，导致蛋白酶体的泛素链受体不能识别和结合它们。因此，Ubistatin 主要是阻断了 K48 泛素链与蛋白酶体的结合。虽然这些分子带有强的负电荷，细胞的通透性差，但是它们提供了一种全新的通过修饰多泛素链抑制蛋白质降解的思路（*43*）。

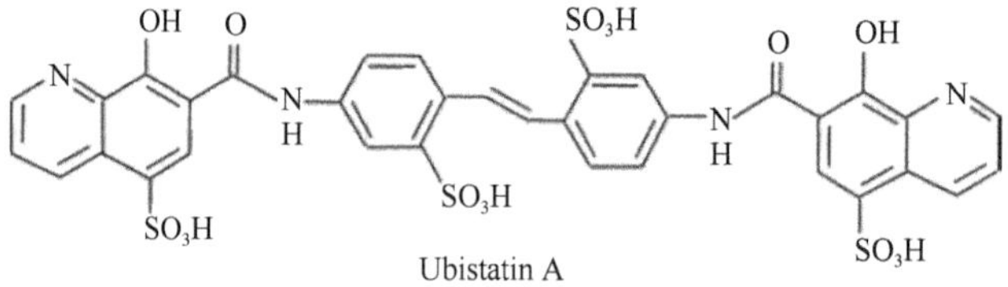

Ubistatin A

图 20-10　靶向泛素链的抑制剂

五、靶向去泛素化酶的抑制剂

泛素化修饰是一个可逆的过程，去泛素化酶（deubiquitinating enzyme，DUB）负责其逆过程。它们是一类能特异去除其底物上泛素小分子的蛋白酶，从而阻止其底物的降解或者调节底物活性。人类基因组编码大约 100 种 DUB，根据其结构特点分为 5 类：USP 家族（约 60 种）、UCH 家族（ubiquitin C-terminal hydrolase，4 种）、OTU 家族（16 种）、Josephin 家族（Josephin domain protease，4 种）和 JAMM 家族（JAB1/MPN/MOV34 metalloenzyme，8 种）。去泛素化作为泛素化修饰的逆过程，参与调节了众多生物学进程，如细胞周期进程、细胞信号转导、免疫调控等。因此，DUB 的异常调节毫无疑问与多种人类疾病相关，如肿瘤、神经功能障碍及病毒感染。

DUB 通常以活性形式表达出来（即无须成熟），但是它们往往需要和泛素分子结合后，才能恢复具有活性的构象，从而防止过度的蛋白水解活性。结构生物学揭示，DUB 与泛素分子结合后引起活性位点的重排，从而调控 DUB 的活性。另一方面，DUB 的活性也能通过与它们相互作用的支架和衔接蛋白（scaffold and adaptor protein）来调节，比如 USP1 需要与 UAF1 形成一个稳定的复合物来保持其催化活性。近年来，靶向 DUB 小分子抑制剂的开发也逐渐受到研究人员和大型制药公司的追捧，比如 Novartis、Progenra 和 Hybrigenics 都投入大量的研发力量。特别是 DUB，一般具有高度特异的底物及明确的催化口袋，这一特性非常利于设计和开发其小分子抑制剂。

WP1130（图 20-11A）是一个以 JAK2 为靶点而意外获得的靶向 DUB 的小分子抑制剂，它可以抑制 USP9X、USP5、USP14 和 UCH37 的活性，从而促进一些调节细胞存活的蛋白质的降解（*44*）。目前 WP1130 抑制 DUB 的机制还不清楚，晶体结构显示数个 DUB 具有高度同源的催化核心，而且 WP1130 只对这一小类 DUB 具有抑制作用，故推测 WP1130 通过与 DUB 活性中心的半胱氨酸反应从而失活 DUB 的催化活性，而且 WP1130 能明显诱导肿瘤细胞凋亡，且在体内多种移植裸鼠肿瘤模型中也能有效地抑制肿瘤生成，体现了 DUB 作为抗肿瘤靶点的潜力（*44*）。

（一）靶向 USP1 的抑制剂

USP1 的表达水平在人类骨肉瘤样品中明显升高，特别是最近发现 USP1 可以催化 ID（inhibitor of DNA binding protein）1、ID2 和 ID3 蛋白的去泛素化（也就是稳定），而这些蛋白质负责促进干细胞特性，在骨肉瘤细胞中敲减 USP1 可以明显引起细胞周期的阻滞，促进成骨性分化。因此，USP1 是一个理想的治疗骨肉瘤的药物靶点。

Pimozide（图 20-11B）和 GW7647（图 20-11C）是通过定量高通量的筛选方法筛选了约 1 万个生物活性的小分子而获得的 USP1/UAF1 的抑制剂。相对于 USP2、USP5 等 USP 及 UCHL1、UCHL3 等 UCH，SENP1 等相素 ylase、Pimozide 和 GW7647 对 USP1 的抑制具有高的特异性，尤其 Pimozide 和 GW7647 可以协同顺铂（cisplatin）克服非小细胞肺癌对顺铂的耐药（*45*）。随后，该研究团队结合定量高通量的筛选方法和化学基团优化得到特异性更高的 USP1 抑制剂 ML323（图 20-11D）。ML323 可以明显增加顺铂对非小细胞肺癌和骨肉瘤细胞的细胞毒性，而且也能克服非小细胞肺癌对顺铂的耐药，提示 USP1/UAF1 可以作为克服铂类抗癌药物耐药的靶点（*46*）。

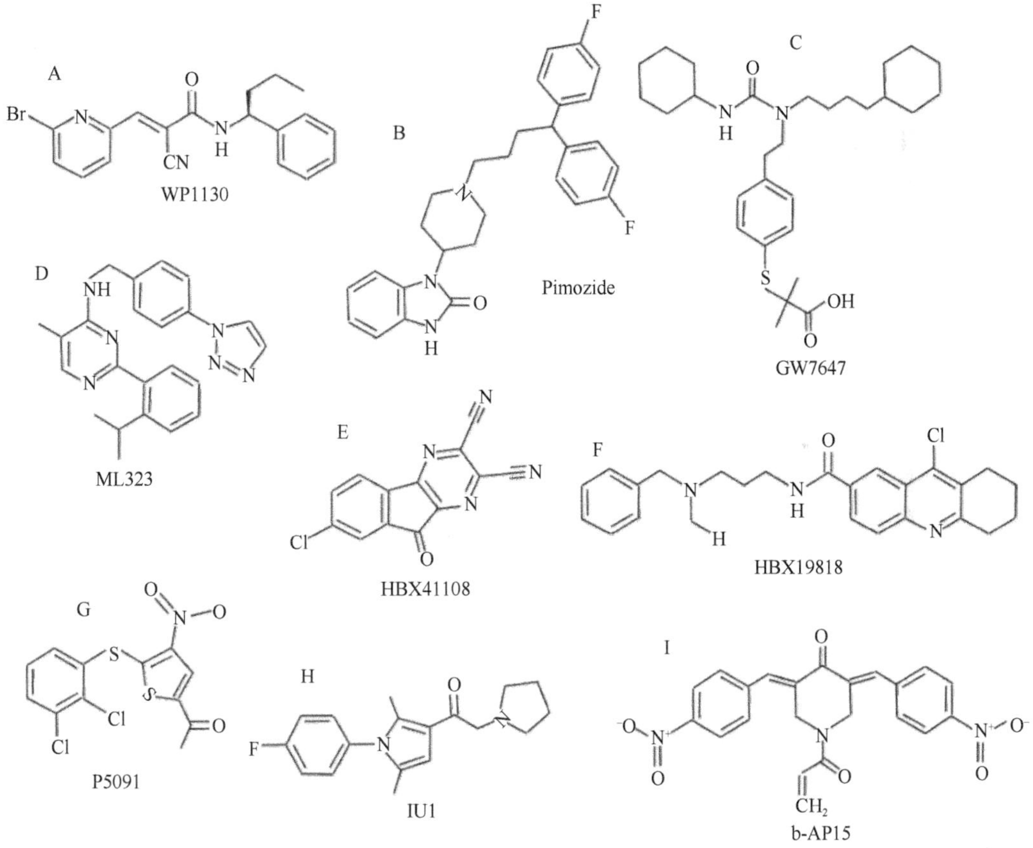

图 20-11　靶向 DUB 的抑制剂

（二）靶向 USP7 的抑制剂

USP7 也叫 HAUSP，通过去泛素化一系列重要底物（如 p53、MDM2、FOXO、PTEN 等），稳定它们的蛋白质水平或调控它们在细胞内的定位，参与多个信号通路活性的调节，在细胞的增殖和分化中起着重要作用。此外，USP7 在前列腺癌中过表达并与肿瘤的侵袭性呈正相关,在多发性骨髓瘤中过高表达,并与患者的预后呈负相关。因此,USP7成为一个重要的药物设计的靶点。

HBX41108(图 20-11E)是通过高通量的筛选方法筛选了约 6.5 万个化合物而获得第一个先导性 USP7 抑制剂,通过变构模式可逆调节 USP7 的催化反应。HBX41108 能稳定 p53、激活 p53 靶基因的表达,并能诱导 p53 依赖的细胞凋亡(USP7 既可以稳定 p53,也可以稳定 MDM2,而 MDM2 可以启动 p53 的降解。抑制 USP7 对 p53 的影响取决于三者互相作用的结果)(47)。随后,该制药公司开发了特异性更高的第二代 USP7抑制剂(HBX19818 和 HBX28258,图 20-11F),它们也是通过高通量的筛选方法获得的(48)。机制研究发现 HBX19818 特异地与 USP7 的活性位点 Cys223 共价结合,因此它是一个不可逆的抑制剂。生物学效应方面,HBX19818 处理产生 USP7 敲减类似的表型,如扰乱细胞周期进程、引起 G_1 期阻滞等(48)。P5091(图 20-11G)是另一个高通量的筛选方法获得的 USP7 高度特异的抑制剂。预临床数据显示,P5091 可以明显抑制多种多发性骨髓瘤异种移植裸鼠模型肿瘤的生长,并显著延长荷瘤小鼠的生存期,而且和来那度胺(lenalidomide)、地塞米松(dexamethasone)等抗癌药物具有协同增强抗多发性骨髓瘤的活性(49),这些都证明了 USP7 可以作为一个抗肿瘤的药物靶点。

此外,USP7 通过稳定转录因子 FOXP3 从而增加调节性 T 细胞(Treg)的抑制功能(50),提示靶向抑制 USP7 可以增加嵌合抗原受体的 T 细胞(CAR-T)等免疫治疗的效果。另外,去泛素化酶 USP15 则可以通过稳定 MDM2,调节肿瘤细胞的存活和抑制 T细胞抗肿瘤效果,提示抑制 USP15 不仅可以诱导肿瘤细胞的凋亡,还可以大大激活 T细胞的抗肿瘤效果。因此,靶向 DUB 也许在肿瘤免疫治疗方面也有增强效果。

(三)靶向 USP14 的抑制剂

USP14 是一个与 26S 蛋白酶体的 19S 调节颗粒相关的 DUB,USP14 氨基端的 UBL结构域与蛋白酶体相互作用并激活 USP14 的活性,通过剪切泛素化蛋白的泛素链抑制它们的降解。IU1(图 20-11H)是通过高通量筛选得到的特异结合激活形式的 USP14(与蛋白酶体结合的 USP14)小分子抑制剂,抑制 USP14 的去泛素化活性,选择性加速一些与神经变性疾病相关的积累蛋白(如 Tau、ataxin-3 等)的降解(51),提示靶向 USP14可以减少错误折叠和聚集的蛋白质,从而抑制神经变性疾病的进程。而小分子 b-AP15(图 20-11I)可以同时抑制 19S 调节颗粒 2 个相关的 DUB——USP14 和 UCHL5(总共 3个,另一个是 Rpn11),从而灭活 19S 调节颗粒的去泛素链功能,但不影响 20S 核心颗粒的蛋白水解活性,最终导致多泛素化蛋白的积累,诱导肿瘤细胞凋亡。b-AP15 在结直肠癌、乳腺癌等四种不同实体肿瘤的异种移植的体内肿瘤模型中表现出非常明显的肿瘤抑制效果,而且也能明显抑制急性髓细胞样白血病的器官侵润(52)。相比健康人来源的外周血单核细胞(PBMC)或骨髓样品,患者来源的多发性骨髓瘤细胞或骨髓样品中的 USP14 和 UCHL5 表达水平明显增加,提示 b-AP15 对多发性骨髓瘤也有治疗效果。在异种移植的体内多发性骨髓瘤小鼠模型中,b-AP15 的确能明显抑制肿瘤的生成和延长小鼠的生存期,而且 b-AP15 和来那度胺(lenalidomide)、地塞米松(dexamethasone)等抗癌药物还具有协同增强抗多发性骨髓瘤的活性,以及能克服蛋白酶体抑制剂耐药的问题（53）。此外，b-AP15 还可以同时激活自然杀伤细胞和肿瘤特异的 T 细胞，提示其在肿瘤免疫治疗中的协同作用。因此，USP14 是一个理想的抗肿瘤靶点。

（四）靶向 USP28 的抑制剂

USP28 通过 FBXW7 介导控制重要原癌基因 c-Myc 的稳定性，c-Myc 作为一个调节细胞生长、繁殖和凋亡的中心调节子，在很多人类恶性肿瘤中都存在异常调节，而 USP28 在乳腺癌、结直肠癌、膀胱癌、非小细胞肺癌、神经胶质瘤等人类肿瘤中高表达，并且在部分人类恶性肿瘤（如膀胱癌、非小细胞肺癌和神经胶质瘤）中高表达的 USP28 与患者不良预后呈正相关。在小鼠的结直肠癌模型中，条件敲除 USP28 可以减少肿瘤的数目，特别是在已经形成的肿瘤中敲除 USP28 可以明显缩小肿瘤的尺寸和延长荷瘤小鼠的生长期，而且 c-Jun 和 Notch1（另外 2 个 FBXW7 经典底物）也能被 USP28 稳定，提示 USP28 可以拮抗 FBXW7 的功能，而 FBXW7 是一个已知的重要抑癌基因蛋白。此外，USP28 通过稳定另一个重要底物 LSD1，从而维持肿瘤干细胞的自我更新能力并促进肿瘤的发生。因此，靶向抑制 USP28 的活性、从而加速 c-Myc、c-Jun、Notch1、LSD1 等的降解，也许是一种理想的治疗 USP28 高表达恶性肿瘤的新策略。

（五）靶向 CYLD 和 A20 等具有抑癌蛋白特性的 DUB 的药物研发策略

CYLD 是属于 UCH 家族的一种 DUB，其突变失活导致家族性的圆柱瘤病。目前在肾癌、结肠癌、B 细胞恶性肿瘤、多发性骨髓瘤、子宫颈癌等多种人类肿瘤中存在突变或降低表达。CYLD 一方面通过对 TRAF2、TRAF6、TRAF7、RIP1 和 TAK1 的去泛素化，抑制 NF-κB 的激活；另一方面，它通过对 NF-κB 的共激活因子 BCL-3 的去泛素化，抑制其在核内的转运，同样也会抑制 NF-κB 的转录活性。此外，CYLD 突变失活和低表达与人类肿瘤中 Wnt 信号通路频繁激活密切相关。CYLD 去除 Dvl 上 DIX 结构域的 K63 泛素化链，从而阻止 β-catenin 过度激活。鉴于 CYLD 具有抑癌蛋白的功能，人类肿瘤中 CYLD 常常存在突变失活或表达受抑制，因此，基于 CYLD 的肿瘤治疗策略应该是如何恢复 CYLD 正常功能、甚至增强其功能，从而抑制 NF-κB 和 Wnt 信号通路，达到抑制肿瘤的目的。

A20 是属于 OTU 家族的一种 DUB，在其氨基端有一个 OTU 结构域，具有去泛素化的活性，而其羧基端有 7 个锌指结构，具有泛素连接酶的活性。通过负调控 NF-κB 信号通路，A20 表现出抑癌蛋白的特性。A20 通过其去泛素化的活性，去除 RIP、RIP2、TRAF6、NEMO 和 MALT1 的 K63 泛素链修饰，并通过泛素连接酶的活性给 RIP1 和 TRAF2 加 K48 泛素链修饰，启动它们的降解，最终灭活 NF-κB 信号通路。A20 突变或者 SNP（single-nucleotide polymorphism）失活与多种自身免疫和炎性疾病相关。此外，A20 在多种血液学恶性肿瘤（如边缘区淋巴瘤、弥漫性大 B 细胞淋巴瘤、外套细胞淋巴瘤等）中以多种形式失活（如删除、突变、启动子甲基化等），导致 NF-κB 信号通路持续激活。因此，基于 A20 的治疗策略是：如何恢复 A20 正常功能、甚至增强其功能，进一步抑制 NF-κB 信号通路，从而达到抑制肿瘤和自身免疫病的治疗目的。

由于人类基因组只编码约 100 个 DUB，无疑 1 个 DUB 往往有多个去泛素的底物，这些底物可能既包括抑癌蛋白，又包括原癌蛋白，比如 p53 和 MDM2 都可以被 USP7 去泛素化稳定，USP9X 通过去泛素化 β-catenin、MCL-1 和 SMAD4 正调控肿瘤的发生和发展，同时它又可以稳定 ASK1 启动肿瘤细胞凋亡。另外，DUB 在不同类型的肿瘤中表达水平也不同，比如 USP7 在前列腺癌中表达上调而在非小细胞肺癌中表达下调，USP9X 在子宫颈癌、结肠直肠癌、肾癌等肿瘤中表达上调而在淋巴瘤、膀胱癌、卵巢癌、肺癌等肿瘤中表达下调。而且，同一个功能重要的蛋白质可以被不同的 DUB 稳定，比如 MDM2 可以被 USP2A、USP7 和 USP15 稳定，c-Myc 可以被 USP28、USP37 和 USP36 稳定。总之，由于 DUB 的生物学功能的复杂性和在患者中的临床特性具有肿瘤类型依赖性，给靶向 DUB 的药物研发带来了挑战。特别是绝大多数的 DUB 的生物学功能还非常不清楚，是目前靶向 DUB 的最大困难，因此，对 DUB 进行深入的基础研究，必将促进靶向 DUB 的药物研发。

第三节　PROTAC 技术

理论上，人类蛋白质组水平上有成百上千个可以充当治疗人类疾病的理想靶点，除了部分配体-受体和酶蛋白等以外，绝大多数靶点蛋白的作用机质是通过蛋白质-蛋白质的相互作用或蛋白质-核酸相互作用，不适合筛选或设计小分子化合物抑制它们的功能，因此是不可药物靶向的（undruggable），如转录因子、支架蛋白、非酶蛋白等。这些限制严重滞缓了以这些蛋白质为靶点的药物研发。因此，探索一种通用的、不依赖于靶点蛋白本身结构和生化特点的技术抑制靶点蛋白的功能，将大大促进人类医药学的发展。PROTAC 技术就是基于此目的开发出的一种通用的靶向目的蛋白泛素化降解的方法（54，55）。Protac（proteolysis targeting chimeric molecule），即靶向蛋白降解嵌合分子，通俗来讲就是蛋白质化学敲除法。

一、PROTAC 技术概述

Protac 分子是一个人工合成的异源双功能嵌合分子。Protac 分子的一端负责招募泛素连接酶，另一端负责结合靶向降解的目的蛋白，此目的蛋白和此泛素连接无任何关系，Protac 分子把此泛素连接酶和目的蛋白拉到能发生反应的距离，随后，泛素连接酶启动目的蛋白的泛素化和降解，从而去除目的蛋白（图 20-12）。有研究表明，降解目的蛋白比通过小分子抑制剂抑制目的蛋白的功能具有明显更好的生物学效果。最早的 Protac 分子是为靶向 MetAP-2 而设计的。MetAP-2 负责催化切除新合成的多肽分子上氨基端的甲硫氨酸，卵假散囊菌素（ovalicin，OVA）是特异共价结合 MetAP-2 活性位点的小分子抑制剂，另外，MetAP-2 不是任何 SCF 泛素连接酶的底物。

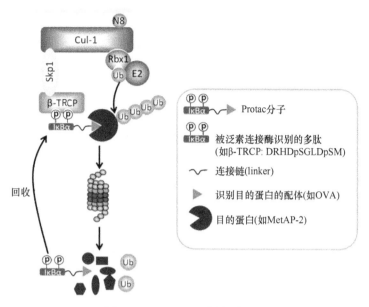

图 20-12 PROTAC 技术原理图

Protac-1（图 20-12）嵌合分子一端是泛素连接酶 SCF$^{\beta-TRCP}$ 识别 IκBα 的磷酸化多肽（DRHDpSGLDpSM），另一端是特异结合 MetAP-2 的小分子 OVA，中间为连接链（linker）。Protac-1 以剂量依赖的模式结合 MetAP-2 蛋白（图 20-13A）。Protac-1 可以作为中间桥梁招募 MetAP-2 蛋白到 SCF$^{\beta-TRCP}$ 复合物（图 20-13B）。SCF$^{\beta-TRCP}$ 可以启动 MetAP-2 的泛素化修饰，形成多泛素链（图 20-13C）。内源的 SCF$^{\beta-TRCP}$ 复合物以时间依赖的模式降解 MetAP-2/ Protac-1 蛋白，却不能降解游离的 MetAP-2 蛋白，而蛋白酶体抑制剂（LLnL 和 Epox）可以抑制 MetAP-2/ Protac-1 蛋白的降解（图 20-13D）。因此，

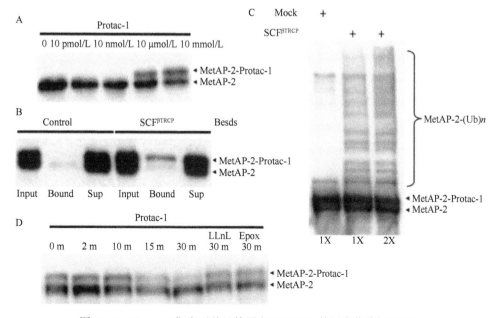

图 20-13 Protac-1 靶向无关目的蛋白 MetAP-2 的泛素化降解（*54*）

Protac-1 嵌合分子确实能够招募 SCF$^{\beta\text{-TRCP}}$ 复合物，启动与它完全无关的 MetAP-2 蛋白的泛素化降解（*54*）。随后，研究人员又成功合成了 Protac-2 和 Protac-3 嵌合分子（*55*）。招募泛素连接酶一端仍然是泛素连接酶 SCF$^{\beta\text{-TRCP}}$ 识别 IκBα 的磷酸化的多肽，Protac-2 的另一端是雌二醇（estradiol）特异结合雌激素受体（ER），Protac-3 的另一端是 DHT（dihydroxytestosterone）特异结合雄激素受体（AR）（*56*）。

　　SCF 泛素连接酶的 F-box 蛋白融合表达一段与目的蛋白结合的序列，从而招募目的蛋白至 SCF 复合物，启动目的蛋白泛素化修饰和降解，是另一种类似 PROTAC 技术降解与 SCF 泛素连接酶无关的目的蛋白的方法。利用此技术，在酵母中成功实现 SCF^{Cdc4} 降解 pRB，在人骨肉瘤细胞中实现 SCF$^{\beta\text{-TRCP}}$ 降解 pRB（*57*）。这从另一角度证明了 PROTAC 技术的可行性。

　　由于 Protac 是嵌合分子，其一端可以为特异识别任何目的蛋白的小分子，另一端为招募泛素连接酶的配体，而人类基因组编码超过 600 个泛素连接酶，因此，Protac 可以有无穷尽种组合（图 20-14），而且泛素连接酶具有时空表达的差异，Protac 的这种组合方式可以实现组织特异的最佳用药方案，Protac 分子设计上的这种灵活性使得其具有巨大的应用潜力。PROTAC 技术最大的缺点是其细胞穿透性差，后续的工作集中在如何提高 Protac 分子的细胞穿透性，最佳方案是实现以小分子化合物代替磷酸化的多肽招募泛素连接酶，最终达到临床应用。

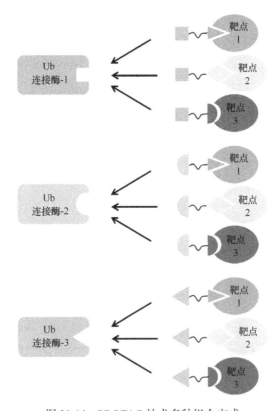

图 20-14　PROTAC 技术多种组合方式

二、细胞可穿透的 PROTAC

Protac-4 是第一个细胞可穿透的 PROTAC。其设计方案如图 20-15A 所示。配体 AP21998 可以特异结合突变的（F36V）FKBP12，而不结合野生型的 FKBP12。ALAPYIP 用来招募 CRL2^{VHL} 泛素连接酶复合物，它是 VHL 识别 HIF1α 蛋白的最小多肽序列。正常氧条件下，细胞内 HIF1α 蛋白的 P564 被脯氨酸羟化酶催化羟基化，进而被 CRL2^{VHL} 识别并启动 HIF1α 的多泛素化降解，故正常氧条件下，HIF1α 被持续降解并维持在很低的水平。ALAPYIP 多肽的羧基端融合 8 个右旋的精氨酸（poly-D-arginine tag），此精氨酸链有两个用途：①采用 HIV TAT 蛋白进入细胞类似的方法帮助 Protac-4 穿透细胞；②防止其他非特异性蛋白水解 Protac-4。

荧光显微镜显示 Protac-4 的处理可以明显降低稳定表达 EGFP-(F36V) FKBP12 的 HeLa 细胞中的荧光强度（图 20-15B），免疫印迹也证明 Protac-4 可以明显降低 EGFP-(F36V) FKBP12 的蛋白质水平，但是 Protac-4 处理不能降低 VHL 删除的 786-O 细胞中的荧光，充分证明了：①Protac-4 可以作用桥梁靶向突变的（F36V）FKBP12 的降解；②Protac-4 可以进入细胞；③Protac-4 依赖于 CRL2^{VHL} 发挥功能（58）。

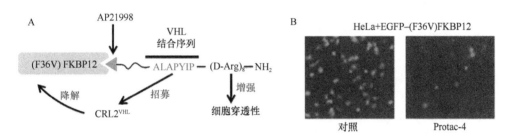

图 20-15 可穿透细胞的 Protac-4（58）

为了确定此方法诱导细胞内蛋白质降解的稳定性（robustness），研究人员又设计了 Protac-5，采用 DHT 代替 AP21998 识别雄性激素受体。荧光显微镜和免疫印迹都显示 Protac-5 的处理可以明显降低稳定表达 GFP-AR 的 293 细胞中 GFP-AR 的水平，而且细胞预处理蛋白酶体抑制剂可以抵消 Protac-5 处理引起的 GFP-AR 降低，进一步提示 GFP-AR 的降低是通过蛋白酶体降解的，显示了此方法的稳定性（58）。生物学效应方面，靶向雄性激素受体（AR）的 Protac 以 AR 依赖的方式抑制前列腺癌细胞的增殖和细胞周期 G$_1$ 期的阻滞，而靶向雌性激素受体（ER）的 Protac 则以 ERα 依赖的方式抑制乳腺癌细胞的增殖和细胞周期 G$_1$ 期的阻滞（59）。因此，PROTAC 技术去除目的蛋白具有实际应用价值。另外，细胞可穿透的全肽 Protac 分子也可以特异靶向目的蛋白的降解，该 Protac 分子利用 HBV 的 X 蛋白上寡聚结构域招募细胞内的 X 蛋白，启动 CRL2^{VHL} 降解 X 蛋白，达到抑制 HBV 感染和肝细胞癌发生的目的（60）。

总之，细胞可穿透的 PROTAC 技术证明了蛋白质化学敲除（chemical knockout）的可能性，使得其在细胞生物学、生物化学等领域有着广阔的应用，特别是它可以靶向清除细胞内的致病蛋白，预示着其巨大的医疗潜能和价值（58）。

三、磷酸化调控的 PROTAC（phosphoPROTAC）

蛋白质翻译后修饰是调控蛋白活性最重要的手段之一，磷酸化修饰是最常见的一种翻译后修饰。例如，酪氨酸激酶信号通路就是通过酪氨酸激酶（RTK）磷酸化底物蛋白分子，被磷酸化的酪氨酸可以作为配体招募带有 PTB 和 SH2 结构域的蛋白质，再进一步将激活的信号传达到细胞内。酪氨酸激酶信号通路在肺癌、乳腺癌等多种人类肿瘤中存在过度激活（分别激活 EGFR 和 HER2）。因此，如果能选择性靶向降解被招募而来的带有 PTB 和 SH2 结构域的蛋白质，就可以中断激活的酪氨酸激酶信号传达到细胞内，从而达到抑制肿瘤增殖的目的。此策略至少有 3 个优势：①它无须考虑酪氨酸激酶受体的突变形式；②它不会诱导酪氨酸激酶受体的突变耐药；③由于它只针对激活的酪氨酸激酶信号，故对正常组织的副作用小。phosphoPROTAC 就是为此目的而研发的。

phosphoPROTAC 的设计方案和工作原理如图 20-16A 所示，它由四部分组成：①RTK磷酸化序列；②VHL 结合序列；③多聚链精氨酸；④连接链。一方面，RTK 磷酸化序列中的酪氨酸（Y）被激活的 RTK 磷酸化，招募带有 PTB 和 SH2 结构域的蛋白质；另一方面，VHL 结合序列中的脯氨酸被羟化酶催化羟基化后，招募 CRL2^{VHL} 泛素连接酶复合物。CRL2^{VHL} 泛素连接酶启动被 RTK 磷酸化序列招募的蛋白质的泛素化降解。多聚链精氨酸是为了增加 phosphoPROTAC 的细胞穿透性。

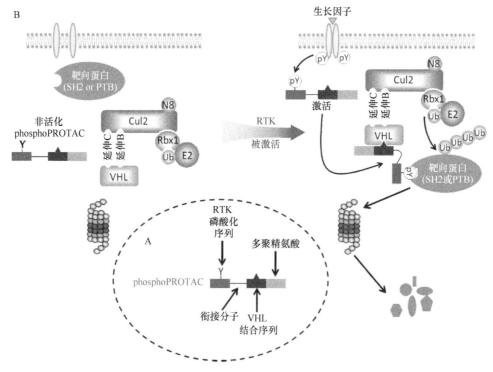

图 20-16　PhosphoPROTAC 设计和工作原理

^{ErbB2}PP_{PI3K} 就是一个成功设计靶向重要原癌蛋白 PI3K 的 phosphoProtac 分子（图 20-17A）。ErbB2/ErbB3-PI3K-AKT 信号通路已经被证明在抑制细胞凋亡中起重要作用，在神经调节蛋白（neuregulin，NRG）诱导下，ErbB2 和 ErbB3 形成异源二聚体，ErbB3 的酪氨酸被磷酸化后，通过 PI3K 的 p85 调节亚基上的 SH2 结构域，招募 PI3K 并激活它，继而激活 AKT，从而调节肿瘤细胞的存活。ErbB2（HER2）在乳腺癌和卵巢癌患者中频繁过表达，过表达的 ErbB2 无须 NRG 的诱导也可以促使 ErbB2 磷酸化，从而激活 AKT。

在 NRG 的刺激下，^{ErbB2}PP_{PI3K} 以剂量依赖的方式靶向降低乳腺癌细胞 MCF7 中内源 PI3K 的 p85 调节亚基（图 20-17B），并以剂量依赖的方式抑制 AKT 活性，但不影响 AKT 蛋白总量（图 20-17B），显示 ^{ErbB2}PP_{PI3K} 分子发挥了设计的功能，并且不降解目的蛋白以外的其他蛋白（off-target）。尤其重要的是，体内异种移植裸鼠肿瘤模型显示 ^{ErbB2}PP_{PI3K} 分子能够较大程度抑制肿瘤的生长（约抑制 40%），首次在体内水平证明 ^{ErbB2}PP_{PI3K} 分子具有治疗效果（*61*）。

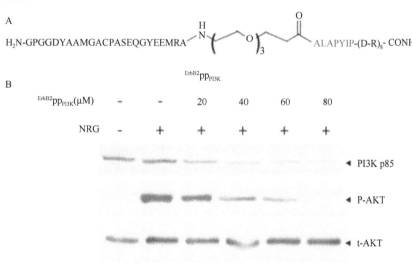

图 20-17　^{ErbB2}PP_{PI3K} 设计情况及工作效果（*61*）

但是，phosphoProtac 分子仍然不是理想的候选药物，主要受限于如下三个方面：太大的分子质量、相对差的细胞穿透性和潜在的代谢不稳定性。因此，急需基于小分子化合物的 PROTAC 的研发。

四、全小分子 PROTAC

全小分子 PROTAC（all-small-molecule PROTAC）是指招募泛素连接酶和目的蛋白的元件都是小分子化合物。全小分子 PROTAC 将具有更好的体内稳定性、体内运输和靶向降解效果。幸运的是，数个与泛素连接酶（MDM2、cIAP1、CRBN 和 VHL）结合的特异小分子配体被研发，显著推进了 PROTAC 技术作为有效的治疗策略的进程。

（一）基于 MDM2 的 PROTAC

第一个全小分子 PROTAC 的分子一端采用小分子 Nutlin（MDM2 的抑制剂）招募

MDM2 泛素连接酶，另一端为识别雄性激素受体的小分子配体（图 20-18）。尽管它降解目的蛋白（AR）的能力没有前期开发的多肽 Protac 分子强，但是它迈出了全小分子 PROTAC 技术的第一步（*62*）。

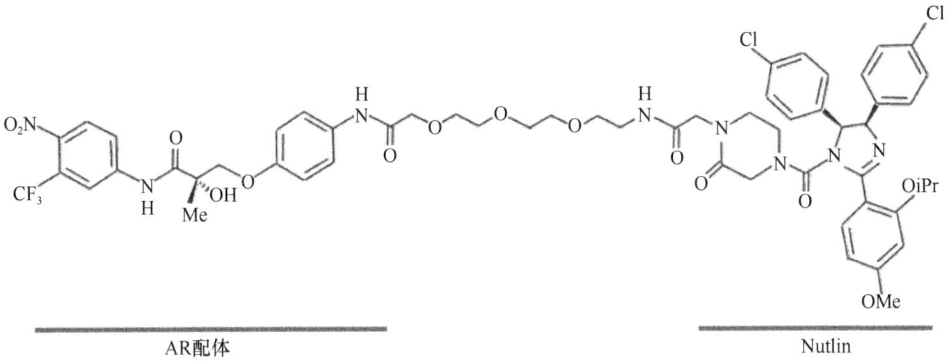

图 20-18　PROTAC targeting MDM 设计原理（*62*）

（二）基于 cIAP1 的 PROTAC

该 Protac 分子一端为甲基苯丁抑制素（methyl bestatin，MeBS），它可以结合 cIAP1，并激活 cIAP1；另一端为全反式维甲酸（all-trans retinoic acid，ATRA），它可以招募细胞内维甲酸结合蛋白（CRABP- I 和 CRABP- II）（图 20-19）。该 Protac 分子成功地诱导了细胞内 CRABP- II 蛋白的降解并抑制成神经细胞瘤 IMR-32 的迁移，而且在细胞中具有较好的活性、穿透性和稳定性，提示了其治疗应用的前景（*63*）。

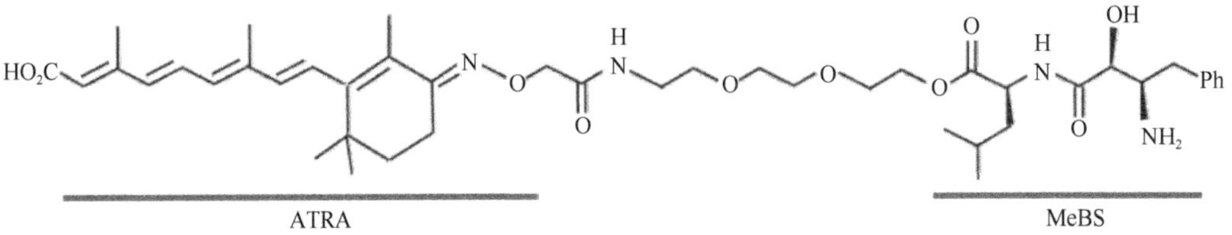

图 20-19　PROTAC targeting cIAP1 设计原理（*63*）

（三）基于 CRBN 的 PROTAC

虽然基于 MDM2 和 cIAP1 的 Protac 分子实现了诱导多个目的蛋白的降解，但是它们的效价和选择性远未达到治疗应用的要求。近年来，研究发现镇静剂沙利度胺（thalidomide）和其衍生物来那度胺（lenalidomide）、泊马度胺（pomalidomide）可以结合泛素连接酶 Cereblon（CRBN），诱导转录因子 IKZF1 和 IKZF3 的降解（*64，65*），提示 Thalidomide 和其衍生物可以作为绑架（hijack）CRL4^{CRBN} 的小分子。

BRD4 在肿瘤细胞的增殖和存活中起着关键促进作用，OTX015 是一个靶向 BRD4 的有效小分子候选药物。全小分子 Protac ARV-825 由 Pomalidomide 和 OTX015 通过一个短的烷基连接链组成（图 20-20）。ARV-825 在 10 nmol/L 作用浓度下 6 h 以内几乎能靶向降解全部 BRD4 蛋白，而且有效作用时间可以持续 24 h 以上，体现了 ARV-825 快

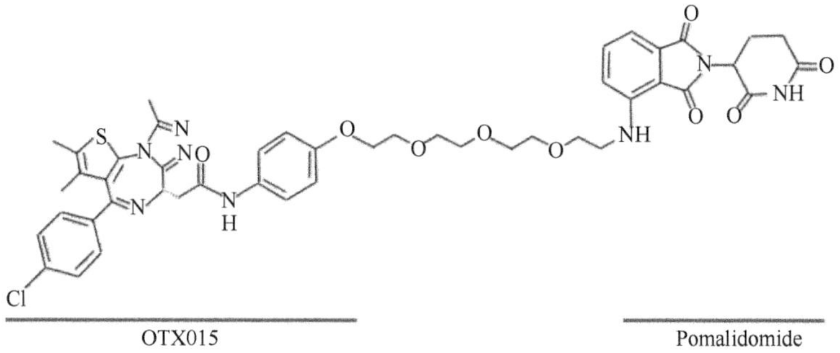

图 20-20　ARV-825 设计原理（66）

速、高效、持久降解 BRD4 的能力。研究表明，通过化学敲除法降解靶蛋白本身的抑制效果远优于通过小分子化合物抑制靶蛋白的功能。实验结果也确实显示 ARV-825 抑制 RBD4 下游的靶分子 c-Myc 的能力明显高于 BRD4 的抑制剂 JQ1 和 OTX015。生物学效应方面，ARV-825 诱导细胞凋亡和抑制肿瘤生长的能力也明显高于 JQ1 和 OTX015（66）。ARV-825 第一次真正意义上证明了 PROTAC 技术是一个理想的靶向非药物设计靶点的致病蛋白（undruggable pathological protein）方法，为研发治疗各种人类疾病的药物带来巨大的应用价值。

　　采用类似的设计策略，另一个研究团队也开发了一个靶向 BRD4 降解的 Protac 分子 dBET1（图 20-21）。dBET1 采用 Thalidomide 绑架 CRL4^{CRBN} 泛素连接酶复合物，BRD4 的抑制剂 JQ1 识别 BRD4。dBET1 在 100 nmol/L 的作用浓度下 1 h 就能迅速降解 76% 的 BRD4，有效作用时间可以持续 16 h 以上，也体现了它快速、高效、持久降解 BRD4 的能力。体内异种移植裸鼠肿瘤模型显示 dBET1 可以非常明显地抑制肿瘤的生长（67）。JQ1 的特异性决定了 dBET1 也能有效降解 BRD2 和 BRD3（67）。

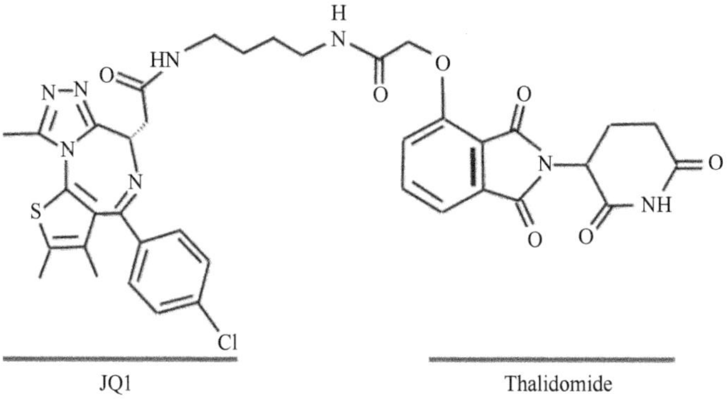

图 20-21　dBET1 设计原理（67）

　　ARV-825 和 dBET1 的成功提示基于 CRBN 的 PROTAC 设计将是一种更好、更有效的靶向目的蛋白的化学敲除法。

（四）基于 VHL 的 PROTAC

　　前期开发的多肽 Protac 分子中，基于 VHL 的 Protac 分子具有更高的靶向目的蛋白降解的效率，但是受限于缺少绑架 CRL2^{VHL} 泛素连接酶复合物的高亲和的小分子配体，严重限制了基于 VHL 的 PROTAC 技术的发展。幸运的是，最近终于发现了能竞争结合 VHL 的 HIF1 结合位点的小分子抑制剂。随后，数个基于 VHL 的全小分子的 Protac 被成功开发，其中第一个是 PROTAC_ERRα（图 20-22）。PROTAC_ERRα 靶向核内的孤受体 ERRα 的降解。在 100 nmol/L 的作用浓度下，PROTAC_ERRα 就可以靶向 50% 的 ERRα 降解。特别是，异种移植裸鼠肿瘤模型证明它在体内同样也有效：它一定程度上分别降低裸鼠的心脏（44%）、肾（44%）和移植的乳腺癌肿瘤（39%）中 ERRα 的水平（68）。

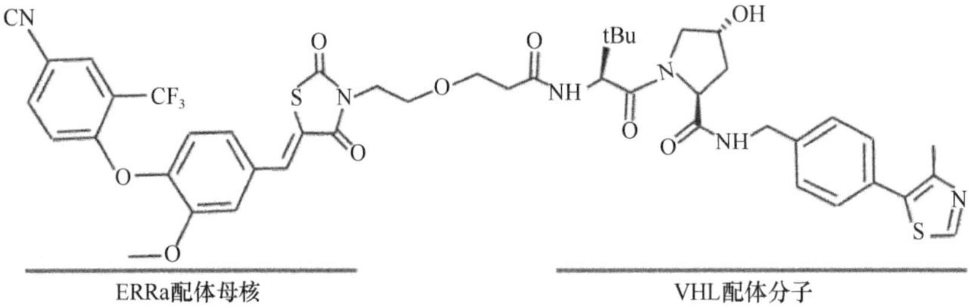

图 20-22　PROTAC_ERRα 设计原理（68）

　　PROTAC_RIPK2（图 20-23）是另一个基于 VHL 的全小分子 Protac，RIPK2 是一个丝氨酸/苏氨酸激酶，与 NF-κB 和 MAPK 信号通路的激活相关，在先天免疫中起重要调节作用。识别 RIPK2 的配体通过 12 个原子的连接链与 VHL 的配体连接产生了 PROTAC_RIPK2 分子（图 20-23）。PROTAC_RIPK2 在 10 nmol/L 的作用浓度下就能降解 95% 的 RIPK2，而且 4 h 内就能最大限度地敲减 RIPK2 的水平（RIPK2 蛋白水平本身很稳定，其半衰期为 60 h）（68）。

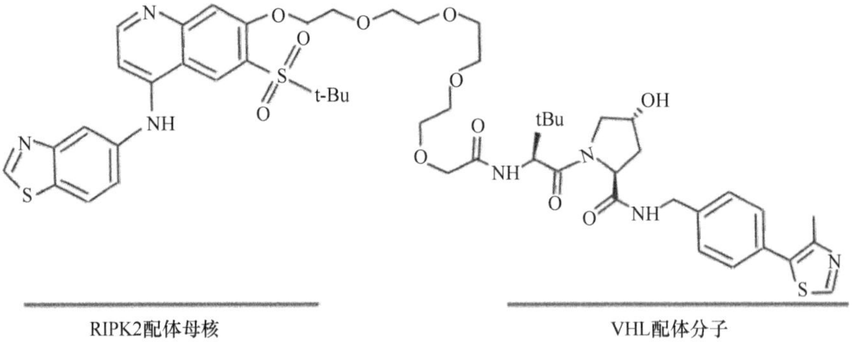

图 20-23　PROTAC_RIPK2 设计原理（68）

　　MZ1 和 MZ2（图 20-24）是靶向 BRD4 降解的 Protac 分子，它们是 JQ1 分子和 VHL 配体分子通过不同长度的连接链连接而成的，都可以降解 BRD4 蛋白。有趣的是，MZ1 拥有更短的连接链却有更高的降解效率，提示连接链的长度和组分对 Protac 分子的活性有重要调节作用。另外，相对于 BRD2 和 BRD3，不像基于 CRBN 的 dBET1，MZ1 和 MZ2 首先降解 BRD4，提示招募的泛素连接酶的种类对目的蛋白的降解也具有一定的选择性（69）。

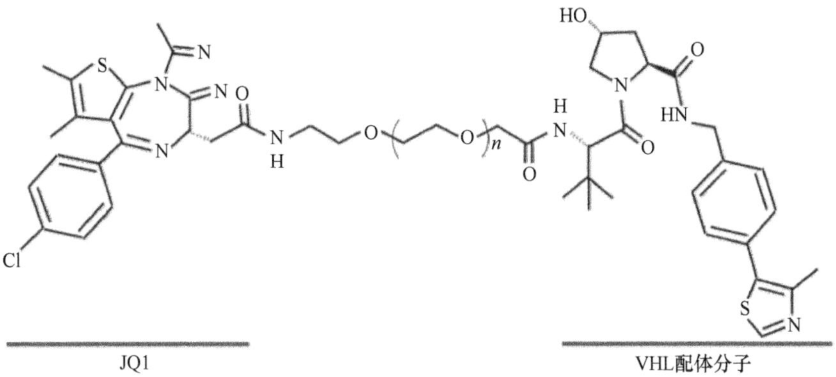

图 20-24 MZ1（n=2）和 MZ2（n=3）设计原理（69）

JQ1 VHL配体分子

总之，PROTAC 技术自发明以来，不断地改进、进化，其形式从包含多肽形式到全小分子形式，从代谢不稳定到代谢稳定，从细胞不兼容到可以穿透细胞、再到可以分布到小鼠不同脏器。但是仍有一些关键问题需要进一步改进以满足临床治疗的要求，比如，由于 Protac 分子质量相对较大，如何进一步提高其生物利用度（包括改进生物体吸收、分布、代谢、排泄和毒性等方面）。肿瘤学领域的数个致病蛋白被成功靶向降解，如雄性激素受体、雌性激素受体、BRD4、ERRα 和 RIPK2 等，特别是最近基于 Thalidomide和其衍生物，以及 VHL 小分子配体的 Protac 分子取得成功，预示着 PROTAC 技术在医药领域的广阔应用前景。

第四节 靶向泛素系统的药物研发策略

靶向泛素蛋白酶体系统的药物研发策略主要有两种：①基于实体化合物库的体内或体外高通量筛选策略，例如，靶向 neddyaltion 修饰 E1 的小分子抑制剂 MLN4924，靶向去泛素化酶 USP7 的小分子抑制剂 HBX41108、HBX19818 和 P5091 等；②基于药物靶点的结构信息、利用计算机辅助药物设计、通过计算机虚拟筛选化合物库或化学合成而获得候选化合物，然后体外合成候选化合物进行验证，例如，靶向 MDM-p53 相互作用的小分子抑制剂 Nutlin、MI-63 和 MI-219 等，靶向 IAP 泛素连接酶的模拟 SMAC 的小分子抑制剂等。

一、基于实体化合物库的高通量筛选策略

筛选策略如图 20-25A 所示：选择具有治疗前景的药物靶点；建立适合高通量筛选的体外或体内分析方法；高通量筛选化合物库，根据信号输出（readout），获得潜在候选化合物（Hits）；根据候选化合物的作用效果和结构信息，评估候选化合物，根据优先级别逐个验证候选化合物；利用 X 射线晶体学衍射和冷冻电镜单颗粒重构等结构生物学手段对候选化合物与靶点蛋白复合物的结构进行解析，推测出候选化合物的作用机制；根据候选化合物/靶蛋白的结构优化候选化合物，力求获得更高效低毒的先导化合物；最后，对候选化合物进行生物学活性评估。下面以靶向泛素耦合酶 hCdc34 的抑制剂CC0651 为例，具体阐述此策略（17）。

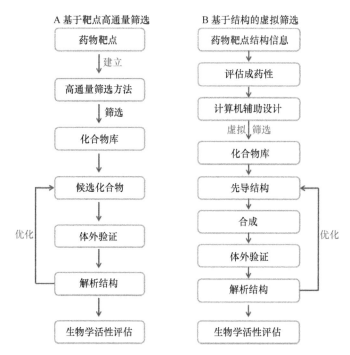

图 20-25 靶向泛素蛋白酶体系统的药物研发策略

药物靶点：泛素化修饰的泛素激活酶（UBA1）、泛素耦合酶（hCdc34）和泛素连接酶（SCF^{Skp2}）。

筛选方法（图 20-26）建立：①体外系统中加入纯化表达的 UBA1、hCdc34、SCF^{Skp2} 复合物、Cks1、底物蛋白 p27（被 Cyclin E-CDK2 预磷酸化）、生物素标记的泛素分子（Biotin-Ub）、ATP 和反应缓冲液；②体外 23℃反应 3 h，SCF^{Skp2} 复合物将给底物蛋白 p27 加上生物素标记的泛素分子；③底部包被有 Protein A 的 384 孔板结合 p27 的抗体；④反应体系体外反应完后加入 384 孔板，泛素化修饰的和非泛素化修饰的 p27 都被 p27 的抗体捕获；⑤清洗去除反应体系中其他成分；⑥加入 Europium 标记的链霉亲和素（Europium-streptavidin），链霉亲和素可以特异结合生物素；⑦清洗游离的 Europium 标记的链霉亲和素；⑧读取荧光信号，只有被泛素化修饰的 p27 才有荧光信号，荧光信号的强弱能反映 p27 被泛素化修饰的情况，当此反应体系中加入小分子抑制剂，抑制了泛素激活酶、泛素耦合酶、泛素连接酶任何一级的酶促反应都会导致 p27 泛素化修饰减少，从而表现为荧光信号减弱。因此，此筛选方法的 Readout 就是 p27 的泛素化修饰。高通量筛选化合物库得到抑制剂 CC0651。

验证：体外多泛素化分析显示 CC0651 可以明显抑制 SCF^{Skp2} 对磷酸化的 p27 多泛素化修饰、SCF$^{\beta-TRCP}$ 对磷酸化的 IκBα 多泛素化修饰、SCF^{FBXW7} 对磷酸化的 Cyclin E 多泛素化修饰（图 20-27A），既验证了高通量的筛选结果，也提示 CC0651 应该是抑制泛素激活酶或泛素耦合酶的酶促反应。此外，体外分析发现 CC0651 对 HECT E3 SMURF2 的活性没有影响，提示 CC0651 应该是抑制泛素耦合酶而不是泛素激活酶的酶促反应，特别是 CC0651 对酵母来源的 yCdc34 泛素耦合酶介导多泛素化没有抑制作用（图 20-27B），进一步提示 CC0651 特异靶向 hCdc34 泛素耦合酶。

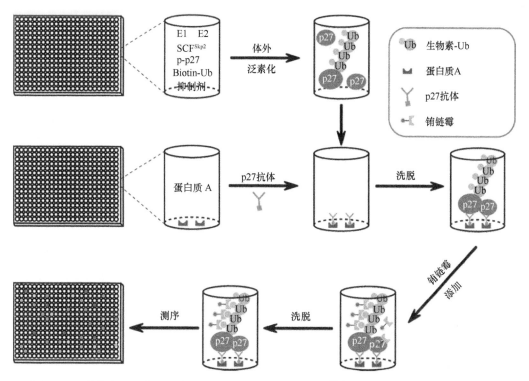

图 20-26　体外高通量筛选泛素激活酶、泛素耦合酶和 SCF^{Skp2} 泛素连接酶抑制剂的工作原理

结构解析：解析 hCdc34 和 CC0651-hCdc34 复合物晶体结构，揭示 CC0651 抑制 hCdc34 的分子机制。CC0651 插入远离 hCdc34 催化位点的一个隐形结合口袋，促使 hCdc34 二级结构元件大规模精准的转位，从而破坏了与泛素激活酶的结合、泛素耦合酶与泛素连接酶/底物的结合（图 20-27C）。

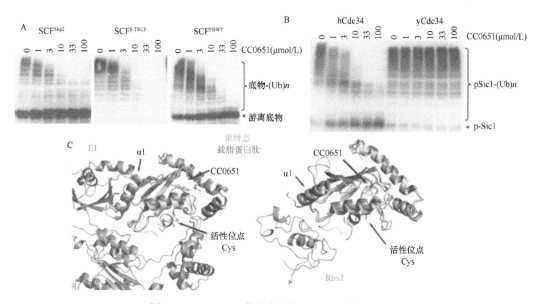

图 20-27　CC0651 靶向抑制 hCdc34 活性（17）

基于结构的衍生物：合成并分析了 12 个衍生物，虽然没有任何一个衍生物的活性比 CC0651 强，但是至少得出 CC0651 的疏水性和两极的元件对 hCdc34 的抑制是必需的。

生物学活性评估：CC0651 的衍生物促使前列腺癌细胞 PC3 内 p27 累积并抑制细胞的增殖。

基于实体化合物库的高通量筛选策略不依赖于靶点的结构信息，只需要建立适合高通量筛选的分析方法（readout）就可以对化合物库进行筛选，因此是一种非常强大的筛选方法。很多靶向泛素蛋白酶体系统的抑制剂都是基于高通量筛选方法得到的，如 PYR-41、MLN4924、HBX41108、HBX19818、P5091 等。

二、基于结构信息的靶向药物研发策略

研发策略如图 20-25B 所示：首先选择具有结构信息的药物靶点；根据结构信息分析潜在的药物结合的疏水性口袋；通过分子对接、分子动力学模拟和结合自由能计算等分子模拟手段对化合物库进行虚拟筛选，得到先导结构；合成该先导结构的化合物；体外分析结合的特异性和结合常数；采用结构生物学手段对合成的化合物与蛋白靶点复合物的结构进行解析，根据复合物的结构信息，进一步优化化合物，力求获得更高效低毒的先导化合物；最后进行生物学活性评估。下面以靶向 MDM2-p53 相互作用的抑制剂 Nutlin 为例，具体阐述此研发策略（*25*）。

通过分析 MDM2-p53 复合物的晶体结构，发现 MDM2 上有一个相对深的疏水口袋主要被 p53 的 3 个氨基酸（F19、W23 和 L26）填满（图 20-28A）（*70*），这种疏水口袋非常适合设计小分子抑制剂，用来阻断 MDM2 和 p53 的相互作用，从而抑制 MDM2 对 p53 的泛素化修饰，稳定 p53 的蛋白质水平，促使其发挥肿瘤抑制的作用。对化合物库进行虚拟筛选，得到先导结构 Nutlin-1/2/3（图 20-28B）。合成抑制剂 Nutlin-1/2/3，测试阻断 MDM2-p53 相互作用的效果（图 20-28C）。进一步解析 MDM2-Nutlin-2 复合物的晶体结构，确认合成的小抑制剂模拟 p53 结合在 MDM2 的疏水口袋中（图 20-28D）。生物学活性评估是在生化水平、细胞水平、异种移植裸鼠肿瘤水平，证明抑制剂 Nutlin-1/2/3 以 p53 依赖的方式抑制肿瘤的增殖（图 20-28E）。

HCT116、RKO 和 SJSA-1 是野生型 p53，SW480 和 MDA-MB-435 是突变型 p53。

基于结构信息的靶向药物研发最大的优点是以结构信息为导向，通过计算机虚拟筛选，获得有抑制潜力的先导结构，避免了工作量巨大的实体化合物库筛选。同时，这也是此策略最大的不足。如果无靶蛋白的结构信息，或者结构信息分析后无合适的药物设计靶点（undruggable），该策略就无法实施。

三、先导化合物生物学活性评价

获得能特异靶向靶点的小分子抑制剂后，主要从以下几个方面对小分子抑制剂进行生物学活性评价（预临床试验）。

（1）细胞水平——评价抑制效果：①生化分析小分子抑制剂在细胞水平的抑制效果；②ATPlite 细胞增殖法分析肿瘤细胞系的增殖情况；③克隆形成法分析肿瘤细胞系的存

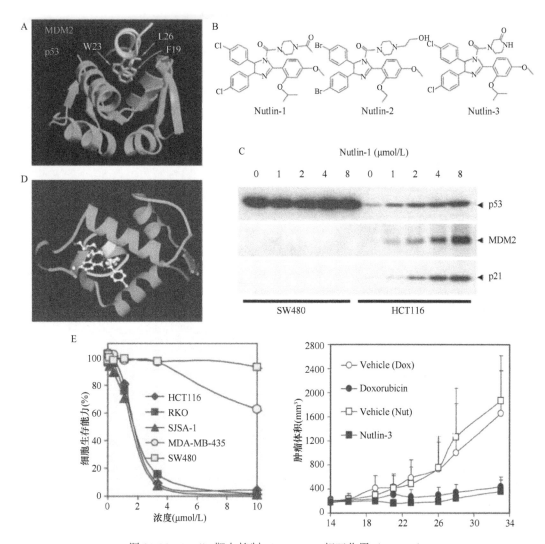

图 20-28 Nutlin 靶向抑制 MDM2-p53 相互作用（25，70）

活能力；④软琼脂克隆形成法分析肿瘤细胞系锚定非依赖的生长情况；⑤流式细胞仪分析细胞周期进程和凋亡情况，免疫印迹分析 Cleaved-PARP 和 Cleaved-caspase3，进一步确证细胞凋亡情况；⑥根据小分子抑制剂的特性，可以进一步通过细胞形态和 β-Gal 染色分析细胞衰老情况，通过 p62 的水平和 LC3- Ⅰ/Ⅱ型的转换分析细胞自噬情况。

（2）异种移植裸鼠肿瘤模型——评价抗肿瘤效果和安全性。以肿瘤大小和生长曲线来反映抗肿瘤效果，以裸鼠体重和异常行为来反映先导化合物的安全性。

（3）人源肿瘤异种移植模型（PDX）进一步确定抗肿瘤效果和小分子抑制剂的安全性。

（一）ATPlite 细胞增殖法（ATPlite cell proliferation assay）

3000～10 000 个细胞稀释在 100 μL 培养基中，接种在 96 孔板中。第二天，不同浓度的小分子抑制剂稀释在 100 μL 培养基中，加入细胞中。继续培养 3 天。去除培养基，加入 ATPlite 试剂裂解细胞，酶标仪读取化学发光信号来反映 ATP 的含量，ATP 的含量高表示细胞活力高，从而间接指示细胞增殖情况，通过与对照细胞的增殖比较，获得小分子化合物的抑制曲线（IC_{50}）。

（二）克隆形成法（clonogenic assay）

200～300 个单细胞接种在 60 mm 培养皿，第二天加入不同浓度的小分子抑制剂，根据小分子抑制剂的作用特点，去除抑制剂或持续保留，生长 7～10 天以后，去除培养基，加入考马斯亮蓝 R250 染液，对形成的细胞克隆染色，将细胞总数超 50 个的克隆定义为阳性克隆。所有的克隆来源于单个细胞，因此阳性克隆的数量反映了肿瘤细胞的存活能力。通过与对照细胞的克隆形成数比较，获得小分子化合物的抑制效果。

（三）软琼脂克隆形成法（woft agar colony formation assay）

1000 个细胞接种在 60 mm 培养皿的顶层软琼脂中，顶层软琼脂为 3 g/L 琼脂糖，并加入不同浓度的小分子抑制剂，底层为 5 g/L 琼脂糖，37℃培养箱中培养 14～21 天，p-iodonitrotetrazolium 染色过夜，显微镜下计数克隆数（将细胞总数超 8 个的克隆定义为阳性克隆），克隆的大小和数目反映肿瘤细胞锚定非依赖生长的能力。锚定非依赖的生长能力是区分肿瘤细胞和正常细胞最主要的标志之一。

（四）异种移植裸鼠肿瘤模型（xenograft tumor model）

扩大培养肿瘤细胞，收集细胞并通过皮下注射注入裸鼠左右背侧（$1 \times 10^6 \sim 5 \times 10^6$ 细胞/侧），14 天后当瘤体体积达到 100 mm³ 左右，将裸鼠随机分为实验组和对照组，每组裸鼠 15 只。根据小分子抑制剂的特性决定小鼠的药物处理方式（皮下注射或口服）、处理时间（1 次/天或 1 次/2 天等），连续处理 3 周。每周记录两次肿瘤的增长情况（游标卡尺量大小）和裸鼠的体重，分析比较药物对接种的肿瘤在体内生长的抑制情况并统计差异。以肿瘤大小和生长曲线来反映抗肿瘤效果，以裸鼠体重和异常行为来反映小分子抑制剂的安全性。最后，将收获的肿瘤分成两个部分：一部分以新鲜形式保存于–80℃冰箱，用于蛋白质或 RNA 提取，进行免疫印迹、qRT-PCR 等分析；另一部分组织经固定、包埋和组织切片后用于免疫组化等分析。

（五）人源肿瘤异种移植模型[patient-derived xenograft（PDX）model]

人源肿瘤异种移植是指将来源于患者的新鲜肿瘤组织适当处理后移植到免疫缺陷裸鼠上，依靠小鼠提供的微环境进行生长。PDX 模型很好地保持了患者肿瘤细胞原来的特点：形态特征、分化程度、结构特点、分子特性，以及对药物的敏感性。与异种移植裸鼠肿瘤模型（xenograft）相比，该模型更能反映人肿瘤的特性。因此，以 PDX 模型进行药物评价更加接近模拟临床患者，得出的结果更加可靠，为肿瘤的生物学研究、药物筛选、抗癌药物临床前期评估提供了一个重要的体内模型。特别是这种模拟个体肿瘤特异性进行药评的模型，对实现肿瘤患者的个体化治疗具有重要意义。

手术切除新鲜肿瘤组织，将修剪后的组织接种于裸鼠（BALB/c nude）双侧腹股沟部皮下，为第 1 代荷瘤裸鼠。接种成功的移植瘤（直径约 1 cm）组织取出后修剪成 1 mm³ 组织块，再进行第 2 代裸鼠肿瘤异体移植（放大）。选取成功接种传代 3 代以上的荷瘤鼠的人源肿瘤组织进行药评实验，连续传代不超过 10 代。将第 3 代的荷瘤裸鼠的人源肿瘤组织（瘤直径至少为 5 cm）取出后修剪接种于裸鼠，并随机分组进行小分子抑制剂药评实验。对异种移植裸鼠肿瘤模型药评效果理想的小分子抑制剂，随机建立实验组和对照组，实验组接受小分子抑制剂治疗（如皮下注射），对照组接受小分子的溶剂注射，每周 5 次，连续 3 周。每周记录两次肿瘤的增长情况（游标卡尺量大小）和裸鼠的体重，分析比较药物对接种的肿瘤在体内生长的抑制情况并统计差异。最后，将收获的肿瘤分成两个部分：一部分以新鲜形式保存于 -80℃ 冰箱，用于蛋白质或 RNA 提取，进行免疫印迹、qRT-PCR 等分析；另一部分组织经固定、包埋和组织切片后用于免疫组化等分析。以肿瘤大小和生长曲线来反映抗肿瘤效果，以裸鼠体重和异常行为来反映小分子抑制剂的安全性，并结合所接种组织来源的患者的病理类型、预后和其他肿瘤标记物水平等信息，对所测小分子抑制剂的疗效进行全面评估，为进一步研发提供线索和策略。

第五节　针对蛋白酶体的药物研发

26S 蛋白酶体可以降解绝大多数的泛素化修饰蛋白，动态调控关键蛋白质在细胞内的半衰期，迅速响应细胞内外的各种信号。泛素-蛋白酶体通路不仅调控正常的生命活动，而且其异常是相当多的人类疾病的病理基础。泛素-蛋白酶体通路的基础性研究成果和相关的病理研究，不但可以使我们深刻认识生命活动的基本规律和相关的功能实现基础与机制，而且可以揭示潜在的药物开发途径，提供新颖和重要的药物靶标，研制特异而高效的小分子化合物或药物，作用于蛋白酶体。这些小分子化合物不但可以作为探针，广泛应用在生命科学研究的各个方面（如近年来兴起的化学生物学），更重要的是，它们有望提供新型的治疗策略和途径。许多医药研发机构以泛素-蛋白酶体通路为对象，正在开发治疗癌症、糖尿病、心血管疾病、代谢疾病、炎症和神经退行性疾病等的新型药物。

蛋白酶体抑制剂硼替佐米（Bortezomib），商品名"万珂（Velcade）"，于 2003 年获得美国食品药品监督管理局的批准，用于临床治疗耐药的多发性骨髓瘤（refractory multiple myeloma），随后它又被批准用于治疗套细胞淋巴瘤。它是第一例被美国食品药品监督管理局批准上市的以泛素-蛋白酶体通路为靶点的蛋白酶体抑制剂类药物。它能够特异性地与 20S 蛋白酶体的 β5 亚基的苏氨酸羟基的活性部位结合，有效抑制类胰凝乳蛋白酶活性。硼替佐米可有效延缓多发性骨髓瘤进展、改善患者生存状况，其注射用药物在 2013 年的销售额已超过 30 亿美元。但硼替佐米用于治疗癌症仍存在两个主要的问题：首先是蛋白酶体抑制相关联的细胞毒性作用和药物脱靶效应，可能是因为蛋白酶体主要在细胞内大部分信号通路的下游交叉点发挥作用；其次是内在的和获得性的耐药性，可能是因为体内蛋白质的调节失衡，从而引起机体的一系列补偿代谢，激活胞外其他降解蛋白质的途径，主要反映为单一用药效果不佳，如对于半数的多发性骨髓瘤患者而言，硼替佐米单一疗法的治疗效果并不理想（*71-73*）。

为突破硼替佐米的局限性,已陆续研发 Carfizomib、Ixazomib、Oprozomib 等第二代蛋白酶体抑制剂,它们具有独特的化学结构、生化特性、结合亲和性、选择性,更利于提高抗癌效果并降低毒副作用,如 Carfizomib 与其他 β 亚基(β1、β2)的结合能力弱于硼替佐米(74-76)。此外,还有免疫蛋白酶体特殊亚基(β1i、β2i、β5i)类抑制剂,主要通过可逆或不可逆地结合 β1i、β2i、β5i 亚基,以空间位阻降解蛋白质结合位点,进而阻断蛋白质降解过程,使细胞周期停滞,如 IPSI-001 等可以有效抑制复发性骨髓瘤(77)。就多发性骨髓瘤患者对硼替佐米产生耐药性的另一有效策略,是研制以 19S 调节颗粒为靶点的抑制剂,如泛素受体 Rpn13 的小分子抑制剂 RA-190、KDT-11(78,79)(图 20-29)。

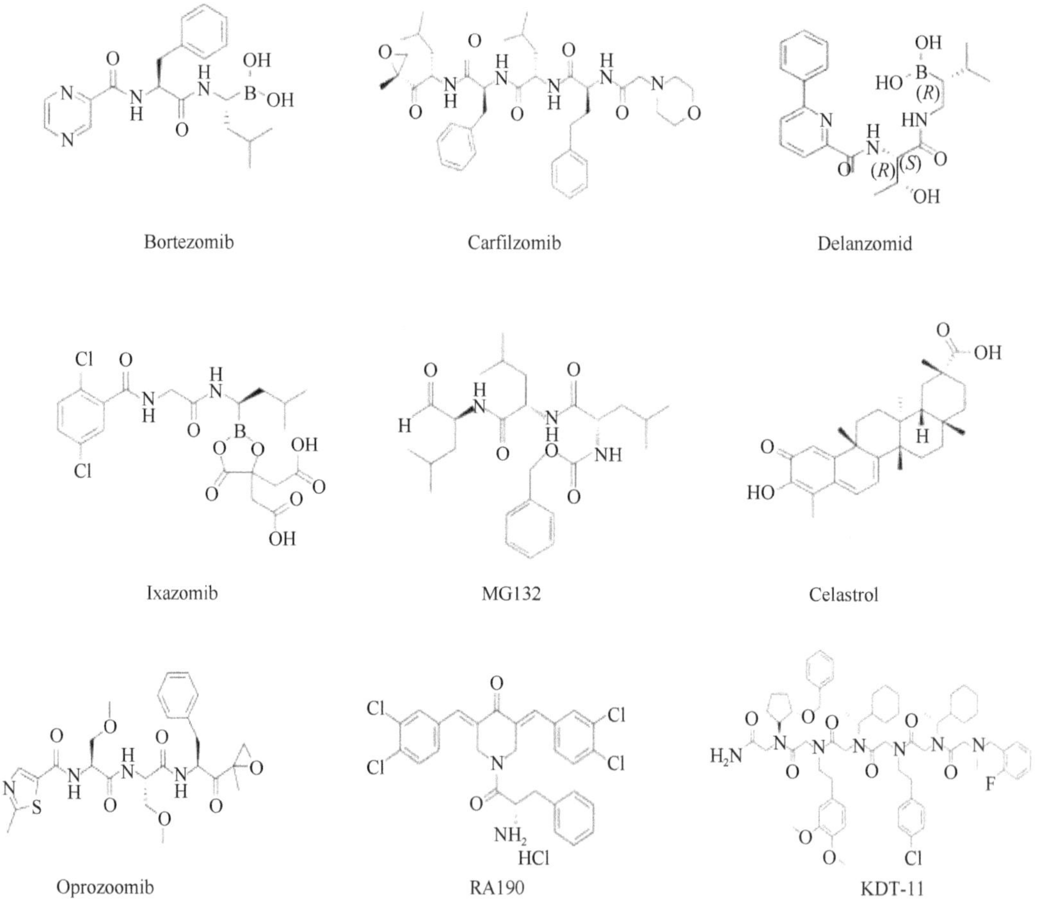

Bortezomib　　　　　　　Carfilzomib　　　　　　　Delanzomid

Ixazomib　　　　　　　MG132　　　　　　　Celastrol

Oprozoomib　　　　　　　RA190　　　　　　　KDT-11

图 20-29　一些常见的蛋白酶体抑制剂结构

一、蛋白酶体抑制剂的筛选体系

虽然蛋白酶体复合物可以通过生化方法纯化,但是由于蛋白酶体的组成十分复杂,构建体外的筛选系统目前可行性不高,多数研究是在体内系统中开展。以下简要概述一些针对蛋白酶体的药物筛选方法。

（一）细胞内高通量筛选系统

26S 蛋白酶体包含数十个亚基，目前对于每个亚基的催化机制与底物特异性了解不多。同时，许多调节亚基还有待发现和分析。因此，通过体外系统筛选其特异的抑制剂难度较大，而且容易漏掉重要的靶标和相应的小分子化合物。最近，研究人员采用泛素-蛋白酶体通路的 N-end 规则，将泛素通过一段 N-end 顺序与绿色荧光蛋白（green fluorescence protein，GFP）形成嵌合表达载体，转入 HeLa 细胞中形成稳定表达株（stable cell line）。绿色荧光蛋白在 HeLa 细胞中的表达本身是稳定的，但是连接上泛素后，绿色荧光蛋白就被主动运往蛋白酶体，并被迅速降解。这样，绿色荧光蛋白的半衰期就与蛋白酶体的活力关联起来，通过检测绿色荧光的发光强度跟踪蛋白酶体的作用效率。在这个高通量的筛选体系中加入小分子化合物库，就可以寻找调节蛋白酶体通路的有效分子。

（二）用基于活性探针的方法筛选特异性针对蛋白酶体的小分子抑制物

蛋白酶体是一个多亚基的超分子蛋白酶复合物，参与降解细胞质中几乎所有的蛋白质。它是一个桶状的"机器"，中间有一个闭合的空腔，蛋白质的降解就发生在其中。当蛋白质进入蛋白酶体的中央空腔后，六类分属于三种不同催化活性类型的亚基开始处理底物。在这样一个复杂而多样的体系里，阐明相关的酶促过程具有巨大的挑战性。

为了解答关于蛋白酶体作用过程的一些关键问题，已经筛选和设计出了一些小分子抑制物，作用于蛋白酶体的多个活性位点。另外，基于蛋白酶体在关键细胞活动过程中的重要作用，相关的小分子抑制物也成为开发具有治疗潜力药物的先导化合物。同时，这些抑制物为认识细胞的基本活动过程提供了非常有价值的工具。

许多研究利用不同底物的模块（motif）探测每个蛋白酶的作用序列，定义蛋白酶识别的特征。这些研究首先构建合适的肽库（peptide library），每条肽都偶联一个隐藏的荧光报告基团，当某一肽段被蛋白酶切割之后，荧光基团就会暴露而发光。通过扫描筛选许多序列库（这些库的共同特征是底物上的一个或多个位点恒定），确定最优底物结合序列。已经用这种方法对蛋白酶体的基本催化中心的特异性进行过研究，但是由于一个底物可能被多个活性位点作用，这样得到的结果非常复杂，解释起来存在较大的难度。如果将小分子选择性地抑制每个独立催化位点和上述底物筛选方法结合使用，那么阐明这个基本活性位点的底物特异性就相对容易不少。另外，肽类抑制物能够与活性位点的苏氨酸残基形成共价键，这样就可以直接用来定义每个活性位点的底物识别基序。

下面介绍合成和筛选以肽类为基础的蛋白酶体的共价抑制物。这个过程需要建立一个位置扫描的筛选肽库（positional scanning peptide library），每条肽的 C 端包含反应性很强的乙烯基砜（vinyl sulfone）基团作为"弹头"。在具有催化活性的蛋白酶体 β 亚基处，这类抑制物和苏氨酸残基形成不可逆共价连接产物。通过一个广谱的、带有放射性标记的抑制物进行竞争试验，并用 SDS-PAGE 结合放射自显影的方法，可以判断针对三个基本活性位点的有效分子基团。这个方法能够筛选任何一个或一套抑制物，并且可以对底物选择性和总的效果进行直接评估。需要指出的是，本方法使用总细胞或组织的粗蛋白抽提物即可，无须大规模的生化纯化操作。

1. 通过选择性活性位点标记肽设计竞争试验

筛选蛋白酶体抑制物最常用的方法是利用有潜在发光能力的底物。这样的底物一旦被蛋白酶酶切，产生的产物就会发出荧光。用一个荧光检测仪器就可以处理大规模的筛选样品。尽管这种试验能够提供某一个抑制物的总体动力学效果，但是由于蛋白酶体具有多重活性位点，导致这类试验无法提供有效的信息，阐明各个亚基的底物选择性。虽然蛋白酶体 β 亚基的三种基本活性对位于被剪切肽键旁的氨基酸有一定的倾向性，但是这种选择性不是绝对的。因此，目前通用的研究型底物只是具有部分选择性，蛋白酶体仍然可以在底物的多个位点通过几种活性协同完成酶切。

选择性小分子标记可以被用来直接共价地与每个基本活性位点连接，达到标记和封闭每个基本催化亚基的作用。简单的 SDS-PAGE 分析结合放射自显影的方法，就可以让标记的亚基得到分辨。如果在标记之前先加入一个扫描的化合物（从一个肽库），就可以观察它通过竞争引起的标记信号的消失效应，揭示扫描序列的靶向性和蛋白酶体的底物选择性。如果这样的探针本身具有足够的选择性（仅对蛋白酶体作用），就可以直接在细胞粗提液中标记蛋白酶体，从而避免了需要大量纯化酶的麻烦（图 20-30）。

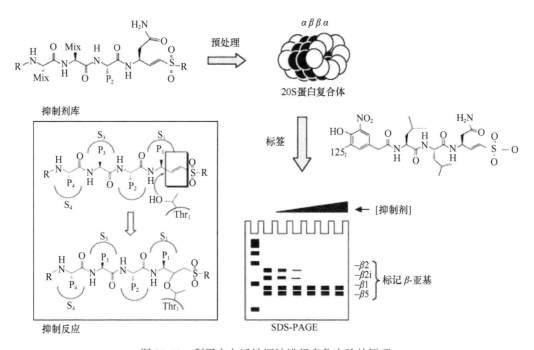

图 20-30　利用定向活性探针进行竞争实验的原理

2. 设计和合成定位扫描的筛选肽库（positional scanning peptide library）

筛选蛋白酶体亚基的选择性抑制物，开始于潜在化合物库的合成。因为乙烯基砜（vinyl sulfone）修饰的肽可以共价修饰具有催化活性的三个 β 亚基的苏氨酸残基，因此以此为出发点来进行肽库的设计。理论上，合成所有可能的天然氨基酸序列的组合四肽，可以系统地评价底物特异性和有效性，但是这样的化学合成工作量显得过大。为了用最少的化学合成付出得到显著性差异的肽库，建议采用标准的位置扫描方法，产生抑制分子库。具体方法是：合成一系列的库，在这些库中，某个位置的氨基酸是保持不变的，而其他位置的氨基酸在变化。评价这个恒定氨基酸对于酶结合的贡献，然后再选择另一个氨基酸放置在这个位置，这个过程一直持续，直到抑制物上的这个位点被筛选出理想的氨基酸。然后，选择下一个位点作为恒定位点，重复上述的筛选过程。最后得到抑制分子的每个位点的最佳氨基酸结合特性的指纹图。如果抑制分子与蛋白酶体的结合不需要各个位点的协同作用，通过上述的方法就可以设计出高效并且选择性强的抑制分子。

在本实验中，通过固相合成的方法，产生了一套四肽乙烯基砜的位置扫描库。抑制分子的 P1 位作为与树脂的锚定点，被设定为天冬酰胺。对于三种 β 亚基来说，选择这个残基都是最优的，我们把一个天冬氨酸-乙烯基砜放到 Rink 树脂上，当从树脂上被切割下来之后，天冬氨酸就变成了天冬酰胺。P2～P4 位置用 20 个天然氨基酸中的每一个进行筛选（去掉半胱氨酸，用 norleucine 代替甲硫氨酸），选的时候其他位置可以是这 19 个氨基酸中的任何一个（图 20-31）。

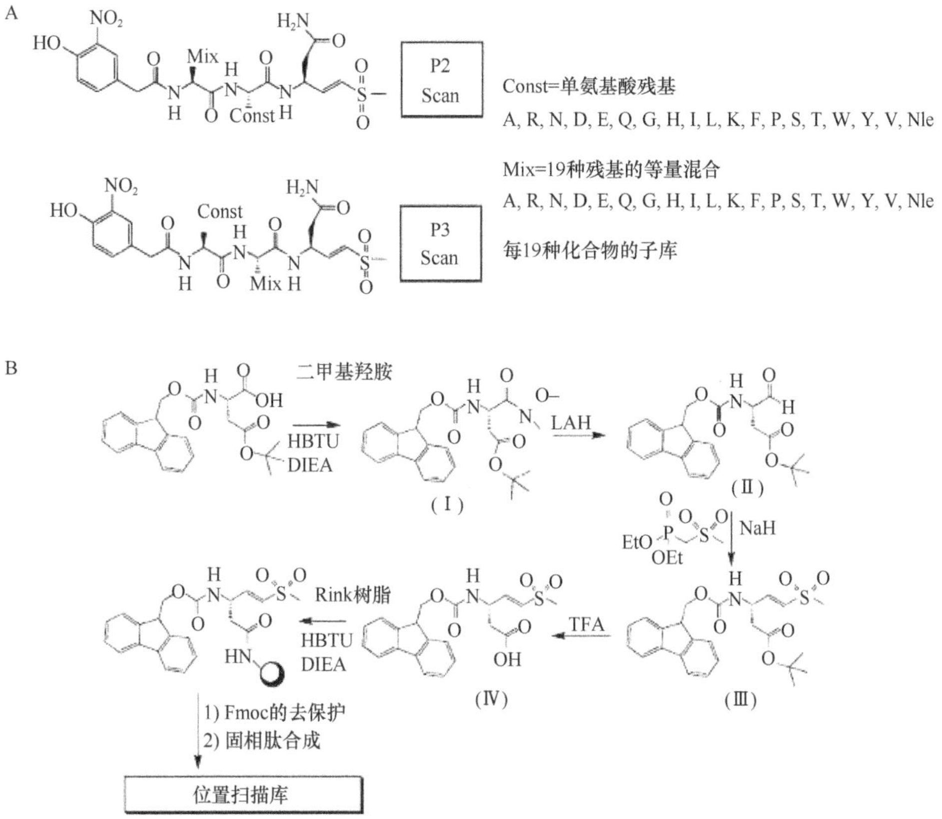

图 20-31　合成位置扫描肽库的原理

（1）合成 Fmoc-Asp(OtBu)-二甲基羟胺（Ⅰ）

将 Fmoc-Asp(OtBu)-OH（10 g，24.3 mmol）、HOBT（3.6 g，26.7 mmol）、十二环己

基碳化二亚胺（DCC；5.5 g，26.7 mmol）溶解在 DMF 中。室温下搅拌 30 min，析出固体，过滤除去。将固体 N, O-二甲基羟胺（2.84 g，29.2 mmol）和三乙胺（2.94 g，29.2 mmol）加到过滤后的液体中。反应物继续搅拌 12 h，然后用旋转蒸发溶剂的方法来浓缩。得到的原油溶于乙酸乙酯，然后分别用饱和碳酸钠、0.1 mol/L HCl 和 0.1 mol/L NaCl 来抽提。有机层在硫酸镁上干燥，然后浓缩成固体。这样的粗产物不需纯化就可以用于后续反应。

（2）合成 Fmoc-Asp(OtBu)-H(Ⅱ)

将粗产物 Ⅰ（11.14 g，24.5 mmol）溶解在无水乙醚中，在氩气流下置于冰上搅拌。慢慢加入氢化锂铝（0.928 g，24.5 mmol），这时会放出气体。再搅拌反应物 20 min，然后加入硫酸氢钾（6.67 g，49 mmol）以终止反应。在冰上搅拌终止的反应物 20 min，然后将其置于室温 30 min。用乙酸乙酯抽提混合物三次，得到的有机物用三部分的 0.1 mol/L HCl、饱和碳酸钠和盐水洗涤。有机相被浓缩成油状。产物用快速色谱法（乙烷/乙酸乙酯 2∶1，V/V）纯化，产量为 5.58 g，58.3%。

（3）合成 Fmoc-Asp(OtBu)-Vinyl Sulfone(Ⅲ)

如前所述，在二噁烷水溶液中，二乙基（甲硫甲基膦酸盐）和过氧乙酸一起被氧化成相关的膦酸酯砜。膦酸二乙酯砜（4.06 g，17，66 mmol）在氩气下被溶解在无水 THF 中。加入氢氧化钠（678 mg，16.96 mmol），在室温下搅拌反应物 30 min。纯化的第二步反应终产物（5.58 g，14.1 mmol）在氩气下溶解在无水 THF 中，然后通过一根插管将其加到正在搅拌的反应物中。搅拌反应物 30 min，加水终止，得到的水相用二氯甲烷洗三次。将有机相收集起来，将其用 MgSO$_4$ 干燥，并蒸发成固体。得到的原油用含硅胶的快速色谱法（乙烷/乙酸乙酯 1.5/1，V/V）纯化，产量为 4.1 g，8.7 mmol，62%。

（4）合成 Fmoc-Asp-Vinyl Sulfone(Ⅳ)

纯化的第三步反应产物溶解在二氯甲烷（10 mL）中，同时加入等体积的无水三氟乙酸。搅拌反应物 4 h，加入过量的甲苯终止反应。通过旋转蒸发来浓缩反应物，然后将其重悬于甲苯中。将反应物蒸发成油状并通过加入二乙醚而使其析出。真空干燥离心收集得到的白色沉淀物，产量为 2.95 g，81%。

（5）Fmoc-Asp-Vinyl Sulfone(Ⅳ)和果皮酰胺树脂偶联

纯化的第四步反应产物和果皮酰胺树脂（0.8 mmol/g 树脂量）在 DMF 中按照标准化学方法偶联，树脂量是由去保护时自由 Fmoc 的吸收值决定的。树脂在真空下干燥，然后被用作所有库合成的起始材料。

（6）位点扫描和单组分肽库的合成

称量偶联了 Fmoc-Asp-Vinyl Sulfone 的树脂（20 mg/孔；0.7 mmol/g），分装到 96 孔板。每个库包括 19 个亚库，在这些亚库中，每一个恒定位置都被尝试由 19 个天然氨基酸（除去半胱氨酸和甲硫氨酸，加上去亮氨酸）依次占据，在其他的位置上也是由这 19 个氨基酸组成的异构动力学混合物进行排列组合。异构动力学混合物按照已报道的氨基酸的偶联速率所定义的氨基酸类似物的比率来创建。总混合物 10 倍过量于树脂量所对应的总氨基酸。在恒定位置，每一个氨基酸也用 10 倍过量进行偶联。偶联反应在标准条件下用 DIC 和 HOBT 来进行。混合物库（P2 和 P3）的氨基末端用 4-羟基-3 硝基苯基乙酸保护，而单组分的 P4 库用无水乙酸来保护。库和单组分从树脂上的分离是通过加入 90% 三氟乙酸、5%水、5% 三异丙基硅烷 2 h 来实现的。切割的溶液被收集，并且通过加入冷的二乙醚沉淀出来。通过离心收集固体产物并将其冻干，产生的肽类粗产物依据每种混合物的平价质量被溶解在 DMSO 中（50 mmol/L 储存液）。它们被储藏在 –20℃，在后续实验中被稀释到 5 mmol/L 工作浓度。

3. 筛选抑制物

起始的抑制物库由 361 个肽类的混合物组成（两组可选 19 个氨基酸中任何一个的可变位点和两个恒定位点）。用一个能标记所有三种基本的 β 亚基活性位点的探针 ^{125}I-NIP-LLN-VS，利用前面说过的竞争试验来对混合物进行筛选。竞争试验在粗制细胞提取物和纯化的 20S 蛋白酶体中进行。

在一个典型的粗制细胞提取物和纯化的 20S 蛋白酶体筛选实验中，在缓冲液 A[50 mmol/L Tris（pH 5.5），1 mmol/L DTT，5 mmol/L MgCl$_2$，250 mmol/L sucrose]中通过玻璃珠（<10^4 microns；Sigma）一起振荡来制备 NIH-3T3 或 EL-4 的裂解物。在 4℃，15 000 g 离心上清 15 min，最后通过 BCA 蛋白定量（Pierce）来测定上清中总蛋白浓度。

裂解物用反应缓冲液[50 mmol/L Tris（pH7.4），5 mmol/L MgCl$_2$，2 mmol/L DTT]稀释到 1 mg/mL。室温下，将裂解液（100 μg 总蛋白）、纯化的 20S 蛋白酶体（每个样品 1 μg，溶于含有 0.01%SDS 的反应缓冲液中）和 1 μL 来自 5 mmol/L 储藏液的库（终浓度 50 μmol/L）一起孵育 30 min。碘反射性标记的抑制物（用反应缓冲液 1：10 或 1：5 稀释）被加到反应体系中，在室温下进一步孵育 90 min。反应的终止通过加入 4×SB 和煮沸 5 min 来实现。所有的样品通过 12.5%的 SDS-PAGE 来分离，然后用磷屏来获得数据。用 ImageQuant 软件（Molecular Dynamics）来定量活性条带，每个条带和对照未处理组的比率也可以由此得到。

筛选得到的结果被定量，并以和未处理对照组的相对百分比的形式被收集。得到的数值用标准芯片数据处理和收集程序来作图。得到图可以快速分析数据，来识别在 P2～P4 位点上的最优氨基酸。在一开始的研究中，针对 β2 或胰蛋白酶类似位点的抑制物被设计出来。这些抑制物的有效性和特异性通过前面叙述的竞争试验来评价。这些结果表明，位点扫描库可以被用来在一些不同的位点识别多个残基。这些被识别的残基组合在一起就能产生有高度选择性的库。这些结果还表明，可以粗细胞匀浆物作为酶原，用竞争试验来筛选化合物，从而找到最佳的抑制物。

三、蛋白酶体抑制剂的筛选

自从硼替佐米（Bortezomib）上市以来，蛋白酶体的 20S 核心颗粒中的具有蛋白酶活性 β5 亚基一直是小分子药物的热门靶点。近年来，也出现了一些以蛋白酶体上的其他亚基为靶点开发出来的小分子抑制物，如以 19S 调节颗粒上的泛素受体 Rpn13 为目标开发的 RA-190（80）和同时以两种去泛素化酶 UCHL5、USP14 为目标的 bAP-15（81）。以 19S 调节颗粒上的亚基为目标开发药物，既可以有效地避免 β5 突变带来的硼替佐米抗药性，也可以结合不同癌症中其他 19S 亚基的不同表达谱应用于不同的适应证，或者与 20S 亚基药物联用达到更好的治疗效果。

Rpn13 是 19S 的一个泛素受体（82），可以结合被泛素化蛋白上的泛素，帮助底物蛋白进入 20S 复合物中进行降解。值得注意的是，Rpn13 并不是必需的，但是却在多发性骨髓瘤、宫颈癌、胰腺癌、结肠癌中有高表达。这就为以 Rpn13 为靶的小分子抑制物，在完成药物开发之前，具有更好的特异性和更小的副作用带来了可能。抗体与抗原蛋白质的作用是最常见的识别特异性蛋白质的方法之一。在此以 Rpn13 小分子抑制剂 KDT-11（79）的筛选为例，说明一种小分子化合物与蛋白质结合，然后被抗体特异性识别并从化合物库中选出的方法。

1. 类肽化合物库的建立

这个类肽化合物库中的每一个化合物都由一个特定的骨架与 5 种胺类组合而成，并且这个化合物在一端被一段 linker 连接在 90 μm TentaGel beads 上，称为 OBOC library（one bead one compound）。这样 10 种胺类就可以形成一个 100 000 的类肽化合物库（图 20-32）。

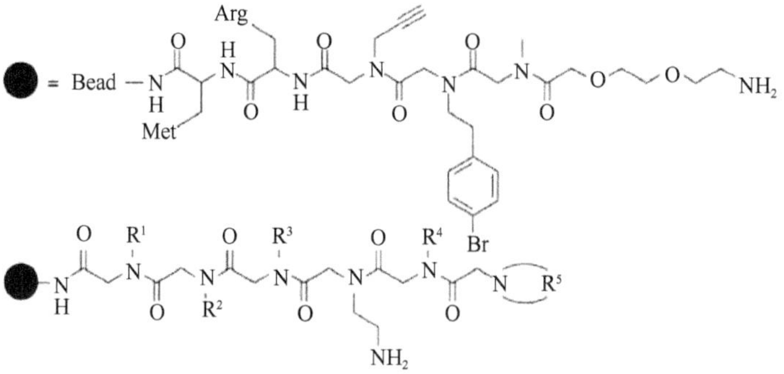

图 20-32 结合于 Rpn13 的化合物库总体结构。每个 N 替代的甘氨酸来自溴乙酸和胺

将 1 g TentaGel beads（0.29 mmol/g，0.29 mmol，1 eq）在 DMF 中浸润然后沥干。Fmoc-Met-OH（215 mg，0.57 mmol，2 eq）与 HOBt（1.9 eq）、HBTU（2 eq）和 DIPEA（4 eq）在 10 mL DMF 中混合，10 min 后将其加入 beads 中在室温激活 3 h。之后，用 3×DMF、3×二氯甲烷（DCM）和 3×DMF 洗涤。通过 20%哌啶/DMF 室温 20 min 的处理，使 Fmoc 去保护，然后 Fmoc-Arg(Pbf)-OH 被合成，其间通过茚三酮检测。下一部分就是在伯胺上完成一个溴乙酸（BBA）/二异丙基碳二亚胺（DIC）的置换。2 mol/L BBA 和 1 mol/L DIC（均溶于无水 DMF）等体积混合并激活，直到形成白色副产物时再加入到 beads 中。beads 在 37℃激活 15 min，然后经过无水 DMF 洗涤，与特定的胺类（1 mol/L 溶于 DMF）连接，37℃，1 h。炔丙胺、溴苯乙胺和 N-乙基甲胺都是通过这种方式链接到 linker 上的。mini-PEG 则是接着 N-乙基甲胺的条件合成上去。最后，末端的 Fmoc 用 20%哌啶/DMF 去除。

将 1 g 带有 linker 的 beads 用 2mol/L BAA 和 1mol/L DIC 激活，之后所有 beads 分

到 10 个装有 2 mL 无水 DMF 的注射器中。每个注射器中有 100 mg 的 beads。在每个容器中加入终浓度 1 mol/L 的 10 种之中的某种胺类，封闭并在 37℃激活 1 h。洗容器，并且通过氯醌检测确认胺类成功连上。之后，所有 beads 重新混合到一个大注射器里并重新用 BAA/DIC 激活再分开，连接胺类。这样重复，直到 6 个胺的位置都被合成上。因为在第四个位置上只能是用 Mmt 保护的乙二胺，所以最终化合物库的容量是 10×10×10×1×10×10=100 000 个化合物。这个化合物库分成 200 mg 一份，并且保证每份中每个分子都有 5～6 个拷贝。之后，36 个 beads 被调出来分到 96 孔板中并切割 linker 释放小分子化合物，并且进行 MALDI MS 和 MS22 分析以确定化合物库的合成质量。

2. Rpn13 的生产和纯化

pET19b-ADRM1（Rpn13）质粒从 Addgene 购得，转入相应的表达大肠杆菌菌株中。先以 8 mL 100 μg/mL Amp LB 培养基，在 37℃中以 220 r/min 过夜小摇。再扩大到 28 mL 培养基中过夜培养，最后将其加入 1 L LB 中并在 OD$_{600}$ 达到 0.6～0.8 时加入终浓度 1 mmol/L 的 IPTG。这 1 L 大肠杆菌在 25℃中过夜培养，再经 6000 g 离心 10 min，4℃ 收集菌体，然后菌体再在裂解缓冲液[50 mmol/L Tris-HCl（pH8.0），300 mmol/L NaCl，0.1% Triton X-100，1 mmol/L EDTA，0.25 mg/mL 溶菌酶，1 mmol/L PMSF)中重悬，之后 4℃下进行 1 min 的超声波破碎 4 次。然后，15 000 g 离心 30 min，再通过 40 mL 含 50 mmol/L Tris-HCl（pH8）、300 mmol/L NaCl、0.5% Triton X-100、20 mmol/L β-巯基乙醇和 2 mol/L 尿素的缓冲液清洗沉淀。这部分沉淀再经过两次 1 min 的超声破碎，然后再经过 15 000 g 离心 30 min。最后，这部分蛋白质通过 50 mmol/L Tris-HCl（pH8）、300 mmol/L NaCl、0.1% Triton X-100、10%甘油、10 mmol/L 咪唑、20 mmol/L β-巯基乙醇和 8 mol/L 尿素的缓冲液溶解，再通过 15 000 g 离心 30 min，收集上清中的可溶蛋白并再通过镍基质纯化。

采用 Invitrogen Ni-NTA 的变性蛋白纯化方法，结合和洗涤缓冲液按标准方法配制。粗提物结合到镍基质上后，Rpn13 蛋白通过 50 mmol/L、150 mmol/L、300 mmol/L、450mmol/L、600 mmol/L 梯度咪唑洗脱，然后通过 SDS-PAGE 和考马斯亮蓝染色确定蛋白质纯度。最后通过 PBST 过夜 4℃透析，并且以 Amicon filter 浓缩蛋白到 1.5～2.5 mg/mL 以便进行筛选。

3. 以 Rpn13 筛选化合物库

之前合成在 TentaGel 珠子的 200 mg 化合物库由 DMF 逐渐过渡到 0.01%的 PBST 中，每次以 1/4 体积的 PBST 替换 DMF 并且激活 1 h。这些珠子在 PBST 中过夜，但是要保持其不聚团。之后用 PBST 洗三次，再以 100% PBST Starting Block（Thermo Scientific）在室温封闭 15 min。去除封闭物后，加入 4 mL 溶于 PBST 中的 Rpn13 抗体(2 μL 1mg/mL，Novus Biologics）在室温孵育继续封闭。同时准备磁珠 Dynabeads®（Life Technologies）、50 μL 链霉亲和素偶联的 M-280 Streptavidin 加入 1 mL EP 管中，并加入 1 mL PBST，30 s 后通过磁体把 1 mL PBST 去除。这样洗过三次后，最后在 1 mL PBST 中加入 10 μL 生物素偶联的抗兔-IgG（Sigma-Aldrich，1 mg/mL），并在室温孵育 30 min，再以 PBST 洗

三遍。以上准备工作完成后将 Rpn13 抗体的磁珠和化合物 beads 在 4 mL PBST 中室温孵育 1 h。然后将以上混合物转移到 5 mL EP 管中,通过磁铁吸住磁珠,将其保持在管壁,而化合物 beads 在管底。没有结合的化合物 beads 转移到一个新的 5 mL 玻璃注射器中,这些化合物 beads 再与 4 mL 的 Starting Block 在室温封闭 15 min,然后将其吸干,加入 4 μL 0.87 mg/mL 的溶于 1∶1 Starting Block/PBST 的 Rpn13。在 1 h 室温摇匀的结合过程后,再以 PBST 洗,最后只有化合物 beads 结合 Rpn13 抗体磁珠才能通过强磁体将其分出。磁珠-抗体-化合物复合物接下来被转移到新 EP 管中,并以 8 mol/L 盐酸胍在室温下 1 h,37℃变性 10 min 进行。溶液被转移到一个 1.5 mL 一次性的 bio-spin 管中,90 μm beads 就可以被保留下来。这些 hit 化合物 beads 再用 H$_2$O 3×10 min,50/50 MDF/H$_2$O,DMF 3×10 min 和 DCM 3×10 min 洗,并且在 DCM 放置过夜。然后吸干 DCM,加入 95% TFA、2.5% DCM、2.5% TIPS 以去除衔接物的保护基团。经过 1 h 孵育,用 DCM 洗 5 次 beads 并加入乙醇,然后 beads 被分开加入 96 孔板中,乙醇通过蒸发去除。接着 beads 以 5∶4∶1 的乙腈∶冰醋酸∶水溶液和 50 mg/mL 的溴化氰处理以释放类肽化合物。释放的类肽化合物进行 MALDI TOF-TOF 质谱分析确定结构(图 20-33)。

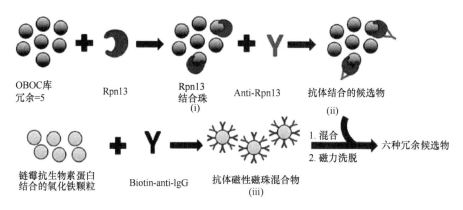

图 20-33 利用重组 His6-tagged Rpn13 筛选小化合物库

4. 对于小分子靶向特异性的验证

在初步筛选出可结合 Rpn13 的小分子化合物库后,荧光偏振(fluorescence polarization)这种常用的检测蛋白质-蛋白质相互作用的技术,也被用在了进一步验证小分子化合物对于 Rpn13 的结合上。在通过细胞加药处理验证了小分子对于多发性骨髓瘤细胞系的毒性后,其靶向性,即此化合物是通过结合 Rpn13 而不是结合细胞内的其他靶点产生作用显得尤为重要。这里用到了一种亲和层析技术,即用固相的小分子类肽化合物去结合多发性骨髓瘤细胞蛋白提取物,观察是否是 Rpn13 类肽化合物所结合的。

相应小分子被通过 Cys-Mini PEG linker 合成在 beads 上,并处理断裂,通过 HPLC 纯化,然后按照标准方法被固定在 SulfoLink Column(Thermo Scientific)上。在小分子结合在琼脂糖柱子上后,其他的非特异性结合位点被半胱氨酸封闭起来。200 μL 多发性骨髓瘤细胞用 1 mL M-PER reagent（Thermo Scientific）和 10 μL Halt Protease inhibitor（Thermo Scientific）重悬，并在室温下孵育 10 min。4℃，15 000 g 离心 15 min 后，小心取上清，避免接触到底下的沉淀和上面的脂层。这部分可溶蛋白与 1 mL SulfoLink kit 中的结合缓冲液混合，然后 2 mL 溶液加入琼脂糖柱子中并在 4℃结合 1 h。最后，以标准实验步骤先进行洗涤，再进行洗脱。洗脱下来的部分浓缩到 500 μL，就可以进行 SDS-PAGE 和 Western blot 的检测。通过考染和 Western blot 证明了这个类肽小分子良好的特异性（图 20-34）。

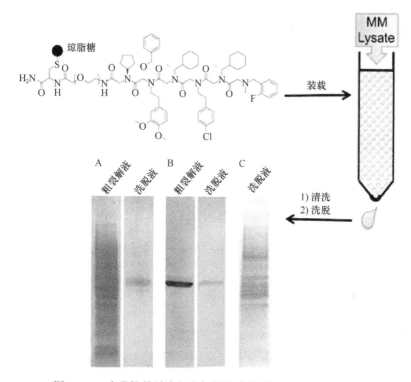

图 20-34　多发性骨髓癌细胞粗提物中类肽 11 结合蛋白的分析

第六节　展　　望

泛素-蛋白酶体系统从发现到证实可以作为一个有效的抗肿瘤药物靶点，虽然取得了很大的发展，但是由于泛素-蛋白酶体系统的复杂性，特别是连接酶和底物的多样性，以及对它们的基础研究还处于初期阶段，给靶向泛素-蛋白酶体系统的药物研发带来了巨大的挑战，同样也是潜在的机遇。目前，总共只有 2 个此类药物被批准用于临床治疗多发性骨髓瘤，靶向泛素-蛋白酶体系统治疗人类疾病仍然任重道远。因此，加强对泛素蛋白酶体系统的基础研究，促进靶向其的药物研发，必将造福广大患者。

参 考 文 献

1. A. Hershko, A. Ciechanover, *Annu. Rev. Biochem.* **67**, 425(1998).
2. B. A. Schulman, J. Wade Harper, *Nat. Rev. Mol. Cell Biol.* **10**, 319(2009).
3. L. Bedford, J. Lowe, L. R. Dick, R. J. Mayer, J. E. Brownell, *Nat. Rev. Drug Discov.* **10**, 29(2011).
4. R. J. Deshaies, *BMC Biol.* **12**, 94(2014).
5. Y. Zhao, Y. Sun, *Curr. Pharm. Design.* **19**, 3215(2013).
6. Y. Yang *et al.*, *Cancer Res.* **67**, 9472(2007).
7. J. Kitagaki *et al.*, *Oncogene* **28**, 619(2008).
8. D. Ungermannova *et al.*, *J. Biomol. Screen.* **17**, 421(2012).
9. G. W. Xu *et al.*, *Blood* **115**, 2251(2010).
10. Y. Zhao, M. A. Morgan, Y. Sun, *Antioxid Redox Sign.* **21**, 2383(2014).
11. T. A. Soucy *et al.*, *Nature* **458**, 732(2009).
12. J. E. Brownell *et al.*, *Mol. Cell* **37**, 102(2010).
13. L. Mata-Cantero, S. Lobato-Gil, F. Aillet, V. Lang, M. S. Rodriguez, in *Stress Response Pathways in Cancer: From Molecular Targets to Novel Therapeutics,* T. G. Wondrak, 225(2015)
14. P. Lu *et al.*, *ACS Chem. Biol.* **11**, 1901(2016).
15. I. Fukuda *et al.*, *Chem. Biol.* **16**, 133(2009).
16. A. Kumar, A. Ito, M. Hirohama, M. Yoshida, K. Y. J. Zhang, *J. Chem. Inf. Model.* **53**, 809(2013).
17. Derek F. Ceccarelli *et al.*, *Cell* **145**, 1075(2011).
18. S. Tsukamoto *et al.*, *Bioorg. Med. Chem. Lett* **18**, 6319(2008).
19. S. Ushiyama *et al.*, *J. Nat. Prod.* **75**, 1495(2012).
20. D. C. Scott, J. K. Monda, E. J. Bennett, J. W. Harper, B. A. Schulman, *Science* **334**, 674(2011).
21. Daniel C. Scott *et al.*, *Cell* **157**, 1671(2014).
22. Yeong S. Kim, K. Nagy, S. Keyser, John S. Schneekloth Jr, *Chem. Biol.* **20**, 604(2013).
23. M. Brandt *et al.*, *Assay Drug Dev. Technol.* **11**, 308(2013).
24. M. Hirohama *et al.*, *ACS Chem. Biol.* **8**, 2635(2013).
25. L. T. Vassilev *et al.*, *Science* **303**, 844(2004).
26. N. Issaeva *et al.*, *Nat. Med.* **10**, 1321(2004).
27. Y. Yang *et al.*, *Cancer Cell* **7**, 547(2005).
28. P. Roxburgh *et al.*, *Carcinogenesis* **33**, 791(2012).
29. P. Cohen, M. Tcherpakov, *Cell* **143**, 686(2010).
30. L. Bai, S. Wang, *Annu. Rev. Med.* **65**, 139(2014).
31. L. Wu *et al.*, *Chem. Biol.* **19**, 1515(2012).
32. Q. Chen *et al.*, *Blood* **111**, 4690(2008).
33. C.-H. Chan *et al.*, *Cell* **154**, 556(2013).
34. M. Aghajan *et al.*, *Nat. Biotech.* **28**, 738(2010).
35. J. S. Blees *et al.*, *Plos One* **7**, e46567(2012).
36. K. Nishimura, T. Fukagawa, H. Takisawa, T. Kakimoto, M. Kanemaki, *Nat. Meth.* **6**, 917(2009).
37. H.-L. Huang *et al.*, *Mol. Cancer Ther.* **11**, 1155(2012).
38. J. Ma *et al.*, *Curr. Drug Targets* **14**, 1150(2013).
39. S. Orlicky *et al.*, *Nat. Biotech.* **28**, 733(2010).
40. X. Zeng *et al.*, *Cancer Cell* **18**, 382(2010).
41. K. L. Sackton *et al.*, *Nature* **514**, 646(2014).
42. Y. Kulathu, D. Komander, *Nat. Rev. Mol. Cell Biol.* **13**, 508(2012).
43. G. Nalepa, M. Rolfe, J. W. Harper, *Nat. Rev. Drug Discov.* **5**, 596(2006).
44. V. Kapuria *et al.*, *Cancer Res.* **70**, 9265(2010).
45. J. Chen *et al.*, *Chem. Biol.* **18**, 1390(2011).
46. Q. Liang *et al.*, *Nat. Chem. Biol.* **10**, 298(2014).

47. F. Colland *et al.*, *Mol. Cancer Ther.* **8**, 2286(2009).
48. C. Reverdy *et al.*, *Chem. Biol.* **19**, 467(2012).
49. D. Chauhan *et al.*, *Cancer Cell* **22**, 345(2012).
50. J. van Loosdregt *et al.*, *Immunity* **39**, 259(2013).
51. B.-H. Lee *et al.*, *Nature* **467**, 179(2010).
52. P. D'Arcy *et al.*, *Nat. Med.* **17**, 1636(2011).
53. Z. Tian *et al.*, *Blood* **123**, 706(2014).
54. K. M. Sakamoto *et al.*, *P. Natl. Acad. Sci. USA.* **98**, 8554(2001).
55. M. Toure, C. M. Crews, *Angew. Chem. Int. Edit.* **55**, 1966(2016).
56. K. M. Sakamoto *et al.*, *Mol. Cell Proteomics* **2**, 1350(2003).
57. P. Zhou, R. Bogacki, L. McReynolds, P. M. Howley, *Mol. Cell* **6**, 751(2000).
58. J. S. Schneekloth *et al.*, *J. Am. Chem. Soc.* **126**, 3748(2004).
59. A. Rodriguez-Gonzalez *et al.*, *Oncogene* **27**, 7201(2008).
60. K. Montrose, G. W. Krissansen, *Biochem. Bioph. Res. Co* **453**, 735(2014).
61. J. Hines, J. D. Gough, T. W. Corson, C. M. Crews, *P. Natl. Acad. Sci. USA.* **110**, 8942(2013).
62. A. R. Schneekloth, M. Pucheault, H. S. Tae, C. M. Crews, *Bioorg. Med. Chem. Lett* **18**, 5904(2008).
63. Y. Itoh, M. Ishikawa, M. Naito, Y. Hashimoto, *J. Am. Chem. Soc.* **132**, 5820(2010).
64. G. Lu *et al.*, *Science* **343**, 305(2014).
65. J. Krönke *et al.*, *Science* **343**, 301(2014).
66. J. Lu *et al.*, *Chem. Biol.* **22**, 755(2015).
67. G. E. Winter *et al.*, *Science* **348**, 1376(2015).
68. D. P. Bondeson *et al.*, *Nat. Chem. Biol.* **11**, 611(2015).
69. M. Zengerle, K.-H. Chan, A. Ciulli, *ACS Chem. Biol.* **10**, 1770(2015).
70. P. H. Kussie *et al.*, *Science* **274**, 948(1996).
71. D. Buac *et al.*, *Curr. Pharm. Design.* **19**, 4025(2013).
72. D. Chen, M. Frezza, S. Schmitt, J. Kanwar, Q. P Dou, *Curr. Cancer Drug Tar.* **11**, 239(2011).
73. Z. Škrott, B. Cvek, *Crit. Rev. Oncol. Hemat.* **92**, 61(2014).
74. T. M. Herndon *et al.*, *Clin. Canc. Res.* **19**, 4559(2013).
75. A. Nooka, C. Gleason, D. Casbourne, S. Lonial, *Biologics: targets & therapy* **7**, 13(2013).
76. J. L. Thompson, *Ann. Pharmacother.* **47**, 56(2013).
77. D. J. Kuhn *et al.*, *Blood* **113**, 4667(2009).
78. Y. Song *et al.*, *Leukemia*(2016).
79. D. J. Trader, S. Simanski, T. Kodadek, *J. Am. Chem. Soc.* **137**, 6312(2015).
80. R. K. Anchoori *et al.*, *Cancer cell* **24**, 791(2013).
81. X. Wang *et al.*, *Mol. Pharmacol.* **85**, 932(2014).
82. K. Husnjak *et al.*, *Nature* **453**, 481(2008).

（赵永超　冯任田　陈禹杉　周鲁明　王　琛　孙　毅）

第二篇

细 胞 自 噬

第二十一章　细胞自噬概论

细胞自噬是一种在真核生物中普遍存在并且高度保守的胞内降解过程。在营养物质匮乏、缺氧、高温等外界刺激的条件下，细胞自噬途径会将一些细胞质组分，如蛋白质分子、核糖体或者受损的细胞器等，运送到酸性细胞器溶酶体（动物细胞）或液泡（植物或真菌细胞）中降解。降解后产生的游离氨基酸、核酸等小分子会被重新释放回细胞质中，供给机体营养被再利用，从而帮助细胞抵抗不良环境的影响。根据自噬诱导的条件不同，自噬对胞内物质的降解可以是选择性的，也可以是非选择性的。以形态特征和分子机制为基础，自噬可以分为宏自噬（macroautophagy）、微自噬（microautophagy）和分子伴侣介导的自噬（chaperone mediated autophagy，CMA）。三种形式中，目前研究最为广泛的是宏自噬。

本章主要面向此前未接触自噬领域的读者。我们将在本章中对自噬的概念和分类、自噬研究的历史、自噬发生的分子机制，以及自噬在生理学和疾病中的作用等内容进行简要介绍。

第一节　概　　述

细胞内稳态平衡对蛋白质合成和降解的精密调控。真核生物中存在两种负责蛋白质降解的细胞器——蛋白酶体和溶酶体/液泡。蛋白酶体存在于细胞质和细胞核中，它能识别并降解泛素化修饰和错误折叠的蛋白质，这类蛋白质通常为短寿命的蛋白质。由于蛋白酶体的定位和结构的限制，其降解能力相对有限。溶酶体/液泡是单层膜包裹的酸性细胞器，内部含有数十种水解酶。它们可以降解几乎任何细胞成分，包括从外界吞入到细胞内部的物质、细胞质中的可溶分子和各种膜包被的细胞器。细胞自噬是一种重要的依赖于溶酶体的降解途径，在包括从酵母到哺乳动物的真核生物中高度保守。

现有文献中讨论的自噬现象通常可以分为微自噬、分子伴侣介导的自噬和宏自噬（图 21-1）。虽然这三种自噬现象在形态上有所不同，但它们最终都是将待降解的物质送到溶酶体中降解并再循环（1）。它们通过不同的方式将待降解底物运送到溶酶体/液泡中降解。微自噬通过液泡膜内陷直接捕获待降解的底物。CMA 在细胞质中捕获含有 KFERQ 五肽序列的 CMA 底物，将其运送到溶酶体中。而宏自噬是通过形成双层膜结构的自噬小体包裹待降解的底物，自噬小体的外膜与溶酶体/液泡融合，将内膜包裹的物质运送到内腔中降解。

微自噬被认为是细胞质成分通过溶酶体/液泡膜向内凹陷或变形进入其内腔的过程（3）。微自噬直接发生在溶酶体的限制膜上，细胞质等待降解底物被溶酶体膜捕获。可溶性细胞质成分的微自噬在形态上类似于多泡体（multivesicular body，MVB）（4）。最

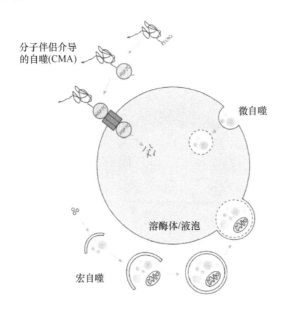

图 21-1 自噬的三种类型，本图改自于（2）

早期利用电镜观察分离的鼠肝细胞发现杯状内摄的溶酶体膜结构（5）。之后，我们对微自噬的理解很大一部分来自于酵母。在酵母中的微自噬分为非选择性和选择性的。非选择性微自噬可被视为参与降解任意包裹的细胞质部分，而选择性的微自噬参与了包括过氧化物酶体、线粒体、脂滴，甚至部分细胞核等特异细胞器的降解（4，6-8）。相比之下，仅有少数研究者将哺乳动物细胞中的微自噬作为研究的主要焦点，因此对哺乳动物细胞中的微自噬理解仍然有限。这可能是由于在酵母中发现的微自噬调控机制在哺乳动物中不保守造成的。由于缺乏必要的检测方法，对于哺乳动物中微自噬的观察，大多数都依赖于电子显微镜的溶酶体形态学研究。Glaumann 发现将分离的大鼠肝脏中的溶酶体与 Percoll 颗粒一起在体外孵育，在溶酶体中可以观察到一些囊泡，这些囊泡里面含有 Percoll 颗粒和周围的液体。还有一些游离的 Percoll 颗粒分散在溶酶体中，可能是从降解的囊泡膜中释放出来的。电子显微镜分析表明，溶酶体膜形成臂状突起并向溶酶体弯曲，臂状突起的顶端与溶酶体膜紧密相连，从而完全吞噬了 Percoll 颗粒（9）。此外，哺乳动物的微自噬还可以通过溶酶体包裹机制（lysosomal wrapping mechanism，LWM）发生。LWM 不同于其他形式的微自噬，参与包裹细胞质成分的初级和次级溶酶体直接由球形变成延伸的膜结构。延伸的溶酶体膜弯曲最终两端闭合，直接包裹待降解的物质，最后溶酶体恢复成球形。LWM 需要 ATP 和肌动蛋白微丝的参与（10）。在哺乳动物中，微自噬过程除了发生在溶酶体外，还可以在晚期内吞体中出现。内吞体中发生的微自噬被称为 eMI（endosomal microautophagy）（11）。分子伴侣热激蛋白 70（heat shock protein of 70 kDa，Hsc70）虽然不参与酵母中的微自噬过程，但是对果蝇中的 eMI 是十分重要的（12，13）。

与微自噬不同，分子伴侣介导的自噬不需要利用膜结构来包裹底物，它对底物的识别具有高度的特异性。CMA 通过 Hsc70 识别含有 KFERQ 五肽序列的 CMA 底物并在胞质中与之结合（*14*）；根据序列分析和免疫共沉淀实验，估计有 30%的胞质蛋白含有这样的序列（*15*）。底物一旦与分子伴侣结合会运送到溶酶体表面，与单次跨膜蛋白 LAMP-2A（lysosome-associated membrane protein type 2A）的细胞质端尾巴相互作用。底物与受体结合仍处于折叠形式，但是为了通过溶酶体膜，需要在 Hsc70 和其他辅助伴侣分子（cochaperone）的帮助下展开（*16*）。最终底物直接通过溶酶体膜运送到内腔中，被大量的溶酶体水解酶迅速降解（*17*，*18*）。目前 CMA 只发现存在于哺乳动物细胞中。CMA 降解多种底物蛋白，包括某些糖酵解酶、转录因子及其抑制剂、钙和脂结合蛋白、蛋白酶体亚基，以及参与囊泡转运的蛋白质（*19*）。

　　宏自噬是目前研究最为广泛的自噬，它在细胞质中形成双层膜结构包裹的吞噬泡或自噬小体。当细胞处于营养匮乏、低能量、高温、缺氧或抑制 TOR 活性等条件下，都可诱导宏自噬的发生。此时，细胞质的成分被包裹在一个称为自噬小体的双层膜囊泡中。自噬小体是通过非特异性地包围大量细胞质，或选择性地对靶蛋白、细胞器、蛋白聚集体和胞内病原体进行包覆的。随后一个自噬小体与多个溶酶体融合形成自噬溶酶体，或自噬小体的外膜与液泡膜融合将内膜包裹的待降解底物释放到液泡中。自噬底物被溶酶体/液泡中的水解酶降解生成单糖、氨基酸等小分子物质，这些小分子通过溶酶体/液泡膜上的转运蛋白转运到细胞质中再次循环利用。在正常生长条件下，宏自噬有助于维持细胞稳态，特别是降解受损或多余的细胞器（*1*）。因此，宏自噬主要是一种细胞保护机制；然而，自噬的发生需要维持一个恰当的水平，自噬发生过量或不足都会破坏细胞稳态，导致疾病发生。

　　自噬也可以根据对降解底物是否具有选择性，分为非选择性自噬和选择性自噬两大类型。非选择性自噬通常在饥饿条件下用来降解大量的细胞质成分；而选择性自噬可以特意地降解受损或过量的细胞器，包括 ER、过氧化物酶体、线粒体及侵染的微生物等。每个过程都有其特定的名称，例如，特异性降解 ER 的自噬称为内质网自噬（reticulophagy），特异性降解过氧化物酶体的自噬称为过氧化物酶体自噬（pexophagy），特异性降解线粒体的自噬称为线粒体自噬（mitophagy）等（*20*，*21*）。在本文中，我们重点关注宏自噬，除非特别说明，本文之后提及的细胞自噬均指宏自噬。

第二节　自噬研究的历史

1. 宏自噬的历史（图 21-2）

　　1955 年 Christian de Duve 连续离心大鼠肝脏的细胞裂解液，他发现了一些酸性磷酸酶。在后面的研究中发现这些酸性磷酸酶被包裹在一个特殊的细胞器中，并且这个细胞器具有酸性 pH 以保证磷酸酶具有很好的活性。Duve 最终将这种独特的细胞器命名为"溶酶体"，表明它是具有溶解功能的细胞器（*22*，*23*）。鉴于在溶酶体领域的贡献，他在 1974 年被授予诺贝尔生理学或医学奖。此外，Alex Novikoff 利用富含溶酶体的大鼠肝脏裂解液，第一次用电镜观察到细胞质颗粒，根据它们的外观推测它们是溶酶体（*24*）。Novikoff 发现不同组织中都存在这种细胞器，表明这种溶酶体在细胞中是普遍存在的，而不是肝脏组织的特性。自噬的发现建立在溶酶体研究的基础上。Clark 通过电镜研究小鼠肾脏的发育，观察到细胞内的溶酶体结构中含有致密的无定形物质，甚至还发现里面存在着线粒体（25）。Novikoff 等也发现溶酶体中普遍可以观察到细胞质或 ER、核糖体、线粒体等细胞器（24，26-28）。基于以上观察到的现象，de Duve 提出假设认为有一种存在于所有细胞类型中的通路，导致细胞质结构被隔离为单层膜或双层膜包裹的小泡。然后，他在 1963 年的 Ciba 基金会关于溶酶体的研讨会上，提出了"自噬"这个词。

1962 年，调控自噬发生的因子首次被报道。Ashford 发现当暴露在胰高血糖素后，鼠肝的细胞囊泡中发现了线粒体和 ER（27）。de Duve 和他的同事进一步证实胰高血糖素可以诱导自噬（29）。随后，通过生化分析表明去除氨基酸可以更强地诱导大鼠肝细胞自噬能力（30，31）。Mortimore 实验室和 Seglen 实验室用含氨基酸溶液灌流肝脏，发现多种氨基酸（包括亮氨酸、酪氨酸、苯丙氨酸、谷氨酰胺、脯氨酸、组氨酸、色氨酸和甲硫氨酸）对蛋白质降解有抑制作用（32，33）。在对抑制自噬化合物的筛选中，Seglen 和 Gordon 发现了 3-MA（3-methyladenine）对自噬的抑制作用（33）。

在 20 世纪 80 年代，自噬的研究看似进入了一个死胡同。最早期的自噬研究是以形态学分析为基础的。然而由于缺乏自噬小体的标志蛋白，无法进行自噬流的定量分析，因此，迫切需要寻找自噬的标志蛋白。虽然自噬最初是在哺乳动物系统中发现的，但直到利用酵母模型发现自噬基因才使这一领域发生了革命性的变化，进入了自噬的分子机制研究的新时期（34）。

1992 年，Oshumi 实验室利用光镜观察氮源饥饿的酵母细胞，发现在酵母液泡蛋白酶缺失的突变体中，饥饿 0.5 h 后酵母液泡中开始积累球状的自噬小体（35）。同年，Klionsky 在酵母中发现了 CVT 途径，这是一种选择性自噬过程（36）。随后三个实验室几乎同时展开了自噬基因的筛选工作。Ohsumi 实验室开始通过光学显微镜和遗传筛选的方法找到了第一个酿酒酵母中的自噬基因 *Apg1*。进一步研究发现在氮源饥饿的条件下，自噬缺失的菌株存活能力下降。根据这种现象，Ohsumin 实验室找到了至少 15 个参与自噬过程的 *Apg* 基因（37）。Thumm 实验室利用一种快速的菌落筛选方法，寻找参与自噬过程基因并名为 *Aut*（38）。在 CVT 途径中，酵母液泡蛋白 Ape1（aminopeptidase I）合成后以前体形式存在于细胞质中，随后通过囊泡形式运送到液泡中加工成熟。Klionsky 实验室利用 Western 的方法检测 Ape1 加工成熟过程，筛选参与选择性自噬的新基因，并命名为 *Cvt* 基因（39）。之后更多自噬途径相关基因筛选工作陆续展开，包括：影响过氧化物酶体降解的基因筛选（40-42）、*Pichia pastoris* 中葡萄糖诱导的选择性自噬基因的筛选（6）、影响线粒体降解的基因筛选（43，44）等。通过这些研究筛选到的基因有一部分重叠，被认为是自噬发生的核心基因。为了便于自噬领域的交流，在 2003 年以 Klionsky 为首的自噬学者将这些基因和蛋白质统一命名为 Atg，意味着"autophagy-related"（45）。目前已鉴定出超过 40 个自噬相关的基因。

酵母中自噬相关基因的鉴定为哺乳动物中的自噬研究奠定了基础。目前最早被发现的哺乳动物中的 *Atg* 基因是由 Mizushima 发现的 *Atg5* 和 *Atg12*，并且 Mizushima 还证明了 Atg12-Atg5 共价结合系统从酵母到哺乳动物中高度保守（46）。不久，Yoshimori 发现了酵母中 Atg8 蛋白在哺乳动物中的同源物是 LC3，然后发展了一种基于 LC3 的方法来监测哺乳动物和其他高等真核细胞的自噬性水平（47）。除了这两种共价系统外，还发现了很多其他哺乳动物中 *Atg* 同源物。由于氨基酸序列较低的同源性，ULK1 和 Vps34 被较晚鉴定出来。

　　到目前为止，自噬的分子机制得到了很好的阐述，这很大一部分得益于自噬在酵母中的研究。作为自噬界的研究代表，Yoshinori Ohsumi 被授予 2016 年诺贝尔生理学或医学奖。目前在自噬领域还有一些问题尚未解决，包括自噬小体膜的来源、自噬前体膜封口形成自噬小体的机制、自噬与疾病的关系（48，49），以及自噬与程序性细胞死亡通路之间的确切相互作用（50）等。

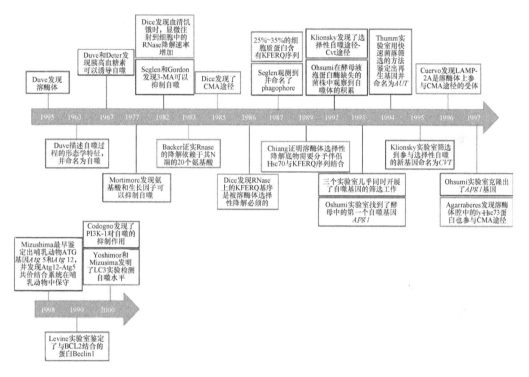

图 21-2　自噬的历史。自噬研究的历史用时间轴表示。宏自噬研究的历史在黑色框中表示，CMA 研究的历史在红色框中表示（彩图请扫封底二维码）

2. CMA 的历史（图 21-2）

　　1981 年 Samaniego 首先发现急性糖尿病大鼠肝中的蛋白质降解增强是具有选择性的，因为增加的降解作用优先适用于某些类型的胞质蛋白（51）。随后，在 1982 年 Dice 用培养的人成纤维细胞作为模式系统，研究蛋白质的降解情况。他们用红细胞介导的显微注射法将核糖核酸酶 A（RNase A）导入 IMR-90 人二倍体成纤维细胞的细胞质中。当存在 10% 胎牛血清时，RNase A 的半衰期约 90 h，而当血清饥饿时，它的降解速率提高了 1.6 倍（52）。Auteri 的实验进一步证实了这个观点，即去除培养基中的营养物质可以加速成纤维细胞长寿命蛋白质的降解（53）。血清饥饿引起的降解增加具有高度的选择性，并且需要依赖于 Rnase A N 端的 20 个氨基酸。当将这个具有 20 个氨基酸残基的片段与不受血清调控的蛋白质融合后，血清被去除也会导致这个融合蛋白的降解增强（54）。McElligot 发现血清被去除后 RNase A 和核糖核酸酶 S-蛋白的降解增强是由于这些蛋白质向溶酶体中的运输速率增强导致的。当加入溶酶体抑制剂氯化铵，这两个蛋白质的降解被阻断（55）。Dice 发现 RNase A 上的 KFERQ 基序对于该蛋白质被溶酶体选择性降解是非常重要的（56）。Dice 实验室利用亲和纯化的方式检测细胞质中的蛋白质是否含有 KFERQ 这个五肽序列。通过研究他们发现人成纤维细胞中有 25%～35% 的放射性同位素标记的细胞质蛋白可以与 KFERQ 抗体结合（15，57）。不久之后，这个五肽被确认为细胞内伴侣 Hsc70 的结合位点，这种结合被证明是底物蛋白的溶酶体降解所必需的（58）。1996 年 Cuervo 鉴定出 LAMP-2A 是溶酶体中选择性吸收和降解蛋白质的受体，当在中国仓鼠卵巢细胞中过表达 LAMP-2A 时，可以增加选择性溶酶体蛋白水解的活性（59）。第二年 Agarraberes 发现存在于溶酶体腔中的 ly-Hsc70（lysosomal Hsp70）蛋白可能在底物蛋白进入溶酶体的过程中发挥功能（60）。这些研究结果表明，溶酶体膜的两侧都需要特异性的伴侣蛋白帮助才能完成底物的转运。因此，2000 年这种细胞质中的蛋白质在分子伴侣的帮助下特异性被溶酶体降解的途径被正式命名为分子伴侣介导的自噬（CMA）（61）。

第三节　自噬的分子机制

细胞自噬是在进化上高度保守的一种降解途径，在酵母中鉴定出的大多数参与自噬过程的蛋白质在哺乳动物细胞中也存在同源蛋白。自噬的生物学过程可以分为以下几步：自噬起始信号的调控、自噬小体的形成、自噬小体与溶酶体/液泡的融合，以及自噬小体的降解和生物大分子的重新利用。

一、自噬起始信号的调控

在营养状态下，自噬通常维持在一个较低的水平，发挥管家作用维持细胞的稳态。当细胞感受外界刺激时，自噬水平被迅速上调，通过降解细胞内过量的蛋白质或错误折叠的蛋白质和受损的细胞器，对抗不良的环境影响，从而维持细胞生存（62，63）。调控自噬发生的信号通路主要有 TOR、AMPK、PKA/RAS 和 PKB/AKT 等，它们在自噬的过程中相辅相成又相对独立存在。下面我们对它们在自噬过程中的信号调节进行一个简短的介绍。

（一）TOR

自噬可在多种应激条件下被激活，这些条件包括：饥饿、缺氧、生长因子匮乏、激素水平变化、细胞器受损、蛋白聚集体积累、微生物入侵等。有许多信号和通路调控自噬的起始过程。这些信号通路的核心蛋白是 TOR（target of rapamycin）。TOR 是一个丝氨酸/苏氨酸蛋白激酶，酵母中有两种 TOR 蛋白，即 TOR1 和 TOR2。它们可以与不同的亚基形成两种功能不同的复合物，即 TORC1（TOR1/2、Tco89、Kog1 和 Lst8）和 TORC2（TOR2、Avo1、Avo2、Avo3 和 Lst8）（图 21-3）（64）。通常情况下，TORC1 参与细胞生长和发育的调控过程，它被激活后可以直接抑制自噬的发生。TORC2 也可以通过它下游的激酶（如 Ypk1 等）正调控自噬过程（65）。

TORC1 主要通过两种途径调控自噬过程。

第一，TORC1 通过各种下游效应因子在信号转导级联中起作用，控制翻译和转录，从而调控自噬过程（66）。在营养条件下的酵母细胞 Tap42 蛋白被 TOR 磷酸化，并与蛋白磷酸酶 PP2A（protein phosphatase type 2A）紧密结合形成复合物（67）。当饥饿细胞或加入雷帕霉素诱导后，导致 Tap42 解离并激活 PP2A。PP2A 可以去磷酸化它的底物 Gln3，促进 Ure2 进入细胞核，从而调控 Atg8、Atg14 等基因的转录激活（68）。在哺乳动物细胞中，存在 TOR 的同源蛋白 mTOR。mTOR 的底物包括翻译起始的负调控因子 4E-BP1（4E binding protein 1）和正调控因子 AGC 丝氨酸/苏氨酸蛋白激酶 S6K（S6 kinase 1）（69）。在营养条件下，mTOR 磷酸化 4E-BP1，使其从真核生物翻译起始因子 eIF4E 上解离下来。eIF4E 与骨架蛋白 eIF4G 结合形成 eIF4F 复合物，促进翻译的进行。mTOR 可以磷酸化翻译激活因子 S6K，S6K 可以磷酸化包括 eIF4B 在内的多种底物。当 eIF4B 被磷酸化后，eIF4A 的解旋酶活性升高，刺激 eIF4B 与 eIF3 结合，促进翻译的进行（70），从而抑制自噬过程。然而，人们发现在果蝇脂肪体中 S6K 对自噬的激活又是必需的，S6K 下调可能限制了长时间饥饿时的自噬水平（71）。

第二，TORC1 还可以直接或间接地修饰 Atg 蛋白，从而影响自噬小体的形成（72）。在酵母中 TORC1 可以直接磷酸化 Atg13 蛋白，当抑制 TORC1 活性的时候，Atg13 快速去磷酸化，并与 Atg1 和 Atg17 结合激活 Atg1 的激酶活性，起始自噬过程。在哺乳动物中，mTORC1 可以磷酸化 Atg1 的同源蛋白 ULK1 和 Atg13，从而抑制自噬过程（73-75）。具体的分子机制我们将在后面详细介绍。

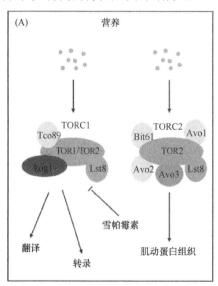
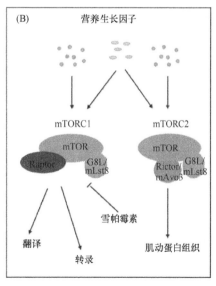

图 21-3　酵母（A）和哺乳动物（B）中 TOR 复合物，本图改自于（69）。在酵母中，TOR 复合物分为 TORC1 和 TORC2。TORC1 由 TOR1 或 TOR2 与 Tco89、Kog1 和 Lst8 等亚基组成，它调控转录和翻译等过程，对雷帕霉素敏感。TORC2 由 TOR2、Bit61、Lst8 和 Avo1-3 等亚基组成，该复合物负责在细胞周期进程中调控细胞骨架的极化，它对雷帕霉素不敏感。哺乳动物中 TOR 复合物的组成和功能与酵母类似

（二）AMPK

作为能量级联的一部分，mTORC 1 受 AMPK（AMP-dependent protein kinase）的调节。当细胞处于葡萄糖饥饿、胞内 ATP 水平降低等条件时 AMPK 被激活，导致 mTORC1 的活性被抑制（76，77）。在肝和肌肉细胞中，AMPK 通过抑制 mTOR 依赖的 S6K 和 4E-BP1 抑制自噬的发生。酵母中 AMPK 的同源蛋白 Snf1 在葡萄糖饥饿的时候被激活，开始转录葡萄糖抑制基因，对饥饿诱导的自噬过程也是必需的。在感受能量压力时，AMP 的积累导致 LKB1-AMPK 通路被激活，从而通过激活的 TSC1/2（Tuberous sclerosis 1/2）来抑制 mTOR（76，78，79）。AMPK 除了通过 mTORC1 间接调控自噬过程外，还可以直接磷酸化 ULK1 和 Beclin1 调控自噬发生（75，80）。在营养状态下，mTOR 磷酸化 ULK1 Ser757 位点阻止 ULK1 与 AMPK 的结合。在葡萄糖饥饿的情况下，激活的 AMPK 抑制 mTORC1 活性使得 ULK1 Ser757 位点去磷酸化，导致 ULK1-AMPK 相互作用。然后 AMPK 在 Ser317 和 Ser777 上磷酸化 ULK1，激活 ULK1 激酶活性，并最终导致自噬被诱导（图 21-4）（75）。AMPK 可以磷酸化 Beclin1 的 Ser91 和 Ser94 位点，使得含有 UVRAG（ultraviolet radiation resistance-associated gene）或 Atg14L（酵母 Atg14 的同源蛋白）的 Vps34 复合物激酶活性增加，这种被激活的 Vps34 复合物是参与葡萄糖饥饿诱发的自噬所必需的（80）。此外，AMPK 也可以直接磷酸化 Atg13（81）。

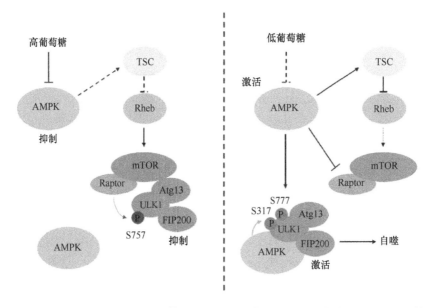

图 21-4 ULK1 受 mTOR 和 AMPK 调控模式图（75）。在葡萄糖存在的条件下，AMPK 活性受到抑制。mTOR 磷酸化 ULK1 的第 757 位丝氨酸，并阻止 AMPK 与 ULK1 结合。当环境中的葡萄糖匮乏时，AMPK 被激活，并抑制 mTOR 活性。AMPK 与 ULK1 结合，激活 ULK1 的第 317 位和 777 位丝氨酸，起始自噬过程

（三）Ras/PKA

除了 TOR 和 AMPK 信号外，Ras/PKA 信号通路也参与自噬的调控过程（82-84）。

酵母中的 PKA 由调节亚基 Bcy1 和催化亚基 Tpk1、Tpk2、Tpk3 组成。细胞在营养富集的条件下，两个小的 GTP 酶 Ras1 和 Ras2 被激活，通过腺苷环化酶促进 cAMP 的产生。cAMP 与 PKA 的调节亚基 Bcy1 结合，激活 PKA（85）。持续激活的 Ras/PKA 途径可以阻断 TOR 抑制引起的自噬过程（84，86）。这说明 Ras/PKA 途径与 TOR-Tap42 途径平行下调自噬发生。在饥饿状态下，PKA 的激酶活性被抑制，去磷酸化 Atg1 和 Atg13，使它们定位到 PAS 上，参与自噬过程（87）。此外，PKA 还可以直接磷酸化 Atg18、Atg21，以及自噬的正调控因子 Rim15 等蛋白质（83）。

（四）PKB/AKT

Sch9 是酵母中最接近哺乳动物 PKB/AKT 和 S6K 的蛋白质（88）。Sch9 的活性部分受 TOR 的调控，同时抑制 PKA 和 Sch9 可以诱导自噬发生。在此基础上再抑制 TORC1 的活性时，自噬活性进一步增加。这说明自噬可以同时被 TORC1、Ras/PKA 和 Sch9 三条途径同时控制。Ras/PKA 和 Sch9 可能从转录水平调控自噬的发生，它们可能是通过抑制 Rim15 激酶和 Msn2/Msn4 转录因子参与对自噬的调控（89）。

二、自噬小体的形成

自噬小体的形成涉及从一个双层膜结构的自噬前体膜不断延伸最终完全闭合形成完整自噬小体的过程。这个过程非常的复杂，需要多个蛋白复合物参与其中，但是具体的分子机制尚无明确定论。目前认为自噬前体膜形成于内质网与其他细胞器的接触位点。目前关于自噬小体膜的来源还存在争论，似乎认为其主要发生在 ER（90，91）或 COPII 小泡区域，其他细胞内的膜成分（如反式高尔基体、质膜、线粒体等）也被报道可以作为自噬小体膜的来源（92-94）。目前已鉴定出 40 多个自噬相关蛋白，其中自噬的核心蛋白有 18 个，它们参与自噬的各个阶段。我们根据这些蛋白质在自噬中的功能不同将它们分为几组，但实际上它们之间并非独立存在，而是相互联系的。

（一）Atg1/ULK1 激酶复合物

Atg1 激酶复合物是由丝氨酸/苏氨酸蛋白激酶 Atg1、调节亚基 Atg13 和骨架蛋白 Atg17-Atg31-Atg29 复合物组成的。Atg1 蛋白的激酶活性对选择性和非选择性自噬途径是必需的。Atg11 和 Atg17 作为 PAS（pre-autophagosomal structure）组装的骨架蛋白，负责招募其他 Atg 蛋白到 PAS 的定位。Atg11 主要在营养条件下起作用，而 Atg17 在饥饿状态下发挥功能。除了 Atg17 外，Atg29 和 Atg31 也在饥饿诱导的 PAS 组装中发挥功能（95）。Atg17-Atg31-Atg29 可以形成稳定的三元复合物，位于 PAS 组装的最上游（96）。Atg17 呈月牙形，是由 4 个螺旋组成的 coiled-coil 蛋白，说明它可与弯曲的膜相结合。Atg29 和 Atg31 是目前所有已知 Atg 蛋白中柔性最强的蛋白质（97，98）。Atg31 起到桥梁作用，连接 Atg17 和 Atg29（99）。Atg31 的 N 端与 Atg29 结合形成高度有序的 β 折叠（100），Atg31 的 C 端 α 螺旋与 Atg17 结合。这个三元复合物需要通过 Atg17 的 C 端螺旋 α4 介导发生二聚化才能在自噬过程中发挥作用。这种二聚的 Atg17-Atg31-Atg29 三元复合物呈"波浪"或"S"

形，可能参与囊泡的结合和圈合（tethering）过程。当诱导自噬发生时，Atg29 和 Atg31 蛋白都可以发生磷酸化（*96, 101, 102*）。Atg29 的磷酸化位点主要在蛋白质的 C 端。Atg29 的 Ser197、199 和 201 位是重要的磷酸化位点，当 Atg29 的 C 端被高度磷酸化后可以与 Atg11 蛋白结合（*98, 102*）。而 Atg31 的 Thr174 磷酸化位点突变成丙氨酸后，会导致 Atg9 在 PAS 聚集，这可能是由于该位点的磷酸化影响了 Atg17 与 Atg31 的结合（*101*）。

在自噬的起始过程中，除了需要 Atg17-Atg31-Atg29 作为骨架蛋白外，还需要 Atg1-Atg13 复合物与它们结合。Atg17-Atg31-Atg29 三元复合物可以通过 Atg17 的 N 端与 Atg13 结合。Atg13 与 Atg1 的 C 端结合（*103*），Atg13 的 N 端含有 HORMA 结构域，该结构域对 Atg14 的招募是必需的，但不影响 Atg13 的定位及其与 Atg1 的结合（*104*）。Atg1 是丝氨酸/苏氨酸蛋白激酶，它的活性受到 Atg13 的调控（*105*）。当饥饿或加雷帕霉素处理细胞后，抑制了 TORC1 的激酶活性，Atg13 被快速去磷酸化并与 Atg1 形成复合物，从而激活 Atg1 的激酶活性（图 21-5）（*105*）。Atg13 上存在 8 个可以被 TORC1 磷酸化的丝氨酸位点，当将这些位点都突变成丙氨酸后，即使在 TORC1 激活的状态下，Atg13 也可以激活 Atg1 的激酶活性（*106*）。虽然 Atg1 的激酶活性对 PAS 的形成不是必需的，但是它在 PAS 的解聚和 Atg 蛋白从 PAS 的解离过程中是十分关键的。Atg 蛋白的循环利用对自噬小体的延伸过程是非常重要的（*107*）。这一概念同 Atg 1 激酶活性与囊泡大小有关的观点相吻合（*108*）。

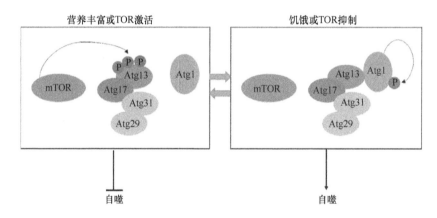

图 21-5　Atg1 复合物的组装受 TORC1 信号的调控，本图改自于（*109*）。在营养丰富的培养基中，mTOR 被激活，磷酸化 Atg13，使其不能与 Atg1 形成复合物。当将培养基中的营养去除时，mTOR 活性受到抑制，Atg13 去磷酸化并与 Atg1 结合形成复合物，激活 Atg1 的激酶活性，使 Atg1 自身发生磷酸化，自噬过程被诱导

酵母中的 Atg1 在哺乳动物中有 5 个同源蛋白，分别是 ULK1-4（Unc-51-like kinase1-4）和 STK36。其中，ULK1 和 ULK2 是家族中关系最密切的成员。ULK1 和 ULK2 蛋白序列的同源性约为 52%，而它们的激酶结构域同源性在 78% 左右。在大多数细胞中，当 ULK1 缺失时，足以阻断自噬的发生，而 ULK2 只在特定类型的细胞中参与对自噬的调控（*110, 111*）。在细胞体内，ULK1/2 复合物包括 ULK1/2、Atg13、RB1CC1/FIP200（retinoblastoma 1-inducible coiled-coil 1/FAK family-interacting protein of 200 kDa，酵母 Atg17 的同源蛋白）和 C12orf44/Atg101 蛋白（*112-116*）。ULK1 的激酶活性对自噬是必

需的。当使用 ULK1 激酶活性丧失的突变体时，自噬流被阻断（117-119）。目前研究表明，mTOR 是通过 raptor 与 ULK1 结合从而抑制 ULK1 激酶活性的。当 mTOR 活性受到抑制时，mTOR 从 ULK1 上解离下来，ULK1 和 Atg13 去磷酸化并激活 ULK1 的激酶活性。激活的 ULK1 磷酸化 FIP200，从而促进自噬的发生。当 ULK1 与 Atg13 或 FIP200 结合时会增加 ULK1 的激酶活性和稳定性（73，112，120）。Atg101 可以与 Atg13 结合调节 Atg13 的磷酸化水平，并且可以保护 Atg13 防止其被蛋白酶体降解（115）。Atg101 和 Atg13 起到桥梁作用，连接 ULK1 和 FIP200 蛋白（121，122）。

（二）Atg9 和它的循环系统

自噬发生过程中，自噬小体膜的来源一直是人们关注的热点。Atg9 是整合膜蛋白，被认为是自噬小体形成过程中膜成分的载体，它在真核生物中高度保守（123，124）。Atg9 是一个六次跨膜蛋白，其 N 端和 C 端都存在于细胞质一侧。酵母中的 Atg9 蛋白存在于直径为 30～60 nm 单层膜包裹的囊泡中（125）。Atg9 囊泡在非 PAS 和 PAS 位点间穿梭，这对自噬是必需的（126，127）。前者被称为是 Atg9 储备库，并且认为该位置可以作为自噬小体膜的来源之一（125-131）。除此之外，Atg9 囊泡还会与内吞系统间交换成分（129，132）。

Atg9 从非 PAS 位点运送到 PAS 过程需要依赖 Atg11、Atg13、Atg23 和 Atg27 等蛋白质的参与（图 21-6）（123，127，133-135）。Atg23 是外周膜蛋白，而 Atg27 是 I 类跨膜蛋白。它们与 Atg9 类似，也是分布在 PAS 和周边的点状结构上。目前的证据表明，Atg9、Atg23 和 Atg27 形成异源三聚体。在 *atg23Δatg27Δ* 的菌株中，仍可形成自噬小体，但其体积明显减少（134，136）。Atg13 的 N 端 HORMA 结构域对 Atg9 到 PAS 的运输也是非常重要的，当该结构域缺失时，Atg13 不能与 Atg9 结合，定位在 PAS 上的 Atg9 蛋白减少一半以上（104，137）。Arp2/3 复合物同样参与 Atg9 的运输，其亚基 Arp2 与 Atg9 结合，Arp2/3 复合物为 Atg9 囊泡从膜供体向吞噬泡运输过程提供驱动力（123，138，139）。

Atg9 从 PAS 位点向非 PAS 位点的运输需要 Atg1、Atg2-Atg18 和 PI3K 复合物 I 的参与（图 21-6）。当它们中的任意一个蛋白缺失时，Atg9 都会在 PAS 积累（127）。Atg1 的激酶活性对 Atg9 从 PAS 的解离是必需的，这在 *atg1Δ* 和 *atg1ts* 温敏菌株中都得到了验证。同样，Atg23 和 Atg27 的反向运输也需要 Atg1 的参与（133，134）。Atg2-Atg18 到 PAS 的招募需要依赖 Atg1、Atg13、Atg9 和 PI3K 的激酶活性（127，140，141）。Atg2 和 Atg18 可以与 Atg9 结合，并且 Atg18 与 Atg9 的结合依赖于 Atg1 和 Atg2（127，142）。一种模型认为当 Atg1-Atg13 复合物和 Atg9 分别被招募到 PAS 上后，Atg1-Atg13 促进 Atg9 与 Atg2 和 Atg18 的结合，三聚体的形成使得 Atg9 被释放参与下一轮膜的运输过程（127）。

Atg9 在哺乳动物中的同源蛋白是 Atg9A 和 Atg9B，Atg9A 的表达具有普遍性，而 Atg9B 只在胎盘和垂体中表达。在营养状态下，Atg9A 定位在反式高尔基体、晚期内吞体中（144）。当饥饿后，哺乳动物细胞中的 Atg9 从反式高尔基体分散到周围的内吞体库中，并且敲除哺乳动物中酵母的 Atg1 同源蛋白 ULK1 后，限制 Atg9 到反式高尔基体的运输。这说明哺乳动物中的 Atg9 在 TGN 和晚期内吞体间穿梭，并且为自噬小体提供

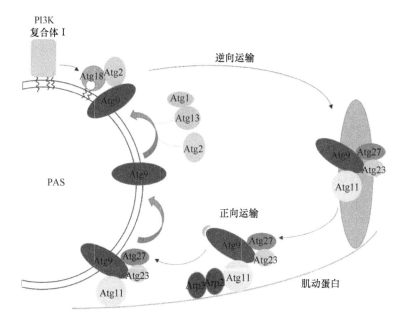

图 21-6　Atg9 的循环转运，本图改自于（143）。Atg9 蛋白到 PAS 的正向运输受 Atg11、Atg23、Atg27 和细胞骨架的调控。Atg9 从 PAS 向非 PAS 位点的反向运输受 Atg1-Atg13 激酶复合物、Atg2-Atg18 复合物及 PI3K 复合物 I 的调控

膜来源。Atg9 在哺乳动物中的作用与酵母类似（144，145）。Atg9 的运输除了依赖于 ULK1 外，还依赖于 PIK3C3/Vps34 激酶的活性，以及 WIPI2（酵母 Atg18 在哺乳动物中的同源蛋白）蛋白。Atg16L1 阳性的吞噬泡前体需要在 SNARE 蛋白 VAMP3 介导下与 Atg9 的阳性小泡发生融合后才能成熟（146）。

（三）PI3K 激酶复合物

　　PI3K（phosphatidylinositol-3 kinase）是一种重要的磷脂酰激酶。根据 PI3K 的结构和功能不同可以分为三类，它们参与多种膜运输过程。Vps34 是酵母中唯一的 PI3K，它与 Vps15 和 Vps30/Atg6 一起可以形成至少两种不同的复合物（147）。丝氨酸/苏氨酸激酶 Vps15 是膜结合蛋白，它负责调控 Vps34 与膜的结合，以及 Vps34 的激酶活性（148）。Vps34、Vps15、Vps30/Atg6 与 Atg14 和 Atg38 结合在一起形成 Vps34 复合物 I （147，149，150）。此外，Vps34、Vps15、Vps30/Atg6 还可以与 Vps38 结合在一起形成 Vps34 复合物 II（图 21-7）。Atg14 负责招募 Vps34 复合物 I 定位在 PAS 上，在自噬和 CVT 途径中发挥功能。在 Atg14 的 N 端含有 coiled-coil 结构域 I 和 II，负责介导 Vps34 和 Vps30/Atg6 的结合。Vps34 复合物 I 的主要作用是形成 PI3P，从而招募如 Atg18 等 PI3P 结合蛋白到 PAS 位点。Atg14 缺失会阻止 Vps34 复合物 I 的形成，导致 Atg2-Atg18 复合物不能被招募到 PAS 上，从而阻断 CVT 和自噬途径。Vps38 负责招募 Vps34 复合物 II 定位到内吞体和液泡上，调控内吞体与液泡的融合及在 Vps（vacuolar protein sorting）途径中发挥功能（149）。缺失 Vps38 会阻断 Vps34 复合物 II 的形成并阻断 Vps 途径，但不影响 Atg2-Atg18 复合物到 PAS 的招募。

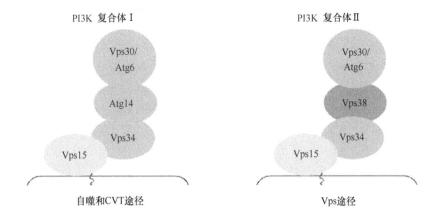

图 21-7 酵母中的两种 PI3K 复合物,本图改自于(*143*)。PI3K 复合物 I 由 Vps30/Atg6、Atg14、Vps34 和 Vps15 组成。它主要参与自噬和 CVT 途径。与 Pi3K 复合物 I 相比,PI3K 复合物 II 含有共同的亚基 Vps30/Atg6、Vps34 和 Vps15,但它不含有 Atg14,而是具有 Vps38 亚基。
PI3K 复合物 II 主要参与 Vps 途径

哺乳动物细胞中的 I 型和 III 型 PI3K 复合物参与自噬过程。哺乳动物中 I 型 PI3K 利用 PI(4,5)P$_2$ 为底物产生 PI(3,4,5)P$_3$。它在质膜上发挥功能,通过胰岛素信号级联来激活 mTOR 和 PKB,因此它对自噬有抑制作用(*151*)。III 型 PI3K 与酵母中类似,由激酶 Vps34、调节亚基 p150(Vps15 的同源蛋白)及 Beclin1(Vps30/Atg6 的同源蛋白)组成(*152,153*)。Vps34 是 PI3K 中独特的一种,它仅以磷脂酰肌醇(phosphatidylinositol,PI)为底物生成磷脂酰肌醇三磷酸(phosphatidyl inositol triphosphate,PI3P),这对于吞噬泡膜的延伸和其他 Atg 蛋白的招募是必不可少的。III 型 PI3K 复合物中三个共同的亚基分别与 Atg14L(酵母中 Atg14 的同源蛋白)、UVRAG 和 Rubicon(RUN domain and cysteine-rich domain containing, Beclin 1-interacting protein)形成不同的复合物。Vps34/p150/Beclin1/Atg14L 和 Vps34/p150/Beclin1/UVRAG 复合物正调控自噬过程。Rubicon 可以与 Vps34/p150/Beclin1/UVRAG 复合物结合形成另外一个复合物,该复合物抑制自噬小体的成熟过程(*154-156*)。AMBRA1(autophagy and beclin1 regulator 1)可以与 Beclin1 结合,将 Vps34 复合物固定在细胞骨架上。当 ULK1 磷酸化 AMBRA1 时,会导致 Vps34 复合物从细胞骨架上解离运送到自噬起始位点(46)。此外,Beclin1 的 BH3 结构域与 BCL2 的结合可以阻断 Beclin1 与 Vps34 的结合,自噬活性被抑制(*155,157*)。当感受饥饿信号时,BCL2 被 JNK1 磷酸化,阻断与 Beclin1 的结合,促进自噬发生(*158*)。

(四)两套类泛素化共价结合系统

有两套类泛素 UBL(ubiqutin-like)蛋白共价结合系统参与自噬过程(图 21-8)(*92,159,160*),分别是 Atg12-Atg5 系统和 Atg8-PE(phosphatidylethanolamine)系统。这些蛋白参与吞噬泡的延伸过程(*47,161,162*)。虽然 Atg12 和 Atg8 与泛素没有明显的同源性,但基于植物中的 Atg12 和哺乳动物中的 Atg8 同源蛋白的晶体结构分析,这两个蛋白质的末端都有泛素折叠结构(*163,164*)。在 Atg12-Atg5 共价结合系统中,Atg7 作为 E1 泛素激活酶，在依赖 ATP 的条件下其激活的 Cys507 残基与 Atg12 的 C 端 Gly 残基形成高能量的硫酯键。随后，激活的 Atg12 直接转移到激活的 Atg10 Cys133 位点，形成 Atg12-Atg10 硫酯键（165），最终 Atg12 C 端 Gly 和 Atg5 的 Lys130 残基共价结合。共价结合的 Atg5-Atg12 复合物与 Atg16 结合，形成多聚的 Atg5-Atg12-Atg16 复合物（166）。Atg5-Atg12-Atg16 复合物被认为在自噬过程中发挥促进吞噬泡膜延伸和弯曲的功能。Atg12-Atg5-Atg16 复合物主要定位在吞噬泡的外膜上，在自噬小体完全形成时释放到细胞质中。

酵母中新合成的 Atg8 蛋白 C 端第 117 位 Arg 可以被半胱氨酸蛋白酶 Atg4 切割并移除，暴露 C 端的 Gly（167，168）。随后 Atg8 的 Gly 与激活的 Atg7 Cys507 残基结合，激活的 Atg8 被转移到 E2 结合酶 Atg3 Cys234 位形成硫酯键。Atg5-Atg12-Atg16 作为 E3 连接酶，最终促进 Atg8 暴露的 C 端 Gly 与 PE 共价结合（169）。不同于 Atg12-Atg5 共价结合系统，Atg8-PE 的结合是可逆的。Atg8-PE 在吞噬泡的内膜和外膜上呈现对称分布。位于自噬小体外膜上的 Atg8 分子还可以被 Atg4 重新切割下来，这个过程被称为去偶联化（deconjugation），释放的 Atg8 分子可以被重新利用（170）。而位于内膜的 Atg8 会被运送到液泡/溶酶体中降解（47，171）。在自噬诱导后，Atg8 蛋白水平显著增加，Atg8 的表达量与吞噬泡的大小呈正比（172）。Atg8-PE 在促进吞噬泡膜延伸和闭合过程中发挥功能。

两种类泛素化共价结合系统从酵母到哺乳动物高度保守（46，161，174，175）。哺乳动物中的 Atg12-Atg5 共价结合系统的成分被鉴定出来，它们的功能与酵母中类似（165，175，176）。哺乳动物中至少有 8 个酵母中 Atg8 的同源蛋白，分为 LC3 和 GATE16/GABARAP[γ-aminobutyric type A(GABAA)-receptor associated protein]两个亚家族。这两个亚家族成员在自噬小体形成的不同阶段发挥功能。LC3 在吞噬泡的延伸过程中起作用，而 GATE16/GABARAP 在自噬小体的成熟阶段起作用（177）。哺乳动物中所有的 Atg8 同源蛋白的 C 端都拥有保守的甘氨酸残基，可通过类似酵母的催化方式与 PE 结合（47，178-182）。在这些蛋白质中，LC3 是自噬小体膜中最丰富的一种，是监测自噬小体和自噬活性的重要标志。哺乳动物中有 4 个 Atg4 的同源蛋白，其中 Atg4B 在自噬过程中起主要作用，Atg4A 次之，Atg4C 和 Atg4D 的活性最低（183）。如同在酵母中一样，Atg4 负责切割 LC3-Ⅰ的 C 端甘氨酸，使其与 PE 结合形成 LC3-Ⅱ型形式（179）。

三、自噬小体与溶酶体/液泡的融合

吞噬泡膜延伸的两端闭合后形成完整的自噬小体，它将与细胞内的酸性细胞器融合，才能将内层膜包裹的物质降解。在野生型酵母中，通常只含有一个或几个大的酸性细胞器——液泡。分子遗传学研究表明，一些参与了同类型液泡融合的蛋白质也参与自噬小体与液泡的融合过程（184）。ATP 水解后，NSF（N-ethylmaleimide sensitive fusion protein）蛋白 Sec18 在 α-SNAP（soluble NSF attachment protein）蛋白 Sec17 的帮助下，将顺式 SNARE（N-ethylmaleimide sensitive protein attachment protein receptor）蛋白解离。之后在 Rab GTPase Ypt7 的作用下，HOPS 复合物在该位点进行组装，并拉近自噬小体

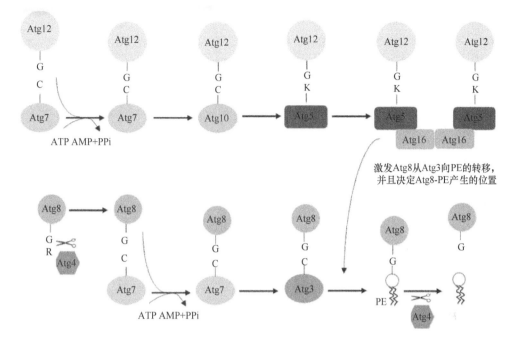

图 21-8　两条类泛素化蛋白连接系统，本图改自于（173）。Atg12 在 E1 酶 Atg7 和 E2 酶 Atg10 的帮助下与 Atg5 共价结合，形成 Atg12-Atg5 复合物。Atg12-Atg5 复合物与 Atg16 结合，并在 Atg16 的帮助下形成 Atg12-Atg5-Atg16 寡聚体。Atg12-Atg5-Atg16 寡聚体可以作为 E3 酶帮助 Atg8 与 PE 结合。在 Atg8-PE 共价结合系统中，负责调控 Atg8 分子的 E1 和 E2 酶分别是 Atg7 和 Atg3

与液泡之间的距离（185），Mon1 和 Ccz1 形成 GEF 复合物对这个过程也是非常重要的（186）。SNARE 蛋白重新组装成反式结构，并形成拉链介导自噬小体外膜与液泡间的融合（143，185-189）。参与自噬小体与液泡融合的 SNARE 蛋白包括 Vam3、Vam7、Vti1 和 Ykt6。

在哺乳动物细胞中，自噬小体与溶酶体的融合是一个更为复杂的过程，其中自噬小体在与溶酶体融合之前需要一系列的成熟步骤。自噬小体在与溶酶体进行融合之前会先与早期和晚期的内吞体融合。自噬小体与内吞体的融合产物称为中间囊泡（amphisome）（190，191），这可能帮助自噬小体在融合溶酶体前先降低其内部的 pH，以保证在与溶酶体融合后可以维持运送进来的酸性水解酶的活性（192）。小鼠 SKD1（酵母中 Vps4 的同源蛋白）参与内吞体的分选和运输过程。当细胞过表达 SKD1（E235Q）突变体时，会损伤内吞体的功能并聚集大量自噬小体无法降解。这说明 SKD1 依赖的内吞体内膜运输对自噬溶酶体的形成是必需的（193）。Rab7 在晚期内吞体和溶酶体中发挥功能，当过表达 GDP 结合形式的 Rab7 突变体后，会损伤自噬小体与晚期内吞体/溶酶体的融合过程（194，195）。哺乳动物中的自噬小体和溶酶体的数量都要多于酵母，并且自噬小体的体积要大于溶酶体。通常是一个自噬小体与多个溶酶体间发生融合，形成自噬溶酶体（92）。与酵母相似，GTPase Rab22 和 Rab24、SNARE 蛋白和 NSF 蛋白也都参与哺乳动物自噬小体与溶酶体的融合过程。当敲除溶酶体膜蛋白 LAMP-1 和 LAMP-2 时，融合过程减弱（196）。在自噬小体与溶酶体融合过程中，动力蛋白带动自噬小体沿着微管向溶酶体运动。添加抑制微管形成的药物 Nocadazole 可以阻断自噬小体与溶酶体的融合

（197）。此外，内吞体分选转运复合物（endosomal sorting complex required for transport，ESCRT）蛋白复合物也参与融合过程，当 ESCRT 功能缺失时，胞质中的自噬小体会积累（198）。哺乳动物细胞中的 Vti1B 参与自噬小体与 MVB（multivesicular body）的融合过程。

四、自噬小体的降解和生物大分子的重新利用

单层膜包裹的自噬小体（autophagic body）进入液泡内腔后，会完全暴露在酸性环境中。酵母液泡中存在的大量蛋白酶和水解酶会将自噬小体降解，并释放出生物大分子。自噬小体降解的过程依赖于液泡的酸化作用和 Pep4/Prb1 的活性（184）。Pep4 和 Prb1 是液泡中的蛋白酶，液泡内部很多酶原的活化过程需要它们的参与。在 *Pep4/Prb1* 敲除的细胞中，自噬小体在液泡中积累。除此以外，Atg15 也参与这个过程，在液泡腔内直接裂解自噬小体（199，200）。Atg15 被认为是液泡内部唯一的脂肪酶，Atg15 通过 MVB 途径运送到液泡腔中（201）。降解产生的氨基酸运送回细胞质中需要液泡膜上的整合膜蛋白 Atg22 的参与（202）。Avt3 和 Avt4 是通透酶家族成员，它们与 Atg22 一起参与生物大分子向细胞质中的运输（203）。同时敲除以上三种液泡蛋白后，细胞在饥饿条件下迅速丧失活力，而补充亮氨酸可以部分恢复存活能力。

当哺乳动物中的自噬溶酶体形成后，溶酶体中的 Cathepsin 和酯酶降解自噬小体中的内含物，并且 Cathepsin 负责降解自噬小体内表面的 LC-II（204，205）。在溶酶体中蛋白酶Cathepsin B 和 D 对自噬小体的降解是必需的（206）。在哺乳动物中尚未发现 Atg22 的同源蛋白，而 Avt3 和 Avt4 的同源蛋白分别是 SLC36A1/LYAAT-1 和 SLC36A4/LYAAT-2（207）。

第四节 自噬在生理学与疾病中的作用

一、自噬的生理学功能

自噬作为一种非常保守的细胞内降解途径，具有很多重要的生理学功能，包括异常蛋白聚集体和细胞器的降解、病原微生物的清除、抵抗代谢压力、促进细胞生存和在特定条件下参与细胞死亡等。我们下面对自噬的生理学功能进行简单的介绍。

（一）异常蛋白聚集体和细胞器的降解

及时有效地将细胞体内错误折叠或聚集的蛋白质清除，对于预防神经退行性疾病、维持细胞生存是十分关键的。目前研究表明，自噬在异常蛋白的清除中起到非常重要的作用。在蛋白聚集体周围经常会存在大量的自噬小体。肝细胞中 *Atg7* 基因缺失、神经元中 *Atg5* 和 *Atg7* 基因缺失和心肌细胞 *Atg5* 基因缺失都会导致胞质中泛素化蛋白的积累，它们会形成包涵体，最终导致神经退行性病变（208）。p62/SQSTM1 是一种结合泛素化蛋白和自噬小体的适配（adaptor）蛋白（209，210），p62/SQSTM1 可以同时结合泛素化蛋白和哺乳动物中的自噬小体的标志蛋白 LC3。因此，自噬小体内膜上的 LC3

分子可以通过 p62/SQSTM1 将泛素化蛋白招募到自噬小体中。此外，在非应激条件下，细胞本底自噬可能是神经元所必需的。在患有亨廷顿病的果蝇和小鼠中，通过添加雷帕霉素或它的类似物 CCI-779 诱导自噬，可以降低聚集的 huntingtin 蛋白水平，减弱对细胞的毒性（*208*，*211*）。

自噬除了在异常蛋白清除方面的功能外，还可以降解受损或过量的细胞器。最直接的证据就是在自噬缺陷的肝细胞、神经元、心肌细胞和酵母、果蝇和线虫等细胞中存在大量细胞器的积累。在酵母中，自噬参与选择性去除多余的过氧化物酶体以适应葡萄糖代谢（*212*）。在哺乳动物细胞中，用邻苯二甲酸酯处理可获得大量的过氧化物酶体。当将药物撤掉后，野生型细胞可以快速将过量的过氧化物酶体清除，而 *Atg7* 基因缺失的肝细胞中则无法清除（*213*）。同样地，受损的线粒体也可以通过自噬途径选择性清除（*214*）。在 *atg1Δ*、*atg6Δ*、*atg8Δ* 和 *atg12Δ* 等重要 *Atg* 基因缺失的菌株中，线粒体电子传递链活性和膜电位降低，导致较高水平的活性氧（Ros），最终积累功能失调的线粒体。这说明自噬在线粒体维持中起着关键作用。

（二）病原微生物的清除

自噬的关键作用之一是作为先天免疫反应的一部分，参与抵御病原体入侵。已有研究表明，自噬在清除细胞内微生物或其代谢产物方面具有重要作用。细菌、寄生虫和病毒都是自噬的靶点。在这种情况下发生的自噬被称为异体自噬（xenophagy）。自噬的降解底物可以是胞质中的游离微生物，也可以是含有病原体的自噬体，有助于控制宿主细胞内微生物的增殖和扩散（*215*，*216*）。一方面，自噬可以通过双层膜直接包裹细胞内的微生物运送到溶酶体中降解；另一方面，自噬又可以通过促进胞吞的方式进行，即在一系列自噬蛋白的帮助下，LC3 蛋白可以与自噬体结合（*217*）。换句话说，LC3 相关的吞噬作用（LC3-associated phagocytosis，LAP）可以通过促进自噬体与溶酶体的融合而导致底物降解。随后，多种自噬基因被证明是植物对真菌、细菌和病毒病原体的天然免疫应答成功的关键（*218*）。GAS（group A streptococci）病原体利用内吞的途径侵入宿主细胞。当 GAS 通过编码溶血毒素的链球菌溶血素 O 从内吞体中逃脱后，它们被自噬小体隔离，然后与溶酶体融合并被杀死（*219*）。在缺乏自噬的 *Atg5* 细胞中，GAS 存活、增殖并从细胞中释放出来。此外，*Escherichia coli*（*220*）、*Salmonella typhimurium*（*221*）、*Streptococcus pyogenes*（*222*）和 *Mycobacterium tuberculosis*（*223*）等也可以通过自噬途径被清除。

（三）抵抗代谢压力

自噬在调动细胞内能量资源和满足细胞对代谢物质需求方面具有重要的生理学作用。在饥饿的情况下，蛋白质和脂质的降解可以使细胞能够适应新陈代谢，满足能量需求。自噬是一种适应性的分解过程，它可以响应包括营养缺乏、生长因子耗竭和缺氧在内的不同形式的代谢压力。这种大规模的降解会产生游离氨基酸和脂肪酸，这些氨基酸和脂肪酸可以被细胞重新利用。自噬可能是维持大分子合成和 ATP 产生的关键机制。从自噬降解过程中释放出的氨基酸可以进一步加工，并与脂肪酸一起被三羧酸循环（TCA）用于维持细胞 ATP 的生成。对不同物种中自噬基因进行敲除或敲减的研究结果表明，自噬在抵抗代谢压力中起着非常关键的作用。酵母细胞中缺失 *Atg* 基因会降低对氮源或碳源饥饿的耐受能力，并抑制饥饿诱导的产孢过程（*37*）。哺乳动物细胞在母体通过胎盘停止营养供应后发生自噬，并在出生时起着维持各种组织能量水平的主要作用。在胚胎发生过程中，小鼠的自噬水平很低。然而，当小鼠出生后，多个组织中的自噬水平立即升高。*Atg5$^{-/-}$* 或 *Atg7$^{-/-}$* 的小鼠可以正常出生，但是 1 天内死亡，原因可能是它们无法适应新生儿饥饿期（*224*）。植物中 *Atg* 基因的缺失降低植物对氮或碳消耗的耐受性，导致黄萎病加剧，种子结实率降低，叶片衰老加速（*225*）。通过 siRNA 敲减线虫中 *Atg* 基因会降低饥饿时线虫的存活率（*226*）。变形虫盘基网柄菌的自噬突变体在细胞发育过程中存在缺陷（*227*）。这些发现可能表明，在这些发育过程中，自噬对营养调动很重要。长期生长因子或葡萄糖缺乏的细胞可以通过自噬维持细胞生存，并且可以维持几周的活力。在此期间，当细胞吸收营养物质时，会恢复原来的大小和增殖潜能（*228，229*）。

此外，自噬在促进 TCA 循环中的重要性得到了研究的支持，研究表明，某些缺乏自噬能力的细胞可以通过向它们提供一种 TCA 底物，如丙酮酸（或其膜透性衍生物甲基丙酮酸）来逆转它们的某些表型。例如，甲基丙酮酸可维持生长因子缺乏的自噬缺陷细胞中 ATP 的产生和存活，否则会很快死亡（*228*）。在胚胎发育过程中，TCA 除了可以恢复自噬缺陷细胞的 ATP 产生外，还能激发吞噬信号（*230*）。

（四）自噬与细胞生存和死亡的关系

目前存在三种死亡的方式：细胞凋亡、自噬性死亡和细胞坏死（*231*）。自噬对细胞死亡是促进作用还是抑制作用一直以来存在争议。自噬与细胞死亡之间的关系非常复杂。一方面，自噬可以帮助细胞对抗营养或生长因子缺乏等压力导致的细胞死亡；另一方面，自噬是细胞死亡的一种途径，称为自噬性细胞凋亡（Ⅱ型细胞凋亡）。当细胞处于压力环境中时，自噬过程对细胞维持生存非常重要。自噬与细胞存活之间的关系最早是在酵母中发现的。当长时间氮源饥饿后，自噬基因敲除的菌株比野生型菌株细胞存活率下降（*38*）。这说明在营养匮乏的条件下，自噬对维持细胞的生存是十分必要的。同样，在哺乳动物细胞中也观察到了相同的现象。缺乏 *Atg5* 基因的小鼠在出生时几乎正常，但在分娩后 1 天内死亡（*224*）。细胞周期蛋白依赖性激酶抑制剂 p27 被证明是诱导自噬和抑制细胞凋亡以应对营养耗竭的关键环节。

自噬与死亡之间的关系包括两种：一种是死亡过程中伴随着自噬；另外一种是自噬导致的死亡。自噬在细胞死亡执行中的作用一直是一个争议很大的问题。在胚胎发育过程中，不同胚胎组织中死亡的细胞都会出现自噬现象（*232-234*）。在小鼠 L929 细胞中，抑制 Caspase8 可以诱导细胞死亡，并且这些将死的细胞中含有自噬小体。重要的是，当 *Atg7* 和 *Beclin1* 基因沉默后，自噬小体结构消失和细胞死亡被阻断。虽然缺乏 BCL2 家族成员 BAX 和 BAK 的小鼠胚胎成纤维细胞对凋亡具有抵抗力，但我们发现这些细胞在接收死亡刺激后仍发生大量死亡，并发现在这种死亡的细胞中出现自噬泡。当添加 PI3K 的抑制剂 3-MA 或沉默基因 *Atg5* 和 *Beclin1* 后，这种非凋亡性死亡被阻断，这说明 BAX 和 BAK 双敲细胞的死亡与自噬相关（*235*）。在果蝇中的研究表明，蛹中的垂死唾液腺完全降解也依赖于自噬（*236*），并且在某些体外环境中，也有证据表明通过添加药物抑制自噬可以防止细胞死亡。抗雌性激素治疗的人乳腺癌细胞（237）、致癌物处理后的大鼠肝细胞（238）、肿瘤坏死因子治疗的人类 T 淋巴细胞白血病细胞（239）和神经生长因子剥夺交感神经元（240）等细胞在添加 3-MA 后，细胞死亡会被延缓或部分抑制。

几种连接凋亡和自噬的途径在分子水平上被破译（232，241-243）。RIP、JNK、Caspase8、BCL-XL 等蛋白质虽然未参与饥饿诱导的自噬过程，但参与了自噬性细胞凋亡过程。目前还不清楚是什么因素决定了自噬对细胞是保护作用还是细胞毒性的，并且细胞毒性是由于细胞保护因子的降解还是其他未知的机制产生的，这需要我们通过进一步的研究来详细阐明。

（五）脂质代谢

肝细胞摄入脂肪酸将其转化为三酰甘油，与胆固醇一起储存在脂滴里面。正常情况下，储存在脂滴中的三酰甘油被水解成脂肪酸，脂肪酸可以在线粒体中被氧化生成 ATP，为细胞的生长和发育提供能量。2009 年，Singh 等发现自噬可以调控细胞内脂滴的降解。自噬小体包裹脂滴，然后与溶酶体融合，将三酰甘油降解成游离的脂肪酸，这个过程称为 lipophagy（244）。自噬可以降低培养的肝细胞内的脂质储备。而当在肝中敲除自噬的关键基因 *Atg7* 后会导致过量的肝脂积累，最终发展成脂肪肝。通过详细的生化和功能分析发现，脂的积累不是由于脂滴的数量增加或从肝中分泌出的脂减少了，而是由于脂解作用降低了。对培养的肝细胞或小鼠长期喂食高脂肪的食物时，脂滴上面 LC3 阳性的膜成分降低，这说明高脂肪会抑制自噬过程对脂质储备的消耗。

在神经元中脂质的储备也可以通过自噬来调控（245）。此外，登革热病毒（dengue virus，DENV）侵染也可以诱导脂滴和三酰甘油通过自噬途径降解，并释放游离的脂肪酸。这导致细胞产生 ATP 的 β-氧化增加，并且对 DENV 的复制是必需的。当添加外源的脂肪酸后，DENV 的复制不依赖于自噬过程。这项研究阐明自噬在 DENV 侵染中的作用，并阐明病毒侵染后可以通过自噬改变细胞脂代谢来调控病毒复制的机制（246）。

二、自噬与疾病

自噬对于维持或恢复细胞器及能量平衡是至关重要的。自噬功能失调会严重影响人类健康，是导致几种严重疾病的诱因。自噬关键基因的缺失可以阻断自噬过程，诱发疾病。Beth Levine 实验室鉴定出哺乳动物中的抑癌基因 *Beclin1*，首次将自噬与人类疾病联系起来（152）。Beclin1 可以恢复酵母 *atg6Δ* 突变菌株和人类 MCF7 乳腺癌细胞的自噬活性。Beclin1 对 MCF7 细胞的自噬促进作用可以抑制 MCF7 细胞的增殖。此外，在人乳腺上皮癌细胞系和组织中，内源性 Beclin1 蛋白的表达量往往较低，而在正常乳腺上皮细胞中则普遍存在高水平表达。这说明自噬蛋白的表达量降低可能与乳腺和其他人类恶性肿瘤的发生或发展有关。接下来，一系列的研究揭示了自噬与病理生理条件的联系，如神经退行性疾病（247）、癌症、代谢疾病、溶酶体储积病、心血管疾病、炎症性疾病和衰老等疾病。

（一）神经退行性疾病

胞质中的可溶性错误折叠蛋白通常会被泛素蛋白酶体系统降解。然而，当这些蛋白质的水平过高使泛素-蛋白酶体系统超载时，它们可能会形成具有细胞毒性的单聚体或多聚体，从而影响细胞功能。亨廷顿病、阿尔茨海默病和帕金森病等几种神经退行性疾病都是由于蛋白质在脑中聚集引起的。除了蛋白酶体外，自噬过程通常也参与蛋白聚集体的清除过程。自噬主要通过阻止蛋白质的聚集来维持神经元内的稳态，从而影响神经元的功能。在这些神经退行性疾病细胞中，通常会观察到含有疾病相关蛋白泛素化聚集体的自噬泡的积累。自噬在神经系统中作用的直接证据来自于对小鼠的研究，缺乏 *Atg5*（248）或 *Atg7*（249）的小鼠中枢神经系统表现出严重的神经变性。

帕金森病是一种最典型的神经退行性疾病。许多基因与该病的发病机制有关，其中包括 α-突触核蛋白（α-synuclein）基因、*Lrrk2*（leucine-rich repeat kinase 2）、*Parkin* 和 *Pink1*（PTEN-induced putative kinase 1）等。其中，α-synuclein 和 LRRK2 的基因突变会导致蛋白质聚集毒性，从而诱发帕金森病。PINK1 是线粒体相关的蛋白激酶，作用于 Parkin 的上游。正常情况下，当线粒体受损并失去膜电位时，线粒体 PINK1 招募泛素连接酶 Parkin，使许多线粒体膜蛋白泛素化，从而引起线粒体自噬。在帕金森病中通常发生 Parkin 和 PINK1 蛋白的突变，导致蛋白质功能缺失，阻断线粒体自噬的发生。当线粒体过度损伤，会导致帕金森病（250）。与帕金森病类似，亨廷顿病是由含多聚谷氨酰胺的蛋白聚集引起的。阿尔茨海默病是由淀粉样前体蛋白或微管相关蛋白 Tau 聚集引起的。

SENDA（static encephalopathy of childhood with neurodegeneration in adulthood）是一种神经退行性疾病的亚型。Saitsu 等发现 SENDA 患者的淋巴母细胞株中自噬基因 *Wipi4* 发生突变，并且发现较低的自噬活性和异常的早期自噬结构，这些发现也提供了直接证据，表明自噬缺陷确实与人类的神经退行性疾病有关。

（二）癌症

大量研究表明，自噬与肿瘤之间存在着强烈的联系。自噬在癌症的不同发展阶段可能有不同的作用，自噬可以抑制正常组织中的肿瘤生长，但有些肿瘤的存活需要依靠自噬来促进和维持（251-253）。基因工程小鼠模型的研究认为自噬可以通过调节 DNA 损伤和氧化应激来抑制肿瘤的发生。自噬最初被认为是一种肿瘤抑制机制是基于癌基因和抑癌基因突变等间接证据。一些肿瘤抑制基因可以诱发自噬，而一些癌基因可以抑制自噬。肿瘤抑制基因 *p53* 在调控自噬中的作用取决于其亚细胞定位，p53 不同的亚细胞定位在自噬中起着相反的作用。细胞质中的 p53 主要通过与自噬元件的蛋白质间相互作用来抑制自噬（254）。大量的自噬基因直接作为细胞核中 p53 的靶基因，p53 通过多种转录机制激活自噬，并且自噬有助于 p53 依赖的细胞凋亡和癌症抑制（255）。

自噬可以抑制肿瘤起始更直接的证据是来自于 *Beclin1*、*Atg5* 和 *Atg7* 等基因缺失的小鼠遗传学研究。在人乳腺、卵巢和前列腺肿瘤标本中检测到了 *Beclin1* 的单等位基因缺失（152，256-258），特别是在很多种肿瘤组织中，*Beclin1* 的异常表达与预后不良有关（259-263）。*Beclin1* 基因敲减的小鼠中，自噬过程受损，更容易导致肿瘤发生，如淋巴癌、肺癌、肝癌和乳房癌等（264-266）。在自噬缺陷的小鼠模型中，p62 敲除降低了肿瘤的发生，表明 p62 在自噬丧失时的积聚可能有助于肿瘤的发生（267）。除 Beclin1 外，Atg5（268，269）和 UVRAG（270）等几种自噬蛋白的表达量改变也与人类的癌症相关。在人类 HCT116 结肠癌细胞中，表达 UVRAG 可以降低肿瘤发生的概率。在大多数人类结肠癌中会发现肿瘤抑制基因 *Uvrag* 单等位基因的缺失。

虽然自噬可以作为早期肿瘤发生的抑制因子，但许多小组的工作也表明，自噬可以支持多种肿瘤细胞的肿瘤生长（271，272）。与组织中的正常细胞不同，肿瘤细胞通常居住在一个缺乏营养、生长因子和氧气的环境中，这是由于血管供应不足或异常造成的。自噬促进肿瘤生长的机制可能是自噬能使肿瘤细胞克服肿瘤微环境中固有的代谢压力，从而为肿瘤细胞提供生存优势。在肿瘤的缺氧区域，自噬通常会升高，它降解内源性底物为肿瘤细胞提供营养，促进细胞存活（229）。*Beclin1* 的单等位基因缺失几乎完全阻断 $TSC2^{+/-}$ 小鼠的宏观肾肿瘤（macroscopic renal tumour）形成（273），而缺失了 *Atm* 基因（ataxia telangiectasia mutated）的小鼠的肿瘤发育延迟（274）。*Atg5* 或 *Atg7* 双等位基因缺失损伤了裸鼠肾上皮细胞增殖（275），*Atg5* shRNA 会损伤小鼠移植瘤模型中人胰管腺癌细胞生长（276）。

（三）代谢疾病

近年来，越来越多的文献表明，自噬的缺陷与胰岛 β 细胞、肝脏、脂肪组织和肌肉等多种代谢组织功能障碍有关，并与糖尿病、肥胖、胰岛素抗性等代谢紊乱有关。自噬可以通过释放氨基酸、脂类和其他代谢前体等物质调控组织代谢（277）。相反，代谢紊乱可能也会影响自噬过程，从而导致损伤或无序大分子的积累（278）。糖尿病患者由于胰岛素分泌 β 细胞受损会导致血糖升高，因此，胰腺 β 细胞损伤是糖尿病发展的关键。自噬对维持 β 细胞的结构和功能有重要意义。2 型糖尿病以胰岛素抗性和胰岛 β 细胞功能障碍为特征，而 I 型糖尿病的特点是胰腺 B-细胞自身免疫破坏，导致胰岛素缺乏。最近的研究表明，自噬在 1 型和 2 型糖尿病及相关并发症的发病机制中起着重要作用（279-281）。当小鼠 β 细胞的自噬过程被抑制后，胰岛素分泌减少，导致葡萄糖动态平衡受损。例如，β 细胞特异性缺失的 *Atg7* 会导致本底自噬缺陷、小鼠高血糖和葡萄糖不耐受、胰岛形态学异常和胰岛素分泌减少，这是 1 型糖尿病和 2 型糖尿病的典型症状（282，283）。此外，*Atg7* 缺失的 β 细胞中会积累泛素化蛋白并且出现线粒体功能障碍（283，284）。自噬的另一个重要作用是调节细胞内的胰岛素储存，更普遍地说，调节整个蛋白质的周转（285）。*Rab3a* 基因敲除小鼠由于 β 细胞颗粒转运缺陷，导致胰岛素分泌功能障碍。用饮食诱导肥胖和胰岛素抗性的 *db/db* 小鼠发现自噬小体的形成和 β 细胞的扩张增加。可能是在这些环境下，自噬对胰腺的慢性脂类应激反应有保护作用（283）。这些模型表明，功能自噬系统是维持 β 细胞健康所必需的，而自噬阻断可能导致严重的代谢损害。

自噬还与肥胖等疾病相关。小鼠肝细胞中 *Atg7* 基因缺失会导致脂肪肝的发生（244）。同时，自噬过程在遗传或饮食诱导的小鼠肥胖模型中受到抑制，这些组织包括肝脏、骨骼肌和心肌（286）。这可能是由于血脂、氨基酸和循环中胰岛素水平升高抑制 mTOR 活性所致。高血糖对足细胞和糖尿病小鼠的自噬作用均有抑制作用，导致上皮屏障功能丧失（287）。此外，高脂肪处理小鼠和 *ob/ob* 小鼠肝细胞中 *Vps34*、*Beclin1*、*Atg5*、*Atg7*、*Atg8* 和 *Atg12* 等几个关键自噬基因的表达下调，这可能与 FOXO1 介导的基因转录有关，从而为高胰岛素血症时的自噬抑制提供了另一层调控机制。

参 考 文 献

1. Z. Yang, D. J. Klionsky, *Curr. Opin. Cell Biol.* **22**, 124-131(2010).
2. D. Papinski, C. Kraft, *J. Mol. Biol.* **428**, 1725-1741(2016).
3. D. Mijaljica, M. Prescott, R. J. Devenish, *Autophagy* **7**, 673-682(2011).
4. P. Roberts *et al.*, *Mol. Biol. Cell* **14**, 129-141(2003).
5. G. E. Mortimore, B. R. Lardeux, C. E. Adams, *J. Biol. Chem.* **263**, 2506-2512(1988).
6. W. Yuan *et al.*, *J. Cell Sci.* **110(Pt 16)**, 1935-1945(1997).
7. J. J. Lemasters, *Redox Biol.* **2**, 749-754(2014).
8. A. Y. Seo *et al.*, *Elife* **6**, e21690(2017).
9. L. Marzella, J. Ahlberg, H. Glaumann, *Exp. Cell Res.* **129**, 460-466(1980).
10. M. Sakai, N. Araki, K. Ogawa, *J. Electron Microsc. Tech.* **12**, 101-131(1989).
11. R. Sahu *et al.*, *Dev. Cell* **20**, 131-139(2011).
12. V. Uytterhoeven *et al.*, *Neuron* **88**, 735-748(2015).
13. A. Mukherjee, B. Patel, H. Koga, A. M. Cuervo, A. Jenny, *Autophagy* **12**, 1984-1999(2016).
14. J. F. Dice, *Trends Biochem. Sci.* **15**, 305-309(1990).
15. H. L. Chiang, J. F. Dice, *J. Biol. Chem.* **263**, 6797-6805(1988).
16. N. Salvador, C. Aguado, M. Horst, E. Knecht, *J. Biol. Chem.* **275**, 27447-27456(2000).
17. A. Massey, R. Kiffin, A. M. Cuervo, *Int. J. Biochem. Cell Biol.* **36**, 2420-2434(2004).
18. S. J. Orenstein, A. M. Cuervo, *Semin. Cell Dev. Biol.* **21**, 719-726(2010).
19. E. Arias, A. M. Cuervo, *Curr. Opin. Cell Biol.* **23**, 184-189(2011).
20. W. A. Dunn *et al.*, *Autophagy* **1**, 75-83(2005).
21. M. Deffieu *et al.*, *J. Biol. Chem.* **284**, 14828-14837(2009).
22. C. De Duve, B. C. Pressman, R. Gianetto, R. Wattiaux, F. Appelmans, *Biochem. J.* **60**, 604-617(1955).
23. C. de Duve, *Nat. Cell Biol.* **7**, 847-849(2005).
24. A. B. Novikoff, H. Beaufay, C. De Duve, *J. Biophys Biochem. Cytol.* **2**, 179-184(1956).
25. S. L. Clark, Jr., *J. Biophys Biochem. Cytol.* **3**, 349-362(1957).
26. A. B. Novikoff, *J. Biophys Biochem. Cytol.* **6**, 136-138(1959).
27. T. P. Ashford, K. R. Porter, *J. Cell Biol.* **12**, 198-202(1962).
28. A. B. Novikoff, E. Essner, *J. Cell Biol.* **15**, 140-146(1962).
29. R. L. Deter, P. Baudhuin, C. De Duve, *J. Cell Biol.* **35**, C11-16(1967).
30. G. E. Mortimore, W. F. Ward, *Front. Biol.* **45**, 157-184(1976).
31. G. E. Mortimore, C. M. Schworer, *Nature* **270**, 174-176(1977).
32. G. E. Mortimore, N. J. Hutson, C. A. Surmacz, *P. Natl. Acad. Sci. USA.* **80**, 2179-2183(1983).
33. P. O. Seglen, P. B. Gordon, *P. Natl. Acad. Sci. USA.* **79**, 1889-1892(1982).
34. T. Noda, A. Matsuura, Y. Wada, Y. Ohsumi, *Biophys Res. Commun.* **210**, 126-132(1995).
35. K. Takeshige, M. Baba, S. Tsuboi, T. Noda, Y. Ohsumi, *J. Cell Biol.* **119**, 301-311(1992).
36. D. J. Klionsky, R. Cueva, D. S. Yaver, *J. Cell Biol.* **119**, 287-299(1992).
37. M. Tsukada, Y. Ohsumi, *FEBS. Lett.* **333**, 169-174(1993).
38. M. Thumm *et al.*, *FEBS. Lett.* **349**, 275-280(1994).
39. T. M. Harding, K. A. Morano, S. V. Scott, D. J. Klionsky, *J. Cell Biol.* **131**, 591-602(1995).
40. V. I. Titorenko, I. Keizer, W. Harder, M. Veenhuis, *J. Bacteriol* **177**, 357-363(1995).

41. Y. Sakai, A. Koller, L. K. Rangell, G. A. Keller, S. Subramani, *J. Cell Biol.* **141**, 625-636(1998).
42. H. Mukaiyama *et al.*, *Genes. Cells* **7**, 75-90(2002).
43. T. Kanki *et al.*, *Mol. Biol. Cell* **20**, 4730-4738(2009).
44. K. Okamoto, N. Kondo-Okamoto, Y. Ohsumi, *Dev. Cell* **17**, 87-97(2009).
45. D. J. Klionsky *et al.*, *Dev. Cell* **5**, 539-545(2003).
46. N. Mizushima, H. Sugita, T. Yoshimori, Y. Ohsumi, *J. Biol. Chem.* **273**, 33889-33892(1998).
47. Y. Kabeya *et al.*, *EMBO. J.* **19**, 5720-5728(2000).
48. S. Schroeder *et al.*, *Microb. Cell* **1**, 110-114(2014).
49. L. Galluzzi, F. Pietrocola, B. Levine, G. Kroemer, *Cell* **159**, 1263-1276(2014).
50. L. Lin, E. H. Baehrecke, *Mol. Cell Oncol.* **2**, e985913(2015).
51. F. C. Samaniego, F. Berry, J. F. Dice, *Biochem. J.* **198**, 149-157(1981).
52. J. F. Dice, *J. Biol. Chem.* **257**, 14624-14627(1982).
53. J. S. Auteri, A. Okada, V. Bochaki, J. F. Dice, *J. Cell Physiol.* **115**, 167-174(1983).
54. J. M. Backer, L. Bourret, J. F. Dice, *P. Natl. Acad. Sci. USA.* **80**, 2166-2170(1983).
55. M. A. McElligott, P. Miao, J. F. Dice, *J. Biol. Chem.* **260**, 11986-11993(1985).
56. J. F. Dice, H. L. Chiang, E. P. Spencer, J. M. Backer, *J. Biol. Chem.* **261**, 6853-6859(1986).
57. J. F. Dice, *FASEB. J.* **1**, 349-357(1987).
58. H. L. Chiang, S. R. Terlecky, C. P. Plant, J. F. Dice, *Science* **246**, 382-385(1989).
59. A. M. Cuervo, J. F. Dice, *Science* **273**, 501-503(1996).
60. F. A. Agarraberes, S. R. Terlecky, J. F. Dice, *J. Cell Biol.* **137**, 825-834(1997).
61. A. M. Cuervo, J. F. Dice, *J. Biol. Chem.* **275**, 31505-31513(2000).
62. L. B. Frankel *et al.*, *EMBO. J.* **30**, 4628-4641(2011).
63. G. Korkmaz, C. le Sage, K. A. Tekirdag, R. Agami, D. Gozuacik, *Autophagy* **8**, 165-176(2012).
64. R. Loewith *et al.*, *Mol. Cell* **10**, 457-468(2002).
65. A. Vlahakis, M. Graef, J. Nunnari, T. Powers, *P. Natl. Acad. Sci. USA.* **111**, 10586-10591(2014).
66. M. E. Cardenas, N. S. Cutler, M. C. Lorenz, C. J. Di Como, J. Heitman, *Genes. Dev.* **13**, 3271-3279 (1999).
67. C. De Virgilio, R. Loewith, *Int. J. Biochem. Cell Biol.* **38**, 1476-1481(2006).
68. T. F. Chan, P. G. Bertram, W. Ai, X. F. Zheng, *J. Biol. Chem.* **276**, 6463-6467(2001).
69. K. Inoki, H. Ouyang, Y. Li, K. L. Guan, *Mol. Biol. Rev.* **69**, 79-100(2005).
70. F. Chiarini, C. Evangelisti, J. A. McCubrey, A. M. Martelli, *Trends Pharmacol. Sci.* **36**, 124-135(2015).
71. R. C. Scott, O. Schuldiner, T. P. Neufeld, *Dev. Cell* **7**, 167-178(2004).
72. B. Levine, D. J. Klionsky, *Dev. Cell* **6**, 463-477(2004).
73. C. H. Jung *et al.*, *Mol. Biol. Cell* **20**, 1992-2003(2009).
74. E. Y. Chan, *Sci. Signal* **2**, pe51(2009).
75. J. Kim, M. Kundu, B. Viollet, K. L. Guan, *Nat. Cell Biol.* **13**, 132-141(2011).
76. D. M. Gwinn *et al.*, *Mol. Cell* **30**, 214-226(2008).
77. K. Inoki, T. Zhu, K. L. Guan, *Cell* **115**, 577-590(2003).
78. M. Hoyer-Hansen, M. Jaattela, *Autophagy* **3**, 381-383(2007).
79. K. Inoki, Y. Li, T. Xu, K. L. Guan, *Genes. Dev.* **17**, 1829-1834(2003).
80. J. Kim *et al.*, *Cell* **152**, 290-303(2013).
81. C. Puente, R. C. Hendrickson, X. Jiang, *J. Biol. Chem.* **291**, 6026-6035(2016).
82. M. Mavrakis, J. Lippincott-Schwartz, C. A. Stratakis, I. Bossis, *Hum. Mol. Genet.* **15**, 2962-2971(2006).
83. T. Yorimitsu, S. Zaman, J. R. Broach, D. J. Klionsky, *Mol. Biol. Cell* **18**, 4180-4189(2007).
84. Y. V. Budovskaya, J. S. Stephan, F. Reggiori, D. J. Klionsky, P. K. Herman, *J. Biol. Chem.* **279**, 20663-20671(2004).
85. J. M. Thevelein, J. H. de Winde, *Mol. Microbiol.* **33**, 904-918(1999).
86. T. Schmelzle, T. Beck, D. E. Martin, M. N. Hall, *Mol. Cell Biol.* **24**, 338-351(2004).
87. M. Umekawa, D. J. Klionsky, *J. Biol. Chem.* **287**, 16300-16310(2012).
88. J. Urban *et al.*, *Mol. Cell* **26**, 663-674(2007).

89. E. Cebollero, F. Reggiori, *Biochim. Biophys Acta* **1793**, 1413-1421(2009).

90. M. Hayashi-Nishino *et al.*, *Nat. Cell Biol.* **11**, 1433-1437(2009).

91. P. Yla-Anttila, H. Vihinen, E. Jokitalo, E. L. Eskelinen, *Autophagy* **5**, 1180-1185(2009).

92. N. Mizushima, *Genes. Dev.* **21**, 2861-2873(2007).

93. E. L. Axe *et al.*, *J. Cell Biol.* **182**, 685-701(2008).

94. N. Mizushima, D. J. Klionsky, *Annu. Rev. Nutr.* **27**, 19-40(2007).

95. T. Kawamata, Y. Kamada, Y. Kabeya, T. Sekito, Y. Ohsumi, *Mol. Biol. Cell* **19**, 2039-2050(2008).

96. Y. Kabeya *et al.*, *Biochem. Biophys Res. Commun.* **389**, 612-615(2009).

97. H. Popelka, V. N. Uversky, D. J. Klionsky, *Autophagy* **10**, 1093-1104(2014).

98. H. Popelka, D. J. Klionsky, *FEBS. J.* **282**, 3474-3488(2015).

99. Y. Cao, U. Nair, K. Yasumura-Yorimitsu, D. J. Klionsky, *Autophagy* **5**, 699-705(2009).

100. M. J. Ragusa, R. E. Stanley, J. H. Hurley, *Cell* **151**, 1501-1512(2012).

101. W. Feng *et al.*, *Protein Cell* **6**, 288-296(2015).

102. K. Mao *et al.*, *P. Natl. Acad. Sci. USA.* **110**, E2875-2884(2013).

103. Y. Y. Yeh, K. H. Shah, P. K. Herman, *J. Biol. Chem.* **286**, 28931-28939(2011).

104. C. C. Jao, M. J. Ragusa, R. E. Stanley, J. H. Hurley, *P. Natl. Acad. Sci. USA.* **110**, 5486-5491(2013).

105. Y. Kamada *et al.*, *J. Cell Biol.* **150**, 1507-1513(2000).

106. Y. Kamada *et al.*, *Mol. Cell Biol.* **30**, 1049-1058(2010).

107. H. Cheong, U. Nair, J. Geng, D. J. Klionsky, *Mol. Biol. Cell* **19**, 668-681(2008).

108. T. Noda, K. Suzuki, Y. Ohsumi, *Trends Cell Biol.* **12**, 231-235(2002).

109. Y. Chen, D. J. Klionsky, *J. Cell Sci.* **124**, 161-170(2011).

110. E. J. Lee, C. Tournier, *Autophagy* **7**, 689-695(2011).

111. M. Kundu *et al.*, *Blood* **112**, 1493-1502(2008).

112. N. Hosokawa *et al.*, *Mol. Biol. Cell* **20**, 1981-1991(2009).

113. N. Mizushima, *Curr. Opin. Cell Biol.* **22**, 132-139(2010).

114. N. Hosokawa *et al.*, *Autophagy* **5**, 973-979(2009).

115. C. A. Mercer, A. Kaliappan, P. B. Dennis, *Autophagy* **5**, 649-662(2009).

116. T. Hara *et al.*, *J. Cell Biol.* **181**, 497-510(2008).

117. E. Y. Chan, A. Longatti, N. C. McKnight, S. A. Tooze, *Mol. Cell Biol.* **29**, 157-171(2009).

118. K. J. Petherick *et al.*, *J. Biol. Chem.* **290**, 28726(2015).

119. D. F. Egan *et al.*, *Mol. Cell* **59**, 285-297(2015).

120. I. G. Ganley, H. Lam du, J. Wang, X. Ding, S. Chen, X. Jiang, *J. Biol. Chem.* **284**, 12297-12305(2009).

121. S. Qi, D. J. Kim, G. Stjepanovic, J. H. Hurley, *Structure* **23**, 1848-1857(2015).

122. H. Suzuki, T. Kaizuka, N. Mizushima, N. N. Noda, *Mol. Biol.* **22**, 572-580(2015).

123. C. He, H. Song *et al.*, *J. Cell Biol.* **175**, 925-935(2006).

124. T. Noda *et al.*, *J. Cell Biol.* **148**, 465-480(2000).

125. H. Yamamoto *et al.*, *J. Cell Biol.* **198**, 219-233(2012).

126. F. Reggiori, T. Shintani, U. Nair, D. J. Klionsky, *Autophagy* **1**, 101-109(2005).

127. F. Reggiori, K. A. Tucker, P. E. Stromhaug, D. J. Klionsky, *Dev. Cell* **6**, 79-90(2004).

128. A. van der Vaart, J. Griffith, F. Reggiori, *Mol. Biol. Cell* **21**, 2270-2284(2010).

129. Y. Ohashi, S. Munro, *Mol. Biol. Cell* **21**, 3998-4008(2010).

130. K. Shirahama-Noda, S. Kira, T. Yoshimori, T. Noda, *J. Cell Sci.* **126**, 4963-4973(2013).

131. M. Mari *et al.*, *J. Cell Biol.* **190**, 1005-1022(2010).

132. M. Mari, F. Reggiori, *Autophagy* **6**, 1221-1223(2010).

133. J. E. Legakis, W. L. Yen, D. J. Klionsky, *Autophagy* **3**, 422-432(2007).

134. W. L. Yen, J. E. Legakis, U. Nair, D. J. Klionsky, *Mol. Biol. Cell* **18**, 581-593(2007).

135. T. Shintani, D. J. Klionsky, *Science* **306**, 990-995(2004).

136. K. A. Tucker, F. Reggiori, W. A. Dunn, Jr., D. J. Klionsky, *J. Biol. Chem.* **278**, 48445-48452(2003).

137. C. C. Jao, M. J. Ragusa, R. E. Stanley, J. H. Hurley, *Autophagy* **9**, 1112-1114(2013).

138. I. Monastyrska, C. He, J. Geng, A. D. Hoppe, Z. Li, D. J. Klionsky, *Mol. Biol. Cell* **19**,

1962-1975(2008).

139. I. Monastyrska, T. Shintani, D. J. Klionsky, F. Reggiori, *Autophagy* **2**, 119-121(2006).

140. J. Guan *et al.*, *Mol. Biol. Cell* **12**, 3821-3838(2001).

141. P. E. Stromhaug, F. Reggiori, J. Guan, C. W. Wang, D. J. Klionsky, *Mol. Biol. Cell* **15**, 3553-3566(2004).

142. C. W. Wang *et al.*, *J. Biol. Chem.* **276**, 30442-30451(2001).

143. Z. Yang, D. J. Klionsky, *Curr. Top Microbiol. Immunol.* **335**, 1-32(2009).

144. A. R. Young *et al.*, *J. Cell Sci.* **119**, 3888-3900(2006).

145. A. Orsi *et al.*, *Mol. Biol. Cell* **23**, 1860-1873(2012).

146. C. Puri, M. Renna, C. F. Bento, K. Moreau, D. C. Rubinsztein, *Cell* **154**, 1285-1299(2013).

147. A. Kihara, T. Noda, N. Ishihara, Y. Ohsumi, *J. Cell Biol.* **152**, 519-530(2001).

148. J. H. Stack, D. B. DeWald, K. Takegawa, S. D. Emr, *J. Cell Biol.* **129**, 321-334(1995).

149. K. Obara, T. Sekito, Y. Ohsumi, *Mol. Biol. Cell* **17**, 1527-1539(2006).

150. Y. Araki *et al.*, *J. Cell Biol.* **203**, 299-313(2013).

151. E. Jacinto, M. N. Hall, *Nat. Rev. Mol. Cell Biol.* **4**, 117-126(2003).

152. X. H. Liang *et al.*, *Nature* **402**, 672-676(1999).

153. C. Panaretou, J. Domin, S. Cockcroft, M. D. Waterfield, *J. Biol. Chem.* **272**, 2477-2485(1997).

154. K. Matsunaga *et al.*, *Nat. Cell Biol.* **11**, 385-396(2009).

155. S. Pattingre *et al.*, *Cell* **122**, 927-939(2005).

156. Y. Zhong *et al.*, *Nat. Cell Biol.* **11**, 468-476(2009).

157. M. C. Maiuri *et al.*, *EMBO. J.* **26**, 2527-2539(2007).

158. Y. Wei, S. Pattingre, S. Sinha, M. Bassik, B. Levine, *Mol. Cell* **30**, 678-688(2008).

159. J. Geng, D. J. Klionsky, *EMBO. Rep.* **9**, 859-864(2008).

160. V. Kirkin, D. G. McEwan, I. Novak, I. Dikic, *Mol. Cell* **34**, 259-269(2009).

161. N. Mizushima *et al.*, *J. Cell Sci.* **116**, 1679-1688(2003).

162. N. Mizushima *et al.*, *J. Cell Biol.* **152**, 657-668(2001).

163. Y. Paz, Z. Elazar, D. Fass, *J. Biol. Chem.* **275**, 25445-25450(2000).

164. N. N. Suzuki, K. Yoshimoto, Y. Fujioka, Y. Ohsumi, F. Inagaki, *Autophagy* **1**, 119-126(2005).

165. N. Mizushima *et al.*, *Nature* **395**, 395-398(1998).

166. A. Kuma, N. Mizushima, N. Ishihara, Y. Ohsumi, *J. Biol. Chem.* **277**, 18619-18625(2002).

167. T. Kirisako *et al.*, *J. Cell Biol.* **147**, 435-446(1999).

168. J. Kim, V. M. Dalton, K. P. Eggerton, S. V. Scott, D. J. Klionsky, *Mol. Biol. Cell* **10**, 1337-1351(1999).

169. T. Hanada *et al.*, *J. Biol. Chem.* **282**, 37298-37302(2007).

170. T. Kirisako *et al.*, *J. Cell Biol.* **151**, 263-276(2000).

171. W. P. Huang, S. V. Scott, J. Kim, D. J. Klionsky, *J. Biol. Chem.* **275**, 5845-5851(2000).

172. Z. Xie, U. Nair, D. J. Klionsky, *Mol. Biol. Cell* **19**, 3290-3298(2008).

173. H. Nakatogawa, K. Suzuki, Y. Kamada, Y. Ohsumi, *Nat. Rev. Mol. Cell Biol.* **10**, 458-467(2009).

174. I. Tanida, E. Tanida-Miyake, T. Ueno, E. Kominami, *J. Biol. Chem.* **276**, 1701-1706(2001).

175. N. Mizushima, T. Yoshimori, Y. Ohsumi, *FEBS. Lett.* **532**, 450-454(2002).

176. I. Tanida *et al.*, *Mol. Biol. Cell* **10**, 1367-1379(1999).

177. H. Weidberg *et al.*, *EMBO. J.* **29**, 1792-1802(2010).

178. J. Hemelaar, V. S. Lelyveld, B. M. Kessler, H. L. Ploegh, *J. Biol. Chem.* **278**, 51841-51850(2003).

179. Y. Kabeya *et al.*, *J. Cell Sci.* **117**, 2805-2812(2004).

180. I. Tanida, E. Tanida-Miyake, M. Komatsu, T. Ueno, E. Kominami, *J. Biol. Chem.* **277**, 13739-13744(2002).

181. I. Tanida, M. Komatsu, T. Ueno, E. Kominami, *Biochem. Biophys Res. Commun.* **300**, 637-644(2003).

182. I. Tanida, Y. S. Sou, N. Minematsu-Ikeguchi, T. Ueno, E. Kominami, *FEBS. J.* **273**, 2553-2562(2006).

183. M. Li *et al.*, *J. Biol. Chem.* **286**, 7327-7338(2011).

184. J. P. Luzio, P. R. Pryor, N. A. Bright, *Nat. Rev. Mol. Cell Biol.* **8**, 622-632(2007).

185. C. W. Wang, D. J. Klionsky, *Mol. Med.* **9**, 65-76(2003).

186. C. W. Wang, P. E. Stromhaug, E. J. Kauffman, L. S. Weisman, D. J. Klionsky, *J. Cell Biol.* **163**, 973-985(2003).

187. D. J. Klionsky, *J. Cell Sci.* **118**, 7-18(2005).

188. C. W. Wang, P. E. Stromhaug, J. Shima, D. J. Klionsky, *J. Biol. Chem.* **277**, 47917-47927(2002).

189. C. W. Ostrowicz, C. T. Meiringer, C. Ungermann, *Autophagy* **4**, 5-19(2008).

190. T. O. Berg, M. Fengsrud, P. E. Stromhaug, T. Berg, P. O. Seglen, *J. Biol. Chem.* **273**, 21883-21892(1998).

191. J. Tooze *et al.*, *J. Cell Biol.* **111**, 329-345(1990).

192. E. L. Eskelinen, *Autophagy* **1**, 1-10(2005).

193. A. Nara *et al.*, *Cell Struct. Funct.* **27**, 29-37(2002).

194. S. Jager *et al.*, *J. Cell Sci.* **117**, 4837-4848(2004).

195. M. G. Gutierrez, D. B. Munafo, W. Beron, M. I. Colombo, *J. Cell Sci.* **117**, 2687-2697(2004).

196. R. A. Gonzalez-Polo *et al.*, *J. Cell Sci.* **118**, 3091-3102(2005).

197. J. L. Webb, B. Ravikumar, D. C. Rubinsztein, *Cell Biol.* **36**, 2541-2550(2004).

198. T. E. Rusten, H. Stenmark, *J. Cell Sci.* **122**, 2179-2183(2009).

199. U. D. Epple, I. Suriapranata, E. L. Eskelinen, M. Thumm, *J. Bacteriol* **183**, 5942-5955(2001).

200. S. A. Teter *et al.*, *J. Biol. Chem.* **276**, 2083-2087(2001).

201. U. D. Epple, E. L. Eskelinen, M. Thumm, *J. Biol. Chem.* **278**, 7810-7821(2003).

202. Z. Yang, J. Huang, J. Geng, U. Nair, D. J. Klionsky, *Mol. Biol. Cell* **17**, 5094-5104(2006).

203. R. Russnak, D. Konczal, S. L. McIntire, *J. Biol. Chem.* **276**, 23849-23857(2001).

204. I. Tanida, T. Ueno, E. Kominami, *Methods Mol. Biol.* **445**, 77-88(2008).

205. I. Tanida *et al.*, *Autophagy* **2**, 264-271(2006).

206. M. Koike *et al.*, *Am. J. Pathol.* **167**, 1713-1728(2005).

207. C. Sagne *et al.*, *P. Natl. Acad. Sci. USA.* **98**, 7206-7211(2001).

208. A. Williams *et al.*, *Curr. Top Dev. Biol.* **76**, 89-101(2006).

209. G. Bjorkoy *et al.*, *J. Cell Biol.* **171**, 603-614(2005).

210. S. Pankiv *et al.*, *J. Biol. Chem.* **282**, 24131-24145(2007).

211. B. Ravikumar *et al.*, *Nat. Genet.* **36**, 585-595(2004).

212. U. Nair, D. J. Klionsky, *J. Biol. Chem.* **280**, 41785-41788(2005).

213. J. Iwata *et al.*, *J. Biol. Chem.* **281**, 4035-4041(2006).

214. Y. Zhang, H. Qi, R. Taylor, W. Xu, L. F. Liu, S. Jin, *Autophagy* **3**, 337-346(2007).

215. C. Munz, *Annu Rev Immunol* **27**, 423-449(2009).

216. D. Schmid, C. Munz, *Immunity* **27**, 11-21(2007).

217. M. Cemma, J. H. Brumell, *Curr. Biol.* **22**, R540-545(2012).

218. Y. Liu *et al.*, *Cell* **121**, 567-577(2005).

219. I. Nakagawa *et al.*, *Science* **306**, 1037-1040(2004).

220. R. Cooney *et al.*, *Nat. Med.* **16**, 90-97(2010).

221. K. Jia *et al.*, *P. Natl. Acad. Sci. USA.* **106**, 14564-14569(2009).

222. H. W. Virgin, B. Levine, *Nat. Immunol.* **10**, 461-470(2009).

223. F. Randow, *Autophagy* **7**, 304-309(2011).

224. A. Kuma *et al.*, *Nature* **432**, 1032-1036(2004).

225. D. C. Bassham *et al.*, *Autophagy* **2**, 2-11(2006).

226. C. Kang, Y. J. You, L. Avery, *Genes. Dev.* **21**, 2161-2171(2007).

227. G. P. Otto, M. Y. Wu, N. Kazgan, O. R. Anderson, R. H. Kessin, *J. Biol. Chem.* **278**, 17636-17645(2003).

228. J. J. Lum *et al.*, *Cell* **120**, 237-248(2005).

229. K. Degenhardt *et al.*, *Cancer Cell* **10**, 51-64(2006).

230. X. Qu *et al.*, *Cell* **128**, 931-946(2007).

231. A. L. Edinger, C. B. Thompson, *Curr. Opin. Cell Biol.* **16**, 663-669(2004).

232. E. H. Baehrecke, *Nat. Rev. Mol. Cell Biol.* **6**, 505-510(2005).

233. J. Debnath, E. H. Baehrecke, G. Kroemer, *Autophagy* **1**, 66-74(2005).

234. B. Levine, J. Yuan, *J. Clin. Invest.* **115**, 2679-2688(2005).

235. S. Shimizu *et al.*, *Nat. Cell Biol.* **6**, 1221-1228(2004).

236. D. L. Berry, E. H. Baehrecke, *Cell* **131**, 1137-1148(2007).

237. W. Bursch *et al.*, *Carcinogenesis* **17**, 1595-1607(1996).

238. P. E. Schwarze, P. O. Seglen, *Exp. Cell Res.* **157**, 15-28(1985).

239. L. Jia *et al.*, *Br. J. Haematol.* **98**, 673-685(1997).

240. L. Xue, G. C. Fletcher, A. M. Tolkovsky, *Mol. Cell Neurosci.* **14**, 180-198(1999).

241. R. A. Lockshin, Z. Zakeri, *Nat. Rev. Mol. Cell Biol.* **2**, 545-550(2001).

242. D. Gozuacik, A. Kimchi, *Curr. Top Dev. Biol.* **78**, 217-245(2007).

243. G. Kroemer, M. Jaattela, *Nat. Rev. Cancer* **5**, 886-897(2005).

244. R. Singh *et al.*, *Nature* **458**, 1131-1135(2009).

245. M. Martinez-Vicente *et al.*, *Nat. Neurosci.* **13**, 567-576(2010).

246. N. S. Heaton, G. Randall, *Cell Host Microbe.* **8**, 422-432(2010).

247. D. C. Rubinsztein *et al.*, *Autophagy* **1**, 11-22(2005).

248. T. Hara *et al.*, *Nature* **441**, 885-889(2006).

249. M. Komatsu *et al.*, *Nature* **441**, 880-884(2006).

250. S. M. Jin, R. J. Youle, *J. Cell Sci.* **125**, 795-799(2012).

251. A. C. Kimmelman, *Genes. Dev.* **25**, 1999-2010(2011).

252. E. White, *Nat. Rev. Cancer* **12**, 401-410(2012).

253. F. Janku, D. J. McConkey, D. S. Hong, R. Kurzrock, *Nat. Rev. Clin. Oncol.* **8**, 528-539(2011).

254. J. Tang, J. Di, H. Cao, J. Bai, J. Zheng, *Cancer Lett.* **363**, 101-107(2015).

255. D. Kenzelmann Broz *et al.*, *Genes. Dev.* **27**, 1016-1031(2013).

256. H. Saito *et al.*, *Cancer Res.* **53**, 3382-3385(1993).

257. X. Gao *et al.*, *Cancer Res.* **55**, 1002-1005(1995).

258. V. M. Aita *et al.*, *Genomics* **59**, 59-65(1999).

259. Y. H. Shi, Z. B. Ding, J. Zhou, S. J. Qiu, J. Fan, *Autophagy* **5**, 380-382(2009).

260. M. I. Koukourakis *et al.*, *Br. J. Cancer* **103**, 1209-1214(2010).

261. X. B. Wan *et al.*, *Autophagy* **6**, 395-404(2010).

262. A. Giatromanolaki *et al.*, *Gynecol Oncol.* **123**, 147-151(2011).

263. P. Xia, J. J. Wang, B. B. Zhao, C. L. Song, *Tumour Biol.* **34**, 3303-3307(2013).

264. X. Qu *et al.*, *J. Clin. Invest.* **112**, 1809-1820(2003).

265. A. Takamura *et al.*, *Genes. Dev.* **25**, 795-800(2011).

266. Z. Yue, S. Jin, C. Yang, A. J. Levine, N. Heintz, *P. Natl. Acad. Sci. USA.* **100**, 15077-15082(2003).

267. Y. Inami *et al.*, *J. Cell Biol.* **193**, 275-284(2011).

268. M. S. Kim, S. Y. Song, J. Y. Lee, N. J. Yoo, S. H. Lee, *APMIS.* **119**, 802-807(2011).

269. H. Liu, Z. He, T. von Rutte, S. Yousefi, R. E. Hunger, H. U. Simon, *Sci. Transl. Med.* **5**, 202ra123(2013).

270. C. Liang *et al.*, *Nat. Cell Biol.* **8**, 688-699(2006).

271. J. Y. Guo *et al.*, *Genes. Dev.* **27**, 1447-1461(2013).

272. E. White, *J. Clin. Invest.* **125**, 42-46(2015).

273. A. Parkhitko *et al.*, *P. Natl. Acad. Sci. USA.* **108**, 12455-12460(2011).

274. Y. A. Valentin-Vega *et al.*, *Blood* **119**, 1490-1500(2012).

275. J. Y. Guo *et al.*, *Genes. Dev.* **25**, 460-470(2011).

276. S. Yang *et al.*, *Genes. Dev.* **25**, 717-729(2011).

277. J. D. Rabinowitz, E. White, *Science* **330**, 1344-1348(2010).

278. G. Kroemer, G. Marino, B. Levine, *Mol. Cell* **40**, 280-293(2010).

279. C. M. Wilson, A. Magnaudeix, C. Yardin, F. Terro, *CNS. Neurol. Disord Drug Targets* **13**, 226-246(2014).

280. Y. Wang *et al.*, *Autophagy* **9**, 272-277(2013).

281. C. Ouyang, J. You, Z. Xie, *J. Mol. Cell Cardiol.* **71**, 71-80(2014).
282. C. Ebato *et al.*, *Cell Metab.* **8**, 325-332(2008).
283. H. S. Jung *et al.*, *Cell Metab.* **8**, 318-324(2008).
284. W. Quan, Y. M. Lim, M. S. Lee, *Exp. Mol. Med.* **44**, 81-88(2012).
285. B. J. Marsh *et al.*, *Mol. Endocrinol.* **21**, 2255-2269(2007).
286. L. Yang, P. Li, S. Fu, E. S. Calay, G. S. Hotamisligil, *Cell Metab.* **11**, 467-478(2010).
287. L. Fang *et al.*, *PLoS One* **8**, e60546(2013).

（谢志平　朱　婧）

第二十二章　自噬的选择性

自噬起初被认为是无选择性或低选择性的降解系统，通常细胞发生自噬是为了补充能量抵抗饥饿。然而又有大量证据表明自噬过程是具有高度选择性的（1-3），例如，自噬对细胞器、细菌、线粒体、特异性蛋白及蛋白聚集体的降解具有选择性。在选择性自噬发生的过程中，p62 和 NBR1 等蛋白质具有重要作用，它们通常作为自噬受体，直接结合 Atg8 及其家族蛋白。p62 和 NBR1 等自噬受体本身会随自噬发生而被降解，并且它们通过结合需要降解的底物，介导选择性自噬的发生（2，4-7）。选择性自噬是细胞内一个非常重要的质量控制系统，也是会被氧化应激、感染、蛋白质聚集和泛素蛋白酶体抑制等各种应激条件所诱导或促进的细胞内最基本的自噬（2，8）。选择性自噬受体可以特异性识别自噬底物，并且通过和类泛素蛋白（UBL）Atg8/LC3 及 Atg5 结合来调节选择性自噬小体的形成。近年来，UBL 被发现可以直接参与到自噬小体的核形成过程中。

第一节　概　　述

在宏自噬过程中，核内体及溶酶体分别与自噬小体的膜融合，然后直接获得底物；而在分子伴侣介导的自噬（CMA）中，包含 KFERQ 样五肽在内的可溶性蛋白被分子伴侣 Hsc70 识别，并且以 LAMP-2A 依赖性方式被跨膜转移至溶酶体中。CMA 介导的蛋白质选择性降解及宏自噬的选择性形式目前都是已知的。

自噬是在真核细胞的演进过程中为应对饥饿而出现的，它通过消耗部分细胞溶质来动员细胞自身的营养物质。此外，它还可以有针对性地降解细胞内表达过多或有毒性的物质，如蛋白质、细胞器和细胞内病原体等。和经典的自噬不同，选择性自噬是在营养丰富的情况下发生的，并且伴随着特定的自噬小体的出现，该自噬小体选择性地包围底物，其他细胞物质则很大程度上被排除在外（9）。

研究发现越来越多的亚细胞结构被选择性自噬途径清除，也有多种方法可反映该途径的靶标特异性（图 22-1）。但是，到底是什么决定了这种特异性呢？答案在于选择性自噬受体的识别及自身的特点。例如，哺乳动物的 p62/SQSTM1（sequestosome-1 或 p62）和酵母菌的 Atg19，它们作为自噬受体将被运输的自噬底物向自噬泡运输，直接促使了自噬小体的形成（2，10）。自噬受体通过与蛋白质的未折叠区域或连接的泛素等分子决定簇结合来识别被运输的自噬底物，并且自噬受体的自聚反应也有助于构建自噬小体形成的分子平台。

CVT 途径（胞质到液泡的靶向途径）是指将固有水解酶（Ape1、Ams1、Ape4）的聚集体运输到液泡的生物合成过程（11，12）。具有双层膜结构的 CVT 囊泡是典型的选择性自噬小体。它与饥饿诱导产生的自噬小体相比较小，表达于 PAS 位点，其表达过程

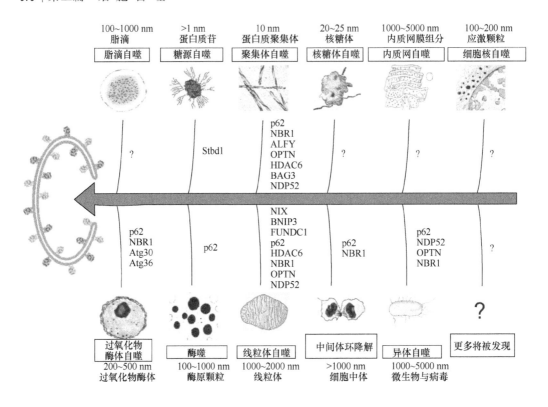

图 22-1 哺乳动物细胞中选择性自噬的类型（13）

受到核心自噬蛋白和其他成分如 Atg11、Atg19、Atg34 的共同调节。

Atg8/LC3 家族和 Atg5 的自噬特异性 UBL 在自噬小体的形成中发挥重要作用，它们可以建立蛋白质支架（14-17），并调节自噬小体类脂膜的形成（9）。最近的研究显示，被选择性自噬受体募集的 UBL 可直接参与到选定和调节自噬蛋白的过程中，并潜在启动自噬小体的形成位点（15，17）。

第二节 与 Atg8/LC3 结合的受体蛋白

一、针对泛素化靶标的自噬受体

（一）p62/SQSTM1

p62/SQSTM1 是首个被研究的哺乳动物选择性自噬受体（18），胞内的 p62 水平受到自噬的严格调控，同时 p62 还是 aPKc、MEK5 和 NF-κB 信号通路的受体蛋白（19，20），与细胞凋亡、应激反应和细胞生长等过程有关，这些相关的信号通路可能通过调节 p62 来参与选择性自噬过程。p62 具有多个可被调控的结构域，其结构分为以下几部分：一个 N 端的 PB1 结构域（残基 20～102）与蛋白质的自聚集有关，且能够和其他具有 PB1 结构域的蛋白质相结合；一个 ZZ 型锌指结构域（残基 122～167）；一个 LC3 识别序列（LRS，残基 335～345）；一个与 KEAP1 相互作用的区域（KIR，残基 346～359）；一个 C 端 UBA 结构域（残基 391～436）（20，21）能够与泛素相结合。Komatsu 等的研究首次提出，p62 是错误折叠蛋白质引起的自噬性降解过程所必需的（22，23）。

p62 需通过短线性序列与 LC3 蛋白非共价结合才能发挥选择性自噬受体的作用，这种短线性蛋白序列名为 LIR（LC3-interacting region）或 LRS（LC3-recognition sequence）。典型的 LIR 核心模体符合 Θ-X-X-Γ 的结构，其中 Θ 代表芳香族氨基酸（W/F/Y），Γ 代表疏水部分（L/I/V），X 可以是任何氨基酸（12，20）。结构研究揭示了 LIR 的三个关键特征（即 Atg8 与 LC3 的相互作用特征）：①侧链的芳香族残基能与 HP1 紧密结合；②保守的疏水残基能与 HP2 相互作用；③位于核心 LIR 上游的酸性或磷酸化基团贡献负电荷，加强相互作用（12，24，25）。Ichimura 等的研究发现，p62 和 LC3 之间存在着一系列的盐桥和氢键（12）。单独干扰 p62 与 LC3 的相互作用就足以破坏 p62 的降解过程，导致形成泛素和 p62 阳性的包涵体。除了与 LC3 的相互作用，p62 自身 PB1 结构域的寡聚化对于自噬引起的有效降解也是必需的。与野生型 p62 相比，PB1 结构域发生突变的 p62 的降解过程有着明显的延迟。此外，与 CVT 途径类似，p62 的降解同样依赖于 PB1 介导的寡聚化。

越来越多的证据表明 p62 可作为泛素化底物发生选择性自噬的受体，在胞内跨膜运输和 DNA 修复等一系列生命活动中起着重要作用（26）。细胞应激和细胞感染会促进泛素化聚集体的形成，这些泛素化的结构能够被自噬受体 p62 识别，然后通过 p62 与泛素链和 LC3 的相互作用靶向自噬降解。到目前为止，至少有两种修饰被认为是促进这一过程的顺式作用信号，即泛素化和寡聚物的形成。Riley 等提出蛋白质寡聚化会驱动自噬底物选择，且自噬缺陷环境中多泛素链的累积是激活 NRF2 依赖的应激反应途径的间接结果（27）。自噬过程受到抑制通常会伴随着 p62 水平的显著升高，然后 p62 和 KEAP1 上的 NRF2 结合位点（一种基于 Cul3 的泛素连接酶 adapter）相互作用，对 NRF2 与 KEAP1 的相互作用形成竞争性抑制。p62 与 KEAP1 的结合进一步使得 NRF2 的稳定性增加，使其易于向细胞核内移动。因此，包括直接影响泛素代谢基因在内的 NRF2 依赖性基因都被转录激活。这一胞内过程可能导致与慢性炎症相关的肿瘤发生、线粒体活性的抑制和基因组不稳定性的产生（28）。但是在 Inoue 等对非小细胞肺癌病例的分析中发现（29），p62 的累积并不是导致 NRF2 稳定性增加的必需因素，这意味着在 p62 水平升高的同时，存在着其他因素影响 NRF2 的稳定性。此外，研究表明 p62 在聚集体样结构（aggresome-like structure，ALIS）的形成和代谢过程中发挥着重要的作用，这对于调节宿主先天免疫而言可能是至关重要的（30，31）。

在自噬受损的细胞中，p62-泛素化的蛋白复合物会发生聚集，最终导致形成包涵体，可能会促进胞内有害蛋白和非必需蛋白的分离。因此，对于患不同形式蛋白病的患者而言，p62 是其体内细胞包涵体蛋白水平的标志物，如肝酒精性中毒患者体内的马洛里小体、神经退行性疾病中的蛋白聚集体（32，33）。除了特定的蛋白聚集体和病原体以外，一些细胞器也可以被 p62 选择性靶向自噬降解，例如，Grassso 等提出了一种名为"zymophagy"的新型选择性自噬方式，其存在于胰腺炎诱导的血管运输改变过程中，且在胰腺腺泡细胞中被激活（34），p62 可能作为这种选择性自噬途径中的重要受体。此外，p62 水平的降低明显伴随着腺泡细胞组成性地表达自噬相关的液泡膜蛋白 1（VMP1）

-EGFP 嵌合体（*34*），p62 还可以通过其 PB1 结构域介导功能失调的线粒体聚合物的聚集，随后将 Parkin（一种泛素连接酶）从胞质溶胶移位至线粒体（*35*）。

其他泛素化靶标蛋白的清除取决于 p62 的水平，因此，MARF、线粒体融合蛋白、VDAC1 等线粒体外膜蛋白的泛素化水平可以作为线粒体自噬的信号（*36*）。过氧化物酶体同样会受泛素化调控，且过氧化物酶体自噬过程表现出对 p62 的部分依赖（*37, 38*）。除此之外，胞内的细菌如李斯特菌、志贺菌和沙门菌，在从核内体中逃脱时也会经历泛素化过程，且研究表明 p62 能够对其降解起到调节作用（*39-41*）。

p62 过表达的现象和肿瘤有关，至少部分原因是来自于自噬缺陷的发生（*42*）。此外，p62 水平受到基础自噬活性的强烈影响。为了估计特定自噬底物 p62 的实际水平，目前的检测方法还需要改进。在比较不同的实验方法时，Pircs 等发现应用最广泛的方法即蛋白质印迹法，可以检测内源性的 p62 水平，并可区分可溶性成分和聚集成分（*43*）。然而对于遗传嵌合体动物而言，蛋白质印迹法是不可行的，因为还需要综合免疫染色来提供数目、大小、胞内分布情况等其他信息。

（二）NBR1

NBR1（neighbor of BRCA1 gene 1）是一种普遍存在于泛素包涵体中的蛋白质，该包涵体主要存在于神经退行性疾病中。NBR1 的蛋白结构域和 p62 有着高度的相似性，包括一个 N 端 PB1 结构域（残基 5～85）、锌结构域（残基 215～259）和 C 端 UBA 结构域（残基 913～959）（图 22-2）。此外，两个 LRS 结构域（LRS1：残基 540～636 和 LRS2：残基 727～738）也在 NBR1 中被发现。但 LRS2 不具有核心共有基序 W/YXXL/I，这很有可能说明了 NBR1 是一种新型的 LC3 相互作用序列（*10*）。NBR1 和 p62 可以通过 PB1 区域的相互作用而连接起来（*44*）。除了上述相似性之外，NBR1 与 p62 也有许多不同之处。NBR1 的蛋白结构比 p62 大，它的二聚作用由卷曲螺旋结构域调节，而 p62 的二聚化则由 PB1 结构域调节。Walinda 等发现 NBR1 与 UBA 结构域中的 p62 不同，因此 NBR1 与泛素的作用也不同于 p62，NBR1 对泛素的亲和力要更高（*45*）。此外，通过 J 结构域和 UBA 结构域的结合，NBR1 可以调控部分自噬底物的选择性（*37*）。NBR1 独立于 p62，与泛素及 LC3 结合，介导泛素化靶标及自身的自噬性降解。当自噬被抑制时，p62 和 NBR1 均在包涵体上发生积累，并且参与泛素化蛋白和炎性信号蛋白的交联（*10*）。进化分析结果显示，NBR1 在所有真核生物中都存在，而 p62 只存在于后生动物中（*46*）。

敲除和过表达 NBR1 的实验结果显示，NBR1 是过氧化物酶体的主要自噬受体。NBR1 的两性 α 螺旋 J 结构域、UBA 结构域、LIR 及卷曲螺旋域在过氧化物酶体自噬的调节中是必不可少的（*37*）。NBR1 也可以和 MAP1B 反应，将 LC3 修饰的结构连接到微管网络中。在植物体内，NBR1 在应对应激反应及炎性信号蛋白中扮演重要角色（*46*）。Zhou 等利用酵母双杂交筛选发现 NBR 介导的自噬靶标很大程度上来自应激条件下产生变性的或以其他方式受损的非天然蛋白质（*47*）。在应激条件下，NBR1 和 CHIP（Hsc70 相互作用蛋白的 C 端）介导两种不同但又彼此互补的途径，抵抗蛋白毒性并促进蛋白聚集（*48*）。

蛋白质名称	Uniprot ID	有机体	序列长 (氨基酸)	芳香残基位置	LIR序列	蛋白质示意图
W-LIR						
p62	Q13501	H.sapiens	440	338	SGGDDDWHLSS	
Atg3	P40344	S.cerevisiae	310	270	LDGVGDWEDLQD	
Atg19	P35193	S.cerevisiae	415	412	NEKALTWEEL-	
Atg30	I6LAD1	P.pastoris	384	73	LTDNSEWILFSP	
Atg32	P40458	S.cerevisiae	529	86	DSISGWQAIQP	
Atg34	Q12292	S.cerevisiae	412	409	LSRPFWEEI-	
BNIP3	Q12983	H.sapiens	194	18	ESLQGSWVELHF	
Calreticulin	P27797	H.sapiens	417	200	GSLEDDWDFLPP	
β-Catenin	P35222	H.sapiens	781	504	LHPPSHWPLIKA	
c-Cbl	P22681	H.sapiens	906	802	ASSTFGWLSDG	
Clathrin HC	Q00610	H.sapiens	1675	514	VGYTPDWIFLLR	
Dvl2	O14641	H.sapiens	736	444	EVRDRMWLKITI	
NIX	O60238	H.sapiens	219	36	AGLNSSWVELPM	
TP53INP1	Q96A56	H.sapiens	240	31	EKEDDEWILVDF	
TP53INP2/DOR	Q8IXH6	H.sapiens	220	35	EDEVDGWLIIDL	
TBC1D5(LIR1)	Q92609	H.sapiens	795	59	NSYRKEWEELFV	
TBC1D25	Q3MII6	H.sapiens	688	136	SPLLEDWDIISP	
Stbd1	O95210	H.sapiens	358	203	RVDHEEWEMVPR	
F-LIR						
Atg13	O75143	H.sapiens	517	444	GNTHDDFVMIDF	
Atg36	P46983	S.cerevisiae	293	33	HDEESLFEVLEL	
FIP200	Q8TDY2	H.sapiens	1594	702	DAHIFDFETIPH	
FYCO1	Q9BQS8	H.sapiens	1478	1280	PPDDAVFDIITD	
Optineurin	Q96CV9	H.sapiens	577	178	GSSEDSFVEIRM	
TBC1D5(LIR2)	Q92609	H.sapiens	795	788	SSKDGGFTIVSP	
ULK1	O75385	H.sapiens	1050	357	SCDTDDFVMVPA	
ULK2	Q8IYT8	H.sapiens	1036	353	SCDTDDFVLVPH	
Y-LIR						
NBR1	Q14596	H.sapiens	966	732	SASSEDYIIILP	
Atg1	P53104	S.cerevisiae	897	429	RSFEREYVVVEK	
FUNDC1	Q8IVP5	H.sapiens	155	18	ESDDDSYEVLDL	
Atg4B	Q9Y4P1	H.sapiens	393	8	DAATLTYDTLRF	
MAPK15	Q8TD08	H.sapiens	544	340	EYRSRVYQMILE	
共识					Θ Γ	
非典型和假定的LIR						
LIR NDP52	Q13137	H.sapiens	448	134-136	PENEEDILVVTT	
LIR TAX1BP1	Q86VP1	H.sapiens	789	141-143	DEGNSDMLVVTT	

图 22-2 Atg8/LC3 结合蛋白和它们的 LIR 序列（*13*）

（三）Optineurin

Optineurin（OPTN）作为衔接蛋白，在信号转导、膜泡运输和细胞分裂过程中发挥着重要作用，并且与青光眼和肌萎缩侧索硬化（ALS）的发生息息相关，在病理性蛋白包涵体中广泛存在（49）。OPTN 包含能介导其寡聚化的 coiled-coil 结构域，以及 NF-κB 蛋白结构域、LIR 和 C 端的 UBAN、UBZ 结构域（图 22-2）。依赖于 C 端，OPTN 通过泛素依赖和非依赖的形式与错误折叠的蛋白质结合，进而介导自噬的发生（50）。OPTN 的 LIR 结构域对自噬聚集体和异体自噬非常重要。

OPTN 对于防治沙门菌感染极为关键（51）。研究发现，TBK1 可结合并磷酸化 OPTN（Ser177，LIR 序列）来增强其与 LC3 的亲和力，提高机体通过自噬途径清除胞内沙门菌的能力（51）。值得一提的是，包括 NIX 和 NBR1 在内的许多自噬受体都含有与 LRS 相邻的保守丝氨酸残基，这提示磷酸化可能是调控自噬的普遍机制。除此之外，研究发现 OPTN 可被 Parkin 标记的泛素化线粒体富集，进而通过其泛素结合区稳定自身的表达（52）。OPTN 能结合自噬相关蛋白 LC3，该结合可诱导自噬小体聚集在损伤线粒体周围。敲除内源性 OPTN 或者外源转染突变型 OPTN（E478G），都将干扰 LC3 招募至线粒体，进而抑制线粒体降解，最终导致青光眼和肌萎缩侧索硬化（ALS）等疾病的发生。

为了进一步探索 OPTN 与其他 ALS 相关自噬受体的关系，OPTN 被发现与 p62 存在功能上的相互作用。Liu 等人发现，肿瘤抑制因子 HACE1 作为泛素连接酶能够将 OPTN Lys193 位点泛素化，促进其与 p62 形成自噬受体复合物，最终显著增加自噬流（53）。有趣的是，p62 和 OPTN 能够定位于泛素化沙门菌的独立子结构域，这意味着 p62 和 OPTN 可能在选择性自噬中也扮演着重要的角色。由于 OPTN 与 NDP52 也被报道定位于泛素化沙门菌的常见子结构域，这些蛋白质在选择性自噬过程中是否发挥着类似的作用还有待进一步研究（51）。

（四）NDP52

核点蛋白 52（nuclear dot protein 52 kDa，NDP52）具有一个卷曲螺旋区、一个非经典 LIR 结构域，同时在其羧基端具有能结合泛素蛋白的锌指结构域（zinc finger ubiquitin-binding domain，UBZ）（54）（图 22-2）。NDP52 与其同源物 TAX1BP1 共同定位于自噬小体并受自噬调控（55，56）。一方面，作为一个极为重要的异体自噬受体，NDP52 可以直接被细胞内的沙门菌募集，从而同时结合泛素化的细菌和 LC3C，最终介导吞噬泡的形成；另一方面，NDP52 也可以通过胞内 lectin galectin 8 间接参与自噬进程，因为 lectin galectin 8 可以和 NDP52 以及暴露在开放囊泡内腔的糖链结合（57）。通过与衔接蛋白 Nap1 及 Sintbad 相互作用，NDP52 募集 TANK 结合激酶 1（TANK-binding kinase 1，TBK1），从而激活 NF-κB 信号通路（56）。

NDP52 能够介导多种关键因子和蛋白质的降解，如 DICER 和 Argonaute2（AGO2）等 RNAi 因子（58），还有 TIR 结构域衔接蛋白（TIR-domain-containing adaptor inducing interferon-β，TRIF）、髓样分化因子 88（myeloid differentiation primary response protein 88，MyD88），以及肿瘤坏死因子受体相关因子 6（tumor necrosis factor receptor-associated factor 6，TRAF6）等信号转导蛋白。因此，NDP52 具有调节 Toll 样受体（Toll-like receptor，TLR）信号通路的作用。另外，有研究表明在去泛素化酶 A20 缺失的条件下，NDP52 还可促进 TRAF6 的聚合（59）。

（五）Cbl

Cbl 蛋白家族是活化的酪氨酸激酶偶联受体负调节因子，具有进化保守性。抗原受体是 Cbl 家族成员 Cbl 和 Cbl-b 负调控的重要靶点，这两种蛋白质具有泛素连接酶的功能。Cbl 的结构包括：一个 N 端酪氨酸激酶结合域，介导了与其他活化信号蛋白上特定磷酸化酪氨酸基序的结合；一个与泛素结合酶相互作用的锌配位 RING 结构域；一个脯氨酸富集区域，包含了与功能性 SH3 结构域结合的位点；一个 C 端亮氨酸拉链样结构域，与 UBA 结构域有着高度同源性（60，61）。

泛素连接酶 Cbl 可作为非受体酪氨酸激酶 Src 的 AP 底物受体（62）。残缺的黏着激酶信号使活化的 Src 远离局灶性粘连而进入细胞内，然后与多个 Atg 蛋白结合，形成"untethered Src"。Src 的结合伴侣 Cbl 可以使活化的 Src 发生泛素化。但是，这一作用与 Cbl 的泛素连接酶活性无关，而是与 LC3 作用的区域有关（63）。

（六）Tollip

Lu 等通过在酵母中筛选发现了一种新的泛素-Atg8 受体，命名为 CUET 蛋白（64）。该类蛋白质包含了酵母中的泛素结合蛋白 CUE 区域的 CUE5，以及它的人同源性蛋白 Tollip（Toll 作用蛋白）。Tollip 是一种接头蛋白，其 N 端有一个 Myb1（TOM1）结合域、一个中心磷脂结合保守区 2（C2），C 端偶联泛素降解内质网区域（CUE）（65）。

Tollip 通过自噬途径能够有效清除人亨廷顿病的 polyQ 蛋白，可以降低该蛋白质的细胞毒性。有趣的是，与人泛素-Atg8 受体 p62 和 NBR1 不同的是，Tollip 的泛素识别作用由 CUE 结构域（而不是 UBA 结构域）调节。此外，Tollip 免疫共沉淀分离发现了 p62 和 NBR1，提示 Tollip 和 p62 有时能通过靶向相同的细胞内聚集体而在自噬中发挥协同作用（66）。

二、针对线粒体自噬的特异性受体

细胞中的线粒体在为细胞提供 ATP 的同时，也会产生大量活性氧自由基，可以破坏包括其自身在内的细胞结构。细胞为了应对严重的损伤，通过自噬途径降解线粒体（67）（图 22-1）。酵母中的遗传筛选证明，线粒体特异性自噬需要核心的自噬相关基因表达的 Atg 蛋白，以及线粒体自噬特异性蛋白的参与，如 Atg32 和 Atg33 等（68，69）。Atg32 是跨越线粒体外膜（outer mitochondrial membrane，OMM）的蛋白质，分子质量为 60 kDa，尾部位于胞质中，其中含有线粒体自噬发生所必需的 LIR 结构域（图 22-2）。它能够使 Atg8 和 Atg11 相类似地结合到 Atg19 上。另外，氧化应激可以诱导 Atg32 的表达，这表明 Atg32 是线粒体质量调控蛋白。线粒体自噬受体包括 BNIP3、NIX、FUNDC1 和 Parkin 等（详见第二十五章）。

三、针对过氧化物酶体自噬的特异性受体

在碳原子及能量来源发生变化的情况下（如甲醇转化成葡萄糖的过程），巴斯德毕

赤酵母（*Pichia pastoris*）等甲基营养性酵母可以降解过氧化物酶体（图 22-1）。遗传分析结果不仅揭示了过氧化物酶体自噬依赖于核心 *Atg* 基因，还确定了其特有的成分（*70*）。巴斯德毕赤酵母中的 Atg30 和酿酒酵母（*S. cerevisiae*）中的 Atg36 被认为在过氧化物酶体自噬过程中发挥受体的作用（*71，72*）。通过结合过氧化物酶体膜蛋白 PEX3（过氧化物酶体生物合成所需的蛋白），这两种蛋白质被募集到过氧化物酶体中。然后它们可以进一步募集自噬机制中的其他组分，如 Atg8、Atg11 和 Atg17 等。目前的研究认为 Atg30/Atg36 与其他 Atg 家族蛋白之间的相互作用依赖于其被未知激酶的磷酸化。例如，Atg30 的 112 位丝氨酸被磷酸化后，Atg30-Atg11 相互作用得以加强（*71*）。Atg30 的非经典 LIR 结构域（图 22-2）在 Γ 位点含有苯丙氨酸，同时它还有可磷酸化的丝氨酸（Ser71），这对于 Atg30-Atg8 结合的高度亲和性是至关重要的。类似地，Atg36 的 LIR 结构域必须在其 31 位丝氨酸上发生磷酸化，才能与 Atg8 结合（*73*）。

四、自噬机器中包含 LIR 的组分

功能性 LIR 存在于众多蛋白质中，其中一些是真正的自噬受体，而另一些则是自噬底物，如 Dv12 或 β-catenin（*74，75*）。重要的是，越来越多的自噬调节因子和核心蛋白，如 Rab 鸟苷三磷酸酶激活蛋白（GAP）、Atg3、Atg4B 和 Atg1/ULK1 复合物亚基，被发现与 Atg8/LC3 相互结合。其中，TBC1D25 是驻留在高尔基体上 Rab33B 的 RabGAP。Rab 是调节细胞内囊泡运输的小 GTP 酶，RabGAP 可通过负性调节 Rab 有效地影响细胞内膜动力学。Rab33B 可通过将 Atg16L1 招募到吞噬泡来促进自噬小体的成熟，而通过其自身的 LIR 被招募至自噬小体的 TBC1D25 则可以抑制 Rab33B（图 22-2）。因此，TBC1D25 被招募的最终结果是抑制自噬小体成熟和自噬小体-溶酶体融合（*76*）。

Vps29 是负责将底物蛋白从核内体转运到高尔基体的再循环囊泡转运复合物的一个亚基，而 TBC1D5 作为另一种 RabGAP，可以通过与 Vps29 相互结合从而控制从核内体到高尔基体的逆向转运。有趣的是，TBC1D5 的 Vps29 结合位点是一个真正的 LIR。Vps29 的结合与自噬小体上的 LC3 存在直接竞争关系。在饥饿时，TBC1D5 被招募到自噬小体，表明分子开关转向与 LC3 结合。TBC1D5 的第二个 LIR 参与了束缚核内体和自噬小体的作用，从而影响自噬小体的成熟（*77*）。

酵母 Atg3 中含有将 Atg8 有效转移至 PE 所需的 LIR 作用基序（LIR motif）（图 22-2）。Atg3 中的 LIR 突变主要影响 CVT 而不影响经典的自噬过程。Atg8/Atg3 的相互作用可能会将 Atg8 从 Atg8/Atg19 的相互作用中解放出来，从而允许 Atg8-PE 在 CVT 底物上偶联（*78*）。此外，Atg3 被 LIR 招募至多个 Atg8 组装部位可以促进 Atg8 脂化。由于后生动物的 Atg3 不具有 LIR，因此 Atg8/LC3 将 Atg3 连接到底物是否是普遍机制尚不清楚。

Atg4B 是哺乳动物中 Atg4 的主要成分，其通过 LIR 的 N 端与 LC3 相互作用。结构研究显示，Atg4B 的 LIR 可通过结合相邻的非底物 LC3 引起 Atg4B 分子内的构象变化并打开其 N 端，从而允许另一个底物 LC3 部分进入 Atg4B 的催化中心（*79*）。

近期研究发现在 Atg1/ULK1 中存在一个保守的 LIR 作用基序（图 22-2）。在酵母中，Atg1 的 LIR 参与 CVT 途径；组分分离和共定位研究显示，Atg1 的 LIR 将 Atg1 招募到自噬小体，而这对于 PAS 的定位则是不必要的（80, 81）；同时，Atg1 也以 LIR 依赖的方式在自噬液泡中降解，这些发现均提示 Atg1 在选择性自噬小体形成中的重要性。哺乳动物的 ULK1 和 ULK2 存在保守的 LIR，可将 ULK1 和 ULK2 与饥饿诱导的自噬小体联系起来。然而，与酵母直系同源物相比，在自噬过程中 ULK1 的降解不易观察到。由于哺乳动物的 ULK1 复合物的其他成分 Atg13 和 FIP200 也含有 LIR（82），因此将 Atg1/ULK1 复合物招募至 Atg8/LC3 可能具有生物学意义。

五、其他与 Atg8 作用的选择性自噬受体

（一）NCOA4

核受体共激活因子 4（NCOA4）是一个包含有 1 个螺旋-环-螺旋（helix-loop-helix）结构域、1 个 PER-ARNT-SIM（PAS）结构域和 7 个 Leu-Xaa-Xaa-Leu-Leu motifs 的转录调控蛋白。NCOA4 可直接与几种配体激活的核转录因子[包括芳香烃受体和雄性激素受体（AR）]相互结合，且文献报道其过表达可激活 AR 下游调节基因的转录（83, 84）。然而，并非所有的研究都支持 NCOA4 在 AR 功能上的作用（85）。近期，Mancias 等揭示了 NCOA4 从未被发现可以作为自噬受体（86）。此外，由于 NCOA4 的 mRNA 水平在红细胞生成期间被诱导，并且其表达与参与亚铁血红素生物合成的基因相关，所以在分化过程中，NCOA4 可能是细胞重构和铁有效性所需要的（87）。

NCOA4 在 AP 中高度富集且与将底物受体复合物募集至 AP 中的 Atg8 蛋白相互作用。NCOA4 作为一种自噬蛋白周转受体（铁自噬），可通过将铁蛋白递送至溶酶体降解来维持铁的动态平衡。重要的是，当通过 siRNA 下调 NCOA4 表达时，在正常细胞和肿瘤细胞系中铁蛋白的降解均会被消除，从而导致细胞内生物可利用铁的减少（86）。

（二）TRIM5α

2004 年，在筛选一个 Rh-cDNA 文库时发现三结构域蛋白模体 5α（TRIM5α）可以作为细胞内的抗病毒因子。TRIM5α 是三结构域蛋白家族中的一员，由 RING、B-box2、CC 和 SPRY 结构域组成（88）。其中，完整的 B-box2 结构域是 TRIM5α 介导的抗病毒活性所必需的；CC 结构域对于同源寡聚体的形成非常重要，对于抗病毒活性也是必需的；SPRY 域能够识别病毒衣壳蛋白。

TRIM5α 作为一个真正的选择性自噬受体（89），基于直接的序列特异性识别，传递其同源胞质靶标——一种病毒衣壳蛋白，从而进行自噬性降解。作为与 Atg8 相互作用的关键模体，LRS1 和 LRS2 对于其 TRIM5α 发挥受体功能都是必需的（90）。

第三节 与 Atg5 结合的受体蛋白

和 Atg8/LC3 相似，Atg5 在选择性自噬小体的形成中扮演重要角色。越来越多的蛋

白质被发现可以直接和 Atg5 作用，如 TECPR1（tectonin β-propeller repeat-containing protein 1）可以通过其自身的 AIR（Atg12-Atg5-interacting region）以及 dysferlin 结构域，与 Atg5 发生结合。TECPR1 含有一个 dysferlin 结构域、一个 tachylectin 样七叶 β 螺旋和一个 PH（pleckstrin homology）结构域。Ogawa 和 Sasakawa 等发现 TECPR1 是一种通过靶向细菌、去极化的线粒体和蛋白聚集体等自噬底物进而参与选择性自噬的受体（91）。骨肉瘤方面的研究显示，TECPR1 通过取代 Atg16L1 而和 Atg5-Atg12 发挥作用，进而促进自噬小体与溶酶体的融合（92）。尽管 Ogawa 和 Sasakawa 的结果显示 TECPR1 对雷帕霉素或饥饿诱导的经典自噬没有影响，但 TECPR1 在 AP 成熟过程中起着关键作用，并通过与 Atg12-Atg5 偶联物和 Ptdlns(3)P 结合进而促进 AP-溶酶体融合（91）。GFP-mRFP-LC3 标记结果显示 TECPR1 的缺失会导致 AP 成熟缺陷（92）。TECPR1 位于 Shigella 诱导的炎性信号蛋白中，它的缺少会导致异噬的缺少及选择性自噬物质的累积，如线粒体和蛋白聚集体（93）。

ALFY（WDFY3）是另一个与 Atg5-和 PI3P-结合的自噬受体。它通过 C 端的 WD40 区域与 Atg5 作用，通过 FYVE 区域与 PI3P 作用。ALFY 通过 p62 被募集到蛋白聚集体上，参与到有效的炎性信号蛋白中（94）。Atg5 结合作用的功能尚不清楚，但是通过募集 Atg5-Atg12-Atg16L1，ALFY 可能会促进局部 LC3 的脂化，促进自噬底物被清除。直接募集 Atg5 至自噬小体形成的位点可能成为一种激活选择性自噬小体形成位点的策略。

众所周知的 Atg5 作用伴侣 Atg16L1 通过它的 C 端 WD b-propeller 区域和泛素连接，这使得 Atg16L1 被募集到含有 Salmonella 的包涵体中（95）。因为 Atg16L1 也和 FIP200 相互作用，自噬底物部位存在的 Atg5-Atg12-Atg16L1 除了激活局部 LC3 脂化外，还可能会募集 ULK1 复合物到自噬底物上。

第四节 分子伴侣介导的自噬的选择性降解

一、新合成蛋白质的质量控制

在胞质内，Hsp70、Hsp90 以及包括 Cdc37 在内的许多共分子伴侣组成的复合物能够调控新合成蛋白的质量。在这一过程中，DRiP 以及易于形成聚集体的蛋白质被降解，而具有功能的蛋白质则被释放，或是被转运到 Hsp90 分子伴侣复合物上。在内质网和线粒体中，Hsp70 的同源物在新合成蛋白质的质量控制中起到了类似的作用。内质网内的调控[参见（96）]开始于新生肽链通过易位子（translocon）进入内质网，当其进入内质网时，内质网内的蛋白质质量控制便开始。新合成的蛋白质在内质网腔内 Hsp70 同源物 BIP/GRP78 及其多种共分子伴侣的共同调控下进行短暂循环。发生错误折叠或不正确加工的蛋白质均会通过内质网的蛋白质降解途径（ER-associated degradation，ERAD）发生降解。ERAD 的底物蛋白被重定位于细胞质中，然后被胞质中的蛋白酶体所降解。直到降解之前，BAG6 复合物所调控的分子伴侣活性是保持 ERAD 底物蛋白非折叠、可溶状态所必需的。

二、受损蛋白的选择性降解

对成熟蛋白的质量控制是 Hsp70/Hsp90 分子伴侣复合物的另一个重要的功能。Hsp70 及 Hsp90 分子伴侣复合物之间具有相当多的相互作用，一般来说，Hsp90 能够保护蛋白免受伸展与聚集，而 Hsp70 能够在这种伸展和聚集无法避免的时候降解这些蛋白质。Hsp90 的经典客户蛋白是那些不稳定的蛋白质，它们会与分子伴侣结合进行紧密的循环，一旦 Hsp90 被抑制，这些蛋白质会被迅速地转移到 Hsp70 上继而被降解。另外一些更稳定的蛋白质可能会较少地依赖于 Hsp90，但它们可能仍然需要与分子伴侣复合物结合进行动态循环（97）。

如果错误折叠的蛋白质不能通过分子伴侣被重新正确折叠，就会导致其被泛素-蛋白酶体通路（UPS）、分子伴侣介导的自噬（CMA）或选择性自噬所降解。因为 Hsp70 能够传送底物蛋白到这三种降解通路，所以原则上同一个底物蛋白均可通过这三种通路发生降解。一种通路的不充分降解会被另一种通路所弥补。由 UPS 及 CMA 所介导的蛋白降解过程存在阻碍时，将会激活自噬（98-102）。反之亦然，在细胞中如果自噬被抑制了，分子伴侣介导的自噬也会相应代偿性地增加（103）。

先前的研究报道显示，自噬仅仅被认为是 UPS 及 CMA 不堪重负时的后备途径。然而在正常情况下选择性自噬也是活跃的，脑、肝和肌肉等组织对选择性自噬均有一定的需求（23，104-107）。在基础条件下，选择性自噬的一个明显作用就是降解那些不溶或未折叠而形成的聚合物底物。

三、CMA 介导的降解

在 CMA 中，胞质内含有 KFERQ 样的氨基酸区段的蛋白质可经溶酶体降解而不需要自噬泡的形成。蛋白质可以被 Hsc70 复合物所识别，转移至溶酶体受体 LAMP-2A，随后被转运至溶酶体腔内进行降解（108，109）。30% 的细胞质蛋白中均带有 KFERQ 样的氨基酸区段，由于翻译后修饰的存在，这个比率可能还会更高（110）。CMA 的活性与溶酶体膜上 LAMP-2A 的表达水平成正比。在氧化应激的条件下，LAMP-2A 的表达水平升高，由此分子伴侣介导的自噬的水平也有所升高（111）。

在 UPS 介导的降解中，蛋白质必须被标记上至少 4 个泛素单体形成 K48 位连接的多泛素链。CHIP（构成 Hsc70 结合蛋白复合物的羧基末端）是 Hsp70 和 Hsp90 的辅助因子，亦是参与 Hsp90 客户蛋白的蛋白酶体降解的分子伴侣依赖的泛素 E3 连接酶原型（112-114）。去泛素化酶 ataxin-3 可以调控结合到 CHIP 底物蛋白上多泛素链的长度，这种泛素化修饰可能并不仅仅受 CHIP 调控，还可能被其他协助分子伴侣的 E3 连接酶和去泛素化酶所调控（115）。

四、分子伴侣参与的选择性自噬

Hohfeld 研究小组介绍了分子伴侣参与的选择性自噬（CASA）这一术语，用以描述分子伴侣参与形成蛋白聚合物，伴随着自噬小体的形成，随后错误折叠的蛋白质发生选择性自噬（*116*）。BAG3 是 CASA 中的专职分子伴侣。BAG 蛋白家族（BCL-2 相关 athanogene，BAG1-6）利用其 BAG 结构区域与 Hsp70 的 ATPase 结构区域相互作用。BAG1 与 HIP 竞争性结合 Hsp70，Hsp70 与 BAG1 的结合促使与 Hsp70 结合的错误折叠的蛋白质经蛋白酶体降解。另外，由 Hsp70、BAG3 和 HspB8 组成的多分子伴侣复合物可以将错误折叠的蛋白质选择性地通过自噬的途径降解，通过这种复合物降解的蛋白质包括扩展的多聚谷氨酰胺化的 Huntingtin 蛋白（*117*）和 SOD1（*118*）。CASA 在正常的生长条件下也是必要的，*Bag3* 基因敲除的小鼠在出生后很短的时间内就会因为其渐进性肌无力而死亡（*119*）。在肌肉中，由 BAG3、HspB8、CHIP 和 Hsp70 组成的复合物是维持 Z-disks 所必需的（*120*）。患者或转基因动物中 BAG3 活性的缺失会导致 Z-disks 收缩性依赖的瓦解（*119*，*121*）。BAG3 复合物对于清除诸如 filamin 等肌肉中损伤蛋白是十分必要的（*120*）。

第五节　小结与展望

选择性自噬是自噬途径的特殊形式，其受体在进化中极为保守，例如，存在于拟南芥中的 NBR1（neighbor of BRCA1 gene 1），存在于秀丽隐杆线虫中的 SQST-1（p62 同系物）和 SEPA-1（SEPA-1 在胚胎形成过程中可以降解胚芽 P 颗粒），以及存在于果蝇中的 Ref(2)P（p62 同系物）等。然而，能够选择性结合泛素并且包含 LIR 结构域的自噬受体尚未在酵母中鉴定出来。有一种可能性是，UBL-UBA 蛋白酶体衔接因子（RAD23、Dsk2 和 Ddi1），或 AAA 家族中泛素选择性 ATP 酶 Cdc48/含缬酪肽蛋白（valosin-containing protein，VCP/p97）复合物的相关组分与 Atg8 相互作用，进而发挥其在该单细胞生物体中选择性自噬受体的功能。除此之外，Cdc48 是自噬途径清除泛素化的 Cdc13（端粒维持机制中的关键调节蛋白）过程中所必需的蛋白质（*122*），同样也是小颗粒自噬过程中清除信使核糖核蛋白复合物（the messenger ribonucleoprotein complex，mRNP）所必需的（*123*）。基于以上分析，判断 Cdc48 可作为候选的选择性自噬受体。因此，探索 Cdc48 或类似蛋白与 Atg8/Atg5 的结合序列可能是表征该类生物体中泛素介导的自噬过程的有效途径。类似地，对比高等生物体中泛素非依赖型选择性自噬，如 NIX/FUNDC1 驱动的线粒体自噬，我们可以设想在酵母中是否也存在泛素非依赖型自噬的机制呢？

选择性自噬小体形成的机制逐渐映入我们的眼帘。将正在进行的蛋白质组学工作、基因组工具及相关机制研究三者联合，有助于鉴定底物蛋白驱动的选择性自噬小体的组成，并且有利于我们解析调控其形成的机制。相较于传统的泛自噬抑制剂，最终我们可以设计新型化合物以干扰或增强选择性自噬的特定作用，进而发现安全性更高的治疗神经退行性病变、传染性疾病和癌症的新策略。

参 考 文 献

1. C. Kraft, M. Peter, K. Hofmann, *Nat. Cell Biol.* **12**, 836-841(2010).
2. T. Johansen, T. Lamark, *Autophagy* **7**, 279-296(2011).
3. V. Kirkin, D. G. McEwan, I. Novak, I. Dikic, *Mol. Cell* **34**, 259-269(2009).

4. G. Bjørkøy *et al.*, *J. Cell Biol.* **171**, 603-614(2005).
5. Y. Ichimura *et al.*, *J. Biol. Chem.* **283**, 22847-22857(2008).
6. V. Kirkin *et al.*, *Mol. Cell* **33**, 505-516(2009).
7. S. Pankiv *et al.*, *J. Biol. Chem.* **282**, 24131-24145(2007).
8. V. Deretic, *Curr. Opin. in Cell Biol.* **22**, 252-262(2010).
9. N. Mizushima, T. Yoshimori, Y. Ohsumi, *Annu. Rev. Cell Dev. Biol.* **27**, 107-132(2011).
10. V. Kirkin *et al.*, *Mol. Cell* **33**, 505-516(2009).
11. M. A. Lynch-Day, D. J. Klionsky, *FEBS. Lett.* **584**, 1359-1366(2010).
12. Y. Ichimura *et al.*, *J. Biol. Chem.* **283**, 22847-22857(2008).
13. V. Rogov *et al.*, *Mol. Cell.* **53**, 167-178(2014).
14. E. A. Alemu et al., *J. Biol. Chem.* **287**, 39275-39290(2012).
15. D. Popovic et al., *Mol. Cell Biol.* **32**, 1733-1744(2012).
16. H. Weidberg et al., *EMBO. J.* **29**, 1792-1802(2010).
17. D. Colecchia et al., *Autophagy* **8**, 1724-1740(2012).
18. G. Bjorkoy et al., *J. Cell Biol.* **171**, 603-614(2005).
19. J. Moscat, M. T. Diaz-Meco, *Cell* **137**, 1001-1004(2009).
20. S. Pankiv et al., *J. Biol. Chem.* **282**, 24131-24145(2007).
21. M. Komatsu et al., *Nat. Cell Biol.* **12**, 213-223(2010).
22. N. N. Noda et al., *Genes. Cells* **13**, 1211-1218(2008).
23. M. Komatsu et al., *Cell* **131**, 1149-1163(2007).
24. V. V. Rogov et al., *Biochem. J.* **454**, 459-466(2013).
25. Y. Zhu et al., *J. Biol. Chem.* **288**, 1099-1113(2013).
26. T. Lamark, V. Kirkin, I. Dikic, T. Johansen, *Cell Cycle* **8**, 1986-1990(2009).
27. B. E. Riley et al., *J. Cell Biol.* **191**, 537-552(2010).
28. Y. Inami et al, *J. Cell Biol.* **193**, 275-284(2011).
29. D. Inoue et al, *Cancer Sci.* **103**, 760-766(2012).
30. K. Fujita, D. Maeda, Q. Xiao, S. M. Srinivasula, *P. Natl. Acad. Sci. USA.* **108**, 1427-1432(2011).
31. K. Fujita, S. M. Srinivasula, *Autophagy* **7**, 552-554(2011).
32. E. Kuusisto, A. Salminen, I. Alafuzoff, *Neuroreport* **12**, 2085-2090(2001).
33. K. Zatloukal et al., *Am. J. Pathol.* **160**, 255-263(2002).
34. D. Grasso et al., *J. Biol. Chem.* **286**, 8308-8324(2011).
35. D. Narendra, L. A. Kane, D. N. Hauser, I. M. Fearnley, R. J. Youle, *Autophagy* **6**, 1090-1106(2010).
36. S. A. Sarraf et al., *Nature* **496**, 372-376(2013).
37. E. Deosaran et al., *J. Cell Sci.* **126**, 939-952(2013).
38. P. K. Kim, D. W. Hailey, R. T. Mullen, J. Lippincott-Schwartz, *P. Natl. Acad. Sci. USA.* **105**, 20567-20574(2008).
39. S. Mostowy et al., *J. Biol. Chem.* **286**, 26987-26995(2011).
40. Y. Yoshikawa et al., *Nat. Cell Biol.* **11**, 1233-1240(2009).
41. Y. T. Zheng et al., *J. Immunol.* **183**, 5909-5916(2009).
42. R. Mathew et al., *Cell* **137**, 1062-1075(2009).
43. K. Pircs et al., *PLoS One* **7**, e44214(2012).
44. S. Lange et al., *Science* **308**, 1599-1603(2005).
45. E. Walinda et al., *J. Biol. Chem.* **289**, 13890-13902(2014).
46. S. Svenning, T. Lamark, K. Krause, T. Johansen, *Autophagy* **7**, 993-1010(2011).
47. J. Zhou, J. Wang, Y. Cheng, Y. J. Chi, B. Fan, J. Q. Yu, Z. Chen, *PLoS Genet.* **9**, e1003196(2013).
48. J. Zhou, Y. Zhang, J. Qi, Y. Chi, B. Fan, J. Q. Yu, Z. Chen, *PLoS Genet.* **10**, e1004116(2014).
49. D. Kachaner, P. Genin, E. Laplantine, R. Weil, *Cell Cycle* **11**, 2808-2818(2012).
50. J. Korac et al., *J. Cell Sci.* **126**, 580-592(2013).
51. P. Wild et al., *Science* **333**, 228-233(2011).
52. Y. C. Wong, E. L. Holzbaur, *P. Natl. Acad. Sci. USA.* **111**, E4439-4448(2014).

53. L. Liu, K. Sakakibara, Q. Chen, K. Okamoto, *Cell Res.* **24**, 787-795(2014).

54. Von et al., Mol. *Cell* **48**, 329(2012).

55. A. C. Newman et al., *Plos One* **7**, e50672(2012).

56. T. L. Thurston, G. Ryzhakov, S. Bloor, N. M. Von, F. Randow, *Nature Immunology* **10**, 1215-1221(2010).

57. T. L. M. Thurston, M. P. Wandel, N. V. Muhlinen, Á. Foeglein, F. Randow, *Nature* **482**, 414(2012).

58. D. Gibbings et al., *Nat. Cell Biol.* **14**, 1314-1321(2012).

59. M. Inomata, S. Niida, K. I. Shibata, T. Into, *Cellular & Molecular Life Sciences Cmls* **69**, 963-979(2012).

60. N. Rao, I. Dodge, H. Band, *J. Leukoc Biol.* **71**, 753-763(2002).

61. F. Huang, H. Gu, *Immunol. Rev.* **224**, 229-238(2008).

62. F. Cecconi, Nat. *Cell Biol.* **14**, 48-49(2011).

63. E. Sandilands et al., *Nat. Cell Biol.* **14**, 51-60(2011).

64. K. Lu, I. Psakhye, S. Jentsch, *Autophagy* **10**, 2381-2382(2014).

65. D. G. Capelluto, *Microbes Infect* **14**, 140-147(2012).

66. K. Lu, I. Psakhye, S. Jentsch, *Cell* **158**, 549-563(2014).

67. R. J. Youle, D. P. Narendra, *Nat. Rev. Mol. Cell Biol.* **12**, 9-14(2011).

68. T. Kanki et al., *Mol. Biol. Cell* **20**, 4730-4738(2009).

69. K. Okamoto, N. Kondo-Okamoto, *Y. Ohsumi, Dev. Cell* **17**, 87-97(2009).

70. A. Till, R. Lakhani, S. F. Burnett, S. Subramani, *Int. J. Cell Biol.* **2012**, 512721(2012).

71. J. C. Farré, R. Manjithaya, R. D. Mathewson, S. Subramani, *Dev. Cell* **14**, 365(2008).

72. A. M. Motley, J. M. Nuttall, E. H. Hettema, *EMBO. J.* **31**, 2852-2868(2012).

73. J. C. Farre, A. Burkenroad, S. F. Burnett, S. Subramani, *EMBO. Rep.* **14**, 441-449(2013).

74. C. Gao et al., *Nat. Cell Biol.* **12**, 781-790(2010).

75. K. J. Petherick et al, *EMBO. J.* **32**, 1903-1916(2013).

76. T. Itoh, E. Kanno, T. Uemura, S. Waguri, M. Fukuda, *J. Cell Biol.* **192**, 838-853(2011).

77. D. Popovic et al., *Mol. Cell Biol.* **32**, 1733-1744(2012).

78. M. Yamaguchi et al., *J. Biol. Chem.* **285**, 29599-29607(2010).

79. K. Satoo et al., *EMBO. J.* **28**, 1341-1350(2009).

80. C. Kraft et al., *EMBO. J.* **31**, 3691-3703(2012).

81. H. Nakatogawa et al., *J. Biol. Chem.* **287**, 28503-28507(2012).

82. E. A. Alemu et al., *J. Biol. Chem.* **287**, 39275-39290(2012).

83. S. Yeh, C. Chang, *P. Natl. Acad. Sci. USA.* **93**, 5517-5521(1996).

84. A. Kollara, T. J. Brown, J. Histochem. *Cytochem* **58**, 595-609(2010).

85. T. Gao, K. Brantley, E. Bolu, M. J. Mcphaul, *Mol. Endocrinol.* **13**, 1645-1656(1999).

86. J. D. Mancias, X. Wang, S. P. Gygi, J. W. Harper, A. C. Kimmelman, *Nature* **509**, 105-109(2014).

87. R. E. Griffiths et al, *Autophagy* **8**, 1150-1151(2012).

88. E. E. Nakayama, T. Shioda, *Front. Microbiol.* **3**, 13(2012).

89. M. A. Mandell, T. Kimura, A. Jain, T. Johansen, V. Deretic, *Autophagy* **10**, 2387-2388(2014).

90. M. A. Mandell et al., *Dev. Cell* **30**, 394-409(2014).

91. M. Ogawa, C. Sasakawa, *Autophagy* **7**, 1389-1391(2011).

92. D. Chen, W. Fan, Y. Lu, X. Ding, S. Chen, Q. Zhong, *Mol. Cell* **45**, 629-641(2012).

93. M. Ogawa et al., *Cell Host Microbe.* **9**, 376-389(2011).

94. M. Filimonenko et al., *Mol. Cell* **38**, 265-279(2010).

95. N. Fujita et al., *J. Cell Biol.* **203**, 115-128(2013).

96. P. Maattanen, K. Gehring, J. J. Bergeron, D. Y. Thomas, *Semin. Cell Dev. Biol.* **21**, 500-511(2010).

97. W. B. Pratt, Y. Morishima, H. M. Peng, Y. Osawa, *Exp. Biol. Med.* (*Maywood*) **235**, 278-289(2010).

98. T. Lamark, T. Johansen, Curr. *Opin. Cell Biol.* **22**, 192-198(2010).

99. U. B. Pandey et al., *Nature* **447**, 859-863(2007).

100. A. C. Massey, S. Kaushik, G. Sovak, R. Kiffin, A. M. Cuervo, *P. Natl. Acad. Sci. USA.* **103**,

5805-5810(2006).

101. Q. Ding et al., *J. Neurochem.* **86**, 489-497(2003).

102. A. Iwata et al., *P. Natl. Acad. Sci. USA.* **102**, 13135-13140(2005).

103. S. Kaushik, A. C. Massey, N. Mizushima, A. M. Cuervo, *Mol. Biol. Cell* **19**, 2179-2192(2008).

104. E. Masiero et al., *Cell Metab.* **10**, 507-515(2009).

105. N. Raben et al., *Hum. Mol. Genet.* **17**, 3897-3908(2008).

106. T. Hara et al., *Nature* **441**, 885-889(2006).

107. M. Komatsu et al., *Nature* **441**, 880-884(2006).

108. J. F. Dice, *Autophagy* **3**, 295-299(2007).

109. M. Kon, A. M. Cuervo, *FEBS. Lett.* **584**, 1399-1404(2010).

110. J. F. Dice, *Trends Biochem. Sci.* **15**, 305-309(1990).

111. R. Kiffin, C. Christian, E. Knecht, A. M. Cuervo, *Mol. Biol. Cell* **15**, 4829-4840(2004).

112. C. A. Ballinger et al., *Mol. Cell Biol.* **19**, 4535-4545(1999).

113. P. Connell et al, Nat. *Cell Biol.* **3**, 93-96(2001).

114. G. C. Meacham, C. Patterson, W. Y. Zhang, J. M. Younger, D. M. Cyr, *Nat. Cell Biol.* **3**, 100-105(2001).

115. K. M. Scaglione et al., *Mol. Cell* **43**, 599-612(2011).

116. N. Kettern, M. Dreiseidler, R. Tawo, J. Hohfeld, *Biol. Chem.* **391**, 481-489(2010).

117. S. Carra, S. J. Seguin, H. Lambert, J. Landry, *J. Biol. Chem.* **283**, 1437-1444(2008).

118. V. Crippa et al., *Hum. Mol. Genet.* **19**, 3440-3456(2010).

119. S. Homma et al., *Am. J. Pathol.* **169**, 761-773(2006).

120. V. Arndt et al., *Curr. Biol.* **20**, 143-148(2010).

121. D. Selcen et al., *Ann. Neurol.* **65**, 83-89(2009).

122. H. C. I. K. H. R. Guem Hee Baek, *J. Biol. Chem.* **287**, 26788-26795(2012).

123. J. R. Buchan, R. M. Kolaitis, J. P. Taylor, R. Parker, *Cell* **153**, 1461-1474(2013).

（应美丹　曹　戟　杨　波　何俏军　张　宏　胡荣贵）

第二十三章　泛素及类泛素信号对自噬的调控

真核生物胞内蛋白降解主要通过泛素-蛋白酶体（ubiquitin-proteasome system，UPS）和自噬-溶酶体（autophagy-lysosomal system）两条途径完成。自噬除了降解胞内蛋白，还可以降解细胞器及其他细胞内容物，特别是饥饿或环境压力诱导的细胞内异常大分子聚集体细胞器或感染病原体（1-4）。自噬主要包括三类，即分子伴侣介导的自噬（CMA）、微自噬（microautophagy）和宏自噬（macroautophagy），其中宏自噬是目前研究最多的一种自噬途径，也是本篇主要论述的内容。在自噬过程中，自噬相关蛋白的泛素化修饰和类泛素化蛋白在自噬复合物的形成，自噬小体形成，底物识别、转运和选择性降解方面起重要作用（4）。本章将重点介绍泛素和类泛素蛋白在自噬小体形成，底物识别、转运及其最终降解过程中的调节作用，从而阐明泛素和类泛素蛋白对自噬的调控。

第一节　类泛素蛋白介导自噬小体的形成及底物识别

类泛素蛋白（ubiquitin-like protein，UBL）是一类在三级结构上与泛素高度类似、存在于各类真核生物体内的蛋白分子。类似于泛素化的级联酶促反应，这类蛋白质也通过 C 端甘氨酸与大分子底物共价连接修饰来介导底物蛋白或其他大分子和细胞器的自噬过程（5-9）。在真核生物体中，越来越多的类泛素蛋白被鉴定出来，它们在三级结构上类似于泛素由 4 个反向平行 β 肽链形成的 β 折叠、1 个长 α 螺旋链接及若干短 α 螺旋结构组成（图 23-1）（10）。

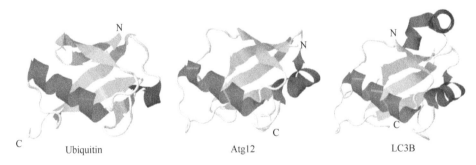

图 23-1　泛素和类泛素蛋白 Atg12 及 LC3B 的结构比较。泛素及类泛素蛋白的抓握状 β 折叠结构由 4 个反向平行 β 肽链形成的 β 折叠、1 个长 α 螺旋链接及若干短 α 螺旋构成（10）

类泛素蛋白已被证明能像泛素一样通过酶联反应修饰各类生物大分子并介导自噬小体的形成和底物的降解（5）。酵母中的 Atg8（哺乳动物中的 LC3 和 GABARAP）和 Atg12 类泛素化连接系统是调控自噬小体生成的两条主要的信号途径（11-14）。与泛素化类似，Atg12 通过泛素激活酶 Atg7 活化和泛素耦合酶 Atg10 连接到 Atg5 的赖氨酸残基上，并与 Atg16 形成 Atg12-Atg5-Atg16 三元复合物促使自噬小泡的形成和扩展。Atg8 通过半胱氨酸蛋白酶 Atg4 在 C 端的酶切后被 E1 酶 Atg7 激活，进而通过 E2 酶 Atg3 连接到自噬小泡的磷脂肌醇乙胺（PE）上形成具有结合底物能力的自噬小泡，Atg8 从自噬小体形成后的膜上解离同样需要 Atg4 的切割，同时 Atg12-Atg5-Atg16 复合物可作为 E3 酶催化 Atg8 与 PE 的连接，促使自噬小体的形成、扩展和成熟（图 23-2）（*11*，*12*，*15*，*16*）。

自噬途径最具标志性的事件就是双层膜结构自噬小泡的形成，并将降解物递送到膜泡中与溶酶体或液泡融合后降解，这一过程主要由自噬相关蛋白调控，迄今为止在酵母中已有近 40 个自噬相关蛋白被鉴定，约有一半作为核心蛋白参与自噬小泡的生成、扩展及融合，是组成 Atg8 和 Atg12 类泛素化途径中主要的成分（*7*，*16*）。Atg12 类泛素的功能缺失会导致 Atg8-PE（哺乳动物中的 LC3-Ⅱ/GABARAP-Ⅱ）的形成缺陷，表明两条类泛素信号通路之间存在关联，体外重构实验表明 Atg12-Atg5 能与 Atg8 信号途径中的 E2 酶 Atg3 相互作用，并促进与 Atg3 形成硫酯键的 Atg8 转移到 PE 上，故而 Atg12-Atg5 在功能上具有 E3 的作用。通过荧光和免疫电子显微镜技术能观察到 Atg8-PE 定位于所有的自噬相关的结构中，包括自噬小泡前体、自噬小泡和自噬小体等，体外实验表明 Atg8 通过与自噬小泡外层膜上 PE 结合，并通过寡聚化导致各个独立小泡之间的融合和扩展，在体内的基因剔除实验证实 Atg8 的缺失明显损害自噬小体的形成、融合及自噬的进行。此外，Atg8-PE 也参与了自噬小泡前体（PAS）的起始，这些证据说明 Atg8 和 Atg12 类泛素化途径是自噬小体形成的关键信号（图 23-2）（*17*）。

Atg12-Atg8/LC3 类泛素途径的一个主要功能是结合自噬相关蛋白并将其递送到各种膜组分上发挥相应功能。多年的研究表明 Atg8/LC3 在自噬小泡上作用于接头蛋白中的 AIM 结构域（哺乳动物 LC3 结合自噬受体的 LIR 结构域），这种结构域具有一个典型的 WXXI/L 序列（W=Tryptophan，X=任何氨基酸，I/L=Isoleucine/leucine）。自相

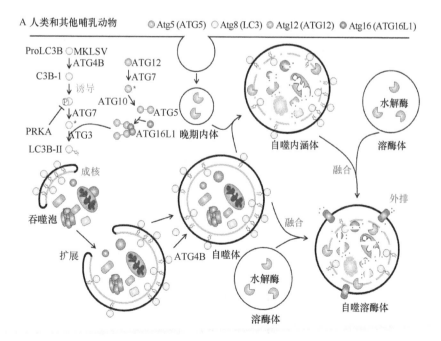

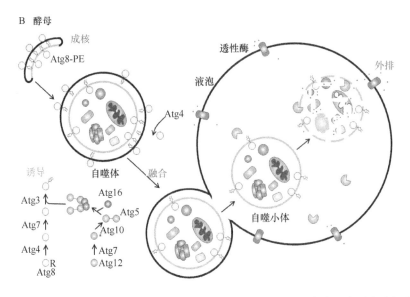

图 23-2 自噬小体的形态及类泛素蛋白的功能和定位。A. 人和哺乳动物中类泛素蛋白途径关键组分在自噬小体形成过程中的作用。B. 酵母中类泛素蛋白途径关键组分在自噬小体形成过程中的作用（17）

关噬蛋白如 Atg1/ULK1、Atg13、Atg7 及 Atg4 等，自噬受体蛋白如 SQSTM1（p62）、NBR1、NDP52、OPTN 等，其他还包括 FYCO1、TP53INP1/2、MAPK15 及 TBC1D5 等都含有这一结构域，故而 Atg8/LC3 通过结合自噬受体或自噬接头蛋白来桥接降解底物和自噬泡，从而介导底物的识别并将之转运到自噬小体中进行溶酶体降解（18, 19）。

第二节 泛素介导自噬受体构象改变和自噬受体复合物形成

自噬（autophagy）途径是细胞对胞内的大分子物质包被、吞噬后在溶酶体中降解的过程。自噬最早被认为是非选择性的，而近期研究发现由于自噬受体蛋白的存在而对自噬底物进行分选、运输而选择性的靶向后者的降解，从而赋予依赖自噬降解的蛋白质稳态极其精密的动态调控。目前已知的蛋白质受体蛋白如 p62/SQSTM1、OPTN 等有约十种左右。已知这些自噬受体蛋白的基因突变或缺失与多种人类疾病相关。这些疾病表现各异却也有部分共同的特点。OPTN 由于其基因的某些位点的突变最早被发现与人类的各型青光眼有关而得名。近来，OPTN 的另一些基因位点的突变被发现与肌萎缩侧索性硬化症（ALS）或 Paget's 骨系统疾病有关。已知 OPTN 蛋白参与调节细胞内重要的免疫信号通路、细胞极性及细胞自噬等，但其机制尚不清楚。关于这些自噬受体蛋白本身的修饰及功能调控，以及自噬受体蛋白之间的相互作用及其组织方式（如是否和如何形成复合物）等目前了解还很初步，是当前自噬领域的研究热点之一。刘征兆等（20）研究发现，具有肿瘤抑制活性的泛素连接酶 HACE1 能够与 OPTN 蛋白直接相互作用，并催化 OPTN 的多泛素化，被泛素化的 OPTN 被 p62 的泛素结合结构域识别并形成大的自噬受体蛋白复合物，显著增加细胞内自噬途径降解蛋白质的通量从而"激活"细胞自噬。这提示细胞内泛素化信号系统调节细胞选择性自噬的一种新的模式。有趣的是，

OPTN 蛋白经 HACE1 介导的以泛素 K48 方式连接的泛素链修饰后，主要通过溶酶体依赖的自噬途径被降解。这个发现不同于"泛素 K48 连接的多泛素链只靶向底物进入蛋白酶体降解"的经典知识。基于大量临床样本的数据进一步表明，HACE1 和 OPTN 在肝癌、胃癌等肿瘤组织中具有高发突变或低表达。而在多种肿瘤细胞中恢复 HACE1-OPTN 轴心可以激活自噬而显著抑制肿瘤增殖。HACE1-OPTN 功能缺陷导致其调控的自噬底物累积，这些累积的底物可能成为相关肿瘤分型的分子标志物。本项进展为进一步研究 OPTN 的生理作用及其突变的病理意义提供了新的研究视角，也可能有助于以细胞自噬为靶向的肿瘤抑制药物开发。

在真核生物中可有多个基因编码泛素蛋白，是细胞内含量最高的基因编码产物之一，达到近 500 μmol/L。泛素蛋白在细胞内主要以自由和偶联的两种方式存在，多项研究表明，胞内泛素分子的丰度及稳态变化在细胞内外不同生理病理刺激的作用下，呈现复杂多样的变化，被统称为泛素胁迫（Ub stress）（21）。例如，当细胞处于热激、药物处理、衰老、病原体感染等状态下，细胞内的泛素基因的转录水平显著变化，在亚细胞水平的稳态分布也会发生异常改变。研究表明，胞内泛素水平异常也会影响从酵母到人类细胞或机体生命活动的诸多方面，如泛素基因突变或水平不足的小鼠，小鼠则表现为神经退行性疾病症状及肝脏发育缺陷；泛素过表达的细胞则表现出类干细胞的某些特征、影响肿瘤细胞的药物反应，但是分子机制一直都不清楚。彭虹、杨娇等首先发现泛素胁迫在接受化疗的肿瘤患者的细胞内真实存在（22）。他们接下来进一步定义了泛素胁迫的概念，将多种影响细胞内泛素稳态的条件根据泛素总体水平被上调还是下调分别定义为正向泛素胁迫（Ub$^+$ stress）和负向泛素胁迫（Ub$^-$ stress）。研究发现，正向泛素胁迫如蛋白酶体抑制剂类药物的肿瘤化疗或细胞处于热激状况时，细胞内泛素水平明显上升并伴随有依赖 p62 的细胞选择性自噬的激活；而负向泛素胁迫条件下细胞自噬则被严重抑制。进一步研究发现，通常情况下，细胞内最重要的自噬受体蛋白之一 p62，通常由于 N 端的 PB1 结构域、C 端的 UBA 结构域间的分别结合形成稳定的二聚体或多聚体而处于不能与底物结合的自我抑制（self-inhibitory）状态，使细胞内自噬活性保持在较低的水平。他们首次发现 p62 可以与两类泛素耦合酶（UBE2D2/UBE2D3）发生特异性的直接相互作用，并发生自泛素化修饰。当细胞内的泛素水平显著升高时，p62 会更加显著地发生泛素耦合酶依赖的泛素化，经泛素化修饰的 p62 蛋白构象会发生改变，C 端的 UBA 二聚体被打开，而处于可以与泛素化底物结合的活化（active）状态，从而更有效地募集结合被 K63-连接的多泛素链修饰的自噬底物。这些研究成果首次揭示 p62 不依赖于泛素连接酶的自泛素化修饰，发挥感受泛素胁迫的效应器（Ub stress sensor）的功能，并调控细胞自噬，介导细胞对肿瘤的药物化疗药物敏感性、热激效应，以及外源微生物侵染等的新的分子机制（23，24）。

其他研究表明，泛素连接酶 Parkin（25）、TRIM21（26）、Cul3（27）等可以介导 p62 蛋白泛素化，并影响 p62 的稳态、功能和聚合状态等，由此可见泛素信号可能在不同细胞或组织内通过介导自噬受体 p62 蛋白的不同位点泛素化，或者在同一位点上形成不同构型的泛素链，精细调节细胞自噬受体的活性，从而调节细胞对内外刺激或生理病理信号如药物刺激、线粒体自噬、泛素胁迫、氧化等做出精准且多样的反应。

第三节　泛素介导自噬小体形成和受体对底物的识别

泛素化修饰是自噬小体形成过程中最关键的蛋白修饰之一，对自噬相关蛋白（autophagy-related protein，Atg）及各类底物大分子的泛素化修饰介导了自噬小体的形成、扩展、成熟，以及底物分子的识别、转运及最终降解，在这一过程中泛素连接酶和去泛素化酶（DUB）起重要作用，是调控自噬最重要的泛素化调控因子。本节主要从泛素化对自噬小体形成调节和泛素化介导底物的识别两个方面阐述泛素化在自噬过程中的作用。

自噬小体的形成主要是由 ULK1 激酶及 PI3K-III激酶复合物的激活介导的，这一过程中受到诸如磷酸化、泛素化等多种蛋白修饰的调控。泛素连接酶及去 DUB 泛素化酶通过调节诸如 mTORC1-ULK1 信号及 BECLIN1-PI3K-III信号激酶等关键自噬信号成分的稳定性、亚细胞定位或影响蛋白质之间的相互作用来参与对自噬起始及终止过程的调控。

泛素连接酶通过广泛的泛素化调节 mTORC1 及 ULK1 信号来控制自噬信号的起始（28）。Cul5 和 SCF$^{\beta\text{-TRCP}}$ 通过介导 DEPTOR 的泛素化降解来激活 mTORC1 从而抑制自噬信号的发起，而 AMBRA1 通过 ULK 依赖的方式可抑制 Cul5 介导的 DEPTOR 的泛素化降解。mTOR 信号通路也受到泛素连接酶 TRAF6 的调控（29，30），自噬受体蛋白 p62 能介导在氨基酸刺激条件下 TRAF6 与 mTORC1 的相互作用，TRAF6 催化 mTOR 的 K63-泛素化并促进其向溶酶体转移，激活 TRAF6 也能催化 ULK1 的 K63-泛素化促进其寡聚化诱导自噬的起始，这一过程也受到 AMBRA1 的调控（31，32，33）。mTORC1 及上游 AMPK 等激酶都通过磷酸化调控 ULK1 的活性，鉴于 mTOR 信号通路在自噬起始调控中的重要作用，其上下游成员的各类泛素化修饰都能从某种程度上影响自噬的发生发展，如 FBW5 对 TSC 复合物的降解、VHL 通过泛素化 HIF1α 影响 mTORC1 活性等（34，35），这些证据表明调控自噬起始关键激酶的泛素化特别是调控 ULK1 的活性的泛素化修饰在自噬小体形成中起关键作用。

BECLIN1 和 Vps34 属于III类肌醇磷脂激酶（PI3K-III kinase）家族，是自噬小体形成的关键调控者，在自噬小体形成过程中 BECLIN1 作为一个支架蛋白招募 AMBRA1 和 UVRAG 形成不同类型的复合物来调控 Vps34 活性，在这一过程中泛素化能调节复合物的形成和功能。例如，TRAF6 催化的 BECLIN1 K63-泛素化能阻止 BECLIN1-BCL-2 相互作用，促使自噬的发生，A20 通过对 BECLIN1 的去泛素化而抑制这一过程（19，36，37）。泛素连接酶 NEDD4 能通过泛素化从 Vps34 上解离状态下的 BECLIN1 介导其蛋白酶体途径降解，从而抑制自噬小泡形成（38，39）。去泛素化酶 USP19、USP10 和 USP13 等通过去泛素化调节 BECLIN1、Vps34、Vps15 及 Atg14L 等蛋白质的稳定性，同时 BECLIN1-Vps34 也能反馈调节 USP10 和 USP13 的功能（40，41）。鉴于 BECLIN1 和 AMBRA1 在自噬诱导终止过程中的重要作用，其蛋白质水平受到泛素连接酶或 DUB 酶的精确调控，长期饥饿条件下 Cul4/DDB1 介导 AMBRA1 的蛋白酶体降解，RNF2 也能泛素化促进 AMBRA1 的降解。BECLIN1 的泛素化调控相当复杂（42，43），除了 NEDD4 能降解 BECLLIN1，它还受到 Parkin 的间接调控，如 Parkin 对 BCL-1 的单泛素化能促进其与 BECLLIN1 的相互作用从而抑制自噬，但是 Parkin 在线粒体上则可以促进 K63、

K48-泛素化进而介导线粒体自噬（*44*）。另外，如 Atg4 在自噬小泡延伸和自噬小体形成过程中的重要作用，对 Atg4 泛素化调控如泛素连接酶 RNF5 介导的 Atg4B 泛素化蛋白酶体降解能显著调节自噬的发生（图 23-3）（*45*）。

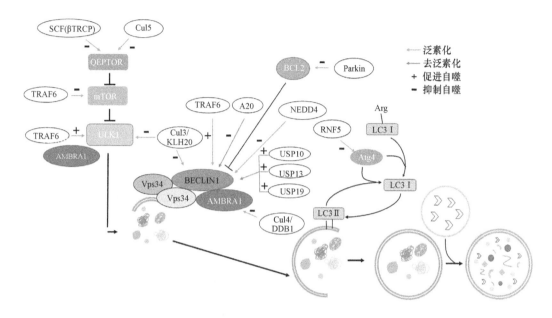

图 23-3　泛素连接酶及 DUB 去泛素化酶在自噬信号通路中的调控机制。泛素化修饰主要通过调控 mTORC1-ULK1 和 BECLIN1-Vps34 复合物各组分信号的稳定性、相互作用和识别来调控其活性，影响自噬小体的形成（*45*）

综上所述，泛素化调控 mTORC1-ULK1 激酶及 PI3K-III激酶复合物成员的稳定性和活性是调控自噬起始形成的一种普遍调控方式，泛素连接酶或去泛素化酶在这一过程中起到关键作用。由于泛素化修饰广泛涉及自噬降解与蛋白酶体降解两条相互平衡而又广泛交互的两条通路，理解泛素化修饰在自噬和蛋白酶体降解中的复杂作用是揭示自噬降解与蛋白酶体降解相互作用关系的关键。

第四节　泛素调控底物转运和自噬性降解

自噬过程是一个非选择性和选择性降解相结合的过程，在自噬诱导过程中，ULK1、Vps34/BECLIN1 等复合物协同类泛素化信号途径形成富含 Atg8/LC3 的自噬小泡，这些小泡能通过各种接头受体蛋白与 Atg8/LC3 的结合来富集降解底物，成熟的自噬小体进而与溶酶体融合形成自噬小体降解其内含底物（*12-14，46，47*）。这一过程依赖于特殊的自噬受体选择性识别底物并进行底物的转运和最终降解，泛素化在这个过程中起着至关重要的作用，降解物大分子的泛素化是被自噬受体识别结合进行随后转运降解的关键步骤。泛素化修饰作为选择性自噬的降解信号广泛参与蛋白聚集体、损伤细胞器及各种病原体的降解，本节我们将从泛素化修饰介导的底物识别、转运和降解几个方面来阐释泛素在选择性自噬中的生理功能。

选择性自噬对底物的识别主要由自噬受体蛋白或接头蛋白来介导，这类蛋白质一般含有一个 UB 结合结构域和一个 LIR/AIM 机构域，研究最多的自噬受体蛋白包括 SQSTM1（p62）、Optineurin（OPTN）、NDP52、NBR1 和 HDAC6 等，通过同时结合泛素化修饰的降解底物分子和 LC3/Atg8 家族成员将底物转运到自噬小体中降解。泛素调控自噬受体介导的底物识别、转运和自噬降解普遍存在于蛋白聚集体自噬、线粒体自噬及异体自噬等多种自噬途径中（表 23-1）（48）。

表 23-1　自噬受体在各种选择性自噬过程中的底物识别类型（48）

自噬途径	受体	底物
聚集体自噬	p62，NBR1，OPTN，CUE5，TOLLIP	蛋白聚集体
线粒体自噬	OPTN, NDP52, TAX1BP1	线粒体
异体自噬	p62, NDP52，OPTN	细菌
过氧化物酶体自噬	NBR1	过氧化物酶体
酶噬	p62	酶原
蛋白酶体自噬	Rpn10	蛋白酶体
中间体环降解	p62，NBR1	中间体
核酸处理	p62，NDP52	核酸

聚集体自噬（aggrephagy）是机体降解胞内异常蛋白聚集体的一种自噬行为，主要由泛素化修饰驱动，与蛋白酶体降解途径有很多类似的特征，蛋白酶体主要识别 K48-泛素化，自噬小体主要通过自噬受体 p62 和 NBR1 结合 K63-泛素化底物来进行，在此过程中的底物识别涉及广泛的泛素连接酶及 DUB 去泛素化酶对底物的修饰调控（10，45，47，49）。例如，泛素连接酶 CHIP、TRIM50 和 Parkin 主要通过 K63-泛素化胞内异常蛋白聚集体，促使其通过自噬受体蛋白 p62 相结合并被运送至自噬小体降解。去泛素化酶通过蛋白去泛素化调控自噬进行，如 α-synuclein 通过 SIAH 单泛素化进行蛋白酶体降解，USP9X 可以使其去单泛素化并介导其自噬降解。蛋白酶体亚基 Rpn11 作为去泛素化酶可以产生 Ub 单体激活去乙酰化酶 HDAC6，促进蛋白聚集体和自噬小体体沿着微管转运至自噬小体进行自噬降解（50）。自噬受体本身也受到泛素化修饰调控，如 p62 在泛素水平上升、热激或感染的应激状态下被泛素耦合酶 UBE2D2/UBE2D3 泛素化激活，从而更有效地募集结合被 K63-连接的多泛素链修饰的自噬底物调控细胞自噬（22，24）。

线粒体自噬（mitophagy）主要受到线粒体外膜上泛素连接酶如 Parkin 的调节，损伤线粒体上的激酶 PINK1 磷酸化 Ub 和 Parkin，磷酸化 Ub 能进一步激活 Parkin 招募其至线粒体外膜激活其泛素连接酶活性，促使其泛素化包括 Mfn1/2、VDAC1 和 MIRO 等线粒体蛋白（51-53），这些蛋白质的泛素化进而招募自噬受体蛋白 p62、NDP52、TAX1BP1 等促使线粒体进入自噬小体进行降解，这一过程受到如 USP15、USP30、USP35 等去泛素化酶的抑制。此外 AMBRA1 激活 TRAF6 和 Cul4-DDB1 进而促进 RARKIN 的泛素化以及 USP8 调控 RARKIN 去泛素化也参与线粒体自噬调控（44，54，55）。

异体自噬（xenophagy）是真核生物先天性免疫的一个反应机制（56），有些病原体如鼠伤寒沙门氏菌（*Salmonella typhimurium*）或结核分枝杆菌（*Mycobacterium tuberculosis*）能寄居在胞内的膜泡内，这些细菌感染后能触发病原体和细胞本身多种蛋白质的泛素化（57，58），如泛素连接酶 LRSAM1 能将菌体表面蛋白进行 K6-和 K27-泛素化（59），ARIH 和 HOIP1 进行 K48-和 M1-泛素化，K63-泛素化酶尚未鉴定，而细胞本身的自噬受体蛋白如 p62 受到 RNF166 的 K29-和 K33-泛素化（60，61）。同时，胞内多个蛋白质受到 LUBAC 催化形成线性泛素化链，这些线性化的泛素链主要介导 NF-κB 信号通路和自噬的激活。M1-和 K63-多泛素化链通过结合 p62、NDP52 和 OPTN 将自噬膜泡聚集到病原体上，从而介导病原体的自噬降解（62，63），同时 NF-κB 信号的激活也能促使机体产生炎症因子来抑制病原体的生长繁殖，在这一过程中去泛素化酶 OTULIN 及其所在的 LUBAC 能切割 M1 泛素链来发挥去泛素化作用，调节炎症反应和自噬的进行（64-66）。

其他如溶酶体自噬和核糖体自噬等各种形式的自噬过程中对底物的识别、转运和降解也受到各类泛素化修饰的调控。例如，溶酶体自噬（lysophagy）过程中溶酶本身膜上的蛋白质受到 K63-多泛素化并被 p62 识别，K48-多泛素化对溶酶体自噬也有作用，但调控溶酶体自噬的泛素连接酶报道尚少。在酵母中核糖体通过自噬降解并称为核糖体自噬（ribophagy），这种氮源缺乏饥饿状态下的核糖体降解是通过去泛素化酶 UBP3/Bre5 来调节的（67），而泛素连接酶 Ltn1/Rkr1 对核糖体蛋白 Rpl25 的泛素化可以抑制其自噬降解（68）。有意思的是，去泛素化酶 UBP3/Bre5 能抑制线粒体自噬，说明核糖体自噬与线粒体自噬信号通路有关联（69）。

综上所述，泛素化信号广泛涉及选择性自噬对底物的识别、转运和降解等多个过程，调控不同的信号通路，比如 K48-、K63-、M1-等不同泛素化链通过调节底物的形态和定位、胞内的隔离、自噬受体的识别，以及其他如炎症信号通路的激活来控制其降解，同时其他修饰如泛素蛋白的磷酸化使得这种调控更加精妙和复杂。

参 考 文 献

1. Varshavsky, A., *Annu. Rev. Biochem.* **86**: 123-128(2017).
2. Grumati, P. and I. Dikic, *J. Biol. Chem.* **293**(15): 5404-5413(2018).
3. Yamano, K., N. Matsuda, and K. Tanaka, *EMBO. Rep.* **17**(3): 300-316(2016).
4. Y. T. Kwon, A. Ciechanover, *Trends Biochem. Sci.* **42**, 873-886(2017).
5. Ichimura et al., *Nature* **408**(6811): 488-492(2000).
6. Nakatogawa, H., *Essays Biochem.* **55**: 39-50(2013).
7. Streich, F.C., Jr. and C.D. Lima, *Annu. Rev. Biophys.* **43**: 357-379(2014).
8. Hanada et al., *J. Biol. Chem.* **282**(52): 37298-37302(2007).
9. Geng, J. and D.J. Klionsky, *EMBO. Rep.* **9**(9): 859-864(2008).
10. Y.-T. W. a. G.-C. Chen, *Biochem. Genet. Mol. Biol.* 117-136(2016).
11. Noda et al., *EMBO. Rep.* **14**(2): 206-211(2012).
12. Satoo et al., *EMBO. J.* **28**(9): 1341-1350(2009).
13. Von Muhlinen et al., *Mol. Cell.* **48**(3): 329-342(2012).
14. Weidberg et al., *EMBO. J.* **29**(11): 1792-1802(2010).
15. Noda et al., *Genes Cells.* **13**(12): 211-1218(2018).
16. Noda et al., *Mol. Cell.* **44**(3): 462-475(2011).
17. D. J. Klionsky, B. A. Schulman, *Nat. Struct. Mol. Biol.* **21**, 336-345(2014).
18. Hu, R. and M. Hochstrasser, *Cell Res.* **26**(4): 389-390(2016).
19. Mizushima et al., *Nature* **395**(6700): 395-398(1998).
20. Liu et al., *Cancer Cell* **26**(1): 106-120(2014).
21. J. Hanna, A. Meides, D. P. Zhang, D. Finley, *Cell* **129**, 747-759(2007).
22. Peng et al., *Cell Res.* **27**(5): 657-674(2017).
23. Conway, O. and V. Kirkin, *Cell Res.* **27**(5): 595-597(2017).

24. Yang et al., *Autophagy* **27**(5): 657-674(2017).
25. Song et al., *Protein Cell* **7**(2): 114-129(2016).
26. J. A. Pan et al., *Mol. Cell* **62**, 149-151(2016).
27. Lee et al., *Cell Rep.* **19**(1): 188-202(2017).
28. Russell et al., *Nat. Cell Biol.* **15**(7): 741-750(2012).
29. Nazio et al., *Nat. Cell Biol.* **15**(4): 406-416(2013).
30. Gao et al., *Mol. Cell* **44**(2): 290-303(2011).
31. Antonioli et al., *Dev. Cell* **31**(6): 734-746(2014).
32. Shi, C.S. and J.H. Kehrl, *Sci. Signal* **3**(123): ra42(2010).
33. Linares et al., *Mol. Cell* **51**(3): 283-296(2013).
34. Hu et al., *Genes. Dev.* **22**(7): 866-871(2008).
35. Ivan et al., *Science* **292**(5516): 464-468(2001).
36. Boutouja et al., . *Int. J. Mol. Sci.* **18**(12): E2541(2017).
37. Xu et al., *Autophagy.* **10**(12): 2239-2250(2014).
38. Zhang et al., *Cell Stem Cell* **13**(2): 237-245(2013).
39. Liu et al., *Mol. Cell* **61**(1): 84-97(2015).
40. Jin et al., *EMBO. J.* **35**(8): 866-880(2016).
41. Yuan et al., *Cell* **140**(3): 384-396(2010).
42. Kraft et al., *EMBO. J.* **31**(18): 3691-3703(2012).
43. Liu et al., *Cell* **147**(1): 223-234(2011).
44. T. M. Durcan, E. A. Fon, *Genes. Dev.* **29**, 989-999(2015).
45. V. Kirkin, D. G. McEwan, I. Novak, I. Dikic, *Mol. Cell* **34**, 259-269(2009).
46. Deosaran et al., *J. Cell Sci.* **126**(Pt 4): 939-952(2013).
47. Behrends et al., *Nature* **466**(7302): 68-76(2010).
48. A. Khaminets, C. Behl, I. Dikic, *Trends Cell Biol.* **26**, 6-16(2015).
49. Rogov et al., *Mol. Cell* **53**(2): 167-178(2014).
50. J. Y. Lee et al., *EMBO. J.* **29**, 969-980(2010).
51. Yonashiro et al., *EMBO. J.* **25**(15): 3618-3626(2006).
52. Wang et al., *Cell* **147**(4): 893-906(2011).
53. Narendra et al., *J. Cell Biol.* **183**(5): 795-803(2008).
54. Sarraf et al., *Nature* **496**(7445): 372-376(2013).
55. Chen et al., *J. Biol. Chem.* **285**(49): 38214-38223(2010).
56. B. Levine, V. Deretic, *Nat. Rev. Immunol.* **7**, 767-777(2007).
57. Fujita et al., *J. Cell Biol.* **203**(1): 115-128(2013).
58. Wild et al., *Science* **333**(6039): 228-233(2011).
59. A. Huett et al., *Cell Host Microbe* **12**, 778-790(2012).
60. Polajnar et al., *EMBO. Rep.* **18**(9): 1572-1585(2017).
61. Noad et al., *Nat. Microbiol.* **2**: 17063(2017).
62. Zheng et al., *J. Immunol.* **183**(9): 5909-5916(2009).
63. Sheng et al., *PLoS Pathog.* **13**(7): e1006534(2017).
64. Fiskin et al., *Mol. Cell* **62**(6): 967-981(2016).
65. Van Wijk et al., *Nat. Microbiol.* **2**: 17066(2017).
66. Heath et al., *Cell Rep.* **17**(9): 2183-2194(2016).
67. Kraft et al., *Nat. Cell Biol.* **10**(5): 602-610(2008).
68. B. Ossareh-Nazari et al., *J. Cell Biol.* **204**, 909-917(2014).
69. Muller et al., *Cell Rep.* **10**(7): 1215-1225(2015).

（曹　戟　应美丹　杨　波　何俏军　张　宏　胡荣贵）

第二十四章　蛋白聚集体自噬

蛋白质的错误折叠通常来自于突变的基因、核糖体的不完全翻译产物（defective ribosomal product，DRiP）、翻译后的蛋白质错误折叠、异常的蛋白质修饰、氧化性损伤及蛋白质复合物的错误装配等。错误折叠的蛋白质通常会暴露其位于蛋白质内部的疏水区域，而这些疏水表面往往会引起蛋白质的聚集，隔离正常蛋白质并损害它们的功能。为了防止不断积累的错误折叠蛋白质对细胞造成损伤，细胞内存在多种蛋白质质量调控机制。例如，热激蛋白（heat shock protein，Hsp）等分子伴侣会对蛋白质进行识别、辅助折叠，防止其聚集，并尽力修复其折叠错误。但是，如果蛋白质折叠错误未能修复，分子伴侣则会协同泛素连接酶促进其降解。

较大蛋白聚集体的形成过程可能是细胞内的一种防御机制（1，2）。大型蛋白聚集体或包涵体对细胞的毒性较小，而分散在细胞内更小的微聚体则毒性较大。通常情况下，大分子包涵体比较容易在光学显微镜下被观察到，而有毒的可溶性物质则不能被观察到。因此，由特定的突变蛋白质所形成的包涵体还可以用来区分不同的神经退行性疾病。对于那些容易发生聚合的蛋白质，蛋白聚集体也可以看成是它们发生自噬降解的中间产物（3）。自噬底物组装成更大的聚集体或团簇结构通常是蛋白质选择性自噬的一个常见特征。这种结构特征可以帮助底物更容易被自噬溶酶体所摄取，同时，这种聚集体特征还可能作为自噬泡的晶核位点，用于形成隔离膜。

无法修复的蛋白质会被分子伴侣和分子伴侣复合物（含分子伴侣辅助的泛素连接酶）识别并挑选出来，进入三种不同的降解途径：ERAD、CMA 和蛋白聚集体自噬（aggrephagy）。Per Seglen 对 "aggrephagy" 这一术语的描述是：自噬对蛋白聚集体的选择性隔离。下面我们将对当前关于 aggrephagy 如何进行蛋白聚集体的识别、挑选和降解的机制研究进行介绍。

第一节　概　　述

聚集小体易在蛋白酶体活性受到抑制或聚合蛋白过度表达时形成。聚集小体位于靠近核膜的微管组织中心（microtubule organizing center，MTOC），它的形成依赖于微管依赖型蛋白聚集体转运。聚集小体具有不溶性和代谢稳定性（4）。聚集小体里的蛋白质通常是被泛素化修饰的（5，6），并且在不同的细胞中，它们会被波形蛋白、角蛋白等纤维封闭。其他形式的包涵体可能在细胞核中或分散在细胞质中。特定类型包涵体的形成往往和各种更小的中间物的形成有关，而这种中间物可以是无结构的，也可以拥有各种不同的结构。有研究报道，在酵母细胞和哺乳动物细胞中发现了两种不同形式的聚集体样结构，被称为 "并列核质量控制"（juxtanuclear quality control，JUNQ）和 "不溶性蛋白沉淀"（insoluble protein deposit，IPOD）。这种命名有别于聚集体的传统命名，主要是因为它们并不位于 MTOC（7）。这些结构的形成都需要微管的运输。IPOD 主要位于细胞边缘附近的液泡，这种聚合物一般不包含泛素。而 JUNQ 则主要位于细胞核附近，并包含泛素化蛋白和相关水解酶。今后需要更深入地研究确定这些不同的"聚集体"之间的关系。

值得注意的是，聚集体也可能是某些蛋白质发挥重要功能的一种状态，一个例子就是自噬受体 p62 几乎存在于所有类型的蛋白聚集体中。p62 不断被自噬所降解，而这依赖于 p62 的聚合能力。p62 到底形成什么样的总体结构才能够被降解仍是未知的，但是与此相关的是这种内在结构也许是 p62 的骨架形成和功能发挥所必需的。p62、ALFY（自噬相关 FYVE 蛋白）、NBR1（BRCA1 的近邻基因蛋白）等作为蛋白质包涵体（protein inclusion）的基本组成部分，被认为参与到蛋白聚集体自噬，因为它们都参与了自身的自噬形成和降解过程。然而，自噬降解的到底是成熟的包涵体（mature inclusion）还是中间前体（intermediate precursor），这一直是研究者们讨论的另一个问题。迄今为止，调控聚集小体（aggresome）的形成有两个独立的体系，这两种体质最大的区别就是介导聚合物蛋白运输的方式是组蛋白脱乙酰酶 6（HDAC6）还是 BAG3（BCL-2 associated athanogene 3）。

第二节　聚集体的形成、转运、识别和调控

一、聚集体的形成和转运

（一）BAG3 介导聚集体的形成

在 Hsp70 底物蛋白靶向到聚集小体的过程中，BAG3 和 CHIP 是必需的。BAG3 直接与动力蛋白相互作用，进而驱动 Hsp70 底物蛋白转运至聚集体。尽管这种转运需要泛素连接酶 CHIP，但并不依赖于底物的泛素化。CHIP 的敲除会明显减少由于蛋白酶体抑制导致的聚集体形成，然而过表达突变的 CHIP 并不能与泛素耦合酶结合，因此仍可诱发聚集体的形成。所以，在缺乏蛋白酶体降解或缺乏 CHIP 介导的泛素化的情况下，CHIP 会诱导聚集体生成和 BAG3 介导的错误折叠蛋白的运输，最终导致聚集小体的形成。因而，BAG3 在将非泛素化底物转运到聚集体的过程中发挥了重要作用。

（二）HDAC6 介导聚集体的转运

HDAC6 可以促进动力蛋白将泛素化底物转运至聚集小体，并在自噬小体清除聚集小体的过程中发挥重要作用。尤其是当蛋白酶体降解受到阻碍，或错误折叠的蛋白质优先被自噬降解时。HDAC6 可直接作用于动力蛋白和泛素化的底物，并且优先作用于 K63-连接的多泛素链。除了在蛋白聚集体的形成和蛋白聚集体自噬中发挥作用外，HDAC6 对于自噬小体的成熟来说也具有很重要的调控作用。敲除 HDAC6 会导致自噬小体的累积，这些自噬小体包含了泛素化的蛋白质，这表明 HDAC6 在那些能选择性吞噬错误折叠蛋白的自噬小体的成熟过程中发挥作用，且其主要功能是调节肌动蛋白细胞骨架。HDAC6 和 p62 先后参与了泛素化蛋白聚集体的降解，通过重构肌动蛋白，促进自噬小体和溶酶体的融合。

（三） Ubiquilin-1 在聚集体转运中的作用

Ubiquilin-1（Ubqln1）是另一个能把不同错误折叠的蛋白质分配到不同的降解通路中的蛋白质。但 Ubqln1 同时又是一种分子伴侣，在特定靶蛋白的折叠和稳定中发挥重要作用。四种哺乳动物的 Ubiquilin 都有一个结构域与 p62 类似，即 C 端的泛素结合域 UBA 和 N 端的 UBL 结构域（可与 Rpn10/S5A 蛋白酶体亚基作用）。Ubqln1 作为 erasin 和 p97/VCP 的复合物的一部分，与 ERAD 相关（8）。诸多研究表明 Ubqln1 在蛋白质传递到 CMA 或自噬的过程中发挥了作用，Ubqln1 本身也会通过这两种途径进行降解（9）。Ubqln1 与蛋白质运输至聚集小体这一过程相关（10-12），在亨廷顿病的细胞和无脊椎动物模型中，它能避免由 polyQ 诱导的细胞死亡。它也能促进自噬小体对蛋白聚集体的降解。Ubqln1 在体外有内源的分子伴侣活性（13），可作为有聚集倾向的淀粉样前体蛋白（APP）的分子伴侣。在 HeLa 细胞中，Ubqln1 能够降低 APP 的相关毒性，并阻碍 APP 的聚集。阿尔茨海默病患者体内常出现 Ubqln1 表达水平的下降，这也许与迟发性阿尔茨海默病的发生有关。

二、自噬小体识别蛋白聚集体的机制

选择性自噬依赖于自噬受体，如 p62 和 NBR1。这些蛋白质通过位于自噬小体（autophagosome）膜上的 Atg8 家族蛋白相互作用来建立自噬小体膜与底物的连接。p62 和 NBR1 含有一个类似的结构，它们都包含 N 端的 PB1 区域和 C 端的 UBA 结构域。Atg8 同源物通过 p62 和 NBR1 中的一个短的线性 LIR 序列与 p62 和 NBR1 产生相互作用（13）。p62 的 LIR 序列有一个核心序列 DDDWTHL，在 p62 中最初发现 LIR 序列之后，也有很多其他蛋白质被报道含有这个序列。基于 LIR 基序的特征，目前一致的序列是 D/E-D-W/F/Y-x-x-L/I/V。Atg8 蛋白表面上能与 LIR 相互作用的两个疏水口袋可容纳芳香族（W/F/Y）和疏水侧链（L/I/V）的核心序列，并且酸性残基也会与 Atg8 蛋白 N 端的碱性残基相互作用。酯化的 Atg8 蛋白位于自噬囊泡的内外表面，因此它们可以为吞噬泡和自噬小体募集底物蛋白提供一个的完美支架。p62 是一个蛋白聚合体，这个聚合体是通过其 PB1 结构域的头尾相互结合所产生的。PB1 结构域所介导的聚合作用是 p62 通过自噬发生选择性降解所必需的，并且这个结构域是 p62 靶向到内质网上自噬小体形成位点所必需的，同时它对于 p62 聚合其他蛋白质有着重要的影响。p62 和 NBR1 的主要序列有着很大的不同，NBR1 含有的许多区域在 p62 中都没有。NBR1 的同源物遍布于真核细胞中，而 p62 则是多细胞物种所特有的，其原因可能是多细胞物种谱系发育过程中早期复制所造成的。植物中的 NBR1 能通过 PB1 区域发生多聚化，并且这个区域也是自噬降解所需的，这一点与 p62 相似。在进化过程中，NBR1 失去了其通过 PB1 结构域发生多聚的能力，而 p62 也失去了包括 FW 结构域在内的几个不同的结构域。因此，这两个蛋白质在选择性自噬中能够独立发挥作用，但是也有文献报道 p62 可以直接与 NBR1 相互作用，表明它们也可能合作发挥作用。此外，除 p62 和 NBR1 外，最近有许多其他的自噬受体陆续被报道，如在线粒体自噬（mitophagy）中发挥活性的 Atg32 和 NIX/BNIP3L 蛋白，异体白噬（xenophagy）中的 NDP52 和 optineurin，还有糖降解中的 Stbd1 蛋白。然而，目前只有 p62 和 NBR1 被报道与蛋白聚集体的降解有关。

值得注意的是，p62 同时也识别非泛素化底物，例如，引起 ALS 的关键蛋白——突变的超氧化物歧化酶 1（SOD1）的选择性自噬会造成 SOD1 和 p62 之间直接的非泛素化依赖的相互作用（14）。最近研究发现，p62 是非泛素化底物发生选择性自噬降解所需的，这个非泛素化底物即 STAT5A（STAT5A ΔE18），它是一个具有聚合物倾向的亚型，可通过损伤蛋白酶体功能或损伤自噬功能产生聚集小体或者聚集体（15）。在这些过程中，p62 的不同结构域会与 SOD1 和 STAT5A 发生相互作用。p62 介导的非泛素化底物发生选择性自噬的第三个例子是，受感染的小鼠神经元中 p62 介导的辛德毕斯（Sindbis）病毒衣壳的自噬性清除（16）。还有一个例子是，在线虫中观察到一种聚合物自噬受体 SEPA-1 结合到 P 颗粒组分 PGL-3 和 Atg8 同系物 LGG-1 上，进而介导 P 颗粒的选择性自噬性降解（17）。这样胚胎形成过程中，母体中增殖出来的 P 颗粒组分就会在体细胞中发生聚合体降解。然而，在大多数情况下，泛素化结合看起来是重要的，例如，在过氧化物酶体自噬（pexophagy）中，泛素化可能作为一个标签被 p62 识别。NBR1 在选择性自噬中所起到的作用并不明确。p62 被认为与中间体环配合物的自噬清除有关，而且近段时间发现 NBR1 在中间体衍生物自噬清除过程中起着比 p62 更重要的作用。研究发现，随着干细胞的分化，中间体衍生物被处理，而且自噬受体 NBR1 与中间体蛋白 CEP55 结合从而介导自噬降解。

ALFY 是一个 400 kDa 大小的支架蛋白，具有一个位于 C 端的集合区域。ALFY 的这部分结构域包括一个 BEACH 结构域、一个与 Atg5 作用的 WD40 重复序列区（18）和一个磷脂酰肌醇肽结合的 FYVE 结构。免疫共沉淀实验显示 ALFY 蛋白中的 BEACH 结构域对于其在体内与 p62 形成复合物有着重要作用（19）。细胞实验中，有文献报道 ALFY 和 p62 会在细胞质及细胞核的蛋白聚集体上发生共定位（18，19）。在 HeLa 细胞中，ALFY 和 p62 都会通过自噬降解来应答 p62 小体的形成。事实上，p62、NBR1 和 ALFY 对于 p62 的选择性自噬都是非常重要的（13，19，20）。

ALFY 在正常情况下主要存在于细胞核中。为了应答氨基酸饥饿或嘌呤霉素诱导的 DRiP，ALFY 会重新分布到细胞质中的 p62 小体（19），它也会分布到细胞质中的多聚体（18）及蛋白酶体抑制所引起的蛋白聚集体中（21）。HeLa 细胞中，ALFY 的重新分布取决于 p62，而且可能取决于 p62 在细胞质和细胞核间的穿梭能力（19）。ALFY 的自噬降解很有可能取决于其与 p62 或细胞质中蛋白聚集体的结合情况。

ALFY 是蛋白聚集体降解而不是饥饿诱导的自噬所需的。ALFY 敲除实验显示，在哺乳动物和果蝇中，ALFY 在错误折叠蛋白的自噬中发挥着重要的作用。在果蝇中，敲除果蝇中同源的 blue cheese（Bchs）会导致泛素化蛋白包涵体的累积、神经退行性疾病的发生和寿命的缩短（22）。此外，在果蝇眼睛多聚谷氨酰胺毒性模型中，过表达 Bchs 可以减少神经毒性（18）。在哺乳动物中，ALFY 被募集到细胞质和细胞核蛋白包涵体，是包含 p62、NBR1、LC3、Atg5、Atg12 和 Atg16L 的复合物中的一部分。在哺乳动物细胞培养中，ALFY 可以有效降解多聚谷氨酰胺和 α-突触核蛋白体，这一作用依赖于 ALFY 和 Atg5 的直接相互作用（18）。令人注意的是，在神经元慢病毒模型中，过表达

ALFY 的 C 端可以促进多聚谷氨酰胺的降解（*18*）。综上所述，p62、NBR1 和 ALFY 共同招募，然后它们与其他蛋白质相互作用后形成蛋白聚集体，这极有可能启动了自噬膜的形成。然而，还需要更多实验来证明这些招募来的不同蛋白质在蛋白聚集体的自噬小体形成机制中扮演了什么样的角色。

实验证实细胞的细胞质蛋白包涵体的清除需要自噬（*23-27*）。但是不溶性包涵体被吞噬过程中是先增加溶解性还是先被修饰？蛋白聚合物通过中间纤维如波形蛋白、角蛋白的闭合（*2，28*）与聚合物的自噬降解之间存在着一些争议。然而，基因敲除实验发现，自噬过程中蛋白聚合物发挥了极其重要的作用。在阿尔茨海默病中，存在着大量高电子密度非结晶质或者多层内容物的自噬小体（*29*）。细胞培养实验也发现了蛋白聚合物或细胞质内容物的大量积累。并且，电镜下观察到哺乳动物细胞能稳定表达多聚谷氨酰胺扩充蛋白聚合物（Htt103Q），这揭示了自噬小体中存在不溶性的多聚谷氨酰胺内容物。同时在细胞分离后，我们发现不溶于 SDS 的 Htt103Q 存在于自噬小体碎片中，证明了不溶性的内容物确实可通过自噬泡的吞噬发生降解。通过免疫电子显微技术可观察到 p62 蛋白在自噬小体内大量积聚（*30*）。因此，细胞器、细菌等巨型细胞结构可以通过选择性自噬发生降解，但这些细胞结构在被自噬小体吞噬前是否会被裂解成更小的片段仍有待考证。

在非多细胞物种如植物和真菌中，热激蛋白 Hsp104 能与 Hsp70、Hsp40 形成复合物，溶解类淀粉样的结构（*31*）。而在多细胞动物中，不存在热激蛋白 Hsp104 及其类似物。近期实验表明热激蛋白 Hsp110、Hsp70 和 Hsp40 的聚合物在哺乳动物中降解能力较弱。研究发现，消化泡中存在的不溶性内容物说明生物体内可能存在一条更为重要的降解通路。有聚集倾向蛋白的可溶性形式同样能被分子伴侣介导的自噬（CMA）或泛素蛋白酶体通路（UPS）降解，其降解机制仍是一个谜。聚合物到底是整个同时被吞噬，还是先被裂解成小的聚合物然后被自噬小体吞噬，这一问题仍有待解决。

三、聚集体自噬的调控

蛋白聚集体的选择性自噬受到了自噬水平，以及 p62、NBR1、ALFY 等自噬受体的调控。迄今为止，仍缺乏足够的数据来阐明包括选择性自噬在内的各种自噬的具体调节机制。尽管如此，泛素化、磷酸化、乙酰化等翻译后修饰是调节自噬受体及自噬底物的重要方式。

K63-多泛素链与自噬降解密切相关，特别是在招募 p62、NBR1 和 HDAC6 等自噬受体（*32-34*）的过程中扮演了重要角色。那么是否存在一种简单的泛素化编码方式，当底物蛋白与 K48-多泛素链结合时通过 UPS 途径降解，而与 K63-多泛素链结合时则通过自噬途径降解？选择性自噬相关蛋白如 p62 和 HDAC6 常常优先与 K63-多泛素链结合（*33，34*）。泛素连接酶 TRAF6 可以与 p62 相互作用，并能催化其底物蛋白通过与 K63-多泛素链结合从而降解（*35*）。去泛素化酶 ataxin-3 活化后与 HDAC6 结合，并剪接 K48-和 K63-多泛素链，参与蛋白聚集体的形成（*36，37*）。因此，ataxin-3 和其他去泛素化酶可能与编码特定泛素信号从而有利于特定的蛋白聚集体降解有关。研究发现，在脊髓小脑型共济失调三型小鼠模型（SCA3/MJD）中，当 ataxin-3 蛋白（和其他去泛素化酶）羧基端多聚谷氨酰胺肽链呈异常扩展时，其通过自噬降解（*38*）。肿瘤抑制因子（cylindromatosis D，CYLD）是一种在体内广泛分布的去泛素化酶，它与 TRAF6 相互作用，通过 p62 依赖性方式切割 K63-多泛素链。因此，p62 不仅能与泛素化聚合物结合，也能与 TRAF6 和 CYLD 相互作用，调控作为自噬底物的 K63-链接的泛素化蛋白聚合体。小鼠大脑中敲除 p62 后，TRAF6-CYLD 相互作用调节异常，K63-多泛素链大量积累从而导致底物积累，提示 p62 的缺失可抑制相关蛋白的自噬降解。这些小鼠表现出阿尔茨海默病样症状，从小鼠大脑病变部位分离得到大量阿尔茨海默病相关的 K63 泛素化 Tau蛋白。同样的，研究发现在帕金森病患者大脑的路易小体中有 TRAF6 存在。TRAF6 通过调节 Beclin1 的 K63 泛素化正向调控自噬，这一修饰可以被去泛素化酶 A20 所逆转。

自噬通路受到 Ulk1/2、mTOR、AMPK 和 PKA 等激酶调控。此外，最近发现自噬受体 p62、optineurin 和 LC3B 受到了磷酸化调控（*39-41*）。PKA 介导的 LC3 N 端相关位点的磷酸化能抑制其募集到自噬小体（*40*）。在 LIR 结构域中，丝氨酸激酶 TBK1 使视神经蛋白 optineurin 位于 LIR 结构域的 177 位丝氨酸发生磷酸化，从而增强 LC3 的结合能力。同时，沙门菌细胞基质的自噬清除表明 LIR-LC3 的相互作用受到了磷酸化的调控作用。自噬受体 p62 的 UBA 结构域第 403 位丝氨酸的磷酸化可增加对多泛素化蛋白的亲和力，提高了泛素化蛋白的蛋白聚集体自噬降解（*41*）。最近有研究发现了一些有趣的现象，与 p62 相似，optineurin 同样广泛存在于神经退行性疾病如家族性及散发性肌萎缩性侧索硬化症（ALS）患者的泛素化修饰的蛋白内容物中、阿尔茨海默病（AD）患者缠绕的神经元纤维和营养不良的神经炎中，以及帕金森病（PD）患者的路易小体中（LB）。近来发现在家族性及散发性肌萎缩性侧索硬化症中，optineurin 常常发生了突变，并且与这些疾病的发生密切相关（*42*）。

聚合的底物可以被磷酸化从而影响其降解。大量研究报道，磷酸化可以改变有聚合倾向的羧基端多聚谷氨酰胺肽链异常扩展蛋白（如亨廷顿蛋白、ataxin-1 和 ataxin-3 蛋白）的剪切、聚合及降解（*43*），很多学者认为 Tau 蛋白的磷酸化对其降解存在影响。在大脑敲除 p62 的成年鼠中，GSK3β、PKB、MAPK 和 cJun 等激酶的活性呈年龄依赖性增强，导致了 Tau 蛋白的过磷酸化及神经元纤维缠结的形成。

包括 Atg5、7、8、12 在内的自噬基本蛋白元件可以被组蛋白乙酰转移酶 p300 所乙酰化，而 p300 能直接与 Atg7 结合。p300 介导的上述蛋白质的乙酰化能抑制自噬，而沉默 *p300* 会增加自噬泵（autophagy flux）。乙酰化作用最近被发现能够影响突变的亨廷顿蛋白及 ataxin-7 N 端被 Caspase7 切割的片段的自噬降解。444 位点赖氨酸的乙酰化能促进突变亨廷顿蛋白的自噬降解（*44*）。在亨廷顿病的 *C. elegans* 转基因动物模型中，这种乙酰化可以减轻突变的亨廷顿蛋白在初级纹状体与皮质区神经元中的毒性影响。变异的亨廷顿蛋白能抵抗乙酰化的积累，导致体外培养的神经元与小鼠脑部发生神经退行性病变（*44*）。而 ataxin-7 乙酰化则有相反的作用（*45*），Caspase7 切割的 ataxin-7 产生的含羧基端多聚谷氨酰胺肽链的毒性 N 端片段能加剧疾病的发展。与 ataxin-7 上 Caspase7切割位点相邻的 257 位赖氨酸的磷酸化可以促进该片段的积累，而未被修饰的 ataxin-7 片段则通过自噬降解。

到目前为止，不同基因调控导致的蛋白聚合形成的差别还知之甚少，但可以确定的是，蛋白聚合物的形成与氧化应激有关。p62 与细胞质抑制剂 KEAP1 结合，稳定氧化应激的转录因子 NRF2，从而影响一系列的氧化应激基因。同时，p62 自身也是 NRF2 的靶点，从而使得 p62 建立了正反馈。司来吉兰（Deprenyl）作为帕金森病（PD）神经保护候选药，能使细胞核内 NRF2 积累，诱导氧化应激基因（46）。p62 基因的转录在蛋白酶体抑制剂诱导的聚集体形成期间增加（47）。因此，p62-NRF2 通路激活是聚合体形成期间一种重要的保护方式，并可能成为神经保护药物的靶点。

选择性自噬过程中参与核质穿梭的转运蛋白有 Beclin1、DOR、p62 和 ALFY。p62 通过 C 端或核内主要信号通路磷酸化进行核质穿梭。在早幼粒细胞白血病中，为了使 PML 核小体发生蛋白酶体降解，p62 与 ALFY 可能均参与了泛素化蛋白的收集。然而，底物蛋白能否转运到细胞核外并被自噬小体降解，仍有待讨论解决。

第三节　聚集体自噬障碍与疾病

自噬的应激反应表明了自噬降解的正常流动受到了损伤。如果自噬是由于蛋白质降解通路缺陷所引起，其效果就是抑制了致病蛋白的降解和蛋白质聚集。但是通常在神经退行性疾病中，自噬受到影响的第一个迹象往往是自噬小体和（或）中间囊泡（自噬小体和晚期核内体的融合产物）数量的异常。在这种情况下，自噬缺陷可能有以下三个原因：后期核内体-溶酶体水平上内吞作用的受损、自噬小体的成熟受到抑制，或者是由于溶酶体的降解功能受到了抑制。在细胞衰老期间，细胞自噬压力上升，其中一部分原因是 CMA 的活性降低。上述这一现象产生的主要原因是 LAMP-2A 在溶酶体膜上的表达水平降低。在衰老过程中，因为一些重要的自噬蛋白，如 Atg8 家族蛋白和 Beclin1（48，49）的表达下降导致自噬小体合成减少，而衰老与细胞内氧化应激上升引起的未折叠蛋白增加有关。结合自噬小体成熟下降和溶酶体的降解，就能帮助解释一些致病蛋白所致的相关疾病中经常观察到的迟发性表型。诱导自噬小体的形成通常被认为是一种解决巨自噬应激的途径，并且它在细胞培养和体内模型中已经展现出良好的结果。但在其他情况下，由于自噬小体成熟或溶酶体降解受到损伤而使得自噬小体的形成并不能成为一种有利条件。因此，在神经退行性疾病中试图把提高自噬作为一种治疗策略应当格外谨慎。在不同类型的致病蛋白相关疾病中，试图把增强或抑制自噬/蛋白聚集体自噬作为一种治疗策略之前，首先需要确定的是导致自噬功能失调的主要原因。

一、p62 的累积：肝脏和肌肉中发生的致病蛋白相关疾病

在人类疾病中，p62 几乎存在于所有的细胞质和细胞核的包涵体中。在大部分致病蛋白相关疾病中，某个具有聚集倾向的蛋白质负责聚集体的形成，随后 p62 被招募对泛素化的聚集做出应答。其中一个范例就是多聚谷氨酰胺包涵体的形成不依赖于 p62。然而，在用嘌呤霉素治疗或饥饿过的 HeLa 细胞中，p62 连同 NBR1 和 ALFY 对于 p62 小

体的形成和降解是非常重要的。这些结构呈现高度泛素化且是选择性自噬的底物蛋白。在慢性肝脏疾病中，p62 对于两种类型的致病性蛋白聚集体的形成也是非常关键的。这两种类型的致病性蛋白聚集体分别是存在于肝癌细胞的透明体，以及在酒精和非酒精性脂肪肝中的马洛里小体（Mallory-Denk body，MB）。与 p62 小体类似的是，p62 和泛素是这些结构的主要组成成分，但是在 MB 中还额外包括了异常的角蛋白（50）。最有可能的是，它们的形成最初是由 p62 小体的自噬降解不充分引起的。值得注意的是，ALFY 在肝脏中的表达水平非常低，这很容易让人猜测在肝脏细胞中 p62 趋于形成聚集体正是由此导致的。在人类疾病中，除了佩吉特氏病（Paget's disease）中骨会影响骨架的形成，肝脏是唯一被发现 p62 在蛋白聚集体的形成中发挥了重要作用的器官。

通过自噬敲除的研究支撑了一个假说，即在自噬受到抑制时，p62 小体能发展成稳定的聚集体。在小鼠组织中特异性敲除自噬会引起含 p62 的蛋白聚集体在神经元（51-53）、肝细胞（54）、骨骼肌（55-57）、心肌（57）、胰腺 β 细胞（58，59）和肾脏（60）的累积。在果蝇中，敲除自噬之后出现了类似泛素聚集体的累积（49，61）。重要的是，无论是细胞培养还是在体内，在自噬敲除的情况下，泛素蛋白聚集体的形成需要 p62 或者是果蝇同源物 Ref(2)P。最有可能的解释就是在 p62 小体中，p62 介导的泛素蛋白累积所生成的聚集体在自噬缺失的情况下不能被降解（54）。在缺失 p62 的细胞中，聚集体的内容物有可能被 UPS 或 CMA 降解，因此自噬抑制的效应不是那么强大。阻断自噬之后，如果 p62 的表达水平非常高，那么可能会抑制 UPS，因为 p62 能抑制底物蛋白传递到蛋白酶体中。

在患有酒精脂肪肝的患者中发现 NBR1 和 p62 共定位在马洛里小体，这可能有利于聚集体在肝脏中的形成。散发性包涵体肌炎（sporadic inclusion-body myositis，s-IBM）中，NBR1 也与 p62、LC3 和磷酸化的 Tau 共定位在泛素化蛋白聚集体中。s-IBM 是与衰老相关的最常见的退行性肌病。因此，p62 和 NBR1 极有可能是共同作用，通过自噬来清除蛋白聚集体。

二、神经退行性疾病中的致病蛋白

在正常的神经元中几乎不含 LC3-II 或自噬小体，这可能是因为自噬小体的周转非常快速。因此，若自噬流在自噬形成的任何一环受到抑制，神经元都很容易受到影响。蛋白质发生自噬是神经元有丝分裂后发挥正常功能所必需的。在小鼠模型中，条件性敲除自噬后可以引起神经元变性和泛素蛋白聚集，这清楚地说明了自噬可以延迟神经退行性疾病的发生。在神经退行性疾病中，包涵体的主要成分往往是一个蛋白质，最常见的神经元细胞内致病蛋白有 α-突触核蛋白、Tau、TDP-43（transactive response DNA- binding protein-43），或是延伸的多聚谷氨酰胺重复序列的一种突变蛋白。在疾病中突变的易聚集蛋白经常作为模型来研究蛋白聚集体和蛋白聚集体自噬。研究最为透彻的神经退行性疾病是由 α-突触核蛋白的聚集造成的 α-突触核蛋白相关疾病，如帕金森病（PD）和路易小体痴呆。这些疾病的特征是 α-突触核蛋白聚集成所谓的路易小体（Lewy body，LB），但是 PD 也与溶酶体和线粒体的功能障碍有关。帕金森病（PD）和痴呆疾病的路易小体很有可能就是疾病相关的蛋白聚集体，同时在形态学上与经典的聚集体也非常相似。HDAC6是路易小体（LB）的一个组成部分，其形成依赖于Parkin的泛素化底物和HDAC6的转运。CMA或自噬能降解α-突触核蛋白。在PD和某些Tau致病蛋白所致的疾病（tauopathies）中，因为α-突触核蛋白或Tau蛋白的毒性形式的累积抑制了CMA的易位复合物，CMA会被阻断，而CMA的抑制在这些失调症的发展中扮演了关键的角色，这可能也是在PD中自噬活化的原因。诱导自噬可能可以保护α-突触核蛋白相关的疾病。然而如果自噬小体的成熟受损，那么过多的自噬可能产生毒性。因此，在该疾病的早期阶段，激活自噬小体形成可能是有益的，但也许会导致神经元的降解增强。

另外一类由于10个不同染色体显性紊乱导致的神经退行性疾病主要是由延伸在蛋白质上的多聚组氨酸聚集造成的。这是由于基因中包含一段重复的CAG谷氨酸密码子，这段密码子不稳定、易扩增，导致了疾病的发生。包含蛋白聚集的多聚谷氨酰胺延伸趋势与谷氨酰胺重复的次数是成比例的。对于由Huntingtin（Htt）碎片聚集引起的亨廷顿病（HD）来说，大约40个谷氨酰胺就足以引起该疾病。自噬可以降解多聚谷氨酰胺延伸的突变Htt，同时在细胞培养和亨廷顿病的小鼠、果蝇和斑马鱼模型中，自噬也可以减少由突变的Htt表达引起的毒性。自噬在清除其他的多聚谷氨酰胺扩展蛋白中也发挥了作用，包括由突变ataxin-3导致的脊髓小脑性共济失调3型（SCA3）。然而，在齿状苍白球萎缩（DRPLA）的果蝇模型中，由atrophin-1蛋白突变造成的紊乱在自噬被诱导后也无法缓解退行性表型，其可能原因是溶酶体的降解受到损伤（62）。通过immunoEM分析发现，突变的Htt对于选择性自噬会产生负性调控作用，它会影响自噬受体蛋白引起"空"自噬小体的累积。

一些神经退行性疾病的特征就是表达微管相关蛋白Tau的超磷酸化形式。最为常见的与Tau内含物相关的疾病是阿尔茨海默病（AD）。在AD中，Tau蛋白组成的神经纤维缠结和超磷酸化的Tau的可溶性低聚物均可引起神经元的变性。AD也与β-分泌酶和γ-分泌酶切割淀粉样前体蛋白APP而产生的淀粉样蛋白αβ肽斑相关。在小鼠模型中，诱导自噬可以延迟AD的发作，但是在疾病的后期阶段不会影响肽斑和缠结的形成。Tau与tubulin结合，其生理功能是促进神经轴突中微管蛋白的稳定，使细胞在远距离运输时维持其状态。超磷酸化的Tau与tubulin的亲和力变弱，导致微管蛋白不稳定。综上所述，随着年龄增长，p62敲除的小鼠可拥有AD样表型，其大脑的超磷酸化的Tau和K63连接的泛素化蛋白含量均会增加。

在细胞模型中，当Hdac6沉默时，蛋白酶体抑制作用下Tau转运到聚集体被抑制，同时Tau聚合体的清除也受到抑制，导致不溶性Tau的累积。然而，虽然在AD中HDAC6的水平不断升高（63），但它并不存在于AD的神经纤维缠结或者肽斑中。Tau可结合HDAC6（63），是HDAC6的抑制剂。Hdac6基因敲除的小鼠中有超乙酰化的tubulin，但只在神经系统不正常的情况下出现（64）。与此同时，在AD患者的脑中发现tubulin乙酰化的增加。但是在聚集体形成的过程中（65），Tau也可抑制HDAC6的作用。抑制聚集体的形成有利于形成更小、可能引起更大毒性的聚合体，对Tau的降解产生不利影响。

p97/VCP突变引起的IBMPFD主要影响肌肉、脑和骨组织，其特点是细胞质和核中泛素化的包涵体的累积。近期的研究表明，在p97/VCP突变的诱导下，TDP-43在额颞痴呆中发挥了重要的作用。在 IBMPFD 诱导突变体 P97/VCP 的果蝇模型中，TDP-43 水平的升高直接导致变性（66）。TDP-43 阳性包涵体是额颞痴呆症和肌萎缩性脊髓侧索硬化症（ALS）的标志，在这些阳性包涵体中 HDAC6 含量减少。这与近期的发现相符：TDP-43 可结合 HDAC6 的 mRNA，敲除 TDP-43 使 HDAC6 的 mRNA 不稳定，导致 HDAC6 表达下降。这将导致聚集体的形成减少，细胞中表达 polyQ-expanded ataxin-3 突变体的细胞毒性增加。一个新发现是 TDP-43 通过结合自身的 RRM1 域稳定 Atg7 的 mRNA。TDP-43 的缺失引起 Atg7 的 mRNA 或蛋白质的减少且抑制自噬，导致多泛素化蛋白和 p62 的累积（67）。因此，TDP-43 的功能对自噬十分关键。

　　IBMPFD 相关的 p97/VCP 突变体引起 TDP-43 累积的原因目前尚不清楚，但是这样异常的累积现象提示 p97/VCP 可能参与了 TDP-43 的降解或翻译过程，从核糖核蛋白颗粒分离过程中 p97/VCP 起到重要作用（66）。p97/VCP 突变体也能导致家族性 ALS。最近报道，经硅片分析，在候选疾病的突变中，p62 突变存在于家族性和散发性且伴有 8～9 个错义突变的 ALS 患者中。

三、Serpinopathies 内质网腔的定位

　　与细胞核类似，内质网是一个缺乏自噬小体的区域。不同的是，核的聚集体不能有效地通过自噬被降解，而内质网腔的聚集体可以被自噬降解。Serpinopathies 与内质网中丝氨酸蛋白酶抑制剂家族蛋白的聚合相关。Serpin 是细胞膜内外蛋白酶体抑制因子，主要作为假底物在切割时改变构象，从而导致失活的 serpin 蛋白体复合物的形成。功能性的丝氨酸蛋白酶体抑制因子是一种单体。相反，突变体与较长的有序聚合物的形成有关，该聚合物的形成主要是由于一个单体分子的柔性反应中心环插入另一单体分子的 β 折叠中造成的。这些聚合体无法被 ERAD 所降解，累积进入内质网内腔。Serpin 家族蛋白易出现聚集倾向和致病相关突变体，包括 α1-抗胰蛋白酶、神经丝氨酸、α1-抗胰凝乳蛋白酶、C1 抑制剂和抗凝血酶。

　　α1-抗胰蛋白酶的 Z 变异体形成的聚合体累积在肝细胞的内质网中，这个突变体等位基因若是纯合子，则导致遗传性疾病中 α1-抗胰蛋白酶不足。由于丝氨酸蛋白酶抑制剂突变体的聚合作用发生在翻译后，最可能是在单体完全折叠后，所以在此期间存在单体被 ERAD 降解的可能。因此，α1-抗胰蛋白酶的 Z 变异体会被 ERAD 降解，但其也会在患者缺乏 α1-抗胰蛋白酶的肝细胞中的自噬小体内发生累积。ERAD 介导的降解在自噬缺乏细胞中会减少，这表明自噬在突变的 α1-抗胰蛋白酶降解中的重要性。

　　另一种年轻型失智症是 FENIB（神经丝氨酸包涵体相关的家族型脑病），它是由神经元的内质网中突变型神经丝氨酸的聚合引起的。在哺乳动物细胞和果蝇模型的 serpin 病的研究中发现，ERAD 和巨自噬协同引起突变型神经丝氨酸的降解。聚合物神经丝氨酸和其他 serpinopathies 的自噬降解可能与内质网自身自噬降解偶联。在这个过程中，部分内质网被认为随着蛋白质和蛋白聚集体被吞噬。关于是否存在丝氨酸蛋白酶抑制剂特异性运输到内质网的区域被降解的机制仍有待证明。在神经元样 PC12 细胞中，神经丝氨酸的自噬降解中未观察到选择性的自噬降解突变型神经丝氨酸，表明通过自噬降解的

神经丝氨酸主要是一种非选择性本体降解过程。

第四节 展　　望

　　蛋白聚集体的选择性自噬在细胞中已经是一个非常重要的蛋白质量控制系统，近十年中，我们对蛋白聚集体自噬的了解有了重大的飞跃。自噬受体 p62 和 NBR1 及大接头蛋白 ALFY 在蛋白聚集体自噬中发挥了重要的作用。ALFY 在大脑中的表达水平非常高（21），ALFY 或者 p62 的缺失与神经退行性疾病相关。可以推测，越来越多的自噬受体参与蛋白聚集体自噬过程，其中包括视神经蛋白 optineurin。关于胞内细菌（异体自噬）的选择性自噬研究有多少与蛋白聚集体的研究相关？新型自噬受体如 NDP52 和 optineurin 是从异体自噬研究中发现的，并且主要涉及泛素化。相似的是，受损线粒体的选择性去除（线粒体自噬）可以为进一步解析蛋白聚集体自噬提供一些信息，如 p62 在线粒体自噬中参与线粒体的聚集。

　　如上所述，在最近的研究中，关于分子伴侣和它们的协同因子调控错误折叠蛋白转运到不同降解通路的研究有了更大的进展。分子伴侣和它们的协同因子中除了 P97 / VCP、HDAC6、TDP-43 和 Ubiquilin-1 之外，尤其是 BAG3，在聚集体的形成中发挥了重要的作用，同时它们也影响了蛋白聚集体自噬的不同阶段。尽管如此，关于蛋白聚集体的自噬降解的研究仍在起步阶段，一些基本问题仍未得到解答。例如，我们依旧不清楚多大的聚集体可通过选择性自噬被降解，是否有大小上限？大聚集体最有效的降解是否是由 UPS-、CMA-、聚集体自噬介导的？分子伴侣和它们的协同因子的重要作用可能是协调不同降解通路来协同降解聚集体。关于不同类型蛋白聚集体的异同点仍然未知。如何区分不同类型的蛋白聚集体和蛋白包涵体？

　　一个重要的问题就是蛋白聚集体自噬是否与神经退行性疾病和其他致病蛋白所致的疾病治疗策略相关。许多临床试验正在尝试通过抑制或促进自噬作为各种肿瘤的治疗方案之一。很可能神经退行性疾病与肿瘤类似，获得的初步结果是相同的，即虽然在疾病的后期阶段，自噬的激活不利于机体，但在疾病恶化前的自噬是一种保护性作用。在肿瘤中，成熟的肿瘤细胞往往会依赖自噬（所以抑制是最好的策略）。在神经退行性疾病中，其下游功能已经紊乱，因此刺激自噬小体的形成可能不太有效。目前的挑战就是深入了解蛋白聚集体自噬的调控机制，挖掘这些机制中对于神经退行性疾病发生和发展至关重要的特定缺陷来推动神经退行性疾病的治疗。

参 考 文 献

1. M. Arrasate, S. Mitra, E. S. Schweitzer, M. R. Segal, S. Finkbeiner, *Nature* **431**, 805-810(2004).
2. R. R. Kopito, *Trends Cell Biol.* **10**, 524-530(2000).
3. D. C. Rubinsztein, *Nature* **443**, 780-786(2006).
4. Y. Kawaguchi, J. J. Kovacs, A. McLaurin, J. M. Vance, A. Ito, T. P. Yao, *Cell* **115**, 727-738(2003).
5. M. Martinez-Vicente *et al.*, *J. Clin. Invest.* **118**, 777-788(2008).
6. J. A. Johnston, C. L. Ward, R. R. Kopito, *Faseb. J.* **13**, A1520-A1520(1999).
7. D. Kaganovich, R. Kopito, J. Frydman, *Nature* **454**, 1088-U1036(2008).

8. P. J. Lim *et al., J. Cell Biol.* **187**, 201-217(2009).

9. C. Rothenberg *et al., Hum. Mol. Genet.* **19**, 3219-3232(2010).

10. L. K. Massey *et al., Journal of Alzheimers Disease* **6**, 79-92(2004).

11. E. Regan-Klapisz *et al., J. Cell Sci.* **118**, 4437-4450(2005).

12. E. S. Stieren *et al., J. Biol. Chem.* **286**, 35689-35698(2011).

13. S. Pankiv *et al., J. Biol. Chem.* **282**, 24131-24145(2007).

14. J. Gal *et al., J. Neurochem.* **111**, 1062-1073(2009).

15. Y. Watanabe, M. Tanaka, *J. Cell Sci.* **124**, 2692-2701(2011).

16. A. Orvedahl *et al., Cell Host Microbe* **7**, 115-127(2010).

17. Y. Zhang *et al., Cell* **136**, 308-321(2009).

18. M. Filimonenko *et al., Mol. Cell* **38**, 265-279(2010).

19. T. H. Clausen *et al., Autophagy* **6**, 330-344(2010).

20. V. Kirkin *et al., Mol. Cell* **33**, 505-516(2009).

21. A. Simonsen *et al., J. Cell Sci.* **117**, 4239-4251(2004).

22. K. D. Finley *et al., J. Neurosci.* **23**, 1254-1264(2003).

23. P. I. M. Filimonenko et al., *Mol. Cell* **38**, 265-279(2010).

24. B. E. R. A. Iwata, J. A. Johnston, and R. R. Kopito, *J. Biol. Chem.* **280**, 40282-40292(2005).

25. B. B. a. R. A. Nixon, *Molecular Aspects of Medicine* **27**, 503-519(2006).

26. R. D. B. Ravikumar, and D. C. Rubinsztein, *Hum. Mol. Genet.* **11**, 1107-1117(2002).

27. M. L. C. A. Yamamoto, and J. E. Rothman, *J. Cell Biol.* **172**, 719-731(2006).

28. C. L. W. J. A. Johnston, and R. R. Kopito, *J. Cell Biol.* **143**, 1883-1898(1998).

29. A. K. B. Boland et al., *J.Neurosci.* **28**, 6926-6937(2008).

30. T. H. C. S. Pankiv et al., *J. Biol. Chem.* **282**, 24131-24145(2007).

31. T. P. S. Mookerjee et al., *J. Neurosci.* **29**, 15134-15144(2009).

32. T. L. V. Kirkin et al., *Mol. Cell* **33**, 505-516(2009).

33. J. R. B. M. L. Seibenhener, T. Geetha, H. C. Wong, N., a. M. W. W. R. Krishna, *Mol. Cellular Biol.* **24**, 8055-8068(2004).

34. A. L. J. A. Olzmann et al., *J. Cell Biol.* **178**, 1025-1038(2007).

35. M. T. D.-M. J. Moscat, and M. W. Wooten, *Trends Biochem. Sci.* **32**, 95-100(2007).

36. B. G. Burnett and R. N. Pittman, *P. Natl. Acad. Sci. USA.* **102**, 4330-4335(2005).

37. S. M. T. B. J. Winborn et al., *J. Biol. Chem.* **283**, 26436-26443(2008).

38. J. H. F. M. Menzies, M. Renna, M. Bonin, O. Riess, and D. C. Rubinsztein, *Brain, vol.* **133**, 93-104 (2010).

39. H. F. P. Wild et al., *Science* **333**, 228-233(2010).

40. S. M. K. S. J. Cherra III et al., *J. Cell Biol.* **190**, 533-539(2010).

41. K. W. G. Matsumoto, M. Okuno, M. Kurosawa, and N., Nukina, *Mol. Cell* **44**, 279-289(2011).

42. H. M. H. Maruyama et al., *Nature* **465**, 223-226(2010).

43. H. K. A. Simonsen, *FEBS. Lett.* **584**, 2635-2645(2010).

44. F. T. H. Jeong et al., *Cell* **137**, 60-72(2009).

45. S. M. D. a. S. Wickner, *Trends Biochem. Sci.* **34**, 40-48(2009).

46. C. N. K. Nakaso, H. Sato, K. Imamura, T. Takeshima, a. K. Nakashima, *Biochem. Biophys Res. Commun.* **339**, 915-922(2006).

47. Y. Y. K. Nakaso et al., *Brain Res.* **1012**, 42-51(2004).

48. M. Shibata *et al., J. Biol. Chem.* **281**, 14474-14485(2006).

49. A. Simonsen *et al, Autophagy* **4**, 176-184(2008).

50. H. Denk *et al., J. Pathol.* **208**, 653-661(2006).

51. T. Hara *et al., Nature* **441**, 885-889(2006).

52. M. Komatsu *et al., Nature* **441**, 880-884(2006).

53. C. C. Liang, C. Wang, X. Peng, B. Gan, J. L. Guan, *J. Biol. Chem.* **285**, 3499-3509(2010).

54. M. Komatsu *et al., Cell* **131**, 1149-1163(2007).

55. E. Masiero *et al.*, *Cell Metab.* **10**, 507-515(2009).
56. N. Raben *et al.*, *Hum. Mol. Genet.* **17**, 3897-3908(2008).
57. A. Nakai *et al.*, *Nat. Med.* **13**, 619-624(2007).
58. C. Ebato *et al.*, *Cell Metab.* **8**, 325-332(2008).
59. H. S. Jung *et al.*, *Cell Metab.* **8**, 318-324(2008).
60. B. Hartleben *et al.*, *J. Clin. Invest.* **120**, 1084-1096(2010).
61. G. Juhasz, B. Erdi, M. Sass, T. P. Neufeld, *Genes. Dev.* **21**, 3061-3066(2007).
62. I. Nisoli *et al.*, *Cell Death. Differ.* **17**, 1577-1587(2010).
63. H. Ding, P. J. Dolan, G. V. Johnson, *J. Neurochem.* **106**, 2119-2130(2008).
64. Y. Zhang *et al.*, *Mol. Cellular Biol.* **28**, 1688-1701(2008).
65. M. Perez *et al.*, *J. Neurochem.* **109**, 1756-1766(2009).
66. G. P. Ritson *et al.*, *J. Neurosci.* **30**, 7729-7739(2010).
67. J. K. Bose, C. C. Huang, C. K. Shen, *J. Biol. Chem.* **286**, 44441-44448(2011).

（应美丹　曹　载　杨　波　何俏军　张　宏　胡荣贵）

第二十五章　线粒体和细胞器自噬

细胞自噬（autophagy）是细胞内一些蛋白质和细胞器被溶酶体降解的过程。生物体为了维持细胞内环境的稳态，需要不断清除功能失常或者不需要的各种蛋白质、细胞器及其他细胞组分。在正常状态下，细胞自噬持续地以较低的速率进行，保证细胞内物质和细胞器更新；当细胞处于应激状态时，如营养缺乏、氧化应激、低氧、高温、细胞器损伤、细胞内蛋白质异常聚集、微生物侵袭等，自噬活性显著增强。细胞自噬过程中细胞内组分如蛋白质或细胞器被双层膜结构的自噬小体包裹后，送入溶酶体或液泡中进行降解并得以循环利用。已有近 40 种自噬相关基因（*Atg*）在酵母中被克隆，并且大部分基因在哺乳类中也有同源基因。

细胞自噬可分为非选择性自噬（如营养因子等相关的 mTOR 信号通路依赖）和选择性自噬。选择性自噬（selective autophagy）能够特异性识别并降解细胞内容物（cytosolic cargo）。蛋白聚集体、病原菌及受损伤的细胞器等都能够被选择性自噬过程降解。选择性自噬通常包括泛素依赖的途径和选择性受体所介导的自噬过程。受降解的蛋白质或细胞器被泛素修饰后，p62 等自噬受体能与泛素直接相互作用，从而启动选择性自噬过程。p62 和细胞器选择性受体一方面可以识别自噬底物，另一方面又可以通过与Atg8/LC3/GABARAP 等蛋白质直接相互作用，促进选择性自噬体（selective autophagosome）形成。最新的研究发现，线粒体、内质网、过氧化物酶和核糖体等细胞器都可通过细胞自噬被清除，其中线粒体自噬是目前研究最多的细胞器自噬形式。通过细胞自噬选择性降解线粒体的过程称为线粒体自噬（mitophagy），它是细胞清除损伤及不需要的线粒体并维持自身稳态的一种重要调控机制。

第一节　线粒体和其他细胞器自噬

一、线粒体自噬及其受体

线粒体是细胞能量工厂，在生物体能量代谢中起着关键的作用。线粒体是细胞死亡调控中心。线粒体有其独有的质量控制系统。在分子水平，线粒体内部存在一系列蛋白酶调控线粒体蛋白质量平衡。在细胞器水平，线粒体自噬能够清除过剩和受损的线粒体，维持线粒体数量和质量的稳定，进而保持细胞内环境稳定。这对于生物体的正常生命活动至关重要。2007 年 Lemasters 等第一次提出线粒体自噬（mitophagy）的概念，用来定义线粒体被 LC3 包裹后经自噬途径降解的过程（*1*）。大量的研究表明，线粒体自噬作为线粒体质量与数量控制体系（mitochondrial quality and quantity control）中的重要环节，清除细胞中受损伤的或者不再需要的线粒体。线粒体自噬属于选择性自噬，并由多种线粒体上的受体蛋白介导（*2*），如图 25-1 所示。

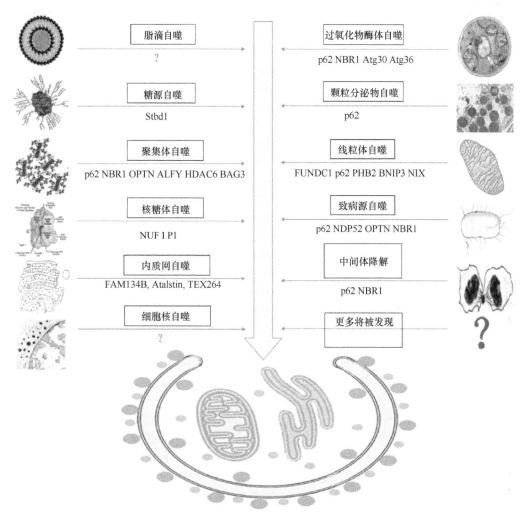

图 25-1　已发现并证实的参与选择性自噬受体蛋白分子

（一）酵母线粒体自噬及其受体

　　细胞自噬的早期研究主要是利用酵母开展的。这些研究工作鉴定出了一系列参与自噬过程的蛋白质，这些蛋白质都被命名为 Atg 家族蛋白。在饥饿的情况下，酵母也会发生典型的线粒体自噬。利用酵母体系进行大规模的遗传筛选实验，发现了一系列与酵母线粒体自噬相关的调控基因。Uth1p 是最早被发现的调控酵母线粒体自噬的一个蛋白质，它是一个线粒体外膜蛋白，其基因的缺失能够抑制由饥饿或者雷帕霉素引起的酵母线粒体蛋白的降解，提示其在线粒体选择性清除过程中起关键的作用（3）。随后又发现另一个位于线粒体膜间隙的蛋白质——AUP1p 蛋白也参与了酵母的线粒体自噬。AUP1p 具有磷酸酶活性，它参与了酵母细胞生长平台期发生的线粒体自噬的调控（4）。

　　Atg32 是酵母线粒体自噬受体蛋白，是酵母线粒体自噬所必需的（5）。Atg32 缺失会抑制线粒体自噬的发生（6）。Atg32 蛋白位于线粒体外膜，具有单次跨膜结构域，N

端朝向细胞质，当线粒体自噬发生时，蛋白激酶 CK2 可以磷酸化 Atg32 蛋白 114 位和 119 位的丝氨酸，介导 Atg11 与 Atg32 的相互作用，从而调节线粒体自噬发生（7）；Atg32 C 端含有 117 个氨基酸序列，位于线粒体膜间隙，C 端大部分氨基酸序列对于线粒体自噬是非必需的（8），但是 Atg32-Atg11 之间的相互作用依赖于蛋白酶 Yme1 对 Atg32 C 端的蛋白酶解过程。Yme1 是位于线粒体内膜的金属蛋白酶，在线粒体自噬过程中，Atg32 的 C 端会被 Yme1 剪切，而 Yme1 缺失能够显著减弱 Atg32 和 Atg11 的相互作用（5），这一有趣的现象说明蛋白酶 Yme1 对于线粒体自噬的正常进行起着重要的作用。研究发现，Atg32 与 Atg11 之间的结合依赖 Atg32 的 I/VLS 基序。在线粒体自噬过程中，Atg8 通过羧基端结合磷脂酰乙醇胺（PE）酯化形成 Atg8-PE 复合物，随后酯化的 Atg8 招募 Atg12-Atg5 复合物，Atg16 与 Atg8-PE-Atg12-Atg5 交联形成网状结构的双层膜骨架（9），最后 Atg8 通过与 Atg32 胞质域的一个 AIM 基序直接结合（10）介导自噬小体的形成。自噬小体形成之后，与溶酶体融合，形成自噬溶酶体，最后溶酶体内的水解酶将自噬小体水解，线粒体被降解清除。

（二）哺乳动物细胞线粒体自噬及其受体

哺乳动物细胞线粒体自噬比酵母线粒体自噬要复杂得多，主要包括泛素介导的线粒体自噬途径和受体介导的线粒体自噬途径。下面主要介绍 PINK1-Parkin 介导泛素依赖途径和 FUNDC1 及 BNIP3-NIX 受体介导线粒体自噬途径。

1. PINK1-Parkin 介导线粒体自噬

PINK1-Parkin 介导的线粒体自噬调控机制有比较广泛和深入的研究。Parkin 和 PINK1 突变与帕金森病的发生有密切的关系（13）。Parkin 是一个泛素连接酶（11），PINK1 是一个丝氨酸/苏氨酸激酶（12）。PINK1 位于 Parkin 的上游发挥作用（14）。PINK1 能磷酸化 Parkin 和泛素，促进 Parkin 由细胞质到线粒体的转位和线粒体自噬。

在正常情况下，细胞质内合成的 PINK1 前体通过与外膜上的 TOM 复合物和内膜上的 TIM 复合物相互作用被转运至内膜，并先后被内膜定位的蛋白酶 MPP 和 PARL 切割，切割后的 PINK1 重新回到细胞质中，进而在泛素连接酶 UBR1/2/4 的共同作用下通过蛋白酶体途径降解。当细胞内的线粒体膜发生去极化（如使用线粒体解偶联剂 CCCP 处理）时，线粒体膜电位降低，PINK1 不能转位至线粒体内膜，从而在线粒体外膜积累，其蛋白激酶活性被激活。激活的 PINK1 可募集细胞质中的 Parkin 转位到线粒体外膜。PINK1 通过对自身 Ser228 及 Ser402 和对 Parkin UBL 结构域上 Ser65 的磷酸化促进 Parkin 转位到线粒体（15，16）。PINK1 还能招募 NDP52 和 optineurin 至线粒体，从而启动线粒体自噬（17）。Parkin 被招募到线粒体上以后，可以泛素化线粒体外膜蛋白如线粒体融合蛋白 MFN1、MFN2 及线粒体外膜离子通道蛋白 VDAC1 等（18），这些线粒体蛋白被 Lys-63-连接的泛素蛋白链修饰（18,19）。有报道称 Parkin 通过促进线粒体融合素 MFN1/2 的降解来促进线粒体分裂和线粒体自噬途径降解（20）。而线粒体外膜蛋白 VDAC1 的泛素化对于 Parkin 介导的线粒体自噬的影响还存在争论（21）。此外，PINK1 可磷酸化 MIRO（作用于线粒体使其附着于驱动蛋白，介导线粒体运动），磷酸化 MIRO 可激活蛋白酶降解体系，进而被 Parkin 降解，线粒体运动受阻（*21*）。去泛素化酶 USP30 能够拮抗 Parkin 对线粒体蛋白的泛素化，从而参与线粒体自噬的调节（*22*）。

另外，泛素蛋白结合受体 p62（也称为 sequestosome 1）可以和泛素蛋白及自噬小体组分 LC3 相互作用（*23, 24*）。在正常状态下 p62 主要定位在细胞质，但在线粒体去极化情况下，p62 被迅速地募集到线粒体上。p62 可以通过和其他的 p62 分子聚合来聚集泛素化的蛋白质，然后通过和 LC3 结合将泛素化底物募集到自噬小体，进而启动线粒体自噬（*25*）。陈佺教授实验室最新的研究还发现，p62 还是 Parkin 泛素化降解底物，能被 Parkin 泛素化蛋白酶体降解（*26*）。

2. FUNDC1 介导线粒体自噬

线粒体外膜蛋白 FUNDC1 参与了缺氧介导的线粒体自噬（*17*）。FUNDC1 是一个三次跨膜蛋白质，定位在线粒体外膜上。在 FUNDC1 高表达的情况下能够引起明显的线粒体自噬，并且 FUNDC1 引起的线粒体自噬是 Atg5 依赖的。FUNDC1 存在保守的 LIR 结构域，并且依赖 LIR 和自噬的关键分子 LC3 相互作用，来介导低氧诱导的线粒体自噬。LIR 保守结构域的突变或缺失能够抑制其与 LC3 的相互作用和线粒体自噬。FUNDC1 高表达引起的线粒体自噬在 Atg5 敲减的细胞里受到了明显的抑制，而 Beclin1 的敲减并不能抑制 FUNDC1 引起的线粒体自噬，提示 FUNDC1 引起的线粒体自噬是 Beclin1 非依赖的。进一步的机制研究表明，FUNDC1 的磷酸化在线粒体自噬调控中发挥了关键作用（*27*）。在正常情况下，FUNDC1 的 13 位丝氨酸和 18 位酪氨酸分别被蛋白激酶 CK2 及 Src 磷酸化，而磷酸化的 FUNDC1 和 LC3 的相互作用比较弱，FUNDC1 的功能受到抑制。在低氧情况下，蛋白激酶 Src 的活性降低，同时 CK2 和 FUNDC1 的相互作用减弱，而 FUNDC1 的 13 位丝氨酸的磷酸酶 PGAM5 和 FUNDC1 的相互作用增加，导致 FUNDC1 磷酸化水平降低，从而促进其与 LC3 的相互作用和线粒体自噬的发生（*27*）。像 Atg32 一样，FUNDC1 介导的线粒体自噬也受到磷酸化调控，这进一步说明了线粒体自噬机制在进化上的保守性。同时，抑凋亡蛋白 BCL-XL 也能够通过和 PGAM5 的相互作用抑制 FUNDC1 的 13 位磷酸化，从而抑制 FUNDC1 及缺氧引起的线粒体自噬，提示线粒体自噬也可能参与了细胞凋亡的调控（*28*）。线粒体的分裂对于线粒体自噬的发生十分关键，最新的研究表明，FUNDC1 能够直接和线粒体融合蛋白 OPA1 及线粒体分裂蛋白 Drp1 相互作用。在线粒体自噬诱导的情况下，FUNDC1 发生去磷酸化，和 OPA1 的相互作用减弱的同时，和 Drp1 的相互作用增强，从而募集更多的 Drp1 到线粒体引起线粒体分裂及线粒体自噬（*29*）。近期研究发现 FUNDC1 作为 MAM 的主要成分之一，参与线粒体自噬的发生过程（*30*）。因此，FUNDC1 作为新的线粒体自噬受体的发现对于进一步研究哺乳动物细胞线粒体自噬的调控机制具有重要意义。

3. BNIP3-NIX 介导线粒体自噬

BNIP3 蛋白及其同源蛋白 BNIP1 和 BNIP2 最初是利用腺病毒的 E1B 19 kDa 蛋白做诱饵，通过酵母双杂交鉴定出来的。这些蛋白质能和腺病毒 E1B 19 kDa 蛋白及 BCL-2 蛋白相互作用（*31*）。NIX（又称 BNIP3L）与 BNIP3 有 56% 的序列同源性（*32*）。NIX/BNIP3L

和 BNIP3 含有相似的 BH3 结构域（BCL-2 同源结构域 3），都是单次跨膜蛋白，定位于线粒体外膜，并在特定情况下可转移至内质网膜，其跨膜结构域含有鸟苷酸"拉链"结构，并且蛋白质的大部分都位于细胞质，只有 10 个氨基酸凸起到线粒体膜间隙。此外，二者细胞质结构域都含有能与 LC3 相结合的 LIR 结构（与酵母的 AIM 结构相似）位点，以及一个异常的短的线性序列 SLiM（33）。研究表明，BNIP3 和 NIX 能够通过影响线粒体的呼吸作用或 ROS（活性氧）的产生参与细胞程序性死亡的调控，也能够通过其 LIR 结构域与 LC3 相互作用，介导线粒体自噬的发生（34，35）。

　　氧是细胞氧化磷酸化过称中的一个重要的底物。在组织中氧浓度的降低（低氧）能够诱导一系列基因的表达上调，包括促进血管生成、细胞增殖、葡萄糖代谢等基因的上调（36）。目前，低氧诱导因子 HIF1 被认为是最重要的低氧条件下的调控因子。HIF1 是由 HIF1α 亚基和 HIF1β 亚基组成的异二聚体。HIF1β 呈组成型表达，HIF1α 的表达受氧气调控，因此，HIF1α 被认为是 HIF1 的主要调控者。低氧条件下 HIF1α 被激活，进入细胞核与 HIF1β 结合组成 HIF1 诱导因子与低氧响应元件 HRE 结合，起始 HRE 下游基因的表达，如 BNIP3 和 NIX。研究表明，BNIP3 和 NIX 的启动子区域都含有低氧应答元件 HRE，低氧条件下能够被 HIF1α 反式激活，进而促进细胞自噬的发生（37）。BNIP3 和 NIX 通过以下三种机制来诱导细胞自噬（38）：第一，与 BAX/BAK 相互作用，使线粒体去极化，扰乱线粒体功能，造成活性氧 ROS 的大量积累，进而导致自噬的发生（39）；第二，与 Beclin1 竞争结合 BCL-2 和 BCL-XL，使得 BCL-2 对 Beclin1 的抑制作用解除，Beclin1 起始自噬（40）；第三，与 Rheb 结合抑制其活性，解除 Rheb 对哺乳动物 mTOR 蛋白的激活作用，间接抑制了 mTOR 的活性，引发自噬起始（41）。

　　BNIP3 和 NIX 被激活后，在线粒体外膜上大量积累，通过其 LIR 结构域与 LC3 相互作用，还可引发线粒体自噬。在低氧条件下，BNIP3 的第 17 位和 24 位丝氨酸被磷酸化，磷酸化后的丝氨酸残基能够突出 BNIP3 侧面的 LIR 结构域，促进 BNIP3 与 LC3 的相互作用引发下游线粒体自噬反应，线粒体被吞噬泡所降解（37）。NIX 除了在低氧条件下促进线粒体自噬外，在网织红细胞成熟清除线粒体的过程中也起到重要作用（42）。研究发现，NIX 的表达量在红细胞分化成熟中显著上调。NIX 敲除的小鼠存在成熟红细胞的减少和幼稚粒细胞的增加，而且这种小鼠红细胞里面的线粒体仍然存在，说明在 NIX 缺失的情况下红细胞成熟过程中线粒体的清除发生了障碍。NIX 被诱导后通过某些未知的原因引起线粒体膜电位下降，从而激活自噬机制，引起线粒体被选择性地清除（43）。进一步的研究表明，NIX 可能是一个线粒体自噬的直接受体，它能够和 LC3 蛋白直接结合，并募集 LC3 到损伤的线粒体上引起线粒体自噬的发生（43）。

二、其他细胞器自噬

　　除了线粒体以外，其他细胞器如内质网、过氧化物酶体和核糖体也存在受体介导的选择性自噬，此外，部分细胞核在特定情况下也存在自噬。这些细胞器自噬与细胞各种生命活动密切相关。

（一）内质网自噬

内质网是细胞内交织分布于细胞质中精细的膜的管道系统。内质网与核膜相连续。内质网分两类：一类膜上附着核糖体颗粒，称为糙面内质网；另一类是膜上光滑的，有极少或没有核糖体附在上面，称为光面内质网。糙面内质网的主要功能是蛋白质合成，并把它从细胞输送出去或在细胞内转运到其他部位。光面内质网的功能与糖类和脂类的合成、解毒、同化作用有关，并且还具有运输蛋白质的功能。当某些细胞内外因素使内质网生理功能发生紊乱，钙稳态失衡，未折叠及错误折叠的蛋白质在内质网腔内超量积累时，细胞会激活相关信号通路，引发内质网应激反应（unfolded protein response，UPR）来应对条件变化。内质网应激可分为饥饿应激和折叠应激，目前常用衣霉素或二硫苏糖醇（DTT）处理酵母，衣霉素抑制糖基化，二硫苏糖醇抑制二硫键的形成，它们可以抑制蛋白质折叠，从而引发内质网折叠应激反应。而引发内质网的饥饿应激，则用雷帕霉素处理，它能特异性地抑制 TOR 的活性，从而使细胞处于饥饿状态（44）。内质网应激反应是细胞的一种自我保护机制，同时它也可以引发内质网自噬。

内质网自噬是指内质网功能发生改变时，细胞激活选择性自噬以清除细胞内受损的内质网或内质网片段的过程。其主要的功能是改善细胞内环境，对细胞起保护作用。当细胞遭遇内质网应激的时候，内质网的外周部分会膨胀，并且形成内质网螺旋状结构（ER whorl），直径为 300～800 nm，内质网螺旋状结构选择性与囊泡融合（44，45）。

目前发现至少有两种受体介导的内质网自噬途径。一种是依赖 Ypt1 的内质网自噬，另一种是依赖 FAM134B 的内质网自噬。

1. Ypt1 介导的途径

Ypt/Rab 是一种保守的单体 GTP 酶，调节细胞内膜的转运。它会被鸟苷交换因子（GEFS）活化，招募多种效应器参与细胞内膜泡转运事件。在内质网自噬中 TRAPPIII 扮演鸟苷交换因子的角色，Ypt1 和 Atg11 则作为效应器。在内质网自噬中，包含 Trs85 的 TRAPP III 活化 Ypt1，活化后 Ypt1 来回运输包含非折叠蛋白的内质网到自噬小体，最终被囊泡降解，此过程中 Atg11 是不可或缺的（46，47）。

2. FAM134B 介导的途径

FAM134B 与细胞自噬关键蛋白 LC3 及 GABARAP 互作，FAM134B 有一个保守的 LC3 互作基序（LIR motif）和胞浆蛋白结构域（reticulon domain）。FAM134B 通过胞浆蛋白结构域的弯曲能力从而促进内质网的重塑和剪切。而 LC3 互作基序对内质网片段进入自噬小体及最后被溶酶体降解是必需的（48）。同时也有人在酵母中找到了 FAM134B 的同源物——Atg40，进一步证实了 FAM134B 途径的广泛性。

内质网自噬目前还存在诸多争议。以上两种途径内质网都会形成自噬小体，并和囊泡或溶酶体融合，但同时也有人发现内质网自噬可能不依赖核心的自噬装置，在缺失 Atg1、Atg7、 Atg8、 Atg16 的情况下，仍然能发生。它通过囊泡内陷的方式进行，是类似微自噬的一种独特方式，但具体机制仍需进一步研究。

研究发现，内质网自噬可能具有双重调控作用。一方面，在应激条件下，通过内质网自噬可降解内质网腔中聚集的未正确折叠或破损的蛋白质；另一方面，当折叠应激消除后，可以减小内质网的大小，使之回归正常水平，从而调节并维持细胞内环境稳定。此外，内质网自噬作为选择性自噬研究的新领域，与细胞中其他类型的选择性自噬和细胞凋亡之间关系密切。

线粒体与内质网存在密切接触，它们之间接触的部位被称为 MAM（mitochondrial assoiated membrane）。研究发现，哺乳动物细胞自噬小体在 MAM 处形成（49），并且在饥饿处理细胞后，线粒体可为细胞自噬小体生成提供生物膜；如果将 MAM 去除可明显抑制细胞饥饿诱导的细胞自噬，说明 MAM 在细胞自噬中发挥非常重要的调控作用（50）。

（二）过氧化物酶体自噬

过氧化物酶体（peroxisome），又称微体，是一种异质性的细胞器，是由一层单位膜包裹的囊泡，直径为 0.5～1.0 μm，通常比线粒体小。过氧化物酶体普遍存在于真核生物的各类细胞中，但在肝细胞和肾细胞中数量丰富。过氧化物酶体的标志酶是过氧化氢酶，它的作用主要是将过氧化氢水解。过氧化氢是氧化酶催化的氧化还原反应中产生的细胞毒性物质，氧化酶和过氧化氢酶都存在于过氧化物酶体中，从而对细胞起保护作用

过氧化物酶体自噬，即通过自噬的方式选择性降解过氧化物酶体的过程，是清除多余过氧化物酶体的主要机制。在含糖培养液中生长的酵母细胞内过氧化物酶体的体积很小，但当它生长在含甲醇的培养液中时，过氧化物酶体的体积增大，数量增多，并能氧化甲醇。由于甲醇酵母（methylotrophicyeast）是可利用甲醇作为唯一碳源的酵母，因此它经常作为过氧化物酶体自噬研究的模式生物。在甲醇酵母中，人们发现过氧化物酶体自噬有两种独立的模型（51）。一种被称为大过氧化物酶体自噬（macropexophagy），它是把在甲醇基质中培养的酵母转移到含乙醇的培养基中培养，从而诱导这种过氧化物酶体自噬。这种自噬与大自噬很相像，过氧化物酶体完全被双层膜的结构包围，这种双层膜结构被称为 MPP（macropexophagosome）。随后 MPP 的外膜与囊泡膜相融合，从而导致过氧化物酶体被降解。整个过程涉及大量的 Atg 蛋白的招募。这种过氧化物酶体自噬的方式在其他酵母中也有发现，如汉逊酵母、酿酒酵母等。另一种过氧化物酶体自噬的模型被称为微过氧化物酶体自噬（micropexophagy），当把在甲醇基质中培养的酵母转移到含葡糖糖的培养基中培养时，一组过氧化物酶体直接被囊泡吞食并降解形成特异性微过氧化物酶体自噬膜装置（micropexophagy-specific membrane apparatus，MIPA）。这个过程中可以观察到过氧化物酶体的表面会出现平坦的自噬膜结构。除了甲醇酵母外，如果把在油酸中培养的酿酒酵母转移到含葡萄糖的培养基中培养，也可以看到相同的现象。

MAPK（mitogen-activated protein kinase）是一种在真核生物中普遍存在且进化保守的丝氨酸/苏氨酸蛋白激酶，主要调节细胞内外信号转导。在酵母中存在多条 MAPK 信号途径，根据 MAPK 蛋白的不同，可以分为 Fus3、Kss1、Slt2、Hog1、Smk1 等几类。其中，Slt2 类 MAPK 信号通路对过氧化物酶体自噬起重要作用（52）。除此之外，磷酸肌醇、磷脂酰肌醇-3-磷酸（PtdIns3P）、磷脂酰肌醇-3-激酶和 Vps34 也同样参与过氧化物酶体自噬。在汉逊酵母中发现，如果缺失 PMP 和 PEX3，会导致过氧化物酶体自噬的

发生。另外，PEX3 对招募过氧化物酶体自噬受体 Atg30 也是必需的（53）。在甲醇酵母中研究发现，磷脂酰肌醇-4-磷酸（PtdIns4P）、PtdIns4P 的激酶 PIK1 及 Atg26（一种淄醇-葡糖基转移酶，通过其 GRAM 结构域和 PtdIns4P 结合）对微过氧化物酶体自噬是必需的。过氧化物酶体自噬的整个过程都与 Atg 家族紧密相连。在哺乳动物细胞中，用邻苯二甲酸酯类（如 DEHP）、降脂药物或 4-PBA 处理细胞，同样可以观察到过氧化物酶体自噬，PEX5 和 PEX14 参与此过程，但具体机制目前还不清楚。

（三）核糖体自噬

核糖体（ribosome）是细胞中的一种细胞器，是细胞内一种核糖核蛋白颗粒，主要由 RNA（rRNA）和蛋白质构成，其功能是按照 mRNA 的指令将氨基酸合成蛋白质多肽链，所以核糖体是细胞内蛋白质合成的分子机器。原核细胞的核糖体体积较小，分子质量约为 2.5 MDa，沉降系数为 70S，由 50S 和 30S 两个亚基组成；而真核细胞的核糖体体积较大，分子质量为 3.9～4.5 MDa，沉降系数是 80S，由 60S 和 40S 两个亚基组成。除哺乳动物成熟的红细胞外，细胞中都有核糖体存在。研究者在酿酒酵母中发现一种选择性降解核糖体的方式，他们称之为核糖体自噬（54）。一般情况下核糖体非常稳定，说明核糖体自噬在新的环境下对核糖体的数量与质量的控制起着非常重要的作用。另外，核糖体自噬涉及很多去泛素化酶，说明核糖体自噬加强了依赖泛素化蛋白降解途径和细胞自噬途径之间的联系及交流。核糖体自噬要求细胞自噬机器是完整的，有报道指出真核细胞内如果缺失 Atg7，核糖体的 60S 和 40S 亚基都不能被降解。

在酵母的核糖体自噬中，有两个蛋白质是必需的。一个是 UBP3，它是一种涉及将受损的或错误折叠的蛋白质去泛素化的蛋白酶；另一个是它的活化蛋白 Bre5（55）。在饥饿的情况下，UBP3 和 Bre5 对特异性降解核糖体的 60S 亚基是必需的。另外，UBP3-Bre5复合物会和 Atg19 发生相互作用，介导 Atg19 的泛素化。Kraft 等证明核糖体自噬中，自噬小体会吞食核糖体，并且是一个选择性降解的过程。核糖体自噬在高等真核生物中同样存在，UBP3 的同源蛋白是 USP10，Bre5 的同源蛋白是 G3BP1。在鼠的肝脏细胞中，如果氨基酸或胰岛素缺乏，细胞质的核糖体 RNA 就会被自噬。

（四）细胞核自噬

细胞核（nucleus）是细胞中最大也是最重要的细胞器，由核膜（nuclear membrane）、核质（nucleoplasm）、核骨架（nuclear scaffold）、染色质（chromatin）和核仁（nucleolus）几部分组成。细胞核内部含有细胞中绝大多数的遗传物质，即 DNA。细胞核的主要功能是维持细胞基因的完整性，并借由调节基因转录表达来调控细胞代谢、生长、分化和死亡等各种生命活动。在酿酒酵母中人们发现了细胞核的自噬，但这个自噬并不是整个细胞核被自噬，只有少量细胞核碎片被降解，因此，研究者把这个选择性自噬的过程命名为核碎片的微自噬（piecemeal microautophagy of the nucleus，PMN）（56），该自噬依赖于核膜蛋白 Nvj1p 及囊泡膜蛋白 Vac8p，二者相互作用，形成核-囊泡的连接（NV junction），并促进了核碎片的微自噬。哺乳动物细胞核自噬受体也被发现受到 lamin B1 调控（57）。

<h1 style="text-align:center">第二节 细胞器自噬的实验技术</h1>

一、线粒体自噬检测技术和方法

（一）电子显微镜技术检测线粒体自噬

透射电子显微镜法仍是研究线粒体自噬最佳的方法之一，通过超微结构的观察，能为研究细胞自噬及线粒体等细胞器自噬提供直接的证据（58，59）。在超微结构水平，细胞自噬的典型形态学特征是形成一个双层膜结构的自噬小体，其内包裹着细胞基质成分或者细胞器，在不同的降解阶段，其内含物会发生变化，最终，自噬小体会与溶酶体融合形成单层膜结构的自噬溶酶体（autolysosome）。线粒体自噬的早期阶段通过线粒体独特的结构如线粒体嵴可以很容易地鉴别出来（图 25-2）。但线粒体自噬的后期阶段可能表现出来的就是包裹着残留线粒体的单层膜自噬小体结构（图 25-2）。最好的方法是通过免疫电镜来确定线粒体自噬的后期，如用线粒体标记物 TOMM20 或 CypD 标记线粒体来确定后期包裹的是不是线粒体（59）。电镜虽然能为研究线粒体自噬提供直接的证据，但由于其样品制作烦琐、数量受限制，以及制样过程中对于线粒体的破坏、观察的可变性等影响因素，因此，正确地选择样品和视野是非常重要的。

下面简述一下电镜样品的制作过程。

（1）10 cm 培养皿中 70%～80% 的细胞进行固定（固定液配方：3.0% 的多聚甲醛，1.5% 戊二醛，含 5 mmol/L Ca^{2+}，含 2.5% 蔗糖的 100 mmol/L 二甲砷酸钠），常温 1 h。

（2）固定后，漂洗三次（漂洗液配方：含 2.5% 蔗糖的 100 mmol/L 二甲砷酸钠）。

（3）将细胞用细胞刮刀刮下来后，收集于 1.5 mL EP 管中，梯度离心（1000 g 5 min，3000 g 5 min，6000 g 5 min，12 000 g 5 min）。

（4）将细胞团移动到新的 EP 管中，锇酸在冰上固定 1 h，避光。

（5）乙酸双氧铀润洗后，加入乙酸双氧铀，过夜避光。

（6）第二天，双蒸水快速润洗后，再接着用 50% 的乙醇快速润洗一下。

（7）冰上梯度脱水：70 乙醇 5 min，95 乙醇 5 min，100% 乙醇 5 min，100% 乙醇 15 min 3 次，最后环氧丙烷两次，每次 5 min。

（8）梯度包埋：环氧丙烷：树脂（812 1.8 mL，DDSA 1 mL，NMA 1.3 mL，DMP 0.14 mL）1∶1 不少于 1 h，1∶2 过夜，随后 100% 树脂 4～6 h。

（9）将细胞团用 100% 树脂包埋到模板上，37℃ 过夜除气泡，60℃ 烘烤 48 h 左右。

（10）切片，染色后放置于铜网上，在电子显微镜下观察。

（二）线粒体质量检测法

保持线粒体健康的状态和稳定的数量对于细胞维持正常的功能有着重要的意义。目前，线粒体自噬（mitophagy）被认为是一种重要的线粒体质量与数量调控机制，对维持线粒体功能稳定性相当重要。线粒体自噬必然导致整体线粒体质量（mitochondrial mass）的减少，因此通过检测线粒体质量变化可有效反映线粒体自噬及其程度。

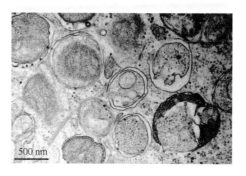

图 25-2 线粒体自噬的电镜图。线粒体被双层自噬小体包裹形成自噬溶酶体结构和自噬小体结构

1. 通过蛋白质水平变化检测线粒体质量

在线粒体自噬后期，包裹在自噬小体中的线粒体最终会与溶酶体结合而被降解，使线粒体数量整体减少并直接导致线粒体蛋白也减少，因此可以通过检测相关线粒体蛋白来判断线粒体是否发生自噬及自噬程度。但应用此方法时不能只选取线粒体外膜蛋白如 TOM20 和 VDAC1 等，因为外膜蛋白的减少不一定表明线粒体会发生自噬，它们有可能是通过泛素化介导的蛋白酶体降解途径而导致被降解。因此，除了需要检测线粒体外膜蛋白，还需要检测线粒体基质及内膜蛋白的变化；一般认为线粒体外膜、基质及内膜蛋白同时减少很大可能是因为线粒体自噬导致的，但还需排除线粒体生成的减少。一般线粒体外膜蛋白选择 TOMM20、VDAC1 和 MFN1 等，内膜蛋白可以选择 TIMM23 作为标准，也可以选择线粒体呼吸链复合物的亚基蛋白或者线粒体 DNA 编码的蛋白 COXIV 等，线粒体基质蛋白选择 MnSOD2、TRX2 或 Hsp60 等。由于线粒体发生自噬过程中线粒体外膜和内膜蛋白比线粒体基质蛋白先被降解，有可能出现外膜蛋白及内膜蛋白大量减少而基质蛋白变化不明显的情况，这种情况一般也认为发生了线粒体自噬。因此，可通过 Western blot 检测这些线粒体蛋白的水平变化来判断是否发生线粒体自噬及自噬程度。正常情况下，本底水平的线粒体自噬太低以至于不能可靠地判断线粒体的清除，因此需要给予细胞一些药物或者生理刺激，如解偶联剂 CCCP（10～20 μmol/L，6 h）处理细胞能促进线粒体的降解。在药物刺激的情况下，比较未处理的对照组与药物刺激的实验组细胞中线粒体蛋白如线粒体外膜蛋白 MFN1、基质蛋白 MnSOD2 及内膜蛋白 COXIV 的变化情况。这种方法的优点就是可以简单、直接和客观地量化线粒体自噬，只需要收取样品，通过 Western blot 检测相关线粒体蛋白，看这些标志蛋白是否减少即可；但存在的缺陷就是不清楚线粒体蛋白的减少是不是特异性地通过线粒体自噬发生，因此通过这种方法检测线粒体质量要谨慎地选择线粒体标志蛋白（59）。

2. 流式细胞术结合线粒体荧光染料法

线粒体质量可以通过一种荧光激活的细胞分选技术并结合 MitoTracker 染色来进行线粒体质量检测（受损的线粒体结合 MitoTracker 能力减弱）。这种技术已经成功地应用于检测红细胞成熟过程中线粒体的清除（60）。下面以网织红细胞为例，简述这种结合染色的流式细胞分选方法的具体步骤。

（1）收集细胞，低转速离心后，去除培养基，加入含有 200 nmol/L Mitotracker Red CMXRos（MTR）的完全培养基，在 37℃培养箱孵育 30 min，期间每隔 7～8 min 颠倒几次，防止细胞沉淀到管底。

（2）离心后去除含有染料的培养基，PBS 清洗两遍，除去多余的染料，防止背景的产生。

（3）随后用 PBS 将染色的细胞重悬起来，并用尼龙膜过滤到流式检测管中，锡箔纸包裹避光，插至冰上。

（4）使用 BD LSR II 流式细胞仪对细胞进行分析，设置相应的程序，区分 MTR 阳性的细胞群和 MTR 阴性的细胞群。在流式细胞仪过一定数目的细胞时，看阳性和阴性细胞各自占的比例。MTR 的激发波长是 562 nm，接收波长在 600～620 nm。

（5）流式细胞仪测出的结果可以通过软件 FlowJo 进一步分析。

流式细胞仪可以分析网织红细胞在成熟过程中线粒体的清除过程，以及 Atg7$^{-/-}$细胞和 NIX$^{-/-}$细胞能够完全抑制线粒体的清除过程。但这种检测线粒体自噬存在的争议是线粒体自噬是否是清除受损线粒体的唯一机制，是否还存在其他清除损伤线粒体的机制。

（三）PCR 法检测线粒体 DNA 拷贝数

线粒体属于半自主细胞器，含有自身的遗传物质即环状 DNA（mtDNA）。人类细胞线粒体可以编码 13 种蛋白质。线粒体异常或受到损伤时会发生自噬，整个受损的线粒体会受到清除，其含有的线粒体 DNA 也会受到清除，因此通过实时定量 PCR 对 mtDNA 拷贝数的定量检测也是检测线粒体自噬的一种方法（60）。通常选取线粒体基因编码的 mt-Co2 蛋白为标志物代表线粒体 DNA，选取核基因编码的蛋白 SDHA 代表核 DNA，最后计算 mtDNA 的拷贝数时，用 SDHA 作为内参，即 mt-Co2/SDHA 的比值代表线粒体拷贝数的相对值，一般认为比值变小，即线粒体拷贝数减少时发生了线粒体自噬（59）。

具体步骤是：

（1）提取细胞总的 DNA 作为模板。提取细胞 DNA 的方法如下：

a. 准备一个 6 孔板细胞，胰酶消化后加入 400 μL 的提取溶液[50 mmol/L Tris-HCl（pH7.4）；0.1 mol/L EDTA；0.1 mol/L NaCl]，并加入 10 μL 蛋白酶 K、12.5 μL 20%SDS，55℃温育 4～5h，至细胞完全裂解。

b. 12 000 r/min 离心 15 min 后将上清转移到 1 mL 冰的无水乙醇中，来回轻轻颠倒后会发现析出的 DNA 沉淀。

c. 将白色的 DNA 沉淀用 10 μL 枪头转移到新的 1.5 mL EP 管中，70%乙醇洗涤一次，12 000 r/min 离心 5 min，倒掉乙醇后，吹干至无乙醇味。

d. 根据沉淀量加入适量的 TE 缓冲液，放至室温，直到沉淀完全溶解。

（2）根据 Power SYBR® Green PCR Master Mix（Life Technologies）试剂盒的说明书要求，加入一定量体积的细胞总 DNA 作为模板，加入特异性的扩增 mt-Co2 和 SDHA 的寡脱氧核苷酸引物（表 2.1），补充无 RNase 的水，最后的总体积为 25 μL，引物和 Mg^{2+}的最终浓度为 0.2 μmol/L 和 3 mmol/L。

（3）在 QPCR 仪上设置相应的程序，完成实验。对最后得到的数据进行相应的分析。

表 25-1　线粒体 DNA 拷贝数 PCR 引物列表

引物名称	基因	位置	序列（5' to 3'）
Co2-Fw	mt-Co2	7037～7052	CTACAAGACGCCACAT
Co2-Rev	mt-Co2	7253～7238	GAGAGGGGAGAGCAAT
SDHA-Fw	SdhA	1026～1043	TACTACAGCCCCAAGTCT
SDHA-Rev	SdhA	1219～1202	TGGACCCATCTTCTATGC

（四）免疫荧光染色法检测线粒体 DNA

除了 RT-PCR，还可以利用 anti-DNA 抗体通过免疫荧光染色，然后在激光共聚焦显微镜或荧光显微镜下直接观察，检测线粒体 DNA（mtDNA）的丢失情况，并反映线粒体自噬情况。具体方法如下。

（1）细胞爬片处理：提前将细胞爬片用多聚赖氨酸浸泡，室温下在摇床上处理过夜；处理好的细胞爬片用无菌水洗三遍，酒精消毒后将爬片放到 12 孔板中。

（2）种植细胞：胰酶消化所需的细胞后，用培养基中和胰酶，然后取出适量的细胞种植到具有爬片的 12 孔板中，加入适量的培养基后放到细胞培养箱中培养 24 h。

（3）固定：待细胞完全贴壁，状态稳定后，弃去培养基，PBS 清洗一遍后，用 4% 的多聚甲醛在室温下固定 15 min，随后用 PBS 清洗三遍。

（4）封闭：含有 10%FBS 的封闭液在室温下封闭 2 h。

（5）孵育抗体：用含 10%FBS 封闭液稀释 anit-DNA（Progen Biotechnik）的抗体，4℃过夜孵育。随后，用 PBS 清洗三次，每次 10 min。加入用含 10% FBS 的封闭液稀释的带有荧光标签的相应二抗，室温下孵育 1 h 后，PBS 清洗三次，每次 10 min。

（6）DAPI 染色：随后加入含有 10 mg/mL DAPI（Sigma）的 PBS，孵育 5 min 后弃去，用 PBS 清洗一次。

（7）封片：将最后孵育过抗体的爬片置于滴有抗荧光淬灭剂的载玻片上，用石蜡或者透明指甲油将四周密封好，风干后，置于激光共聚焦或荧光显微镜下观察并拍照。

（8）观察：为了通过 mtDNA 免疫荧光染色的图片检测线粒体自噬，将染有 DAPI 和免疫染色 mtDNA 的样品置于 LSM 510 microscope（Zeiss）的 63x/1.4 物镜下观察，通过 Z 平面扫描从顶部至底部获取不同的图片，图片用软件 Volocity software（Perkin Elmer v6.0.1）进行分析。

（9）保留 mtDNA 点的比例通过公式（cDNAv/nDNAv）/n 进行计算，其中 cDNAv 是总的细胞 mtDNA 量，通过 anti-DNA 抗体染色决定；nDNAv 是总的核 DNA 量，通过 DAPI 染色决定；n 是细胞数目。

（10）一般需要统计 50～200 个细胞并来源于三次独立的实验。

在正常的情况下，mtDNA 点 100%正常存在，而在药物 OA（oligomycin & antimycin A）处理的细胞，线粒体自噬增强的情况下，mtDNA 点几乎消失；在 Atg5 敲除（Atg5KO）的细胞中，由于线粒体自噬被阻止，mtDNA 的点依然正常存在。

（五）线粒体与溶酶体的共定位研究

线粒体自噬的后期是含有线粒体的自噬小体与溶酶体融合并被降解的过程，因此通过检测线粒体与溶酶体是否共定位，可以判定是否发生完全或不完全线粒体自噬。通过荧光染料标记溶酶体（LysoTracker）与线粒体（MitoTracker）并观察两者的共定位情况。染料 LysoTracker 是一种带有荧光的酸性探针，可以标记和追踪活细胞的酸性细胞器，可以自由地通过细胞膜，代表性地集中于球形的细胞器。染料有几种不同的荧光颜色，可方便进行多色研究。而染料 MitoTracker 可以特异性地标记活细胞的线粒体。此方法可以方便、快捷地研究溶酶体与线粒体的共定位，但因 LysoTracker 并不只是特异性标记溶酶体和自噬小体，存在一定的误差，所以可以通过抗体免疫染色溶酶体标志蛋白来标记溶酶体。

1. 以 LysoTracker Red 和 MitoTracker Green 染色检测溶酶体和线粒体共定位

（1）将待染色的贴壁细胞适量种植到含爬片的小皿中，放置到细胞培养箱中培养。

（2）待细胞完全贴壁后，覆盖合适的面积，去除培养基，加入提前温育（37℃）含有 LysoTracker 探针（终浓度为 50～75 nmol/L）的培养基，根据不同的细胞类型，在细胞培养箱中孵育 30～120 min，随后弃去含有探针的培养基，用 PBS 清洗一次。

（3）加入含有 MitoTracker（终浓度 20～200 nmol/L）的培养基，在 37℃下染色 30 min 左右，除去含有探针的培养基，PBS 清洗一次。

（4）加入正常的培养基，放置于激光共聚焦或荧光显微镜下进行观察，拍照。LysoTracker Red 的激发波长是 577 nm，Mitotracker Green 的激发波长是 488 nm。

2. 通过溶酶体标志蛋白标记溶酶体检测溶酶体与线粒体的共定位

LAMP-1&2 是与溶酶体相关的膜蛋白，可以作为标记溶酶体的标志物，一般呈点状分布。可以构建表达荧光蛋白（如 GFP 或 DsRed 等）融合的 LAMP-1 或者 LAMP-2 载体，利用脂质体（Lipofectamine 2000）在细胞中瞬转该质粒并使蛋白质表达来标记溶酶体；或者将该基因构建到可以包装的载体如 pMSCV 上，通过利用病毒感染细胞，将该基因整合到细胞的基因组，构建稳定表达 LAMP-1&2-GFP 或者 LAMP-1&2-DsRed 的细胞系，同样也可以利用此技术标记线粒体（如质粒 mito-GFP/DsRed）。然后将细胞种植到玻片上固定后观察与统计；或者通过 LAMP-1&2 及线粒体蛋白的抗体进行特异性标记溶酶体和线粒体。此方法的优点是可以标记固定后的死细胞的溶酶体与线粒体。

（六）利用线粒体的靶向探针分析检测线粒体自噬

1. MitoTimer 用于线粒体的更新分析

伴随着线粒体的融合与分裂，线粒体的生成和其本身的自噬共同决定线粒体的更新（turnover）。最近，Roberta A. Gottlieb 的研究组成功构建出了一个名叫 MitoTimer 的探针，用于检测线粒体的更新。MitoTimer 是 N 端含有线粒体定位序列的一个突变体红色荧光蛋白 DsRed（定位于线粒体基质），这种蛋白质对时间很敏感，随着时间的推移会不可逆转地变为红色，或者在蛋白质被氧化的情况下也会变成红色（*61*）。一般会将 MitoTimer 构建到强力霉素（doxcycline）诱导的载体 pTRE-tight 上，方便控制 MitoTimer 的表达。维持线粒体的更新需要新蛋白的输入，以及受损和衰老蛋白通过降解或线粒体自噬方法被清除，MitoTimer 呈现出的颜色由新蛋白（绿色荧光）的合成与输入速率与衰老蛋白（红色荧光）的降解速率的比值决定。因此，通过构建一个在强力霉素的诱导下稳定表达 MitoTimer 的细胞系，在线粒体自噬诱导剂的情况下，通过共聚焦显微镜拍摄图片进行统计，每次至少统计 100～200 个细胞的线粒体（每个线粒体标记的颜色变化红/绿比/大小），进行三次独立的实验。将细胞自噬的上游基因 *Atg5* 敲除后会抑制自噬小体的形成，抑制细胞自噬及线粒体自噬，或者在细胞中添加溶酶体抑制剂（BAF 或者 chloroquine），都可阻止衰老蛋白及受损线粒体的清除，MitoTimer 的红/绿会变大。因此，通过 MitoTimer 的红/绿的变化从一定程度上也可以反映出线粒体的生成和自噬情况（图 25-3）。

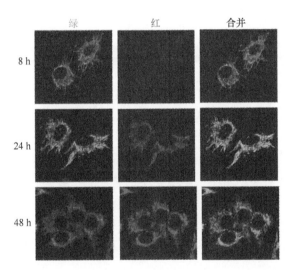

图 25-3　四环素诱导表达 Mitotimer 检测线粒体活动（HeLa 细胞转染 Mitotimer 后，加入四环素诱导表达，随着表达时间延长，红色荧光逐渐增强）（彩图请扫封底二维码）

2. Om45-GFP 的剪切实验检测线粒体自噬

为了定量检测酵母中的线粒体自噬，Klionsky 团队提出了一个简单的方法去检测线粒体自噬，即通过 Om45-GFP 的剪切实验（*62*）。Om45 是定位在线粒体外膜的蛋白质，带 GFP 标签（GFP 在 Om45 的碳端）的 Om45 能正确定位到线粒体。在发生线粒体自噬时，线粒体会被包裹进自噬小体，最终与溶酶体融合，Om45-GFP 进而会被降解，而 GFP 很稳定，在酸性环境下不会被降解，因此会释放出完整的游离 GFP，通过 Western blot 可以检测剪切后的 GFP。因此，线粒体自噬可以通过检测释放出的游离 GFP 的量被鉴定及量化。一种类似的带有 GFP 标签的线粒体蛋白剪切实验也被应用到哺乳细胞中，通过流式细胞仪筛选出稳定表达融合有 GFP 标签的线粒体基质蛋白（subunit 9 of F0-ATPase，Su9-GFP）或者线粒体外膜蛋白（GFP-Omp25）。在线粒体自噬发生的情况下，Su9-GFP 和 GFP-Omp25 的荧光信号会减弱，但在自噬被抑制的情况下（如抑制剂

或者基因 *Atg* 敲除的情况下），Su9-GFP 和 GFP-Omp25 的荧光信号减弱会被抑制，因此可通过荧光蛋白信号的强弱或者游离 GFP 的量来反映线粒体自噬（*63*）。针对线粒体自噬，这种方法具有很高的专一性，更加客观和量化，但缺点就是位于溶酶体中的游离 GFP 的稳定性在不同细胞类型中是不一样的，这依赖于细胞自身的溶酶体活性与酸性。

3. mCherry-GFP-FIS1（101-152）检测线粒体自噬流

将串联的 mCherry-GFP 标签连接到具有定位到线粒体外膜定位信号的蛋白质 FIS1（氨基酸 101～152），通过荧光颜色变化监测线粒体是否与溶酶体融合表征线粒体自噬过程。在正常的情况下，线粒体呈现出红色与绿色两种荧光，而当线粒体自噬被诱导时，线粒体与溶酶体（低 pH 环境）结合，在低 pH 条件下，GFP 的信号被熄灭，而 mCherry 能正常发光，呈现出红色（*64*）。因此，结合激光共聚焦或荧光显微镜技术，可以检测线粒体自噬流。在加入 CCCP 等线粒体诱导剂时，会出现红色的荧光点；而当饥饿处理促进细胞自噬时，红色的荧光点相对线粒体自噬诱导剂偏少。

（七）mt-Keima 检测线粒体自噬流

mt-Keima 是融合线粒体定位序列的荧光报告蛋白。Keima 是由珊瑚虫衍生出来的蛋白质，在不同的 pH 条件下可以发出不同的荧光，并且它可以抵制溶酶体蛋白酶体的降解。通过分子克隆实验将编码 COX8 的线粒体定位序列的 DNA 片段连接到 *Keima* 基因序列 N 端，构建能在细胞中表达 mt-Keima 蛋白的载体，mt-Keima 蛋白能定位到线粒体基质。因 mt-Keima 的 pH 依赖性，以及对溶酶体蛋白酶的抵制，能通过 561 nm/458 nm 激发的 Keima 荧光比值来揭示潜在的线粒体自噬水平，但必须在活细胞状态下（*65*）。在中性 pH 条件下，458 nm 激发下发出绿色荧光，在酸性 pH 条件下，561 nm 激发下发出红色荧光，通过 561 nm/458 nm（红/绿）荧光比值来揭示线粒体自噬。有研究表明，在 pH7.0 到 pH4.0，561 nm/458 nm（红/绿）荧光比值增加了 7～8 倍。

具体实验操作方法如下：

（1）构建稳定过表达 mt-Keima（慢病毒质粒）的细胞系。在观察之前，胰酶消化后传代到与共聚焦适配的特殊小皿中；在观察时，维持 5%CO$_2$ 和 37℃的恒温。

（2）利用激光共聚焦显微镜技术，458 nm 和 561 nm 同时激发，620 nm 发射波长，拍摄图片，最后做 561 nm/458 nm（红/绿）的比值统计，比值越大，代表线粒体自噬越强。

此外，也可以通过流式细胞分析方法来判断稳定表达 mt-Keima 的细胞在不同条件刺激下是否发生了细胞自噬。首先将细胞消化成单细胞，磷酸盐缓冲液（PBS）洗一遍，随后用 500 μL 的缓冲液重悬，通过尼龙膜过滤到流式测量管中。随后，用 BD 的 LSR II 流式细胞仪进行分析，设置细胞同时被紫色（407 nm）和绿色（532 nm）激发光激发。同时设置两种接收波长，605±20 nm（V605）和 610±10 nm（G610），最后得到的数据用软件 flowjo 分析（图 25-4）。

将 Parkin 与 mt-Keima 同时在细胞中过表达，可以用来研究 Parkin 依赖的线粒体自噬。研究发现在 FCCP 和 oligomycin（5 μmol/L）刺激 15 min 左右，Parkin 可定位到线粒体上，随着刺激时间的延长，线粒体可与溶酶体融合，Parkin被降解，mt-Keima变成完全的红色。通过建立mt-Keima的转基因小鼠，也可以检测活体的线粒体自噬。因此通过mt-Keima可以判定是发生完全线粒体自噬还是不完全线粒体自噬（66）。

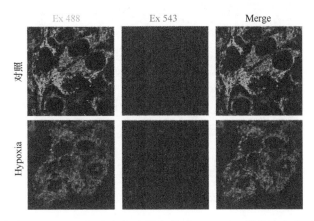

图25-4　HeLa细胞表达mt-Keima后，在低氧应激条件下mt-Keima的荧光变化（过表达mt-Keima的HeLa细胞低氧处理24 h后，分别用488 nm及543 nm波长激发，收集620 nm发射波长图片，分别用绿光和红光标示，其中只有红光的线粒体是被溶酶体包裹酸化的线粒体）（彩图请扫封底二维码）

（八）线粒体与LC3的共定位

细胞自噬相关蛋白LC3是自噬检测分析中的关键分子。当自噬水平低时，LC3均匀分布在细胞中，而一旦自噬发生，LC3的脂化导致其重新聚集定位到自噬小体膜上。在细胞中可将绿色荧光蛋白GFP与LC3融合表达，表达产物是GFP-LC3。在自噬水平低时，GFP-LC3融合蛋白弥散在胞质中；自噬形成时，GFP-LC3转位至自噬小体膜，在激光共聚焦或荧光显微镜下可观察到多个明亮的绿色荧光斑点，一个斑点相当于一个自噬小体，可以通过计数来统计分析并评价细胞自噬活性的高低。

同样，在发生线粒体自噬时，形成的自噬小体包裹线粒体，因此，观察LC3是否与线粒体共定位，可以作为判断线粒体是否被包裹在自噬小体的一个依据。具体方法如下。

（1）GFP-LC3表达细胞系的建立：首先构建N端带GFP标签的LC3过表达载体，包装病毒后感染细胞得到稳定表达GFP-LC3的多克隆细胞系，然后筛选分单克隆，得到表达GFP-LC3的单克隆（用细胞计数板计数100个细胞，用20 mL培养基稀释，分装到两个96孔板，培养10天左右后，将单克隆的细胞消化出来培养），这样可以保证细胞GFP-LC3的表达量的一致性。

（2）将表达GFP-LC3的细胞接种到玻璃片上，加线粒体自噬诱导剂刺激，当线粒体自噬被诱导后（如加线粒体自噬的诱导剂CCCP），GFP-LC3会呈斑点状分布。

用MitoTracker red染色或者表达mito-DsRed标记线粒体。用4%的多聚甲醛进行固定后在激光共聚焦或荧光显微镜下统计每个细胞中线粒体与GFP-LC3的共定位（图25-5），通常需要统计50～200个细胞（来源于三次独立的实验），并用软件进行分析。因为自噬小体可能很快地被溶酶体降解，可以在固定之前加入溶酶体的抑制剂E64D（10 μmol/L）和Pepstatin A（10 μmol/L）处理6 h后封片统计。

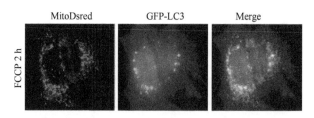

图 25-5 激光共聚焦显微镜拍摄的高表达 GFP-LC3 HeLa 细胞内自噬小体（绿色）
与线粒体（红色）的共定位情况（彩图请扫封底二维码）

除了利用外源表达的 LC3，也可以在一些刺激的情况下（如 CCCP、FCCP）看内源
LC3 与线粒体的共定位情况并进行统计分析。

二、线粒体自噬受体介导的途径鉴定

目前公认线粒体自噬是选择性自噬，线粒体上存在一些线粒体自噬受体，在不同
生理环境下线粒体自噬途径也不尽相同。下面简要叙述线粒体自噬途径的鉴定原理及
方法。

（一）PINK1-Parkin 介导的线粒体自噬途径检测

PINK1 是一种丝氨酸/苏氨酸蛋白激酶，含有线粒体定位序列（mitochondrial targeting
sequence，MTS）。正常情况下，PINK1 前体被运输到线粒体内膜后，MTS 先被线粒体
MPP 酶剪切，然后 PINK1 会进一步被线粒体蛋白酶 PARL 剪切成为短肽形式，此阶段
PINK1 在线粒体内很不稳定。但当线粒体膜电势去极化时，线粒体蛋白运输机制受损，
PINK1 输入到线粒体内膜途径被阻止，PINK1 也不能被 MPP 及 PARL 剪切，最终以长
肽链形式的形态定位在线粒体外膜上，并且蛋白质稳定性较高。长肽链形式的 PINK1
通过募集泛素连接酶 Parkin 聚集到线粒体外膜，进而导致一些线粒体外膜蛋白通过泛
素化介导的蛋白酶体被降解。同时，细胞自噬相关蛋白 p62 也被募集到线粒体上，并
进一步募集其他自噬相关蛋白，将线粒体包裹形成自噬小体，自噬小体再与溶酶体融
合并被降解，最终导致整个线粒体被清除。PINK1-Parkin 介导的线粒体自噬途径的鉴
定和检测方法如下。

（1）首先建立 PINK1-GFP 和 GFP-Parkin 稳定表达细胞系，在相关处理后（包括
研究相关蛋白的高表达、敲除及一些生理或药物刺激等），加 CCCP 或者 FCCP 处理后
收集样品，利用 anti-GFP 或者 anti-PINK1 抗体通过 Western blot 检测长肽链形式的
PINK1-GFP 是否增加。用此方法可判断 PINK1-Parkin 介导的线粒体自噬是否介入及是
否受到影响。

（2）稳定表达 GFP-Parkin 的细胞系，在一定条件刺激下，用线粒体蛋白的抗体或
mt-DsRed 标记线粒体，然后通过激光共聚焦或荧光显微镜观察 GFP-Parkin 是否定位到
线粒体上，通过分析 GFP-Parkin 定位到线粒体的量的多少判断线粒体自噬程度。

（3）将上述细胞裂解处理，通过 Western blot 检测线粒体外膜蛋白（TOMM20 和
TOMM70 等）、线粒体内膜蛋白（COXⅡ 和 COXⅣ等）和线粒体基质蛋白（Hsp60 和

LONP1 等）的减少情况，进一步分析 PINK1-Parkin 介导的线粒体自噬的程度。

（4）可建立 PINK1 或 Parkin 敲除细胞系，细胞被相应处理或刺激后通过 Western blot 方法检测线粒体自噬情况，可判断是否是 PINK1-Parkin 介导的线粒体自噬途径。

当然，PINK1 的长肽链形式没有增加，或者 Parkin 没有定位于线粒体上，也不能说明没有发生线粒体自噬，同样，线粒体自噬发生了但 PINK1 的全长也不一定增加，或者 Parkin 也不一定定位于线粒体上，PINK1-Parkin 与线粒体自噬之间不是充分必要的关系。

（二）FUNDC1 受体介导的线粒体自噬检测

FUNDC1 是陈佺实验组发现的线粒体自噬受体，在低氧及其他生理刺激下都可促进线粒体自噬（67）。

可通过激光共聚焦或荧光显微镜检测 GFP-LC3 与线粒体的共定位证实线粒体自噬的发生。其中，过表达 FUNDC1-Myc、FCCP 及亚硒酸钠等处理，都可以诱导线粒体自噬的发生。在细胞中通过共转染 FUNDC1-Myc 与 GFP-LC3，然后检测 FUNDC1 介导的线粒体自噬（图 25-6），具体实验方法如下。

（1）铺盖玻片：从 70% 的乙醇中，将使用酸液浸泡的盖玻片取出，靠近酒精灯火焰将乙醇烧干，后置于 6 孔板中。

（2）接种细胞：在 6 孔板中加入 2 mL 完全培养基，并将适量均匀重悬的细胞悬液添加到完全培养基中，温柔摇晃 6 孔板使得细胞在培养基中分散均匀。

（3）细胞的处理及转染：接种细胞 24 h 后，对生长在盖玻片上的细胞可进行转染或者加药处理：转染细胞（GFP-Cherry-LC3：FUNDC1=1：3）转染 24 h 后采用低氧（1% O_2）处理 12 h，或者 10~20 μmol/L FCCP 处理 6 h。

（4）细胞的固定：细胞处理或者转染细胞结束后，用预冷的 1×PBS 洗涤 6 孔板中的盖玻片 3 次，加入 37℃预热的 4% 的多聚甲醛，生化培养箱中静置 30 min。

（5）细胞的洗涤：弃去 4% 的多聚甲醛固定液，用预冷的 1×PBS 清洗 6 孔板中的盖玻片 3 次。

（6）打孔：用小镊子将 6 孔板中的盖玻片转移到湿盒之中，加入打孔剂（0.2% Triton X-100）冰上或者 4℃静置 20 min。

（7）洗涤：1×PBS 清洗盖玻片 5 次，每次 2 min。

（8）封闭：向盖玻片上滴加含有 1% 羊血清的 1×PBS 封闭液，室温静置 1 h。

（9）一抗孵育：弃去封闭液，使用含有目的蛋白抗体的封闭液 4℃孵育过夜。

（10）二抗孵育：1×PBS 清洗盖玻片 5 次，每次 2 min。使用含有荧光二抗的抗体封闭液室温孵育 1~2 h，注意避光。

（11）洗涤：二抗孵育结束后使用 1×PBS 清洗盖玻片 5 次，每次 2 min。

（12）封片：2 μL 封片剂滴在载玻片上，将盖玻片的细胞面向下盖在载玻片上，使用透明指甲油均匀涂抹盖玻片的四周，盖玻片避光晾干之后保存于-20℃冰箱，使用激光共聚焦扫描显微镜进行观察研究。

此外，可在 FUNDC1 敲减或敲除细胞系中进行相应刺激处理，或研究蛋白质高表达及敲除或敲减后检测线粒体自噬情况，来判断 FUNDC1 在其中的作用。

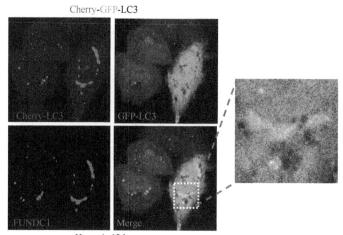

图 25-6 低氧诱导线粒体自噬的发生。红色，Cherry-LC3；绿色，GFP-LC3；蓝色，FUNDC1；低氧处理 12 h（*59，67*）（Liu et al.，Nat Cell Biol，2012 & Zhu et al.，Method in Enzymology 2014）（彩图请扫封底二维码）

（三）BNIP3-NIX 受体介导的线粒体自噬检测

NIX（又称 BNIP3L）是 BCL-2 家族的线粒体外膜蛋白，含有典型的 BH3 结构域，同时还含有一个保守的 LC3 结合结构域（LIR），因此可能充当线粒体与自噬小体之间的受体。NIX 可增强线粒体膜通透性，导致线粒体自噬发生；NIX 主要介导红细胞内线粒体自噬。BNIP3 与 NIX 的结构和功能相似，同样也含有 BH3 结构域，在低氧刺激下，HIF1 的激活诱导了 BNIP3 和 NIX 的表达，而两者的高表达阻止了 Beclin1 和 BCL-2 的相互作用，Beclin1 的释放则能诱发 Atg5 依赖的细胞自噬。因此，BNIP3-NIX 受体介导的线粒体自噬是低氧环境下线粒体自噬的主要途径。具体实验检测方法如下。

（1）首先建立 Flag-BNIP3 和 Flag-NIX 稳定表达细胞系，在相关处理后（包括研究相关蛋白质的高表达、敲除，以及一些生理或药物刺激等），在低氧（1% O_2，5% CO_2，94% N_2）刺激处理后收集样品，利用 anti-Flag 或者 anti-BNIP3 & anti-NIX 抗体通过 Western blot 检测 BNIP3、NIX 及 HIF1α 的变化。

（2）将上述细胞进行裂解，通过 Western blot 检测线粒体外膜蛋白（TOMM20 和 TOMM70 等）、线粒体内膜蛋白（COX II 和 COXIV等）和线粒体基质蛋白（Hsp60 和 LONP1 等）的减少情况，进一步分析 BNIP3-NIX 介导的线粒体自噬的程度。

（3）可建立 BNIP3 或 NIX 敲除或敲减细胞系，细胞被相应处理及低氧刺激后通过 Western blot 方法检测线粒体自噬情况，可判断线粒体自噬途径是否是 BNIP3-NIX 介导的。

参 考 文 献

1. Kim, I., S. Rodriguez-Enriquez, and J.J. Lemasters, *Arch. Biochem. Biophys* **462**(2): 245-253(2007).
2. Rogov et al., *Mol. Cell* **53**(2): 167-178(2014).

3. Kissova et al., *J. Biol. Chem.* **279**(37): 39068-39074(2004).
4. Tal et al., *J. Biol. Chem.* **282**(8): 5617-5624(2007).
5. Wang et al., *Autophagy* **9**(11): 1828-1836(2013).
6. Okamoto, K., N. Kondo-Okamoto, and Y. Ohsumi, *Dev. Cell* **17**(1): 87-97(2009).
7. Kanki et al., *EMBO. Rep.* **14**(9): 788-94(2013).
8. Aoki et al., *Mol. Biol. Cell* **22**(17): 3206-3217(2011).
9. Kaufmann et al., *Cell* **156**(3): 469-481(2014).
10. Kondo-Okamoto et al., *J. Biol. Chem.* **287**(13): 10631-10638(2012).
11. Hristova et al., *Folia Med.*(Plovdiv)**51**(4): 58-64(2009).
12. Valente et al., *Science* **304**(5674): 1158-1160(2004).
13. Pickrell, A.M. and R.J. Youle, *Neuron* **85**(2): 257-273(2015).
14. Gautier, C.A., T. Kitada, and J. Shen, *P. Natl. Acad. Sci. USA.* **105**(32): 11364-11369(2008).
15. Kane et al., *J. Cell Biol.* **205**(2): 143-153(2014).
16. Koyano et al., *Nature* **510**(7503): 162-166(2014).
17. Lazarou et al., *Nature* **524**(7565): 309-314(2015).
18. Okatsu et al., *Genes. Cells* **15**(8): 887-900(2010).
19. de Castro et al., *Cell Death Dis.* **4**: e873(2013).
20. Twig et al., *EMBO. J.* **27**(2): 433-446(2008).
21. Youle, R.J. and D.P. Narendra, *Nat. Rev. Mol. Cell Biol.* **12**(1): 9-14(2011).
22. Bingol et al., *Nature* **509**(7505): 370-375(2014).
23. Kirkin et al., *Autophagy* **5**(5): 732-733(2009).
24. Ichimura, Y. and M. Komatsu, *Semin. Immunol.* **32**(4): 431-436(2010).
25. Pankiv et al., *J. Biol. Chem.* **282**(33): 24131-24145(2007).
26. Song et al., *Protein Cell* **7**(2): 114-129(2016).
27. Chen et al., *Mol. Cell* **54**(3): 362-377(2014).
28. Wu et al., *Autophagy* **10**(10): 1712-1725(2014).
29. Chen et al., *Autophagy* **12**(4): 689-702(2016).
30. Wu et al., *EMBO. J.* **35**: 1368-1384(2016).
31. Boyd et al., *Cell* **79**(2): 341-351(1994).
32. Matsushima et al., *Gene Chromosome Canc.* **21**(3): 230-235(1998).
33. Zhang et al., *Autophagy* **8**(9): 1325-1332(2012).
34. Ding et al., *J. Biol. Chem.* **285**(36): 27879-27890(2010).
35. Zhang, J. and P.A. Ney, *Cell Death. Differ.* **16**(7): 939-946(2009).
36. Ke, Q. and M. Costa, *Mol. Pharmacol.* **70**(5): 1469-1480(2006).
37. Zhu et al., *J. Biol. Chem.* **288**(2): 1099-1113(2013).
38. Ney, P.A., *Biochim. Biophys Acta.* **1853**(10 Pt B): 2775-2783(2015).
39. Scherz-Shouval, R. and Z. Elazar, *Trends Biochem. Sci.* **36**(1): 30-38(2011).
40. Bellot et al., *Mol. Cell Biol.* **29**(10): 2570-2581(2009).
41. Li et al., *J. Biol. Chem.* **282**(49): 35803-35813(2007).
42. Kundu et al., *Blood* **112**(4): 1493-1502(2008).
43. Sandoval et al., *Nature* **454**(7201): 232-235(2008).
44. Yorimitsu et al., *J. Biol. Chem.* **281**(40): 30299-30304(2006).
45. Bernales, S., S. Schuck, and P. Walter, *Autophagy* **3**(3): 285-287(2007).
46. Lynch-Day et al., *P. Natl. Acad. Sci. USA.* **107**(17): 7811-7816(2010).
47. Lipatova et al., *Mol. Biol. Cell* **24**(19): 3133-3144(2013).
48. Khaminets et al., *Nature* **522**(7556): 354-358(2015).
49. Hamasaki et al., *Nature* **495**(7441): 389-393(2013).
50. Hailey et al., *Cell* **141**(4): 656-667(2010).
51. Oku, M. and Y. Sakai, *Biochim. Biophys Acta.* **1863**(5): 992-998(2016).
52. Till et al., *Int. J. Cell Biol.* **2012**: 512721(2012).

53. Farre et al., *Dev. Cell* **14**(3): 365-376(2008).

54. Beau, I., A. Esclatine, and P. Codogno, *Trends Cell Biol.* **18**(7): 311-314(2008).

55. Ossareh-Nazari et al., *J. Cell Biol.* **204**(6): 909-917(2014).

56. Roberts et al., *Mol. Biol. Cell* **14**(1): 129-141(2003).

57. Dou et al., *Nature* **527**(7576): 105-109(2015).

58. Mizushima, N., T. Yoshimori, and B. Levine, *Cell* **140**(3): 313-326(2010).

59. Zhu et al., *Method. Enzymol.* **547**: 39-55(2014).

60. Kliosnky, D., *Autophagy* **12**(2): 443-443(2016).

61. Hernandez et al., *Autophagy* **9**(11): 1852-1861(2013).

62. Kanki, T., D. Kang, and D.J. Klionsky, *Autophagy* **5**(8): 1186-1189(2009).

63. Yoshii et al., *J. Biol. Chem.* **286**(22): 19630-19640(2011).

64. Allen et al., *EMBO. Rep.* **14**(12): 1127-1135(2013).

65. Katayama et al., *Chem. Biol.* **18**(8): 1042-1052(2011).

66. Sun et al., *Mol. Cell* **60**(4): 685-696(2015).

67. Liu et al., *Nat. Cell Biol.* **14**(2): 177-185(2012).

（宋质银　朱玉山　刘　垒　陈　佺）

第二十六章　自噬与肿瘤

自噬通过捕获细胞内成分到自噬小体，经过一系列融合和成熟形成自噬溶酶体，最终降解捕获的细胞内成分。自噬在肿瘤中发挥着两个方面的作用：一方面，通过清除癌蛋白、毒性未折叠蛋白和受损细胞器来抑制肿瘤的发生；另一方面，通过介导细胞内循环，提供代谢原料用以维持肿瘤细胞的正常生命活动，从而促进肿瘤的发展。因此，明确自噬在肿瘤特定背景下所扮演的角色及相关机制，对指导基于自噬原理的肿瘤的干预和治疗非常重要。

第一节　自噬抑制肿瘤的发生发展

小鼠的自噬等位基因 *Beclin1*（*Becn1*；也称为 *Atg6*）缺失实验证明，自噬可能具备抑制肿瘤的作用。实验结果表明，随着年龄的增长，自噬缺失的小鼠更易患肝癌（1，2）。因为 *Beclin1* 等位基因缺失的肝肿瘤没有缺失染色体杂合性，预示着单倍体的必要性，所以肿瘤细胞无法耐受 *Beclin1* 基因和自噬的完全缺失。*Beclin1* 缺失小鼠也被报道更容易发生其他组织类型的癌症（1，2）。

人类癌症类型中也曾报道 *Beclin1* 等位基因缺失的现象（3，4）。鉴于 *Beclin1* 也存在非自噬依赖的功能，利用癌症基因图谱和基因表达数据来综合分析自噬重要基因的拷贝数变异、基因突变频率和基因表达水平等情况显得非常重要（5）。

有一种线粒体特异性的自噬亚型，称为线粒体自噬。线粒体功能障碍可引起线粒体膜电位的降低，进而激活 PINK1（PTEN-induced putative kinase 1，PINK1），而 PINK1 则可进一步活化泛素连接酶 Parkin（PARK2），促使线粒体膜外蛋白泛素化，产生一种可被自噬装置识别的"吞噬我（eat me）"信号，最终实现损伤或多余的线粒体的选择性清除，从而控制线粒体质量。这种通过线粒体自噬降低线粒体质量，实现损伤线粒体的选择性清除的途径，可能是一种潜在的减少活性氧（ROS）抵抗氧化应激的方式。虽然线粒体自噬的生理机制报道现在才开始浮现，但是有研究已经发现帕金森病中存在 *Pink1* 和 *Park2* 的失活性突变。事实上，*Park2* 也是一种抑癌基因（6），当小鼠敲除 *Park2* 后，会发生和 *Beclin1* 等位基因缺失类似的结果——肝癌（7）。所以，帕金森病等神经退行性疾病可能是线粒体自噬障碍和氧化应激失调所产生的毒性后果，并且自噬缺失同样也会促进肿瘤的发生。

当细胞处于非应激状态下，自噬通路中的 p62 表达水平较低。而 p62 是 NRF2（erythroid 2-related factor 2，NRF2）的重要激活子（8，9）。细胞不仅可以通过线粒体自噬清除线粒体内活性氧（ROS），也可以启动抗氧化-防御基因的表达来保护自身免受氧化应激的损害，而 NRF2 就是负责此类应答的转录因子之一。

在正常条件下，NRF2 直接与抑制因子 KEAP1（kelch-like ECH-associated protein 1，

KEAP1）结合，处于转录抑制状态。其中，KEAP1 是 Cul3-Rbx1 E3 连接酶的组成成分之一。在缺少氧化应激的情况下，NRF2 通过结合 KEAP1-Cul3-Rbx1 被降解，导致抗氧化-防御基因不会被激活；而氧化应激则会促使 KEAP1 发生修饰并释放 NRF2，或者通过上调 p62 蛋白表达，竞争性结合 KEAP1，促使 NRF2 释放，进而 NRF2 入核启动多种活性氧清除基因表达，促进肿瘤细胞存活（10）。

在正常细胞中，KEAP1-NRF2 信号通路的激活会激活抗氧化-防御系统，进而发挥抑制肿瘤的作用，但在自噬信号通路阻断的细胞中，NRF2 会促使肿瘤发生。例如，在自噬缺失的细胞和小鼠中，因为 p62 不被降解，累积的 p62 会竞争性结合 KEAP1，释放 NRF2，从而激活 NRF2。因此，自噬缺失通过阻止 p62 蛋白的降解，激活 NRF2，促使抗氧化防御，进而维持细胞生存。另外，p62 缺失也会影响 RAS 激活介导的细胞株致瘤性和小鼠肺肿瘤进程（11-13）。并且，特异性敲除自噬重要基因 Atg7 也会导致 p62 累积，促进 NRF2 激活进而诱发肿瘤，而 p62 缺失则可以阻断这一过程（8，14，15）。p62 或 NRF2 缺失可以明显抑制 RAS 驱使的小鼠非小细胞肺癌的进展（12，16）。因此，考察 NRF2 缺失能否抑制由自噬缺失或 p62 累积诱发的肿瘤显得十分重要。

在人类肿瘤病例中发现 NRF2 为激活性突变，KEAP1 为失活性突变，揭示 NRF2 可发挥原癌基因作用，而 KEAP1 则发挥抑癌基因作用（10，17）。一种预测是，自噬缺失、基因激活突变或者扩增导致的 p62 上调促进肿瘤生长作用是通过 NRF2 信号通路发挥的；而另一种预测是自噬抑制导致 p62 上调激活 NRF2 介导的细胞存活为自噬细胞死亡的提供了一种解释。例如，自噬抑制可以减少某些药物对肿瘤细胞的杀伤力，以及减弱过度 RAS 激活对正常细胞的杀伤力（18，19）。所以确定自噬抑制促使的细胞存活是否是因为 p62 累积激活 NRF2（或者核转录因子 NF-κB）依赖的通路十分重要。若 p62 清除对细胞生存没有影响，则可以排除这种可能性；若自噬抑制引起的细胞生存信号通路的激活不是主要原因，那么对于自噬激活引起细胞杀伤的潜在机制的探索就会非常有趣。

虽然自噬引起的 p62 降解和 NRF2 活性抑制是一种重要的肿瘤抑制机制，但是 p62 的失调也可能是通过其他致癌基因信号通路激活引发的。例如，p62 可以与 TRAF6（tumour necrosis factor receptor-associated factor 6，TRAF6）相互作用，并促进 NF-κB 的激活（20），而在肝脏中发现自噬缺失会导致 NF-κB 的诱导激活（11）。最近有研究证明 p62 与 mTOR、RAPTOR 和 Rag 等蛋白质相互作用，从而促进 mTOR 信号通路传递（21）。所以明确 p62 蛋白在癌症中扮演的角色和作用，探讨 p62 失调的时间和方式与自噬抑制、肿瘤促进之间的关系显得非常必要。

研究逐渐发现自噬对抑制 p62 积聚和 NRF2 的过度激活十分重要，并且自噬可能还抑制其他的可促进细胞生存及肿瘤生成的致癌信号通路。自噬缺失会导致不正常线粒体的积累，从而产生过多的 ROS。当自噬阻滞时，NRF2 不能够对 ROS 产生全面持续的抑制，最后使得 NRF2 抗氧化防御系统失效。自噬缺失还可以激活 DNA 损伤应答、DNA 拷贝数变异及基因不稳定性，而这些都与 NRF2 介导的细胞保护功能丧失和基因组变异相关，最后促使肿瘤发生（15，22，23）。同时，这种慢性组织损伤也会驱使炎症反应产生，而长期性炎症反应可进一步通过细胞因子和趋化因子的分泌促使肿瘤生成。众所周知，慢性炎症是导致肝癌的重要原因（*24，25*），而在 *Beclin1* 等位基因缺失的肝组织（*11*）、自噬缺失的移植肿瘤（*26*）和 *Atg16L1* 亚效等位基因表达的克罗恩病模型肠道组织中都观察到炎症的激活（*27*）。所以，自噬缺失可能是通过促使基因突变及炎症微环境两个方面促进肿瘤生成。另外，在某种情况下自噬还可以通过促进致癌基因诱导的衰老来限制肿瘤发展（*28*）。长远来看，明确自噬在癌症模型和人类肿瘤疾病中扮演的不同角色，以及明确其发挥的重要性和贡献是十分有趣的研究。

自噬能抑制炎症、组织损伤和基因组不稳定的发生，而这些情况能促进肿瘤的起始，这提示我们激活自噬对预防肿瘤可能是有益的（*15，22，23，26，29，30*）。在自噬不足的肝脏中，自噬底物 p62 的异常累积会促进肝损伤及肿瘤发生（*11，14，15*），而 p62 的缺乏则会降低肿瘤发生的可能性（*11，12*）。上述现象表明，抑制 p62 对肿瘤的预防及治疗可能是有价值的。那些易聚集、不易分解的突变蛋白（如突变的α1 抗胰蛋白酶 Z）的表达会诱发癌症，而激活自噬可减轻这些蛋白质的损伤（*31*）。突变蛋白的大量表达可能会降低自噬的效率，并进一步通过前馈机制提高癌症发生的风险。

当自噬被抑制时，炎症发生的增加与肿瘤息息相关（*11，26，27，32，33*），提示抗炎药物、促自噬药物可能对肿瘤有预防作用。热量限制（*34*）和健康的体育锻炼（*35，36*）可以一定程度地抑制肿瘤，有证据表明自噬在这一过程中通过清除细胞内垃圾发挥作用，例如，易聚集的突变蛋白、损伤的线粒体、p62，并且自噬可在某些环节中发挥抑制肿瘤的作用。因此，自噬的功能状态可能是预测癌症易感性和通过热量限制及锻炼预防肿瘤有效性的一个指标。

第二节　自噬促进肿瘤发生发展的作用

一、自噬是肿瘤细胞的一条生存途径

自噬最先在酵母中被发现，在饥饿条件下酵母会发生自噬。自噬能使机体保持氨基酸水平的稳定、上调饥饿相关基因的表达、增加线粒体功能（*37-39*），以便维持酵母在饥饿条件下存活。同样地，对 Atg5 缺失小鼠上的相关研究表明，自噬是哺乳动物在胎盘分离到哺乳期间生存所需要的（*40*）。Atg5 缺乏的小鼠在出生后不久便死亡，与之相一致的是，在饥饿条件下自噬发生上调。这些小鼠组织存在代谢危象，表现为更低的氨基酸水平和 ATP 水平。在小鼠胚胎受精过程中会发生自噬，它是蛋白质重构、着床前发育和生存所需要的（*41*）。因此，自噬的主要功能在酵母及哺乳动物等真核生物中是高度保守的，它能回收利用细胞内垃圾参与机体代谢，监控蛋白质和细胞器的质量。

在肿瘤细胞中，自噬会在饥饿、低氧、生长因子缺乏、蛋白酶体抑制、有害刺激等情况下被激活。在绝大多数情况下，自噬的激活能促进内外界压力下的细胞生存。生长因子缺乏或代谢压力下激活自噬对于促进细胞生存是极有意义的，尤其是在凋亡途径缺陷的情况下，自噬会导致休眠细胞的静止、生存周数的延长，重启恢复正常细胞生长的条件（*26，42*）。体外实验表明，缺糖缺氧条件下（模拟肿瘤微环境的生理缺血压力），

肿瘤细胞的自噬增加，促进细胞存活（22，23，26）。在缺氧的肿瘤区域可观察到明显的自噬小体，而自噬相关基因缺失的肿瘤细胞则发生死亡（22，23，26）。上述结果表明自噬能促进肿瘤的发生。

二、肿瘤中的高自噬基础水平及自噬依赖性

正常细胞和组织中基础自噬水平较低，在饥饿等内外界压力下自噬水平会大大增加。最直观的是，饥饿刺激的自噬报告转基因小鼠中不同组织自噬小体的数量大大增加（43，44）。因此，对于正常细胞和组织，在无压力情况下仅需要最低的自噬水平，而压力刺激下自噬的上调对细胞存活是至关重要的。相反，很多肿瘤细胞系即使在正常条件下也有较高的基础自噬水平，受到压力刺激后也不会增加太多。更有意思的是，癌基因 *RAS* 的激活足以上调基础自噬水平（13，45，46），这些细胞再次上调自噬水平的能力有限，这使得它们对压力的适应性减少。这表明在癌基因激活这个压力下，维持内稳态需要自噬的发生，而同时 RAS 的激活限制了细胞对其他压力的适应性。事实上，许多 RAS 激活的肿瘤细胞系的存活高度依赖于基础自噬水平，而不是其他内外界压力刺激。

自噬途径缺陷几乎消除了 *Ras* 基因诱导的人类及小鼠肿瘤细胞的成瘤能力，提示同时发生 RAS 激活和自噬缺陷对肿瘤细胞而言是致命的（图 26-1）（13，46）。在乳腺癌 MMTV-PyMT 转基因小鼠模型中，不仅观察到 RAS 的激活，还有 FIP200（酵母 Atg17 的小鼠同源物，也被称为 Rb1cc1）的失活，影响着肿瘤的生长（33）。肝脏组织中 Atg5 缺失或者 Atg7 缺失会引起肝脏肿瘤的形成（图 26-1）（47），但不会发展为肝癌（15）。这些现象表明侵略性肿瘤的生长需要自噬。然而，关于自噬促进肿瘤发生的机制尚不清楚。

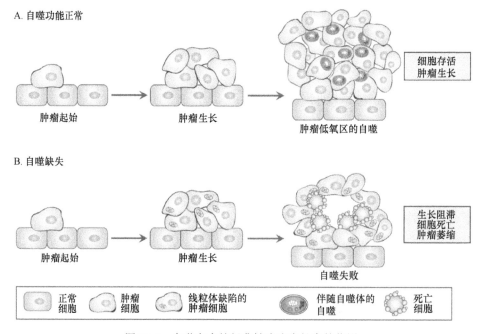

图 26-1　自噬在支持侵袭性癌症生长中的作用

三、自噬是维持线粒体功能所必需的

肿瘤中自噬失活会导致形态异常的线粒体累积（13，15，33，46）。相较于自噬野生型肿瘤细胞系，自噬缺陷的细胞系中存在线粒体呼吸功能缺陷（13，46），在自噬缺陷的小鼠骨骼肌和酵母中存在同样的现象（37，48）。因此，自噬维持线粒体呼吸池活性的功能在进化上具有高度保守性，广泛存在于酵母、哺乳动物中。

值得一提的是线粒体缺陷。自噬可清除损伤的线粒体，而在自噬缺陷的细胞中损伤线粒体因不能及时被清除而累积。此外，自噬可通过提供氨基酸和脂肪酸直接调节线粒体功能。当这些自噬提供的物质缺乏时，可能会导致线粒体功能障碍、毒性 ROS 的产生和线粒体损伤，从源头上大大增加了受损线粒体的累积（49）。由于在癌基因 *Ras* 诱导的肿瘤发生中需要线粒体的呼吸功能（50），所以在自噬缺陷的肿瘤细胞中，线粒体功能的退化会影响肿瘤的发生发展（13，15，33，46，51）。但自噬保护线粒体功能的机制尚未明确。

四、自噬提供的物质维持线粒体代谢

自噬的主要功能是在饥饿条件下搜集、降解和回收利用细胞内物质。线粒体是呼吸作用的主要场所。线粒体对于 ATP 的产生、能量平衡的维持、回补反应的阻断（如利用柠檬酸合成脂肪酸及细胞膜），以及 ROS 激活下游信号转导是极为重要的。线粒体这些所有功能协同自噬促进肿瘤发展。肿瘤细胞中自噬缺陷会引起 ATP 和能量的缺乏，使得三羧酸（TCA）循环的主要中间产物（如柠檬酸）耗竭，并且会导致异常 ROS 的产生（因急性和慢性自噬抑制的不同，产生高毒性或低水平的 ROS）（11，13，22，23，46）。

在饥饿等内外界压力刺激下，自噬能通过回补反应补充 TCA 循环的中间物质，从而维持线粒体功能。例如，自噬通过降解蛋白质产生的氨基酸多方面参与 TCA 循环，以维持线粒体功能；脂滴中分解而来的脂肪（52）或细胞器膜自噬降解而来的脂肪可被用于合成乙酰辅酶 A，以维持 TCA 循环；自噬循环而来的糖类可用于合成丙酮酸和乙酰辅酶 A，补充 TCA 循环。但是，确定何种机制在自噬介导的肿瘤生存中发挥至关重要的作用仍然是个挑战。

五、为什么 RAS 诱发的癌症是自噬依赖的

RAS 通过以下几种机制损伤乙酰辅酶 A 的产生：激活乳酸脱氢酶（LDH），该酶可消耗丙氨酸；激活低氧诱导因子（HIF）和丙酮酸脱氢酶激酶 1（PDK1），该酶可抑制丙酮酸脱氢酶（PDH）（53，54）；抑制肝激酶 B1（LB1）及阻断 AMP 激活蛋白激酶（AMPK）的激活，抑制动员发生脂质存储或 β-氧化（55，56）。因此，RAS 可潜在地使细胞依赖于自噬提供的物质，如用于乙酰辅酶 A 合成的氨基酸和脂肪酸。RAS 信号通路可以放大癌细胞依赖于自噬来维持线粒体功能这一过程。可以预测的是，RAS 诱发的癌症不仅仅依赖自噬，也依赖谷氨酰胺酶的分解补偿缺少的乙酰辅酶 A。因此，当 β-氧化和丙酮酸提供的乙酰辅酶 A 水平减少时，谷氨酰胺来源的 α-酮戊二酸可促进 TCA 循环。

RAS 依赖性的 HIF 激活可加剧其消耗线粒体 TCA 循环产生的底物并缩短其寿命（57）。因此，自噬依赖性的 RAS 促癌过程可能通过 RAS 出现一个特定的适应和补偿性的代谢程序。如果是这样，特定的致癌事件可以指示自噬是否必需及是否重要。

六、肿瘤细胞对抗自噬抑制的策略

由于自噬的缺陷会损害线粒体的功能，那么肿瘤细胞能否通过改变代谢来解决这个问题是非常值得探讨的。在正常细胞和肿瘤细胞中，自噬的缺乏会上调糖酵解，这可能是应对线粒体缺乏的一种潜在的补偿机制（45，48）。肿瘤细胞可以通过谷氨酰胺代谢来绕过柠檬酸消耗从而实现三羧酸循环。由此我们推测，自噬发生缺陷的细胞依赖于谷氨酰胺。谷氨酰胺来源的α-酮戊二酸可以被羧基化形成柠檬酸。事实上，这个现象发生在因为电子传递链复合物Ⅲ发生点突变而导致的线粒体缺陷的肿瘤细胞中（58）。另一种对自噬缺失的补偿方法是通过上调由蛋白酶体介导的蛋白质的降解或者分子伴侣介导的自噬。这两种途径都可以从可溶性蛋白中提取氨基酸底物以回补糖代谢，并且都能够以同样的机制来修饰泛素底物。这两种途径的抑制能够抑制自噬，进而促进肿瘤细胞的死亡并且抑制细胞的生长（11，13，59-61）。但是肿瘤细胞是通过什么机制来适应自噬的抑制仍然是非常值得探讨的问题。

第三节　自噬在肿瘤治疗中的应用

由于自噬是肿瘤细胞存活的一种机制，所以抑制肿瘤细胞自噬被认为是一种治疗肿瘤的有效方法（29，62-65）。虽然小分子自噬抑制剂还在不断开发中，通过抑制溶酶体的功能来阻断自噬产物的降解的亲溶酶体剂和 HCQ 已经被广泛应用在临床中（62，63）。HCQ 能否作为一种有效的自噬抑制剂应用在癌症患者身上，以及这种作用的强度、如何确定和 HCQ 的最佳联合用药都还有待解决。确认 HCQ 的抗癌效果是否与自噬损伤有关也是非常重要的，因为 HCQ 的抗癌效果也有可能是其他机制作用引起的（65）。目前，自噬在肿瘤中的作用有助于我们对这个问题的理解。

一、压力增大

自噬抑制可能会增加环境或治疗引起的压力，从而促进肿瘤细胞的死亡。由于自噬能够提高低氧生存区的肿瘤细胞的存活率，使得它们不容易死亡，所以联合自噬抑制剂和辐射治疗或者化学治疗被认为是能促进低氧区肿瘤细胞死亡的一种方法。通过手术或者使用血管生成抑制剂来增加肿瘤细胞的压力，可能会提高肿瘤细胞对自噬抑制的敏感性。控制饮食结构也有可能提高联合自噬抑制剂治疗的作用效果。亮氨酸的缺失导致了小鼠黑色素瘤模型的失败，从而形成对自噬抑制的敏感性，并因此损害了肿瘤的形成（66）。这意味着代谢过程中营养物质的缺失会导致代谢的敏感性。内质网应激、蛋白质毒性与自噬抑制的有效组合是促进低氧区肿瘤细胞死亡的另一种治疗选择。自噬作用和蛋白酶体的抑制在多发性骨髓瘤中尤其容易发生，这是一种由于免疫球蛋白异常分泌而导致的蛋白质未折叠的潜在遗传性疾病，但是其中的机制仍在不断探索。在阻断内质网应激的同时，抑制自噬可能可以提高对肿瘤细胞的杀伤力。

二、DNA 损伤作用增强

自噬缺陷可以激活 DNA 的损伤应激并且促进基因组的损伤，这可能与削弱的 DNA 修复机制有关（22，23）。许多破坏 DNA 或者抑制 DNA 修复的药物被成功地应用于临床中，这些药物的效果能够被自噬抑制剂加强。那么是自噬抑制通过促进毒性 ROS 产物引起基因的损伤，还是自噬削弱了对 DNA 的修复，这个判断非常重要，会影响我们选择最佳的临床治疗策略。

三、靶向阻断自噬调整通路来治疗癌症

PIK3 信号通路在癌症患者中普遍存在激活的情况，靶向该途径的许多特异性抑制剂都在临床中不断被开发出来（67），例如，mTOR、PI3K 和 AKT 抑制剂都能够激活自噬的发生。但是由于它们在患者体内都不能发挥持续性的作用，如何增加这些药物作用的效果就成为一个非常重要的问题。这些抑制剂激活的自噬行为也有可能产生双向的作用。在临床试验模型中发现，将 PI3K 途径抑制剂和 HCQ 或者自噬消融药物联合使用，能够对治疗癌症起到良好的作用（46，66，68-81）。现在还有临床试验在不断验证这一概念（62，63）。对潜伏期患者的诊断，以及任何抗肿瘤活性的潜在机制都还需要不断的探索，这样才能更好地指导临床治疗。

四、适用的癌症类型

我们现在对自噬抑制剂的适用患者类型的确定还知之甚少。目前我们能够确定的自噬抑制剂的适用患者类型是 RAS 导致的癌症，尤其是在 KRAS 有突变的胰腺癌患者，这已经在临床前模型上取得了较好的治疗效果（46）。测定肿瘤组织的动态自噬程度而不仅仅只是自噬小体静态表达，对治疗的指导来说更加有参考意义。相同的，确认自噬抑制剂在临床患者样本中的作用效果也同样很重要。自噬所需要的底物如 p62 的累积有利于评价自噬的抑制，不过支持这一说法的可靠标志物我们还在不断探索。失巢凋亡能够诱发自噬并促进肿瘤细胞的存活，这意味着自噬可能会促进肿瘤的转移（82）。鉴于大部分癌症患者的死亡都是由于肿瘤的转移引起的，那么自噬抑制剂有可能在这方面发挥重要的治疗作用。

五、附带损害

在联合治疗中，自噬抑制剂可能会对肝脏和脑产生毒性作用。相比已分化的细胞，干细胞对自噬抑制剂的敏感性更高（83）。我们希望的是大部分肿瘤细胞固有的代谢和生长环境的改变能够提供一个充分的药物治疗窗。自噬在调节肿瘤免疫反应中的作用仍

然是未知的。事实上，自噬能够为肿瘤细胞提供额外的 ATP，以此来增加抗肿瘤免疫应答，这在细胞毒性药物治疗的肿瘤异种移植模型中也已经被证实（*84*）。

参 考 文 献

1. X. Qu *et al.*, *J. Clin. Invest.* **112**, 1809(2003).
2. Z. Yue, S. Jin, C. Yang, A. J. Levine, N. Heintz, *P. Natl. Acad. Sci. USA.* **100**, 15077(2003).
3. V. M. Aita *et al.*, *Genomics* **59**, 59(1999).
4. X. H. Liang *et al.*, *Nature* **402**, 672(1999).
5. C. He, B. Levine, *Curr. Opin. Cell Biol.* **22**, 140(2010).
6. R. Cesari *et al.*, *P. Natl. Acad. Sci. USA.* **100**, 5956(2003).
7. M. Fujiwara *et al.*, *Oncogene* **27**, 6002(2008).
8. M. Komatsu *et al.*, *Nat. Cell Biol.* **12**, 213(2010).
9. A. Lau *et al.*, *Mol. Cell Biol.* **30**, 3275(2010).
10. N. F. Villeneuve, A. Lau, D. D. Zhang, *Antioxid Redox Signal* **13**, 1699(2010).
11. R. Mathew *et al.*, *Cell* **137**, 1062(2009).
12. A. Duran *et al.*, *Cancer Cell* **13**, 343(2008).
13. J. Y. Guo *et al.*, *Genes. Dev.* **25**, 460(2011).
14. M. Komatsu *et al.*, *Cell* **131**, 1149(2007).
15. A. Takamura *et al.*, *Genes. Dev.* **25**, 795(2011).
16. G. M. DeNicola *et al.*, *Nature* **475**, 106(2011).
17. J. D. Hayes, M. McMahon, *Trends Biochem. Sci.* **34**, 176(2009).
18. S. Turcotte *et al.*, *Cancer Cell* **14**, 90(2008).
19. M. Elgendy, C. Sheridan, G. Brumatti, S. J. Martin, *Mol. Cell* **42**, 23(2011).
20. J. Moscat, M. T. Diaz-Meco, *Cell* **137**, 1001(2009).
21. A. Duran *et al.*, *Mol. Cell* **44**, 134(2011).
22. V. Karantza-Wadsworth *et al.*, *Genes. Dev.* **21**, 1621(2007).
23. R. Mathew *et al.*, *Genes. Dev.* **21**, 1367(2007).
24. T. Sakurai *et al.*, *Cancer Cell* **14**, 156(2008).
25. B. Sun, M. Karin, *Oncogene* **27**, 6228(2008).
26. K. Degenhardt *et al.*, *Cancer Cell* **10**, 51(2006).
27. K. Cadwell *et al.*, *Nature* **456**, 259(2008).
28. A. R. Young *et al.*, *Genes. Dev.* **23**, 798(2009).
29. R. Mathew, V. Karantza-Wadsworth, E. White, *Nat. Rev. Cancer* **7**, 961(2007).
30. H. Y. Chen, E. White, *Cancer Prev. Res.(Phila.)* **4**, 973(2011).
31. T. Hidvegi *et al.*, *Science* **329**, 229(2010).
32. H. Wei, B. Gan, X. Wu, J. L. Guan, *J. Biol. Chem.* **284**, 6004(2009).
33. H. Wei *et al.*, *Genes. Dev.* **25**, 1510(2011).
34. M. V. Blagosklonny, *Cell Death Dis.* **1**, e12(2010).
35. C. He *et al.*, *Nature* **481**, 511(2012).
36. E. Masiero *et al.*, *Cell Metab.* **10**, 507(2009).
37. S. W. Suzuki, J. Onodera, Y. Ohsumi, *PLoS One* **6**, e17412(2011).
38. J. Onodera, Y. Ohsumi, *J. Biol. Chem.* **280**, 31582(2005).
39. Y. Kamada, T. Sekito, Y. Ohsumi, *Curr. Top Microbiol. Immunol.* **279**, 73(2004).
40. A. Kuma *et al.*, *Nature* **432**, 1032(2004).
41. S. Tsukamoto *et al.*, *Science* **321**, 117(2008).
42. J. J. Lum *et al.*, *Cell* **120**, 237(2005).
43. N. Mizushima, *Methods Enzymol* **452**, 13(2009).
44. N. Mizushima, A. Yamamoto, M. Matsui, T. Yoshimori, Y. Ohsumi, *Mol. Biol. Cell* **15**, 1101(2004).

45. R. Lock *et al.*, *Mol. Biol. Cell* **22**, 165(2011).

46. S. Yang *et al.*, *Genes. Dev.* **25**, 717(2011).

47. E. White, *Nat. Rev. Cancer* **12**, 401(2012).

48. J. J. Wu *et al.*, *Aging(Albany NY)***1**, 425(2009).

49. J. D. Rabinowitz, E. White, *Science* **330**, 1344(2010).

50. F. Weinberg *et al.*, *P. Natl. Acad. Sci. USA.* **107**, 8788(2010).

51. Y. A. Valentin-Vega *et al.*, *Blood* **119**, 1490(2012).

52. R. Singh *et al.*, *Nature* **458**, 1131(2009).

53. S. Y. Chun *et al.*, *Mol. Cancer* **9**, 293(2010).

54. G. L. Semenza, *Curr. Opin. Genet. Dev.* **20**, 51(2010).

55. C. H. Chen, N. Pore, A. Behrooz, F. Ismail-Beigi, A. Maity, *J. Biol. Chem.* **276**, 9519(2001).

56. B. Zheng *et al.*, *Mol. Cell* **33**, 237(2009).

57. H. F. Zhang *et al.*, *Cancer Cell* **11**, 407(2007).

58. A. R. Mullen *et al.*, *Nature* **481**, 385(2011).

59. W. X. Ding *et al.*, *Mol. Cancer Ther* **8**, 2036(2009).

60. M. J. Clague, S. Urbé, *Cell* **143**, 682(2010).

61. M. Kon *et al.*, *Sci. Transl. Med.***3**, 109ra117(2011).

62. E. White, R. S. DiPaola, *Clin. Cancer Res.* **15**, 5308(2009).

63. R. K. Amaravadi *et al.*, *Clin. Cancer Res.* **17**, 654(2011).

64. K. Garber, *J. Natl. Cancer Inst.* **103**, 708(2011).

65. P. Maycotte *et al.*, *Autophage* **8**, 200(2012).

66. J. H. Sheen, R. Zoncu, D. Kim, D. Sabatini, *Cancer Cell* **17**, 613(2011).

67. M. E. Feldman, K. M. Shokat, *Curr. Top Microbiol. Immunol.* **347**, 241(2010).

68. B. J. Altman *et al.*, *Oncogene* **30**, 1855(2010).

69. R. K. Amaravadi *et al.*, *J. Clin. Invest.* **117**, 326(2007).

70. C. Bellodi *et al.*, *J. Clin. Invest.* **119**, 1109(2009).

71. J. S. Carew *et al.*, *Blood* **110**, 313(2007).

72. M. Degtyarev *et al.*, *J. Cell Biol.* **183**, 101(2008).

73. Q. W. Fan *et al.*, *Sci. Signal* **3**, ra81(2010).

74. W. Han *et al.*, *PLoS One* **6**, e18691(2011).

75. X. H. Ma *et al.*, *Clin. Cancer Res.* **17**, 3478(2011).

76. K. H. Maclean, F. C. Dorsey, J. L. Cleveland, M. B. Kastan, *J. Clin. Invest.* **118**, 79(2008).

77. Y. Pan *et al.*, *Clin. Cancer Res.* **17**, 3248(2011).

78. A. Parkhitko *et al.*, *P. Natl. Acad. Sci. USA.* **108**, 12455(2011).

79. A. Saleem *et al.*, *Prostate* **72**, 1374(2012).

80. Y. H. Shi *et al.*, *Autophagy* **7**, 1159(2011).

81. Z. Wu *et al.*, *Genes. Cancer* **1**, 40(2010).

82. C. Fung, R. Lock, S. Gao, E. Salas, J. Debnath, *Mol. Biol. Cell* **19**, 797(2008).

83. M. Mortensen *et al.*, *J. Exp. Med.* **208**, 455(2011).

84. M. Michaud *et al.*, *Science* **334**, 1573(2011).

（应美丹 曹 戟 杨 波 何俏军 张 宏 胡荣贵）

第二十七章　酵母自噬研究方法

本章我们将以酿酒酵母作为模式生物，探讨酿酒酵母中自噬的研究手段。利用酿酒酵母作为模式生物研究自噬有着明显的优势：酿酒酵母是单细胞的真核生物，在全合成培养基中就可以迅速生长，培养方便；酿酒酵母既有单倍体又有二倍体的形式，我们通常使用单倍体酵母细胞进行试验，这样对基因组进行改造时，不用担心有一条染色体没有改造成功这种事情的发生；酿酒酵母的全因组测序已经完成，总共有6000多个基因，可以很方便地查找出每个基因的序列对其进行改造；对于酿酒酵母的遗传操作也十分迅速、简便，从决定开始敲除基因组上的一段基因，到最后鉴定完成这个菌株可以拿来使用，只需要不到一个星期的时间，而哺乳动物通常都需要建立稳定的细胞系才能使用，这个过程需要大约一个月的时间。最关键的是，自噬的过程从酵母到哺乳动物细胞中是高度保守的，大多数参与自噬的核心蛋白在酵母中都存在着同源物，并且像Atg2、Atg18、Atg8、Atg4等蛋白质在哺乳动物细胞中存在着多个亚型，也就是说在酿酒酵母中敲除一个基因观察到的现象，哺乳动物中可能需要同时敲除几个才能看到。虽然自噬的概念早在1963年就被提出，但是长期一直处于对自噬形态学研究的阶段（1-3）。直到20世纪90年代，Ohsumi、Klionsky和Thumm等实验室分别对酿酒酵母的基因组进行了大规模的筛选，找到了多个参与自噬的Atg蛋白，自噬研究才真正进入了分子机制的时代。可以说没有酵母就没有当代自噬研究（4-12）。我们在本章将侧重阐述酿酒酵母中的自噬研究方法。其中前三节讲的是静态的研究方法，后三节的研究方法侧重于观察活细胞内的动态过程。

第一节　GFP-Atg8 剪切实验

一、实验原理

Atg8 是一个类泛素（UBL）蛋白质，通常用来作为自噬小体的检测标志（13，14）。新合成的Atg8在细胞质中会被半胱氨酸蛋白酶Atg4切割，暴露其羧基端116位的甘氨酸残基，这一切割过程对后续Atg8蛋白与磷脂酰肌醇(PE)的共价结合是必需的（15-17）。Atg8与PE的结合需要经过类似于泛素化的过程，参与调控该过程的E1和E2酶分别是Atg7和Atg3，Atg8分子上暴露出的甘氨酸通过与Atg7上的第507位半胱氨酸结合形成硫酯键，从而激活Atg8分子，随后会被传递给Atg3，并与Atg3的第234位半胱氨酸结合，最后在类似于E3功能的蛋白复合物Atg12-Atg5-Atg16的帮助下使得Atg8与PE共价结合，将Atg8锚定在膜成分上（18，19）。

在自噬小体形成过程中，Atg8 分子既存在于自噬小体的外膜又存在于内膜上。Atg8-PE的结合过程是可逆的，在Atg4的帮助下，Atg8还可以从PE上切除下来变成游离的 Atg8。通常认为 Atg8 是处于自噬核心蛋白最下游的信号分子，当 Atg8 蛋白缺失后，并不影响其他的核心蛋白在 PAS 位点的定位。

当将 Atg8 的 N 端连接上 GFP 荧光蛋白后，位于自噬小体内膜上的 GFP-Atg8 蛋白会伴随自噬小体与酵母液泡的融合过程进入到酵母液泡中。在酸性水解酶的作用下，Atg8 分子会被迅速降解，释放出游离的 GFP。GFP 在酵母液泡的弱酸性条件下相对稳定，有很长的半衰期，并且很容易利用 GFP 抗体通过免疫印迹的方法在 SDS-PAGE 胶的 25 kDa 位置呈现出来（Western 结果如图 27-1 所示）。因此，检测到的 GFP 条带信号即可认为是被运送到酵母液泡中 GFP-Atg8 蛋白总量，也就反映出了自噬的活性（20）。

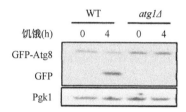

图 27-1 GFP-Atg8 剪切。通过 Western 检测野生型酵母菌株（WT）和自噬缺陷的酵母菌株（atg1Δ）中游离的 GFP 条带

二、实验方法

（一）实验材料

1. 培养基

（1）YPD 固体培养基：1%酵母提取物，2%蛋白胨，2%葡萄糖，2%琼脂粉。

（2）YPD 液体培养基：1%酵母提取物，2%蛋白胨，2%葡萄糖。

（3）SD-N 液体培养基：0.17%不含氨基酸和硫酸铵的酵母基础氮源（YNB），2%葡萄糖。

（4）SD-Ura 固体平板：0.67%不含氨基酸的酵母基础氮源（YNB），2%葡萄糖，5%20×混合氨基酸（不含尿嘧啶），2%琼脂粉。

（5）20×混合氨基酸（不含尿嘧啶）100 mL：100 mg Leu，100 mg Trp，60 mg Ade，60 mg Lys，60 mg Met，40 mg His。

2. TCA 沉淀法相关试剂

（1）10%TCA（m/V）。

（2）预冷的丙酮。

3. Western 相关试剂

（1）cracking buffer：50 mmol/L Tris-HCl（pH6.8），1% SDS，6 mol/L Urea，1 mmol/L EDTA。

（2）2×loading buffer：125 mmol/L Tris-HCl（pH6.8），20%甘油，3% SDS，4% β-巯基乙醇，1 mg 溴酚蓝。

4. 抗体

anti-GFP、anti-Pgk1。

（二）构建实验菌株

在野生型（WT）、阴性对照（*Atg* 基因敲除的菌株，如 *atg1Δ* 菌株）及实验菌株中，转化 GFP-Atg8 质粒，使其利用同源重组的方法整合到酵母基因组中，并挑取单克隆进行验证。

（三）培养并收集酵母细胞

（1）从新鲜划线的 YPD 平板上挑取酵母单菌落，接种到含有 3 mL YPD 液体培养基的试管中，置于 30℃恒温摇床中，250 r/min 培养过夜。

（2）第 2 天早晨测定试管中酵母培养物的浓度，从起始 $OD_{600}=0.2$ 开始接种，将培养物转接到新鲜的 YPD 液体培养基中，30℃继续摇床培养 3～4 h。

（3）待 OD_{600} 生长至 0.8 时，取 4OD 的酵母细胞到干净的 12 mL 离心管中，5000 r/min 离心 2 min，弃去上清，向沉淀中加入 2 mL 的无菌水，重悬沉淀。

（4）分别吸取 1 mL 的菌液到两个无菌的 1.5 mL 离心管中，一个作为非饥饿组的细胞，先置于冰上，另外一个作为饥饿组，将其置于离心机中，12 000 r/min 离心 2 min，弃去上清，用 4 mL 的 SD-N 液体培养基重悬菌体，转移到干净无菌的试管中，30℃振荡培养 4 h。

（5）从冰上取出非饥饿组的细胞，置于预冷的低温离心机中，12 000 r/min 离心 2 min，弃去上清，向沉淀中加入 1 mL 预冷的 10% TCA 溶液，重悬菌体，在冰上放置 10 min。

（6）4℃、12 000 r/min 离心 2 min，收集菌体，用 1 mL 预冷的丙酮清洗沉淀三次（注意：加入丙酮后，需要立即重悬菌体，以防沉淀结块无法吹匀）。

（7）4℃、12 000 r/min 离心 2 min，小心地吸去丙酮，将 EP 管的盖子打开，置于通风橱中吹干，使丙酮充分挥发后，将样品保存在–20℃冰箱中。

（8）待饥饿组细胞培养完成后，转移到 12 mL 无菌的离心管中，5000 r/min 离心 2 min，加入 1 mL 预冷的无菌水，将重悬的沉淀转移到干净的 1.5 mL EP 管中，重复步骤（5）～（7）。

（四）裂解酵母细胞

（1）从–20℃冰箱中取出非饥饿组和饥饿组的酵母菌体置于冰上，向 EP 管中分别加入 200 μL 预冷的 cracking buffer 和 100 μL 的酸处理过的玻璃粉，用样品研磨仪 70 Hz 震荡破碎 5 min，重复三次，每次间隔期间置于冰上 3 min。

（2）将 EP 管置于 4℃冷冻离心机中，12 000 r/min 离心 10 min，分别吸取上清到一个新的 EP 管中。

（3）取 10 μL 的上清用 BCA 法测定蛋白浓度。

（4）向剩余的上清液中加入等体积的 2×loading buffer，充分混匀后，置于 70℃金属浴，加热 10 min，使蛋白充分变性后，12 000 r/min 离心 1 min。

（五）Western 检测 GFP-Atg8 的剪切

参照标准的 SDS-PAGE 胶配置方法和 Western 流程，使用 anti-GFP 抗体检测游离 GFP 的产生量，通常用于检测 GFP-Atg8 剪切，使用浓度为 10%或 12%的蛋白胶，蛋白上样量为 5 μg，使用 anti-Pgk1 抗体作为内参。

第二节 Pho8Δ60 碱性磷酸酶实验

一、实验原理

在酿酒酵母中，*Pho8* 基因编码液泡中的碱性磷酸酶。Pho8 是 II 类的整合膜蛋白，其 N 端由一段跨膜的结构域和非常短的细胞质尾巴组成（*21*），该跨膜的结构域是不会被切割的信号肽。当 Pho8 蛋白被合成后，该结构域会将 Pho8 定位到内质网（ER）中。与酵母中的大多数水解酶类似，Pho8 运送到酵母液泡中是通过内质网到高尔基体途径。通常 Pho8 被运送到高尔基体上时是原酶形式，它不经过内吞体，而是在 Vps41 的帮助下被包裹进 AP-3 的囊泡中，直接被运送到液泡中，这个途径被称为 AP-3 途径，又称为 ALP 途径（*21，22*）。在液泡中蛋白酶 B 会将 Pho8 蛋白分子的 C 端区域切除，加工成成熟的碱性磷酸酶。研究表明，当 Pho8 的 N 端包含有跨膜区域的 60 个氨基酸缺失后，Pho8Δ60 不再被运送到 ER 中，而是定位到细胞质中，此时它只能通过自噬小体包裹才能运送到液泡中。因此，检测细胞中的碱性磷酸酶活性，可以定量地反映出自噬的活性（*23*）。

酵母菌株处于营养状态下生长时，Pho8Δ60 的活性通常非常低，当自噬被诱导后，其活性会逐渐升高。除了 Pho8 以外，酵母中还存在着另外一个碱性磷酸酶，它是由 *Pho13* 编码的，是细胞质中的碱性磷酸酶。酿酒酵母中常用于检测碱性磷酸酶活性的实验有两种，这两种实验使用的检测底物和方法不同。一种方法是我们接下来将要详细介绍的方法，即反应底物 ρ-NPP 可同时被酵母中的碱性磷酸酶 Pho8 和 Pho13 所识别，因此该实验必须在 *phoΔ13 pho8Δ60* 的菌株中完成。另外一种方法所使用的底物主要被 Pho8 所识别，因此在这种方法中敲除 *Pho13* 基因不是必需的，但是需要使用可检测荧光的仪器来完成实验（*24*）。

用于 *Pho8Δ60* 或 *Pho13* 基因敲除的模板质粒通常有两类。一类是 Noda 和 Klionsky 报道的，是常见的 PCR 模板质粒。在设计引物时，一般会带有 40 bp 与 *Pho13* 或 *Pho8* 同源的序列。这种方法由于同源臂较短，通常整合效率较低（*24*）。另一类是 TS611、TS613 和 pho13D-Leu 质粒，可以使用 *Nhe* I 和 *Kas* I 对 TS611 或 TS613 质粒，以及使用 *Bst*B I 和 *Eco*R I 对 pho13D-Leu 进行双酶切后，直接转化酵母细胞。利用这种方法得到的阳性克隆率高，并且可以避免在 PCR 过程中产生碱基突变（25）。

野生型和自噬缺陷型酵母菌株中的碱性磷酸酶活性参照图 27-2。

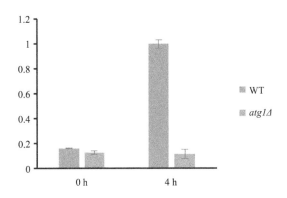

图 27-2　ALP 活性检测。通过 Pho8Δ60 实验检测野生型酵母菌株（WT）
和自噬缺陷的酵母菌株（atg1Δ）中的碱性磷酸酶活性

二、实验方法

（一）实验材料

1. 培养基

（1）YPD 固体培养基：1%酵母提取物，2%蛋白胨，2%葡萄糖，2%琼脂粉。
（2）YPD 液体培养基：1%酵母提取物，2%蛋白胨，2%葡萄糖。
（3）SD-N 液体培养基：0.17%不含氨基酸的酵母基础氮源，2%葡萄糖。

2. ALP 相关试剂

（1）lysis buffer：20 mmol/L PIPES，0.5% Triton X-100，50 mmol/L 氯化钾，100 mmol/L 乙酸钾，10 mmol/L 硫酸镁，10 μmol/L 硫酸锌。
（2）reaction buffer：250 mmol/L Tris-HCl（pH8.5），0.4% Triton X-100，10 mmol/L 硫酸镁，10 μmol/L 硫酸锌。
（3）stop buffer：1 mol/L Glycine-KOH（pH11.0）。

（二）构建实验菌株

在野生型（WT）、阴性对照（Atg 基因敲除的菌株，如 atg1Δ 菌株）及实验菌株中，分别利用同源重组的方法敲除 Pho13 基因和 Pho8 基因前面 60 个氨基酸，构建 pho13Δ pho8Δ60 的酵母菌株，并挑取单克隆进行验证。

（三）培养并收集酵母细胞

参照 GFP-Atg8 剪切实验的方法，因为液泡中的碱性磷酸酶会积累，所以在培养酵母时尽量要让菌株处于对数生长期。

（四）ALP 活性检测

（1）从–80℃冰箱中取出非饥饿组和饥饿组的酵母菌体置于冰上，向 EP 管中分别加入 200 μL 预冷的 lysis buffer（使用前向其中加入终浓度为 1 mmol/L 的 PMSF）和 100 μL 的玻璃粉，用样品研磨仪 70 Hz 振荡破碎 5 min，重复三次，每次间隔期间置于冰上 3 min。

（2）将 EP 管置于 4℃冷冻离心机中，12 000 r/min 离心 10 min，将上清转移到一个新的 EP 管中作为待测样品，备用。

（3）分别取 10 μL 的待测样品置于 96 孔酶标板中，用 BCA 的方法测定蛋白浓度。

（4）向 reaction buffer 中加入终浓度为 1.25 mmol/L 的反应底物 ρ-NPP，置于 30℃预热。

（5）向 96 孔酶标板中分别加入 4 μL 的待测样品和 16 μL 的 lysis buffer，并且单独向一个孔中加入 20 μL 的 lysis buffer，作为空白对照组，每组样品做两次重复。

（6）用排枪向每个孔中各加入 80 μL 预热的、含有 ρ-NPP 的 reaction buffer，轻轻振荡混匀，置于 30℃恒温培养箱中反应 30 min。

（7）待反应结束后，立即用排枪向每个孔中加入 100 μL stop buffer，轻轻振荡混匀，终止反应，若有气泡，小心用针头刺破。

（8）将 96 孔板置于酶标仪中，测定 OD_{405}，根据公式计算碱性磷酸酶的活性。

相对自噬活性=（OD_{405} 样品–OD_{405} 空白对照）/（0.018×30×蛋白浓度）。

第三节　Ape1 的成熟

一、实验原理

CVT（cytoplasm to vacuole targeting）途径是酵母中一种营养状态下的选择性自噬，经过该途径可以将细胞中的氨基肽酶（aminopeptidase 1，Ape1）和 α-甘露糖苷酶（α-mannosidase，Ams1）直接从细胞质中运送到液泡中。在 CVT 途径中，这两种酶会被选择性包裹进双层膜结构的囊泡中，被称为 CVT 囊泡，最终与酵母液泡膜融合，将内膜包裹的 prApe1 和 Ams1 运送到液泡中（26，27）。

CVT 包裹的底物 Ape1 是酵母液泡中的氨基肽酶。它合成后是以单体原酶的形式（prApe1）存在于细胞质中，其 N 端带有原肽片段。prApe1 被合成后，首先在细胞质中迅速组装成 12 聚体（28），随后进一步形成更高级的结构，被称为 Ape1 复合物。受体蛋白 Atg19 通过 coiled-coil 结构域与 Ape1 结合形成 CVT 复合物，之后再与 Atg11 结合，将 CVT 复合物运送到 PAS 上。最终在该位点被包裹形成双层膜结构的 CVT 囊泡，运送到液泡中，就会在 Pep4 的作用下进行加工，成为成熟的 Ape1（mApe1）（29）。这种 Ape1 的加工成熟过程可以在 SDS-PAGE 胶上检测出 Ape1 分子质量的迁移（图 27-3）。

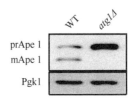

图27-3　CVT 途径活性的检测。通过 Western 检测野生型酵母菌株(WT)和自噬缺陷的酵母菌株(atg1Δ)中的 Ape1 成熟。prApe1,原酶状态的 Ape1;mApe1,加工成熟的 Ape1

二、实验方法

检测 Ape1 成熟的方法参照 GFP-Atg8 剪切的实验步骤,只是酵母细胞不需要进行饥饿,并且在 Western 检测的时候,使用 anti-Ape1 的抗体代替 anti-GFP 抗体。

第四节　Ape1 的动力学研究

一、实验原理

Ape1 蛋白被合成出来后,先是运送到细胞质中,此时它是原酶的形式,随后才会被 CVT 小体包裹运送到酵母液泡中加工成熟。通过研究 Ape1 成熟的动力学,可以比较野生型酵母菌株和突变菌株中 CVT 途径发生的速率。传统的方法通常是采用放射性同位素 ^{35}S 标记的 "pulse-chase" 实验,对 Ape1 蛋白进行标记(30-32)。但是该实验有一定的局限性,受实验环境和条件的限制。因为放射性同位素具有一定的辐射性,实验人员必须经过正规的培训考核后才能独立操作,在实验过程中还要做好安全防护措施,实验人员必须配备专门的防护设备,并且要及时地回收废弃固体液体,避免对周围环境造成污染。

而我们在这里使用的是非放射素标记的、受翻译过程调控的 "pulse-chase" 实验标记蛋白 Ape1(33)。该体系通过三个独立元件调控并标记新合成的蛋白质(图 27-4):首先,在 Ape1 基因带有 GAL 启动子,通过向培养基中添加半乳糖调控 Ape1 转录的起始;其次,在 Ape1 的起始密码子后面带有 amber 终止密码子,该密码子编码非天然的氨基酸 OmeTyr。当在培养基中不含有该氨基酸时,蛋白质翻译到 amber 区域就会被终止,无法正常起始 Ape1 的翻译过程。只有向培养基中添加非天然氨基酸 OmeTyr 后,Ape1 蛋白的翻译才能正常进行。最后向培养基中添加葡萄糖和四环素:葡萄糖可以关闭 GAL 启动子调控的 Ape1 mRNA 的转录;而四环素可以与位于 Ape1 mRNA 5′-UTR 区域的受四环素调控的核糖体开关适体 tc-apta 结合,阻止核糖体 40S 亚基的招募,使其不能与 Ape1 的 mRNA 5′端结合,进而抑制翻译过程(34-36)。这样可以确保目的蛋白的转录和翻译双重关闭,使其不会有新的 Ape1 蛋白的产生。我们构建了置于 GAL 启动子之下的 ProtA-(amber)-prApe1 质粒,这样新合成的 Ape1 蛋白的 N 端带有 ProtA 标签。因为蛋白 A 标签在液泡中不稳定,不易被检测到,所以 ProtA-Ape1 消失的过程即认为是它的成熟过程(Western 结果见图 27-5)。

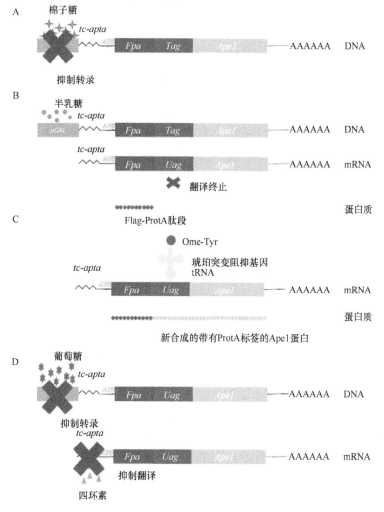

图 27-4　"pulse chase" 标记 Ape1 蛋白的原理。A. 构建。pGal-tc-apta-Flag-ProtA-amber-Ape1 的质粒，当酵母在 YPR 培养基中生长时，GAL 启动子调控的基因转录被抑制。B. 当向酵母培养基中添加半乳糖后，诱导 FPA-Ape1 mRNA 的合成，但是由于在 Ape1 的 ORF 前面添加了 amber 终止密码子 TAG，蛋白质的翻译过程在该位点被阻断，仅能合成 Flag-ProtA 肽段。C. 当向培养基中添加人工合成的氨基酸 Ome-Tyr，该氨基酸可以识别 UAG 密码子，因此起始翻译过程，表达 ProtA-Ape1 融合蛋白。D. 向培养基中同时添加葡萄糖和四环素，葡萄糖可以识别 GAL 启动子，使转录过程关闭，四环素可以与 mRNA 上面的四环素适体位点结合，40S 核糖体无法招募到 mRNA 上，因此翻译过程也被关闭，这样确保无法再合成新的 Ape1 蛋白

二、实验方法

（一）实验材料

1. 培养基

（1）YPD 固体培养基：1% 酵母提取物，2% 蛋白胨，2% 葡萄糖，2% 琼脂粉。

（2）YPD 液体培养基：1% 酵母提取物，2% 蛋白胨，2% 葡萄糖。

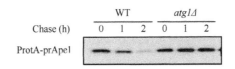

图 27-5 "pulse chase"检测 Ape1 成熟的动力学过程

（3）YPR 液体培养基：1%酵母提取物，2%蛋白胨，2%蜜三糖五水。

（4）SD-Trp-Leu 固体培养基：0.67%不含氨基酸的酵母基础氮源（YNB），2%葡萄糖，5% 20×混合氨基酸（不含色氨酸和亮氨酸），2%琼脂粉。

（5）SD-Trp-Leu 液体培养基：0.67%不含氨基酸的酵母基础氮源（YNB），2%葡萄糖，5% 20×混合氨基酸（不含色氨酸和亮氨酸）。

（6）20×混合氨基酸（不含色氨酸和亮氨酸）100 mL：60 mg Ade，60 mg Lys，60 mg Met，40 mg His，40 mg Ura。

2. TCA 沉淀法相关试剂

（1）10%TCA（m/V）。
（2）预冷的丙酮。

3. Western 相关试剂

（1）cracking buffer：50 mmol/L Tris-HCl（pH6.8），1% SDS，6 mol/L Urea，1 mmol/L EDTA。

（2）2×loading buffer：125 mmol/L Tris-HCl（pH6.8），20%甘油，3% SDS，4% β-巯基乙醇，1 mg 溴酚蓝。

4. 抗体

anti-ProtA，anti-Pgk1

（二）构建实验菌株

分别在野生型酵母菌株和实验菌株中共同转入 pOme（ectRNAOme-Tyr/tRNA-synthetase）和 Yeplac181-pGal-tc-apta-Flag-ProtA-amber-Ape1 质粒，涂布在 SD-Trp-Leu 的固体平板上，待有菌落长出后，挑取单克隆进行 Western 验证，并将正确的克隆划线接种到新的固体平板上备用。

（三）培养并收集酵母细胞

（1）从新鲜划线的平板上挑取单克隆，接种到 SD-Trp-Leu 液体培养基中，置于30℃摇床 250 r/min 过夜培养至饱和。

（2）第 2 天早晨，从起始 OD_{600}=0.15～0.2 开始转接到 YPR 液体培养基中，待生长到 OD_{600} 为 0.5～0.6 时，向培养基中加入终浓度为 2%的半乳糖，诱导 Ape1 mRNA 的表达。

（3）在诱导 25 min 后，继续向培养基中加入非天然氨基酸 OmeTyr 使其终浓度达到 1 mmol/L，此时带有 protA 标签的 Ape1 蛋白开始翻译。

（4）翻译进行 25 min 后，将上面的细胞培养液转移到干净无菌的 50 mL 离心管中，4000 r/min 离心 2 min，弃去上清，向沉淀中加入含有终浓度为 350 μg/mL 四环素的 YPD 培养基，用以关闭 Ape1 蛋白的合成，随后可以进行下面的 Chase 实验。此时的时间点记为 0 h。

（5）将上面的酵母细胞继续培养，分别收集 0 h、1 h、2 h 的菌体，用 TCA 沉淀法提取蛋白质，用 SDS-PAGE 胶检测 ProtA-Ape1 蛋白的变化情况。

第五节　活细胞观察 GFP-Atg8 的循环周期

一、实验原理

自噬小体的标志蛋白 Atg8 分子在自噬小体的形成过程中起着十分关键的作用，Atg8 表达量既决定了自噬小体的大小，又决定了自噬小体的数目。自噬小体的形成过程中，Atg8 分子在 PAS 位点的含量是不断变化的，通过荧光显微镜对 GFP-Atg8 的点状结构连拍可以发现，在 PAS 位点的 GFP-Atg8 信号首先由弱变强，随后再由强变弱，这说明大多数的 Atg8 分子在自噬小体进入液泡之前会被释放到细胞质中。我们实验室发现，在 atg4Δ atg8Δ 细胞中表达与液泡蛋白融合的 Atg4（Vac-Atg4）后，与回补野生型的 Atg4 蛋白相比，平均每个细胞中形成点状 GFP-Atg8 的数目明显增多，但是 Pho8Δ60 的活性反而下降。这说明 GFP-Atg8 从 PAS 位点的释放，是自噬发生的一个重要步骤（37）。通过以上的结果我们可以判定，GFP-Atg8 信号从出现到消失，代表着 Atg8 分子从开始被招募到自噬小体上到自噬小体最终成熟的过程（38）（点状 Atg8 荧光信号的变化见图 27-6）。

通过与对照组中的 GFP-Atg8 在 PAS 位点的荧光信号变化速率进行比较，可以判断研究的目的蛋白发生缺失、突变或过表达时，对自噬小体的形成过程是否造成影响，并且可以初步判定影响了自噬小体形成的哪个阶段，为后续的实验提供一定的理论依据。

二、实验方法

（一）实验材料

（1）YPD 液体培养基：1% 酵母提取物，2% 蛋白胨，2% 葡萄糖。
（2）SD-N 液体培养基：0.17% 不含氨基酸的酵母基础氮源，2% 葡萄糖。

（二）构建实验菌株

分别在野生型酵母菌株和实验菌株中，利用同源重组的方法，在基因组上单整合插入 GFP-Atg8 片段，挑取单克隆放在荧光显微镜下观察检测，对于验证正确的酵母菌株，划线培养到新的 YPD 固体平板上备用。

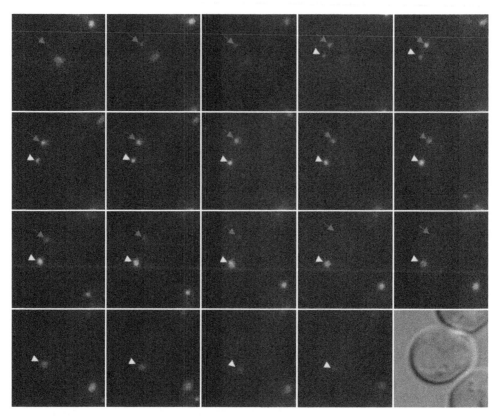

图 27-6　自噬被诱导后点状 GFP-Atg8 荧光强度的变化。SD-N 培养基饥饿酵母细胞 1 h 后，用荧光显微镜对酵母细胞进行连拍，分别截取每个时间点的图像，间隔时间为 30 s。信号由弱变强再由强变弱的 GFP-Atg8 点状结构用红色和黄色箭头标出（彩图请扫封底二维码）

（三）GFP-Atg8 的荧光显微镜下的连拍

（1）从新鲜划线的平板上挑取单克隆，接种到 YPD 液体培养基中，置于 30℃摇床 250 r/min 过夜培养至饱和。

（2）第 2 天早晨，从起始 OD_{600}=0.2 开始将过夜培养物转接到 3 mL 新鲜的 YPD 培养基中，待 OD_{600} 长至 0.8～1.0 时，4000 r/min 离心 1 min 收集菌体。

（3）弃去上清，用 3 mL ddH_2O 清洗菌体一次，离心弃去上清。

（4）用 3 mL SD-N 培养基重悬菌体，置于 30℃摇床中，氮源饥饿细胞 50 min。

（5）取一个共聚焦观察皿，向皿底的玻璃上加入一滴 1 mg/mL 刀豆蛋白 A，均匀地涂布在玻璃皿底，然后向其中加入 200 μL 饥饿后的酵母细胞，静置 5 min。

（6）吸去观察皿中的液体培养基，并用 SD-N 液体培养基冲洗 5～6 次，确保酵母细胞均匀的铺在皿的底部，最后向其中加入 200 μL 的 SD-N 培养基。

（7）将观察皿放置在荧光倒置显微镜上，检测 GFP-Atg8 的荧光信号。实验中应尽量避免使用信噪比低的共聚焦显微镜和 EM-CCD 相机，建议使用温度可降到 0℃以下的 CCD 相机或者 sCMOS 相机。截止到 2016 年，商业化的相机中 sCMOS 相机是较为理想的选择，该相机具有噪声低、量子效率高、动态范围宽、分辨率高等特点。在 GFP-Atg8

连拍试验中，建议使用数值孔径在 1.3 以上的 100×油镜。

（8）拍照层数设置：显微镜的焦距应调至酵母的中间层，此时的层数记为 0，分别向上和向下进行拍摄。选取的细胞层数应保证所要观察的酵母细胞完全处于拍照范围之内，可以观测到完整的酵母细胞。我们实验室使用的条件是拍摄 15 层，步进为 0.5 μm。

（9）拍摄时间的设置：我们总共拍照 30 min，每 30 s 拍摄一张照片。

（10）将我们拍摄的所有照片按照 zct（z 轴、颜色、时间）的顺序做成一个 stack 文件，统计位于 PAS 位点的 GFP-Atg8 荧光信号从弱到强，再由强变弱的变化情况，记录每个过程所需要的时间。

第六节　在 *atg1ts* 菌株中 Atg9 的运输

一、实验原理

在参与自噬的核心蛋白中，Atg9 是唯一一个整合膜蛋白，它含有 6 次跨膜结构域，其 N 端和 C 端都位于酵母的细胞质部分，该蛋白质在真核生物中普遍存在并且高度保守（*39-43*）。*Atg9* 是自噬发生的必需基因。通过酵母双杂交、pull-down 和电镜分析等实验证明，Atg9 自身可以发生相互作用（*44*）。

Atg9 的具体功能还不是十分清楚，通过荧光显微镜观察发现，细胞中存在很多 Atg9 点状结构，一些 Atg9 的点状结构与 PAS 共定位，另外一些存在于其他特殊的外周膜结构区域周围。通过高分辨率的显微镜及电镜证明了这种 Atg9 点状结构是因为它存在于单层膜包裹的囊泡中，被称为 Atg9 小泡，该囊泡的直径为 30～60 nm（*45*）。研究表明，Atg9 以这种囊泡形式在 PAS 位点和不同的细胞器之间穿梭，它可能为自噬小体的形成补充膜成分。这些细胞器主要包括高尔基体、ER 和细胞膜等（*22，45-47*）。

Atg9 从外周膜结构运送到 PAS 上称为正向运输，这需要 Atg11、Atg13、Atg17、Atg23、Atg27 等 Atg 蛋白和 Arp2/3 复合物的参与。Atg13 是通过其 N 端的 HORMA 结构域与 Atg9 结合。在 HORMA 结构域突变的菌株中，Atg9 与 PAS 的共定位减少一半以上（*48，49*）。Atg9 与 Atg17 在 Atg1 存在的情况下相互结合，当向培养基中加入 TORC1 的抑制剂雷帕霉素后，这种结合能力增强，Atg17 帮助 Atg9 定位到 PAS 上（*50*）。而从 PAS 运送回外周膜区域的运输称为逆向运输，这需要 PtdIns3-K 复合物 I、Atg1-Atg13 和 Atg2-Atg18 的参与。此外，还有文献报道，Atg9 的运输还受内吞体 Q/t-SNARE Tlg2 和 R/v-SNARE Sec22 与 Ykt6 的调控（*51*）。

Atg1 蛋白对调控 Atg9 囊泡的运输是十分关键的，在 *atg1Δ* 菌株中，Atg9 会在 PAS 位点聚集，使其无法从该位点解聚下来，在其他位点几乎不见点状的 Atg9 结构。Suzuki 等所在的实验室在 2001 年构建了一个对温度敏感的酿酒酵母 Atg1 突变体 *atg1ts*（L88H、F112L、S158P、Q312K、S461P）。当 *atg1Δ* 的菌株中转入 *atg1ts* 突变质粒后，在 23℃ 时，Atg1 可以正常发挥功能，因此 Ape1 的成熟和自噬的活性不受影响。而当将该菌株转移到 37℃ 高温后，自噬的活性被迅速阻断；再将其重新转移回 23℃ 时，自噬的活性又重新恢复（*52*）。进一步对 *atg1ts* 菌株研究发现，Atg9 的运输也受其调控。当向 *atg1ts*

中转入 Atg9-GFP 质粒后，通过荧光显微镜观察，在许可温度下细胞质中可检测到多个 Atg9 阳性囊泡。而当从许可温度转移到非许可温度时，Atg9-GFP 会被阻断在 PAS 位点，形成一个很大很亮的点。当将 *atg1ts* 温敏突变体重新转移回许可温度时，Atg9 又会从 PAS 位点缓慢地解离下来，渐渐出现在外周膜位点（53）。因此，*atg1ts* 温敏突变株是研究 Atg9 囊泡运输速率的一个很好的材料（*atg1ts* 温敏菌株中 Atg9 定位变化见图 27-7）。

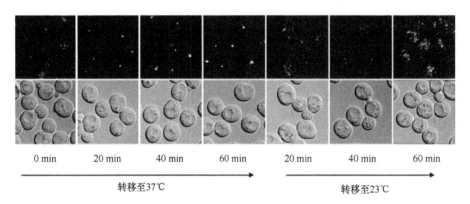

图 27-7　在许可温度和非许可温度下 *atg1ts* 菌株中 Atg9-2GFP 的定位变化

二、实验方法

（一）实验材料

（1）YPD 液体培养基：1%酵母提取物，2%蛋白胨，2%葡萄糖。

（2）SD-N 液体培养基：0.17%不含氨基酸的酵母基础氮源，2%葡萄糖。

（二）构建实验菌株

分别在野生型菌株和实验菌株中，敲除 *Atg1* 基因，并转入 *atg1ts* 质粒，随后利用同源重组的方法在酵母基因组 *Atg9* 的 C 端插入 2GFP 标签，挑取单克隆置于荧光显微镜下检测，将构建成功的酵母菌株划线培养到新的 YPD 固体平板上，备用。

（三）荧光显微镜拍摄 Atg9-2GFP 的定位

（1）从新鲜划线的平板上挑取单克隆，接种到 YPD 液体培养基中，置于 23℃摇床 250 r/min 过夜培养至饱和。

（2）第 2 天早晨，从起始 OD_{600}=0.2 开始将过夜培养物转接到 8 mL 新鲜的 YPD 液体培养基中，待 OD_{600} 长至 0.7 时，4000 r/min 离心 1 min 收集菌体。

（3）向沉淀中加入 8 mL ddH_2O 清洗菌体一次，4000 r/min 离心 1 min，小心地吸去上清。

（4）用 8 mL 的 SD-N 液体培养基重悬菌体，置于 23℃摇床中，开始饥饿酵母细胞 1 h。

（5）将酵母培养液迅速转移到 37℃摇床中，此时时间点记为 0 min。

（6）分别选取 0 min、20 min、40 min 和 60 min 时间点的饥饿后的酵母细胞，参照

GFP-Atg8 连拍的细胞处理方式及拍摄条件（只拍摄 Z 轴和通道，不拍摄时间轴），检测在每个时间点时，Atg9 聚集在 PAS 位点的细胞占总细胞的百分比，通常每个细胞中 Atg9 点状的数目小于或等于 3 个时，我们就认为 Atg9 已完成在 PAS 位点的聚集。

（7）在 37℃放置 1 h 后，迅速将剩余的酵母培养物重新置于 23℃摇床中，然后分别在转移回 23℃后的 20 min、40 min 和 60 min 时，取出 1 mL 的酵母细胞，参照步骤（6）的拍摄条件进行拍照。此时统计每个时间点 Atg9 从 PAS 位点解离下来的细胞占总细胞数的百分比。

参 考 文 献

1. E. L. Eskelinen, F. Reggiori, M. Baba, A. L. Kovacs, P. O. Seglen, *Autophagy* **7**, 935(2011).
2. R. L. Deter, P. Baudhuin, C. De Duve, *J. Cell Biol.* **35**, C11(1967).
3. H. Nakatogawa, K. Suzuki, Y. Kamada, Y. Ohsumi, *Nat. Rev. Mol. Cell Biol.* **10**, 458(2009).
4. M. Tsukada, Y. Ohsumi, *FEBS. Lett.* **333**, 169(1993).
5. D. J. Klionsky *et al.*, *Dev. Cell* **5**, 539(2003).
6. W. H. Meijer, I. J. van der Klei, M. Veenhuis, J. A. Kiel, *Autophagy* **3**, 106(2007).
7. Z. Yang, D. J. Klionsky, *Curr. Top Microbiol. Immunol.* **335**, 1(2009).
8. M. Thumm *et al.*, *FEBS. Lett.* **349**, 275(1994).
9. T. Lang, S. Reiche, M. Straub, M. Bredschneider, M. Thumm, *Journal of Bacteriology* **182**, 2125(2000).
10. T. Lang *et al.*, *EMBO. J.* **17**, 3597(1998).
11. M. D. George *et al.*, *Mol. Biol. Cell* **11**, 969(2000).
12. T. Noda *et al.*, *J. Cell Biol.* **148**, 465(2000).
13. D. J. Klionsky, S. D. Emr, *Science* **290**, 1717(2000).
14. Y. Paz, Z. Elazar, D. Fass, *J. Biol. Chem.* **275**, 25445(2000).
15. T. Kirisako *et al.*, *J. Cell Biol.* **151**, 263(2000).
16. J. Kim, W. P. Huang, D. J. Klionsky, *J. Cell Biol.* **152**, 51(2001).
17. J. Hemelaar, V. S. Lelyveld, B. M. Kessler, H. L. Ploegh, *J. Biol. Chem.* **278**, 51841(2003).
18. Y. Ichimura *et al.*, *Nature* **408**, 488(2000).
19. T. Hanada *et al.*, *J. Biol. Chem.* **282**, 37298(2007).
20. T. Shintani, D. J. Klionsky, *J. Biol. Chem.* **279**, 29889(2004).
21. D. J. Klionsky, S. D. Emr, *EMBO. J.* **8**, 2241(1989).
22. Y. Ohashi, S. Munro, *Mol. Biol. Cell* **21**, 3998(2010).
23. T. Noda, A. Matsuura, Y. Wada, Y. Ohsumi, *Biochem. Biophys Res. Commun.* **210**, 126(1995).
24. T. Noda, D. J. Klionsky, *Methods Enzymol* **451**, 33(2008).
25. W. P. Huang, T. Shintani, Z. Xie, *Methods Mol. Biol.* **1163**, 153(2014).
26. M. U. Hutchins, D. J. Klionsky, *J. Biol. Chem.* **276**, 20491(2001).
27. D. J. Klionsky, R. Cueva, D. S. Yaver, *J. Cell Biol.* **119**, 287(1992).
28. J. Kim, S. V. Scott, M. N. Oda, D. J. Klionsky, *J. Cell Biol.* **137**, 609(1997).
29. T. Shintani, W. P. Huang, P. E. Stromhaug, D. J. Klionsky, *Dev. Cell* **3**, 825(2002).
30. F. Reggiori *et al.*, *Mol. Biol. Cell* **15**, 2189(2004).
31. J. Geng, U. Nair, K. Yasumura-Yorimitsu, D. J. Klionsky, *Mol. Biol. Cell* **21**, 2257(2010).
32. S. V. Scott, M. Baba, Y. Ohsumi, D. J. Klionsky, *J. Cell Biol.* **138**, 37(1997).
33. J. Zhu *et al.*, *J. Cell Sci.* **129**, 135(2016).
34. S. Hanson, K. Berthelot, B. Fink, J. E. McCarthy, B. Suess, *Mol. Microbiol.* **49**, 1627(2003).
35. P. Stelter *et al.*, *Mol. Cell* **47**, 788(2012).
36. P. Kotter, J. E. Weigand, B. Meyer, K. D. Entian, B. Suess, *Nucleic Acids Res.* **37**, e120(2009).
37. Z. Q. Yu *et al.*, *Autophagy* **8**, 883(2012).

38. Z. Xie, U. Nair, D. J. Klionsky, *Mol. Biol. Cell* **19**, 3290(2008).
39. K. Suzuki, Y. Kubota, T. Sekito, Y. Ohsumi, *Genes. Cells* **12**, 209(2007).
40. E. Itakura, C. Kishi-Itakura, I. Koyama-Honda, N. Mizushima, *J. Cell Sci.* **125**, 1488(2012).
41. T. Noda *et al.*, *J. Cell Biol.* **148**, 465(2000).
42. T. Lang, S. Reiche, M. Straub, M. Bredschneider, M. Thumm, *J. Bacteriol* **182**, 2125(2000).
43. A. R. Young *et al.*, *J. Cell Sci.* **119**, 3888(2006).
44. F. Reggiori, T. Shintani, U. Nair, D. J. Klionsky, *Autophagy* **1**, 101(2005).
45. H. Yamamoto *et al.*, *J. Cell Biol.* **198**, 219(2012).
46. A. van der Vaart, J. Griffith, F. Reggiori, *Mol. Biol. Cell* **21**, 2270(2010).
47. K. Shirahama-Noda, S. Kira, T. Yoshimori, T. Noda, *J. Cell Sci.* **126**, 4963(2013).
48. C. C. Jao, M. J. Ragusa, R. E. Stanley, J. H. Hurley, *P. Natl. Acad. Sci. USA.* **110**, 5486(2013).
49. C. C. Jao, M. J. Ragusa, R. E. Stanley, J. H. Hurley, *Autophagy* **9**, 1112(2013).
50. T. Sekito, T. Kawamata, R. Ichikawa, K. Suzuki, Y. Ohsumi, *Genes. Cells* **14**, 525(2009).
51. U. Nair *et al.*, *Cell* **146**, 290(2011).
52. K. Suzuki *et al.*, *EMBO. J.* **20**, 5971(2001).
53. F. Reggiori, K. A. Tucker, P. E. Stromhaug, D. J. Klionsky, *Dev. Cell* **6**, 79(2004).

（谢志平 朱 婧）

第二十八章　线虫的自噬过程及分子机制

第一节　概　　述

细胞自噬是一种进化上高度保守的溶酶体介导的降解过程。自噬过程包括隔离膜的形成、自噬小体的成核和延伸直至完整自噬小体的形成、自噬小体的成熟、自噬溶酶体的降解，以及降解产物的循环再利用。自噬能够有效清除冗余的细胞质成分或损伤的细胞器，自噬缺陷将导致胞内异常蛋白聚集体的累积，这些累积的蛋白聚集体可能损坏细胞或有机体的正常生理功能。因此，人类的多种疾病都与细胞自噬密切相关，尤其是神经退行性疾病，如亨廷顿病和阿尔茨海默病。

目前人们对自噬的分子机制和调控机制的研究主要集中在单细胞酵母和体外培养的细胞系，但对多细胞自噬通路还知之甚少。线虫是一种简单的多细胞生物，线虫的自噬通路与酵母自噬通路高度保守，但是线虫的自噬过程更加复杂和精密。线虫作为一种多细胞生物体，除了自噬核心基因外，还有多个多细胞生物特异的基因参与自噬过程。而且，线虫拥有不同种类的细胞和组织器官，它们的内膜系统差别极大。由内膜系统参与的自噬通路，包括自噬小体形成过程的膜来源及自噬小体成熟过程的膜融合的分子机制，在多细胞生物的不同组织细胞中也会不同。此外，线虫还需要整合各种发育信号及环境条件来调节自噬活性，维持机体的稳态平衡。因此，对线虫自噬通路的深入研究对于我们理解多细胞生物的自噬过程有重要意义。

第二节　线虫中的细胞自噬

一、自噬的研究历史

细胞自噬这一现象最早发现于 20 世纪五六十年代。1956 年，比利时生物学家克里斯蒂安·德·迪夫（Christian de Duve）利用电镜观察到，细胞内的一些膜性结构包裹着胞内一部分物质，如线粒体等（1）。那时通常认为溶酶体主要参与内吞作用，降解胞外物质。但这一发现表明溶酶体还可以降解胞内物质。1963 年，迪夫在国际溶酶体大会上，将这一降解过程命名为自噬，并创造了"autophagy"一词，引申为"自己吃自己（self eating）"（2）。

之后的十几年是自噬形态研究的黄金时代。这个时期的研究让这一降解过程渐渐明朗：胞内首先形成一个包裹自身物质的双层膜结构，成为自噬小体，然后自噬小体与溶酶体融合形成自噬溶酶体。由于发现胰高血糖素可以诱导小鼠肝脏中的自噬作用，研究人员开始广泛关注自噬的生理功能（3）。科学家们尝试了多种方法来研究自噬的功能，但因缺乏合适的研究体系和先进的技术方法，其后的近二十年人们对自噬的了解几乎陷于停顿。

直到20世纪90年代,对于自噬作用的分子生物学的理解才取得了突破性进展。2016年, 诺贝尔生理学或医学奖获得者、日本东京工业大学分子细胞生物学家大隅良典 (Yoshinori Ohsumi) 教授利用酿酒酵母作为遗传模型,进行了大量的遗传学筛选,分离鉴定得到许多自噬作用相关的基因(4,5)。此外,美国密歇根大学的 Daniel Klionsky 教授在研究 API 蛋白酶被运送到液泡内的过程(CVT 途径)时,通过筛选 proAPI 聚集的突变体找到了一系列参与 CVT 途径的基因(6)。通过两个相互独立的酵母遗传筛选,共发现了约有 40 个自噬相关基因(Atg),作用于自噬小体的形成及底物降解等细胞自噬发生的不同阶段。

自噬作用发生的分子机制在进化上是保守的,在哺乳动物细胞中也发现了许多 Atg 基因的同源物。其中有约 18 个保守的 Atg 基因构成了细胞自噬的核心分子机制,对于自噬小体的形成是必需的。这些研究工作奠定了我们探索细胞自噬的分子学基础。

二、线虫模型的特点

秀丽隐杆线虫(Caenorhabditis elegans)是一种从土壤中分离的线虫,它是最近 30 年来新兴的模式生物(7)(图 28-1)。自 Brenner 从 20 世纪 70 年代开始利用线虫开展科学研究,三十多年来,以秀丽隐杆线虫为模式生物的研究几乎涉及生命科学的各个领域,揭秘了无数重大的生命过程,如细胞凋亡的分子机制、RNA 干扰分子机制、衰老等(8)。秀丽隐杆线虫能成为一种广为应用的模式生物,有以下几个方面的原因。

图 28-1 雌雄同体秀丽隐杆线虫模式图 (http://www.wormatlas.org/)

(1)秀丽隐杆线虫作为一个多细胞的真核生物,与高等真核生物具有许多相同的细胞结构和分子信号通路。许多线虫基因的功能都与哺乳动物中保守,例如,线虫中 35% 的基因在人类中都有同源物。

(2)秀丽隐杆线虫成虫体长仅 1 mm,全身透明,以细菌为食,易在实验室培养。

(3)秀丽隐杆线虫的生命周期很短,传代很快,每次能产生 300 个左右的后代,因此很适合遗传试验。

(4)秀丽隐杆线虫没有雌性,只有雌雄同体(hermaphrodite)和雄性(male)两种性别。雌雄同体的线虫能够同时产生卵细胞和精子,并能自体受精,很适合分离突变基因。

(5)秀丽隐杆线虫是一个染色体数很少的二倍体,$2n=12$(有一对性染色体和 5 对常染色体)。其基因组测序在 1998 年已经完成,基因的定位克隆方法已经相当成熟。

(6)线虫胚胎发育中细胞分裂和细胞系的形成具有高度的程序性,非常利于对其发育进行遗传学分析。每个雌雄同体线虫共有 959 个细胞，其中包括 302 个神经细胞和 95 个肌肉细胞，而雄性成虫则有 1031 个体细胞和约 1000 个生殖细胞，其细胞谱系已被详细记录。这些特点都利于研究者对秀丽线虫进行经典的遗传学分析（8）。

（7）线虫可以通过多种方法对其 DNA 进行操作。例如，直接注射外源 DNA、通过简单的喂食或者注射 RNA 可以特异敲除目的基因。

三、线虫中的细胞自噬

（一）多细胞生物中的自噬过程

自噬小体的形成过程所涉及的一系列的 *Atg* 基因，具有功能上的保守性，故而酵母中的基础研究工作极大地推动了多细胞生物中自噬作用的研究进程。尽管如此，存在于多细胞生物的自噬作用与酵母的自噬作用还是有一些重要的不同点。

其一，在酵母中，所有的自噬小体起始于位于液泡附近的单一位点。这一位点被称为前自噬小体结构（pre-autophagosomal structure，PAS）（9）。多细胞生物中，尚未有证据显示有 PAS 的存在，而隔离膜（isolation membrane，IM）可以在胞质内的多个位点同时发生（10，11）。

其二，在酵母中只存在一个巨大的酸性液泡，自噬小体可以直接与之融合。而在多细胞生物中，自噬小体在与溶酶体融合前，还需要经历一系列的成熟酸化过程。新产生的自噬小体会与一些早期和晚期的内吞小体（endosome）或多泡小体（multivesicular body，MVB）融合，从而产生一个中间囊泡（amphisome）（10，12）。中间囊泡较自噬小体更偏酸性，它再与溶酶体融合，从而产生具有降解能力的自噬溶酶体（13）。

其三，在多细胞生物的自噬机制中，除了高度保守的 Atg 蛋白，还存在许多酵母细胞中没有的因子及更为复杂的分子间互作。同时，在高等生物细胞的自噬机制中，还整合了多种信号通路，可以对自噬作用的活性进行更为精细的调控。而且，同一个酵母的 Atg 蛋白在高等生物的细胞中会分化出多个同源物。这些同源物之间会表现出功能上的冗余和分化（14）。尽管已有广泛的生物化学分析方法被应用于发现新的参与高等生物细胞自噬作用的分子，但在多细胞生物中的自噬小体的形成与成熟过程等多个步骤中还存在着许多未知的重要互作蛋白，目前利用多种方法正在鉴定和研究多细胞生物特有的自噬基因（图 28-2）。

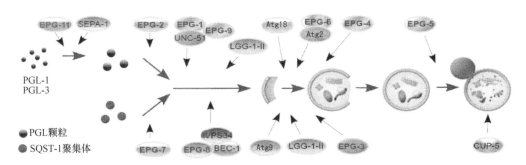

图 28-2　多细胞生物特有的自噬基因 *Epg*

（二）线虫胚胎发育过程中的选择性自噬

1. 清除蛋白聚集体

1）胚胎发育过程中自噬选择性降解多种蛋白聚集体

许多物种中，生殖细胞命运的决定需要生殖细胞特异的细胞质——生殖细胞质。生殖细胞质从卵母细胞分离到生殖前体细胞，最终在生殖细胞质聚集的部位会形成生殖细胞。这种蛋白质一般会形成颗粒状形式，在秀丽隐杆线虫中我们称之为 P 颗粒。P 颗粒由带 poly(A)的 RNA 和多种预测的 RNA 结合蛋白组成。这些与 P 颗粒结合的蛋白质对于生殖细胞的形成发育是必需的（15）。

受精之后，卵子开始第一次不对称卵裂，形成大细胞 AB 和含有 P 颗粒的小细胞 P1，随后 P1 经过三次有丝分裂，每次分裂产生一个体细胞和一个生殖干细胞，成为 P2、P3、P4。随着细胞分裂，P 颗粒进入 P2、P3 和最后的 P4 细胞。最后 P4 分裂为两个前体生殖细胞 Z1 和 Z2，P 颗粒均匀地分布在这两个细胞中（16）（图 28-3）。P 颗粒特异定位于这些细胞是通过几种机制的协同作用实现。细胞质大规模地向细胞的后部流动；P 颗粒随细胞核移动到未来的生殖细胞一侧；体细胞中遗留的 P 颗粒被特异性降解。

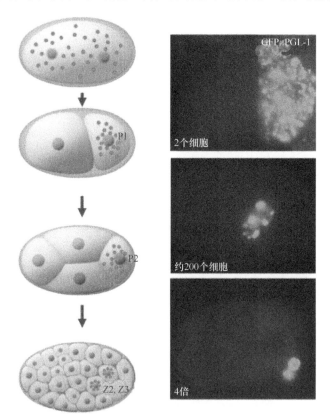

图 28-3　线虫 P 颗粒在胚胎早期的分布图

P 颗粒包括短时存在的和长期存在的两类。短时存在的 P 颗粒成分包括 PIE-1、MEX1 和 POS-1（17），它们在泛素降解途径的作用下被降解。长期存在的 P 颗粒成分包括 RNA 结合蛋白 PGL-1 和 PGL-3，随着受精卵的分裂分布在体细胞和生殖细胞中，随后体细胞中的 PGL-1 和 PGL-3 会被自噬特异降解（*18*）。在自噬突变体中，PGL-1 和 PGL-3 无法被降解，而在体细胞中形成大量的蛋白聚集体（protein aggregate）。这样的蛋白聚集体被称为 PGL 颗粒（PGL granule）。自噬降解 PGL-1 和 PGL-3 蛋白需要受体蛋白 SEPA-1 的帮助。

SEPA-1 本身也是选择性自噬作用的底物（*18*）。它通过自身的相互作用结构域形成蛋白聚集体。在自噬相关基因有缺陷的背景下，会导致 PGL 颗粒在体细胞中的积累。而如果此时 *Sepa-1* 也发生突变，那么 PGL-1 和 PGL-3 则会弥散状分布于胚胎体细胞的细胞质中。SEPA-1 能够通过与 PGL-3 的直接结合从而作用于 PGL-1，使 PGL-1、PGL-3 发生聚集，进而使其被自噬作用降解。另外，SEPA-1 还可以与自噬相关基因 *Lgg-1/Atg8* 相互作用。

哺乳动物细胞中的 p62/SQSTM1 也是细胞自噬作用降解的底物（*19, 20*）。它在线虫中的同源蛋白被命名为 SQST-1。在野生型的线虫中，SQST-1 的表达量很低，并且弥散分布于细胞质中。但在自噬相关基因有缺陷的突变体中，SQST-1 聚集在一起，形成大量的蛋白聚集体（*18*）。这些 SQST-1 聚集体与 PGL 颗粒在各类自噬相关基因有缺陷的突变体中的模式不尽相同。此外，线虫胚胎发育时期，除了 SQST-1 聚集体与 PGL 颗粒外，自噬还可以降解 SEPA-1 家族蛋白（*18*）。由此可见，在线虫胚胎发育过程中，细胞自噬可以选择性地降解多种有聚集体倾向的蛋白质。这一过程被称为聚集体自噬（aggrephagy）。线虫胚胎发育过程中，为什么要选择性地降解这些蛋白聚集体呢？因为线虫胚胎发育过程不需要从外界汲取养料，发育过程的各种能量和物质需求都是依靠降解母系遗传物质得到的。自噬降解 PGL 颗粒和蛋白聚集体也可能是为胚胎发育特供营养，而且有些蛋白质可能只在胚胎发育的特定阶段发挥作用，如果长时间存在可能会对发育有害。

2）支架蛋白提高选择性自噬的特异性和降解效率

EPG-2 调控 PGL 颗粒与自噬系统的结合。自噬过程需要受体蛋白将自噬底物（如 PGL 颗粒）与自噬蛋白（如 LGG-1）结合。p62 是介导泛素化蛋白被自噬降解的受体蛋白，它包括一个自聚合结构域 PB1、一个 LC3 结合结构域 LIR，以及一个 UBA 结构域（*19, 21, 22*）。SEPA-1 与 p62 结构类似，也包含一个自结合结构域，并能与 PGL-3 和 LGG-1/Atg8 结合（*18*）。但是 PGL 颗粒与 LGG-1 的结合还需要 EPG-2（图 28-4）。*Epg-2* 不影响 PGL 颗粒的形成，但是影响它的降解过程。EPG-2 自身也可以形成蛋白聚集体，在野生型胚胎中与 SEPA-1 是共定位的。EPG-2 被自噬作用降解的过程不依赖于 *Pgl-1*、

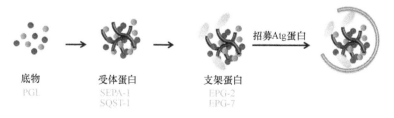

图 28-4 受体蛋白和支架蛋白在选择性自噬中的作用

Pgl-3 和 *Sepa-1*。*Epg-2* 功能的缺失会破坏 PGL 颗粒与 LGG-1/Atg8 的共定位，故而 EPG-2 作为受体支架蛋白，可以将 PGL 颗粒与细胞自噬途径相联系（*23*）。

EPG-7 特异性地介导了多种蛋白复合物的降解。EPG-7 自身也可以形成聚合体，并且被细胞内自噬过程降解（*24*）。EPG-7 作为受体支架蛋白，特异性地介导了数种蛋白复合物的降解，其中包括哺乳动物 p62 在线虫的同源物 SQST-1。EPG-7 可以与 SQST-1 及多个自噬蛋白（LGG-1、LGG-3/Atg12、Atg18 及 Atg9）直接作用。*epg-7* 突变将破坏 SQST-1 复合物与 LGG-1/Atg8 的关联，表明支架受体蛋白不仅赋予了底物降解的特异性，同时也通过将底物受体复合物与细胞内自噬系统连接起来，提高了降解的效率，如图 28-4。不同的降解底物需要不同的支架蛋白介导。底物-受体-支架蛋白形成蛋白复合物，招募自噬核心基因，启动自噬降解过程。

支架蛋白 EPG-2 的作用与酵母 Atg19 类似，Atg19 在 CVT 途径中介导了 Ape1 从胞质到液泡的定位（*25*）。Ape1 前体（prApe1）形成多聚体，然后结合 Atg19 受体。Atg11 介导了 prApe1-Atg19 复合物到 PAS，诱导 CVT 膜泡的形成（*26*）。Atg19 而不是 Atg11，与 prApe1 一起降解。支架蛋白 EPG-7 与酵母 Atg11 和哺乳动物细胞的 FIP200 有较高的同源性（*19*）。这三个蛋白质的羧基端都包含一个 Atg11 结构域。哺乳动物细胞中，FIP200 是 ULK1 复合物的组分，对诱导自噬发挥重要作用。但对 FIP200 不依赖于 ULK1 复合物的提高降解效率的功能还没有研究（*27*）。

3）翻译后修饰参与调控支架蛋白与底物/受体复合物的结合

底物/受体/支架蛋白复合物的形成受到精密的调控，可能它们的表达受到严格的时间调控，也可能翻译后修饰可以调控复合物的形成。近期的一项研究发现，精氨酸的甲基化修饰可以调控支架蛋白与底物/受体复合物的结合（*28*）。线虫精氨酸甲基转移酶 PRMT-1 的同源基因 *Epg-11* 功能缺失会导致 P 颗粒组分 PGL-1、PGL-3（底物）和 SEPA-1（受体）在自噬作用中的降解缺陷。然而，在 *Epg-11* 突变体中，支架蛋白 EPG-2 或其他类型的蛋白聚合体的清除并不受到影响。*Epg-11* 基因活性的缺失减弱了 PGL 颗粒与 EPG-2 的结合作用，进而减弱了 PGL 颗粒与 LGG-1/Atg8 的结合作用。进一步研究发现，EPG-11 可以直接甲基化修饰 PGL-1 和 PGL-3 蛋白 RGG 结构域的精氨酸，这些活性位点的精氨酸突变会降低 PGL 颗粒在自噬作用中的降解效率。

2. 清除母系遗传来的线粒体和膜性细胞器

哺乳动物还普遍存在核外染色体遗传现象，如后代会遗传来自母亲的线粒体遗传物质（mitochondrial genome，mtDNA）。果蝇精子中的 mtDNA 会在受精前被清除（*29*）。精子的 mtDNA 可以被内切核酸酶 G 所降解。而且在精子特化时，胞内重组过程也会将 mtDNA 从精子细胞中移出（*29*）。在小鼠中，精子的 mtDNA 也是在受精前被清除的。如果包含 mtDNA 的精子被授精，mtDNA 将不被清除，而不均匀地分布在胚胎分裂球内（*30*）。

不同于果蝇和小鼠被动清除精子的 mtDNA，线虫可以通过自噬主动识别并选择性降解来自精子的线粒体和 mtRNA（*31-33*）。在 2 或 4 细胞胚胎期时，精子来源的线粒体会随机分配到分裂球中，但在 64 细胞胚胎时期之前会被降解。在自噬突变体的受精卵中，来自母本的线粒体和 mtDNA 会一直留存下来，直到胚胎晚期甚至幼虫期。胚胎发育早期，父系遗传来的线粒体通常被 LGG-1 标记的自噬小体包裹（31，34）。通常认为泛素化可以诱导自噬降解多种底物，但是线虫精子的线粒体无法被泛素化，它们是如何被自噬机器识别并降解的机制至今仍不清楚。

线虫的精子细胞还包含一些特化的囊泡结构，称为膜性细胞器（membranous organelle，MO）。MO 也会被 LGG-1 标记的自噬小体包裹，但不同于线粒体，MO 可以被泛素化（31，34）。推测被泛素化的 MO 可以诱导自噬将其降解。此外，蛋白酶体的调控亚基 19S 也会围绕着 MO，暗示了蛋白酶体也可能参与 MO 的降解（31）。

哺乳动物中，精子细胞特化成精子时会丢弃大量的胞内物质到残余小体（residual body）中，残余小体最终被清除（33）。有报道称，残余小体首先被自噬识别，但最终被性腺鞘细胞吞入并降解，参与凋亡细胞降解的一系列基因同时参与其中（35）。在线虫的精子发育过程中，残余小体是在第二次减数分裂时形成的（35）。残余小体中包含了所有的核糖体，大部分的肌动蛋白、肌球蛋白和微管蛋白，以及许多内膜结构（36，37）。自噬突变体中，残余小体并不聚集（38）。清除凋亡细胞的两条冗余信号通路通过识别残余体表面的"eat me"信号磷脂酰丝氨酸参与了残余小体的吞噬（38）。包裹残余小体的吞噬小体通过包被 PtdIns(3)P、招募 Rab 小 GTP 水解酶等一系列步骤完成成熟过程。雌雄同体线虫残余小体的清除与凋亡细胞的清除有相似过程，但雄性线虫残余小体的清除所需吞噬基因又有所不同（39）。

3. 细胞自噬活性在生殖腺细胞凋亡中的作用

在哺乳动物细胞及果蝇发育过程中，细胞自噬也参与细胞的死亡过程。线虫细胞自噬对于细胞凋亡的影响一直不清楚。在线虫发育过程中，共有 131 个体细胞和大量的生殖腺细胞发生凋亡（39）。在胚胎发育阶段，自噬活性对于细胞凋亡的过程没有影响，但在凋亡细胞的清除中发挥着重要作用（40-42）。研究报道，细胞自噬参与了生殖腺细胞的凋亡。细胞自噬过程不影响生理状态下生殖腺细胞凋亡的数量。但是在 γ 射线诱导的生殖腺细胞凋亡中，自噬途径的阻断会抑制凋亡过程的发生。在细胞凋亡部分缺失突变体 Ced-3 中，自噬过程对生殖腺细胞凋亡和腹轴神经元细胞凋亡也有促进作用。

（三）自噬参与胚胎后发育期的细胞命运决定

MicroRNA（miRNA）是一类长约 22 个核苷酸的小分子 RNA，通过碱基互补配对的方式识别信使 RNA，并根据互补程度的不同影响靶信使 RNA 翻译的效率或者稳定性。此过程由小分子 RNA 诱导的基因沉默复合物来介导完成（43）。这个沉默复合物包含 miRNA、Argonaute（Ago）蛋白和一个 GW182 蛋白家族成员（44）。研究表明，miRNA 介导的基因沉默调控一系列的发育过程和细胞生理过程（45）。在线虫中，Let-7 家族小分子 RNA 和 Lsy-6 小分子 RNA 是两种不同的小分子 RNA，它们调控不同的生理过程：Let-7 家族小分子 RNA 调控异时性发育和外阴的分化；而 Lsy-6 小分子 RNA 调控味觉受体神经的分化（46-49）。

在线虫发育过程中，细胞自噬参与调控小分子 RNA 介导的细胞分化，并且选择性降解小分子 RNA 诱导的基因沉默复合物的核心组分。研究发现，线虫细胞自噬可以通过调控 *Let-7* 和 *Lsy-6* 来调节异时性发育、阴户发育和 ASEL 神经分化等生理过程（*46-49*）。细胞自噬可以降解小分子 RNA 诱导的基因沉默复合物中的一个重要成分 AIN-1/GW182，而且 AIN-1 与 LGG-1/Atg8 可以相互作用。AIN-1 的选择性降解还依赖于支架蛋白 EPG-7 的活性（*46*）。

（四）自噬在线虫中的生理功能

1. 自噬参与线虫脂类代谢

脂滴中的中性脂质被相关脂酶分解产生脂肪酸，以用于胞内线粒体氧化和能量生成（*50*）。脂滴不仅可以被溶酶体内吞降解，最近研究还表明胞内脂滴也能通过自噬途径降解（*51，52*）。细胞自噬普遍存在于脂质代谢中，自噬缺陷会引起肝脏细胞、胚胎成纤维细胞、内皮细胞、淋巴母细胞、树突状细胞、神经胶质细胞甚至是神经元细胞中脂质蓄积。自噬缺陷的小鼠体内产生大量体积增大的脂滴，导致肝脏中三酰甘油和胆固醇浓度增大，肝脏体积增大。

线虫中，自噬也可以帮助脂滴在肠道细胞中储存（*53*）。与野生型线虫相比，自噬突变体如 *Bec-1* 和 *Unc-51* 的肠道细胞中脂滴和三酰甘油都减少。线虫的肠道有多种功能，包括消化食物、吸收营养物质及合成脂类。自噬可能通过降解错误折叠的蛋白质和受损细胞器来为脂类的合成提供直接的物质来源。

2. 线虫细胞自噬调控线虫的寿命

很多因素可以影响线虫的寿命，如胰岛素类受体信号通路、神经内分泌信号及 *Let-363/TOR* 信号通路等（*54-56*）。近期研究发现，自噬也能影响线虫的寿命。自噬突变体 *Atg7* 和 *Atg12* 等的寿命比正常野生型线虫要短，而且自噬基因 *Bec-1* 缺失会减少 *Daf-2* 突变体的寿命（*54，56*）。此外，研究还发现，在寿命延长的突变体 *Daf-2* 和 *Let-363/TOR*（RNAi）中，*Lgg-1* 等多个自噬基因的表达量增加，可能暗示了细胞自噬激活可以延长寿命。

第三节 线虫中的自噬实验技术

一、利用遗传学方法研究线虫的自噬过程

（一）利用线虫多细胞体系筛选鉴定自噬突变体

以往人们对自噬的研究主要集中在单细胞酵母或体外培养的细胞系中，但是多细胞生物的自噬过程会更加复杂精密。人们对多细胞生物自噬的分子机制和调控机制还知之甚少。线虫是一种简单的多细胞生物，也是一个开展遗传筛选的最佳模式生物。利用线虫开展遗传筛选，寻找参与多细胞生物自噬通路的特异基因，是人们了解多细胞生物自噬过程的重要途径。开展遗传筛选的具体方法如下。

1. EMS 诱变

EMS 是一种目前应用最广泛的化学诱变剂，它能引起基因组的碱基从 G、C 到 A、T 的突变，有时候也能产生很短的缺失。例如，取 100～200 条 L4 晚期或刚进入成虫时期的 SQST-1::GFP 雌雄同体的线虫，进行诱变处理，筛选胚胎细胞中 SQST-1::GFP 大量累积的线虫株。得到突变体后尽快进行冻存备份以防丢失。

2. 突变体回交纯化

得到纯合突变体之后，要先将突变体和用于诱变的虫株回交几次，以去除突变体中不相关的突变。

3. 定位及克隆突变基因

得到突变体后，应最先将它定位到单个染色体并确定它在染色体的大概位置。然后我们与已知在该染色体上的自噬基因做互补。如果是已知基因的定位基因，进行测序来确定其突变位置；如果是未知的自噬基因，需要开展进一步的细致定位。

4. 遗传非互补实验

在筛选突变体的过程中，我们得到的突变体表型类似，并定位在同一染色体。如果是两个隐性突变，为确定表型相似的两个突变体是否为同一基因的突变，可通过遗传非互补实验（non-complementation test）。但少数情况下也会有例外，有时候不同的等位基因由于各种各样的原因（如该基因会形成二聚体等），导致最后的结果和实际相反，因此还需用其他方法辅助验证。

（二）构建双突变体判断自噬新基因的作用阶段

在线虫胚胎的发育过程中，不同的自噬突变体中会呈现出不同的表型。例如，当两个类泛素化的分子共轭系统、Unc-51-EPG-1-EPG-9 复合物和 Vps34 复合物中的成分失去功能的情况下，PGL 颗粒和 SQST-1 聚集体在细胞质中呈现球状散在的小点。这两种蛋白聚集体是分离的。而在 Epg-3、Epg-4、Epg-6 和 Atg2 突变体中，PGL 颗粒、SQST-1 聚集体、LGG-1/Atg8 和 DFCP1 的点会增大成为不规则形状的簇状结构，而且它们大部分是共定位的。

根据这些特点，我们可以构建双突变体，通过判断上述表型来对这些自噬突变体进行遗传学的上下游分析，从而构建出自噬作用相关蛋白在自噬途径中的次序架构。在聚集体细胞自噬的遗传通路中，EPG-1-EPG-9- UNC-51 复合物位于最上游的位置，接下来是 EPG-8-Vps34-BEC-1 复合物。在自噬小体形成过程中，Atg18 的作用早于 EPG-6-Atg2。而 LGG-1-PE 对于欧米茄小体的形成是必需的。同时，它还可以与蛋白聚集体的成分相互作用。而 EPG-5 在聚集体细胞自噬途径的下游起作用，可能参与了有功能性的自噬溶酶体的形成。CUP-5 则作用于最下游阶段，对于自噬溶酶体的蛋白水解作用是必需的。

二、检测线虫胚胎发育过程中的自噬活性

线虫胚胎细胞的外表面有壳包裹，多数物质无法渗透进去。胚胎发育所需要的物质主要来自于降解遗传下来的卵黄。因此，线虫胚胎发育过程中，自噬的活性是生理水平而非受外界营养物质诱导。

Atg8/LC3 参与自噬小体形成时的偶联过程，Atg8/LC3 与 PE 的偶联水平已经成为检测自噬水平的国际标准。在秀丽隐杆线虫中存在着两个 Atg8/LC3 的平行性同源基因，分别是 *Lgg-1*（LC3、GABARAP 和 GATE16 家族）和 *Lgg-2*，它们都参与自噬过程。我们可以通过检测自噬突变体的胚胎细胞中 LGG-1-PE 的表达水平及定位情况来监控自噬活性。

（一）免疫印迹实验检测 LGG-1 的脂化水平和表达水平

根据分子质量的不同，通过 SDS-PAGE 实验可以将 LGG-1 前体、LGG-1 和脂化的 LGG-1-PE 区分出来。LGG-1 前体会在 Atg4.1 突变体中累积，野生型胚胎细胞中无累积。LGG-1-Ⅰ 和 LGG-1-Ⅱ 在野生型中都有表达，但在 Atg3 和 Atg5 突变体中无法检测到 LGG-1-Ⅱ。参与自噬小体形成和成熟过程的自噬突变体中，如 Epg-3、Epg-4、Epg-5 和 Epg-6，LGG-1-Ⅰ 和 LGG-1-Ⅱ 的表达水平与野生型相比都有明显累积。此外，LGG-1-Ⅱ 在参与诱导自噬小体形成过程的突变体，如 Unc-51/Atg1 激酶复合物，以及 Vps34、Atg18 和 Atg9 突变体中也大量累积，说明自噬通路受阻可以导致 LGG-1 脂化水平增加。根据这些结果，我们可以利用免疫印迹实验来研究自噬突变体中 LGG-1 的脂化水平和表达水平。具体操作如下。

1. 第一步：线虫胚胎的收集

（1）用 90 mm 的培养皿培养线虫，每种基因型培养 15～20 皿。皿中大部分虫子为 2～3 天的成虫时，用 M9 溶液将虫子从培养皿中洗下来，收集到 15 mL 玻璃离心管中。

（2）室温 1200 r/min 离心 1 min，弃上清然后再加入 M9 溶液。重复洗涤 2 次。

（3）加入 3 倍体积新配制的碱性次氯酸钠溶液（也称去污染液），轻轻晃动使虫子裂解，显微镜下观察直至溶液中没有完整虫体，只剩下卵，此过程一般需要 3～5 min。

（4）迅速加入大量 M9 溶液稀释碱性次氯酸钠溶液终止反应，1200 r/min 离心 1 min弃去上清。

（5）用 M9 溶液洗涤 3 次后将收集到的胚胎转移至 1.5 mL 塑料离心管中，可放入 −80℃冰箱储存。

2. 第二步：线虫胚胎的免疫印迹实验

（1）将收集的胚胎从−80℃冰箱取出融化然后加入相应量的 5×SDS 上样缓冲液，100℃加热 10 min，然后放入液氮使其充分冻结。重复冻融过程 3 次。

（2）4℃，13 000 r/min，离心 5 min，以备上样。

（3）用 Western blot 检测目标蛋白。

（二）间接免疫荧光检测 LGG-1 的定位情况

我们还可以利用 LGG-1 的抗体或者 GFP::LGG-1 融合蛋白来观察 LGG-1 的表达模式。在野生型线虫胚胎细胞中，LGG-1 呈现动态表达，在 100～200 细胞期时最多，随后表达量降低，到 4 折叠期时几乎无法观察到 LGG-1 颗粒。但在自噬突变体中，LGG-1 的表达和定位有着不同的形态。例如，在 Atg3、Atg5、Atg7 和 Atg10 突变体中，LGG-1 无法被 PE 偶联，因此无法检测到 LGG-1 颗粒。在自噬小体形成过程中发挥作用的基因，如 Epg-3、Epg-4、Epg-6 和 Atg2 突变，会引起 LGG-1 颗粒显著增加，并且与自噬底物共定位在一起。不同的自噬突变体，LGG-1 颗粒的表达模式有很大差异，通过间接免疫荧光可以观察到 LGG-1 颗粒的定位情况，进而判断该基因的功能。具体操作如下。

（1）在载玻片上包被多聚赖氨酸，于 37℃ 温箱中烘干备用。

（2）在包被了多聚赖氨酸的载玻片上滴加一小滴水，挑取数十条成年线虫置于水中，在其上轻覆上盖玻片，并轻轻挤压盖玻片，迫使线虫体内的卵被压出体外。此时应使盖玻片的一角探出载玻片外。

（3）将此玻片样品置于液氮中迅速冷冻，在达到低温后，取出玻片样品，并迅速用镊子将盖玻片敲去。

（4）将经冷冻龟裂后的样品玻片迅速放入 –20℃ 预冷的甲醇中，并在 –20℃ 冰箱中保持放置 20 min。

（5）将样品玻片转移至 –20℃ 预冷的丙酮中，并在 –20℃ 冰箱中保持放置 15 min；

（6）取出样品玻片，待丙酮挥发完全后，用防水笔在样品周围画出一个圈。待笔迹干透后，在样品上滴加 100 μL 的 1% BSA 封闭。置于润湿的孵育盒中，室温封闭 1 h。

（7）使用 1% BSA 按工作浓度稀释一抗，如 LGG-1 的抗体，将封闭液弃去之后，向样品中加入配制的一抗溶液。置于润湿的孵育盒中，室温孵育 1 h 或者在 4℃ 环境中孵育过夜。

（8）用 0.2% 的 PBS-T 缓冲液洗片 3 次，每次 10 min。

（9）使用 1% BSA 按工作浓度稀释二抗，向样品上加入配制的二抗溶液，置于润湿的孵育盒中，室温孵育 1 h 或者在 4℃ 环境中孵育 2 h。

（10）再次使用 0.2% 的 PBS-T 缓冲液洗片 3 次，每次 10 min，此步骤应注意使用锡箔纸包裹避光。

（11）向样品上滴加少量含有 DAPI 的封片液，轻盖上盖玻片，避免气泡的产生，之后再以指甲油封片固定。

（12）将制备好的线虫胚胎样品玻片置于荧光显微镜下观察并拍照。

（三）电镜观察线虫的自噬水平

利用电子显微镜来研究自噬已经非常普及，但是很少利用电镜来观察线虫的自噬水平。理论上来讲，电镜（包括免疫电镜）可以观测线虫各个发育时期的各种生理过程。野生型线虫中，自噬前体非常少，一个切片数百条线虫，一般只能观察到一个；自噬小体和自噬溶酶体比自噬前体略多。但在 Dauer 期或者饥饿处理的线虫中，自噬小体和自噬溶酶体会大量累积。在 Unc-51 突变体中，电镜下可见大量髓鞘样的自噬结构。在 Epg-3、Epg-4、Epg-6、Atg2 和 Atg18 突变体中，由于自噬小体无法形成，电镜可以观察到大量的自噬前体。利用电镜观察线虫自噬水平的具体方法如下。

（1）将所需年龄段的线虫收集在 1.5 mL 的 EP 管中，用 M9 洗 2 遍。再用 8%的乙醇处理 4 min，麻醉线虫。

（2）用 M9 洗 3 遍后，用固定液冰上固定 2 h（固定液配方：1.0%的多聚甲醛，2.5%戊二醛，含 0.05 mol/L 二甲砷酸钠，0.1 mol/L 蔗糖）。

（3）固定后，冰上漂洗 3 次（漂洗液配方：0.2 mol/L 二甲砷酸钠）。

（4）在显微镜下用刀片将线虫切开，切口尽量靠近需要扫描的组织。

（5）后固定：将线虫转移到新的 EP 管中，0.5%的锇酸在冰上固定 90 min，避光。

（6）乙酸双氧铀润洗后，加入乙酸双氧铀，过夜避光。

（7）第 2 天，双蒸水快速润洗后，用 3%的琼脂糖进行预包埋，线虫周围的多余琼脂糖尽量修掉，保证琼脂糖块尽量小。

（8）冰上梯度脱水：30%乙醇 10 min，50%乙醇 10 min，70%乙醇 10min，95%乙醇 10 min，100%乙醇 10 min，100%乙醇 15 min 3 次，最后丙酮 2 次，每次 15 min。

（9）梯度包埋：丙酮：树脂（Embed812）2∶1 室温 1 h，1∶1 室温 3 h，1∶3 室温 4 h 或者过夜，100%树脂 4～6h 或者过夜。包埋前一天在树脂中加入加速剂，换一次液。

（10）包埋：将线虫用 100%树脂+加速剂包埋到模板里，一个模块里一条线虫。37℃、12～24 h，45℃、12～24 h，60℃ 烘烤 48 h 左右。

（11）切片、染色后，在电子显微镜下观察。

如果用线虫胚胎为样品进行电镜观察时，由于胚胎细胞外部包围几丁质壳，处理样品时还需要以下几步。

（1）用 M9 将线虫卵冲洗下来，收集到 1.5 mL EP 管中。

（2）用 M9 洗 3 遍后，用 150 mmol/L 的次 NaClO 处理 3～5 min。

（3）用 10%的 FBS 洗两次，接着再用 150 mmol/L 的氯化钾漂洗 2 次。

（4）用 20 mg/mL 的几丁质酶治理 5～10 min，具体处理时间的判定，需要在显微镜下观察，当看到线虫卵的壳消失的时候，马上终止。

（5）用 M9 将线虫卵洗几遍。后面的戊二醛固定、四氧化锇后固定、琼脂糖预包埋及脱水等步骤与线虫方法一致。

三、自噬对线虫的生理功能的影响

（一）线虫幼虫 L1 存活率实验

在食物匮乏时，刚孵化出来的线虫幼虫的发育会被阻滞在 L1 时期，并能在 L1 期存活一两周。细胞自噬可以为处于饥饿状态的 L1 提供大分子物质及 ATP。自噬基因突变引起自噬活性降低，将对 L1 时期线虫的存活有重要影响，此外，自噬过激活也会导致 L1 时期线虫的存活降低。关于 L1 时期线虫存活率的实验具体方法如下。

1. 第一步：线虫发育的同步化

（1）将培养至成虫阶段的线虫用 M9 缓冲液冲洗收集至 10 mL 玻璃管中，2000 r/min 离心 1 min，弃去上清。

（2）向约 2 mL 线虫中加入新鲜配制的 3 mL 碱性次氯酸钠溶液，混匀振荡约 4 min，期间注意在体视显微镜下观察线虫裂解状态。

（3）当线虫的虫体大致消失，同时溶液中有大量虫卵时，加入 5 mL 的去离子蒸馏水混匀稀释。2000 r/min 离心 1 min，弃去上清，再加入大量去离子蒸馏水吹打清洗。

（4）重复上述步骤 2～3 次，可收集得到大量处于胚胎发育前期阶段的虫卵。

（5）将虫卵置于 20℃或者没有食物的培养基上过夜，可孵育得到同步化处于 L1 发育阶段的幼虫。

2. 第二步：统计 L1 存活率

（1）在 20℃下，我们将经由同步化步骤收集得到的线虫胚胎置于去离子的蒸馏水中孵育。这些胚胎被等量分置于无菌的 96 孔平皿内。在饥饿条件下，线虫胚胎孵化后会停留在 L1 发育阶段。

（2）在每个时间点，我们会用灭菌的玻璃吸管，将等量的对照组及实验组样品转移至铺有 OP50 的培养基上。

（3）3 天后，这些存活下来的 L1 幼虫会长至 L4 时期，便于计数。

（4）我们记录下各时间点能够存活的线虫动物的数量，并利用 SPSS 20.0 版本中的 Kaplan-Meier 方程和 log-rank 检验不同样本间存活率的差异。

（二）自噬在调控线虫 Dauer 形成中的作用

当外界环境非常不利于线虫生长时，如饥饿、高温、高密度等，线虫经过第二次蜕皮后便进入 Dauer 形式。进入 Dauer 时期的线虫在代谢和形态上都进行了改变，来适应外界艰难的环境以期能长时间存活。如果外界环境转好，变得适合线虫生长，Dauer 期幼虫可以重新发育到成虫，并且可以繁衍后代，而且有着正常的寿命周期。

调控线虫 Dauer 形成的通路有很多，如 TGF-β和 INS/IGF-1 等。即使食物充足，Daf-2 突变体在 25℃下也可以诱导线虫进入 Dauer 期，并能观察到这些 Dauer 的线虫表皮细胞中 GFP::LGG-1 聚集体增多。电镜结果也显示 Dauer 的线虫自噬小体大量聚集，说明 Dauer 时期的线虫自噬活性增加。当 RNAi 敲除自噬基因 *Bec-1*、*Unc-51*、*Atg7*、*Lgg-1* 或 *Atg18* 时，Daf-2 突变体无法正常进入 Dauer 时期。这表明，自噬对线虫进入 Dauer 期是必需的，而且自噬作用位于 DAF-2/胰岛素/IGF-1 信号通路下游。有可能自噬作用在细胞和组织进行重构建时发挥作用，从而使线虫能更好地适应外界环境的胁迫。

关于 RNAi 敲除自噬基因的具体方法如下。

1. 显微注射敲除基因的双链 RNA

双链 RNA 进入线虫体内后，会导致对应 mRNA 的特异性降解，这个过程称为 RNA 干扰（RNAi）。在线虫中为了了解某些基因的功能，会用一段较长的外显子作为 RNA

转录的模板（一般是 500～1000 bp）进行体外双链 RNA 合成。用 T7 和 SP6 体外转录试剂盒，将目标 DNA 转录为双链 RNA，然后进行显微注射。具体过程如下。

（1）设计引物。设计分别带有 T7 和 SP6 启动子序列的正反向引物：

T7 启动子序列为 CACTAGTAATACGACTCACTATAGGG

SP6 启动子序列为 CACTAGATTTAGGTGACACTATAGAA

（2）PCR 扩增出相应的 DNA 模板。

（3）纯化 DNA 产物。

（4）双链 RNA 的体外合成。

（5）RNAi 注射。将体外合成的双链 RNA 注射入年轻的雌雄同体成虫，可注射至肠细胞、生殖腺等部位，被注射的虫子恢复 8 h 后，可以观察后代是否有突变体表型。

2. 喂食表达双链 RNA 的细菌

除了上述显微注射敲除目的基因外，还可以通过持续喂食线虫表达目的 dsRNA 的细菌，进行基因敲除。RNAi 喂养可用于敲除特定基因或者高通量筛选实验。现在的 RNAi 喂食库，一个来自 Ahringer 实验室，另一个来自 Vidal 实验室。两个喂食库都使用 HT115 菌株作为 RNAi 质粒宿主。将含有目标基因的菌株挑入加了氨苄和四环素的 LB 培养液中，37℃恒温振荡培养 8～12 h，然后涂在加过氨苄、四环素及 IPTG 的 NGM 固体培养基上室温生长 24 h。挑 L1 时期的幼虫 5～7 条放入培养皿中 20℃培养，观察后代表型。注意，NGM 培养基不要过干也不要过湿，这都会影响 RNAi 喂养的效率。

（三）线虫寿命实验

如前面章节所述，自噬参与调控线虫的寿命。大部分自噬基因突变体的寿命比正常野生型线虫要短。因此，我们可以通过构建突变体或者 RNAi 干扰特异基因来研究它们对线虫寿命的影响。线虫寿命分析实验具体操作如下。

（1）准备好生长状态良好的样本线虫株，每种至少三盘，以保证能有足够多的 L4 时期的线虫。

（2）每种实验线虫株挑取 100 条 L4 时期的线虫，放在一个食物充足的培养皿中。

（3）每天将这 100 条线虫从旧培养皿中转移到新的培养皿中。不要带虫卵或者幼虫。并记录从旧盘中挑出的线虫数量，最终统计线虫寿命。

（4）10 天后可以两天转移一次，直至所有虫子都死亡。

（5）较老的虫子表面会有黑色的花纹，行动也比较迟缓，最后会趴着不动了。需要用铂金丝轻轻碰触线虫的头部，咽部没有反应时表明虫子死亡。

（6）数据统计，制作生长曲线。

参 考 文 献

1. A. B. Novikoff, H. Beaufay, C. d. Duve, *J. Biophys. Biochem. Cytol.* **2**, 179-184(1956).
2. A. L. Tappel, P. L. Sawant, S. Shibko, *CIBA Foundation Symposium* 77-113(1963).
3. P. Matile, *Annu. Rev. Plant Phys.* **29**, 193-213(1978).

4. K. Takeshige, M. Baba, S. Tsuboi, T. Noda, Y. Ohsumi, *J. Cell Biol.* **119**, 301-311(1992).
5. M. Tsukada, Y. Ohsumi, *FEBS. Lett.* **333**, 169-174(1993).
6. D. J. Klionsky, R. Cueva, D. S. Yaver, *J. Cell Biol.* **119**, 287-299(1992).
7. S. Brenner, *Br. Med. Bull* **29**, 269-271(1973).
8. A. Fire *et al.*, *Nature* **391**, 806-811(1998).
9. H. Nakatogawa, K. Suzuki, Y. Kamada, Y. Ohsumi, *Nat. Rev. Mol. Cell Bio* **10**, 458-467(2009).
10. A. Simonsen, S. A. Tooze, *J. Cell Biol.* **186**, 773-782(2009).
11. A. Longatti, S. A. Tooze, *Cell Death. Differ.* **16**, 956-965(2009).
12. M. Filimonenko *et al.*, *J. Cell Biol.* **179**, 485-500(2007).
13. M. Razi, E. Y. W. Chan, S. A. Tooze, *J. Cell Biol.* **185**, 305-321(2009).
14. M. Thumm, T. Kadowaki, *Mol. Genet. Genomics.* **266**, 657-663(2001).
15. S. Strome, R. Lehmann, *Science* **316**, 392-393(2007).
16. B. Goldstein, S. N. Hird, *Development.* **122**, 1467-1474(1996).
17. C. DeRenzo, K. J. Reese, G. Seydoux, *Nature* **424**, 685-689(2003).
18. Y. X. Zhang *et al.*, *Cell* **136**, 308-321(2009).
19. S. Pankiv *et al.*, *J. Biol. Chem.* **282**, 24131-24145(2007).
20. M. Komatsu *et al.*, *Cell* **131**, 1149-1163(2007).
21. G. Bjorkoy *et al.*, *J. Cell Biol.* **171**, 603-614(2005).
22. Y. Ichimura *et al.*, *J. Biol. Chem.* **283**, 22847-22857(2008).
23. Y. Tian *et al.*, *Cell* **141**, 1042-1055(2010).
24. L. Lin, P. G. Yang, X. X. Huang, H. Zhang, Q. Lu, H. Zhang, *J. Cell Biol.* **201**, 113-129(2013).
25. S. V. Scott, J. Guan, M. U. Hutchins, J. Kim, D. J. Klionsky, *Mol. Cell* **7**, 1131-1141(2001).
26. T. Shintani, W. P. Huang, P. E. Stromhaug, D. J. Klionsky, *Dev. Cell* **3**, 825-837(2002).
27. T. Hara *et al.*, *J. Cell Biol.* **181**, 497-510(2008).
28. S. H. Li, P. G. Yang, E. Tian, H. Zhang, *Mol. Cell* **52**, 421-433(2013).
29. S. Z. DeLuca, P. H. O'Farrell, *Dev. Cell* **22**, 660-668(2012).
30. S. M. Luo *et al.*, *P. Natl. Acad. Sci. USA.* **110**, 13038-13043(2013).
31. S. Al Rawi *et al.*, *Science* **334**, 1144-1147(2011).
32. Q. H. Zhou, H. M. Li, D. Xue, *Cell Res.* **21**, 1662-1669(2011).
33. H. Breucker, E. Schafer, A. F. Holstein, *Cell Tissue Res.* **240**, 303-309(1985).
34. M. Sato, K. Sato, *Science* **334**, 1141-1144(2011).
35. L. H. SW, *WormBook.*, vol. 20(2006).
36. W. S., paper presented at the In Gametogenesis and the Early Embryo 44th Symposium of the Society for Developmental Biology, (1986).
37. S. Ward, E. Hogan, G. A. Nelson, *Dev. Biol.* **98**, 70-79(1983).
38. J. Huang, H. B. Wang, Y. Y. Chen, X. C. Wang, H. Zhang, *Dev.* **139**, 4613-4622(2012).
39. J. E. Sulston, E. Schierenberg, J. G. White, J. N. Thomson, *Dev. Biol.* **100**, 64-119(1983).
40. J. M. Kinchen *et al.*, *Nat. Cell Biol.* **10**, 556-566(2008).
41. S. Huang, K. Jia, Y. Wang, Z. Zhou, B. Levine, *Autophagy* **9**, 138-149(2013).
42. S. Cheng, Y. Wu, Q. Lu, J. Yan, H. Zhang, X. Wang, *Autophagy* **9**, 2022-2032(2013).
43. R. W. Carthew, E. J. Sontheimer, *Cell* **136**, 642-655(2009).
44. L. Ding, M. Han, *Trends Cell Biol.* **17**, 411-416(2007).
45. V. Ambros, *Curr. Opin. Genet. Dev.* **21**, 511-517(2011).
46. P. Zhang, H. Zhang, *EMBO. Rep.* **14**, 568-576(2013).
47. S. M. Johnson *et al.*, *Cell* **120**, 635-647(2005).
48. P. W. Sternberg, M. Han, *Trends Genet.* **14**, 466-472(1998).
49. R. J. Johnston, O. Hobert, *Nature* **426**, 845-849(2003).
50. R. V. Farese, T. C. Walther, *Cell* **139**, 855-860(2009).
51. N. A. Ducharme, P. E. Bickel, *Endocrinology* **149**, 942-949(2008).

52. R. Singh *et al.*, *Nature* **458**, 1131-U1164(2009).
53. L. R. Lapierre *et al.*, *Autophagy* **9**, 278-286(2013).
54. A. Melendez *et al.*, *Science* **301**, 1387-1391(2003).
55. E. S. Hars *et al.*, *Autophagy* **3**, 93-95(2007).
56. L. R. Lapierre, S. Gelino, A. Melendez, M. Hansen, *Curr. Biol.* **21**, 1507-1514(2011).

（ 张 慧 张 宏 ）

第二十九章　自噬在临床的应用

自噬在单核细胞和多核细胞中普遍存在。营养缺乏时自噬作为细胞的一种自我保护机制，维持细胞存活。诱发自噬的刺激各式各样，包括蛋白聚集体、脂肪氧化、细胞器损伤，甚至是胞内病原体。因此，自噬在包括发育、分化、寿命延长、微器官消亡、抗原提呈等方面发挥了重要的生理和病理学功能。

近年来，越来越多的证据证明了自噬在许多疾病中存在失调，过度自噬或自噬缺失都会促进或抑制疾病的发生发展。因此，调控自噬的激动剂或者拮抗剂都有可能作为潜在药物应用到疾病的治疗中，如衰老、心血管疾病、传染病、肿瘤、神经退行性疾病、代谢性疾病等。自噬相关基因、蛋白质、信号通路为人类疾病的治疗提供了新靶标，自噬正在成为制药行业中一个极具前途和吸引力的新目标。本章中我们将从自噬相关的药物分类、自噬相关的药物作用机制，以及自噬相关药物在临床的应用前景等方面给予分析和讲述。

第一节　自噬相关的药物分类

临床上，当使用药物诱导癌细胞凋亡的效果不佳时，应当考虑驱动癌细胞产生非凋亡类型的细胞死亡，这时应用可激活自噬的抗癌药物尤为重要。相反，在治疗过程中，抑制自噬可以阻止它作为一种存活机制而对治疗效果产生影响。对自噬的干扰可以通过调节各个不同水平的若干信号通路来实现。因此，应用自噬进行有效治疗的方法很多，靶标复杂，自噬相关的药物/化合物分类也是各式各样。表29-1显示了一些具有自噬调节性能的化合物，其中一部分目前正在临床试验。研究表明，这些药物/化合物的单独使用、联合使用，或者与其他疗法联合应用都可以在临床产生更多的治愈疾病的可能性（1-6）。

一、天然产物与自噬

天然产物是从动植物或微生物体内提取的内源生物组分或代谢产物。其成分广泛，包括蛋白质、糖、氨基酸、酚类、脂类、生物碱、鞣酸等。天然产物中含有许多生物活性成分，这些组分在产生它们的生物体内作用并不明显，但是对其他生物体有着显著的作用或功效。近年来，人们陆续发现了一些天然产物不仅能够通过自噬通路诱导肿瘤细胞死亡，达到治疗肿瘤的效果，同时也发现一些天然产物可以通过激活/抑制自噬而应用于心肌肥大、炎症反应及肺纤维化等治疗。

（一）姜黄素

姜黄素（curcumin）最早是从姜黄的块根中提纯的多酚类天然化合物，其苯环上的基团可以被羟基或者甲氧基对称或非对称地取代。姜黄素通过靶向多种细胞内靶标，包

表 29-1　具有自噬调节性能的化合物

名称	靶点	调节方式	机制	应用
雷帕霉素	mTOR	激活自噬	抑制 mTOR，激活 ULK1	肺癌；晚期肝癌
海藻糖	LC3-Ⅱ	激活自噬	促进 LC3-Ⅱ 的招募	肌萎缩脊髓侧索硬化；神经管缺陷
氯化锂	IMPase；GSK3β	激活自噬	IMPase 抑制剂	阿尔茨海默病；帕金森病
小檗碱	p38-MAPK	激活自噬	激活 p38	肾损伤；肺癌；肠癌
姜黄素	PI3K	激活自噬	降低 PI3K 磷酸化	白血病；前列腺癌；肠癌
白藜芦醇	AMPK	激活自噬	促进 AMPK 磷酸化	乳腺癌；胶质细胞瘤
3-甲基腺嘌呤	PI3K	抑制自噬	PI3K 抑制剂	鼻咽癌
渥曼青霉素	PI3K	抑制自噬	PI3K 抑制剂	心肌肥大
洛霉素 A	PI3K	抑制自噬	降低体内酸化及溶酶体的数量	白血病；肺癌；胃癌
羟氯喹	溶酶体	抑制自噬	碱化溶酶体腔，抑制自噬性降解	动脉粥样硬化；髓性白血病；肾癌
粗糠柴苦素	PI3K/AKT/mTOR	促进自噬	激活 AMPK	前列腺癌
硼替佐米	26S 蛋白酶体	激活自噬	抑制蛋白酶体，诱导内质网压力	难治性多发性骨髓瘤；胰腺癌
衣霉素	N-乙酰葡糖胺磷酸转移酶	激活自噬	抑制 N-乙酰葡糖胺磷酸转移酶活性，诱导内质网压力	动脉粥样硬化
毒胡萝卜素	自噬小体	激活自噬	抑制 Rab7 招募，阻断自噬泡与溶酶体融合	短暂缺血性脑损伤
卡马西平	肌醇	促进自噬	抑制 IMPAD1，提高 PtdIns3P 水平	肝硬化；帕金森病
巴弗洛霉素	溶酶体	抑制自噬	抑制体内酸化	胃癌

括抗氧化、免疫应答、凋亡、周期调控等相关蛋白，提高癌细胞的敏感性，抑制肿瘤细胞生长。在白血病 K562 细胞中，姜黄素可以提高 Beclin1 蛋白水平及促进 LC3-Ⅱ蛋白的增加（7）；类似地，在口腔鳞状细胞癌和间皮瘤细胞中，姜黄素也诱导自噬泡形成及 LC3-Ⅰ向 LC3-Ⅱ的转变（8）。在肠癌 HCT116 细胞中，姜黄素的处理能够诱导 p62 和 Beclin1 蛋白增加并发生自噬，最终使细胞走向衰老（9）。姜黄素在体内的主要代谢产物四氢姜黄素（tetrahydrocurcumin）可以诱导人白血病 HL-60 细胞自噬，其机制是通过降低 PI3K、AKT 和 mTOR 的磷酸化来调节 MAPK 的磷酸化，同时上调 LC3 和 Beclins 的蛋白表达水平（10）。

　　转录因子 Sp（specificity protein）的表达与胰腺癌的低存活率及肿瘤转移相关。姜黄素可以降低 Sp 蛋白的表达水平。由于 Sp 可以调控 EGFR，而 EGFR 抑制自噬，因此在膀胱癌中姜黄素下调 EGFR 及降低 AKT 磷酸化都可以诱导 LC3-Ⅱ及细胞死亡（11）。在人动脉内皮细胞 HUVEC 中，姜黄素通过调控 pI3K/AKT/mTOR 信号通路及 FOXO 与 Atg7 结合诱导自噬，最终减少氧化压力（12）。在骨髓白血病细胞系中，姜黄素下调 BCL-2 蛋白水平并同时诱导自噬和凋亡（7）。同样，在前列腺癌细胞中，姜黄素通过下调 BCL-2 家族蛋白 BCL-XL 诱导自噬和细胞死亡（13）。

（二）小檗碱

　　小檗碱（berberine）是一种苄基异喹啉类生物碱，为多种药用植物的活性组分。小檗碱因其抗菌、抗原虫、止泻及抗沙眼等功效被广泛应用于印度草药按摩和中药中。多种临床和临床前研究表明，小檗碱对包括代谢、神经和心血管等在内的若干疾病具有改善作用。在肝癌 HepG2 细胞中，小檗碱通过激活 Beclin1 及 p38-MAPK 并抑制 AKT 活性诱导细胞自噬和死亡（14）。口服小檗碱可以削弱顺铂引起的肾损伤，其机制可能包括对自噬的抑制（15）。在肺癌中，体内和体外实验都显示小檗碱可以通过增强自噬来加强放疗的效果，提示小檗碱可以作为一种辅助疗法用于治疗肺癌（16）。例如，在非小细胞肺癌 A549 细胞中，小檗碱通过自噬增强化疗的敏感性。在另一项研究中，小檗碱的 5 种衍生物可以影响肠癌 HCT116 和 SW613-B3 细胞增殖并强烈地诱导自噬（17）。在非癌症疾病中，小檗碱通过抑制 mTOR、p38 和 ERK1/2-MAPK 信号通路，增强自噬并抑制凋亡，从而削弱压力过载导致的心肌肥大与功能失调。小檗碱通过抑制自噬，减少因缺血/再灌注引起的心肌细胞损伤（18）。在小鼠单核巨噬细胞 J774A.1 中，小檗碱通过 AMPK/mTOR 通路增强自噬，最终抑制氧化修饰的低密度脂蛋白（ox-LDL）诱导的炎症反应（19）。在雄性 Wistar 大鼠模型中，小檗碱通过靶向抑制失调的 SMAD 与 FAK 依赖的 PI3K/AKT/mTOR 信号通路，削弱博来霉素引起的肺纤维化（20）。

（三）白藜芦醇

白藜芦醇（resveratrol）属于二苯基乙烯家族，是一种植物抗毒素。白藜芦醇由特定的植物产生，用于抵抗诸如真菌病原体等产生的损伤。白藜芦醇也是红酒中的重要生物活性组分，以其心脏保护效果著称。白藜芦醇有多种治疗效果，包括抗氧化、抗菌、保护心脏、抗肿瘤、抗糖尿病、抗肥胖和抗衰老等。在 5 种卵巢癌细胞中，白藜芦醇可通过自噬诱导细胞死亡，提示白藜芦醇可以用于治疗具有凋亡抗性的细胞（21）。白藜芦醇可以诱导类似饥饿的信号，降低 AKT 和 mTOR 的磷酸化，最终诱导自噬（22）。在肺癌细胞中，白藜芦醇通过诱导 PELP1 聚集到自噬小体发生自噬性降解来调控细胞命运（23）。在慢性髓细胞白血病细胞中，白藜芦醇通过 JNK 介导的 p62/SQSTM1 表达上调和 AMPK/mTOR 通路诱导细胞自噬及死亡。此外，白藜芦醇可以增强几种微管蛋白亚单位的表达，促进自噬泡的移动（24）。在经典信号通路中，BCL-2 与 Beclin1 结合可以阻断饥饿诱导的自噬，但是在乳腺癌 MCF-7 细胞中，BCL-2 却无法阻断白藜芦醇诱导的自噬和细胞死亡，提示存在一种独立于 BCL-2 的自噬机制（25）。SCCA1 作为一种组织蛋白酶 L（cathepsin L）抑制因子而广泛表达于子宫颈细胞中。有人发现，cathepsin L-SCCA1 溶酶体通路及自噬与白藜芦醇诱导的宫颈癌细胞毒作用有关，而渥曼青霉素（wortmannin）或天冬酰胺可以抑制这种细胞自噬和死亡（26）。二氢神经酰胺是鞘脂从头合成途径中的凋亡中介因子神经酰胺的直接前体。在胃癌细胞中，白藜芦醇通过抑制二氢神经酰胺去饱和酶的活性，导致二氢神经酰胺积累并诱导自噬（27）。在胶质瘤细胞中，白藜芦醇诱导的自噬可以抑制其自身诱导的凋亡，此时自噬与凋亡扮演不同的角色，凋亡使细胞死亡，而自噬延迟凋亡并保护细胞免于死亡。这一现象提示自噬抑制剂与白藜芦醇的联合使用可以增强抗肿瘤效果（28）。在香烟烟雾介导氧化压力的肺癌细胞模型中，白藜芦醇通过调节 SIRT1 和 PARP 诱导自噬（29）。

（四）雷公藤红素

雷公藤红素（celastrol）是从中药昆明山海棠中提取的三萜系化合物，可用于治疗自身免疫病和神经退行性疾病等。雷公藤红素也用于治疗肥胖，通过提高 leptin 敏感性抑制食物摄取，以阻断能量消耗的降低（30）。最近研究人员发现，雷公藤红素通过自噬介导而具有很好的抗肿瘤效果。在前列腺癌细胞中，雷公藤红素通过靶向雄激素受体AR，调控 miR-101 诱导自噬（31）。在骨肉瘤中，雷公藤红素可激活 JNK 及 ROS 诱导自噬，同时增强自噬相关蛋白 LC3-Ⅱ、Atg5 和 Beclin1 的表达水平（32）。在胃癌细胞中，雷公藤红素可以磷酸化 AMPK 并降低 AKT、mTOR 及 S6K 的磷酸化，诱导自噬（33）。在宫颈癌 HeLa、肺癌 A549 及前列腺癌 PC-3 细胞中，雷公藤红素可以诱导包括凋亡和自噬在内的细胞程序性死亡，这一过程伴随着 MAPK 激活和 LC3-Ⅱ增多（34）。另一报道则称在 HeLa、PC-3，以及肝癌 H1299、HepG2 等多种类型的癌细胞中，雷公藤红素可以启动 ROS/AKT/S6K 信号通路，增强 HIF1α 的表达，HIF1α 又可以增加 BNIP3 的表达，进而诱导自噬（35）。在神经母细胞瘤 SH-SY5Y 细胞中，雷公藤红素诱导自噬以保护该细胞免于鱼藤酮导致的损伤（36）。另一项研究表明，在神经母细胞瘤移植瘤模型中，雷公藤红素可以靶向抑制蛋白酶体，导致多泛素蛋白的积累，最终诱导自噬（37）。在 IL-10 缺失的小鼠中，雷公藤红素可以抑制 PI3K/AKT/mTOR 信号通路，诱导自噬，从而缓解小鼠结肠炎（38）。

二、小分子化合物与自噬

小分子化合物一般是指天然产物经过修饰或直接化学合成获得的分子质量在一万或数千以下的化合物。小分子化合物因其结构简单、分子质量相对较小、化学性质稳定、易吸收、无抗原性等特点，更易分布于各种器官和组织。其中一些小分子化合物经过结构优化已经应用于临床治疗。

（一）1-(3,4,5-三羟基)苯基-1-壬酮

研究发现，在合成的小分子化合物 1-(3,4,5-三羟基)苯基-1-壬酮［1-(3,4,5-trihydroxyphenyl) nonan-1-one，THPN］的诱导下，核受体 TR3 通过与自噬相关蛋白 Nix结合被携带到线粒体上，并在线粒体外膜蛋白转运复合物 Toms 的介导下，跨越线粒体外膜与内膜蛋白 ANT1 结合，使 ANT1/VDAC1 组成的线粒体通透性转运孔开放，引发线粒体膜的去极化，导致大量的线粒体受损，继而引发自噬对线粒体的清除和 ATP 水平的降低，最终导致黑色素瘤细胞走向不可逆的死亡。在黑色素瘤转移模型和自发产生黑色素瘤小鼠模型中都进一步证实，通过诱导细胞自噬能够很好地抑制黑色素瘤的发生发展和转移。THPN 与 TR3 配体结合域复合物的晶体结构分析显示，THPN 侧链为化合物提供了一个坚固的支撑点，而苯环上 3 个羟基则为 NIX 的结合提供了一个合适的界面，以此促进 TR3-NIX 的结合（图 29-1）（39）。

THPN 可以通过 TR3 介导，以诱导细胞自噬的方式特异性地抑制黑色素瘤的发生发

展，但是对其他肿瘤则没有作用。这是因为在许多非黑色素肿瘤细胞中，AKT2 呈现高活性状态，能够磷酸化 TR3 的 Ser533 位点，使得 TR3 滞留细胞核，从而阻断 THPN 诱导的细胞质 TR3-NIX 结合，进而抑制 TR3 线粒体定位及由此产生的线粒体功能受损，最终阻断自噬和细胞死亡。因此，THPN 联合 AKT 抑制剂，或者敲减 AKT2 就可以在细胞和动物水平上抑制不同类型的肿瘤生长，为进一步拓展 THPN 的应用范围和研发新型的诱导自噬抑制肿瘤药物提供了重要的研究思路（40）。

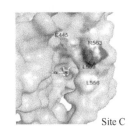

图 29-1　THPN 结构式（左）及 THPN 结合 TR3 配体结构域复合物的晶体结构（右）

（二）雷帕霉素

雷帕霉素（rapamycin）最早是从复活节岛的吸水链霉菌中提取的大环内酯类抗生素，目前可以通过细菌发酵获得。雷帕霉素是 mTOR 抑制剂，可以抑制 mTORC1 的活性，阻止 mTOR 对 ULK1 及 Atg13 的磷酸化，最终解除 mTOR 对自噬复合物 ULK1-Atg13-FIP200 的抑制作用，因此可以激活自噬。雷帕霉素及其衍生物目前已被广泛应用于肿瘤治疗。替西罗莫司（temsirolimus）是雷帕霉素的酯质衍生物，在体内可以被代谢成雷帕霉素。2007 年，雷帕霉素被美国 FDA 批准用于治疗晚期肾癌（41）。同样地，替西罗莫司对淋巴瘤治疗效果良好，目前正被评估单独使用，用于淋巴瘤的治疗，并在多个临床研究中作为联合治疗的组分，用于治疗神经母细胞瘤、晚期肝癌等（42-44）。在临床前模型中，替西罗莫司联合羟基氯喹使用可以显著提高癌细胞死亡率（45）。2011年，雷帕霉素的另一个衍生物依维莫司（everolimus）被批准用于治疗胰腺神经内分泌肿瘤（46）。2014 年，雷帕霉素被批准用于淋巴管肌瘤病（47）。在大鼠原代星形胶质细胞中，雷帕霉素联合 N-乙酰半胱氨酸（NAC）通过自噬降低甲基水银的毒性，并减少星形胶质瘤细胞的死亡（48）。在人胶质细胞瘤 T98G 和 U373 细胞中，雷帕霉素联合使用放射疗法或者替莫唑胺可以促进自噬，导致恶性胶质瘤细胞死亡（49）。在一个原代大鼠模型中，金属镉可以诱导成骨细胞骨质疏松症，而用雷帕霉素预处理可以通过自噬降低细胞死亡率，提示雷帕霉素是一种潜在的治疗骨质疏松的药物（50）。在内毒素 LPS 诱导的视网膜炎/葡萄膜炎小鼠模型中，雷帕霉素可以通过自噬抑制相关炎症分子 IL-6 等，抑制视网膜炎症（51）。在大鼠心肌成纤维细胞中，雷帕霉素可以通过自噬削弱血管紧张素 II 诱导的心肌纤维化（52）。

（三）二甲双胍

二甲双胍（metformin）最初是通过盐酸二甲胺与双氰胺加热反应被发现的。它的结构简单，通过化学合成容易获得。二甲双胍是治疗 2 型糖尿病的一线药物，且对超重患者尤为有效。二甲双胍还被应用于多囊卵巢综合征。少量报道称二甲双胍可以预防心血管疾病及糖尿病并发的癌症。传统的自噬诱导一般通过饥饿激活 PRKA（AMPK-mTOR-ULK1）通路，或者通过增加 NAD^+ 激活 SIRT1-FOXO 通路。二甲双胍能够激活这两条通路诱导自噬。在食管鳞状细胞癌细胞中，二甲双胍可以沉默 *Stat3* 及其下游基因 *Bcl-2*，诱导自噬和凋亡（53）。在黑色素瘤细胞中，二甲双胍通过 AMPK 通路激活自噬和凋亡，抑制黑色素瘤细胞的生长，而在正常黑色素细胞中，则缺少相应的功能（54）。在大鼠脑动脉阻塞模型中，使用二甲双胍紧急预处理可以激活 AMPK 介导的自噬，预防局部脑缺血引起的神经损伤（55）。在糖尿病小鼠模型中，二甲双胍可以重建被破坏的自噬通路并阻止心脏受损（56）。在大肠癌细胞中，二甲双胍可以抑制 p53 对自噬与糖酵解的增强，促进凋亡（57）。二甲双胍还可以通过促进自噬与凋亡并阻断细胞周期，抑制子宫内膜癌细胞的增殖（58）。在另一项研究中，二甲双胍结合 2-脱氧葡萄糖（2-DG）使用，可以抑制 2-DG 诱导的自噬，降低 Beclin1 的表达水平，并增强 p53 和 AMPK 依赖的凋亡（59）。在卵巢癌细胞中，二甲双胍诱导相互依赖的自噬与 PERK/eIF2a 通路，从而阻止二甲双胍的促凋亡效果（60）。另一方面，二甲双胍可以抑制 GPR78 蛋白，阻断 GPR78 依赖的自噬，最终增强硼替佐米（Bortezomib）的抗骨髓瘤效果（61）。在视网膜母细胞瘤细胞中，二甲双胍可以激活自噬，抑制肿瘤细胞增殖（62）。这些数据表明二甲双胍可以部分或者完全依赖自噬抑制肿瘤细胞增殖。

（四）巴弗洛霉素

巴弗洛霉素（bafilomycin A1）是一种来源于灰色链霉菌的大环内酯类抗生素，可以通过细菌发酵的方法大规模生产。巴弗洛霉素属于液泡型 H^+-ATP 酶抑制剂。它可以降低体内酸化及溶酶体的数量，经常用于阻断晚期自噬。低剂量巴弗洛霉素能够有效地抑制和杀死儿童 B 细胞急性淋巴细胞白血病细胞。这一过程中巴弗洛霉素通过靶向雷帕霉素信号通路及降解 Beclin1-Vps34 复合物，分别作用于自噬的早期和晚期。巴弗洛霉素同时还能诱导 Beclin1 与 BCL-2 结合，进一步抑制自噬并促进细胞凋亡（63）。巴弗洛霉素联合氯喹可以特异性地对神经内分泌型肺癌产生毒性作用（64）。巴弗洛霉素还可以通过抑制自噬促进凋亡，最终抑制胃癌 MGC-803 细胞的增殖与侵袭，并增强胃癌细胞对奥沙利铂（oxaliplatin）的敏感性（65）。在另一则报道中，巴弗洛霉素可以抑制胃癌 SGC-7901 细胞的自噬，最终增强 5-氟尿嘧啶对癌细胞的杀伤效果（66）。在软骨肉瘤细胞 SW1353 和 Hs819T 中，巴弗洛霉素联合 3-甲基腺嘌呤可以抑制自噬，增强 2-甲氧雌二醇对癌细胞的杀伤效应（67）。在宫颈癌细胞中，巴弗洛霉素抑制的自噬可以增强甘草查尔酮诱导的细胞凋亡（68）。在肝癌 HepG2、Hep3B 和 Huh7 细胞中，巴弗洛霉素抑制的自噬则增强毛壳素的抗癌作用（69）。对顺铂有抗性的鼻咽癌 HNE1/DDP 和 CNE2/DDP 细胞，通过巴弗洛霉素处理可以增强顺糖氨铂的抗肿瘤效果（32）。此外，巴弗洛霉素通过抑制自噬，增强溶瘤病毒疗法对伯基特淋巴瘤细胞的治疗效果（70）。

（五）Spautin-1

Spautin-1 是 4-氨基喹唑啉（MBCQ）的衍生物。2009 年，研究人员通过筛选发现该衍生物对自噬具有很高的和特异性的抑制效果，因此将之命名为 Spautin-1（specific and potent autophagy inhibitor-1）。在自噬调节过程中，去泛素化酶 USP10 和 USP13 可以调节 Vps34 复合物亚单位 Beclin1 的去泛素化，从而抑制 Vps34 复合物降解。Spautin-1 则通过抑制 USP10 和 USP13 活性，选择性地促进 Vps34 复合物降解，最终发挥其自噬抑制效果。USP10 还是 p53 的去泛素化酶，Spautin-1 也可以通过自噬促进 p53 降解（71）。在慢性骨髓白血病 K562 细胞中，Spautin-1 可以促进 PI3K/AKT 失活及其下游 GSK3β 的激活，降低抗凋亡蛋白 MCL-1 和 MCL-2 的表达水平，最终增强抗肿瘤药物伊马替尼（imatinib）诱导的凋亡（72）。在原代上皮性卵巢癌细胞中，Spautin-1 以不依赖 Beclin1 的方式抑制自噬。联合使用 AKT 抑制剂和 Spautin-1 可以有效抑制该癌细胞的增殖，而单独使用均会产生抗性（73）。Spautin-1 可以恢复具有抗药性的三阴性乳腺癌 231P 细胞对紫杉醇的敏感性，提示癌细胞的抗药性至少部分源于其自噬水平的提高（74）。此外，在先天免疫中，某些 RNA 病毒可以通过宿主细胞自噬逃避免疫系统识别。使用 Spautin-1 处理登革病毒感染的幼仓鼠肾 BHK-1 细胞，可以产生大量热敏感的非感染性病毒颗粒，提示 Spautin-1 或许可以作为一种自噬抑制剂用以抵抗病毒感染（75）。

三、蛋白质与自噬

细胞自噬的调控是一个复杂的信号网络调控过程，涉及诸多的关键信号分子。这些分子在细胞存活或者细胞死亡中扮演着重要角色。因此，特异性激活/抑制这些与自噬密切相关的蛋白质表达水平，就有可能产生治疗疾病的效果。

（一）Atg 蛋白

1993 年，Tsukada 和 Ohsumi 首先报道了 APG1-15（autophagy）的分离和鉴定。随后，类似的分离与鉴定工作越来越多，这些分子先后被命名为 Aut、Cvt、Pdd、Gsa、Pag、Pa 等（76）。2003 年，Atg 作为一个统一的命名被用来指示与自噬相关的蛋白质/基因（77）。目前发现的自噬相关蛋白（Atg）有 40 余种，其中许多蛋白质为自噬发生所必需。一些天然或者合成化合物可以通过激活 Atg 促进自噬，诱导癌细胞死亡；另一些化合物则可以通过抑制 Atg 阻断自噬，以促进凋亡。因此，自噬相关蛋白是诱导自噬治疗疾病的很好靶点。在 HUVEC 细胞中，姜黄素通过促进 FOXO 与 Atg7 的结合诱导自噬，最终减少氧化压力（12）。在前列腺癌 LNCaP-Pro5 细胞中，蛋白酶体抑制剂硼替佐米（Bortezomib）磷酸化 eIF2α，上调 Atg5 和 Atg7 的表达，促进自噬和细胞死亡（78）。奥巴拉克（obatoclax）可以促进自噬小泡膜组分 Atg5 与 RIP1 的结合，连接自噬与坏死性凋亡（79）。

（二）Beclin1 蛋白

Beclin1 是酵母蛋白 Atg6/Vps30 在哺乳动物中的同源物。Beclin1 为自噬所必需，参与包括免疫、发育、肿瘤抑制、寿命延长、防止心脑血管病及神经退行性疾病在内的诸多生物进程。棉子酚可以释放与 BCL-2、BCL-XL、MCL-1 和 BCL-W 等蛋白结合的 Beclin1，激发自噬级联反应（80）。最近的研究发现，*Beclin1* 基因在卵巢癌、乳腺癌及前列腺癌中缺失，提示在许多肿瘤中自噬能力受到抑制，也表明 Beclin1 的表达水平与肿瘤的分化程度相关。Beclin1 低表达可能预示着肿瘤分化程度更低、肿瘤分期更晚（81）。在肝癌 HepG2 细胞中，山荷叶素衍生物 ZT-25 上调 Beclin1 的表达水平，增强自噬。在 HepG2 细胞中，Apelin-13 以 ERK1/2 依赖的方式上调 Beclin1，促进自噬（82）。

（三）LC3 和 p62 蛋白

LC3（Atg8）是一种泛素样蛋白，在真核动物的自噬过程中，为自噬小体膜的形成所必需。与其他 Atg 蛋白类似，LC3 在正常状态下定位于细胞质中，但当自噬发生时，LC3 会与膜结构连接，然后定位于自噬小体。LC3 从 I 型向 II 型的转变通常被认为是自噬发生的标志。在人卵巢癌 A2780 细胞中，三萜皂苷类化合物 Macranthoside B 可以诱导 ROS 累积，提高 LC3-II 的蛋白水平，诱导细胞自噬性死亡（83）。在神经细胞中，雷公藤甲素能够提高 LC3-II 的水平，增强自噬。这一发现或许可以应用于神经退行性疾病的治疗（84）。在肺癌 A549 细胞中，STAT3 抑制剂异隐丹参酮（isocryptotanshinone）通过聚集体自噬小泡和提高 LC3 蛋白水平的方式诱导自噬性细胞死亡（85）。

最近的研究发现，作为自噬相关受体，自噬受损导致的 p62 积累会使界倍体增加，最终促进肿瘤发生。p62 在肿瘤发生、破骨细胞生成、自噬及氧化压力中具有不同的功能。敲减 p62 会导致复杂的细胞应答，因此，抑制 p62 表达有可能是一个很有前景的治疗肿瘤与骨骼疾病的方向。早期研究表明，氯喹及钙蛋白酶抑制剂可以通过清除 p62 诱发抗肿瘤效应。最近的研究发现，敲减 p62 可以在细胞及移植瘤水平抑制肿瘤细胞生长。鉴于 p62 的重要作用，2013 年 Franco 首次进行临床前研究，尝试开发针对 p62 的 DNA 疫苗。研究结果表明，p62 疫苗具有广谱的抗肿瘤与抗转移效果。最近，该团队又发现，在一个骨质疏松小鼠模型内肌肉注射 p62 疫苗可以产生强烈的抗骨质疏松效果。这些数据表明，针对 p62 开发的 DNA 疫苗是一种切实可行的治疗癌症与骨质疏松疾病的手段（86-88）。

第二节　自噬相关药物作用的信号通路

自噬的调控过程非常复杂，细胞内或细胞外的刺激信号通过各种信号通路调控自噬进程。在这些信号通路中，很多药物通过对自噬的抑制或激活作用参与自噬调控过程。例如，在肿瘤治疗过程中抑制自噬能够削弱肿瘤通过自噬的自我保护效应；相反地，诱导自噬结合使用传统肿瘤治疗方法使胞质降解，最终导致肿瘤细胞死亡。因此，发现和研究自噬相关药物的作用机制，对于进一步了解自噬在肿瘤中的作用和治疗肿瘤具有重要的意义。

一、自噬激活剂相关的信号通路

随着对自噬通路上重要靶标的了解，mTOR、IP3（inositol 1,4,5-trisphosphate）、EGFR（epidermal growth factor receptor）、BCL-2 和 BCL-XL 等分子已被证实能够负调控自噬。因此，抑制此类蛋白质的靶向药物能有效地激活和诱导自噬。

（一）抑制 mTOR 信号通路

mTOR 即哺乳动物雷帕霉素的靶蛋白（mammalian target of rapamycin），是一个关键的自噬抑制因子。mTOR 信号通路整合细胞内和细胞外的营养、能量、生长因子等信号参与基因转录、蛋白质翻译、核糖体合成和细胞凋亡等生物学过程，在细胞代谢、生长、增殖和存活等过程中发挥重要作用。mTOR 可以通过磷酸化 ULK1 及 Atg13 参与自噬过程的抑制作用，而抑制 mTORC1 则可以增强自噬。在乳腺癌 MCF-7 和 MDA-MB-231细胞移植瘤中，mTOR 抑制剂雷帕霉素（rapamycin）具有显著的抗肿瘤效果，对于不同类型的肿瘤细胞，如乳腺癌、小细胞肺癌、胶质母细胞瘤、胰腺癌、淋巴瘤等都具有明显的抑制作用，但是其促进细胞凋亡的能力并不强（89）。雷帕霉素给药的同时给予辐射，可以显著增加乳腺癌细胞死亡。使用雷帕霉素衍生物 RAD001 联合放射疗法，可以增加乳腺癌细胞和前列腺癌细胞对辐射的敏感性（90，91）。最近的研究显示，抑制 mTOR以激活自噬结合辐射的方法，可以在癌细胞和移植瘤中诱导细胞衰老，从而导致细胞毒作用的增强。氯喹被发现可以抑制 mTORC1 活性，其直接效果是降低 mTORC1 底物 S6K的磷酸化水平。氯喹通过 mTORC1 上调其靶基因转录因子 TFEB，从而刺激自噬和溶酶体的生物合成（92）。

然而，抑制 mTOR 可能产生一些副作用。在胰腺癌的大鼠模型中，使用 RAD001治疗会导致肿瘤明显的远端转移（93）。mTOR 抑制剂在抑制 mTOR 信号的同时，同样会激活 AKT，由此可能会削弱其抗肿瘤效果。如果 mTOR 抑制剂与 AKT 抑制剂联合应用，则可以显著增强 mTOR 抑制剂的抗肿瘤效果。

（二）激活 AMPK 信号通路

mTOR 信号同样可以通过 AMP 激活蛋白激酶（AMPK）被中断。AMPK 即 AMP激活的蛋白激酶，是一个由催化亚基、调节亚基和 AMP 结合调节亚基组成的丝氨酸/酪氨酸激酶。AMPK 不仅是细胞内能量感受的中心调节者，其激活可以通过抑制mTORC1 和直接磷酸化 ULK1 两条途径诱导自噬发生。二甲双胍是线粒体电子转运链复合物 I 的抑制剂，可以诱导 ATP 下降和 AMP 增加，从而导致 AMPK 的激活和 mTOR的抑制。二甲双胍不仅是降糖药物，而且对若干癌细胞系的生长具有很好的抑制效果。在前列腺癌细胞中，二甲双胍抑制 2-脱氧葡萄糖（2-DG）诱导的自噬，导致细胞走向凋亡（94）。二甲双胍还可以促进肿瘤细胞的氧化作用，并由此促进肿瘤对放射治疗的应答。二甲双胍与 mTOR 抑制剂联合使用时可以加强淋巴瘤细胞 LC3 的聚集，形成自噬小体，导致淋巴瘤细胞对 mTOR 抑制剂更为敏感（95）。

（三）针对 EGFR 信号通路

表皮生长因子受体（EGFR）是 I 型 PI3K/AKT 通路的调节者。当配体如 EGF、TGF-α 与配体结合域结合时，EFGR 发生同源二聚化或异源二聚化，使得胞内酪氨酸激酶域发生酪氨酸磷酸化而被激活。激活的 EGFR 则能够结合 PI3K 的 p85 亚基，通过构象改变释放催化的亚基 p110。而激活的 p110 通过磷酸化 PIP2 使其成为 PIP3，随后 PIP3 招募下游的 AKT 到内膜使其丝氨酸 308 位和苏氨酸 473 位发生磷酸化而激活 AKT1。激活的 AKT1 进一步活化 mTORC1，两者共同磷酸化 Beclin1，由此抑制自噬。因此，诱导自噬有利于针对 EGFR 为靶标的肿瘤治疗。吉非替尼（gefitinib）和埃罗替尼（erlotinib）通过竞争 ATP 与酪氨酸激酶口袋的结合，抑制 EGFR 的酪氨酸激酶活性。在 EGFR 酪氨酸激酶活性抑制剂抵抗的野生型 EGFR 非小细胞肺癌中，吉非替尼和埃罗替尼能够诱导高水平的自噬发生，并同时伴随着 PI3K/AKT/mTOR 信号通路的抑制（96）。

针对 EGFR 的治疗型抗体西妥昔单抗（cetuximab）目前已经应用于几种实体瘤的治疗。西妥昔单体一方面抑制 PI3K- I /AKT/mTOR 信号通路，另一方面又激活 PI3K-III/Beclin1 途径来激活自噬，而自噬的程度与西妥昔单体诱导凋亡的强弱相关。西妥昔单体也可以通过下调 HIF1α 及 BCL-2 并激活 Vps34/Beclin1 复合物诱导自噬（97）。在西妥昔单抗治疗过程中，自噬抑制破坏了自噬作为细胞存活机制的效果，从而导致肿瘤细胞自噬增强到具有细胞毒性的水平。

（四）抑制 AKT 信号通路

丝氨酸和苏氨酸激酶 AKT 是 PI3K/AKT/mTOR 信号途径的关键蛋白。活化的 AKT 通过磷酸化 TSC2 的丝氨酸 939 位解除其对 mTOR 的抑制，从而激活 mTOR 活性。AKT1 能够通过磷酸化调控自噬调节蛋白 ULK1 和 Beclin1 而抑制自噬，AKT2 则与 Phafin2 共定位到溶酶体参与自噬起始阶段的启动。哌立福辛（perifosine）是一种碱性磷酸酯，能够抑制 AKT 活性并降低 AKT 蛋白水平，同时还能抑制 mTOR/raptor 及 Mtor/Rictor 的组装，抑制 mTOR 活性，使 LC3-II 蛋白增加，促进自噬发生。哌立福辛与吉非替尼联合使用能增强自噬，进一步发挥其抗肿瘤效果。GSK690693 是一种 ADP 竞争性的低浓度级的 AKT 广谱抑制剂，它与替西罗莫司（temsirolimus）联合使用能够增强自噬促进凋亡。如果单独使用替西罗莫司仅仅对淋巴瘤细胞的增殖产生抑制，而杀死细胞的效果不明显，最终无法阻断肿瘤的发展。同样，GSK690693 与 mTOR 抑制剂 CCI-779 联合使用能协同诱导自噬的发生，促进肿瘤细胞死亡（98）。

（五）抑制 BCL-2/BCL-XL 信号通路

BCL-2/BCL-XL 是 BCL-2 家族中抑制细胞凋亡的成员，它们既通过抑制线粒体细胞色素 c 的释放又通过与促凋亡成员结合抑制促凋亡活性来综合发挥抗凋亡功能。同时，BCL-2/BCL-XL 也作为自噬负调节因子参与肿瘤的发生过程。BCL-2、BCL-XL 与 Beclin1 结合抑制 Beclin1 依赖的自噬，并且作为 PI3K/AKT 下游的关键分子，BCL-2 能调控 mTOR 信号参与的细胞自噬。BCL-2 家族成员均包含 BCL-2 同源域（BH），而针对同源域 BH3 设计的小分子类似物 ABT-737 和 HA14-1 等均能够通过与 BH 同源域的竞争，抑制 BCL-2/BCL-XL 之间及其与 Beclin1 的相互作用，从而释放 Beclin1，通过变构激活 Vps34，启动自噬进程。HA14-1 还能够通过诱导自噬和细胞死亡来增强 5-氟尿嘧啶的细胞毒性。BCL-XL 抑制剂 Z36 同源物 Z18 可通过 Beclin1 非依赖性的方式诱导自噬发生，抑制肿瘤细胞生长（99，100）。

二、自噬抑制剂相关的信号通路

相对自噬诱导，人们对自噬抑制的研究更加深入。大量的研究证明，抑制自噬的早期和晚期过程都可以有效地抑制自噬，并且通过敲减自噬通路的 Atg 家族蛋白如 Beclin1、LC3 或者 Atg 也可以抑制自噬。一些数据提示肿瘤治疗与晚期自噬抑制的协同效应优于与早期自噬抑制的协同效应。

（一）抑制 PI3K 信号通路

PI3K 即磷脂酰肌醇三磷酸，在细胞存活、增殖和分化中发挥调节的作用。当 RTK 和 GPCR 等受体受到生长因子、细胞因子等信号刺激而激活时，招募 PI3K 亚基到膜上从而激活 PI3K，而活化的 PI3K 则磷酸化 PIP2 成为 PIP3，PIP3 进一步激活 AKT 及其他下游效应信号。早期自噬相关的药/化合物如 3-甲基腺嘌呤（3-methyladenine、3-MA）、渥曼青霉素（wortmannin）和 LY294002（AKT 抑制剂）就是通过抑制 PI3K 而抑制自噬小体的形成。LY394002 是一个常用的药理学上 PI3K 的抑制剂，通过竞争结合 PI3K 活性所需的 ATP 结合位点，从而抑制 PI3K/AKT 通路。最近，通过映像分析方法找到的小分子药物 spautin-1（specific and potent autophagy inhibitor 1）就是一个强效的自噬抑制剂，它通过抑制泛素特异的蛋白酶 USP10 和 USP13 作用于 Beclin1 的去泛素化，造成Ⅲ型 PI3K 复合物的降解（71）。Spautin-1 的临床前研究表明，它可以协同临床相关的癌症疗法发挥作用。

（二）阻止自噬小体和溶酶体的融合

自噬小体是吞噬泡伸长后吞噬和隔离细胞器及大量细胞质后形成的双层膜结构，与被泛素标记的待降解蛋白形成复合物。而溶酶体主要是通过其膜泡内的酶（葡糖苷酶、蛋白酶、硫酸酯酶）来发挥蛋白质的降解功能，并且生理环境（pH、氨基酸浓度、ROS、钙离子浓度、脂质构成和膜电位等）对其功能的发挥非常重要。自噬小体的成熟及其与溶酶体的融合为自噬进程的晚期阶段。针对自噬晚期的药物如氯喹（chloroquine）、洛霉素 A（bafilomycin A1）可抑制自噬小体与溶酶体的融合。氯喹通过在溶酶体内的积累，阻止酸化破坏溶酶体内的酶来终止融合过程。洛霉素 A 是液泡型 H^+-ATP 酶抑制剂，通过改变溶酶体内的电势差抑制溶酶体酸化。组织蛋白酶 B 抑制剂亮抑酶肽（leupeptin）和天冬酰胺蛋白酶抑制剂胃酶抑素（pepstatin）等，则通过干扰中间囊泡与溶酶体的融合影响自噬进程。蛋白转运抑制剂莫能菌素（monensin）是一种离子载体，可以通过破坏高尔基体抑制细胞内的蛋白转运，也可以通过抑制自噬小体和溶酶体的融合来影响自噬。

（三）干扰微管网络

自噬小体前往溶酶体的迁移在细胞质中通过动力蛋白依赖的方式在微管上集聚到近核的微管组织中心，在迁移完成后自噬体与溶酶体两者融合，通过溶酶体的酸性水解酶等完成自噬体内包含物的降解过程。因此，干扰微管网络也可以阻断自噬。微管破坏剂紫杉醇（paclitaxel）、诺考达唑（nocodazole）、秋水仙素（colchicine）和长春花碱（vinblastine）等均能有效抑制自噬小体和溶酶体的融合。紫杉醇与微管蛋白结合稳定微管组装状态，抑制其去组装；长春花碱、秋水仙素、诺考达唑则通过与微管蛋白结合抑制相关二硫键的形成，从而抑制微管的动态组装过程，阻断自噬小体和溶酶体的融合。这些干扰微管网络的药物作为化疗药物在临床上已有广泛应用。例如，在一线化疗方案失败的晚期食道癌患者中，基于白蛋白结合紫杉醇的化疗在有效性和安全性方面都有很大程度的提高。

（四）阻止溶酶体酸化

溶酶体与自噬小体融合后，其所包含的蛋白质和细胞器主要通过溶酶体的酸性水解酶降解自噬体，而溶酶体通过质子 V 型 ATP 酶维持其酸性环境对于酸性水解酶的活性至关重要。因此，阻止溶酶体酸化就可以在自噬晚期阶段抑制自噬。氯化铵（ammonium chloride）可以水解产生大量氯离子。CIC7 是一个电压门控型的氯离子/氢离子交换通道，通过 CIC7 逆向转运氯离子抵消 V 型 ATP 酶转运的质子，改变溶酶体内 pH 使之不能酸化，导致酶失活，从而抑制自噬。洛霉素 A（bafilomycin A1）可以抑制液泡膜 H^+-ATP 酶活性，阻止电势差产生，从而阻断溶酶体酸化，在与磷酸酶抑制剂 FK506 联合使用时能够协同增强抗真菌活性。氯喹（chloroquine）及其衍生物羟氯喹（hydroxychloroquine）通过在溶酶体中聚集提高溶酶体的 pH，阻止水解酶的降解活性，从而阻止溶酶体酸化参与自噬，推测其通过该机制参与抗免疫过程，因此被用来治疗自身免疫性疾病。氯丙咪嗪（chlorimipramine）同样能够影响溶酶体酸化引起的晚期自噬抑制，与伊马替尼联合使用时能够增强对胶质瘤的细胞毒性。

（五）敲减 Beclin1 或者 Atg7

Beclin1 是自噬起始的一个关键蛋白，通过与 PI3K-III结合参与自噬的起始阶段，诱导自噬，并且受到 BCL-2、AKT 等调控。Atg7 是 LC3-I 中间体形成的激活酶，可以通过与 Atg5 结合发挥作用。因此，通过敲减 Beclin1 或者 Atg7 都能够在自噬起始阶段或者自噬延伸阶段抑制自噬的发生。自噬抑制使西妥昔单抗治疗时，自噬不能作为额外的生存机制。Beclin1 或者 Atg7 的敲减及氯喹治疗可以提高西妥昔单抗的敏感性，并驱动肿瘤细胞走向凋亡（101）。在非小细胞肺癌中，沉默 Atg5/Beclin1 可增强对埃罗替尼的敏感性（102）。雷帕霉素诱导的自噬同样能增加西妥昔单抗导致的细胞死亡，这一过程也是依赖于 Atg 蛋白，且对溶酶体的抑制比较敏感。在化疗不敏感食管癌细胞中，敲减 Beclin1/Atg7 同样能够增强 5-氟尿嘧啶的功效（103）。沉默 Atg5/Beclin1 抑制自噬后也可以增强肿瘤细胞和移植瘤对放疗的敏感性，从而提高抗瘤效果。

（六）调控分子伴侣介导的自噬

尽管巨自噬是自噬的主要形式，但是一些癌细胞也呈现出分子伴侣介导的自噬，这是一种选择性溶酶体的降解过程。抑制分子伴侣介导的自噬可以减缓肿瘤的进展。由于巨自噬和分子伴侣介导的自噬之间存在显著的交互作用（cross-talk），它们彼此可以产生互补。早期自噬抑制剂如 3-甲基腺嘌呤、LY294002 和渥曼青霉素基本对分子伴侣介导的自噬没有效果，而氯喹对两种自噬都可以产生抑制作用。这也部分解释了为什么早期自噬抑制剂作为药物的治疗效果不佳的原因，其中之一可能就是分子伴侣介导的自噬产生了补偿作用。分子伴侣介导的自噬与神经退行性疾病密切相关，这是由于错误折叠的蛋白质不能通过分子伴侣介导的自噬进行降解，进而在细胞内积累。有研究表明，通过引起细胞内的代谢严重紊乱，如促进肿瘤细胞中 HK2 的降解，可使分子伴侣介导的自噬过度激活来消除肿瘤细胞。Hsp90 通过 LAMP-2A 参与分子伴侣介导的自噬，因此，抑制 Hsp90 的药物，如格尔德霉素能够增强细胞内总蛋白的水解作用，但这种作用对 3-甲基腺嘌呤不敏感。真菌环氧二烯的衍生物烟碱真菌环氧二烯（NMD）可以选择性结合 Hsp90 的 N 端抑制其活性，产生一系列诸如降低线粒体膜电位、触发细胞色素 c 的释放、诱导线粒体凋亡信号、影响细胞周期分配、抑制细胞生存、启动细胞自噬等，最终产生抗肿瘤效果（104）。

三、自噬诱导结合自噬抑制的信号通路

大量临床前研究已经将多种自噬激活剂与自噬抑制剂联合使用。在胶质瘤细胞和小鼠模型中，即使在使用 3-甲基腺嘌呤或者 Beclin1 沉默抑制自噬的情况下，AKT 抑制剂 MK2206 也可以与易瑞沙（gefitinib）产生协同作用，增加细胞的自噬水平和细胞毒作用（105）。替莫唑胺诱导胶质瘤细胞死亡，而雷帕霉素衍生物 RAD001 则通过增强自噬性细胞死亡来加强细胞毒作用。它们联合使用再进行辐射，可以进一步增强细胞毒作用（106）。作为 I 型 PI3K/mTOR 双重抑制剂，PI-103 同样可以增强替莫唑胺与放疗联合应用对胶质瘤细胞的细胞毒作用，但雷帕霉素并没有这种作用（66）。在非小细胞肺癌细胞中，mTOR 抑制剂 CCI-779 联合 AKT 抑制剂 GSK690693 使用，可以通过激活自噬来协同性地加强细胞死亡，加入 3-甲基腺嘌呤进一步增强细胞死亡（98）。I 型 PI3K/mTOR 双重抑制剂 NVP-BEZ235 是一种有效的放疗敏化剂，这一疗法激活了自噬。使用 3-甲基腺嘌呤、氯喹或者 Atg5/Beclin1 沉默抑制自噬可以进一步增强 NVP-BEZ235 联合放疗产生的细胞死亡（107）。大环内酯类抗生素如克拉霉素可以阻断自噬流。在乳腺癌细胞中，克拉霉素可以增强蛋白酶体抑制剂硼替佐米（Bortezomib）的细胞毒作用，导致更强的自噬激活。奥巴克拉（obatoclax，GX15-070）是一种诱导自噬的 BH3 模拟物。在急性髓细胞白血病 AML 细胞中，多重激酶抑制剂索拉菲尼（sorafinib）可以增强奥巴克拉诱导的自噬，并降低克隆生长（108）。在食管癌细胞中，奥巴克拉协同卡铂和 5-氟尿嘧啶抑制细胞生长并诱导自噬，进一步使用 3-甲基腺嘌呤和氯喹可以巩固这一细胞毒作

用（109）。在白血病细胞中，奥巴克拉与沃雷诺斯联用具有协同性的抗癌效果，这一效果是由自噬介导的。然而，氯喹导致的自噬抑制进一步地抑制奥巴克拉与沃雷诺斯的协同作用。在乳腺癌细胞中，依赖于自噬的毒性效果，奥巴克拉与 EGFR/HER2 双重抑制剂拉帕替尼（lapatinib）联用可以协同性地导致细胞死亡，雷帕霉素进一步增强奥巴克拉与拉帕替尼联合应用的细胞毒作用，而氯喹不影响这种联合应用（110）。在 PTEN 突变的胃癌细胞中，RAD001 和 MK2206 具有协同抗癌效果。这种对 AKT/mTOR 通路的抑制伴随着 ERK 激活与自噬激活。然而，单独使用 PD98059 和 U0126 抑制 ERK 通路，或者用氯喹和 3-甲基腺嘌呤抑制自噬所造成的细胞毒性却远远小于 RAD001 和 MK2206 联合用药的毒性（111）。

四、通过自噬调节逆转治疗的耐受性

治疗耐受性严重地破坏临床治疗的效果。自噬调节是削弱这种耐受性的方法之一，主要是通过自噬调节使其由促存活转变为促死亡的功能来消除其对治疗耐药性的作用。对于曲妥珠单抗（trastuzumab）敏感的亲代细胞，经培养或者原本就具有曲妥珠单抗耐受的乳腺癌细胞，其自噬水平更高。Atg 敲减或者氯喹治疗，可以降低耐受性细胞和肿瘤的增殖，甚至可以使之对曲妥珠单抗再次敏感（112）。他莫昔芬耐受的乳腺癌细胞的基础自噬水平增加，而通过沉默自噬相关基因，可以使这些细胞重新对他莫昔芬变得敏感。对沃雷诺斯耐受的恶性血液病细胞克隆的基础自噬水平更高，且对氯喹敏感。氯喹甚至可以恢复沃雷诺斯的敏感性。然而，在亲代细胞中，氯喹却降低了细胞对沃雷诺斯的敏感性。相反的，雷帕霉素或者 NVP-BEN235 诱导的自噬抑制可以协同沃雷诺斯诱导亲代细胞死亡，但耐受的细胞依然呈现耐受的特点。肿瘤细胞可以通过包括激活自噬在内的多种机制适应低氧环境。通过基因工程或药理学方法抑制自噬能够使肿瘤细胞对低氧敏感，从而对放疗更加敏感。与单独放疗相比，使用氯喹抑制自噬使肿瘤生长延迟，并导致肿瘤对放疗更加敏感。突变同样会导致治疗的耐受性。与野生型相比，携带突变导致持续激活的 EGFR 非小细胞肺癌中，埃罗替尼诱导的凋亡和自噬效应有所减弱。

五、自噬与抗肿瘤药物抵抗的关系

抗肿瘤药物耐药性是癌症患者治疗中一个常见的临床问题。固有或获得性药物抵抗可以归因于各式各样的机制，其中包括肿瘤细胞的异质性、药物外排、药物暴露引起代谢及肿瘤微环境应激反应，进而诱导癌细胞基因及表观遗传上的适应性改变等。自噬不仅对微环境胁迫下的细胞生存至关重要，持续或过度的自噬也被证明可以促进特定化疗药物治疗引起的细胞死亡。目前，越来越多的证据表明，自噬在抗肿瘤药物治疗抵抗中同样发挥着双重作用，促进或是抑制化疗药物的抗癌活性。

自噬被认为是抗癌治疗中促进癌细胞存活、诱导肿瘤耐药的机制之一。研究表明，不同肿瘤类型中肿瘤细胞可以通过上调保护性自噬增强对放疗、化疗及靶向治疗等抗癌治疗的耐药性。例如，极光激酶 A 的抑制或缺失可以诱导自噬，从而引起乳腺癌细胞药物抵抗。高迁移率族蛋白 B1（HMGB1）介导的自噬能够显著促进骨肉瘤细胞的耐药性（113，114）。药物临床试验表明，抑制自噬能够增强一些抗癌药物的细胞毒性，逆转肿瘤细胞获得性耐药。例如，自噬抑制剂氯喹及其衍生物羟化氯喹联合表阿霉素、5-氟尿嘧啶、索拉菲尼、大剂量白细胞介素-2 等药物使用，可以显著增强这些抗癌药物对乳腺癌、肠癌、肝癌或者肾癌等肿瘤的治疗效果，防止耐药现象的出现。到目前为止，各种自噬抑制剂已被广泛开发并应用于自噬及其相关的癌症联合治疗研究中，自噬抑制剂有望成为高效的抗癌治疗增敏剂。当然，自噬抑制剂与各种抗肿瘤药物联合使用临床试验的成功可能不仅仅是由于这些抑制剂对化疗药物诱导的自噬抑制方面的作用，也可能是由于影响自噬以外的机制所导致的。因此，在这些临床试验中，自噬抑制剂的分子机制及其细胞靶标应该进行更加深入的探讨与研究。

尽管自噬具有明显的细胞保护性作用，但在某些情况下，自噬也被认为具有促进细胞死亡的作用。在使用一些特定的化疗药物治疗后，自噬可以通过增强对细胞凋亡的诱导或通过自噬途径诱导细胞死亡来促进抗癌药物的疗效。肿瘤细胞的抗凋亡能力提高有助于肿瘤的进展，并有助于肿瘤细胞对放疗和化疗的治疗抵抗。越来越多的证据表明，自噬可以作为细胞凋亡缺陷的替代机制来诱导肿瘤细胞死亡。例如，5-氟尿嘧啶治疗可以诱导 Puma 或 BAX 缺陷的人结肠癌细胞发生自噬，从而抑制癌细胞增殖。伏立诺他是一种组蛋白去乙酰化酶（HDAC）抑制剂，可以诱导他莫西芬耐药的 MCF-7 乳腺癌细胞自噬，抑制肿瘤生长。NVP-BEZ235 可以通过激活自噬流引起细胞周期阻滞而非诱导凋亡来抑制顺铂不敏感的尿路上皮癌细胞增殖。抗抑郁药马普替林和氟西汀能够诱导耐药的伯基特淋巴瘤细胞发生自噬，进而导致细胞死亡（115-118）。

在抗肿瘤药物的作用下，自噬可以协同多种不同的信号机制来共同介导药物抵抗及诱导细胞死亡。如前面所述，自噬激活可以通过 EGFR 信号通路、PI3K/AKT/mTOR 通路、p53、VEGF、MAPK14/p38α 信号通路和 microRNA 等途径导致肿瘤细胞药物治疗抵抗，也可以通过 AMPK/AKT1/mTOR 信号轴促进细胞死亡（119）。自噬在药物耐药方面究竟是发挥促进药物抵抗还是增强药物抗癌活性的作用，可能取决于具体肿瘤类型及治疗特点。

总之，在抗肿瘤治疗中，自噬的上调已在许多类型的癌症中观察到，并被证明可促进也可抑制抗肿瘤耐药。自噬作为一种保护机制被激活，可以介导某些癌细胞在治疗过程中获得耐药表型。因此，抑制自噬可以使先前具有耐药性的癌细胞重新敏感，并增加化疗药物的细胞毒性。当然，自噬也可能扮演相反的角色，诱导依赖自噬的细胞死亡。虽然自噬在肿瘤治疗中的作用存在争议，但是体内、体外的数据似乎更加支持自噬促进癌细胞治疗抵抗的观点。当然，在基于自噬设计恶性肿瘤新疗法时，应该充分考虑自噬在药物治疗抵抗中的双重功能、治疗引起的应激性压力性质、持续时间及肿瘤类型。

第三节 自噬相关药物在临床的应用前景

自噬在生命过程中发挥重要作用，与多种疾病的治疗密切相关，包括肿瘤、免疫、感染、神经系统疾病、心血管疾病、内分泌疾病、肝脏疾病、呼吸系统疾病及恶性血液系统疾病等。尽管目前越来越多的研究已经显示激活或者抑制自噬可以治疗疾病，但是以自噬为特异靶标的临床药物还很少，主要是对自噬与各种疾病的相关性、关键的节点蛋白和介导自噬的信号通路了解不够。另外，自噬相关的药物在开发中也还存在一些具体的问题需要解决。

一、调控自噬的相关临床药物的应用

近年来，一些临床药物在成功治疗疾病时，也发现自噬参与其中，这为疾病的治疗开辟了新的方向和策略。例如，黑色素瘤对诱导凋亡抑制肿瘤的药物不敏感，但是通过诱导自噬可以有效地抑制黑色素瘤细胞生长，达到治疗目的。对于组织器官来说，自噬既有保护也有损伤作用。因此，如何有的放矢地利用自噬治疗疾病已经成为一个关键的问题。

（一）他莫昔芬

常用的乳腺癌治疗药物他莫昔芬（tamoxifen）是一类抗雌激素类药物，已证明可以作为自噬诱导型的药物用于临床。他莫昔芬处理后的雌二醇受体阳性乳腺癌细胞的存活极度依赖于自噬。他莫昔芬等抗雌激素类药物能够通过调节第二信使神经酰胺，以及上调 Beclin1 诱导乳腺癌细胞发生自噬，为乳腺癌细胞提供能量及生物大分子，帮助乳腺癌细胞在饥饿及氧化压力条件下维持基础水平的稳态，促进乳腺癌细胞的存活。因此，他莫昔芬联合自噬抑制剂可以抑制自噬诱导 Caspase 依赖的细胞凋亡，以此抑制肿瘤细胞生长。目前，自噬抑制剂氯喹与他莫昔芬联合治疗乳腺癌已经进入临床 II 期试验。他莫昔芬还能够作为自噬诱导剂，通过提高自噬促进对原发性胶质母细胞瘤的抑制作用。此外，他莫昔芬被认为可以促进原癌基因 *K-Ras* 的自噬性降解，这一机制损伤了 RAS 突变肿瘤的自噬依赖性存活（120-123）。

（二）氯喹

氯喹（chloroquine）已被尝试应用于癌症治疗，虽然其抗癌的详细机制仍有待探索，但很可能与自噬相关。由于溶酶体内的酸性环境，氯喹进入溶酶体后会被质子化，而质子化的氯喹在溶酶体中的积累会削弱溶酶体内的酸性环境，从而弱化溶酶体的功能。自噬小体最终会与溶酶体融合形成自噬溶酶体进而降解内部物质，因此，氯喹可以通过影响溶酶体的功能来影响自噬。通过阻滞自噬过程，氯喹可以抑制包括乳腺癌、胶质瘤、小细胞肺癌、骨髓瘤在内的肿瘤细胞的持续生长。目前，氯喹治疗乳腺癌、氯喹联合放化疗，治疗恶性胶质瘤、氯喹联合硼替佐米及环磷酰胺治疗复发及难治性多发性骨髓瘤的试验正进行到 II 期临床阶段。

尽管氯喹使肿瘤细胞对化疗敏感，即抑制自噬可产生抗癌效果，但是氯喹对自噬的抑制效果使得肾细胞对化疗敏感，从而导致急性肾损伤。氯喹和其他自噬抑制剂的联合使用可能加重化疗引起的除肾脏外的其他器官损伤。自噬缺陷则会加剧诸如脑、肝脏、心脏等器官和造血细胞的损伤。因此，氯喹与化疗联合可能会使这些器官功能恶化。例如，大多数化疗经常引起骨髓抑制，联合氯喹使用则可能会加重骨髓抑制。蒽环类抗生素，如阿霉素和柔红霉素可能通过 DNA 损伤以剂量依赖的方式引起心脏毒性，联合氯喹作为治疗方案时则会加强心脏毒性。因此，对于氯喹临床使用的利弊还需要进一步的考量。

（三）三氧化二砷

三氧化二砷（arsenic trioxide）俗称砒霜，虽然三氧化二砷对人体有害并且具有生态毒性，但是低剂量的三氧化二砷在临床已被证实能够很好地治疗急性早幼粒细胞白血病。近年来研究发现，三氧化二砷的治疗效果与自噬具有密切联系。三氧化二砷能够上调 Beclin1 诱导自噬，促进白血病细胞发生自噬性细胞死亡。三氧化二砷与全反式维甲酸联合治疗，也可以诱导 PML-RARα癌蛋白发生自噬依赖性的蛋白降解，促进急性早幼粒细胞白血病的治疗（124）。三氧化二砷不仅能够治疗白血病，对恶性胶质瘤也具有很好的治疗效果。它能够上调 BNIP3 及下调 Survivin，诱导恶性胶质瘤细胞发生自噬和凋亡（125）。目前，三氧化二砷与替莫唑胺或者放射疗法共同治疗恶性胶质瘤的临床试验正在开展。

三氧化二砷对于恶性疾病，特别是肿瘤具有非常好的临床治疗价值，目前与它相关的临床试验多达 114 项，正在如火如荼地进行。

（四）紫杉醇

紫杉醇（paclitaxel）是微管干扰物，可以作为化疗药物治疗许多类型的肿瘤，包括乳腺癌、卵巢癌、肺癌、胰腺癌、胃癌、食管癌等。白蛋白结合型紫杉醇 Abraxane 近来已被 FDA 批准用于转移性胰腺癌、肺癌和乳腺癌的前线治疗。

作为抗癌药物，紫杉醇能够与微管蛋白结合，稳定微管网络，阻滞细胞周期进程，诱导细胞凋亡，并且调节细胞自噬。然而，癌细胞中由于微管蛋白突变、细胞凋亡关键蛋白功能异常等因素的存在，造成癌细胞对紫杉醇治疗出现抵抗。研究者在进行临床前研究时发现，紫杉醇能够诱导 A549 肺癌细胞发生明显的细胞自噬，然而这种自噬的诱导也可能与紫杉醇的临床药物治疗抵抗相关。越来越多的研究发现，抑制自噬能够促进紫杉醇诱导的凋亡。目前氯喹联合紫衫烷的化学疗法用于蒽环霉素耐药的转移性乳腺癌的治疗正在进行临床Ⅱ期试验。

也有研究发现在乳腺癌细胞中，紫杉醇处理可以抑制有丝分裂细胞中自噬泡的成熟。自噬抑制直接影响了紫杉醇的治疗效果，激活自噬能够促进紫衫醇诱导的细胞死亡。自噬在紫衫醇诱导的 Caspase 非依赖的细胞死亡中也发挥重要的作用。

（五）放射疗法

放射疗法可以通过促进 mTOR 的低磷酸化诱导自噬。但是辐射后，未折叠蛋白反应的 PKR 样内质网激酶（PERK）则介导自噬的诱导。在对辐射相对比较抵抗的乳腺癌细胞系中，氯喹可以降低放射治疗后的克隆存活率。通过 Atg5 或 Beclin1 敲减抑制自噬，可以提高免疫缺陷小鼠的癌细胞系和移植瘤对放疗的敏感性。然而，在具有免疫能力的小鼠中，敲减上述两个基因则导致其对放疗的抵抗，表明自噬在肿瘤中具有免疫原性。

在移植瘤中，自噬标志物主要集中于低氧区域。使用氯喹或者 3-甲基腺嘌呤抑制自噬可以降低大肠癌细胞对低氧的耐受。氯喹并不能增加已产生的移植瘤对放疗的敏感性，而是减少肿瘤中的低氧部分，从而增加放疗的效果。在低氧条件下，自噬同样介导化疗的抵抗。

二、自噬相关药物治疗的相关疾病

自噬在不同的生理病理过程中既可以保护细胞，也可以对细胞产生有害作用。自噬调节异常是包括肿瘤、心血管疾病、神经退行性疾病、代谢性疾病在内的多种人类疾病的发病机制之一。搞清楚自噬与各种疾病之间的关系才能够"对症下药"，更有效地治疗不同类型的疾病。

（一）自噬与肿瘤

自噬与肿瘤治疗是目前最为广泛和深入的研究。尽管众多研究还无法从根本上阐释自噬的两面性，但毫无疑问，靶向自噬治疗肿瘤是继凋亡治疗肿瘤后又一具有前景的方法。自噬与肿瘤之间的紧密联系在 1999 年被首次报道。当时发现自噬的关键基因 *Beclin1* 能够抑制肿瘤发生。随后的研究陆续发现自噬的其他关键基因，如 *Atg2B*、*Atg5*、*Atg9B* 及 *Atg12* 等在人类肿瘤中出现移码突变。敲除小鼠中的自噬关键基因能够促使小鼠细胞恶性转化。而在正常细胞，尤其是干细胞基础水平的自噬则促进细胞应激，维护蛋白质和细胞器的质量控制及代谢，防止自噬受体积累导致的细胞 ROS 上升和 DNA 损伤等，从而促进基因组稳定性，抑制肿瘤发生（126）。

另一方面，越来越多的证据表明，自噬能够促进肿瘤。肿瘤细胞会激活自噬以应对各种压力条件，包括低氧以及营养缺失，从而满足增殖的需求。临床研究表明，自噬也是肿瘤细胞治疗抵抗的原因之一。抑制自噬通常可以恢复肿瘤细胞对治疗的敏感性，促进肿瘤细胞死亡。因此，自噬对于肿瘤来说是一把"双刃剑"，它与肿瘤的发生发展密不可分。只有搞清楚在肿瘤形成过程中究竟哪个阶段需要自噬提供保护、哪个阶段有利于自噬的阻断，才能准确地、有针对性地设计出自噬相关的药物，以保证肿瘤患者对自噬相关的药物产生"响应"而不是"抵抗"。

（二）自噬与神经退行性疾病

自噬能够维持细胞内稳态，选择性地降解异常的蛋白聚集体及功能障碍的细胞器，对于神经元功能的发挥至关重要。在神经元中，自噬过程受损将导致细胞内稳态的失调和神经退行性疾病的发生。这是由于神经元是有丝分裂后的细胞，属于高度分化的细胞，它们很难再通过有丝分裂过程来降解由于自噬抑制而积累的有毒蛋白聚集体及功能发生障碍的细胞器。中枢神经系统中蛋白质异常聚集常常引起突触损伤、细胞器受损以及神经元死亡，最终导致神经退行性疾病的发生。这些神经退行性疾病主要包括阿尔茨海默病、帕金森病、亨廷顿病、肌萎缩性侧索硬化症等。

正是由于自噬与神经退行性病变之间的密切联系，使得自噬成为神经退行性疾病治疗的重要靶点。近年来，一些用自噬调节药物治疗神经退行性疾病的临床试验不断开展。例如，在肌萎缩性脊髓侧索硬化症中，磷酸化或泛素化修饰的 TDP-43 是该病的致病因素之一。TDP-43 可以通过自噬及泛素蛋白酶体途径降解。作为自噬诱导药物用于临床乳腺癌治疗的他莫昔芬可以非常明显地减轻肌萎缩性脊髓侧索硬化症中 TDP-43 的积累及包涵体的形成，这项研究目前正在进行临床 II 期试验（127）。显然，更深入地剖析神经退行性疾病中自噬受损的确切机制对于寻找该疾病的治疗方法尤为重要。

（三）自噬与心血管疾病

心血管疾病是全球范围内造成死亡的最主要原因。因此，研究在疾病相关的压力条件下心血管的反应调控机制能为心血管疾病的治疗提供重要靶点，对心血管疾病的治疗具有重要意义。近年来，自噬与心血管系统之间的联系被逐渐认识。

自噬在心肌细胞、心肌成纤维细胞、内皮细胞、血管平滑肌细胞及巨噬细胞中均有着重要功能。自噬不仅参与调节正常心脏组织的生长发育、心肌细胞终端分化、心脏可塑性等过程，也是多种心血管疾病，如动脉粥样硬化、心肌缺血/再灌注、心肌病变、心力衰竭、高血压等的发病机制之一。自噬的活性在心血管疾病的发生发展过程中不断变化。无论在任何情况下，最佳的自噬活性对于维持心血管的稳态及功能都十分重要。过度的自噬或自噬抑制都会导致心血管疾病的病理发生，甚至加重病变。

自噬过程的药物可调节性以及自噬在心血管疾病中的功能使得自噬成为心血管疾病治疗的重要靶点。缺血的心肌细胞线粒体如果能量供给不足会被损伤，由此产生过多的 ROS，消耗 ATP。而通过自噬诱导则可以很好地清除损伤的线粒体，对细胞起着保护作用。然而，由于自噬流检测方法的局限，以及自噬在心血管病理学中的作用机制不明确等不利因素的存在，使得自噬治疗心血管疾病在未来面临着一系列挑战。

（四）自噬与代谢性疾病

生物体的代谢平衡能够维持机体机能，一旦代谢失衡将会导致多种疾病的发生。自噬能够调节各种代谢过程如糖代谢、脂代谢、氨基酸代谢等，并与多种代谢性疾病相关，其中研究较多的是自噬与肥胖及糖尿病的关系。

自噬能够调节脂代谢及胰岛素敏感性。研究发现，在肥胖小鼠的肝细胞中自噬水平出现下调。自噬还是胰岛素通路中的重要组成部分，抑制自噬导致内质网应激及胰岛素抵抗。研究者在突变小鼠体内的自噬关键基因 Atg7 时发现小鼠的葡萄糖耐受能力降低，循环系统中胰岛素浓度异常，胰岛 β 细胞数量及胰腺胰岛素含量减少（128）。这些证据表明自噬对于胰岛 β 细胞的结构、数量及功能的维持具有重要意义。抑制自噬将导致胰岛素缺乏及高血糖症。

降糖药二甲双胍类、噻唑烷二酮类等常用于临床上对 2 型糖尿病的治疗。研究表明，这些降糖药能够通过调节自噬维持胰岛 β 细胞的稳态进而发挥治疗效果。研究者在 2 型糖尿病患者的胰岛 β 细胞中观察到了大量的自噬泡，而用降糖药二甲双胍类处理的胰岛

β 细胞中自噬泡的数量及细胞死亡率均明显降低，提示二甲双胍类能够通过调节自噬来保护胰岛 β 细胞，从而治疗糖尿病。另外，二甲双胍类也能够通过激活 AMPK 进而激活自噬信号通路，促进胰岛 β 细胞的存活。

尽管自噬与肥胖及糖尿病之间的关系已经被了解，但是自噬与其他代谢性疾病之间的关系研究较少，还有待进一步的研究。

（五）自噬与其他疾病

自噬不仅参与上述疾病的发生发展，还与衰老、传染性疾病、免疫相关疾病等人类疾病相关。

利用线虫、酵母、果蝇、啮齿动物等模式动物，研究者发现自噬参与清除损伤蛋白及细胞器，减少 ROS 的产生，促进线粒体的周转，减缓衰老，延长寿命，预防并延迟衰老并发症的发生。

对于传染性疾病，激活自噬通常有利于该疾病的治疗。这是因为异体自噬能够选择性地清除致病病原体，并激活机体先天及后天免疫反应。然而，对于某些特殊的细菌病毒，自噬似乎又能够帮助它们侵入宿主组织逃避宿主防御机制。因此，自噬对于传染性疾病的利弊要视具体情况而定。

除了异体自噬清除病原体的功能，自噬还参与传递微生物核酸、抗原到溶酶体内，激活先天性免疫反应。自噬能够帮助机体降解内源的病毒蛋白用于抗原提呈，并且还参与了 T 淋巴细胞的发育与存活、促炎性细胞因子的分泌等免疫过程。自噬活性的改变将会影响机体的炎症反应，并且是多种免疫疾病的发病机制之一。

自噬蛋白还在促炎反应过程中发挥重要的抑制作用。自噬蛋白通过自噬稳定线粒体，从而抑制炎症小体活化的信号通路。自噬缺陷会增强 NLRP3 炎症小体的活化，引起线粒体 ROS 增多和线粒体膜通透性的增加，导致线粒体稳态失调。

总之，自噬是细胞内一个十分重要的生命过程，弄清自噬与各种疾病的关系，将为疾病的治疗提供有意义的靶点，有助于人类疾病的治疗。

三、自噬药物开发存在的问题

自噬已经广泛地应用于肿瘤治疗，它给予我们的新启示在于：①通过促进自噬及细胞死亡达到治疗肿瘤的效果；②抑制自噬能够诱导凋亡，提高肿瘤对凋亡诱导的敏感性。尽管自噬作为临床治疗药物的靶点对其他疾病的治疗同样存在诱人的前景，仍然存在大量的问题需要解决。具体包括以下几个方面的问题。

（1）虽然大量研究证明了自噬在分子、生化、细胞水平都有精准的调节，但是一些药物在临床上仅显示与自噬存在相关性，而不是直接的调控关系。因此，需要更多的研究鉴定自噬在疾病状态和治疗时对药物的精准应答。

（2）到目前为止，以自噬为靶向治疗的临床前研究向临床的迅速发展主要体现在肿瘤学方面，以及心血管、神经性退化、传染性疾病和自身性免疫疾病等领域，涉及的领域相对较窄。同时，在任何一种疾病中，总有一部分人群并不像其他人那样有很好的治疗效果。因此，需要鉴定这些情况下的药效学，特别是寻找终端的生物标记蛋白应用于临床尤其重要。

（3）当前，很多针对自噬调节的药物并不是直接或特异性调节自噬过程，它们同时会激活或抑制细胞的其他生化过程，由此产生了很多特殊的问题。因此，发展特异性针对自噬为靶点的药物并且阐明靶点蛋白的分子机制十分重要。发现选择性调节自噬者就可能在最大治疗作用和最小治疗作用之间进行误差内的选择。然而，选择性自噬调节因子目前知道的数目很有限。

（4）为了促进发现和发展自噬依赖的靶向性药物，需要去建立更敏感、更有效、更可靠、更精确的高通量筛选分析，并且丰富自噬相关的化学药物库，作为自噬药物筛选的有力保证。

（5）作为自噬的调节者（激活剂或抑制剂），目前已展示与其他药物联用治疗疾病的前景，但是这种联合治疗的作用机制可能是通过药物之间的相互作用，或药代动力学，或药效学进行的。所以，还必须进一步考虑和发展自噬靶标药物及最优治疗策略。

（6）自噬检测手段的局限及缺乏在不同组织和器官衡量自噬水平的标准限制了自噬靶点药物在临床上的广泛应用。例如，在临床上检测自噬并没有一个明确的指标，因此很难通过检测自噬水平对患者进行个体化治疗。尽管检测自噬的方法已经在细胞水平上很好地建立了，但是在临床样品上的检测还是不够理想。

总之，随着生物领域对细胞自噬方面越来越感兴趣，人们希望能提供一个独特的药理学的观点，以解释用自噬作为治疗靶点的药理制剂的应用潜能及其可行性。由于许多人类疾病与自噬活性的改变相关，而且自噬这一重要的生物学过程现在也被当作研究药物的可行性靶点，同时，自噬相关的药理学调控过程也为科研道路提供了一个与众不同的机会，为此，我们有理由相信，不仅自噬依赖的药物治疗将变为药理学研究的新主题，而且类似于凋亡为靶点的药物已经在临床应用上获得了一定程度的成功，新的、以调节自噬为主的治疗药剂也将很快出现，并转化为临床应用受益于人类健康。

参 考 文 献

1. S. Chen *et al.*, *Biochim. Biophys Acta.* **1806**, 220-229(2010).
2. J. Cui *et al.*, *Tumour Biol.* **35**, 11701-11709(2014).
3. M. New, H. Olzscha, N. B. La Thangue, *Mol. Oncol.* **6**, 637-656(2012).
4. B. Ozpolat, D. M. Benbrook, *Cancer Manag. Res.* **7**, 291-299(2015).
5. A. R. Sehgal *et al.*, *Leukemia* **29**, 517-525(2015).
6. A. L. Swampillai, P. Salomoni, S. C. Short, *Clin. Oncol.* (*R Coll Radiol*) **24**, 387-395(2012).
7. Y. L. Jia, J. Li, Z. H. Qin, Z. Q. Liang, *J. Asian Nat. Prod. Res.* **11**, 918-928(2009).
8. Y. Guo, Q. Q. Shan, P. Y. Gong, S. C. Wang, *J. Cancer Res. Ther.* **14**, S125-S131(2018).
9. G. Mosieniak *et al.*, *Mech. Ageing Dev.* **133**, 444-455(2012).
10. J. C. Wu *et al.*, *Mol. Nutr. Food Res.* **55**, 1646-1654(2011).
11. G. Chadalapaka, I. Jutooru, R. Burghardt, S. Safe, *Mol. Cancer Res.* **8**, 739-750(2010).
12. J. Han *et al.*, *Autophagy* **8**, 812-825(2012).
13. M. H. Teiten *et al.*, *Int. J. Oncol.* **38**, 603-611(2011).
14. N. Wang *et al.*, *J. Cell Biochem.* **111**, 1426-1436(2010).
15. R. Domitrovic *et al.*, *Food Chem. Toxicol.* **62**, 397-406(2013).

16. P. L. Peng, W. H. Kuo, H. C. Tseng, F. P. Chou, *Int. J. Radiat Oncol. Biol. Phys.* **70**, 529-542(2008).

17. L. M. Guaman Ortiz et al., *Acta. Biochim. Biophys Sin. (Shanghai)* **47**, 824-833(2015).

18. H. Wang et al., *Oncotarget* **8**, 98312-98321(2017).

19. X. Fan et al., *J. Transl. Med.* **13**, 92(2015).

20. P. Chitra, G. Saiprasad, R. Manikandan, G. Sudhandiran, *J. Mol. Med. (Berl)* **93**, 1015-1031(2015).

21. A. W. Opipari et al., *Cancer Res.* **64**, 696-703(2004).

22. A. Alayev, P. F. Doubleday, S. M. Berger, B. A. Ballif, M. K. Holz, *J. Proteome Res.* **13**, 5734-5742(2014).

23. M. Yousef, I. A. Vlachogiannis, E. Tsiani, *Nutrients* **9**, pii: E1231(2017).

24. A. Puissant, P. Auberger, *Autophagy* **6**, 655-657(2010).

25. J. P. Decuypere, J. B. Parys, G. Bultynck, *Cells* **1**, 284-312(2012).

26. K. F. Hsu et al., *Autophagy* **5**, 451-460(2009).

27. P. Signorelli et al., *Cancer Lett.* **282**, 238-243(2009).

28. J. Li, Z. Qin, Z. Liang, *BMC. Cancer* **9**, 215(2009).

29. J. W. Hwang et al., *Arch. Biochem. Biophys* **500**, 203-209(2010).

30. C. Greenhill, *Nat. Rev. Endocrinol.* **11**, 444(2015).

31. J. Guo, X. Huang, H. Wang, H. Yang, *PLoS One* **10**, e0140745(2015).

32. Z. Liu et al., *PLoS One* **10**, e0135236(2015).

33. H. W. Lee et al., *BMB. Rep.* **47**, 697-702(2014).

34. W. B. Wang et al., *J. Cell Physiol.* **227**, 2196-2206(2012).

35. X. Han et al., *PLoS One* **9**, e112470(2014).

36. Y. N. Deng, J. Shi, J. Liu, Q. M. Qu, *Neurochem. Int.* **63**, 1-9(2013).

37. S. Boridy, P. U. Le, K. Petrecca, D. Maysinger, *Cell Death. Dis.* **5**, e1216(2014).

38. J. Zhao et al., *Int. Immunopharmacol.* **26**, 221-228(2015).

39. W. J. Wang et al., *Nat. Chem. Biol.* **10**, 133-140(2014).

40. W. J. Wang et al., *Chem. Biol.* **22**, 1040-1051(2015).

41. B. I. Rini, *Clin. Cancer Res.* **14**, 1286-1290(2008).

42. G. Hess, S. M. Smith, A. Berkenblit, B. Coiffier, *Semin. Oncol.* **36 Suppl 3**, S37-45(2009).

43. B. Geoerger et al., *Eur. J. Cancer* **48**, 253-262(2012).

44. J. J. Knox et al., *Invest. New Drugs* **33**, 241-246(2015).

45. R. Rangwala et al., *Autophagy* **10**, 1391-1402(2014).

46. M. Capozzi et al., *Int. J. Surg.* **21 Suppl 1**, S89-94(2015).

47. J. Li, S. G. Kim, J. Blenis, *Cell Metab.* **19**, 373-379(2014).

48. F. Yuntao et al., *Arch. Toxicol.* **90**, 333-345(2016).

49. H. Takeuchi et al., *Cancer Res.* **65**, 3336-3346(2005).

50. X. Li et al., *Mol. Med. Rep.* **16**, 8923-8929(2017).

51. T. Okamoto et al., *PLoS One* **11**, e0146517(2016).

52. S. Liu et al., *Arch. Biochem. Biophys* **590**, 37-47(2016).

53. Y. Feng et al., *Cell Death. Dis.* **5**, e1088(2014).

54. T. Tomic et al., *Cell Death. Dis.* **2**, e199(2011).

55. T. Jiang et al., *Br. J. Pharmacol.* **171**, 3146-3157(2014).

56. Z. Xie, C. He, M. H. Zou, *Autophagy* **7**, 1254-1255(2011).

57. M. A. Abu El Maaty, W. Strassburger, T. Qaiser, Y. Dabiri, S. Wolfl, *Mol. Carcinogen.* **56**, 2486-2498(2017).

58. A. Takahashi et al., *Cancer Cell Int.* **14**, 53(2014).

59. I. Ben Sahra, J. F. Tanti, F. Bost, *Autophagy* **6**, 670-671(2010).

60. H. S. Moon, B. Kim, H. Gwak, D. H. Suh, Y. S. Song, *Mol. Carcinogen.* **55**, 346-356(2016).

61. S. Jagannathan et al., *Leukemia* **29**, 2184-2191(2015).

62. K. Brodowska et al., *Int. J. Oncol.* **45**, 2311-2324(2014).

63. N. Yuan et al., *Haematologica* **100**, 345-356(2015).

64. S. K. Hong, J. H. Kim, D. Starenki, J. I. Park, *Int. J. Oncol.* **43**, 2031-2038(2013).
65. L. Q. Li, W. J. Xie, D. Pan, *Nan Fang Yi Ke Da Xue Xue Bao* **35**, 1400-1405(2015).
66. X. Li *et al.*, *Oncotarget* **7**, 33440-33450(2016).
67. S. Reumann, K. L. Shogren, M. J. Yaszemski, A. Maran, *J. Cell Biochem.* **117**, 751-759(2016).
68. J. P. Tsai *et al.*, *Oncotarget* **6**, 28851-28866(2015).
69. H. J. Jung *et al.*, . *Cell Death. Dis.* **7**, e2098(2016).
70. A. De Leo *et al.*, *Cell Death. Dis.* **6**, e1876(2015).
71. J. Liu *et al.*, *Cell* **147**, 223-234(2011).
72. S. Shao *et al.*, *Int. J. Oncol.* **44**, 1661-1668(2014).
73. R. J. Correa *et al.*, *Carcinogenesis* **35**, 1951-1961(2014).
74. J. Wen *et al.*, *Breast Cancer Res. Treat.* 149, 619-629(2015).
75. R. Mateo *et al.*, *J. Virol.* **87**, 1312-1321(2013).
76. M. Tsukada, Y. Ohsumi, *FEBS. Lett.* **333**, 169-174(1993).
77. D. J. Klionsky, Look people, *Autophagy* **8**, 1281-1282(2012).
78. K. Zhu, K. Dunner, Jr., D. J. McConkey, *Oncogene* **29**, 451-462(2010).
79. F. Basit, S. Cristofanon, S. Fulda, *Cell Death. Differ.* **20**, 1161-1173(2013).
80. P. Gao *et al.*, *J. Biol. Chem.* **285**, 25570-25581(2010).
81. S. V. Laddha, S. Ganesan, C. S. Chan, E. White, *Mol. Cancer Res.* **12**, 485-490(2014).
82. Q. Huang *et al.*, *Oncol. Lett.* **11**, 1051-1056(2016).
83. Y. Shan *et al.*, *Nutr. Cancer* **68**, 280-289(2016).
84. Y. Yang *et al.*, *Mediators Inflamm.* **2015**, 120198(2015).
85. S. Guo *et al.*, *J. Drug Target* **24**, 934-942(2016).
86. F. Venanzi *et al.*, *Oncotarget* **4**, 1829-1835(2013).
87. D. M. Ponomarenko *et al.*, *Oncotarget* **8**, 53730-53739(2017).
88. M. G. Sabbieti *et al.*, *Oncotarget* **6**, 3590-3599(2015).
89. H. Zhou, Y. Luo, S. Huang, *Anticancer Agents Med. Chem.* **10**, 571-581(2010).
90. C. Cao *et al.*, *Cancer Res.* **66**, 10040-10047(2006).
91. J. M. Albert, K. W. Kim, C. Cao, B. Lu, *Mol. Cancer Ther.* **5**, 1183-1189(2006).
92. C. Settembre *et al.*, *EMBO. J.* **31**, 1095-1108(2012).
93. S. E. Pool *et al.*, *Cancer Res.* **73**, 12-18(2013).
94. I. Ben Sahra *et al.*, *Cancer Res.* **70**, 2465-2475(2010).
95. W. Y. Shi *et al.*, *Cell Death. Dis.* **3**, e275(2012).
96. X. Sui *et al.*, *Mol Clin. Oncol.* **2**, 8-12(2014).
97. X. Li, Z. Fan, *Cancer Res.* **70**, 5942-5952(2010).
98. E. H. Jeong, H. S. Choi, T. G. Lee, H. R. Kim, C. H. Kim, *Tuberc. Respir. Dis. (Seoul)* **72**, 343-351(2012).
99. M. J. Nyhan *et al.*, *Br. J. Cancer* **106**, 711-718(2012).
100. S. Tian *et al.*, *Autophagy* **6**, 1032-1041(2010).
101. X. Li, Y. Lu, T. Pan, Z. Fan, *Autophagy* **6**, 1066-1077(2010).
102. Y. Y. Li, S. K. Lam, J. C. Mak, C. Y. Zheng, J. C. Ho, *Lung Cancer* **81**, 354-361(2013).
103. T. R. O'Donovan, G. C. O'Sullivan, S. L. McKenna, *Autophagy* **7**, 509-524(2011).
104. Y. Sun *et al.*, *Acta. Biochim. Biophys Sin (Shanghai)* **47**, 451-458(2015).
105. Y. Cheng *et al.*, *Mol. Cancer Ther.* **11**, 154-164(2012).
106. E. Josset, H. Burckel, G. Noel, P. Bischoff, *AntiCancer Res.* **33**, 1845-1851(2013).
107. G. J. Cerniglia *et al.*, *Mol. Pharmacol.* **82**, 1230-1240(2012).
108. M. Rahmani *et al.*, *Blood* **119**, 6089-6098(2012).
109. J. Pan *et al.*, *Cancer Lett.* **293**, 167-174(2010).
110. Y. Tang *et al.*, *Mol. Pharmacol.* **81**, 527-540(2012).
111. D. Ji *et al.*, *PLoS One* **9**, e85116(2014).
112. F. Lozy *et al.*, *Autophagy* **10**, 662-676(2014).

113. Z. Zou *et al.*, *Autophagy* **8**, 1798-1810(2012).

114. J. Huang *et al.*, *Autophagy* **8**, 275-277(2012).

115. H. Y. Xiong *et al.*, *Cancer Lett.* **288**, 68-74(2010).

116. Y. J. Lee *et al.*, *Int. J. Med. Sci.* **9**, 881-893(2012).

117. J. R. Li *et al.*, *Toxicol. Lett.* **220**, 267-276(2013).

118. A. M. Bielecka, E. Obuchowicz, *Exp. Biol. Med. (Maywood)* **238**, 849-858(2013).

119. X. Sui *et al.*, *Cell Death. Dis.* **4**, e838(2013).

120. F. Scarlatti *et al.*, *J. Biol. Chem.* **279**, 18384-18391(2004).

121. H. Qi *et al.*, *Oncotarget* **8**, 29300-29317(2017).

122. I. V. Ulasov *et al.*, *Oncotarget* **6**, 3977-3987(2015).

123. T. Hachisuga *et al.*, *Br. J. Cancer* **92**, 1098-1103(2005).

124. X. W. Zhang *et al.*, *Science* **328**, 240-243(2010).

125. H. W. Chiu, Y. S. Ho, Y. J. Wang, *J. Mol. Med .(Berl)* **89**, 927-941(2011).

126. L. Y. Mah, K. M. Ryan, *Cold Spring Harb. Perspect Biol.* **4**, a008821(2012).

127. R. L. Vidal, S. Matus, L. Bargsted, C. Hetz, *Trends Pharmacol. Sci.* **35**, 583-591(2014).

128. R. Stienstra *et al.*, *Diabetologia* **57**, 1505-1516(2014).

（吴　乔　侯佩佩　关运峰　陈军兵）

附录一

主要专业名词英汉对照

1-methyl-2-pyrrolidine	1-甲基 2-吡咯烷
3-hydroxy-3-methyl-glutaryl-CoA reductase（HMGCR）	3-羟基-3-甲基戊二酸单酰辅酶 A 还原酶
6-phosphofructo-2-kinase/fructose-2,6-bisphosphatase（PFKFB）	磷酸果糖激酶
α-oxoglutarate dehydrogenase complex（OGDHC）	α-酮戊二酸脱氢酶复合物
Adenomatosis polyposis coli（APC）	结肠腺瘤样息肉蛋白
Affinity chromatography	亲和层析
Aggrephagy	蛋白聚集体自噬
Allophycocyanin	藻蓝蛋白
American Type Culture Collection（ATCC）	美国细胞菌种保存中心
Amyloid precursor protein（APP）	淀粉样前体蛋白
Anaphase-promoting complex/cyclosome（APC/C）	细胞周期末期促进复合物
Angelman syndrome（AS）	安格曼综合征
Antiviral stress granule（avSG）	抗病毒应激颗粒
Antizyme	抗酶
Apoptosis	凋亡
Apoptosis-inducing factor（AIF）	凋亡诱导因子
Argininosuccinate lyase（ASL）	精氨基琥珀酸裂解酶
Argininosuccinate synthetase（ASS）	精氨基琥珀酸合成酶
Ataxia telangiectasia mutated（ATM）	毛细血管扩张性共济失调症突变蛋白
Atg8	始素
Atg12	初素
Atomic force microscope（AFM）	原子力显微镜
Autophagic lysosome	自噬溶酶体
Autophagosome	自噬体
Autophagy	自噬
Autosomal recessive juvenile parkinsonism	常染色体隐性少年帕金森病
Auto-ubiquitination	自身泛素化
Autophagy-related protein 8（Atg8）	自噬相关蛋白 8
Autophagy flux	自噬泵
Autophagy-linked FYVE protein（ALFY）	自噬相关 FYVE 蛋白
Baculovirus inhibitor repeat（BIR）	杆状病毒抑制子基序
Baculovirus IAP repeat domain，BIR domain	BIR 结构域
B cell lymphoma-2（BCL-2）	B 细胞淋巴瘤基因-2
BCL-2 associated athanogene 3（BAG3）	BCL-2 相关家族基因 3
Betaine aldehyde dehydrogenase	甜菜乙醛脱氢酶
Bimolecular Fluorescence Complementation（BiFC）	双分子荧光互补

Biorientation	双向定位
Calmodulin（CaM）	钙调蛋白
Caspase	胱天蛋白酶
Catalytic core	催化中心
Casein kinase	酪蛋白激酶
Caspase recruitment domains（CARD）	Caspase 招募结构域
Cdc4 phosphodegron（CPD）	Cdc4 磷酸降解子
Cell division cycle（Cdc）	细胞分裂周期蛋白
Cellular inhibitor of apoptosis protein（cIAP）	细胞凋亡抑制蛋白
Chaperone	伴侣分子
Chaperone-mediated autophagy（CMA）	分子伴侣介导的自噬
Checkpoint	细胞周期检验点
Chimeric protein	嵌合蛋白
carboxyl terminus of Hsc70-interacting protein（CHIP）	Hsc70 C 端结合蛋白
Chymostatin	对抑糜蛋白酶素
Circular dichroism spectra	圆二色谱
Cobalt-affinity matrix	钴亲和介质
COP9 signalosome（CSN）	COP9 信号转导体
Creatine phosphokinase	肌氨酸磷酸化激酶
Curcumin	姜黄素
Cyclic GMP-AMP synthase（cGAS）	环化 GMP-AMP 合成酶
Cyclin	周期蛋白
Cyclin-dependent kinase（CDK）	周期蛋白依赖激酶
Cyclin-dependent kinase inhibitor（CDKI）	周期蛋白依赖激酶抑制因子
Cycloheximide	放线菌酮
Cylindromatosis D（CYLD）	肿瘤抑制因子
Cystic fibrosis transmembrane conductance regulator（CFTR）	囊性纤维跨膜转导调控因子
Cytochrome c	细胞色素 c
Cytostatic factor（CSF）	细胞静止因子
Death-inducing signaling complex（DISC）	DISC 复合物
Death receptor 5（DR5）	死亡受体 5
Defective ribosomal product（DRiP）	核糖体不完全翻译产物
Deferoxamine	去铁胺
Deneddylation	去拟素化
Destruction box	降解盒
Deubiquitinating enzyme（DUB）	去泛素化酶
Deubiquitination	去泛素化
Dihydrofolate reductase（DHFR）	二氢叶酸还原酶
Diisopropyl carbodiimide	二异丙基碳二亚胺
DNA damage	DNA 损伤
DNA-dependent protein kinase, catalytic subunit（DNA-PKcs）DNA	依赖的蛋白激酶催化亚群
Dosage-dependent regulation	剂量调节
Double-sided ubiquitin-interacting motif（DUIM）	双侧泛素互作基序

Dual-specificity tyrosine-(Y) phosphorylation regulated kinase 2（DYRK2）	双特异酪氨酸磷酸化调控激酶 2
E6-associated protein	E6 结合蛋白
Endocytosis	内吞作用
Endonuclease G（EndoG）	核酸内切酶 G
Endoplasmic-reticulum-associated degradation（ERAD）	内质网相关的降解
Endosome	初级溶酶体
Energy acceptor	能量受体
Energy donor	能量供体
ER-stress	内质网应激
Exocytosis	外吐作用
FAS-associated Death domain protein（FADD）	FAS 相关的死亡结构域蛋白
Fat10	肥素
Fluorescence recovery after photobleaching（FRAP）	总抗氧化能力测定、亚铁还原能力实验
Fmoc amino acids	9-芴甲氧羰基氨基酸
Fructose 1,6-bisphosphatase（FBPase）	果糖-1,6-二磷酸酶
Fub1	仿素
Genetic compensation effects	遗传补偿
Glucose 6-phosphatedehydrogenase（G6PD）	葡糖-6-磷酸脱氢酶
Glucose transporters（GLUT）	葡萄糖转运体
Glutathione-sepharose resin	谷胱甘肽琼脂糖凝胶树脂
Glyceraldehyde-3-phosphate dehydrogenase（GAPDH）	3-磷酸甘油醛脱氢酶
Glycogen phosphorylase（GP）	糖原磷酸化酶
Glycyl-7-amido-4-methylcoumarin（Gly-AM）	甘氨酰-7-胺-4-甲基香豆素
Green fluorescence protein（GFP）	绿色荧光蛋白
Heat shock protein（Hsp）	热激蛋白
Heat shock protein 90（Hsp90）	热激蛋白 90
Herpes simplex virus 1（HSV-1）	1 型单纯疱疹病毒
Herpesvirus-associated USP（HAUSP）	疱疹病毒相关 USP
Heterophagic lysosome	异噬溶酶体
High-pcrformance liquid chromatography（HPLC）	高效液相色谱
Histone deacetylase 6（HDAC6）	组蛋白去乙酰化酶 6
Homologous to E6AP carboxy terminus（HECT domain）	E6 结合蛋白 C 端同源结构域
Human chorionic gonadotrophin（HCG）	人绒毛膜促性腺激素
Huntington's disease（HD）	亨廷顿病
Hydroxybenzotriazole	羟基苯并三唑
IAP-binding motif（IBM）	IBM 模块
IκB kinase（IKK）	IκB 激酶
IL-1R-associated kinase（IRAK）	IL-1 受体相关激酶
Immobilized metal affinity chromatography	固相金属亲和色谱
Immunoprecipation assay	免疫沉淀实验
Inhibitor of apoptosis protein（IAP）	细胞凋亡抑制蛋白
Insoluble protein deposit（IPOD）	不溶性蛋白沉淀
Insulin induced gene 1（INSIG1）	胰岛素诱导基因 1

Insulin-induced gene 1 and 2 protein（INSIG1/2）	胰岛素诱导基因 1/2
Intein	内含肽
Interferon-inducible protein 16（IFI16）	干扰素诱导蛋白 16
Interferon（IFN）	干扰素
Interferon regulatory factor 3（IRF3）	干扰素调节因子 3
Interleukin-1 receptor-associated kinase 4（IRAK4）	白细胞介素-1 受体相关激酶 4
Interphase	间期
In vitro expression cloning（IVEC）	体外表达克隆
Intrauterine growth restriction（IUGR）	宫内发育迟缓
ISG15	扰素
Juxtanuclear quality control（JUNQ）	并列核质量控制
Kinase	激酶
Lactacystin	乳胞素
Lactate dehydrogenase A（LDH-A）	乳酸脱氢酶
Late endosome/multivesicular body（MVB）	多囊泡体
Leupeptin	亮抑酶肽
Linear ubiquitin chain assembly complex（LUBAC）	线性泛素链装配复合物
Lucifer yellow iodoacetamide	黄色荧光碘乙酰胺
Lysosome	溶酶体
Lysosomal storage disorder	溶酶体贮积病
Mallory-Denk body（MB）	马洛里小体
MCL-1 ubiquitin ligase E3（Mule）	MCL-1 泛素连接酶
Meiotic recombination 11（Mre11）	减数分裂重组蛋白 11
Mammalian target of rapamycin（mTOR）	雷帕霉素靶蛋白
Melanoma differentiation-associated gene 5（MDA5）	黑色素瘤分化相关基因 5
Membrane-associated ring finger 5（MARCH5）	膜相关环指蛋白 5
Methionine aminopeptidase	甲硫氨酸氨基肽酶
Microtubule organizing center（MTOC）	微管组织中心
Mitochondrial antiviral signaling protein（MAVS）	线粒体抗病毒信号蛋白
Mitotic checkpoint complex（MCC）	有丝分裂检验点复合物
Monomeric enzymes	单体酶
Monoubiquitin-binding protein	单泛素结合蛋白
Motif interacting with ubiquitin（MIU）	泛素互作基序
Myeloid differentiation factor-88（MyD88）	髓样分化因子-88
Na-coupled glucose transporter（SGLT）	钠离子耦合葡萄糖转运体
Necrosis	坏死
NEDD8	拟素
Neighbor of BRCA1 gene 1（NRB1）	BRCA1 邻位基因 1
NF-κB-inducing kinase（NIK）	NF-κB 诱导激酶
NF-κB inhibitor alpha（IκBα）	NF-κB 抑制子 α
NF-κB pathway	NF-κB 信号通路
Nitric oxide synthase（NOS）	一氧化氮合酶
Nitriloacetic agarose（Ni-NTA）	镍柱琼脂糖
Nocodazole	噻胺脂哒唑

Non-structural protein 1（NS1）	非结构蛋白 1
Nuclear factor kappa B（NF-κB）	核因子 κB
Nuclear pore complex	核孔复合物
Nuclear protein localization 4 zinc finger（NZF）	核定位蛋白 4 锌指结构
Nucleotide excision repair（NER）	核酸切除修复
Okadaic acid	岗田酸
Ornithine decarboxylase	鸟氨酸脱羧酶
Pathogen associated molecular pattern（PAMP）	病原相关分子模式
Pattern recognition receptor（PRR）	模式识别受体
Peptide aldehydes	肽醛
Peptide vinyl sulfones	肽乙烯砜
Pexophagy	过氧化物酶体自噬
Phagocytic vacuole	吞噬泡
Phenylmethylsulfonyl fluoride（PMSF）	苯甲基磺酰氟
Phosphatidylinositol 3-kinase-related kinase（PIKK）	磷脂酰肌醇 3-激酶相关激酶
Phosphatidylserine（PS）	磷脂酰丝氨酸
Phosphocreatine	磷酸肌酸
Phosphodegron	磷酸降解子
Phosphoglycerate mutase（PGM）	磷酸甘油酸变位酶
PLAA family ubiquitin binding domain（PFU）	PLAA 家族泛素结合结构域
Pleckstrin-like receptor for ubiquitin（PRU）	普列克底物蛋白样泛素受体
p-nitrophenyl phosphate	对-硝基苯基磷酸酯
Polyethylene glycol	聚乙二醇
Polymerase chain reaction（PCR）	聚合酶链反应
Poly (rC) binding protein 2（PCBP2）	Poly (rC)结合蛋白 2
Polyubiquitin	多泛素
Positional scanning peptide library	位置扫描的筛选肽库
Pre-replicative complex（pre-RC）	复制前复合物
Proliferating cell nuclear antigen（PCNA）	增殖细胞核抗原
Propidine iodide（PI）	碘化丙碇
Proteasome	蛋白酶体
Protein kinase A（PKA）	蛋白激酶 A
Protein phosphatase 1（PP1）	蛋白磷酸酶
Proteolysis targeting chimeric molecule（PROTAC）	靶向蛋白降解嵌合分子
Pulse-chase labeling	脉冲标记
Pup	原素
Raffinose	棉子糖
Rapamycin	雷帕霉素
Really interesting new gene（RING）	有兴趣的新基因
Receptor-interacting protein（RIP）	受体结合蛋白
Receptor-interacting protein 1（RIP1）	受体结合蛋白 1
Restriction point	限制点
Retinoblastoma protein	肿瘤抑制因子 Rb 蛋白
Retinoic acid-inducible gene Ⅰ（RIG-Ⅰ）	视黄酸诱导基因Ⅰ

RIG-I like receptor（RLR）	RIG-I 样受体
RING finger	环指结构
Ring finger protein（RNF）	环指蛋白
RTA-associated ubiquitin ligase（RAUL）	RTA 相关泛素连接酶
Saccharomyces cerevisiae	酿酒酵母
Schizosaccharomyces pombe	裂殖酵母
Sendai virus，SeV	仙台病毒
Skp1-Cullin-F-box protein complex（SCF）	SCF 蛋白复合物
SMAD ubiquitylation regulatory factor 1/2（SMURF1/2）	SMAD 泛素调节因子
Soybean trypsin inhibitor	大豆胰蛋白抑制剂
S-phase kinase-associated protein（Skp）	S 期激酶相关蛋白
Spindle assembly factor（SAF）	纺锤体组装因子
Split-n-coexpress	切断/共表达
Spot-synthesis of peptide arrays	肽阵列的点合成
Start	起始点
Staurosporine	十字胞碱
Stimulator of interferon gene（STING）	干扰素刺激基因
Structure-based virtual screening	基于结构信息的虚拟筛选
Substrate receptor（SR）	底物受体
Succinatedehydrogenase（SDH）	琥珀酸脱氢酶
SUMO	相素
Suppressor of cytokine signaling 1（SOCS1）	细胞因子信号转导抑制子 1
Superoxide dismutase1（SOD1）	超氧化物歧化酶 1
Surface plasmon resonance（SPR）	表面等离子共振技术
TAK1-binding protein（TAB）	TAK1 结合蛋白
Tandem affinity purification	串联亲和纯化
TANK-binding kinase 1（TBK1）	TANK 结合激酶 1
Terminal-deoxynucleotidyl transferase mediated nick end labeling（TUNEL）	断裂原位末端标记法
TGF-β-activated kinase 1（TAK1）	TGF-β 激活激酶 1
Thiol ester	硫酯
TNF receptor 1（TNFR1）	TNF 受体 1
TNF receptor-associated factor 2（TRAF2）	TNF 受体相关因子 2
TNF receptor-associated factor 6（TRAF6）	TNF 受体相关因子 6
TNFR1-associated death domain protein（TRADD）	TNFR1 相关死亡结构域蛋白
Toll like receptor（TLR）	Toll 样受体
TRAF family member-associated NF-κB activator（TANK）	TRAF 家族相关的 NF-κB 激活子
TRAF-interacting protein（TRIP）	TRAF 相互作用蛋白
Transporter associated with antigen processing	抗原加工相关转运体
Trifluoroacetic acid（TFA）	三氟乙酸
Tumor necrosis factor α（TNF-α）	肿瘤坏死因子 α
Tyrosine aminotransferase（TAT）	酪氨酸转氨酶
Tyrosine phosphatase（SHP2）	酪氨酸磷酸酶 2
Ub C-terminal hydrolase	泛素 C 端水解酶
Ubiquitin-activating enzyme（E1）	泛素激活酶

Ubiquitin aldehyde	泛素醛
Ubiquitin-associated domain（UBA）	泛素结合结构域
Ubiquitination	泛素化
Ubiquitin-binding motif（UBM）	泛素结合基序
Ubiquitin-binding protease（UBP）	泛素结合蛋白酶
Ubiquitin-binding zinc finger（UBZ）	泛素结合类锌指结构
Ubiquitin-conjugation enzyme 13（UBC13）	泛素耦合酶 13
Ubiquitin-conjugating enzyme（E2）	泛素耦合酶
Ubiquitin-conjugating enzyme E2 variant 1 isoform（UEV1A）	泛素耦合酶 E2 剪切体 1
Ubiquitin fusion degradation	泛素融合降解
Ubiquitin-interacting motif（UIM）	泛素相互作用结构域
Ubiquitin-like protein（UBL）	类泛素蛋白
Ubiquitin-proteasome pathway（UPP）	泛素-蛋白酶体通路
Ubiquitin-proteasome system（UPS）	泛素蛋白酶体系统
Ubiquitin-protein ligase（E3）	泛素-蛋白连接酶（简称泛素连接酶）
Ubiquitin-specific peptidase（USP）	泛素特异性蛋白酶
Ubiquitin（Ub）	泛素
UBL-specific proteases	类泛素特异性蛋白酶
Ufm1	犹素
Urm1	模素
Valosin containing protein（VCP）	含缬氨酸蛋白
Velcade	万珂
Vinyl sulfone	乙烯基砜
Xenophagy	异体自噬
XIAP-associated factor 1（XAF1）	XIAP 相关因子 1
Zinc finger in A20 protein（ZnF A20）	A20 蛋白锌指结构
Zinc finger ubiquitin-binding protease（ZnF UBP）	锌指-泛素结合蛋白酶

编委简介

曹诚　中国军事医学科学院生物技术研究所研究员。1994 年获军事医学科学院博士学位，1999～2002 年在美国哈佛大学医学院 Dana Farber Cancer Institute 工作。

常智杰　清华大学医学院教授，清华大学生物系校内兼职教授。1989 年 3 月于西北农业大学获博士学位。1995 年 4 月至 1998 年 10 月在美国圣路易斯大学医学院、华盛顿大学医学院和伯明翰大学医学院做访问学者和博士后。1998 年 10 月回国工作。

陈佺　中国科学院动物研究所研究员，南开大学生命科学学院特聘教授。1993 年于中国科学院北京动物所获博士学位。1994～1997 年在英国曼彻斯特大学从事博士后研究，1997～2002 年在美国俄亥俄州克利夫兰医学基金会从事博士后研究。1999 年回国工作。

陈策实　中国科学院昆明动物研究所研究员。1996 年获中国科学院上海生物工程研究中心和药物研究所博士学位。1999～2004 年先后于美国弗吉尼亚（Virginia）大学病理系及 Emory 大学 Winship 癌症研究所从事博士后研究。2006～2010 年在美国阿尔巴尼医学院细胞生物学癌症研究中心工作，2010 年回国工作。

程金科　上海交通大学医学院生物化学与分子细胞生物学系教授。1997 年获得中国协和医科大学细胞生物学博士学位，1998～2003 年在美国 M DAnderson Cancer Center 从事博士后研究。2007 年回国工作。

冯仁田　浙江海正药业股份有限公司中央研究院主任。2000 年获中国医学科学院免疫学博士，2001～2004 年在美国国立卫生研究院（NIH）和疾病预防控制中心（CDC）从事细胞凋亡和肿瘤化学预防方面的博士后研究。2012 年回国工作。

胡荣贵　上海生命科学研究院生物化学与细胞生物学研究所研究员。2000 年 8 月毕业于中国科学院生物化学研究所获理学博士学位。2001～2006 年在加州理工学院生物系从事博士后研究。2009 年回国工作。

贾立军　上海中医药大学教授。2003 年 6 月于扬州大学获得博士学位。2005 年至 2010 年，在美国密歇根大学医学院肿瘤研究中心从事博士后研究。2010 年回国工作。

姜天霞　北京师范大学生命科学院讲师。2013 年毕业于中国科学院生物物理研究所，获得细胞生物学博士学位。2015 年到北京师范大学工作。

金建平　美国得克萨斯大学休斯敦健康科学中心副教授。2000 年得克萨斯 A&M 大学获博士学位，2001～2007 年先后在美国冷泉港实验室、贝勒医学院及哈佛医学院做博士后研究。

李卫 中国科学院动物研究所干细胞与生殖生物学国家重点实验室研究员。2003 年于兰州大学获细胞生物学博士学位,2003～2005 年清华大学生物科学与技术系从事博士后研究, 2005～2009 年在美国国立健康研究院从事博士后研究。2009 年回国工作。

李汇华 大连医科大学心血管研究所特聘教授。1998 年获北京协和医学院博士学位,1998～2005 年在美国北卡等大学从事博士后研究。2005 年回国工作。

刘翠华 中国科学院微生物研究所病原微生物与免疫学重点实验室研究员。2005 年获南方医科大学生化与分子生物学博士学位,2003～2006 年在美国哈佛大学医学院微生物学与分子遗传学系工作。2006 年回国工作。

缪时英 中国医学科学院基础医学研究所教授。1962 年从上海第二医学院本科毕业,1981～1983 年在美国南阿拉巴马大学医学院任访问学者。

邱小波 北京师范大学生命科学学院教授。1996 年获得美国南加州大学分子药理及毒理专业博士学位, 1997～2005 年在美国哈佛大学医学院工作。2005 年回国工作。

商瑜 北京师范大学生命科学学院副教授 2009 年清华大学医学院获博士学位。2009～2011 年在清华大学医学院从事博士后研究。2011 年到北京师范大学工作。

宋质银 武汉大学生命科学学院教授。2005 年获中国科学技术大学博士学位,2005～2010 年在美国加州理工学院生物系从事博士后研究。2011 年回国工作。

孙毅 浙江大学转化医学研究院教授。1989 年获美国爱荷华大学放射生物学博士学位,美国国家癌症研究所(NCI)博士后,密歇根大学教授。2014 年回国工作。

万勇 美国西北大学教授。1997 年美国康奈尔大学获博士学位。1998～2003 年在哈佛大学医学院从事博士后研究。2003～2017 年。

王琛 中国药科大学生命科学学院教授。1998 年获得中国科学院上海生物化学研究所分子生物学博士学位,1998～2002 年在美国得克萨斯西南医学中心从事博士后研究。2002 年回国工作。

王平 同济大学生命科学与技术学院教授。2002 年获得中国科学院上海生化与细胞生物研究所博士学位, 2003～2008 年在美国耶鲁大学药理学系等从事博士后研究。2008 年回国工作。

王恒彬 美国亚拉巴马大学伯明翰分校医学院生物化学与分子遗传系副教授。1997 年获中国农业大学博士学位。先后在日本 Kyushu University 和美国 University of North Carolina 从事博士后研究。

王琳芳 中国工程院院士,中国医学科学院基础医学研究所教授。1959 年于北京协和医学院研究生毕业,1981～1983 年在美国洛克菲勒大学人口委员会生物医学研究中心从事博士后研究。

王占新　北京师范大学生命科学学院教授。2006 年获得中国科学院生物物理研究所博士学位，2006～2013 年在美国斯隆凯特琳癌症研究所从事博士后研究。2013 年回国工作。

魏文毅　哈佛医学院副教授。2002 年获美国布朗大学博士学位，2002～2005 年在 Dana-Farber 肿瘤研究所从事博士后研究，2006～2012 年在哈佛医学院/Beth Israel Deaconess Medical Center 任助理教授。

吴乔　厦门大学生命科学学院教授。中美联合培养博士生，在美国加州 Burnham 研究所完成博士论文研究工作，1996 年获厦门大学理学博士学位，毕业后留校工作。

吴缅　中国科学技术大学生命科学学院合肥微尺度物质科学国家实验室教授。1988 年获哥伦比亚大学分子生物学博士，1988～1990 年在美国哈佛大学细胞发育系从事博士后研究。2000 年回国工作。

谢旗　中国科学院遗传与发育生物学研究所植物基因组学国家重点实验室研究员。1994 年获得西班牙 Universidad de Madrid 大学博士。1995～1998 年分别在 Universidad de Madrid 及美国 Rockefeller University 继续博士后工作。2002 年回国工作。

谢志平　上海交通大学生命科学技术学院研究员。2001 年获北京大学生物化学与分子生物学系及中国经济研究中心双学士学位，2008 年获密歇根大学安阿伯分校分子细胞发育生物学系博士学位。2009 年回国工作。

徐平　军事医学科学院放射与辐射医学研究所研究员，北京蛋白质组学研究中心学术带头人。2004 年获云南大学博士学位。2005～2009 年在美国 Emory 大学从事博士后研究。2009 年回国工作。

许执恒　中国科学院遗传与发育生物学研究所研究员。1999 年获美国 Rutgers University 博士学位，1999～2005 年在美国 Columbia University 工作。2005 年回国工作。

杨波　浙江大学药学院教授。1998 年获中国科学院上海药物研究所药理学博士，2000～2003 年在美国 University of Southern California 工作。2003 年回国工作。

阳成伟　华南师范大学生命科学学院教授。2002 年中国科学院华南植物研究所（园）获博士学位。2002～2007 年分别在中山大学和英国格拉斯哥大学从事博士后研究。2007 年回国工作。

张宏　中国科学院生物物理研究所生物大分子国家重点实验室研究员。2001 年获美国爱因斯坦医学院分子遗传学博士学位，2001～2004 年在美国马萨诸塞总医院癌症中心/哈佛医学院从事博士后研究。2004 年回国工作。

张宏冰　中国医学科学院基础医学研究所-北京协和医学院教授，北京协和医院兼职教授。1997 年获美国宾夕法尼亚大学（University of Pennsylvania）医学院病理学博士学位。1998～2006 年在哈佛大学医学院从事博士后研究。

张令强　军事医学科学院放射与辐射医学研究所研究员，蛋白质组学国家重点实验室学术带头人。2003 年获得博士学位。

赵永超　浙江大学医学院第一附属医院研究员。2008 年于清华大学获得博士学位。2008年至 2014 年，在美国密歇根大学医学院肿瘤研究中心从事博士后研究工作。2015 年回国工作。

周军　南开大学生命科学学院教授，药物化学生物学国家重点实验室学术带头人，艾滋病研究中心学术带头人。先后就读于复旦大学、北京大学和美国 Emory 大学，获得博士学位后于 Genentech 公司和 Emory 大学进行科研训练。2005 年回国工作。

朱军　上海交通大学医学院附属瑞金医院中法生命科学和基因组研究中心研究员。2000年获法国巴黎第七大学肿瘤学博士学位。